圧力鍋のメリットは何?

圧力鍋は，鍋の中の圧力を高くして
調理する器具で，100℃以上の高温で
調理することができる。
しかし，通常，水は 100℃で沸騰してしまう。
一体なぜ高温で調理できるのだろう?

中学校までに学んだこと
●物質には固体・液体・気体という３つの状態があり，固体から液体になる温度（融点）や液体から気体になる温度（沸点）は，物質の種類によって決まっている。

Jump 沸点上昇 → p.112

ふたを開けると泡が出るのはなぜ?

炭酸飲料のふた開けると，シュワっと泡が出てくる。
どうして出てくるのだろう?

中学校までに学んだこと
●気体の種類によって水への溶けやすさは変わり，アンモニアは水によく溶けるが，二酸化炭素は水に少ししか溶けない。

Jump 気体の溶解度 → p.111

花火の色はどうやって出している?

色鮮やかな花火の色は，物質のどういった
性質が関係しているのだろう?

中学校までに学んだこと
●物質が酸素と結びつく変化を酸化といい，熱や光を激しく出して酸素と反応することを燃焼という。

Jump 炎色反応 → p.29，p.189

電流が流れる物質と流れない物質の違いは何？

金属で出来たスプーンやフォークには電流は流れるが，プラスチックのコップやゴム手袋のような非金属には電流は流れない。
これらの物質には，いったいどのような違いがあるのだろう？

中学校までに学んだこと

- 物質は金属と非金属に分けることができ，金属は電気を通すが，非金属は電気を通さない。
- 電流のもとになっているのは，電子とよばれる－（マイナス）の電気を帯びた小さな粒子である。

Jump 金属結合 → p.48

紅茶にレモンを入れると色が変わるのはなぜ？

紅茶にレモン果汁を加えると，紅茶の色が薄くなることがある。
どうして紅茶の色が薄くなったのだろうか。

中学校までに学んだこと

- 水溶液は酸性，中性，アルカリ性といった性質で分類することができる。
- 酸性やアルカリ性の水溶液には，ある物質の色を変化させる特徴がある。

Jump pH 指示薬 → p.69

とけかけのスポーツドリンクが甘いのはなぜ？

夏の運動したときなどに，凍らせておいたスポーツドリンクを飲むと，最初のとけ始めの分はとても甘く感じたことがあるかもしれない。どうして甘く感じるのだろう。

中学校までに学んだこと

- 固体がとけて液体になるときの温度を融点といい，物質の種類によって決まった温度になる。
- 純物質の場合，固体が液体に変化している間の温度は，加熱中でも一定になる。

Jump 凝固点降下 → p.112

10
11
12
13
14
15
16
17
18
族/周期
1
2
3
4
5
6
7
ランタノイド
アクチノイド
…常温で気体
…常温で液体
…常温で固体
元素の
単体の写真
原子番号
元素記号
元素名
原子量
は金属元素
は非金属元素
2He ヘリウム 4.003
5B ホウ素 10.81
6C 炭素 12.01
7N 窒素 14.01
8O 酸素 16.00
反応性が高く
保存が困難。
9F フッ素 19.00
10Ne ネオン 20.18
13Al アルミニウム 26.98
14Si ケイ素 28.09
15P リン 30.97
16S 硫黄 32.07
17Cl 塩素 35.45
18Ar アルゴン 39.95
28Ni ニッケル 58.69
29Cu 銅 63.55
30Zn 亜鉛 65.38
31Ga ガリウム 69.72
32Ge ゲルマニウム 72.63
33As ヒ素 74.92
34Se セレン 78.97
35Br 臭素 79.90
36Kr クリプトン 83.80
46Pd パラジウム 106.4
47Ag 銀 107.9
48Cd カドミウム 112.4
49In インジウム 114.8
50Sn スズ 118.7
51Sb アンチモン 121.8
52Te テルル 127.6
53I ヨウ素 126.9
54Xe キセノン 131.3
78Pt 白金 195.1
79Au 金 197.0
80Hg 水銀 200.6
81Tl タリウム 204.4
82Pb 鉛 207.2
83Bi ビスマス 209.0
84Po ポロニウム (210)
85At アスタチン (210)
86Rn ラドン (222)
110Ds ダームスタチウム (281)
111Rg レントゲニウム (280)
112Cn コペルニシウム (285)
113Nh ニホニウム (284)
114Fl フレロビウム (289)
115Mc モスコビウム (288)
116Lv リバモリウム (293)
117Ts テネシン (293)
118Og オガネソン (294)
63Eu ユウロピウム 152.0
64Gd ガドリニウム 157.3
65Tb テルビウム 158.9
66Dy ジスプロシウム 162.5
67Ho ホルミウム 164.9
68Er エルビウム 167.3
69Tm ツリウム 168.9
70Yb イッテルビウム 173.0
71Lu ルテチウム 175.0
95Am アメリシウム (243)
96Cm キュリウム (247)
97Bk バークリウム (247)
98Cf カリホルニウム (252)
99Es アインスタイニウム (252)
100Fm フェルミウム (257)
101Md メンデレビウム (258)
102No ノーベリウム (259)
103Lr ローレンシウム (262)

牛乳は水溶液？

牛乳には糖質・タンパク質・脂肪など，さまざまな成分が含まれているが，食塩水のように透明な液体ではない。はたして，牛乳は水溶液といえるのだろうか。

中学校までに学んだこと

- 食塩水における食塩のように，溶けている物質を溶質といい，溶質を溶かす物質を溶媒という。また，溶質が溶媒に溶けた液を溶液という。

Jump 身近なコロイド →p.114

化学の視点で考えてみよう

気体や水溶液の性質，酸とアルカリ，酸化と還元…中学校では化学についていろいろ学び，身のまわりのいくつか物事は化学で説明できるようになった。 しかし，身のまわりにはまだまだわからないことがたくさんある。 まずは，これまで学んだことを使って考えてみよう。 そして，これから新たに学ぶ高校の化学に答えを見つけにいこう。

鉛筆の芯とダイヤモンドは何が違うの?

鉛筆の芯に含まれる黒鉛は，炭素の単体である。
一方で，ダイヤモンドも炭素の単体である。
同じ炭素から出来ているのに，硬さや色は全く違う。
どうしてこんなに違うのだろう?

中学校までに学んだこと

- 物質はおよそ 120 種類ある元素からなり，1 種類の元素からできている物質を単体，2 種類以上の元素からできている物質を化合物という。

Jump 同素体 → p.28

ドライミストはどうして涼しく感じる？

夏の街中や行楽地で見かけるドライミスト。
霧状にした水滴を浴びると涼しく感じるのはどうしてだろう。

中学校までに学んだこと
●物質間の状態変化は，温めたり冷やしたりすることでおこる。

Jump 反応エンタルピー → p.120

蛍が光るのはどういうしくみ？

夏の夜に美しく光る蛍(ほたる)。電球をもっているわけでもないのに，どういう仕組みで光っているのだろう。

中学校までに学んだこと
●化学反応には，熱を発生したり吸収したりする化学変化がある。
●エネルギーには，電気エネルギー，熱エネルギー，化学エネルギーなどいろいろな種類がある。

Jump 化学発光 → p.125

身のまわりには化学が関係するものがあふれている。
これから新たに学ぶことは，それらをより深く知るツールになるだろう。
さあ，化学の世界に足を踏み入れよう。

考え方と解答例▶ 

本書の構成と使い方

本書は図と写真を中心としたビジュアルな資料集です。
教科書に掲載しきれない内容や写真をふんだんに掲載したり，
コラムや特集などの面白い読み物要素を取り上げたりしており，
日常学習はもちろん，大学入試対策にも役立つ
構成になっております。

映像・アニメーションコンテンツ

- 本文中にアイコン［QR］が置かれている箇所では，紙面右上の QR コードから学習内容に関連した映像やアニメーションを見ることができます(一覧 ➲ *p.10*)。
- 実験映像では，手順や結果を丁寧に解説しています。また，反応に時間を要する実験は早送りして編集していますので，手軽に時間経過による変化を確認することができます。
- アニメーションでは，目に見えない粒子の反応を解説しています。また，原子や分子を自由に回転させ，結合のようすを視覚的に理解することが可能なアニメーションも用意しています。

▲映像　二酸化炭素の還元

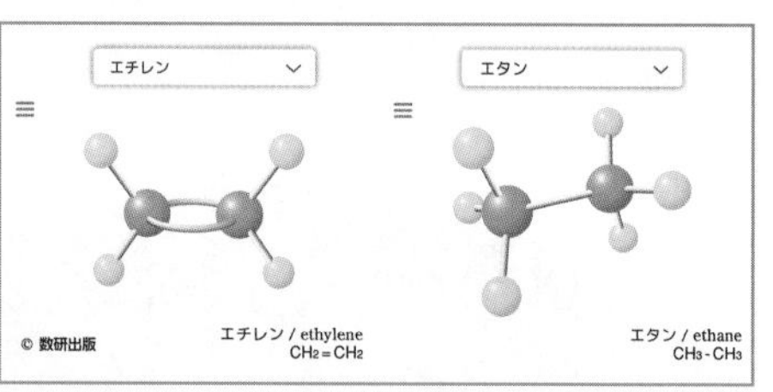

▲アニメーション　分子モデル(エチレンとエタン)

使いやすい配列

第 1 ～ 2 編まででおもに「化学基礎」の内容を，第 3 編以降で「化学」の内容を扱っていますので，授業の進度にあわせて使うことができます(目次 ➲ *p.6*)。

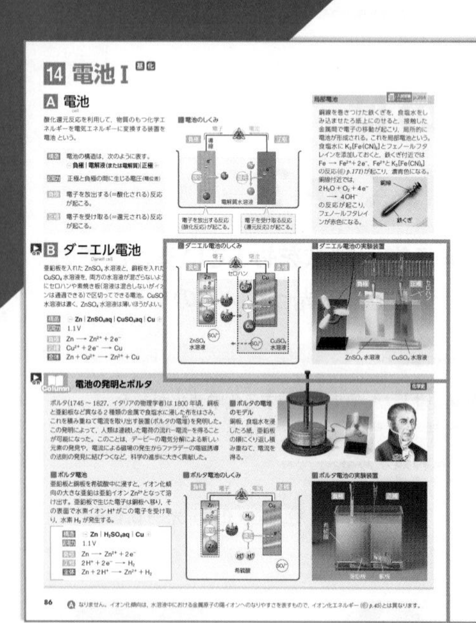

写真が豊富

教科書や参考書に登場する多くの物質や反応を，豊富な写真でお見せします。化合物の色や反応のようすが一目瞭然です。

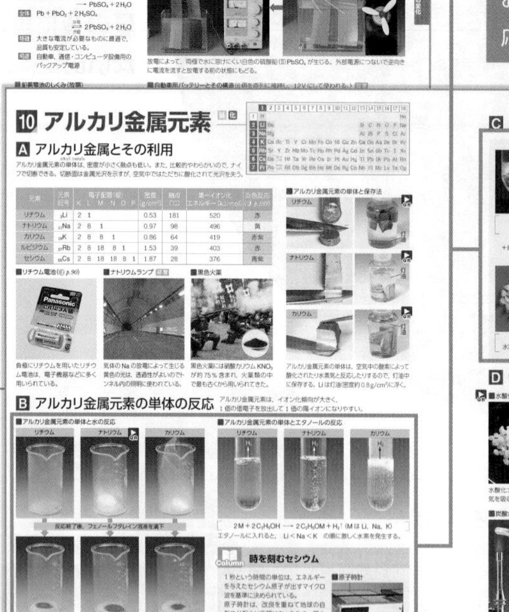

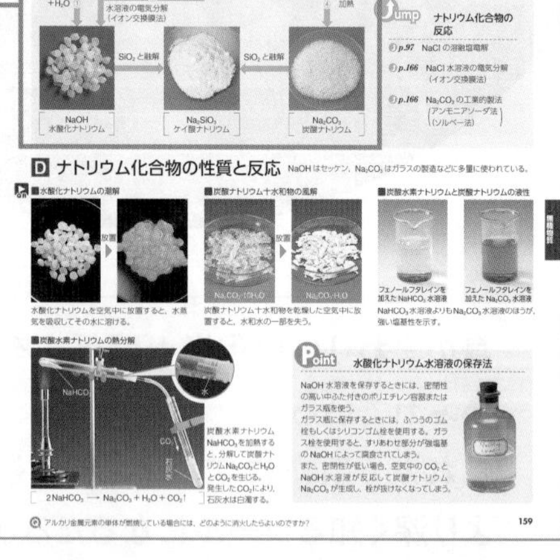

図解が充実

図を写真と対比させ，現象のメカニズムがつかめるようにしています。また，原子や結晶構造なども図解し，目に見えない世界のイメージがわくようにしています。

巻末資料が充実

巻末資料(➲ *p.288*)では豊富なデータを掲載しています。課題学習など，自在にお使いいただけます。

※ QR コードはデンソーウェーブの登録商標です。

日常学習に役立つ

仕事 物基
物体を一定の大きさの力F[N]で押して，その力の向きにx[m]だけ動かした(図ⓐ)とき，

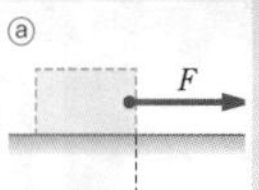
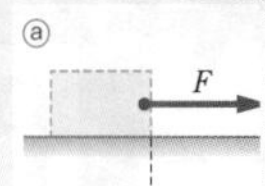

他科目アイコン
他科目で扱われる内容に物基などのアイコンをつけています。あわせて学習することで内容の理解が更に深まります(一覧 *p.9*)。

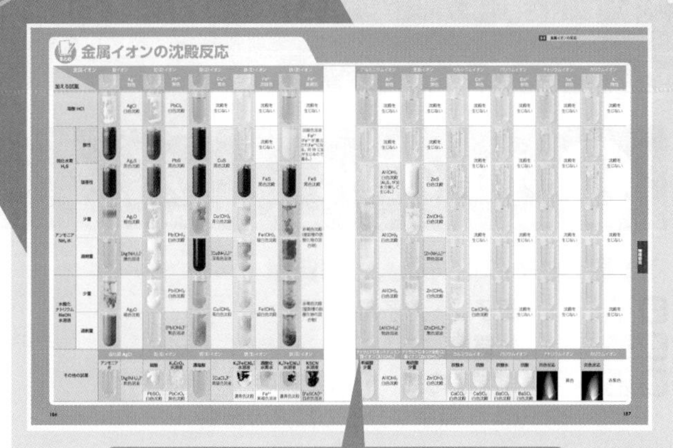

まとめ
学習した内容をコンパクトにまとめています。知識の整理を行えます(一覧 *p.6*)。

Point
注意したいことや，覚えておくとよいことを整理しました。試験前に復習しておくと効果的です。

実験
背景が黄緑色の実験ページでは，実験の操作手順や結果を豊富な写真で解説しており，実験の追体験が可能です。

興味を惹く読み物

巻頭特集
日常生活と化学との関わりを紹介しています。問いかけの答えを考えながら，本編を学びましょう。

特集
先端分野の研究や，近年話題になっているトピックに関する記事を扱っています(目次 *p.6 ～ 8*)。

カテゴリーアイコン
日常・環境などのカテゴリーをアイコンで示しました。学習目的に応じた内容を簡単に探すことができます(一覧 *p.9*)。

Column pH で色を変える身近な色素 日常

紅茶に含まれるテアフラビンという色素は，pH の変化によって構造が変化し，色が変わる。
そのため，紅茶にレモン(クエン酸などを含んでいる)を入れると pH が小さくなり，赤色がうすくなる。逆に，紅茶に重曹(炭酸水素ナトリウム)を入れると pH が大きくなり，赤色が濃くなる。
紫キャベツに含まれるアントシアニンや，カレーのスパイスであるターメリックに含まれるクルクミンなども同様に，pH によって色が変わる色素である。

Column
身の回りにある物質や現象と，化学との関わりを紹介しており，化学を身近に感じることができます(一覧 *p.7*)。

大学入試に役立つ

Zoom up ラウールの法則

希薄溶液の蒸気圧と純溶媒の蒸気圧の間で成りたつ次のような関係をラウールの法則という。

$p = xp_0$

(p:溶液の蒸気圧，x:溶媒のモル分率，p_0:純溶媒の蒸気圧)

Zoom up
少しレベルの高い内容にふれています。知っておくと思考力を要する問題等を解く際に役立ちます(一覧 *p.8*)。

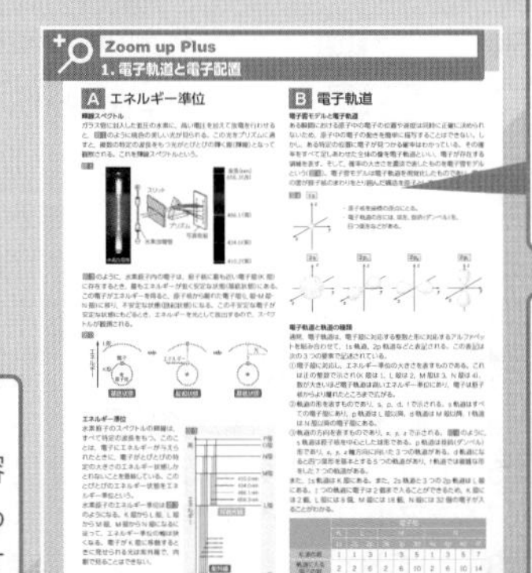

Zoom up Plus
Zoom up の中でも電子軌道や有機化学など体系的に扱いたい内容を，巻末(*p.270*)に掲載しました。

入試問題にチャレンジ!
本編の内容が扱われた入試問題を，巻末(*p.280*)で取り上げました。図録の内容が具体的にどのように入試で問われるかがわかります。

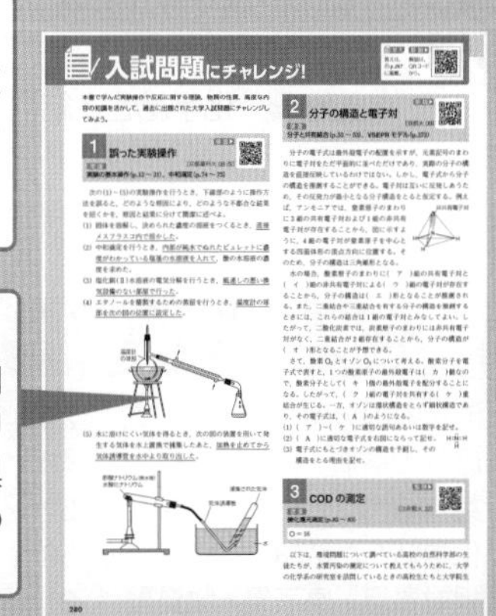

フォトサイエンス
改訂版 化学図録 CONTENTS

■記号の見方

基 化 … 化学基礎の内容を含む項目
基 化 … 化学の内容を含む項目
基 化 … 化学基礎と化学の内容を含む項目

まとめ タイトル一覧

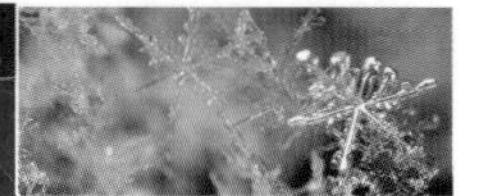

第3編 物質の状態

第4編 物質の反応

第5編 無機物質

コラム タイトル一覧

第6編 有機化合物

Zoom up・Zoom up Plus タイトル一覧

第7編 高分子化合物

資料編 巻末資料

カテゴリー別一覧

本文中に以下のアイコンを配置してあります。学習目的に応じてご活用ください。

日常：学習内容に関連した身のまわりの利用例を扱った項目
技術：最新技術に関する内容を扱った項目
環境：環境問題に関する内容を扱った項目
仕事：化学に関する仕事・職業を扱った項目
化学史：化学に関する歴史を扱った項目

他科目マーク一覧

本文中の他科目でも扱われる内容に以下のアイコンを配置してあります。

物基：物理基礎　物理：物理
生物：生物　地基：地学基礎

映像・アニメーション コンテンツ一覧

●各見開きの右上にあるQRコードから，本文中のアイコン(QR)の学習事項に関連したコンテンツにアクセスできます。
右記のQRコードまたは下記のURLからアクセスすることもできます。
https://cds.chart.co.jp/books/8d6y1ywd0n

表紙写真の解説

◆ **花火(オーストラリア)**
オーストラリアのシドニーでは，毎年大晦日にカウントダウン花火が大規模に行われる。

◆ **樹氷(山形県，蔵王連峰)**
0℃以下の過冷却状態の水滴が冷えた樹木にぶつかって凍ることで，樹氷が形づくられる。

◆ **愛のトンネル(ウクライナ)**
恋人とこのトンネルをくぐると願いが叶うといわれている。植物は光エネルギーを用いて有機物を合成し，それを養分にして成長する。

◆ **ヴィニクンカ山(ペルー)**
地層に含まれる鉱物が長い時間を経て酸化され，カラフルな山肌を形成したと考えられている。

◆ **アンモニア製造工場**
多数のパイプ類や計測機器の異常が確認できるように，夜間も照明によって明るくなっている。

◆ **試験管**
ベルセリウス(アルファベットによる元素記号を考案した化学者)によって，19 世紀に発明されたといわれている。

◆ **鉄の製錬**
熱をもった物質からは光(電磁波の一種)が放射される。高温の鉄からは赤～黄色の可視光線が放射される。

◆ **ホタルイカの身投げ**
産卵のため浅瀬に集まったホタルイカが浜に打ち上げられた衝撃で，体内の発光物質が発光する。

序章 実験の基本操作

1 試験管の扱い方

A 試験管の洗い方
test tube

試験管の洗い方は，すべてのガラス器具の洗い方の基本になる。ガラス器具が破損するとけがをすることがあるので注意する。

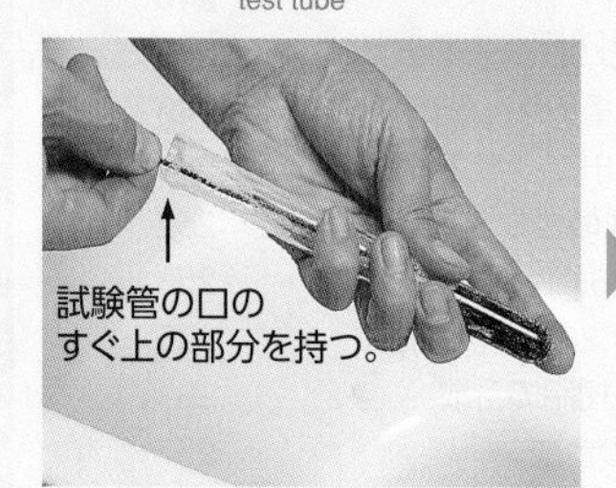

ブラシを奥まで入れ，右手で持つ位置を決める。左手の人差し指を試験管の底に当てる。

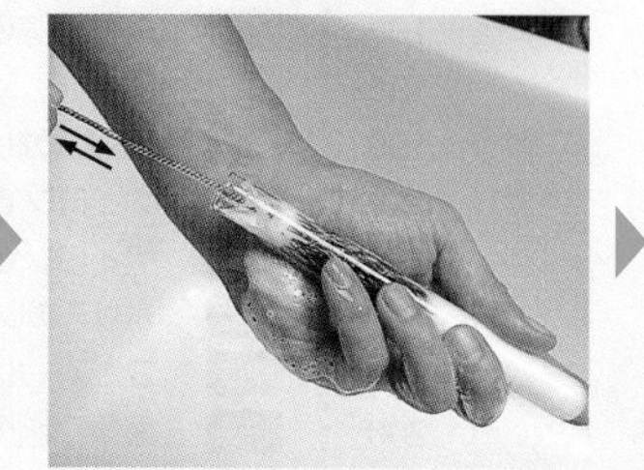

力を加えすぎないように，ブラシを前後に動かす。試験管の底を壊さないように注意する。

最後に水道水でよくすすぐ(さらに純水ですすぐこともある)。

洗浄前と洗浄後の試験管

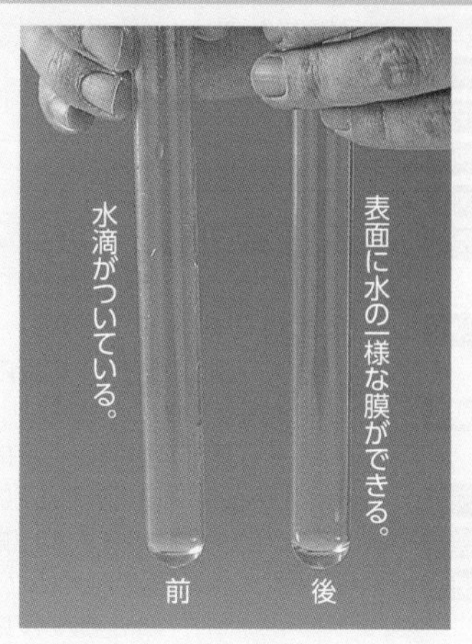

B 試薬の注ぎ方と混ぜ方
reagent

ラベルが手のひらに当たるように試薬瓶を持ち，試験管を持った手で栓を抜く。

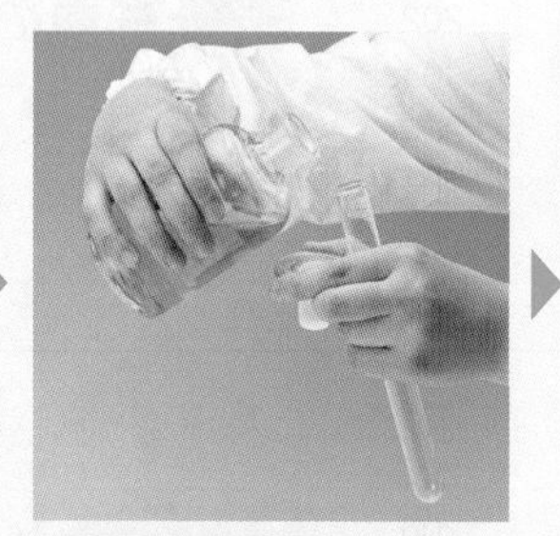

試薬瓶の栓を持ったまま，試験管の内壁を伝わらせて試薬を注ぐ。

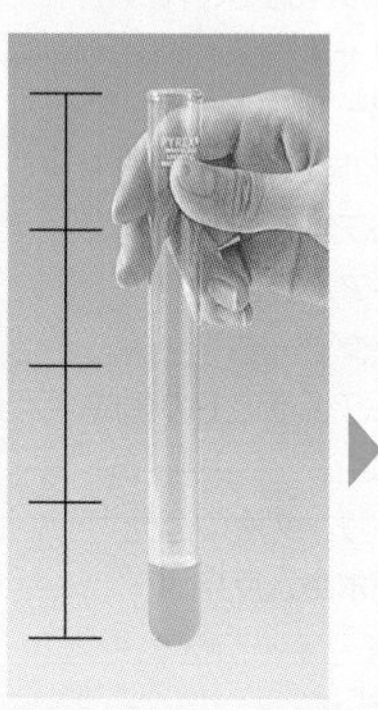

試薬の量は，試験管の４分の１以下が適当。

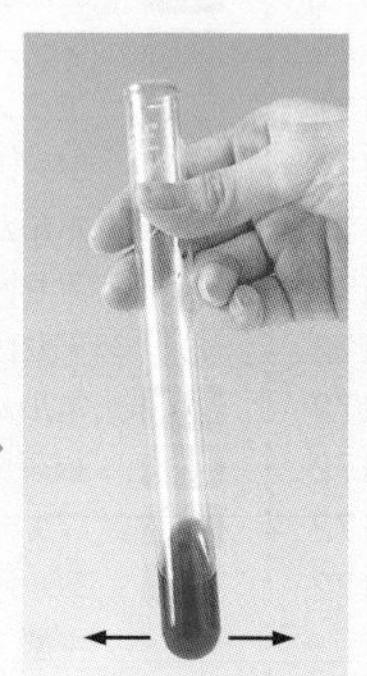

試験管の上端近くを持ち，底を左右に振る。

マグネチックスターラー

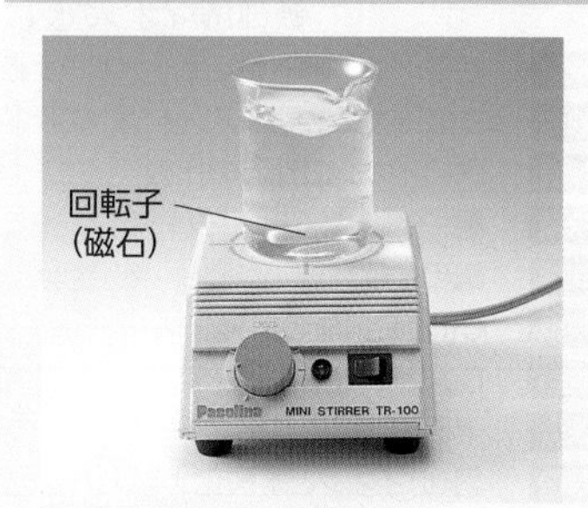

磁力を利用したかき混ぜ機。ビーカー内の溶液をかき混ぜるときなどに用いる。

試薬の注ぎ方と混ぜ方の悪い例

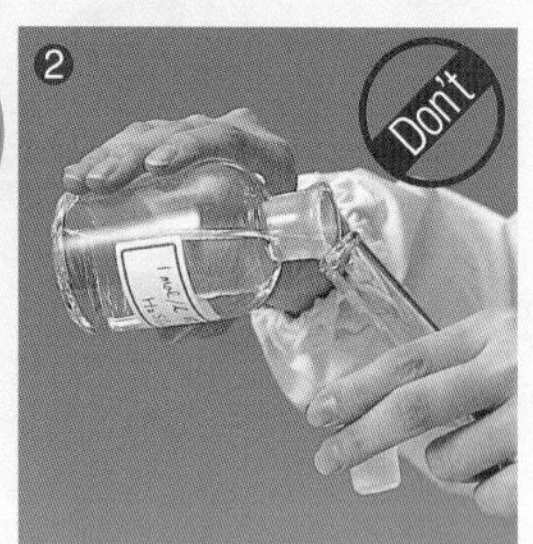

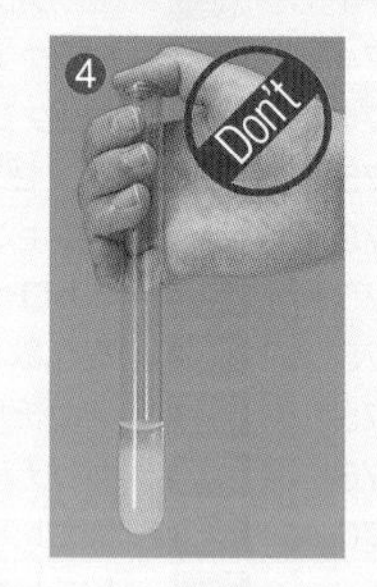

❶試薬瓶の栓を机の上に置くときには，内側を上に向けて置く。
❷試薬瓶のラベルが下になっていると，試薬がたれてラベルにつき，文字が読めなくなってしまうことがある。
❸試験管にとる試料が多すぎると，混合できなかったり，加熱の際に危険になったりする。
❹指で栓をして振ってはいけない。

実験について → p.22

「実験を行うときの一般的注意事項」，「事故についての注意」，「試薬の取り扱い」，「危険な物質と有害な物質」，「試薬溶液の調製方法」，「廃液処理の仕方」など，実験を行う前に確認しておきたい事項をまとめた。

重金属イオンを含む溶液の回収

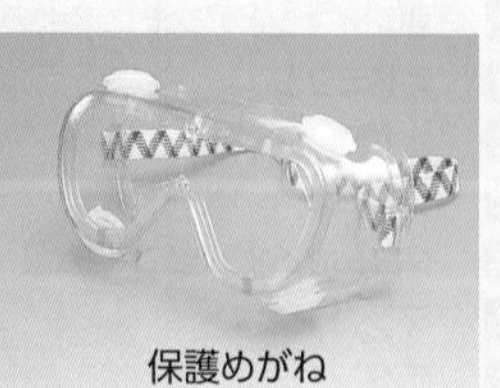

保護めがね

C 試験管の加熱

試験管の口を人のいる方向に向けない。液体の中ほどより少し上を外炎にかざし，軽く振りながら均一に温度を上げる。

どちらの場合も，沸騰石を入れ，試験管を少し傾けて持ち，軽く振りながら加熱する。

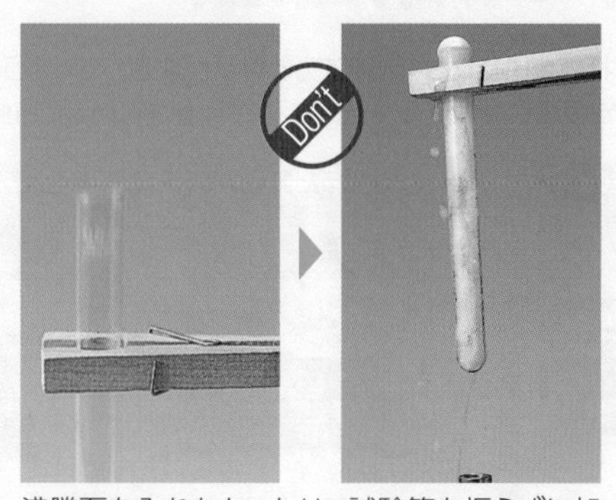

沸騰石を入れなかったり，試験管を振らずに加熱したりすると，突沸する危険がある。

試験管ばさみの持ち方

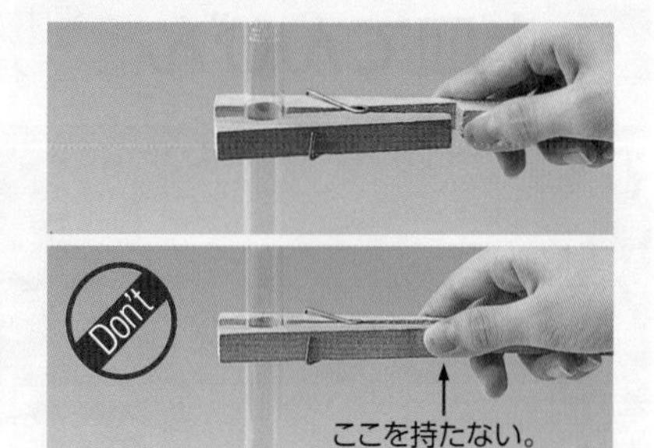

試験管ばさみの開いた部分を持つと，つい力が入って，試験管を落としてしまう。

実験の基本操作

補足　ガスバーナーの使い方

a ガスバーナーの構造

ガスバーナーを使うときは，その構造と使い方をよく理解し，点火や消火のときにガス漏れなどによる事故がないように注意する。なお，ガスバーナーによっては，コックのついていないものもある。

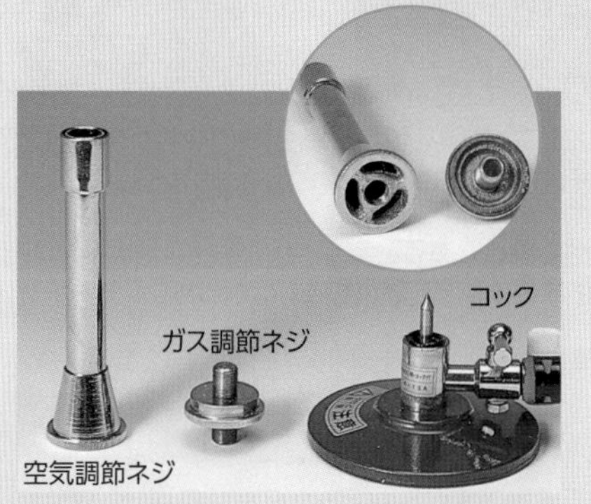
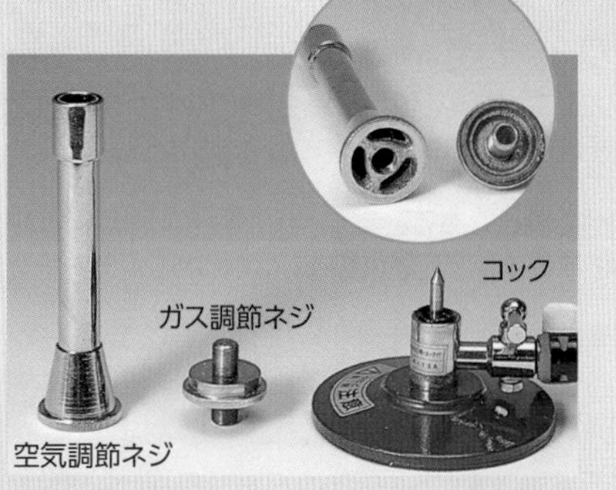

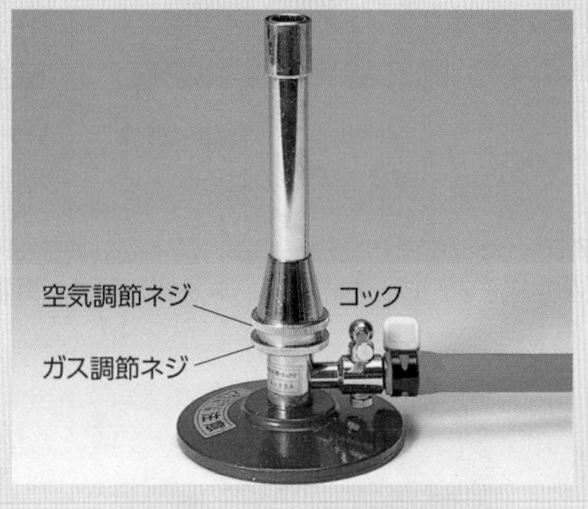

ガスバーナーのしくみ

b ガスバーナーの点火

ガスバーナーに点火する前に，まわりに引火物がないか，ガス漏れがないかを確認する。なお，消火の手順は点火の逆になる。

調節ネジを閉める。

ガスの元栓を開く。

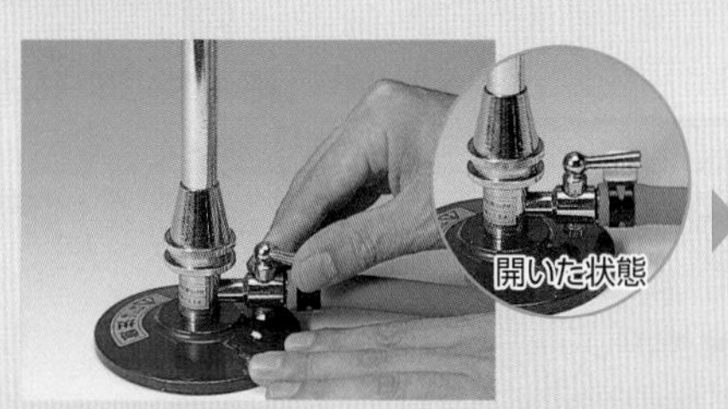

バーナーのコックを開く。

ガス調節ネジを開き点火。

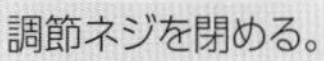

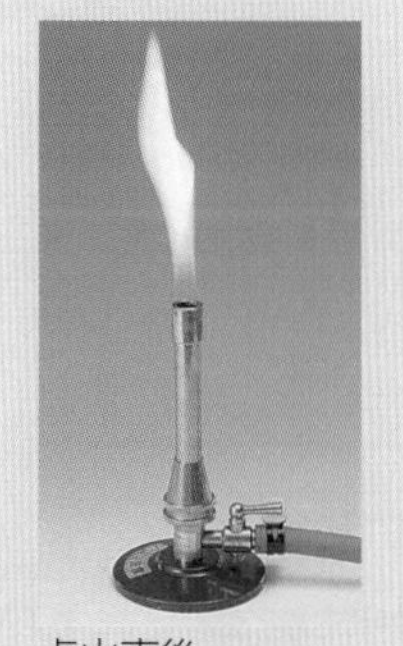

点火直後。

ガスの量（炎の大きさ）を調節。高さ 5cm 程度。

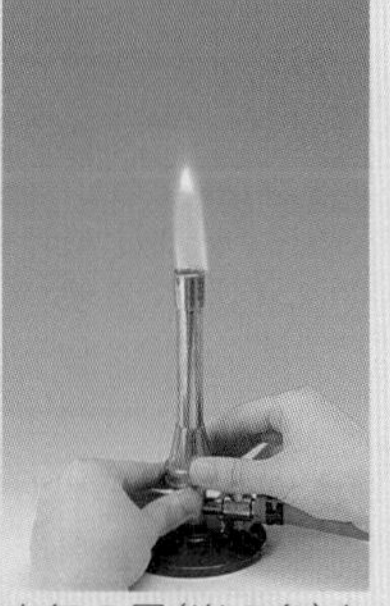

空気の量（炎の色）を調節。

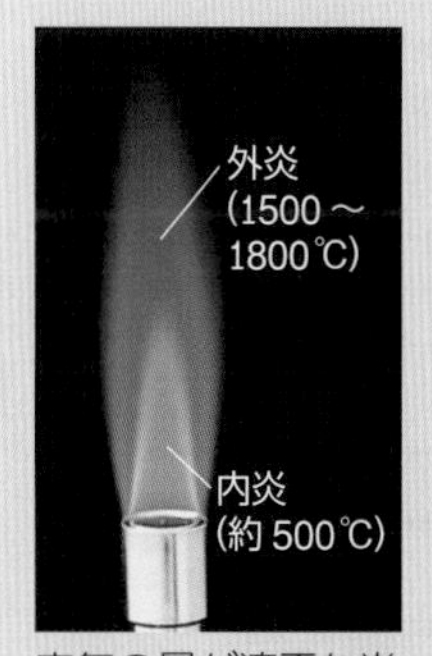

空気の量が適正な炎

空気の量が不足の炎（外炎が黄色い）

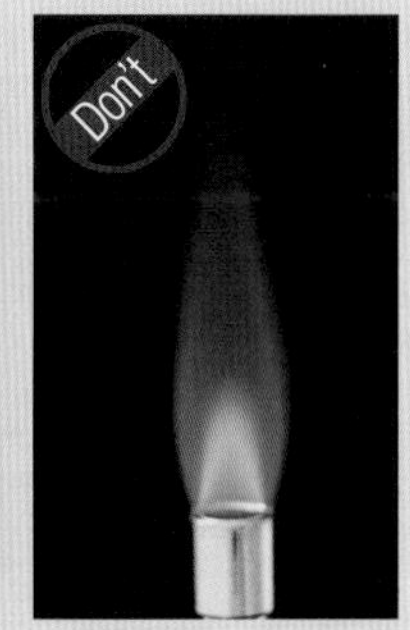

空気の量が過剰な炎（外炎の青色が薄い）

Q 液体を加熱する際に沸騰石を入れると，なぜ突沸を防ぐことができるのですか？

2 質量と体積の測定法

A 上皿てんびん

分銅は，汚れがついたりさびたりすると質量が変化してしまうので，手でさわってはいけない。
また，右利きの人は向かって左側，左利きの人は向かって右側にまず初めにものをのせる。

指針のゆれが中央付近で落ちつくようにネジを調整する。

両方の皿に薬包紙をのせる。

① 決まった質量をはかり取る場合

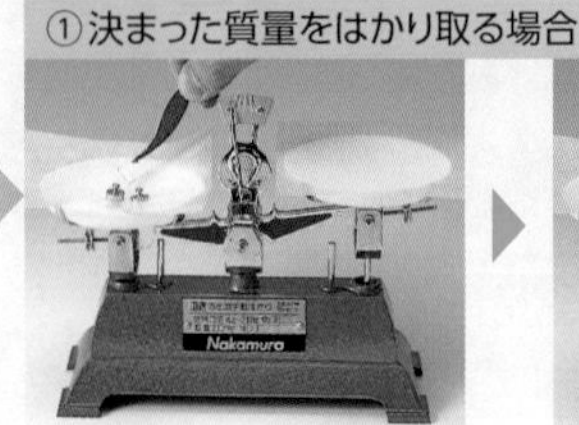
一方の皿に分銅をのせる。

他方の皿に薬品をのせる。

指針のゆれが中央付近で落ちついたら完了。

試薬を取り出すときの注意点

取り出した試薬を，試薬瓶にもどしてはいけない。

1 つの薬さじで，2 種類の試薬を扱ってはいけない。

② 物質の質量をはかる場合

一方の皿に，質量を測定する物質をのせる。

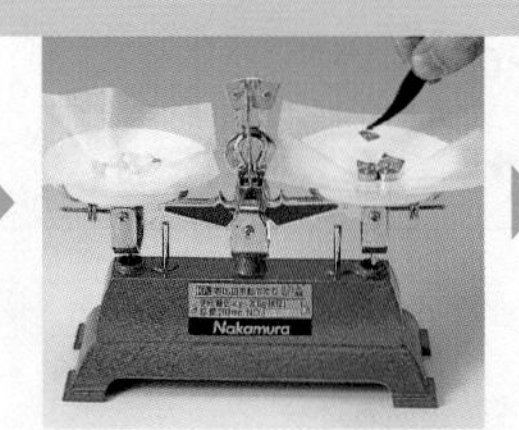
他方の皿に，分銅を重いものから順にのせていく。

指針のゆれが中央付近で落ちついたら完了。

B 電子てんびん

機種によってスイッチの位置や形が違うが，基本的な機能はすべて同じである。
上皿てんびんや電子てんびんなどの精密な測定器具は，衝撃を与えるなど乱暴に扱ってはならない。

電子てんびんの各部の名称とゼロ点調整

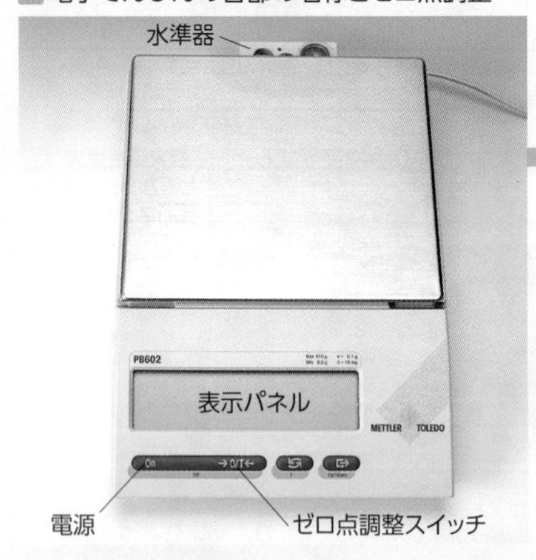

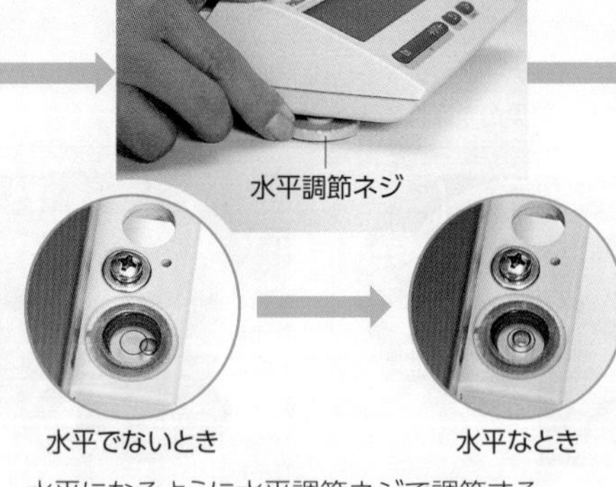

水平になるように水平調節ネジで調節する。

電源を入れる。

ゼロ点調整

電源を入れ，0.00 g にする(ゼロ点調整)。

一定量の試薬をはかり取る(3.61 g の試薬をはかり取る)

試薬を入れる容器をのせる。

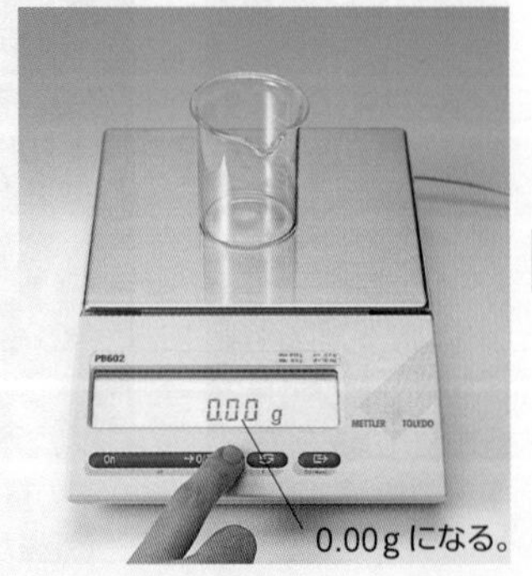

ゼロ点調整を行う。

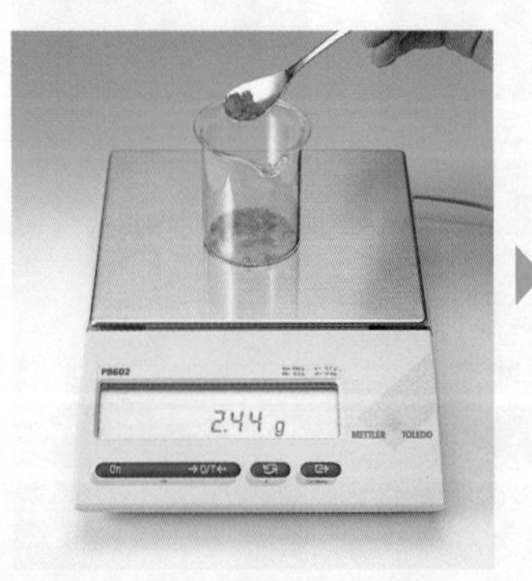

目的の質量まで試薬を入れる。

目的の質量をはかり取れた。

A 溶液を加熱していくと，沸騰石に含まれている空気が少しずつ出てきます。沸点近くになった液体はこの気泡に蒸発するため，沸騰が穏やかに始まるからです。

C 体積の測定 volume measurement

液体の体積を測定する器具はいろいろあるが，測定の精度に応じて，適する器具を選ぶ。

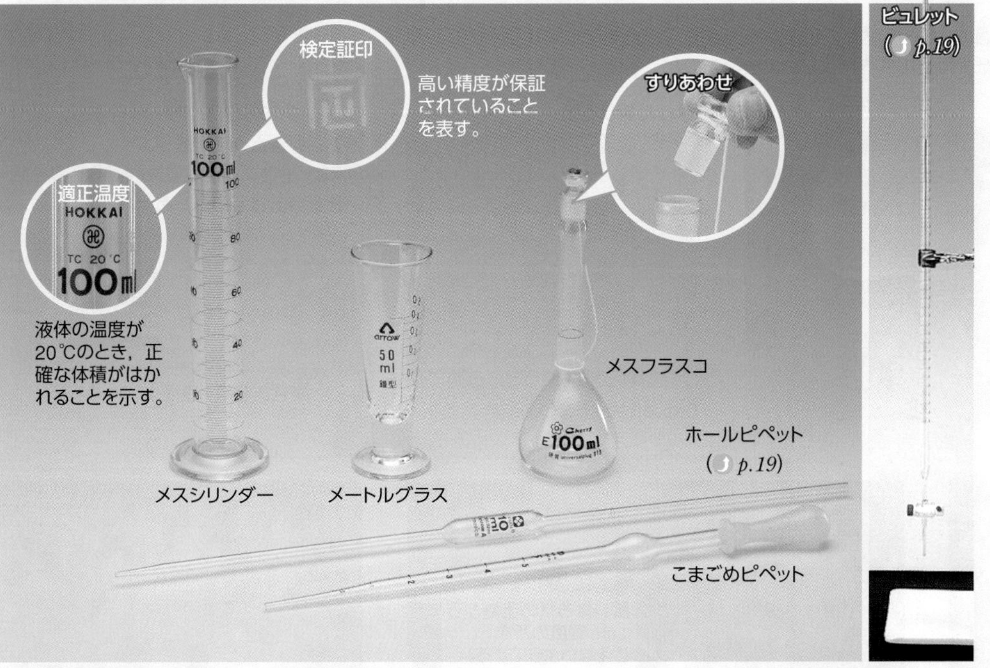

メスフラスコには，すりあわせのガラス栓がついているので，逆さまにして振っても液体がこぼれない。
メスフラスコやホールピペットは，高い精度で体積をはかることができるが，表示以外の体積ははかれない。
メスシリンダー，メートルグラス，こまごめピペットは，手軽に様々な体積をはかれるが，メスフラスコやホールピペットに比べ精度が低い。
ビュレットは，読み取った目盛りの差から，滴下された液体の体積を正確にはかることができる。

こまごめピペット

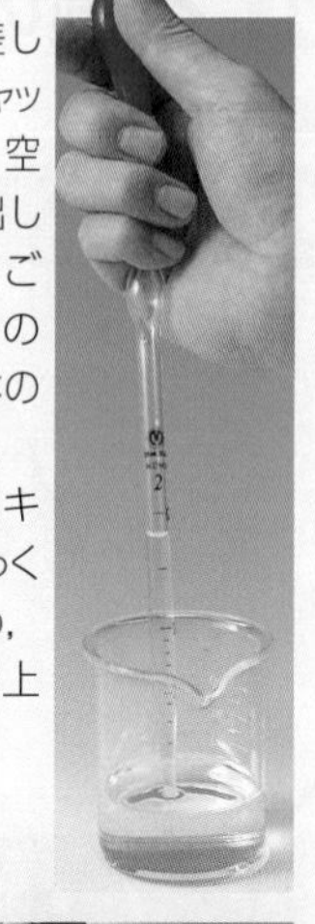

親指と人差し指でゴムキャップを握り，空気を追い出した後，こまごめピペットの先端を液体の中に入れる。握ったゴムキャップをゆっくりとゆるめ，液体を吸い上げる。

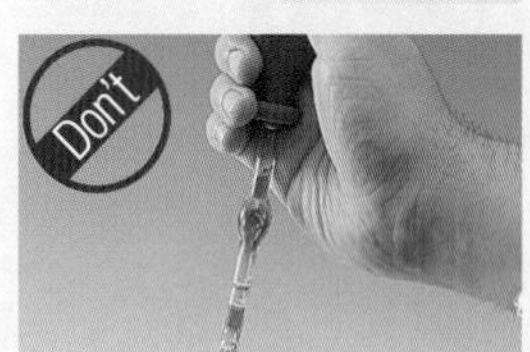

試薬でゴムが劣化することがあるので，キャップ内に試薬が入らないように注意する。

体積測定器具の使用上の注意

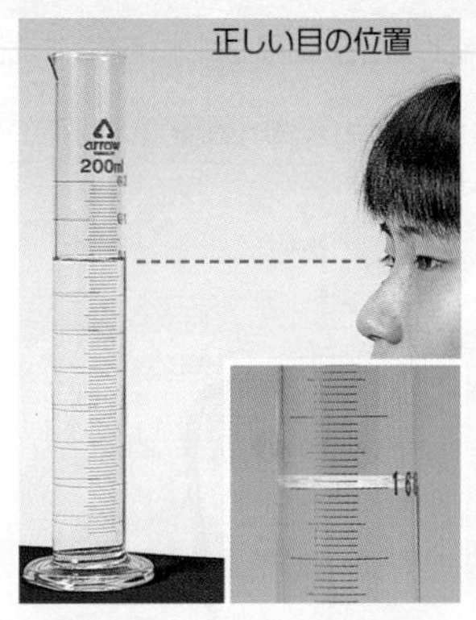

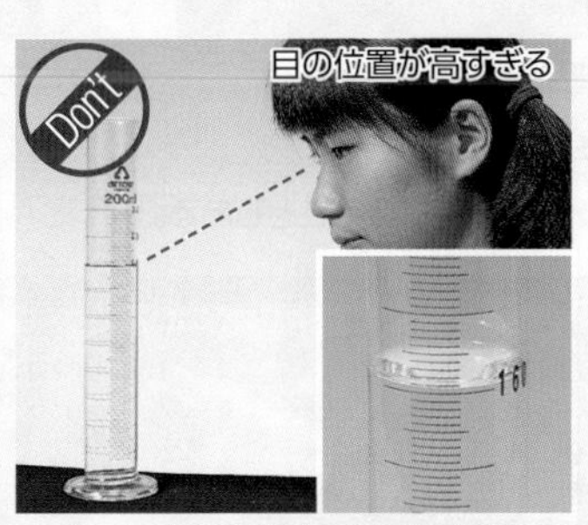

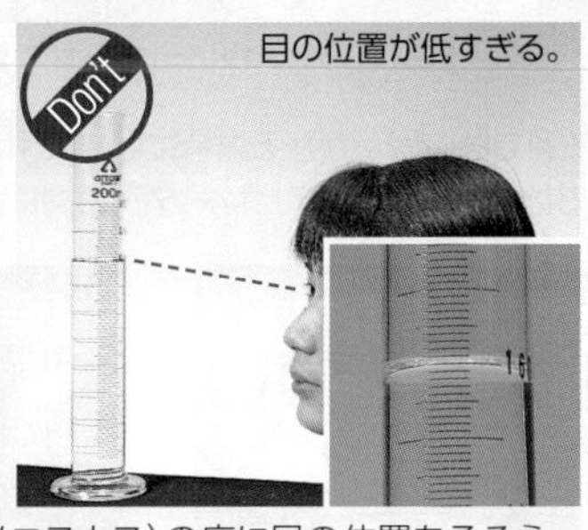

目盛りを読むときは，湾曲した液面（メニスカス）の底に目の位置をそろえ，液面の底の値を最小目盛りの10分の1まで読み取る。
標線に液面をそろえるときは，液面の底と標線がそろうようにする。

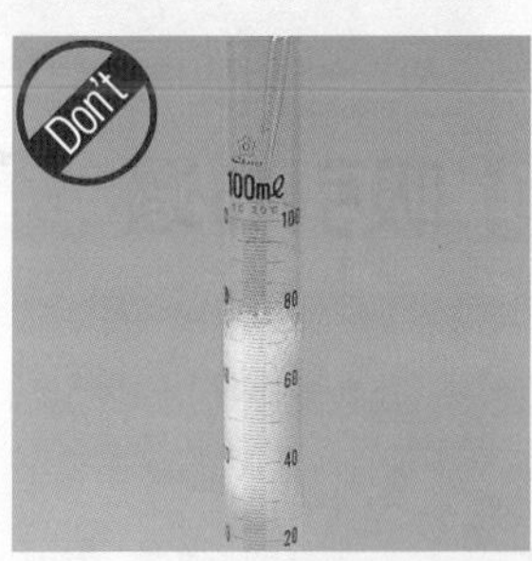

体積をはかる器具内で試薬を反応させてはいけない。

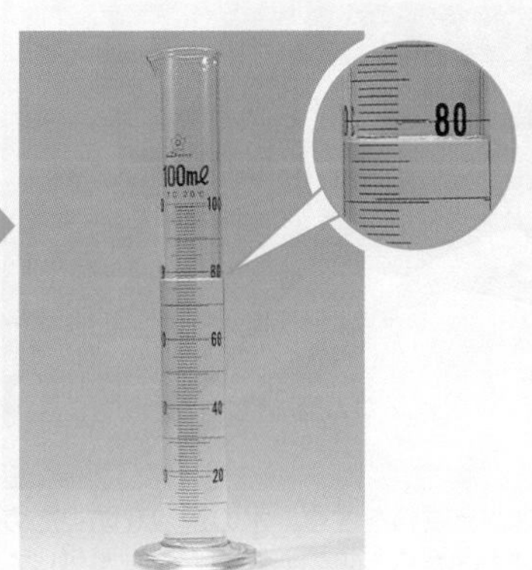

ビーカーやフラスコの目盛りはあくまでも目安なので，これらの器具では正確な体積をはかり取ることはできない。

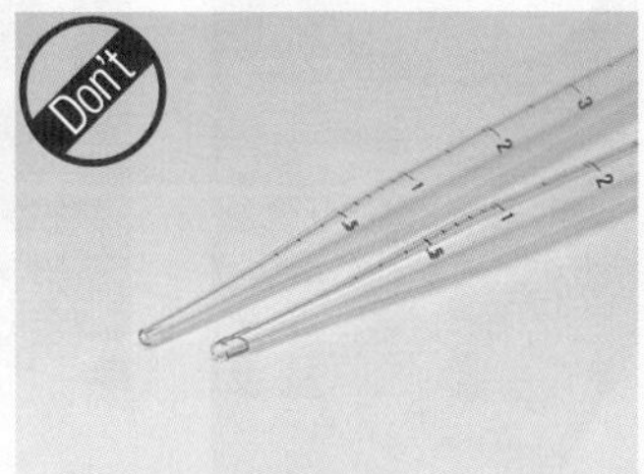

ガラス器具の先端は割れやすいので，取り扱いに注意する。割れた器具を用いて測定しても，正確な体積ははかれない。また，けがにつながることもある。

体積をはかる器具を乾燥機などで加熱すると，ガラスが伸び縮みして正確な体積がはかれなくなってしまう。

Q 上皿てんびんの上皿や電子てんびんの載台に粉末をこぼしてしまったときには，どうしたらよいですか?

3 物質の分離操作

A ろ過の操作
filtration

ろ過は，粒子の大きさの違いを利用して混合物を分離する方法である。ろ紙の繊維のすき間よりも大きいものが，ろ紙上に残る。

ろ紙の折り方

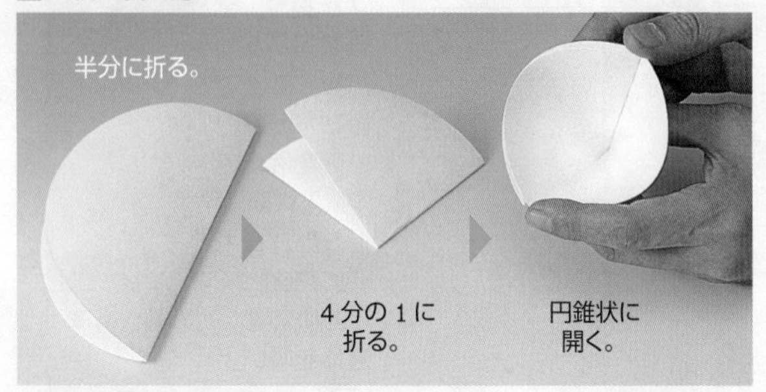

ひだ折りろ紙

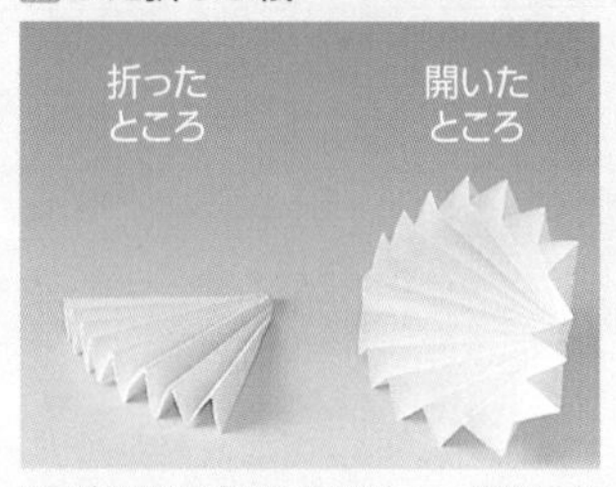

ひだ折りろ紙を使うと，ろ過にかかる時間を短縮できる。

補足 ろ紙の選び方

ろ紙は，折ったときに漏斗より一回り小さくなるものを選ぶ。
また, 定性実験と定量実験でろ紙の種類を使い分けることもある。

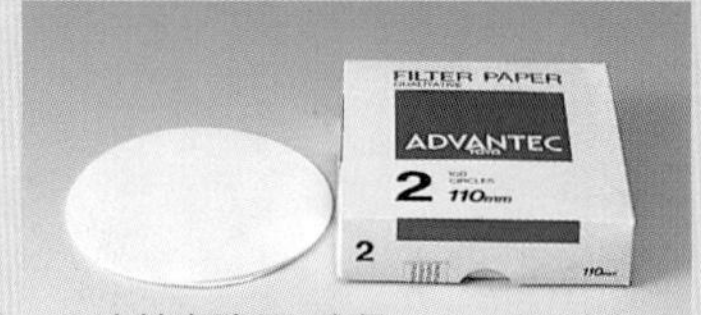

定性実験用・直径 11 cm のろ紙

ろ過

純水（溶媒）でろ紙を漏斗に密着させる。

試料をガラス棒に伝わらせて注ぐ。

ろ過が終わったら, 沈殿を純水（溶媒）で洗う。

B 吸引ろ過
suction

ふつうのろ過では時間がかかる場合には，吸引ろ過を行う。
吸引ろ過では，吸引瓶とアスピレーターの間に，安全瓶をつけることもある。

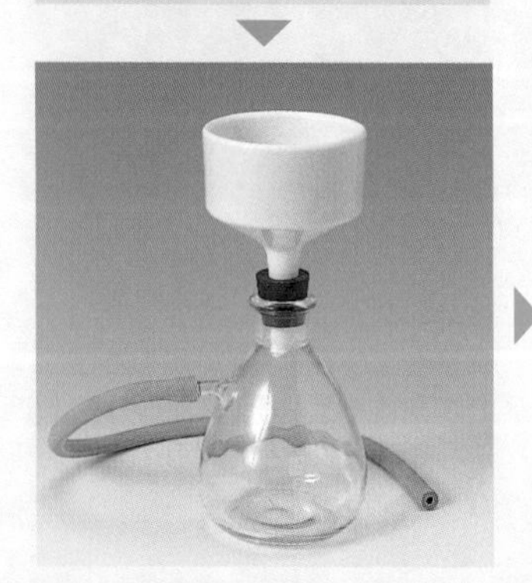

ろ紙を溶媒でぬらして，吸引させ，ろ紙と漏斗を密着させる。

吸引しながら試料を注ぐ。水の逆流を防ぐため，ろ過が終わったら，吸引瓶からゴム管を外してから，水を止める。

吸引ろ過の原理

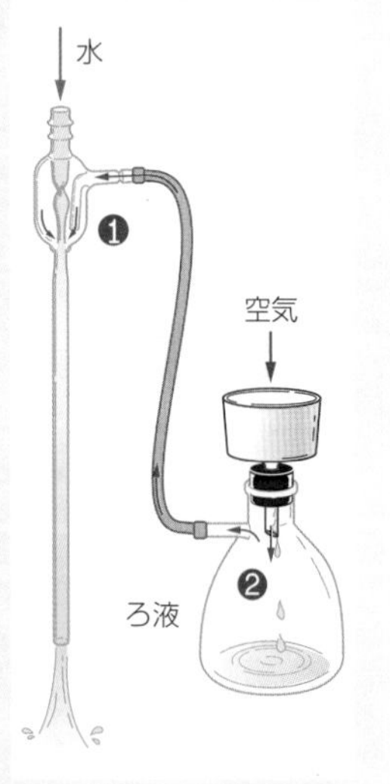

❶水を流すと，まわりの空気が吸いこまれて水とともに流れ出す。
❷吸引瓶内の空気が次々と吸引される。

Ⓐ まず，上皿てんびんの場合は上皿を外し，電子てんびんの場合は電源を切ってください。その後，乾いたティッシュペーパーなどで拭き取ります。

C 蒸留の装置 distillation

蒸留は，沸点の違いを利用して液体の混合物を分離する方法である。
蒸気の温度(沸点)をはかることで，分離した物質を確認することができる。

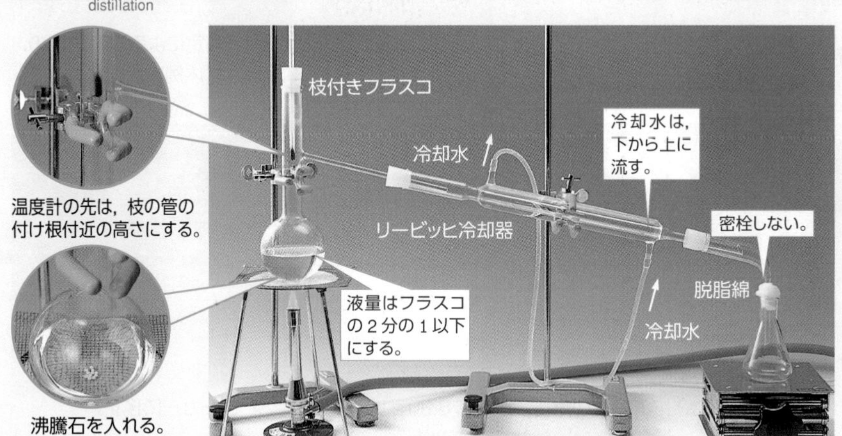

温度計の先は，枝の管の付け根付近の高さにする。

沸騰石を入れる。

水浴・油浴

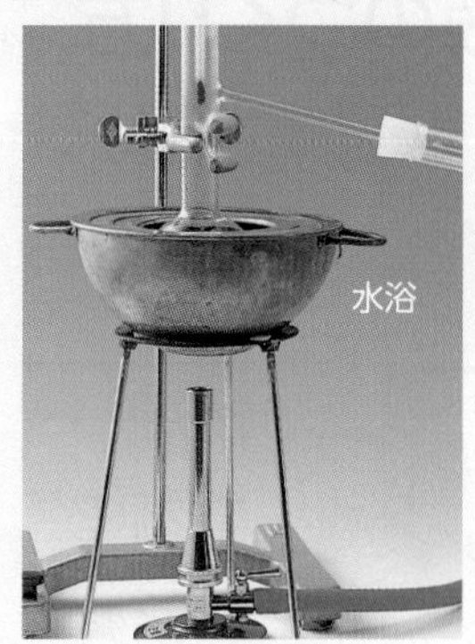

100 ℃以下の一定温度で加熱・保温する場合は，水浴に水を入れる。また，100℃以上に加熱する場合は，水浴に油を入れる(引火性物質を加熱する場合は，マントルヒーターを用いる)。

D 再結晶の操作 recrystallization

再結晶は，物質の溶解度(p.110)の差を利用して，物質の分離や精製を行う操作である。

保温漏斗の構造

試料を熱水に溶かす。

漏斗をセットしたところ

保温漏斗に水を入れる。

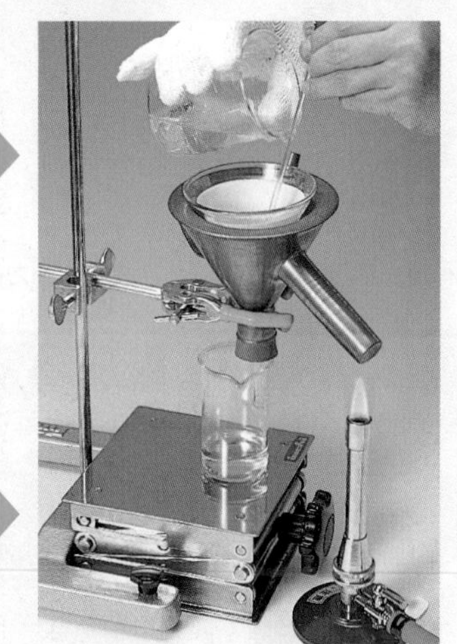

保温漏斗でろ過する。

保温漏斗のしくみ

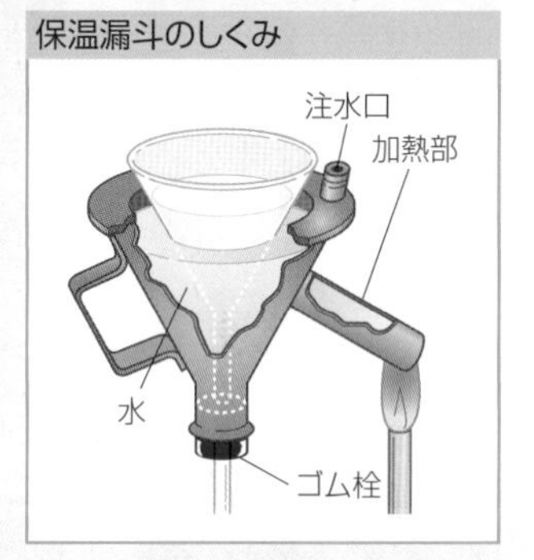

ろ液を冷却する。

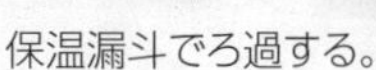

E 抽出の操作 extraction

目的の物質だけをよく溶かす溶媒を使って，液体混合物から目的の物質を分離する操作を抽出という。抽出には分液漏斗を用いる。

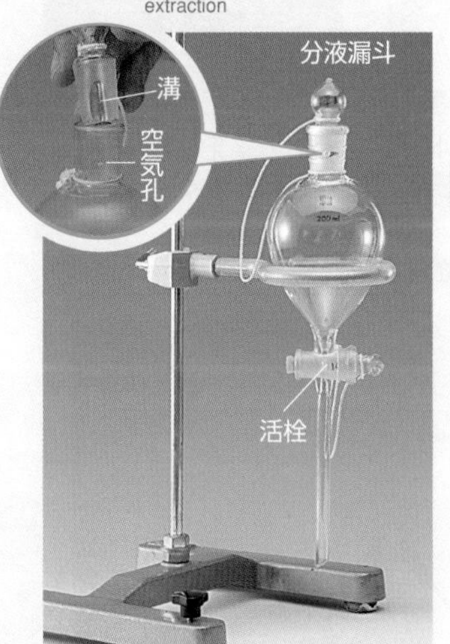

分液漏斗の栓の溝を空気孔に合わせると，空気が出入りできるようになる。

混合物を入れる。

溶媒を入れる。

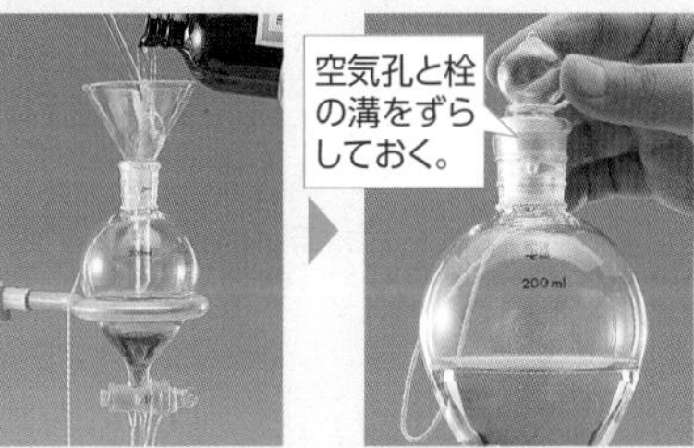

栓をする。

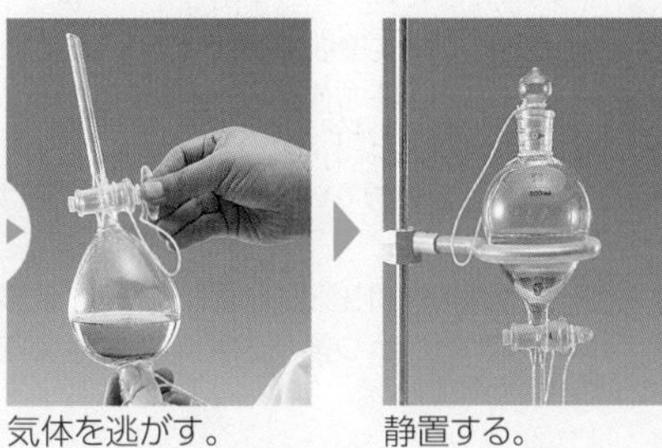

分液漏斗を振る。 気体を逃がす。 静置する。

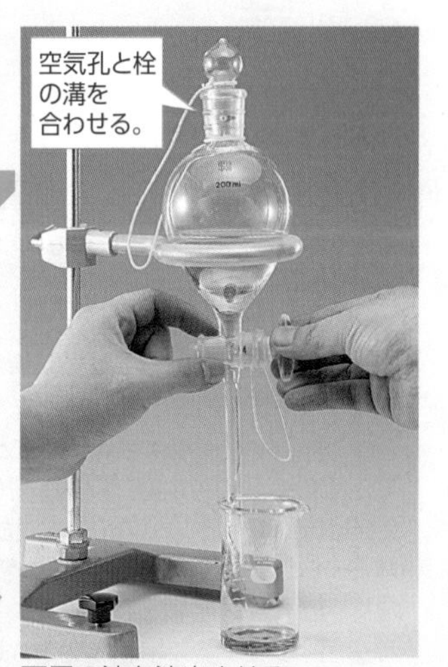

下層の液を流出させる。
残った上層の液は，分液漏斗の上の口から取り出す。

Q 沸騰石を入れ忘れたときは，どうしたらよいのですか?

4 滴定の基本操作

Jump → p.74,82
滴定による濃度決定の具体例を示した。

A 標準液のつくり方
standard solution

中和滴定や酸化還元滴定では，基準になる正確な濃度の溶液(標準液)が必要になる。ここでは，0.0500 mol/L のシュウ酸標準液のつくり方を示す。

秤量瓶をのせる。

ゼロ点調整を行う。

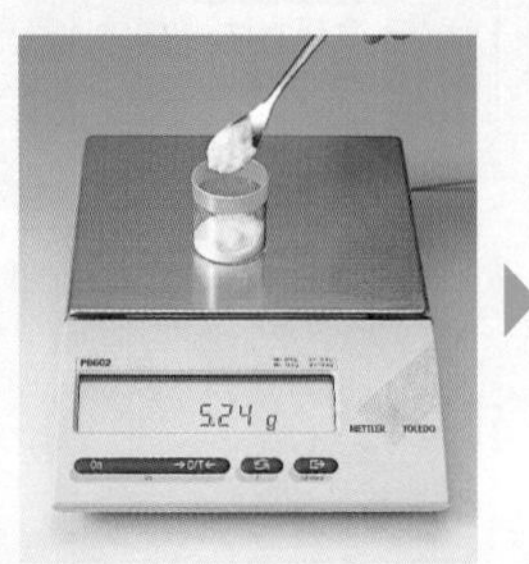

シュウ酸二水和物をのせていく。

正確に 6.30 g はかり取る。

ビーカーに移す。

秤量瓶をすすぐ。

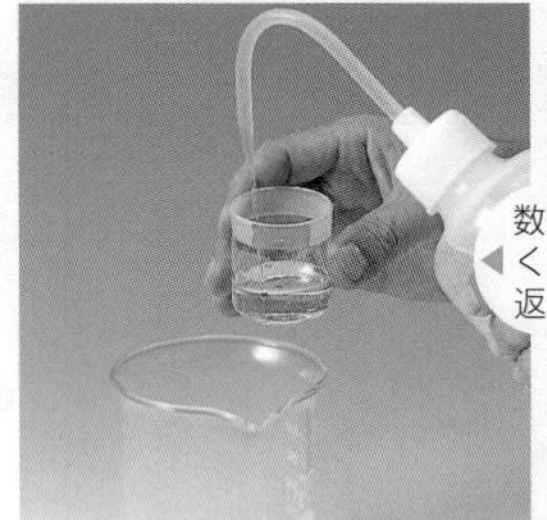
さらに秤量瓶を洗う。

数回くり返す

洗液もビーカーに加える。

さらに純水を加える。

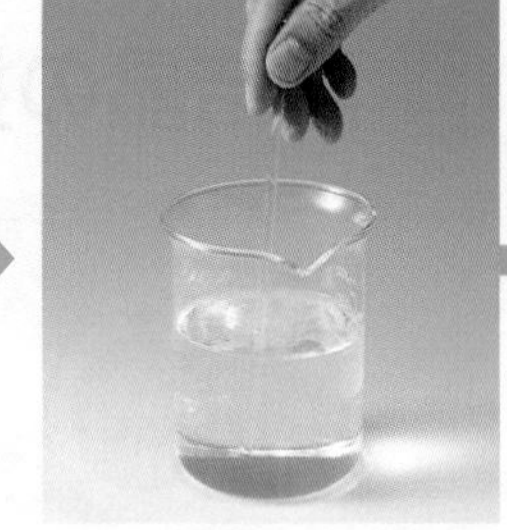
完全に溶かす。

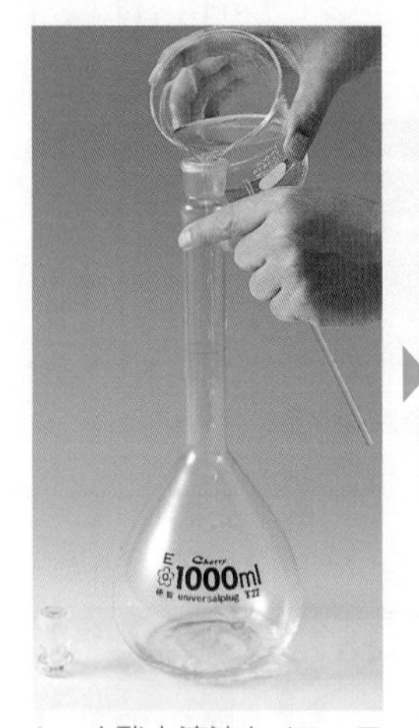
シュウ酸水溶液をメスフラスコに移す。

ガラス棒とビーカーを純水で洗う。

数回くり返す

洗液をメスフラスコに加え，その後純水を加える。

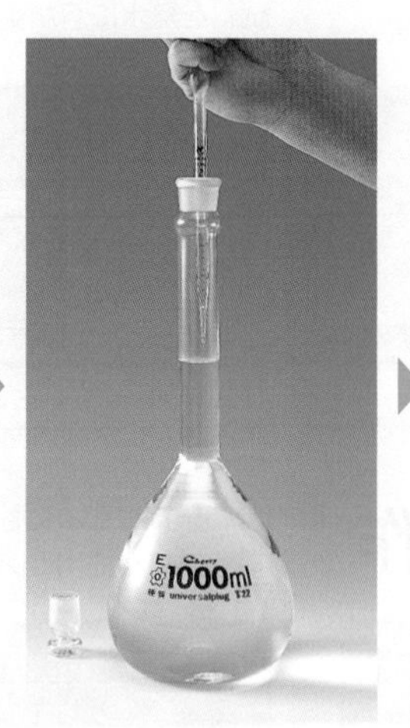
最後に，こまごめピペットで標線まで純水を加える。

栓をして，溶液が均一になるように，よく混合する。

補足 標準液のつくり方

シュウ酸二水和物の結晶は，潮解性・風解性がなく成分が変化しないので，酸の標準液をつくる試料として用いられる。
シュウ酸二水和物を化学式で表すと，$(COOH)_2 \cdot 2H_2O$で，式量は 126 である。したがって，その 0.0500 mol，すなわち 6.30 g を純水に溶かして 1.00 L の溶液にすると，0.0500 mol/L のシュウ酸標準液ができる。
なお，シュウ酸二水和物 6.30 g をはかり取ってすぐに溶かすのであれば，秤量瓶ではなく，ビーカーを用いてもよい。
秤量瓶やシュウ酸二水和物を溶かしたビーカーを何度か純水(溶媒)で洗い，その洗液をビーカーやメスフラスコに加えるのは，はかり取ったシュウ酸二水和物のすべてを完全に移すためである。

標線と液面の正しい位置

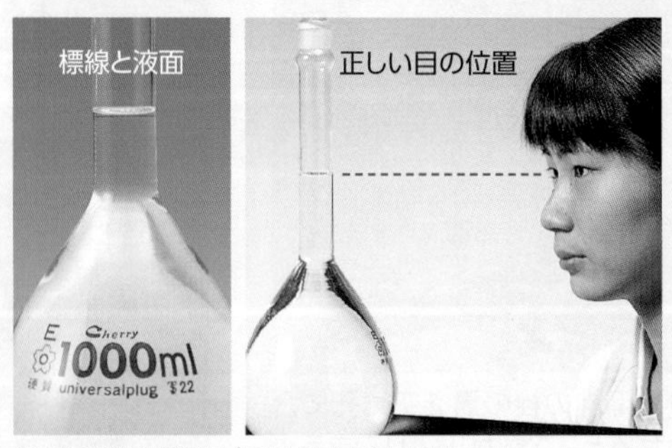

液面の底と標線がそろうようにする。

A 温度上昇後に沸騰石を入れると，突沸を招く危険があります。そのため，一度液体を冷ましてから沸騰石を入れ，再加熱するのがよいでしょう。

B ビュレットの使い方
burette

ビュレットは細くて長いので，先端を壊さないよう注意する。水などでぬれていると濃度が変わってしまうため，使用する溶液で数回洗い(共洗い)，ぬれたまま使用する。

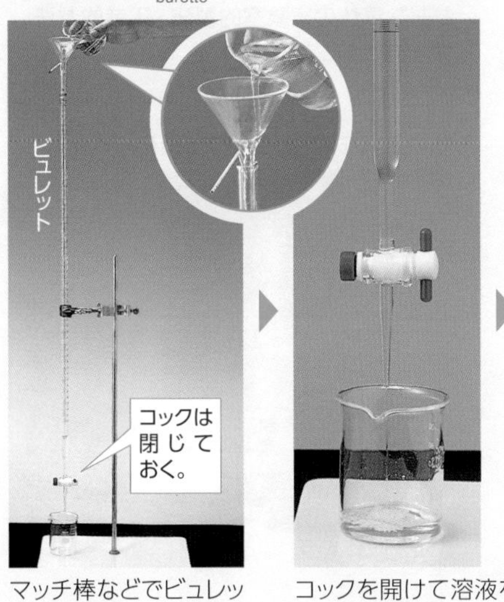

マッチ棒などでビュレットと漏斗の間にすき間をつくり，溶液が漏斗からあふれ出るのを防ぐ。

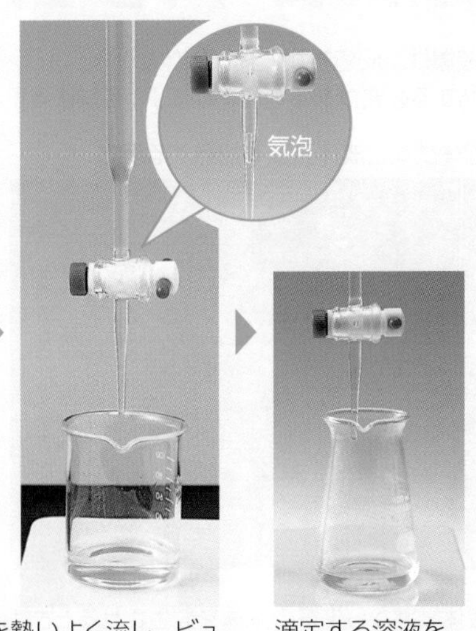

コックを開けて溶液を勢いよく流し，ビュレットの先まで溶液で満たす。コックを閉じたときに気泡がある場合は，再度溶液を勢いよく流し，気泡をなくす。

滴定する溶液を，ビュレットの下にセットする。

共洗い

❶使用する溶液をビュレットに少量入れる。
❷水平にして回しながら洗う。　❸溶液を捨てる。

C ホールピペットの使い方
whole pipet

ホールピペットも精密な測定器具なので，加熱乾燥してはいけない。ホールピペットが水などでぬれている場合は，使用する溶液で数回洗い(共洗い)，ぬれたまま使用する。

ホールピペットの使い方

標線の少し上まで溶液を吸いこむ。

指ですばやく栓をする。

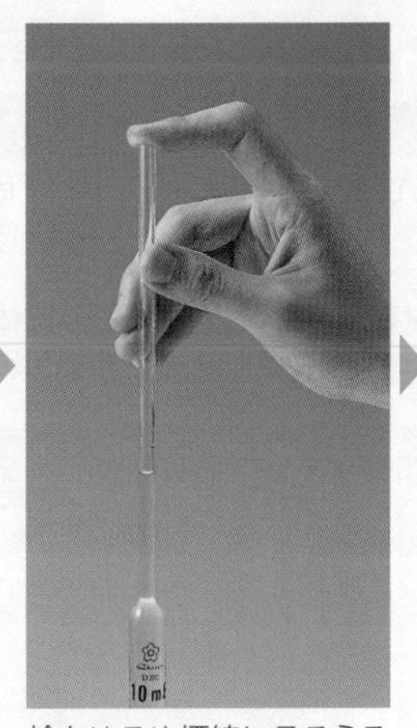

栓をゆるめ標線にそろえる。

別の容器に流出。

最後の１滴を出す。

安全ピペッターの使い方

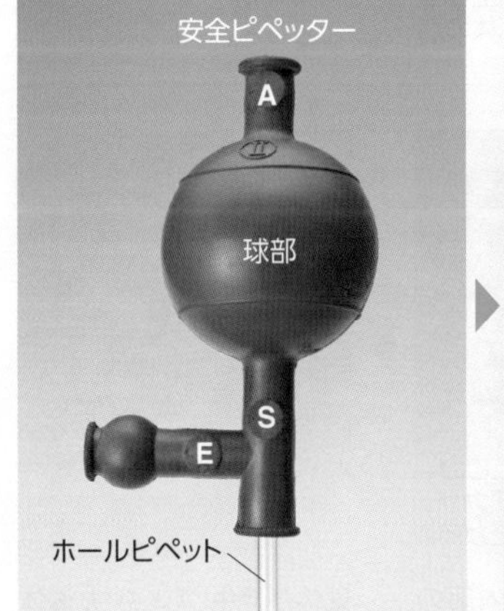

有毒物質のときは安全ピペッターを使う。

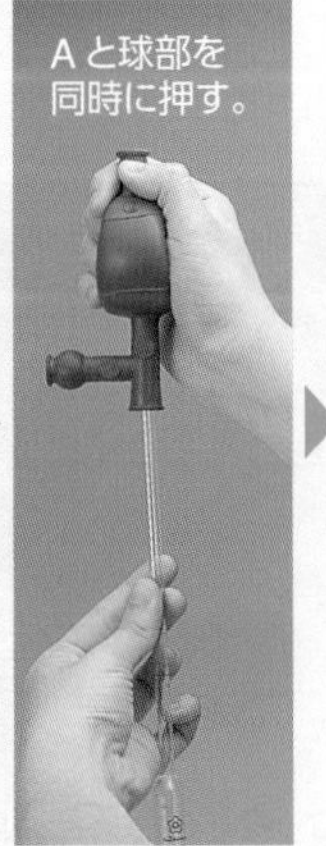

球部の空気を抜く。

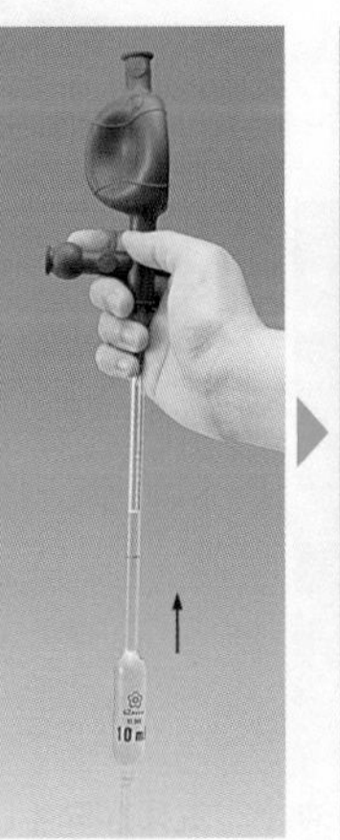

標線の少し上まで溶液を吸いこむ。

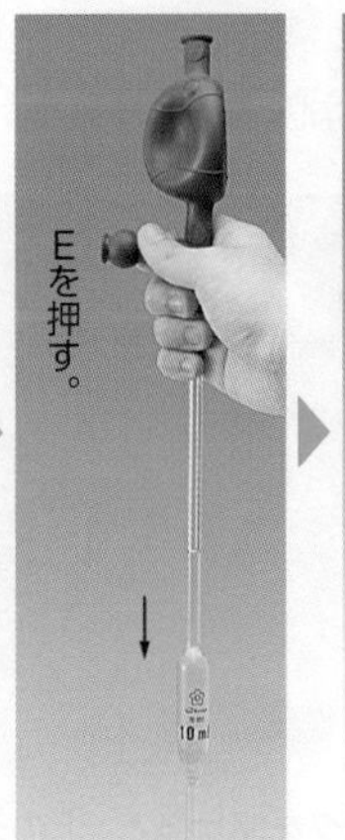

標線にそろえる。

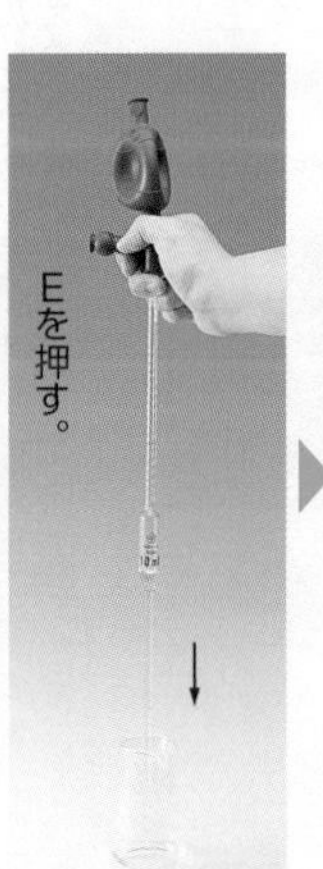

別の容器に流出。

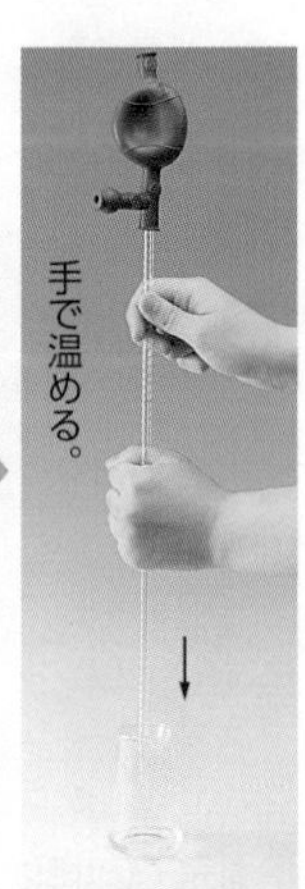

最後の１滴を出す。

Q ホールピペットで最後の１滴を出すときには，なぜ温めるのですか？

5 気体の発生と捕集の方法

Jump 気体の製法と性質 → *p.156*
おもな気体の実験室的製法・工業的製法や性質をまとめてある。

A 気体の発生装置
gas

気体の発生装置は，反応物が液体か固体か，反応時に加熱する必要があるかないかによって決まる。

■固体試薬と液体試薬の反応

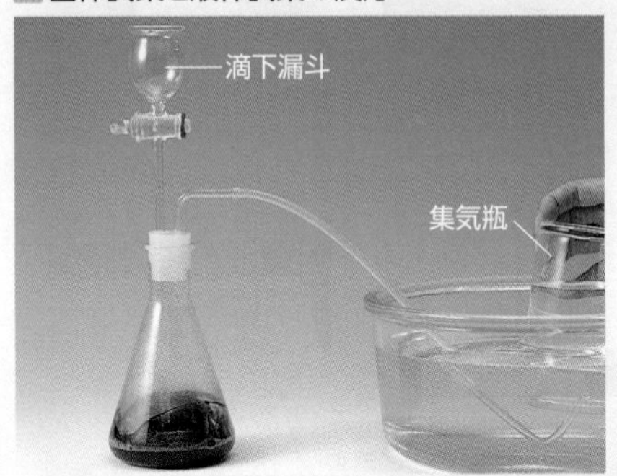

■固体試薬と液体試薬を加熱する反応

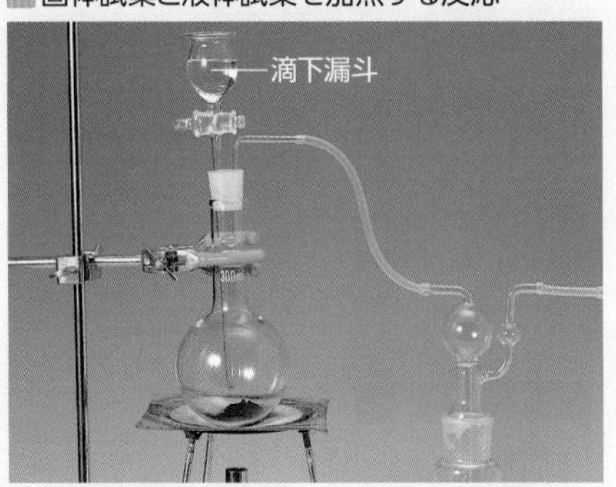

■固体試薬を混合し加熱する反応

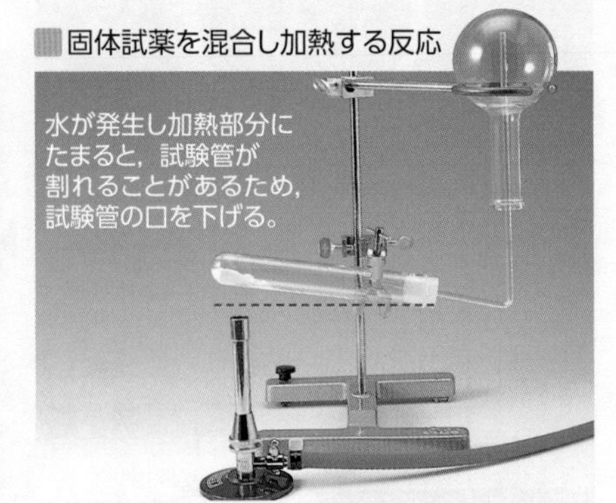

B ふたまた試験管

固体試薬と液体試薬から少量の気体を発生させるときは，ふたまた試験管を用いると便利である。

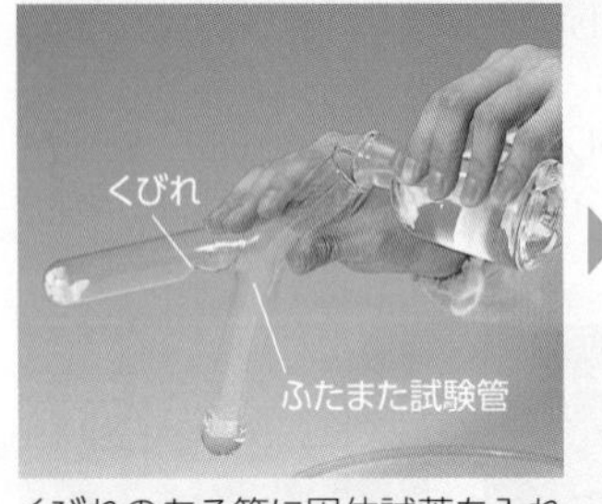

くびれのある管に固体試薬を入れ，次に反対側に液体試薬を入れる。

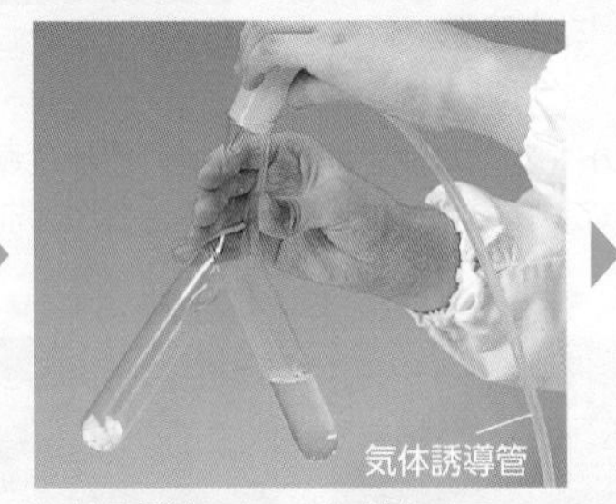

気体誘導管のついた栓をする。

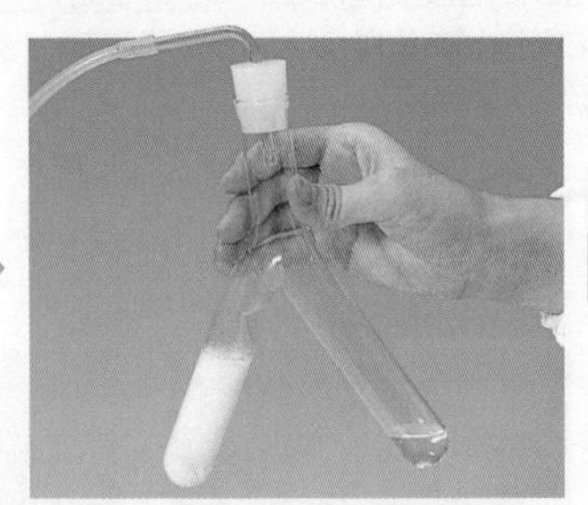

傾けて固体試薬に液体試薬を注ぐと，気体が発生する。

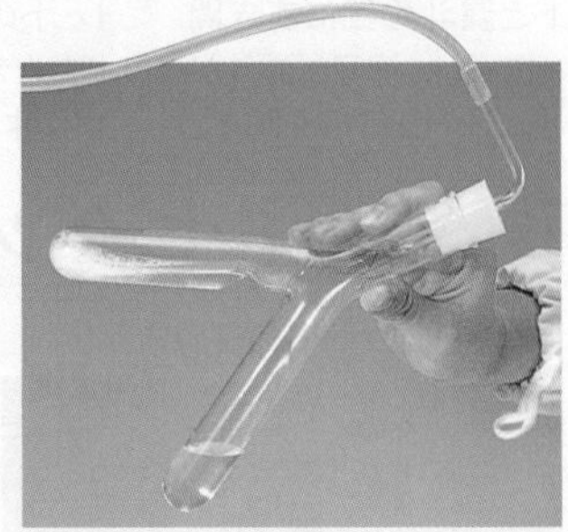

液体試薬をもどすと，しだいに反応がおさまる。

C キップの装置

固体試薬と液体試薬から，くり返し多量の気体を発生させる装置として，キップの装置がある。ただし，加熱が必要な反応や固体試薬が粉末の場合には使用できない。

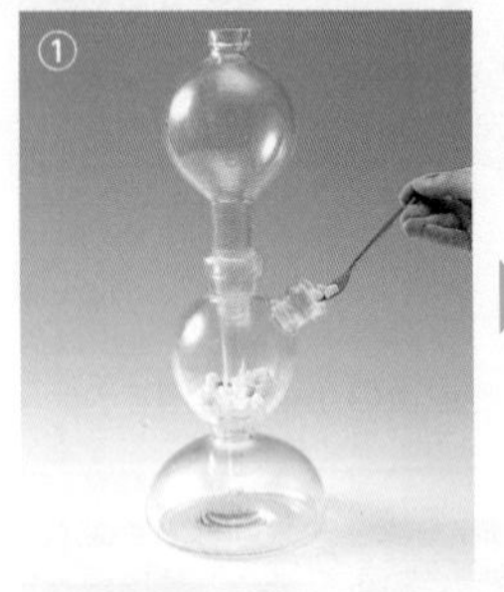

固体試薬を入れる。

液体試薬を入れる。

コックを閉じ，さらに加える。

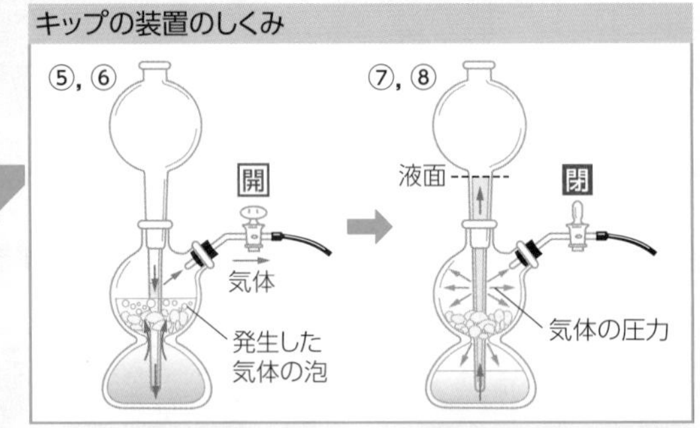

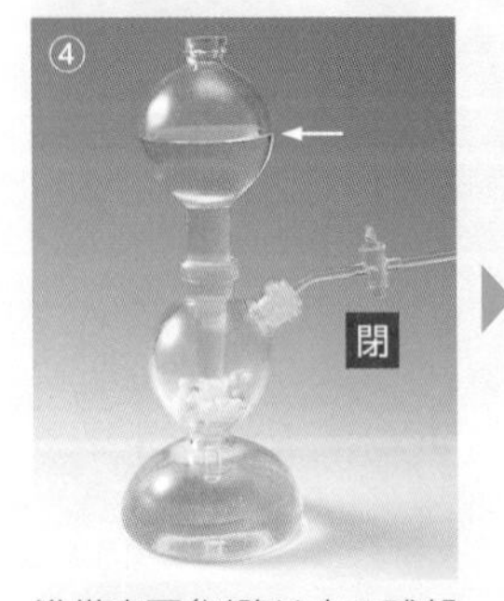

準備完了(以降は上の球部の液量に注目)。

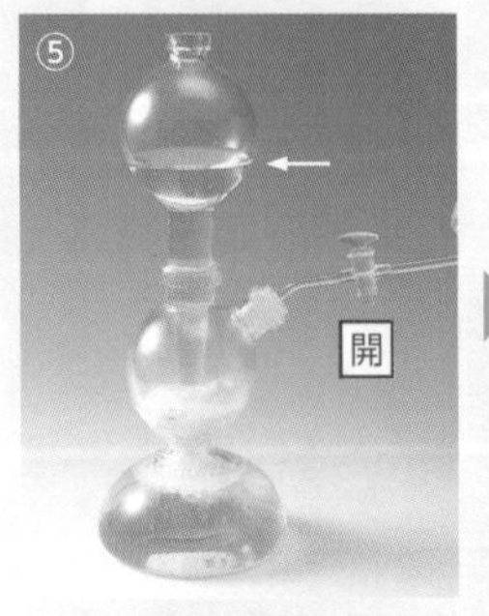

コックを開けると，上の液体が下がり，反応が始まる。

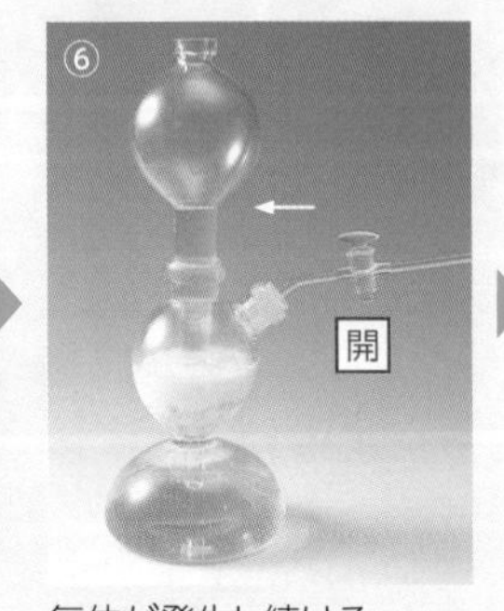

気体が発生し続ける。

コックを閉じると，内部の圧力で液体が押し上がる。

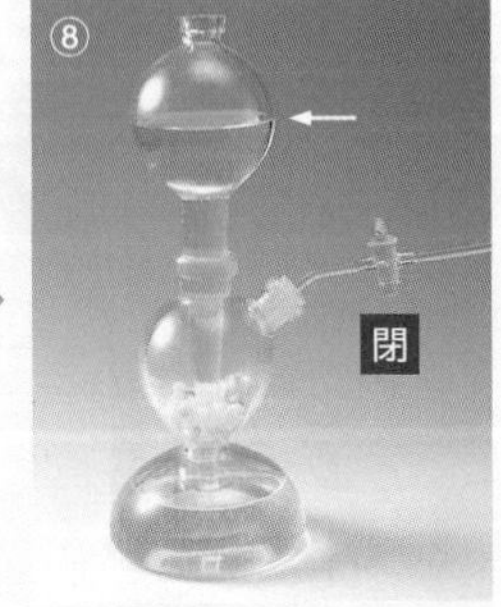

気体が発生しなくなり，液体の上昇も止まる。

A 手で温めることで内部の空気が膨張して，最後の 1 滴が落ちてくるからです。決して口で吹いてはいけません。呼気に含まれる物質が混入してしまいます。

D 気体の乾燥 drying

気体を乾燥させる場合，気体と反応する乾燥剤は使えない。
例えば，酸性の気体に塩基性の乾燥剤は使えない。容器は乾燥剤が固体か液体かによって選ぶ。

■塩化カルシウム管(固体の乾燥剤用)

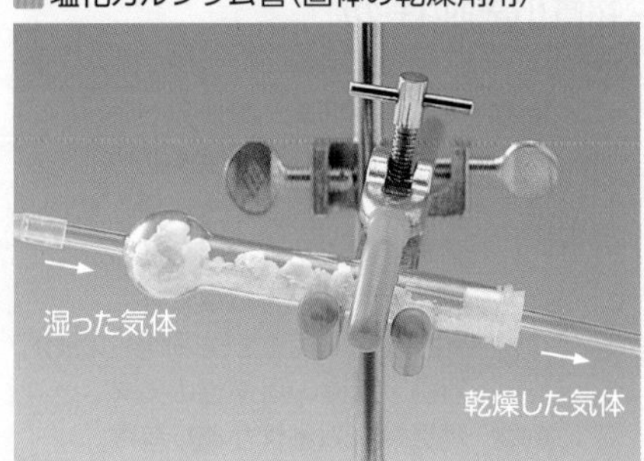

■U字管(固体の乾燥剤用)

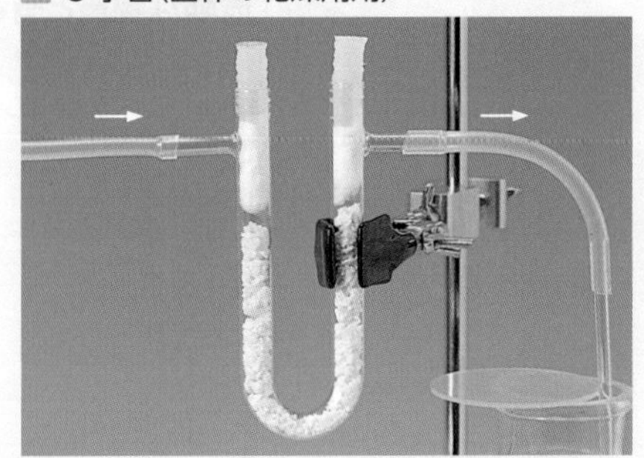

■気体洗浄瓶(液体の乾燥剤用)

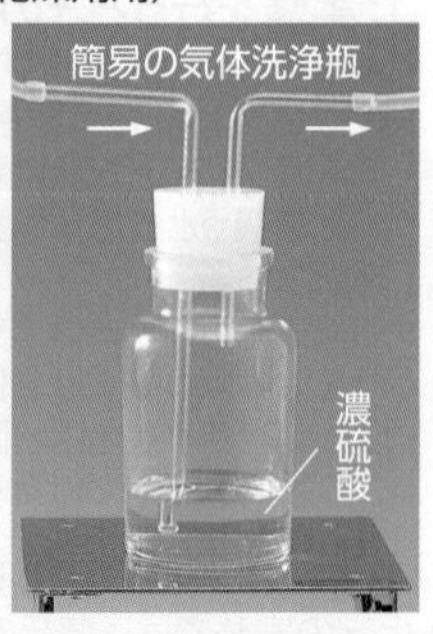

■おもな乾燥剤

乾燥剤に用いられる物質 ＼ 乾燥させる気体			塩基性	中性			酸性					
			NH_3	H_2	N_2	O_2	CO_2	SO_2	NO_2	Cl_2	HCl	H_2S
固体	塩基性	酸化カルシウム　CaO	○	○	○	○	×	×	×	×	×	×
固体	塩基性	ソーダ石灰　CaO と NaOH の混合物	○	○	○	○	×	×	×	×	×	×
固体	中性	塩化カルシウム　$CaCl_2$	×※1	○	○	○	○	○	○	○	○	○
固体	酸性	十酸化四リン　P_4O_{10}	×	○	○	○	○	○	○	○	○	○
液体	酸性	濃硫酸　H_2SO_4	×	○	○	○	○	○	○	○	○	×※2

一般に，「塩基性の乾燥剤は，塩基性・中性の気体の乾燥」に，「酸性の乾燥剤は，酸性・中性の気体の乾燥」に，「中性の乾燥剤は，塩基性・中性・酸性すべての気体の乾燥」に用いられるが，一部例外もあるので注意が必要である。
※1 $CaCl_2$ と NH_3 が反応して，$CaCl_2 \cdot 8NH_3$ という物質が生成してしまう。　※2 H_2S が還元剤としてはたらいてしまう。

E 気体の捕集法 collecting method

水に溶けない気体は，水上置換で捕集する。水に溶けやすく空気より軽い気体は上方置換，水に溶けやすく空気より重い気体は下方置換で捕集する。

入試問題にチャレンジ! p.280

■水上置換

水素 H_2，酸素 O_2，窒素 N_2，一酸化炭素 CO，一酸化窒素 NO，メタン CH_4 など

■上方置換

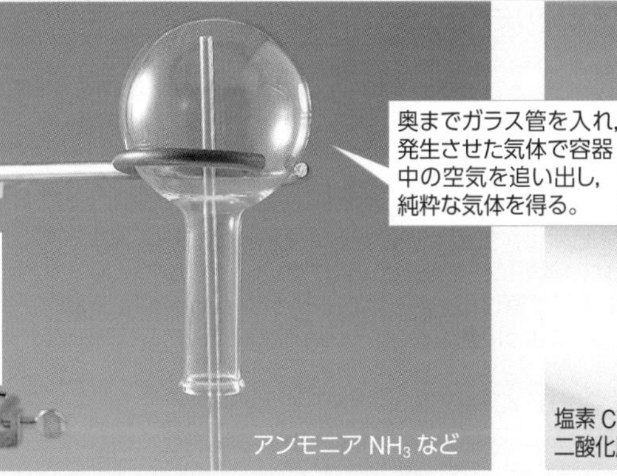

アンモニア NH_3 など

■下方置換

塩素 Cl_2，塩化水素 HCl，硫化水素 H_2S，二酸化炭素 CO_2，二酸化窒素 NO_2，二酸化硫黄 SO_2 など

補足 ガラス管の処理

気体の発生装置を組みたてるときなど，ガラス管を切ったり曲げたりする必要がある。ここでは，簡単なガラス細工の方法を示す。

■ガラス管の切断

やすりで傷をつける。

傷を中心にして両側に引っ張るようにして折る。

■ガラス管の曲げ方

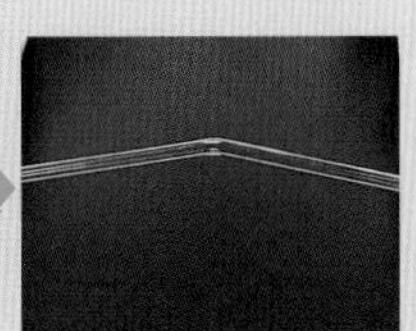

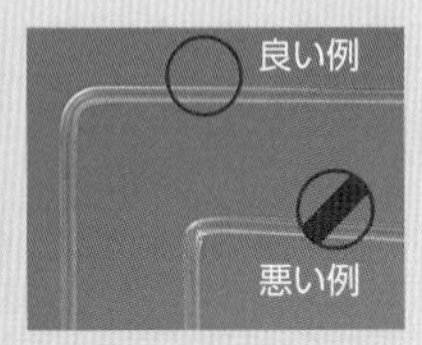

ガラス管を回しながら，バーナーで十分に加熱し，炎の外に出して曲げる。

Q 気体を水上置換で捕集しているときに，水の逆流が起こり始めたら，どうしたらよいのですか?

6 実験について

① 実験を行うときの一般的注意事項

・実験中は常に保護めがねと白衣を着用する。
・有害な気体を扱う場合は，排気装置のある場所(ドラフト)で行う。
・火気を扱うときは，引火性の物質を近くに置かない。
・加熱しているときは，試験管やフラスコの口を人のほうに向けない。
・においをかぐときは，直接試験管やフラスコの口に鼻を近づけたりしないで，手であおいでにおいをかぐ。

保護めがね

② 事故についての注意

化学の実験では，薬品を混合したり，加熱したりするときに事故が起こる可能性がある。したがって，先生の指示に従って慎重に実験を行って，事故を防止することが何より重要なことである。しかし，万一事故が起こった場合には，決してあわてず，おちついて処置をすることが大切である。

○ガラスで手を切ったとき
患部を水でよく洗ったのち，傷口をしっかり押さえて消毒薬を塗っておく。傷が深いときは，すぐ医師の手当てを受ける。

○やけどをしたとき
熱水蒸気や熱いガラス容器などに触れたとき，やけどをした部分が赤くなった程度であれば，冷水で 15 分以上冷やし，包帯をしておく。火ぶくれができる程度以上のときは，十分に冷やしてから医師の手当てを受ける。

○薬品に触れたとき
濃い酸や塩基は皮膚を腐食する性質が強いから，手についたらすぐ多量の水で十分に洗い，酸の場合は炭酸水素ナトリウム水溶液を，塩基の場合は薄い酢酸水溶液をつけ，その後さらに水洗する。万一，目に入った場合は大変危険なので，15 分間以上水で目を洗い，すぐに医師の手当てを受ける。

○有毒ガスを吸ったとき
すぐに室内の窓を開放し，新鮮な空気を吸う。衣服をゆるめ，静かに休む。めまいがしたり，呼吸が苦しいときは，すぐ医師に連絡し，手当てを受ける。

○薬品などが発火(引火)したとき
あわてずに近くの引火性物質を除く。小規模なら，自然消火を待つか，ぬれぞうきんでおおう。火が大きく燃え広がりそうなときは，砂をかけたり，消火器を使ったりして消火する。

③ 試薬の取り扱い

(a) 発火性の物質
水や空気に直接触れないように，密封して保存する。

(b) 引火性の物質
引火性の液体の物質は，火気のない冷暗所に，少量ずつ密栓して保存する。引火性の気体や蒸発しやすい液体の蒸気に空気が混合したものは，引火して爆発することがあるので，常に火気は避ける。
引火性の気体は必要なときにそのつどつくるようにする。

(c) 爆発性の物質
固体・液体の物質は，冷暗所に少量ずつ密栓して保存する。加熱したり，強い衝撃を与えたりすると，爆発する危険性があるので，取り扱いには十分に注意する。
気体の物質は通常，市販のボンベに充塡されている。空気(酸素)と混合すると爆発する危険性があるので，空気(酸素)と混合しないようにする。
実験室で発生させた場合は，その場で使い切り，保存はしないようにする。

(d) 禁水性の物質
水や湿気に触れないように，密栓したり石油中に入れたりして保存する。

(e) 酸化性の物質
還元性をもつ物質や，有機化合物などを酸化するので，これらの物質と触れないようにし，密栓して冷暗所に保存する。

(f) 有害・有毒な物質
固体・液体の薬品は，皮膚や衣服に対して腐食性があるので，取り扱いには十分に注意する。保存は，密栓して冷暗所に置く。フッ化水素は水溶液・気体ともガラスを侵すので，ポリエチレンの容器に保存する。
気体の薬品を扱うときは，吸入しないようにして，換気に注意する。実験室に排気設備(ドラフト)がある場合は，その中で扱うようにする。

④ 危険な物質と有毒な物質(代表的なもの)

物質	危険性	毒性	備考
2,4,6-トリニトロトルエン	a	劇物	爆発性が非常に高い。
アセチレン	e		可燃性の気体。爆発範囲が広い。
アセトン	d		特異臭の液体で，引火点が低い。
アンモニア	e		低濃度でも粘膜や目を刺激する。
一酸化炭素	e		無色・無臭の有毒な気体。
エタノール	d		無色で特有の芳香をもつ揮発性の液体。
エタン	e		無色・無臭の可燃性の気体。
塩酸		劇物	腐臭性，刺激性があり有毒。
塩素			低濃度でも毒性が強い気体。
黄リン	b	毒物	空気中で自然発火。冷水中に保存。
オゾン			微青色で悪臭をもつ有毒な気体。
カーバイド	b		水と反応してアセチレンを発生。
過酸化水素	c	劇物	密器のふたに小穴を開け，冷暗所に保存。
過マンガン酸カリウム	c		可燃性物質や強酸から離して保存。
K, Na, Ba などの単体	b	劇物	水に触れると発火。石油中に保存。
K, Na, Ba などの水酸化物		劇物	水溶液は強塩基性を示す。
Ca の単体			水と反応して水素を発生する。
金属微粉末(Mg, Al など)	b		密栓して，火気のない冷暗所に保存。
酢酸(氷酢酸)	d		無色・刺激臭の液体で，腐食性をもつ。
酸化カルシウム(生石灰)			密栓して，乾燥した冷暗所に保存。
シアン化物		毒物	きわめて毒性が強い。
ジエチルエーテル	d		密栓して，火気のない冷暗所に保存。
臭素		劇物	可燃性物質から離して保存。
硝酸銀		劇物	可燃性物質と接触すると発火する。
硝酸	c	劇物	光で分解するので，褐色の瓶に保存。
水銀と水銀化合物		毒物	水銀は毒性が強く，蒸気は神経を冒す。
水素	e		酸素とともに点火すると爆発的に反応する。
二クロム酸カリウム		劇物	強い酸化剤である。
二酸化硫黄			火山ガスにも含まれる有毒な気体。
二酸化窒素			大気汚染の原因の 1 つとなっている。
二硫化炭素	d	劇物	きわめて有毒で，殺虫剤にも使われる。
濃アンモニア水		劇物	強い塩基性である。
濃硫酸		劇物	吸湿性があり，強い脱水作用をもつ。
ハロゲン化水素		劇物	無色・刺激臭のある有毒な気体。
フェノール		劇物	高濃度の液体は皮膚を腐食する。
フッ化水素酸		毒物	腐食性，有毒性が著しい。
フッ素			目，皮膚，呼吸器を著しく腐食する。
ベンゼン，トルエン	d		換気がよく，火気のない冷暗所に保存。
ホルマリン		劇物	タンパク質凝固作用があり有害。
メタノール	d	劇物	吸湿性があり蒸発しやすい有毒な気体。
メタン	e		塩素と混合して日光に当てると爆発する。
硫化水素	e		非常に有毒な気体。
Li の単体	b		水と容易に反応して水素ガスを発生する。

危険性 (a) 爆発性　(b) 発火性　(c) 酸化性　(d) 引火性
(e) 可燃性(ガス)　　(労働安全衛生法による危険物の分類)
毒　物：体重 1kg 当たり経口致死量 50mg 以下のもの。
劇　物：体重 1kg 当たり経口致死量 50 ～ 300mg のもの。
(毒性条件は厳密なものではなく，法令で指定された物質をいう。)

Ⓐ ゴム栓を外し気体発生器内を大気圧と同じにするのがよいでしょう。水槽に入れた気体誘導管を水から引き上げるだけでは，管内に吸いこまれた水の逆流は続きます。

⑤ 試薬溶液の調製方法

●酸・塩基水溶液

試薬	濃度(約)	調製方法
硫酸	3mol/L	市販の濃硫酸(95%, 18mol/L, 密度 1.83g/cm³)10mL を水 40mL の中に, ガラス棒でかき混ぜながら徐々に加える。この際, 著しく発熱するから, 肉厚のガラス容器を使わない。温度が下がったら, さらに水を加えて全体を 60mL にする(冷却しながら行うのが望ましい)。
	1mol/L	3mol/L の硫酸を水で薄めて 3 倍の体積にする。
塩酸	6mol/L	市販の濃塩酸(35%, 12mol/L, 密度 1.19g/cm³)を水で薄めて 2 倍の体積にする。
	1mol/L	6mol/L の塩酸を水で薄めて 6 倍の体積にする。
硝酸	6mol/L	市販の濃硝酸(60 ～ 62%, 13mol/L, 密度 1.38g/cm³)を水で薄めて 2.2 倍の体積にする。
	1mol/L	6mol/L の硝酸を水で薄めて 6 倍の体積にする。
酢酸	1mol/L	市販の氷酢酸(99.5%, 17.5mol/L, 密度 1.05g/cm³)を水で薄めて 17.5 倍の体積にする。
アンモニア水	6mol/L	市販の濃アンモニア水(28%, 15mol/L, 密度 0.9g/cm³)を水で薄めて 2.5 倍の体積にする。
	1mol/L	6mol/L のアンモニア水を水で薄めて 6 倍の体積にする。
水酸化ナトリウム水溶液	6mol/L	水酸化ナトリウム 24g を水 約 80mL に入れて溶かす。この際, 著しく発熱するから, 肉厚のガラス容器を使わない。温度が下がったら, さらに水を加えて全体を 100mL にする(冷却しながら行うのが望ましい)。
	1mol/L	6mol/L の水酸化ナトリウム水溶液を水で薄めて 6 倍の体積にする(水酸化ナトリウム 4g を上記の方法で水に溶かして 100mL としてもよい)。試薬瓶にはシリコン栓を使用する。

●検出用試薬

試薬	調製方法	備考
ヨウ化カリウムデンプン溶液 (ヨウ化カリウムデンプン紙)	デンプン 0.1g に冷水 10mL を加えて, よくかき混ぜながら熱して煮沸する。ヨウ化カリウム 0.1g を水 10mL に溶かした溶液を, このデンプン溶液に加えてかき混ぜる。	塩素, オゾン, 過酸化水素などの酸化剤の検出に用いる。
ヨウ素溶液	ヨウ化カリウム 2g を水 20mL に溶かし, ヨウ素 0.5g をこれに溶かす。	デンプンや還元剤の検出に用いる。
臭素水	臭素 6 ～ 8g に水を加えて 300mL として振り混ぜ, 褐色瓶に入れる。	不飽和結合の検出に用いる。
フェーリング液	A 液：硫酸銅(Ⅱ)五水和物 7g を水に溶かして 100mL の溶液をつくる。 B 液：酒石酸ナトリウムカリウムの結晶 35g と, 水酸化ナトリウム 10g をとり, 水に溶かして 100mL の溶液をつくる。 使用する直前に A, B 両液を同体積ずつ混ぜる。	還元性の有機化合物の検出に用いる。
石灰水	水に過剰の水酸化カルシウムを加えてよく振り混ぜ, 静置して上澄み液をとる。	二酸化炭素の検出に用いる。

●中和の指示薬

試薬	調製方法	備考
フェノールフタレイン溶液	フェノールフタレイン 1g をエタノール 80mL に溶かし, 水を加えて 100mL にする。	強酸と強塩基, 弱酸と強塩基の中和の指示薬に用いる。
メチルオレンジ水溶液	メチルオレンジ 0.1g を温水 100mL に溶かし, 冷えてからろ過して使う。	強酸と強塩基, 強酸と弱塩基の中和の指示薬に用いる。

●塩類試薬

塩類試薬は, 0.1mol/L のものを使用することが多い。塩を 0.1mol はかり取り, 水に溶かして全量を 1L とする。

試薬	式量	試薬	式量	試薬	式量
塩化リチウム	42.4	硫酸銅(Ⅱ)五水和物	250	チオシアン酸カリウム	97
塩化ナトリウム	58.4	硫酸亜鉛七水和物	288	酢酸鉛(Ⅱ)三水和物 5)	379
塩化カリウム	74.6	硝酸カルシウム四水和物	236	ヘキサシアニド鉄(Ⅱ)酸カリウム三水和物 6)	422
塩化スズ(Ⅱ)二水和物 1)	226	硝酸鉄(Ⅲ)九水和物	404		
塩化鉄(Ⅲ)六水和物 2)	270.3	硝酸銀 3)	170	ヘキサシアニド鉄(Ⅲ)酸カリウム 3)	329
硫酸ナトリウム十水和物	322	硝酸カドミウム四水和物	308	過マンガン酸カリウム	158
チオ硫酸ナトリウム五水和物	248	臭化カリウム	119	二クロム酸カリウム	294
硫酸アルミニウム十八水和物	666	ヨウ化カリウム 4)	166		

1) 塩化スズ(Ⅱ)二水和物 22.6g を濃塩酸 20mL に溶かし, 水を加えて 1L にする。金属スズを数粒加えて保存する。
2) 少量の塩酸を加えておく。
3) 褐色瓶に入れておく。
4) 使用時につくり, 直射日光を避ける。
5) 酢酸を少量加えて, 透明にする。
6) 煮沸した水に溶かす。

⑥ 廃液処理のしかた

○重金属イオンを含む溶液……含んでいるイオンの種類ごとに分類して回収する。混合しないこと。
○酸性溶液・塩基性溶液………中和してから, 多量の水で希釈して廃棄する。
○有機溶媒……………………溶媒の種類ごとに分類して回収する。また, 揮発性があり, 引火するものはとくに注意する。

重金属イオンを含む溶液の回収

7 探究活動について

A 探究の進め方

探究の進め方は一つに決まっているわけではなく，そのときどきによって違ってくる。
ここでは，一般的な流れを紹介する。

■探究の進め方の例

✓	探究の進め方	概要	具体例
	テーマを決める	自らの疑問や課題をもとに，どういったことを調べるのか検討する。	いろいろな物質の性質を調べて，それぞれの物質がどのような化学結合の結晶（金属結晶，イオン結晶，分子結晶，共有結合の結晶）なのかを考える。
	仮説を立てる	すでにある事実から，テーマを解決するための予想を立てる。	結晶の種類によって，融点や電気の通しやすさ，硬さ・もろさが違うので，それらの特徴を確かめることで結晶の種類がわかるのではないか。
	情報を収集する	文献やインターネットを活用して情報を集める。	化学に関する辞典で物質の融点を調べる。物質の取り扱いに関する注意点（水と反応させてはならない，など）を調べておく。
	実験計画を立てる（→B）	テーマを考えるにあたってどういった実験を行えばよいかを計画する。	実験ノートを準備して，実験に必要な試薬・器具，実験の注意点，実験の手順などをまとめる。
	実験を実施する（→B）	実験計画にそって実験を行う。	それぞれの物質をハンマーでたたいて，硬さやもろさを確かめる。固体の状態や水溶液にした状態で電気を通すかどうか確かめる。
	結果を分析・考察する（→C）	実験結果を分析して，立てた仮説が正しいかどうかを考察する。	硬さやもろさはどうだったか，電気を通したか通さなかった，などを表形式でまとめ，結晶性を見分けられるかどうか考える。
	レポートにまとめる（→C）	仮説から考察までをレポートにまとめる。	レポートを書く際の注意点にそってまとめる。
	発表する（→D）	探究の結果を発表する。	発表の形式に応じて，ポスターを作成したり，プレゼンテーション用のスライドを作成したりする。

B 実験の計画・実施

実験の計画を立てる際は，先生に妥当性や安全性を確認してもらう。
実験中は実験に集中し，観察や結果・実験中の気づきを詳細に記録する。
実験ノートは，実験結果を証拠として残すための重要な役割をはたす。
また，他の人が見てもわかるように記録することを心がける。後日再現実験をするときにも実験ノートは役に立つ。

■実験ノートを書く際の注意点（チェックリスト）

✓		注意点
	全般	製本されたノートを使う。
		記録にはボールペンを用いる。
		実験の日時・天気・室温などの実験条件を記録する。
	仮説	仮説を簡潔に示す。
	操作	実験番号ごとに番号をつけて整理する。
		出典を示す。
		危険をともなう操作の注意点を書く。
	結果	行った操作は過去形で書く。
		測った試薬の量や測定値は単位も必ず示す。
		表などを用いてわかりやすくまとめる。
		誤りは取り消し線で訂正する。

C 結果の分析・考察・まとめ

実験結果を整理したり分析したりして，仮説が正しかったかどうか考える。仮説が正しくなかった場合は，次の仮説を考えるなどして，検証を繰り返す。
実験ノート同様，実験レポートも他の人がわかるようにまとめなければならない。また，同じ方法で実験を行えば，レポートと同じ実験結果が得られるかどうか（再現性があるかどうか）も，探究活動において大切なことである。

■実験レポートを書く際の注意点（チェックリスト）

✓		注意点
	全般	実験タイトルは簡潔に内容がわかるようにする。
		実験を行った日時などを記入する。
		報告者の氏名と，共同実験者の氏名を書く。
	仮説	どのような仮説にもとづいて実験を行ったかを示す。
	操作	実験ノートにもとづいて，実験の方法を示す。
		実験操作は過去形で記す。
	結果	結果には実験から得られた事実のみを記載する。
		適宜，表やグラフなどを用いて結果をまとめる。
	考察	結果をもとにどういった結論が得られたか示す。
	文献	参考にした文献名やHPアドレスなどを記載する。

グラフを書くときの注意点

実験のデータ処理や考察の際は，グラフを作成すると，2つの測定値の関係性がわかりやすくなる。規則性を見い出すことにつながったりすることもある。グラフを作成するときは，次の点に注意する。

・なるべく正方形に近い形にする。
・横軸に「変化させた量」，縦軸に「変化した量」をとり，見出しと単位をつける。
・測定の最大値を考慮して，横軸・縦軸に目盛りを入れる。
・測定値を，●，▲などで正確に書きこむ。
・測定値には誤差があるので，多くの測定値付近を通る「直線」あるいは「なめらかな曲線」を引く。

D 結果の発表

レポートをもとに実験内容をよりわかりやすくまとめて発表する。ポスター発表や口頭発表のほか，研究誌などの冊子やインターネット上で公開する方法もある。

ポスター発表

成果を大判の用紙1枚におさまるようにまとめて，訪問者に成果を発表する。訪問者の質問に対しても適宜回答することで，訪問者とじっくり交流することができる。

口頭発表（プレゼンテーション）

スライドなどを作成して，成果を決められた時間内で発表・プレゼンテーションする。発表後には質疑応答の時間があることが多い。一度に多くの人に成果を伝えることができる。

E 参考文献・ホームページ

実験計画を立てたり，結果を考察したりする際には，文献やホームページを活用して情報収集するとよい。

参考文献の例

書名	編著者	出版社
化学大辞典	化学大辞典編集委員会編	共立出版
化学大辞典	大木道則他編	東京化学同人
理化学辞典	長倉三郎他編	岩波書店
実験化学講座	日本化学会編	丸善
化学便覧	日本化学会編	丸善
理科年表	国立天文台編	丸善

本書に載っていない各種のデータをさがすときや，教科書に書かれている物質・人名・法則・化合物名などをより詳しく調べたいときには，まず，上表のような文献をあたるとよい。

参考ホームページの例

サイト名	概要
日本化学会	日本の化学関連では最大の団体。最新のニュースや国際化学オリンピックの概要などを知ることができる。
日本化学工業協会	化学関係のイベントニュースや化学工業のデータ（グラフで見る日本の化学工業）などを調べることができる。
産業技術総合研究所	「こんなところに産総研」では，最新の研究成果をはじめ，産業技術・科学技術をわかりやすく紹介している。
理化学研究所	理研の各研究分野の研究成果やニュースのほか，特設サイトで「113番元素」について扱っている。
国際純正・応用化学連合（IUPAC）	英文サイト。化学に関する国際機関。国際会議などの告知や，化学に関するさまざまなニュースを紹介している。

研究機関や学会・協会などのホームページは，情報収集に非常に役立つ。

参考ホームページ一覧→

引用

自分の実験レポートや発表資料などを作成する際に，他人の考えや研究成果を無断で使用することはできない。なぜなら，文章や写真，イラストなどを作成した人に，著作権があるからである。

ただし，次の条件を満たす場合は 引用という扱いになり，著作権をもつ人の許諾を得なくても，著作物を利用することができる。

- 引用する必要性がある。
- 引用する範囲が必要最小限である。
- 自分の文章が中心で，引用した部分は補足的である。
- 引用した部分にかぎかっこをつけたり書体を変えたりして，自分の文章とははっきり区別がつく。
- 引用した著作物のタイトル・著作者名などを明示する。

情報の信頼性

インターネットを通じて多くの情報を簡単に得られるようになったが，一方でそれらの情報が信頼性にたるかどうかを見極める能力も非常に重要になっている。

例えば，ウィキペディア（Wikipedia）とよばれる百科事典サイトは，探したい内容を検索すると簡単に関連する内容を見つけることができ，情報収集の手段としては非常に役立つ。しかし，編著者がはっきりしている文献やホームページとは違って，ウィキペディアは「誰でも編集ができる」という性質のため，情報の信頼性に関する所在が不明瞭で，必ずしも参考情報として適しているとはいえない。

目的にあわせて情報を利用・活用する能力のことを「情報リテラシー」という。リテラシー（literacy）とは，「読み書きする能力」という意味である。無数の情報が飛び交っている現代では，手に入る情報のうち，どれを用いたらよいのか，信頼できるのかどうかということを判断する力がより重要になっている。

第1編 物質の構成

第Ⅰ章　物質の構成
第Ⅱ章　粒子の結合

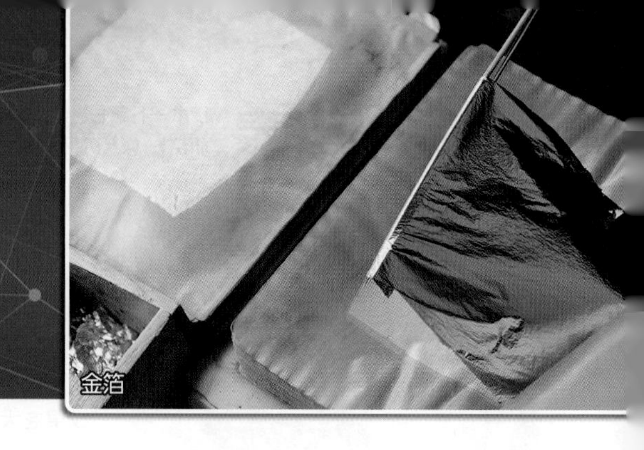
金箔

1 物質の成分 基 化

A 純物質と混合物 pure substance mixture

1種類の物質だけからできている物質を純物質という。
また，2種類以上の物質が混じりあってできている物質を混合物という。

■純物質の例

酸素

【成分】酸素（単体）

金

【成分】金（単体）

水

【成分】水（化合物）

1円硬貨

【成分】アルミニウム（単体）

食塩

【成分】塩化ナトリウム（化合物）

ショ糖

【成分】スクロース（化合物）

■混合物の例

海水

海水の組成（p.293）
【成分】水，塩化ナトリウム，塩化マグネシウムなど

空気

空気の組成（p.293）
【成分】窒素，酸素など

牛乳

【成分】水，脂質，タンパク質，糖など

黄銅

【成分】銅，亜鉛

原油

【成分】ナフサ，灯油，軽油など（p.220）

過酸化水素水

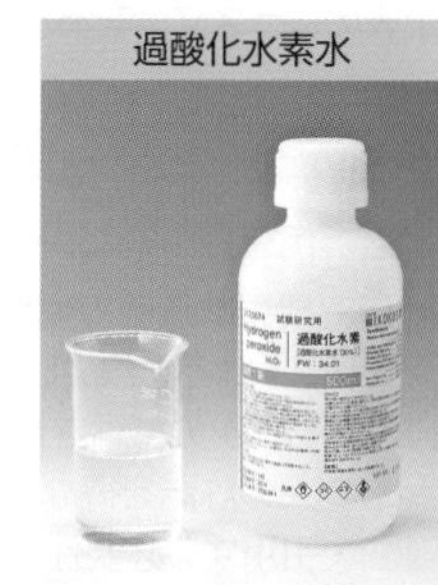
【成分】過酸化水素，水

■純物質と混合物の融点・沸点

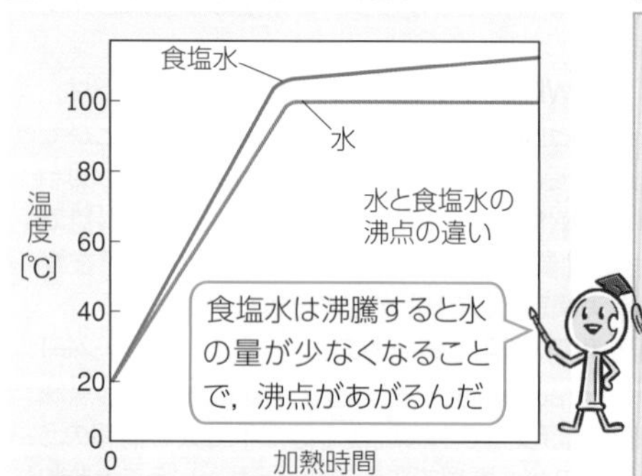

純物質は，固有の融点・沸点をもつ。混合物では，混合の割合によって沸点・融点が異なる。

■純物質と混合物のまとめ

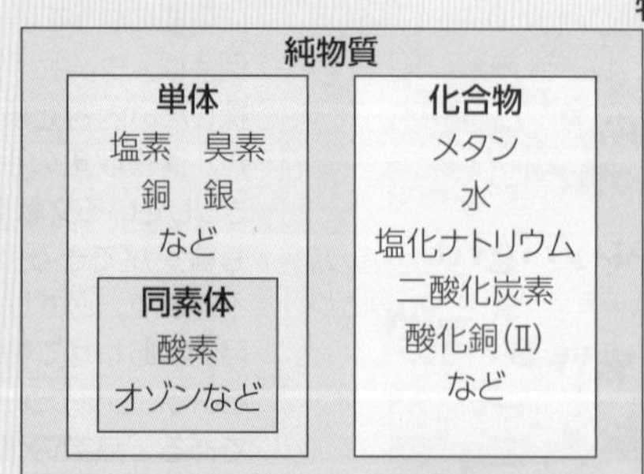

純物質は固有の密度をもつが，混合物は成分の割合によって密度が異なる。また，混合物には，成分が均一に混じりあっているものと，そうでないものとがある。

B 混合物の分離 separation

混合物に含まれているそれぞれの物質の性質の違いを利用すると，混合物から目的の物質を分離することができる(➡ p.16)。また，分離した物質からより純度の高い物質を得る操作を精製という。

蒸留

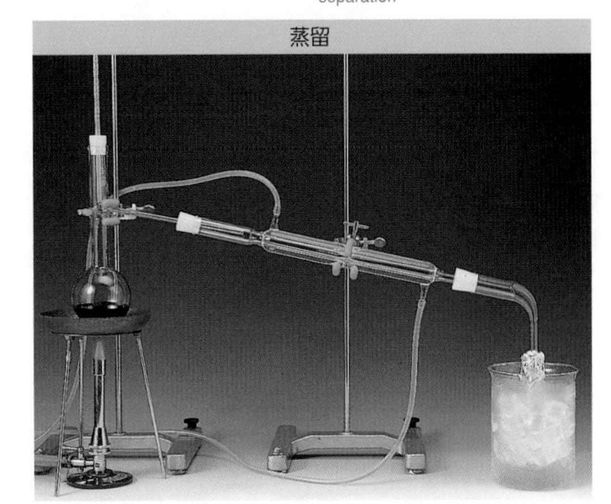

ろ過

紅茶のティーパックは，茶葉からお湯に味や香りの成分を溶かし出し(抽出)，ティーパックで茶葉をろ過して取り除いている。

抽出

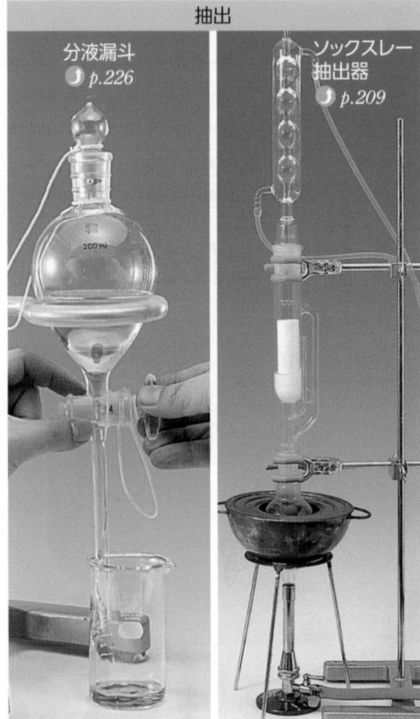

再結晶

昇華法

穏やかに加熱するとナフタレンが昇華する。これを冷却して純粋なナフタレンを得る。

ペーパークロマトグラフィー

ろ紙
インク
溶媒

水性ペンのインクをろ紙につけて乾燥させ，ろ紙の片方の端を溶媒に浸すと，溶媒がろ紙を上昇する。このとき，インク中の色素成分はろ紙への吸着のしやすさの違いにより分離される。

Zoom up 薄層クロマトグラフィー（TLC） Thin-Layer Chromatography

ガラス板などの表面にシリカゲルなどの吸着剤を薄く塗布した薄層プレートを用いる分離方法を薄層クロマトグラフィーという。試料溶液をプレートに少量つけた後，プレートの下端を溶媒に浸すことで試料物質を分離することができる。R_f 値(試料物質がどのくらい移動するかを示すパラメータ)は，温度や溶媒などの条件が同じならば，物質によって一定の値なので，これを利用して物質を確認できる。

$$R_f \text{値} = \frac{\text{試料物質の移動距離}}{\text{溶媒の移動距離}}$$

■溶媒・試料物質が移動しているようす

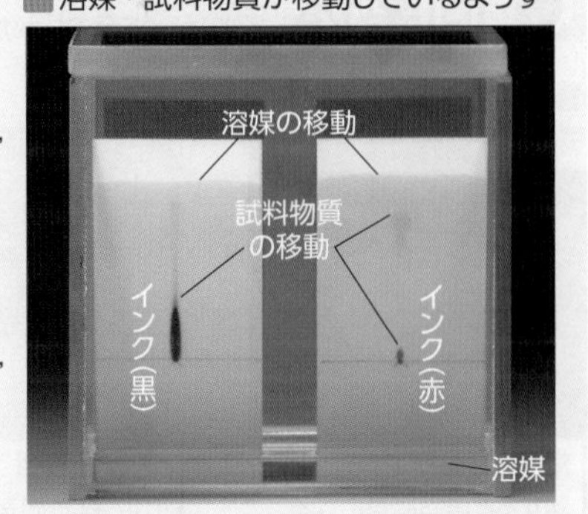

まとめ

混合物の分離

蒸留	溶液を加熱して発生した蒸気を冷却し，再び液体として取り出す操作。
分留(➡ p.220)	液体の混合物を，沸点の差を利用して蒸留し，それぞれの物質に分離する操作。
ろ過	液体とそれに溶けない固体の混合物から，ろ紙や漏斗を用いて固体を分離する操作。
抽出	分離したい物質が含まれている混合物に，その物質が溶けやすい溶媒を加えて溶かし，分離する操作。
再結晶	溶解度(➡ p.110)の差を利用して物質を分離する操作。
昇華法	成分物質が昇華(➡ p.99)する場合に利用。
クロマトグラフィー	混合物の成分を，ろ紙などの吸着剤への吸着のしやすさの違いを利用して分離する操作。

2 元素 基 化

A 元素 element

物質を構成している基本的な成分を元素という。元素は約 120 種類あり，自然界に存在している物質は，そのうちの約 90 種類からなる。

■元素名と元素記号の例

元素名	元素記号	ラテン語名	英語名	元素名の由来
水素	H	**H**ydrogenium	Hydrogen	水を生じるもの
炭素	C	**C**arboneum	Carbon	木炭
窒素	N	**N**itrogenium	Nitrogen	硝石から生じるもの
酸素	O	**O**xygenium	Oxygen	酸を生じるもの
銅	Cu	**Cu**prum	Copper	銅鉱山のあるキプロス島

元素記号は，ラテン語などの元素名の頭文字，あるいは頭文字とその他の1字の組合せからとられたものが多い。

Jump 元素

前見返し 元素の周期表

p.309 英語名・ラテン語名
元素の日本語名・英語名・ラテン語名一覧を掲載した。

B 単体と化合物 simple substance compound

1 種類の元素のみからできている物質を単体といい，2 種類以上の元素からなる物質を化合物という。

■単体の例

塩素 Cl_2(気体)

臭素 Br_2(液体)

銅 Cu(固体)

■化合物の例

メタン CH_4(気体)

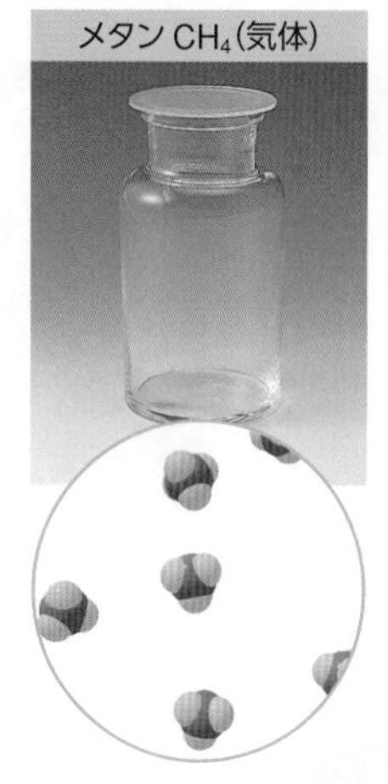

水 H_2O(液体)

塩化ナトリウム NaCl(固体)

C 同素体 allotrope

同じ元素からできている単体でも，性質が異なるものがある。それは，結合のしかたや結晶の構造が異なるためで，それらを互いに同素体という。

■硫黄の同素体

斜方硫黄

常温で最も安定。ゆっくり加熱すると単斜硫黄になる。

単斜硫黄

常温で放置すると，しだいに斜方硫黄に変わる。

ゴム状硫黄

黄色で，弾性をもつ。しだいに斜方硫黄に変わる。
※黒褐色になることも多い。

■リンの同素体

赤リン

毒性は少ない。化学的に安定。

黄リン(白リン)

猛毒。空気中で自然発火するので，水中に保存。

■炭素の同素体

ダイヤモンド

無色透明。きわめて硬い。電気を通さない。

黒鉛(グラファイト)

やわらかく，薄くはがれやすい。電気を通す。

フラーレン

炭素原子が C_{60} や C_{70} のように結合した球状の分子。

カーボンナノチューブ

炭素原子が直径数nm(ナノ)※の筒状に結合した分子。
※ 1 nm $= 10^{-9}$ m

Jump 同素体

各同素体の詳しい性質は，
硫黄 S p.147
炭素 C p.152
酸素 O p.146
リン P p.151

D 成分元素の検出

物質にどのような元素が含まれているかは，炎色反応や沈殿反応などの方法で調べることができる。

■炎色反応

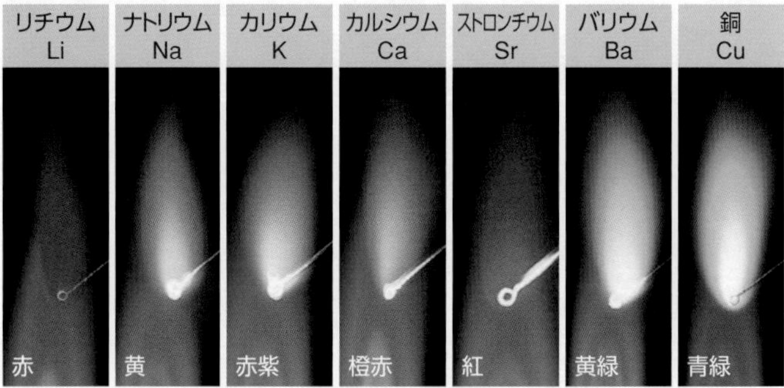

白金線を塩酸で洗浄した後，試料の溶液を白金線の先につけて，白金線をガスバーナーの外炎の中に入れると，試料に含まれる元素によって炎の色が変わる。

■沈殿反応

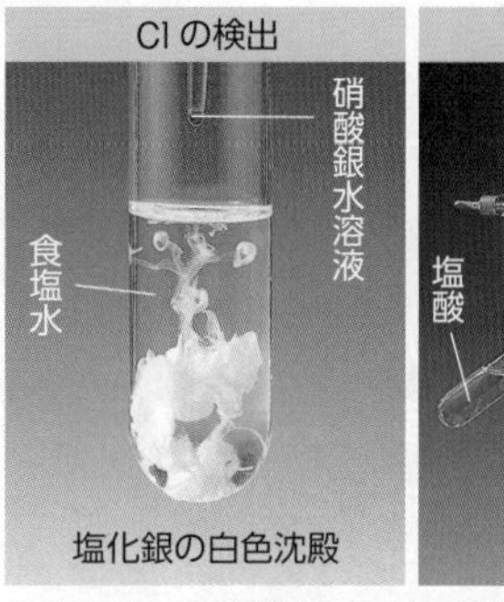

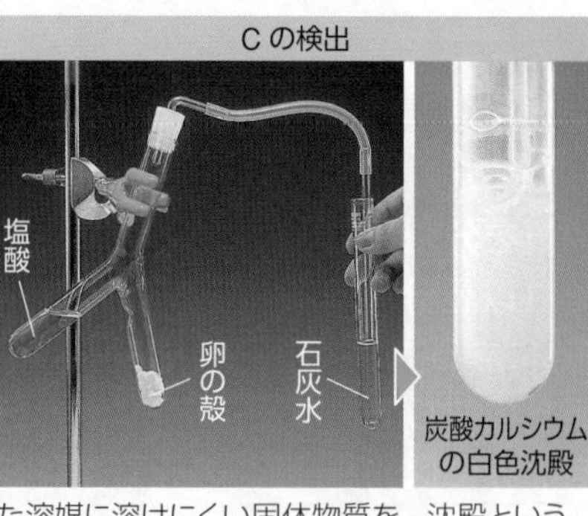

反応によって溶液中に生じた溶媒に溶けにくい固体物質を，沈殿という。沈殿反応を利用して，物質に含まれる元素を調べることができる。

Column 身のまわりのいろいろな「元素」

日常

身のまわりのものには，さまざまな元素が使われており，それぞれの元素の性質をうまく利用することで，便利で快適な生活を送っている。

■黒板（クロム Cr）

黒板の緑色は，酸化クロム(Ⅲ)の色である。明治時代にアメリカから持ちこまれた黒板は，文字通り黒い板であった。

■ホワイトボード（アルミニウム Al）

多くのホワイトボードは，鉄板の表面をアルミニウム Al の薄い膜で覆い，その上にガラス質の材料を焼き付けして作られている。

■チョーク（カルシウム Ca）

カルシウム Ca が含まれており，主成分は炭酸カルシウム（または硫酸カルシウム）という白色の物質である。

■消しゴム（塩素 Cl）

現在使われている多くの消しゴムの材料は，ゴムではなくプラスチックのポリ塩化ビニルで，塩素 Cl が含まれている。

■野球のバット（スカンジウム Sc）

硬くて強いスカンジウムの合金は，野球のバットに使われる。野球と似た競技のクリケットでは，スカンジウム合金を含むバットの使用が禁止されている。

■テニスのラケット（炭素 C）

テニスのラケットやゴルフクラブなどの多くのスポーツ用品には，炭素繊維が使われている。炭素繊維は，鉄よりも軽くて強いという特徴がある（p.262）。

■制汗剤（銀 Ag）

制汗剤には銀イオンが含まれているものがある。銀イオンのもつ殺菌効果によって，汗のにおいの原因となるバクテリアを死滅させることができる。

■スマートフォン

全世界で使用されている銀 Ag の約 20%，インジウム In の約 60%，金 Au の約 15% は，パソコンやスマートフォンなどの情報機器に使われている。

Q 黒鉛をダイヤモンドに変えることはできますか?

Close Up 元素① 「元素」はどこで誕生したのか?

物質を分割して小さくしていくと，最後には，それ以上分割することができない小さな粒(粒子)になる。この粒子を **原子** という。また，物質を構成している原子の種類を **元素** といい，自然界には約 90 種類の元素が存在する(人工的につくられた元素を含めると 118 種類)。つまり，自然界に存在するすべての物質は，たった約 90 種類の元素の組合せによってできている。
宇宙は，138 億年前にビッグバンによって誕生し，誕生間もない宇宙で水素，ヘリウムなどが生じたと考えられている。
ここでは，宇宙の歴史とともに元素が誕生した過程を見てみよう。

新しい元素は，原子核どうしの衝突によって生じる！

原子は **電子** と **原子核** からなり，原子核はいくつかの **陽子** と **中性子** からできている(p.40)。
軽い原子核どうしが高速で衝突すると，原子核どうしが反応して，莫大なエネルギーとともに重い原子核が生成されることがある。このような反応を **核融合反応** という。
リチウムより重い元素は，核融合反応のくり返しによって生じたと考えられている。

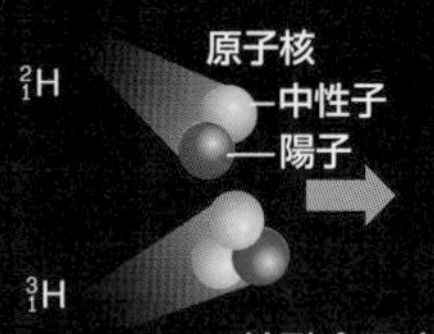

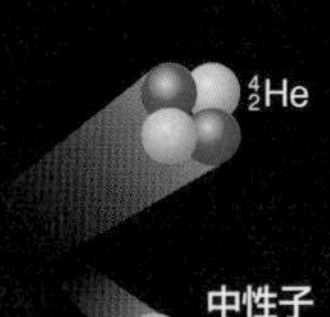

核融合反応の例

宇宙の歴史と元素の誕生

約 3 分後
宇宙が急激に膨張する中，水素とヘリウムの原子核が生じた。この後の 15 分間で，リチウムの原子核も生じた。

約 38 万年後
宇宙の温度が約 3000 ℃まで下がると，原子核と電子が結合して最初の原子が生じた。それまで電子によって邪魔をされていた光が，まっすぐに進めるようになった(このことを「宇宙の晴れ上がり」とよぶ)。

約 3000 万年後
宇宙の温度がドライアイス程度(約 − 80 ℃)にまで冷える。光る物質がなくなり，暗黒の時代が数億年間続く。

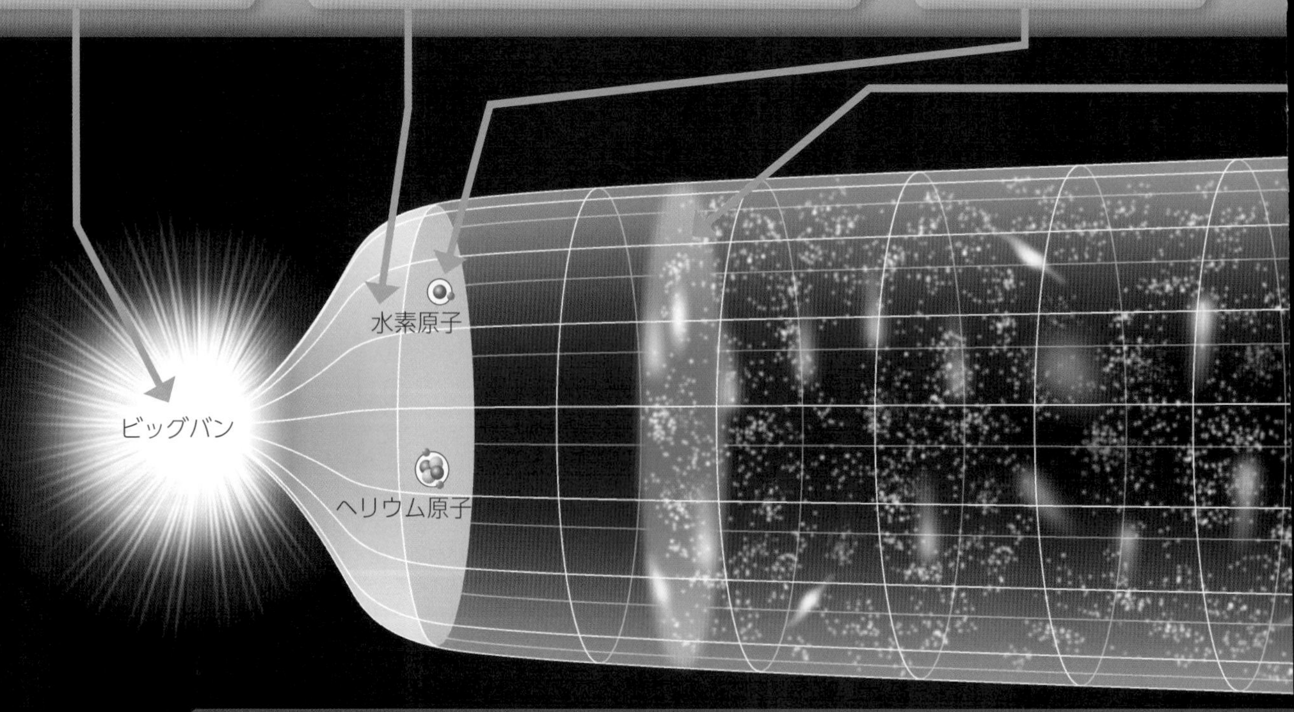

A はい，できます。実際に，高温・高圧にすることで，人工のダイヤモンドがつくられています。

地球はどんな元素からできている？

太陽や太陽系を構成する元素は，水素とヘリウムで約 98 %（質量比）を占めるといわれている。地球は，構成物質の違いなどにより地殻・マントル・核に分けられる。地殻やマントルに最も多く含まれる元素は酸素であるが（どちらも約 45 %），地球の中心部である核に最も多く含まれる元素は鉄である（約 90 %）。

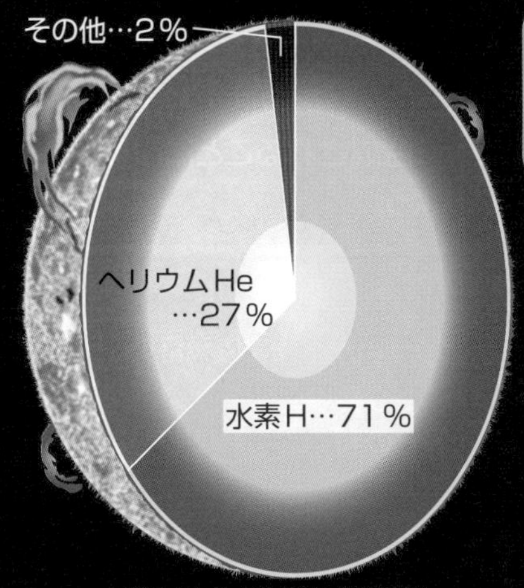

太陽を構成する元素（質量比）

太陽の質量は太陽系のほとんどを占めるため，
太陽系を構成する元素の割合もほぼ同じである。

太陽系と地球では，構成する元素の割合がまったく違っている!

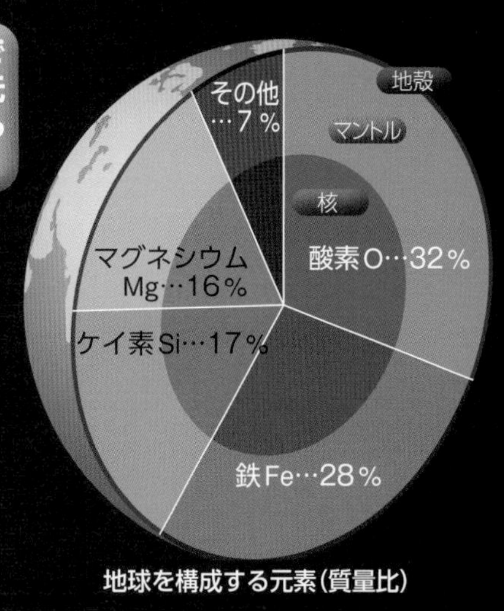

地球を構成する元素（質量比）

その他 Fe Al 地殻 O Si

その他 Fe Si マントル O Mg

その他 核 Fe

数億年後

重力で水素やヘリウムのガスが集まって，恒星（太陽のように核融合反応で自ら光る星）が誕生した。高温の恒星の中では，核融合反応がくり返しおこり，鉄までの重さの元素が生じた。

恒星が寿命を迎えると，超新星爆発とよばれる爆発をおこし，宇宙中に元素が散乱した。この爆発の際にも核融合反応がおこり，金やウランといった鉄よりも重い元素が生じた。

約 92 億年後

星の誕生と超新星爆発がくり返されて，宇宙の中にさまざまな元素が蓄積される。重い元素を含む隕石のようなかけらが集まって，地球が誕生した。

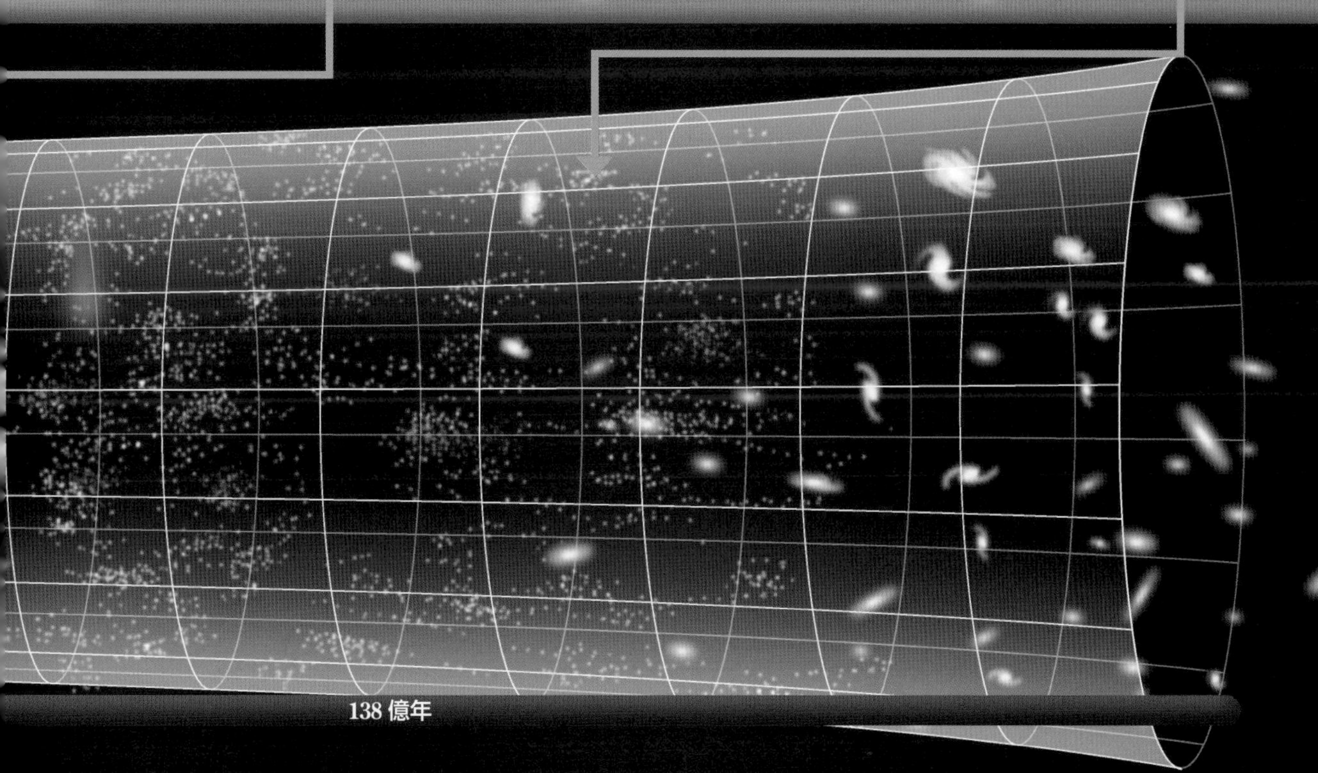

Close Up 元素② 「元素」は誰が発見したのか？

周期表上の110種をこえる元素は，それぞれ文明の発達とともにいろいろな形で私たちの前に姿を現した。いくつかの元素は有史以前から知られていたが，自然物の分離によって元素が発見されるようになったのは，17世紀からである。1939年に最後の天然元素（フランシウム $_{87}Fr$）が発見されたのち，元素は人工的に合成されることになる。
ここでは，元素の発見や発見者にまつわるエピソードを，時代の流れにそって見てみよう。

$_{79}Au$ 金

金は自然金として有史以前に発見され，富の象徴として，宝飾品に使われてきた。
19世紀のアメリカ大陸で砂金が大量に発見され，一攫千金を狙う採掘者がカリフォルニアに殺到した。この採掘ブームはゴールドラッシュ（黄金狂時代）とよばれる。

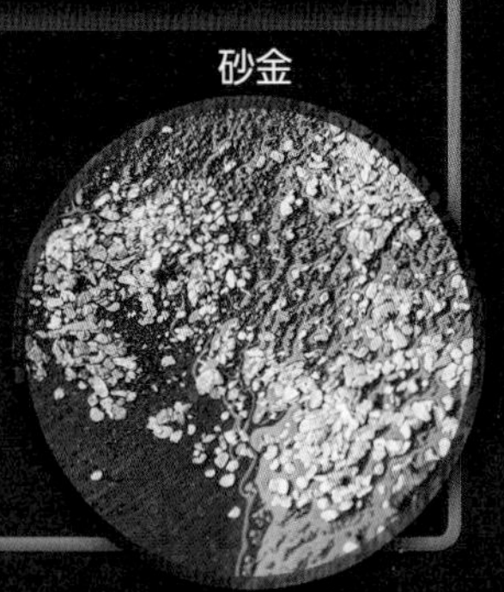
砂金

$_{80}Hg$ 水銀

紀元前15世紀ころのエジプトの墓より出土したお守りの中から発見された水銀製品が，最古の利用例といわれている。
古代中国では不老不死の霊薬として皇帝や貴族が水銀を服用していたと伝えられ，多くが中毒で亡くなったと考えられている。

水銀を蒸留するラボアジエ

$_{47}Ag$ 銀

銀も金と同じく自然銀として有史以前に発見された。産出量は金より少なく，鉱石から銀を分離する技術もなかったため，金よりも高価な金属であった。銀の繊細な美しさは尊いものとされ，18世紀には「ダイアナの木」とよばれる美しい銀樹の制作が行われた。

自然銀

$_{16}S$ 硫黄

硫黄は，可燃性の元素として有史以前から知られており，そのラテン語名は「燃える石」を意味する。
硫黄は，旧約聖書にも度々登場し，背徳の都市ソドムとゴモラを焼き尽くしたり，大罪を犯した者が地獄で硫黄の池に沈められたりする記述がある。

「ソドムから逃げるロトと娘たち」

$_{26}Fe$ 鉄

紀元前5000年ころには，人類は隕石に含まれた鉄（隕鉄）を利用していたと考えられている。エジプトのツタンカーメン王の副葬品にも，隕鉄製のナイフがある。
約8万年前にナミビアに落下した世界最大の隕石（ホバ隕石）は，重さ約60 tで鉄を84％含む。

ホバ隕石

$_{15}P$ リン

17世紀の錬金術師ブラントは，ヒトの尿を大量に蒸留して黄リンを得た。これは，化学的な手法で元素を分離した初期の一例である。彼は，空気中で青白く発光する黄リンのことを「賢者の石」（金以外の金属を金に変える霊薬）と考えた。

リンを分離するブラント

元素発見数

有史以前：C，Cu，Sb，Pb，S，Ag，Au，Fe，Sn，Hg（10元素）
As（13世紀）

有史以前　1000年　1100年　1200年　1300年　1400年

$_{1}$H 水素

1766 年に水素を発見したキャベンディッシュは，極度の人嫌いであった。莫大な遺産を受け継いだ彼は，一生をほぼ引きこもり，実験生活に没頭した。彼の死後，親族によって設立されたキャベンディッシュ研究所は，多くのノーベル賞受賞者を輩出した。

キャベンディッシュ研究所

$_{84}$Po $_{88}$Ra ポロニウム，ラジウム

1898 年，マリー・キュリーは夫のピエールとともに，8 t もの鉱石から気の遠くなるような作業を経て，数 g のポロニウム・ラジウムを分離した。
マリーは，祖国ポーランドのロシア帝国からの解放を願い，新元素の一つをポロニウムと名づけた。

ピッチブレンド
(キュリー夫妻が研究したウラン鉱石)

$_{11}$Na $_{19}$K ナトリウム，カリウム

1807 年にナトリウムとカリウムを発見したのは，イギリスの天才化学者デービーである。彼はその後立て続けに 4 つの元素を発見した。デービーは，美貌と講演の巧みさで，アイドルのような人気をもち，講演には多くの女性が集まったと伝えられる。

デービー

$_{94}$Pu プルトニウム

1940 年に合成された新元素は，周期表でネプツニウム(海王星・ネプチューンに由来)の隣に位置することから，海王星の隣の惑星である冥王星(プルート)にちなんで「プルトニウム」と命名された。
なお，現在では冥王星は惑星の定義から外れている。

崩壊によって赤熱するプルトニウム

$_{53}$I ヨウ素

1811 年にフランスのクールトアが，海藻を焼いた灰の成分を抽出したとき，灰に硫酸を加えすぎてしまい，紫色の蒸気が発生した。この蒸気は冷たい物質に触れると黒紫色の光沢ある結晶となり，のちに友人の化学者によってヨウ素であることが確認された。

ヨウ素の蒸気

$_{113}$Nh ニホニウム

(p.38)

20 世紀の後半以降に合成された元素の多くは，組織や国家のプロジェクトとして研究されたもので，発見された地名や有名な科学者に由来する名称が多い。
113 番元素は日本の理化学研究所で合成されたことが認められ，「ニホニウム」と命名された。

森田浩介
(113 番元素を発見した研究グループのリーダー)

$_{9}$F フッ素

1800 年ころから，多くの化学者がフッ素の分離を試みたが，分離したフッ素が水素と反応して爆発をおこし，負傷したり命を落としたりする者が多かった。
はじめて分離に成功したのはフランスのモアッサンで，1886 年のことである。

モアッサナイトの模造ダイヤモンド (モアッサンが隕石の破片から発見した鉱物)

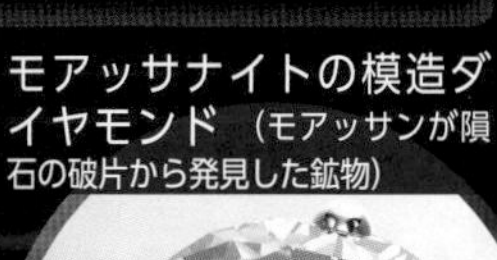

幻の元素ニッポニウム!

小川正孝は，1908 年に 43 番元素の発見を発表し，当時のヨーロッパでは周期表に彼が命名した「Np(ニッポニウム)」が掲載された。しかし，その後 43 番元素は天然に存在しないことが判明し，ニッポニウムは周期表に掲載されなくなった。現在では，この元素は 75 番元素の「レニウム」であったと考えられている。小川正孝は，アジア初の元素発見者となるチャンスを逃してしまったのである。

小川正孝

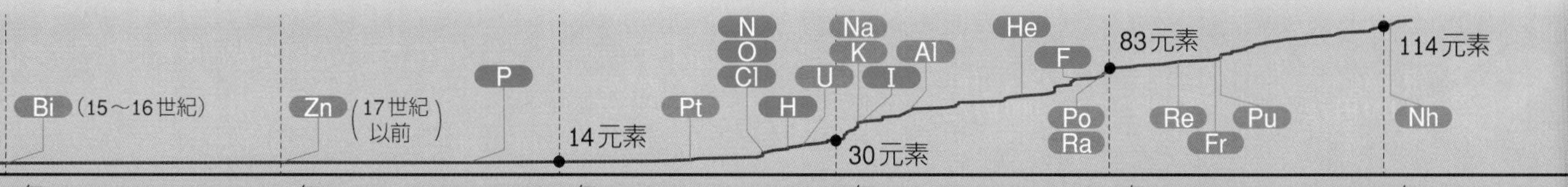

Close Up 元素③ 「元素」の産出国はどこか？

天然に存在する元素のうち，非金属元素は約 20 種類で，その他の約 70 種類は金属元素である。
人類の生産活動のもととなる物質を資源といい，金属元素や非金属元素は，数多くの製品の資源として用いられる。工業用の原材料に利用される元素は，おもに鉱物として産出・供給されるが，地球上の鉱物資源は一部の地域にかたよって分布している。
ここでは，世界の鉱物資源の産出量から，私たちが資源として利用している元素がどこからやってくるのかを見てみよう。

「レアメタル」とは？

金属元素のうち，産出量が少なかったり純粋な金属を得ることが難しかったりするものは，希少金属(レアメタル)とよばれる。
レアメタルはパソコンやスマートフォンなどの情報機器に欠かせない原料であるが，レアメタルの供給は，中国や南アフリカなどの一部の国に集中しており，これらの国の政治や経済の情勢によっては，入手が困難になる。
そのため，日本ではいくつかのレアメタルを国で備蓄しておき，海外からの供給が滞った際は，国内企業への売却を行っている。

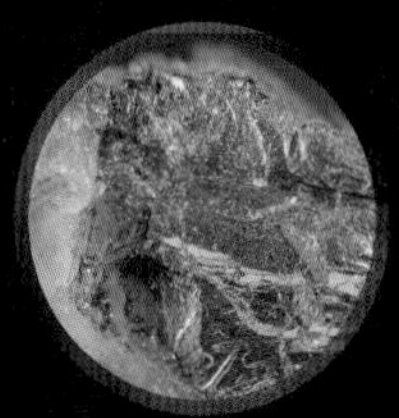

モリブデンの鉱石
(輝水鉛鉱)
日本ではモリブデンを備蓄している。

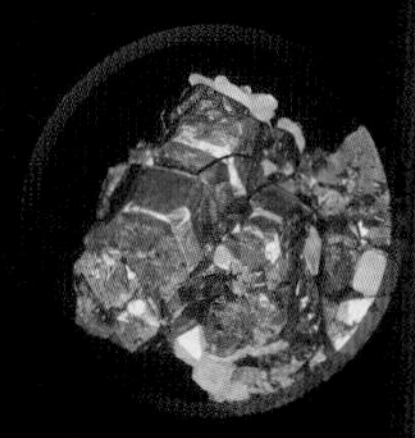

チタンの鉱石
(ルチル)
チタンはレアメタルの王様とよばれる。

金よりも高価な金属！?

金属の価格を決定する最も大きな要素は生産量で，鉱物の産出量が少なかったり，純粋な金属を取り出すのが大変だったりするものほど高価になる。金や白金(プラチナ)は高価な金属として知られているが，実は金よりも希少で高価な金属は数多く存在する。

鉄 $_{26}$Fe※
約 0.13 円 /g

アルミニウム $_{13}$Al
約 0.3 円 /g

銀 $_{47}$Ag
約 120 円 /g

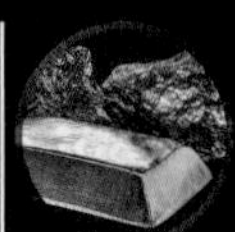

白金 $_{78}$Pt
約 4,900 円 /g

金 $_{79}$Au
約 10,000 円 /g

レニウム $_{75}$Re
約 15,000 円 /g

イリジウム $_{77}$Ir
約 45,000 円 /g

オスミウム $_{76}$Os
約 50,000 円 /g

1g 当たりの価格の例
需要と供給のバランスや，金属の純度・状態(粉末状・塊状)などによって大きく変動する。
※鉄は鋼(p.96)の価格。

日本は資源国？

日本は，江戸時代ころまでは世界有数の資源輸出国で，「黄金の国ジパング」として金・銀・銅を大量に産出していた。
現在でも，微量ながら天然に存在するほとんどの元素が産出されるため，日本は「地下資源の博物館」ともよばれている。

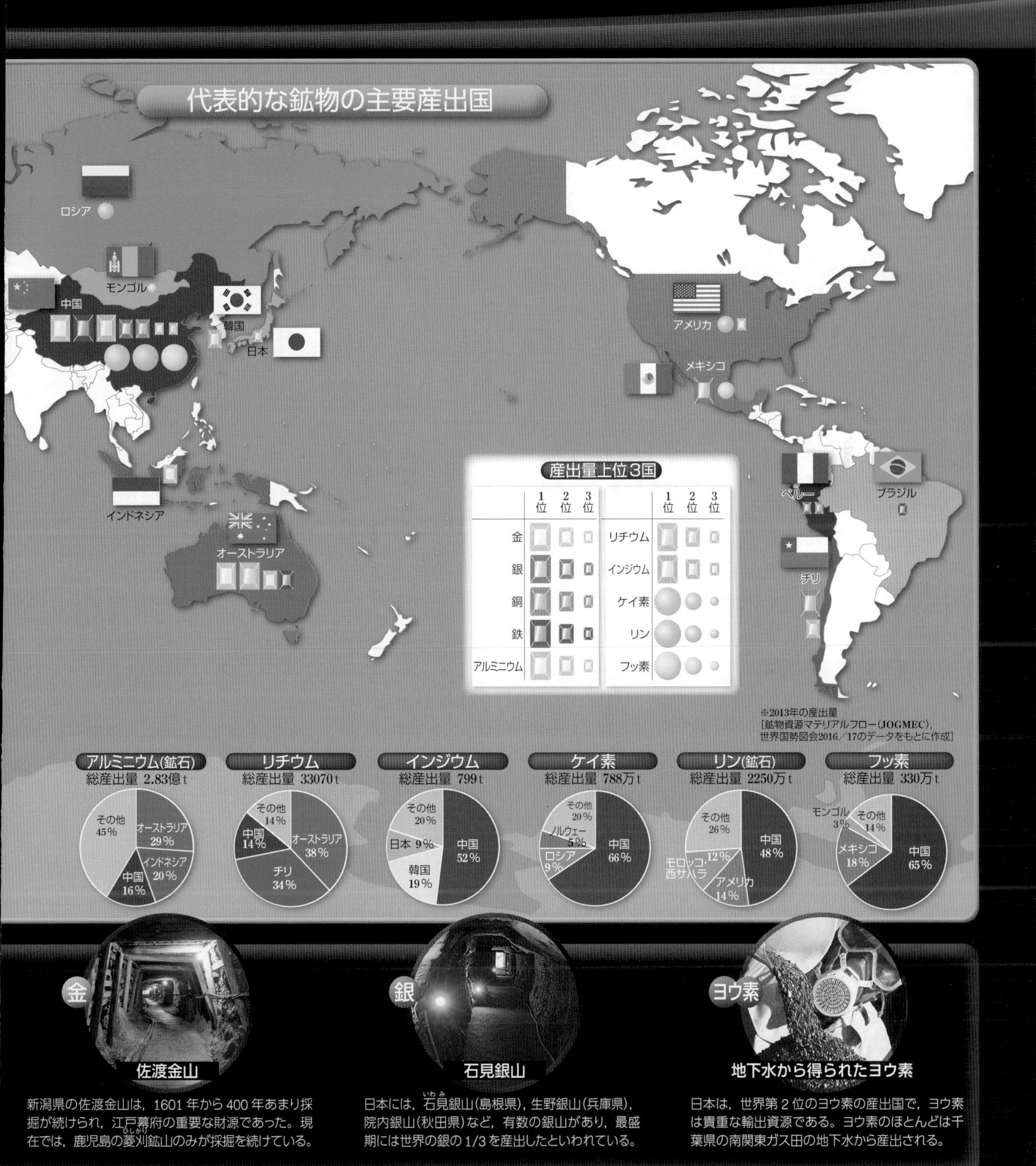

新潟県の佐渡金山は，1601 年から 400 年あまり採掘が続けられ，江戸幕府の重要な財源であった。現在では，鹿児島の菱刈鉱山のみが採掘を続けている。

日本には，石見銀山(島根県)，生野銀山(兵庫県)，院内銀山(秋田県)など，有数の銀山があり，最盛期には世界の銀の 1/3 を産出したといわれている。

日本は，世界第 2 位のヨウ素の産出国で，ヨウ素は貴重な輸出資源である。ヨウ素のほとんどは千葉県の南関東ガス田の地下水から産出される。

Close Up 元素④

「安定な元素」とはなにか？

化学の分野ではいろいろな物質に関して，しばしば「安定である」・「不安定である」という表現をする。これはその物質の反応性が高いかどうかなどを表している。原子についても長い時間存在するかを表す「安定」・「不安定」があり，私たちが普段目にする物質は，「安定な原子」からできている。
ここでは，核図表とよばれる表を用いて，さまざまな元素の安定・不安定を見てみよう。

核図表とは？

右表のような，**縦軸に陽子の数**(原子番号)，**横軸に中性子の数**を並べた原子核の表を **核図表** という。核図表で横に並んだ原子核どうしは，陽子の数が同じで中性子の数が異なる **同位体** である。下に示した核図表は，縦軸と横軸のほかに，**丸の大きさでそれぞれの原子核の半減期の長さ**を表している。また，半減期が長く天然に存在できるほど安定な原子の原子核を●，半減期が短く不安定な原子の原子核を●や●で表している。

陽子数 ＼ 中性子数	0	1	2	3	4	5	6	7
7						12N	13N	14N
6				9C	10C	11C	12C	13C
5				8B		10B	11B	12B
4				7Be		9Be	10Be	11Be
3				6Li	7Li	8Li	9Li	
2		3He	4He		6He		8He	
1	1H	2H	3H					
0		n						

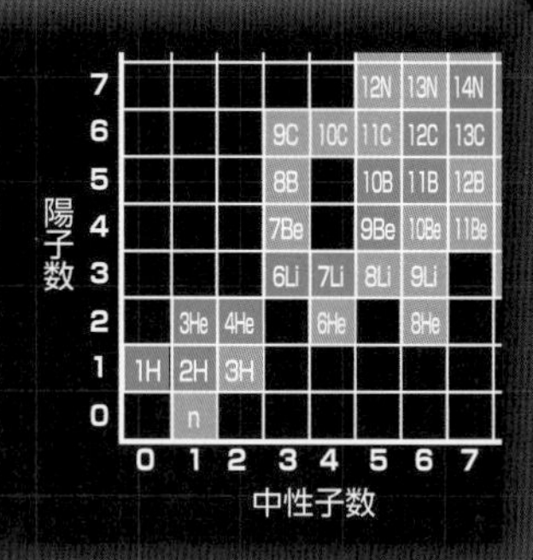

Jump 原子の構造
p.40 陽子・中性子・原子核
p.41 同位体
p.41 原子核の崩壊
p.47 元素の周期表

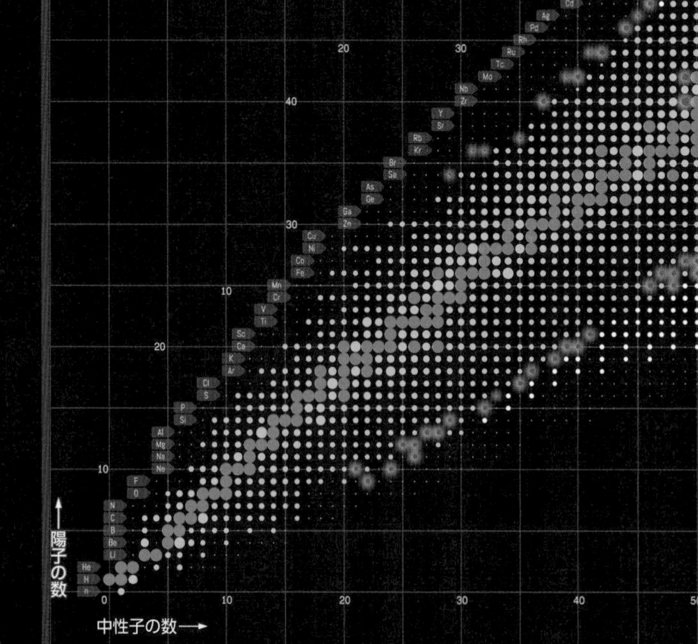

↑陽子の数
中性子の数→
0
10
20
30
40
50
60
70
80
90
100
束縛核
安定核
不安定核（既知核）
不安定核（未発見核・半減期1ns以上）
理研が発見・合成した原子核
非束縛核（超短寿命核）
丸の大きさは半減期の長さを示す。
大きいほど長寿命。

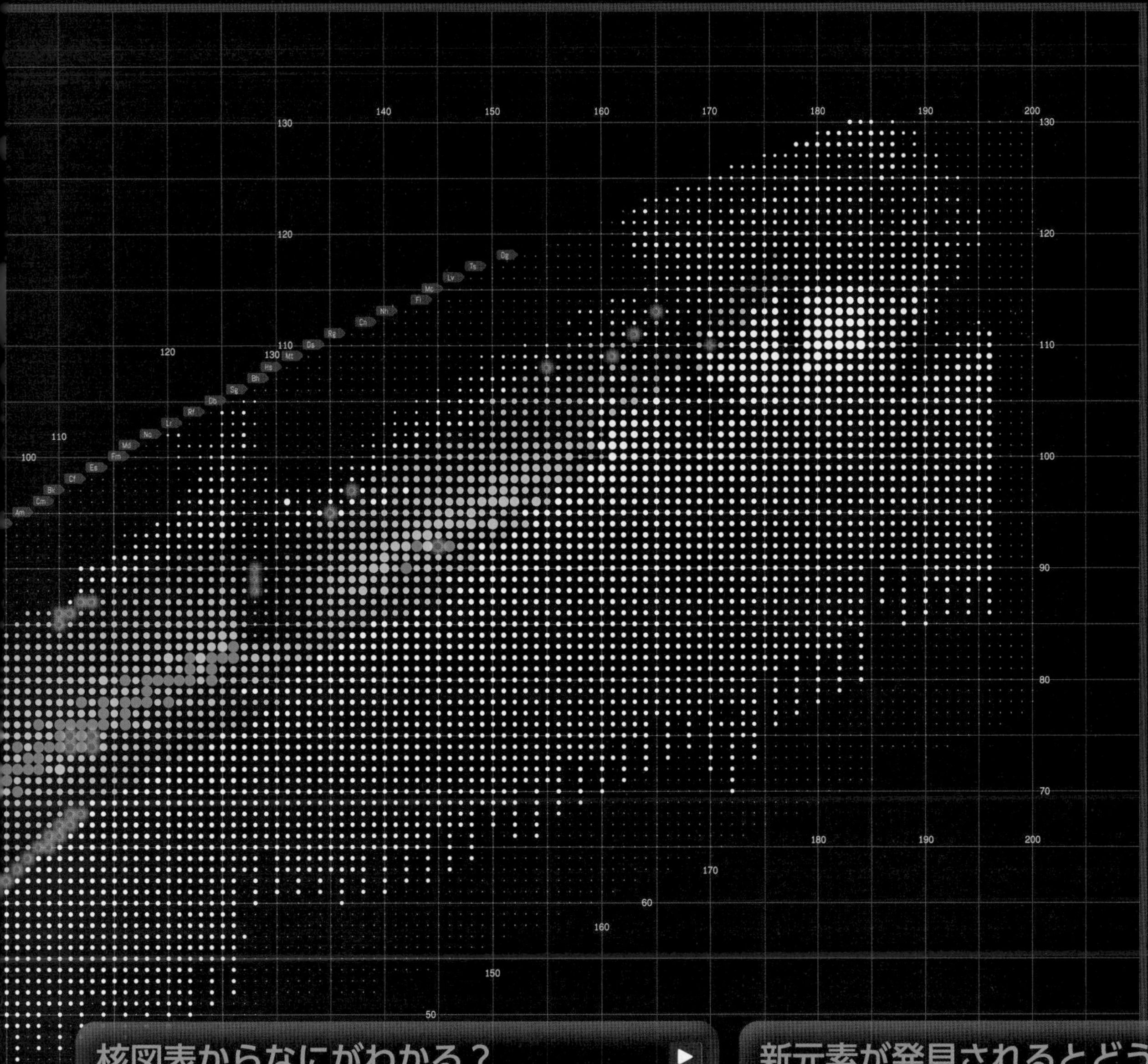

核図表からなにがわかる？

周期表は，性質の似た元素が縦に並ぶように配列した表である。これに対して核図表は，縦軸に陽子の数，横軸に中性子の数をとり，**すべての原子核を記した地図のような表**である。核図表からは，それぞれの元素に存在する多くの同位体を読みとることができる。

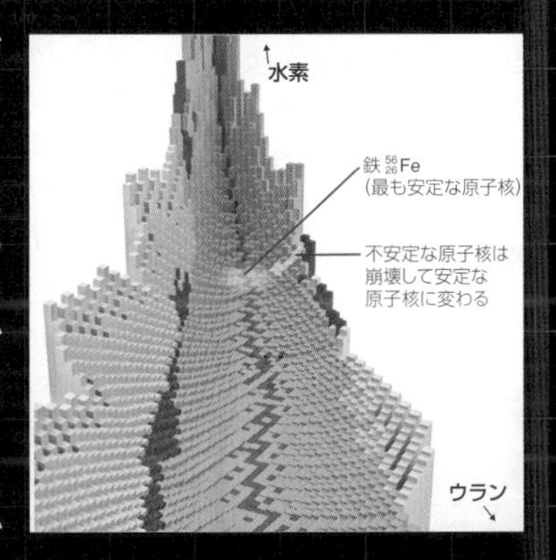

右表は核図表を立体的に示したもので，柱の高さはそれぞれの原子核の結合エネルギーを表している(高いほど結合が弱い，つまり結合エネルギーが小さく不安定)。青色■で示す安定な原子核が多く存在するくぼみのように見える部分は「ハイゼンベルクの谷」とよばれる。不安定な原子核(■，■，■)は，いずれ崩壊して安定な原子核に変わる。そのようすは，まるで山の尾根にあった原子核が谷へと下るかのようである。

新元素が発見されるとどうなる？

原子核はおよそ1万種類あると予想されている。その中には未だ発見されていない原子核(●)も多く，多くの科学者が新しい原子核(元素)を発見しようと研究を行っている(◐ *p.38*)。

現在では，新しい元素(これまで発見されていない原子番号をもった原子核)が発見されると，IUPAC※1とIUPAP※2から組織された合同委員会による審議が行われる。妥当であると認められた場合，発見者に新元素の命名権が与えられ，発見者は新元素の名称案および元素記号案をIUPACに提出する。

IUPACは，パブリックレビュー（一般の方からの意見聴取）を行った後，正式決定した名称および元素記号を発表し，新しい元素は晴れて周期表に掲載される。

※1 IUPAC：国際純正・応用化学連合　International Union of Pure and Applied Chemistry

※2 IUPAP：国際純粋・応用物理学連合 International Union of Pure and Applied Physics

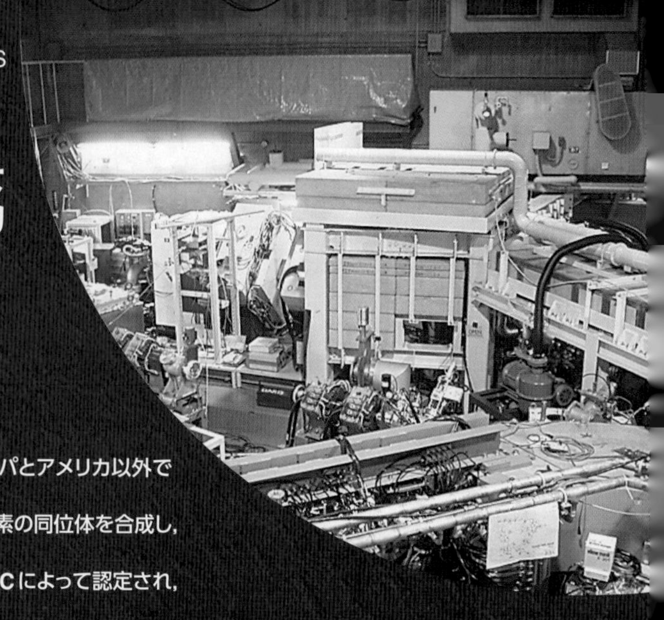

▶ 気体充填型反跳分離機 GARIS

1 113番元素の合成

国立研究開発法人 理化学研究所 仁科加速器科学研究センター 特別顧問／
九州大学高等研究員 特別主幹教授

森田（もりた） 浩介（こうすけ）

■ 3 つのポイント

①古代から知られていた元素を別にすれば，これまでのところ，周期表上にヨーロッパとアメリカ以外で発見された元素は存在しなかった。

②日本の理化学研究所の研究グループは，2004 年・2005 年・2012 年に，113 番元素の同位体を合成し，その崩壊を確認した。

③ 2015 年 12 月 31 日，理化学研究所が確認した元素が「新元素」であることが IUPAC によって認定され，「周期表に日本発の元素名が記される」という日本の科学者の夢が実現した

宇宙の進化と元素合成

原子はいつどこで誕生したのか?宇宙は今から 138 億年前，何もないところから突然ビッグバンという大爆発がおこって始まり，誕生当初にはエネルギー（光）だけが存在した。爆発(急激な膨張)による圧力と温度の低下に伴い，宇宙誕生の 1 万分の 1 秒後に陽子や中性子など原子核を構成する粒子が生まれた。また，数分後までにヘリウム $_{2}He$，リチウム $_{3}Li$ の原子核も合成された。

しかし，宇宙はしばらくの間高温のプラズマ状態であり，原子核と電子が結びついて原子になることはなかった。宇宙は膨張し続け，宇宙誕生から 38 万年後に陽子と電子が結びつき水素原子が誕生し，やがてヘリウム原子も誕生した。

その後，4 億年間，宇宙にはほとんど水素原子とヘリウム原子しか存在しなかった。その間，電気的に中性となった水素原子が重力によって集まりあい，やがて重力による収縮によって高温高圧となり，水素原子の核融合反応によって恒星が輝き始めた。恒星の中での核融合反応によって，しだいに重い(原子番号の大きな)原子核の合成が進んだ。原子核の安定性から鉄 $_{26}Fe$ までの原子核が，恒星内での核融合反応によって合成された。

太陽の 8 倍以上の質量をもつ恒星は，その最期に超新星爆発という大爆発をおこして一生を終えるが，その際に発生する多量の中性子によってウラン $_{92}U$ までの原子核が一気に合成され，宇宙空間にばらまかれた。また，中性子星同士の衝突によっても爆発的な元素合成がおこると考えられている。これら宇宙にばらまかれた原子たちが，互いの重力によって集まり恒星として輝き，やがて超新星爆発でさらなる重元素を合成して，再び宇宙にばらまかれる。このような恒星の一生のくり返しを経て，宇宙空間の重元素の割合が増加していった。

宇宙における元素の存在度は下図のように示される。ビッグバン直後に誕生した $_{1}H$ と $_{2}He$ は存在度が飛び抜けて大きく，それよりも原子番号の大きな恒星内部や超新星爆発によって合成された元素は存在度が小さくなっていることがわかる。現在，地球に天然に存在する元素は全てこのようにして宇宙の進化の中で合成されてきた。

今から約 50 億年前，地球はこのような宇宙の塵（ちり）が集まって形作られた惑星である。地球は質量が小さいため，水素を引きつけておくことができずに恒星とはならなかった。しかし，太陽からの距離が絶妙であったため，水が凍ることなく海が誕生した。そこで生物が発生，進化し，やがて人間が誕生した。

■宇宙における元素の存在度(Si を 10^6 としたときの相対値)

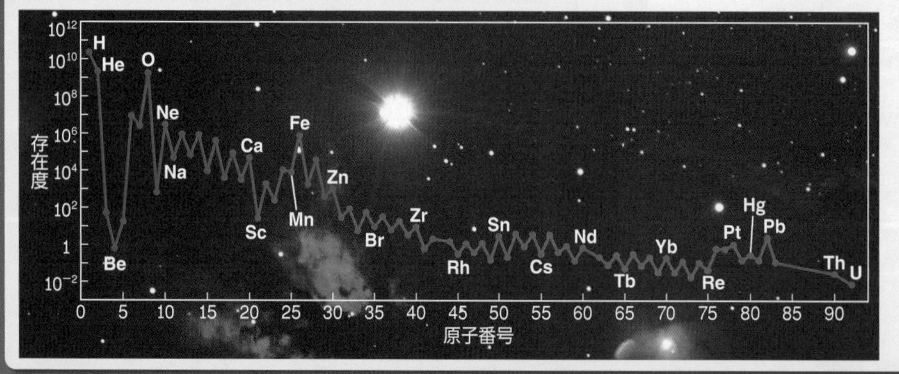

元素の人工合成と原子核反応

古来より人類は元素の探究を行ってきた。中世には様々な元素が知られていたが，錬金術師たちは安価な鉛や水銀を価値の高い金に変える方法を模索した。元素の変換には失敗したものの，知識は体系化され，近代化学へと結びついた。

ロシアの化学者メンデレーエフは，周期表を考案した(➲ p.47)。この周期表上では，未知の元素を空白にしていたため，新元素の発見に拍車がかかり，1928 年までには全ての安定同位体元素が発見され，1940 年には $_{92}U$ までの元素が発見された。

1930 年代には，中性子が発見された。当時，人類が手にしていた唯一の高いエネルギーをもつ粒子は，自然放射能をもつ元素からの α 線（高速のヘリウム $^{4}_{2}He$ の原子核の流れ，(➲ p.41)）のみであったが，これをベリリウム $_{4}Be$ に照射して得られた透過力の強い放射線が中性子線であった。この発見によって，α 線や中性子線を使って人工放射性同位体元素の研究が進んだ。また，1930 年代はサイクロトロンなど，

QR

■ 113番元素の合成とその崩壊(2012年8月に合成した113番元素)

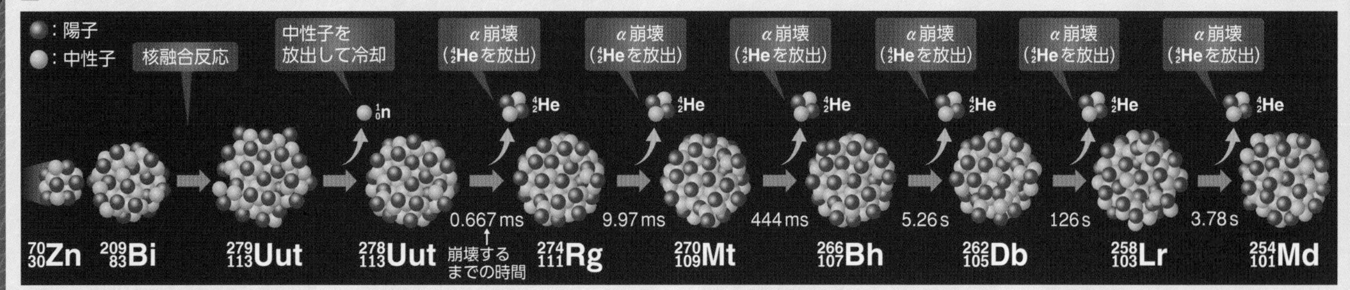

■ 理研重イオン線形加速器 RILAC

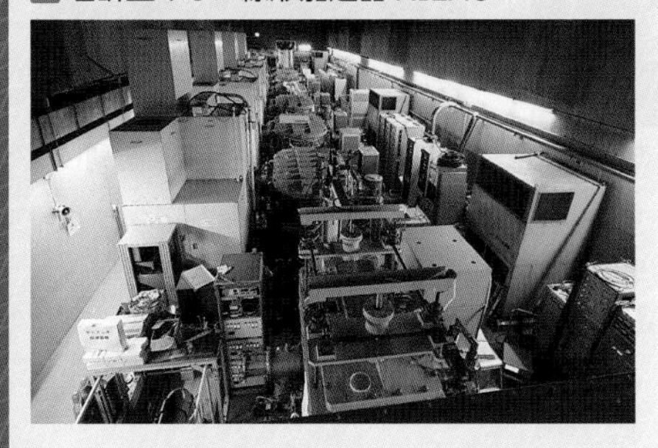

さまざまな加速器の原理が次々と考案され，建設が開始された時代でもあった。加速器は高いエネルギーの粒子を大強度で供給することができ，この発明によって原子核の研究は一気に進んだ。加速器は開発当初「原子核破壊装置」ともよばれていた。

さらに，1938年には核分裂が発見され，1942年には連鎖反応を利用した原子炉も完成した。原子炉からは大強度の中性子線が得られ，人類は元素を変換する装置を手にした。

1939年頃から加速器などを利用した，天然には存在しない新元素の人工合成に関する研究が始まった。1939年に初の超ウラン元素※1であるネプツニウム $_{93}$Np，翌年にはプルトニウム $_{94}$Pu が人工合成された。1945年に広島と長崎に投下された原子爆弾はそれぞれウラン型・プルトニウム型とよばれている。太平洋戦争は人類が経験した，現在までのところ最初で最後の核戦争である。

新元素の研究は最初，原子爆弾開発のためのマンハッタン計画で研究を積み上げたアメリカの独断場であった。1938年から1961年にかけて，ネプツニウム $_{93}$Np からローレンシウム $_{103}$Lr までがアメリカの研究グループによって発見された。それぞれの元素名はアメリカに由来した名称となっているものが多い。この中でアインスタイニウム $_{99}$Es とフェルミウム $_{100}$Fm は，発見の経緯が他のものと特に異なっている。この偉大な物理学者らの名前を冠した元素は，1952年にアメリカの Mike と名付けられた水爆実験の残留物の中から分離された元素である。戦後，原水爆禁止運動に熱心であった天才アインシュタインは，水爆実験で合成された新元素に自分の名を付けられ，向こうの世界でどんな感想をもっているだろうか。

104～106番元素は，いわゆるアメリカ－ソ連の冷戦時代，宇宙開発と並び国家的威信(いしん)をかけて合成が競われた元素である。

107～112番元素は，第二次世界大戦の敗北から復興(ふっこう)した西ドイツの研究グループによって初めて合成された。

日本における研究

日本では，理化学研究所(理研)の研究グループが1984年頃から，新元素合成へ向けた準備研究を始め，2001年から本格的に実験を開始した。ドイツの研究グループが報告した新元素のうち，ハッシウム $_{108}$Hs，ダームスタチウム $_{110}$Ds，レントゲニウム $_{111}$Rg，コペルニシウム $_{112}$Cn の合成実験の追試を行い，ドイツの研究グループの実験データを再現した。この種の研究において他の研究グループの実験結果を追認(ついにん)することは非常に重要なことである。

理研の研究グループはこの研究を発展させ，2003年から2011年にかけて8年以上の実験期間を費やし，わずか2原子ではあるが113番元素の合成に成功した。実験では重イオン加速器である理研の線形加速器 RILAC からの大強度の亜鉛 $^{70}_{30}$Zn イオンビームをビスマス $^{209}_{83}$Bi の標的に衝突させ，非常に稀(まれ)にしかおこらない核融合反応によって，質量数278の113番元素の同位体が合成され，その原子核が α 崩壊をくり返して既知の原子核に達することを確認した。合成された原子核の質量数が，亜鉛の70とビスマスの209を加え合わせた279よりも1だけ少ない278であるのは，完全に核融合した原子核が励起(れいき)しており(内部エネルギーの高い状態，p.270)，中性子1個を放出して脱励起したためである。

IUPACの定めた元素の系統名では，113番元素はウンウントリウム $_{113}$Uut となる。$_{113}$Uut の合成過程を表すと以下のようになる。

$$^{209}_{83}\mathrm{Bi} + ^{70}_{30}\mathrm{Zn} \longrightarrow ^{278}_{113}\mathrm{Uut} + ^{1}_{0}\mathrm{n}$$

ここで n は中性子を表す。α 崩壊の連鎖によって $^{278}_{113}$Uut が崩壊する様子は上図のようになる。α 崩壊によって放出される α 線はヘリウム $^{4}_{2}$He の原子核の流れであるため，1回の α 崩壊によって，親核種※2は原子番号を2，質量数を4減らしながら崩壊していく様子がわかる。これらの崩壊の様子を詳細に調べることにより，最初に合成された原子核が確かに原子番号113，質量数278であることが確認された。

日本発の元素命名権獲得

2012年8月の実験により，3個目の113番元素の合成に成功した。合成した113番元素が崩壊してできた $_{105}$Db の崩壊の仕方には，自発核分裂と α 崩壊の2種類が知られており，過去に合成した2個の原子では，どちらも $_{105}$Db が自発核分裂し，今回合成した原子では α 崩壊していたことがわかった(上図)。

通常，未知の元素の合成を証明するには，その元素が崩壊した後，既知の元素になることを示すのが重要とされている。そのため，今回の実験によって，$_{105}$Db の2種類の崩壊過程を確認できたことから，113番元素合成の成功がより確実なものとなった。

なお，手法は異なるが，ロシアとアメリカの共同研究グループも113番元素の合成に成功したとIUPACに報告していた。双方の研究結果はIUPACとIUPAPの合同委員会によって認定基準を満たしているかを審議されIUPACに報告された。

2015年12月31日，理研のグループが113番元素の発見者であると，IUPACによって認められ，2016年3月18日に元素名案「nihonium(ニホニウム)」，元素記号案「Nh」を提案した。2016年11月30日には，IUPACから正式な元素名，元素記号として発表され，周期表に日本発，アジア初の元素が記されることになった。理研のグループは今後も新たな元素の探索に挑戦していくとともに，超重元素の研究分野を牽引していく。

※1 $_{92}$U よりも原子番号の大きな元素。　※2 α 崩壊，核分裂反応などの際に変化する前の原子核のこと。変化後の原子核を娘核種という。

3 原子の構造 基 化

A 原子の構造 (atom structure)

原子は，物質を構成する最小単位の粒子で，それ以上分割することのできない粒子とされていたが，現在では，原子もさらに微小な粒子からなることがわかっている。物基

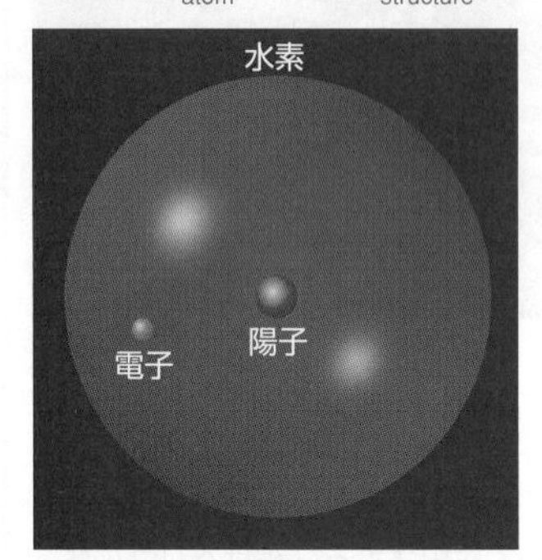

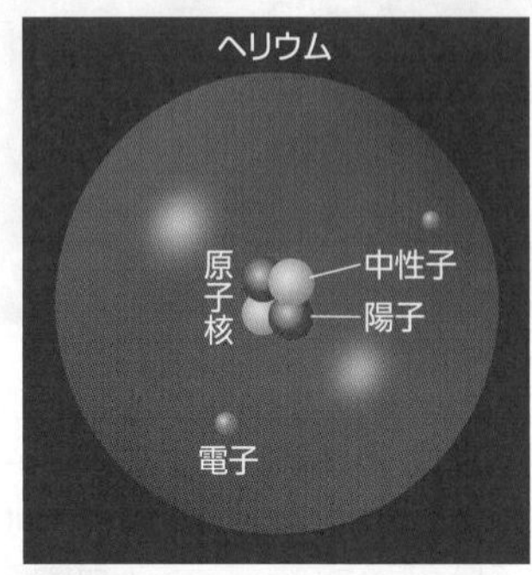

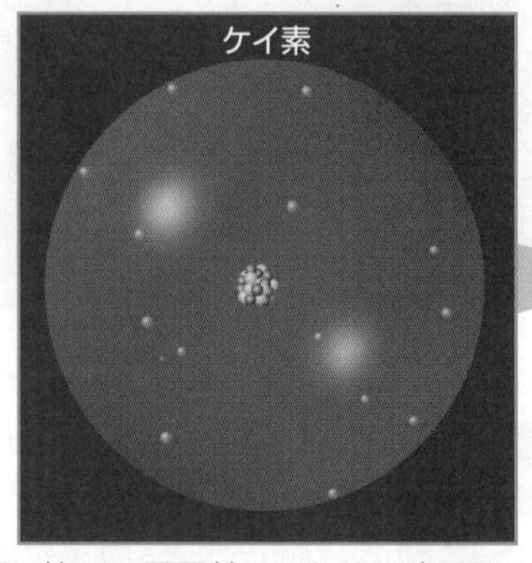

ケイ素の結晶の表面(約 300 万倍)

原子は，原子核と電子からなり，原子核はさらに陽子と中性子からなる。原子に比べ，原子核はきわめて小さい。
※図は，電子や原子核(陽子，中性子)を極端に大きくして描いてある。

ケイ素原子が規則正しく配列している。

B 原子の大きさ・質量 (mass)

原子の半径は 10^{-8} cm 程度(p.44)，原子核の半径は 10^{-13} cm 程度である。
原子の質量はきわめて小さいので，相対的な質量で比較することが多い(p.58)。

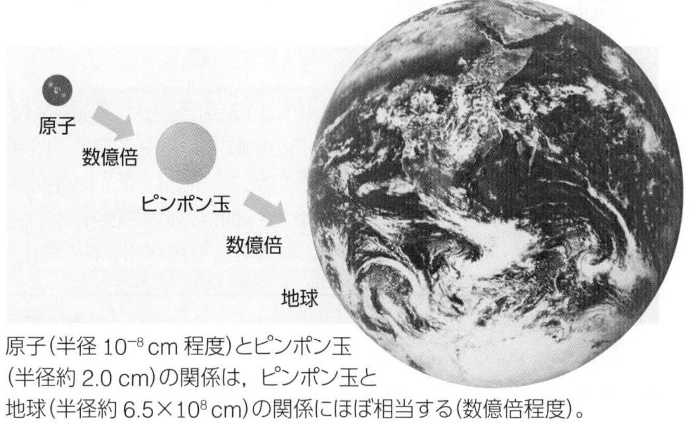

原子(半径 10^{-8} cm 程度)とピンポン玉(半径約 2.0 cm)の関係は，ピンポン玉と地球(半径約 6.5×10^{8} cm)の関係にほぼ相当する(数億倍程度)。

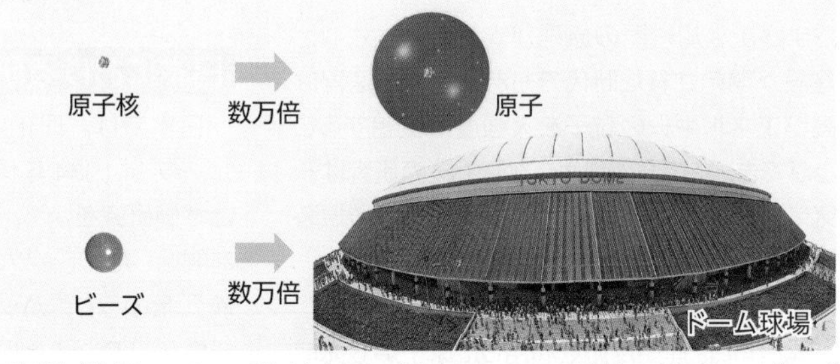

原子核(半径 10^{-13} cm 程度)と原子(半径 10^{-8} cm 程度)の関係は，ビーズ(半径約 10^{-1} cm)とドーム球場(半径約 10^{4} cm)の関係にほぼ相当する(数万倍程度)。

まとめ

原子の構造

原子の電気的性質
陽子 1 個のもつ電気量と電子 1 個のもつ電気量の絶対値は等しく，中性子は電気をもたない。また，陽子の数と電子の数は等しい。したがって，原子全体としては，電気的に中性である。

原子の質量と質量数
陽子の質量と中性子の質量は，ほぼ等しく，電子の質量は陽子や中性子に比べきわめて小さい。このため，陽子の数と中性子の数の和(**質量数**)が，大まかに原子の質量を比較するときに用いられる。

原子番号と同位体
陽子の数によって，原子の種類が決められている。陽子の数を**原子番号**という。
陽子の数が同じ(同じ種類の原子)でも，中性子の数が異なる原子が存在する。そのような原子を，互いに**同位体**という。同位体どうしの化学的性質はほぼ等しい。

質量数＝陽子の数＋中性子の数
　　　＝原子番号＋中性子の数

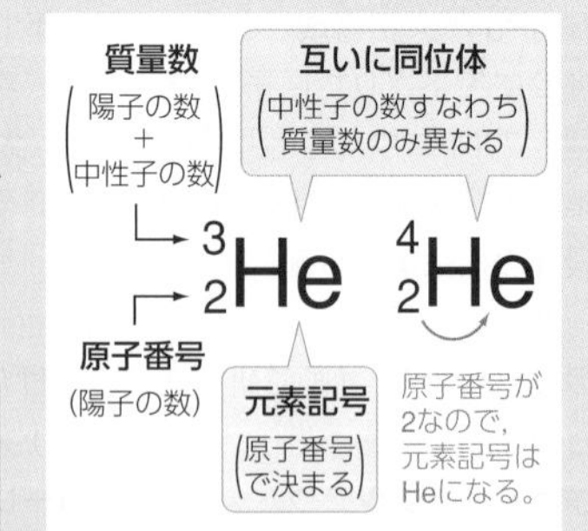

原子の構造	(粒子の種類)	個数	粒子のもつ電気量	電荷	粒子 1 個の質量	陽子の質量を 1 とした場合
原子 $^{m+n}_{m}$A ─ 原子核	陽子	m 個	$+1.602\times10^{-19}$C	+1	1.673×10^{-24} g	1
	中性子	n 個	0	0	1.675×10^{-24} g	1.001(≒1)
	電子	m 個	-1.602×10^{-19}C	−1	0.0009109×10^{-24} g (9.109×10^{-28} g)	0.0005445 ≒ $\frac{1}{1840}$ (≒ 0)

C 同位体 isotope

原子番号(陽子の数)が等しくても，中性子の数すなわち質量数の異なる原子が存在する(p.290)。それらの原子は，互いに同位体(アイソトープ)といわれる。物基

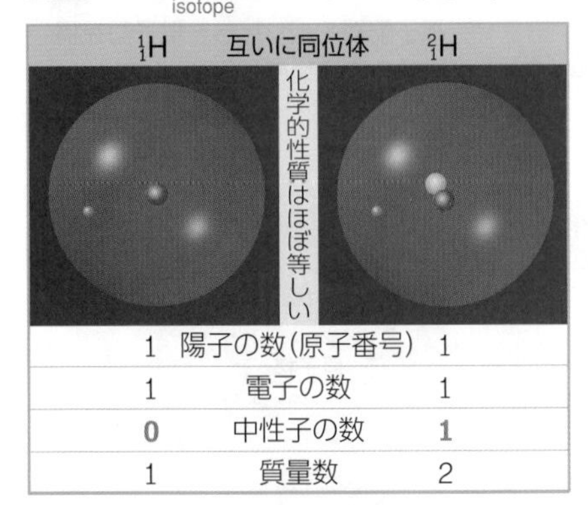

$^1_1$H		$^2_1$H
1	陽子の数(原子番号)	1
1	電子の数	1
0	中性子の数	**1**
1	質量数	2

$^3_2$He 互いに同位体 $^4_2$He　化学的性質はほぼ等しい

$^3_2$He		$^4_2$He
2	陽子の数(原子番号)	2
2	電子の数	2
1	中性子の数	**2**
3	質量数	4

$^6_3$Li 互いに同位体 $^7_3$Li　化学的性質はほぼ等しい

$^6_3$Li		$^7_3$Li
3	陽子の数(原子番号)	3
3	電子の数	3
3	中性子の数	**4**
6	質量数	7

水素の同位体と重水

水素の同位体には，質量数1の水素(Hで表す)のほかに，質量数2の重水素(ジュウテリウム，Dで表す)や質量数3の三重水素(トリチウム，Tで表す)が存在する。このうち，Tは放射性同位体である。
ふつうの水分子はHからなるH_2Oであるが，Dを含むHDOやD_2Oなども存在し，これらの分子を多く含む水は，重水とよばれる。
重水はふつうの水よりも密度が高い。また，生理作用がふつうの水とは異なるため，生体には有害といわれている。

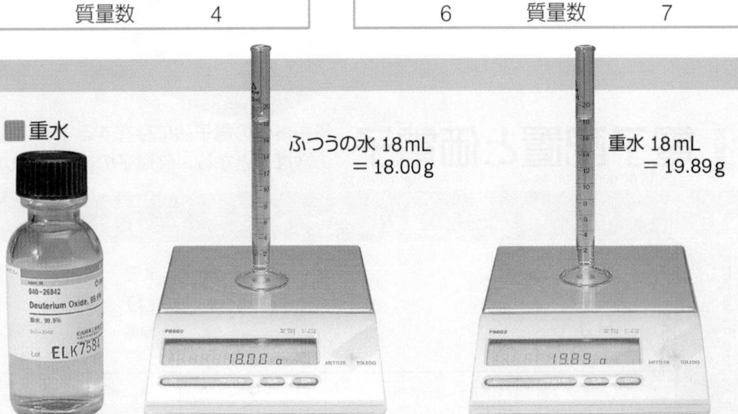

Zoom up 放射性同位体(ラジオアイソトープ) radio isotope 物基

同位体の中で，原子核が不安定で，放射線を放出して別の元素の原子核に変化(崩壊または壊変という)していくものを，**放射性同位体**といい，放射線を出す性質のことを**放射能**，放射能をもつ物質を**放射性物質**という。例えば，^{12}C, ^{13}Cは自然界に安定な形で存在するが，^{11}C, ^{14}Cは人工的につくられ(^{14}Cは自然界にもごくわずか存在している)，放射線を出して他の元素に変わる。
放射線は，細胞や遺伝子を変化させることがあるので，放射性同位体の取り扱いには十分な注意が必要である。

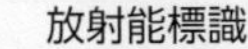

放射能標識

放射線の性質

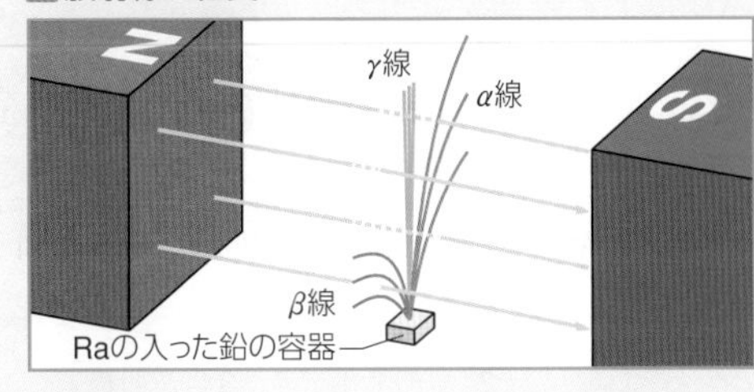

α線とβ線は，磁場から力を受けると，進行方向が変わる。

原子核の崩壊

α崩壊(α線を出す原子核の崩壊)

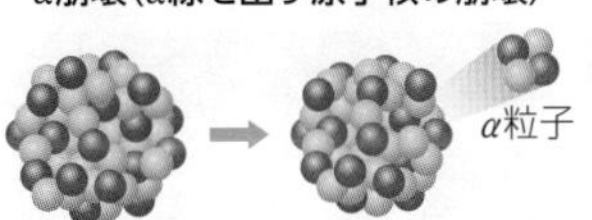

$^{235}_{92}$U ⟶ $^{231}_{90}$Th＋$^4_2$He(α線)

質量数は4減少，原子番号は2減少

β崩壊(β線を出す原子核の崩壊)

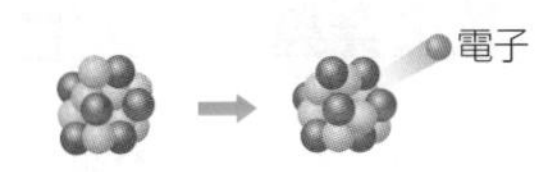

$^{14}_6$C ⟶ $^{14}_7$N＋e^-(β線)

質量数は不変，原子番号は1増加

放射線の種類と性質

種類	本体	電荷	電離作用	透過力
α線	ヘリウム$^4_2$Heの原子核の流れ	正	強	弱　紙1枚で遮へい可能
β線	電子の流れ	負	↑	↓　木の板で遮へい可能
γ線	波長の短い電磁波	なし	弱	強　厚い鉛板で遮へい可能

半減期

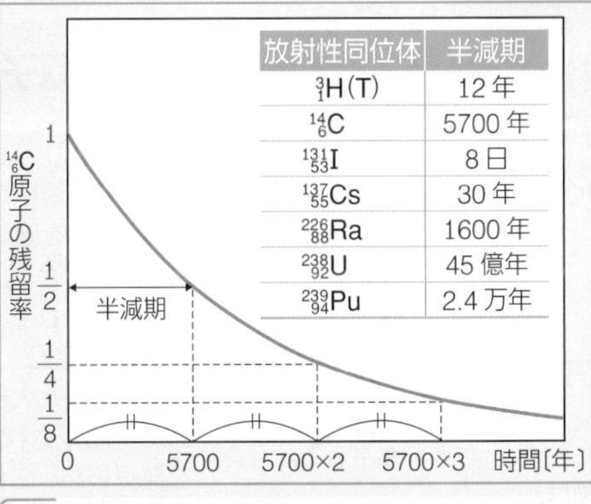

放射性同位体	半減期
$^3_1$H(T)	12年
$^{14}_6$C	5700年
$^{131}_{53}$I	8日
$^{137}_{55}$Cs	30年
$^{226}_{88}$Ra	1600年
$^{238}_{92}$U	45億年
$^{239}_{94}$Pu	2.4万年

原子核の崩壊によって，もとの原子核の数が半分になるまでの時間を半減期という。半減期が短い原子核ほど速く崩壊する。半減期は原子核によって決まっている。

半減期Tの原子核N_0個が，原子核の崩壊で時間t後にN個になったとすると，$\dfrac{N}{N_0}=\left(\dfrac{1}{2}\right)^{\frac{t}{T}}$

Q H_2OとD_2Oが混ざっている水は，混合物ですか?

4 電子配置・イオンⅠ 基 化

Jump 電子軌道→ *p.270*

電子配置の成りたちを電子殻を構成する電子軌道から説明した。

A 電子殻
electron shell

原子核のまわりの電子は，いくつかの層に分かれて存在している。この層を電子殻といい，内側から順に，K 殻，L 殻，M 殻，…という(*p.270*，*291*)。

B 電子配置と価電子
electron configuration　valence electron

最も外側の電子殻に存在する 1 ～ 7 個の電子を価電子という。18 族の原子の価電子の数は 0 とする。価電子の数の等しい元素の化学的な性質は，よく似る傾向がある。 Zoom up Plus p.270

凡例：K殻，L殻，M殻　(n+) 原子核がもつ正の電気量　⊖ 電子　(⊖は価電子)

周期	族	1	2	13	14	15	16	17	18
1	電子配置	(1+) $_1$H 水素							(2+) $_2$He ヘリウム
	K 殻	1							2
2	電子配置	(3+) $_3$Li リチウム	(4+) $_4$Be ベリリウム	(5+) $_5$B ホウ素	(6+) $_6$C 炭素	(7+) $_7$N 窒素	(8+) $_8$O 酸素	(9+) $_9$F フッ素	(10+) $_{10}$Ne ネオン
	K 殻	2	2	2	2	2	2	2	2
	L 殻	**1**	**2**	**3**	**4**	**5**	**6**	**7**	8
3	電子配置	(11+) $_{11}$Na ナトリウム	(12+) $_{12}$Mg マグネシウム	(13+) $_{13}$Al アルミニウム	(14+) $_{14}$Si ケイ素	(15+) $_{15}$P リン	(16+) $_{16}$S 硫黄	(17+) $_{17}$Cl 塩素	(18+) $_{18}$Ar アルゴン
	K 殻	2	2	2	2	2	2	2	2
	L 殻	8	8	8	8	8	8	8	8
	M 殻	**1**	**2**	**3**	**4**	**5**	**6**	**7**	8
4	電子配置	(19+) $_{19}$K カリウム	(20+) $_{20}$Ca カルシウム						
	K 殻	2	2						
	L 殻	8	8						
	M 殻	8	8						
	N 殻	**1**	**2**						
価電子数		**1**	**2**	**3**	**4**	**5**	**6**	**7**	**0**

電子殻や電子配置の図は，電子が原子核の周囲を円運動するというボーアのモデル(右図)をもとに図式化したものである。

Column 電子・原子核の発見 化学史

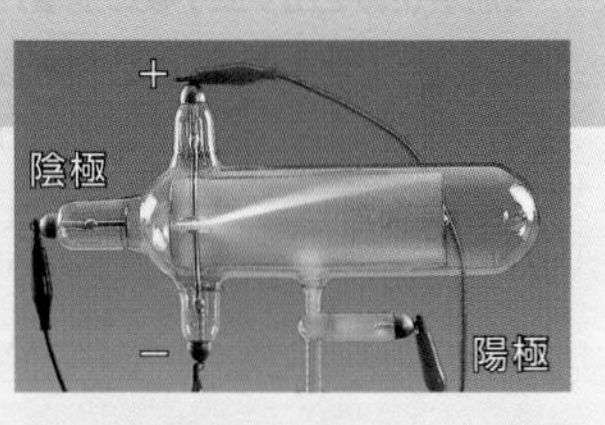

電子の発見　1897 年，J.J.トムソンは，真空容器内で放電をすると陰極から陽極へ直線的に進む線(陰極線)が放出されることを確認した。陰極線に電場をかけると+極側に曲がることから，トムソンは，陰極線は負に帯電した粒子(電子)の流れであると考えた。

原子核の発見　1911 年，ラザフォードらは，金箔に α 線を照射すると大部分はそのまま通過するが，ごく少数の α 線は跳ね返されたり，進行方向が変化したりしていることを発見した。これは，原子の占める空間の大部分は非常に密度が低く，原子の質量の大部分は原子の中心の原子核に集中していることを示していた。また，正の電荷を帯びた α 線と反発して進行方向を変えることから，原子核は正の電荷をもつことがわかった。

■ α 線の散乱

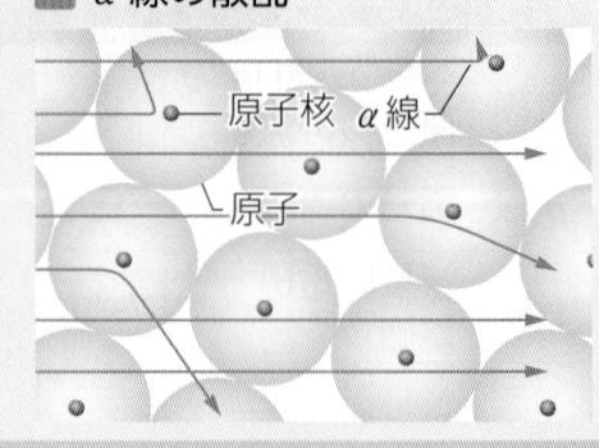

A 混合物ではありません。元素の組合せが同じであれば，同じ物質ということになります。

C イオンの生成

ion

原子が電子を放出したり受け取ったりして電気を帯びるようになった粒子を，イオン(単原子イオン)という。原子が電子を放出すると正の電荷をもつ陽イオンになり，原子が電子を受け取ると負の電荷をもつ陰イオンになる。

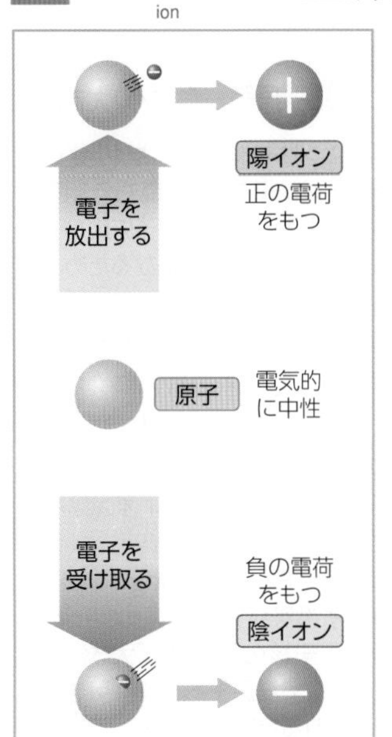

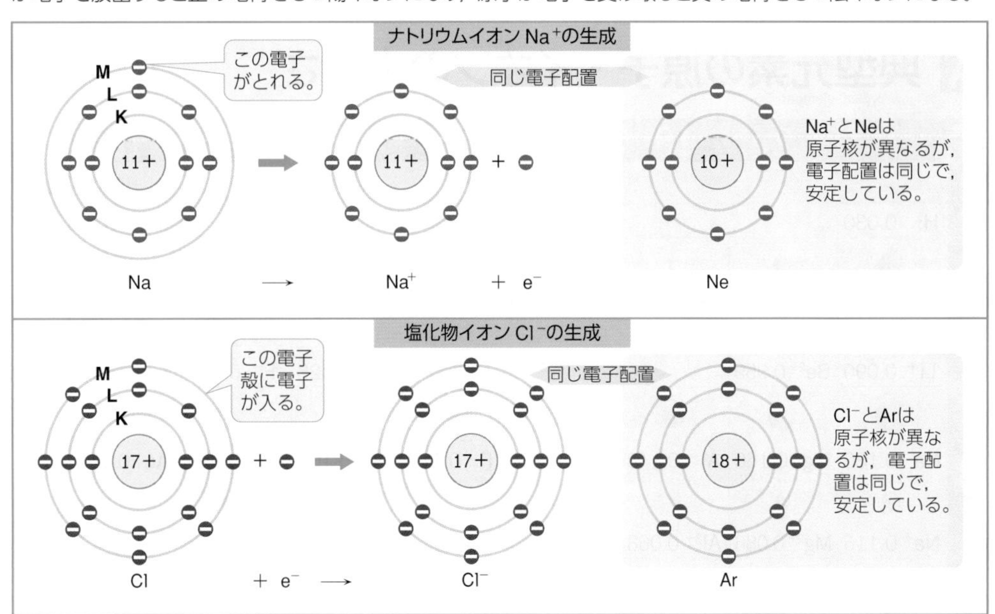

D イオンの名称

イオンがもつ電荷の大きさは，原子が放出または受け取った電子の数に等しい。この電子の数をイオンの価数という。イオンは，元素記号の右上にイオンの価数と電荷の符号をつけた化学式(イオン式)で表される。

単原子イオン

【名称】
単原子陽イオンの名称は，元素名に「イオン」をつける。
単原子陰イオンの名称は，元素名の語尾が「化物イオン」である。

【化学式(イオン式)の書き方】

元素記号

Na^{+}　Ca^{2+}　Al^{3+}

電荷の符号　イオンの価数(1は書かない)

Cl^{-}　O^{2-}

多原子イオン

【名称】
2個以上の原子が結合した原子団からなるイオンを，多原子イオンという。
多原子イオンには，それぞれ固有の名称がある。

【化学式(イオン式)の書き方】

イオンの価数(1は書かない)　電荷の符号

CO_3^{2-}

すぐ左の原子の数(1は書かない)

価数	陽イオン	化学式
1価(＋1)	水素イオン	H^+
	オキソニウムイオン	H_3O^+
	リチウムイオン	Li^+
	ナトリウムイオン	Na^+
	カリウムイオン	K^+
	銀イオン	Ag^+
	銅(Ⅰ)イオン	Cu^+
	アンモニウムイオン	NH_4^+
2価(＋2)	マグネシウムイオン	Mg^{2+}
	カルシウムイオン	Ca^{2+}
	ストロンチウムイオン	Sr^{2+}
	バリウムイオン	Ba^{2+}
	カドミウムイオン	Cd^{2+}
	ニッケル(Ⅱ)イオン	Ni^{2+}
	亜鉛イオン	Zn^{2+}
	銅(Ⅱ)イオン	Cu^{2+}
	水銀(Ⅱ)イオン	Hg^{2+}
	鉄(Ⅱ)イオン	Fe^{2+}
	コバルト(Ⅱ)イオン	Co^{2+}
	スズ(Ⅱ)イオン	Sn^{2+}
	鉛(Ⅱ)イオン	Pb^{2+}
	マンガン(Ⅱ)イオン	Mn^{2+}
3価(＋3)	アルミニウムイオン	Al^{3+}
	鉄(Ⅲ)イオン	Fe^{3+}
	クロム(Ⅲ)イオン	Cr^{3+}
4価(＋4)	スズ(Ⅳ)イオン	Sn^{4+}

価数	陰イオン	化学式
1価(－1)	フッ化物イオン	F^-
	塩化物イオン	Cl^-
	臭化物イオン	Br^-
	ヨウ化物イオン	I^-
	水酸化物イオン	OH^-
	シアン化物イオン	CN^-
	亜硝酸イオン	NO_2^-
	硝酸イオン	NO_3^-
	次亜塩素酸イオン	ClO^-
	亜塩素酸イオン	ClO_2^-
	塩素酸イオン	ClO_3^-
	過塩素酸イオン	ClO_4^-
	過マンガン酸イオン	MnO_4^-
	酢酸イオン	CH_3COO^-
	炭酸水素イオン	HCO_3^-
	リン酸二水素イオン	$H_2PO_4^-$
	硫酸水素イオン	HSO_4^-
	硫化水素イオン	HS^-
	チオシアン酸イオン	SCN^-
2価(－2)	酸化物イオン	O^{2-}
	硫化物イオン	S^{2-}
	亜硫酸イオン	SO_3^{2-}
	硫酸イオン	SO_4^{2-}
	チオ硫酸イオン	$S_2O_3^{2-}$
	炭酸イオン	CO_3^{2-}
	クロム酸イオン	CrO_4^{2-}
	二クロム酸イオン	$Cr_2O_7^{2-}$
	リン酸一水素イオン	HPO_4^{2-}
3価(－3)	リン酸イオン	PO_4^{3-}

銅や鉄などには，価数の異なる2種類以上のイオンが存在する。このような場合は，イオンの価数をローマ数字で示して区別する。例えば，Fe^{2+}は鉄(Ⅱ)イオン，Fe^{3+}は鉄(Ⅲ)イオンとなる。

Q 電子殻はなぜK殻から始まるのですか?

物質の構成

5 イオンⅡ 基 化

A 典型元素の原子・イオンの大きさ
typical element

周期＼族	1	2	13	14	15	16	17	18
1	H 0.030							He 0.140
2	Li 0.152 Li^+ 0.090	Be 0.111 Be^{2+} 0.059	B 0.081	C 0.077	N 0.074	O 0.074 O^{2-} 0.126	F 0.072 F^- 0.119	Ne 0.154
3	Na 0.186 Na^+ 0.116	Mg 0.160 Mg^{2+} 0.086	Al 0.143 Al^{3+} 0.068	Si 0.117	P 0.110	S 0.104 S^{2-} 0.170	Cl 0.099 Cl^- 0.167	Ar 0.188
4	K 0.231 K^+ 0.152	Ca 0.197 Ca^{2+} 0.114	Ga 0.122 Ga^{3+} 0.076	Ge 0.122 Ge^{4+} 0.067	As 0.121	Se 0.117 Se^{2-} 0.184	Br 0.114 Br^- 0.182	Kr 0.202
5	Rb 0.247 Rb^+ 0.166	Sr 0.215 Sr^{2+} 0.132	In 0.163 In^{3+} 0.094	Sn 0.141 Sn^{4+} 0.083	Sb 0.145	Te 0.137 Te^{2-} 0.207	I 0.133 I^- 0.206	Xe 0.216
6	Cs 0.266 Cs^+ 0.181	Ba 0.217 Ba^{2+} 0.149	Tl 0.170 Tl^{3+} 0.103	Pb 0.175 Pb^{4+} 0.092	Bi 0.156			

原子が共有結合(金属の場合は金属結合)するときの半径(18族ではファンデルワールス半径)と，イオンがイオン結合するときの半径のおよその値をnm単位で示した($1nm = 10^{-9}m$)。原子を ● で，イオンを ● で表した。

Point 原子・イオンの大きさ

①陽イオンはもとの原子より小さい。
➡陽イオンになると，最も外側の電子殻が，もとの原子に比べて1つ内側の電子殻になるため。

②陰イオンはもとの原子より大きい。
➡陰イオンになると，もとの原子に比べて電子の数が増え，電子どうしが反発しあうため。

③同じ電子配置のイオンでは，原子番号が大きいほどイオンは小さい。
例：$O^{2-} > F^- > Na^+ > Mg^{2+} > Al^{3+}$
➡原子番号が大きいイオンのほうが原子核の正電荷が大きくなり，電子が原子核に強く引きつけられるため。

④同じ周期の元素では，原子番号が大きいほど原子は小さい(18族は除く)。
➡電子の数が増加して電子どうしの反発が強くなる効果よりも，原子核の正電荷が大きくなって，電子を引きつける効果のほうが大きいため。

⑤同じ族の元素では，原子番号が大きいほど原子は大きい。
➡周期が大きいほど電子殻の層の数が増え，中心から最も外側の電子殻の距離が大きくなるため。

小惑星探査機はやぶさとイオンエンジン 技術

宇宙を航行するには，長期間にわたって作動するエンジンが必要となる。宇宙空間には酸素がないので，水素などを燃焼させる化学エンジンは長期間使用できない。そこで開発されたのがはやぶさに搭載されたイオンエンジンである。

推進の基本原理はジェット機やロケットと同じ作用反作用の法則を利用したものである。イオンエンジンはマイクロ波でイオン化させた貴ガス(キセノンやアルゴンなど)に電圧を加えて加速させて，機体後方から噴出させ，その反動で推進力を得ている。しかし，正の電荷をもつ貴ガスイオンを噴出し続けると，探査機自身が負の電荷を帯び，貴ガスイオンが探査機に引きつけられてしまい，十分な推進力を得ることができなくなってしまう。そこで，中和器という装置を使って，貴ガスイオンに電子を吹き付け電気的に中性にすることで，長期間にわたって推進力を得ている。はやぶさに使われたキセノンの推進力は，地球上では1円玉2枚を動かす程度だが，1年間作動し続けることで，時速4500kmまで加速することができる。また，イオンエンジンは推進剤の量が少なくてすむため，空いたスペースに観測機器を積むことで惑星探査の可能性を広げることができた。

イオンエンジンの構造と原理

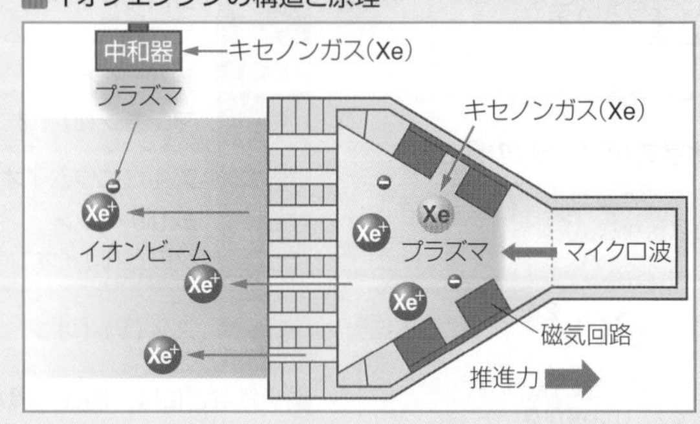

A 電子殻が発見されたとき，それより内側にも電子殻があることが予想され，アルファベットの中ほどのKから使いはじめたからです。

B イオン化エネルギー

ionization energy

原子の最も外側の電子殻から1個の電子を取りさって1価の陽イオンにするのに必要なエネルギーを，イオン化エネルギーという(p.46，292)。

■第一イオン化エネルギー（単位：kJ/mol）

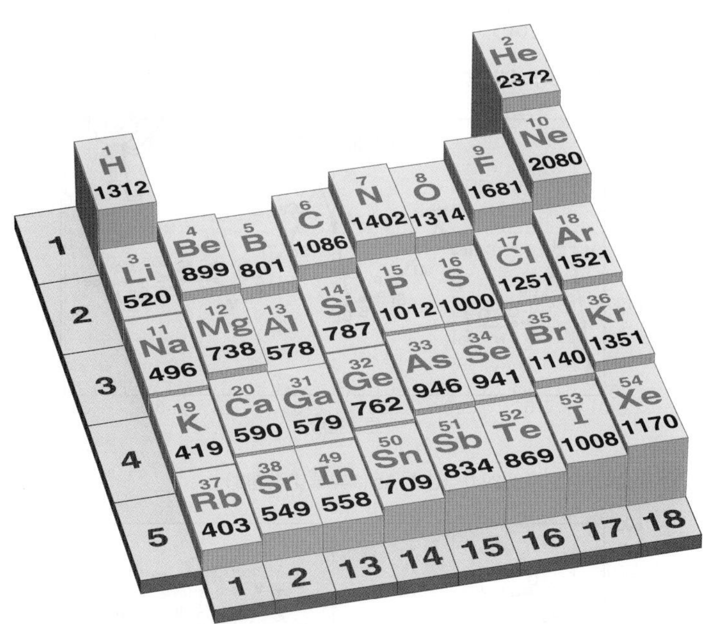

11+
Na$^+$
e$^-$
エネルギー
496 kJ（吸収）
M
L
K
11+
Na

イオン化エネルギーが小さいほど電子を放出しやすく，陽イオンになりやすい。

■マグネシウムのイオン化

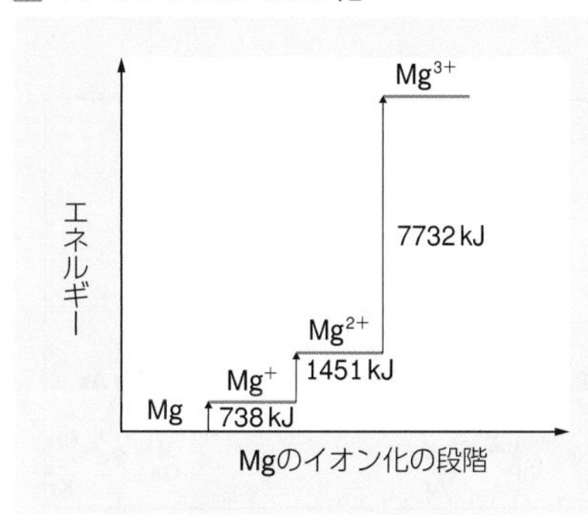

Mg では，第一イオン化エネルギーや第二イオン化エネルギーの値に比べ，第三イオン化エネルギーの値はきわめて大きい。そのため，Mg は2個の価電子を放出して Mg^{2+} にはなりやすいが，Mg^{3+} にはなりにくい。

原子の最も外側の電子殻から電子1個を取りさって1価の陽イオンにするのに必要なエネルギーを第一イオン化エネルギー，次いで1価の陽イオンから電子1個を取りさるのに必要なエネルギーを第二イオン化エネルギー，さらに2価の陽イオンから電子1個を取りさるのに必要なエネルギーを第三イオン化エネルギーという。

C 電子親和力

electron affinity

原子が最も外側の電子殻に1個の電子を受け取って1価の陰イオンになるときに放出されるエネルギーを，電子親和力という(p.46，292)。

■電子親和力（単位：kJ/mol）

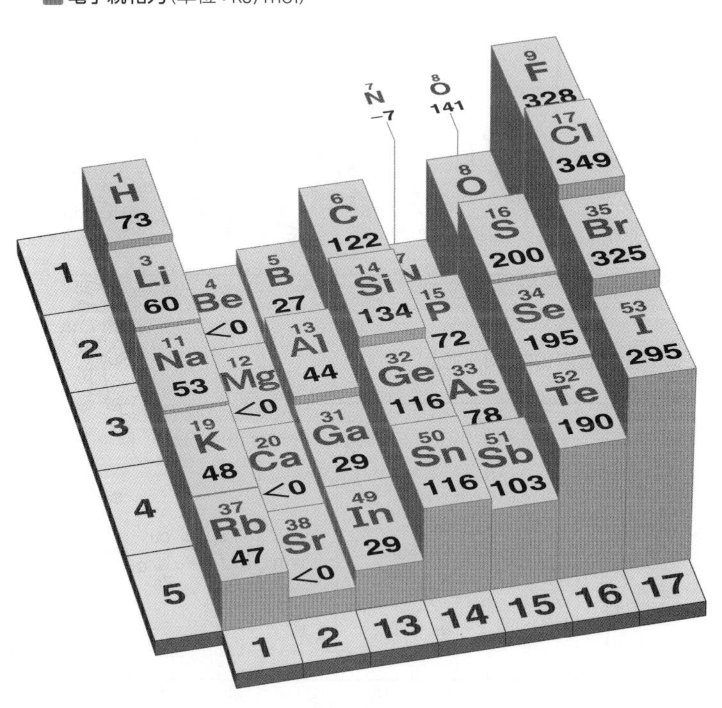

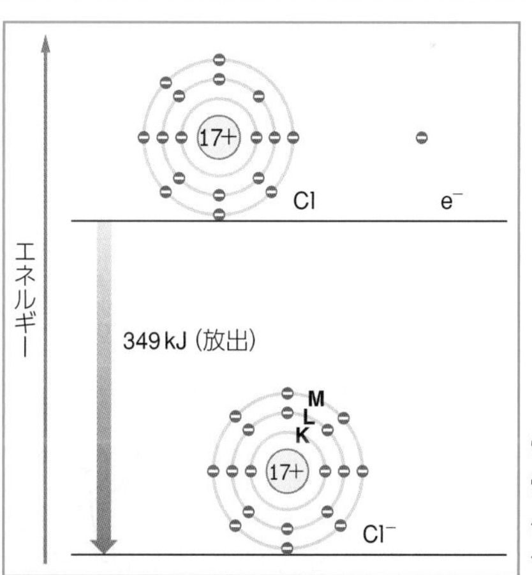

電子親和力が大きいほど電子を引き寄せる力が大きく，陰イオンになりやすい。

Point イオン化エネルギーと電子親和力

イオン化エネルギーが小さい	電子親和力が大きい
↓	↓
陽イオンになりやすい	陰イオンになりやすい
↓	↓
陽性が強い	陰性が強い
↓	↓
電気陰性度が小さい	電気陰性度が大きい

Q 原子核と電子の間はどうなっていますか？

6 元素の周期律 基 化

A 原子番号と元素の性質
atomic number　element

元素を原子番号の順に並べると，性質のよく似た元素が一定の間隔で現れてくる。このような規則性を元素の周期律という。□の部分は周期律がはっきりと表れない。

価電子の数

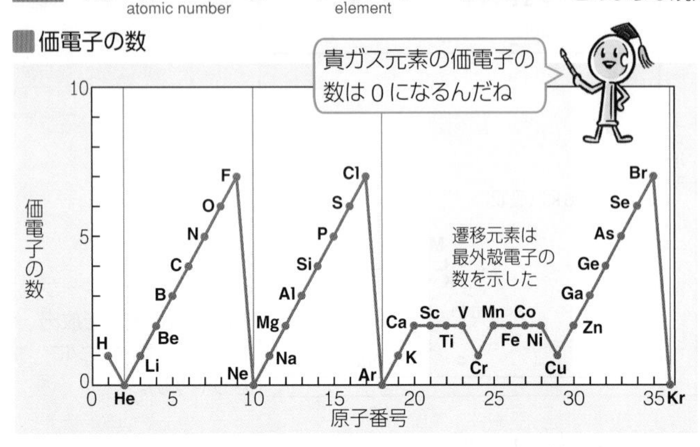

原子半径（p.44）（貴ガスはファンデルワールス半径，金属は金属結合半径）

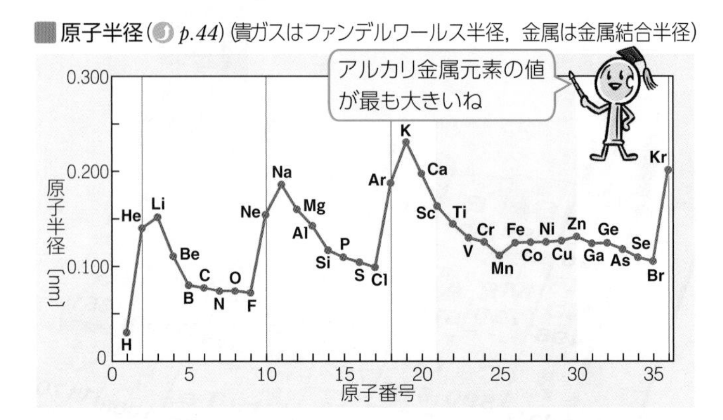

単体の融点（p.294）

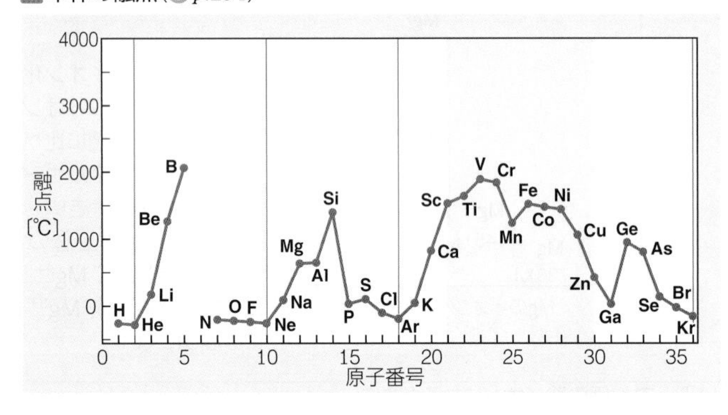

単体の沸点（p.294）（C と As は昇華する温度）

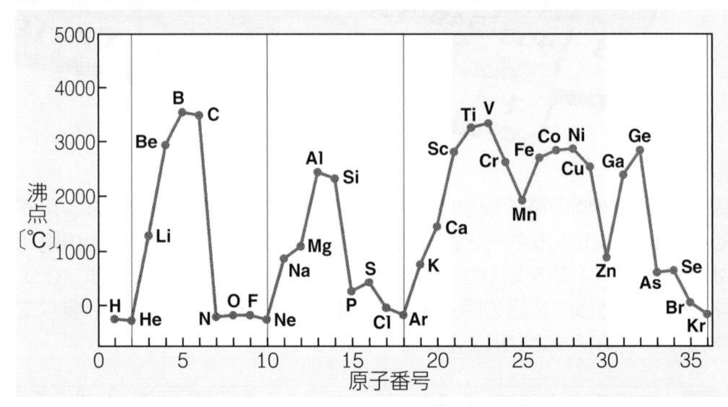

第一イオン化エネルギー（p.292）

電子親和力（p.292）

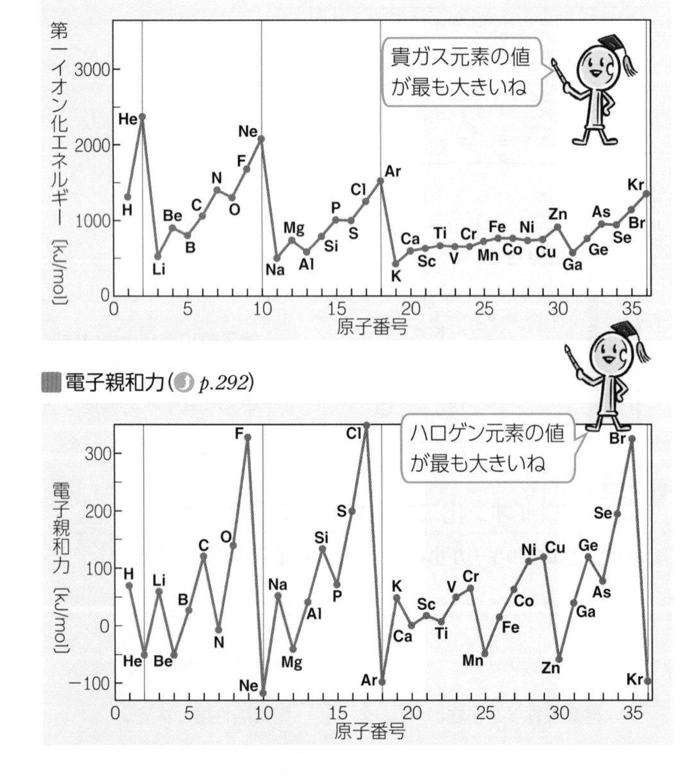

第二イオン化エネルギー（p.292）

電気陰性度（p.54，292）

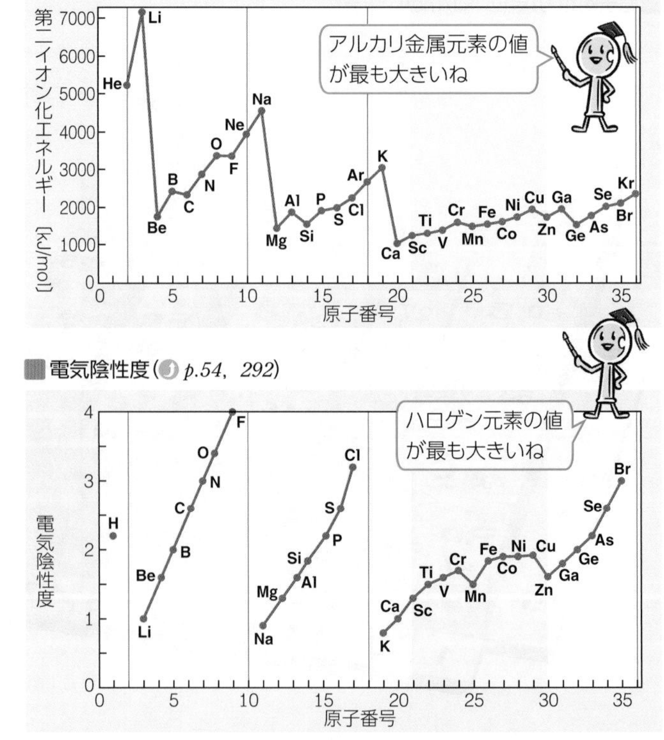

A 真空です。空気と考えがちですが，空気は窒素や酸素からできていることに気づけば，それが誤りであることは想像できます。

B 元素の周期表
periodic table

元素を原子番号の順に並べ，性質のよく似た元素が縦の列に並ぶようにした表を，元素の周期表という。周期表の縦の列を族，横の行を周期という。

陰性が強い（電気陰性度 大）→

陽性が強い（電気陰性度 小）↓

典型元素　遷移元素　単体は金属　単体は非金属　□単体は常温で固体　💧単体は常温で液体　○単体は常温で気体

周期＼族	1	2	3	4	5	6	7	8	9	10	11	12	13	14	15	16	17	18
1	$_{1}$H																	$_{2}$He
2	$_{3}$Li	$_{4}$Be											$_{5}$B	$_{6}$C	$_{7}$N	$_{8}$O	$_{9}$F	$_{10}$Ne
3	$_{11}$Na	$_{12}$Mg											$_{13}$Al	$_{14}$Si	$_{15}$P	$_{16}$S	$_{17}$Cl	$_{18}$Ar
4	$_{19}$K	$_{20}$Ca	$_{21}$Sc	$_{22}$Ti	$_{23}$V	$_{24}$Cr	$_{25}$Mn	$_{26}$Fe	$_{27}$Co	$_{28}$Ni	$_{29}$Cu	$_{30}$Zn	$_{31}$Ga	$_{32}$Ge	$_{33}$As	$_{34}$Se	$_{35}$Br	$_{36}$Kr
5	$_{37}$Rb	$_{38}$Sr	$_{39}$Y	$_{40}$Zr	$_{41}$Nb	$_{42}$Mo	$_{43}$Tc	$_{44}$Ru	$_{45}$Rh	$_{46}$Pd	$_{47}$Ag	$_{48}$Cd	$_{49}$In	$_{50}$Sn	$_{51}$Sb	$_{52}$Te	$_{53}$I	$_{54}$Xe
6	$_{55}$Cs	$_{56}$Ba	57～71 ランタノイド	$_{72}$Hf	$_{73}$Ta	$_{74}$W	$_{75}$Re	$_{76}$Os	$_{77}$Ir	$_{78}$Pt	$_{79}$Au	$_{80}$Hg	$_{81}$Tl	$_{82}$Pb	$_{83}$Bi	$_{84}$Po	$_{85}$At	$_{86}$Rn
7	$_{87}$Fr	$_{88}$Ra	89～103 アクチノイド	$_{104}$Rf	$_{105}$Db	$_{106}$Sg	$_{107}$Bh	$_{108}$Hs	$_{109}$Mt	$_{110}$Ds	$_{111}$Rg	$_{112}$Cn	$_{113}$Nh	$_{114}$Fl	$_{115}$Mc	$_{116}$Lv	$_{117}$Ts	$_{118}$Og

※ $_{104}$Rf 以降の元素は超アクチノイド元素などとよばれ，詳しい性質はわかっていない。

金属元素

単体は金属結合によって金属結晶をつくる。
金属結晶は，金属光沢があり，展性・延性に富み，電気と熱の伝導性がきわめて大きい。また，密度が大きく，融点が高いものが多い。
イオン化エネルギーが小さく，陽性が強い。非金属元素と化合物をつくるときは，非金属元素に電子を放出して陽イオンになる。

非金属元素

一般に，単体は共有結合によって分子をつくり，分子は分子間力によって分子結晶をつくる。
分子結晶は一般に光沢をもたず，電気や熱の伝導性が小さい。
電子親和力が大きく，陰性が強い。金属元素と化合物をつくるときは，金属元素から電子を受け取って陰イオンになる。

遷移元素（p.168）

3 族～ 12 族の元素（12 族の元素は，遷移元素に含めない場合もある）。原子番号が増加しても，最外殻より内側の電子殻の電子の数が増えていくため，最外殻電子の数はほとんど変わらない。そのため，元素の性質は，周期表の上下（同族）の元素どうしよりも，左右（同周期）の元素どうしが類似していることが多い。

典型元素

1 族・2 族と 13 族～ 18 族の元素。原子番号が増えるに従って，原子の価電子の数が規則的に変化する。元素の周期律がはっきりしていて，周期表の上下（同族）の元素どうしの性質が類似している。

アルカリ金属元素（p.158）
水素 H を除く 1 族の元素。周期表中で最も陽性な族で，1 価の陽イオンになりやすい。

アルカリ土類金属元素（p.160）
2 族の元素。2 価の陽イオンになりやすい。

ハロゲン元素（p.142）
17 族の元素。周期表中で最も陰性な族で，1 価の陰イオンになりやすい。

貴ガス元素（希ガス元素）（p.141）
18 族の元素。電子配置が安定していて，化合物をほとんどつくらない。価電子の数は 0。単原子分子として存在する。

Column メンデレーエフと周期律
periodic law

化学史

今から 200 年ほど前に，数十種類の元素が発見されると，元素を分類して理解する必要性が高まり研究が始まった。
最初の表は 1865 年にイギリスのニューランズが原子量の小さい順に元素を並べたもので，8 番目ごとに性質が似た元素が出現することを発表した（オクターブ説）。
次いで，1869 年にメンデレーエフがより正確な元素の周期表を発表した。この周期表では性質の似た元素はグループになるようにまとめられ，未発見の元素の場所は空欄にしてあった。さらに未発見の元素については，その性質を類推して予想した。彼が予想した元素（エカケイ素，エカホウ素など）は，後に新元素として発見され，その性質が予想とほぼ一致したので，この周期表に対する信頼は非常に高まった。

メンデレーエフ
1834 ～ 1907
ロシアの化学者

エカケイ素とゲルマニウムの性質

元素	原子量	密度	色	融点	酸化物	塩化物	塩化物の沸点	塩化物の密度
エカケイ素 Es	72	5.5 g/cm^3	灰	高	EsO_2	$EsCl_4$	100℃以下	1.9 g/cm^3
ゲルマニウム Ge	72.63	5.32 g/cm^3	灰白	937℃	GeO_2	$GeCl_4$	83.1℃	1.88 g/cm^3

Q 人工的に合成された元素は，製品開発などに利用できますか？

7 金属結合と金属結晶 基 化

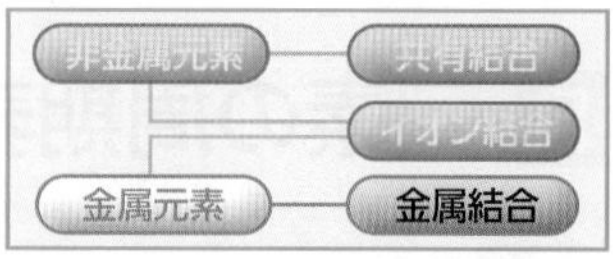

非金属元素 — 共有結合
非金属元素 — イオン結合
金属元素 — 金属結合

A 金属結合 metallic bond

金属では，原子の電子殻が一部重なりあって，その部分を価電子が自由に移動できる(自由電子)。

■金 Au の単体

金属を化学式で表すときには，組成式が使われる。

■金属結合のモデル 1

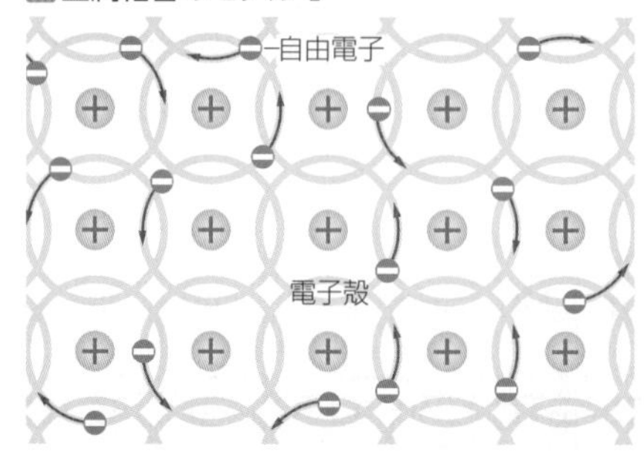

■金属結合のモデル 2

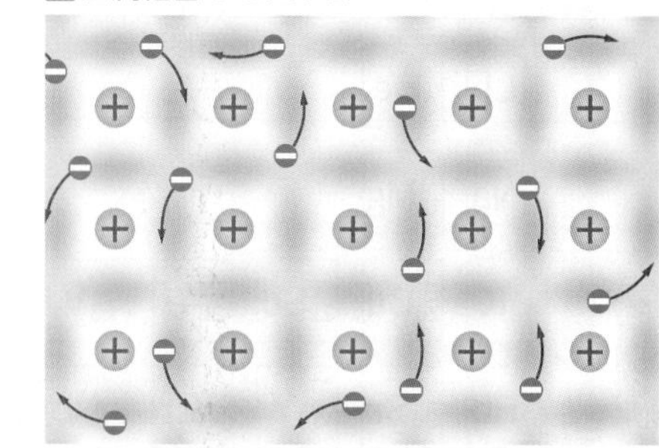

各原子の価電子は，共有結合(p.52)のように特定の原子間で共有されるのではなく，各原子が価電子を出し，価電子がすべての原子によって共有されていると考えられる。このような結合を金属結合という。

B 金属の性質

金属は，自由電子をもつため，電気や熱をよく伝える。また，展性(薄く広げられる性質)や延性(長く引き延ばされる性質)をもつ。さらに，金属光沢といわれる特有の光沢をもつ。

■金属の熱伝導度と電気伝導度(Ag を 100 とした場合)

熱伝導度	金属	電気伝導度
100	Ag	100
94	Cu	95
75	Au	72
55	Al	59
27	Zn	27
20	Fe	17

銀 Ag は熱伝導度・電気伝導度ともに金属の中で最大である。

■金属の熱伝導性

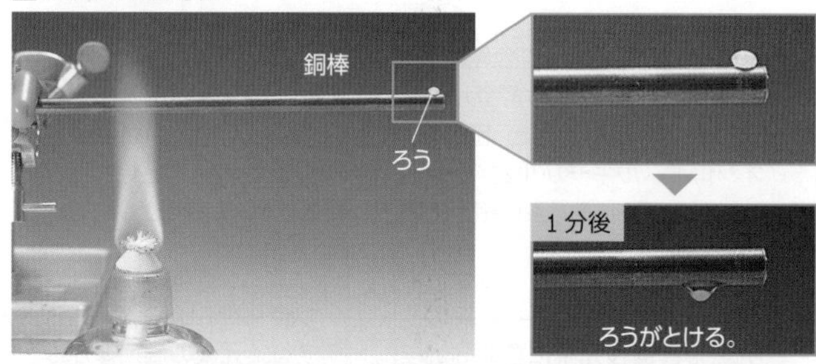

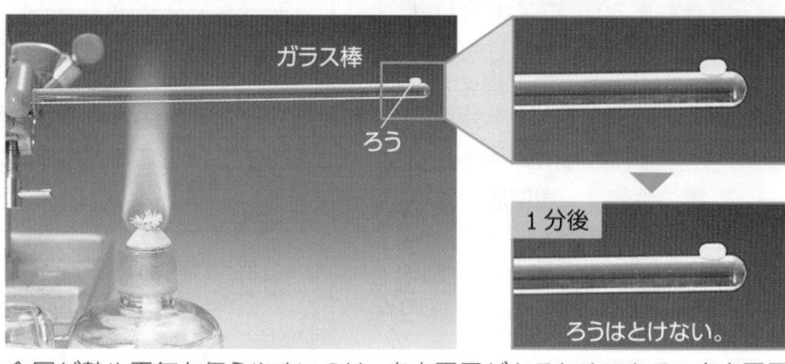

金属が熱や電気を伝えやすいのは，自由電子があるためである。自由電子は熱エネルギーにより活発に動き，熱を伝える。ガラスは熱を伝えにくいので，棒の先端にのせたろうはすぐにはとけない。

■金属の電気伝導性

金属はすべて電気を通す。

■金属の融点(p.294)

金属	融点〔℃〕
W	3410
Fe	1535
Cu	1083
Ag	952
Al	660
Zn	420
Pb	328
Na	98
Hg	−39

単体の金属では，水銀だけが常温で液体である。

■金属の展性(アルミニウム箔)

■金属の延性(銅線)

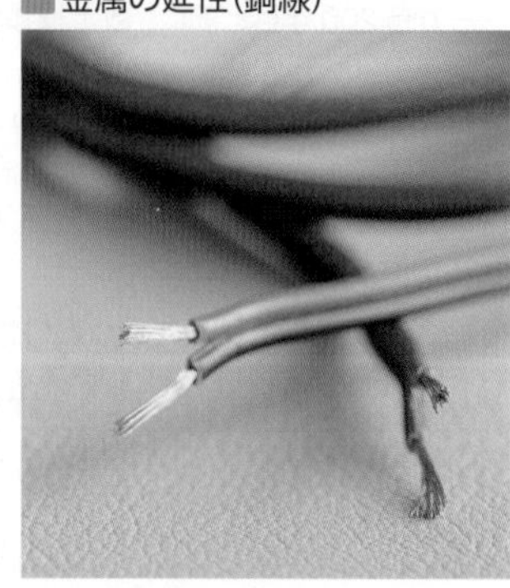

A これまでに合成された元素はすべて放射性元素で，寿命がきわめて短いものが多く，工業的な利用はあまり期待できません。

C 金属結晶 化

多数の金属元素の原子が次々に結合してできた結晶を，金属結晶という。金属結晶中の原子の配列には，体心立方格子，面心立方格子，六方最密構造などがある。

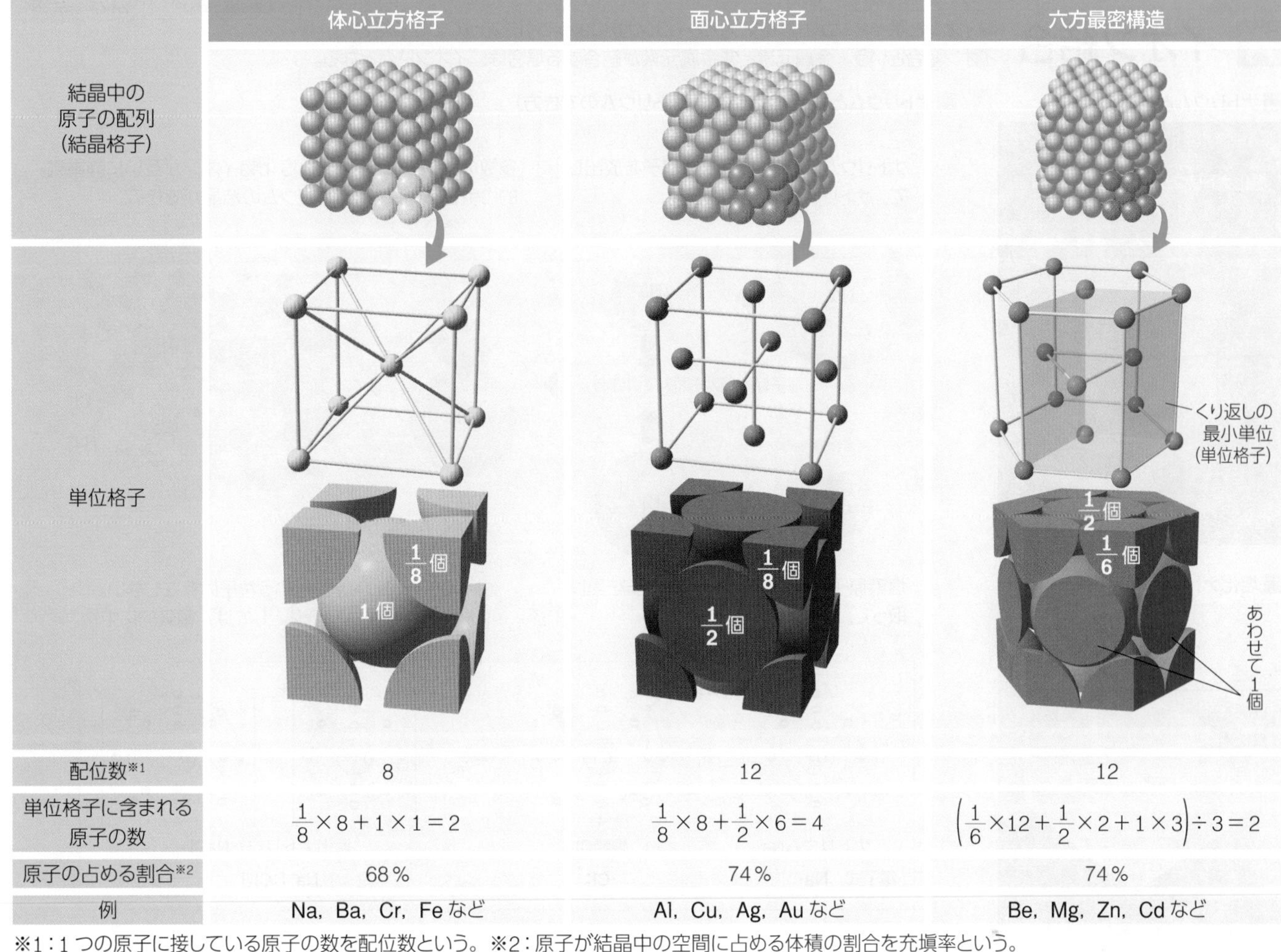

	体心立方格子	面心立方格子	六方最密構造
結晶中の原子の配列（結晶格子）			
単位格子			
配位数※1	8	12	12
単位格子に含まれる原子の数	$\frac{1}{8}\times8+1\times1=2$	$\frac{1}{8}\times8+\frac{1}{2}\times6=4$	$\left(\frac{1}{6}\times12+\frac{1}{2}\times2+1\times3\right)\div3=2$
原子の占める割合※2	68％	74％	74％
例	Na，Ba，Cr，Fe など	Al，Cu，Ag，Au など	Be，Mg，Zn，Cd など

※1：1つの原子に接している原子の数を配位数という。※2：原子が結晶中の空間に占める体積の割合を充塡率という。

D 金属原子の半径と充塡率 化

radius　filling factor

単位格子の一辺の長さ a がわかれば，以下の方法によって，金属原子の半径 r や充塡率を求めることができる。

体心立方格子の場合

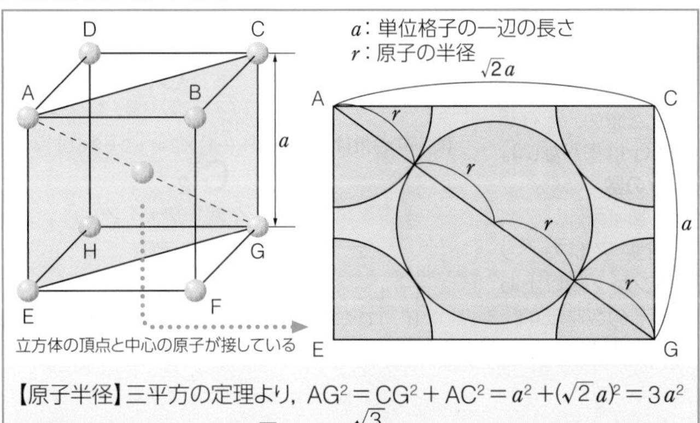

【原子半径】三平方の定理より，$AG^2=CG^2+AC^2=a^2+(\sqrt{2}a)^2=3a^2$

一方，$AG=4r$　$4r=\sqrt{3}a$　$r=\frac{\sqrt{3}}{4}a$

【充塡率】単位格子に含まれる原子の数は2個であり，$a=\frac{4}{\sqrt{3}}r$ より，

$$充塡率=\frac{単位格子中の原子の体積}{単位格子の体積}=\frac{\frac{4}{3}\pi r^3\times2}{a^3}=\frac{\sqrt{3}\pi}{8}=0.68$$

68％

面心立方格子の場合

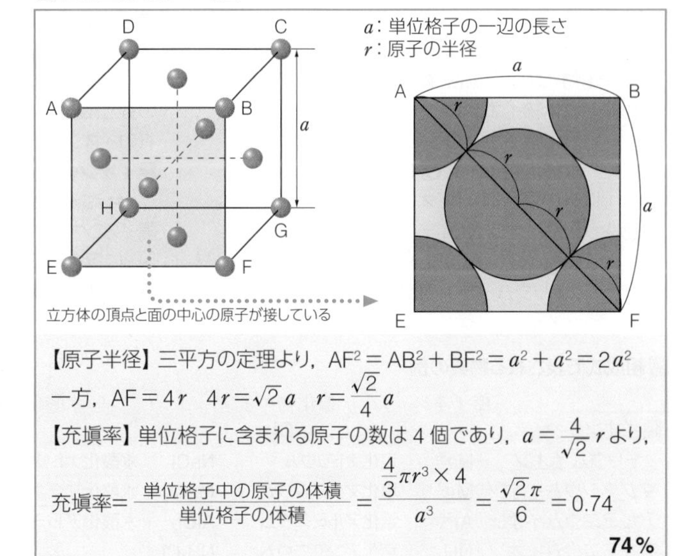

【原子半径】三平方の定理より，$AF^2=AB^2+BF^2=a^2+a^2=2a^2$

一方，$AF=4r$　$4r=\sqrt{2}a$　$r=\frac{\sqrt{2}}{4}a$

【充塡率】単位格子に含まれる原子の数は4個であり，$a=\frac{4}{\sqrt{2}}r$ より，

$$充塡率=\frac{単位格子中の原子の体積}{単位格子の体積}=\frac{\frac{4}{3}\pi r^3\times4}{a^3}=\frac{\sqrt{2}\pi}{6}=0.74$$

74％

Q 金1g（直径0.46cmの球）を長く引き延ばしたり薄く広げたりすると，どのくらいの長さ・広さになりますか?

8 イオン結合 基 化

非金属元素 — 共有結合
イオン結合
金属元素 — 金属結合

A イオン結合 ionic bond

陽イオンと陰イオンが，静電気力(クーロン力)によって引きあってできる結合をイオン結合という。金属元素と非金属元素が結合する場合は，イオン結合となる。

■ナトリウムと塩素の反応

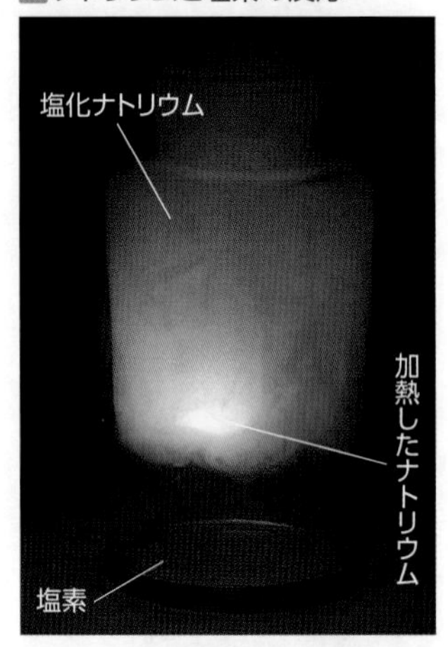

■ナトリウムと塩素の反応(塩化ナトリウムのでき方)

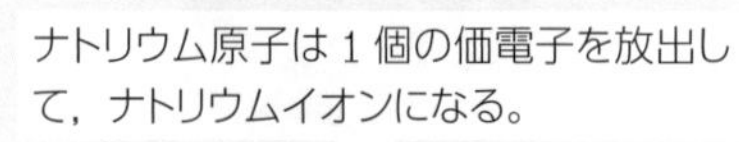

多数のナトリウムイオンと塩化物イオンが互いに静電気的に引きあい，塩化ナトリウムの結晶ができる。

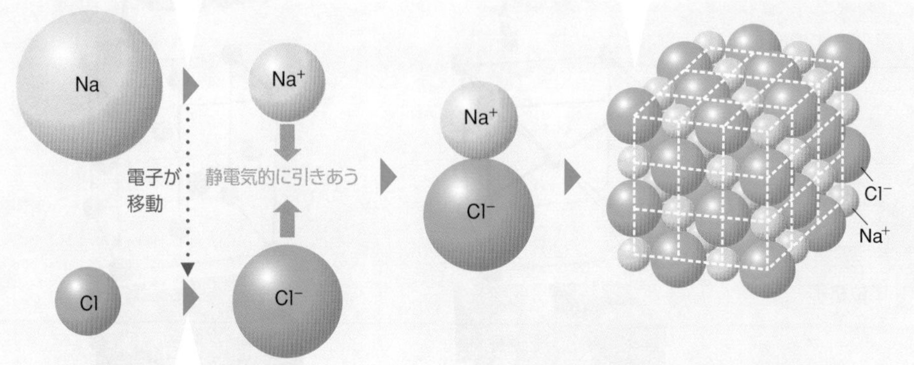

塩素原子は最外殻に1個の電子を受け取って，塩化物イオンになる。

NaClという粒子は存在しない。
結晶全体としては，電気的に中性。

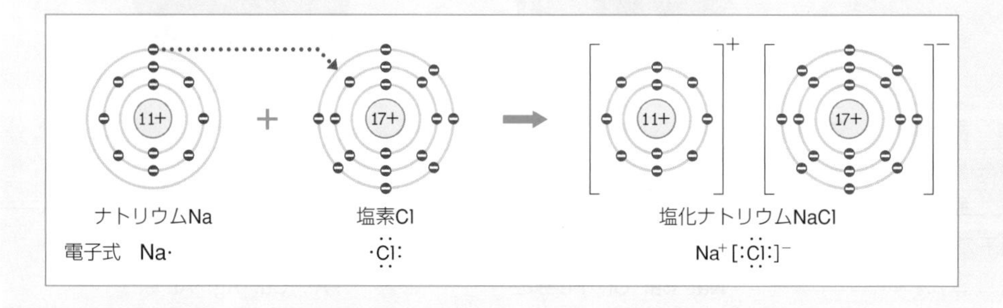

■塩化ナトリウムの結晶

B 組成式 compositional formula

イオン結合の物質は，イオンが規則的にくり返し配列しているので，その成分元素の原子の数を最も簡単な整数比にした組成式で表す。

イオン結合の物質

【名称】

陰イオンを先，陽イオンを後に読む。

① ～化物イオンの場合は，「物イオン」を省略する。

(例) 塩化物イオン Cl^- → 塩化
酸化物イオン O^{2-} → 酸化
水酸化物イオン OH^- → 水酸化

② ①以外の場合は，「イオン」を省略する。

(例) 硝酸イオン NO_3^- → 硝酸
硫酸イオン SO_4^{2-} → 硫酸
ナトリウムイオン Na^+ → ナトリウム

【化学式(組成式)の書き方】

① 陽イオンを先，陰イオンを後に書く。

② 電荷の合計が0になるように，陽イオンの数と陰イオンの数の比を求め，それぞれのイオンの右下に書く(1は書かない)。

陽イオンの数：陰イオンの数
＝陰イオンの価数：陽イオンの価数

③ 陽イオンが複数あるときは，アルファベット順に書く。多原子イオンが2個以上あるときは，(　)でくくってその数を示す。

カルシウムイオン　塩化物イオン

Ca^{2+}　Cl^-

陽イオンの数：陰イオンの数＝陰イオンの価数：陽イオンの価数＝1：2

(電荷の合計は，+2×1+(−1)×2＝+2−2＝0)

Ca　Cl_2

カルシウムイオン　塩化物イオン

塩化カルシウム

〔アルファベット順の例〕 $AlK(SO_4)_2$
〔(　)でくくる例〕 $(NH_4)_2CO_3$，$Ca_3(PO_4)_2$

■組成式で表される物質の例

陰イオン / 陽イオン	塩化物イオン Cl^-	水酸化物イオン OH^-	硝酸イオン NO_3^-	硫酸イオン SO_4^{2-}
ナトリウムイオン Na^+	塩化ナトリウム $NaCl$	水酸化ナトリウム $NaOH$	硝酸ナトリウム $NaNO_3$	硫酸ナトリウム Na_2SO_4
マグネシウムイオン Mg^{2+}	塩化マグネシウム $MgCl_2$	水酸化マグネシウム $Mg(OH)_2$	硝酸マグネシウム $Mg(NO_3)_2$	硫酸マグネシウム $MgSO_4$
アルミニウムイオン Al^{3+}	塩化アルミニウム $AlCl_3$	水酸化アルミニウム $Al(OH)_3$	硝酸アルミニウム $Al(NO_3)_3$	硫酸アルミニウム $Al_2(SO_4)_3$
アンモニウムイオン NH_4^+	塩化アンモニウム NH_4Cl		硝酸アンモニウム NH_4NO_3	硫酸アンモニウム $(NH_4)_2SO_4$

A 引き延ばすと約3000mの線になり，薄く広げると直径約80cmの円(厚さ10^{-7}m)の箔になります。

C イオン結晶 化
ionic crystal

構成粒子が規則正しく配列している固体を結晶といい，イオン結合でできる結晶をイオン結晶という。また，結晶中の粒子の配列構造を結晶格子といい，その最小のくり返し構造を単位格子という。

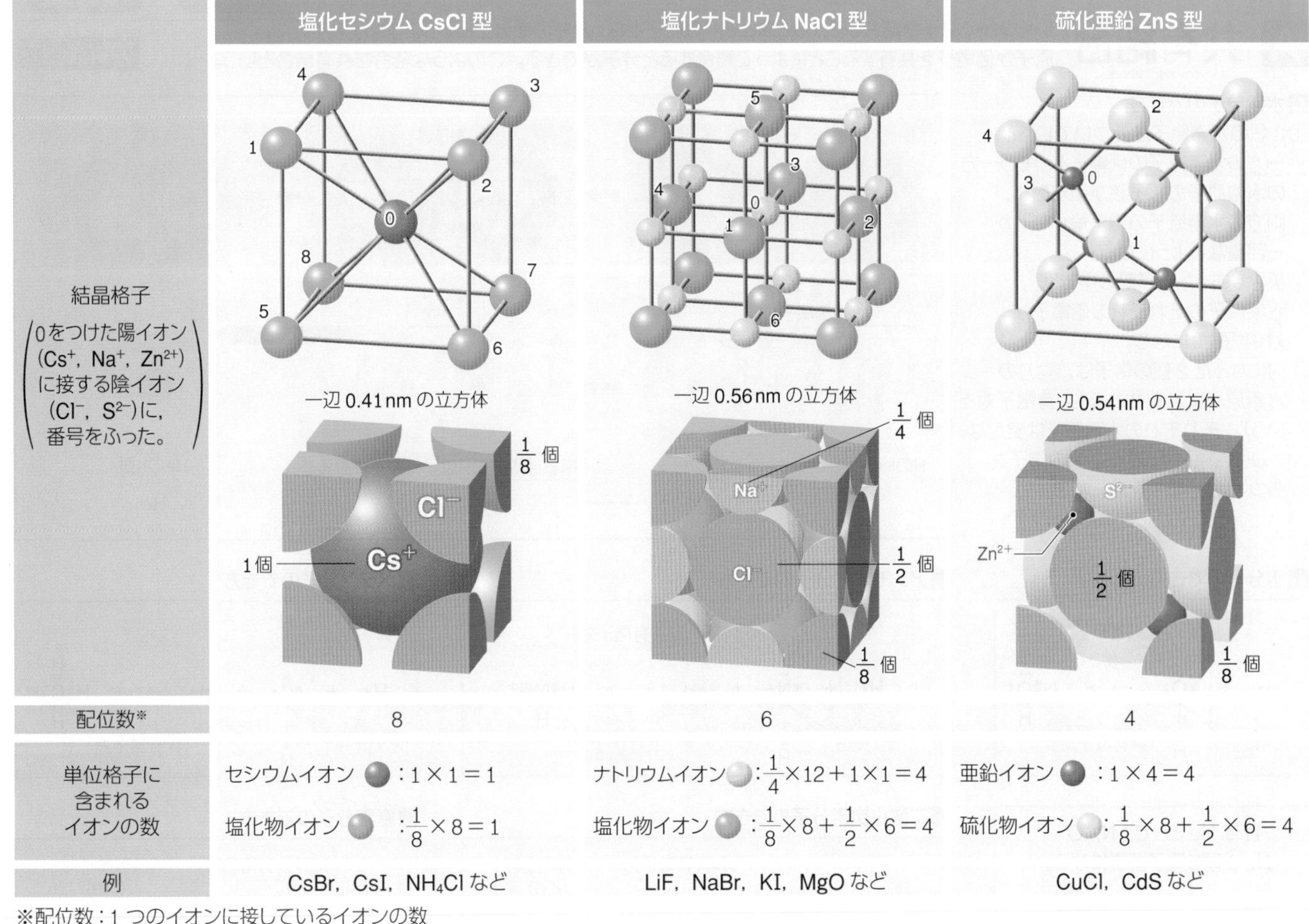

	塩化セシウム CsCl 型	塩化ナトリウム NaCl 型	硫化亜鉛 ZnS 型
結晶格子（0をつけた陽イオン（Cs^+，Na^+，Zn^{2+}）に接する陰イオン（Cl^-，S^{2-}）に，番号をふった。）	一辺 0.41 nm の立方体	一辺 0.56 nm の立方体	一辺 0.54 nm の立方体
配位数※	8	6	4
単位格子に含まれるイオンの数	セシウムイオン：$1\times1=1$ 塩化物イオン：$\frac{1}{8}\times8=1$	ナトリウムイオン：$\frac{1}{4}\times12+1\times1=4$ 塩化物イオン：$\frac{1}{8}\times8+\frac{1}{2}\times6=4$	亜鉛イオン：$1\times4=4$ 硫化物イオン：$\frac{1}{8}\times8+\frac{1}{2}\times6=4$
例	CsBr，CsI，NH_4Cl など	LiF，NaBr，KI，MgO など	CuCl，CdS など

※配位数：1 つのイオンに接しているイオンの数

D イオン結合の物質の性質

イオン結合は結合力が強いので，結晶は融点が高く，硬くてもろい。また，固体の状態では電気を通さないが，融解したり，水に溶かしたりすると電気を通すようになる。

イオン結合の物質の融点・沸点（p.302）

イオン結合の物質	（組成式）	融点〔℃〕	沸点〔℃〕
塩化ナトリウム	NaCl	801	1413
塩化カリウム	KCl	770	昇華：1500
塩化カルシウム	$CaCl_2$	772	1600 以上
酸化マグネシウム	MgO	2826	3600
酸化アルミニウム	Al_2O_3	2054	2980 ± 60
硝酸カリウム	KNO_3	339	分解：400
硝酸銀	$AgNO_3$	212	分解：444

イオン結晶のもろさ

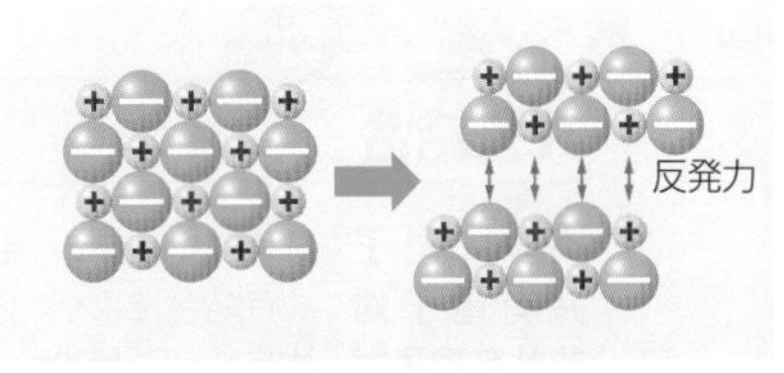

NaCl のへき開

イオン結晶は陽イオンと陰イオンの位置関係がずれると，イオンどうしが反発する。そのため，塩化ナトリウムは割れやすくもろい。

イオン結合の物質の電気伝導性

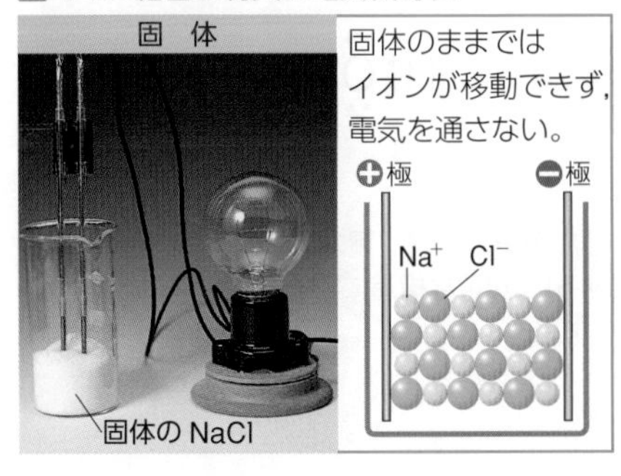

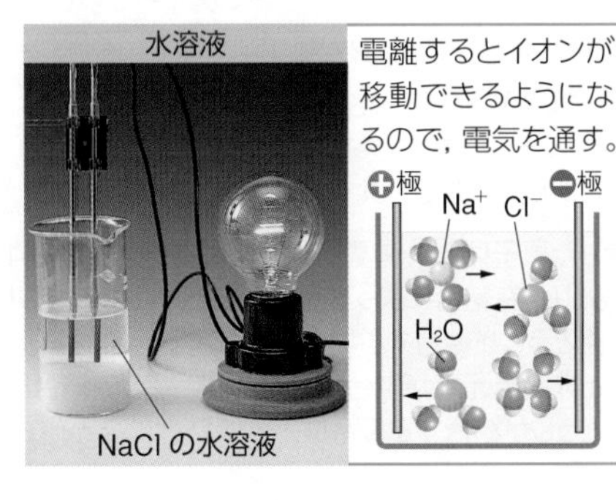

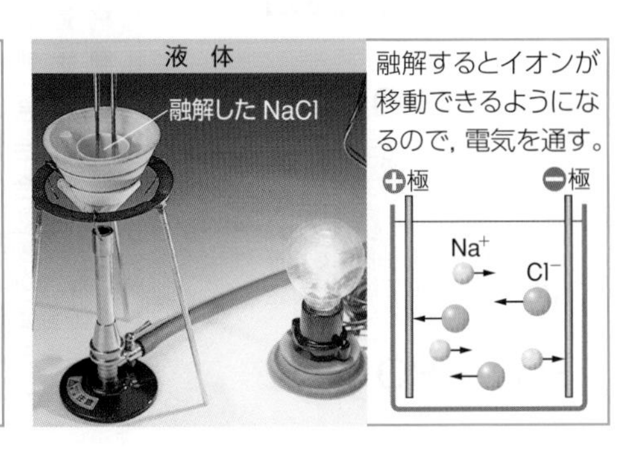

Q 炭素や窒素もイオン結合をつくりますか?

9 分子と共有結合 基 化

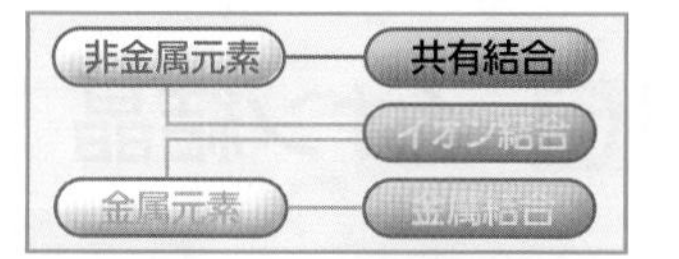

A 共有結合 covalent bond

いくつかの原子が結合して，ひとまとまりの粒子となったものを分子という。
原子が価電子を共有することによって結合すると分子ができる。このような結合を共有結合という。

Zoom up Plus p.272

水素分子のでき方

①2 個の水素原子が近づいていくと，一方の水素原子の価電子と，もう一方の水素原子の原子核が引きあい，両方の水素原子の電子殻(K 殻)が一部重なるようになる。

②重なりあった電子殻の中では，水素原子のそれぞれの価電子が対(電子対)になる。

③対になった 2 個の電子は，両方の水素原子に共有される(共有電子対という)。それぞれの水素原子は安定なヘリウム原子(K 殻に 2 個の電子をもつ)と同じ電子配置になる。

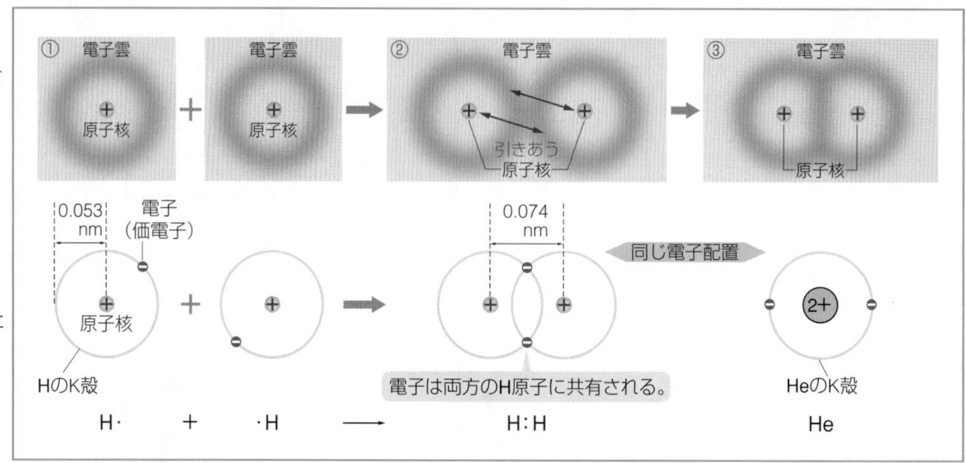

水分子のでき方

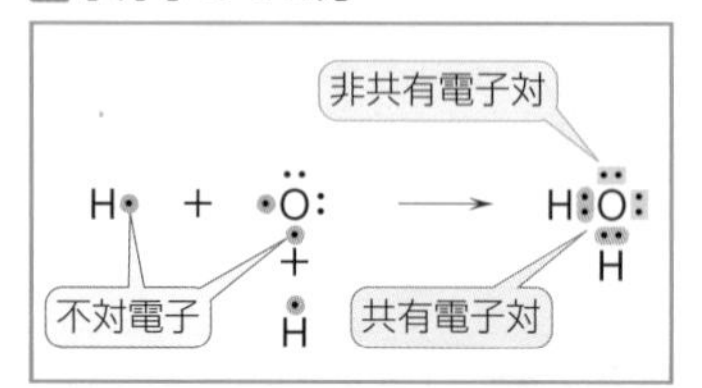

アンモニア分子のでき方

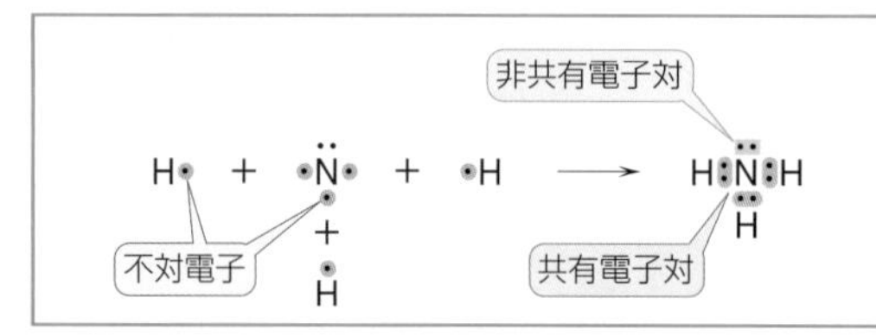

メタン分子のでき方

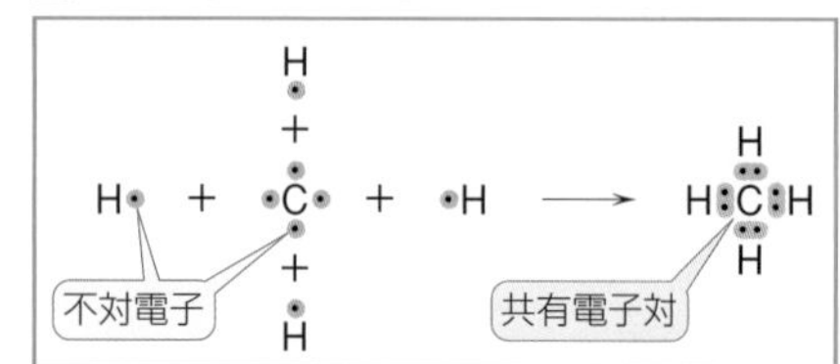

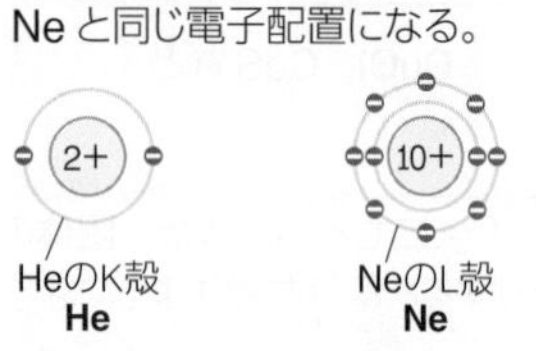

二酸化炭素分子のでき方

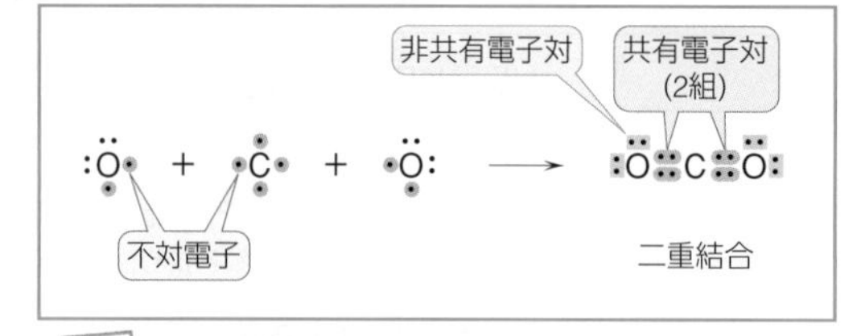

窒素分子のでき方

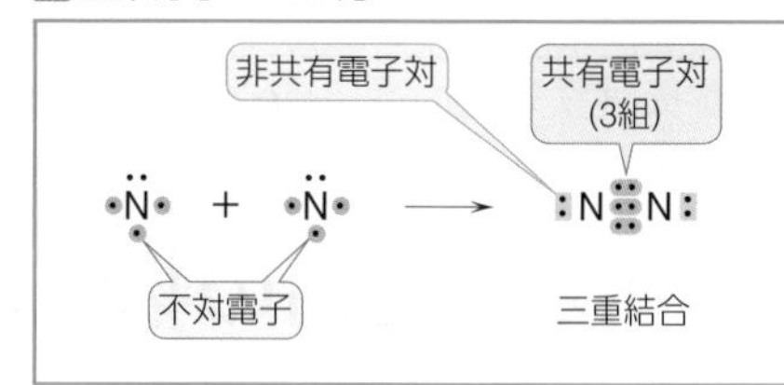

分子

【性質】

原子が価電子を共有することによって結合している(共有結合)。

電荷をもたない。

構成原子とその数によって性質が異なる。

【化学式(分子式)の書き方】

構成原子

H_2O

分子内の原子の数
(1は書かない)

組成式では，最も簡単な比を書くが，分子式では，分子に含まれる原子の数を書く

H_2O_2 を HO と書かない。

まとめ

共有結合

不対電子：対をつくらずに，単独で存在している電子
共有電子対：共有結合により，2 つの原子に共有されている電子対
非共有電子対：共有結合に使われていない電子対

電子式：最外殻電子を記号「・」で表し，元素記号のまわりに書いた化学式
構造式：1 組の共有電子対(:)を 1 本の線(−)で表した化学式
原子価：構造式において 1 つの原子から出ている線の本数

単結合：2 つの原子間で，共有電子対を 1 組もつ結合
二重結合：2 つの原子間で，共有電子対を 2 組もつ結合
三重結合：2 つの原子間で，共有電子対を 3 組もつ結合

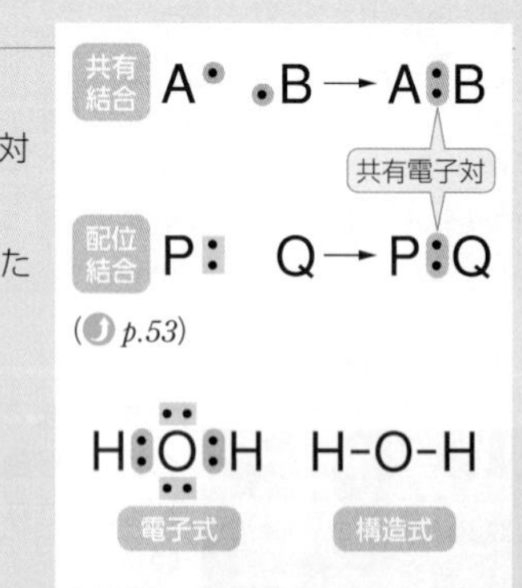

- 共有結合した原子は，共有電子対と非共有電子対をあわせた電子の数が，貴ガスの最外殻電子の数と同じになり(共有結合によって，貴ガスと同じ電子配置になる)，安定な構造になることが多い。
- 非金属元素どうしが結合する場合は，共有結合になる。
- 金属元素と非金属元素が結合する場合は，イオン結合になる(p.50)。
- 金属元素どうしが結合する場合は，金属結合になる(p.48)。

A はい。炭化カルシウム CaC_2 ($Ca^{2+}[C{\equiv}C]^{2-}$) や窒化アルミニウム AlN ($Al^{3+}\ N^{3-}$) などが知られています。

B 構造式と電子式
structural formula　electronic formula

最外殻電子を記号「・」で表した化学式を電子式といい，1組の共有電子対を1本の線で表した化学式を構造式という。構造式は，実際の分子の形を表したものではない。

分子	水素	水	アンモニア	メタン	二酸化炭素	窒素	エチレン
分子式	H_2	H_2O	NH_3	CH_4	CO_2	N_2	C_2H_4
電子式	H:H	‥ H:O:H ‥	‥ H:N:H ‥ H	H ‥ H:C:H ‥ H	‥　‥ :O::C::O: ‥　‥	:N:::N:	H:C::C:H ‥ ‥ H H
構造式	H-H	H-O-H	H-N-H | H	H | H-C-H | H	O=C=O	N≡N	H-C=C-H | | H H
立体構造（↗p.57）	直線形	折れ線形 104.5°	三角錐形 106.7°	正四面体形 109.5°	直線形	直線形	平面形

C 分子からなる物質
molecule

分子どうしの間で引き合う弱い力を分子間力といい，分子からなる物質は分子間力で集合している。分子が規則正しく配列した結晶を分子結晶という。

■ヨウ素 I_2 の結晶　■二酸化炭素 CO_2 の結晶（ドライアイス）

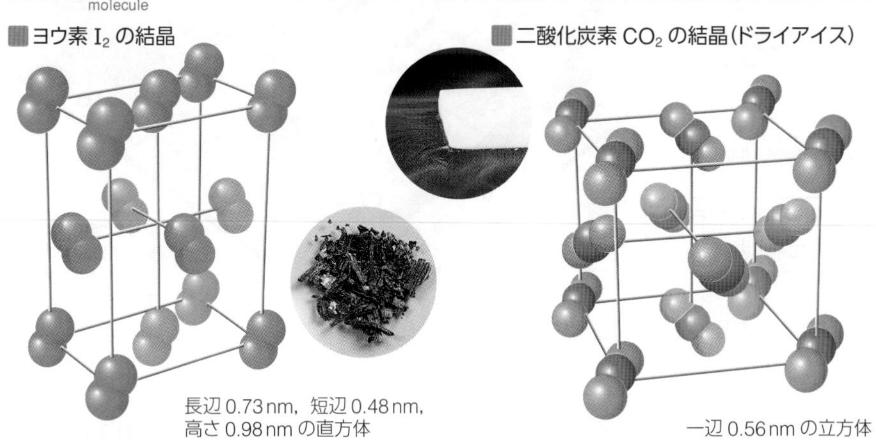

長辺 0.73 nm，短辺 0.48 nm，高さ 0.98 nm の直方体

一辺 0.56 nm の立方体

■分子からなる物質の電気伝導性

分子間力は化学結合に比べて弱いので，分子からなる物質の沸点や融点は低い（ドライアイス・ナフタレン・ヨウ素などは昇華する）。分子からなる物質を化学式で表すときは，分子式が使われる。

分子からなる物質は，固体でも，加熱融解しても電気を通さない。

D 配位結合
coordinate bond

分子中のある原子の非共有電子対が，他の分子または陽イオンとの結合に使われて，新たに共有結合ができたものを配位結合という。

Zoom up Plus p.272
入試問題にチャレンジ！ p.280

■アンモニウムイオンの生成

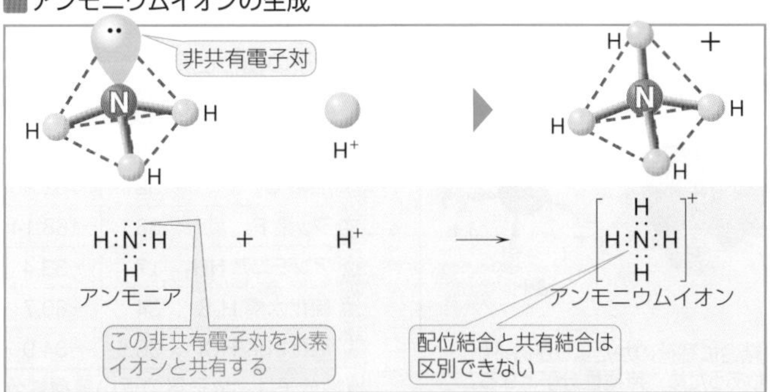

■オキソニウムイオンの生成

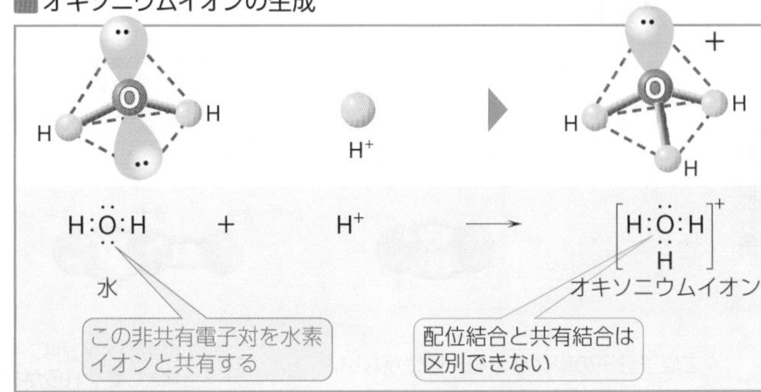

配位結合は，分子中の他の共有結合とはできるしくみが異なるが，できた結合は他の共有結合とまったく同じで区別することはできない。

Q 炭素原子間で四重結合はしないのですか?

10 分子の極性 基 化

非金属元素 — 共有結合
イオン結合
金属元素 — 金属結合

A 共有結合の極性 polarity

異なる原子間の共有電子対は，一方の原子の側に引きつけられて，電荷のかたよりを生じる。このようなとき，共有結合に極性があるといい，引きつける原子は陰性が強いという。

■水素分子の電子分布

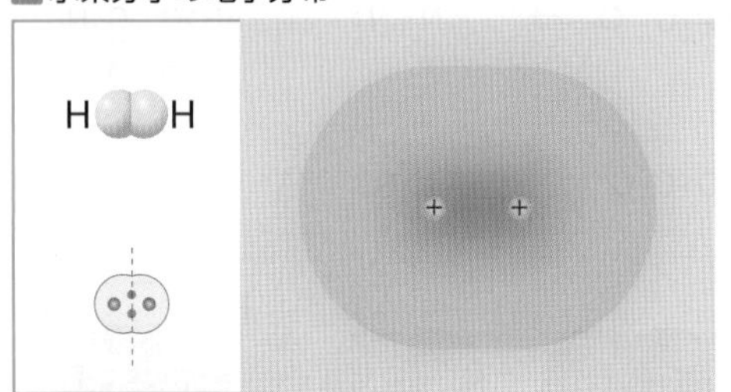

共有電子対は，両方の原子核から等しく引っぱられている。

■塩化水素分子の電子分布

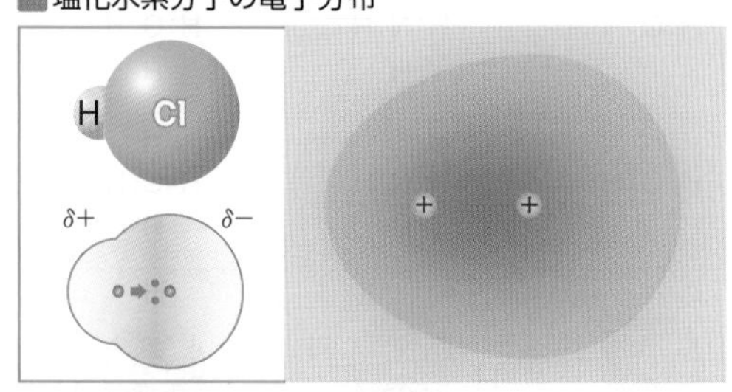

共有電子対は，Cl 原子のほうに引きつけられている。

補足 δ

δ(デルタ)は，「わずか」という意味である。
δ+はわずかに正(+)に帯電していることを示し，δ−はわずかに負(−)に帯電していることを示す。微少な量なので，3δ+，2δ のように表すことはない。

B 電気陰性度 electronegativity

2 つの原子が結合するとき，それぞれの原子が電子を引きつける強さの目安を表した数値が電気陰性度である。電気陰性度に差があると共有結合に極性が生じる。

■電気陰性度と電荷のかたより

水素 H_2	電気陰性度は 2.2 で等しく，電荷のかたよりはない。	H 2.2 — H 2.2
塩素 Cl_2	電気陰性度は 3.2 で等しく，電荷のかたよりはない。	Cl 3.2 — Cl 3.2
塩化水素 HCl	水素 H は 2.2，塩素 Cl は 3.2 で，塩素の電気陰性度のほうが大きいので，塩素が δ−，水素が δ+になる。	δ+ H 2.2 — δ− Cl 3.2
フッ化水素 HF	水素Hは2.2，フッ素Fは4.0で，フッ素の電気陰性度のほうが大きいので，フッ素が δ−，水素が δ+になる。	δ+ H 2.2 — δ− F 4.0

二原子分子の単体では電荷のかたよりはない。異なる非金属元素からなる分子は，電気陰性度の差が大きいほど極性が大きい。金属元素と非金属元素は電気陰性度の差が非常に大きく，これらの結合はイオン結合になる。

■元素の電気陰性度（p.292）

C の色：非金属元素
K の色：金属元素

周期＼族	1	2	13	14	15	16	17
1	H 2.2						
2	Li 1.0	Be 1.6	B 2.0	C 2.6	N 3.0	O 3.4	F 4.0
3	Na 0.9	Mg 1.3	Al 1.6	Si 1.9	P 2.2	S 2.6	Cl 3.2
4	K 0.8	Ca 1.0	Ga 1.8	Ge 2.0	As 2.2	Se 2.6	Br 3.0
5	Rb 0.8	Sr 1.0	In 1.8	Sn 2.0	Sb 2.1	Te 2.1	I 2.7
6	Cs 0.8	Ba 0.9	Tl 2.0	Pb 2.3	Bi 2.0	Po 2.0	At 2.2

陰性が強い元素は，電気陰性度が大きい。
陽性が強い元素は，電気陰性度が小さい。

C 分子の極性

分子全体として極性をもつ分子を極性分子，分子全体として極性をもたない分子を無極性分子という。分子の極性は分子の形に大きく支配される。

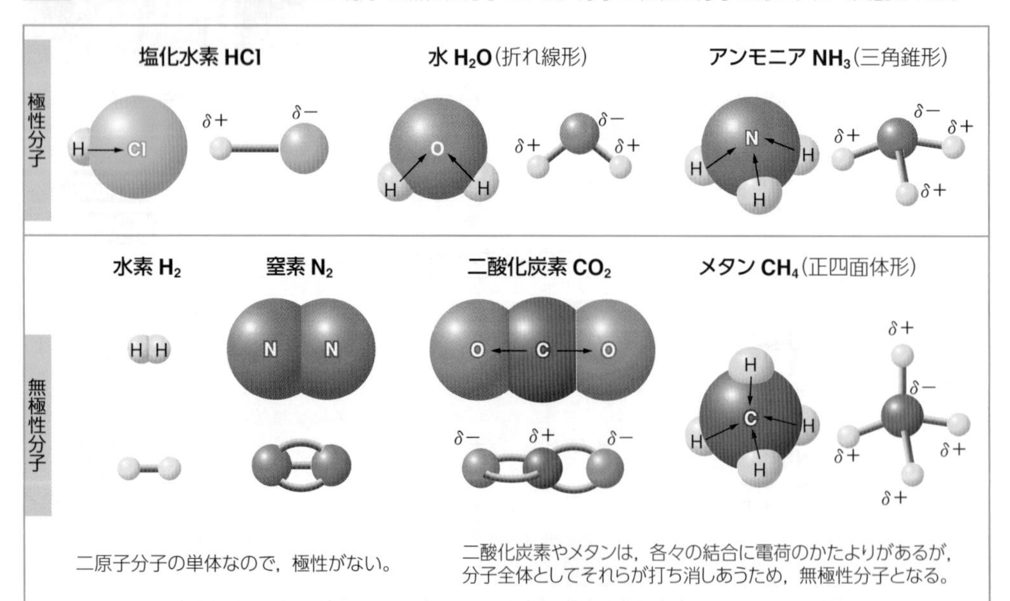

共有結合の極性を「—▶」で示した。矢印の方向に共有電子対がかたよっている。

補足 極性と溶けやすさ

極性分子からなる物質は，同じ極性分子からなる液体に溶けやすく，塩化水素やアンモニアは水に溶けやすい。一方，無極性分子からなる水素やメタンは水にほぼ溶けない。

■分子の極性と沸点

	物質	分子量	沸点[℃]
無極性分子	メタン CH_4	16	−161.49
	酸素 O_2	32	−182.96
	フッ素 F_2	38	−188.14
極性分子	アンモニア NH_3	17	−33.4
	硫化水素 H_2S	34	−60.7
	塩化水素 HCl	36.5	−84.9

極性分子は，分子量の近い無極性分子よりも沸点が高い。

A 4 個の価電子が同じ方向を向いて結合することには，構造上無理があるので，四重結合はできません。

D 水素結合 化

hydrogen bond

極性分子中の正の電荷を帯びた水素原子が，負の電荷を帯びた他の分子の陰性原子（F，O，N など）との間で静電気的に引きあう結合を，水素結合という。
水素結合は，化学結合（共有結合・イオン結合・金属結合）に比べるとはるかに弱いが，ファンデルワールス力による引力よりは強い。

水とエタノールの混合

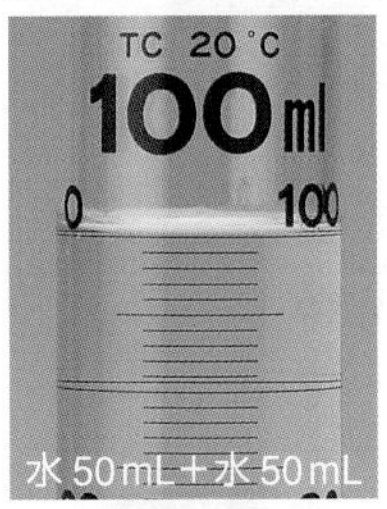

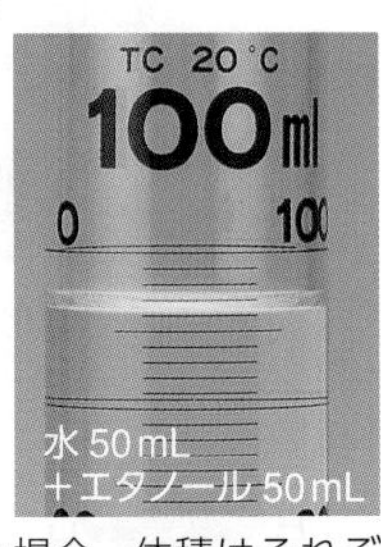

水を同体積ずつ混合した場合，体積はそれぞれの和になるが，エタノールと水を同体積ずつ混合しても，それぞれの和にはならない。これは，エタノールと水との間で水素結合を形成することが一因である。

フッ化水素の水素結合

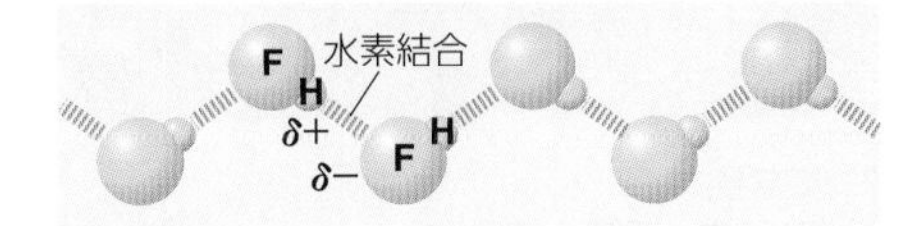

低温では，$(HF)_2$ ～ $(HF)_5$ 程度の分子の集まりで存在している。

水（液体）の水素結合

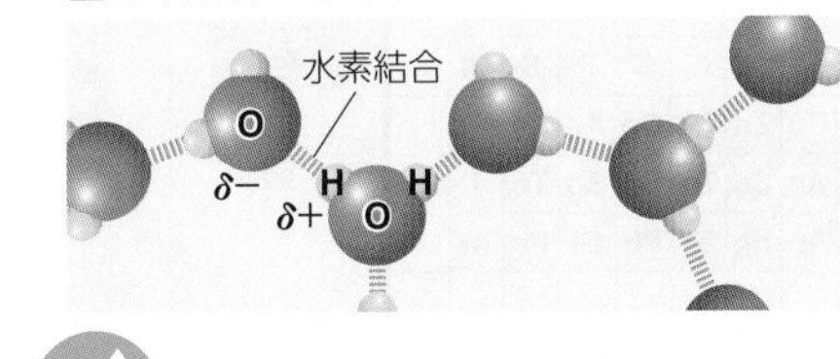

水の特異な性質 → p.139

水は，身のまわりにいくらでもあるありふれた物質であるが，他の物質と比べ，特異な性質を示す。その大きな要因になっているのが，水素結合である。

水素結合と沸点

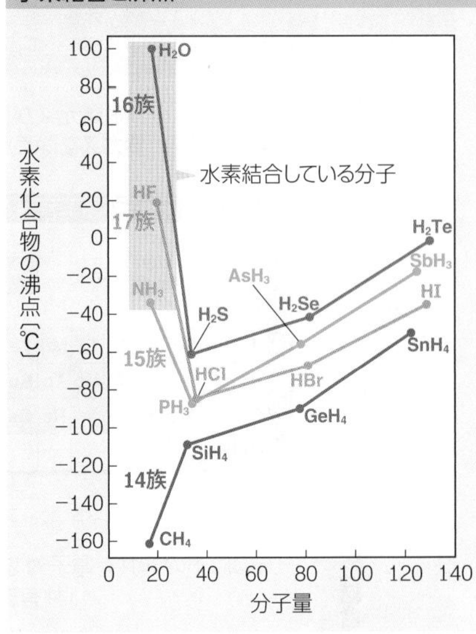

構造が似た分子は分子量が大きいほど分子間力が強く，沸点が高くなる。水素結合をもつ物質の沸点は，同族の水素化合物よりも異常に高い。

E 共有結合の結晶

共有結合によって原子が次々につながってできた結晶を，共有結合の結晶という。
共有結合の結晶は，特定の分子が存在しないので，組成式で表される。

黒鉛 C（グラファイト）

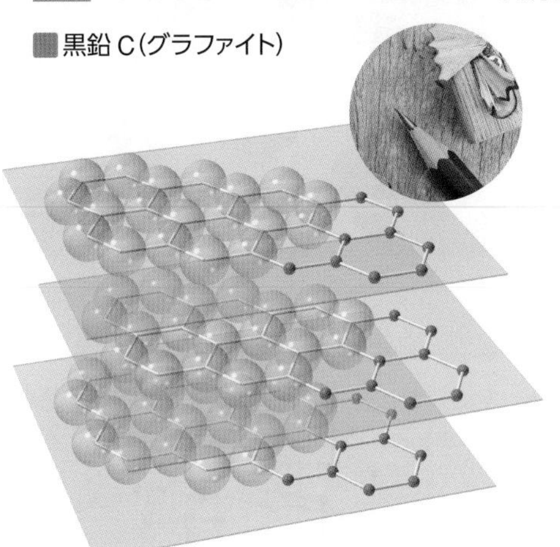

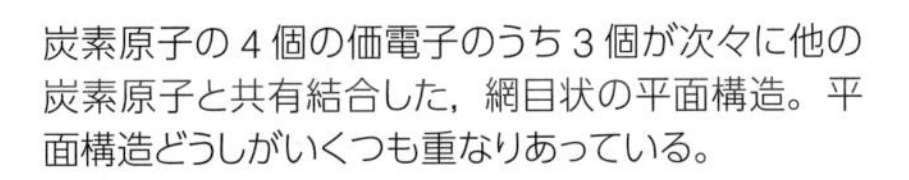

炭素原子の 4 個の価電子のうち 3 個が次々に他の炭素原子と共有結合した，網目状の平面構造。平面構造どうしがいくつも重なりあっている。

ダイヤモンド C

炭素原子の 4 個の価電子が次々に 4 個の他の炭素原子と共有結合してできた，正四面体構造がくり返されている。ケイ素もダイヤモンドと同様の構造をもつ（p.153）。

ダイヤモンドの単位格子

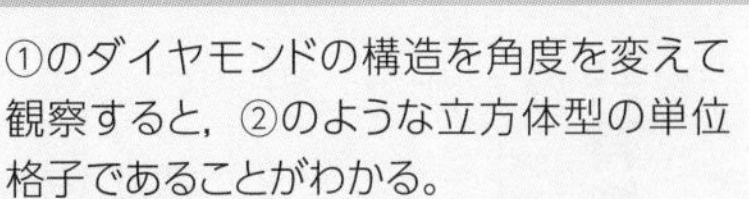

①のダイヤモンドの構造を角度を変えて観察すると，②のような立方体型の単位格子であることがわかる。

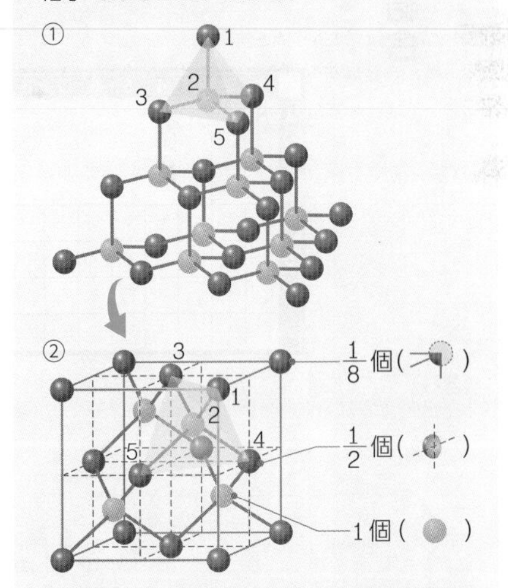

ダイヤモンドの単位格子は，頂点とそれぞれの面の中央にある ● で構成された面心立方格子（p.49）の中に，さらに 4 個の ● が含まれた構造をしている。

【単位格子に含まれる原子の数】

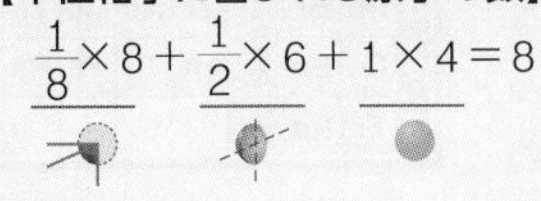

$$\frac{1}{8}\times 8+\frac{1}{2}\times 6+1\times 4=8$$

共有結合の結晶の電気伝導性

共有結合の結晶はふつう，電気を通さない。しかし，黒鉛では，炭素原子の 4 個の価電子のうち，3 個が共有結合に使われる。共有結合に使われずに余っている 1 個の価電子は，平面構造の中を動くことができるので，黒鉛は電気を通す。

化学結合と結晶

結合の種類	構成粒子（結合する粒子）	物質の総称	結晶の名称	結合・結晶のモデル
イオン結合	金属元素が陽イオンになり，非金属元素（貴ガスを除く）が陰イオンになって結合する。	イオンからなる物質（イオン結合の物質）	イオン結晶	Cl^- Na^+ 塩化ナトリウム
配位結合	一方の原子の非共有電子対を，他の原子やイオンと共有する。（共有結合の一種）			H O H H + オキソニウムイオン / H N H H H + アンモニウムイオン
水素結合	水素原子を含む極性の強い極性分子どうしが静電気力で引きあう。（化学結合に近い。強い分子間力）	分子からなる物質	分子結晶	CO_2 ドライアイス
共有結合	貴ガスを除く非金属元素（青色）どうしが結合する。	共有結合の物質	共有結合の結晶	C ダイヤモンド
金属結合	金属元素（赤色）どうしが結合する。	金属	金属結晶	Cu 銅

金属元素　貴ガス以外の非金属元素

	1	2	3	4	5	6	7	8	9	10	11	12	13	14	15	16	17	18
1	H																	He
2	Li	Be											B	C	N	O	F	Ne
3	Na	Mg											Al	Si	P	S	Cl	Ar
4	K	Ca	Sc	Ti	V	Cr	Mn	Fe	Co	Ni	Cu	Zn	Ga	Ge	As	Se	Br	Kr
5	Rb	Sr	Y	Zr	Nb	Mo	Tc	Ru	Rh	Pd	Ag	Cd	In	Sn	Sb	Te	I	Xe
6	Cs	Ba	ランタノイド	Hf	Ta	W	Re	Os	Ir	Pt	Au	Hg	Tl	Pb	Bi	Po	At	Rn
7	Fr	Ra	アクチノイド	Rf	Db	Sg	Bh	Hs	Mt	Ds	Rg	Cn	Nh	Fl	Mc	Lv	Ts	Og

	1	2	3	4	5	6	7	8	9	10	11	12	13	14	15	16	17	18
1	H																	He
2	Li	Be											B	C	N	O	F	Ne
3	Na	Mg											Al	Si	P	S	Cl	Ar
4	K	Ca	Sc	Ti	V	Cr	Mn	Fe	Co	Ni	Cu	Zn	Ga	Ge	As	Se	Br	Kr
5	Rb	Sr	Y	Zr	Nb	Mo	Tc	Ru	Rh	Pd	Ag	Cd	In	Sn	Sb	Te	I	Xe
6	Cs	Ba	ランタノイド	Hf	Ta	W	Re	Os	Ir	Pt	Au	Hg	Tl	Pb	Bi	Po	At	Rn
7	Fr	Ra	アクチノイド	Rf	Db	Sg	Bh	Hs	Mt	Ds	Rg	Cn	Nh	Fl	Mc	Lv	Ts	Og

	1	2	3	4	5	6	7	8	9	10	11	12	13	14	15	16	17	18
1	H																	He
2	Li	Be											B	C	N	O	F	Ne
3	Na	Mg											Al	Si	P	S	Cl	Ar
4	K	Ca	Sc	Ti	V	Cr	Mn	Fe	Co	Ni	Cu	Zn	Ga	Ge	As	Se	Br	Kr
5	Rb	Sr	Y	Zr	Nb	Mo	Tc	Ru	Rh	Pd	Ag	Cd	In	Sn	Sb	Te	I	Xe
6	Cs	Ba	ランタノイド	Hf	Ta	W	Re	Os	Ir	Pt	Au	Hg	Tl	Pb	Bi	Po	At	Rn
7	Fr	Ra	アクチノイド	Rf	Db	Sg	Bh	Hs	Mt	Ds	Rg	Cn	Nh	Fl	Mc	Lv	Ts	Og

物質の例	化学式	融点〔℃〕	沸点〔℃〕	性質や特色
組成式で表す		高い		結合力が強く，融点・沸点が高い。結晶は硬くてもろい。 固体の状態では電気を通さないが，水溶液や融解したものは電気を通す。 融解した NaCl 固体の NaCl　NaCl の水溶液
酸化マグネシウム	MgO	2826	3600	
塩化ナトリウム	$NaCl$	801	1413	
塩化銀	$AgCl$	455	1550	
水酸化ナトリウム	$NaOH$	318.4	1390	
硝酸カリウム	KNO_3	339	分解：400	
炭酸カルシウム	$CaCO_3$	分解：900		
硫酸カリウム	K_2SO_4	1069	1689	
アンモニウムイオン	NH_4^+			分子や陰イオンが，金属イオンと配位結合したものを錯イオンという（p.169）。 また，錯イオンを含む化合物を錯化合物（錯塩）という。
オキソニウムイオン	H_3O^+			
分子式で表す		低い		分子は原子が共有結合したものである。その分子どうしは弱い分子間力で引きあっているため，融点や沸点は低く，常温で気体や液体のものも多い。 水素結合をしている物質は，同族の水素化合物よりも融点や沸点が異常に高い。 分子結晶は，固体でも，加熱融解しても電気を通さない。 ナフタレン　融解したナフタレン
酸素	O_2	−218.4	−182.96	
窒素	N_2	−209.86	−195.8	
臭素	Br_2	−7.2	58.78	
ヨウ素	I_2	113.5	184.3	
アンモニア	NH_3	−77.7	−33.4	
水	H_2O	0	99.974	
ナフタレン	$C_{10}H_8$	80.5	217.96	
硫黄（斜方硫黄）	S_8	112.8	444.674	
組成式で表す		きわめて高い		共有結合によって，原子が次々と結合しており，結合力がきわめて強いので，融点・沸点はきわめて高い。ふつうは，電気を通さないが，黒鉛は例外で電気を通す。 これは，黒鉛は炭素原子の4個の価電子のうちの3個の価電子を使って結合していて，残った1個の価電子が原子間を自由に移動できるためである。 水晶　黒鉛
黒鉛	C		昇華：3530	
ケイ素	Si	1410	2355	
二酸化ケイ素	SiO_2	1726	2230	
組成式で表す		一般には高いが，例外も多い		自由電子をもつため，電気や熱をよく通す。また，展性・延性に富む。 ほとんどの金属結晶は，体心立方格子，面心立方格子，六方最密構造のいずれかに属する。 金属結合の結合力は強く，一般に融点・沸点は高いが，鉛や亜鉛などのように，融点が比較的低いものもある。単体の金属の中では唯一，水銀は常温で液体である。 水銀　鉄粉
ナトリウム	Na	97.81	883	
マグネシウム	Mg	648.8	1090	
アルミニウム	Al	660.3	2467	
水銀	Hg	−38.87	356.58	
鉛	Pb	327.5	1740	
亜鉛	Zn	419.53	907	
銅	Cu	1083.4	2567	
銀	Ag	951.93	2212	

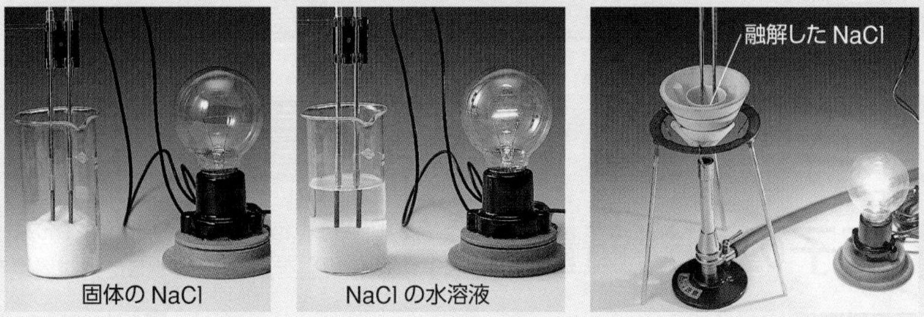

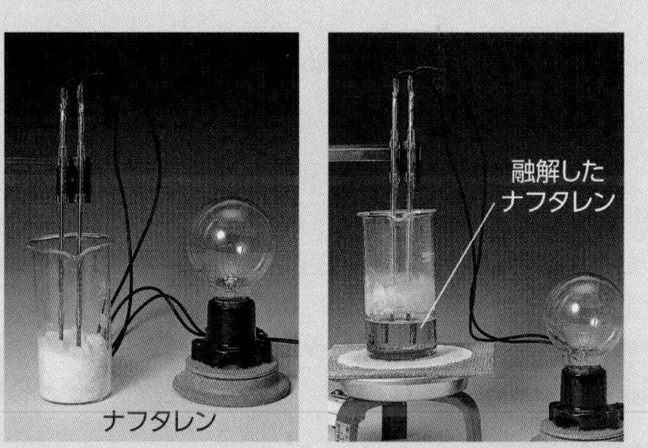

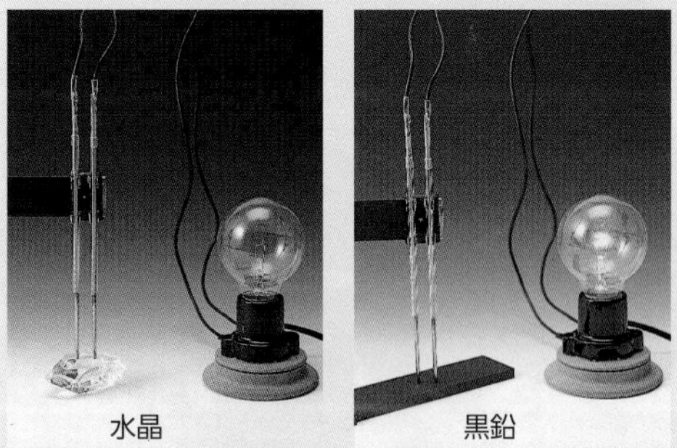

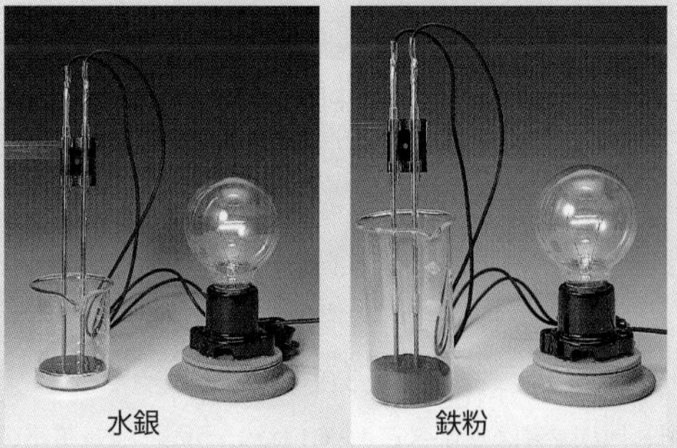

※このページは化学結合や結晶の特徴をまとめたものであるが，それぞれに例外もある。

Q NH_4^+やSO_4^{2-}のような多原子イオンをつくっている原子間の結合は，何結合ですか?

物質の変化

酸性を示す温泉(草津)

1 原子量・分子量・式量 基 化

A 原子の相対質量 relative mass

原子１個の質量はきわめて小さく扱いにくいので，原子の質量を比べるときは，^{12}C 原子１個の質量を正確に 12 とした相対質量を用いる。

■原子の質量(p.290)

原子		原子１個の質量〔g〕	相対質量(単位なし)
水素	^{1}H	0.167353×10^{-23}	1.0078
ヘリウム	^{4}He	0.664648×10^{-23}	4.0026
炭素	^{12}C	**1.99265×10^{-23}**	**12(基準)**
窒素	^{14}N	2.32526×10^{-23}	14.0031
酸素	^{16}O	2.65602×10^{-23}	15.9949
ナトリウム	^{23}Na	3.81754×10^{-23}	22.9898
アルミニウム	^{27}Al	4.48039×10^{-23}	26.9815
硫黄	^{32}S	5.30909×10^{-23}	31.9721
塩素	^{35}Cl	5.80671×10^{-23}	34.9689
カルシウム	^{40}Ca	6.63594×10^{-23}	39.9626

■相対質量の求め方

^{12}C 原子１個の質量を，正確に 12(12.000…と無限に 0 が続く)として，各々の原子の質量の割合(相対質量)を求める。

①水素 ^{1}H の場合

^{1}Hの質量：^{12}C の質量$=0.167353\times10^{-23}:1.99265\times10^{-23}$
$=x:12$

ゆえに，$1.99265\times10^{-23}\times x=0.167353\times10^{-23}\times12$

$$x=\frac{0.167353\times10^{-23}\times12}{1.99265\times10^{-23}}=1.0078$$

②酸素 ^{16}O の場合(上と同様に)

$$x=\frac{2.65602\times10^{-23}\times12}{1.99265\times10^{-23}}=15.9949$$

B 元素の原子量 atomic weight

自然界に存在する元素では，それらの同位体の存在比はほとんど変化しない。それぞれの同位体の相対質量と存在比から求められた「その元素を構成する原子の相対質量の平均値」を，元素の原子量という。

■炭素の原子量

炭素を一定量とると，その中には，常に相対質量 12 の ^{12}C 原子が 98.93％，相対質量 13.0034 の ^{13}C 原子が 1.07％ 含まれているので，炭素の原子量は次のように求められる。

炭素の原子量
$=$ ^{12}C の相対質量 × ^{12}C の存在比
　＋ ^{13}C の相対質量 × ^{13}C の存在比

$$=12\times\frac{98.93}{100}+13.0034\times\frac{1.07}{100}=\mathbf{12.011}$$

地球上の炭素は，すべて 12.011 という同じ相対質量の炭素原子から構成されているとみなして，取り扱うことができる。

■塩素の原子量

塩素を一定量とると，その中には，常に相対質量 34.9689 の ^{35}Cl 原子が 75.76％，相対質量 36.9659 の ^{37}Cl 原子が 24.24％ 含まれているので，塩素の原子量は次のように求められる。

塩素の原子量
$=$ ^{35}Cl の相対質量 × ^{35}Cl の存在比
　＋ ^{37}Cl の相対質量 × ^{37}Cl の存在比

$$=34.9689\times\frac{75.76}{100}+36.9659\times\frac{24.24}{100}=\mathbf{35.45}$$

■同位体の存在比と原子量の例(p.290)

元素	同位体	存在比〔％〕	相対質量	原子量	(概数値)
水素	^{1}H	99.9885	1.0078	1.008	(1.0)
	^{2}H	0.0115	2.0141		
炭素	^{12}C	**98.93**	**12(基準)**	12.011	(12)
	^{13}C	1.07	13.0034		
窒素	^{14}N	99.636	14.0031	14.007	(14)
	^{15}N	0.364	15.0001		
酸素	^{16}O	99.757	15.9949	15.999	(16)
	^{17}O	0.038	16.9991		
	^{18}O	0.205	17.9992		
塩素	^{35}Cl	75.76	34.9689	35.45	(35.5)
	^{37}Cl	24.24	36.9659		

ふつうの計算では，原子量は概数値を用いる。

A (配位結合を含めて)共有結合です。

C 分子量と式量
molecular weight　formula weight

分子式に含まれる元素の原子量の総和を分子量という。また，イオンの化学式や，イオンからなる物質，金属などの組成式に含まれる元素の原子量の総和を式量という。

二酸化炭素CO_2の分子量

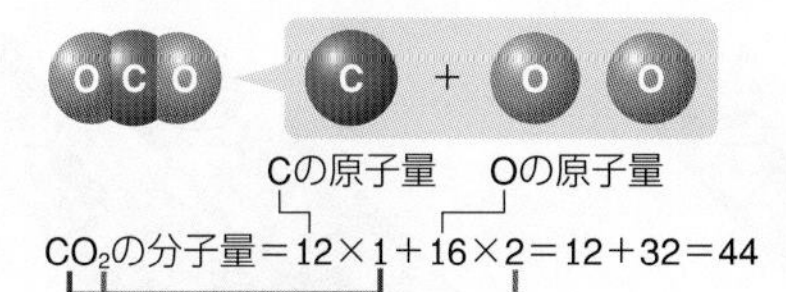

塩化ナトリウムNaClの式量

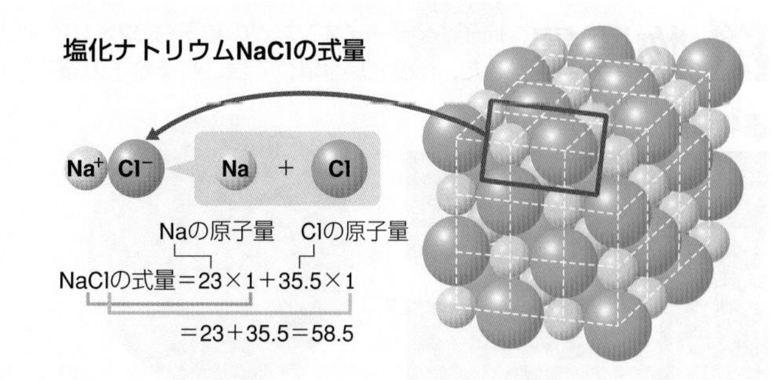

硫化物イオンS^{2-}の式量

（e^-の質量はきわめて小さいので，e^-は無視できる。）

Sの原子量

S^{2-}の式量＝32×1＝32

アンモニウムイオン$NH_4{}^+$の式量

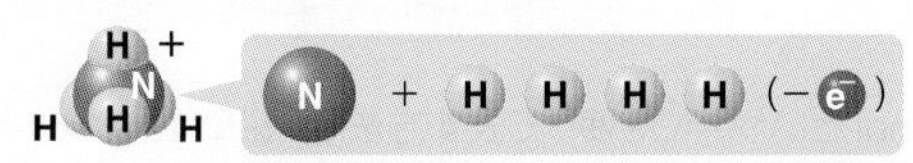

Nの原子量　Hの原子量　（e^-は無視できる。）

$NH_4{}^+$の式量＝14×1＋1.0×4＝14＋4.0＝18

Column ガス警報器

日常

住宅に設置してあるガス警報器は，ガスと空気（平均分子量 28.8）の重さの関係によって，設置する位置が異なる。

都市ガスは，主成分のメタン CH_4（分子量 16）が空気より軽いため，天井付近に設置する。

一方，LP ガスは，主成分のプロパン C_3H_8（分子量 44）やブタン C_4H_{10}（分子量 58）が空気より重いため，床面付近に設置する。

■都市ガス用のガス警報器

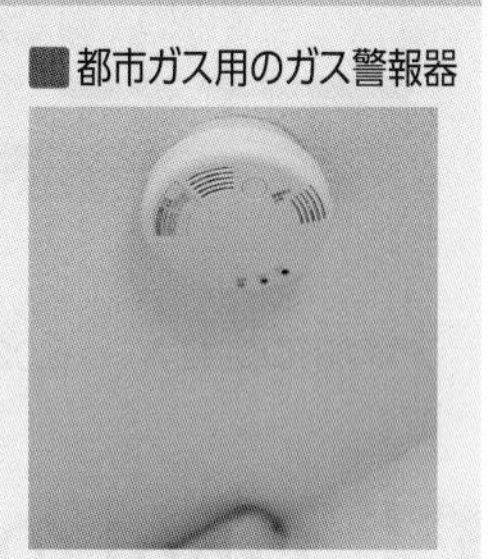

Zoom up 原子番号と原子量

元素の周期表は，元素を原子番号の順（陽子の数の順）に並べたものであり，原子番号が増すと原子量が増すのがふつうである。

ところが，周期表を見てみると，アルゴン $_{18}Ar$ とカリウム $_{19}K$，コバルト $_{27}Co$ とニッケル $_{28}Ni$，テルル $_{52}Te$ とヨウ素 $_{53}I$ の3箇所は，原子番号の大きな元素のほうが原子量が小さくなっている。この理由について，$_{18}Ar$ と $_{19}K$ を例に考えてみる。

Ar，K の原子量は，右の表の値からそれぞれ次式のように求められる。

同位体	陽子の数	中性子の数	存在比〔%〕	相対質量
^{36}Ar	18	18	0.3336	35.96754
^{38}Ar		20	0.0629	37.96273
^{40}Ar		22	99.6035	39.96238
^{39}K	19	20	93.2581	38.96371
^{40}K		21	0.0117	39.96400
^{41}K		22	6.7302	40.96183

$$\mathrm{Ar} = 35.96754 \times \frac{0.3336}{100} + 37.96273 \times \frac{0.0629}{100} + 39.96238 \times \frac{99.6035}{100} \fallingdotseq 39.948$$

$$\mathrm{K} = 38.96371 \times \frac{93.2581}{100} + 39.96400 \times \frac{0.0117}{100} + 40.96183 \times \frac{6.7302}{100} \fallingdotseq 39.098$$

K は Ar より原子番号が 1 つ大きい，すなわち陽子を 1 つ多くもつ。しかし，K の大半を占めるのは ^{39}K（中性子が 20 個）であり，Ar の大半を占める ^{40}Ar（中性子が 22 個）に比べて，中性子が 2 つ少ない。

通常，陽子の数が増すにつれ，中性子の数も増すが，この例のように，必ずしもそのようにならないこともあり，このようなときに，原子番号と原子量の逆転が起こる。

元素によっては，地球における同位体の存在比と，他の惑星の同位体の存在比が異なる場合がある。これを利用して，地球に落下した隕石が太陽系のどこから飛来したものかを，隕石を構成する元素の同位体の組成から推測することもある。

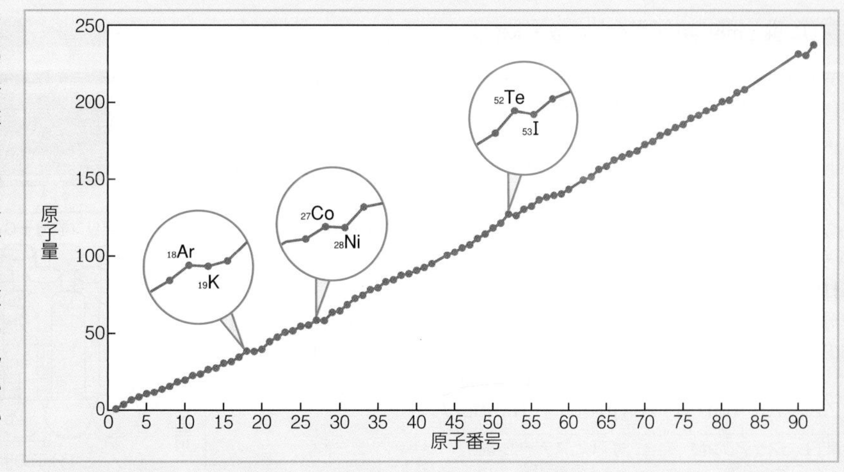

2 物質量 基 化

A 物質量 amount of substance

原子・分子・イオンなどの粒子 6.02×10^{23} 個の集団を 1 mol（モル）という。
また，mol という単位で表される粒子の量を物質量という。

■物質量と粒子の数

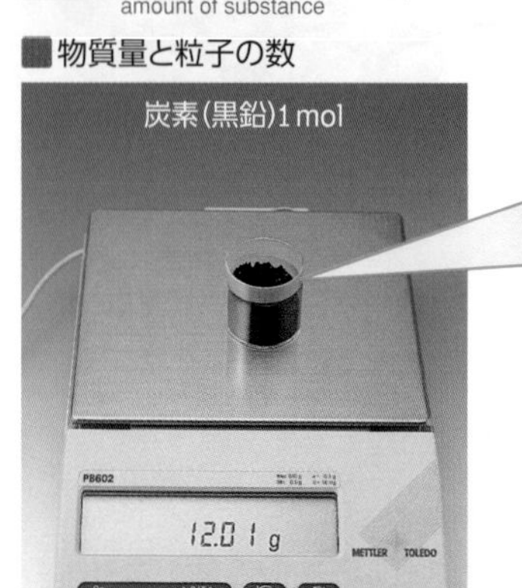

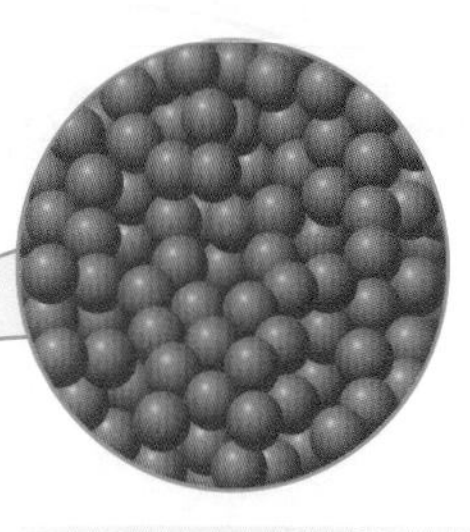

炭素原子を 6.02×10^{23} 個集めると 12.01 g になる。
逆に，炭素 12.01 g 中には，炭素原子が 6.02×10^{23} 個含まれている。

アボガドロ定数 $N_A = 6.02 \times 10^{23}$/mol＝物質 1 mol 当たりの粒子の数

■ mol とダース

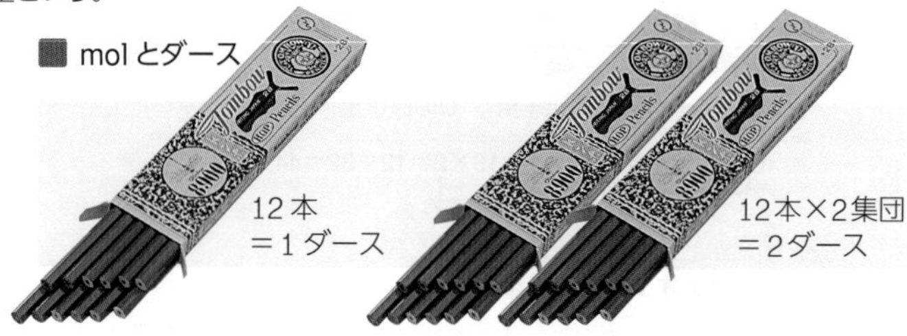

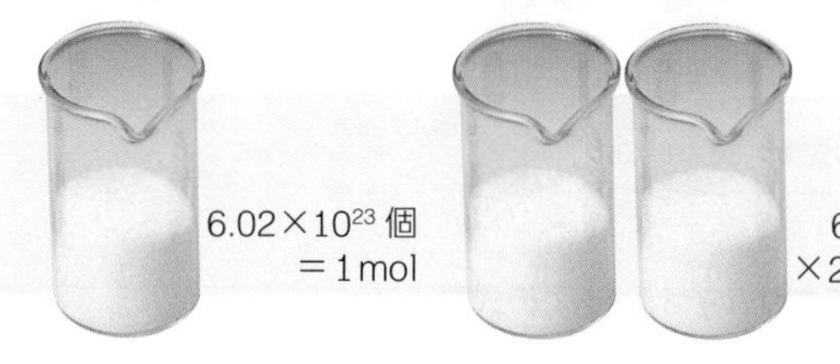

物質の量を mol という単位を使って表す方法は，鉛筆 12 本を 1 ダースという単位を使って表す方法に似ている。

B 1 mol の質量・体積

物質 1 mol の質量は原子量・分子量・式量などの数値に g をつけた値になる。気体 1 mol の体積は種類に関係なく，0℃，1.013×10^5 Pa＝1 atm（本書ではこの状態を標準状態とよぶ）で，22.4 L を占める。

■物質 1 mol とその質量

物質を構成する粒子 1 mol 当たりの質量を，モル質量（単位 g/mol）という。また，物質 1 mol 当たりの体積をモル体積（単位 L/mol）という。

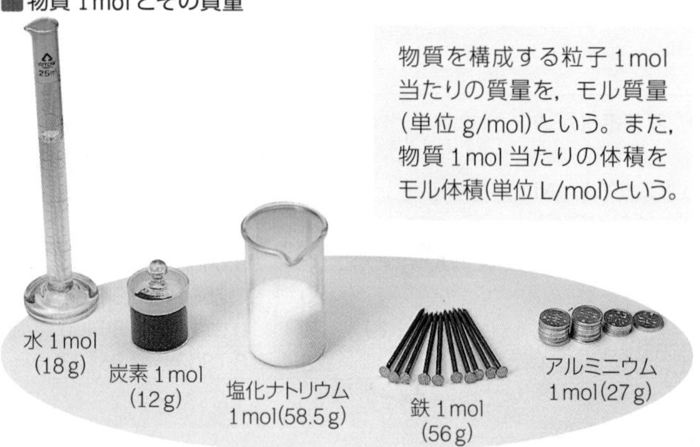

■気体 1 mol の体積

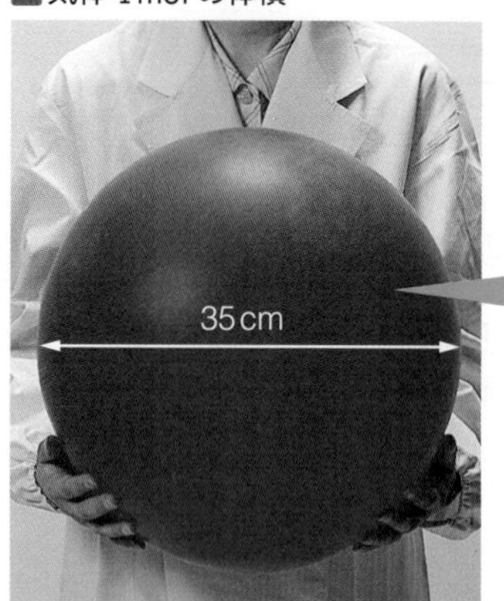

22.4 L は，直径 35 cm の球あるいは一辺が 28.2 cm の立方体の体積にほぼ等しい。
同温・同圧で同体積の気体は，同数の分子を含む（アボガドロの法則）。
気体のモル体積とモル質量より，気体の密度（1 L 当たりの質量）を求めることができる。

$$\text{密度〔g/L〕} = \frac{\text{モル質量〔g/mol〕}}{\text{モル体積〔L/mol〕}}$$

ステアリン酸 1 mol 当たりの分子の数を求める

ステアリン酸 $C_{17}H_{35}COOH$ の分子は，水の表面で一層にぎっしり並んだ膜（単分子膜）を形成する。この面積を測定することにより，ステアリン酸 1 mol 当たりの分子の数を求めることができる。

① ステアリン酸 0.030 g をシクロヘキサンに溶かして，100 mL 溶液とする。
② 水を張ったバットの表面を石松子（せきしょうし）（またはタルク粉）で覆う。
③ ステアリン酸の溶液 0.050 mL をバットの水面に滴下する。
④ シクロヘキサンが蒸発したら，単分子膜の面積を測定する。

【計算方法】

単分子膜の面積が 68 cm² のとき，ステアリン酸の分子量を 284，分子 1 個の断面積を 2.2×10^{-15} cm² とすると，1 mol 当たりの分子の数は，

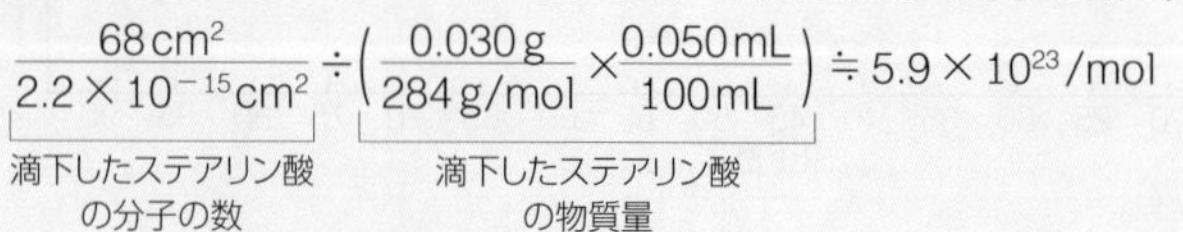

$$\underbrace{\frac{68\,\text{cm}^2}{2.2 \times 10^{-15}\,\text{cm}^2}}_{\text{滴下したステアリン酸の分子の数}} \div \underbrace{\left(\frac{0.030\,\text{g}}{284\,\text{g/mol}} \times \frac{0.050\,\text{mL}}{100\,\text{mL}}\right)}_{\text{滴下したステアリン酸の物質量}} \fallingdotseq 5.9 \times 10^{23}/\text{mol}$$

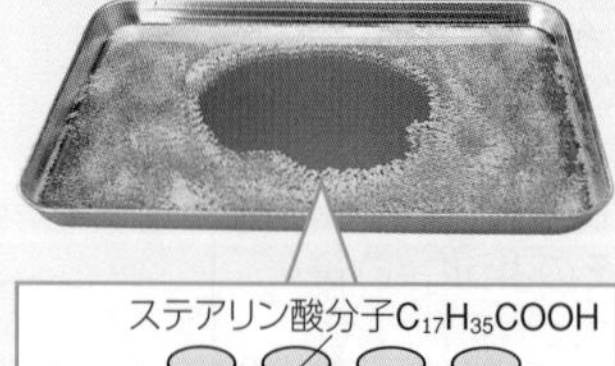

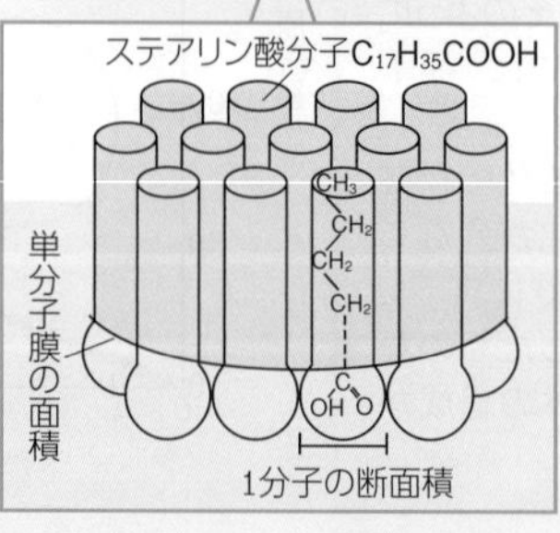

Jump 溶液の濃度

p.109
質量パーセント濃度(%)

$$\frac{\text{溶質の質量〔g〕}}{\text{溶液の質量〔g〕}} \times 100$$

p.109
モル濃度〔mol/L〕

$$\frac{\text{溶質の物質量〔mol〕}}{\text{溶液の体積〔L〕}}$$

p.109
質量モル濃度〔mol/kg〕

$$\frac{\text{溶質の物質量〔mol〕}}{\text{溶媒の質量〔kg〕}}$$

A 一般に，化学の研究対象となる物質（純物質）を指します。有毒物質や有害物質の同義語ではありませんので注意してください。

相対質量・原子量・物質量

1 相対質量とは…

- □ ^{12}C 原子 1 個の質量(1.99265×10^{-23} g)を 12 とし，それを基準として他の原子の相対質量を求める。

2 原子量とは…

- □ 同位体の相対質量と存在比から求めた原子の相対質量の平均値。
- □ 分子式に含まれる元素の原子量の総和を分子量，イオンの化学式や組成式に含まれる元素の原子量の総和を式量という。

原子量の求め方

同位体が存在する元素の原子量は以下のように求められる。
原子量＝同位体 A の相対質量×同位体 A の存在比＋
　　同位体 B の相対質量×同位体 B の存在比＋…

3 物質量とは…

- □ 粒子 6.02×10^{23} 個の集団を単位として表した物質の量を，物質量といい，物質量の単位には，mol が用いられる。物質を構成する粒子には，原子・分子・イオンなどがある。
- □ 物質 1 mol 当たりの粒子の数，物質の質量，気体の体積は右の表のようにまとめることができる。
- □ 物質量，粒子の数，物質の質量，気体の体積の関係は以下のようにまとめることができる。

● 物質 1 mol 当たりの量

粒子の数	1 mol 当たりの粒子の数 6.02×10^{23}/mol を **アボガドロ定数** といい，記号 N_A で表す。
物質の質量	1 mol 当たりの質量を **モル質量** といい，原子量・分子量・式量の数値に単位 g/mol をつけて表す。
気体の体積	物質 1 mol 当たりの体積を **モル体積** といい，標準状態における気体のモル体積は 22.4 L/mol である。

求めたい物理量 ＼ わかっている物理量	物質量 n〔mol〕	粒子の数 N	物質の質量 m〔g〕	気体の体積 V〔L〕
物質量 n〔mol〕		A $n=\dfrac{N}{N_A〔/mol〕}$	B $n=\dfrac{m〔g〕}{M〔g/mol〕}$	C $n=\dfrac{V〔L〕}{22.4\,L/mol}$
粒子の数 N	D $N=N_A〔/mol〕\times n〔mol〕$		E $N=N_A〔/mol〕\times\dfrac{m〔g〕}{M〔g/mol〕}$	F $N=N_A〔/mol〕\times\dfrac{V〔L〕}{22.4\,L/mol}$
物質の質量 m〔g〕	G $m=M〔g/mol〕\times n〔mol〕$	H $m=M〔g/mol〕\times\dfrac{N}{N_A〔/mol〕}$		I $m=M〔g/mol〕\times\dfrac{V〔L〕}{22.4\,L/mol}$
気体の体積 V〔L〕	J $V=22.4\,L/mol\times n〔mol〕$	K $V=22.4\,L/mol\times\dfrac{N}{N_A〔/mol〕}$	L $V=22.4\,L/mol\times\dfrac{m〔g〕}{M〔g/mol〕}$	

物理量：定められた単位をもつ量，N_A：アボガドロ定数＝6.02×10^{23}/mol，M：モル質量〔g/mol〕，気体の体積は標準状態のものとする。

① 窒素分子 6.02×10^{24} 個の物質量 n〔mol〕
わかっている物理量が粒子の数 N で，
求めたい物理量が物質量 n〔mol〕なので，
Aの式を用いる。
$n=\dfrac{6.02\times10^{24}}{6.02\times10^{23}/mol}=10.0$ mol

② アルミニウム 13.5 g の物質量 n〔mol〕
わかっている物理量が物質の質量 m〔g〕で，
求めたい物理量が物質量 n〔mol〕なので，
Bの式を用いる。
$n=\dfrac{13.5\,g}{27\,g/mol}=0.50$ mol

③ 酸素 56 L の物質量 n〔mol〕
わかっている物理量が気体の体積 V〔L〕で，
求めたい物理量が物質量 n〔mol〕なので，
Cの式を用いる。
$n=\dfrac{56\,L}{22.4\,L/mol}=2.5$ mol

④ 鉄原子 3.01×10^{23} 個の質量 m〔g〕
わかっている物理量が粒子の数 N で，
求めたい物理量が物質の質量 m〔g〕なので，
Hの式を用いる。
$m=56\,g/mol\times\dfrac{3.01\times10^{23}}{6.02\times10^{23}/mol}=28$ g

⑤ メタン 2.0 g の気体の体積 V〔L〕
わかっている物理量が物質の質量 m〔g〕で，
求めたい物理量が気体の体積 V〔L〕なので，
Lの式を用いる。
$V=22.4\,L/mol\times\dfrac{2.0\,g}{16\,g/mol}=2.8$ L

⑥ 水素 11.2 L 中の水素分子の数 N
わかっている物理量が気体の体積 V〔L〕で，
求めたい物理量が粒子の数 N なので，
Fの式を用いる。
$N=6.02\times10^{23}/mol\times\dfrac{11.2\,L}{22.4\,L/mol}=3.01\times10^{23}$

3 化学反応式 基 化

A 化学反応とは chemical reaction

化学反応は，物質を構成する原子の組換えが起こることである。
化学反応で，新しい原子ができたり，原子が消滅したりすることはない。

■一酸化炭素の燃焼　■ナトリウムと塩素の反応

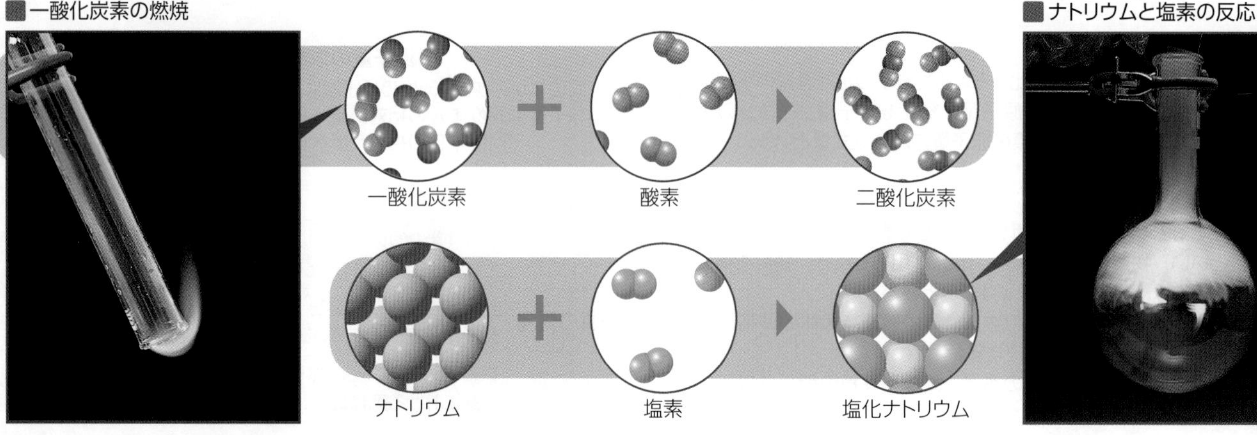

B 化学反応式のつくり方 chemical equation

化学式を使って化学反応を表した式を化学反応式という。反応物と生成物の化学式がわかれば，以下のようにして，化学反応式をつくることができる。

化学反応式のつくり方	(例)一酸化炭素の燃焼	(例)ナトリウムと塩素の反応
①反応物を左辺に，生成物を右辺に書く。	**CO**（一酸化炭素）　**O_2**（酸素）　**CO_2**（二酸化炭素）	**Na**（ナトリウム）　**Cl_2**（塩素）　**NaCl**（塩化ナトリウム）
②反応物や生成物が 2 種類以上の場合は，プラス(+)を書き，左辺と右辺を矢印(⟶)で結ぶ。	$CO + O_2 \longrightarrow CO_2$	$Na + Cl_2 \longrightarrow NaCl$
③各々の元素について，左辺と右辺で原子の数が等しくなるように，化学式の前に係数をつける。係数は，最も簡単な整数にする。1 は書かない。	$2CO + O_2 \longrightarrow 2CO_2$	$2Na + Cl_2 \longrightarrow 2NaCl$
④左辺と右辺で，各元素の原子の数が等しくなっているか検算する。	C 原子：左辺 2　右辺 2 O 原子：左辺 4　右辺 4	Na 原子：左辺 2　右辺 2 Cl 原子：左辺 2　右辺 2

複雑な化学反応式の係数の求め方

(例) $HCl + KMnO_4 \longrightarrow MnCl_2 + KCl + H_2O + Cl_2$
塩化水素(塩酸)　過マンガン酸カリウム　塩化マンガン(Ⅱ)　塩化カリウム　水　塩素

最も複雑な $KMnO_4$ の係数を **1** とおくと，K の数から KCl の係数は **1**，Mn の数から $MnCl_2$ の係数も **1**，O の数から H_2O の係数は **4** となる。

$HCl + 1KMnO_4 \longrightarrow 1MnCl_2 + 1KCl + 4H_2O + Cl_2$

H_2O の H の数から HCl の係数は　$4 \times 2 = 8$

$8HCl + 1KMnO_4 \longrightarrow 1MnCl_2 + 1KCl + 4H_2O + Cl_2$

Cl の数から Cl_2 の係数は　$(8-2-1) \div 2 = 2.5$　(整数にする必要がある)

$8HCl + 1KMnO_4 \longrightarrow 1MnCl_2 + 1KCl + 4H_2O + 2.5Cl_2$

両辺を 2 倍して　$16HCl + 2KMnO_4 \longrightarrow 2MnCl_2 + 2KCl + 8H_2O + 5Cl_2$

補足 化学反応式に書かないもの

反応させるために必要なものでも，反応の前後で変化しないものや，反応物と生成物の原子の組み換えに直接関係ないものは，反応式に書かない。

① 触媒(→ *p.127*)
触媒は反応の速さを変えるが，反応の前後で変化しないので，反応させるために必要でも，反応式には書かない。

② 溶媒(→ *p.108*)
水溶液の反応で，水が反応に関与しない場合，反応式に水を書かない。

Point 化学式の書き方

これまで，組成式・分子式などの化学式を扱ってきたが，ここで化学式の書き方の規則を整理しておこう。

【化学式の書き方】
① 元素記号の右下に，その原子の数を小さく書く(1 は書かない)。
② 原子団が 2 個以上あるときは，(　)をつけて右下にその数を書く。
③ 係数は化学式が示す粒子全体の個数を表す。

$Al_2(SO_4)_3$ の粒子全体の個数が 3 であることを表す。

$$3Al_2(SO_4)_3$$

原子団が2個以上あるときは(　)をつける。
1は書かない。
Al^{3+} と $SO_4{}^{2-}$ が 2：3 で集まっていることがわかる。

【化学式の意味】
その化学式で表される粒子または物質を表す。また，係数は化学反応式中での個数の比(物質量の比)を表す。

C 化学反応式が表す意味

化学反応式は，反応物と生成物のみを表しているだけではなく，それらの係数で反応に関する物質間の量的関係も表している。

反応物と生成物	反応物				生成物
	一酸化炭素		酸素		二酸化炭素
化学反応式	$2CO$	＋	O_2	⟶	$2CO_2$
分子量	12＋16＝28		16×2＝32		12＋16×2＝44
分子の数の関係	**2** 分子		**1** 分子		**2** 分子
物質量の関係	**2** mol（**2**×6.02×10^{23} 個の分子 ≒1.2×10^{24} 個の分子）		**1** mol（**1**×6.02×10^{23} 個の分子 ≒6.0×10^{23} 個の分子）		**2** mol（**2**×6.02×10^{23} 個の分子 ≒1.2×10^{24} 個の分子）
質量の関係	**2** mol×28 g/mol＝56 g		**1** mol×32 g/mol＝32 g		**2** mol×44 g/mol＝88 g
	反応物の質量の和(56 g＋32 g＝88 g)は，生成物の質量の和(88 g)と等しい。（質量保存の法則：物質が化合や分解をしても，物質全体の質量は変わらない。）				
気体の体積の比（同温・同圧）	**2** 体積		**1** 体積		**2** 体積
	（気体反応の法則：気体の反応における体積の間には簡単な整数比が成りたつ。）				
標準状態での体積の関係（0℃，1.013×10^5Pa＝1 atm）	**2** mol×22.4 L/mol＝44.8 L		**1** mol×22.4 L/mol＝22.4 L		**2** mol×22.4 L/mol＝44.8 L

D 化学反応式を用いた計算

化学反応式を用いると，反応に必要な物質の質量や体積，生成する物質の質量や体積を計算で求めることができる。

化学反応式	$2CO$	＋	O_2	⟶	$2CO_2$
物質名	一酸化炭素		酸素		二酸化炭素
分子量	12＋16＝28		16×2＝32		12＋16×2＝44
物質量の関係	2 mol		1 mol		2 mol

① 一定量の物質を反応させたときに生じる生成物の質量や体積

		一酸化炭素	酸素	二酸化炭素
一酸化炭素 1 mol と反応・生成する物質量		1 mol	$\frac{1}{2}$ mol	$\frac{2}{2}=1$ mol
一酸化炭素 a g と反応・生成する	物質量	CO a g は $\frac{a}{28}$ mol	$\frac{1}{2}\times\frac{a}{28}$ mol	$1\times\frac{a}{28}$ mol
	質量	a g	$32\times\frac{1}{2}\times\frac{a}{28}$ g	$44\times1\times\frac{a}{28}$ g
	体積	$22.4\times\frac{a}{28}$ L	$22.4\times\frac{1}{2}\times\frac{a}{28}$ L	$22.4\times1\times\frac{a}{28}$ L

② 一定量の生成物を得るために必要な反応物の質量や体積

		一酸化炭素	酸素	二酸化炭素
二酸化炭素 1 mol の生成に必要な物質量		$\frac{2}{2}=1$ mol	$\frac{1}{2}$ mol	1 mol
二酸化炭素 b g の生成に必要な	物質量	$1\times\frac{b}{44}$ mol	$\frac{1}{2}\times\frac{b}{44}$ mol	CO_2 b g は $\frac{b}{44}$ mol
	質量	$28\times1\times\frac{b}{44}$ g	$32\times\frac{1}{2}\times\frac{b}{44}$ g	b g
	体積	$22.4\times1\times\frac{b}{44}$ L	$22.4\times\frac{1}{2}\times\frac{b}{44}$ L	$22.4\times\frac{b}{44}$ L

※気体の体積は標準状態とする。

Q 原子が新しくできることはありませんか？

物質の変化

Column

原子や分子の

現在では，原子や分子の存在は当たり前になっているが，現在のような原子や分子の概念が確立するまでには，長い年月がかかった。
ここでは，どのようにして原子や分子の存在が考えられたかを簡単にふりかえる。

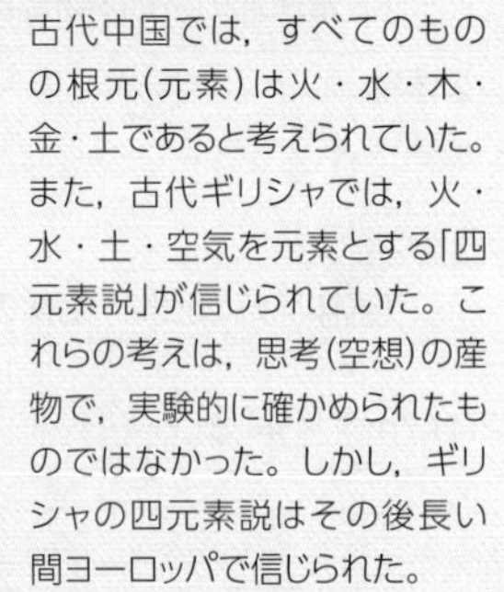

古代中国
古代ギリシャ

古代エジプト
7 世紀後半

空想的な元素

古代中国では，すべてのものの根元(元素)は火・水・木・金・土であると考えられていた。また，古代ギリシャでは，火・水・土・空気を元素とする「四元素説」が信じられていた。これらの考えは，思考(空想)の産物で，実験的に確かめられたものではなかった。しかし，ギリシャの四元素説はその後長い間ヨーロッパで信じられた。

錬金術の時代

古代エジプトから，錬金術という，卑金属を貴金属(金)に変えるということを目的とした技術の研究が行われ，7 世紀後半からアラビア，スペインを経てヨーロッパに広がり，盛んに研究が行われた。
結局，錬金術は卑金属を貴金属に変えることはできなかったが，その副産物として分析技術や実験技術の進歩に貢献した。

アボガドロの分子説

気体反応の矛盾を解決したのが，イタリアのアボガドロである。彼は，「水素や酸素のような単体も，水のような化合物も，すべて分子からできている。分子はいくつかの原子が結合しており，分子は反応のとき原子にまで分割される」と考えた。そこで，ゲーリュサックの仮説の原子を分子に訂正し，「同温・同圧・同体積の気体中には，同数の分子が含まれる」という**アボガドロの分子説**を発表した(1811)。その後，多くの研究によって，その仮説が正しいことが証明され，現在では**アボガドロの法則**とよばれている。

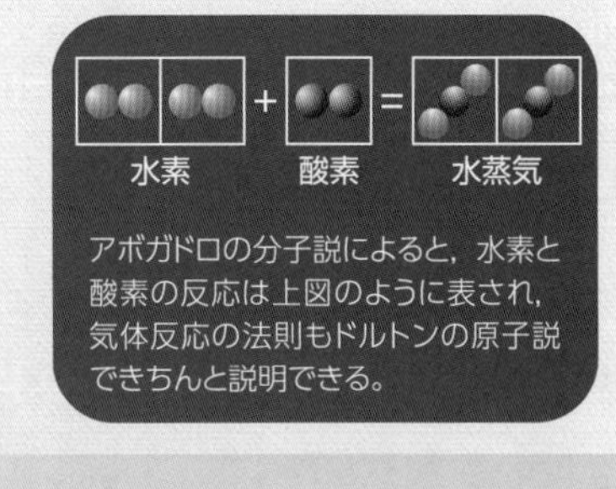

アボガドロの分子説によると，水素と酸素の反応は上図のように表され，気体反応の法則もドルトンの原子説できちんと説明できる。

現在

1811 年

その後，原子や分子の研究が進み，現在ではプラスチックや合成繊維をはじめ，さまざまな化学物質が身のまわりの生活の中で広く利用されるようになった。

アボガドロ
Amedeo Avogadro
(1776~1856)

A 化学反応によって原子が新しくできることはありませんが，原子核の分裂や融合によって別の原子が新しくできることはあります。

探究の歴史

化学史

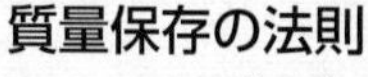

質量保存の法則

フランスのラボアジエは，密閉容器中で空気とスズを熱する研究から，「物質が化合しても分解しても，物質全体の質量の和は変わらない」という**質量保存の法則**を発見し，さらに実験によってそれを証明した。

ボイル
Robert Boyle
(1627~1691)

1661年

ボイルの元素の定義

17世紀になると実験が重要視されるようになり，気体の法則で有名なイギリスのボイルは，古代の空想的な元素の考えを批判し，「元素は，実験によってそれ以上単純なものに分けられないもの」と定義した。

1774年

ラボアジエ
Antoine-Laurent Lavoisier
(1743~1794)

定比例の法則

フランスのプルーストは，鉄などの鉱物や化合物を分析しているうちに「天然のものも，人造のものも，同じ物質であればその組成は一定である」という**定比例の法則**を発見した(一定組成の法則ともいう)。これは，現在ではまったく当たり前のことで，法則というようなものではないと思われるが，当時は原子の概念も確立されておらず，この法則が正しいかどうかで大論争が起こった。しかし，実験的にプルーストの定比例の法則が確認され，広く認められるようになった。

1799年

プルースト
Joseph Louis Proust
(1754~1826)

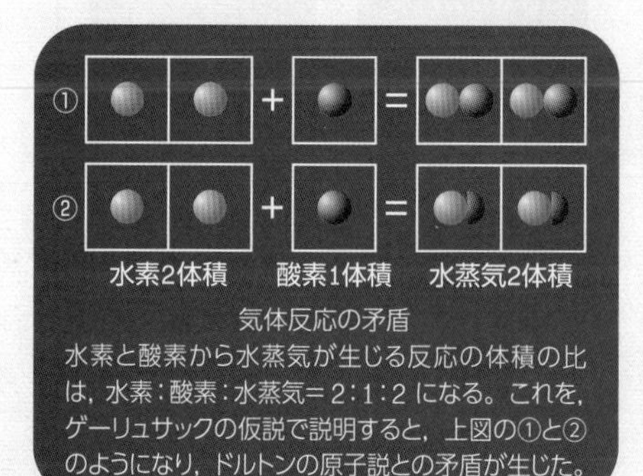

気体反応の矛盾
水素と酸素から水蒸気が生じる反応の体積の比は，水素：酸素：水蒸気＝2：1：2になる。これを，ゲーリュサックの仮説で説明すると，上図の①と②のようになり，ドルトンの原子説との矛盾が生じた。

1803年

ドルトン
John Dalton
(1766~1844)

倍数比例の法則

イギリスのドルトンは，化合物の組成についての実験から，「AとBの2つの元素からなる，異なる2種類以上の化合物があるときは，Aの一定量に対するBの量は，簡単な整数比になる」という**倍数比例の法則**を発見した(倍数組成の法則ともいう)。

1808年

ゲーリュサック
Joseph Louis Gay-Lussac (1778~1850)

気体反応の法則

フランスのゲーリュサックは，「気体の反応における体積の間には簡単な整数比が成りたつ」という**気体反応の法則**(反応体積比の法則ともいう)および，「同温・同圧・同体積の気体中には，同数の原子が含まれる」という仮説を発表した。

ドルトンの原子説

ドルトンは，それまでの法則を説明するために，「単体も化合物もすべて粒子(原子)からできていて，それぞれの元素の粒子(原子)は固有の質量と大きさをもっており，分割できない。化合物は原子が一定数結合したものであり，物質の変化は原子の組合せが変わるだけである」という**ドルトンの原子説**を発表した(1803)。この考えを前述の3つの法則に適用すると，すべて明確に説明できる。また，ドルトンは原子を表すのに円形記号を考案し(1808)，原子量も公表した(1810)。ドルトンの原子説は，広く認められ，実験事実に基づく新しい原子の概念が生まれた。

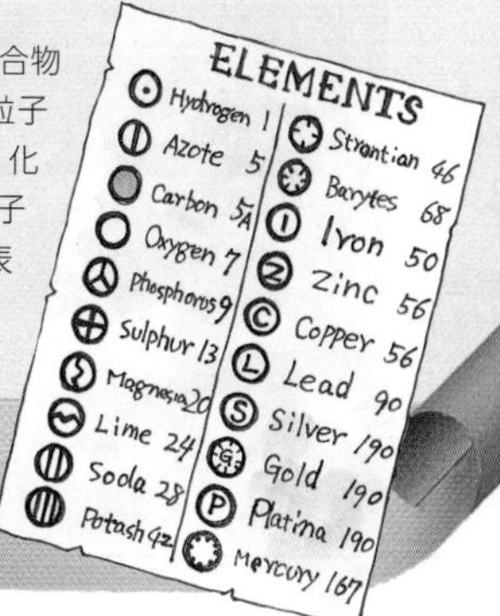

4 酸と塩基 基 化

A 酸とは・塩基とは

acid　base

アレニウスによる酸・塩基の定義

酸とは，水に溶けて水素イオン H^+(オキソニウムイオン H_3O^+)を生じる物質である。

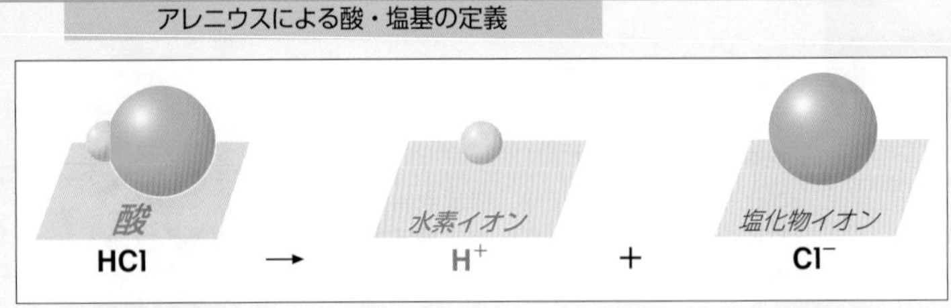

$HCl \longrightarrow H^+ + Cl^-$

塩基とは，水に溶けて水酸化物イオン OH^- を生じる物質である。

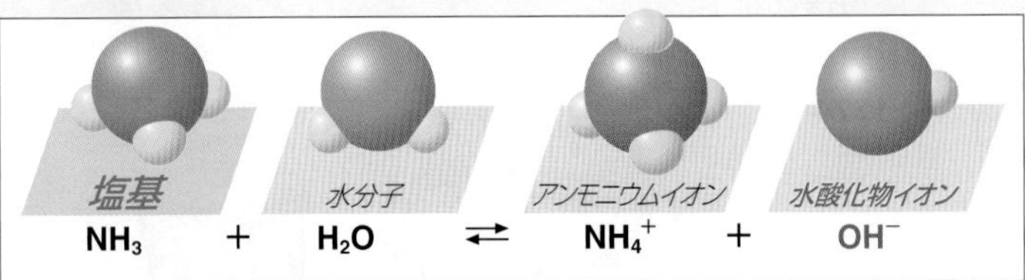

$NH_3 + H_2O \rightleftarrows NH_4^+ + OH^-$

ブレンステッド・ローリーによる酸・塩基の定義

水素イオン H^+を他に与える物質が酸であり，水素イオン H^+を受け取る物質が塩基である。

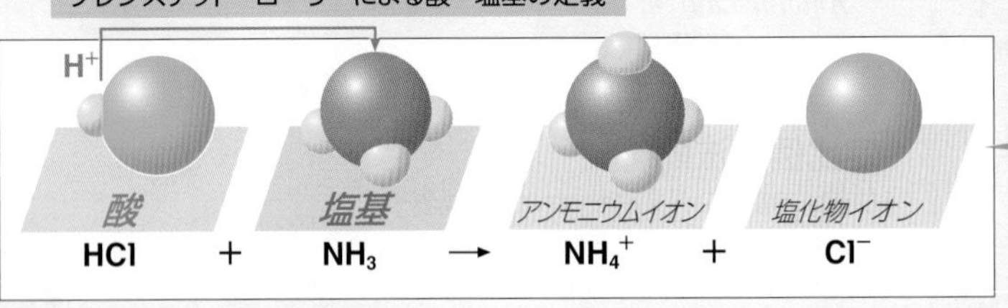

$HCl + NH_3 \longrightarrow NH_4^+ + Cl^-$

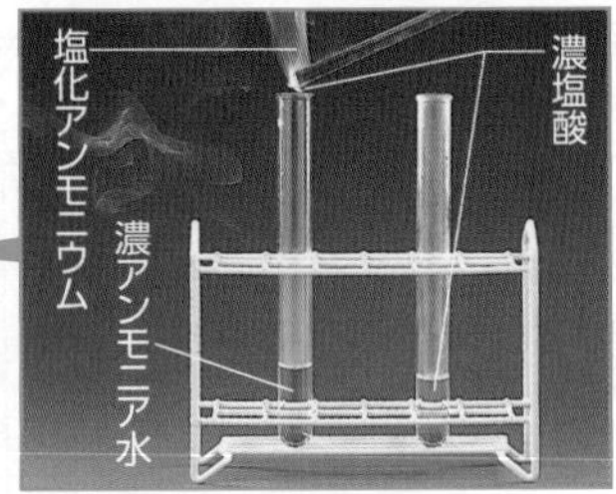

補足 H^+とH_3O^+

水素イオン H^+は，水溶液中では水分子 H_2O と配位結合(➡ *p.53*)してオキソニウムイオン H_3O^+として存在する。そのため，塩酸 HCl の電離は次のように表すこともできる。

$HCl + H_2O \longrightarrow H_3O^+ + Cl^-$

酸と酸性

酸の水溶液が示す性質を酸性という。水溶液中の H^+が酸性の原因となっている。

■水溶液の性質

青色リトマス紙を赤くする。

BTB 溶液を黄色にする。

塩基と塩基性

塩基の水溶液が示す性質を塩基性またはアルカリ性という。
水に溶ける塩基を特にアルカリということがある。
水溶液中の OH^- が塩基性の原因となっている。

■水溶液の性質

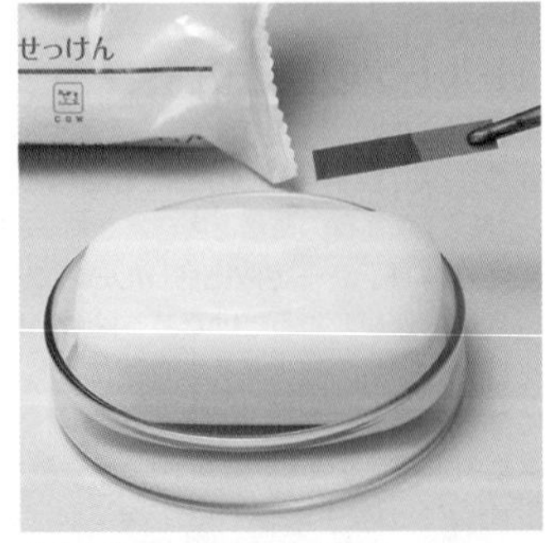

赤色リトマス紙を青くする。

BTB 溶液を青色にする。

B 酸・塩基の強弱と電離度
degree of electrolytic dissociation

酢酸を水に溶かしても一部の分子しか電離しない。電解質が水溶液中で電離している割合を電離度という。酸･塩基の強弱は電離度によって決まる。

$$\text{電離度}\ \alpha = \frac{\text{電離している酸(塩基)の物質量}}{\text{溶けている酸(塩基)の物質量}}$$

0(電離しない) < 電離度 $\alpha \leqq 1$ (完全に電離)
強酸・強塩基：高濃度の水溶液中でも電離度が1に近い酸・塩基
弱酸・弱塩基：水溶液中の電離度が小さい酸・塩基

電離度は濃度や温度によって異なるので，酸・塩基の強弱は，濃度や温度などが同じ条件で考える。

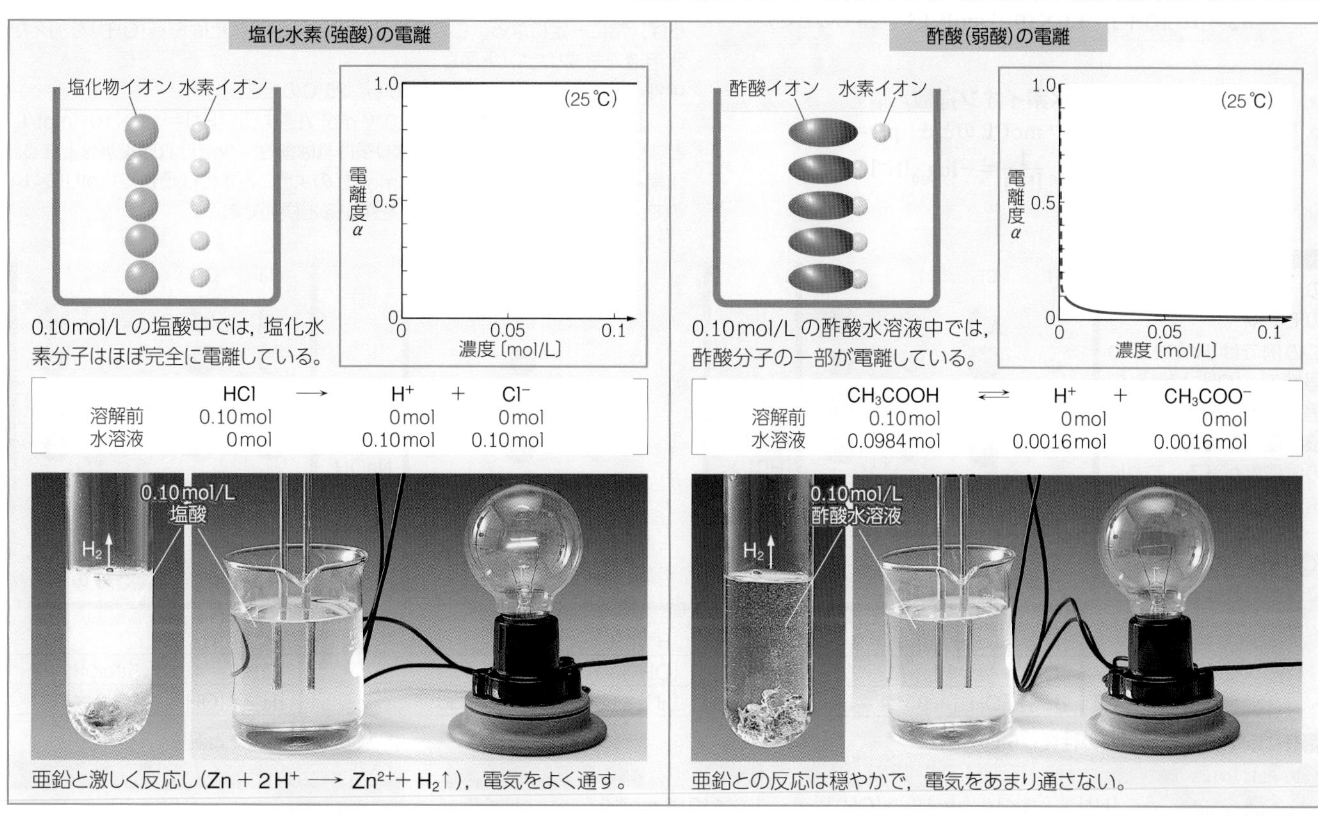

C 酸・塩基の価数と分類
valence

酸	電離式	価数	強弱
塩化水素	$HCl \longrightarrow H^+ + Cl^-$	1価	強酸
硝酸	$HNO_3 \longrightarrow H^+ + NO_3^-$	1価	強酸
酢酸	$CH_3COOH \rightleftarrows H^+ + CH_3COO^-$	1価	弱酸
硫酸	$H_2SO_4 \longrightarrow 2H^+ + SO_4^{2-}$	2価	強酸
硫化水素	$H_2S \rightleftarrows 2H^+ + S^{2-}$	2価	弱酸
シュウ酸	$H_2C_2O_4 \rightleftarrows 2H^+ + C_2O_4^{2-}$	2価	弱酸
リン酸※1	$H_3PO_4 \rightleftarrows 3H^+ + PO_4^{3-}$	3価	弱酸

酸1分子から生じるH^+の数を，酸の価数という。

(※1 リン酸は中程度の強さの酸といわれている。)

塩基	電離式	価数	強弱
水酸化ナトリウム	$NaOH \longrightarrow Na^+ + OH^-$	1価	強塩基
水酸化カリウム	$KOH \longrightarrow K^+ + OH^-$	1価	強塩基
アンモニア	$NH_3 + H_2O \rightleftarrows NH_4^+ + OH^-$	1価	弱塩基
水酸化カルシウム	$Ca(OH)_2 \longrightarrow Ca^{2+} + 2OH^-$	2価	強塩基
水酸化バリウム	$Ba(OH)_2 \longrightarrow Ba^{2+} + 2OH^-$	2価	強塩基
水酸化銅(Ⅱ)※2	$Cu(OH)_2 + 2H^+ \longrightarrow Cu^{2+} + 2H_2O$	2価	弱塩基

塩基の組成式に相当する1粒子(NaOHなど)から生じるOH^-の数または塩基1分子(NH_3など)が受け取るH^+の数を，塩基の価数という。
OH^-を含む塩基は，その組成式中のOH^-の数が塩基の価数になる。

(※2 ほとんど水に溶けないが，酸と反応してH^+を受け取る。)

酸性酸化物	電離式	価数	強弱
二酸化炭素	$CO_2 + H_2O \rightleftarrows 2H^+ + CO_3^{2-}$	2価	弱酸
二酸化硫黄	$SO_2 + H_2O \rightleftarrows 2H^+ + SO_3^{2-}$	2価	弱酸

酸のはたらきをする酸化物を酸性酸化物，塩基のはたらきをする酸化物を塩基性酸化物という。
非金属元素の酸化物には酸性酸化物が，金属元素の酸化物には塩基性酸化物が多い。

塩基性酸化物	電離式	価数	強弱
酸化ナトリウム	$Na_2O + H_2O \longrightarrow 2Na^+ + 2OH^-$	2価	強塩基
酸化カルシウム	$CaO + H_2O \longrightarrow Ca^{2+} + 2OH^-$	2価	強塩基
酸化銅(Ⅱ)※3	$CuO + 2H^+ \longrightarrow Cu^{2+} + H_2O$	2価	弱塩基

(※3 ほとんど水に溶けないが，酸と反応してH^+を受け取る。)

Q 梅干しやレモンは酸っぱい味がする(酸性)にもかかわらず，なぜアルカリ性食品とよばれるのですか？

5 pH 基 化

A 水のイオン積とpH 化

ionic product

温度一定のとき，水溶液中の水素イオン濃度と水酸化物イオン濃度の積は一定である。したがって，水素イオン濃度から酸性・塩基性とその強さを判断することができる。

水のイオン積

$$K_w = [H^+][OH^-] = 1.0\times10^{-14}\ mol^2/L^2 \quad (25℃のとき)$$

pH（水素イオン指数）

$[H^+] = 1\times10^{-n}$ mol/L のとき，pH = n

$$pH = \log_{10}\frac{1}{[H^+]} = -\log_{10}[H^+]$$

水は $H_2O \rightleftarrows H^+ + OH^-$ のようにごくわずか電離している。その水素イオン濃度$[H^+]$と水酸化物イオン濃度$[OH^-]$の積 $[H^+][OH^-]$ は，温度が一定ならば，常に一定になる。この関係は，水に酸(H^+)または塩基(OH^-)を加えた水溶液でも成りたつ（下図）。

中性のときは，$[H^+]=[OH^-]$ だから，25℃のとき，

$[H^+][OH^-]=[H^+]^2 = 1.0\times10^{-14}$ mol²/L² より，$[H^+] = 1.0\times10^{-7}$mol/L となり，水溶液中の$[H^+]$がこれより多ければ酸性，少なければ塩基性となる。水素イオン濃度$[H^+]$を $a\times10^{-n}$mol/L のように表すのは煩雑でわかりにくいので，左式のように定義した pH を用いると便利である。

■酸・塩基を加えたときの，$[H^+]$と$[OH^-]$の変化のモデル

この例では$[H^+]$を●の個数で，$[OH^-]$を●の個数で表している。水に酸や塩基を加えると，水の電離度が減る。これにより$[H^+]$と$[OH^-]$の積が一定の数（25 ℃では，$K_w = 1.0\times10^{-14}$ mol²/L²）に保たれる様子を示している。

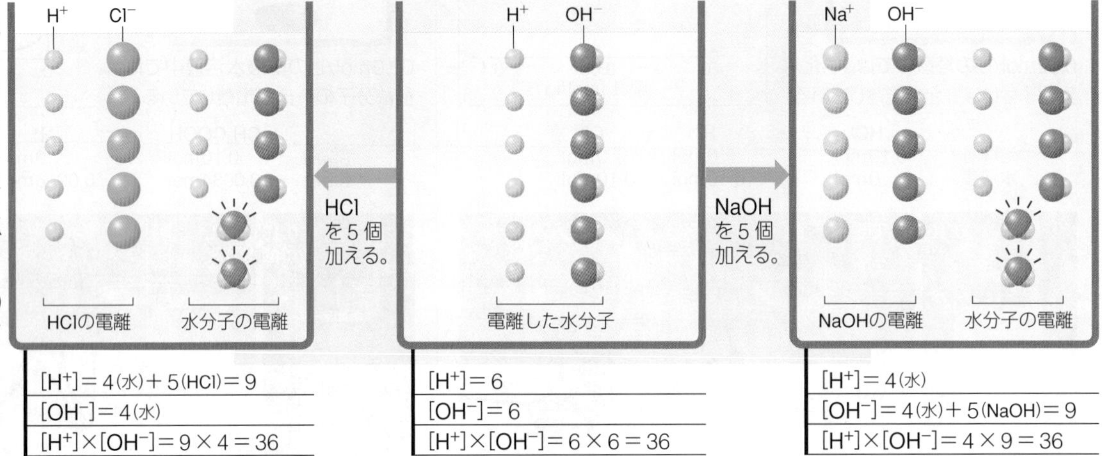

■$[H^+]$，$[OH^-]$と水溶液の性質（25℃）

水溶液の性質	$[H^+]$，$[OH^-]$	$[H^+][OH^-]$	pH
酸　性	$[H^+] > 1.0\times10^{-7}$mol/L $> [OH^-]$	1.0×10^{-14} mol²/L²	pH < 7
中　性	$[H^+] = 1.0\times10^{-7}$mol/L $= [OH^-]$	1.0×10^{-14} mol²/L²	pH = 7
塩基性	$[H^+] < 1.0\times10^{-7}$mol/L $< [OH^-]$	1.0×10^{-14} mol²/L²	pH > 7

■水のイオン積 K_w と温度

温度〔℃〕	K_w〔mol²/L²〕
20	0.68×10^{-14}
25	1.01×10^{-14}
30	1.47×10^{-14}

B 身のまわりの物質の pH

身のまわりにある物質は，いろいろな pH の値を示す。

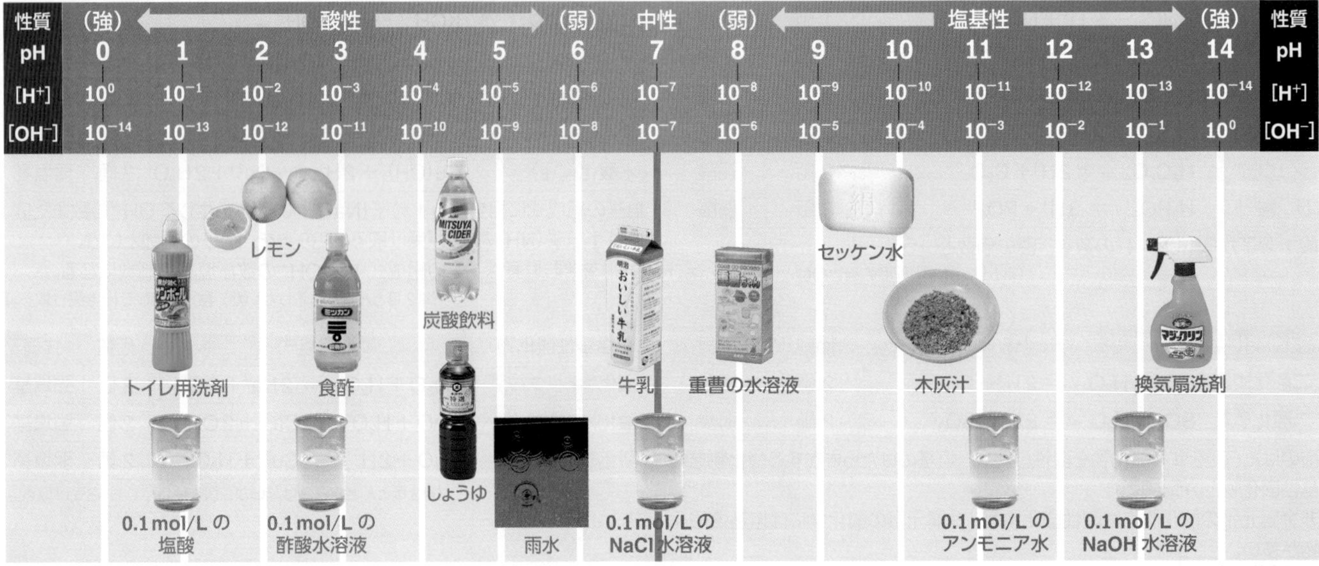

※ 25℃の値を示す。

A 燃焼によって生じる灰の水溶液の性質によって，酸性食品･アルカリ性食品に分類されるからです。レモンの灰には，水溶液が塩基性を示す塩（K_2CO_3 など）が含まれています。

C pH の測定

水溶液の pH は，その水溶液の酸性または塩基性の程度を表している。そのため，いろいろな pH の測定法が開発されている。

■ pH 試験紙

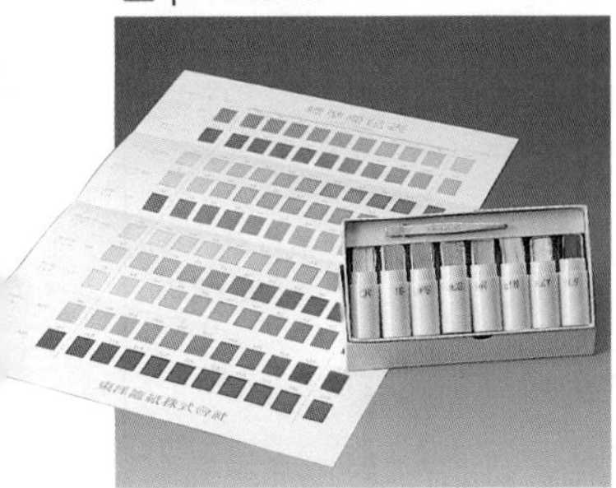

適切な試験紙を選び，標準変色表と比較して 0.2 段階の pH の値を調べるので，手間がかかる。

■ 万能 pH 試験紙

1 枚の試験紙ですべての範囲の pH が測定でき便利だが，およその pH しかわからない。

■ 簡易 pH 計

pH の値が 0.1 の段階まで表示されるので便利であるが，ある程度の誤差を含む。

■ pH 計

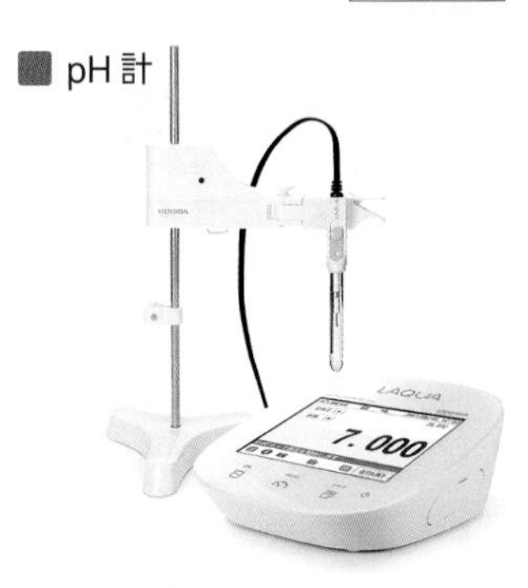

pH の値が 0.01 の段階まで表示されるので高精度な測定ができるが，高価である。

D pH 指示薬
indicator

■ pH 指示薬の変色域（ p.300）

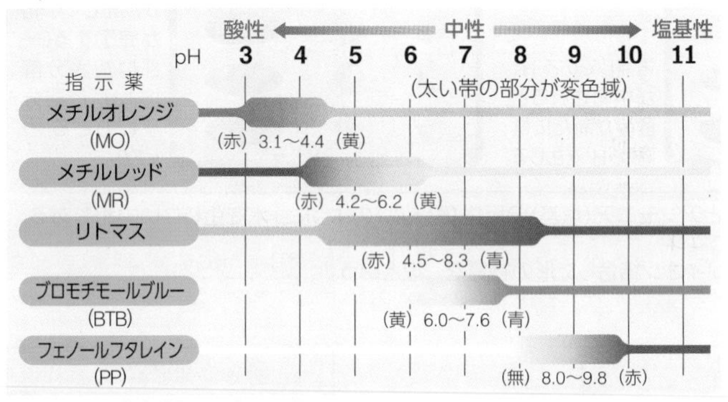

pH によって色が変わる物質は，pH 指示薬として中和滴定に用いられる。指示薬の色が変わる pH の範囲を，変色域という。変色域から外れた範囲では，指示薬の色はほとんど変化しない。

変色域が狭い指示薬ほど，わずかな pH の変化でも大きく変色するので，中和滴定において中和点を知るために使いやすい。

リトマスは，酸性か塩基性かを知るには便利だが，pH によって色があまり鋭敏に変化しないので，中和滴定の指示薬には適さない。

メチルオレンジ
pH2 pH3 pH4 pH5 pH6

Column pH で色を変える身近な色素 日常

紅茶に含まれるテアフラビンという色素は，pH の変化によって構造が変化し，色が変わる。

そのため，紅茶にレモン(クエン酸などを含んでいる)を入れると pH が小さくなり，赤色がうすくなる。逆に，紅茶に重曹(炭酸水素ナトリウム)を入れると pH が大きくなり，赤色が濃くなる。

紫キャベツに含まれるアントシアニンや，カレーのスパイスであるターメリックに含まれるクルクニンなども同様に，pH によって色が変わる色素である。

レモンを入れる前

レモンを入れた後

物質の変化

Q pH は，0 以下や 14 以上にもなりますか?

6 中和反応と塩 基 化

A 中和反応
neutralization reaction

酸から生じる H^+ と塩基から生じる OH^- が反応して水 H_2O ができ，酸の性質と塩基の性質が打ち消される反応を中和反応という。

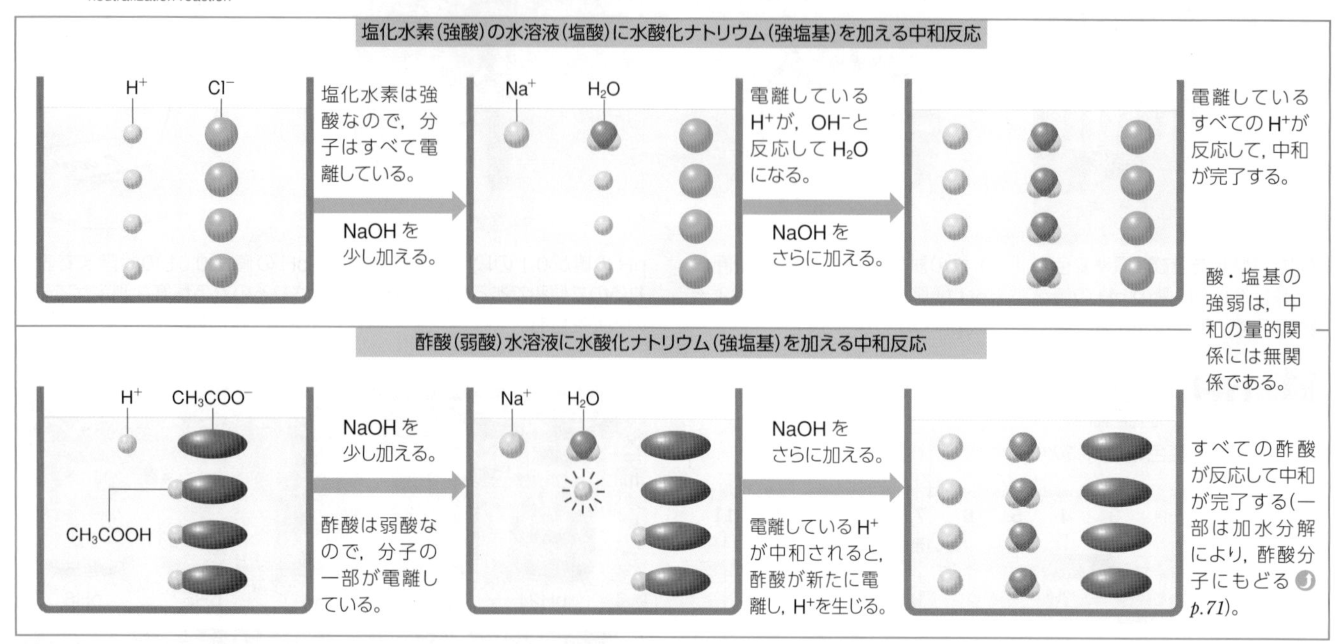

※塩化水素（酸）とアンモニア（塩基）の反応（p.66）のように，水を生じない中和もある。

B 塩の生成
salt

酸から生じる陰イオンと塩基から生じる陽イオンがイオン結合した形の物質を，塩という。塩は酸と塩基の中和以外の反応でも生じる。

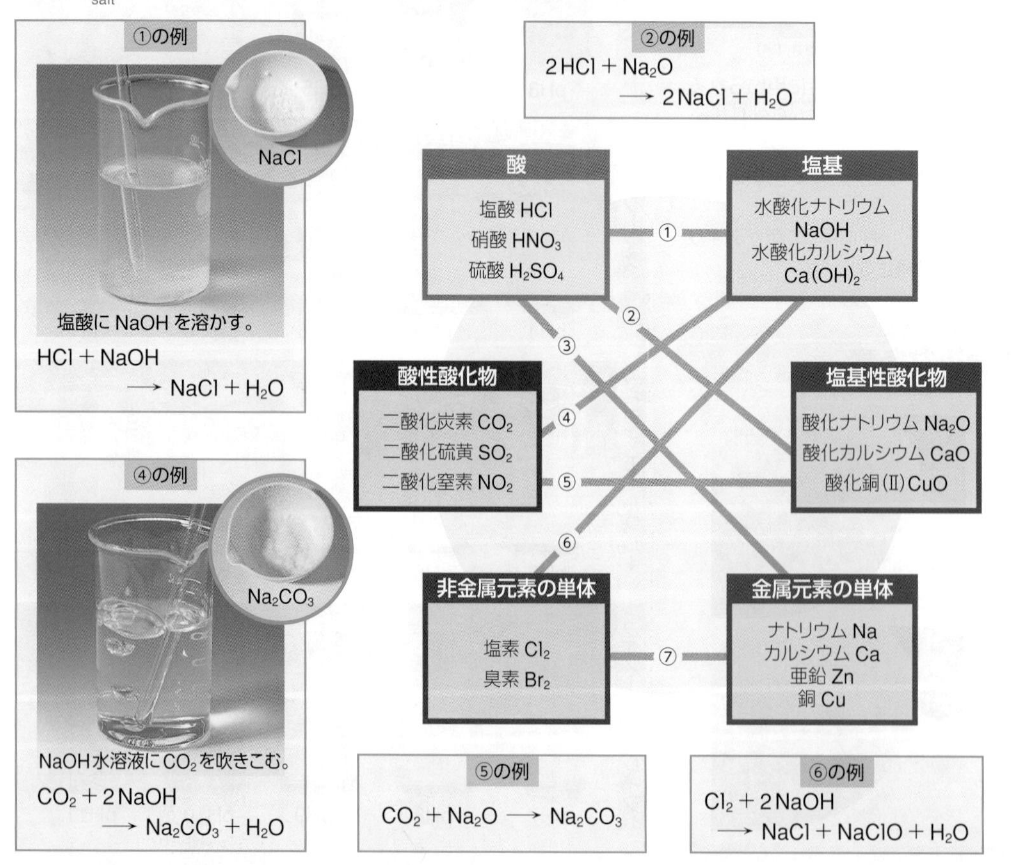

希硫酸に亜鉛板をつける。

$H_2SO_4 + Zn \longrightarrow ZnSO_4 + H_2\uparrow$

塩素中に熱した銅線を入れる。

$Cl_2 + Cu \longrightarrow CuCl_2$

A なりますが，もともと pH は 1 ～ 10^{-14} mol/L という広範囲な $[H^+]$ の値を扱いやすくしたものですので，この範囲外ではあまり使われません。

C 塩の分類

塩は，正塩・酸性塩・塩基性塩に分類することができる。正塩・酸性塩・塩基性塩という分類は塩の組成によるもので，水溶液の性質（酸性や塩基性）とは無関係である。

分類	正塩	酸性塩	塩基性塩
意味	酸の **H** も塩基の **OH** も残っていない塩	酸の **H** が残っている塩	塩基の **OH** が残っている塩
例	$NaCl$（塩化ナトリウム） CH_3COONa（酢酸ナトリウム） NH_4Cl（塩化アンモニウム） $CaCl_2$（塩化カルシウム） Na_2CO_3（炭酸ナトリウム） $CuSO_4$（硫酸銅（Ⅱ））	$NaHCO_3$（炭酸水素ナトリウム）※1 $NaHSO_4$（硫酸水素ナトリウム）※2 Na_2HPO_4（リン酸水素二ナトリウム） NaH_2PO_4（リン酸二水素ナトリウム）	$CuCl(OH)$ （塩化水酸化銅（Ⅱ）） $MgCl(OH)$ （塩化水酸化マグネシウム）

正塩の水溶液は，塩の加水分解により，次のような性質になる。
- 強酸＋強塩基による正塩 → 中　性
- 弱酸＋強塩基による正塩 → 塩基性
- 強酸＋弱塩基による正塩 → 酸　性

※1 $NaHCO_3 \longrightarrow Na^+ + HCO_3^-$
$HCO_3^- + H_2O \longrightarrow H_2CO_3 + OH^-$

※2 $NaHSO_4 \longrightarrow Na^+ + HSO_4^-$
$HSO_4^- \longrightarrow H^+ + SO_4^{2-}$

塩基性塩は，水に溶けにくい。

表中の化学式の色は水溶液の性質を示す。
■：酸性　■：塩基性　■：中性

D 塩の加水分解 化

hydrolysis

弱酸の陰イオン（または弱塩基の陽イオン）を含む塩を水に溶かすと，それらの一部が水と反応して，もとの弱酸と OH^-（または弱塩基と H^+）を生じる。これを塩の加水分解という。

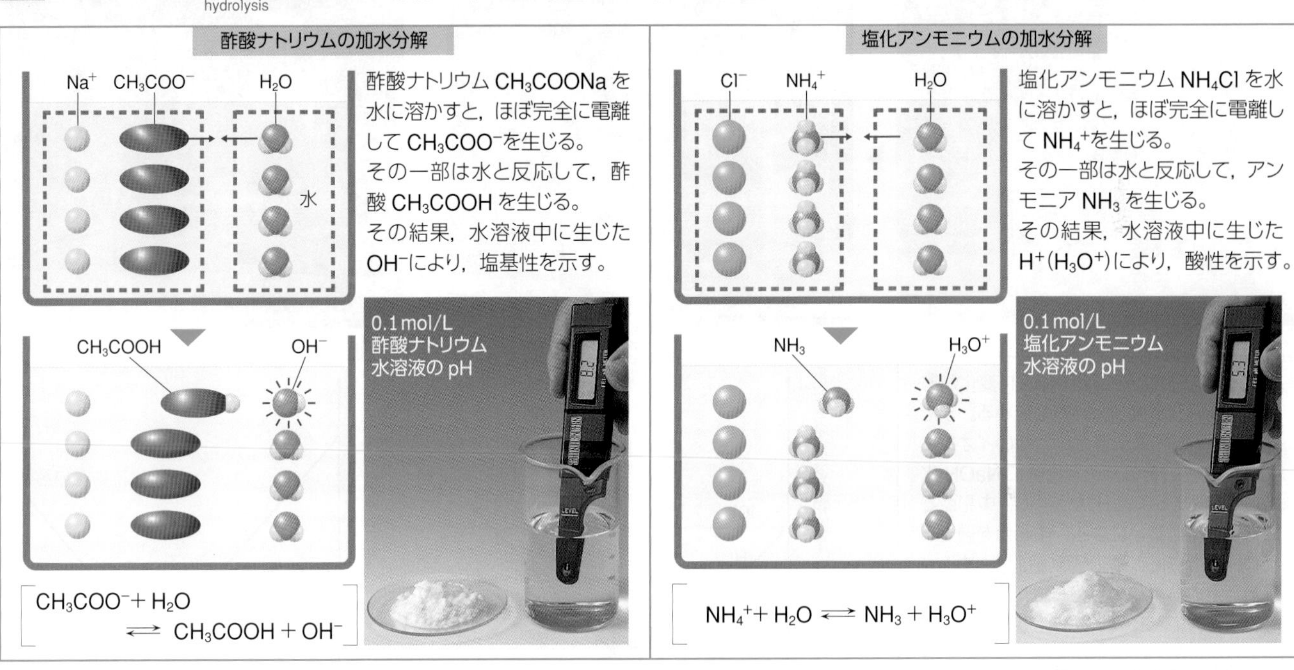

E 塩と酸・塩基の反応

弱酸の塩に強酸を加えると弱酸が，弱塩基の塩に強塩基を加えると弱塩基が遊離する。
また，揮発性の酸の塩に不揮発性の酸を加えて加熱すると，揮発性の酸が遊離する。

弱酸の塩＋強酸 ⟶ 強酸の塩＋弱酸

弱塩基の塩＋強塩基 ⟶ 強塩基の塩＋弱塩基

揮発性の酸の塩＋不揮発性の酸 $\xrightarrow{加熱}$ 不揮発性の酸の塩＋揮発性の酸

$NH_4Cl + Ca(OH)_2$

NH_3

アンモニアの発生

塩化アンモニウム NH_4Cl はアンモニア NH_3（弱塩基）の塩である。
塩化アンモニウムに水酸化カルシウム $Ca(OH)_2$（強塩基）を加えて加熱すると，アンモニア NH_3 が発生する。

$$2NH_4Cl + Ca(OH)_2 \longrightarrow CaCl_2 + 2NH_3\uparrow + 2H_2O$$

（NH_4Cl：弱塩基の塩，$Ca(OH)_2$：強塩基，$CaCl_2$：強塩基の塩，NH_3：弱塩基）

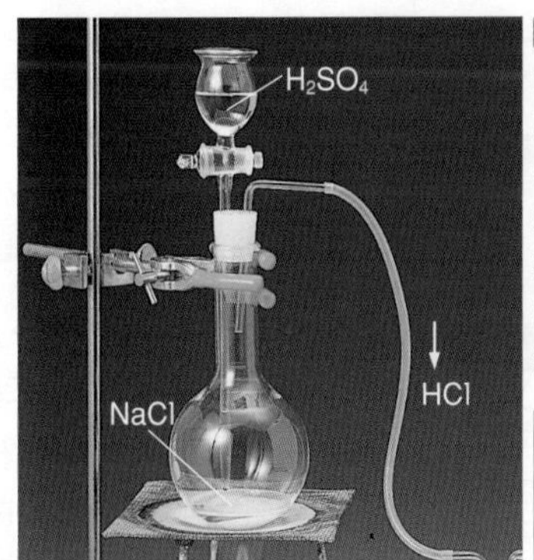

塩化水素の発生

塩化ナトリウム $NaCl$ は塩化水素 HCl（揮発性の酸＝沸点が低い酸）の塩である。
塩化ナトリウムに濃硫酸 H_2SO_4（不揮発性の酸＝沸点が高い酸）を加えて加熱すると，塩化水素 HCl が発生する。

$$NaCl + H_2SO_4 \longrightarrow NaHSO_4 + HCl\uparrow$$

（$NaCl$：揮発性の酸の塩，H_2SO_4：不揮発性の酸，$NaHSO_4$：不揮発性の酸の塩，HCl：揮発性の酸）

7 中和反応の量的関係と滴定曲線 基 化

A 中和反応の量的関係

酸から生じる H^+の物質量と塩基から生じる OH^-の物質量が等しいとき，酸と塩基は過不足なく中和する。

中和反応の量的関係

酸から生じる H^+の物質量 ＝ 塩基から生じる OH^-の物質量

（水溶液の場合は，）

$$a \times c\,〔\mathrm{mol/L}〕 \times V〔\mathrm{L}〕 = b \times c'\,〔\mathrm{mol/L}〕 \times V'〔\mathrm{L}〕$$

酸の価数 × 酸の濃度 × 酸の体積 ＝ 塩基の価数 × 塩基の濃度 × 塩基の体積

Jump 中和滴定 → p.18, 74

中和反応を利用して，濃度のわからない酸または塩基の水溶液の濃度を，滴定によって求める操作を中和滴定という。

■中和における電気伝導度の変化

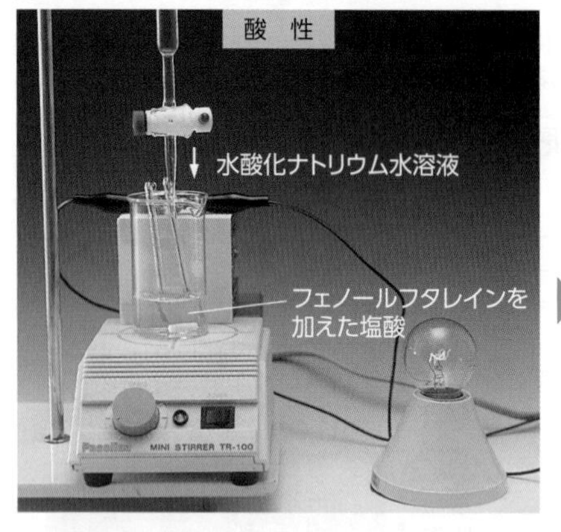

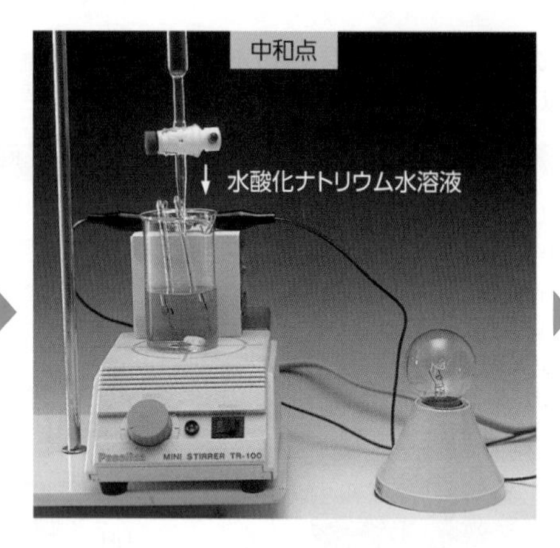

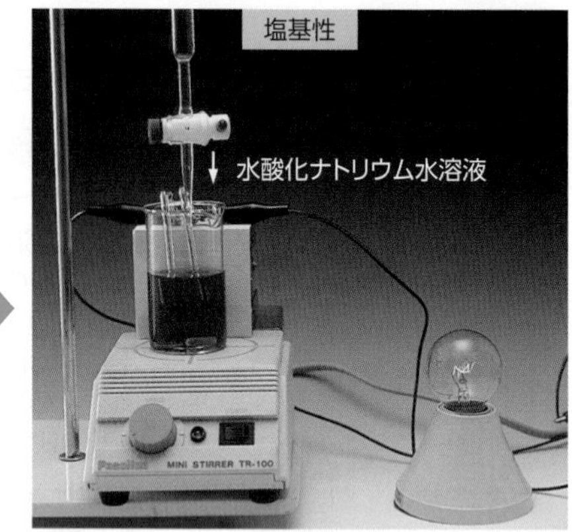

水溶液中のイオンの種類や濃度に変化があれば，電気伝導度(電導度)も変わる。また，H^+や OH^-の電気伝導度は，他のイオンに比べ大きい。そのため，塩酸に NaOH 水溶液を加えていくと H^+が減少し，中和点で電気伝導度は最小になる。中和点を過ぎると OH^-が増加し，電気伝導度は増大する。なお，上の写真中の溶液には，指示薬としてフェノールフタレイン溶液を加えてある。

$$HCl + NaOH \longrightarrow NaCl + H_2O$$

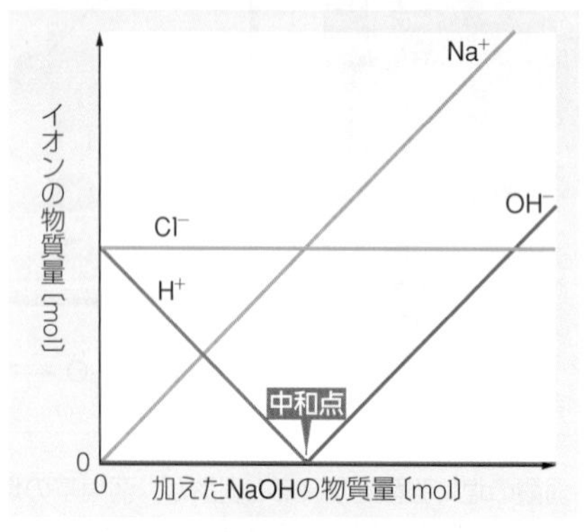

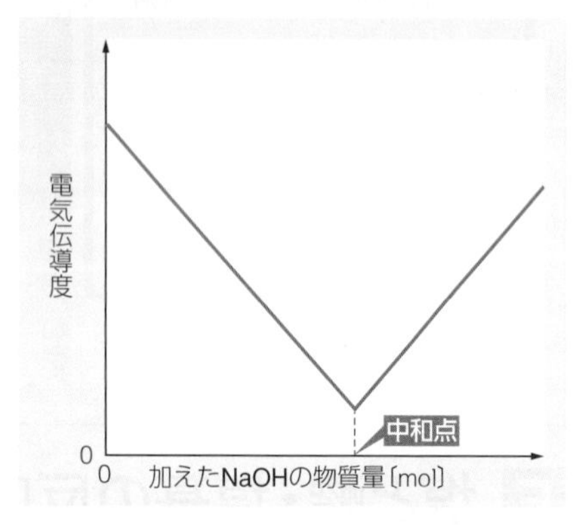

B 滴定曲線
titration curve

酸（または塩基）の水溶液に，塩基（または酸）の水溶液を滴下していったとき，滴下量（滴下した水溶液の体積）と混合水溶液の pH の値との関係を表したグラフを，中和の滴定曲線という。

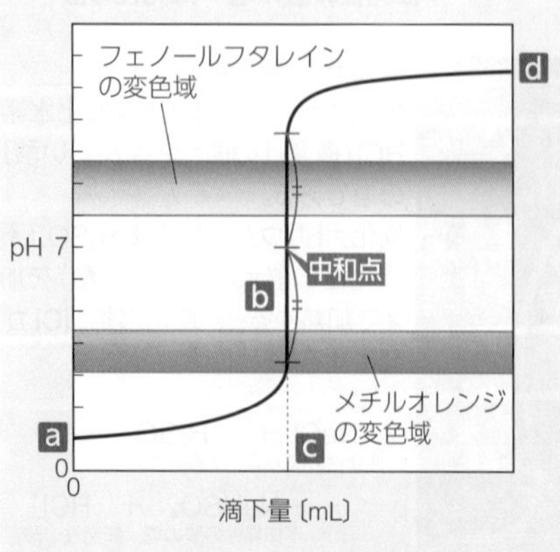

フェノールフタレインの変色域
pH 7
中和点
メチルオレンジの変色域
a b c d
0
0
滴下量〔mL〕

■ 滴定曲線を見るときのポイント

a 滴定前の水溶液，すなわちコニカルビーカー（または三角フラスコなど）に入っていた水溶液の pH から，水溶液中の酸・塩基の強弱と，「酸の水溶液に塩基の水溶液を滴下していった滴定」なのか，「塩基の水溶液に酸の水溶液を滴下していった滴定」なのかがわかる。

b pH が大きく変化しているところの pH の範囲から，使用可能な指示薬（p.69）がわかる。

組合せ（酸 と 塩基）	中和点	メチルオレンジ	フェノールフタレイン
強酸 と 強塩基（→ p.73 ❶）	中性	○	○
弱酸 と 強塩基（→ p.73 ❷）	塩基性	×	○
強酸 と 弱塩基（→ p.73 ❸）	酸性	○	×

c 中和点までの滴下量と中和反応の量的関係の式から，酸（または塩基）の濃度が求まる。

d 過剰量滴下後の水溶液の pH から，滴下した水溶液，すなわちビュレットに入っていた水溶液中の酸・塩基の強弱がわかる。

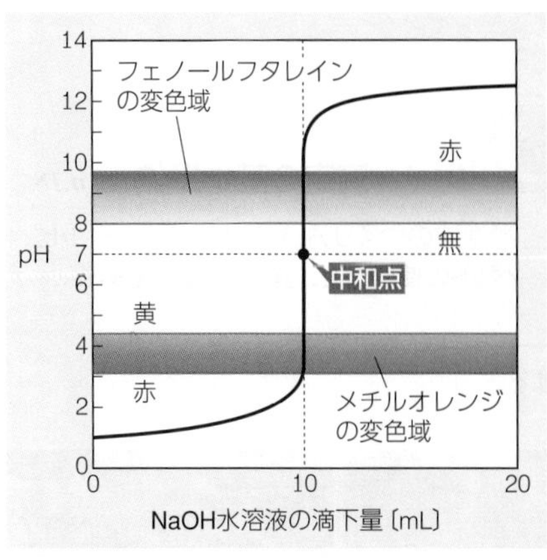

❶ 強酸と強塩基の中和の滴定曲線

0.1mol/L の塩酸 10mL を 0.1mol/L の水酸化ナトリウム水溶液で滴定したときの滴定曲線。

中和点付近で pH が大きく変化するので，フェノールフタレイン・メチルオレンジのいずれの指示薬を用いてもよい。

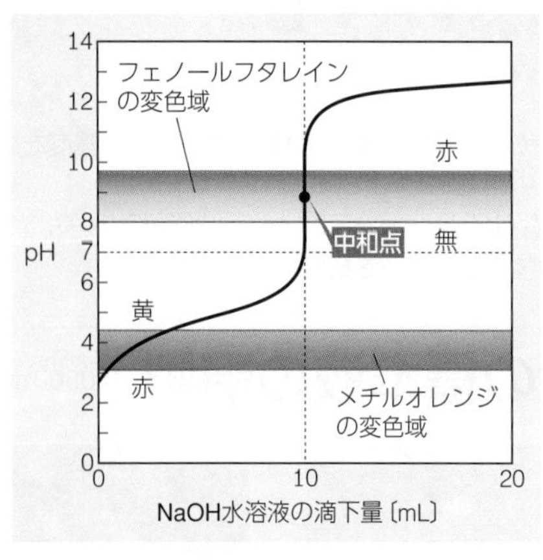

❷ 弱酸と強塩基の中和の滴定曲線

0.1mol/L の酢酸水溶液 10mL を 0.1mol/L の水酸化ナトリウム水溶液で滴定したときの滴定曲線。

中和点付近での pH の変化の範囲が塩基性のほうにかたよるため，指示薬としては，変色域が塩基性側にあるフェノールフタレインなどを用いる。

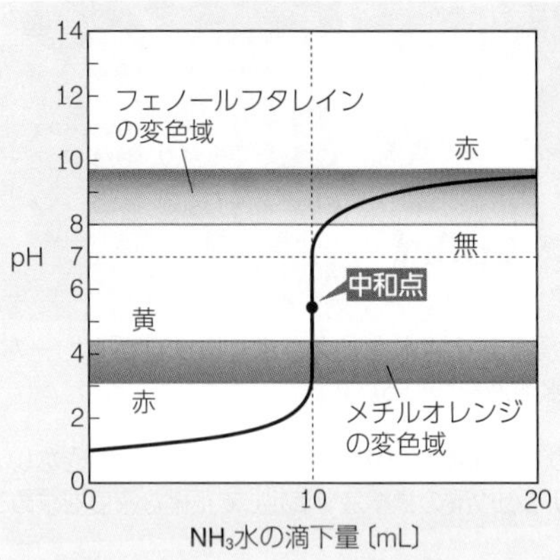

❸ 強酸と弱塩基の中和の滴定曲線

0.1mol/L の塩酸 10mL を 0.1mol/L のアンモニア水で滴定したときの滴定曲線。

中和点付近での pH の変化の範囲が酸性のほうにかたよるため，指示薬としては，変色域が酸性側にあるメチルオレンジなどを用いる。

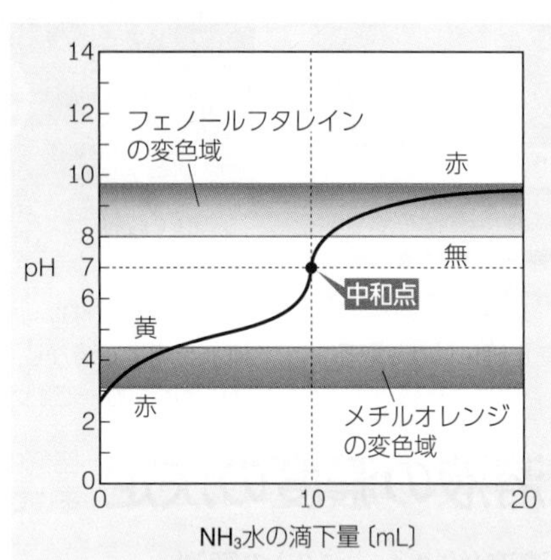

❹ 弱酸と弱塩基の中和の滴定曲線

0.1mol/L の酢酸水溶液 10mL を 0.1mol/L のアンモニア水で滴定したときの滴定曲線。

中和点付近での pH の変化の範囲が狭く，また酸・塩基の種類によって中和点の pH も変化するので，適当な指示薬を決められない。

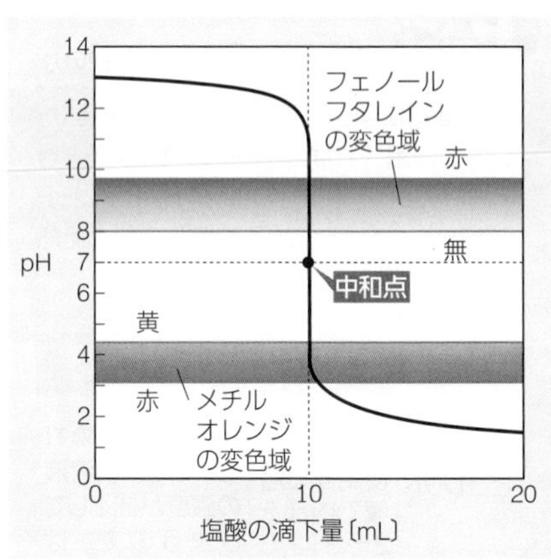

❺ 強塩基と強酸の中和の滴定曲線

0.1mol/L の水酸化ナトリウム水溶液 10mL を 0.1mol/L の塩酸で滴定したときの滴定曲線。

❶の条件から，滴下する水溶液と滴下される水溶液を入れ替える(塩基に酸を滴下する)と，滴下量 0mL のときの pH の値は大きく，滴定曲線は右下がりになる。

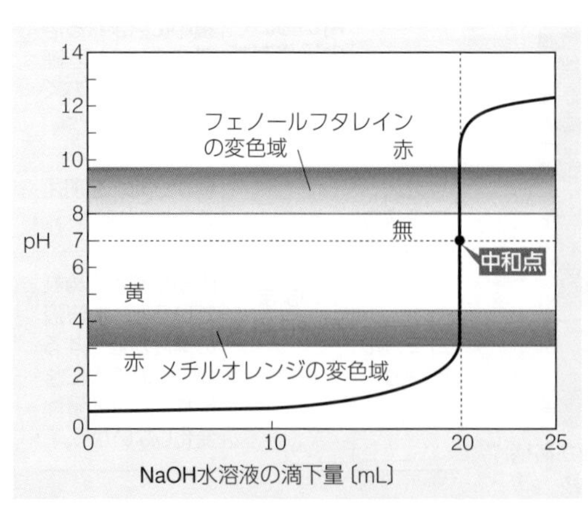

❻ 強酸と強塩基の中和の滴定曲線

0.2mol/L の塩酸 10mL を 0.1mol/L の水酸化ナトリウム水溶液で滴定したときの滴定曲線。

❶の条件から，塩酸の濃度を 2 倍(0.2mol/L)に変更すると，中和点までに必要な水酸化ナトリウム水溶液の量が 2 倍になる。

中和点付近の pH の変化

❶の滴定(0.1mol/L の塩酸 10mL を 0.1mol/L の水酸化ナトリウム水溶液で滴定)における中和点付近の pH を計算すると，次のようになる。

〔NaOH 水溶液を 9.999mL 滴下時の pH〕

$$[H^+] = 0.1\,mol/L \times \frac{10\,mL - 9.999\,mL}{19.999\,mL}$$
$$\fallingdotseq 5.0 \times 10^{-6}\,mol/L$$
$$pH = -\log_{10}(5.0 \times 10^{-6}) \fallingdotseq 5.3$$

〔NaOH 水溶液を 10.001mL 滴下時の pH〕

$$[OH^-] = 0.1\,mol/L \times \frac{10.001\,mL - 10\,mL}{20.001\,mL}$$
$$\fallingdotseq 5.0 \times 10^{-6}\,mol/L$$
$$[H^+] = \frac{1.0 \times 10^{-14}\,mol^2/L^2}{5.0 \times 10^{-6}\,mol/L}$$
$$= 2.0 \times 10^{-9}\,mol/L$$
$$pH = -\log_{10}(2.0 \times 10^{-9}) \fallingdotseq 8.7$$

NaOH 水溶液の滴下量	pH
9.9mL	3.3
9.99mL	4.3
9.999mL	5.3
10mL	7.0
10.001mL	8.7
10.01mL	9.7

Q 弱酸・弱塩基は水溶液中で一部しか電離しないので，$acV = bc'V'$ の関係が成りたつのは，強酸・強塩基の中和だけではないのですか?

8 中和滴定 基 化

中和反応を利用して，濃度のわからない酸または塩基の水溶液の濃度を，滴定によって求める操作を中和滴定という。
ここでは，水酸化ナトリウム NaOH 水溶液を用いた中和滴定によって，食酢に含まれる酢酸の濃度を求める方法を紹介する。

Jump 滴定の基本操作 → *p.18*
標準液のつくり方，ビュレット・ホールピペットの使い方を，詳しく説明してある。

A シュウ酸の標準液の調製

oxalic acid

0.0500 mol/L のシュウ酸水溶液を調製する。

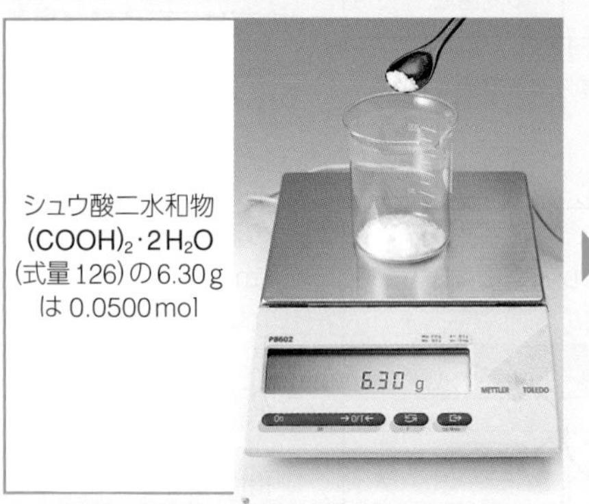

シュウ酸二水和物 6.30g を正確にはかり取る。

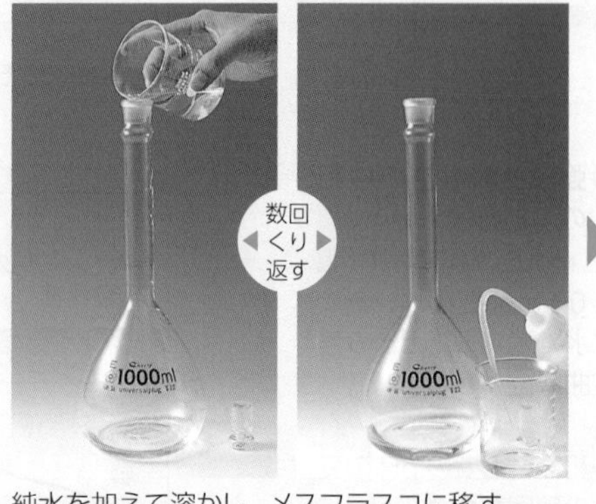

純水を加えて溶かし，メスフラスコに移す。
移したビーカーを純水で洗い，洗液も入れる。

標線まで純水を加え，よく振り混ぜて均一な水溶液をつくる。

B NaOH水溶液の濃度の決定

空気中の水や二酸化炭素と反応するので，NaOH の標準液をつくることはできない。そこで，おおよその濃度の水溶液をつくり，シュウ酸の標準液で滴定して正確な濃度を求める。

① 水酸化ナトリウム水溶液（約 0.1 mol/L）の調製

純水約 200mL をはかり取る。

NaOH 約 0.8g をはかり取る。

純水約 200mL を加えて溶かす。

② ビュレットの準備

ビュレットに NaOH 水溶液を入れ，滴定を始められる状態にする。

NaOH 水溶液を入れる。
入れ終わったら漏斗を外す。

勢いよく水溶液を流し出す。

ビュレットの先端まで水溶液があり，空気が入っていないことを確認。

Point 中和滴定に用いる器具の扱い方

中和滴定に用いる器具は，洗って乾いたものを使用すればよいが，ぬれているときには次のように使用する。なお，ビュレット・ホールピペット・メスフラスコを，加熱乾燥させてはいけない(*p.15*)。

器具	使用法	理由
ビュレット	使用する溶液で内部を2～3回すすいだ後，用いる。この操作を共洗いという。	内部が水でぬれていると，水溶液の濃度が低下してしまうので，はかった水溶液の体積中に含まれる溶質の量が，正確な値にはならなくなってしまうから。
ホールピペット		
メスフラスコ	そのまま用いてよい。	後から純水を加えることになるから。
コニカルビーカー		内部が純水でぬれていると，水溶液の濃度が低下するが，水溶液中に含まれる溶質の量は変化しないから。

A 中和が進行するに従って，弱酸・弱塩基の電離も進むため，最終的にすべてが電離して反応が完結します。そのため，この関係は成りたちます。

③ シュウ酸の標準液をはかり取る

一定体積の水溶液を厳密にはかり取るときにはホールピペットを用いる。このときの細かい注意点については，滴定の基本操作（p.19）を参照。

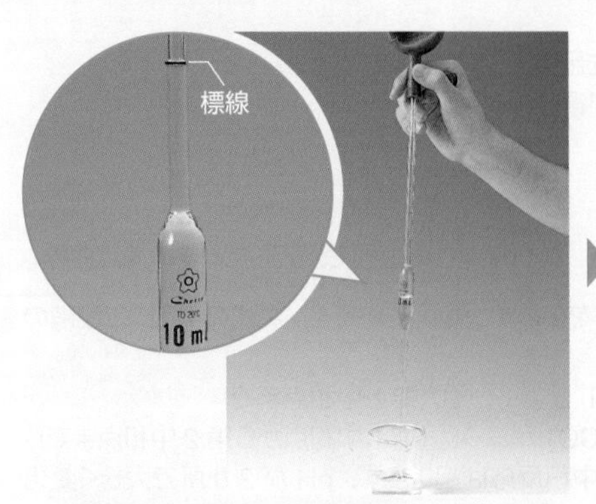

標線の少し上まで水溶液を吸い上げてから，液面を標線にあわせる。

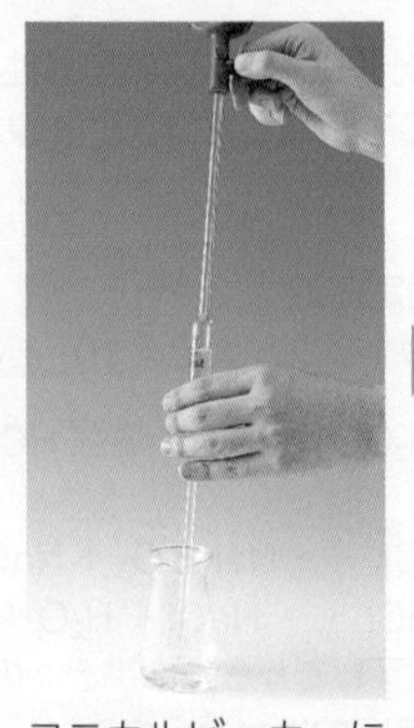

コニカルビーカーに移す。

手で温めて，残っている水溶液を出す。

フェノールフタレイン溶液を1，2滴加える。

ビュレットの下にコニカルビーカーをセット。

④ 滴定する

はかり取った10.0 mLの標準液にビュレットからNaOH水溶液を滴下する。滴定を数回くり返し，滴定に要したNaOH水溶液の体積の平均値を求め，計算（下記）によってその濃度を求める。

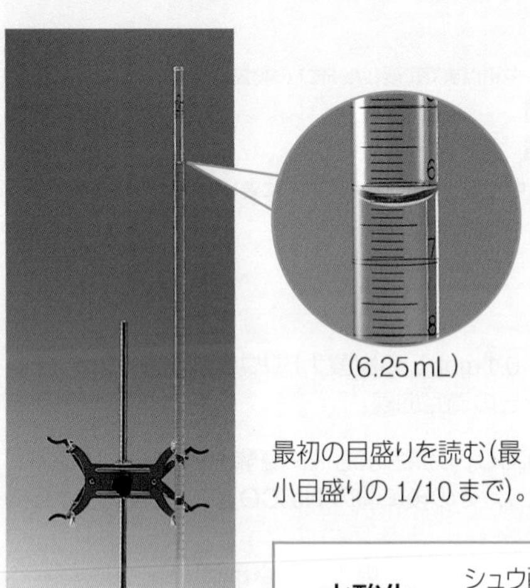

(6.25 mL)

最初の目盛りを読む（最小目盛りの1/10まで）。

最初は赤色がすぐに消える。

薄く色がつくようになれば，滴定の終点。

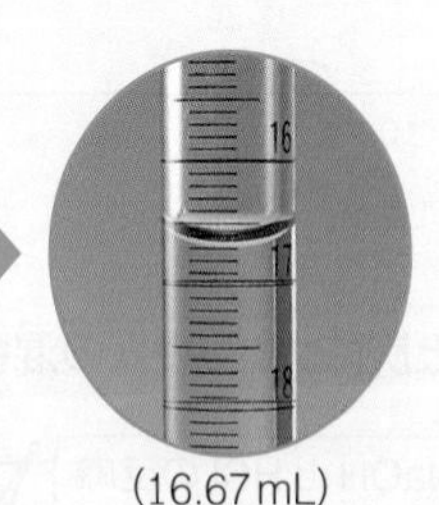

(16.67 mL)

終点の目盛りを読む（最小目盛りの1/10まで）。

加えすぎて，中和点を過ぎてはいけない。

水酸化ナトリウム水溶液の濃度の計算

シュウ酸は2価の酸，NaOHは1価の塩基なので，「酸から生じるH^+の物質量＝塩基から生じるOH^-の物質量」より，

2×シュウ酸水溶液のモル濃度×シュウ酸水溶液の体積

＝1×NaOH水溶液のモル濃度×NaOH水溶液の滴下量

NaOH水溶液の滴下量の平均値が10.42 mLであったとき，NaOH水溶液の濃度をx〔mol/L〕とすると，

$2 \times 0.0500\,\text{mol/L} \times (10.0 \times 10^{-3})\,\text{L} = 1 \times x \times (10.42 \times 10^{-3})\,\text{L}$　　$x \fallingdotseq 0.0960\,\text{mol/L}$

C 食酢の濃度の決定

食酢を10倍に薄め，上で濃度を求めたNaOH水溶液で滴定する。これを数回くり返してNaOH水溶液の滴下量の平均値を求め，食酢に含まれる酢酸の濃度を求める。

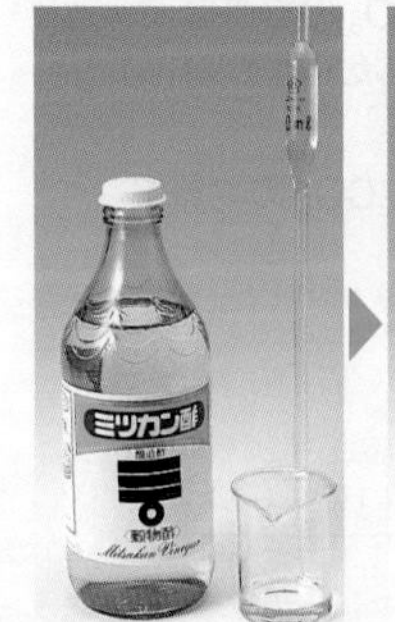

ホールピペットで食酢10.0 mLを正確にはかり取る。

100 mLのメスフラスコに移し，純水を加え100 mLにする。

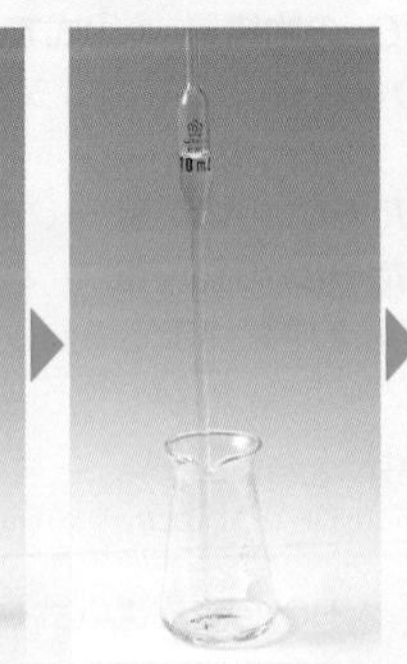

コニカルビーカーに，薄めた水溶液を10.0 mLとる。

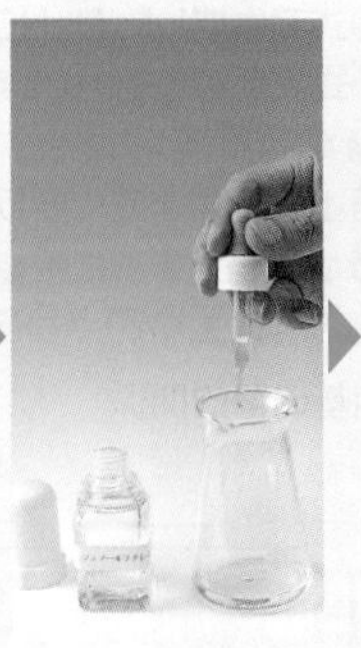

フェノールフタレイン溶液を1，2滴加える。

ビュレットの下にセットする。以後はB-④と同じ。

食酢に含まれる酢酸の濃度の計算

酢酸CH_3COOHは1価の酸，NaOHは1価の塩基なので，「酸から生じるH^+の物質量＝塩基から生じるOH^-の物質量」より，

1×酢酸水溶液のモル濃度×酢酸水溶液の体積

＝1×NaOH水溶液のモル濃度

×NaOH水溶液の滴下量

NaOH水溶液の滴下量（数回滴定した平均値）が7.51 mLであったとき，食酢を薄めた水溶液の濃度をy〔mol/L〕とすると，

$1 \times y \times (10.0 \times 10^{-3})\,\text{L}$

$= 1 \times 0.0960\,\text{mol/L} \times (7.51 \times 10^{-3})\,\text{L}$

$y \fallingdotseq 0.0721\,\text{mol/L}$

この食酢に含まれる酢酸の濃度はその10倍の0.721 mol/L（約4.3%）となる。

Q 中和滴定では，ビュレットから滴下するのは，酸・塩基のどちらの溶液でもよいのですか?

9 中和滴定の応用 基 化

A 二段階中和

炭酸ナトリウム Na_2CO_3 水溶液は，加水分解によって強い塩基性を示す。この水溶液を塩酸を用いて中和滴定を行うと，2 つの中和点をもつ滴定曲線が得られる。

① 炭酸ナトリウム水溶液の滴定

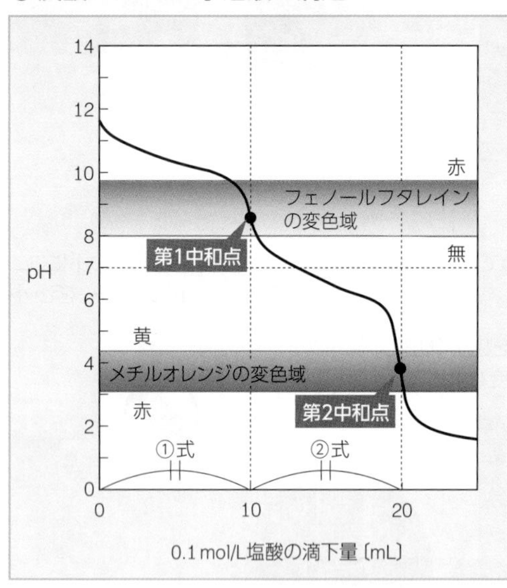

二段階中和の滴定曲線

0.1 mol/L の炭酸ナトリウム水溶液 10 mL を，0.1 mol/L の塩酸で滴定したときの滴定曲線。

炭酸ナトリウム Na_2CO_3 水溶液に塩酸 HCl を少しずつ加えていくと，次式のように二段階の中和反応が起こる。

$Na_2CO_3 + HCl \longrightarrow NaHCO_3 + NaCl$ …①（第 1 中和点まで）

$NaHCO_3 + HCl \longrightarrow NaCl + H_2O + CO_2$ …②（第 1 中和点から第 2 中和点まで）

①の中和反応が完了してからでないと②の中和反応は起こらず，pH が 2 か所で大きく変化する左図のような滴定曲線が得られる。

指示薬には，第一段階の終点は塩基性側なのでフェノールフタレイン，第二段階の終点は酸性側なのでメチルオレンジを用いる。メチルオレンジは，最初に加えたフェノールフタレインが無色になってから加える。

● **Na_2CO_3 の物質量**

= **①式で反応した HCl の物質量**（第 1 中和点までに要した HCl の物質量）
= ①式で生成した $NaHCO_3$ の物質量
= ②式で反応した $NaHCO_3$ の物質量
= ②式で反応した HCl の物質量（第 1 中和点から第 2 中和点までに要した HCl の物質量）

② 水酸化ナトリウムと炭酸ナトリウムの混合水溶液の滴定 化

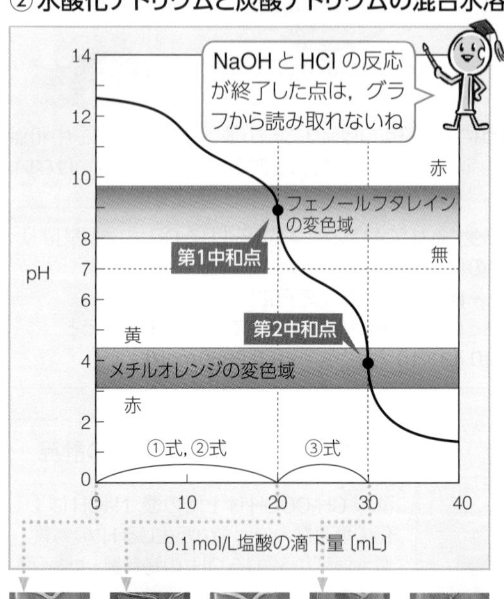

ⓐフェノールフタレインを加える（無→赤）
ⓑ第 1 中和点付近（赤→薄い赤→無）
ⓒメチルオレンジを加える（無→黄）
ⓓ第 2 中和点付近（黄→橙→赤）

塩基は，次の順に酸と中和する。

NaOH (OH^-) ⇒ Na_2CO_3 (CO_3^{2-}) ⇒ $NaHCO_3$ (HCO_3^-)

混合水溶液の中和の滴定曲線

0.1 mol/L の水酸化ナトリウム水溶液 10 mL と，0.1 mol/L の炭酸ナトリウム水溶液 10 mL を混合した溶液を，0.1 mol/L の塩酸で滴定したときの滴定曲線。

水酸化ナトリウム NaOH と炭酸ナトリウム Na_2CO_3 の混合水溶液に塩酸 HCl を少しずつ加えていくと，まず①の NaOH の中和反応が起こり，その後に②の Na_2CO_3 の中和反応，さらに③の $NaHCO_3$ の中和反応が起こる。

$NaOH + HCl \longrightarrow NaCl + H_2O$ …①（第 1 中和点まで）

$Na_2CO_3 + HCl \longrightarrow NaHCO_3 + NaCl$ …②（第 1 中和点まで）

$NaHCO_3 + HCl \longrightarrow NaCl + H_2O + CO_2$ …③（第 1 中和点から第 2 中和点まで）

①の中和反応の終了を肉眼で確認することは難しく，pH が 2 か所で大きく変化する左図のような滴定曲線が得られる。

指示薬には，第一段階の終点は塩基性側なのでフェノールフタレイン，第二段階の終点は酸性側なのでメチルオレンジを用いる。メチルオレンジは，最初に加えたフェノールフタレインが無色になってから加える。

● **Na_2CO_3 の物質量**

= ②式で反応した HCl の物質量
= ②式で生成した $NaHCO_3$ の物質量 = ③式で反応した $NaHCO_3$ の物質量
= **③式で反応した HCl の物質量**（第 1 中和点から第 2 中和点までに要した HCl の物質量）

● **NaOH の物質量**

= 第 1 中和点までに要した HCl の物質量 − ②式で反応した Na_2CO_3 の物質量
= **第 1 中和点までに要した HCl の物質量**
　− 第 1 中和点から第 2 中和点までに要した HCl の物質量

酸・塩基の量的関係

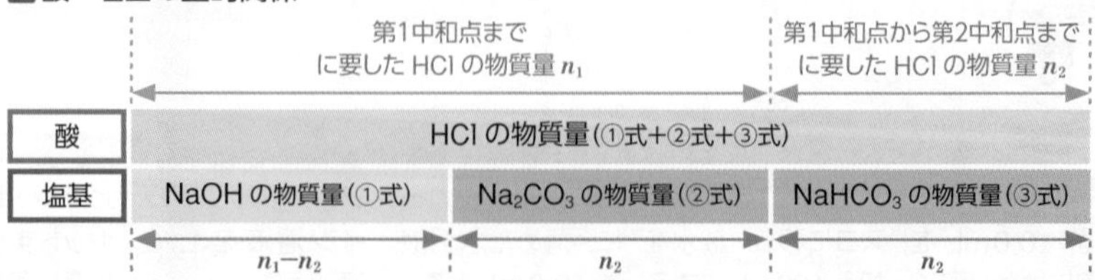

A どちらでも構いません。しかし，標準液にシュウ酸を用いることが多いので，塩基の溶液をビュレットから滴下するのが一般的です。

B 逆滴定 back titration

二酸化炭素やアンモニアなどの気体を，中和滴定で直接定量することは難しい。そのため，気体の酸（塩基）を過剰な塩基（酸）の水溶液と反応させ，残った塩基（酸）の量を求めることでもとの気体の量を間接的に知る逆滴定という方法を用いる。

① 二酸化炭素の定量

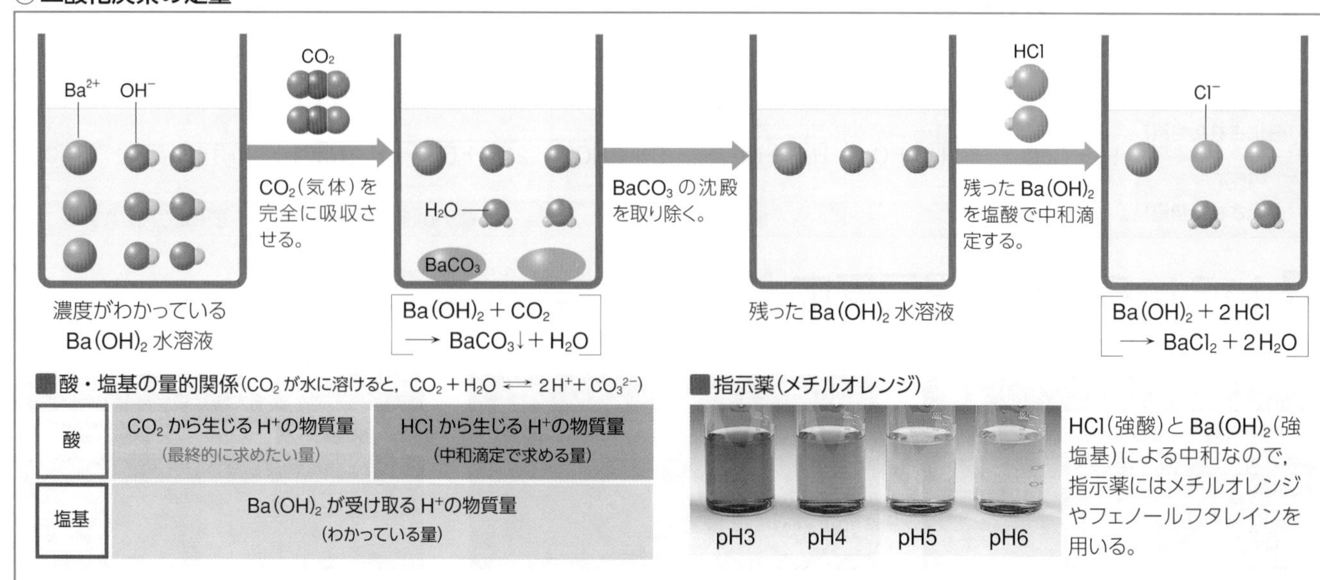

■酸・塩基の量的関係（CO_2 が水に溶けると，$CO_2 + H_2O \rightleftarrows 2H^+ + CO_3^{2-}$）

酸	CO_2 から生じる H^+ の物質量（最終的に求めたい量）	HCl から生じる H^+ の物質量（中和滴定で求める量）
塩基	$Ba(OH)_2$ が受け取る H^+ の物質量（わかっている量）	

■指示薬（メチルオレンジ）

HCl（強酸）と $Ba(OH)_2$（強塩基）による中和なので，指示薬にはメチルオレンジやフェノールフタレインを用いる。

② アンモニアの定量

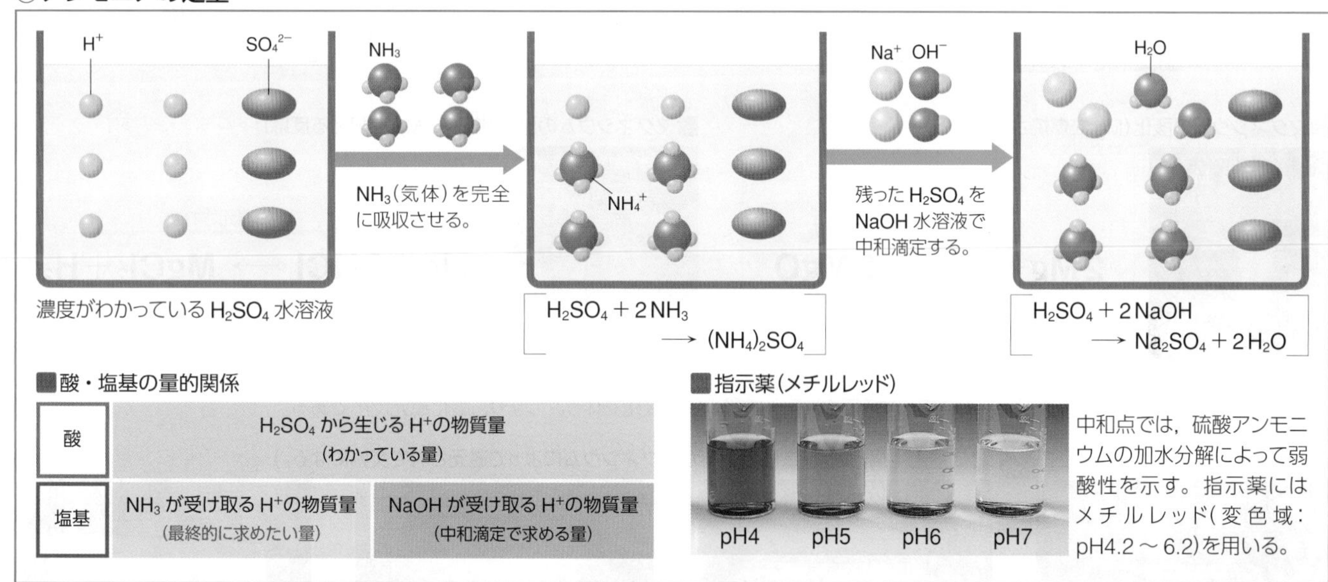

■酸・塩基の量的関係

酸	H_2SO_4 から生じる H^+ の物質量（わかっている量）	
塩基	NH_3 が受け取る H^+ の物質量（最終的に求めたい量）	NaOH が受け取る H^+ の物質量（中和滴定で求める量）

■指示薬（メチルレッド）

中和点では，硫酸アンモニウムの加水分解によって弱酸性を示す。指示薬にはメチルレッド（変色域：pH4.2 ～ 6.2）を用いる。

Column ケルダール法 —逆滴定によるアンモニアの定量—

タンパク質（p.244）はヒトの体をつくるのに欠かせない栄養素で，食品表示法に基づく栄養成分表示において，エネルギー・脂質・炭水化物・食塩相当量と並んで表示義務として定められている。食品中に含まれるタンパク質の量を求める方法に，逆滴定を利用したケルダール法がある。

①触媒の存在下で，試料（食品）を濃硫酸で加熱分解し，窒素を硫酸アンモニウム $(NH_4)_2SO_4$ に変換する。
②これに水酸化ナトリウムを加えて加熱し，アンモニアを遊離させる。
③発生したアンモニアを，一定量の硫酸標準液に吸収させる。
④それを水酸化ナトリウム水溶液で滴定し，食品中の全窒素を定量する。
⑤得られた値に食品毎に定められた係数をかけて，タンパク質の量を算出する。

※タンパク質中の窒素の含有量は，タンパク質の種類によらず約 16％である。
タンパク質以外の窒素化合物を多く含む食品では，別の定量結果に基づき補正される。

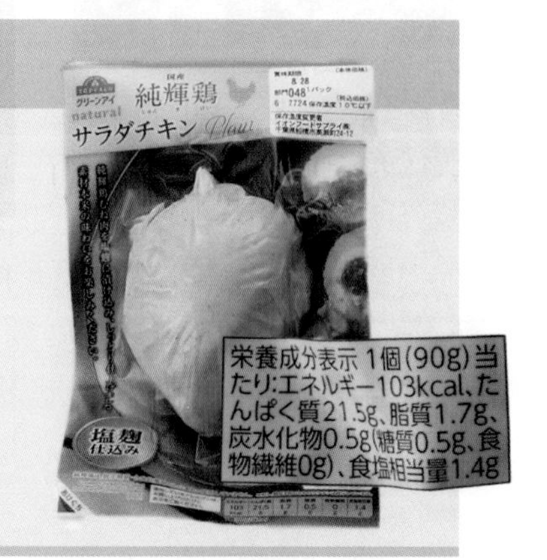

Q 中和滴定では指示薬を 1 ～ 2 滴加えるとありますが，色の変化をわかりやすくするために指示薬を多量に入れてもよいのですか？

10 酸化と還元 基 化

A 酸化・還元の定義
oxidation　reduction

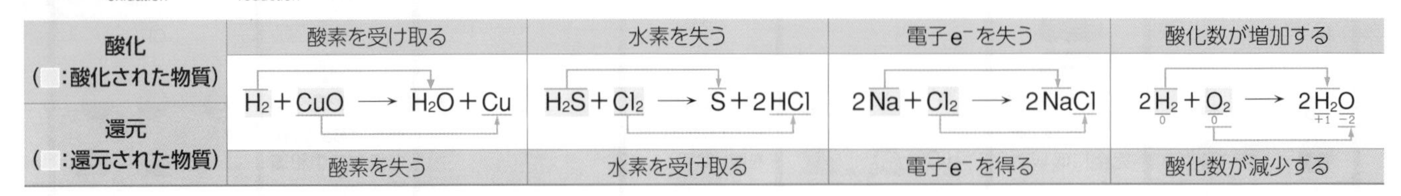

酸化 （□：酸化された物質）	酸素を受け取る	水素を失う	電子e^-を失う	酸化数が増加する
	$H_2 + CuO \longrightarrow H_2O + Cu$	$H_2S + Cl_2 \longrightarrow S + 2HCl$	$2Na + Cl_2 \longrightarrow 2NaCl$	$2H_2 + O_2 \longrightarrow 2H_2O$（0, 0 → +1, −2）
還元 （□：還元された物質）	酸素を失う	水素を受け取る	電子e^-を得る	酸化数が減少する

B いろいろな酸化還元反応
oxidation-reduction reaction

酸化と還元は同時に起こる。化学反応において，酸化される物質があれば，必ず還元される物質もある。

■銅の酸化と還元

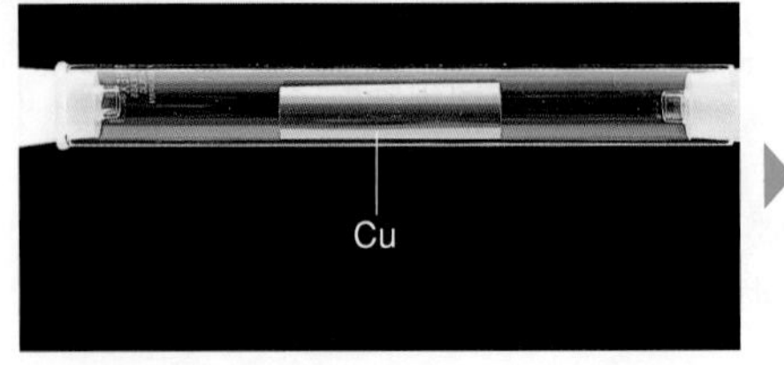

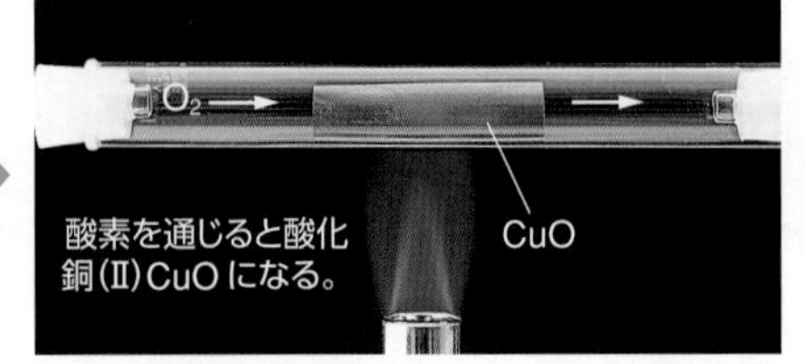

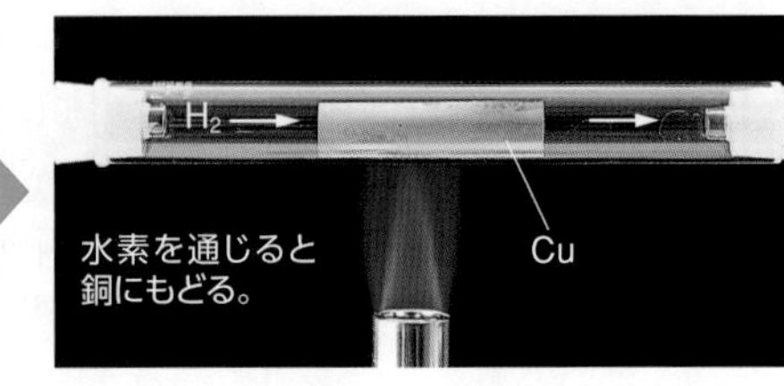

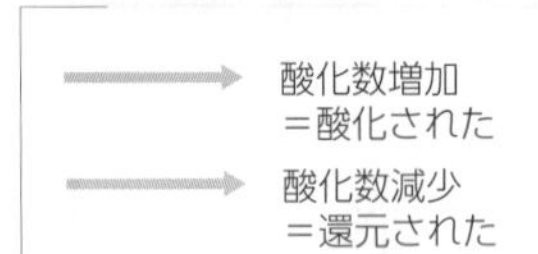

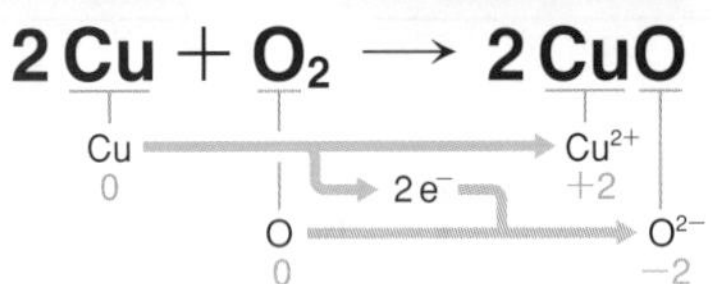

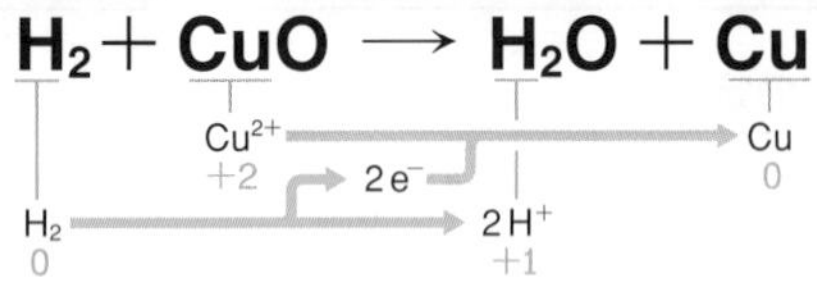

■マグネシウムの酸化（Mgを燃焼させる反応）

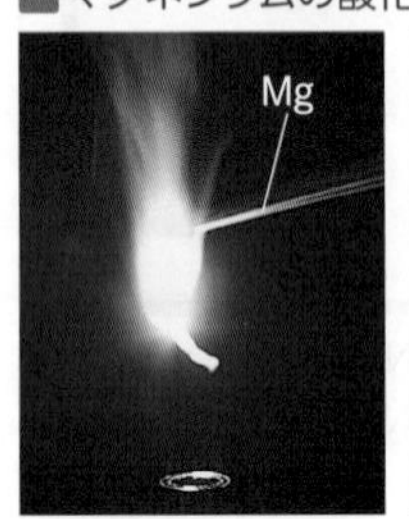

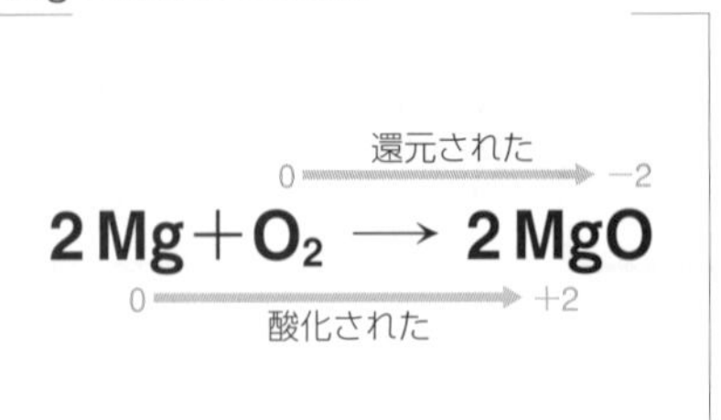

■マグネシウムの酸化（塩酸にMgを加える反応）

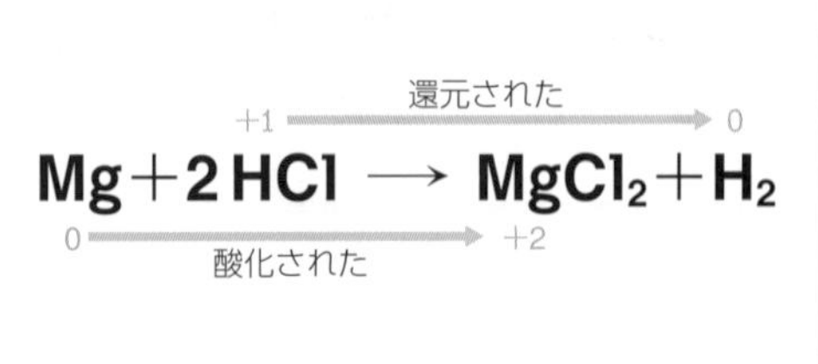

単体が化合物に変化する反応は，必ず酸化数の変化を伴う。つまり，酸化還元反応である。

■炭素の酸化

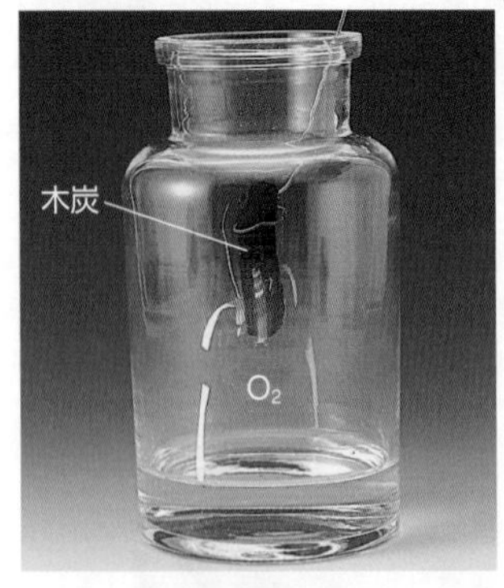

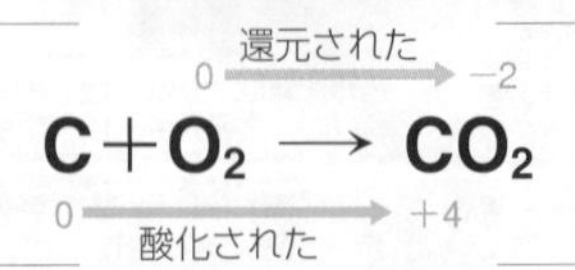

■二酸化炭素の還元（二酸化炭素がマグネシウムによって還元されて炭素になる。）

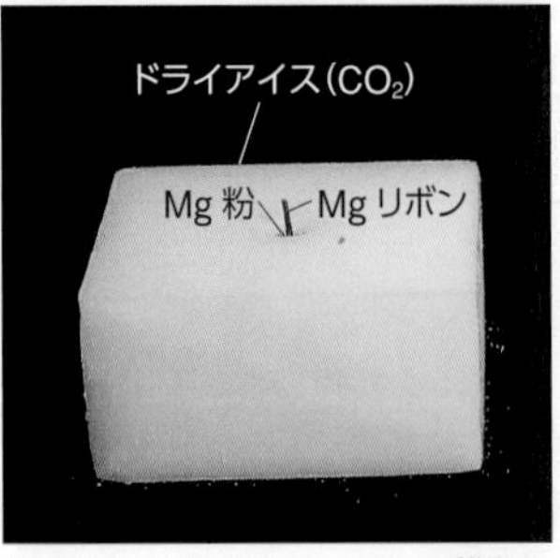

ドライアイスに穴をあけてMg粉を入れ，Mgリボンの導火線に火をつける。

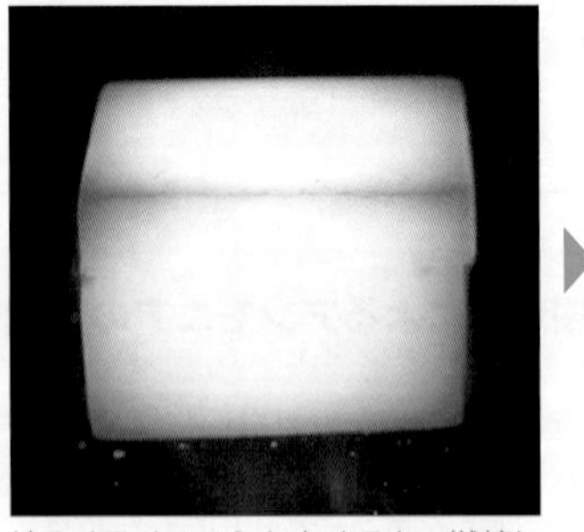

ドライアイスでふたをすると，燃焼しているMgはCO_2と反応し始める。

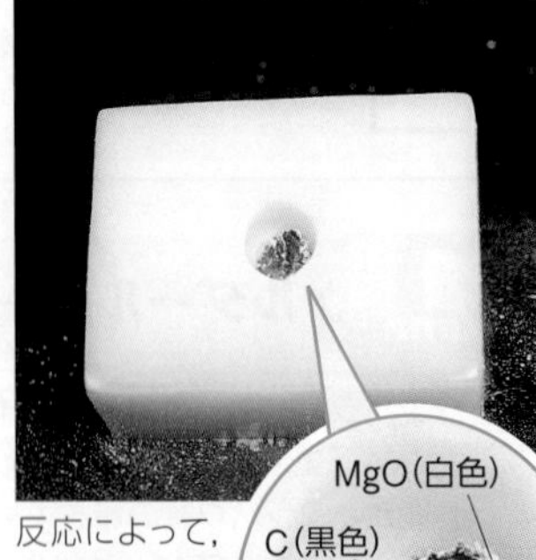

反応によって，白色のMgOと黒色のCができる。

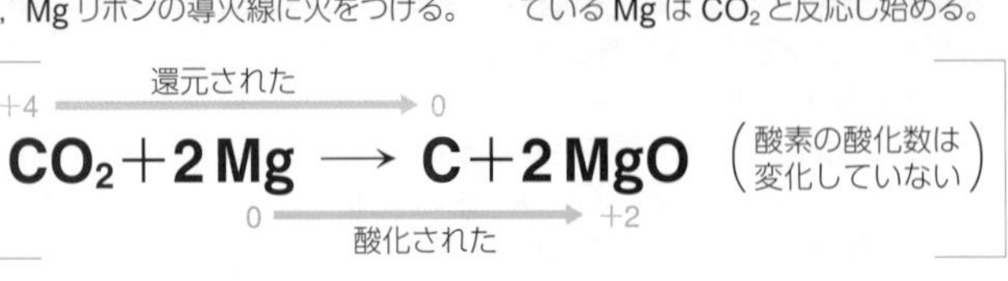

Ⓐ いけません。指示薬そのものが，酸としてはたらいたり塩基としてはたらいたりするからです。

C いろいろな酸化数とその求め方

oxidation number

すぐ決まるものをもとに，他の原子の酸化数を計算によって求める。
酸化数は，算用数字・ローマ数字のどちらで表してもよい。

すぐに決まる酸化数	
	単体中の原子＝0（例：O_2，Na） 単原子イオン＝イオンの価数（例：Cu^{2+}＝＋2） 化合物中の H の酸化数＝＋1（NaH などでは例外的に－1） 化合物中の O の酸化数＝－2（H_2O_2 では例外的に－1）

計算で求める酸化数	
	化合物の成分原子の酸化数の総和は 0 になる。 CO_2 の例：O の酸化数＝－2，CO_2 全体で 0 → C の酸化数＋(－2)×2＝0 → C の酸化数＝＋4
	多原子イオンの価数と，その成分原子の酸化数の総和は等しい。 MnO_4^- の例：O の酸化数＝－2，MnO_4^- 全体で－1 → Mn の酸化数＋(－2)×4＝－1 → Mn の酸化数＝＋7

おもな原子の化合物中における酸化数

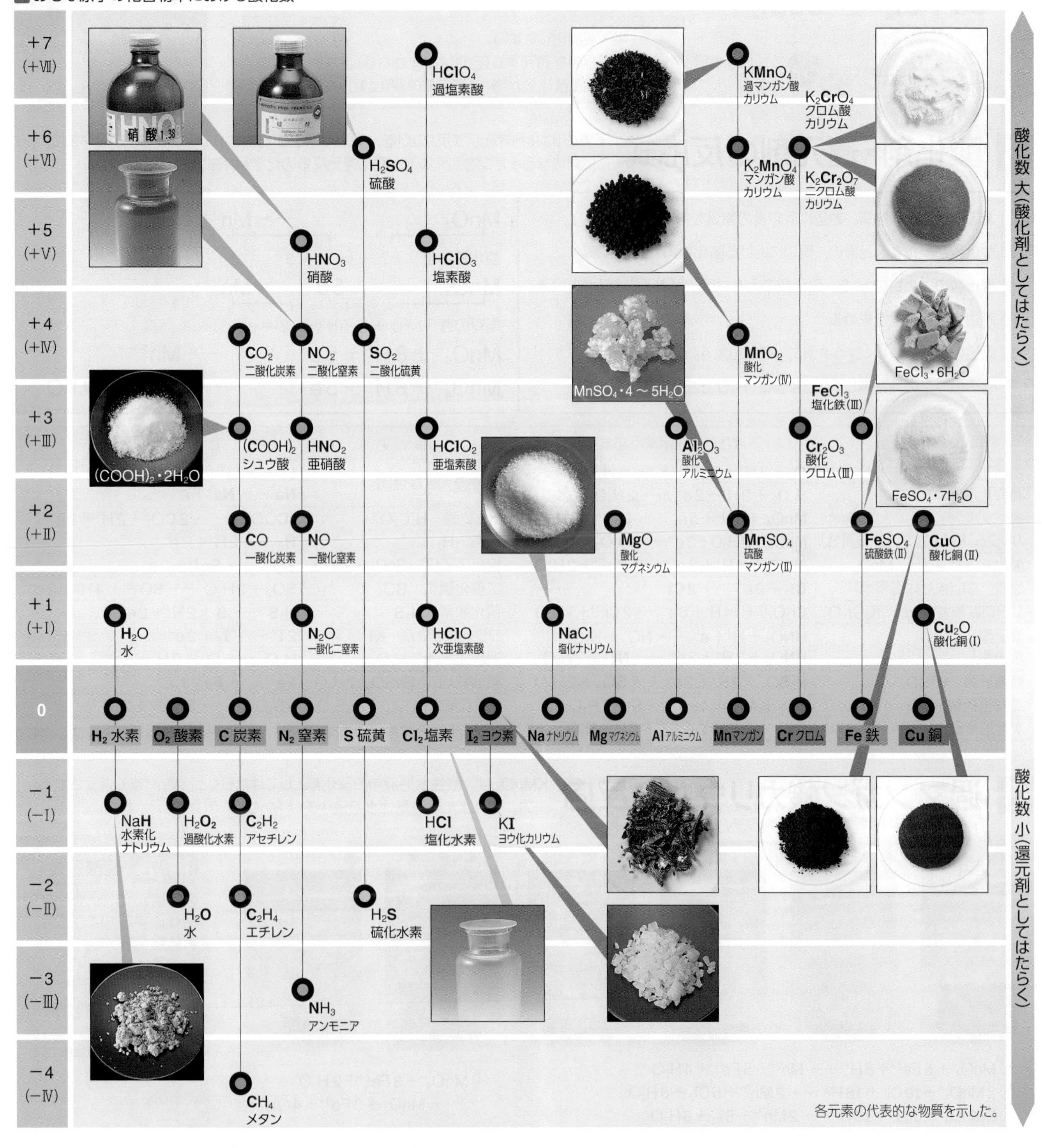

各元素の代表的な物質を示した。

物質の変化

Q 果汁 100％ ジュースなどにある濃縮還元とは，酸化還元反応と関係がありますか?

11 酸化剤と還元剤 基 化

A 酸化剤と還元剤の関係
oxidizing agent　reducing agent

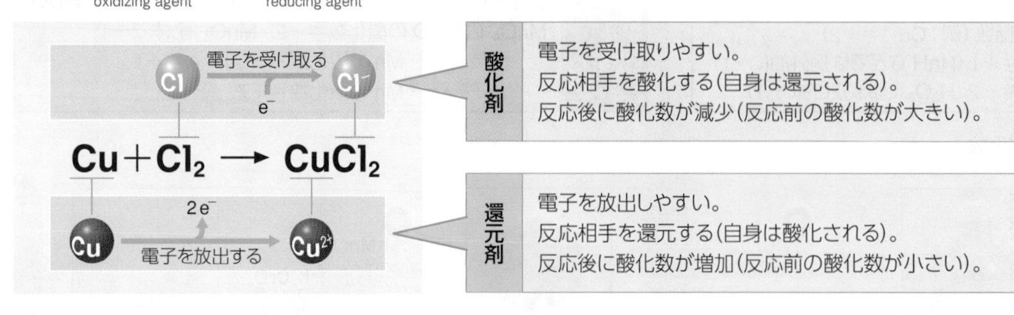

酸化剤
電子を受け取りやすい。
反応相手を酸化する(自身は還元される)。
反応後に酸化数が減少(反応前の酸化数が大きい)。

還元剤
電子を放出しやすい。
反応相手を還元する(自身は酸化される)。
反応後に酸化数が増加(反応前の酸化数が小さい)。

■銅と塩素の反応

B 酸化剤・還元剤の反応式

下表の「はたらきを示す反応式」を，両辺で電子が消去されるように乗じて辺々を加え，さらに対になるイオンを加えると，酸化還元反応の化学反応式が得られる。

① 左辺に反応前の物質，右辺に反応後の物質を書く。	$MnO_4^- \longrightarrow Mn^{2+}$
② 酸化数が変化する元素の，両辺における酸化数の差を求める。	酸化数の差　$+7-(+2)=5$
③ 酸化数の差の数の e^- を，酸化数の大きい原子がある方の辺に加える。	$MnO_4^- + 5e^- \longrightarrow Mn^{2+}$
④ 両辺の電荷の差を求める。	電荷の差　$\{-1+(-5)\}-(+2)=-8$
⑤ 両辺の電荷が等しくなるように，H^+ を加える。	$MnO_4^- + 8H^+ + 5e^- \longrightarrow Mn^{2+}$
⑥ 両辺の原子の数が等しくなるように，H_2O を加える。	$MnO_4^- + 8H^+ + 5e^- \longrightarrow Mn^{2+} + 4H_2O$

酸化剤	はたらきを示す反応式
オゾン　O_3	$\mathbf{O}_3 + 2H^+ + 2e^- \longrightarrow O_2 + H_2\mathbf{O}$
過酸化水素　H_2O_2	$H_2\mathbf{O}_2 + 2H^+ + 2e^- \longrightarrow 2H_2\mathbf{O}$
過マンガン酸カリウム $KMnO_4$ (酸性)	$\mathbf{Mn}O_4^- + 8H^+ + 5e^- \longrightarrow \mathbf{Mn}^{2+} + 4H_2O$
過マンガン酸カリウム $KMnO_4$ (中性・塩基性)	$\mathbf{Mn}O_4^- + 2H_2O + 3e^- \longrightarrow \mathbf{Mn}O_2 + 4OH^-$
酸化マンガン(Ⅳ)　MnO_2	$\mathbf{Mn}O_2 + 4H^+ + 2e^- \longrightarrow \mathbf{Mn}^{2+} + 2H_2O$
塩素　Cl_2(または塩素水)	$\mathbf{Cl}_2 + 2e^- \longrightarrow 2\mathbf{Cl}^-$
ニクロム酸カリウム　$K_2Cr_2O_7$	$\mathbf{Cr}_2O_7^{2-} + 14H^+ + 6e^- \longrightarrow 2\mathbf{Cr}^{3+} + 7H_2O$
濃硝酸　HNO_3	$H\mathbf{N}O_3 + H^+ + e^- \longrightarrow \mathbf{N}O_2 + H_2O$
希硝酸　HNO_3	$H\mathbf{N}O_3 + 3H^+ + 3e^- \longrightarrow \mathbf{N}O + 2H_2O$
熱濃硫酸　H_2SO_4	$H_2\mathbf{S}O_4 + 2H^+ + 2e^- \longrightarrow \mathbf{S}O_2 + 2H_2O$
二酸化硫黄　SO_2	$\mathbf{S}O_2 + 4H^+ + 4e^- \longrightarrow \mathbf{S} + 2H_2O$
次亜塩素酸ナトリウム　NaClO	$\mathbf{Cl}O^- + 2H^+ + 2e^- \longrightarrow \mathbf{Cl}^- + H_2O$

還元剤	はたらきを示す反応式
陽性の大きな金属	$\mathbf{Li} \longrightarrow \mathbf{Li}^+ + e^-$ $\mathbf{Na} \longrightarrow \mathbf{Na}^+ + e^-$
シュウ酸　$H_2C_2O_4$	$(\mathbf{C}OOH)_2 \longrightarrow 2\mathbf{C}O_2 + 2H^+ + 2e^-$
水素　H_2	$\mathbf{H}_2 \longrightarrow 2\mathbf{H}^+ + 2e^-$
塩化スズ(Ⅱ)　$SnCl_2 \cdot 2H_2O$	$\mathbf{Sn}^{2+} \longrightarrow \mathbf{Sn}^{4+} + 2e^-$
二酸化硫黄　SO_2	$\mathbf{S}O_2 + 2H_2O \longrightarrow \mathbf{S}O_4^{2-} + 4H^+ + 2e^-$
硫化水素　H_2S	$H_2\mathbf{S} \longrightarrow \mathbf{S} + 2H^+ + 2e^-$
ヨウ化カリウム　KI	$2\mathbf{I}^- \longrightarrow \mathbf{I}_2 + 2e^-$
過酸化水素　H_2O_2	$H_2\mathbf{O}_2 \longrightarrow \mathbf{O}_2 + 2H^+ + 2e^-$
硫酸鉄(Ⅱ)　$FeSO_4 \cdot 7H_2O$	$\mathbf{Fe}^{2+} \longrightarrow \mathbf{Fe}^{3+} + e^-$
チオ硫酸ナトリウム　$Na_2S_2O_3$	$2\mathbf{S}_2O_3^{2-} \longrightarrow \mathbf{S}_4O_6^{2-} + 2e^-$

太字は酸化数が変化する原子。　は酸化剤にも還元剤にもなる物質。

C 過マンガン酸カリウムの反応
potassium permanganate

$KMnO_4$ は，酸性水溶液中で酸化剤としてはたらくと，Mn^{2+} まで還元される。一方，中性または塩基性水溶液中では MnO_2 までしか還元されない。

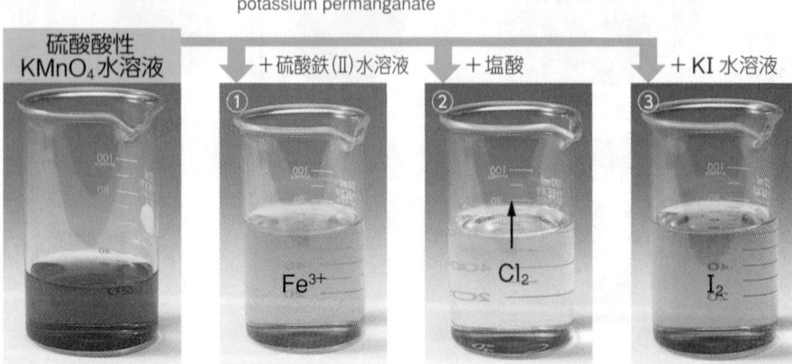

① $MnO_4^- + 5Fe^{2+} + 8H^+ \longrightarrow Mn^{2+} + 5Fe^{3+} + 4H_2O$
② $2MnO_4^- + 10Cl^- + 16H^+ \longrightarrow 2Mn^{2+} + 5Cl_2 + 8H_2O$
③ $2MnO_4^- + 10I^- + 16H^+ \longrightarrow 2Mn^{2+} + 5I_2 + 8H_2O$

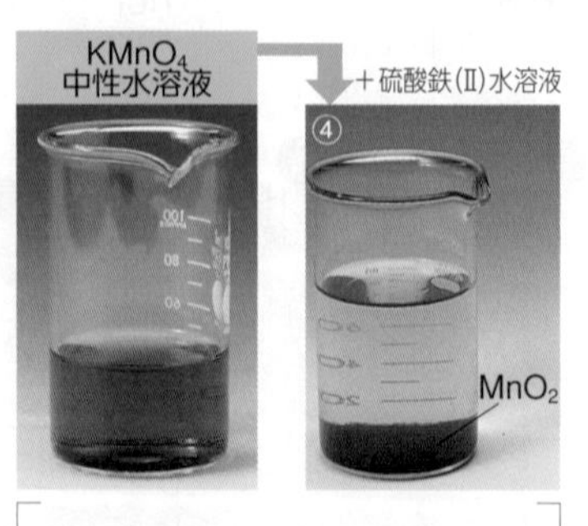

④ $MnO_4^- + 3Fe^{2+} + 2H_2O \longrightarrow MnO_2 + 3Fe^{3+} + 4OH^-$

補足　硫酸酸性
酸化還元反応で水溶液を酸性にするには，通常，希硫酸を用いる。塩酸では塩化物イオンが酸化されて塩素が発生し，硝酸では硝酸自身が酸化剤としてはたらいてしまうが，希硫酸は酸化剤としても還元剤としてもはたらかない。

A 無関係です。濃縮還元とは，貯蔵・輸送用に果汁の水分を蒸発などによって減らして濃縮したものに，水を加えて「もとの濃度にもどした」という意味です。

D 酸化剤にも還元剤にもなる物質

最高酸化数と最低酸化数の間の酸化数をもつ物質は，反応する相手によって，酸化剤になったり還元剤になったりする。

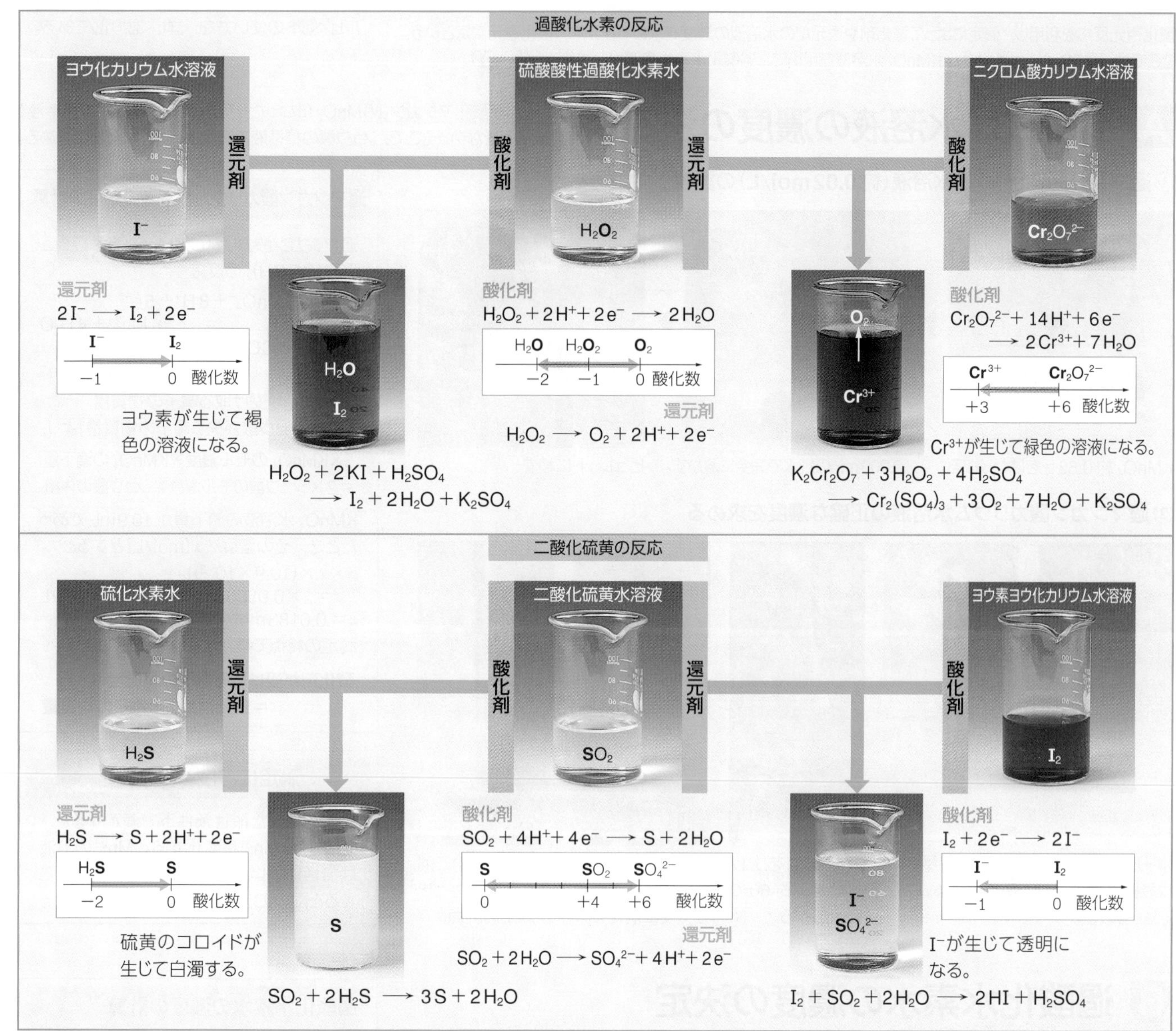

Column 身のまわりの酸化剤・還元剤

日常

■脱塩素剤

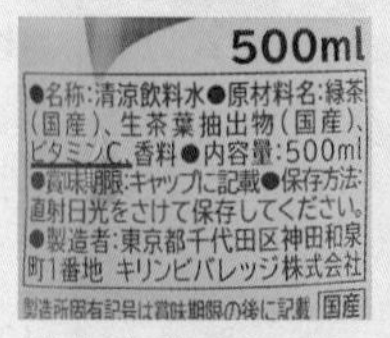

還元作用を示すチオ硫酸ナトリウム $Na_2S_2O_3$ が，水道水中の殺菌用に使われた塩素を除去する。

■酸化防止剤

500ml
●名称:清涼飲料水●原材料名:緑茶(国産)、生茶葉抽出物(国産)、ビタミンC、香料●内容量:500ml
●賞味期限:キャップに記載●保存方法:直射日光をさけて保存してください。
●製造者:東京都千代田区神田和泉町1番地 キリンビバレッジ株式会社
国産

酸化を防ぐために，飲料品には，還元作用のあるビタミンCや亜硫酸塩が加えられている。

■漂白剤

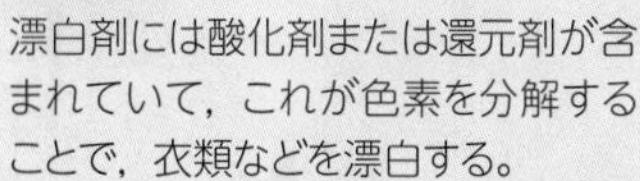

漂白剤には酸化剤または還元剤が含まれていて，これが色素を分解することで，衣類などを漂白する。

塩酸を主成分とするトイレ用洗剤と次亜塩素酸ナトリウム NaClO を主成分とする塩素系漂白剤(酸化作用を示す)を混合すると，有毒な塩素が発生するので危険である。

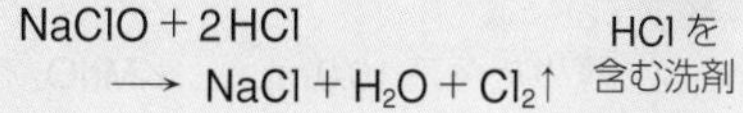

$$NaClO + 2HCl \longrightarrow NaCl + H_2O + Cl_2\uparrow$$

HCl を含む洗剤

NaClO を含む漂白剤

12 酸化還元滴定 基 化

Jump 滴定の基本操作 → *p.18*

シュウ酸の標準液の調製，ビュレット・ホールピペットの使い方を，詳しく説明してある。

酸化還元反応を利用し，滴定によって酸化剤や還元剤の水溶液の濃度を求める操作を，酸化還元滴定という。ここでは，過マンガン酸カリウム $KMnO_4$ 水溶液を用いて，過酸化水素水の濃度を求める（A，B）。

A $KMnO_4$ 水溶液の濃度の決定

分解して一部が酸化マンガン(Ⅳ) MnO_2 になったりするので，$KMnO_4$ の標準液をつくることはできない。そこで，シュウ酸の標準液で滴定して正確な濃度を求める。

① 過マンガン酸カリウム水溶液（約 0.02 mol/L）の調製

$KMnO_4$ 約 0.63 g をはかり取る。

約 200 mL の純水で完全に溶かす。

ビュレットに移す。

② 過マンガン酸カリウム水溶液の正確な濃度を求める

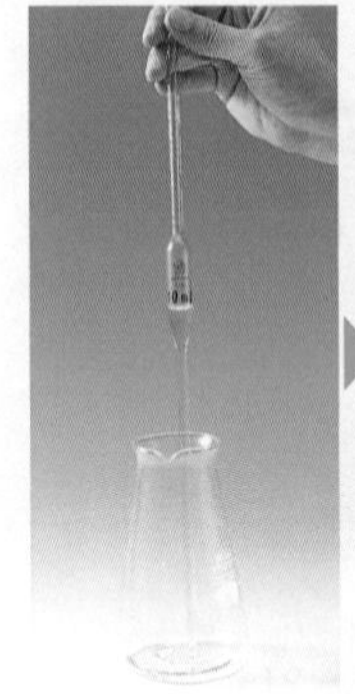

ホールピペットでシュウ酸標準液 10.0 mL をはかり取る。

硫酸を適量加え，酸性にする。

反応速度を上げるため，約 60 ℃に加熱する。

$KMnO_4$ を滴下する。最初は赤紫色がすぐに消える。

薄く色がついて消えなくなったときが滴定の終点。

過マンガン酸カリウム水溶液の濃度の計算

過マンガン酸カリウム $KMnO_4$ およびシュウ酸 $(COOH)_2$ の反応

酸化剤 $MnO_4^- + 8H^+ + 5e^- \longrightarrow Mn^{2+} + 4H_2O$

還元剤 $(COOH)_2 \longrightarrow 2CO_2 + 2H^+ + 2e^-$

「$KMnO_4$ が受け取る電子の物質量 ＝シュウ酸が失う電子の物質量」より，

5×$KMnO_4$ のモル濃度×$KMnO_4$ の滴下量 ＝2×シュウ酸のモル濃度×シュウ酸の体積

$KMnO_4$ 水溶液の滴下量が 10.9 mL であったとき，その濃度を x〔mol/L〕とすると，

$5 \times x \times (10.9 \times 10^{-3})\,\mathrm{L} = 2 \times 0.0500\,\mathrm{mol/L} \times (10.0 \times 10^{-3})\,\mathrm{L}$

$x = 0.0183\,\mathrm{mol/L}$

滴定の終点では，次の関係が成りたつ。

酸化剤が受け取る電子の物質量 ＝還元剤が失う電子の物質量

滴定における色の変化

硫酸を加えた酸性条件下で滴定すると，MnO_4^- は Mn^{2+} に変化する。Mn^{2+} の溶液は無色に近い淡桃色であるが，終点をこえると，MnO_4^- の赤紫色が残るようになる。

B 過酸化水素水の濃度の決定

過酸化水素水（hydrogen peroxide）（医療用のオキシドール）を 10 倍に薄め，その水溶液に含まれる過酸化水素 H_2O_2 の濃度を，A で濃度を求めた $KMnO_4$ 水溶液で滴定して濃度を求める。

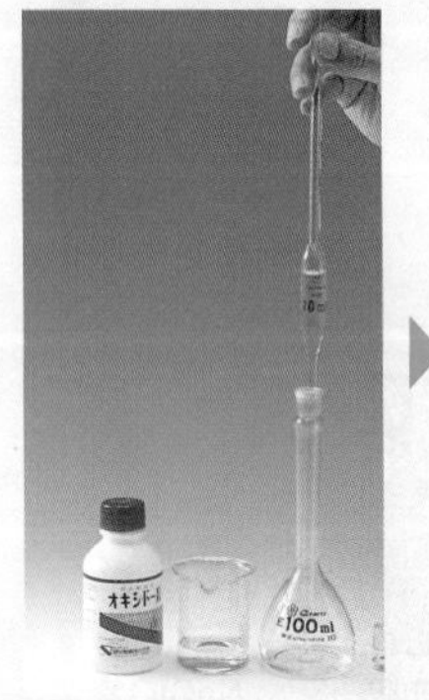

オキシドール 10.0 mL をとり，純水を加えて 100 mL にする。

薄めた溶液 10.0 mL をとり，硫酸を適量加える。

$KMnO_4$ を滴下する。最初は赤紫色がすぐに消える。

薄く色がついて消えなくなったときが滴定の終点。

過酸化水素水の濃度の計算

$KMnO_4$ および過酸化水素 H_2O_2 の反応

酸化剤 $MnO_4^- + 8H^+ + 5e^- \longrightarrow Mn^{2+} + 4H_2O$

還元剤 $H_2O_2 \longrightarrow O_2 + 2H^+ + 2e^-$

「$KMnO_4$ が受け取る電子の物質量 ＝ H_2O_2 が失う電子の物質量」より，

5×$KMnO_4$ のモル濃度×$KMnO_4$ の滴下量 ＝2×H_2O_2 のモル濃度×H_2O_2 の体積

$KMnO_4$ の滴下量が 18.5 mL であったとき，H_2O_2 の濃度を y〔mol/L〕とすると，

$5 \times 0.0183\,\mathrm{mol/L} \times (18.5 \times 10^{-3})\,\mathrm{L} = 2 \times y \times (10.0 \times 10^{-3})\,\mathrm{L}$

$y = 0.0846\,\mathrm{mol/L}$…オキシドールの濃度は，その 10 倍の 0.846 mol/L（約 2.9 %）

C ヨウ素滴定 iodometry

濃度未知の酸化剤(ここでは過酸化水素)の水溶液にヨウ化カリウム KI を過剰に加え，ヨウ素 I_2 を遊離させる。遊離した I_2 をチオ硫酸ナトリウム $Na_2S_2O_3$ 水溶液で滴定する。

① 過酸化水素水を過剰のヨウ化カリウム水溶液と反応させる

ホールピペットで過酸化水素水 10.0mL をはかり取る。

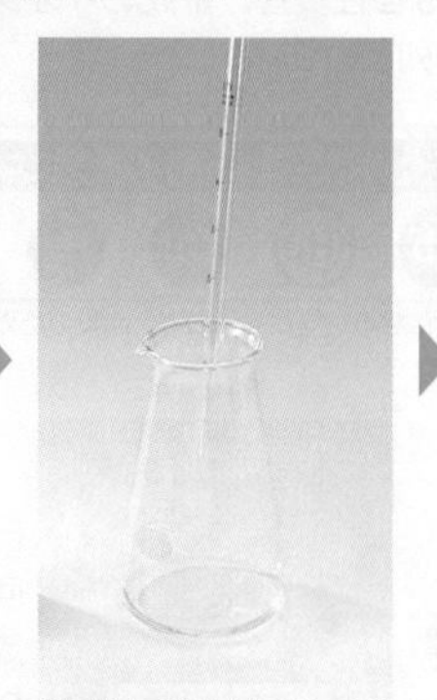

硫酸を適量加え，酸性にする。

十分な量の KI 水溶液を加え，H_2O_2 をすべて反応させる。

H_2O_2 と反応した I^- は I_2 となって遊離し，水溶液は黄褐色になる。

ヨウ素滴定のしくみ

①の反応

酸化剤　$H_2O_2 + 2H^+ + 2e^- \longrightarrow 2H_2O$

還元剤　$2I^- \longrightarrow I_2 + 2e^-$

②の反応

酸化剤　$I_2 + 2e^- \longrightarrow 2I^-$

還元剤　$2S_2O_3^{2-} \longrightarrow S_4O_6^{2-} + 2e^-$

①で，I^- は電子を H_2O_2 に与えて I_2 になるが，②で $S_2O_3^{2-}$ から電子を受け取って I^- にもどる。以上より，①，②全体で $S_2O_3^{2-}$ の失う電子を H_2O_2 が受け取ると考えてよい。

②の滴定で I_2 の黄褐色が薄くなるが，終点(完全に色がなくなるところ)を知るのは難しい。そこで，デンプン(I_2 の鋭敏な指示薬)を加えると，色の変化が明確になる。

② チオ硫酸ナトリウム水溶液で滴定

$Na_2S_2O_3$ 水溶液を滴下すると，I_2 は I^- となって減少し，色が薄くなる。

デンプン水溶液を指示薬として加えると，青紫色を示す。

I_2 がすべて反応してなくなると，青紫色が消える。

過酸化水素水の濃度の計算

1mol の $Na_2S_2O_3$ は 1mol の電子を失い，1mol の H_2O_2 は 2mol の電子を受け取るので，

「H_2O_2 が受け取る電子の物質量＝$Na_2S_2O_3$ が失う電子の物質量」より，

2×H_2O_2 のモル濃度×H_2O_2 の体積

＝1×$Na_2S_2O_3$ のモル濃度×$Na_2S_2O_3$ の滴下量

$Na_2S_2O_3$ 水溶液の濃度が 0.100mol/L，滴下量が 16.9mL であったとき，過酸化水素水の濃度を z〔mol/L〕とすると，

$2 \times z \times (10.0 \times 10^{-3})\,\mathrm{L} = 1 \times 0.100\,\mathrm{mol/L} \times (16.9 \times 10^{-3})\,\mathrm{L}$

$z = 0.0845\,\mathrm{mol/L}$

D COD chemical oxygen demand

水中の有機化合物を酸化剤で分解したときに消費される酸化剤の量を，酸素の量に換算〔mg/L〕したものを COD(化学的酸素要求量)という。COD は水の汚染度を示す指標で，値が大きい(消費された酸素の量が多い)ほど，水が汚染されていることを示す。

COD の原理

①試料(試験水)中に含まれる有機化合物を，過マンガン酸カリウム $KMnO_4$ 水溶液ですべて酸化する。過剰分の $KMnO_4$ により，溶液は赤紫色になる。

②シュウ酸ナトリウム $(COONa)_2$ 水溶液を加え，①で過剰の $KMnO_4$ をすべて還元する。溶液は無色となり，過剰分の $(COONa)_2$ が残る。

③②で過剰の $(COONa)_2$ を $KMnO_4$ 水溶液によって酸化還元滴定する。淡い赤紫色が消えなくなったところで滴定を終了する。

酸化剤　$MnO_4^- + 8H^+ + 5e^- \longrightarrow Mn^{2+} + 4H_2O$

還元剤　$C_2O_4^{2-} \longrightarrow 2CO_2 + 2e^-$

また，酸素は酸化剤として次のように反応する。

$O_2 + 4H^+ + 4e^- \longrightarrow 2H_2O$

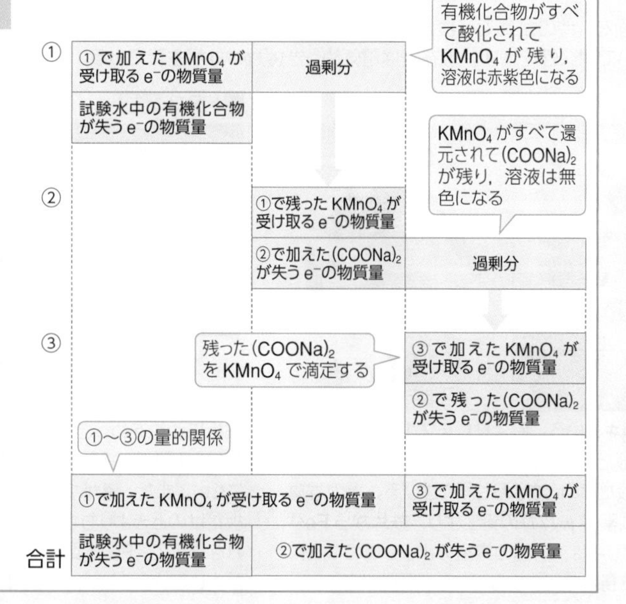

入試問題にチャレンジ! p.280

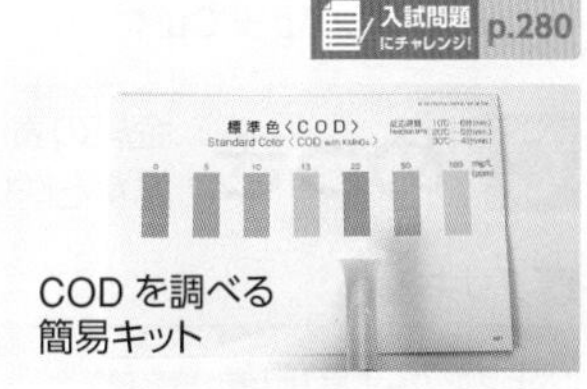

COD を調べる簡易キット

補足 ブランクテスト

COD の測定では，わずかな不純物の存在や試薬の $KMnO_4$ の分解などによって誤差が生じてしまうことがある。そのため，純水を用いて同じ条件で滴定を行い，試験水で得られた結果から純水で得られた結果を差し引く必要がある。このように，試料を用いずに同様の操作を行うことをブランクテストまたは空試験という。

物質の変化

Q シュウ酸二水和物は，なぜ標準液をつくるのに用いられるのですか?

13 金属のイオン化傾向 基 化

A イオン化傾向 ionization tendency

単体の金属の原子が，水溶液中で電子を放出して陽イオンになる性質を，金属のイオン化傾向という。また，金属をイオン化傾向の大きい順に並べたものをイオン化列という。

金属のイオン化列	〔大〕 酸化されやすい（陽イオンになりやすい） イオン化傾向 酸化されにくい（陽イオンになりにくい） 〔小〕
	Li K Ca Na Mg Al Zn Fe Ni Sn Pb (H_2) Cu Hg Ag Pt Au

水素は金属ではないが，陽イオンになる傾向があるので，比較のためにイオン化列の中に入れてある。

■銅板に析出した銀

Cu は Ag よりイオン化傾向が大きいので，電子を放出してイオンとなり，Ag^+が電子を受け取って Ag の単体が析出する。

$$2Ag^+ + Cu \longrightarrow 2Ag + Cu^{2+}$$

■鉄板に析出した銅

Fe は Cu よりイオン化傾向が大きいので，電子を放出してイオンとなり，Cu^{2+}が電子を受け取って Cu の単体が析出する。

$$Cu^{2+} + Fe \longrightarrow Cu + Fe^{2+}$$

B 金属樹

イオン化傾向の小さな金属イオンの水溶液に，イオン化傾向の大きな金属を入れると，イオン化傾向の小さな金属が析出する。樹枝状に析出するので金属樹という。

■銀樹

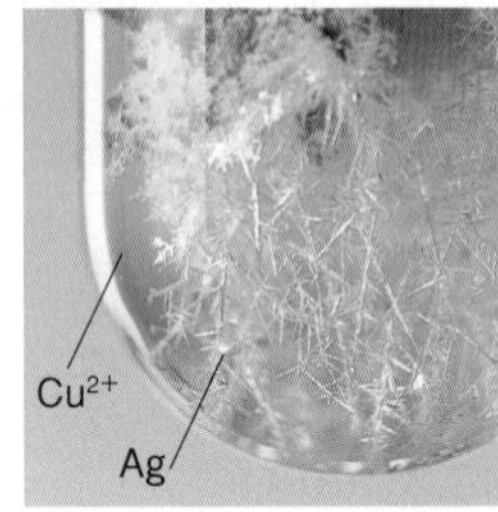

Ag^+が Ag になって析出し，Cu が Cu^{2+}となって溶け出すので，溶液が Cu^{2+}の青色になる。

$$2Ag^+ + Cu \longrightarrow 2Ag + Cu^{2+}$$

■銅樹

Cu^{2+}が Cu になって析出し，Zn が Zn^{2+}となって溶け出すので，水溶液の青色が薄くなる。

$$Cu^{2+} + Zn \longrightarrow Cu + Zn^{2+}$$

■スズ樹

Sn^{2+}が Sn になって析出し，Zn が Zn^{2+}となって溶け出す。

$$Sn^{2+} + Zn \longrightarrow Sn + Zn^{2+}$$

■鉛樹

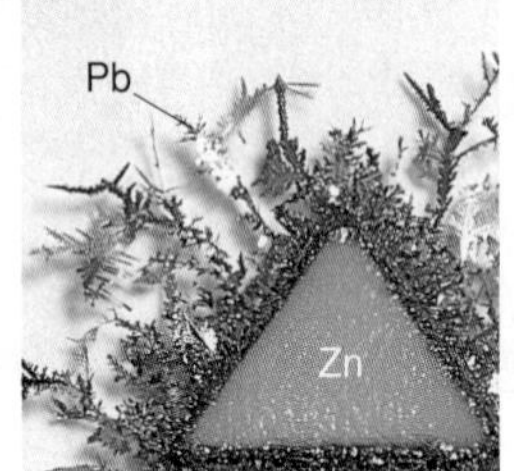

Pb^{2+}が Pb になって析出し，Zn が Zn^{2+}となって溶け出す。

$$Pb^{2+} + Zn \longrightarrow Pb + Zn^{2+}$$

■金属樹ができない場合

Zn より Na のほうがイオン化傾向が大きいので，Zn は溶け出さず，金属樹はできない。

変化しない

C めっき galvanizing

金属の表面を，他の金属で被覆することをめっきという。めっきは表面を美しくするほか，腐食を防いで耐久性を増す。現在では電気めっき（p.93）が主流である。

■ブリキ 日常

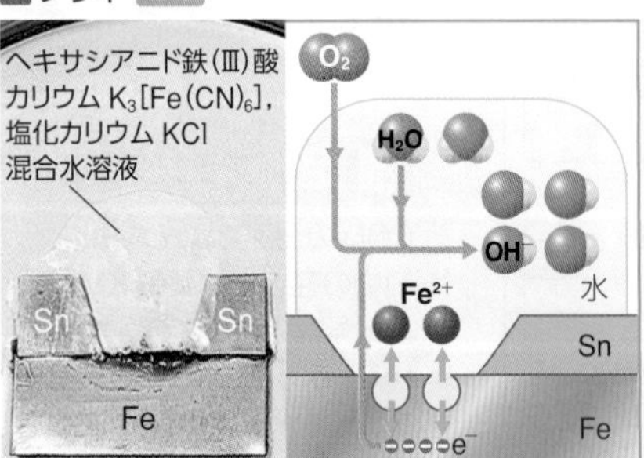

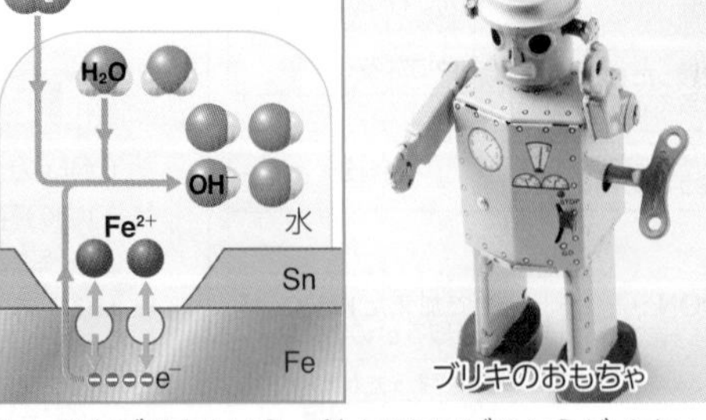

鉄板にスズをめっきしたものを**ブリキ**という。鉄よりもスズのほうがイオン化傾向が小さいため，ブリキは鉄板だけのときよりもさびにくい。ただし，傷がついて鉄板が露出すると，鉄板だけのときよりも早くさびる。上の写真では，$K_3[Fe(CN)_6]$（Fe^{2+}の検出試薬p.171）の青変より，鉄片から Fe^{2+}が溶け出していることがわかる。ブリキは，缶詰の内壁のような傷のつきにくい所に多く使用される。また，業務用のバケツなどにも使用される。

■トタン 日常

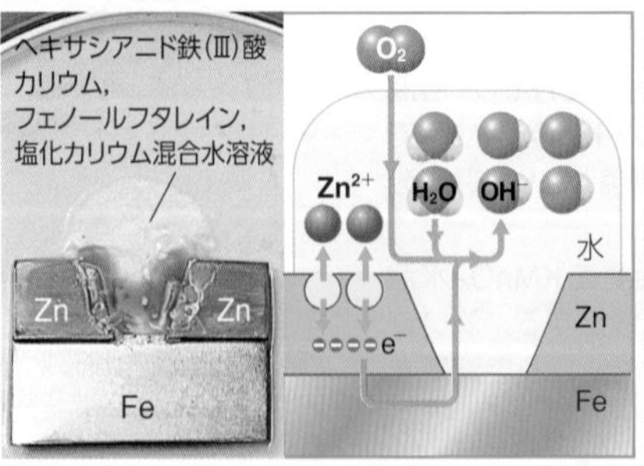

鉄板に亜鉛をめっきしたものを**トタン**という。鉄よりも亜鉛のほうがイオン化傾向が大きいが，亜鉛は酸化被膜をつくるため，トタンは鉄板よりもさびにくい。また，傷がついて鉄が露出しても，亜鉛が先に酸化されるので，鉄板だけのときよりもさびにくい。上の写真では，$K_3[Fe(CN)_6]$の青変が見られないので，Fe は反応しておらず，フェノールフタレインの赤変から，OH^-が生じていることがわかる。トタンは，屋外で傷がつきやすい所に使用される。

A 空気中で安定で変質が起こらず，潮解や風解が起こらないため，正確に秤量でき，常に正確な濃度に調製することができるからです。

D 金属の反応性

イオン化傾向の大きな金属は，酸化されやすく(電子を失って陽イオンになりやすく)，反応性に富む。逆に，イオン化傾向の小さな金属は，酸化されにくく，反応性に乏しい。

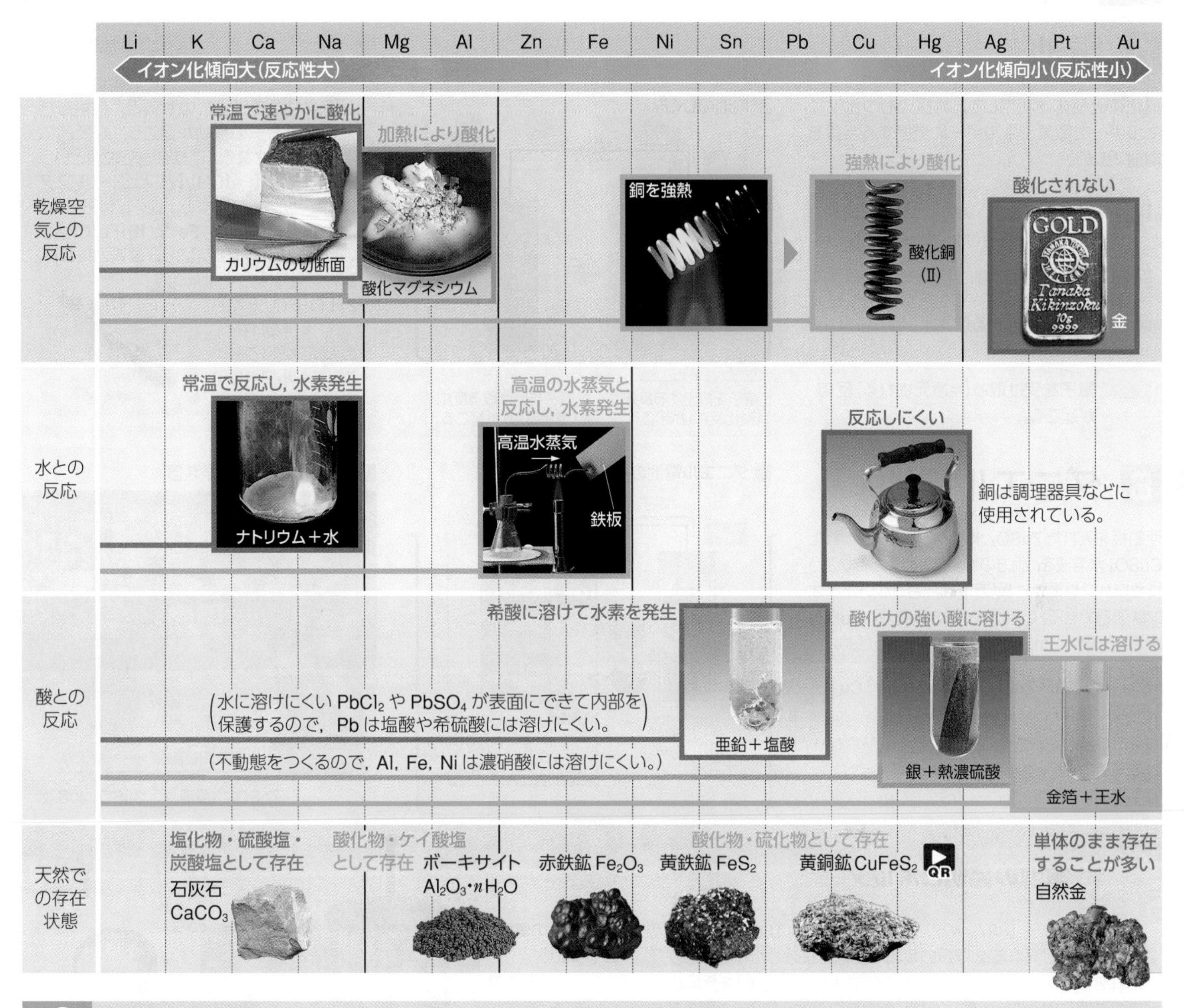

Zoom up 標準電極電位
standard electrode potential

金属 M を，そのイオン M^{n+} を含む水溶液(1 mol/L)に浸したときに生じる起電力を，その金属の標準電極電位という。
標準電極電位がもとになって，金属のイオン化列が決められている。

標準電極電位の大小

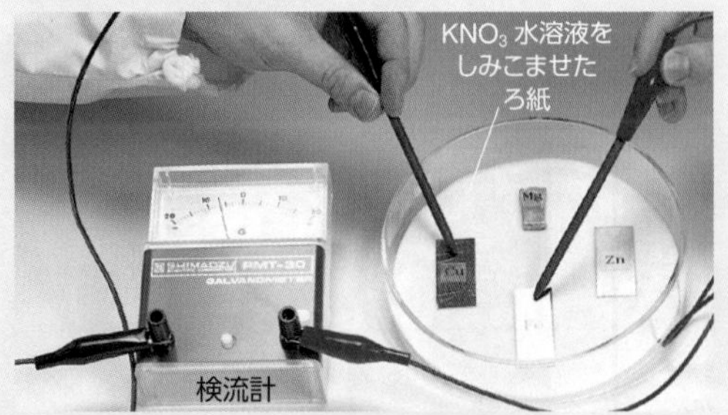

このような実験で，金属どうしの標準電極電位の大小を調べることができる。ただし，この実験の結果は，金属の表面の状態などによって異なるので，必ずしも正確ではない。

標準電極電位(p.301)

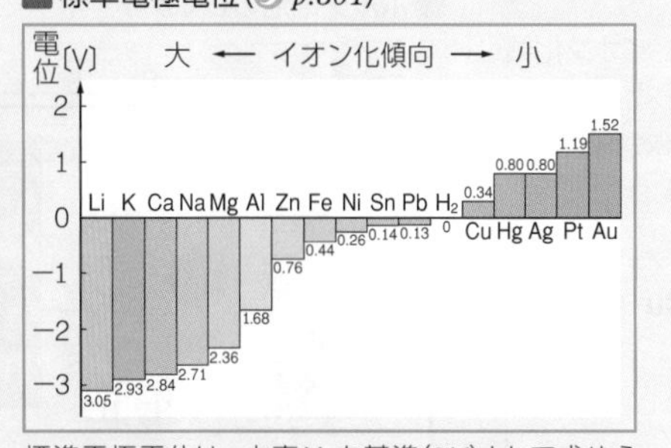

標準電極電位は，水素 H_2 を基準(0 V)として求められている。標準電極電位が小さいものほど電子を放出しやすく，陽イオンになりやすい(酸化されやすい)。

電位と電子の移動

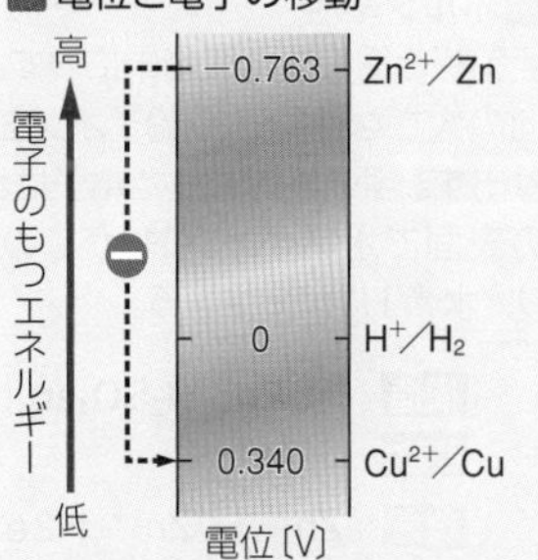

電子のもつエネルギーが高いほど，電位は小さい。電子はエネルギーの高いほうから低いほうに移る。

Q 金属をイオン化エネルギーの小さな順に並べると，イオン化列になりますか？

14 電池 I 基 化

A 電池
cell

酸化還元反応を利用して，物質のもつ化学エネルギーを電気エネルギーに変換する装置を電池という。

構造 電池の構造は，次のように表す。
⊖**負極｜電解液(または電解質)｜正極**⊕

起電力 正極と負極の間に生じる電圧(電位差)

負極 電子を放出する(＝酸化される)反応が起こる。

正極 電子を受け取る(＝還元される)反応が起こる。

■電池のしくみ

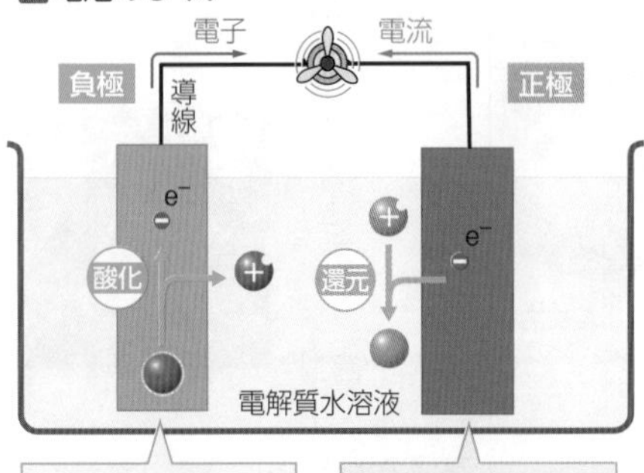

局部電池

入試問題にチャレンジ!! p.284

銅線を巻きつけた鉄くぎを，食塩水をしみ込ませたろ紙上にのせると，接触した金属間で電子の移動が起こり，局所的に電池が形成される。これを局部電池という。食塩水に $K_3[Fe(CN)_6]$ とフェノールフタレインを添加しておくと，鉄くぎ付近では $Fe \longrightarrow Fe^{2+} + 2e^-$，$Fe^{2+}$ と $K_3[Fe(CN)_6]$ の反応(➡ *p.171*)が起こり，濃青色になる。銅線付近では，
$2H_2O + O_2 + 4e^- \longrightarrow 4OH^-$
の反応が起こり，フェノールフタレインが赤色になる。

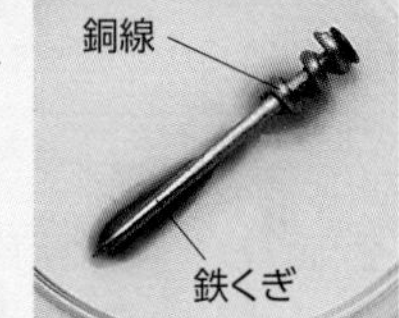

B ダニエル電池
Daniell cell

亜鉛板を入れた $ZnSO_4$ 水溶液と，銅板を入れた $CuSO_4$ 水溶液を，両方の水溶液が混ざらないようにセロハンや素焼き板(溶液は混合しないがイオンは通過できる)で区切ってできる電池。$CuSO_4$ 水溶液は濃く，$ZnSO_4$ 水溶液は薄いほうがよい。

構造 ⊖ **Zn｜ZnSO₄aq｜CuSO₄aq｜Cu** ⊕

起電力 1.1 V

負極 $Zn \longrightarrow Zn^{2+} + 2e^-$

正極 $Cu^{2+} + 2e^- \longrightarrow Cu$

全体 $Zn + Cu^{2+} \longrightarrow Zn^{2+} + Cu$

■ダニエル電池のしくみ

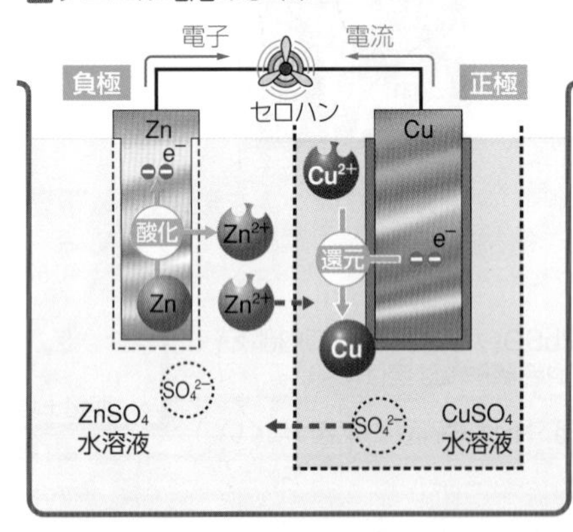

■ダニエル電池の実験装置

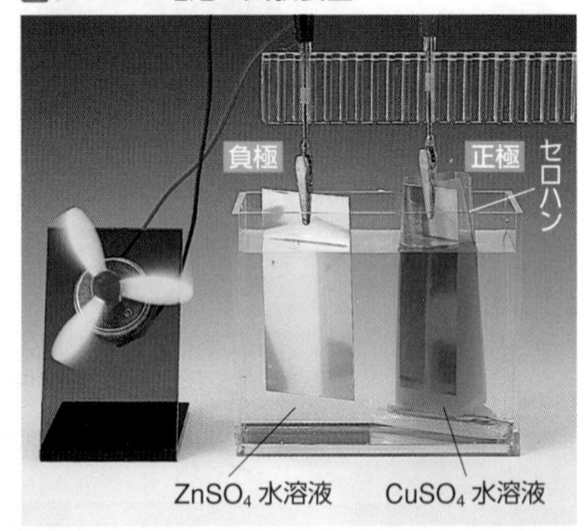

Column 電池の発明とボルタ

化学史

ボルタ(1745～1827，イタリアの物理学者)は1800年頃，銅板と亜鉛板など異なる2種類の金属で食塩水に浸した布をはさみ，これを積み重ねて電流を取り出す装置(ボルタの電堆)を発明した。この発明によって，人類は連続した電荷の流れ－電流－を得ることが可能になった。このことは，デービーの電気分解による新しい元素の発見や，電流による磁場の発生からファラデーの電磁誘導の法則の発見に結びつくなど，科学の進歩に大きく貢献した。

■ボルタの電堆のモデル
銅板，食塩水を浸したろ紙，亜鉛板の順にくり返し積み重ねて，電流を得る。

■ボルタ電池
亜鉛板と銅板を希硫酸中に浸すと，イオン化傾向の大きな亜鉛は亜鉛イオン Zn^{2+} となって溶け出す。亜鉛板で生じた電子は銅板へ移り，その表面で水素イオン H^+ がこの電子を受け取り，水素 H_2 が発生する。

構造 ⊖ **Zn｜H₂SO₄aq｜Cu** ⊕

起電力 1.1 V

負極 $Zn \longrightarrow Zn^{2+} + 2e^-$

正極 $2H^+ + 2e^- \longrightarrow H_2$

全体 $Zn + 2H^+ \longrightarrow Zn^{2+} + H_2$

■ボルタ電池のしくみ

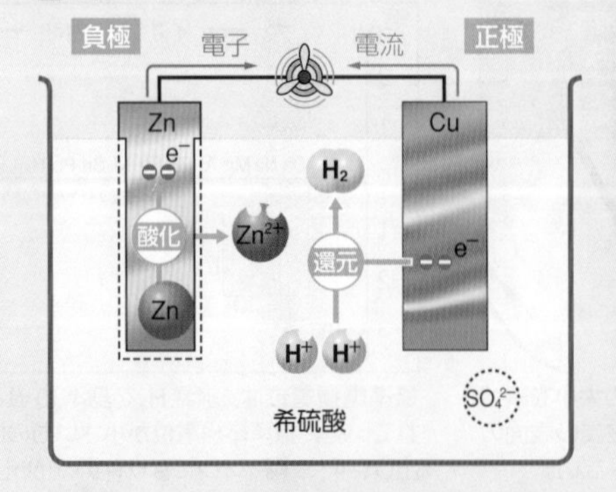

■ボルタ電池の実験装置

A なりません。イオン化傾向は，水溶液中における金属原子の陽イオンへのなりやすさを表すもので，イオン化エネルギー(➡ *p.45*)とは異なります。

C 鉛蓄電池
lead storage battery

希硫酸に鉛 Pb(負極)と酸化鉛(Ⅳ) PbO_2(正極)を浸した構造の電池。1859年にフランスのプランテが発明して以来，広く利用されている。放電によって負極，正極の質量はともに増加する。また，電解液の希硫酸の濃度は小さくなり，密度も減少する。
放電した電池を外部電源につないで，放電とは逆向きに電流を流すと，放電のときとは逆向きの反応が起こり，電池の起電力がもとにもどる。この操作を充電といい，充電によりくり返し使うことができる電池を二次電池(蓄電池)という。

構造 ⊖ **Pb | H_2SO_4aq | PbO_2** ⊕
起電力 2.0 V
負極 $Pb + SO_4^{2-} \longrightarrow PbSO_4 + 2e^-$
正極 $PbO_2 + 4H^+ + SO_4^{2-} + 2e^- \longrightarrow PbSO_4 + 2H_2O$
全体 $Pb + PbO_2 + 2H_2SO_4 \underset{充電}{\overset{放電}{\rightleftarrows}} 2PbSO_4 + 2H_2O$
特徴 大きな電流が必要なものに最適で，品質も安定している。
用途 自動車，通信・コンピュータ設備用のバックアップ電源

■鉛蓄電池の実験装置

$$Pb + PbO_2 + 2H_2SO_4 \underset{充電}{\overset{放電}{\rightleftarrows}} 2PbSO_4 + 2H_2O$$

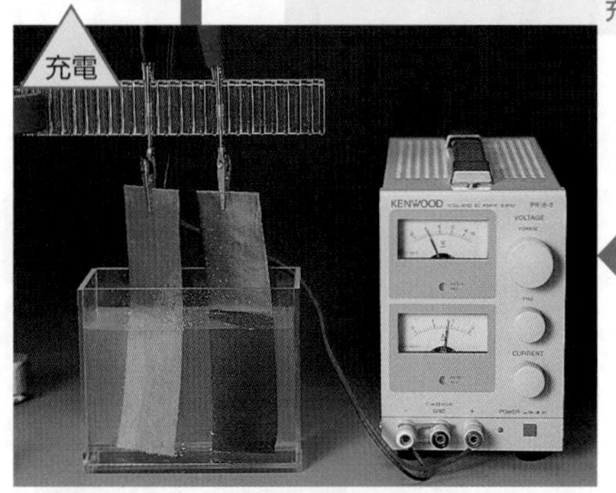

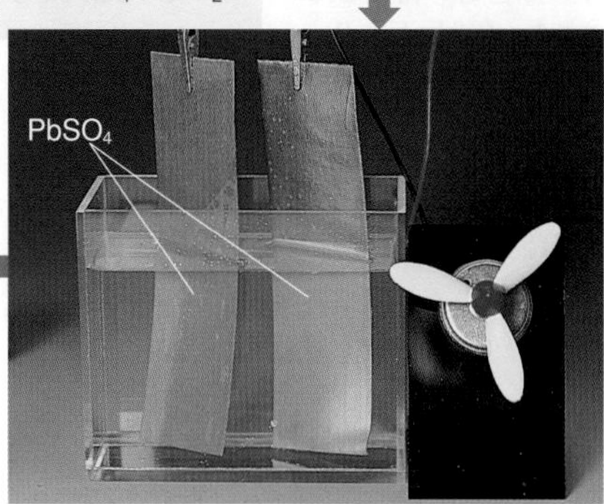

放電によって，両極で水に溶けにくい白色の硫酸鉛(Ⅱ) $PbSO_4$ が生じる。外部電源につないで逆向きに電流を流すと放電する前の状態にもどる。

■鉛蓄電池のしくみ(放電)

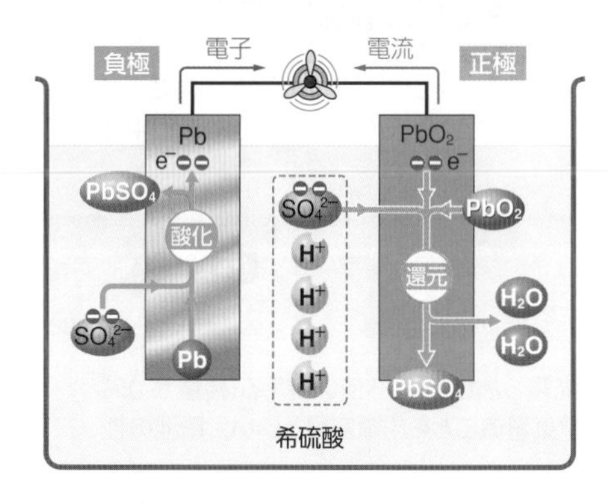

■自動車用バッテリーとその構造(6個を直列に接続し，12 V にして使われる。) 日常

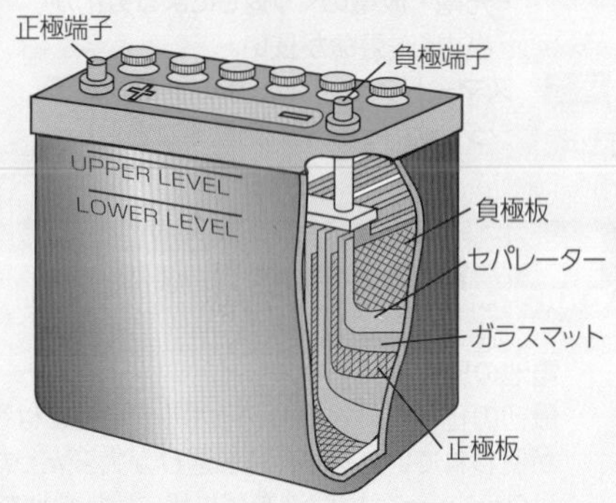

Zoom up 電気防食

電流を流すことで金属の腐食を防ぐことを，電気防食という。例えば，鉄板を水に浸すと局部電池が形成され，鉄が酸化される反応と酸素が還元される反応が起こり，鉄板の腐食が進む(図ⓐ)。

$Fe \longrightarrow Fe^{2+} + 2e^-$
$2H_2O + O_2 + 4e^- \longrightarrow 4OH^-$

そこで，鉄板に亜鉛板を接続すると，イオン化傾向の大きい亜鉛がイオン化されて($Zn \longrightarrow Zn^{2+} + 2e^-$)，電子が亜鉛板から鉄板に移動し(その逆向きに電流が流れ)，鉄板が腐食されなくなる(図ⓑ)。
電気防食は，海洋や水中，土壌中など，塗装やめっきによる防食が困難な環境下にある対象物に利用されている。

■電気防食のしくみ

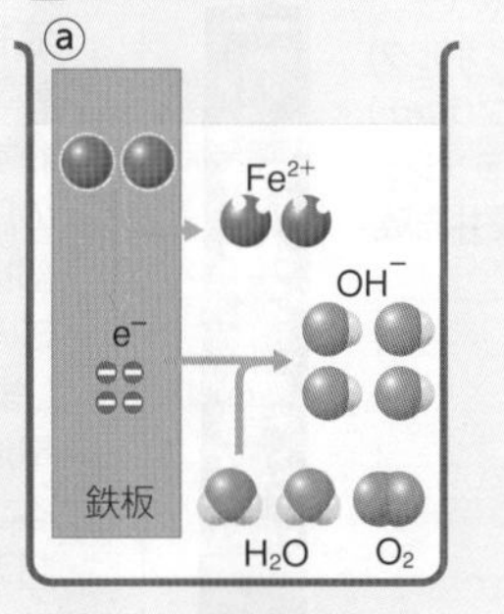

<腐食されている鉄板>

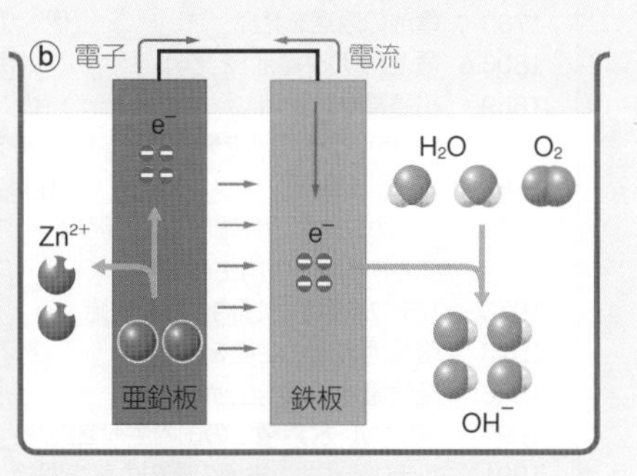

<亜鉛で電気防食された鉄板>

15 電池 II 基 化

A リチウムイオン電池
lithium-ion battery

負極と正極の間をリチウムイオンが移動することで，充電・放電を行う二次電池。
負極活物質にリチウムと黒鉛の化合物 C_6Li_x，正極活物質にコバルト酸リチウム $Li_{(1-x)}CoO_2$，電解質にリチウム塩を含んだ有機溶媒を用いたものをはじめ，たくさんの種類がある。
リチウムイオン電池開発の功績により，2019年には吉野彰博士らにノーベル化学賞が授与された（後見返し D）。

■リチウムイオン電池のしくみ（放電）

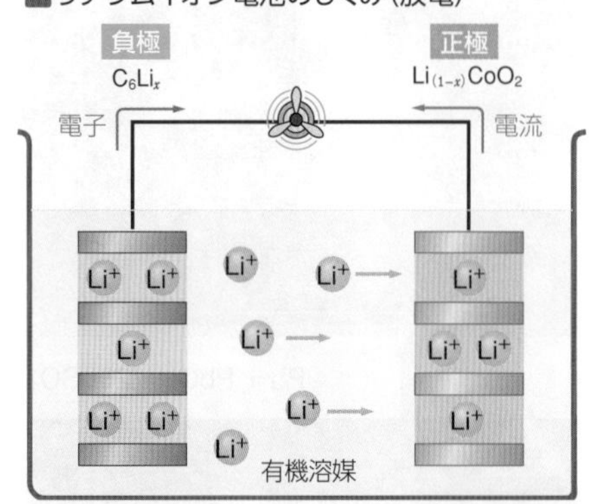

■リチウムイオン電池とその構造

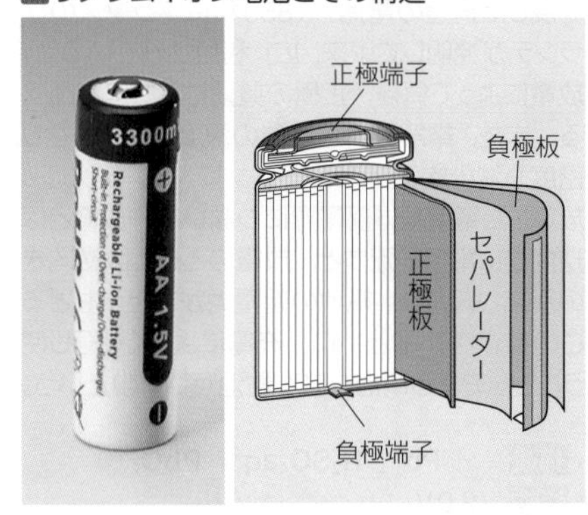

構造 ⊖ C_6Li_x | Li 塩 | $Li_{(1-x)}CoO_2$ ⊕

起電力 4.0 V

負極 $C_6Li_x \longrightarrow 6C + xLi^+ + xe^-$

正極 $Li_{(1-x)}CoO_2 + xLi^+ + xe^- \longrightarrow LiCoO_2$

全体 $Li_{(1-x)}CoO_2 + C_6Li_x \underset{充電}{\overset{放電}{\rightleftarrows}} LiCoO_2 + 6C$

特徴
- 小型で軽い。
- 起電力が大きい。
- 電池の容量が大きい。
- 充電・放電のくり返しによる劣化が小さく，寿命が長い。

用途 スマートフォン，ノートパソコン，デジタルカメラ，電気自動車など

■電子機器 日常

小型・軽量・長寿命などの特徴があるリチウムイオン電池は，多くの電子機器で使用されている。

■電気自動車 日常

リチウムイオン電池はすでに電気自動車に利用されているが，その開発は現在も進行中である。

Column 電池の利用
化学史 日常

電池の歴史
最初の化学電池といわれるボルタ電池には電解液として液体（硫酸）が使われていたため，持ち運びが大変だった。その後，フランスのルクランシェは電解液をゲル状にした電池を，日本の屋井先蔵は電解液をセッコウで固めた電池（乾電池）を発明した。なお，液体の電池に対して，乾いた電池ということが乾電池の名前の由来である。

■電池開発の歴史と屋井乾電池

1780	電池の原理を発見	（伊：ガルバーニ）
1800頃	電池（ボルタ電池）を発明	（伊：ボルタ）
1859	鉛蓄電池を発明	（仏：プランテ）
1868	ルクランシェ電池を発明	（仏：ルクランシェ）
1887	乾電池を発明	（日：屋井先蔵）
1964	アルカリ乾電池の国内生産を開始	
1964	ニカド電池の国内生産を開始	
1973	リチウム電池の国内生産を開始	
1976	銀電池の国内生産を開始	
1986	空気電池の国内生産を開始	
1990	ニッケル-水素電池の国内生産を開始	
1991	リチウムイオン電池の国内生産を開始	

電池の容量
電池を使い始めて（100％充電した状態）から使い終える（残量が 0％になる）までに放電できる電気量のことを放電容量といい，電池の性能を判断する目安となる。
放電容量は，mAh（ミリアンペア時）という単位で表されることが多い。1 mAh とは，1 mA の大きさの電流を 1 時間（1 hour）流したときの電気量を表す。つまり，放電容量の値が大きいほど，多くの電気量を蓄えられる電池ということである。

液もれ
乾電池では，電池内部の物質の化学反応により電気を発生させる際，わずかに気体が発生する。この気体が大量に発生すると，電池内部の圧力が高くなって破裂する危険があるので，乾電池には気体を外部に放出するしくみが備わっている。この気体放出と同時に電解液も出てしまうのが，乾電池の液もれである。電池を抜かずに機器を長期間放置することや，さびや破損，使用期間を超えた保管などが，液もれにつながる。

■液もれを起こした乾電池

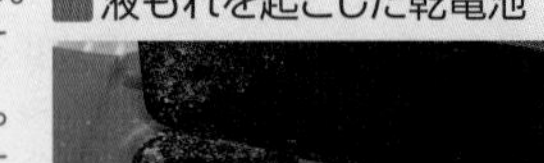

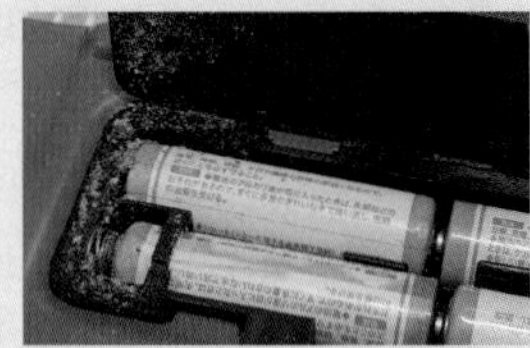

B 燃料電池 環境

fuel cell

水素と酸素の反応を利用した電池。
負極(燃料極)と正極(酸素極)のまわりをそれぞれ水素と酸素(または空気)で満たし，両極を導線で結ぶと，負極から正極に電子が流れる。

構造 ⊖ H_2 | KOHaq | O_2 ⊕
(アルカリ形燃料電池)

起電力 1.2V

特徴
- 放電による生成物が水だけで，二酸化炭素が発生しないので，環境へ与える影響が少ない(ただし，化石燃料から水素をつくる過程で，二酸化炭素が発生する)。
- 電気エネルギーと同時に発生する熱を利用することができる(エネルギー効率がよい)。
- 騒音や振動が少ない。

燃料電池のしくみ(アルカリ形燃料電池)

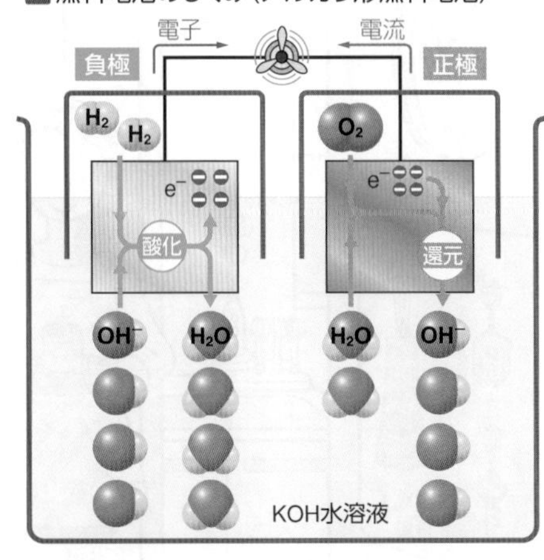

燃料電池の実験装置

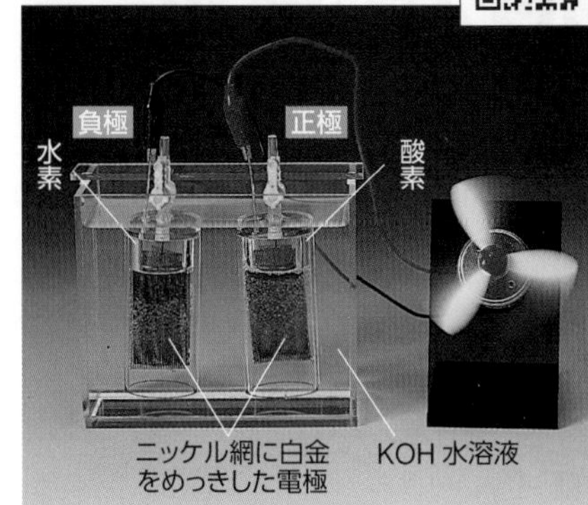

実際の燃料電池では，水素(燃料)と酸素を外部から供給し続ける。

燃料電池自動車

燃料電池自動車はエネルギー変換効率が高く，汚染物質も排出されない。

燃料電池バス・水素ステーション

燃料電池自動車や燃料電池バスの実用化に伴い，水素ステーションも整備されてきている。

家庭用燃料電池(設置イメージ)

家庭用燃料電池には，電解質に固体の高分子化合物を用いたものが使われている。

燃料電池の種類

種類		アルカリ形	リン酸形	溶融炭酸塩形	固体酸化物形	固体高分子形
電解質		水酸化カリウム	リン酸	炭酸リチウム / 炭酸カリウム	安定化ジルコニア	陽イオン交換膜
媒体イオン		OH^-	H^+	CO_3^{2-}	O^{2-}	H^+
反応	負極(燃料極)	$H_2 + 2OH^- \longrightarrow 2H_2O + 2e^-$	$H_2 \longrightarrow 2H^+ + 2e^-$	$H_2 + CO_3^{2-} \longrightarrow H_2O + CO_2 + 2e^-$	$H_2 + O^{2-} \longrightarrow H_2O + 2e^-$	$H_2 \longrightarrow 2H^+ + 2e^-$
	正極(空気極)	$O_2 + 2H_2O + 4e^- \longrightarrow 4OH^-$	$O_2 + 4H^+ + 4e^- \longrightarrow 2H_2O$	$O_2 + 2CO_2 + 4e^- \longrightarrow 2CO_3^{2-}$	$O_2 + 4e^- \longrightarrow 2O^{2-}$	$O_2 + 4H^+ + 4e^- \longrightarrow 2H_2O$
	全体	$2H_2 + O_2 \longrightarrow 2H_2O$				
運転温度		室温～100℃	170～205℃	630～670℃	700～1000℃	室温～100℃
用途の例		宇宙開発，海底作業船	ホテル，ビール工場	病院，ビール工場	家庭用	自動車・家庭用

Zoom up レドックスフロー電池 環境

redox frow battery

レドックスフロー電池は，バナジウムなどのイオンの酸化還元反応を利用して，充電・放電を行う二次電池である。活物質を含んだ溶液をポンプで循環させることで反応を進行させる。
電極や電解液の劣化がほとんどなく長寿命で，環境負荷が小さい。また，発火性の材料を用いていないので安全性が高い。

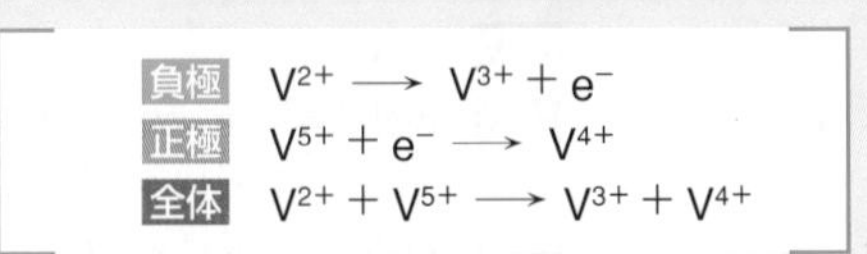

負極 $V^{2+} \longrightarrow V^{3+} + e^-$
正極 $V^{5+} + e^- \longrightarrow V^{4+}$
全体 $V^{2+} + V^{5+} \longrightarrow V^{3+} + V^{4+}$

レドックスフロー電池のしくみ(放電)

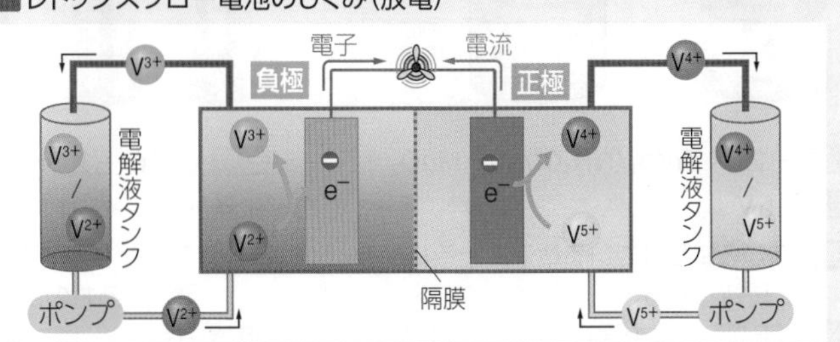

16 電池 Ⅲ

基 化 日常

酸化還元反応を利用して，化学エネルギーを電気エネルギーに変換して取り出す装置のことを，電池（化学電池）という。
一方，光エネルギーを電気エネルギーに変える太陽電池のように，化学反応ではなく物理的な方法で電気エネルギーを取り出す装置のことを，物理電池という。
また，充電してくり返し使うことができない，つまり使いきりタイプの電池を，一次電池という（1～5）。
一方，充電することによってくり返し使うことができる電池を，二次電池または蓄電池という（6～9）。

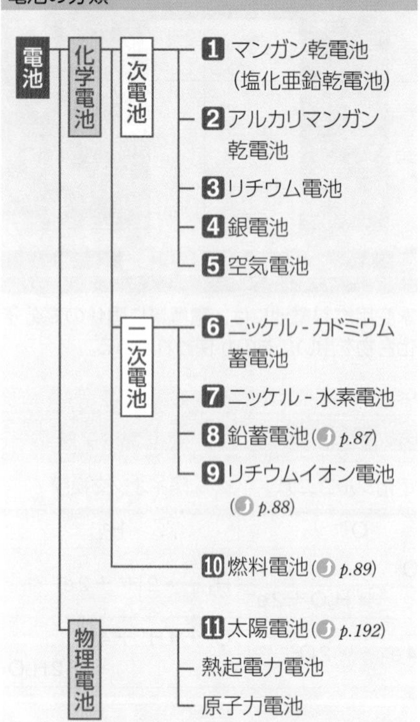

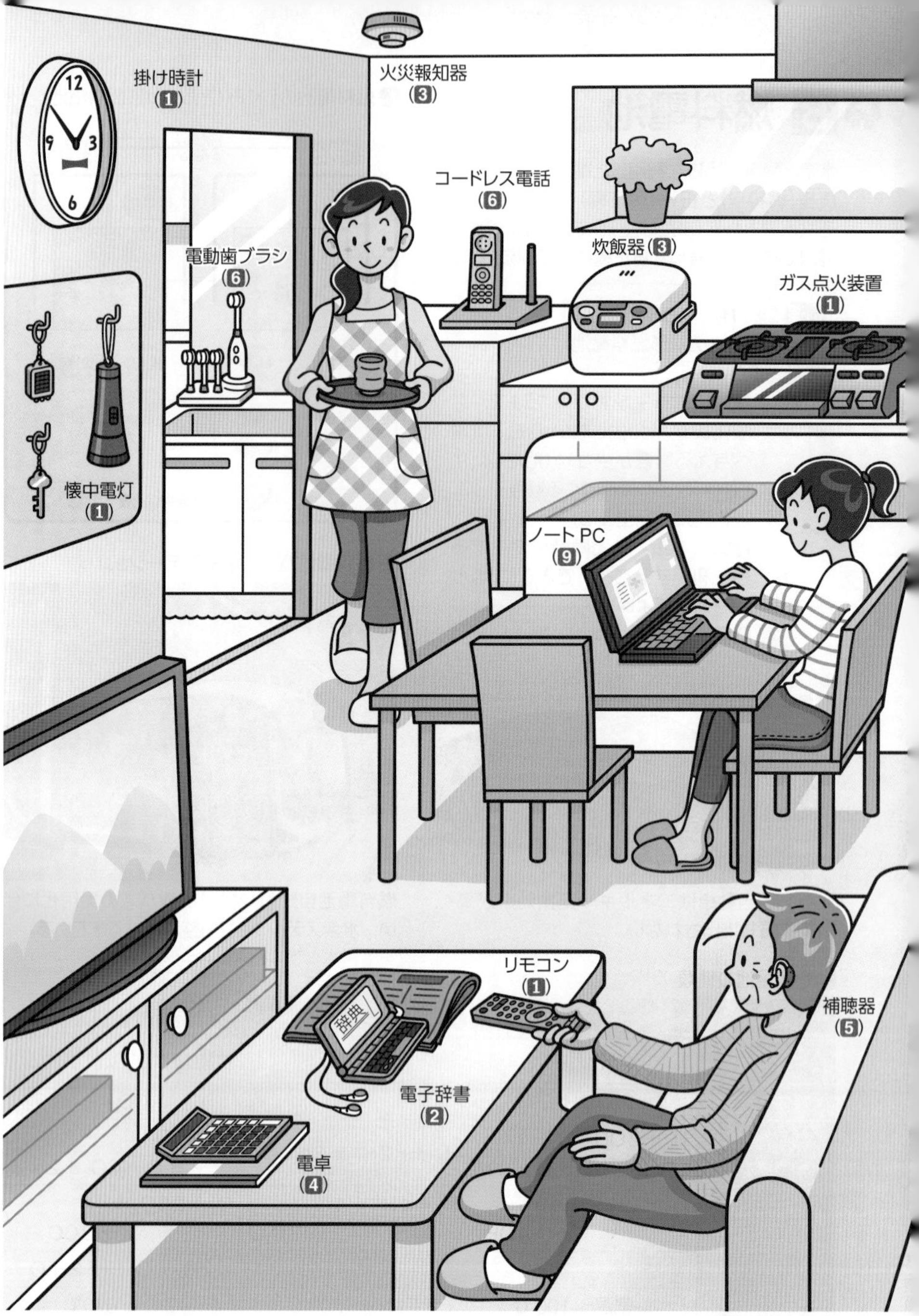

掛け時計（1）
火災報知器（3）
コードレス電話（6）
炊飯器（3）
ガス点火装置（1）
電動歯ブラシ（6）
懐中電灯（1）
ノート PC（9）
リモコン（1）
補聴器（5）
電子辞書（2）
電卓（4）

1 マンガン乾電池（塩化亜鉛乾電池）

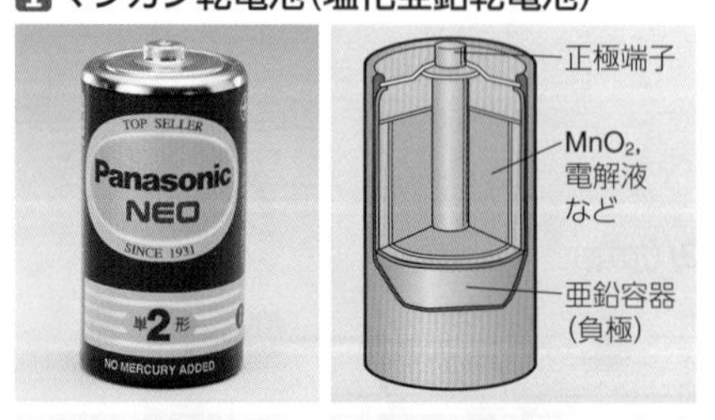

構造 ⊖ Zn | $ZnCl_2(NH_4Cl)aq$ | MnO_2 ⊕

起電力 1.5 V

特徴 昔から使われている電池。上手に使うと長持ちする。

用途 リモコン，懐中電灯，掛け時計など

2 アルカリマンガン乾電池

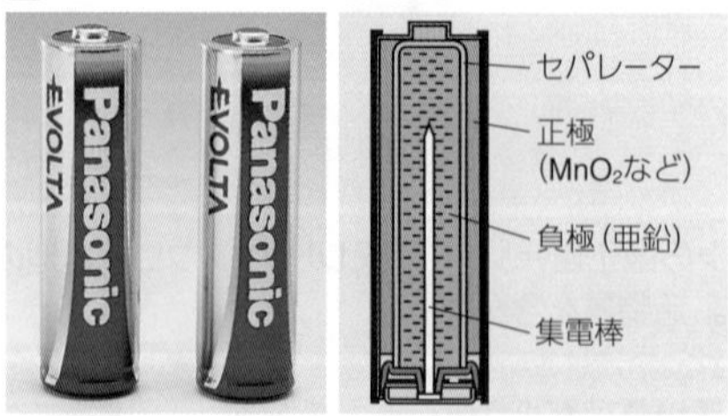

構造 ⊖ Zn | KOHaq | MnO_2 ⊕

起電力 1.5 V

特徴 寿命が長く，連続して大きな電流を必要とするものに最適。

用途 ラジコン，電子辞書など

3 リチウム電池

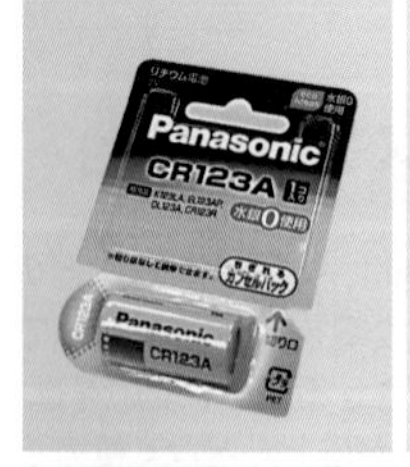

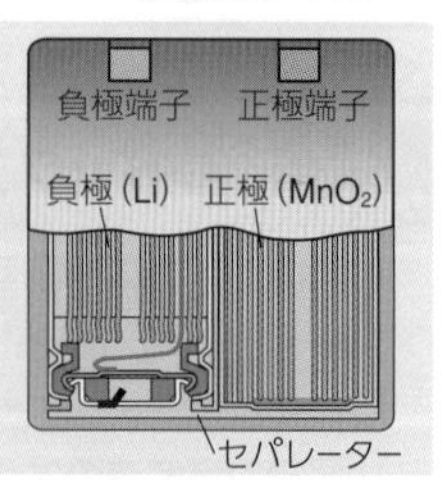

構造 ⊖ Li | Li 塩 | MnO_2 ⊕

起電力 3.0 V

特徴 小型で高電圧，大電流が得られ，寿命が長い。いろいろな形状にできる。

用途 炊飯器，火災報知器など

※イラストは日常生活における電池の利用例を表している。

Column 二次電池のリサイクル

二次電池には，ニッケルやカドミウムなどの貴重な金属が使用されているため，法律によって，電池メーカーによる小型二次電池の回収・リサイクルが義務づけられている。

リサイクル可能な小型二次電池にはリサイクルマークが印刷されており，電気店や公共施設などに設置されているリサイクルボックスにて回収が行われている。

また，ハイブリッドカーに使われているニッケル-水素電池なども，自動車メーカーによる回収が行われており，リサイクルによって再びバッテリーの原料に用いられている。

ニカド電池

ニッケル-水素電池

リチウムイオン電池

小型シール鉛蓄電池

4 銀電池（酸化銀電池）

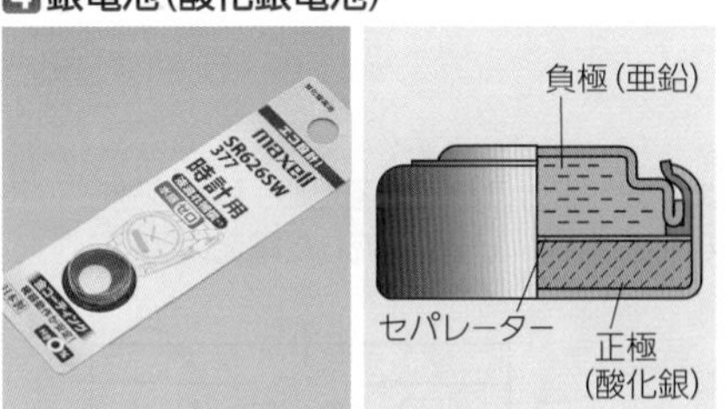

構造 ⊖ **Zn** | **KOHaq** | **Ag_2O** ⊕

起電力 1.55 V

特徴 電圧が安定していて，寿命がくるまで，最初の電圧を維持する。温度変化に強い。

用途 腕時計，電卓など

5 空気電池（空気亜鉛電池）

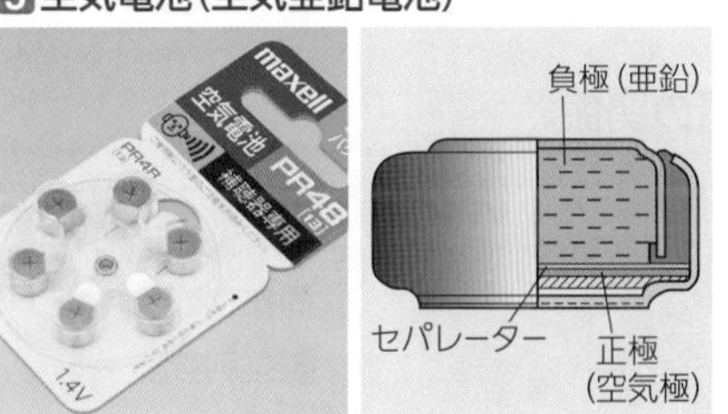

構造 ⊖ **Zn** | **KOHaq** | **O_2** ⊕

起電力 1.3 V

特徴 正極に空気中の酸素を使うため，小型で軽量である。

用途 補聴器など

6 ニッケル-カドミウム蓄電池（ニカド電池）

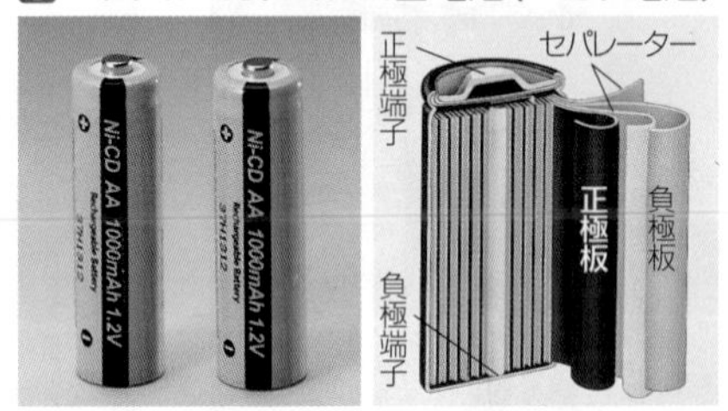

構造 ⊖ **Cd** | **KOHaq** | **NiO(OH)** ⊕

起電力 1.3 V

特徴 身近な充電式電池の一つ。頻繁にくり返して使うものに適している。

用途 コードレス電話，電動歯ブラシなど

7 ニッケル-水素電池

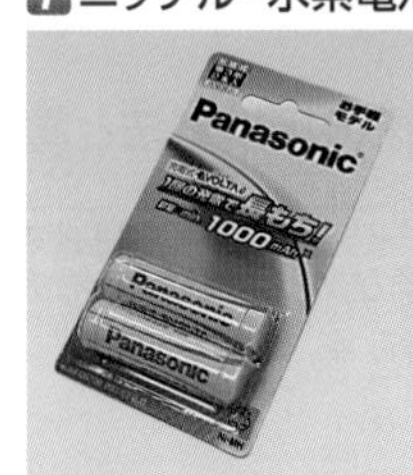

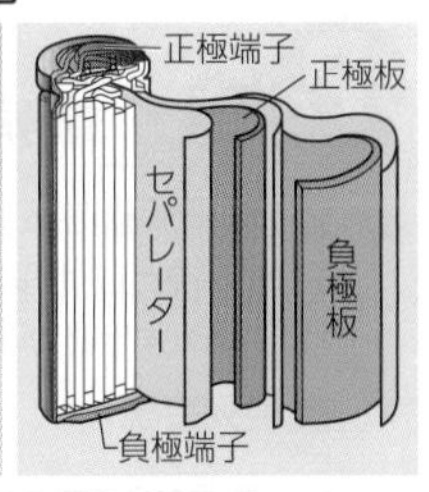

構造 ⊖ **MH**※ | **KOHaq** | **NiO(OH)** ⊕

起電力 1.35 V

特徴 ニカド電池よりも容量が大きく，1回の充電で長く使うことができる。

用途 電動アシスト自転車，ハイブリッドカーなど

※ MH は水素吸蔵合金である(p.183)。

17 電気分解 基 化

A 水溶液の電気分解

electrolysis

電解質の水溶液や融解液に外部電源(電池)の電気エネルギーを用いて直流の電流を通じると，酸化還元反応が起こる。この操作を電気分解(電解)という。

水溶液の電気分解

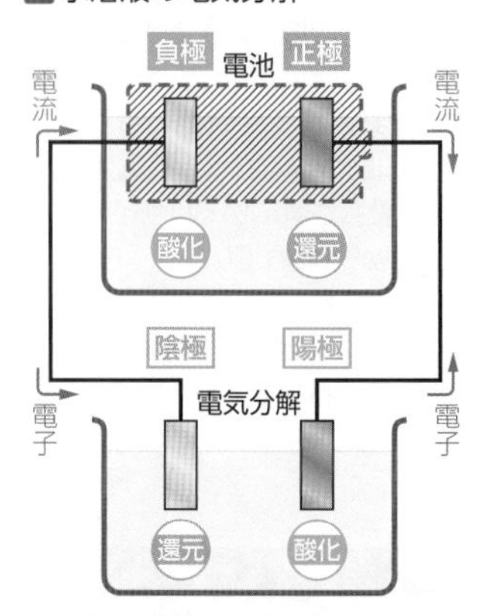

溶質・溶媒・電極のうち，最も酸化されやすい物質が陽極に電子を放出し，最も還元されやすい物質が陰極から電子を受け取る。

❶ 硫酸銅(Ⅱ) $CuSO_4$ 水溶液(Pt-Pt 電極)

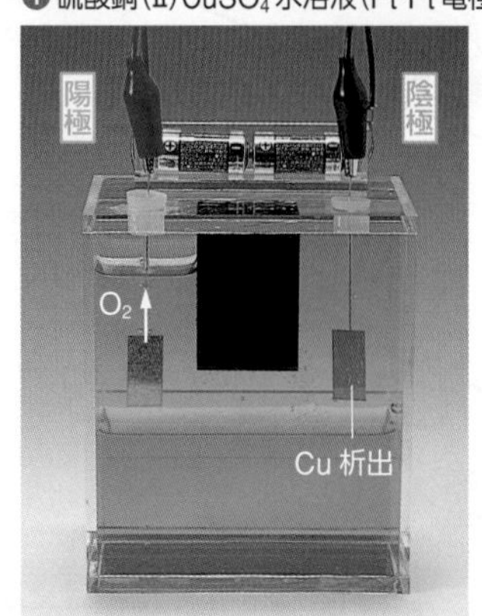

陰極 銅が析出
$Cu^{2+} + 2e^- \longrightarrow Cu$
陽極 酸素が発生
$2H_2O \longrightarrow O_2 + 4H^+ + 4e^-$

❷ 硫酸銅(Ⅱ) $CuSO_4$ 水溶液(Cu-Cu 電極)

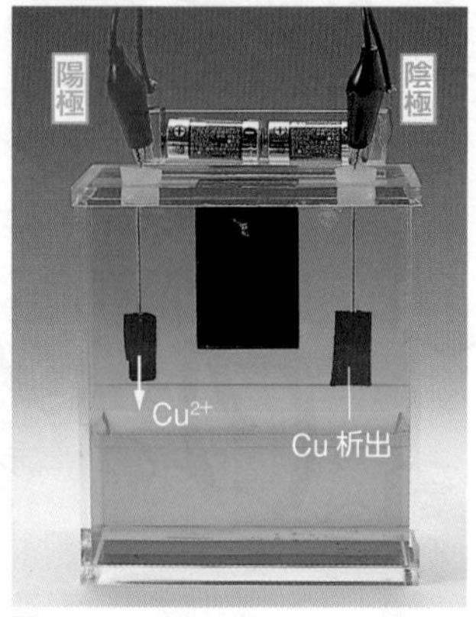

陰極 銅が析出
$Cu^{2+} + 2e^- \longrightarrow Cu$
陽極 銅極板が溶解
$Cu \longrightarrow Cu^{2+} + 2e^-$

❸ 硝酸銀 $AgNO_3$ 水溶液(Pt-Pt 電極)

陰極 銀が析出
$Ag^+ + e^- \longrightarrow Ag$
陽極 酸素が発生
$2H_2O \longrightarrow O_2 + 4H^+ + 4e^-$

❹ 硫酸 H_2SO_4 水溶液(Pt-Pt 電極)

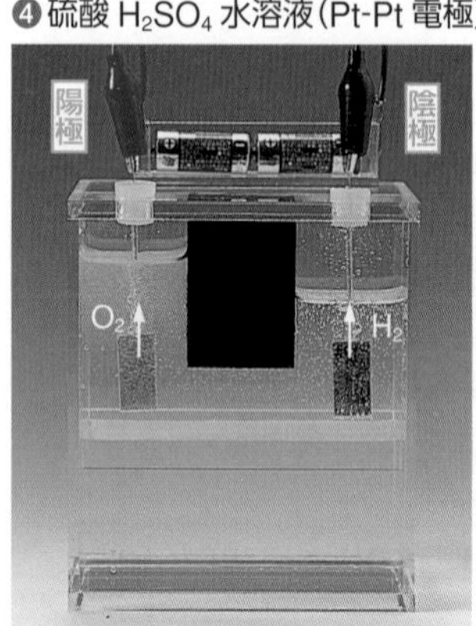

陰極 水素が発生
$2H^+ + 2e^- \longrightarrow H_2$
陽極 酸素が発生
$2H_2O \longrightarrow O_2 + 4H^+ + 4e^-$

❺ 塩化銅(Ⅱ) $CuCl_2$ 水溶液(C-C 電極)

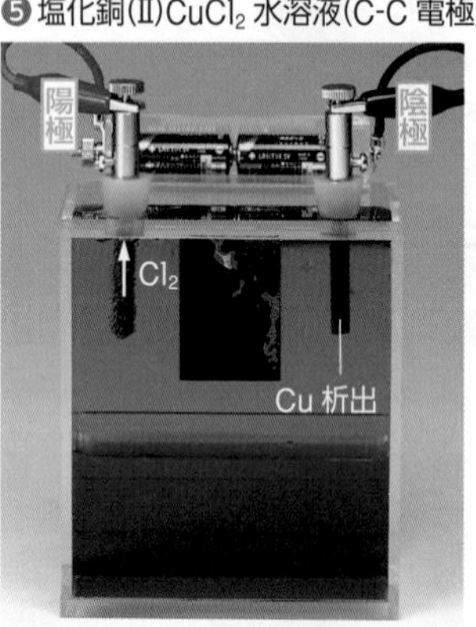

陰極 銅が析出
$Cu^{2+} + 2e^- \longrightarrow Cu$
陽極 塩素が発生※
$2Cl^- \longrightarrow Cl_2 + 2e^-$

❻ ヨウ化カリウム KI 水溶液(Pt-Pt 電極)

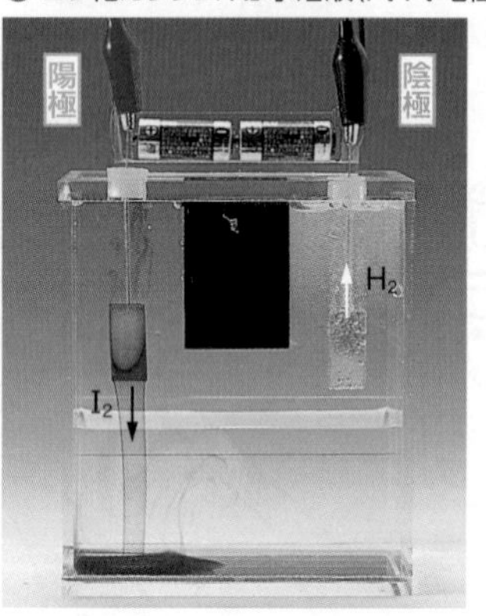

陰極 水素が発生
$2H_2O + 2e^- \longrightarrow H_2 + 2OH^-$
陽極 ヨウ素が生成
$2I^- \longrightarrow I_2 + 2e^-$

❼ 塩化ナトリウム NaCl 水溶液(C-C 電極)

フェノールフタレインを加えると呈色

陰極 水素が発生
$2H_2O + 2e^- \longrightarrow H_2 + 2OH^-$
陽極 塩素が発生※
$2Cl^- \longrightarrow Cl_2 + 2e^-$

※発生した塩素によって，Pt 電極は少しずつ侵される(C 電極を用いると，塩素では侵されなくなる)。

Point 電解槽の接続方法と電気量の関係

2つの電解槽を接続して電気分解を行う際，電解槽の接続方法には直列接続と並列接続があり，接続のしかたによって各電解槽に流れる電流の大きさが異なる。

電気量は流れた電流[A]と電解時間[s]の積であるため，同じ時間に各電解槽に流れた電気量の関係は，各電解槽に流れた電流の関係と同様である。

直列接続

電源から流れた電流 i (電気量 Q)
‖
電解槽 A に流れた電流 i_A (電気量 Q_A)
‖
電解槽 B に流れた電流 i_B (電気量 Q_B)

$i = i_A = i_B \qquad Q = Q_A = Q_B$

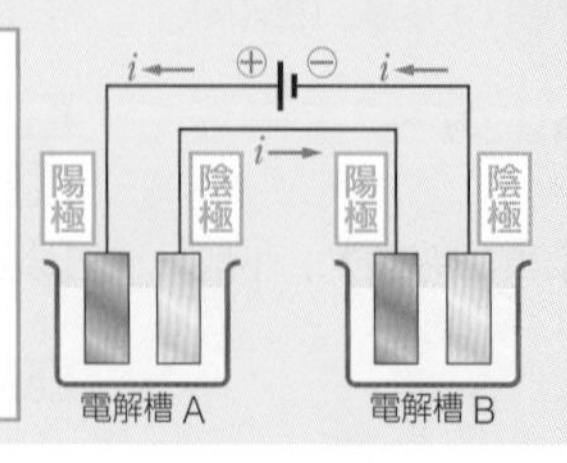

並列接続

電源から流れた電流 i (電気量 Q)
‖
電解槽 C に流れた電流 i_C (電気量 Q_C)
＋
電解槽 D に流れた電流 i_D (電気量 Q_D)

$i = i_C + i_D \qquad Q = Q_C + Q_D$

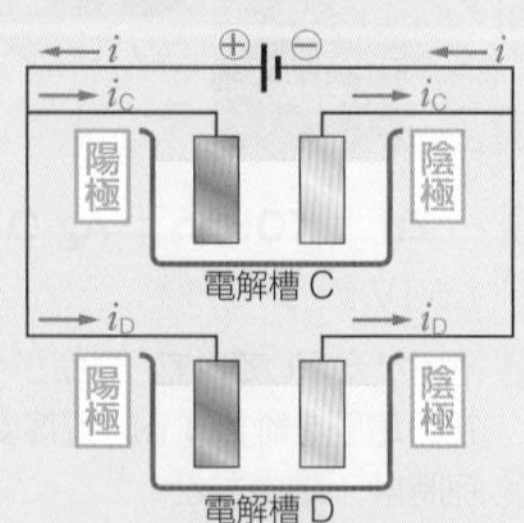

B 電気分解の応用

金属の表面を他の金属で覆うことにより，金属を美しく，さびつきにくくするめっきや，不純物を含んだ金属から純粋な金属を得る電解精錬に，電気分解が応用されている。

■銅板にニッケルめっきをする

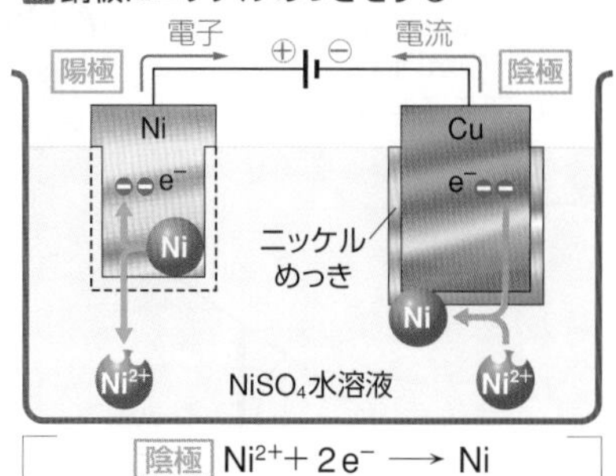

陰極 $Ni^{2+} + 2e^- \longrightarrow Ni$
陽極 $Ni \longrightarrow Ni^{2+} + 2e^-$

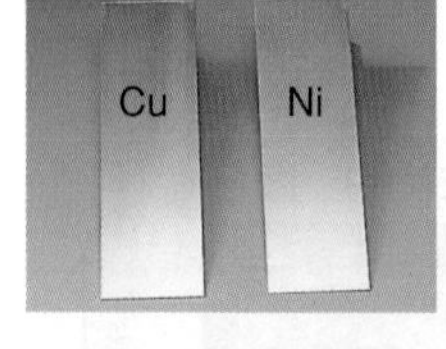

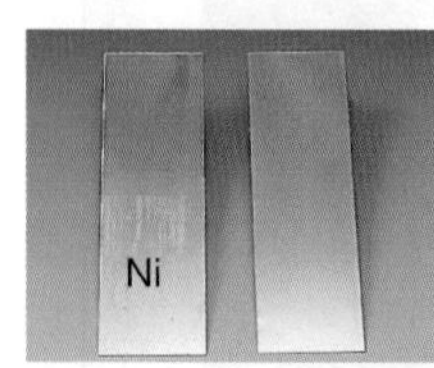

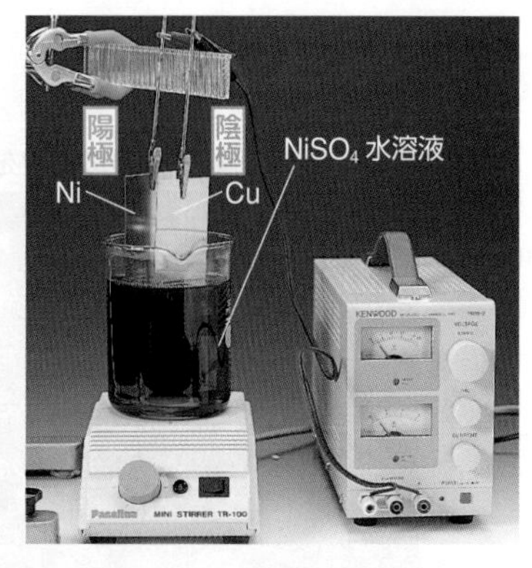

電気分解の利用

電気分解を利用して，金属を製造している。

p.96 銅の電解精錬

p.97 アルミニウムの製造（溶融塩電解）

Column 食塩の製造

仕事

現在，日本で製造されている食塩のほとんどが，電気分解を利用した海水濃縮によるものである。
図のように陽イオン交換膜と陰イオン交換膜を組み合わせた電解槽に海水を入れ，電極に直流電圧を加えると，Na^+は陰極のほうへ，Cl^-は陽極のほうへ移動しようとする。ところが，陽イオン交換膜は陽イオンのみ，陰イオン交換膜は陰イオンのみしか通さないため，これらのイオンの濃度の高い所と低い所が交互に出現する。このようにして濃縮した溶液から水分を蒸発させることで，食塩を得ている。
このように，イオン交換膜を用いて，特定のイオンの移動を利用して物質を分離することを電気透析法という。

■海水濃縮のしくみ

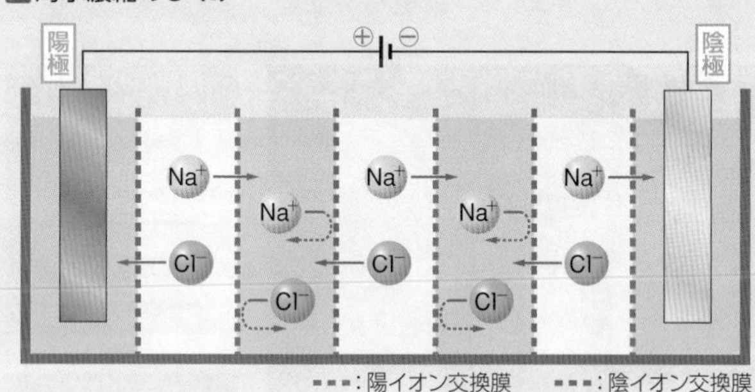

■海水濃縮を行う装置

■食塩

Zoom up 過電圧 overvoltage

過電圧

電気分解によって化学反応を起こさせる際，理論的に求めた電圧よりも余分に電圧を加えないと反応が起こらない場合がある。この余分に加える電圧のことを過電圧という。過電圧は気体の発生を伴う際に生じることが多く，特に水素が発生する反応の過電圧を水素過電圧，酸素が発生する反応の過電圧を酸素過電圧とよぶ。一般に水素過電圧は，電極に用いる物質が，Pt ＜ Au ＜ Ag ＜ Ni ＜ Cu ＜ Al ＜ C ＜ Zn ＜ Hg の順に大きくなる。白金 Pt は水素過電圧が最も小さいので，効率よく水素を発生させたい場合は電極に白金を用いるとよい。一方，水銀 Hg は水素過電圧が最も大きいので，水素を発生させたくない場合に用いるとよい。

水酸化ナトリウムの製造

通常の水溶液の電気分解では，ナトリウムイオン Na^+などのイオン化傾向の大きな金属のイオンが水溶液中にあっても還元されず，溶媒の水分子が還元されて水素 H_2 が発生する。しかし，水素過電圧の大きな水銀 Hg を電極に用いると，これらの金属イオンが還元されて金属の単体が析出する。この性質を利用して，以前は陽極に炭素 C，陰極に水銀 Hg を用いて塩化ナトリウム水溶液を電気分解することにより，水酸化ナトリウムを製造していた。この方法は水銀法とよばれていたが，水銀の有毒性が問題となり，現在は陽イオン交換膜を用いたイオン交換膜法が主流となっている。

Jump イオン交換膜法→ p.166

水酸化ナトリウムの工業的製法。電気分解を利用して，水酸化ナトリウムを得ている。

物質の変化

18 ファラデーの法則 基 化

A ファラデーの法則
Faraday's law

ファラデーの法則

① 電気分解において，陽極または陰極で変化する物質の物質量は，流れた電気量に比例する。

② 一定の電気量を流したときに，陽極または陰極で変化する物質の物質量は，イオンの種類に関係なく，そのイオンの価数に反比例する。

ファラデー定数

意味：電子 1 mol 当たりの電気量の絶対値。電子 1 個がもつ電気量の絶対値(電気素量)e〔C〕とアボガドロ定数 N_A〔/mol〕の積。

数値：$F = 9.65 \times 10^4$ C/mol

■水の電気分解(電解質に硫酸を使用)

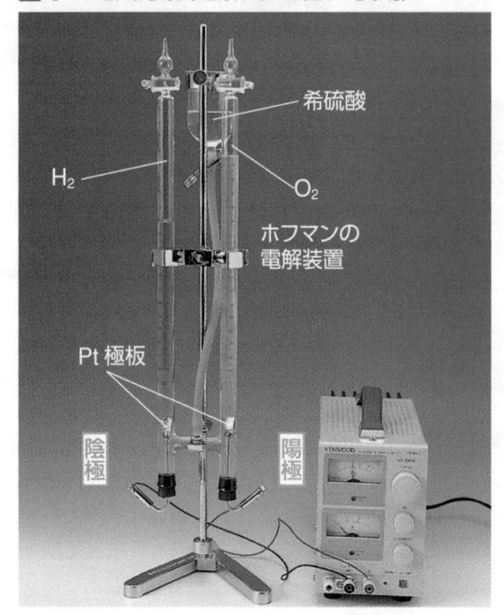

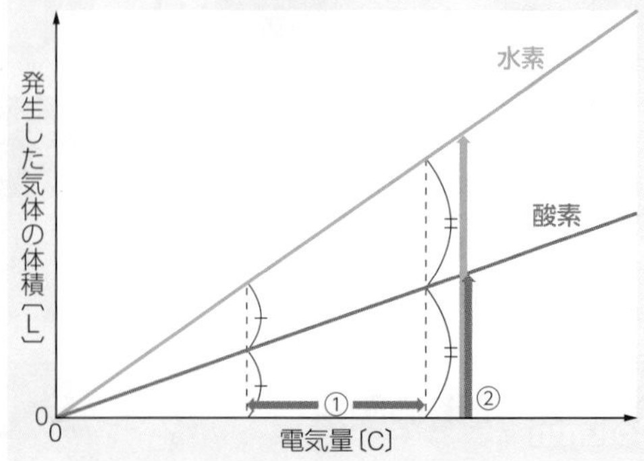

発生する水素・酸素ともに通じた電気量に比例する。またその体積(物質量)の比は 2：1 となる。

陰極 $2H^+ + 2e^- \longrightarrow H_2$
陽極 $2H_2O \longrightarrow O_2 + 4H^+ + 4e^-$
全体 $2H_2O \longrightarrow 2H_2 + O_2$

銅の原子量を求める

電極に銅板を用いて，硫酸銅(Ⅱ)水溶液を 1.0A の電流で 10 分間電気分解する。このときの銅極板の質量変化から，銅の原子量を求めることができる。

1.0Aの電流を10分(=600秒)間流したので，流れた電気量は，

電流〔A〕×流れた時間〔s〕= 1.0 A × 600 s = 600 C

流れた電子の物質量は，

流れた電気量〔C〕÷ファラデー定数〔C/mol〕

= 600 C ÷(9.65 × 10^4 C/mol)

一方，陽極の反応式から，陽極から溶け出した銅の物質量は，流れた電子の物質量の 1/2 倍であることがわかるので，陽極から溶け出した銅の物質量は，

600 C ÷(9.65 × 10^4 C/mol)× 1/2

= 300 C ÷(9.65 × 10^4 C/mol)

また，陽極から溶け出した銅の質量は，

30.38 g − 30.18 g = 0.20 g

したがって，銅のモル質量〔g/mol〕は，

質量〔g〕÷物質量〔mol〕

= 0.20 g ÷{300 C ÷(9.65 × 10^4 C/mol)}≒ 64 g/mol

よって，この実験より求められる銅の原子量は，64 である。

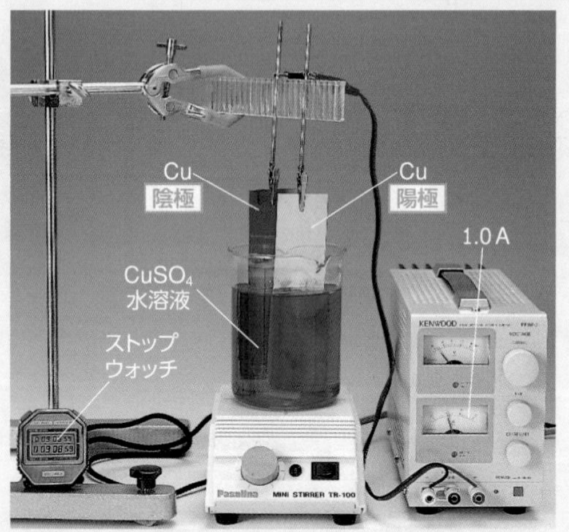

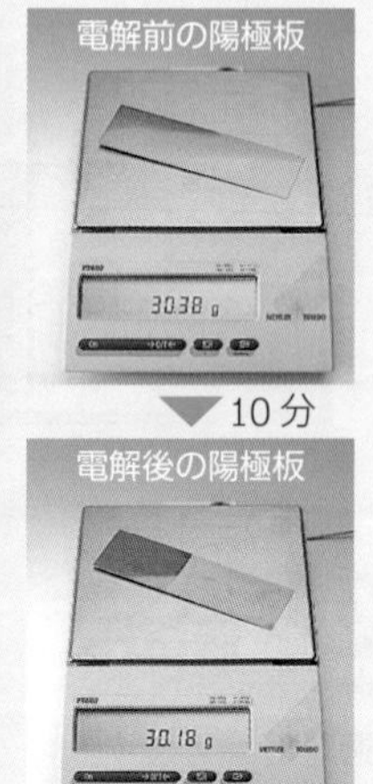

陰極 $Cu^{2+} + 2e^- \longrightarrow Cu$ (銅が析出)
陽極 $Cu \longrightarrow Cu^{2+} + 2e^-$ (銅極板が溶解)

Column デービーとファラデー 化学史

デービーは，ボルタ電池を使った電気分解によるカリウムの単体の単離を皮切りに，Na，Ca，Sr，Ba，Mg の単体を次々に単離した。また，炭鉱で使う安全灯発明の業績で，王立協会会長に就任した。ファラデーは 14 歳の頃，製本屋に奉公に出され，そこで製本される本を読みながら，独学で科学を学んだ。成人した彼は王立研究所でデービーの巧みな公開講演を聴いたことをきっかけに，研究所の助手になり，デービーの指導を受けた。ファラデーは終生研究を続け，電気分解の法則を発見したほか，ベンゼン，電磁誘導現象の発見など，数々の独創的な輝かしい功績を残した。そのようなことから，多くの化学上の発見をしたデービーであったが，最大の発見はファラデーを見出したことだともいわれている。

デービー
1778～1829
イギリスの化学者

ファラデー
1791～1867 イギリスの化学者・物理学者

イオン化傾向・電池・電気分解

1 イオン化傾向とは…

- □ 単体の金属の原子が水溶液中で電子を放出して陽イオンになる性質。
- □ 金属をイオン化傾向の大きい順に並べたものを金属のイオン化列という。

● 金属のイオン化列

〔大〕 酸化されやすい（陽イオンになりやすい） イオン化傾向 酸化されにくい（陽イオンになりにくい） 〔小〕

Li K Ca Na Mg Al Zn Fe Ni Sn Pb (H_2) Cu Hg Ag Pt Au

水素は金属ではないが，陽イオンになる傾向があるので，比較のためにイオン化列の中に入れてある。

2 電池とは…

- □ 酸化還元反応を利用して，化学エネルギーを電気エネルギーに変換する装置を，電池（化学電池）という。
- □ 導線で接続した２種類の金属を電解質水溶液に浸したとき，電子が導線に流れ出る電極を負極，電子が導線から流れこむ電極を正極という。電池の負極では酸化反応が，正極では還元反応が起こり，正極と負極の間に生じる電位差を起電力という。
- □ ２種類の金属のうち，イオン化傾向の大きいものが負極になり，もう一方が正極となる。電池の起電力は電極に使われる物質の標準電極電位（p.85）の差に相当する。
- □ 充電してくり返し使うことができない使いきりタイプの電池を一次電池という。一方，充電することによってくり返し使うことができる電池を二次電池または蓄電池という。

● おもな電池とその反応

電池	極	反応
ボルタ電池（起電力：1.1 V）	負極	$Zn \longrightarrow Zn^{2+} + 2e^-$
	正極	$2H^+ + 2e^- \longrightarrow H_2$
	全体	$Zn + 2H^+ \longrightarrow Zn^{2+} + H_2$
ダニエル電池（起電力：1.1 V）	負極	$Zn \longrightarrow Zn^{2+} + 2e^-$
	正極	$Cu^{2+} + 2e^- \longrightarrow Cu$
	全体	$Zn + Cu^{2+} \longrightarrow Zn^{2+} + Cu$
鉛蓄電池（起電力：2.0 V）	負極	$Pb + SO_4^{2-} \longrightarrow PbSO_4 + 2e^-$
	正極	$PbO_2 + 4H^+ + SO_4^{2-} + 2e^- \longrightarrow PbSO_4 + 2H_2O$
	全体	$Pb + PbO_2 + 2H_2SO_4 \underset{充電}{\overset{放電}{\rightleftarrows}} 2PbSO_4 + 2H_2O$

3 電気分解とは…

- □ 電解質の水溶液や融解液に，外部電源（電池）で直流の電流を流し，電気エネルギーを用いて酸化還元反応を起こす操作を電気分解という。
- □ 電源の正極につないだ電極を陽極，電源の負極につないだ電極を陰極という。陽極では酸化反応が，陰極では還元反応が起こる。

● 水溶液の電気分解

電極	水溶液中のイオン	反応	
陰極（Pt，C，Cu，Ag）	イオン化傾向の小さい金属の陽イオン（Ag^+，Cu^{2+}など）	$Ag^+ + e^- \rightarrow Ag$	金属が析出
		$Cu^{2+} + 2e^- \rightarrow Cu$	
	H^+（酸性の水溶液）	$2H^+ + 2e^- \rightarrow H_2$	H_2が発生
	イオン化傾向の大きい金属の陽イオン（Al^{3+}，Na^+，K^+，Li^+など）	$2H_2O + 2e^- \rightarrow H_2 + 2OH^-$（溶媒の水分子が還元される。）	
陽極（Pt，C）	Cl^-，I^-などのハロゲン化物イオン※	$2Cl^- \rightarrow Cl_2 + 2e^-$	ハロゲンが生成
		$2I^- \rightarrow I_2 + 2e^-$	
	OH^-（塩基性の水溶液）	$4OH^- \rightarrow 2H_2O + O_2 + 4e^-$	O_2が発生
	NO_3^-，SO_4^{2-}などの多原子イオン	$2H_2O \rightarrow O_2 + 4H^+ + 4e^-$（溶媒の水分子が酸化される。）	
陽極（Cu，Ag）	Cu^{2+}，Ag^+などの陽イオンや，SO_4^{2-}，NO_3^-などの陰イオン	$Cu \rightarrow Cu^{2+} + 2e^-$	電極が溶解
		$Ag \rightarrow Ag^+ + e^-$	

※ Pt は Cl_2 と反応するため，電極には C を用いるとよい。

● 電池と電気分解

	電極	反応		酸化数
電池	正極	陽極から電子を吸い上げ，電子を受け取る反応が起こる。	還元反応	酸化数が減少する
	負極	電子を放出する反応が起こり，陰極に電子を送りこむ。	酸化反応	酸化数が増加する
電気分解	陰極	水溶液中の陽イオンや水分子が，陰極から電子を受け取る反応が起こる。	還元反応	酸化数が減少する
	陽極	水溶液中の陰イオンや水分子が，陽極に電子を与える反応が起こる。※	酸化反応	酸化数が増加する

※ 陽極自身が溶けて，電子を放出することもある。

4 ファラデーの法則とは…

- □ 電気分解において，流れる電気量と陽極または陰極で変化する物質の量との以下の関係をファラデーの法則という。
  - ① 電気分解において，陽極または陰極で変化する物質の物質量は，流れた電気量に比例する。
  - ② 一定の電気量を流したときに，陽極または陰極で変化する物質の物質量は，反応するイオンの種類に関係なく，そのイオンの価数に反比例する。
- □ 電子 1 mol 当たりの電気量の絶対値をファラデー定数といい，$F = 9.65 \times 10^4$ C/mol である。

電気分解における各電極での物質の変化量の計算

- Ⓐ 電流値 i〔A〕と電解時間 t〔s〕から電気量 Q〔C〕を求める。
- Ⓑ これをファラデー定数 F〔C/mol〕で割り，流れた電子の物質量〔mol〕を計算する。
- Ⓒ 電極で起こる化学反応式から，流れた電子の物質量に対する各電極で物質が変化した物質量〔mol〕を求める。
- Ⓓ 物質量にモル質量 M〔g/mol〕をかけると，変化した質量（気体の場合は 22.4 L/mol をかけると変化した体積※）が得られる。

※ 標準状態の場合

物質の変化

19 金属の製造 基 化 仕事

A 鉄の製造

赤鉄鉱 Fe_2O_3 などの鉄鉱石に，コークス C と石灰石 $CaCO_3$ を加えて高炉で還元し，銑鉄をつくる。銑鉄は不純物や炭素を多く含み，もろいので，転炉で不純物や余分な炭素を除いて鋼にする。

鉄の原料ヤード

高炉の構造と外観

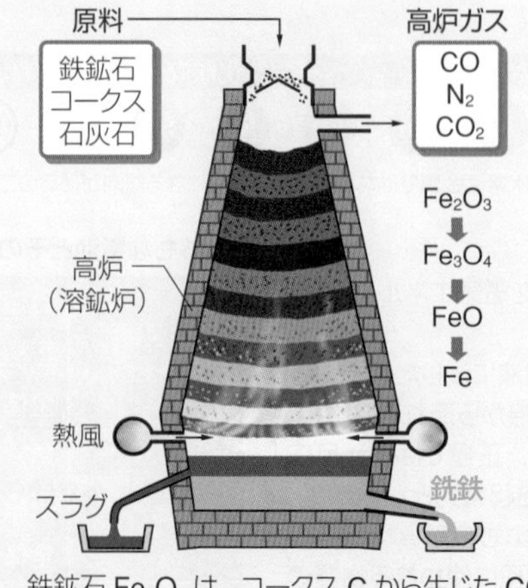

鉄鉱石 Fe_2O_3 は，コークス C から生じた CO と反応して，銑鉄を生じる。

$$Fe_2O_3 + 3CO \longrightarrow 2Fe + 3CO_2$$

鉄の種類

名称	炭素の含有量〔%〕	性質
銑鉄（せんてつ）	3 ～ 4 %	硬くてもろく，とけやすい。
鋼（こう）	0.02 ～ 2 %	硬くて弾性がある。
軟鉄（なんてつ）	0.02 % 以下	軟らかく，加工しやすい。

転炉による鋼の製造

①溶鉱炉でつくった銑鉄を転炉に流しこむ。

②転炉では，融解した銑鉄に酸素を吹きこみ，不純物や余分な炭素を除いて鋼をつくる。

圧延

高温の鋼に圧力を加え，板状に加工する。

B 銅の電解精錬 化

electrolytic refining

銅は，黄銅鉱 $CuFeS_2$ などの鉱石から不純物を含む粗銅をつくり，粗銅を電解精錬することによって製造される。

粗銅板の製造

純銅板（電気銅）

銅の電解精錬の原理と精錬工場の内部

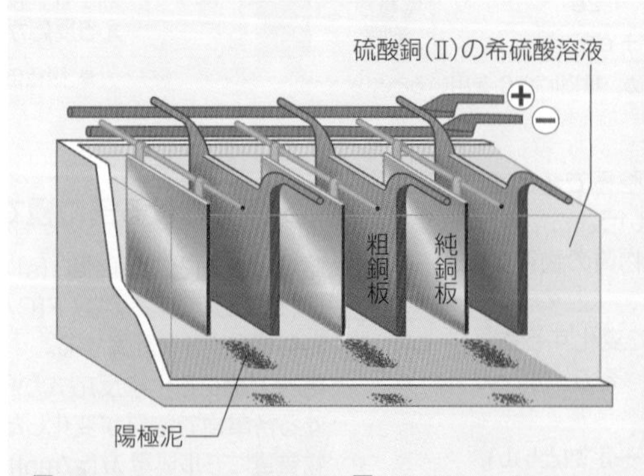

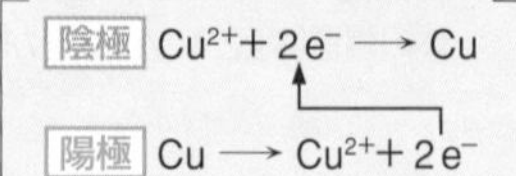

粗銅板を陽極，純銅板を陰極※にして硫酸銅（Ⅱ）の希硫酸溶液を電気分解すると，純銅が陰極に析出する。この精製法を電解精錬という。陽極の下には粗銅に含まれていた金や銀などの不溶性の不純物（陽極泥）がたまる。

※ 陰極にステンレス板を用いることもある。

C アルミニウムの製造 化

アルミニウムは，ボーキサイトを濃い水酸化ナトリウム水溶液で処理してアルミナ(純粋な酸化アルミニウム Al_2O_3)をつくり，アルミナを溶融塩電解して製造される。

■ボーキサイトヤード

■精錬されたアルミニウム

■アルミニウムの溶融塩電解の原理と電解工場の内部

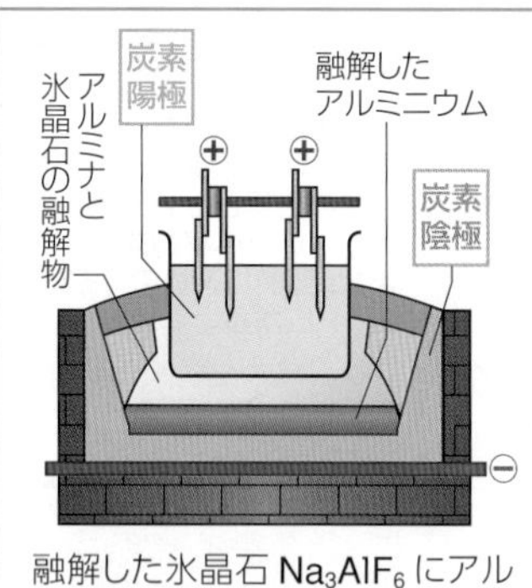

融解した氷晶石 Na_3AlF_6 にアルミナを溶かして電気分解する。

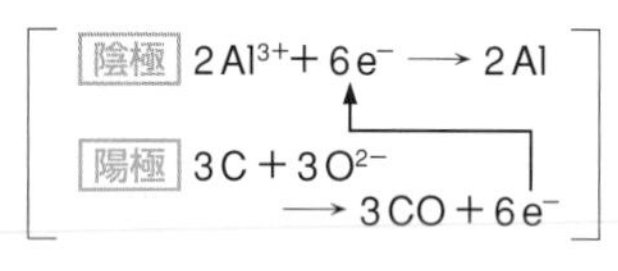

陰極 $2Al^{3+} + 6e^- \longrightarrow 2Al$

陽極 $3C + 3O^{2-} \longrightarrow 3CO + 6e^-$

溶融塩電解(融解塩電解)

水溶液の電気分解では，イオン化傾向の大きな金属の単体を得ることはできない。そこで，これらの金属の化合物を融解させて電気分解し，単体を得る。

[例]塩化ナトリウムの溶融塩電解

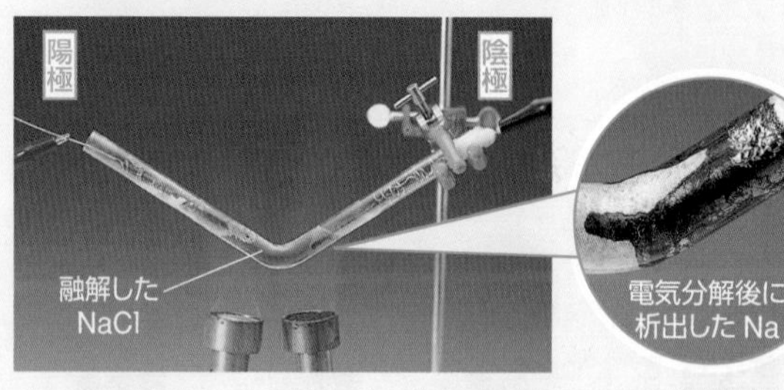

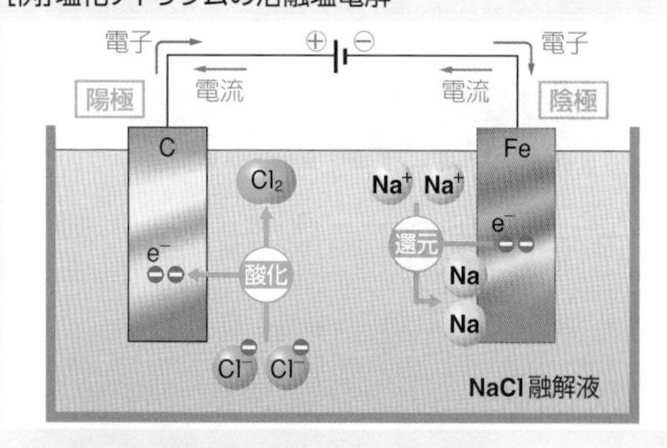

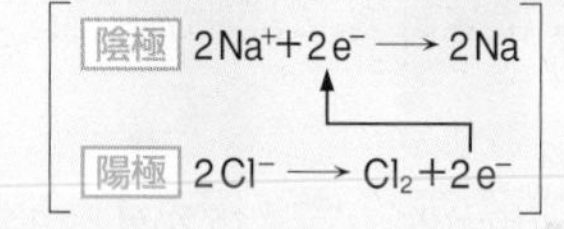

陰極 $2Na^+ + 2e^- \longrightarrow 2Na$

陽極 $2Cl^- \longrightarrow Cl_2 + 2e^-$

融解した塩化ナトリウムに電圧を加えると，陽極からは塩素が発生し，陰極にはナトリウムが析出する。

Column 金属のリサイクルはなぜ必要？

環境

私たちは，スチール缶，アルミ缶，ガラス瓶，ペットボトルなどの使用済みの容器を細かく分別して回収している。

一般的に，金属を鉱石から得るには，熱や電気などのエネルギーが大量に必要となる。しかし，金属の製品を再生利用(リサイクル)すれば，必要なエネルギーは鉱石から得る場合に比べて，ずっと少なくてすむ。例えば，金属を鉱石から得る際のエネルギーを 100 と仮定すると，リサイクルによって金属を得る際に必要なエネルギーは，鉄では 25 ～ 35，アルミニウムでは 3 となる。

また，パソコンや携帯電話・スマートフォンなどの電子機器には，リチウムや白金などのレアメタルが使われている。これらは，金属資源が埋蔵されている鉱山に見立てて「都市鉱山」とよばれることもあり，積極的に分別・回収されている。

このように，金属をリサイクルすることで，限りある資源やエネルギーを有効に活用することができるようになる。

Jump → p.259

プラスチックのリサイクルマーク

■分別用回収ボックス

Q 金属にはなぜ光沢があるのですか？

第3編 物質の状態

第Ⅰ章　物質の三態
第Ⅱ章　気体
第Ⅲ章　溶液

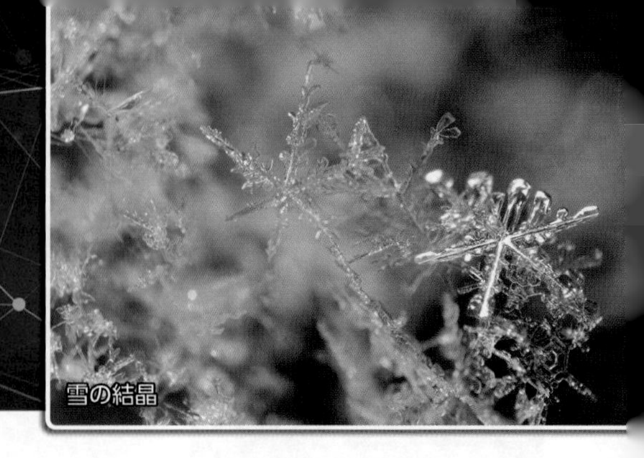

雪の結晶

1 物質の三態 基 化

A 粒子の熱運動と拡散
particle　thermal motion　diffusion

煙やにおいは，風がなくても周囲に広がっていく。このような現象を拡散という。
拡散が起こるのは，気体分子が空間を飛びまわっている(熱運動をしている)ためである。

■気体の拡散

臭素の拡散
空気
臭素
最初
5分後
10分後
15分後
2時間後

塩化水素・アンモニアの拡散
塩化アンモニウム NH_4Cl の白煙
濃アンモニア水を含ませた脱脂綿
濃塩酸を含ませた脱脂綿

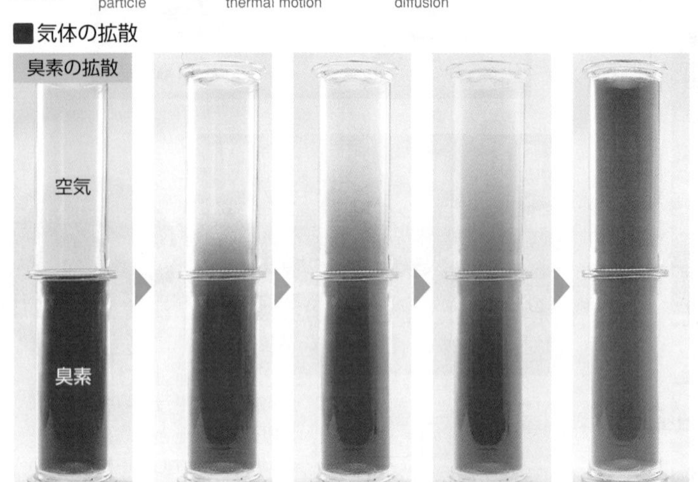

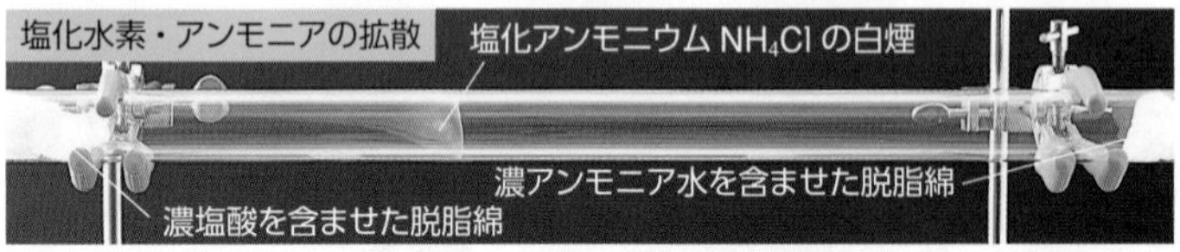

■分子の平均の速さ

分子	速度
H_2	1920 m/s
NH_3	661 m/s
N_2	515 m/s
O_2	482 m/s
HCl	452 m/s
Br_2	216 m/s

(25℃)

気体が拡散する速さは，分子の熱運動の速さよりもずっと小さい。
これは，他の分子との衝突により，たえず進路が変えられるためである。
ただし，熱運動の速さが大きいと，拡散する速さも大きい。

気体分子の速さの分布

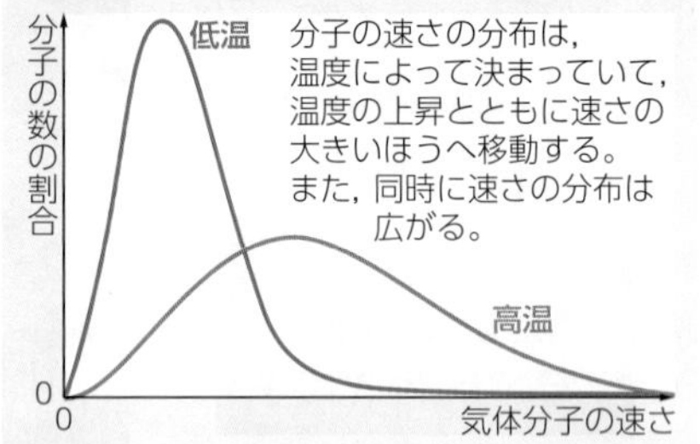

分子の数の割合
低温
高温
0
気体分子の速さ

分子の速さの分布は，温度によって決まっていて，温度の上昇とともに速さの大きいほうへ移動する。
また，同時に速さの分布は広がる。

分子の数の割合
25℃
塩化水素
(分子量36.5)
アンモニア
(分子量17.0)
平均の速さ
0
気体分子の速さ

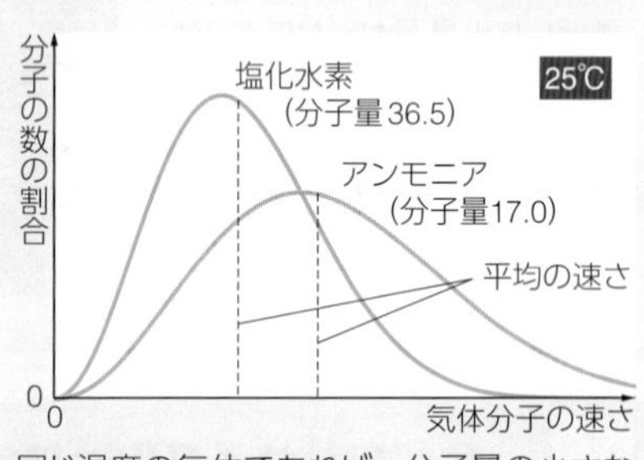

同じ温度の気体であれば，分子量の小さな気体ほど，熱運動の速さは大きい。

B 水の状態変化
water　change in state

氷(固体)を温めていくと，やがて水(液体)になり，最後に水蒸気(気体)になる。
このような状態変化を三態変化という。三態変化の際には，熱の出入りが伴う。物基

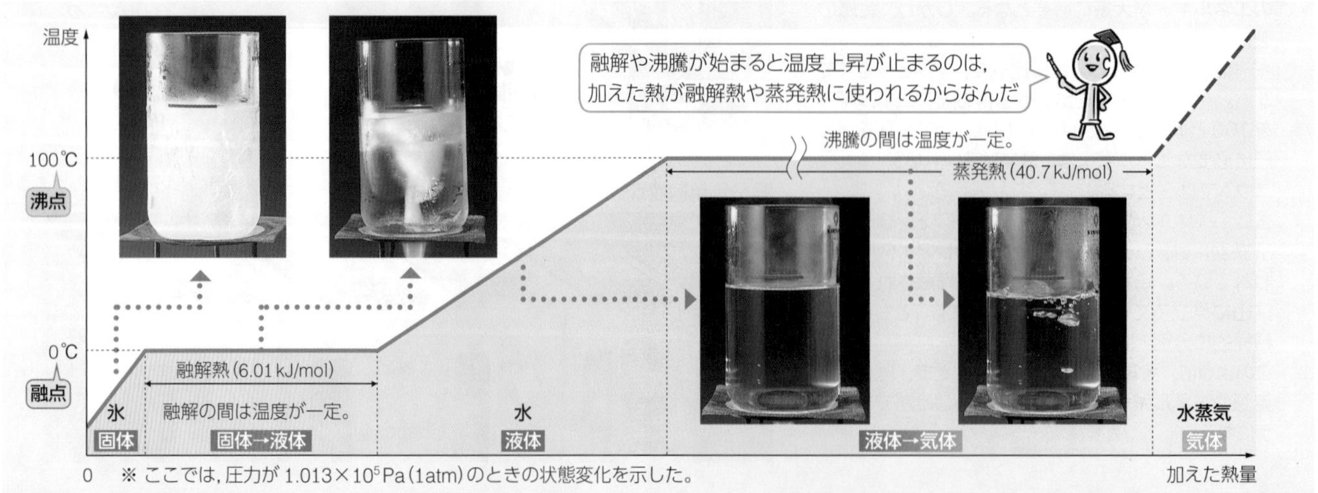

温度
100℃
沸点
0℃
融点
融解や沸騰が始まると温度上昇が止まるのは，加えた熱が融解熱や蒸発熱に使われるからなんだ
沸騰の間は温度が一定。
蒸発熱(40.7 kJ/mol)
融解熱(6.01 kJ/mol)
融解の間は温度が一定。
氷
固体
固体→液体
水
液体
液体→気体
水蒸気
気体
0
加えた熱量

※ ここでは，圧力が 1.013×10^5 Pa(1atm)のときの状態変化を示した。

A 金属の中を動きまわっている多数の自由電子が，外から飛びこんでくる光をはじき飛ばす(反射する)からです。

C 固体・液体・気体

solid liquid gas

物質の三態は，分子(粒子)の熱運動と分子間力によって説明できる。
熱運動は温度が高いほど激しく，分子間力は分子間距離が小さいほど大きい。

気体

気体の臭素

分子間の距離が大きく，分子間力はほとんどはたらかないので，分子は熱運動によって空間を自由に飛びまわっている。

体積：容器に従う
形状：容器に従う

液体が気体になる変化を蒸発，その逆の変化を凝縮という。蒸発は，比較的大きな運動エネルギーをもった液体分子が，分子間力を振り切って液面から空間に飛び出していく現象である。

蒸発(吸熱)　凝縮(発熱)

液体

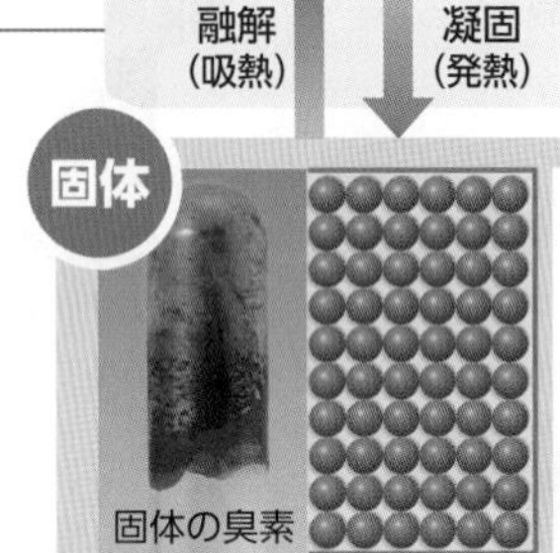

分子間の距離が小さく，分子間力がはたらいているが，分子は熱運動によってたえず移動して互いの位置が変化している。

体積：一定
形状：容器に従う

昇華(吸熱)　凝華(発熱)

融解(吸熱)　凝固(発熱)

固体が液体になる変化を融解，その逆の変化を凝固という。
また，融解が起こる温度を融点，凝固が起こる温度を凝固点という。
融解と凝固は同じ温度で起こる。
融解は，熱運動が激しくなり，分子の位置を固定している分子間力に打ち勝ち，分子が移動できるようになる現象である。

固体

固体の臭素

分子間の距離が小さく，分子間力によって分子の位置が固定されているが，分子は熱運動によって振動している。

体積：一定
形状：一定

反応熱

融解のときに吸収される熱量を融解熱，蒸発のときに吸収される熱量を蒸発熱という。
凝固のときに放出される熱量を凝固熱，凝縮のときに放出される熱量を凝縮熱という。
融解熱や蒸発熱は，分子間力を振り切るために使われる。
融解熱と凝固熱の大きさは等しい。
蒸発熱と凝縮熱の大きさも等しい。

固体が液体にならずに直接気体になる現象を昇華という。また，気体が直接固体になる現象を凝華という。
昇華は，分子間力が比較的小さい分子結晶(ヨウ素・ナフタレン・ドライアイスなど)で見られる。

Column エアコンや冷蔵庫でなぜ冷える？ 日常

熱はふつう，温度の高い所から低い所に流れるが，これとは逆に温度の低い所から高い所に移動させる装置を，ヒートポンプという。エアコンや冷蔵庫はヒートポンプの一種である。
エアコンでは冷房のとき，室内機で冷媒とよばれる物質を液体から気体にするときに周囲から熱を吸収する(蒸発熱)ことで室内を冷却する。

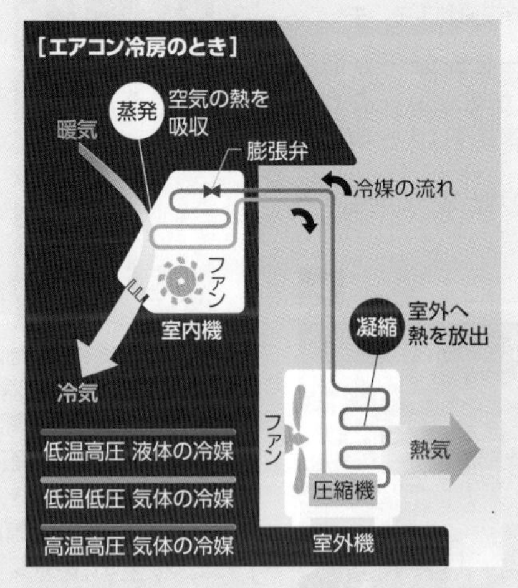

気体となった冷媒は，室外機の圧縮機で圧縮され，凝縮して液体になる。気体から液体に変化するときに放出される熱(凝縮熱)は，ファンで室外に排出される。このように，室内機と室外機をつなぐパイプに冷媒を循環させ，液体と気体の状態変化をくり返し行っている。
また，冷媒の流れを逆方向にすることで，暖房を行うことができる。

Zoom up アモルファスと液晶

amorphous liquid crystal

アモルファス　多くの固体は，原子や分子などの構成粒子が規則正しく配列した結晶構造になっている。しかし，固体の中には，構成粒子が液体と同様な分布で密に不規則に詰まった構造のものがある。このような固体をアモルファス(非晶質)という。身近なアモルファスはガラスである。

液晶　液体には流動性があり，いろいろな方向を向いた分子がランダムに位置を変えながら存在している。ところが，棒状や平面状の分子からなる物質の中には，ある温度範囲においては，流動性があるにもかかわらず結晶のように規則的な秩序を伴う分子配列を保持しているものがある。このような状態を液晶とよぶ。
2枚の透明電極基板に液晶をはさみ電圧を加えると，分子の向きがいっせいに変わる。配列が変われば光の透過性も変化する。この原理は電子機器の表示素子として利用されている。液晶表示は低電圧で作動し，消費電力が小さい。

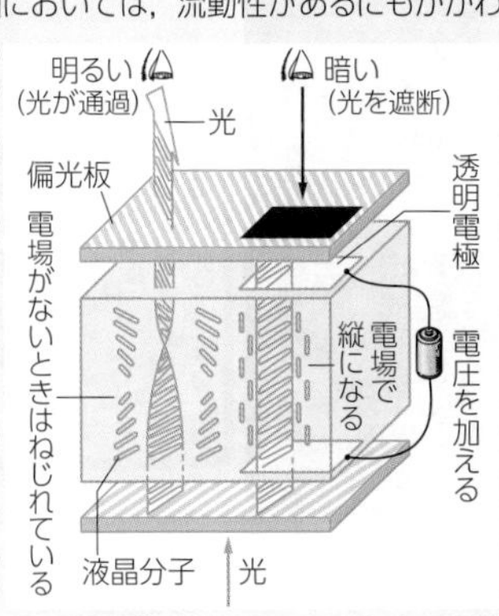

Q 融点と凝固点は同じ温度ですか？

2 気液平衡・状態図 基 化

A 気液平衡と蒸気圧
gas-liquid equilibrium　vapor pressure

密閉容器に液体を入れて放置しておくと，見かけ上液体の蒸発が止まったような状態になる。これを気液平衡といい，このときの蒸気の圧力を飽和蒸気圧（蒸気圧）という。

■臭素の気液平衡

密閉しない場合

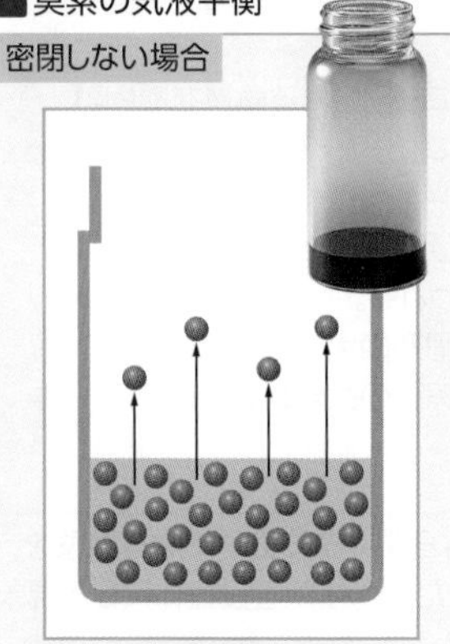

蒸発した分子が，徐々に大気中に拡散していくので，いつまでも蒸発が続き，最後には液体がなくなる。

気液平衡

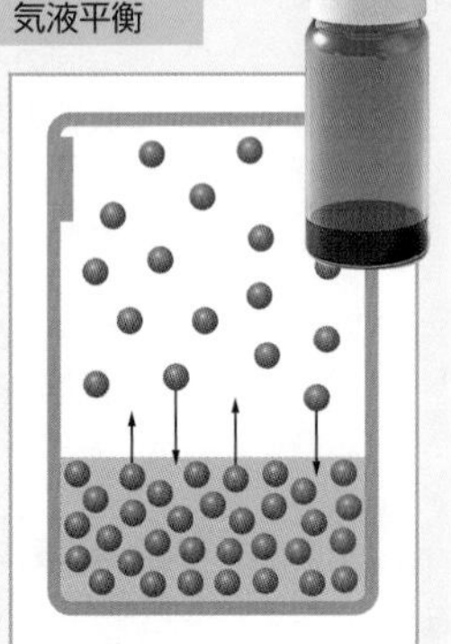

密閉容器では，蒸発する分子と凝縮する分子の数が等しくなって，見かけ上蒸発が止まる。

気液平衡（高温）

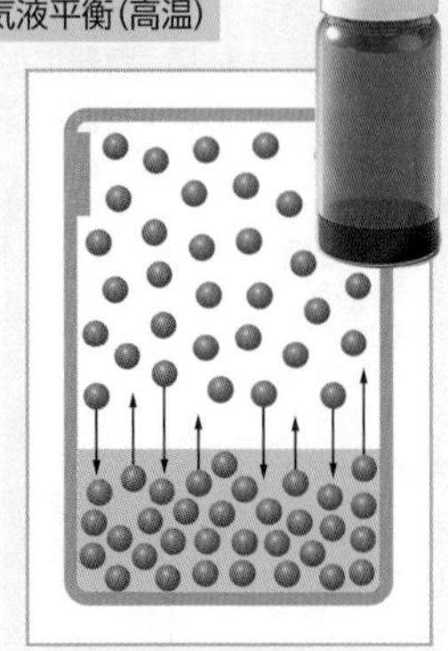

高温では熱運動が激しく，蒸発する分子も多いので，気体の分子の数が増え，蒸気の圧力も高くなる。

■蒸気圧曲線

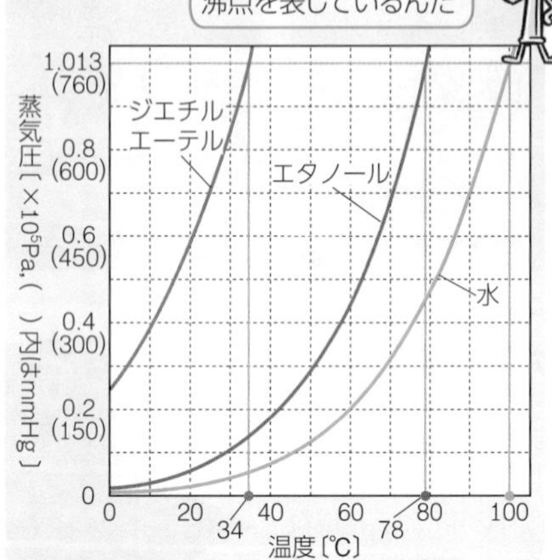

■蒸発する分子の数と温度

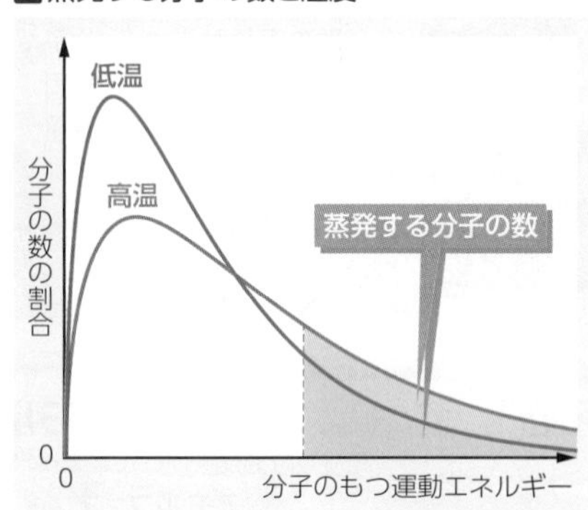

高温では，大きなエネルギーをもつ分子が増えるので，蒸発する分子の数が増える。したがって，温度が高くなるほど，蒸気圧は大きくなる。

トリチェリの実験

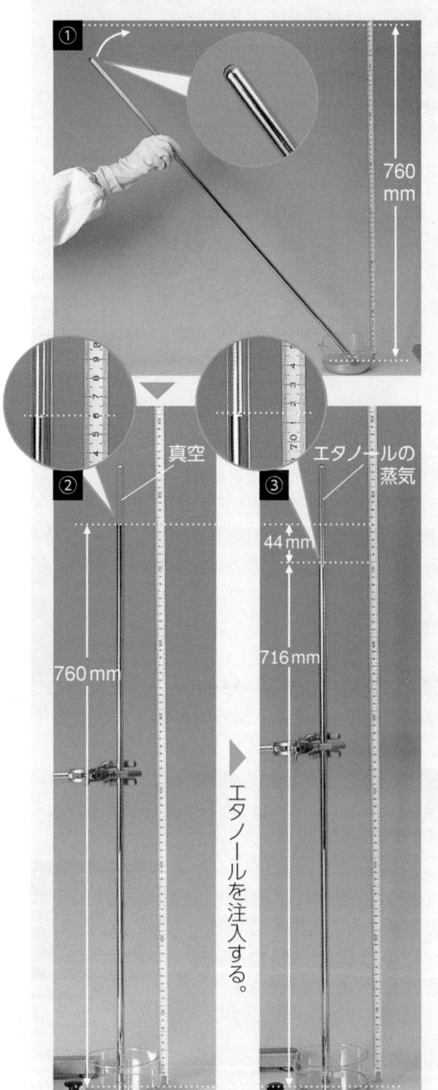

①一方の端を閉じたガラス管に水銀を満たし，水銀を入れた容器中で倒立させる。
②ガラス管の端の高さが760 mmをこえても，ガラス管内の水銀は760 mmの高さで止まる。このとき，容器中の水銀面に対する大気圧と管内の水銀柱の圧力がつりあっている※。
③少量のエタノールをガラス管に注入すると，エタノールは蒸発し，蒸気圧により水銀柱の高さは低くなる。

※水銀柱760 mmに相当する圧力を760 mmHgと表す。

760 mmHg ＝ 1 atm ＝ 1.013×10^5 Pa

B 沸騰
boiling

液体の蒸気圧が外圧に等しくなると，液体内部からも蒸気が泡となって発生する。この現象を沸騰といい，沸騰が起こる温度を沸点という。

■沸騰のしくみ

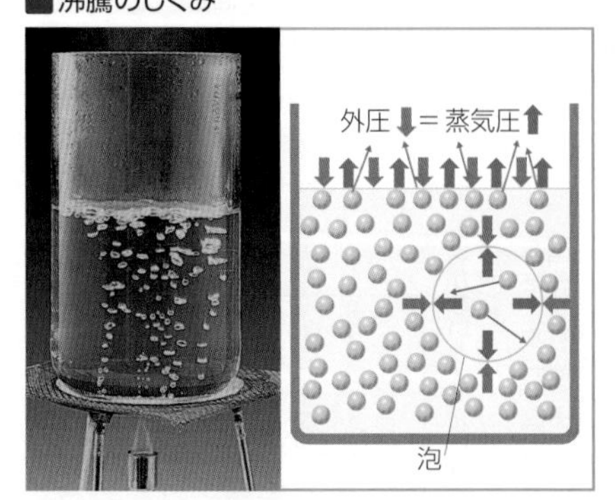

「蒸気圧」＝「外圧（液面にかかる圧力）」となる温度が沸点。ふつう，外圧が 1.013×10^5 Pa（＝1 atm）のときに沸騰する温度で表すことが多い。

■低圧における沸騰

水を沸騰させて，フラスコ内を水蒸気で満たす。加熱をやめ，沸騰が止まってから栓をする。

冷水をかけると，フラスコ内の水蒸気が凝縮して水になり圧力が減少するので，再び沸騰する。

Ⓐ 純物質では同じです。ただし，混合物では異なります。

C 状態図
phase diagram

温度や圧力によって，物質が固体・液体・気体のいずれの状態をとるかを示した図を，物質の状態図という。

二酸化炭素の状態図

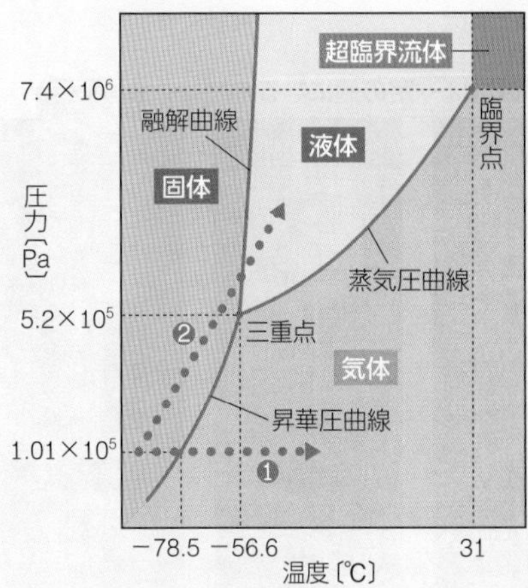

※このグラフは，状態図の特徴を強調して描いた。

圧力によるドライアイスの融解

固体の CO_2 → 加圧 → 液体の CO_2

二酸化炭素は 5.2×10^5Pa 以下の圧力では，液体にならず，昇華する（❶の変化）。
ドライアイスの粉末を丈夫なガラス管に詰めて圧力を加えると，温度と圧力が上がるので，液体の二酸化炭素ができる（❷の変化）。

水の状態図

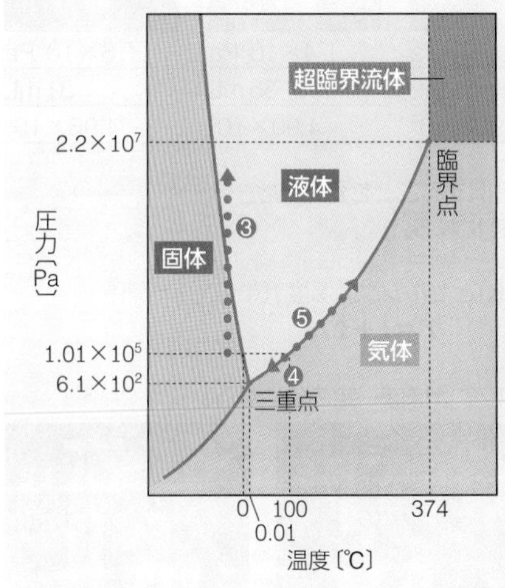

※このグラフは，状態図の特徴を強調して描いた。

圧力による氷の融解

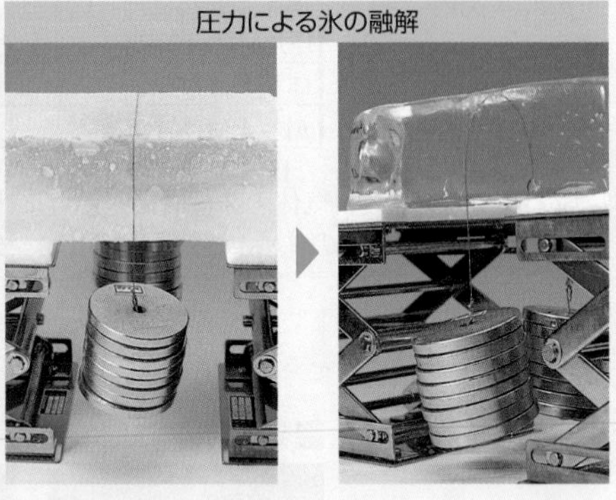

固体と液体の境界の線がわずかに左に傾いているため，圧力を加えると融点が下がる。
おもりに結んだ細いひもを氷にのせると，圧力によってひもの下の氷がとける（❸の変化）。圧力がなくなると，とけた水が再び凍るので，ひもが氷の内部に入りこんでいくが，氷は分断されない。

Column 物質の三態に関する身のまわりの現象

衣類の乾燥 日常

水蒸気が大気中に拡散するため，気液平衡に達することなく蒸発が続き，衣類が乾く。

大気圧による水の沸点の変化

高地では，空気が薄く大気圧が小さいので，沸点が低くなる（❹の変化）。

圧力鍋 日常

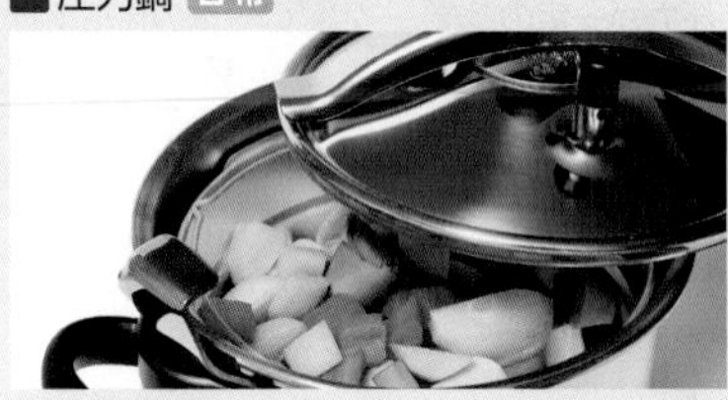

圧力を高くすると沸点が高くなる（❺の変化）。圧力釜や圧力鍋は，内部の圧力を高くして沸点を上げているので，高温で調理ができる。

Zoom up 超臨界流体と三重点
supercritical fluid　triple point

超臨界流体　状態図の蒸気圧曲線は，ある温度・圧力以上になると途切れる。この点を臨界点という。臨界点をこえると，液体と気体の区別がつかなくなる。この状態の物質を超臨界流体といい，密度は液体に近く，粘性は気体とあまり変わらず，液体と気体の特徴をあわせもっていて，液体のように物質を溶解したり，気体のように拡散しやすいという性質がある。
さらに，臨界点付近では，圧力を変えることで目的物質の溶解度を変えることができるので，混合物から特定の物質だけを抽出することができる。例えば，二酸化炭素の超臨界流体を用いて，コーヒーからカフェイン，タバコからニコチンを除去したり，食品中のエキス，DHA や EPA，香料などのさまざまな成分を抽出したりしている。

カフェインレスコーヒー

三重点　状態図の蒸気圧曲線・融解曲線・昇華圧曲線が交わる点を三重点という。三重点では，固体・液体・気体が共存する。
右の写真は，水の三重点を実現するための装置。中央のガラス管の周囲に氷を付着させ，0.01 ℃以上の少量の水を入れ，氷をガラス壁から離すと，中央のガラス管上部は 0.01 ℃（273.16K）になる。

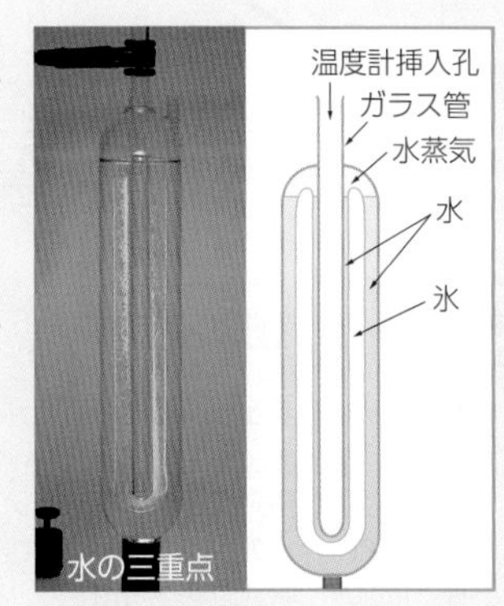

Q ドライアイスから出ている白い煙は，二酸化炭素ですか?

3 気体の状態方程式 基 化 物理

A ボイルの法則 Boyle's law

ボイルは，温度が一定のとき，気体の体積が圧力に反比例することを発見した。つまり，温度が一定ならば，圧力と体積の積は一定になる。

ボイルの法則

温度が一定のとき，一定量の気体の体積 V は，圧力 p に反比例する。

$$pV = 一定$$

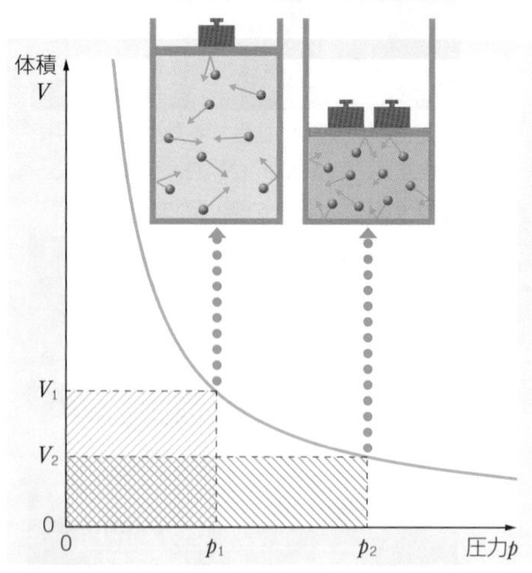

体積を小さくすると，単位体積当たりの気体分子の数が多くなるので，器壁と衝突する分子の数が増加する。そのため，温度が一定であれば，気体分子がもつエネルギーは変化しないが，圧力は大きくなる。

$$p_1V_1 = p_2V_2$$

■ボイルの法則の実験（pV はほぼ一定の値になる）

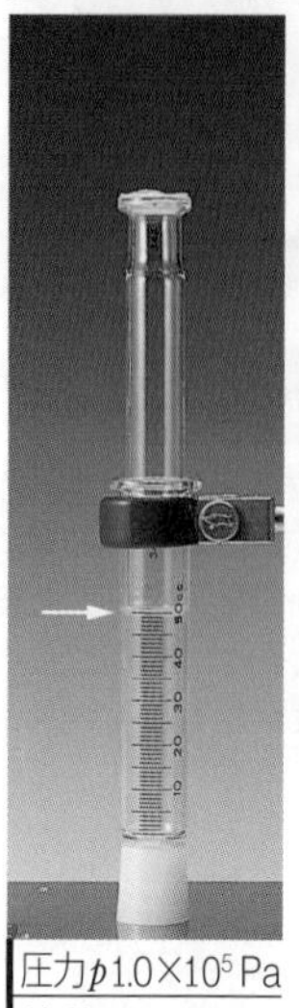
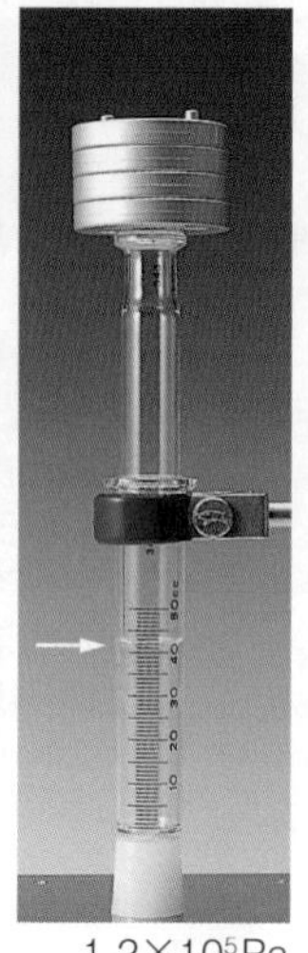

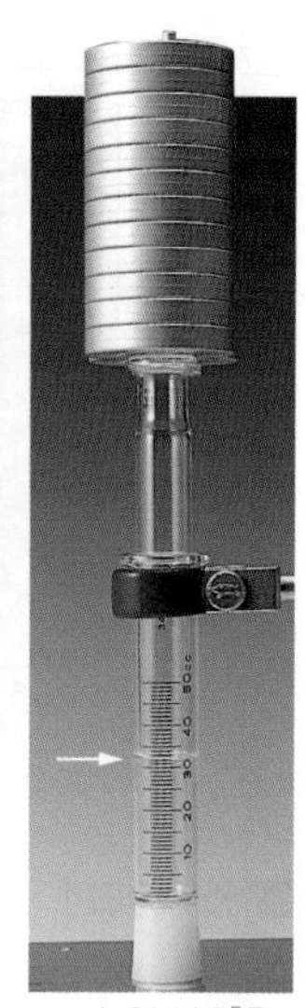

圧力 p	1.0×10^5 Pa	1.2×10^5 Pa	1.4×10^5 Pa	1.6×10^5 Pa
体積 V	49 mL	41 mL	35 mL	31 mL
pV	4.90×10^6	4.92×10^6	4.90×10^6	4.96×10^6

B シャルルの法則 Charles's law

シャルルは，圧力が一定のとき，気体の体積は絶対温度に比例することを発見した。つまり，圧力が一定ならば，気体の体積と絶対温度の比は一定になる。

シャルルの法則

圧力が一定のとき，一定量の気体の体積 V は，絶対温度 T に比例する。

$$\frac{V}{T} = 一定$$

絶対温度 T（単位 K）とセルシウス温度 t（単位℃）の関係

$$T = t + 273$$

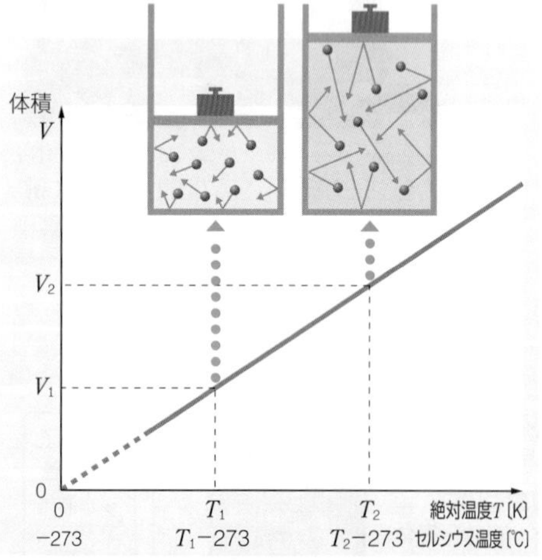

温度を上げると，気体分子の運動エネルギーが大きくなるので，器壁に与える力が大きくなる。そのため，圧力が一定であれば，気体分子がピストンを押し上げ，体積が大きくなる。

$$\frac{V_1}{T_1} = \frac{V_2}{T_2}$$

■シャルルの法則の実験（V/T はほぼ一定の値になる）

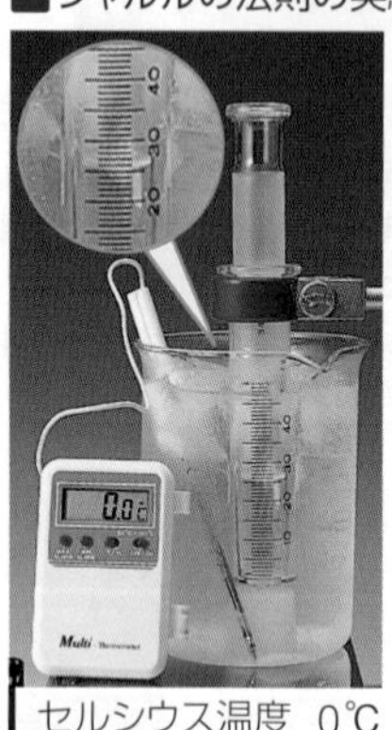
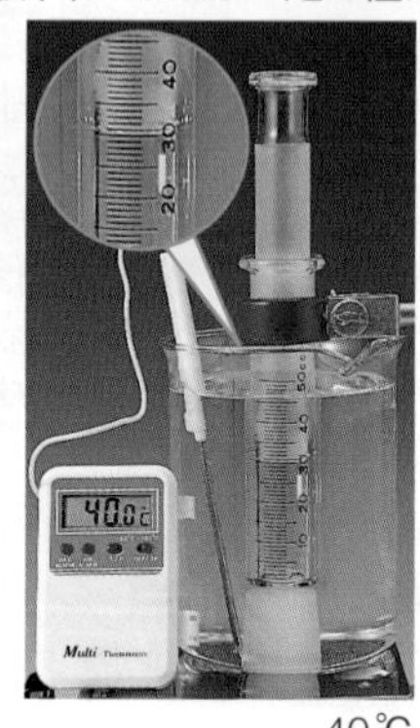
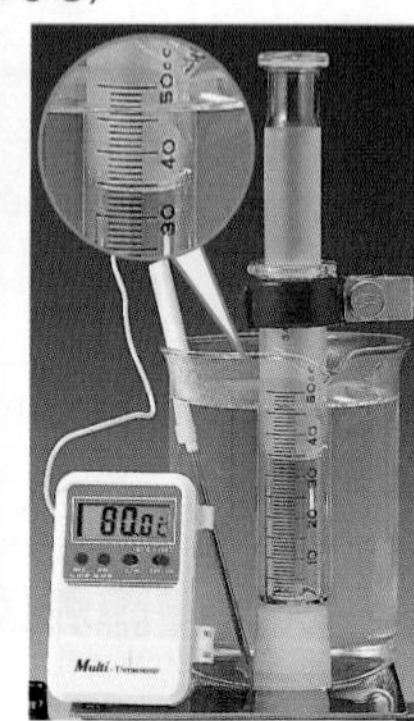

セルシウス温度	0℃	40℃	80℃
絶対温度 T	273 K	313 K	353 K
体積 V	26 mL	30 mL	34 mL
V/T	0.095	0.096	0.096

補足 大気圧の測定

p.100 のトリチェリの実験のように，大気圧とつりあう水銀柱の高さは，760 mm になる。これは，大気圧が水銀面を押している圧力 p_{air} と高さ 760 mm の水銀柱が重力によって及ぼす圧力 p_{Hg} が等しいことを示している。
大気圧は次のように求めることができる。

水銀の密度 $d = 13.6\times10^3\,kg/m^3$，
地球の重力加速度 $g = 9.80\,m/s^2$ とすると，

$$p_{air} = p_{Hg} = dgh$$
$$= 13.6\times10^3\,kg/m^3 \times 9.80\,m/s^2 \times 0.760\,m$$
$$= 1.01\times10^5\,kg/(m\cdot s^2) = 1.01\times10^5\,N/m^2$$
$$= \mathbf{1.01\times10^5\,Pa}$$

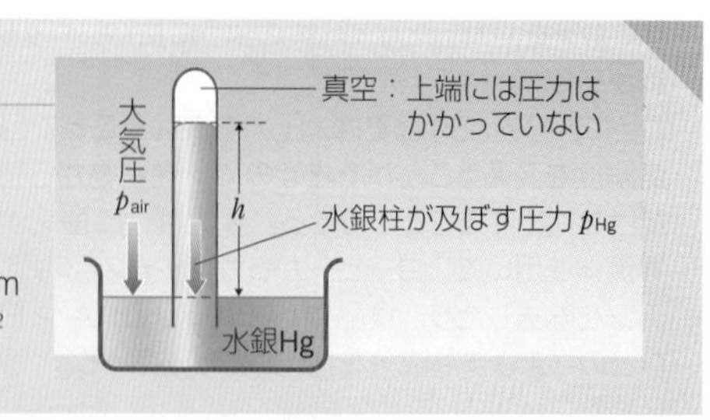

A 違います。これは，空気中の水蒸気が冷却されてできた液体や固体で，雲のようなものです。

C ボイル・シャルルの法則

Boyle-Charles's law

圧力，温度がともに変化するときの，気体の体積に関する法則である。ボイルの法則とシャルルの法則は，この法則に含まれる。

ボイル・シャルルの法則

一定量の気体の体積 V は，圧力 p に反比例し，絶対温度 T に比例する。

$$\frac{pV}{T}=\text{一定}$$

■体積と圧力，温度の関係

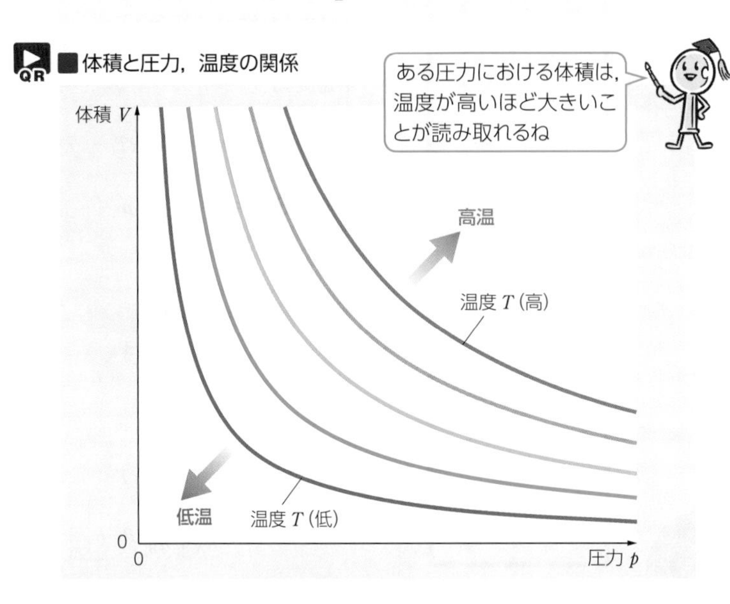

シャルルの法則と絶対温度

Bの実験の 0℃と 40℃の結果から，次式が得られる。

$$V=\frac{30-26}{40-0}t+26=0.1t+26 \quad \cdots①$$

よって，V が 0 になる温度(絶対零度)は，$t=-260$ (−260℃)と計算される。

よって，絶対温度を $T=t+260$ とすると，①式は次式のように表せる。

$$V=0.1\times(t+260)=0.1T$$

この式より，V と T の関係式が得られる。

シャルル
1746～1823
フランスの物理学者

シャルルは，気体の膨張に関する実験を行い，気体の種類によらず等しい温度上昇によって等しい体積だけ膨張することを見出した。シャルルの法則の発見は，絶対温度の単位ケルビンができる以前であった。絶対温度を用いずシャルルの法則を表すと，次のようになる。

> 圧力一定のもとで，気体の温度が 1℃変化すると，体積は 0℃における体積の 1/273 だけ変化する。

シャルルの法則によると，気体の体積は−273℃で 0 になる(実際の気体はその前に液体になるので，0 にはならない)。このときの温度が絶対零度(0 K)である。

D 気体の状態方程式

gas (state) equation

ボイル・シャルルの法則は，一定の物質量の気体について成りたつ。圧力・体積・温度だけでなく，気体の物質量も含めた，一般的な関係式を気体の状態方程式という。

気体の状態方程式

圧力 p〔Pa〕，体積 V〔L〕，温度 T〔K〕，物質量 n〔mol〕の気体について，次の式が成りたつ。

$$pV=nRT$$

R：気体定数 8.31×10^3 Pa·L/(mol·K)

> 気体の質量 m〔g〕，モル質量 M〔g/mol〕を用いて表すと，
> $$pV=\frac{m}{M}RT$$
> (この式は，気体の分子量を求めるときに使われる。)

■気体の状態方程式を導く

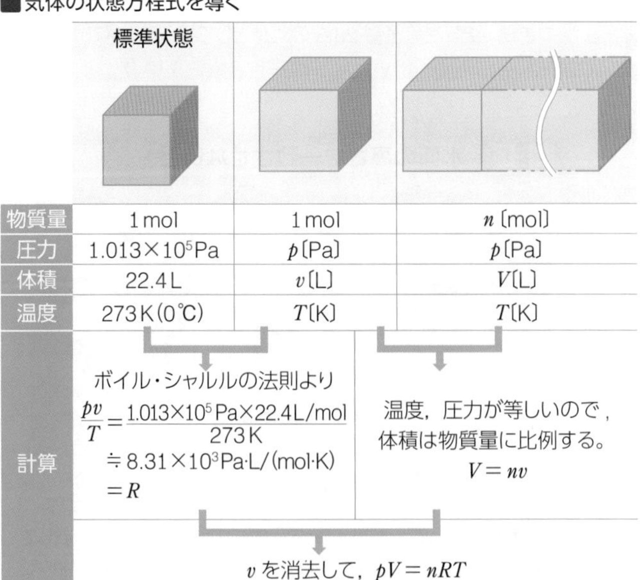

	標準状態		
物質量	1 mol	1 mol	n〔mol〕
圧力	1.013×10^5 Pa	p〔Pa〕	p〔Pa〕
体積	22.4 L	v〔L〕	V〔L〕
温度	273 K (0℃)	T〔K〕	T〔K〕
計算	ボイル・シャルルの法則より $\frac{pv}{T}=\frac{1.013\times10^5\,\text{Pa}\times22.4\,\text{L/mol}}{273\,\text{K}}$ ≒ 8.31×10^3 Pa·L/(mol·K) $=R$		温度，圧力が等しいので，体積は物質量に比例する。 $V=nv$

v を消去して，$pV=nRT$

補足 気体定数の単位

状態方程式 $pV=nRT$ を用いて計算するときに，気体定数として 8.31×10^3 Pa·L/(mol·K) を使うのであれば，体積は L，圧力は Pa，温度は K，物質量は mol に換算して数値を代入しなくてはいけない。単位が異なると気体定数の値も異なるので，注意する。

① 圧力の単位が Pa，体積の単位が m^3 のとき　8.31 Pa·m^3/(mol·K)

② 圧力の単位が atm，体積の単位が L のとき　0.0821 atm·L/(mol·K)

Column 気体の法則に関する身のまわりの現象

密閉袋入りの菓子を高地に持ち運ぶと，袋が膨らむ。これは，高地の気圧が低いため，袋中の気体の体積が増加するからである(ボイルの法則)。

Q −273 ℃より低い温度は存在しますか?

4 混合気体 基 化

A 分圧の法則
partial pressure

混合気体の全体積を各成分気体が単独で占めるときに示すと考えられる圧力をその気体の分圧といい，混合気体の示す圧力を全圧という。

分圧の法則
混合気体の全圧＝成分気体の分圧の和
成分気体の分圧＝モル分率×全圧

モル分率：混合気体中の成分気体の物質量の割合

気体 A と気体 B の混合状態

圧力：p（全圧）
体積：V
温度：T
物質量：$n_A + n_B$
状態方程式：$pV=(n_A+n_B)RT$

全圧 $p = p_A + p_B$

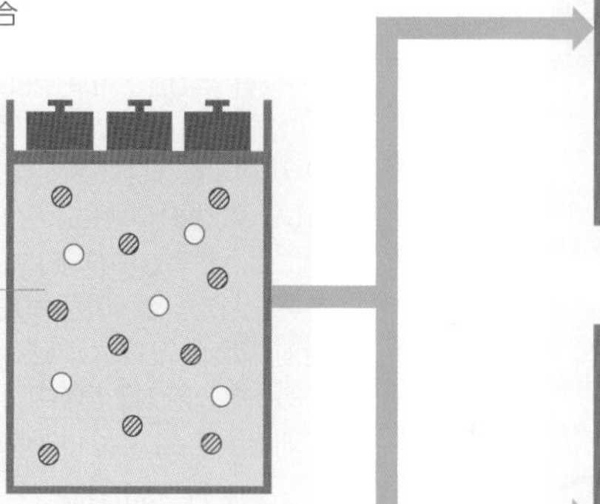

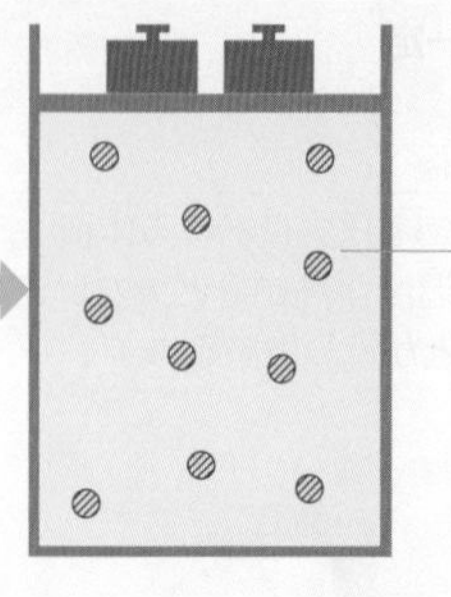

気体 A だけの状態

圧力：p_A（気体 A の分圧）
体積：V
温度：T
物質量：n_A
状態方程式：$p_AV = n_ART$

分圧 $p_A = \dfrac{n_A}{n_A+n_B}p$

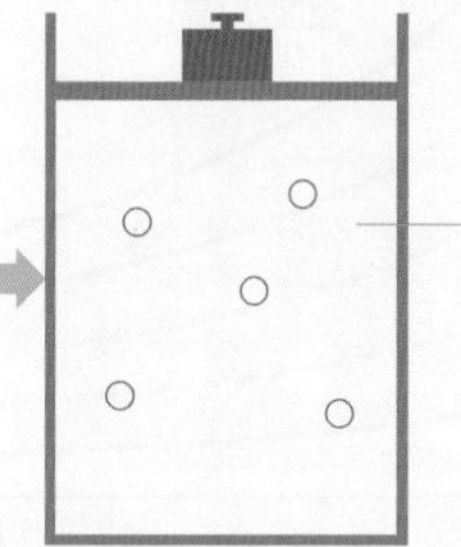

気体 B だけの状態

圧力：p_B（気体 B の分圧）
体積：V
温度：T
物質量：n_B
状態方程式：$p_BV = n_BRT$

分圧 $p_B = \dfrac{n_B}{n_A+n_B}p$

■分圧の法則の確認

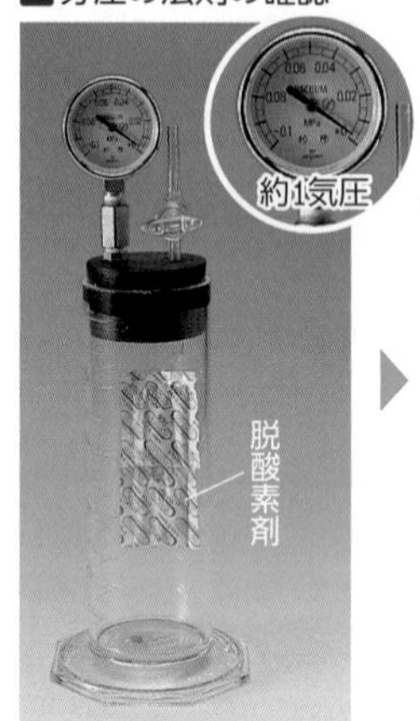

空気（$N_2$80%，$O_2$20%）で満たされた容器に脱酸素剤を入れ,密閉する。

O_2 が脱酸素剤に吸収され N_2 だけが残り，圧力が 20% 減少する。

吸収された O_2 の体積に相当する水を入れると，圧力がもとにもどる。

補足 見かけの分子量

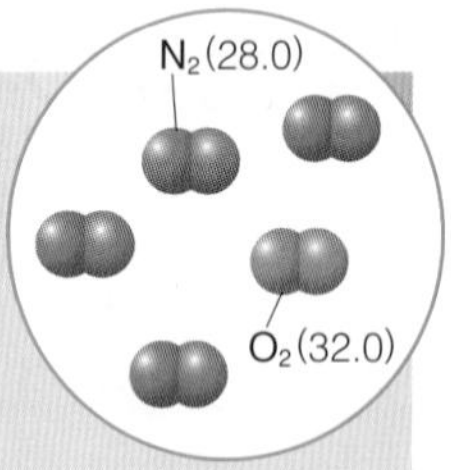

N_2(28.0)
O_2(32.0)

混合気体の分子量は，成分気体の分子量にモル分率をかけて足しあわせた，見かけの分子量（平均分子量）である。
例えば，空気は窒素と酸素の物質量の比が 4：1 の混合気体と見なすことができるので，その見かけの分子量は 28.8 となる。

$$28.0 \times \frac{4}{4+1} + 32.0 \times \frac{1}{4+1} = 28.8$$

つまり，空気を分子量 28.8 の気体として扱うことができる。

B 水上置換で捕集した気体の分圧

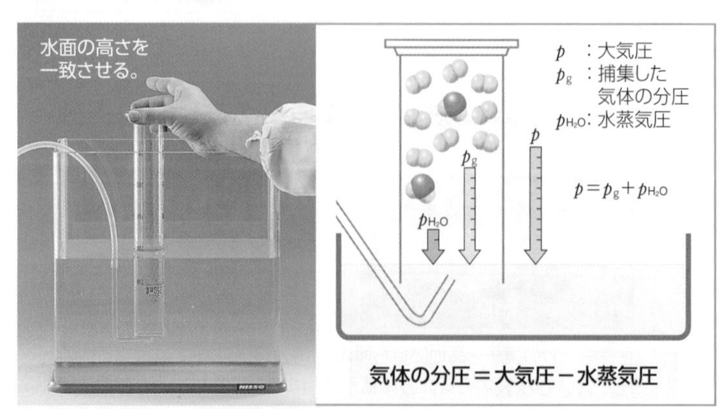

水上置換で捕集した気体は，水蒸気を含んだ混合気体である。

補足 水面の高さを一致させないと…

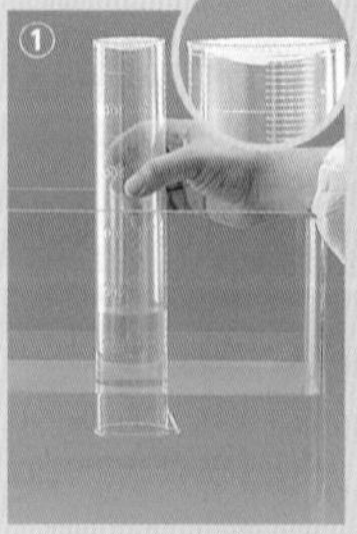

① 大気圧 ＞ 混合気体の圧力
② 大気圧 ＝ 混合気体の圧力 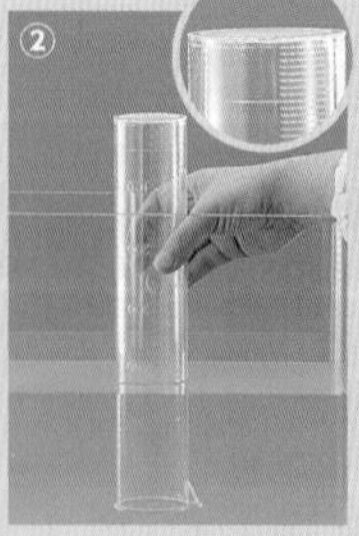
③ 大気圧 ＜ 混合気体の圧力 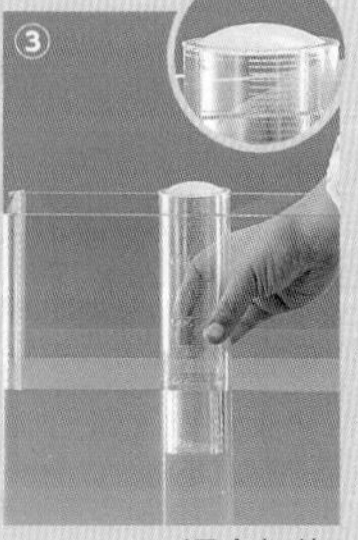

左の実験において，メスシリンダー内外の水面の高さが一致していないと，液面差に相当する水圧によって測定値に誤差が生じる。

A 存在しません。－273 ℃は気体分子の熱運動が完全に停止する温度です。

C 分子量を測定する

シクロヘキサン(沸点 81 ℃)のような揮発性の液体は，湯浴で加熱して気体にすることができる。その状態で，気体の状態方程式における p，V，m，T を測定し，分子量を求める。

入試問題にチャレンジ! p.281

① 準備

温度計を差しこんだゴム栓(バイトン栓)とフラスコをあわせた質量をはかる。ゴム栓には，シクロヘキサンの蒸気を逃がすための溝をつけておく。次に，シクロヘキサン約 3 mL をフラスコに入れる(加熱したときにフラスコ内がシクロヘキサンの蒸気で満たされるように，十分な量を入れておく)。

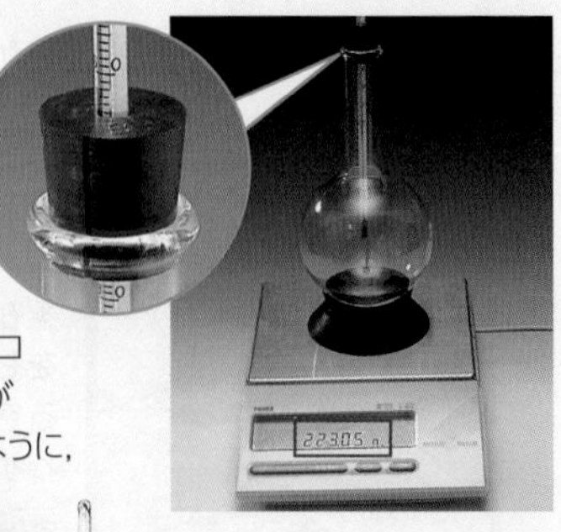

シクロヘキサンの引火性に注意

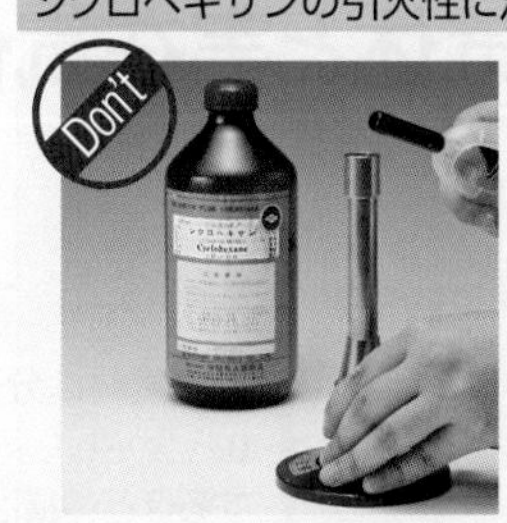

シクロヘキサンは引火しやすいので，火気に近づけないよう注意する。

② 測定

温度 Temperature を求める

余分なシクロヘキサンが出る

フラスコを加熱して，すべて気体になったシクロヘキサンの温度を温度計で読むと，
82.0 ℃
T = (82 + 273) K より

T = 355 K

ついた水をふき取る。

質量 $m$ass を求める

測定する状態のシクロヘキサンを冷却して液体にもどし，フラスコ内に空気を入れる。このときの質量から，①ではかった容器の質量を差し引くと，シクロヘキサンの質量が得られる。
224.25 g − 223.05 g = 1.20 g

m = 1.20 g

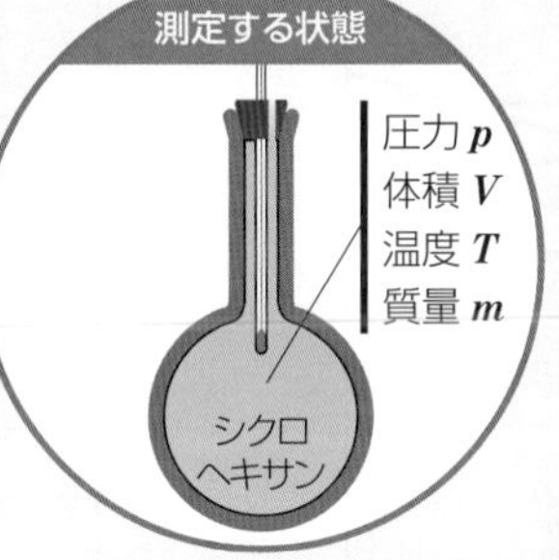

シクロヘキサンを回収後，フラスコいっぱいに水を満たす。

体積 Volume を求める

フラスコに満たした水をメスシリンダーに移し，体積をはかると，
425 mL

V = 0.425 L

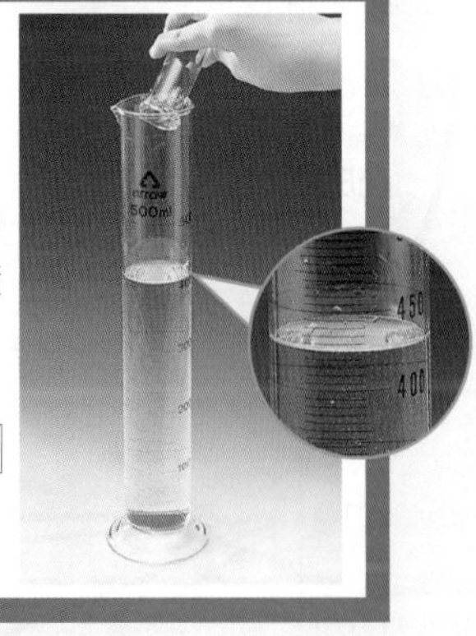

圧力 $p$ressure を求める

気圧計

測定する状態におけるシクロヘキサンの圧力は大気圧に等しい。気圧計の大気圧を読むと，
1013 hPa
1 hPa = 10^2 Pa より

$p = 1.013\times10^5$ Pa

③ 計算

気体の状態方程式を変形して，シクロヘキサンのモル質量 M を計算する。

$$M=\frac{mRT}{pV}=\frac{1.20\,\text{g}\times8.31\times10^3\,\text{Pa·L/(mol·K)}\times355\,\text{K}}{1.013\times10^5\,\text{Pa}\times0.425\,\text{L}}$$

≒ 82.2 g/mol　よって，分子量は 82.2

シクロヘキサンの分子量の正確な値は 84.2 であるから，この実験の測定結果の相対誤差は，

$$\frac{84.2-82.2}{84.2}\fallingdotseq0.024\ (2.4\,\%)$$

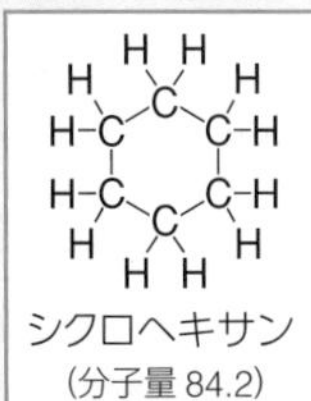

シクロヘキサン
(分子量 84.2)

補足　シクロヘキサンの蒸気圧の補正

シクロヘキサンを凝縮させて質量を測定するとき，厳密には，その蒸気圧を考慮しなければならない。25 ℃のシクロヘキサンの蒸気圧は約 0.13×10^5 Pa で，フラスコ内の空気の分圧は約 0.88×10^5 Pa となるが，①ではフラスコ内の約 1.013×10^5 Pa の空気の質量と容器の質量の和を測定している。そのため，0.13×10^5 Pa 分の空気の質量を補正しなければならない。この場合，その質量は約 0.06 g になり，おおむね誤差の程度になる。

Q 気体の状態方程式に当てはめられない物質(固体や液体)の分子量や式量は，どのように測定しますか?

5 理想気体と実在気体 基 化

A 理想気体と実在気体
ideal gas　real gas

理想気体とは，気体分子自身の占める体積を 0，分子間力がはたらかないと仮定した気体で，気体の状態方程式に厳密に従う。

■理想気体のモデル

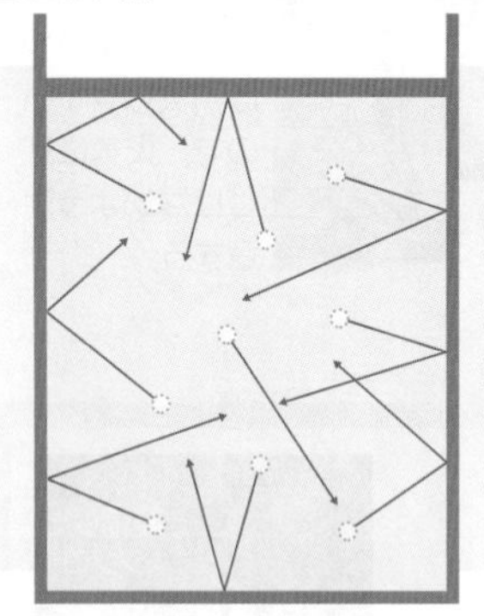

理想気体は**分子自身の占める体積を 0** と仮定した気体なので，圧力を高くするほど体積は限りなく 0 に近づく。
また，理想気体の分子間には，**分子間力がはたらかない**と仮定してあるので，凝縮したり凝固することはない(ただし，質量はもつ)。

■実在気体のモデル

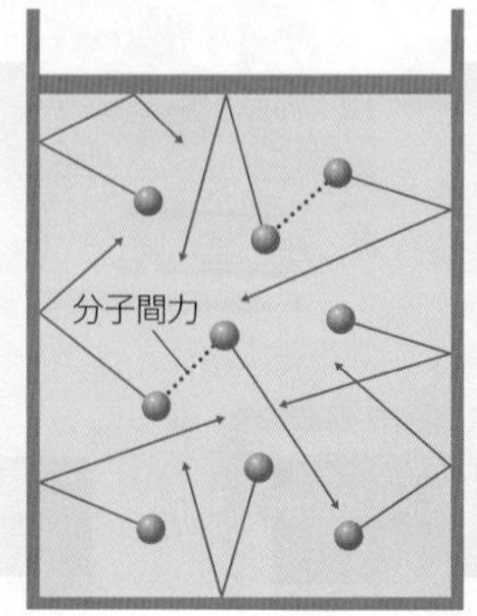

実在気体は，**分子自身が固有の体積をもつ**。そのため，分子が運動できる空間(体積)は容器の容積よりもわずかに小さくなる。
また，実在気体の分子には，**分子間力がはたらく**。そのため，分子が器壁におよぼす力(圧力)は，分子間力がはたらかないときと比べて，わずかに小さくなる。

B 理想気体からのずれ

実在気体は，分子自身が固有の体積をもち，分子間力もはたらく。したがって，気体の状態方程式に厳密には従わない。どのようなときに理想気体からのずれが大きくなるのかをここでまとめる。

■圧力変化に伴う理想気体からのずれ

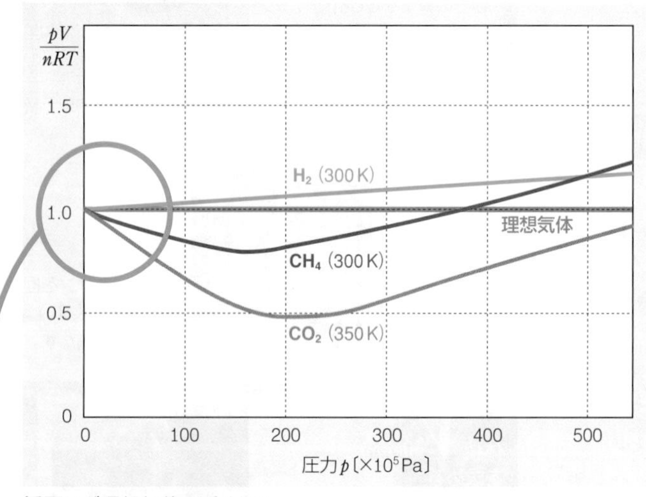

低圧ほど理想気体に近くなる。

$\frac{pV}{nRT}$ 1.1 / 1.0 / 0.9 / 0.8 / 0.7　H_2 (400 K)　H_2 (300 K)　理想気体　CH_4 (400 K)　CH_4 (300 K)　CO_2 (400 K)　CO_2 (350 K)　0 20 40 60 80 100　圧力 p〔$\times10^5$ Pa〕

分子自身の体積による影響と分子間力の影響の大小によって，グラフの傾きが変わるんだ

■温度変化に伴う理想気体からのずれ

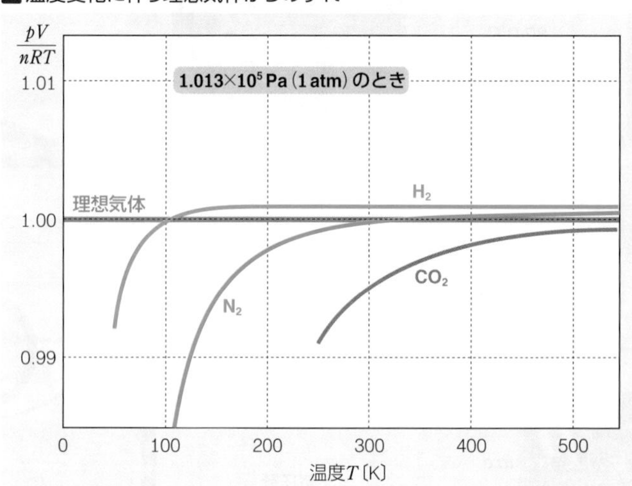

高温ほど理想気体に近くなる。

■標準状態(0℃，1.013×10^5 Pa)での気体 1 mol の体積

気体	分子量	沸点〔℃〕	標準状態での気体 1 mol の体積〔L〕
H_2	2.0	−252.87	22.42
He	4.0	−268.934	22.43
Ne	20	−246.05	22.42
N_2	28	−195.8	22.41
O_2	32	−182.96	22.39
CH_4	16	−161.49	22.37
CO_2	44	−78.5 昇華	22.26
HCl	36.5	−84.9	22.24
C_2H_6	30	−89	22.17
HI	128	−35.1	22.10
NH_3	17	−33.4	22.09
Cl_2	71	−33.97	22.06
SO_2	64	−10	21.90

理想気体 22.41396954… L

分子間力の大きな気体(沸点の高い物質)は，理想気体からのずれが大きい。

A 沸点上昇(p.112)，凝固点降下(p.112)，浸透圧(p.113)，けん化価(p.208)などから求めることができます。

Zoom up 理想気体と実在気体

入試問題にチャレンジ! p.282

① 状態方程式の補正(ファンデルワールスの式)

分子の体積　分子自身が占める体積を 1 mol 当たり b〔L〕とすると，n〔mol〕では nb〔L〕となり，この分だけ分子が実際に運動できる空間が小さくなる。つまり，容積 V〔L〕の容器でも，分子が運動できる空間は $(V-nb)$〔L〕となり，これを理想気体の体積とする。

分子間力　分子間力は，単位体積中の分子の数 nN_A/V に比例し，器壁に衝突する分子の数も nN_A/V に比例するから，全引力は $(nN_A/V)^2$〔Pa〕に比例する。そこで，比例定数を a（N_A も含める），実際に測定される圧力を p〔Pa〕とすると，$p+an^2/V^2$〔Pa〕が理想気体の圧力となる。

これらを状態方程式に代入すると，$(p+an^2/V^2)(V-nb)=nRT$（ファンデルワールスの式）が得られる。

■定数 a, b の値

気体	a〔Pa・L²/mol²〕	b〔L/mol〕
He	3.5×10^3	0.0240
H_2	2.48×10^4	0.0266
N_2	1.36×10^5	0.0386
O_2	1.38×10^5	0.0319
CO_2	3.65×10^5	0.0428
NH_3	4.25×10^5	0.0373

② 実在気体の状態変化

理想気体は状態変化を起こさないが，実在気体は冷却や加圧によって状態変化を起こす。

■冷却による凝縮（体積一定）

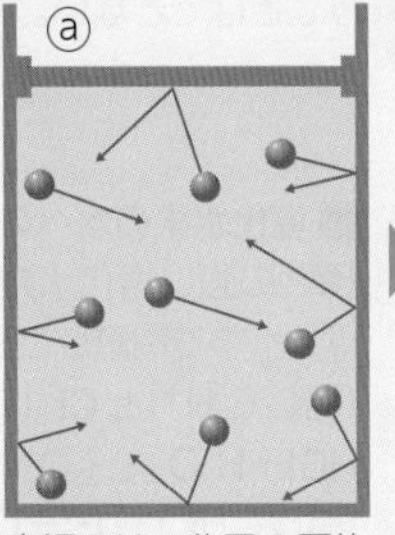

高温では，分子の平均速度が大きく，分子間力の影響は小さい。

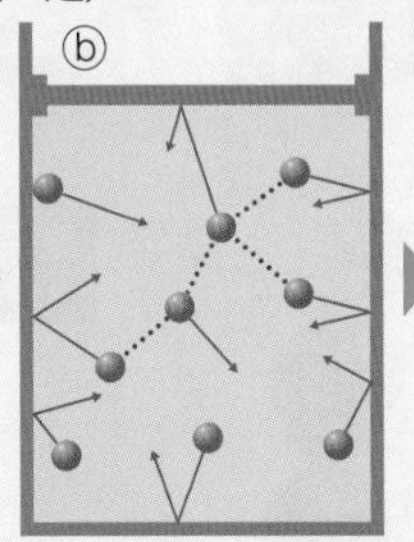

低温になると分子の平均速度が小さくなり，分子間力が大きく影響するようになる。

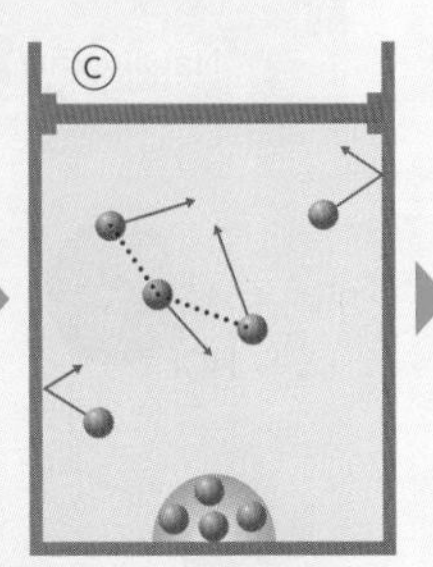

分子が分子間力にとらえられ，自由に飛びまわれなくなって，凝縮し始める（液体になる）。

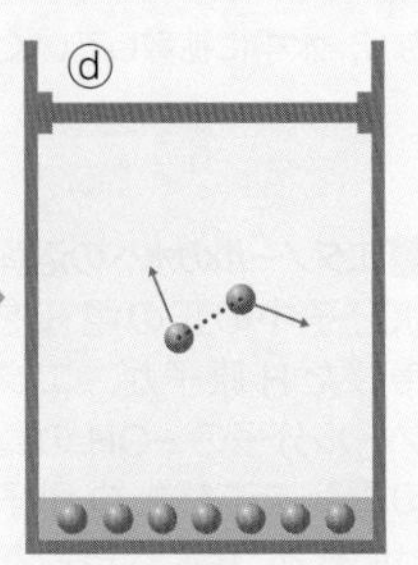

さらに温度を下げると，凝縮が進む。気体の圧力は，蒸気圧曲線に従って減少する。

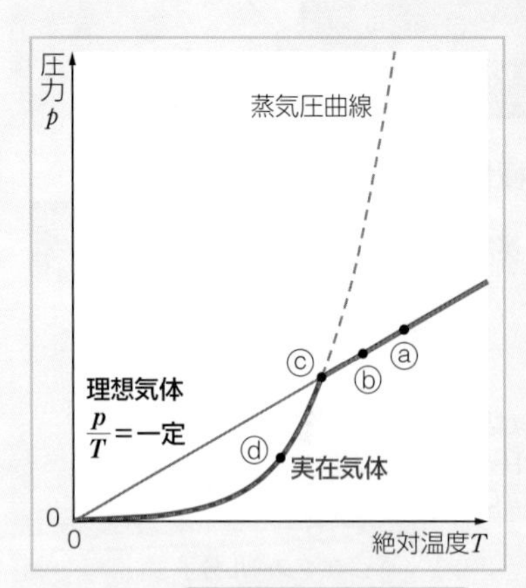

■加圧による凝縮（温度一定）

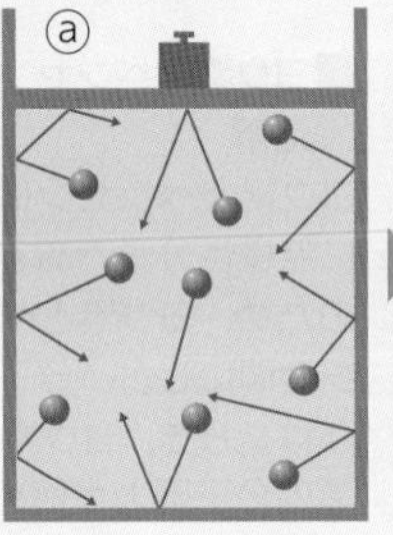

低圧では，分子間の距離が大きく，分子間力の影響は小さい。

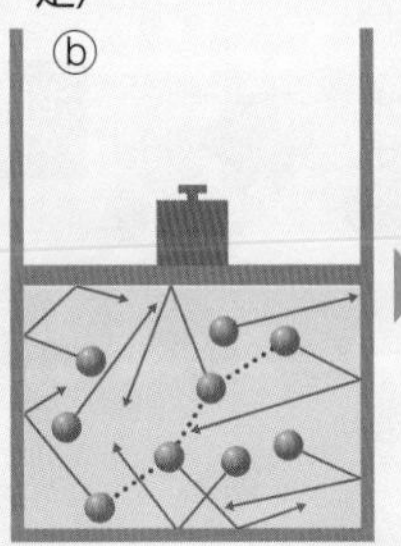

圧力を加えると体積が減少し，分子どうしが接近するので，分子間力が大きくなる。

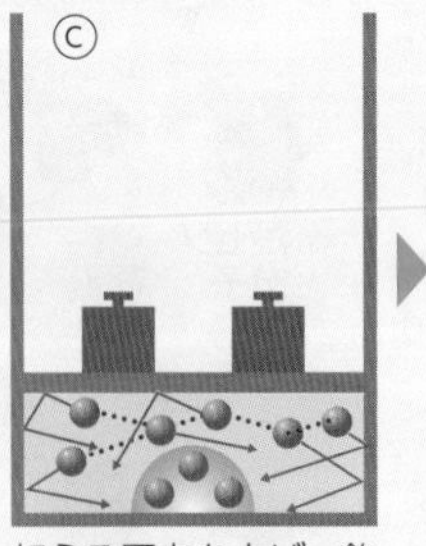

加える圧力を上げ，飽和蒸気圧に達すると，気体は凝縮する。

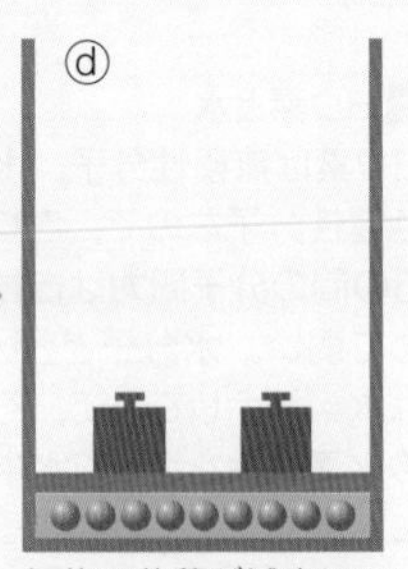

気体の体積が減少しても，圧力は飽和蒸気圧のまま変化しないので，気体はすべて液体になる。

■冷却によるブタンの凝縮

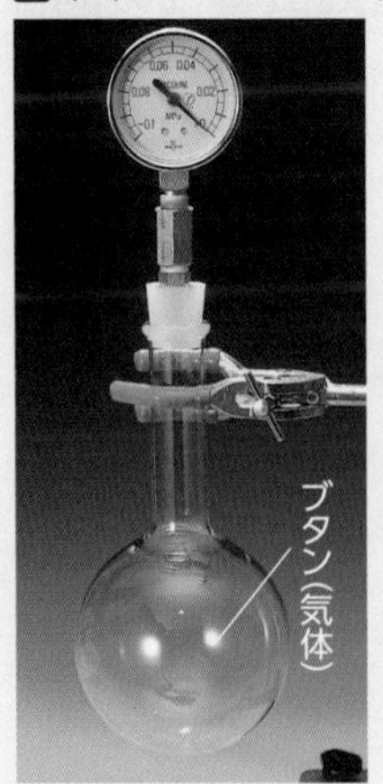

ブタン（沸点－0.5℃）をドライアイスで冷却すると，凝縮して，圧力が下がる。

■加圧によるブタンの凝縮

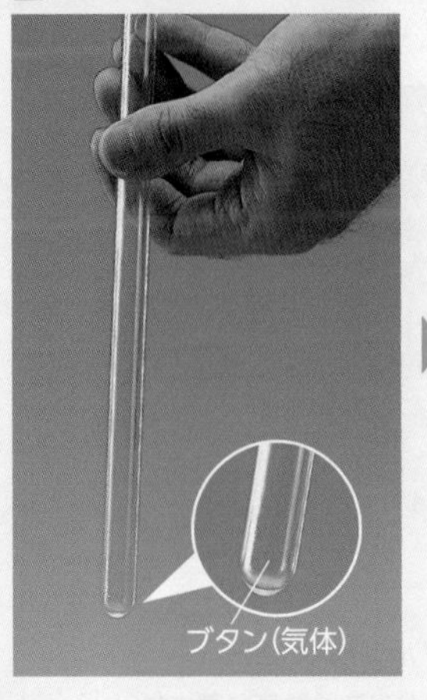

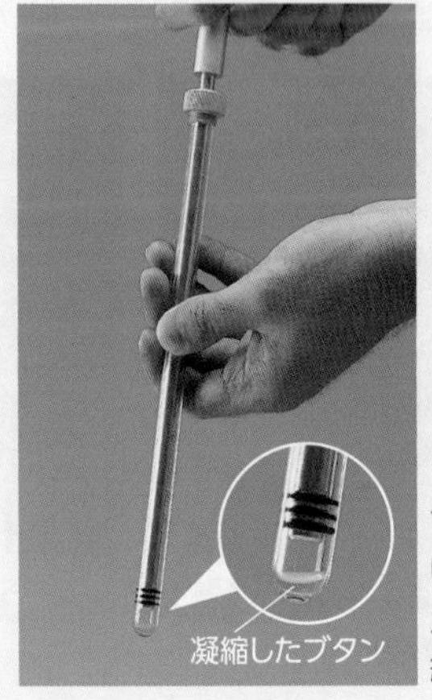

ブタンに高い圧力を加えると，凝縮する。

Q 理想気体に一番近い気体は何ですか?

6 溶解のしくみと溶液の濃度 基 化

A 溶解のしくみ
dissolution

化 物質を溶かす液体を溶媒，溶媒に溶けている物質を溶質という。
また，溶質が溶媒に溶けることを溶解といい，溶解によって生じる均一な混合物を溶液という。

① イオンからなる物質の溶解

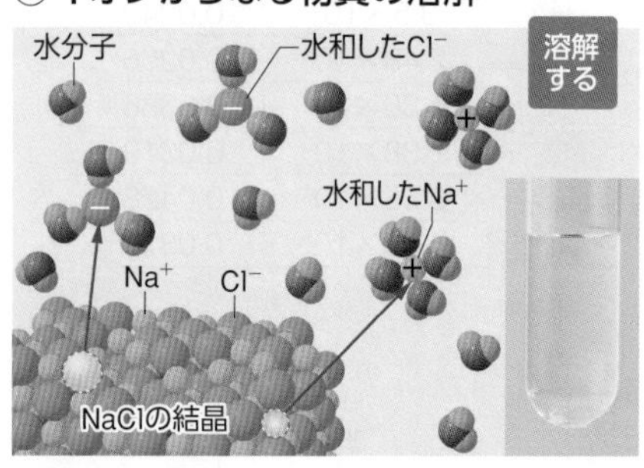

■塩化ナトリウムの水への溶解
水は極性分子なので，負の電荷を帯びたO原子がNa^+と，正の電荷を帯びたH原子がCl^-と引きあう（水和する）。そのため，Na^+とCl^-は水和イオンになり，水中に拡散していく。

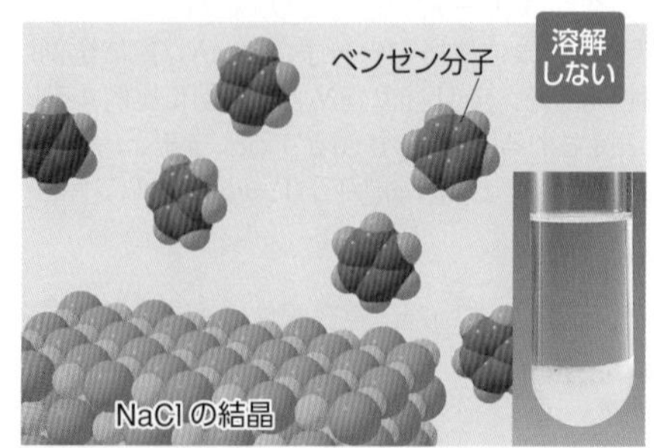

■塩化ナトリウムとベンゼン
ベンゼンは，無極性分子であるから，ベンゼン分子とNa^+やCl^-は，引きあわない。そのため，結合力の強いNaClの結晶から，Na^+とCl^-を引き離すことはできない。

② 極性分子からなる物質の溶解

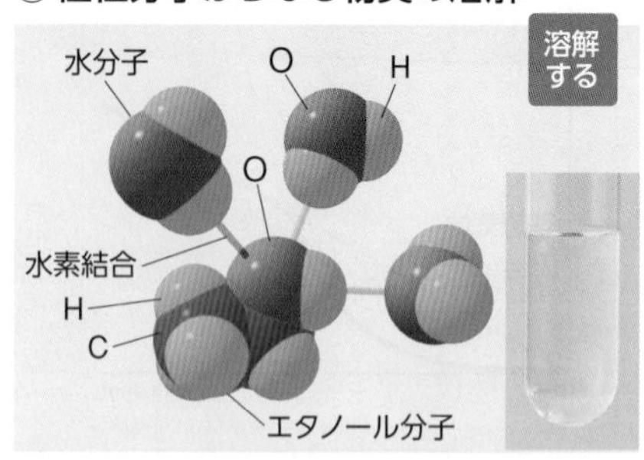

■エタノールの水への溶解
水分子中の正の電荷を帯びたH原子が，エタノール分子の -OH の負の電荷を帯びたO原子と引きあう（水素結合を生じて水和する）。そのため，エタノールは水に非常によく溶ける。

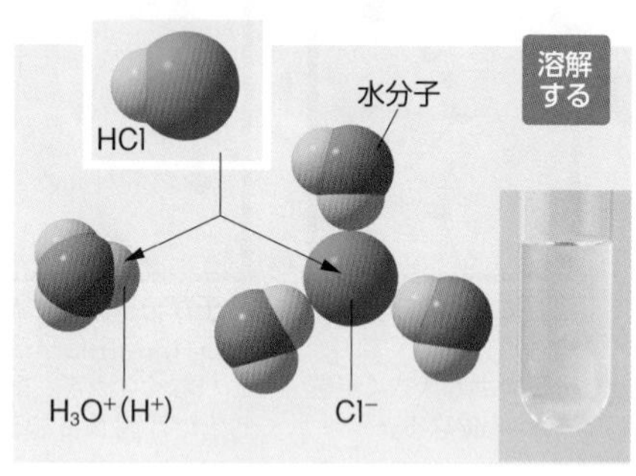

■塩化水素の水への溶解
極性の強い塩化水素HClは，水中で電離してH_3O^+（略してH^+）とCl^-になる。
$HCl + H_2O \rightarrow H_3O^+ + Cl^-$
（略して$HCl \rightarrow H^+ + Cl^-$）
そのイオンが水和して水に溶ける。

③ 無極性分子からなる物質の溶解

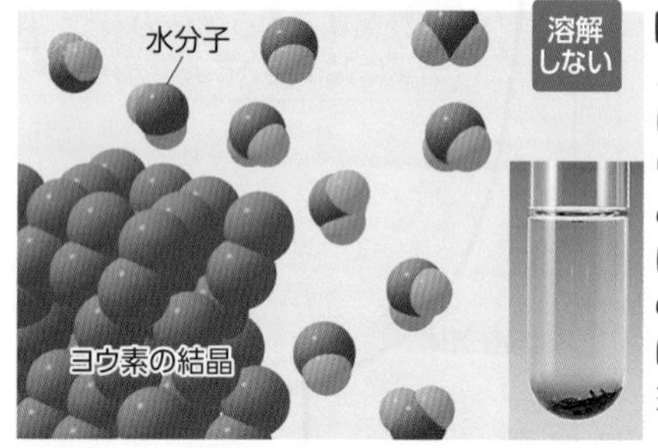

■ヨウ素と水
ヨウ素は無極性分子，水は極性分子なので，これらの間の分子間力はきわめて弱い。水分子どうしは水素結合していて，その水素結合を切って水中に拡散することのできるヨウ素分子は少ない。

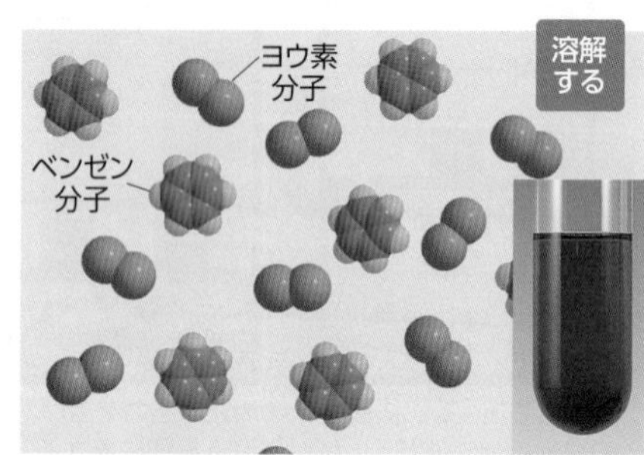

■ヨウ素のベンゼンへの溶解
ヨウ素とベンゼンはともに無極性分子である。そのため，ヨウ素とベンゼンの間にも弱い分子間力がはたらき，ヨウ素の結晶の分子間力が弱められ拡散していく。

B 電解質と非電解質
electrolyte nonelectrolyte

物質がイオンに分かれることを電離といい，塩化ナトリウムや塩化水素のように水溶液中で電離する物質を電解質，電離しない物質を非電解質という。

電解質の水溶液は電気を通す。

非電解質の水溶液は電気を通さない。

まとめ

溶質・溶媒の種類と溶解性・電気伝導性の関係

一般に，極性をもつ物質どうし，もたない物質どうしはよく溶ける。
いろいろな物質の溶解性をまとめると，下の表のようになる。
ただし，これはあくまで目安であって，例外も多いので注意しよう。

溶質		溶媒：極性（例：水）	溶媒：無極性（例：ベンゼン）	水溶液の電気伝導性
イオンからなる物質		溶解する	溶解しない	電気を通す（電解質）
分子からなる物質	極性分子	溶解する	溶解しない	電気を通さない（非電解質）
分子からなる物質	無極性分子	溶解しない	溶解する	電気を通さない（非電解質）

A ヘリウムです。その次が水素です。

C 溶液の濃度と調製方法

concentration

溶液の中に含まれている溶質の割合を，その溶液の濃度という。溶液の濃度には次のような表し方があり，目的に応じて使い分ける。

① 質量パーセント濃度（%）

$$質量パーセント濃度 = \frac{溶質の質量〔g〕}{溶液の質量〔g〕} \times 100 = \frac{溶質の質量〔g〕}{溶媒の質量〔g〕+溶質の質量〔g〕} \times 100$$

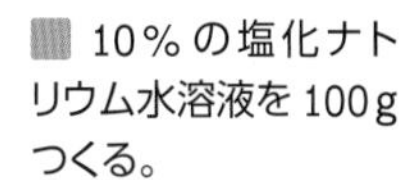

■ 10％の塩化ナトリウム水溶液を100gつくる。

①塩化ナトリウム10gを正確にはかり取る。

②全体が100gになるまで水を加える。

③よくかき混ぜて完全に溶かす。

補足　水和水をもつ場合

結晶が水和水（結晶水）をもつ場合は，水和水を除いて10gになる質量をはかり取る。

$CuSO_4 \cdot 5H_2O$ の場合，

$CuSO_4 = 63.5 + 32 + 16 \times 4 = 159.5$

$5H_2O = 5 \times (1.0 \times 2 + 16) = 90$

であるから，$10\,g \times \frac{159.5 + 90}{159.5} \fallingdotseq 15.6\,g$

の $CuSO_4 \cdot 5H_2O$ をはかり取る。

② モル濃度（mol/L）

$$モル濃度〔mol/L〕= \frac{溶質の物質量〔mol〕}{溶液の体積〔L〕}$$

■ 0.10mol/Lの硫酸銅(Ⅱ)水溶液を1.0Lつくる。（$CuSO_4 \cdot 5H_2O$ の式量は249.5）

①硫酸銅（Ⅱ）五水和物0.10mol（24.95g）を，ビーカーに正確にはかり取る。

②少量の水を加えて完全に溶かす。

③1Lのメスフラスコに移し，さらにビーカーを水で数回洗い，洗液をすべて入れる。

④標線まで水を加えて，よく振り混ぜる。

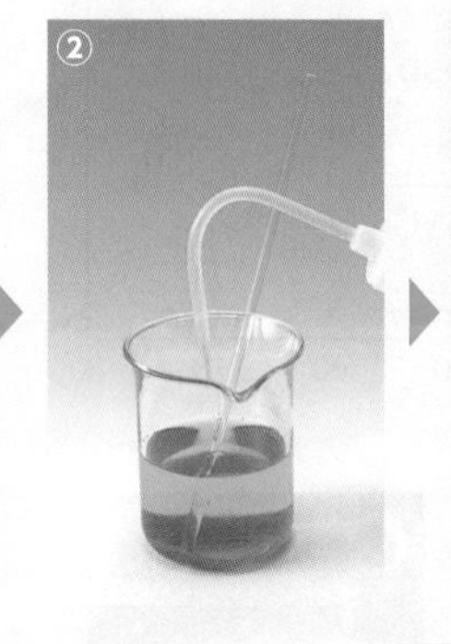

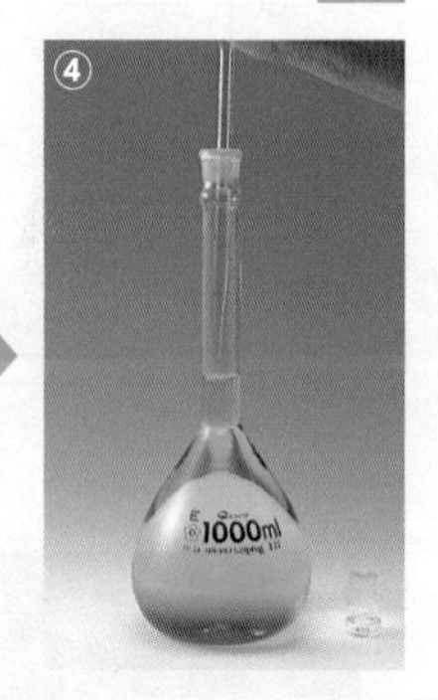

③ 質量モル濃度（mol/kg） 化

$$質量モル濃度〔mol/kg〕= \frac{溶質の物質量〔mol〕}{溶媒の質量〔kg〕}$$

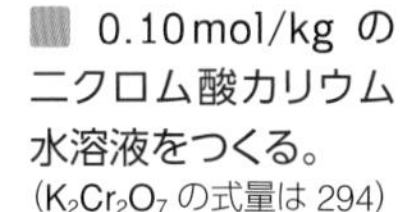

■ 0.10mol/kgのニクロム酸カリウム水溶液をつくる。（$K_2Cr_2O_7$ の式量は294）

①ニクロム酸カリウム0.10mol（29.4g）を正確にはかり取る。

②1Lのビーカーに移し水1.0kgを加える。

③よくかき混ぜて完全に溶かす。

補足　水和水をもつ場合

結晶が水和水（結晶水）をもつ場合は，結晶が含む水和水の質量を，水1.0kgから差し引いて加える。

$CuSO_4 \cdot 5H_2O$ の場合，0.10molの結晶に含まれる水和水の質量は

$18\,g/mol \times 5 \times 0.10\,mol = 9.0\,g$

であるから，$CuSO_4 \cdot 5H_2O$ の結晶24.95gに1000g－9.0g＝991gの水を加える。

溶液の調製上の注意

98％の濃硫酸32.8mL（H_2SO_4 を0.60mol含む）を使って6.0mol/Lの硫酸100mLをつくるとき，これを水67.2mLと混ぜあわせても95.3mLにしかならないので，6.0mol/Lよりも濃い溶液ができる。このように，**溶質と溶媒の体積の和は，溶液の体積にはならない**ので，正確に6.0mol/Lの硫酸をつくる場合は，水に濃硫酸32.8mLを加えて冷やした後，溶液の体積が100mLになるように水を加える。

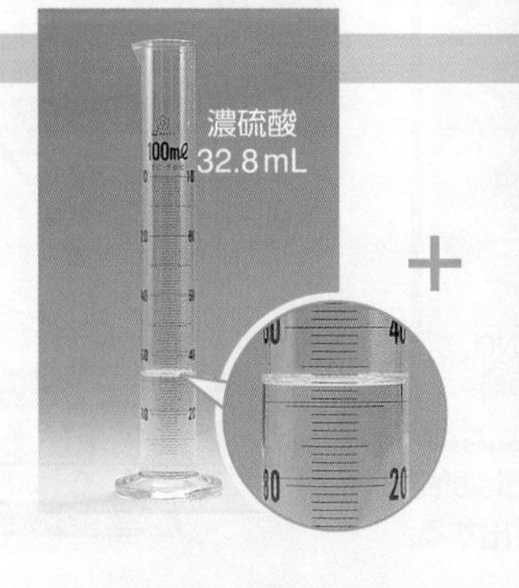

＋

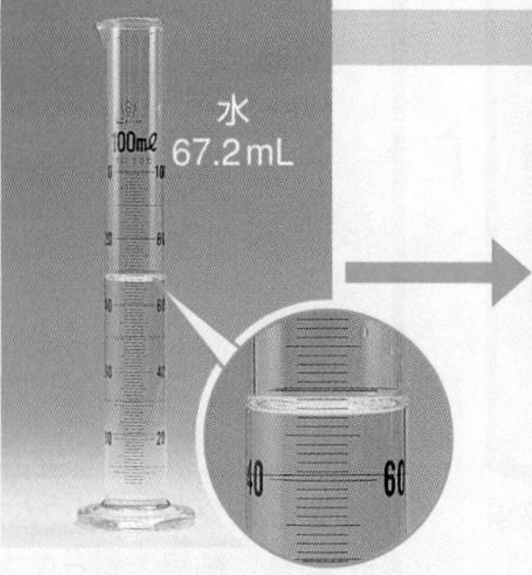

→

Q ppm（parts per million）やppb（parts per billion）は，どのような単位ですか？

7 固体・気体の溶解度 基 化

Jump 溶解平衡 → *p.134*

飽和溶液では，単位時間当たりに溶解する粒子の数と析出する粒子の数が等しく，見かけ上溶解も析出も起こっていないように見える。

A 固体の溶解度 solubility

一定量の溶媒に溶ける溶質の最大量を，その溶媒に対する溶質の溶解度という。

■いろいろな物質の溶解度曲線(*p.296*)

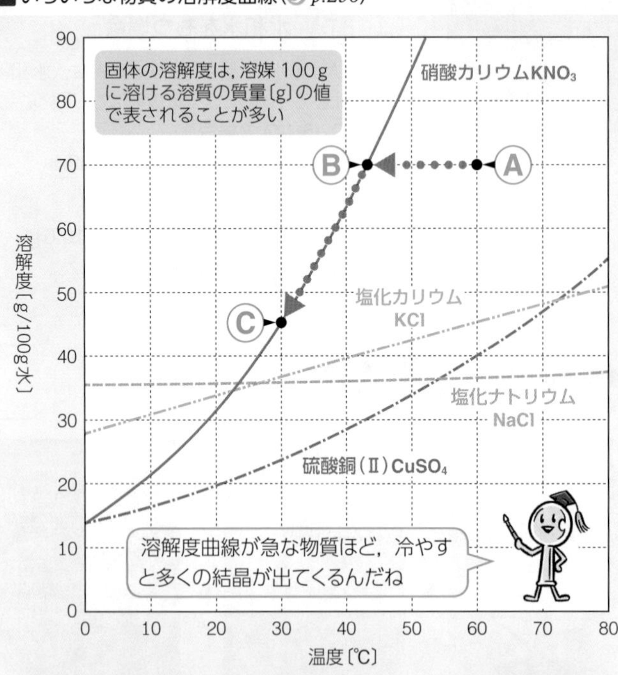

KNO_3 70gを60℃の温水100gに溶かす。

40℃より下がると，結晶が析出し始める。

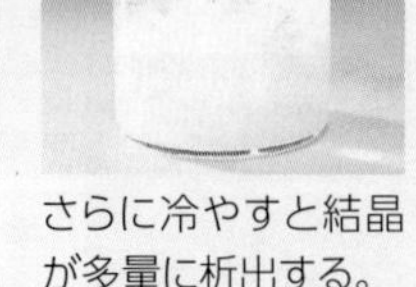

さらに冷やすと結晶が多量に析出する。

Point 結晶の析出量の求め方

飽和溶液に関しては，常に次の式が成りたつ。

$$\frac{\text{溶質の質量}}{\text{飽和溶液の質量}} = \frac{\text{溶解度}}{100+\text{溶解度}}$$

① 硝酸カリウムの析出量を求める。

硝酸カリウム KNO_3(溶解度：60℃で109，10℃で22)の60℃の飽和溶液を80gつくる。これを10℃に冷却したときの KNO_3 の析出量を x〔g〕とする。

60℃で水100gに溶ける KNO_3 は109gであり，10℃で水100gに溶ける KNO_3 は22gである。60℃で100g＋109g＝209gの飽和溶液を10℃に冷却すると，109g－22g＝87gの KNO_3 が析出する。析出量は飽和溶液の量に比例するので

$$x = (109-22)\,\mathrm{g} \times \frac{80}{100+109} \fallingdotseq 33\,\mathrm{g}$$

② 硫酸銅(Ⅱ)五水和物の析出量を求める。

硫酸銅(Ⅱ) $CuSO_4$(溶解度：60℃で40，10℃で17)の60℃の飽和溶液を80gつくる。これを10℃に冷却したときの硫酸銅(Ⅱ)五水和物 $CuSO_4 \cdot 5H_2O$($CuSO_4$ の式量は160，$5H_2O$ は90)の析出量を y〔g〕とする。

60℃の飽和溶液80g中の $CuSO_4$ は $\dfrac{40}{100+40} \times 80\,\mathrm{g}$

析出した硫酸銅(Ⅱ)五水和物の中の $CuSO_4$ は

$$CuSO_4 : \frac{160}{160+90} \times y$$

析出後の飽和溶液の質量は　$80\,\mathrm{g} - y$

これらの値を上の飽和溶液の関係式に代入すると

$$\frac{\dfrac{40}{100+40} \times 80\,\mathrm{g} - \dfrac{160}{160+90} \times y}{80\,\mathrm{g} - y} = \frac{17}{100+17}$$

この式を解くと　$y \fallingdotseq 23\,\mathrm{g}$

B 再結晶

少量の不純物を含む固体から，温度による溶解度の違いを利用して不純物を取り除き，物質を精製する操作を再結晶(*p.17*)という。

■再結晶のモデル

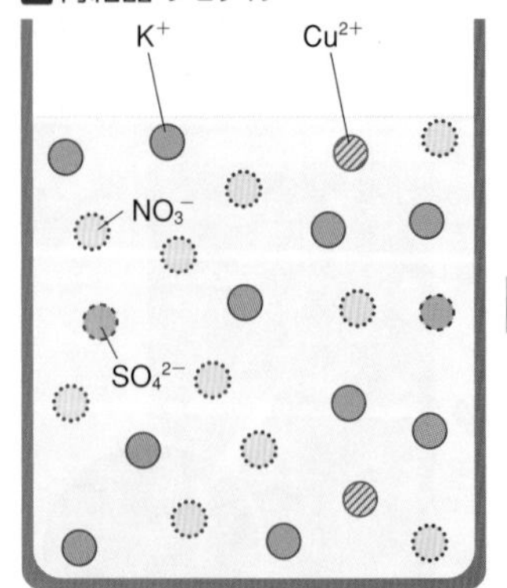

硝酸カリウム KNO_3 と，少量の硫酸銅(Ⅱ) $CuSO_4$ の混合物を温水に溶かす。

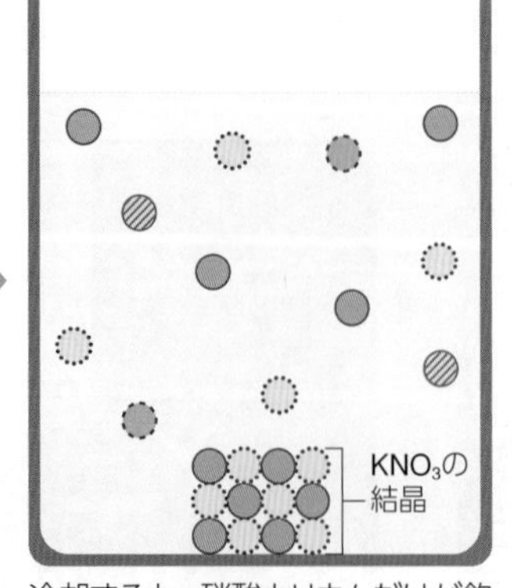

冷却すると，硝酸カリウムだけが飽和になり，結晶となって析出する。

■再結晶の原理

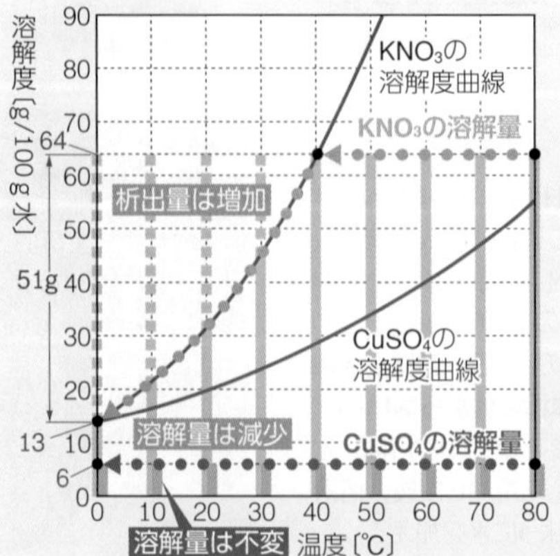

KNO_3 64gに $CuSO_4$ 6gが混じった混合物を80℃の温水100gに溶かす。この水溶液を冷却していくと，KNO_3 は40℃で飽和溶液になり，結晶が析出し始める。0℃まで冷却すると，KNO_3 は

64g－13g＝51g

析出する。

一方，$CuSO_4$ は飽和に達しないので，析出せずに溶液中に残る。

A %が100分の1を示すのに対し，ppmは100万分の1，ppbは10億分の1を示す単位です。(例：0.0001%＝1ppm，0.0000001%＝1ppb)

C 気体の溶解度 化

気体の水への溶解度は，一般に温度が低いほど大きく，温度が高くなると小さくなる。温度が一定なら，気体の溶解度は水に接している気体の圧力(分圧)に比例する。

① 温度による気体の溶解度の変化

■気体の溶解度と温度の関係(p.297)

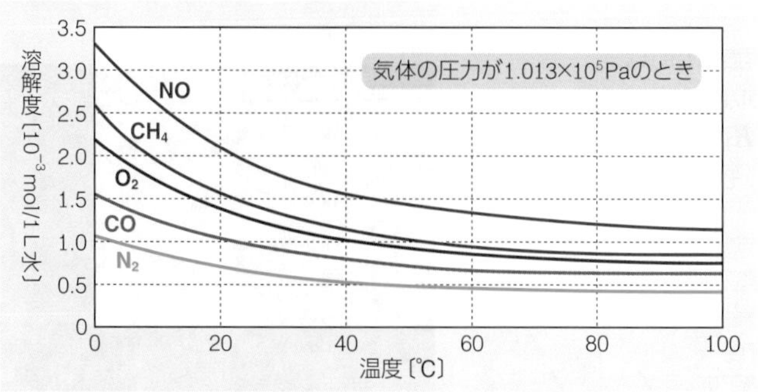

温度が高くなると，一定量の水に溶ける気体の物質量が小さくなる。

■温度の上昇による炭酸水の発泡

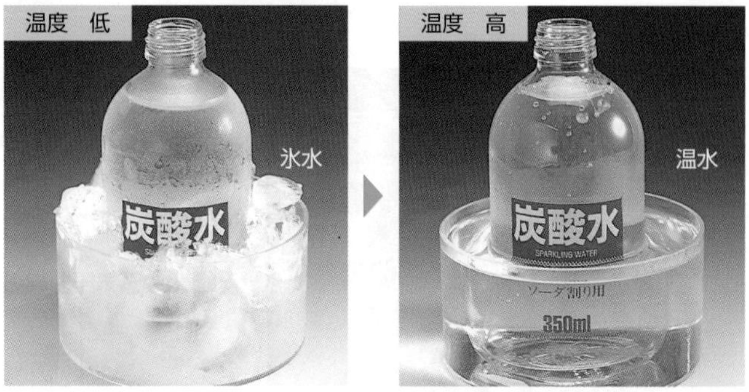

温度が上がると，溶けきれなくなった二酸化炭素の泡が出てくる。

② 気体の溶解度と圧力の関係

ヘンリーの法則

温度が一定のとき，一定量の溶媒に溶ける気体の物質量は，溶媒に接している気体の圧力に比例する。

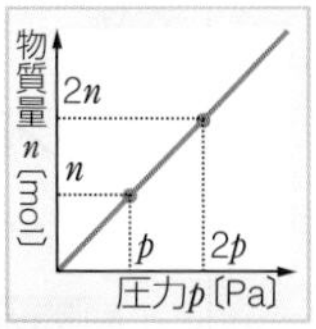

圧力を加えて，気体を水に溶かす。温度:一定，溶媒量:一定	溶けた気体の物質量は，溶かしたときの圧力に比例する。	溶けた気体の体積を同一の圧力で比べると，溶かしたときの圧力に比例する。	溶けた気体の体積を溶かしたときの圧力で比べると，同じ体積になる。

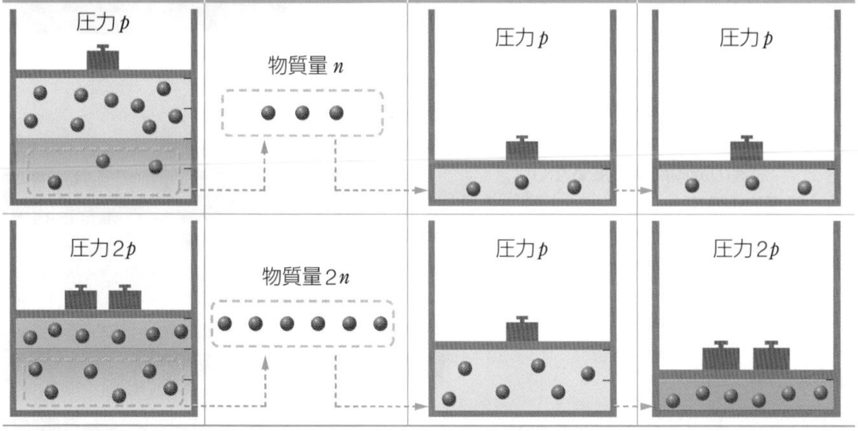

※ヘンリーの法則は，水への溶解度が小さく，水と反応しない気体で，圧力があまり大きくないときに成りたつ。

■圧力の減少による炭酸水の発泡

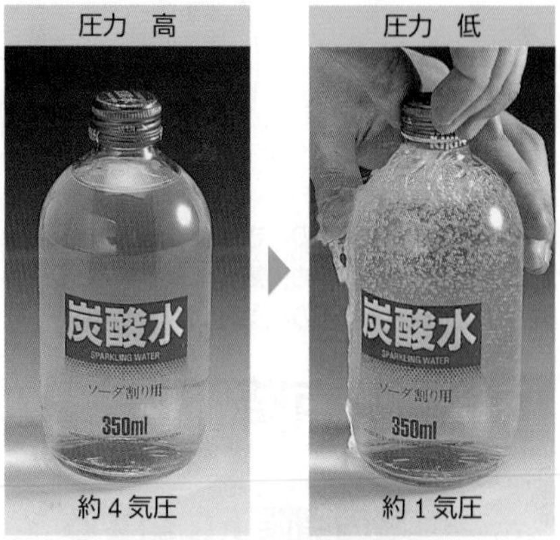

瓶の中の圧力が急激に小さくなり，発泡する。

■圧力の増加による空気の溶解

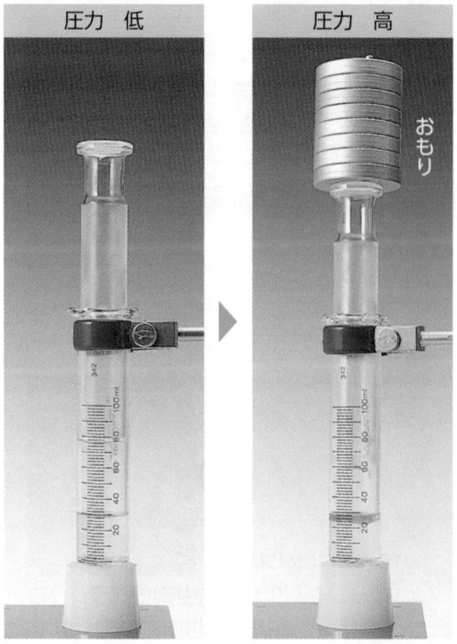

水にメチレンブルー（酸素の検出試薬）を溶かし，空気とともに注射器に入れて圧縮すると，水に溶ける空気(酸素)が増え，青色の部分が広がる。

Column スキューバーダイビングとヘンリーの法則

スキューバーダイビングを行うときには，高圧の空気ボンベを取りつけて，水深に応じた圧力の空気を取り入れている。
水中では，10m 潜るごとに大気圧と同じ圧力(1.0×10^5Pa)が加わっていく。つまり，水深 30m では大気圧の4倍，50m では6倍の圧力となり，このような圧力下では，血液中への空気の溶解量が増加する。このとき，酸素は体内で消費されるが，窒素は血液を介して筋肉・脂肪などの組織に多く残る。そのため，浮上する際の速度が大きすぎると急激に圧力が下がり，血液や組織に溶けこんでいた窒素が気泡を形成してしまう。これが血液の流れを阻害し，関節痛・頭痛・運動障害・意識障害などを引き起こす。このような障害を減圧症(潜水病)という。減圧症を防ぐには，ゆっくりと浮上する必要がある。

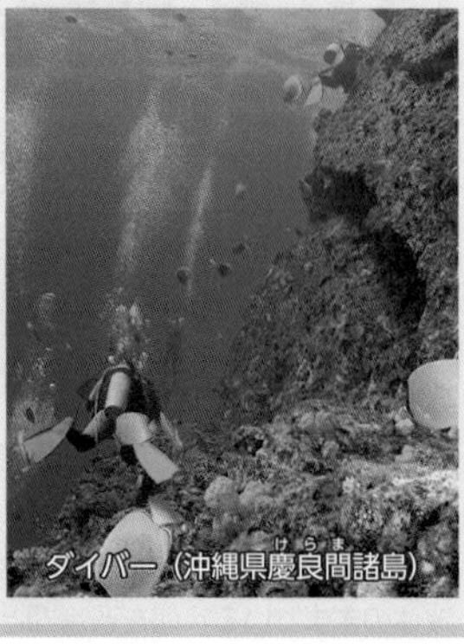

ダイバー（沖縄県慶良間諸島）

8 希薄溶液の性質 基 化

A 蒸気圧降下と沸点上昇

depression of vapor pressure　elevation of boiling point

溶媒に不揮発性の溶質を溶かすと蒸気圧が低くなり(蒸気圧降下)，溶液の沸点が高くなる。この現象を沸点上昇といい，その沸点の変化量を沸点上昇度という。

■蒸気圧降下の実験と原理

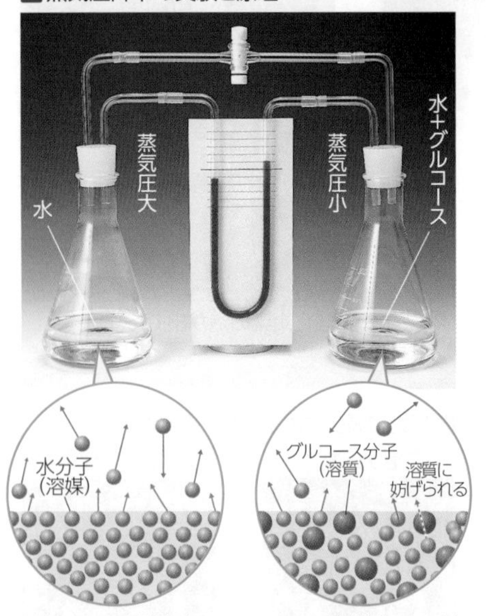

溶液では，溶媒だけのときよりも溶媒分子の割合が少ない。そのため，気体になる溶媒分子が減少するので，溶液の蒸気圧は低くなる。

溶液の沸点上昇度 Δt〔K〕は，
質量モル濃度 m〔mol/kg〕に比例する。

$$\Delta t = K_b m$$

K_b〔K·kg/mol〕：モル沸点上昇

モル沸点上昇の値は，溶媒によって異なる(p.297)。

■水の蒸気圧曲線の変化

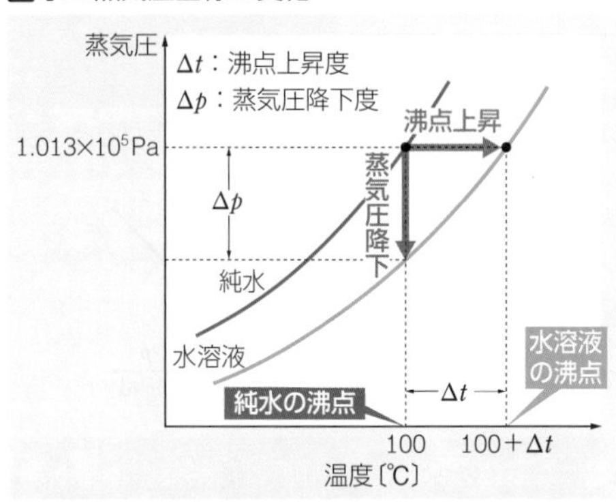

蒸気圧が図のように変化するので，沸点が上昇する。沸点上昇度は質量モル濃度に比例し，1mol/kgの溶液の値をモル沸点上昇という。

■沸点上昇度の測定

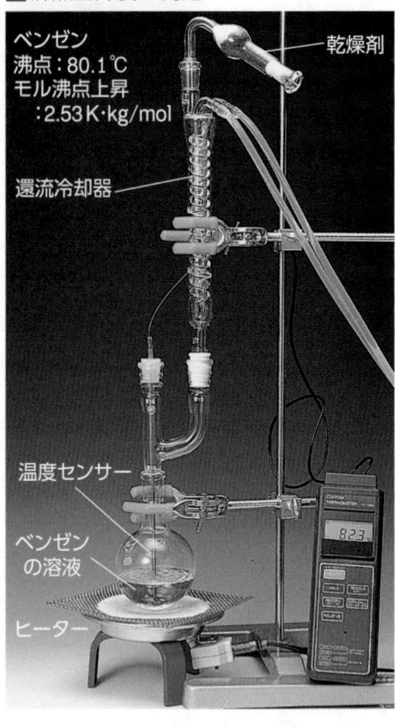

B 凝固点降下

depression of freezing point

不揮発性の溶質を溶かした溶液の凝固点は，溶媒の凝固点よりも低くなる。この現象を凝固点降下といい，その凝固点の変化量を凝固点降下度という。

Column 凝固点降下に関する身のまわりの現象 日常

■海水

海水が凍りにくいのは，海水には NaCl や $MgCl_2$ などいろいろな物質が溶けていて，凝固点降下が起こっていることが一因である。

■防虫剤

ナフタレンを利用した防虫剤とパラジクロロベンゼンを利用した防虫剤を混合すると，凝固点降下が起こって常温でも液体になり，衣類にしみができることがある。

溶液の凝固点降下度 Δt〔K〕は，
質量モル濃度 m〔mol/kg〕に比例する。

$$\Delta t = K_f m$$

K_f〔K·kg/mol〕：モル凝固点降下

モル凝固点降下の値は，溶媒によって異なる(p.297)。

■冷却曲線の変化

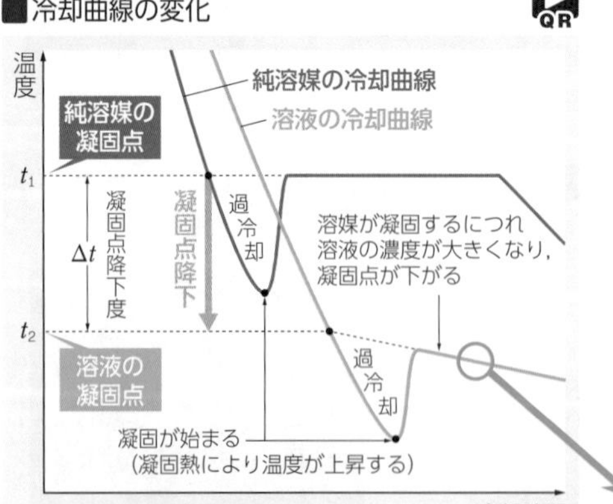

冷却曲線は図のように変化する。凝固点降下度も質量モル濃度に比例し，1mol/kg の溶液の値をモル凝固点降下という。

※ 液体を冷却していったときに，凝固点以下になっても液体のままでいる状態を過冷却という。

■凝固点降下度の測定

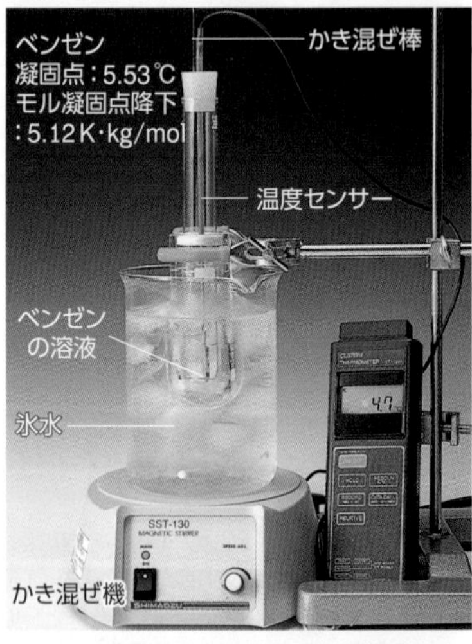

凍りかけやとけかけのジュースの味は濃い。

Zoom up ラウールの法則

希薄溶液の蒸気圧と純溶媒の蒸気圧の間で成りたつ次のような関係をラウールの法則という。

$p = xp_0$

（p：溶液の蒸気圧，x：溶媒のモル分率，p_0：純溶媒の蒸気圧）

蒸気圧降下の度合い $\Delta p = p_0 - p$ は，

$\Delta p = p_0 - p = p_0 - xp_0 = (1-x)p_0$

溶媒の物質量を n_A，溶質の物質量を n_B ($n_A \gg n_B$) とすると，

$\Delta p = (1-x)p_0 = \left(1 - \dfrac{n_A}{n_A + n_B}\right)p_0 = \dfrac{n_B}{n_A + n_B}p_0 \fallingdotseq \dfrac{n_B}{n_A}p_0$

溶媒の質量を W_A，モル質量を M_A とすると，$n_A = W_A/M_A$ なので，

$\Delta p = \dfrac{n_B}{n_A}p_0 = \dfrac{n_B}{W_A}M_A p_0$

n_B/W_A は質量モル濃度 m に相当するので，蒸気圧降下の度合いは溶液の質量モル濃度に比例する。

蒸気圧降下と沸点上昇の関係

沸点付近の狭い範囲では，右図のように蒸気圧曲線を直線とみなすことができる。このとき，蒸気圧曲線の傾き a は $\Delta p/\Delta t$ になるので，

$\Delta t = \dfrac{\Delta p}{a}$

Δp が質量モル濃度に比例するので，沸点上昇度 Δt も質量モル濃度に比例することがわかる。

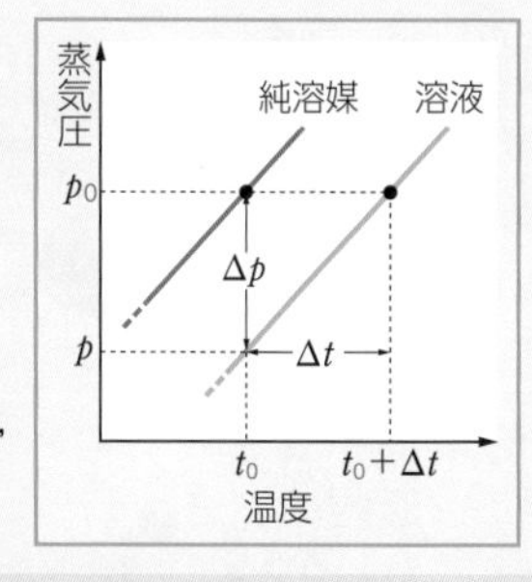

Point 分子量を求める

沸点上昇・凝固点降下から分子量を求める

モル質量が M〔g/mol〕の物質を w〔g〕とり，W〔kg〕の溶媒に溶かした溶液の沸点上昇度または凝固点降下度が Δt〔K〕であったとする。また，モル沸点上昇またはモル凝固点降下を K とする。物質 w〔g〕は w/M〔mol〕となるので，質量モル濃度 m は次式で表される。

$m = \dfrac{w}{MW}$〔mol/kg〕

これを $\Delta t = Km$ に代入すると，

$\Delta t = Km = K \times \dfrac{w}{MW}$　　ゆえに　$M = \dfrac{Kw}{\Delta t W}$

Δt を測定してこの式に当てはめると，溶質のモル質量が求められ，分子量がわかる。

電解質溶液の電離による影響

沸点上昇度・凝固点降下度・浸透圧は，厳密には溶質粒子の濃度に比例する。したがって，溶質が完全に電離する電解質の場合，電離したイオンの濃度（陽イオンと陰イオンの和）に比例する。

	AB	$\longrightarrow$	A^+	+	B^-
溶かした物質量〔mol〕	n		—		—
水溶液中の物質量〔mol〕	—		n		n

C 浸透圧 osmotic pressure

半透膜（溶媒分子は通すが溶質粒子は通さないものとする）を通って溶媒分子が溶液中に拡散していくことを浸透，浸透する溶媒の圧力（=浸透を防ぐために必要な圧力）を浸透圧という。

n〔mol〕の溶質が体積 V〔L〕の溶液中に溶けているときの，温度 T〔K〕における浸透圧 Π〔Pa〕は，次式で表される（R は気体定数）。

$$\Pi V = nRT$$　（ファントホッフの法則）

溶質の質量を m〔g〕，モル質量を M〔g/mol〕とすると，$n = \dfrac{m}{M}$ より $M = \dfrac{mRT}{\Pi V}$ になり，浸透圧を測ることで分子量がわかる。

■濃度による浸透圧の変化

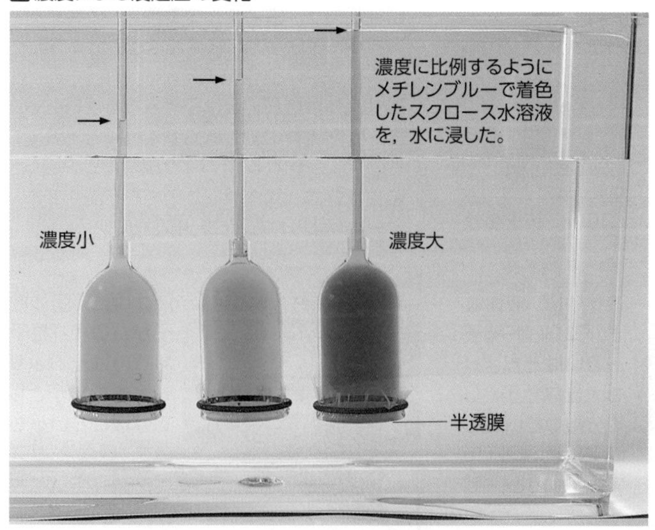

浸透圧は，濃度が濃いほど大きい。また，温度が高いほど大きい。

■浸透の実験

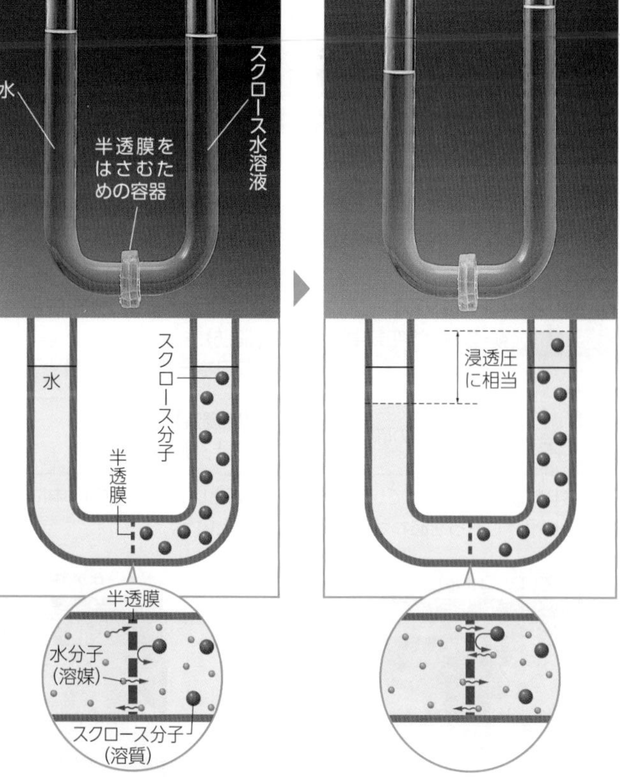

半透膜を固定したU字管に，水（溶媒）とスクロース水溶液（溶液）の水面をそろえて入れ放置すると，溶媒が溶液中に浸透して溶液側の液面が高くなる。

Q 沸点上昇度や凝固点降下度を調べるときに，モル濃度ではなく質量モル濃度を用いるのはなぜですか?

9 コロイド 基 化

A コロイド粒子の大きさ colloid

直径が 10^{-9}m(1 nm)～10^{-7}m(100 nm)程度の大きさの粒子をコロイド粒子という。この大きさの粒子は，条件により液体中や空気中で安定に存在し，沈殿しない。

スケール〔m〕	10^{-10}	10^{-9}(1 nm)	10^{-8}	10^{-7}	10^{-6}(1 μm)	10^{-5}	10^{-4}
分解能(識別の限界)	↑電子顕微鏡	↑限外顕微鏡		↑光学顕微鏡		↑ルーペ	↑肉眼
電磁波の波長	X線		紫外線	可視光	赤外線		電波
大きさの目安	原子・分子	コロイド粒子		↑インフルエンザウイルス	↑赤血球(ヒト)		↑ゾウリムシ
溶液の種類	真の溶液※	コロイド溶液		懸濁液・乳濁液			
セロハンとろ紙による分別	イオン・分子	セロハン(目の大きさは，10^{-9}m程度)	コロイド粒子	ろ紙(目の大きさは，10^{-7}～10^{-6}m程度)	大きな粒子(沈殿など)	コロイド粒子は，ろ紙を通過できるがセロハンは通過できない。	

※イオンまたは分子が分散した溶液。

B 身近なコロイド 日常

■コロイドの状態

		分散媒		
		気体	液体	固体
分散質	気体	なし	セッケンの泡，気泡(水中に空気)	スポンジ，マシュマロ，軽石，木炭，活性炭，発泡ポリスチレン
	液体	【エーロゾル】霧･雲･もや(空気中に水滴)	【乳濁液】牛乳(水中にタンパク質・脂肪)，マヨネーズ(水中に油)	豆腐，ゼラチン
	固体	煙，空気中のほこり	【懸濁液】墨汁，泥水，絵の具	色ガラス，ビー玉，ルビー

コロイド粒子を分散させている物質を分散媒といい，分散媒の中に分散しているコロイド粒子を分散質という。これらをあわせたものを分散系という。

QR 磁性流体

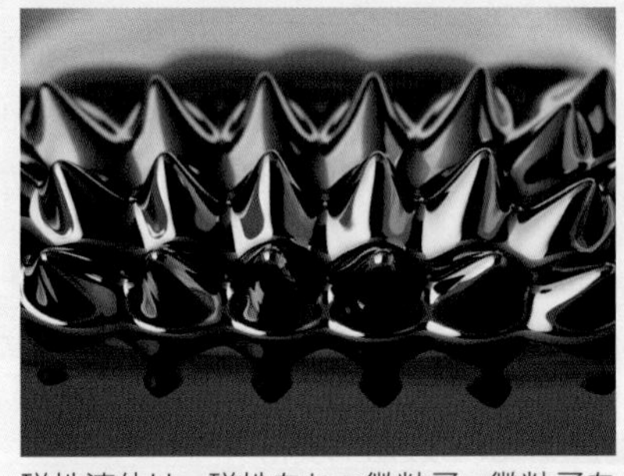

磁性流体は，磁性をもつ微粒子・微粒子をおおう界面活性剤・水や油などの分散媒からなるコロイド溶液である。
磁性流体は磁石に吸い寄せられる性質をもち，磁性流体の近くに磁石を置くと，流線型の突起が現れる(スパイク現象)。
磁性流体は，気体や液体のもれを防止するシール(密閉)材などに利用されている。

雲(エーロゾル)

気体中に，液体粒子がコロイド粒子あるいはそれよりも大きな粒子として分散しているものを，エーロゾル(エアロゾル)という。

分散媒 空気
分散質 水滴

牛乳(乳濁液)

液体中に，液体粒子がコロイド粒子あるいはそれよりも大きな粒子として分散しているものを，乳濁液(エマルション)という。

分散媒 水
分散質 タンパク質，脂肪

墨汁(懸濁液)

液体中に，固体粒子がコロイド粒子あるいはそれよりも大きな粒子として分散しているものを，懸濁液(サスペンション)という。

分散媒 水
分散質 すす，にかわ

A 温度変化によって，溶液の体積(モル濃度)は変化してしまいますが，質量(質量モル濃度)は変化しないからです。

C コロイドの分類

コロイドは，コロイド粒子の性質や，コロイドの状態によっていくつかに分類され，それぞれに名称がつけられている。

① 親水性による分類ー疎水コロイドと親水コロイド

■疎水コロイド

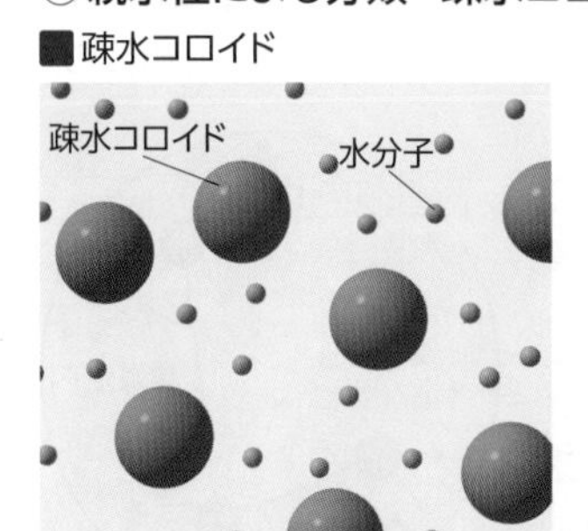

水との親和性が小さく，水和している水分子が少ないコロイド。硫黄や水酸化鉄(Ⅲ)など，無機物質のコロイドに多い。少量の電解質により沈殿する。これを凝析(凝結)という(p.117 C)。

■親水コロイド

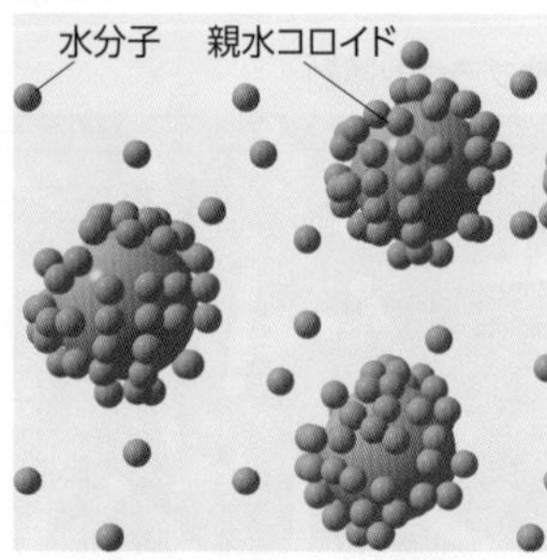

多数の水分子が水和しているコロイド。ゼラチンや寒天など有機化合物のコロイドに多い。電解質溶液を加えても沈殿しにくいが，多量に加えると沈殿する。これを塩析という(p.117 D)。

② 流動性による分類ーゾル・ゲル・キセロゲル

■ゾルの例

冷却 / 加熱

■ゲルの例

乾燥

■キセロゲルの例

熱水に加える。

流動性をもつコロイド溶液をゾルという。

ゾルが流動性を失って固まったものをゲルという。

ゲルを乾燥させたものをキセロゲルという。

D コロイド溶液の生成

水酸化鉄(Ⅲ)のように，多数の粒子からコロイドができるものや，ゼラチンのように，溶かすだけでコロイド溶液になるものなどがある。

■水酸化鉄(Ⅲ)のコロイド溶液の調製

熱水に塩化鉄(Ⅲ)水溶液を加えると，水酸化鉄(Ⅲ)のコロイド溶液が得られる。

■ゼラチンのコロイド溶液の調製

ゼラチンはタンパク質を主成分とし，親水基を多数含み，1つの分子がコロイド粒子の大きさをもつ。したがって，水に溶かすとコロイド溶液になる。

E 透析 dialysis

小さな分子やイオンなどの不純物を含むコロイド溶液を，セロハンなどの半透膜に包み純水に浸すことによって，コロイド溶液を精製する操作を透析という。

■水酸化鉄(Ⅲ)のコロイド溶液の透析

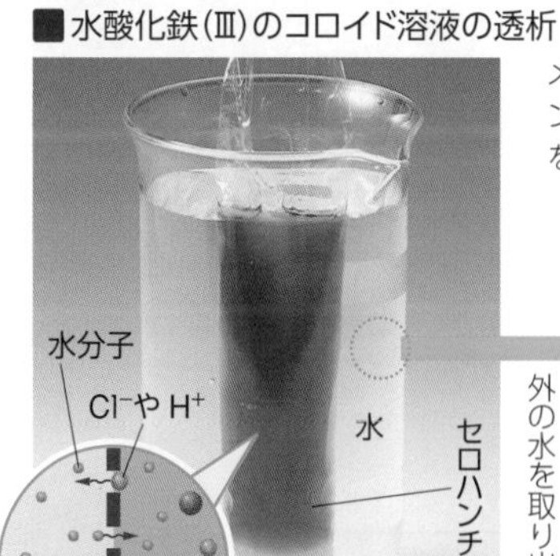

調製した直後の水酸化鉄(Ⅲ)のコロイド溶液には，H^+やCl^-が含まれているので，透析して精製する。

セロハンチューブの外の水を取り出す。

H^+の検出

メチルオレンジ水溶液を加える。

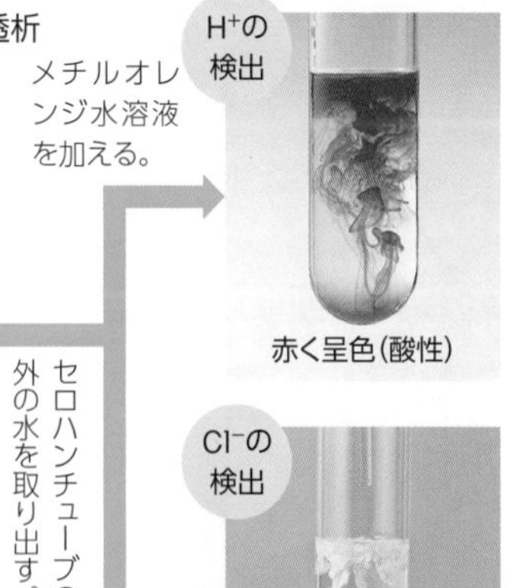

赤く呈色(酸性)

Cl^-の検出

硝酸銀水溶液を加える。

AgCl の白色沈殿

Column 人工透析

血液中の老廃物は，通常腎臓でこし取られるが，腎臓の機能が低下してくると，有害な成分が血液中に蓄積されてしまう。このような場合には，血液を半透膜のチューブ(中空糸膜)に流し，そのまわりに透析液をゆっくり逆方向から流して血液中の有害な成分を取り除く，人工透析とよばれる治療が行われる。透析液には，血液に必要な成分を溶かし，浸透圧の調整を行った溶液が用いられる。

■人工透析器

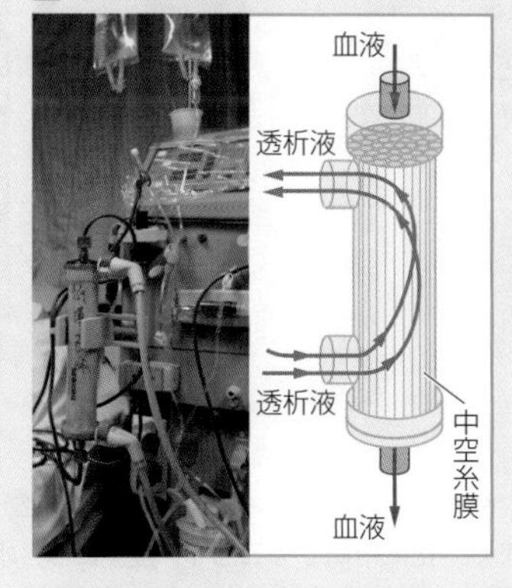

Q どんな物質でも，例えば塩化ナトリウムもコロイド溶液にできますか?

10 コロイド溶液の性質 基 化

A チンダル現象・ブラウン運動
Tyndall phenomenon　Brownian movement

透明なコロイド溶液に光線を当てると，その道筋が光って見える。この現象をチンダル現象という。また，溶液中のコロイド粒子に見られる不規則な運動をブラウン運動という。

■水酸化鉄(Ⅲ)のコロイド溶液のチンダル現象

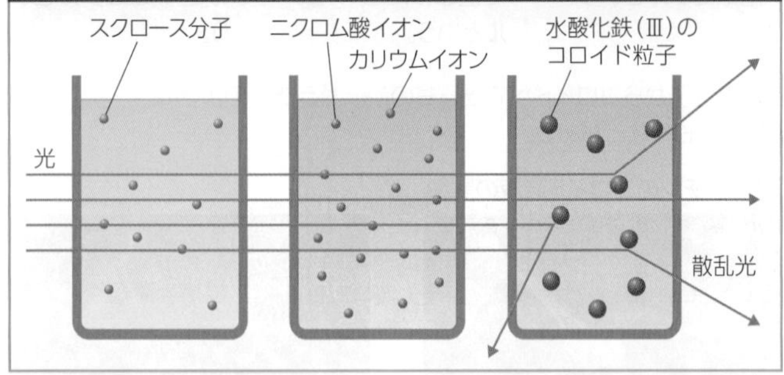

コロイド粒子は光を散乱させるので，コロイド溶液中を通る光の道筋が見える。一方，ふつうの溶液に含まれる分子やイオンは光を散乱させないので，有色の溶液でもチンダル現象は起こらない。

■ブラウン運動

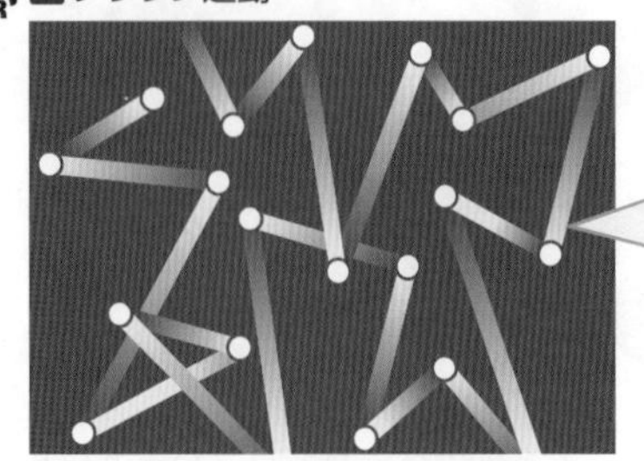

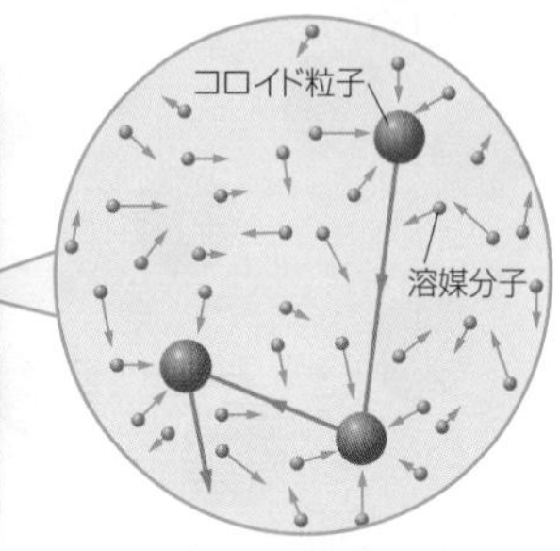

限外顕微鏡でコロイド溶液を観察すると，光る点が不規則に震えるように運動しているのが観察される。これをブラウン運動といい，熱運動している水(分散媒)分子が不規則にコロイド粒子に衝突するために起こる。

コロイド粒子は見えるか

コロイド粒子に強い光を当てると，コロイド粒子によって散乱(四方に反射)された光を見ることができる。これがチンダル現象である。
肉眼では光の通路が見えるだけであるが，この光を限外顕微鏡で見ると，一つ一つの光の点を区別して見ることができる。しかし，それは散乱された光を見ているだけで，コロイド粒子そのものが見えているわけではない。

空気中の水分やチリが光を散乱させる

B 電気泳動
electrophoresis

コロイド粒子は正または負の電荷を帯びているので，コロイド溶液に電極を入れて直流電圧を加えると，一方の電極へとコロイド粒子が移動する。この現象を電気泳動という。

■水酸化鉄(Ⅲ)のコロイド溶液の電気泳動

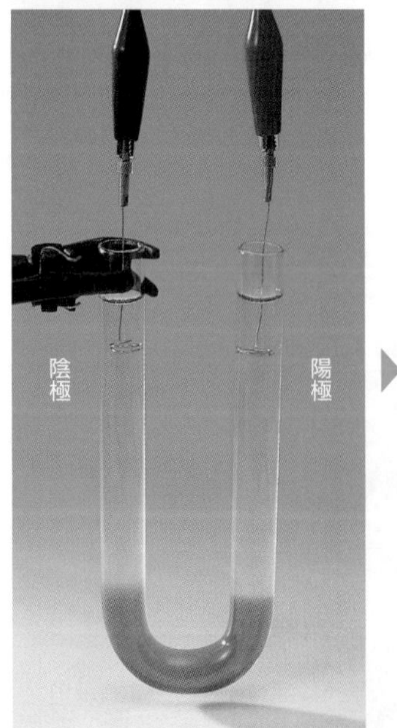

水酸化鉄(Ⅲ)のコロイド粒子は正に帯電しているので，陰極のほうへ移動する。正に帯電するコロイド粒子には，水酸化アルミニウム，水酸化クロム(Ⅲ)，メチルバイオレット，メチレンブルー，マラカイトグリーンなどがある。

■ターンブルブルー(p.171)のコロイド溶液の電気泳動

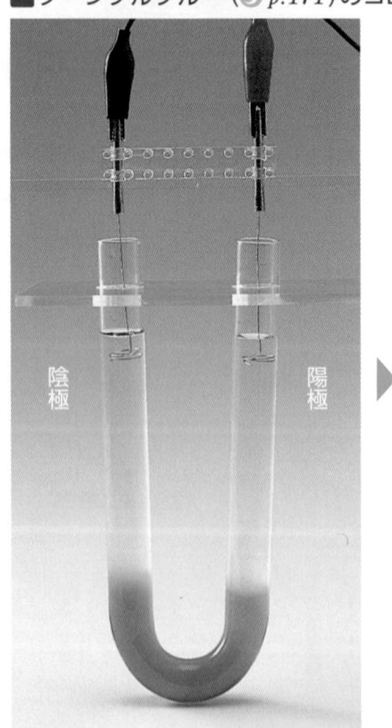

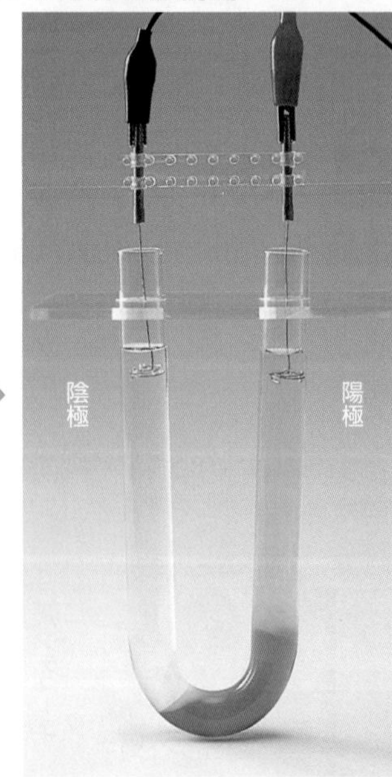

ターンブルブルーのコロイド粒子は負に帯電しているので，陽極のほうへ移動する。負に帯電するコロイド粒子には，硫黄，金，銀，硫化アンチモン，硫化水銀(Ⅱ)，粘土，デンプン，インジゴ，アニリンブルーなどがある。

A できます。コロイド粒子に相当する大きさに調製した粒子を，その物質を溶かさない液体(NaCl の場合では有機溶媒)に分散させればよいのです。

C 凝析（凝結） coagulation

疎水コロイドの粒子は，同種の電荷を帯びていて，互いに反発してくっつきにくい。
しかし，その中に少量の電解質水溶液を加えると，反発力を失ってくっつき，沈殿する。

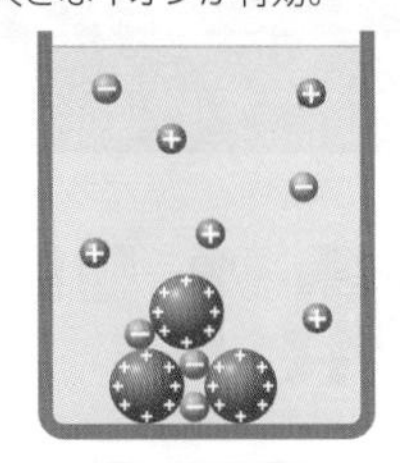

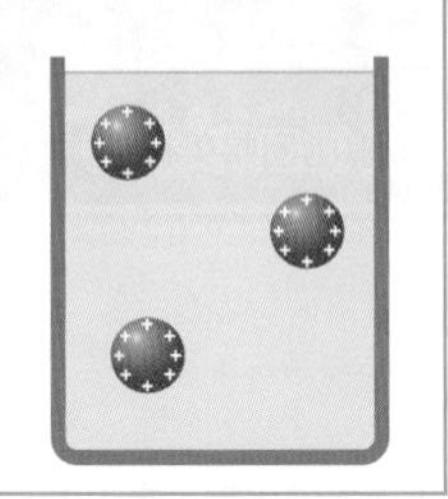

■凝析の利用（浄水場） 仕事

硫酸アルミニウム $Al_2(SO_4)_3$ やポリ塩化アルミニウムなどの凝集剤を加えて，泥を凝析する。

Column 三角州 地基

河川の搬出する砂や泥が，河口付近に堆積してできる平らで低い地形を三角州という。泥水は負の電荷を帯びた疎水コロイドからなる懸濁液(p.114)で，河口付近で海水中の陽イオンと混ざることで凝析(凝集)し，沈殿しやすくなる。河口付近では流速が遅くなるので，堆積物が溜まって三角州が形成される。
三角州の形状は河川の運搬作用の大きさや，潮流の強弱などの条件によって決まる。三角州は日本全国さまざまな場所で見られ，三角州の上につくられた街も数多く見られる。ギリシャ文字の Δ に似ていることから，三角州をデルタとよぶこともある。

雲出川河口（三重県）

D 塩析 salting-out

親水コロイドの粒子は，多数の水分子と水和している。その中に多量の電解質を加えると，水和している水分子が奪われて，親水コロイドがくっつき，沈殿する。

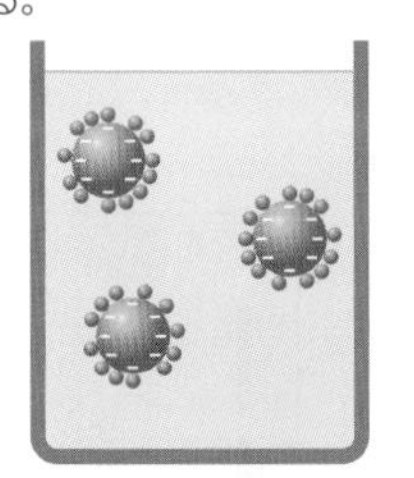

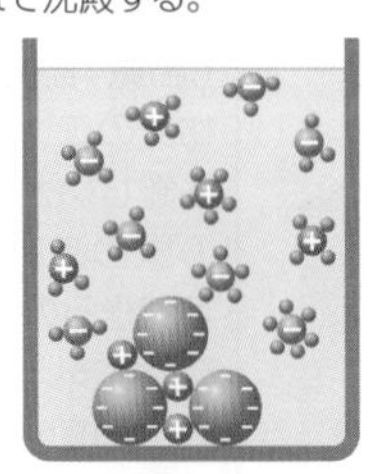

■塩析の利用（豆腐の製造） 仕事

加熱した豆乳（コロイド溶液）ににがり（電解質，主成分 $MgCl_2$）を加えると，塩析などにより豆腐ができる。

E 親水コロイドの保護作用 hydrocolloid

疎水コロイド溶液に一定量以上の親水コロイド溶液を加えると，凝析しにくくなる。
このようなはたらきをする親水コロイドを保護コロイドという。

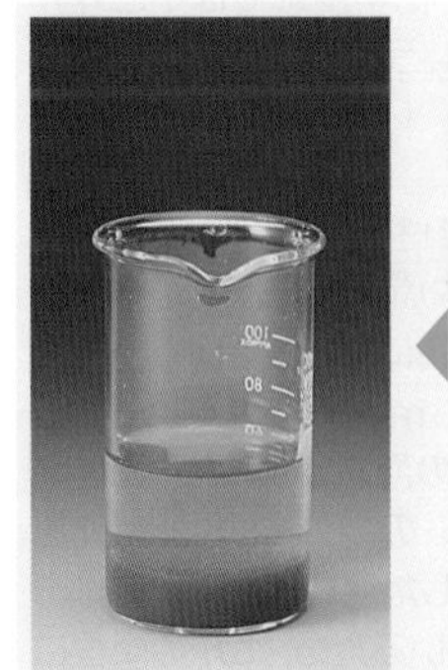

硫酸ナトリウム水溶液を加えると，凝析する。

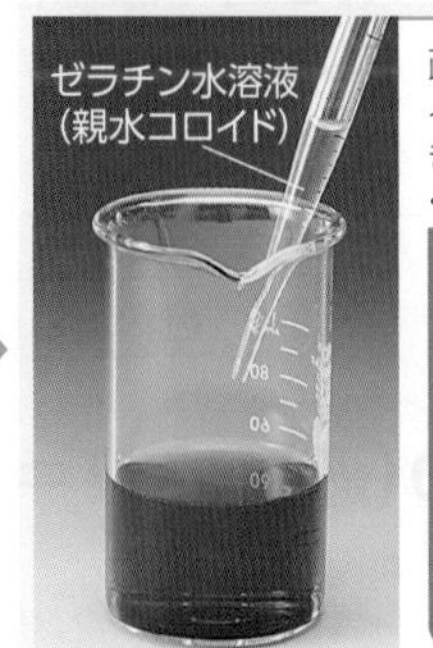

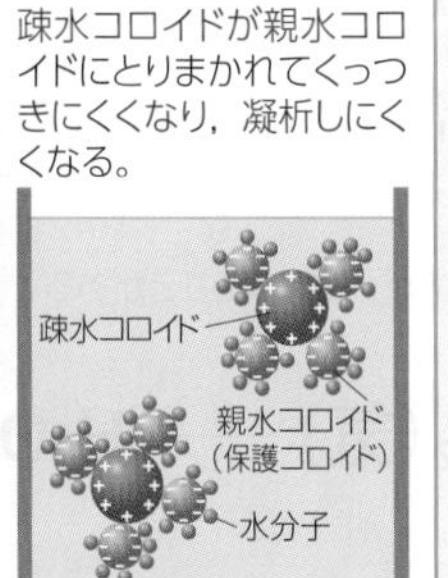

ゼラチンを加えておくと，硫酸ナトリウム水溶液を加えても凝析しにくくなる。

Q ブラウン運動の「ブラウン」，チンダル現象の「チンダル」とは，どんな意味ですか？

物質の状態

第4編 物質の反応

第Ⅰ章　化学反応と熱・光
第Ⅱ章　化学反応の速さと化学平衡

鍾乳洞(山口県美祢市)

1 化学反応と熱Ⅰ 基 化

A エネルギーとエンタルピー

enthalpy

物質はその種類，状態ごとに固有の大きさの化学エネルギーをもっている。化学では物質がもつエネルギーをエンタルピーという量で表す。

■さまざまなエネルギーと移り変わり 物基

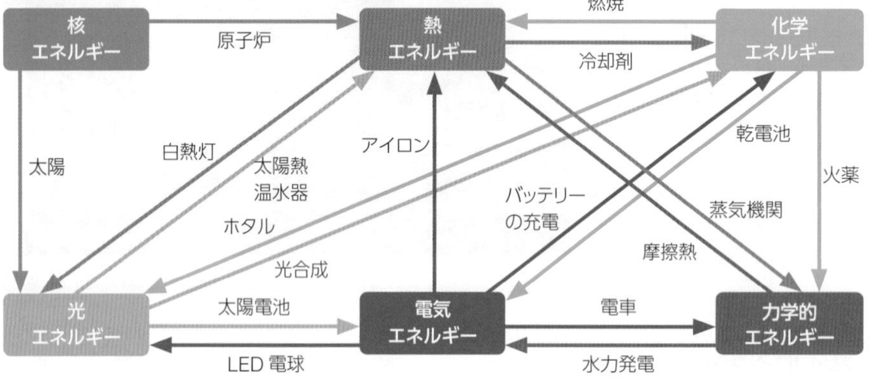

核エネルギー
熱エネルギー
化学エネルギー
光エネルギー
電気エネルギー
力学的エネルギー
原子炉
燃焼
冷却剤
太陽
白熱灯
太陽熱温水器
アイロン
乾電池
火薬
ホタル
バッテリーの充電
蒸気機関
光合成
摩擦熱
太陽電池
電車
LED 電球
水力発電

エネルギーには化学エネルギー，熱エネルギー，電気エネルギー，力学的エネルギーなどがある。エネルギーは相互に姿を変え続けるが，前後でエネルギーの総和は保存される(エネルギー保存則)。

■冷却剤 日常

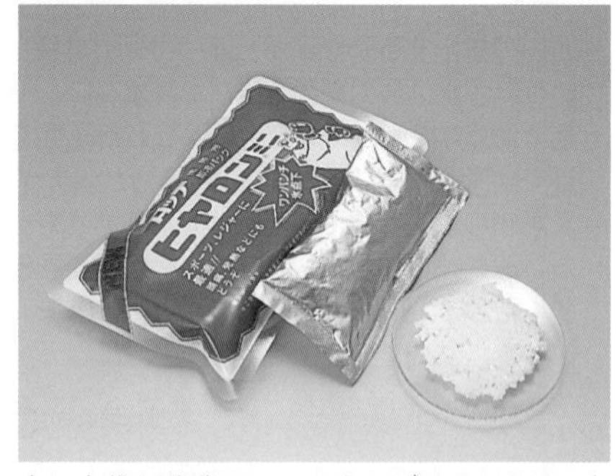

中に水袋と硝酸アンモニウムが入っており，水袋が破れて硝酸アンモニウムが溶解すると，熱エネルギーが吸収されて化学エネルギーに変わる(p.119 B)。

■エンタルピー

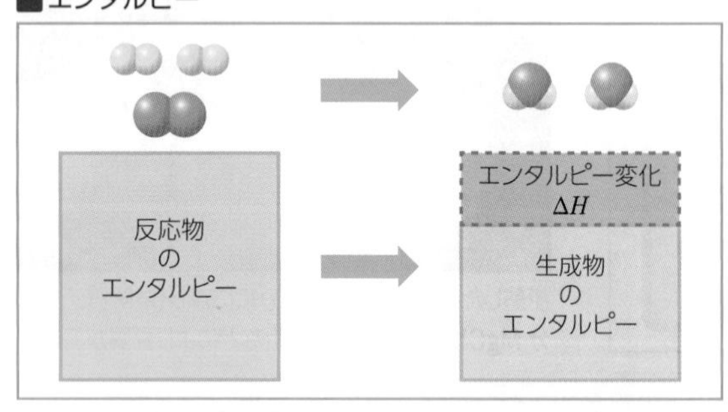

エンタルピーは物質の種類や状態(温度，圧力など)によって異なる。物質のエンタルピーを直接測ることは難しいが，化学反応や状態変化の際のエンタルピー変化 ΔH は測定できるので，化学では ΔH を扱うことが多い。一定圧力下での ΔH は，変化の前後で放出・吸収する熱量に等しい(p.119 Zoom up)。

エンタルピー変化 ΔH =(生成物のエンタルピー)−(反応物のエンタルピー)

■系と外界

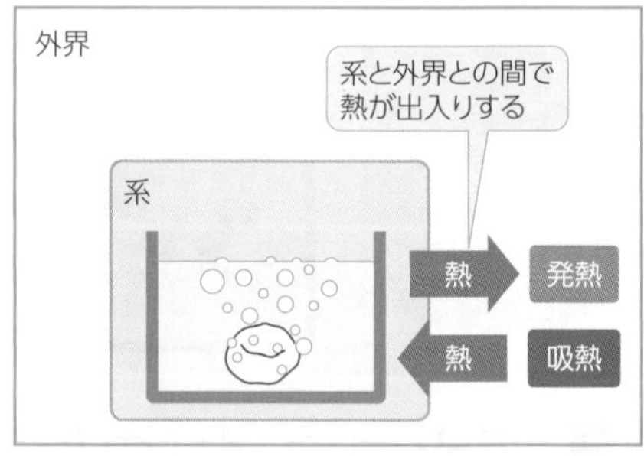

化学反応の際に注目する部分を系，それ以外の部分を外界とよぶ。化学反応では系と外界との間で熱の出入りを伴うことが多い。

■エンタルピー変化の表し方

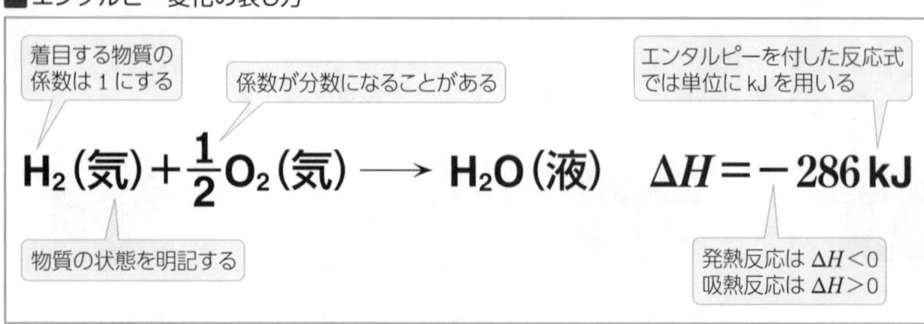

化学反応式にエンタルピー変化を付け足した式を，「エンタルピー変化を付した反応式」とよぶ。エンタルピー変化を付した反応式では，係数が物質量に対応している。例えば，左の式は，1 mol の水素と 0.5 mol の酸素が反応して 1 mol の水ができるとき，286 kJ の発熱があったことを表している。通常，反応エンタルピーの単位には kJ/mol を用いるが，エンタルピー変化を付した反応式においては，反応式の係数が物質量に対応しているため，ΔH の単位には kJ を用いる。

A ブラウン運動もチンダル現象も，それらを発見した人物の名前が由来です。

B 発熱反応と吸熱反応
exothermic reaction　endothermic reaction

一定圧力下での反応において放出・吸収する熱を反応エンタルピーといい，ΔH を用いて表す。熱を放出する反応を発熱反応，熱を吸収する反応を吸熱反応という。

酸化カルシウムと水の反応

■発熱反応

生成物のもつエンタルピーのほうが，反応物のもつエンタルピーより小さい。エンタルピー変化は負（$\Delta H < 0$）。

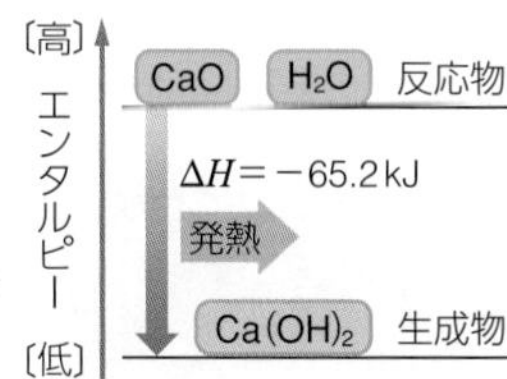

$$CaO(固) + H_2O(液) \longrightarrow Ca(OH)_2(固) \quad \Delta H = -65.2\,\mathrm{kJ}$$

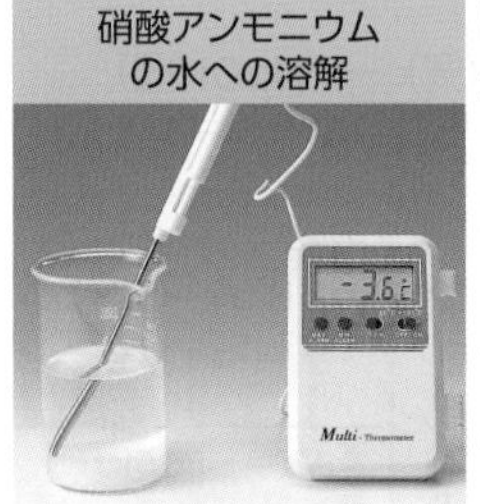

硝酸アンモニウムの水への溶解

■吸熱反応

生成物のもつエンタルピーのほうが，反応物のもつエンタルピーより大きい。エンタルピー変化は正（$\Delta H > 0$）。

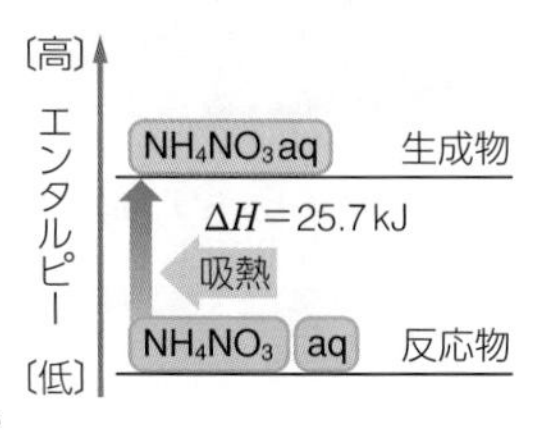

$$NH_4NO_3(固) + aq \longrightarrow NH_4NO_3aq \quad \Delta H = +25.7\,\mathrm{kJ}$$

熱の利用　日常

発熱機能付食品　酸化カルシウムと水の反応（発熱反応）によって，食品を温めることができる。

ドライミスト・打ち水

打ち水は地表面で水を蒸発させ，ドライミストは空気中で水（霧）を蒸発させている。どちらも蒸発エンタルピー（吸熱）を利用している。

発熱機能付食品

ドライミスト

打ち水

Zoom up　エンタルピーと熱量の関係

仕事　物基

物体を一定の大きさの力 F〔N〕で押して，その力の向きに x〔m〕だけ動かした（図ⓐ）とき，

$W = Fx$

で計算される量をその力のした仕事とよび，単位 J（＝N・m）で表す。

図ⓑのように，一定圧力 p〔Pa〕の下で気体がピストンを x〔m〕だけ動かしたときの仕事を考える。

ピストンの断面積を S〔m²〕とすると，Pa＝N/m² であることから，ピストンを押す力の大きさは

p〔N/m²〕×S〔m²〕＝pS〔N〕

になる。よって，仕事の式より，

$W = Fx = pSx$

となるが，Sx は系の体積変化 ΔV と等しいので，$W = p\Delta V$ と表すこともできる。

ⓐ　F　x

ⓑ　S　p　x　ΔV　系が W の仕事をした

内部エネルギー　物基

物体がもつ仕事をする能力のことをエネルギーといい，仕事と同じ単位 J で表す。物質は，構成する粒子がもっている運動エネルギーや，粒子どうしが力を及ぼしあって生じる位置エネルギーなどをもっており，それらのエネルギーの総和を物体の内部エネルギーという。

熱力学第一法則　物基

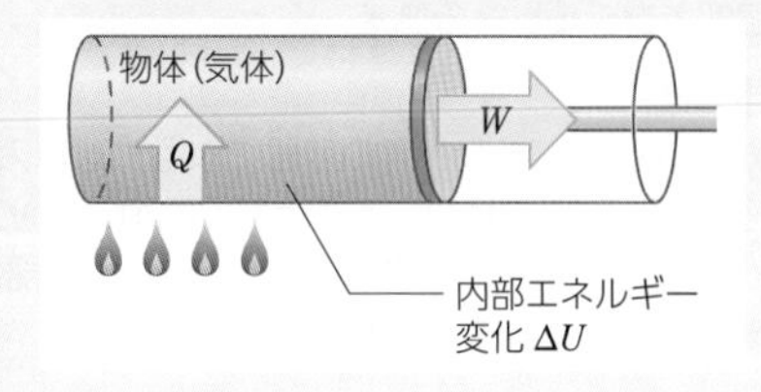

エネルギーが移動もしくは変換する際に，無から生み出されることも，消えてしまうこともない。この「エネルギーは保存される」という法則を，内部エネルギーに対して当てはめたものを熱力学第一法則という。この法則は「系に加えられた熱 Q は，系の内部エネルギー変化 ΔU と系が外部にする仕事 W の和になる」と言い換えることができ，次の式で表される。

$Q = \Delta U + W$

エンタルピーと熱量の関係

系の内部エネルギーを U，圧力を p，体積を V としたとき，エンタルピー H は次のように定義される。

$H = U + pV$

ここで，一定圧力下 p でのある状態 1 と状態 2 の間のエンタルピー変化 $\Delta H = H_2 - H_1$ を考える。

$H_1 = U_1 + pV_1$

$H_2 = U_2 + pV_2$

$\Delta H = H_2 - H_1 = (U_2 - U_1) + p(V_2 - V_1) = \Delta U + p\Delta V$

熱力学第一法則 $\Delta U = Q - W$ と仕事の式 $W = p\Delta V$ を用いると，

$\Delta H = Q - W + p\Delta V = Q - p\Delta V + p\Delta V = Q$　（定圧下）

となる。この式から，一定圧力下でのエンタルピー変化 ΔH は，系に与えられる（もしくは系から放出される）熱量に等しいことがわかる。化学で扱う反応は一定圧力下で行われることが多いため，放出・吸収する熱量をエンタルピー変化で考えることが多い。

Q ともに熱量を表す単位であるジュール（単位記号 J）とカロリー（単位記号 cal）には，どんな関係がありますか？

2 化学反応と熱 II 基 化

A 反応エンタルピー enthalpy of reaction

反応エンタルピーには，種類によっては固有の名称でよばれるものがある。これらは，着目する物質 1 mol 当たりの熱量〔kJ/mol〕で表される。

プロパンの燃焼

■燃焼エンタルピー（p.298）
物質 1 mol が完全に燃焼するときのエンタルピー変化。

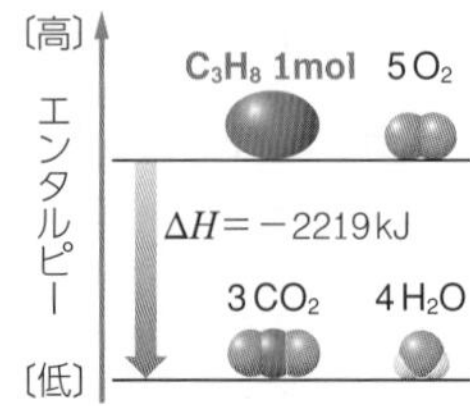

C_3H_8(気) + 5 O_2(気) ⟶ 3 CO_2(気) + 4 H_2O(液)　ΔH = −2219 kJ

塩化ナトリウムの生成

塩化ナトリウム
ナトリウム
塩素

■生成エンタルピー（p.298）
化合物 1 mol がその成分元素の単体から生成するときのエンタルピー変化。

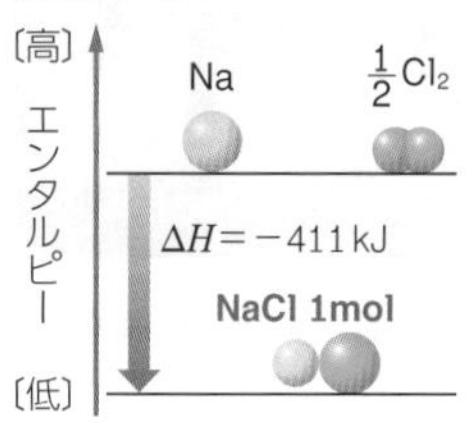

Na(固) + $\frac{1}{2}$ Cl_2(気) ⟶ NaCl(固)　ΔH = −411 kJ

硫酸の水への溶解

■溶解エンタルピー（p.298）
溶質 1 mol を多量の溶媒に溶かすときのエンタルピー変化。

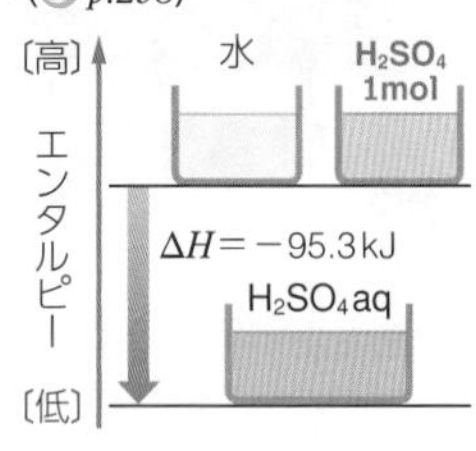

H_2SO_4(液) + aq ⟶ H_2SO_4aq　ΔH = −95.3 kJ

塩酸と水酸化ナトリウム水溶液の中和

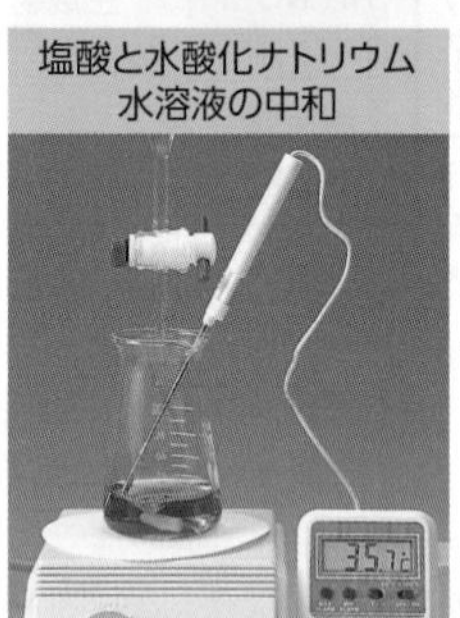

■中和エンタルピー（p.298）
酸と塩基の水溶液が中和して，1 mol の水ができるときのエンタルピー変化。

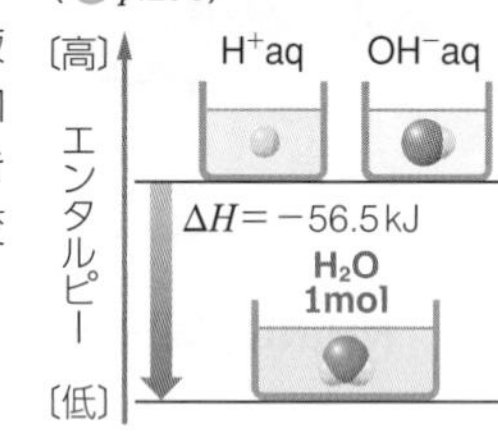

H^+aq + OH^-aq ⟶ H_2O(液)　ΔH = −56.5 kJ

溶解エンタルピーの測定

【実験手順】
① 発泡ポリスチレン製の容器に水 100 g を入れ，水温を測定する。
② 固体の NaOH4.00 g を手早く正確にはかり，容器に入れる。
③ 温度計を取りつけたふたをし，静かに容器を動かして完全に溶かす。
④ 30 秒ごとに温度を測定する。

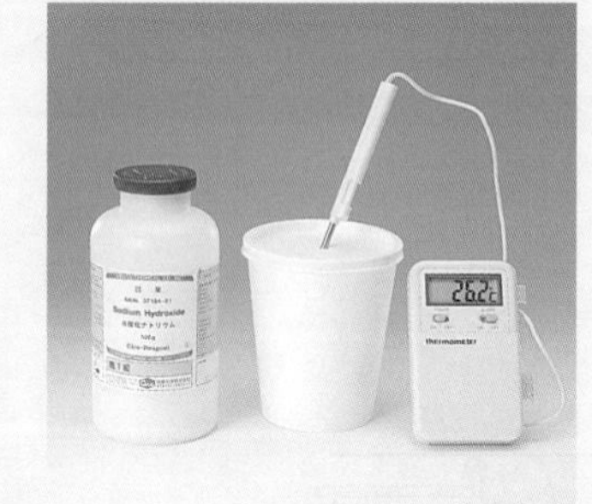

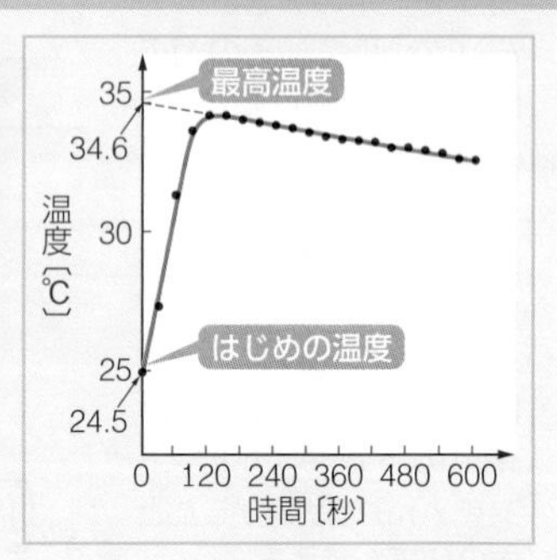

【データ処理】
水溶液の比熱を 4.18 J/(g·K)とすると，発熱量 Q は，
Q = 質量×比熱×温度変化
= (100 + 4.00) g × 4.18 J/(g·K) × (34.6 − 24.5) K ≒ 4391 J
発熱量と物質量 n〔mol〕から，NaOH の溶解エンタルピー ΔH〔kJ/mol〕は，
ΔH = −Q ÷ n = −4.391 kJ ÷ (4.00/40.0) mol ≒ −43.9 kJ/mol

B 状態変化とエンタルピー

エンタルピーは物質の状態によっても異なる。そのため，蒸発や融解など，物質の状態変化に対してもエンタルピー変化が伴う。

氷の融解

■融解エンタルピー（p.299）
固体の物質 1 mol が融解して液体になるときのエンタルピー変化。
凝固エンタルピー（液体の物質 1 mol が凝固するときのエンタルピー変化）と絶対値が等しい。

H_2O(固) ⟶ H_2O(液)　ΔH = 6.01 kJ（0 ℃の値）

QR 水の蒸発

■蒸発エンタルピー（p.299）
液体の物質 1 mol が蒸発して気体になるときのエンタルピー変化。
凝縮エンタルピー（気体の物質 1 mol が凝縮するときのエンタルピー変化）と絶対値が等しい。

H_2O(液) ⟶ H_2O(気)　ΔH = 44.0 kJ（25 ℃の値）

ヨウ素の昇華

■昇華エンタルピー
固体の物質 1 mol が昇華して気体になるときのエンタルピー変化。

I_2(固) ⟶ I_2(気)　ΔH = 62.3 kJ（25 ℃の値）

A 1 cal ≒ 4.2 J です。国際単位系の熱量の単位はジュールです。一方，カロリーはおもに栄養学の分野で用いられています。

C ヘスの法則 Hess's law

物質が変化する際の反応エンタルピーの総和は，変化の前後の物質の種類と状態だけで決まり，変化の経路や方法には関係しない。これをヘスの法則(総熱量保存の法則)という。

■固体の水酸化ナトリウム・水・塩酸から塩化ナトリウムができる反応

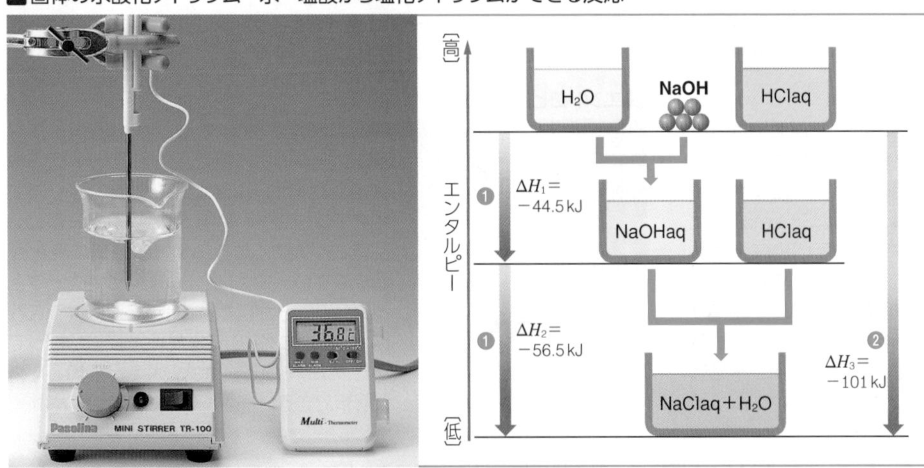

❶まず，固体の水酸化ナトリウムを水に溶かす。次いで，その水溶液に塩酸を加えて中和させる。

NaOH(固)＋aq ⟶ NaOHaq　ΔH_1＝−44.5 kJ

NaOHaq＋HClaq ⟶ NaClaq＋H_2O(液)　ΔH_2＝−56.5 kJ

❷固体の水酸化ナトリウムを直接塩酸に加えて中和させる。

NaOH(固)＋HClaq ⟶ NaClaq＋H_2O(液)　ΔH_3＝−101 kJ

❶の経路の反応エンタルピーの合計は，❷の反応エンタルピーと一致している。つまり，ヘスの法則が成りたっていることがわかる。

$$\Delta H_1 + \Delta H_2 = \Delta H_3$$

D ヘスの法則の利用

ヘスの法則を利用すると，実験で直接測ることが難しい反応エンタルピーを計算で求めることができる。

■一酸化炭素の生成エンタルピーを求める

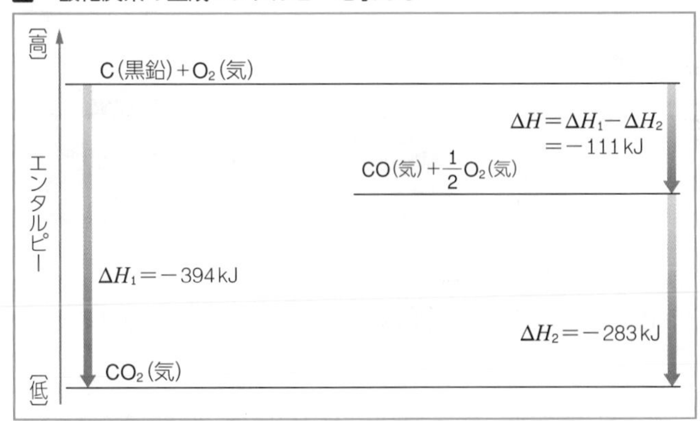

黒鉛 C を燃焼すると，一酸化炭素 CO だけでなく二酸化炭素 CO_2 も発生するので，CO の生成エンタルピー ΔH を直接測ることは難しい。しかし，CO_2 の生成エンタルピー ΔH_1 と CO の燃焼エンタルピー ΔH_2 がわかっていれば，ヘスの法則から ΔH を計算で求めることができる。

C(黒鉛)＋$\frac{1}{2}O_2$(気) ⟶ CO(気)　ΔH＝−111 kJ

■生成エンタルピーと反応エンタルピーの関係

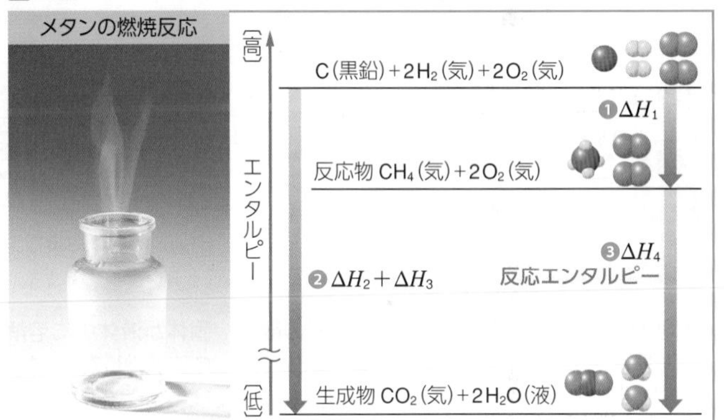

❶黒鉛と水素からメタンが生成する。

C(黒鉛)＋$2H_2$(気) ⟶ CH_4(気)　ΔH_1＝−75 kJ　…(i)

❷黒鉛と酸素から二酸化炭素が生成する。

C(黒鉛)＋O_2(気) ⟶ CO_2(気)　ΔH_2＝−394 kJ　…(ii)

水素と酸素から水が生成する。

$2H_2$(気)＋O_2(気) ⟶ $2H_2O$(液)　ΔH_3＝−572 kJ　…(iii)

❸(ii)式＋(iii)式−(i)式 より，

CH_4(気)＋$2O_2$(気) ⟶ CO_2(気)＋$2H_2O$(液)

ΔH_4＝$(\Delta H_2 + \Delta H_3) - \Delta H_1$
＝−891 kJ

反応エンタルピー＝(生成物の生成エンタルピーの総和)−(反応物の生成エンタルピーの総和)

Column ヘスと熱化学　化学史

ヘスは 1802 年にスイスのジュネーブで生まれ，3 歳のときにロシアに移住した。1838 年に論文でヘスの法則に関する内容を発表し，この論文は 2 年後の 1840 年にフランス語などで出版され知られるようになった。これは，1842 年に発表されたエネルギー保存則に先立つ発見である。ちなみに，エンタルピーの概念が現れたのはヘスの法則の発見より後の時代である。

ヘス
1802～1850
ロシアの化学者

Jump エンタルピー変化の計算

→ p.298

巻末資料にあるように，さまざまな化合物の生成エンタルピーがすでに知られている(単体の生成エンタルピーは 0kJ/mol)。これらの値を組み合わせることで，さまざまな化学反応のエンタルピー変化を計算によって求めることができる。

3 反応の進みやすさとエントロピー 基 化

A エントロピー entropy

化学反応や状態変化の起こりやすさを考えるために，エントロピーという量を考える。エントロピーは乱雑さを表す量で，エントロピーが大きくなる方向に変化は起こりやすい。

■エンタルピー変化と反応の進みやすさ

一般に，物質はエンタルピーが低いほうが安定なため，エンタルピー変化 ΔH が負になる発熱反応は自発的に反応が進みやすい。プロパンの燃焼では，プロパン 1mol 当たり 2219kJ の発熱があり，二酸化炭素と水ができる(p.120)。一方，硝酸アンモニウムの水への溶解(p.119)のように，ΔH が正の吸熱反応でも自発的に進む反応があり，反応の進みやすさはエンタルピー変化だけでは判断することができない。

■エントロピー

物質の乱雑さ(粒子の散らばり具合)はエントロピー S という量で表され，化学反応や状態変化の前後におけるエントロピーの変化をエントロピー変化 ΔS という。一般に，乱雑さが大きくなる($\Delta S > 0$)方向に変化が起きやすい。例えば，水にインクをたらすと，インクの成分が自然と拡散していくが，これは水中にインクの成分が徐々に散らばっていき，エントロピーが大きくなっているためと解釈できる。

B エントロピー変化の例

エンタルピーと同様に，ある状態における物質のエントロピーを直接測ることはできないが，反応の前後のエントロピー変化は求めることができる。

■状態変化

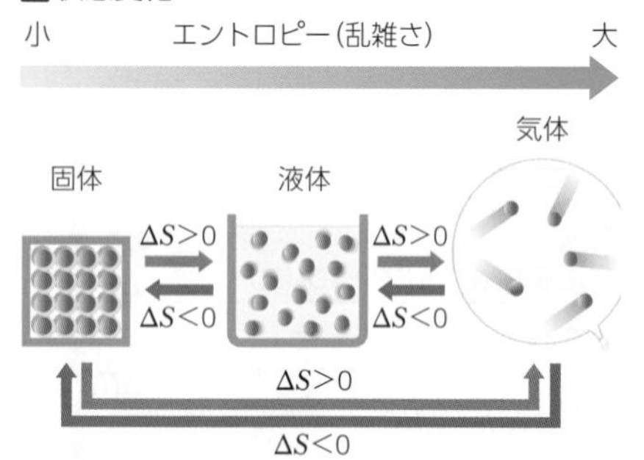

固体より液体，液体より気体のほうが粒子の散らばり具合が大きいので，固体，液体，気体の順にエントロピーは大きくなる。つまり，融解や蒸発，昇華は $\Delta S > 0$ で，凝縮や凝固，凝華は $\Delta S < 0$ になる。

■固体や気体の溶解

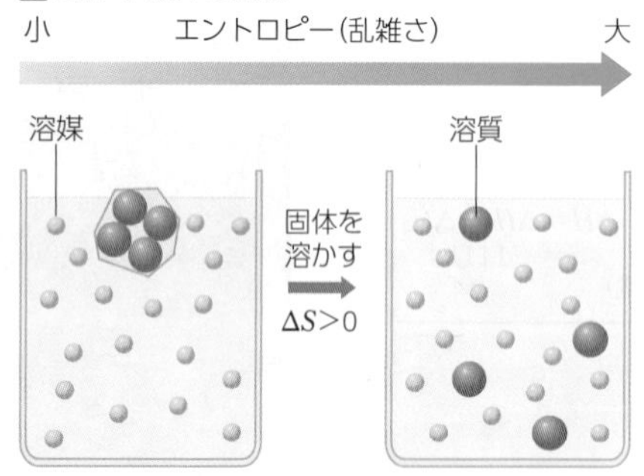

固体が液体中に溶解すると，固体粒子が溶液中に拡散していくためエントロピーが大きくなり，$\Delta S > 0$ になる。一方で，気体が液体中に溶解する場合，気体の状態のときより粒子の散らばり具合が小さくなるため，$\Delta S < 0$ になる。

■分子の数が変化する化学反応

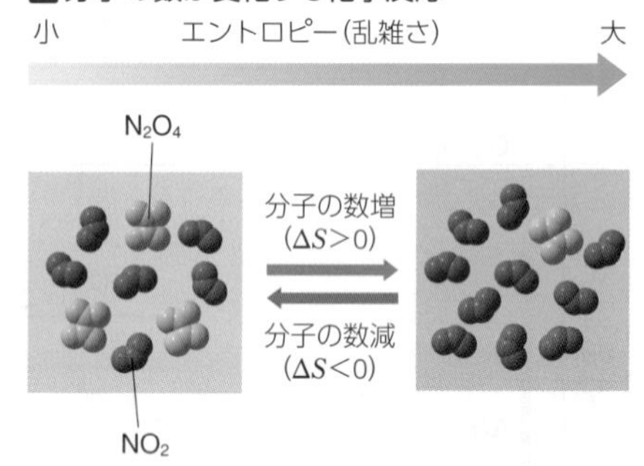

気体の反応で気体分子の数が増加するときは $\Delta S > 0$ になり，減少するときは $\Delta S < 0$ になる。例えば，$N_2O_4 \rightleftarrows 2NO_2$ という式で表される可逆反応(p.128)では，正反応は気体分子の数が増えているので $\Delta S > 0$ で，逆反応は気体分子の数が減っているので $\Delta S < 0$ になる。

C 希薄溶液とエントロピー

希薄溶液における蒸気圧降下，沸点上昇，凝固点降下といった現象は，エントロピーを用いて定性的に説明することができる。

■蒸気圧降下とエントロピーの関係

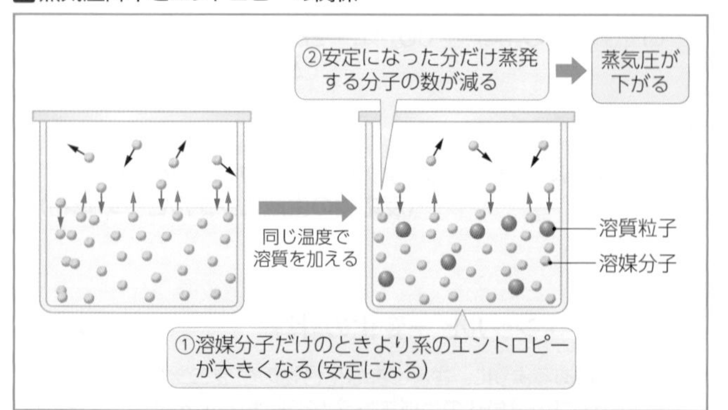

希薄溶液は純溶媒より乱雑さが大きい(エントロピーが大きい)ため，純溶媒だけのときより安定になり，溶媒が蒸発しにくくなる(蒸発する傾向が弱まる)。その結果，溶液の蒸気圧が下がり，沸点が上昇する。

■凝固点降下とエントロピーの関係

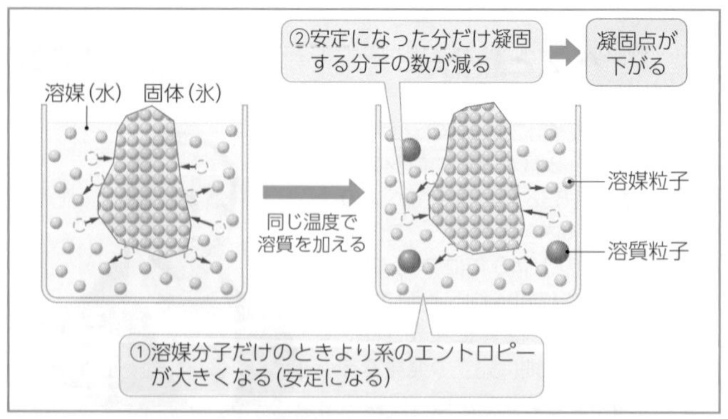

固体と液体が共存する融点において，純溶媒に溶質を加えると溶液のエントロピーが大きくなり，固体の一部が溶液に溶けだす。これを再び凝固させるためには温度を下げる必要がある(凝固点が下がる)。

D 化学反応の進む向き

エンタルピー変化 ΔH とエントロピー変化 ΔS をあわせて考えることで，反応が自発的に進むかどうかを判断することができる。

エンタルピー変化 ΔH とエントロピー変化 ΔS

エンタルピー変化 ΔH	エントロピー変化 ΔS	反応の進みやすさ（p.128）	
発熱（$\Delta H<0$）	増加（$\Delta S>0$）	自発的に進む	不可逆反応が多い
吸熱（$\Delta H>0$）	減少（$\Delta S<0$）	自発的に進まない	
発熱（$\Delta H<0$）	減少（$\Delta S<0$）	温度によって変化する	可逆反応となりうる
吸熱（$\Delta H>0$）	増加（$\Delta S>0$）		

氷の融解は $\Delta H>0$（吸熱）かつ $\Delta S>0$ の状態変化。常圧においては温度が0℃より高いと融解が起き，低いと融解が起きない。つまり温度によって状態変化するかどうかが変わる。

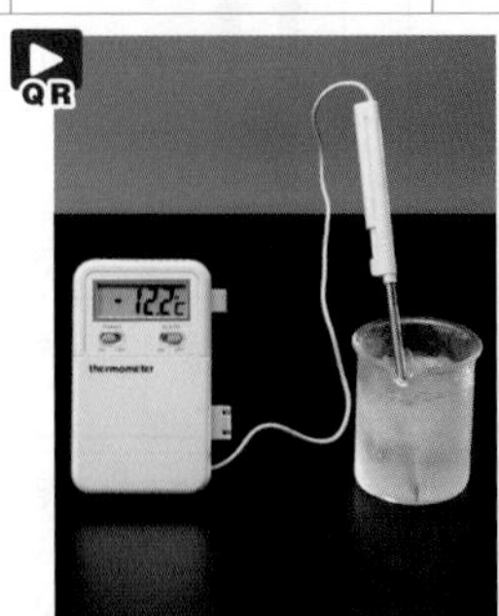

66％硫酸と氷を混ぜると，吸熱反応が起こる（$\Delta H>0$）。一方で ΔS は増加し，ΔS の影響のほうが大きいため，反応が自発的に進む。温度が非常に下がるので，寒剤として用いられる。

熱力学第二法則

熱や物質の出入りがない系（孤立系という）では，エントロピーが増加する方向に自発的変化が進む。この法則をエントロピー増大の法則といい，熱力学第一法則（p.119）と同様に熱力学第二法則ともよばれる。

熱力学第二法則にはいくつかの表現がある。物理分野では「熱は高温の物体から低温の物体に移動し，低温の物体から高温の物体に自然に移動することはない」と表現されることもあるが，先にあげたエントロピー増大の法則と同じ意味である。

Zoom up ギブズエネルギーと反応の進みやすさ

反応の進みやすさは，エンタルピー変化 ΔH とエントロピー変化 ΔS を組み合わせて判断できることを学んだ。そこで，エンタルピーとエントロピーを組み合わせたギブズエネルギー G という新たな量を考える。

$G=H-TS$　（T：絶対温度）

一定温度・一定圧力下でのギブズエネルギー変化 ΔG は，

$\Delta G=\Delta H-T\Delta S$

と表される。系のエンタルピーが小さくなる方向（$\Delta H<0$ になる方向），エントロピーが大きくなる方向（$\Delta S>0$）に自然と反応が進むことから，ギブズエネルギー変化 ΔG が負の場合，反応が自発的に進む。逆に，ΔG が正のときは自発的に反応が進まない。

ΔH	ΔS	反応の進みやすさ（ΔG）
発熱（$\Delta H<0$）	増加（$\Delta S>0$）	自発的に進む（$\Delta G<0$）
吸熱（$\Delta H>0$）	減少（$\Delta S<0$）	自発的に進まない（$\Delta G>0$）
発熱（$\Delta H<0$）	減少（$\Delta S<0$）	温度によって変化する（ΔG が正にも負にもなる）
吸熱（$\Delta H>0$）	増加（$\Delta S>0$）	

酸化カルシウムと水の反応（25℃）

CaO（固）＋H_2O（液）→ $Ca(OH)_2$（固）

において，$\Delta H=-65.2\,kJ$，$\Delta S=-26.3\,J/K$ なので，

$\Delta G=\Delta H-T\Delta S$
$=-65.2\,kJ-(273+25)K\times(-26.3\times10^{-3}\,kJ/K)$
$\fallingdotseq-57.4\,kJ$

エントロピー変化は負であるが，エンタルピー変化の影響のほうが大きいため，ギブズエネルギー変化が負になり，反応は自発的に進む。

硝酸アンモニウムの溶解（25℃）

NH_4NO_3（固）＋aq → NH_4NO_3aq

において，$\Delta H=25.7\,kJ$，$\Delta S=108.4\,J/K$ なので，

$\Delta G=\Delta H-T\Delta S$
$=25.7\,kJ-(273+25)K\times108.4\times10^{-3}\,kJ/K$
$\fallingdotseq-6.6\,kJ$

エンタルピー変化は正（吸熱反応）であるが，エントロピー変化の影響のほうがわずかに大きいため，ギブズエネルギー変化が負になり，反応は自発的に進む。

氷の融解

氷の融解をギブズエネルギー変化を用いて考える。1 mol の氷の0℃（273 K）における氷の融解エンタルピーは 6.01 kJ，融解エントロピーは 22.0 J/K である。ギブズエネルギー変化の式より，0℃におけるギブズエネルギー変化は，

$\Delta G=\Delta H-T\Delta S=6.01\,kJ-273\,K\times22.0\times10^{-3}\,kJ/K\fallingdotseq0\,kJ$

$\Delta G=0$ なので，0℃では融解する分子の数と凝固する分子の数が等しく，平衡状態にある。

次に，10℃（283 K）のときと−10℃（263 K）のときの ΔG を同様に計算してみる。ΔH や ΔS は温度によってわずかに変化するが，ここでは0℃のときの値と同じと仮定すると，

10℃：$\Delta G=6.01\,kJ-283\,K\times22.0\times10^{-3}\,kJ/K=-0.216\,kJ$
−10℃：$\Delta G=6.01\,kJ-263\,K\times22.0\times10^{-3}\,kJ/K=0.224\,kJ$

10℃のときは $\Delta G<0$ になるため自発的に融解が起こり，−10℃のときは $\Delta G>0$ になるため自発的に融解が起こらないことがわかる。

物質の三態とギブズエネルギー

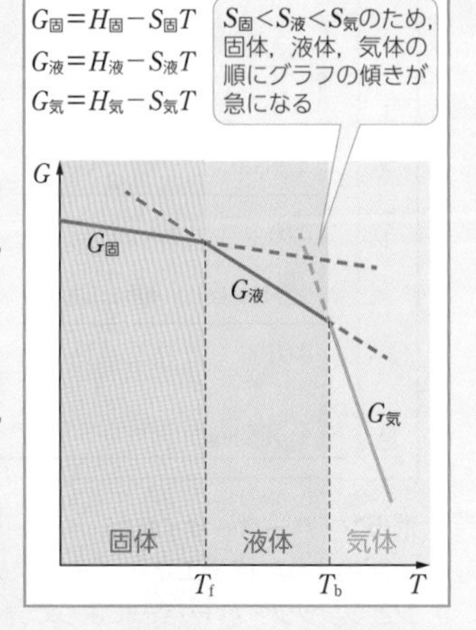

ある物質の三態（固体・液体・気体）の，ギブズエネルギー G を縦軸，絶対温度 T を横軸にとったグラフを考える。このグラフの傾きは $-S$（常に負）で，固体，液体，気体の順にエントロピーは大きくなる（$S_固<S_液<S_気$）ので，固体，液体，気体の順にグラフの傾きが急になる。ある温度においてギブズエネルギー G が低い状態がより安定な状態なので，温度が低いときは固体が最も安定になり，温度が高くなるにつれて液体，気体と安定な状態が変わる。また，固体と液体のグラフが交わるときの温度 T_f は，固体と液体が共存しており，すなわち凝固点に対応する。同様に，液体と気体のグラフの交わるときの温度 T_b は沸点になる。

4 結合エネルギー 基 化

A 結合エネルギー bond energy

気体分子内の共有結合を切断してばらばらの原子にするのに必要なエネルギーを，その共有結合の結合エネルギーという。

■結合エネルギー

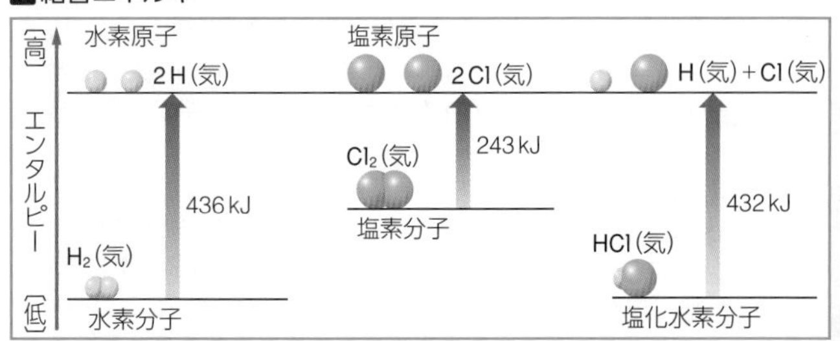

結合エネルギーの値は，結合 1mol を切断するのに必要なエネルギー〔kJ/mol〕である。また，結合の切断は吸熱反応，結合の生成は発熱反応である。

■おもな結合と結合エネルギー（p.300）

結合	結合エネルギー〔kJ/mol〕	結合	結合エネルギー〔kJ/mol〕
H-H	436	F-F	153
H-C (CH_4)	416	Cl-Cl	243
H-N (NH_3)	391	C-O	352
H-O (H_2O)	463	C-C (C_2H_6)	368
H-F	563	C=C (C_2H_4)	682
H-Cl	432	C≡C (C_2H_2)	962

結合エネルギーは 25℃のときの値で，(　)内の物質から求めている。

■結合エネルギーと反応エンタルピーの関係

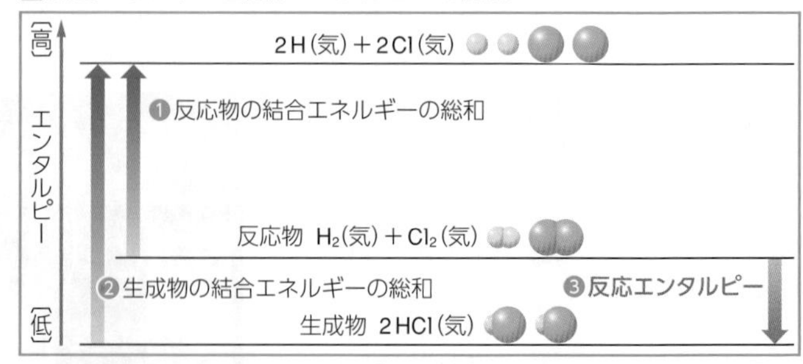

❶反応物に含まれる結合エネルギーの総和を求める。

H-H 結合 1mol　436kJ/mol × 1mol = 436kJ

Cl-Cl 結合 1mol　243kJ/mol × 1mol = 243kJ

総和　436kJ + 243kJ = 679kJ　… (i)

❷生成物に含まれる結合エネルギーの総和を求める。

H-Cl 結合 2mol　432kJ/mol × 2mol = 864kJ　… (ii)

❸ (i)式−(ii)式 より，

H_2(気) + Cl_2(気) ⟶ 2HCl(気)　$\Delta H = -185$ kJ

反応エンタルピー＝(反応物の結合エネルギーの総和)−(生成物の結合エネルギーの総和)

※ 反応物・生成物がすべて気体の場合

Zoom up イオン結晶の格子エネルギー lattice energy

1mol のイオン結晶のイオン結合を切断して，気体状態のばらばらのイオンにするのに必要なエネルギーを格子エネルギーという。

格子エネルギーは，そのイオン結晶が安定かどうかの目安になるが，これを直接測定することができない。しかし，ヘスの法則を用いることによって，間接的に求めることができる。例えば，NaCl(固)の格子エネルギーは次のようにして求めることができる。

■ NaCl(固)の格子エネルギー

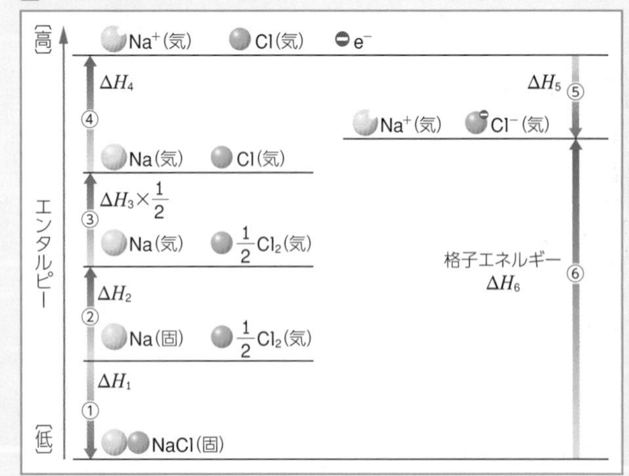

① NaCl(固)の生成エンタルピー
Na(固) + $\frac{1}{2}$ Cl_2(気) ⟶ NaCl(固)　$\Delta H_1 = -411$ kJ

② Na(固)の昇華エンタルピー
Na(固) ⟶ Na(気)　$\Delta H_2 = 92$ kJ

③ Cl_2 の結合エネルギー
Cl_2(気) ⟶ 2Cl(気)　$\Delta H_3 = 243$ kJ

④ Na(気)のイオン化エネルギー
Na(気) ⟶ Na^+(気) + e^-　$\Delta H_4 = 496$ kJ

⑤ Cl(気)の電子親和力
Cl(気) + e^- ⟶ Cl^-(気)　$\Delta H_5 = -349$ kJ※

⑥ NaCl(固)の格子エネルギー
NaCl(固) ⟶ Na^+(気) + Cl^-(気)　$\Delta H_6 = Q$〔kJ〕

格子エネルギー Q は，ΔH_1 ～ ΔH_5 を用いて求めると，

$$Q = -\Delta H_1 + \Delta H_2 + \Delta H_3 \times \frac{1}{2} + \Delta H_4 + \Delta H_5$$

$$= -(-411\text{kJ}) + 92\text{kJ} + 243\text{kJ} \times \frac{1}{2} + 496\text{kJ} + (-349\text{kJ})$$

$$= 771.5\text{kJ} \fallingdotseq 772\text{kJ}$$

※電子親和力は原子が陰イオンになるときに放出されるエネルギーなので，エンタルピー変化は負の値になる。

ボルン・ハーバーサイクル

上記のような格子エネルギーの求め方は，1919 年にマックス・ボルンとフリッツ・ハーバーによって見つけられた。このようにイオン結晶の格子エネルギーと関係するエンタルピー変化を組み合わせて，循環するように組み立てることをボルン・ハーバーサイクルという。

5 化学反応と光 基 化

A 光の波長とエネルギー

光といった場合，一般に電磁波の一種である可視光線をさすことが多い。電磁波はその波長によって分類され，波長が短いほどエネルギーが大きい。

■光の波長と色・エネルギーの関係 物理

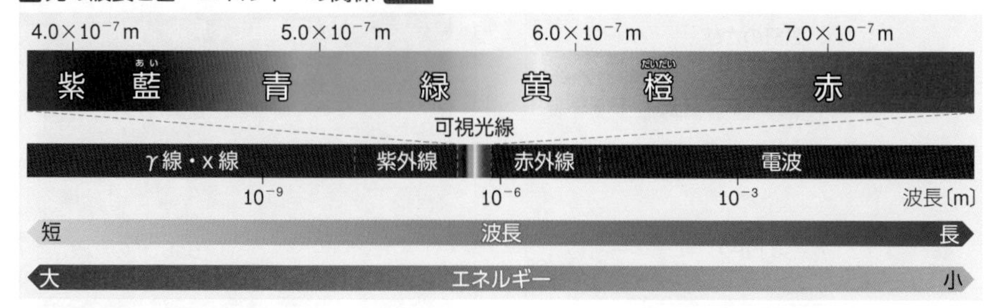

白色光

太陽光のように，さまざまな波長の光を含み色あいを感じない光を白色光という。白色光をプリズムにかざすと，さまざまな色の光に分離する。

B 光化学反応 photochemical reaction

光の吸収によって引き起こされる化学反応を光化学反応という。

■塩化水素の合成

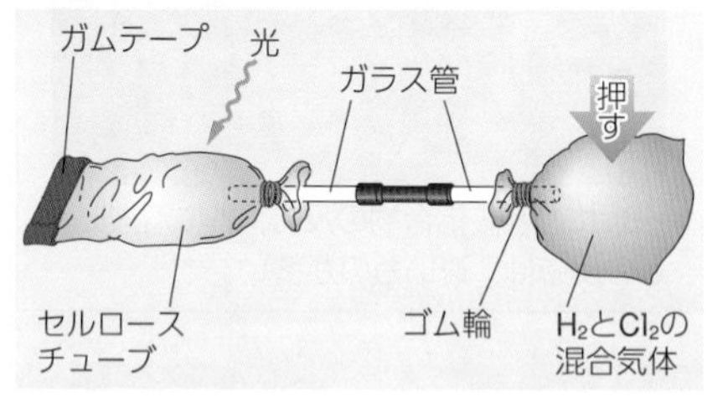

水素と塩素の混合気体に光を当てると，爆発的に反応して，塩化水素が生成する。

$$H_2 + Cl_2 \xrightarrow{光} 2HCl$$

■ジェルネイル 日常

ジェルネイルの主成分が，紫外線と反応して固まる。ジェルネイルには，反応を開始させるための成分も含まれている。

Jump 光が関係する反応

p.180 **光触媒**
光が当たると触媒(p.127)としてはたらく物質。代表的なものは酸化チタン(Ⅳ)TiO_2である。

p.250 **光合成**
葉緑素(クロロフィル)をもった緑色植物がH_2OとCO_2から$C_6H_{12}O_6$とO_2を合成する。

p.259 **感光性高分子**
光が当たった部分だけが変化する樹脂。歯科材料やプリント配線板に利用されている。

C 化学発光 chemiluminescence

化学反応の際に物質が熱エネルギーのかわりに光を発する現象を，化学発光または化学ルミネセンスという。

■ルミノール反応

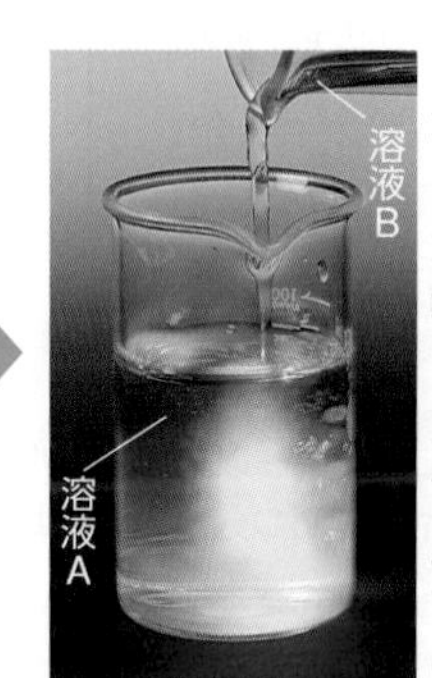

水酸化ナトリウム水溶液にルミノールを溶かした溶液(A)を，過酸化水素水にヘキサシアニド鉄(Ⅲ)酸カリウムを溶かした溶液(B)と混ぜると，青白く発光する。この反応は血液中の成分によっても進行するため，血痕の検出に用いられる。

■ケミカルライト(シュウ酸エステル) 日常

シュウ酸エステルに蛍光物質を混合したものと過酸化水素を混ぜると，発光する。蛍光物質により，異なる色を発する。

Column ホタルは酵素で光っている!? 日常

自然界には，ホタル，ウミホタル，深海魚やキノコなど，自ら発光する生物が存在する。
ホタルが光るのは，体内で生産されるルシフェラーゼという酵素が触媒となり，体内のルシフェリンという発光物質とATP(p.250)が反応して光を発するからである。
ルシフェリンは，ルシフェラーゼとMg^{2+}の存在下でATPからエネルギーを受け取り活性化される。活性化されたルシフェリンは酸素と反応し，高エネルギー状態(励起状態p.270)のオキシルシフェリンとなる。このオキシルシフェリンが安定な状態(基底状態p.270)にもどるとき，エネルギーを光として放出する。
ルシフェリンの名称は，明けの明星(金星)を意味する「ルシファー」に由来し，その語源は「光を運ぶもの」である。

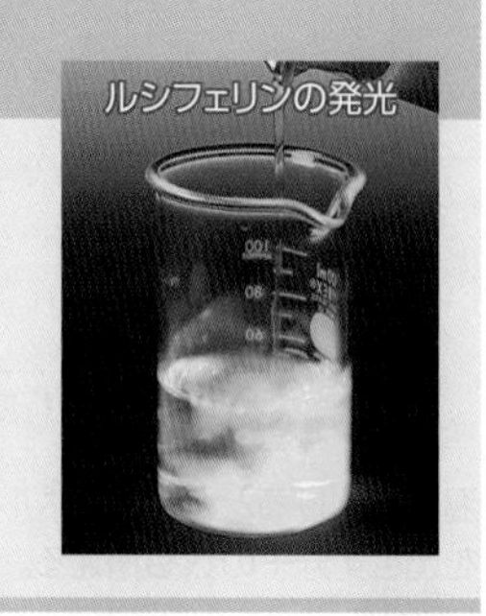
ルシフェリンの発光

Q 日焼けは化学反応ですか?

6 化学反応の速さ 基 化

A 速い反応・遅い反応

爆発や燃焼はきわめて速い反応である。しかし，鉄や銅などの金属の，空気中での酸化はゆっくり進む。また，有機化合物の反応はその中間的な速さのものが多い。

反応速度

反応時間 Δt における反応物 A のモル濃度の変化を Δ[A]，生成物 B のモル濃度の変化を Δ[B]とする。このとき，平均の反応速度 v は次のように表される。

$$\bar{v}=-\frac{\Delta[A]}{\Delta t} \quad \text{または} \quad \bar{v}=\frac{\Delta[B]}{\Delta t}$$

※ 同じ反応でも注目する物質(A, B)によって，$\bar{v}$ は異なる。

反応速度式

化学反応　A＋B ⟶ C　において，ある瞬間の A，B のモル濃度を[A]，[B]で表すと，反応速度は一般に次式で表される。

$$v=k[A]^{\alpha}[B]^{\beta}$$

この式を反応速度式といい，k を速度定数という。速度定数は，反応の種類・温度・触媒の有無によって異なる。また，α や β は実験で求められるもので，化学反応式の係数などから単純に決まるものではない。

遅い反応

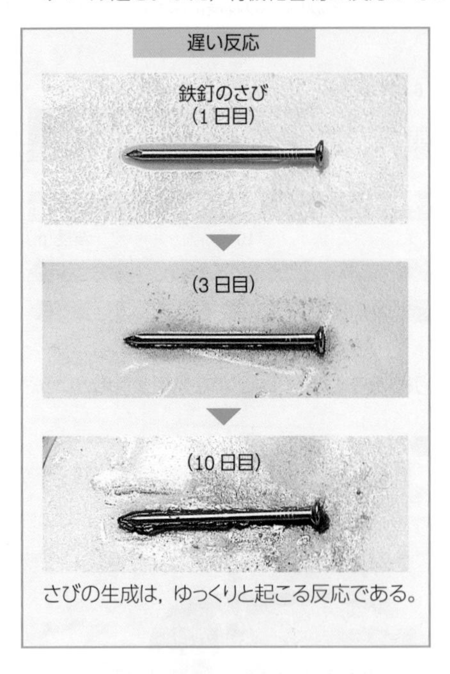

さびの生成は，ゆっくりと起こる反応である。

速い反応

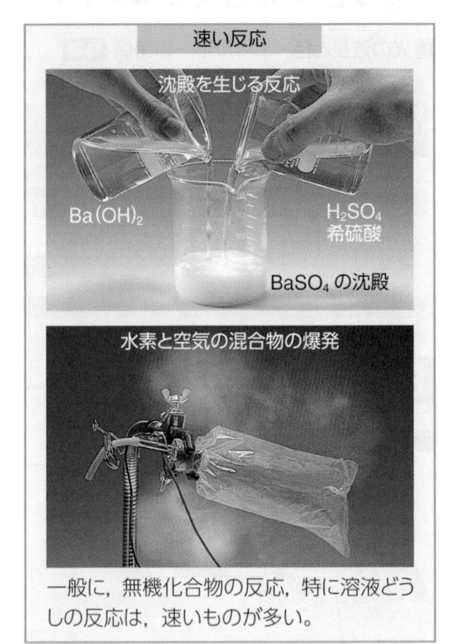

一般に，無機化合物の反応，特に溶液どうしの反応は，速いものが多い。

過酸化水素の分解速度をはかる

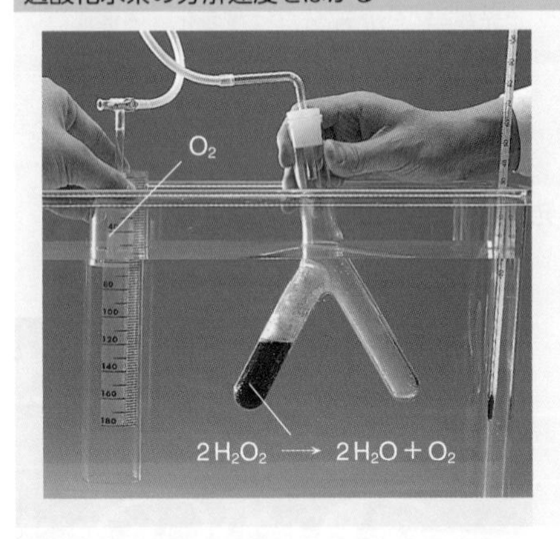

H_2O_2 水に MnO_2 を加え，水槽中で(温度を一定に保つため)反応させて，発生する酸素の体積を 20 秒ごとに測定する。

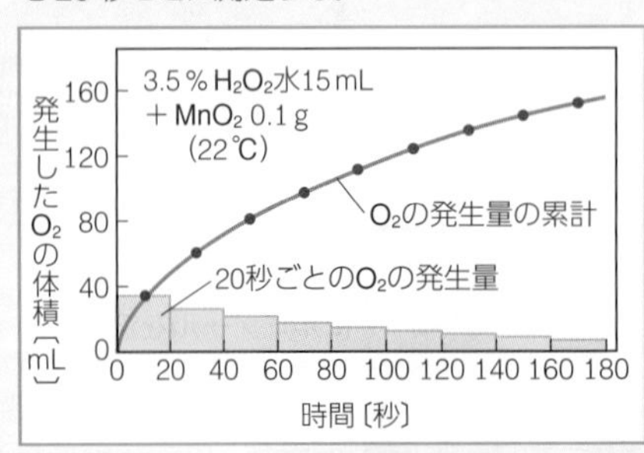

H_2O_2 の分解速度 v は，H_2O_2 の濃度の平均値に比例している。したがって，反応速度式は $v=k[H_2O_2]$ で表される。

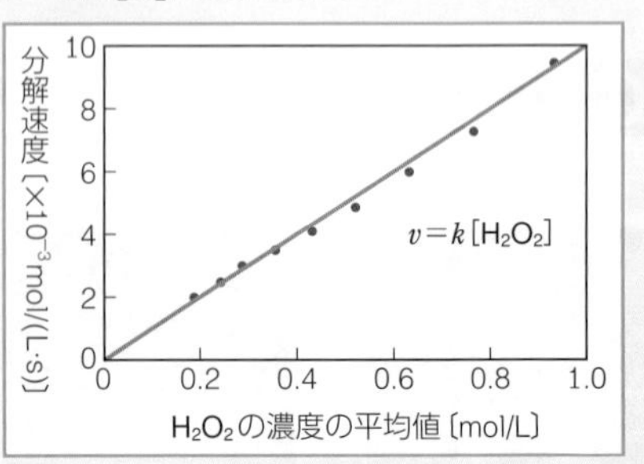

B 反応の速さと温度
temperature

反応が起こるには，活性化エネルギー以上のエネルギーが必要である。
温度が高いと大きなエネルギーをもつ分子の数が増すので，反応速度が大きくなる。

■活性化エネルギーと分子のエネルギー分布

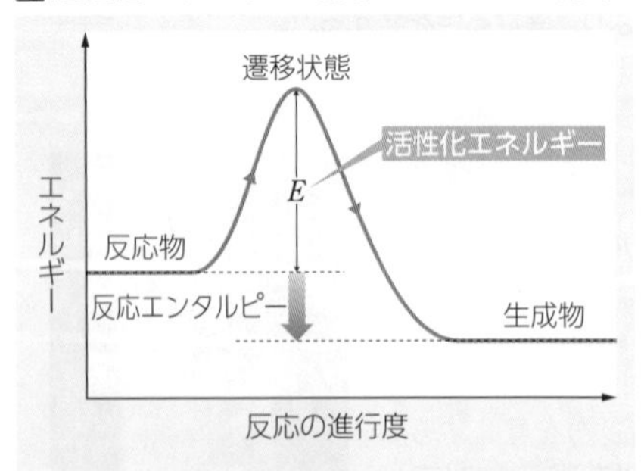

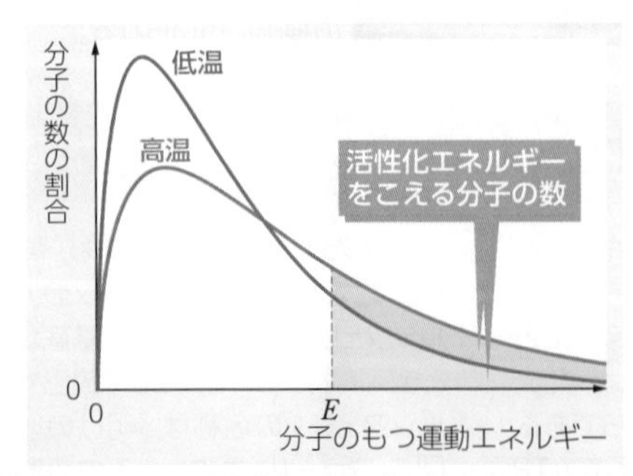

温度を上げると大きなエネルギーをもつ分子の数が増えるので，活性化エネルギー E をこえて反応を起こす分子の数も増える。

■温度による発光の違い

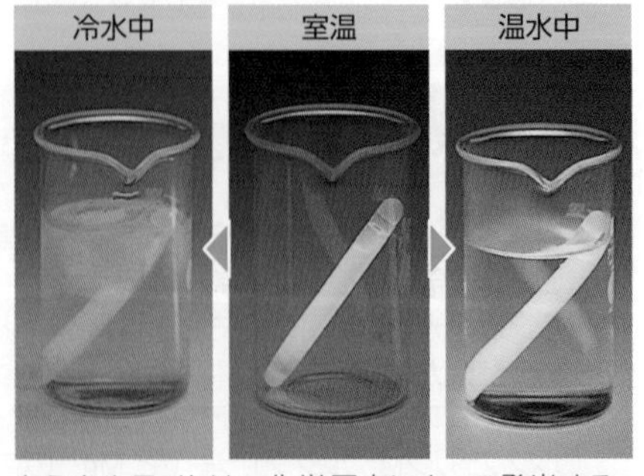

ケミカルライトは，化学反応によって発光する。冷水に入れると暗くなり，温水に入れると明るくなる。

A 紫外線で色素細胞の活動が活発になり，化学反応により褐色のメラニン色素が生成し，肌が黒くなります。

Zoom up アレニウスの式

1889 年にアレニウスが発見した，速度定数 k と温度 T の関係式をアレニウスの式という。

$$k = Ae^{-\frac{E_a}{RT}}$$ （A：頻度因子（定数），E_a：活性化エネルギー，R：気体定数）

ここで，e（＝2.718…）は自然対数の底とよばれる定数で，上式の両辺の自然対数をとると，次のようになる。

$$\log_e k = \log_e Ae^{-\frac{E_a}{RT}} = -\frac{E_a}{RT} + \log_e A$$

縦軸に $\log_e k$，横軸に $\frac{1}{T}$ をとってグラフをかくと，傾きが $-\frac{E_a}{R}$ の直線になる。

このグラフはアレニウスプロットともよばれる。さまざまな温度で速度定数を測り，グラフにすることで，活性化エネルギー E_a と頻度因子 A が求められる。

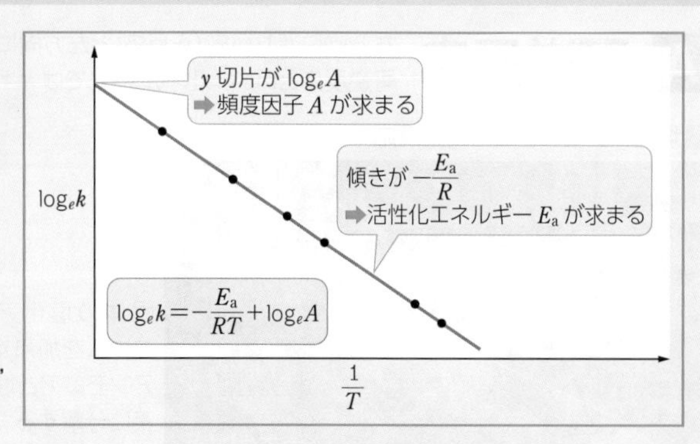

C 反応の速さと濃度

濃度が大きくなると，単位時間当たりに衝突する粒子の数が増えるので，反応速度が大きくなる。

■スチールウールの燃焼

繊維状の鉄線（スチールウール）は空気中でも燃焼する。酸素中では，O_2 の濃度が空気中の約 5 倍になるため，反応速度が増し，激しく燃える。

反応の速さと固体の表面積

鉄釘は火をつけても燃えることはないが，スチールウールのような繊維状の鉄線に火をつけると，空気中でも燃える。さらに，スチールウールより細かな鉄粉は，加熱された後に空気に触れると，自然発火する。このように，物質を細かくしたり粉末にしたりすると反応しやすくなる（反応速度が増す）のは，固体の表面積が大きくなるからである。

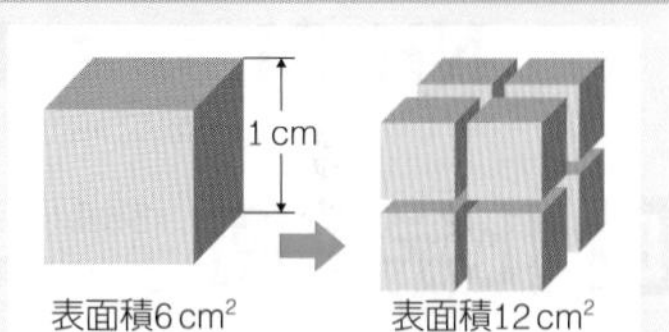

立方体を8等分すると表面積は2倍になる。

D 反応の速さと触媒 catalyst

反応の前後で自身は変化しないが，反応速度を著しく大きくする物質を触媒という。触媒は，化学工業にはなくてはならないものである。

■過酸化水素の分解

① H_2O_2 水に MnO_2 を加えると，酸素が発生。

② H_2O_2 がすべて分解して酸素の発生がやむ。

＋MnO_2

③ 酸素は発生しない。

＋H_2O_2 水

④ 再び酸素が発生する。

過酸化水素 H_2O_2 水を放置していても，目に見えるような速さで酸素は発生しない。
しかし，H_2O_2 水に少量の酸化マンガン(Ⅳ) MnO_2 を加えると，酸素が発生する（①）。

$$2H_2O_2 \longrightarrow 2H_2O + O_2$$

酸素の発生が終わった後，さらに MnO_2 を加えても，酸素は発生しない（③）。一方 H_2O_2 を加えると再び酸素が発生する（④）。
このことから MnO_2 は反応の前後で変化せず，少量でも反応速度を上げる役割をはたす物質―触媒―であることがわかる。

【均一系触媒と不均一系触媒】
この反応の MnO_2 のように，反応物と均一に混じりあわずにはたらく触媒を，不均一系触媒という。
また，H_2O_2 水に塩化鉄(Ⅲ) $FeCl_3$ 水溶液を加えると，$FeCl_3$ 水溶液が触媒としてはたらき酸素が発生する。
この反応の $FeCl_3$ 水溶液のように，反応物と均一に混じりあってはたらく触媒を，均一系触媒という。

■触媒と活性化エネルギーの関係

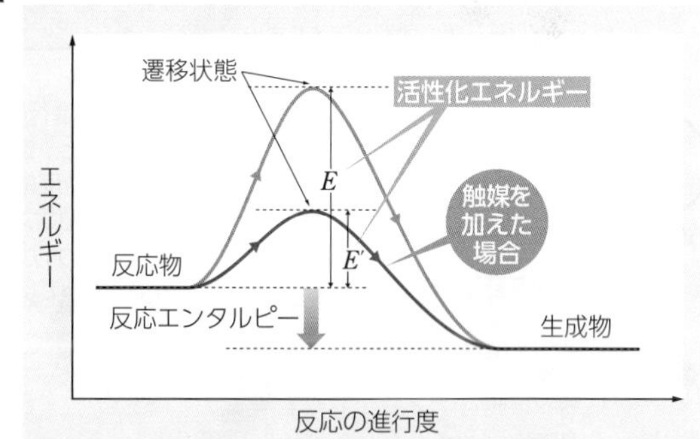

触媒は，反応の活性化エネルギーを小さくすることで反応速度を大きくする（ただし，反応エンタルピーは変化しない）。

Jump 酵素 → p.246

生体内での化学反応は，酵素とよばれるタンパク質が触媒としてはたらき進行する。酵素の作用はきわめて選択的で，ある特定の化学反応の触媒としてしかはたらかない。

大根には消化酵素がたくさん含まれている。

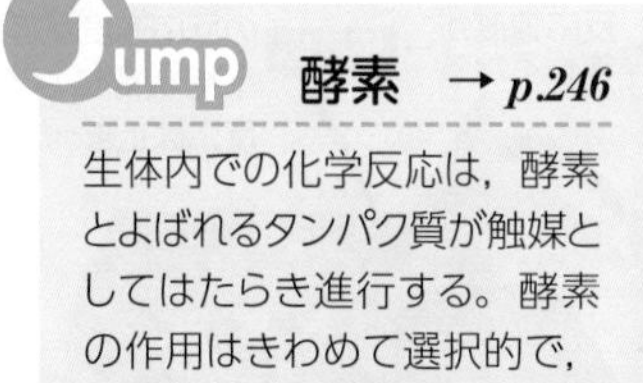

物質の反応

7 化学平衡 基 化

A 可逆反応 reversible reaction

右方向に進む反応（正反応）と左方向に進む反応（逆反応）の両方が起こる反応を可逆反応といい，化学反応式では ⇄ の記号を用いて表す。

■塩化アンモニウムの可逆反応

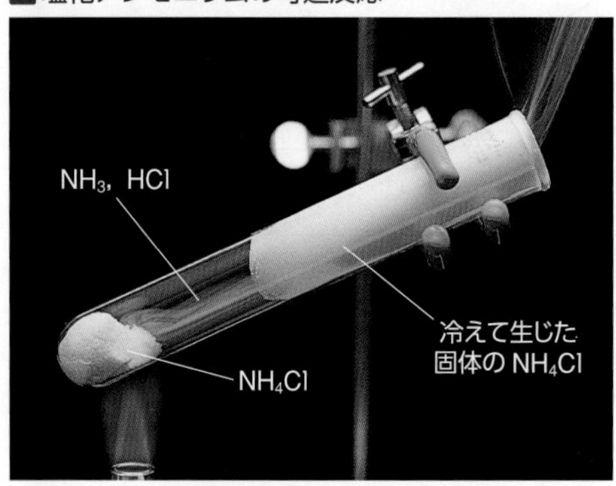

固体の塩化アンモニウムを加熱すると，アンモニアと塩化水素に分解する。これらは，冷えると再び反応して，固体の塩化アンモニウムにもどる。

$$NH_4Cl \underset{\text{逆反応}}{\overset{\text{正反応}}{\rightleftarrows}} NH_3 + HCl$$

■クロム酸イオンの可逆反応

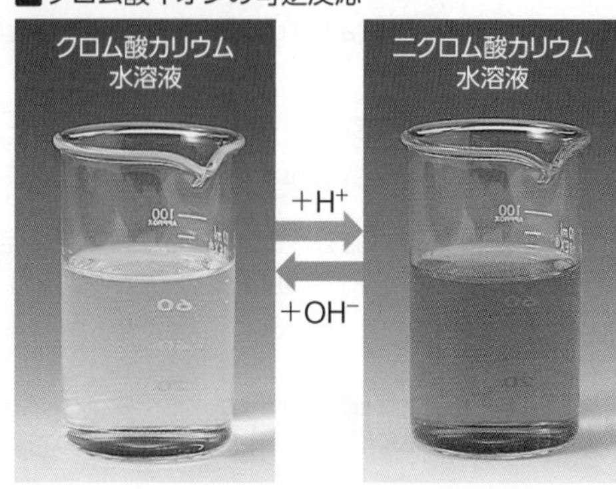

クロム酸カリウム水溶液に酸を加えると，ニクロム酸カリウム水溶液になる。これに塩基を加えると，クロム酸カリウムの水溶液にもどる。

$$2CrO_4^{2-} + H^+ \underset{\text{逆反応}}{\overset{\text{正反応}}{\rightleftarrows}} Cr_2O_7^{2-} + OH^-$$

黄色　　赤橙色

B 化学平衡 chemical equilibrium

可逆反応において，正反応と逆反応の反応速度が等しくなり，見かけ上，どちらにも進んでいないように見える（反応が止まったように見える）状態を，化学平衡の状態（平衡状態）という。

■水素とヨウ素の反応 $H_2 + I_2 \rightleftarrows 2HI$

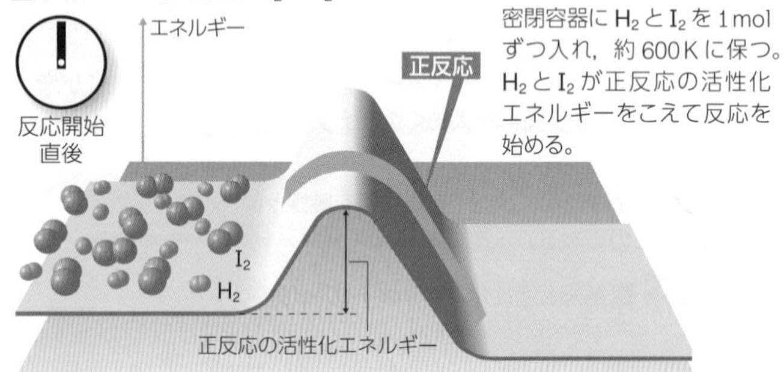

密閉容器に H_2 と I_2 を 1mol ずつ入れ，約 600K に保つ。H_2 と I_2 が正反応の活性化エネルギーをこえて反応を始める。

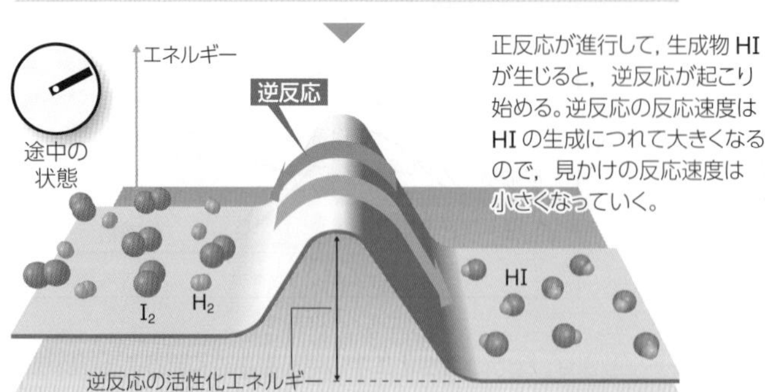

正反応が進行して，生成物 HI が生じると，逆反応が起こり始める。逆反応の反応速度は HI の生成につれて大きくなるので，見かけの反応速度は小さくなっていく。

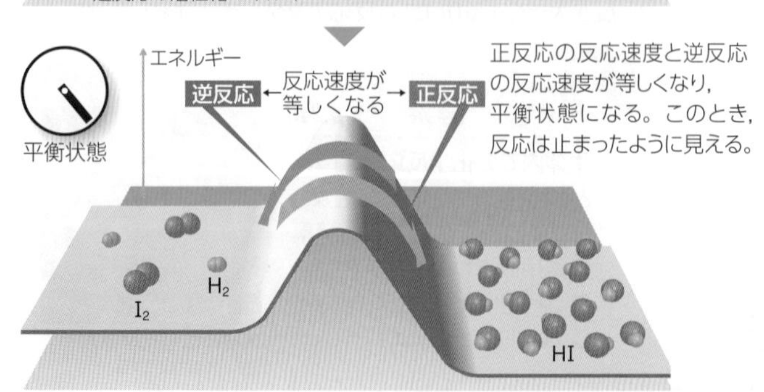

正反応の反応速度と逆反応の反応速度が等しくなり，平衡状態になる。このとき，反応は止まったように見える。

■反応 $H_2 + I_2 \rightleftarrows 2HI$ の物質量の変化

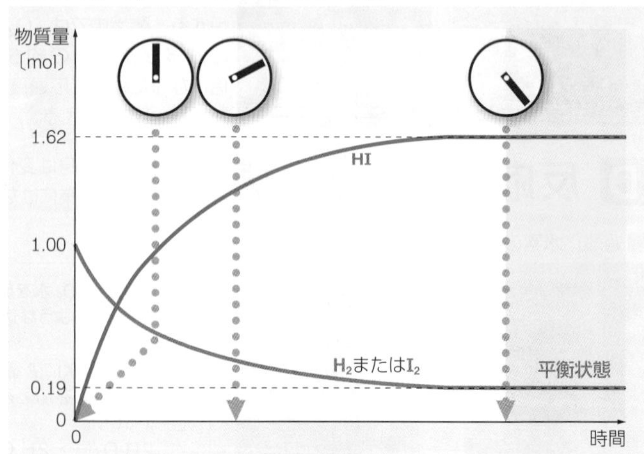

■反応 $H_2 + I_2 \rightleftarrows 2HI$ の反応速度の変化

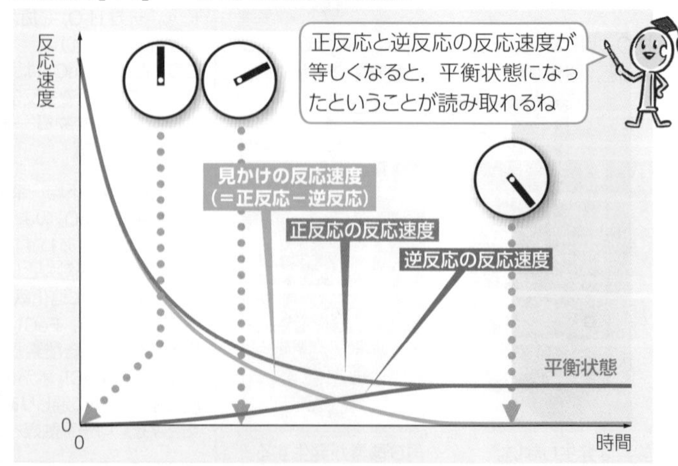

C 化学平衡の法則

equilibrium law

化学平衡の状態において，反応物と生成物の濃度の間には，一定の関係がある。この関係を化学平衡の法則（質量作用の法則）という。

化学平衡の法則

$a\mathrm{A} + b\mathrm{B} + \cdots \rightleftarrows p\mathrm{P} + q\mathrm{Q} + \cdots$

で表される反応の平衡状態において，次式が成りたつ。

$$\frac{[\mathrm{P}]^p[\mathrm{Q}]^q\cdots}{[\mathrm{A}]^a[\mathrm{B}]^b\cdots} = K_c$$

K_c：平衡定数（濃度平衡定数）

（K_c の単位：$(\mathrm{mol/L})^{(p+q+\cdots)-(a+b+\cdots)}$）

[A] は A のモル濃度(mol/L)を表す。K_c は温度によって決まる定数で，単位は反応によって異なる。

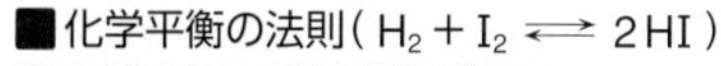

■化学平衡の法則（$H_2 + I_2 \rightleftarrows 2HI$）

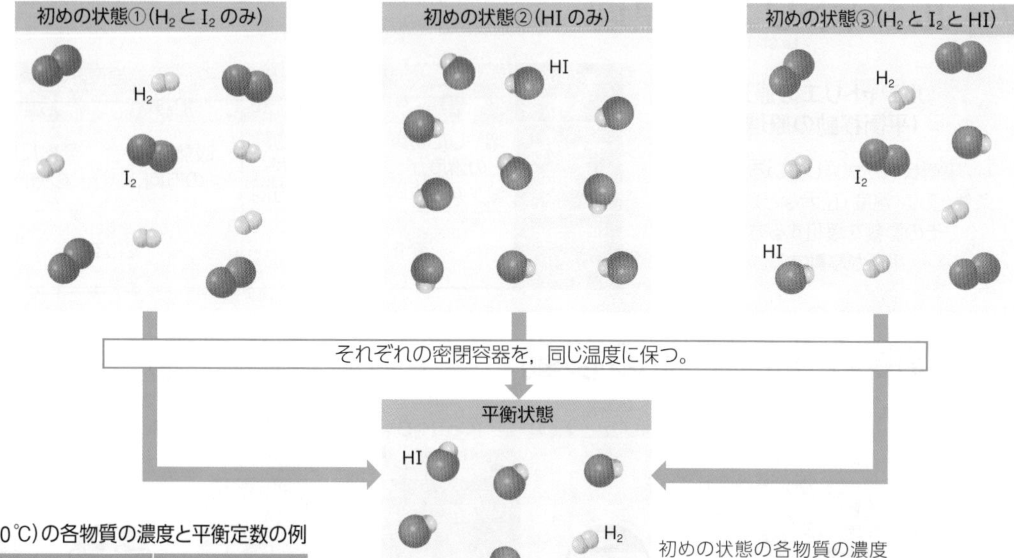

初めの状態の各物質の濃度が異なっていても，同じ温度であれば，平衡状態における反応物と生成物の濃度の関係（平衡定数 $\frac{[\mathrm{HI}]^2}{[\mathrm{H_2}][\mathrm{I_2}]}$）は同じ値になる。

■ $H_2 + I_2 \rightleftarrows 2HI$ の平衡時（430℃）の各物質の濃度と平衡定数の例

事例	測定時	モル濃度〔mol/L〕			$K_c = \frac{[\mathrm{HI}]^2}{[\mathrm{H_2}][\mathrm{I_2}]}$
		$[H_2]$	$[I_2]$	[HI]	
Ⓐ	反応前	1.000	1.000	0	
	変化量	−0.787	−0.787	+1.574	
	平衡時	0.213	0.213	1.574	54.6
Ⓑ	反応前	1.300	0.700	0	
	変化量	−0.652	−0.652	+1.304	
	平衡時	0.648	0.048	1.304	54.7
Ⓒ	反応前	0	0	3.000	
	変化量	+0.319	+0.319	−0.638	
	平衡時	0.319	0.319	2.362	54.8
Ⓓ	反応前	0	0	1.400	
	変化量	+0.149	+0.149	−0.298	
	平衡時	0.149	0.149	1.102	54.7

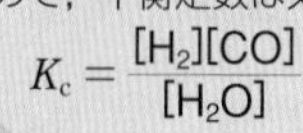

補足 固体が含まれる反応

赤熱したコークス C と水蒸気 H_2O を接触させると，次の平衡状態になる。

$\mathrm{C(固)} + \mathrm{H_2O(気)} \rightleftarrows \mathrm{H_2(気)} + \mathrm{CO(気)}$

このような固体と気体が関係する反応の場合，固体の量によって化学平衡が影響を受けることはないので，平衡定数は気体の濃度だけで表される。

$$K_c = \frac{[\mathrm{H_2}][\mathrm{CO}]}{[\mathrm{H_2O}]}$$

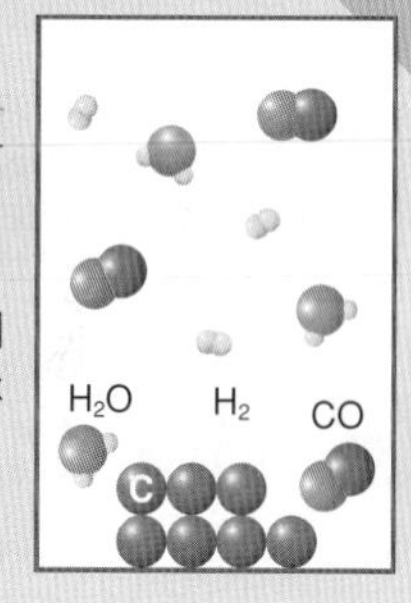

D 圧平衡定数

pressure equilibrium constant

気体が反応する可逆反応では，平衡時の成分気体のモル濃度から求めた平衡定数（濃度平衡定数）のほかに，平衡時の成分気体の分圧から求めた圧平衡定数も使われる。

圧平衡定数

$a\mathrm{A} + b\mathrm{B} + \cdots \rightleftarrows p\mathrm{P} + q\mathrm{Q} + \cdots$

各成分気体の分圧を p_A，p_B，…，p_P，p_Q，…として

$$\frac{p_P{}^p\, p_Q{}^q\cdots}{p_A{}^a\, p_B{}^b\cdots} = K_p$$

K_p：圧平衡定数

（K_p の単位：$\mathrm{Pa}^{(p+q+\cdots)-(a+b+\cdots)}$）

気体反応では濃度よりも圧力のほうが測定しやすいので，圧力変化による平衡状態の変化を定量的に扱うときは，K_p を用いることがある。

濃度平衡定数 K_c と圧平衡定数 K_p の関係

窒素 N_2 と水素 H_2 からアンモニア NH_3 ができる反応が，容積 V〔L〕，温度 T〔K〕のもとで，平衡状態になっている（$N_2 + 3H_2 \rightleftarrows 2NH_3$）。

このときの各成分気体の分圧を p_{N_2}〔Pa〕，p_{H_2}〔Pa〕，p_{NH_3}〔Pa〕，物質量を n_{N_2}〔mol〕，n_{H_2}〔mol〕，n_{NH_3}〔mol〕，気体定数を R〔Pa・L/(mol・K)〕として，気体の状態方程式をもとに各成分気体の分圧を表すと，次のようになる。

$$p_{N_2}V = n_{N_2}RT \qquad p_{N_2} = \frac{n_{N_2}}{V}RT = [\mathrm{N_2}]RT$$

$$p_{H_2}V = n_{H_2}RT \qquad p_{H_2} = \frac{n_{H_2}}{V}RT = [\mathrm{H_2}]RT$$

$$p_{NH_3}V = n_{NH_3}RT \qquad p_{NH_3} = \frac{n_{NH_3}}{V}RT = [\mathrm{NH_3}]RT$$

これらの分圧を，圧平衡定数の式に代入する。

$$K_p = \frac{p_{NH_3}{}^2}{p_{N_2}\,p_{H_2}{}^3} = \frac{([\mathrm{NH_3}]RT)^2}{([\mathrm{N_2}]RT)([\mathrm{H_2}]RT)^3}$$

$$= \frac{[\mathrm{NH_3}]^2}{[\mathrm{N_2}][\mathrm{H_2}]^3}(RT)^{-2}$$

$$= K_c(RT)^{-2}$$

気体の可逆反応が一般式 $a\mathrm{A} + b\mathrm{B} + \cdots \rightleftarrows p\mathrm{P} + q\mathrm{Q} + \cdots$ で表されるとき，K_p と K_c には次のような関係が成りたつ。

$$K_p = K_c(RT)^{(p+q+\cdots)-(a+b+\cdots)}$$

（単位は $\mathrm{Pa}^{(p+q+\cdots)-(a+b+\cdots)}$）

この式から，温度が一定であれば圧力が変化しても K_p は一定であることがわかる。

8 平衡の移動 基 化

A ルシャトリエの原理
Le Chatelier's principle

可逆反応が平衡状態にあるとき，濃度・温度・圧力などの条件を変えると，正反応または逆反応が進んで，新しい平衡状態になる。この現象を平衡の移動という。

ルシャトリエの原理（平衡移動の原理）

平衡状態が成立しているときの条件（濃度・温度・圧力など）を変えると，その影響を緩和する方向に平衡が移動する。

条件の変化	濃度		温度		圧力	
	増加	減少	加熱	冷却	加圧	減圧
平衡移動の方向	増やした物質の濃度が減少する方向	減らした物質の濃度が増加する方向	吸熱反応の方向	発熱反応の方向	気体分子の総数が減少する方向	気体分子の総数が増加する方向
平衡定数の変化	変化しない		変化する		変化しない	

B 濃度変化と平衡の移動

平衡状態のとき，その中の一つの物質の濃度を増加させると，その物質の濃度が減少する方向に平衡が移動する（減少させると，増加する方向に平衡が移動する）。

コバルトの錯イオンの平衡　$[Co(H_2O)_6]^{2+}$（桃色）$+ 4Cl^- \rightleftarrows [CoCl_4]^{2-}$（青色）$+ 6H_2O$

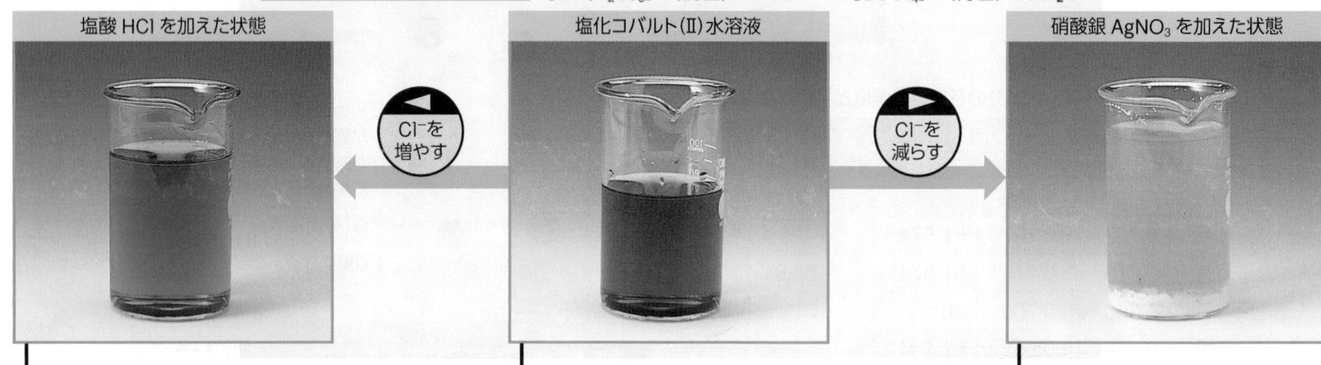

塩酸を加えることによって増加したCl^-の濃度を減少させる方向，すなわち$[CoCl_4]^{2-}$が生成する方向に平衡が移動し，水溶液が青色になる。

塩化コバルト(Ⅱ)の水溶液中では，$[Co(H_2O)_6]^{2+}$（桃色）と$[CoCl_4]^{2-}$（青色）の錯イオンが平衡状態になって混在している。

AgCl の沈殿生成によって減少したCl^-の濃度が増加する方向，すなわち$[Co(H_2O)_6]^{2+}$が生成する方向に平衡が移動し，水溶液が桃色になる。

C 温度変化と平衡の移動

平衡状態のとき，その反応系（反応に関与している物質全体）を冷却すると発熱反応の方向に平衡が移動し，加熱すると吸熱反応の方向に平衡が移動する。

四酸化二窒素の平衡　N_2O_4（無色）$\rightleftarrows 2NO_2$（赤褐色）　$\Delta H = 57\,kJ$（正反応）

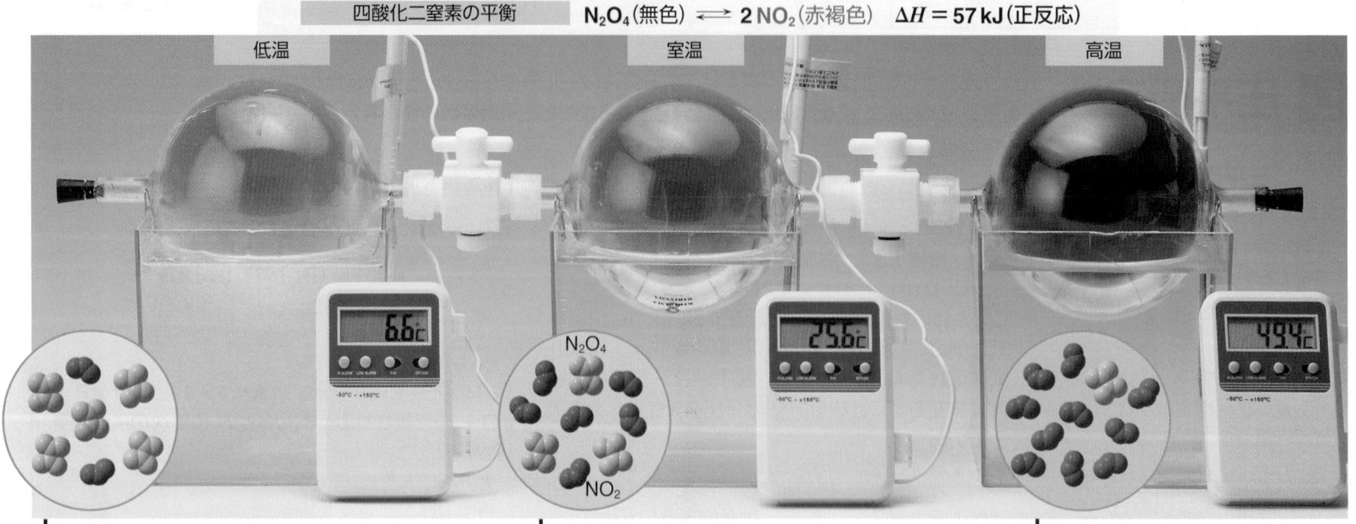

温度が低いと，発熱反応の方向，すなわち，N_2O_4（無色）が生じる方向に平衡が移動し，赤褐色が薄くなる。

四酸化二窒素 N_2O_4（無色）と，二酸化窒素 NO_2（赤褐色）とが平衡状態にある。

温度が高いと，吸熱反応の方向，すなわち，NO_2（赤褐色）が生じる方向に平衡が移動し，赤褐色が濃くなる。

D 圧力変化と平衡の移動

平衡状態にある気体混合物の圧力を高くすると，気体分子の総数が減る方向に平衡が移動する(圧力を低くすると，気体分子の総数が増える方向に平衡が移動する)。

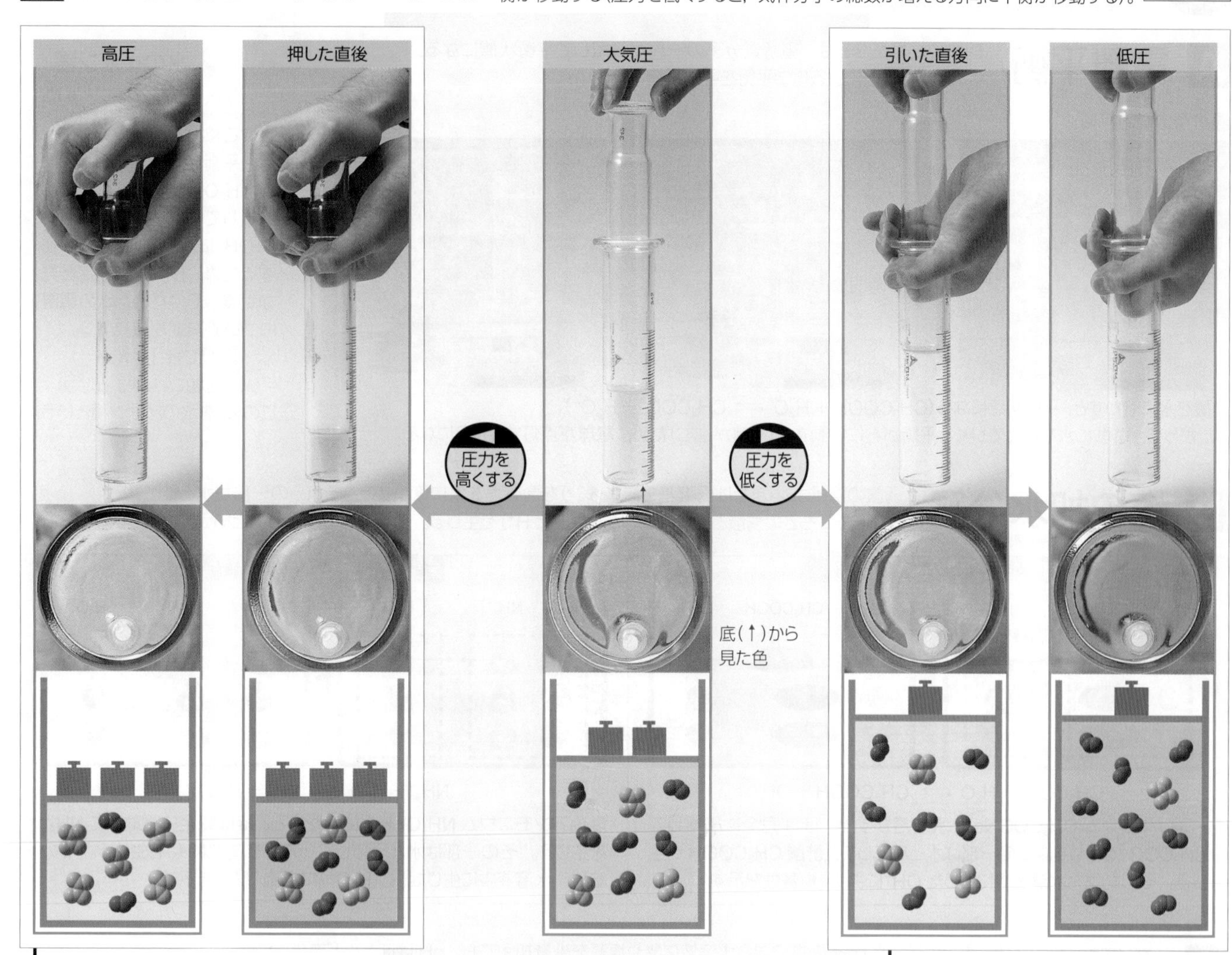

圧力を上げた直後は，側面から見ると赤褐色が濃くなる(底(↑)から見た赤褐色の濃さは変わらない)。しばらくすると，気体分子の総数が減少する方向，すなわち，N_2O_4(無色)が生じる方向に平衡が移動し，赤褐色が薄くなる。

四酸化二窒素の平衡

N_2O_4(無色) ⇄ $2NO_2$(赤褐色)

圧力を下げた直後は，側面から見ると赤褐色が薄くなる(底(↑)から見た赤褐色の濃さは変わらない)。しばらくすると，気体分子の総数が増加する方向，すなわち，NO_2(赤褐色)が生じる方向に平衡が移動し，赤褐色が濃くなる。

E 触媒と平衡の移動

■触媒(Pt)の有無と平衡状態に達するまでの時間($H_2 + I_2 \rightleftarrows 2HI$)

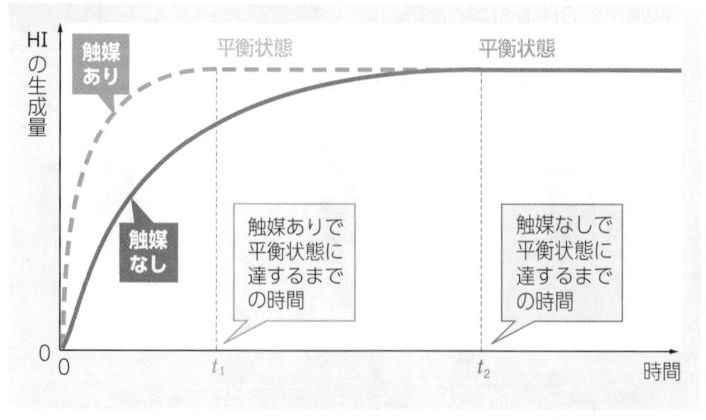

触媒があると，活性化エネルギーが小さくなり(p.127)，正反応と逆反応の反応速度はともに大きくなるが，反応エンタルピーは変化しない。
触媒があると，平衡状態に達するまでの時間は短くなるが，平衡定数は変化しない。
平衡状態にあるとき，その反応系に触媒を加えても平衡の移動は起こらない。

Jump アンモニアの合成

→ p.167

水素と窒素からアンモニアを合成するとき，正反応は発熱反応であるため，低温条件が化学平衡で有利であるが，反応速度の面で不利になる。そこで，四酸化三鉄 Fe_3O_4 を主成分とする触媒を用いて反応速度を上げ，温度は約 400 ～ 600℃，圧力は 1×10^7 ～ 3×10^7 Pa の条件で反応させ，生成したアンモニアを冷却して液体として取り出している。
このようなアンモニアの工業的製法を，ハーバー・ボッシュ法という。

9 電離平衡 基 化

A 電離平衡 ionization equilibrium

弱酸や弱塩基などは，電解質分子の一部が電離して平衡状態になる。このような電離による化学平衡を電離平衡という。

Jump 水のイオン積 → p.68

水はごくわずかに電離して，電離平衡を保っている。

$$H_2O \rightleftarrows H^+ + OH^-$$

電離していない H_2O は，H^+ や OH^- に比べて大量に存在するため，$[H_2O]$ は一定と見なせる。そのため，水の電離について次式が成りたつ。

$$[H^+][OH^-] = K_w$$

（K_w：温度により決まる定数）

この K_w を水のイオン積という。

■酢酸の電離平衡

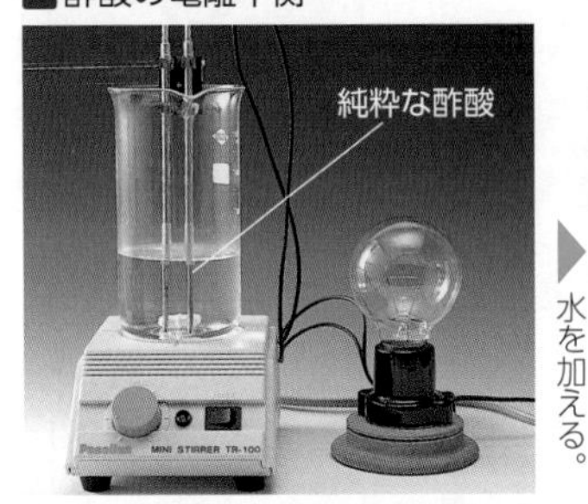

水を加える。

水を加える。

酢酸を水に溶かすと，平衡状態になる（$CH_3COOH + H_2O \rightleftarrows CH_3COO^- + H_3O^+$）。
したがって，酢酸に水を加えていくと平衡が右に移動する（電離が進む）ため，電球が点灯するようになる。

B 塩の加水分解 hydrolysis

弱酸の陰イオン（または弱塩基の陽イオン）を含む塩を水に溶かすと，それらの一部が水と反応して，もとの弱酸と OH^-（または弱塩基と H^+）を生じる。これを塩の加水分解という。

酢酸ナトリウムの加水分解

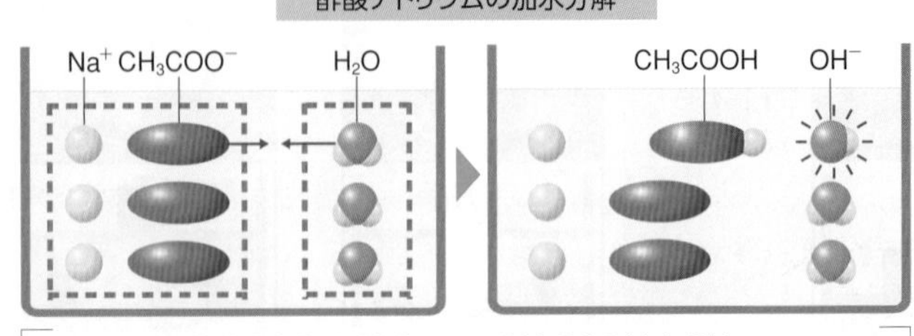

$$CH_3COO^- + H_2O \rightleftarrows CH_3COOH + OH^-$$

酢酸ナトリウム CH_3COONa を水に溶かすと，ほぼ完全に電離して CH_3COO^- を生じる。その一部は水と反応して，酢酸 CH_3COOH を生じる。その結果，水溶液中に生じた OH^- により，塩基性を示す。

塩化アンモニウムの加水分解

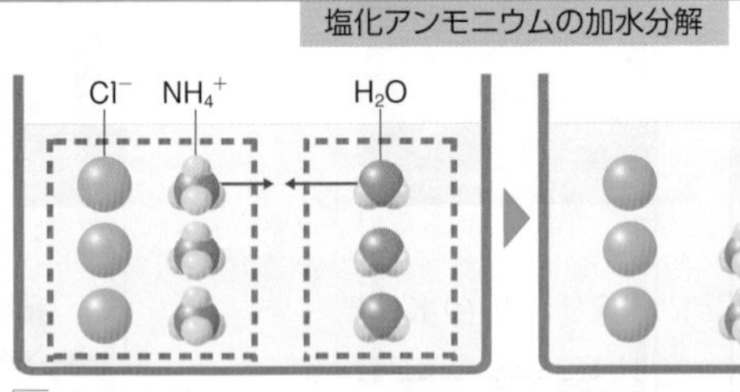

$$NH_4^+ + H_2O \rightleftarrows NH_3 + H_3O^+$$

塩化アンモニウム NH_4Cl を水に溶かすと，ほぼ完全に電離して NH_4^+ を生じる。その一部は水と反応して，アンモニア NH_3 を生じる。その結果，水溶液中に生じた H^+（H_3O^+）により，酸性を示す。

C 緩衝液 buffer solution

弱酸（または弱塩基）とその塩の混合水溶液に酸や塩基を少量加えても，pH はほとんど変化しない。このように，pH を一定に保つはたらき（緩衝作用）をもつ溶液を緩衝液という。

■緩衝作用

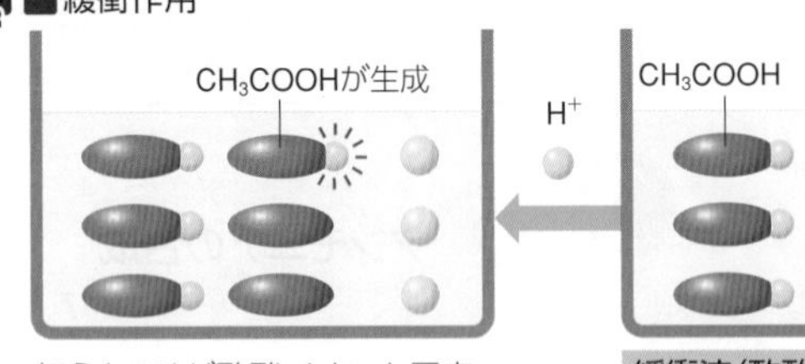

H^+

加えた H^+ が酢酸イオンと反応。

$CH_3COO^- + H^+ \longrightarrow CH_3COOH$

緩衝液（酢酸＋酢酸ナトリウム）

酢酸 CH_3COOH も酢酸イオン CH_3COO^- も多量に存在。

OH^-

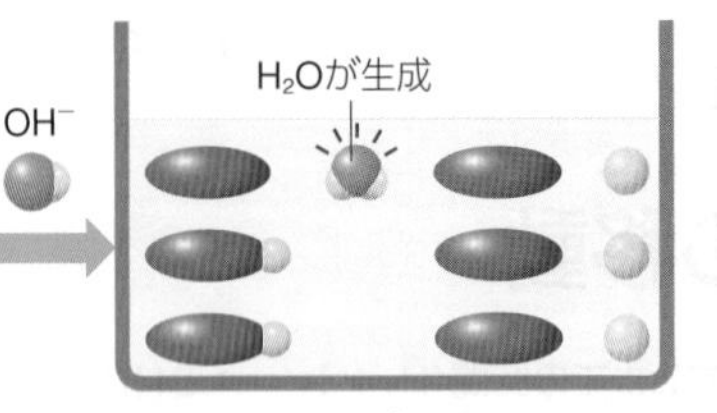

加えた OH^- が酢酸と反応。

$CH_3COOH + OH^- \longrightarrow CH_3COO^- + H_2O$

■緩衝液 日常

身近なものでは，スポーツ飲料や血液が緩衝液である。

■水と緩衝液の pH 変化

水＋BTB 溶液

pH 2.20

＋酸数滴

pH 6.38

＋塩基数滴

pH 11.35

緩衝液＋BTB 溶液

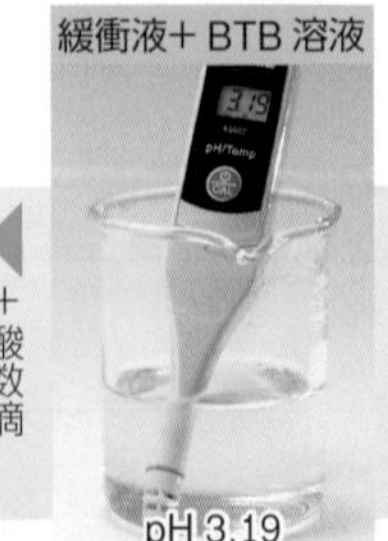

pH 3.18

＋酸数滴

pH 3.19

＋塩基数滴

pH 3.20

Point 電離平衡と水溶液の pH

■酢酸（弱酸）の水溶液

酢酸の濃度 c〔mol/L〕，酢酸の電離度 $\alpha \ll 1$，
酢酸の電離定数 K_a

電離平衡	$CH_3COOH \rightleftarrows CH_3COO^- + H^+$ （電離前）c　0　0〔mol/L〕 （変化量）$-c\alpha$　$+c\alpha$　$+c\alpha$〔mol/L〕 （平衡時）$c(1-\alpha)$　$c\alpha$　$c\alpha$〔mol/L〕
K_a	$K_a = \dfrac{[CH_3COO^-][H^+]}{[CH_3COOH]} = \dfrac{c\alpha \times c\alpha}{c(1-\alpha)} = \dfrac{c\alpha^2}{1-\alpha}$ $\alpha \ll 1$ より，$1-\alpha \fallingdotseq 1$，$K_a = c\alpha^2$
α	$K_a = c\alpha^2$，$\alpha > 0$ より，$\alpha = \sqrt{\dfrac{K_a}{c}}$
$[H^+]$	平衡時の$[H^+]$は $c\alpha$〔mol/L〕なので，$[H^+]$を c と K_a を用いて（α を用いずに）表すと， $[H^+] = c\alpha = c \times \sqrt{\dfrac{K_a}{c}} = \sqrt{cK_a}$
pH	$pH = -\log_{10}[H^+] = -\log_{10}\sqrt{cK_a}$ $= -\dfrac{1}{2}(\log_{10}c + \log_{10}K_a)$

■アンモニア（弱塩基）の水溶液

アンモニアの濃度 c〔mol/L〕，アンモニアの電離度 $\alpha \ll 1$，
アンモニアの電離定数 K_b，水のイオン積 K_w

電離平衡	$NH_3 + H_2O \rightleftarrows NH_4^+ + OH^-$ （電離前）c　0　0〔mol/L〕 （変化量）$-c\alpha$　$+c\alpha$　$+c\alpha$〔mol/L〕 （平衡時）$c(1-\alpha)$　$c\alpha$　$c\alpha$〔mol/L〕
K_b	$K_b = \dfrac{[NH_4^+][OH^-]}{[NH_3]^{※1}} = \dfrac{c\alpha \times c\alpha}{c(1-\alpha)} = \dfrac{c\alpha^2}{1-\alpha}$ $\alpha \ll 1$ より，$1-\alpha \fallingdotseq 1$，$K_b = c\alpha^2$
α	$K_b = c\alpha^2$，$\alpha > 0$ より，$\alpha = \sqrt{\dfrac{K_b}{c}}$
$[H^+]$	平衡時の$[OH^-]$は $c\alpha$〔mol/L〕なので，$[H^+]$を c と K_b と K_w を用いて（α を用いずに）表すと， $[H^+] = \dfrac{K_w}{[OH^-]} = \dfrac{K_w}{c\alpha} = \dfrac{K_w}{c \times \sqrt{\dfrac{K_b}{c}}} = \dfrac{K_w}{\sqrt{cK_b}}$
pH	$pH = -\log_{10}[H^+] = -\log_{10}\dfrac{K_w}{\sqrt{cK_b}}$ $= -(\log_{10}K_w - \dfrac{1}{2}\log_{10}c - \dfrac{1}{2}\log_{10}K_b)$

※1　水は溶媒で他の物質と比べて大量に存在するので，一定とみなす。

■酢酸ナトリウム（弱酸と強塩基の塩）の水溶液

酢酸ナトリウムの濃度 c〔mol/L〕，
加水分解している酢酸イオンの割合 $h \ll 1$，
酢酸ナトリウムの加水分解定数 K_h※2，酢酸の電離定数 K_a，水のイオン積 K_w

電離平衡	$CH_3COO^- + H_2O \rightleftarrows CH_3COOH + OH^-$ （加水分解前）c　0　0〔mol/L〕 （変化量）$-ch$　$+ch$　$+ch$〔mol/L〕 （平衡時）$c(1-h)$　ch　ch〔mol/L〕
K_h	$K_h = \dfrac{[CH_3COOH][OH^-]}{[CH_3COO^-]} = \dfrac{ch \times ch}{c(1-h)} = \dfrac{ch^2}{1-h}$ $h \ll 1$ より，$1-h \fallingdotseq 1$，$K_h = ch^2$
h	$K_h = ch^2$，$h > 0$ より，$h = \sqrt{\dfrac{K_h}{c}}$
$[H^+]$	K_h の式の分子・分母に$[H^+]$をかける。 $K_h = \dfrac{[CH_3COOH][OH^-] \times [H^+]}{[CH_3COO^-] \times [H^+]}$ $= \dfrac{[CH_3COOH]}{[CH_3COO^-][H^+]} \times [H^+][OH^-] = \dfrac{1}{K_a} \times K_w = \dfrac{K_w}{K_a}$ この式を用いて$[H^+]$を c と K_a と K_w で表すと， $[OH^-] = ch = c \times \sqrt{\dfrac{K_h}{c}} = \sqrt{cK_h} = \sqrt{\dfrac{cK_w}{K_a}}$ $[H^+] = \dfrac{K_w}{[OH^-]} = K_w \times \sqrt{\dfrac{K_a}{cK_w}} = \sqrt{\dfrac{K_aK_w}{c}}$
pH	$pH = -\log_{10}[H^+] = -\log_{10}\sqrt{\dfrac{K_aK_w}{c}}$ $= -\dfrac{1}{2}(\log_{10}K_a + \log_{10}K_w - \log_{10}c)$

※2　塩の加水分解の平衡定数を加水分解定数という。

■酢酸と酢酸ナトリウムの混合水溶液（緩衝液）

酢酸の濃度 c_a〔mol/L〕，酢酸ナトリウムの濃度 c_s〔mol/L〕，
酢酸の電離で生じるH^+の濃度 x〔mol/L〕，
酢酸の電離定数 K_a

電離平衡	$CH_3COOH \rightleftarrows CH_3COO^- + H^+$ （混合時）c_a　c_s※3　0〔mol/L〕 （変化量）$-x$　$+x$　$+x$〔mol/L〕 （平衡時）$c_a - x$　$c_s + x$　x〔mol/L〕
K_a	酢酸のみの場合の電離とは異なり，酢酸ナトリウムの電離によって酢酸イオンが多量に存在するので，酢酸の電離平衡はきわめて左にかたよっている。したがって，x はきわめて小さいので， $[CH_3COOH] = c_a - x \fallingdotseq c_a$ $[CH_3COO^-] = c_s + x \fallingdotseq c_s$ $K_a = \dfrac{[CH_3COO^-][H^+]}{[CH_3COOH]} = \dfrac{c_s \times x}{c_a}$
x	$K_a = \dfrac{c_s \times x}{c_a}$ より，$x = \dfrac{c_a}{c_s} \times K_a$
$[H^+]$	平衡時の$[H^+]$は x〔mol/L〕なので，$[H^+]$を c_a と c_s と K_a を用いて表すと， $[H^+] = x = \dfrac{c_a}{c_s} \times K_a$
pH	$pH = -\log_{10}[H^+] = -\log_{10}\left(\dfrac{c_a}{c_s} \times K_a\right)$ $= -(\log_{10}c_a + \log_{10}K_a - \log_{10}c_s)$

※3　酢酸ナトリウムの電離による CH_3COO^-

10 溶解平衡 基 化

A 溶解平衡
solution equilibrium

飽和溶液では，単位時間当たりに「溶解する粒子の数」と，「溶液から結晶にもどって析出する粒子の数」が等しく，見かけ上，溶質の溶解も結晶の析出も起こっていないような状態になっている。このような状態を溶解平衡という。

■塩化銀の溶解平衡

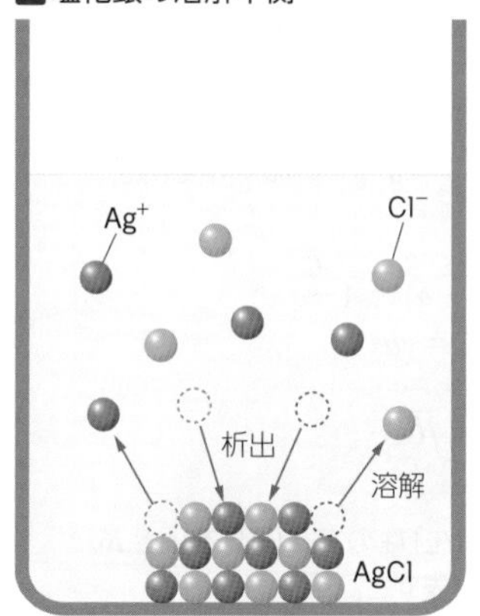

塩化銀は，ごくわずか水に溶けて，

$AgCl(固) \rightleftarrows Ag^+ + Cl^-$

の溶解平衡になっている。

共通イオン効果

溶解平衡に関係するイオンを含んだ電解質によって，平衡の移動が起こり溶解度や電離度が小さくなる現象。

Naと水の反応でNa^+が生じるため，平衡が左に移動し，NaClの結晶が析出する。

$NaCl \rightleftarrows Na^+ + Cl^-$ の溶解平衡の状態

HClが水に溶けてCl^-が生じるため，平衡が左に移動し，NaClの結晶が析出する。

B 溶解度積
solubility product

塩の飽和溶液では溶解平衡が成りたっており，各イオンのモル濃度の積が一定になる。この積を溶解度積といい，沈殿が生成するかどうかの判定に用いられる。 入試問題にチャレンジ！ p.282

■溶解度積と沈殿生成

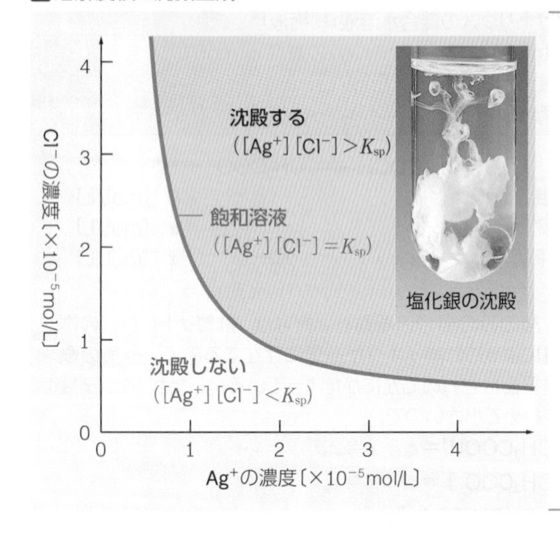

一般式 A_aB_b で表される難溶性塩が，$A_aB_b(固) \rightleftarrows a A^{n+} + b B^{m-}$ の溶解平衡にあるとき，その溶解度積 K_{sp} は次のように表される。

$$K_{sp} = [A^{n+}]^a [B^{m-}]^b$$

例えば，塩化銀の溶解平衡では次式のようになる。

$$AgCl(固) \rightleftarrows Ag^+ + Cl^-$$

$$K_{sp} = [Ag^+][Cl^-] = 1.8\times10^{-10} mol^2/L^2 (室温)$$

溶解度積は，溶液中に沈殿せずに存在できるイオンのモル濃度の積の最大値である。溶液を混合した瞬間のイオンのモル濃度の積とその塩の溶解度積の大小関係から，沈殿が生成するかどうかを判断できる。

塩化銀の沈殿生成の判定（$[Ag^+]$，$[Cl^-]$は，溶液を混合した瞬間のイオンのモル濃度）

$[Ag^+][Cl^-] \leqq$ 溶解度積 K_{sp} → AgClは沈殿しない。

$[Ag^+][Cl^-] >$ 溶解度積 K_{sp} → AgClは沈殿する。

■難溶性塩の溶解度積（室温）（溶解度積は，溶解度から求めた値）

難溶性塩	飽和溶液のモル濃度	溶解度積
塩化銀 AgCl	1.35×10^{-5}mol/L	$K_{sp} = [Ag^+][Cl^-] = 1.8\times10^{-10} mol^2/L^2$
炭酸カルシウム $CaCO_3$	8.19×10^{-3}mol/L	$K_{sp} = [Ca^{2+}][CO_3^{2-}] = 6.7\times10^{-5} mol^2/L^2$
硫酸バリウム $BaSO_4$	9.57×10^{-6}mol/L	$K_{sp} = [Ba^{2+}][SO_4^{2-}] = 9.2\times10^{-11} mol^2/L^2$
硫化亜鉛 ZnS	1.47×10^{-9}mol/L	$K_{sp} = [Zn^{2+}][S^{2-}] = 2.2\times10^{-18} mol^2/L^2$
硫化銅(II) CuS	2.55×10^{-15}mol/L	$K_{sp} = [Cu^{2+}][S^{2-}] = 6.5\times10^{-30} mol^2/L^2$
クロム酸銀 Ag_2CrO_4	9.64×10^{-5}mol/L	$K_{sp} = [Ag^+]^2[CrO_4^{2-}] = 3.6\times10^{-12} mol^3/L^3$

補足 溶解度から溶解度積を求める

塩化銀の溶解度は，25℃で1.93×10^{-3}g/Lである。塩化銀のモル質量は143.35g/molなので，質量を物質量に変換すると，

1.93×10^{-3}g/L ÷ 143.35g/mol ≒ 1.35×10^{-5}mol/L

となる。飽和溶液では

$[Ag^+] = [Cl^-] = 1.35\times10^{-5}$mol/L となるため，塩化銀の溶解度積は，

$K_{sp} = [Ag^+][Cl^-] ≒ 1.8\times10^{-10} mol^2/L^2$

となる。

C 硫化物の沈殿とpH

金属イオンの硫化物は，水溶液のpHによって沈殿を生成したり生成しなかったりすることがある。

酸性条件での硫化物の沈殿

Cu^{2+}, Zn^{2+} の0.1 mol/L 酸性水溶液

硫化銅(Ⅱ) CuS(黒色)も硫化亜鉛 ZnS(白色)も難溶性の塩で，これらの飽和溶液では次の溶解平衡の状態にある。

$$CuS(固) \rightleftarrows Cu^{2+} + S^{2-}$$

$$ZnS(固) \rightleftarrows Zn^{2+} + S^{2-}$$

Cu^{2+} と Zn^{2+} を含む酸性水溶液に硫化水素 H_2S を吹きこむと，CuSは沈殿し，ZnSは沈殿しない。これは，CuSの溶解度積がZnSの溶解度積に比べてきわめて小さいことから，次のように説明される。

酸性水溶液中の H_2S の電離平衡は，酸の H^+ のため左辺にかたよるので，$[S^{2-}]$ は小さい。

$$H_2S \rightleftarrows 2H^+ + S^{2-}$$

ZnSの溶解度積(2.2×10^{-18} mol²/L²)はCuSと比べると大きいので，

$$[Zn^{2+}][S^{2-}] < ZnS の溶解度積$$

となり，ZnSは沈殿しない。一方，CuSの溶解度積(6.5×10^{-30} mol²/L²)はきわめて小さいので，

$$[Cu^{2+}][S^{2-}] > CuS の溶解度積$$

となり，CuSは沈殿する。

また，中性や塩基性の水溶液では，$[H^+]$ が小さく H_2S の電離平衡が酸性水溶液のときより右辺にかたよる。このため，$[S^{2-}]$ が大きくなって，

$$[Zn^{2+}][S^{2-}] > ZnS の溶解度積$$

となり，ZnSも沈殿するようになる。

このように，水溶液のpHを変化させると $[S^{2-}]$ が変化することを利用すると，複数の金属イオンが含まれる水溶液からそれぞれの金属イオンを分離することができる。

金属イオンと硫化物イオンの反応(pHによる比較)

硫化物イオン ＼ 金属イオン		Mn^{2+}	Zn^{2+}	Fe^{2+}	Cd^{2+}	Pb^{2+}	Cu^{2+}	Ag^+
		1.0×10^{-1} mol/L						
S^{2-}	1.0×10^{-18} mol/L (pH＝2，酸性)	沈殿しない	沈殿しない	沈殿しない	CdS	PbS	CuS	Ag_2S
	1.0×10^{-4} mol/L (pH＝9，塩基性)	MnS	ZnS	FeS	CdS	PbS	CuS	Ag_2S
硫化物の溶解度積		3×10^{-10} mol²/L²	2.2×10^{-18} mol²/L²	6×10^{-18} mol²/L²	2×10^{-28} mol²/L²	1×10^{-28} mol²/L²	6.5×10^{-30} mol²/L²	6×10^{-50} mol³/L³

D 沈殿滴定
precipitation titration

沈殿生成反応を利用した滴定を沈殿滴定といい，クロム酸カリウム K_2CrO_4 を利用して塩化物イオン Cl^- の濃度を求める沈殿滴定を，特にモール法という。

Jump 沈殿滴定 → p.136
沈殿滴定の実験の具体例を示した。

硝酸銀水溶液による塩化物イオンの定量(モール法)

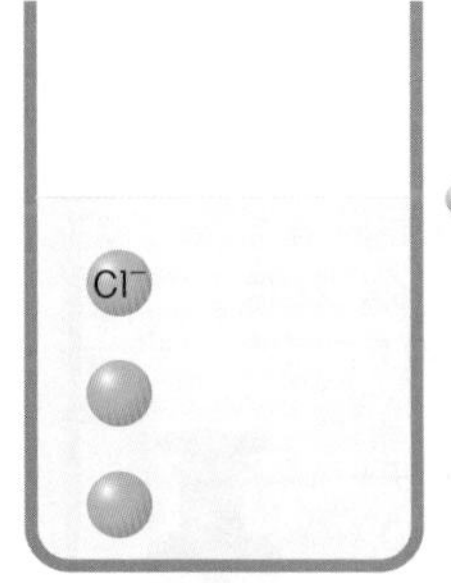

塩化物イオン Cl^- を含む溶液。この溶液中の Cl^- の濃度を求める。

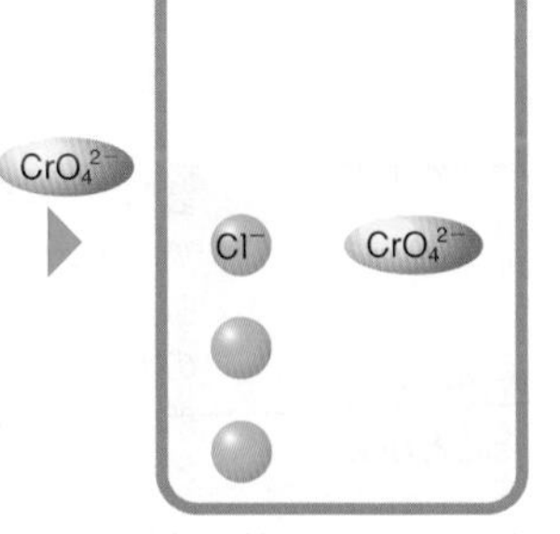

指示薬としてクロム酸カリウム K_2CrO_4 水溶液を数滴加える。

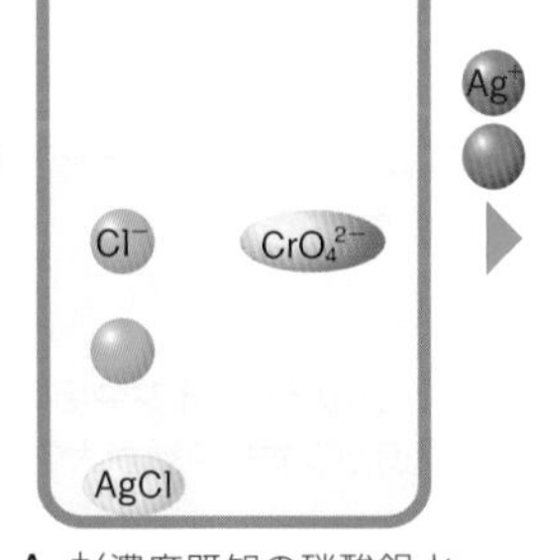

Ag^+(濃度既知の硝酸銀水溶液)を加えると，塩化銀の白色沈殿が生成する。

$$Ag^+ + Cl^- \longrightarrow AgCl\downarrow$$

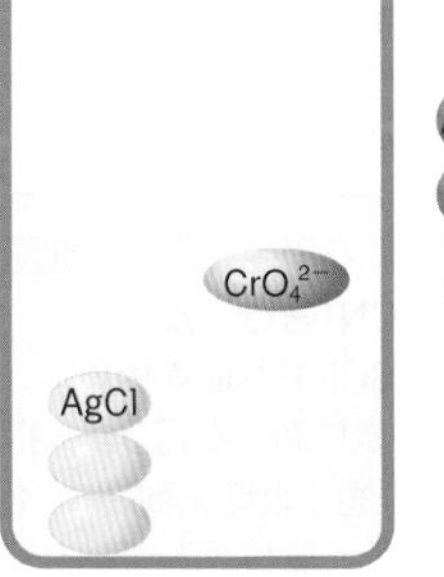

Ag^+ をさらに加えると，溶液中のほぼすべての Cl^- が沈殿する。

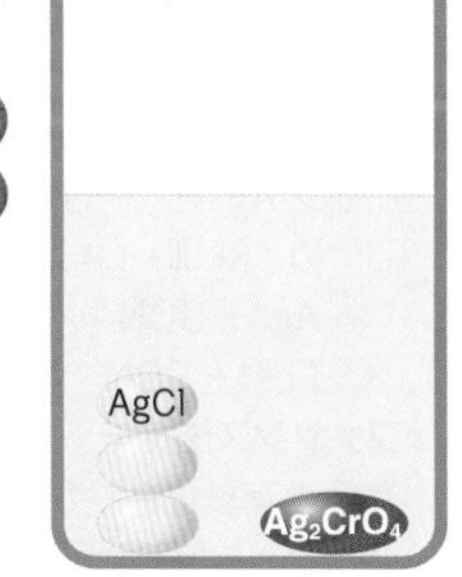

Ag^+ をさらに加えると，クロム酸銀の赤褐色沈殿が生成する(終点)。

$$2Ag^+ + CrO_4^{2-} \longrightarrow Ag_2CrO_4\downarrow$$

Q 物質の溶けやすさを比較する数値に溶解度と溶解度積がありますが，どのように使い分けるのですか？

11 沈殿滴定（モール法）

基 化

沈殿滴定の中で，指示薬としてクロム酸カリウム K_2CrO_4 を利用して溶液中の塩化物イオン Cl^- を定量する方法をモール法という。
ここでは，モール法を用いて，しょうゆに含まれる食塩（塩化ナトリウム）の量を求める方法を紹介する。

Jump 滴定の基本操作 → *p.18*

ビュレット・ホールピペットの使い方を，詳しく説明してある。

A しょうゆの希釈

しょうゆ本体に色がついているので，そのままでは終点の色の判断が難しい。そのため，希釈してから実験を行う。

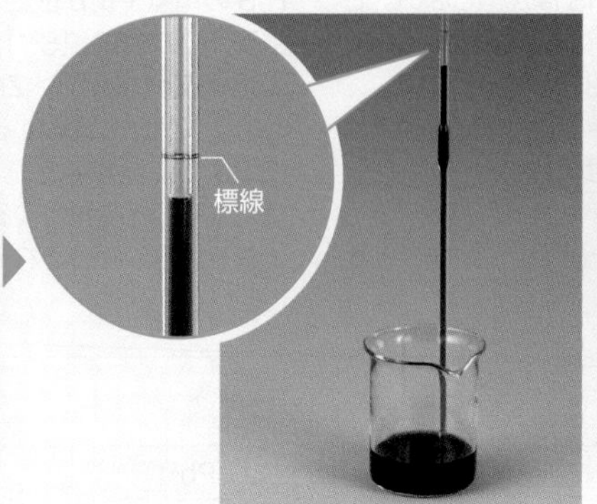

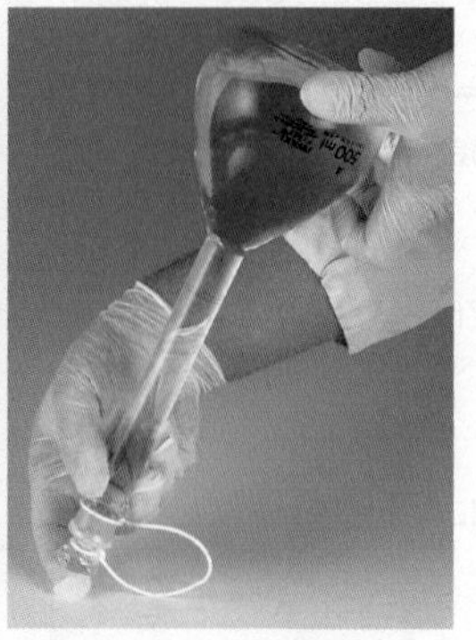

しょうゆを 1.0 mL はかり取り，500 mL メスフラスコに移す。純水を加え，500 倍に希釈する。

身近な食塩水

私たちの身のまわりには，さまざまな食塩水があり，それぞれ濃度に特徴がある。生命が誕生したときの海水の塩分濃度は，現在の 1/10 以下だったと推定されている。

種類	質量パーセント濃度
海水	約 3.5 %（場所や温度で変動）
生理食塩水，体液	0.9 %
スポーツ飲料	0.1 ～ 0.2 %

B しょうゆ中の塩化ナトリウムの濃度の決定

① 滴定の準備

希釈したしょうゆ 10.0 mL をはかり取る。

1 % K_2CrO_4 水溶液を数滴加える。

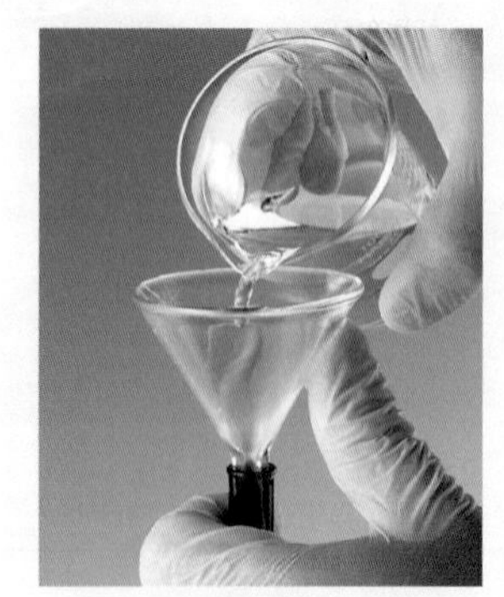

0.010 mol/L 硝酸銀 $AgNO_3$ 水溶液を褐色ビュレットに入れる。

補足 硝酸銀の取り扱い

フィルム式写真（銀塩写真）では，銀の化合物が感光剤として用いられる。これは，銀の化合物は光によって分解しやすい性質があるためである。そのため，銀の化合物や水溶液は光をできるだけ遮断した状態で扱う。滴定に使用する $AgNO_3$ 水溶液の保存には褐色びんを用い，ビュレットは褐色のものを用いる。
また，結晶や水溶液がごく微量でも皮膚につくと黒変し，洗ってもすぐには落ちない。取り扱う際には，びんに触れる前から使い切り手袋を装着して保護する。また，ハロゲン化物イオンとは微量でも沈殿をつくるので，使用する器具は純水でよく洗浄したものを用い，廃液は必ず回収する。

Zoom up 塩化ナトリウム水溶液の濃度を求めるさまざまな方法

フォルハルト法　試料に過剰の $AgNO_3$ 水溶液を加えて塩化銀 AgCl の形で沈殿させ，過剰となった銀イオン Ag^+ を，硝酸酸性水溶液中でチオシアン酸銀 AgSCN として沈殿させる。さらに滴定終点を求めるため，鉄(Ⅲ)イオン Fe^{3+} による呈色を用いて確認する。

$Ag^+ + SCN^- \rightleftarrows AgSCN$（白色沈殿）

$Fe^{3+} + SCN^- \rightleftarrows [FeSCN]^{2+}$（血赤色）

ファヤンス法　モール法と同様に滴定を行うが，指示薬としてフルオレセインやその誘導体を用いる。有色の有機化合物が沈殿の表面に吸着する際に，化合物の構造が変わり色調が大きく変化することがあり，このような指示薬を吸着指示薬という。

電位差滴定法　モール法と同様に試料に $AgNO_3$ 水溶液を加えながら，ガラス電極を用いて電位差を測定しグラフを作成する。電位差の変化が最も大きくなった場所を滴定終点とする。AgCl はきわめて水に溶けにくいので，終点付近では溶液中のイオンの量が最小となることを利用する。

Ⓐ 溶解度は比較的溶けやすい物質，溶解度積は難溶性の塩などを対象にするときに用います。

②滴定する

コニカルビーカーにはかり取った溶液にビュレットから $AgNO_3$ 水溶液を滴下する。滴定を数回くり返し，滴定に要した $AgNO_3$ 水溶液の量の平均値を求め，計算（下記）によってその濃度を求める。

かくはんしながら滴定を行う。

$AgNO_3$ 水溶液を滴下すると，$AgCl$ が生成し，溶液が白く濁る。

Ag_2CrO_4 が生成し，溶液が赤褐色になり始めたときが終点。

硝酸銀 $AgNO_3$ と塩化ナトリウム $NaCl$ は次のように反応する。

$$AgNO_3 + NaCl \longrightarrow NaNO_3 + AgCl\downarrow$$

滴定の終点では，この反応が過不足なく進行しているとみなせるので，$AgNO_3$ と $NaCl$ の物質量が等しい。

試料水溶液の pH

モール法では，試料水溶液の液性を中性付近にする必要がある。

酸性条件下では，次式のように CrO_4^{2-} が $Cr_2O_7^{2-}$ に変化する。

$$2CrO_4^{2-} + 2H^+ \longrightarrow Cr_2O_7^{2-} + H_2O$$

そのため，Ag_2CrO_4 の沈殿がうまく生成せず，終点を正確に判断できない。

また，塩基性条件下では，次式のように Ag_2O の沈殿が生成する。

$$2Ag^+ + 2OH^- \longrightarrow Ag_2O\downarrow + H_2O$$

そのため，$AgNO_3$ 水溶液が過剰に消費されてしまい，正確な測定ができない。

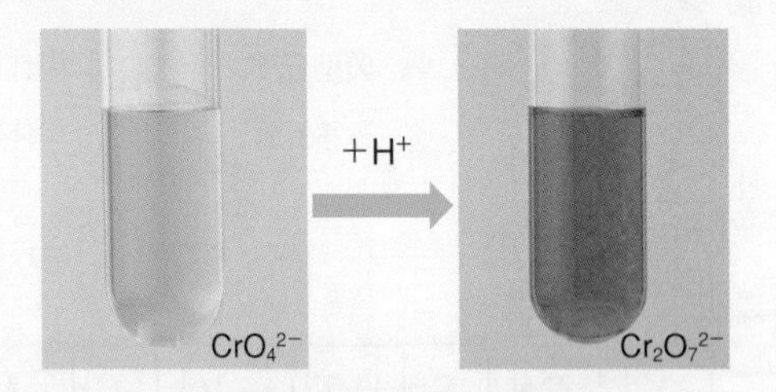

しょうゆ中の塩化ナトリウムの濃度の計算

沈殿滴定を複数回行った結果を表にまとめると次のようになった。

	1回目	2回目	3回目
始点〔mL〕	0.00	5.65	11.23
終点〔mL〕	5.65	11.23	16.83
滴下量〔mL〕	5.65	5.58	5.60

$AgNO_3$ 水溶液の滴下量の平均値は，

$$\frac{5.65\,mL + 5.58\,mL + 5.60\,mL}{3} = 5.61\,mL$$

滴定の終点では，「Ag^+ の物質量 ＝ Cl^- の物質量」の関係が成りたつ。

希釈溶液中の $NaCl$ のモル濃度を x〔mol/L〕とすると，

$$0.010\,mol/L \times \frac{5.61}{1000}\,L = x \times \frac{10.0}{1000}\,L$$

$$x = 5.61\times10^{-3}\,mol/L$$

これは 500 倍に希釈したしょうゆに含まれる $NaCl$ のモル濃度であるから，希釈前のモル濃度は，

$$5.61\times10^{-3}\,mol/L \times 500 = 2.805\,mol/L$$

しょうゆの密度を $1.0\,g/cm^3$ とすると，$NaCl$ のモル質量は $58.5\,g/mol$，$1\,L\,(1000\,cm^3)$ 中に 2.805 mol 溶けているので，質量パーセント濃度は，

$$\frac{58.5\,g/mol \times 2.805\,mol}{1.0\,g/cm^3 \times 1000\,cm^3} \times 100 \fallingdotseq 16.4(\%)$$

成分表示に示されている食塩相当量から質量パーセント濃度を求めると，15 mL 当たり 2.4 g の食塩（$NaCl$）が含まれているので，

$$\frac{2.4\,g}{1.0\,g/mL \times 15\,mL} \times 100 = 16(\%)$$

となり，滴定で求めた値とほぼ同じ値となる。

■しょうゆの成分表示

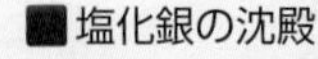

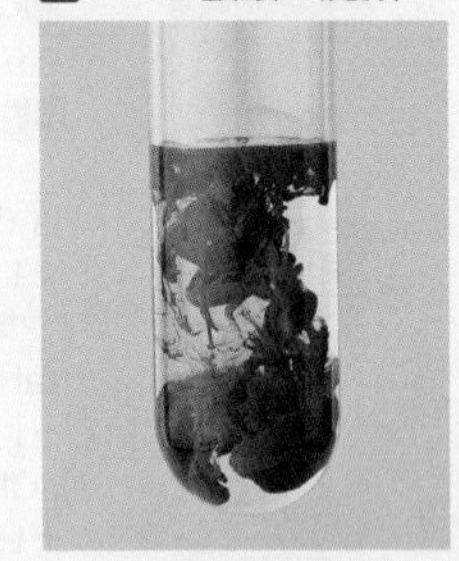

Zoom up 塩化銀とクロム酸銀の沈殿

塩化銀 $AgCl$ とクロム酸銀 Ag_2CrO_4 の溶解度積は次のようになる。

$AgCl(固) \rightleftarrows Ag^+ + Cl^-$ $\quad K_{sp} = 1.8\times10^{-10}\,mol^2/L^2$

$Ag_2CrO_4(固) \rightleftarrows 2Ag^+ + CrO_4^{2-}$ $\quad K_{sp} = 3.6\times10^{-12}\,mol^3/L^3$

溶解度積の値を比べると，Ag_2CrO_4 のほうが $AgCl$ より沈殿しやすく見える。

$AgCl$ の飽和水溶液の濃度を x〔mol/L〕とすると，

$[Ag^+] = x$，$[Cl^-] = x$ となるので，

$K_{sp} = [Ag^+][Cl^-] = x \times x = x^2 = 1.8\times10^{-10}\,mol^2/L^2$

よって，$x \fallingdotseq 1.3\times10^{-5}\,mol/L$

同様に，Ag_2CrO_4 の飽和水溶液の濃度を y〔mol/L〕とすると，

$[Ag^+] = 2y$，$[CrO_4^{2-}] = y$ となるので，

$K_{sp} = [Ag^+]^2[CrO_4^{2-}] = (2y)^2 \times y = 4y^3 = 3.6\times10^{-12}\,mol^3/L^3$

よって，$y \fallingdotseq 9.7\times10^{-5}\,mol/L$

このように，$AgCl$ の飽和水溶液のモル濃度のほうが小さいので，$AgCl$ のほうが Ag_2CrO_4 より沈殿しやすいとわかる。

そのため，モール法では $AgNO_3$ 水溶液を滴下すると，$AgCl$ の白色沈殿が先に生じる。その後，Ag_2CrO_4 の赤褐色沈殿が生じる。

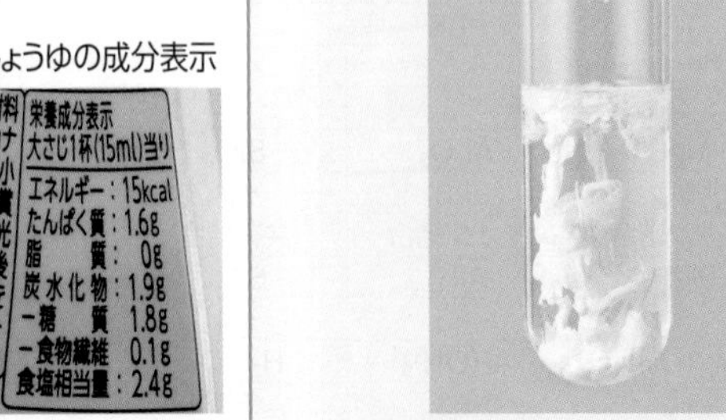
■塩化銀の沈殿　■クロム酸銀の沈殿

無機物質

第Ⅰ章　非金属元素とその化合物
第Ⅱ章　典型金属元素とその化合物
第Ⅲ章　遷移元素とその化合物
第Ⅳ章　金属イオンの反応

輝安鉱

1 元素の分類と周期表 基 化

A 元素の分類

元素は，典型元素と遷移元素のいずれかに，また，金属元素と非金属元素のいずれかに大別される。

陰性が強い（電気陰性度 大）→
陽性が強い（電気陰性度 小）↓

典型元素／遷移元素／単体は金属／単体は非金属／□ 単体は常温で固体／💧 単体は常温で液体／○ 単体は常温で気体

周期＼族	1	2	3	4	5	6	7	8	9	10	11	12	13	14	15	16	17	18
1	$_{1}$H																	$_{2}$He
2	$_{3}$Li	$_{4}$Be											$_{5}$B	$_{6}$C	$_{7}$N	$_{8}$O	$_{9}$F	$_{10}$Ne
3	$_{11}$Na	$_{12}$Mg											$_{13}$Al	$_{14}$Si	$_{15}$P	$_{16}$S	$_{17}$Cl	$_{18}$Ar
4	$_{19}$K	$_{20}$Ca	$_{21}$Sc	$_{22}$Ti	$_{23}$V	$_{24}$Cr	$_{25}$Mn	$_{26}$Fe	$_{27}$Co	$_{28}$Ni	$_{29}$Cu	$_{30}$Zn	$_{31}$Ga	$_{32}$Ge	$_{33}$As	$_{34}$Se	$_{35}$Br	$_{36}$Kr
5	$_{37}$Rb	$_{38}$Sr	$_{39}$Y	$_{40}$Zr	$_{41}$Nb	$_{42}$Mo	$_{43}$Tc	$_{44}$Ru	$_{45}$Rh	$_{46}$Pd	$_{47}$Ag	$_{48}$Cd	$_{49}$In	$_{50}$Sn	$_{51}$Sb	$_{52}$Te	$_{53}$I	$_{54}$Xe
6	$_{55}$Cs	$_{56}$Ba	57〜71 ランタノイド	$_{72}$Hf	$_{73}$Ta	$_{74}$W	$_{75}$Re	$_{76}$Os	$_{77}$Ir	$_{78}$Pt	$_{79}$Au	$_{80}$Hg	$_{81}$Tl	$_{82}$Pb	$_{83}$Bi	$_{84}$Po	$_{85}$At	$_{86}$Rn
7	$_{87}$Fr	$_{88}$Ra	89〜103 アクチノイド	$_{104}$Rf	$_{105}$Db	$_{106}$Sg	$_{107}$Bh	$_{108}$Hs	$_{109}$Mt	$_{110}$Ds	$_{111}$Rg	$_{112}$Cn	$_{113}$Nh	$_{114}$Fl	$_{115}$Mc	$_{116}$Lv	$_{117}$Ts	$_{118}$Og

※ $_{104}$Rf 以降の元素は超アクチノイド元素などとよばれ，詳しい性質はわかっていない。

B 典型元素と周期表

① 典型元素と周期　原子番号が増えるに従って，価電子の数が規則的に変化し，同じ周期では性質も規則的に変化する（周期律）。

■ 第 3 周期の元素の性質

族		1	2	13	14	15	16	17	18
単体		$_{11}$Na 金属	$_{12}$Mg 金属	$_{13}$Al 金属	$_{14}$Si 非金属	$_{15}$P 非金属	$_{16}$S 非金属	$_{17}$Cl 非金属	$_{18}$Ar 非金属
電気陰性度		0.9	1.3	1.6	1.9	2.2	2.6	3.2	−
		陽性 ←						→ 陰性	−
価電子の数		1	2	3	4	5	6	7	0
酸化物	化学式	Na_2O	MgO	Al_2O_3	SiO_2	P_4O_{10}	SO_3	Cl_2O_7	−
	酸化数	+1	+2	+3	+4	+5	+6	+7	−
	結合	イオン結合	イオン結合	イオン結合	共有結合	共有結合	共有結合	共有結合	−
水素化合物	化学式	NaH	MgH_2	AlH_3	SiH_4	PH_3	H_2S	HCl	−
	酸化数	+1	+2	+3	+4	−3	−2	−1	−
水酸化物・オキソ酸	化学式	$NaOH$	$Mg(OH)_2$	$Al(OH)_3$	H_2SiO_3	H_3PO_4	H_2SO_4	$HClO_4$	−
	酸化数	+1	+2	+3	+4	+5	+6	+7	−
	水溶液	強塩基性	弱塩基性	（水に難溶）	（水に難溶）	中程度の酸性	強酸性	強酸性	−

② **典型元素と族** 同族元素は価電子の数が同じで，互いに性質がよく似ている。

■ 1 族（アルカリ金属元素）

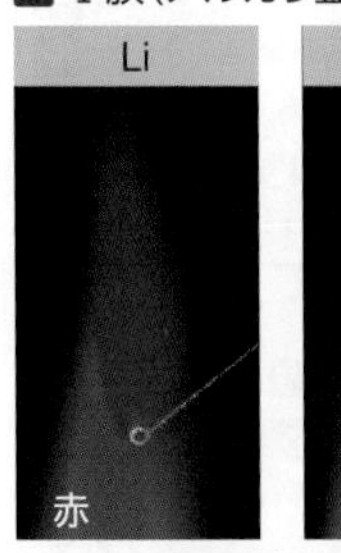

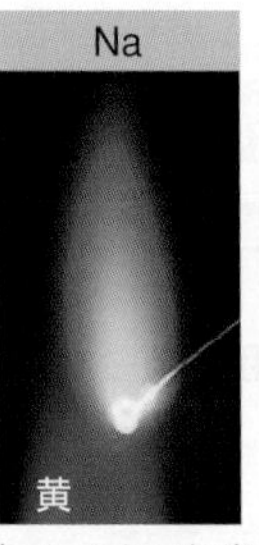

アルカリ金属元素のイオンを炎の中に入れると，固有の色を示す（炎色反応）。

■ 14 族（ケイ素 Si・ゲルマニウム Ge など）

半導体であるケイ素やゲルマニウムの単体は，集積回路などに利用される。

■ 18 族（貴ガス元素）

貴ガス元素は単原子分子として存在する。放電管に入れて高電圧を加えると，固有の色を示す。

Column 水の特異な性質

身のまわりにある水はごくありふれた化合物で，私たちの生命や生活を支えている。しかし，水ほど奇妙で他に類似した物質がない化合物もまれである。
ここでは，水の特異性をいくつかあげてみる。

沸点が異常に高い

一般に，構造が似ている分子は分子量が大きいほど分子間力が強くなるので，沸点が高くなる。したがって，H_2S，H_2Se，H_2Te などの化合物の沸点（p.55 のグラフ）から推測すると，水の沸点は－70℃前後になる。
ところが，実際は約 100℃で，推測した値とは大きくずれる。これは，水分子どうしが，ファンデルワールス力よりもかなり強い力（水素結合）で引きあっているからである。

液体よりも固体のほうが密度が小さい

水以外のほとんどの物質は，液体よりも固体のほうが密度が大きいので，固体が液体に浮かぶような現象はまず見られない。
ところが，水は水素結合によりすき間の多い結晶構造をつくるため，液体よりも固体のほうが密度が小さく，固体（氷）が液体（水）に浮くのである。つまり，水は凝固するときに膨張し，融解するときに収縮する。なお，水は約 4℃で密度が最大になる（p.295）。

熱しにくく冷めにくい

常温の水 1g の温度を 1℃変化させるのに必要な熱量（比熱）は約 4.18J で，これは他の物質に比べると非常に大きい。一般の液体は，同じ条件では 2J 程度であり，固体では 0.5J にも満たないものが多い。これも水の分子間にはたらく水素結合が原因である。
地球の温度変化が他の惑星に比べて格段に少ないのは，比熱の大きい水で覆われているからである。
また，水は蒸発熱も大きく，ヒトは汗をかくことで体温の調節を行っている。

いろいろなものを溶かす

水ほどいろいろな物質を溶かす溶媒は，他には見当たらない。
-OH などの親水基をもつ物質のように，水分子の構造に比較的似ている物質は，水分子が占めていた場所に置き換わって水と混ざるので溶ける。
また，電解質は，電離で生じたイオンと水分子とが静電気力で引きあうので，よく溶ける。
さらに，液体の水はすき間の多い構造をしているので，構造から考えると溶けそうにない物質でも，このすき間に入りこんで溶けることができる。
なお，ガラスや金属でさえわずかながら溶けるので，水にまったく溶けないものはほとんどないといってもよいであろう。

表面張力が大きい

水は，よく知られた液体の中では，水銀に次いで表面張力の大きい液体である。樹木の内部などで水が上昇する毛細管現象は，この表面張力の強さによるものである。
水以外の溶媒が養分を運んでいるとしたら，樹木の高さは今よりもっと低いものになっていたと考えられる。

■ 水の水素結合

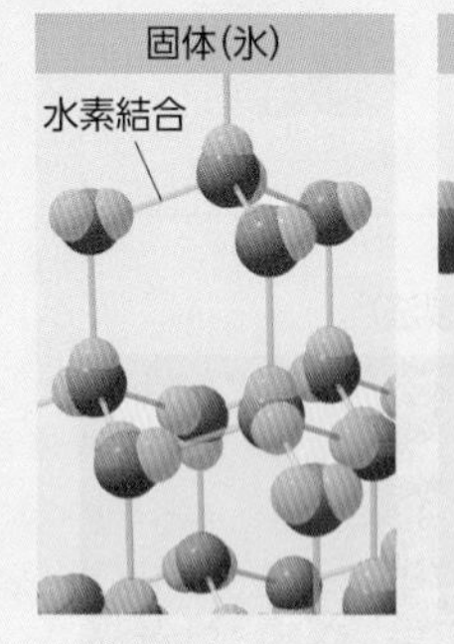

■ 固体と液体の密度の比較

■ 表面張力の比較

Q 清涼飲料水の入った未開封の容器を凍らせると，容器が膨張したり破裂したりするのはなぜですか?

2 水素・貴ガス元素 基 化

	1	2	3	4	5	6	7	8	9	10	11	12	13	14	15	16	17	18
1	H																	He
2	Li	Be											B	C	N	O	F	Ne
3	Na	Mg											Al	Si	P	S	Cl	Ar
4	K	Ca	Sc	Ti	V	Cr	Mn	Fe	Co	Ni	Cu	Zn	Ga	Ge	As	Se	Br	Kr
5	Rb	Sr	Y	Zr	Nb	Mo	Tc	Ru	Rh	Pd	Ag	Cd	In	Sn	Sb	Te	I	Xe
6	Cs	Ba	ランタノイド	Hf	Ta	W	Re	Os	Ir	Pt	Au	Hg	Tl	Pb	Bi	Po	At	Rn
7	Fr	Ra	アクチノイド	Rf	Db	Sg	Bh	Hs	Mt	Ds	Rg	Cn	Nh	Fl	Mc	Lv	Ts	Og

A 水素とその利用
hydrogen

水素は宇宙に最も多く存在する元素である。地球上の自然界には単体としてはほとんど存在せず，酸素との化合物である水 H_2O として多く存在する。

性質	水素 H_2
融点〔℃〕	−259
沸点〔℃〕	−253
密度〔g/L〕	0.0899
色	無色
におい	無臭
構造	

宇宙の元素組成(質量 %) 理科年表(2023)

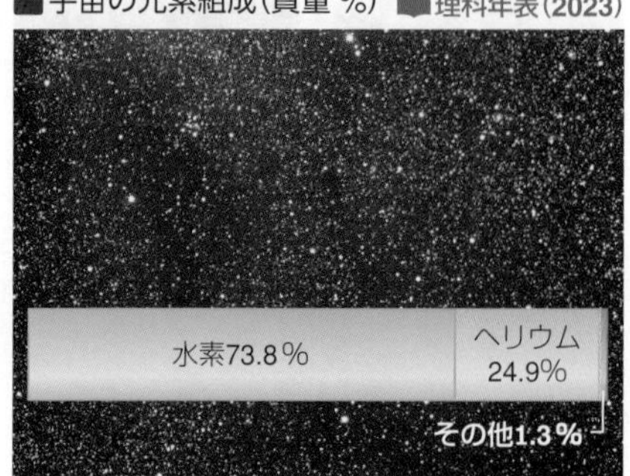

太陽などの恒星では，核融合反応により水素からヘリウムが生成されている。その際，エネルギーが放出される。

海水の元素組成(質量 %) (p.293)

海水にはほとんどの種類の元素が含まれている。金などの貴重な資源も存在するが，抽出に莫大な費用がかかるため，実用化されていない。

水素の製法(実験室的製法)

$$Zn + H_2SO_4 \longrightarrow ZnSO_4 + H_2\uparrow$$

工業的には，ニッケル触媒を使って，天然ガス(主成分 CH_4)と水を650～800℃で反応させて水素を得ている($CH_4 + H_2O \longrightarrow CO + 3H_2$)。

ロケット燃料 技術

ロケットでは，液体水素が燃料として，液体酸素が酸化剤として用いられている。

燃料電池自動車・水素エンジン自動車 環境

燃料に水素を使う燃料電池自動車(p.89)や水素エンジン自動車は，走行中に CO_2 を排出しない。

B 水素の反応

水素は，無色・無臭の気体で，空気(酸素)中では淡い青色の高温の炎を出して燃え，水になる。爆発性があるので，取り扱いには注意が必要である。

水素の燃焼と爆発

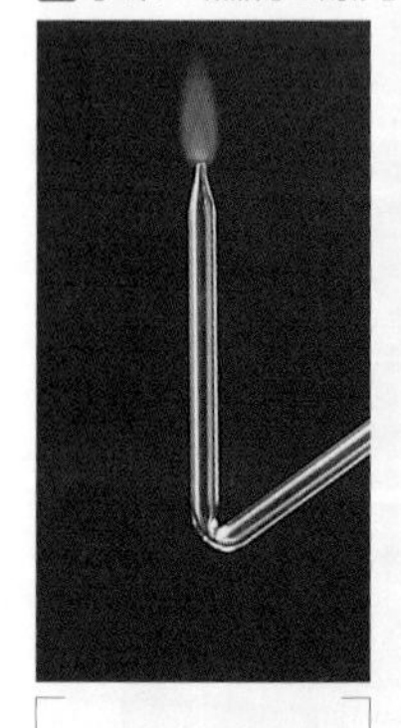

$$2H_2 + O_2 \longrightarrow 2H_2O$$

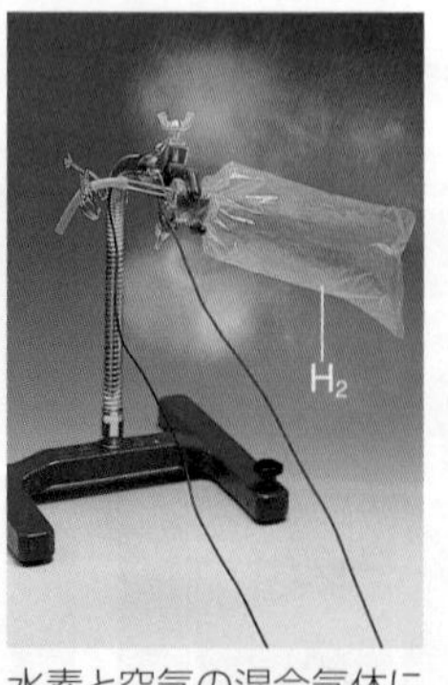

水素と空気の混合気体に電気火花をとばすと，爆発する。

水素の還元性

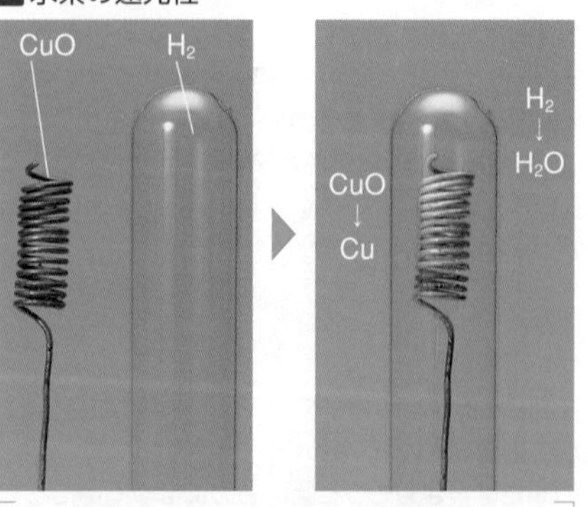

$$CuO + H_2 \longrightarrow Cu + H_2O$$

水素は金属酸化物を還元する。酸化銅 CuO は還元されて銅 Cu となり，試験管に水が生じる。

水素化ナトリウムと水の反応

$$NaH + H_2O \longrightarrow NaOH + H_2\uparrow$$

水素化ナトリウム NaH と水を反応させると，水酸化ナトリウムと水素が生成する。

A 液体の水が氷になるときに，体積が膨張するからです。

C 水素化合物

水素は，金属元素とイオン結合性の結晶をつくり，そのとき酸化数−1をとる。酸素，フッ素，窒素との化合物は水素結合をつくる。

イオン結合性（固体）　共有結合性（液体）　共有結合性（気体）

周期＼族	1	2	13	14	15	16	17
2	**LiH** 水素化リチウム	**BeH_2** 水素化ベリリウム	**BH_3** ボラン	**CH_4** メタン	**NH_3** アンモニア	**H_2O** 水	**HF** フッ化水素
3	**NaH** 水素化ナトリウム	**MgH_2** 水素化マグネシウム	**AlH_3** 水素化アルミニウム	**SiH_4** シラン	**PH_3** ホスフィン	**H_2S** 硫化水素	**HCl** 塩化水素
4	**KH** 水素化カリウム	**CaH_2** 水素化カルシウム	**GaH_3** 水素化ガリウム	**GeH_4** ゲルマン	**AsH_3** アルシン	**H_2Se** セレン化水素	**HBr** 臭化水素

D 貴ガスとその利用

noble gases

貴ガスは，単原子分子として空気中にわずかに存在する。無色・無臭の気体で，融点・沸点が低い。反応性をほとんど示さないので，不活性ガスともいわれる。希ガス(rare gases)と表されることもある。

元素	元素記号	分子式	電子配置(殻) K L M N O P	融点[℃]	沸点[℃]	大気中の存在比〔体積%〕	性質・用途
ヘリウム	$_{2}He$	He	**2**	−272	−269 (2.6×10^6Pa)	0.000524	すべての物質の中で最も沸点が低く，気体の中で最も凝縮しにくい。
ネオン	$_{10}Ne$	Ne	2 **8**	−249	−246	0.00182	放電による発光を利用してネオンサインに使われている。
アルゴン	$_{18}Ar$	Ar	2 8 **8**	−189	−186	0.934	貴ガスの中で最も大気中の存在比が高い。
クリプトン	$_{36}Kr$	Kr	2 8 18 **8**	−157	−152	0.000114	電球を小型化したり，寿命を長くしたりするのに役立っている。
キセノン	$_{54}Xe$	Xe	2 8 18 18 **8**	−112	−107	0.0000087	カメラのストロボなどに利用されている。
ラドン	$_{86}Rn$	Rn	2 8 18 32 18 **8**	−71	−62	−	がん治療のための放射線源として用いられている。

■貴ガスの放電

単体の貴ガスを封入した放電管に高電圧を加えると，それぞれ固有の色を示す。

■リニアモーターカー(He) 技術

リニアモーターカーには，液体ヘリウムによって極低温になった超伝導磁石が使われている。

■浮揚用ガス(He)

ヘリウムは引火の恐れのない軽い気体で，風船・飛行船・広告用バルーンなどに使われる。

■ネオンサイン(Ne)

放電した際のネオンの発光を利用したものが，ネオンサインである。

■溶接(Ar) 仕事

アルゴンは，金属を溶接するときの酸化防止ガスとして使われる。

■キセノンランプ(Xe)

キセノンを封入したランプは強い光を発するので，高性能なヘッドライトに利用されている。

3 ハロゲン元素 基 化

	1	2	3	4	5	6	7	8	9	10	11	12	13	14	15	16	17	18
1	H																	He
2	Li	Be											B	C	N	O	F	Ne
3	Na	Mg											Al	Si	P	S	Cl	Ar
4	K	Ca	Sc	Ti	V	Cr	Mn	Fe	Co	Ni	Cu	Zn	Ga	Ge	As	Se	Br	Kr
5	Rb	Sr	Y	Zr	Nb	Mo	Tc	Ru	Rh	Pd	Ag	Cd	In	Sn	Sb	Te	I	Xe
6	Cs	Ba	ランタノイド	Hf	Ta	W	Re	Os	Ir	Pt	Au	Hg	Tl	Pb	Bi	Po	At	Rn
7	Fr	Ra	アクチノイド	Rf	Db	Sg	Bh	Hs	Mt	Ds	Rg	Cn	Nh	Fl	Mc	Lv	Ts	Og

A ハロゲン元素の単体

ハロゲン元素(halogen)の原子は，7 個の価電子をもつので，電子 1 個を取り入れて 1 価の陰イオンになりやすい。単体は二原子分子であり，反応性が大きく自然界には存在しない。

元素	分子式	電子配置(殻) K L M N O	融点[℃]	沸点[℃]	常温での状態	色	電気陰性度	酸化力	水素との反応
フッ素	F_2	2 **7**	−220	−188	気体	淡黄色	4.0	強	低温，暗所でも爆発的に反応する。
塩素	Cl_2	2 8 **7**	−101	−34	気体	黄緑色	3.2	↑	常温で光を当てると爆発的に反応する。
臭素	Br_2	2 8 18 **7**	−7.2	59	液体	赤褐色	3.0		高温にすると反応する。
ヨウ素	I_2	2 8 18 18 **7**	114	184	固体	黒紫色	2.7	弱	高温で反応するが，逆反応も起きて平衡に達する。

■フッ素

存在　蛍石

単体　淡黄色の気体で，すべての元素の単体の中で最も反応性に富み，保存はきわめて難しい。貴ガスのキセノン Xe やクリプトン Kr とも直接反応する。

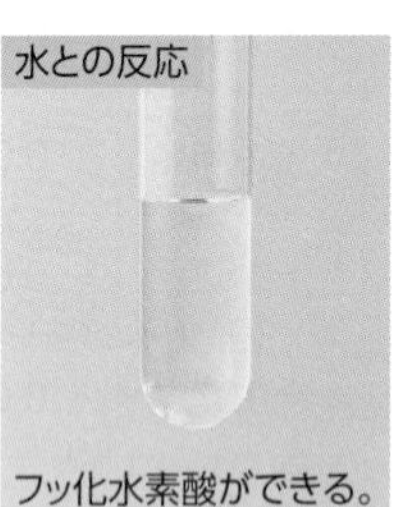
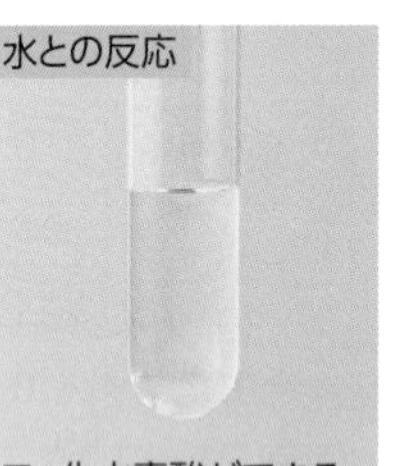
水との反応　フッ化水素酸ができる。

フッ素は，蛍石 CaF_2 や氷晶石 Na_3AlF_6 などに含まれている。単体は，水と激しく反応してフッ化水素 HF を生成し，水に溶けてフッ化水素酸になる。

■塩素

存在　岩塩

単体

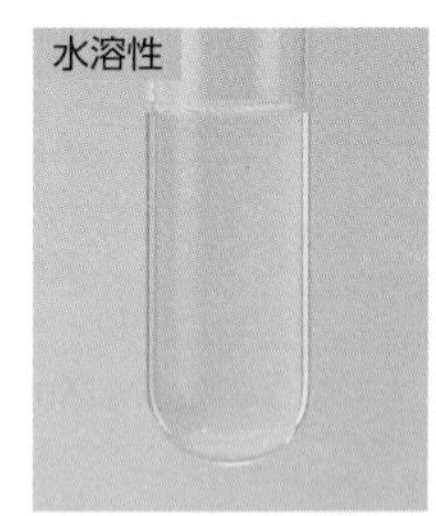
水溶性

塩素は，岩塩や海水中に塩化物イオンとして多量に存在する。単体は，黄緑色の気体で，水に少し溶ける。

■臭素

存在

単体

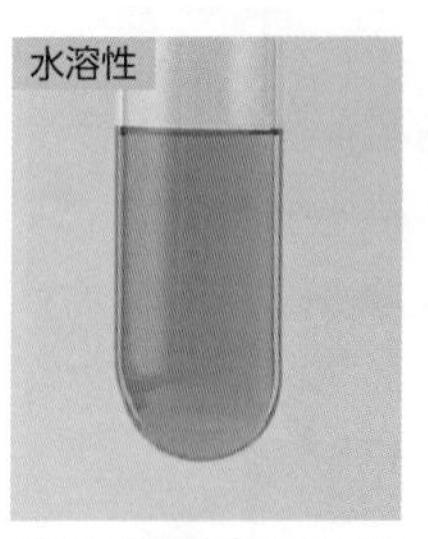
水溶性

臭素は，海水中に存在している。単体は，常温・常圧で液体(すべての元素の中で水銀と臭素だけ)で，水に少し溶ける。

■ヨウ素

存在

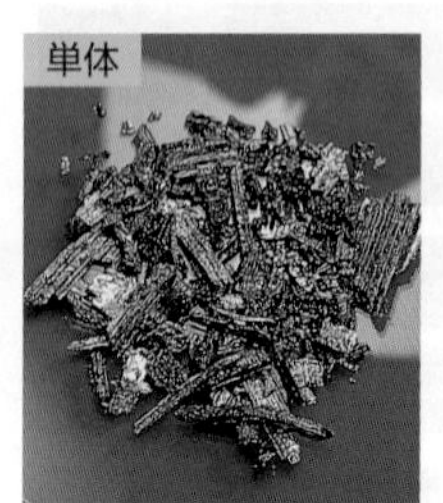
単体

水溶性

ヨウ素は，海藻の中に含まれている。単体は，黒紫色の固体で，水にはほとんど溶けない。

B ハロゲンの酸化力

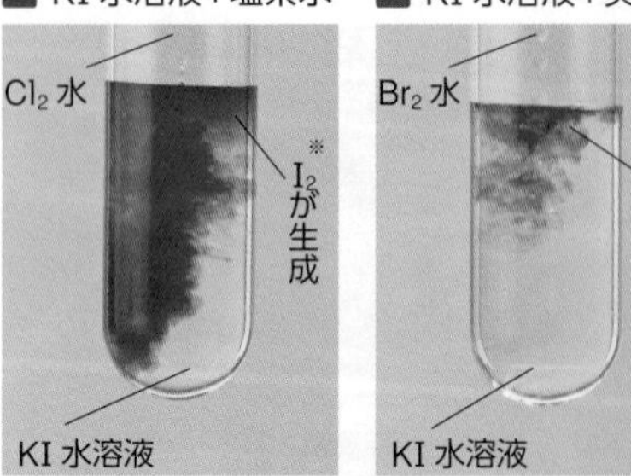

$2KI + Cl_2 \longrightarrow 2KCl + I_2$
酸化力：$Cl_2 > I_2$

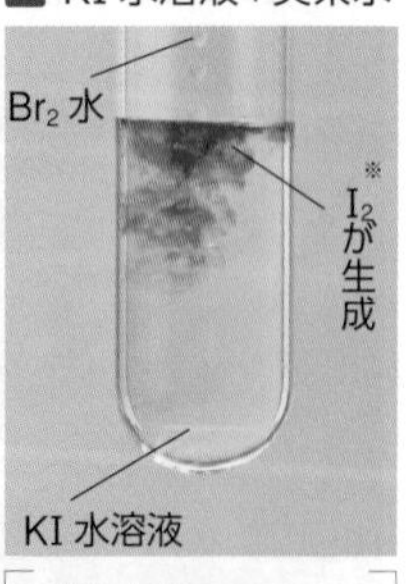

$2KI + Br_2 \longrightarrow 2KBr + I_2$
酸化力：$Br_2 > I_2$

■ KBr 水溶液+塩素水

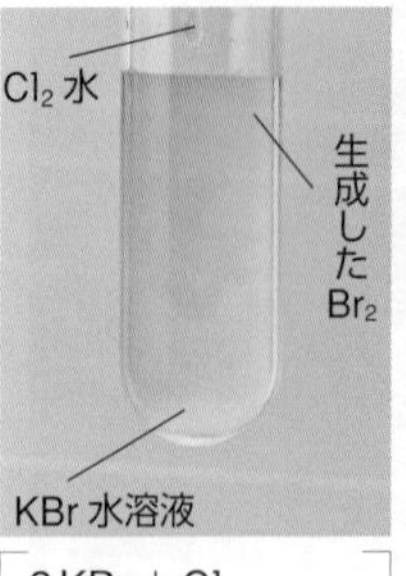

$2KBr + Cl_2 \longrightarrow 2KCl + Br_2$
酸化力：$Cl_2 > Br_2$

■ KBr 水溶液+ヨウ素

■ KCl 水溶液+臭素水

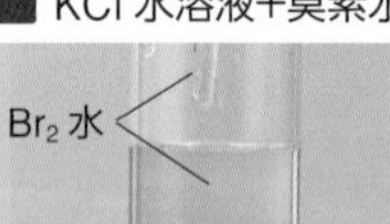
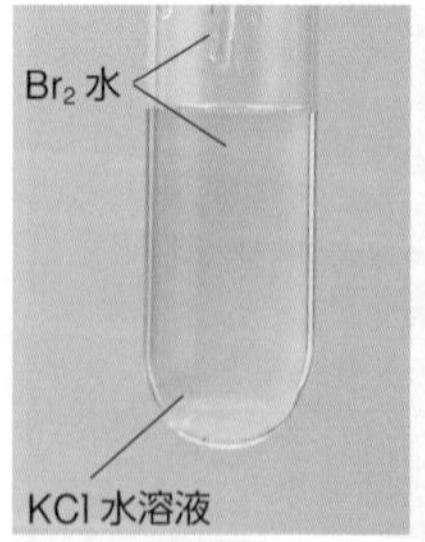

■ KCl 水溶液+ヨウ素

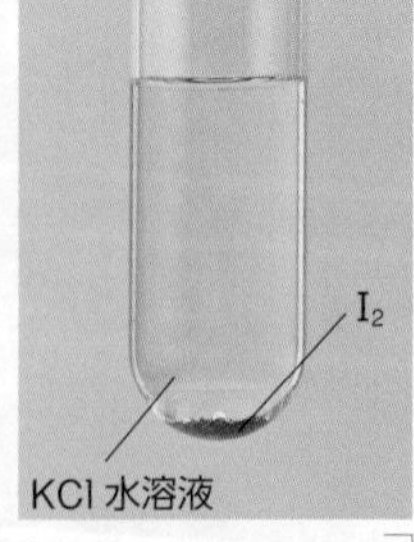

酸化力の弱いほうのハロゲンを加えても，反応は起こらない。

ハロゲンの酸化力の強さ　$F_2 > Cl_2 > Br_2 > I_2$

※ I_2 と I^- から三ヨウ化物イオン I_3^- ができ，褐色になる。

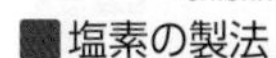

C 塩素 chlorine

塩素 Cl_2 は金属元素，非金属元素のいずれとも反応して化合物をつくる。水と反応して生じる次亜塩素酸は，漂白作用，殺菌作用を示す。

■塩素の製法

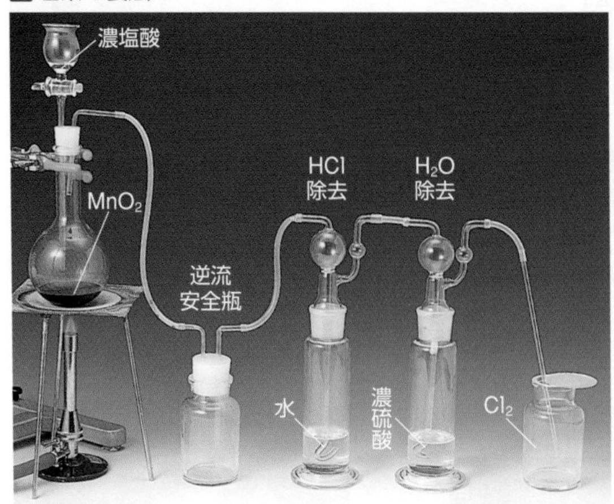

酸化マンガン(Ⅳ)と濃塩酸

$$MnO_2 + 4HCl \longrightarrow MnCl_2 + 2H_2O + Cl_2\uparrow$$

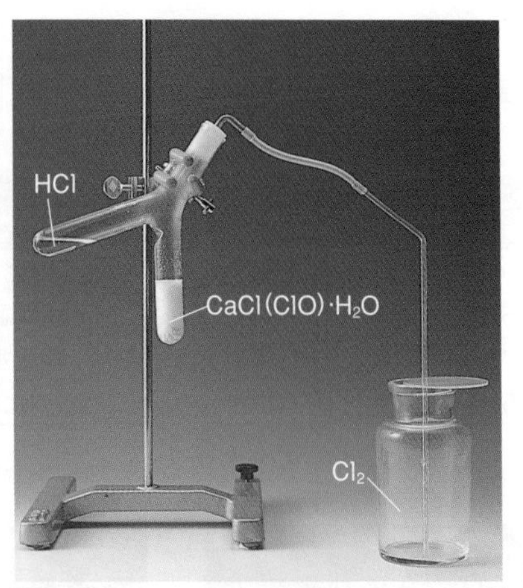

高度さらし粉と塩酸

$$CaCl(ClO)\cdot 2H_2O + 4HCl \longrightarrow CaCl_2 + 4H_2O + 2Cl_2\uparrow$$

Jump イオン交換膜法

→ p.166

塩素の工業的製法。
塩化ナトリウム水溶液を電気分解することによって，水酸化ナトリウムと塩素と水素が得られる。

■イオン交換膜法装置の電解槽

■塩素の漂白作用

塩素を加える

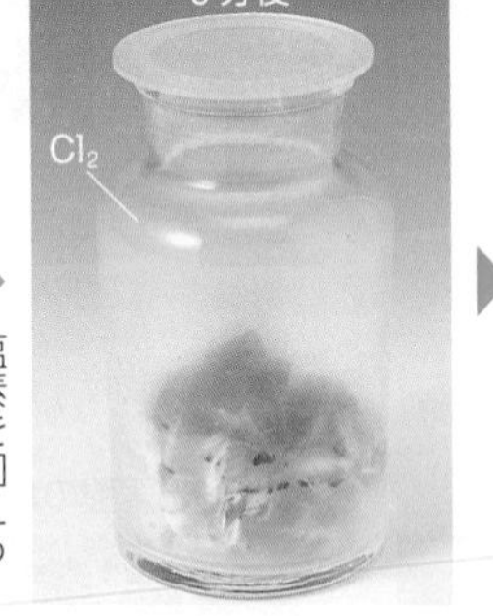

$$Cl_2 + H_2O \rightleftarrows HCl + HClO \qquad HClO + H^+ + 2e^- \longrightarrow H_2O + Cl^-$$

塩素は水と反応して，塩化水素 HCl と次亜塩素酸 HClO を生じる。次亜塩素酸は弱酸であるが酸化力が強いので，花の色素を漂白する。

■塩素と金属の反応

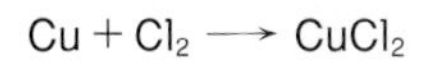

$$Cu + Cl_2 \longrightarrow CuCl_2$$

$$2Na + Cl_2 \longrightarrow 2NaCl$$

D ヨウ素 iodine

ヨウ素 I_2 は，昇華性のある黒紫色の固体である。デンプンと反応してヨウ素デンプン反応(p.240)を起こす。

■ヨウ素の昇華

おだやかに加熱して昇華させたヨウ素を，フラスコの水で冷やすと，ヨウ素の結晶が得られる。

■ヨウ素の溶解性

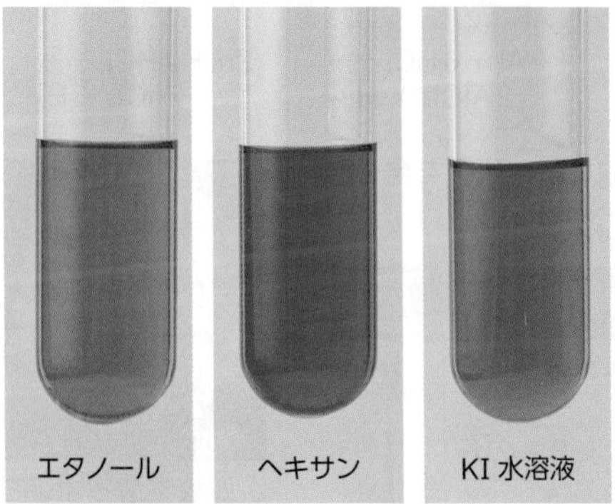

ヨウ素は，水に溶けにくいが有機溶媒には溶ける。また，ヨウ素は KI 水溶液にも溶ける。これは，KI 水溶液中の I^- と反応して，三ヨウ化物イオン I_3^- を生じるからである($I_2 + I^- \rightleftarrows I_3^-$)。

Point ヨウ化カリウムデンプン紙

ヨウ化カリウムデンプン紙は，ヨウ化カリウム KI と可溶性デンプンを溶かした溶液に，ろ紙を浸して乾燥させた試験紙である。塩素 Cl_2・オゾン O_3・過酸化水素 H_2O_2 など，酸化力の強い物質の検出に用いられる。KI がこれらの物質によって酸化されて I_2 を生じ，それがデンプンと反応して青紫色を呈するという原理である。

■塩素の検出

Q 蛍石という名称は何に由来しているのですか?

4 ハロゲンの化合物 基 化

	1	2	3	4	5	6	7	8	9	10	11	12	13	14	15	16	17	18
1	H																	He
2	Li	Be											B	C	N	O	F	Ne
3	Na	Mg											Al	Si	P	S	Cl	Ar
4	K	Ca	Sc	Ti	V	Cr	Mn	Fe	Co	Ni	Cu	Zn	Ga	Ge	As	Se	Br	Kr
5	Rb	Sr	Y	Zr	Nb	Mo	Tc	Ru	Rh	Pd	Ag	Cd	In	Sn	Sb	Te	I	Xe
6	Cs	Ba	ランタノイド	Hf	Ta	W	Re	Os	Ir	Pt	Au	Hg	Tl	Pb	Bi	Po	At	Rn
7	Fr	Ra	アクチノイド	Rf	Db	Sg	Bh	Hs	Mt	Ds	Rg	Cn	Nh	Fl	Mc	Lv	Ts	Og

A ハロゲン化水素

ハロゲン化水素は，すべて刺激臭のある無色の気体で，水溶液は酸性を示す。
フッ化水素 HF は水素結合のため沸点が高く，また，水溶液は弱い酸性を示す。

ハロゲン化水素	分子式	融点[℃]	沸点[℃]	常温での状態	色	極性	水溶液の名称	水溶液の性質
フッ化水素	HF	−83	20	気体	無色	大	フッ化水素酸	弱酸性
塩化水素	HCl	−114	−85	気体	無色	↑	塩酸	強酸性
臭化水素	HBr	−89	−67	気体	無色		臭化水素酸	強酸性
ヨウ化水素	HI	−51	−35	気体	無色	小	ヨウ化水素酸	強酸性

HF は水素結合（p.55）をしているから沸点が高いんだね。

フッ化水素酸によるガラスの腐食

$$SiO_2 + 6HF \longrightarrow H_2SiF_6 + 2H_2O$$

ガラスにパラフィンを塗り付けて文字を削り取った後，溝にフッ化水素酸を流しこむ。数時間後，水洗いしパラフィンを削り落とすと，文字の部分だけガラスが腐食している。
フッ化水素酸はガラスを腐食する性質があるので，ガラスのエッチングなどに用いられる。
なお，皮膚や粘膜を激しく侵す性質もあるので，取り扱いには注意が必要である。

フッ化水素酸

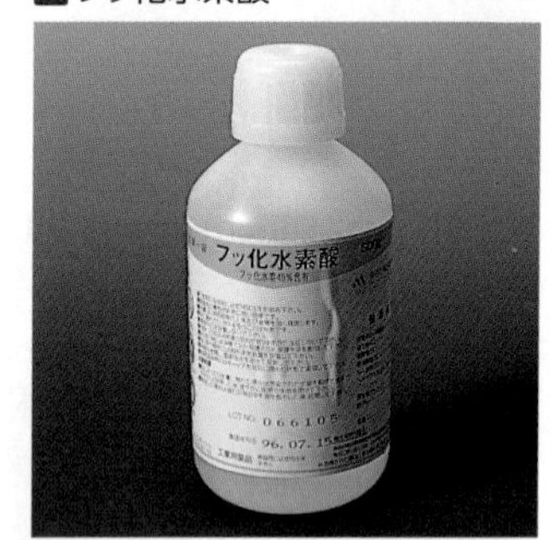

フッ化水素酸はガラスの主成分である二酸化ケイ素 SiO_2 を溶かすので，ポリエチレンの容器に保存する。

塩化水素の製法

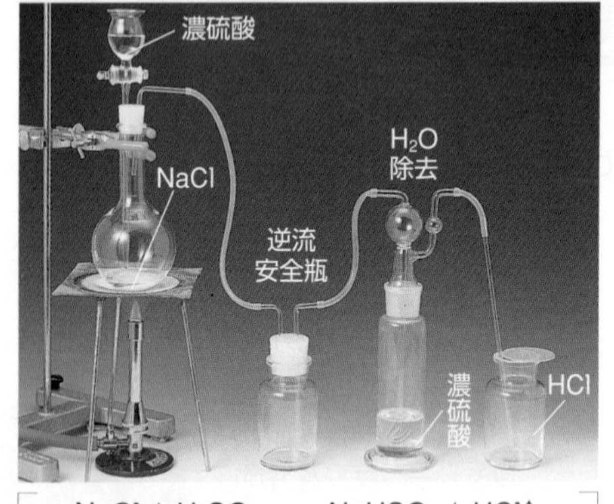

$$NaCl + H_2SO_4 \longrightarrow NaHSO_4 + HCl\uparrow$$

塩酸の反応

① 塩酸と金属

$$2Al + 6HCl \longrightarrow 2AlCl_3 + 3H_2\uparrow$$

$$Zn + 2HCl \longrightarrow ZnCl_2 + H_2\uparrow$$

② 塩酸と弱酸の塩

$$CaCO_3 + 2HCl \longrightarrow CaCl_2 + H_2O + CO_2\uparrow$$

③ 濃塩酸とアンモニア

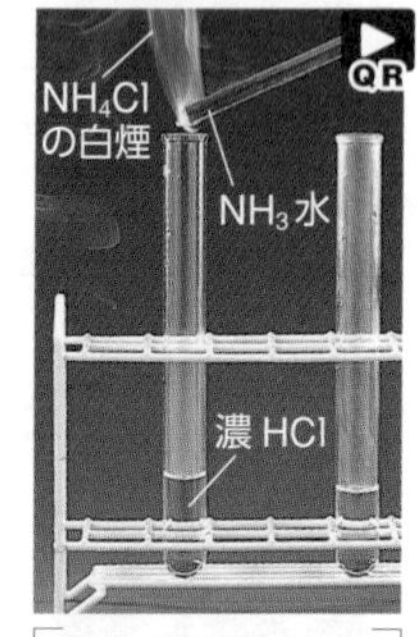

$$NH_3 + HCl \longrightarrow NH_4Cl$$

B 塩素のオキソ酸 oxoacid

分子中に酸素原子を含む酸をオキソ酸という。

オキソ酸	化学式	Clの酸化数	性質・用途	酸の強さ
次亜塩素酸	$HClO$	+1	ナトリウム塩は殺菌剤・漂白剤となる。	弱
亜塩素酸	$HClO_2$	+3	ナトリウム塩は水道水の殺菌に用いられる。	↓
塩素酸	$HClO_3$	+5	カリウム塩は酸化剤，花火の原料となる。	↓
過塩素酸	$HClO_4$	+7	爆発性のある塩をつくり，固体燃料ロケットに用いられる。	強

次亜塩素酸イオンを含むカルシウム塩。漂白，殺菌，消毒に用いられる。

次亜塩素酸ナトリウム NaClO は，漂白剤や殺菌剤として利用されている（p.81, p.211）。

塩素酸カリウム $KClO_3$ は強い酸化剤で，花火やマッチの頭薬に使われている。

A 加熱すると発光することに由来します。英名 Fluorite は融剤（融点を下げる添加物）に用いられたことから，ラテン語 fluere「流れる」より名付けられました。

C ハロゲン化銀

フッ化銀 AgF は水への溶解度が大きいが，その他のハロゲン化銀は水に難溶である。感光性があり，写真用フィルムに使われている。

ハロゲン化銀		フッ化銀	塩化銀	臭化銀	ヨウ化銀
化学式		AgF	AgCl	AgBr	AgI
色・性状		黄色の固体	白色の固体	淡黄色の固体	黄色の固体
溶解性	水	溶ける	溶けない	溶けない	溶けない
	アンモニア NH_3 水	溶ける	溶ける	少し溶ける	溶けない
	チオ硫酸ナトリウム $Na_2S_2O_3$ 水溶液	溶ける	溶ける	溶ける	溶ける

Jump ハロゲン化銀

p.175
ハロゲン化銀の感光性
ハロゲン化銀に光を当てると，分解して銀の粒子が遊離する。

p.188
陰イオンの反応
ハロゲン化銀のアンモニア水，チオ硫酸ナトリウム水溶液への溶解性を利用すると，ハロゲン化物イオンを検出することができる。

D ハロゲン化合物の利用

■ゴアテックス 日常

ポリテトラフルオロエチレン(テフロン) $[-CF_2-CF_2-]_n$ を加工。
防水性と透湿性を兼ね備えている。

■包装用フィルム

ポリ塩化ビニリデン $[-CH_2-CCl_2-]_n$ は，食品包装用のラップ材などに使われている。

■難燃剤

テトラブロモビスフェノール A ($C_{15}H_{12}Br_4O_2$)を電子部品などの合成樹脂中に添加すると，燃えにくくなる。

■うがい薬 日常

ヨウ素には弱い酸化作用(殺菌作用)があり，うがい薬に使われている。

Zoom up ダイオキシン類 dioxin

環境

ポリクロロジベンゾパラジオキシン(PCDD)と，ポリクロロジベンゾフラン(PCDF)をまとめて，ダイオキシン類という。
PCDD や PCDF は，右図の 1～4，6～9 の番号の付いた位置にある水素原子が，いくつかの塩素原子に置き換わった化合物である。塩素原子の数や結合する位置によって，75 種類の PCDD と 135 種類の PCDF があり，このうち 2,3,7,8- テトラクロロジベンゾパラジオキシン(2,3,7,8-TCDD) が最強の毒性をもつ。その強さは，シアン化カリウム KCN(青酸カリ)の数万倍といわれている。
ダイオキシン類は，無色・無臭の固体で，水にはほとんど溶けないが，脂肪などには溶けやすい。また，酸や塩基とは反応しにくい。
WHO(世界保健機構)によると，2,3,7,8-TCDD には発ガン性があると評価されている。また，ダイオキシン類は，生体内のホルモンの作用を妨害する物質(内分泌撹乱物質)の一種であると疑われている。
わが国で発生するダイオキシン類の約 9 割が，身のまわりのゴミや産業廃棄物の燃焼時に発生するといわれている。そのため，大気汚染防止法や廃棄物処理法により基準が定められ，高温での焼却，排ガスの適正な処理など，ダイオキシンの発生を抑える取り組みが行われている。

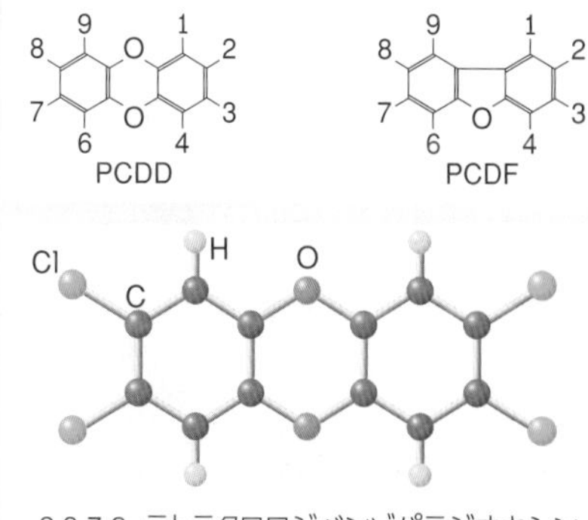

2,3,7,8- テトラクロロジベンゾパラジオキシン
(2,3,7,8-TCDD)

【補足】 PCDD のことをダイオキシンというが，一般にダイオキシンといった場合，ダイオキシン類を指すこともある。

Q ダイオキシンよりも毒性の強いものはありますか?

無機物質

5 酸素・硫黄 基 化

	1	2	3	4	5	6	7	8	9	10	11	12	13	14	15	16	17	18
1	H																	He
2	Li	Be											B	C	N	O	F	Ne
3	Na	Mg											Al	Si	P	S	Cl	Ar
4	K	Ca	Sc	Ti	V	Cr	Mn	Fe	Co	Ni	Cu	Zn	Ga	Ge	As	Se	Br	Kr
5	Rb	Sr	Y	Zr	Nb	Mo	Tc	Ru	Rh	Pd	Ag	Cd	In	Sn	Sb	Te	I	Xe
6	Cs	Ba	ランタノイド	Hf	Ta	W	Re	Os	Ir	Pt	Au	Hg	Tl	Pb	Bi	Po	At	Rn
7	Fr	Ra	アクチノイド	Rf	Db	Sg	Bh	Hs	Mt	Ds	Rg	Cn	Nh	Fl	Mc	Lv	Ts	Og

A 酸素とオゾン

酸素(oxygen) O_2 は，空気の体積の約 21 % を占める。また，化合物として，水や岩石(ケイ酸塩・炭酸塩)の成分としても多量に存在する。

（オゾン: ozone）

性質＼同素体	酸素 O_2	オゾン O_3
融点〔℃〕	−218	−193
沸点〔℃〕	−183	−111
密度〔g/L〕	1.43	2.14
色	無色	淡青色
におい	無臭	特異臭
構造		117.8°

■地殻を構成する元素(質量 %)（p.293）

■空気の組成(体積 %)（p.293）

■酸素の製法(過酸化水素水と酸化マンガン(Ⅳ))

$$2H_2O_2 \longrightarrow 2H_2O + O_2\uparrow$$

■酸素の製法(塩素酸カリウムと酸化マンガン(Ⅳ))

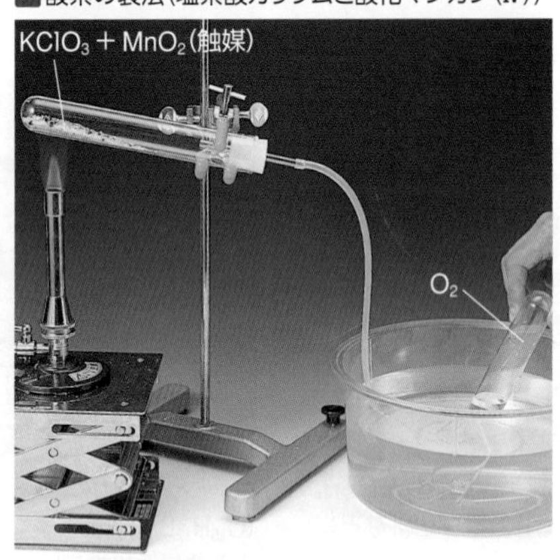

$$2KClO_3 \longrightarrow 2KCl + 3O_2\uparrow$$

■オゾンの製法(無声放電)と検出

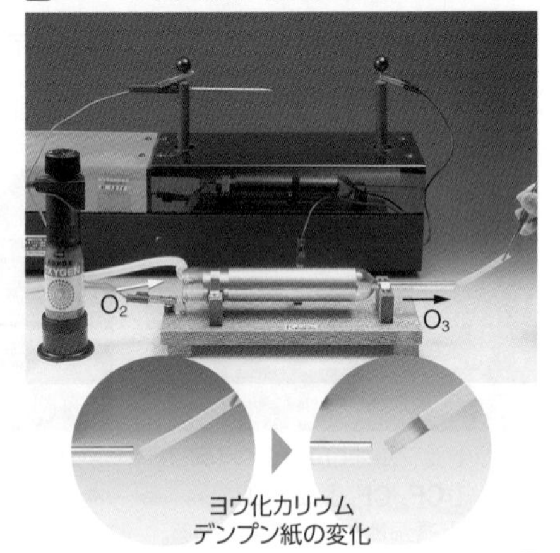

$$3O_2 \longrightarrow 2O_3$$
$$2KI + O_3 + H_2O \longrightarrow I_2 + 2KOH + O_2$$

液体酸素

液体窒素(沸点−196 ℃)中に酸素ガスを吹きこむと，淡青色の酸素の液体が得られる。液体酸素は磁性をもつため，磁石にくっつく。

■液体酸素

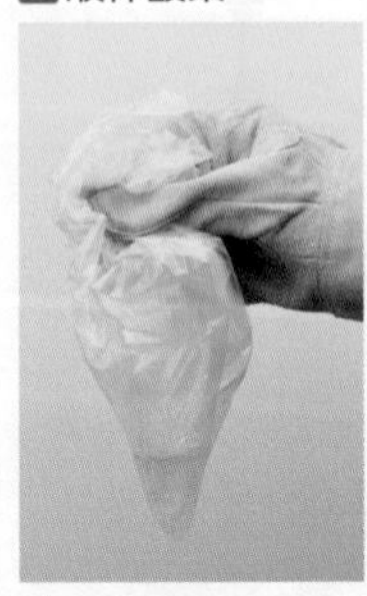

■液体酸素の磁性

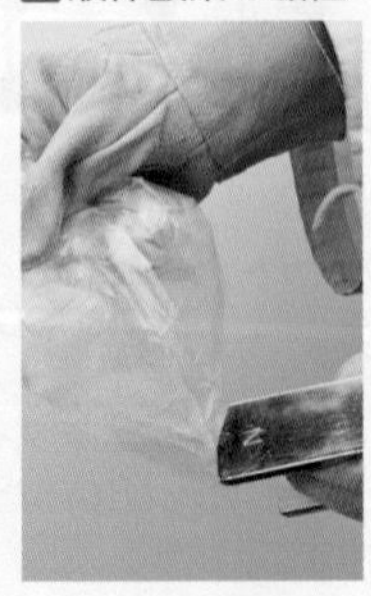

Column 生活に利用されるオゾン 仕事

宇宙から降り注ぐ紫外線から地球を守っているオゾンは，フッ素に次いで強い酸化力をもつ物質である。特に有機化合物を酸化する力に優れ，有害物質が残留しにくい性質をもつため，生活全般で脱臭や洗浄に利用されている。

例えば，浄水場で河川や下水道の水を浄化するのにもオゾンが使われており，普段私たちが利用している水道水をつくる際にも，重要な役割を果たしている。

■オゾンによる水処理(浄水場での利用例)

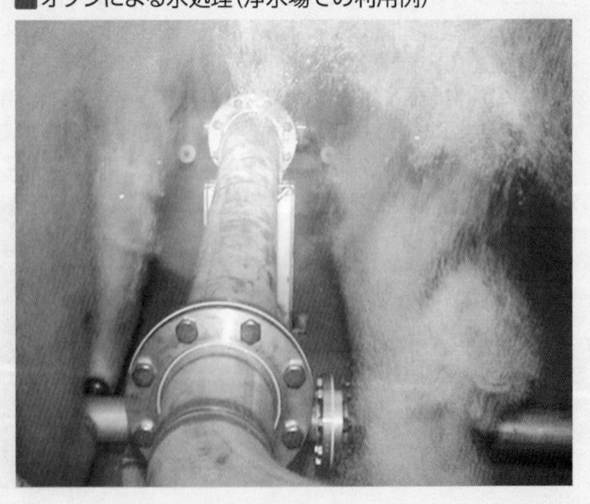

Ⓐ 人工物質としては，ダイオキシンの毒性が最強といわれています。しかし，ボツリヌス菌の毒性はダイオキシンの数千倍といわれています。

B 酸化物 oxide

酸素は，貴ガス・金・白金以外の元素と直接化合して，酸化物をつくる。

■第 3 周期の元素の酸化物・水酸化物・オキソ酸の例

族		1	2	13	14	15	16	17
酸化物	化学式	Na_2O	MgO	Al_2O_3	SiO_2	P_4O_{10}	SO_2，SO_3	Cl_2O_7
	分類（p.66）	塩基性酸化物		両性酸化物	酸性酸化物			
	結晶	イオン結晶			共有結合の結晶	分子結晶（Cl_2O_7 は常温で液体）		
	水との反応	反応して塩基を生成		反応しない		反応して酸（オキソ酸）を生成		
水酸化物		NaOH	$Mg(OH)_2$	$Al(OH)_3$	—	—	—	—
オキソ酸（p.144）		—	—	—	H_2SiO_3	H_3PO_4	H_2SO_3，H_2SO_4	$HClO_4$

C 硫黄 sulfur

硫黄 S の単体には，斜方硫黄，単斜硫黄，ゴム状硫黄などの同素体がある。
常温では斜方硫黄が最も安定していて，単斜硫黄もゴム状硫黄も，常温で放置すると斜方硫黄になる。

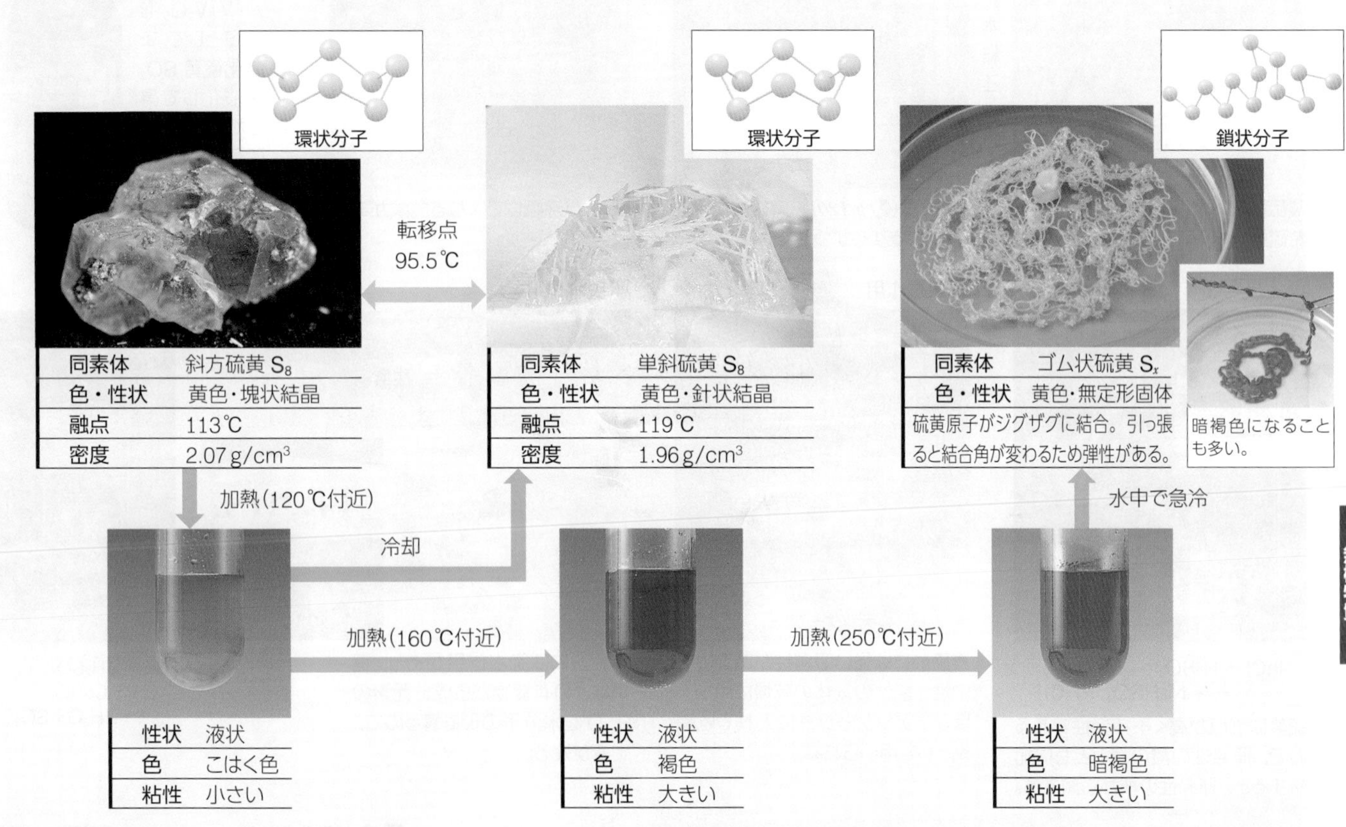

■硫黄と亜鉛の反応

硫黄 S と亜鉛粉 Zn の混合物に電流を流して着火すると，激しく反応して硫化亜鉛 ZnS を生じる。

$$Zn + S \longrightarrow ZnS$$

Jump 環境問題

→ p.184

酸性雨
化石燃料を燃やすことによって発生する硫黄酸化物や窒素酸化物が，酸性雨の原因の一つになっている。

オゾン層の破壊
エアコンや冷蔵庫の冷媒ガスなどとして製造・使用されてきたフロンによって，太陽から放射される紫外線から生物全体を守っているオゾン層が破壊されている。

Q オゾン層によって私たちは紫外線から守られていますが，オゾンは体によい物質ですか？

6 硫黄の化合物 基 化

	1	2	3	4	5	6	7	8	9	10	11	12	13	14	15	16	17	18
1	H																	He
2	Li	Be											B	C	N	O	F	Ne
3	Na	Mg											Al	Si	P	S	Cl	Ar
4	K	Ca	Sc	Ti	V	Cr	Mn	Fe	Co	Ni	Cu	Zn	Ga	Ge	As	Se	Br	Kr
5	Rb	Sr	Y	Zr	Nb	Mo	Tc	Ru	Rh	Pd	Ag	Cd	In	Sn	Sb	Te	I	Xe
6	Cs	Ba	ランタノイド	Hf	Ta	W	Re	Os	Ir	Pt	Au	Hg	Tl	Pb	Bi	Po	At	Rn
7	Fr	Ra	アクチノイド	Rf	Db	Sg	Bh	Hs	Mt	Ds	Rg	Cn	Nh	Fl	Mc	Lv	Ts	Og

A 硫酸

sulfuric acid

硫酸 H_2SO_4 は，無色の重い液体(密度 1.83 g/cm^3)である。粘性が大きく，また，不揮発性である。水への溶解熱が大きい。

硫酸の溶解エンタルピー

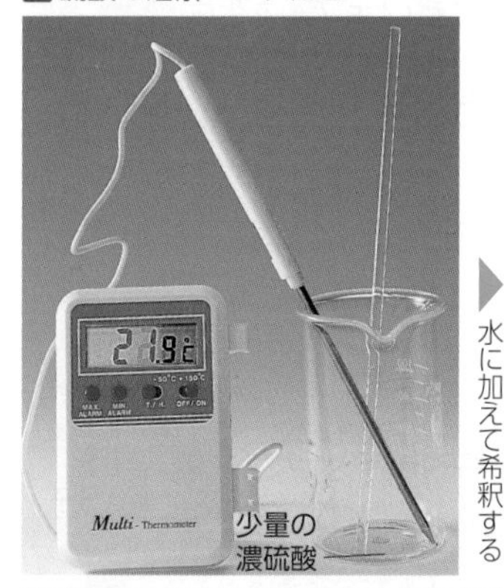

水に加えて希釈する

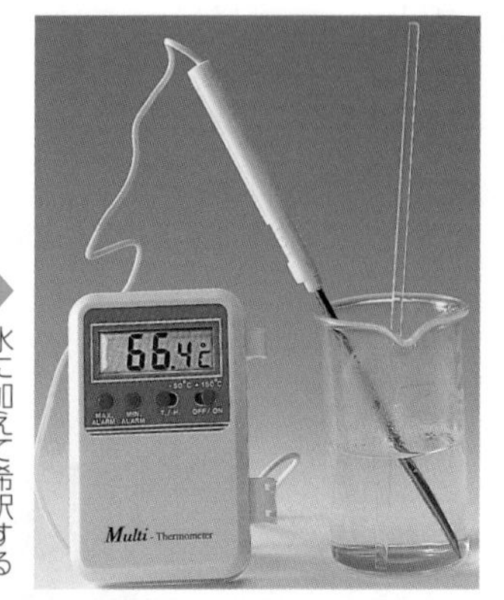

濃硫酸の希釈法

濃硫酸を水に溶かすと多量の熱を発生するので(p.120)，濃硫酸に水を注ぐと，水が沸騰してはねる危険がある。希硫酸をつくるときは，冷却しながら水に濃硫酸を少しずつ注ぐ。

Jump 接触法

→ p.166

硫酸の工業的製法。酸化バナジウム(V) V_2O_5 を触媒として，二酸化硫黄 SO_2 を酸化して得られる三酸化硫黄 SO_3 を濃硫酸に吸収させて得ている。

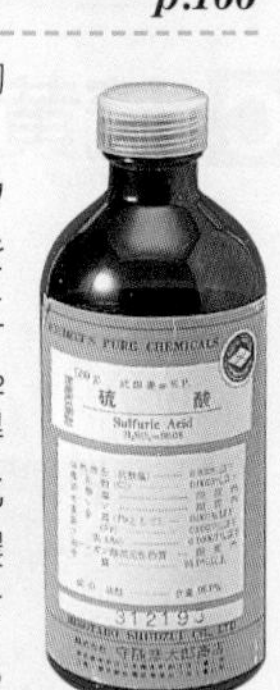

不揮発性

$NaCl + H_2SO_4 \longrightarrow NaHSO_4 + HCl\uparrow$

硫酸は沸点が高く不揮発性であるので，揮発性の酸の塩とともに加熱すると，揮発性の酸が遊離する。

吸湿作用

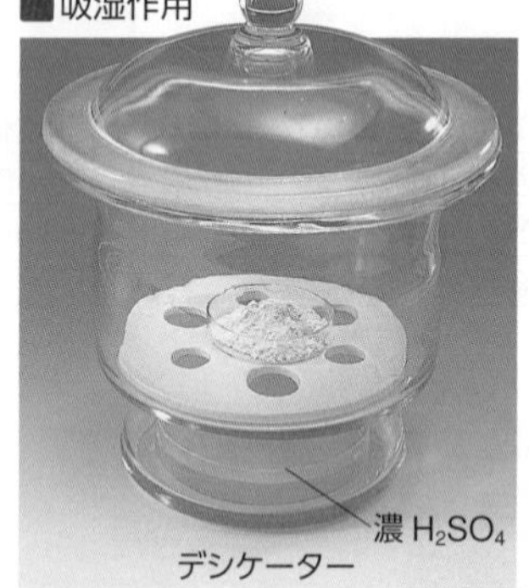

濃硫酸には強い吸湿性があるので，中性・酸性の気体の乾燥に用いるほか，デシケーターに入れて乾燥剤として用いられる。

脱水作用

濃硫酸には脱水作用があり，糖類などの有機物から成分元素の H，O を水分子の形で奪うので，炭素が残る。

酸化作用

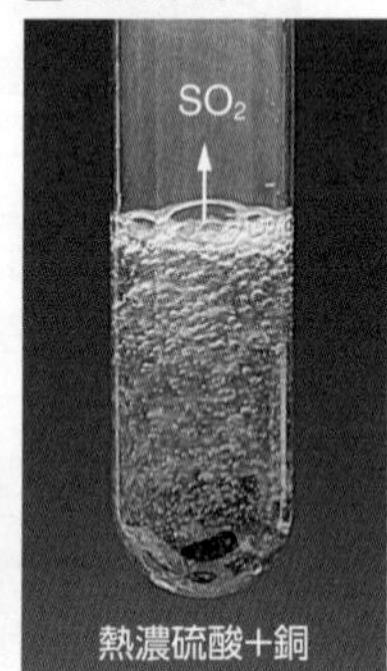

$Cu + 2H_2SO_4 \longrightarrow CuSO_4 + 2H_2O + SO_2\uparrow$

沈殿反応

$Pb^{2+} + SO_4{}^{2-} \longrightarrow PbSO_4\downarrow$

硫酸鉛(II)の白色沈殿

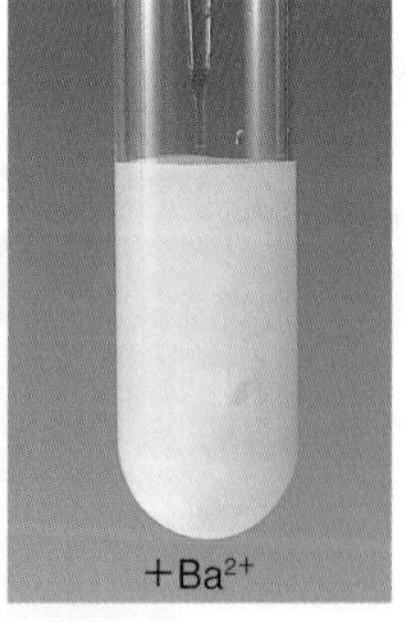

$Ba^{2+} + SO_4{}^{2-} \longrightarrow BaSO_4\downarrow$

硫酸バリウムの白色沈殿

希硫酸と濃硫酸の反応性の違い

$Zn + H_2SO_4 \longrightarrow ZnSO_4 + H_2\uparrow$

希硫酸に亜鉛を入れると水素が激しく発生する。しかし，濃硫酸に亜鉛を入れても，希硫酸のときほど激しい反応は起こらない。

チオ硫酸ナトリウム

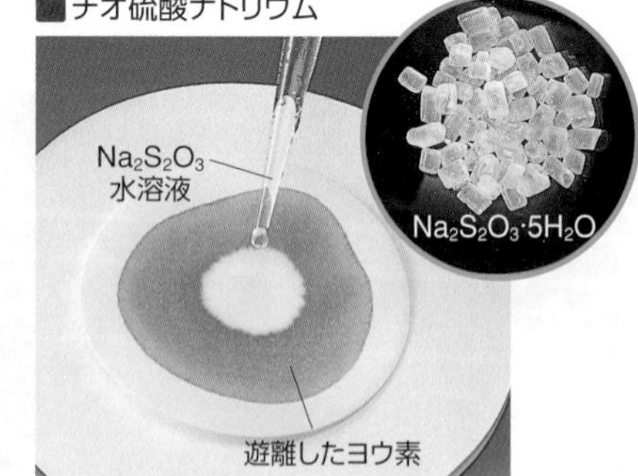

$I_2 + 2Na_2S_2O_3 \longrightarrow 2NaI + Na_2S_4O_6$

チオ硫酸ナトリウム $Na_2S_2O_3$ 水溶液を，ヨウ素デンプン反応を示しているろ紙に落とすと，遊離しているヨウ素と反応するので，色が消える。

A いいえ。オゾンは人体には有毒な物質です。

B 硫化水素 hydrogen sulfide

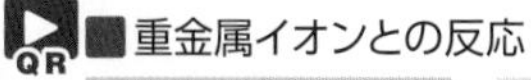

硫化水素 H_2S は，無色で腐卵臭をもつ有毒な気体である。多くの重金属イオンと反応して沈殿を生成する。還元性が強く，酸化されて硫黄 S になりやすい。

硫化水素の製法

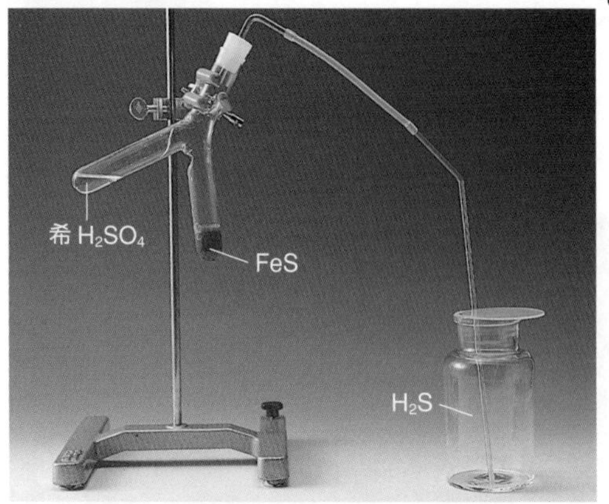

$$FeS + H_2SO_4 \longrightarrow FeSO_4 + H_2S\uparrow$$

重金属イオンとの反応

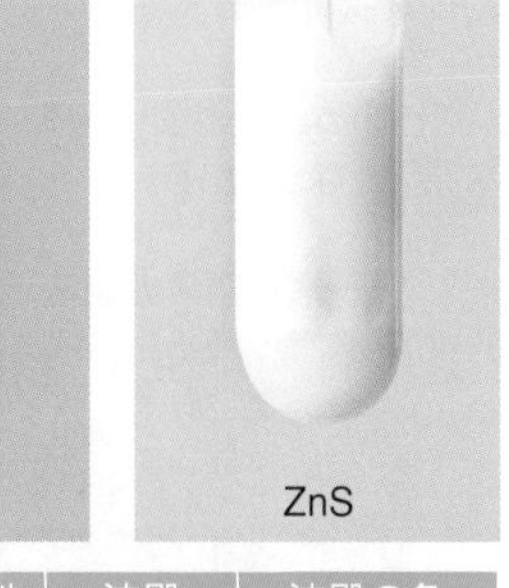

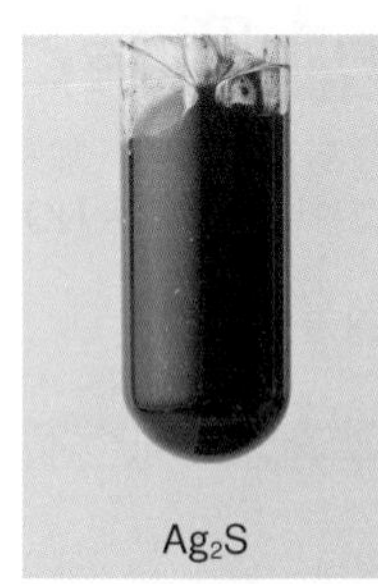

沈殿生成の条件	沈殿	沈殿の色
水溶液が塩基性～中性	MnS	淡桃色
	ZnS	白色
	FeS	黒色
	NiS	黒色

沈殿生成の条件	沈殿	沈殿の色
水溶液の pH に関係なし	PbS	黒色
	CuS	黒色
	CdS	黄色
	Ag_2S	黒色

還元作用

$$2H_2S + SO_2 \longrightarrow 2H_2O + 3S$$

H_2S 中の S の酸化数　−2 → 0

$$H_2S + I_2 \longrightarrow 2HI + S$$

S の酸化数　−2 → 0

水溶液の性質

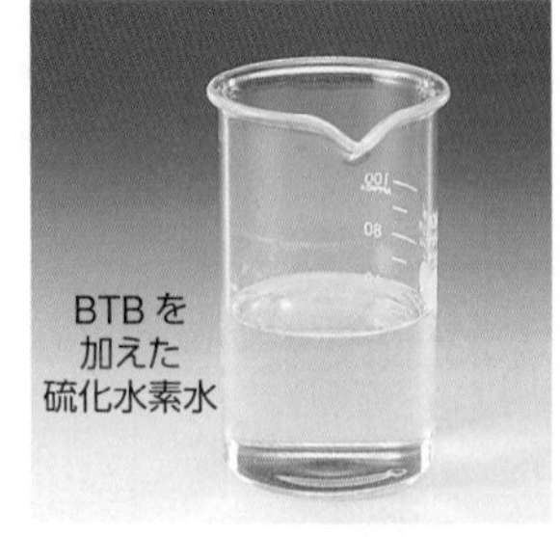

硫化水素水は弱酸性を示す。

C 二酸化硫黄 sulfur dioxide

二酸化硫黄 SO_2 は，無色で刺激臭のある有毒な気体である。ふつう還元剤としてはたらくが，硫化水素 H_2S のような強い還元剤と反応するときは，酸化剤になる。

二酸化硫黄の製法

① $Na_2SO_3 + H_2SO_4 \longrightarrow Na_2SO_4 + H_2O + SO_2\uparrow$

② $Cu + 2H_2SO_4 \longrightarrow CuSO_4 + 2H_2O + SO_2\uparrow$

③ $S + O_2 \longrightarrow SO_2$

二酸化硫黄は実験室で①，②のように生成される。
また，工業的には③のように硫黄を燃焼させて生成される。

① 亜硫酸ナトリウムと希硫酸

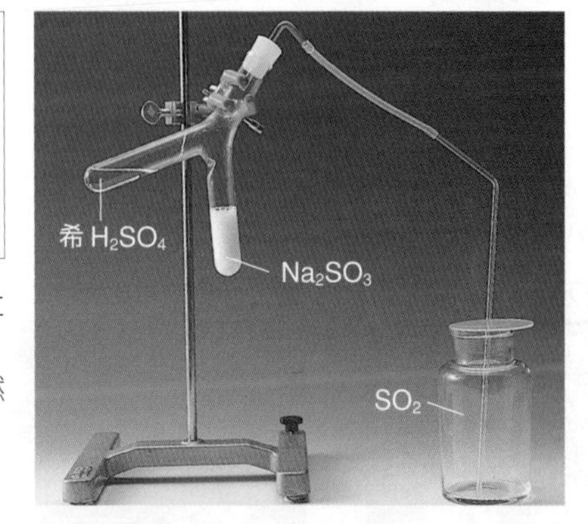

② 銅と熱濃硫酸

③ 硫黄の燃焼

二酸化硫黄の漂白作用

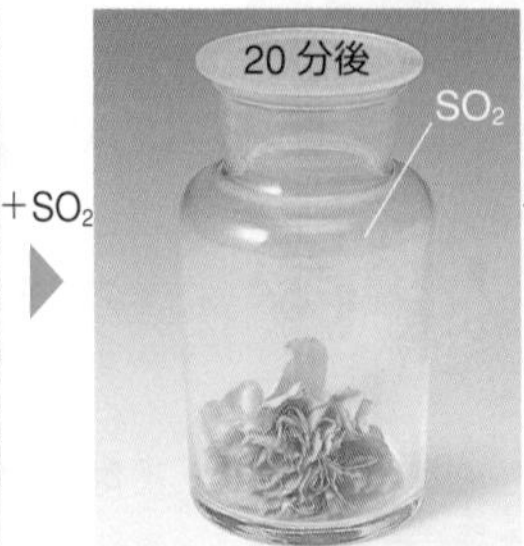

$$SO_2 + 2H_2O \longrightarrow SO_4^{2-} + 4H^+ + 2e^-$$

二酸化硫黄には還元作用があり，花の色素を還元漂白する。
漂白された花を過酸化水素 H_2O_2 水で酸化すると，色素が再生される。

水溶液の性質

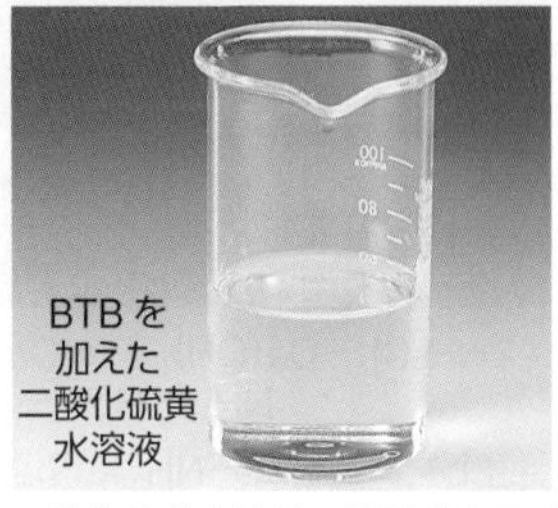

二酸化硫黄水溶液は弱酸性を示す。

Q 硫酸が肌についたり目に入ったりしたときには，どのように対処したらよいのですか?

7 窒素・リン 基 化

	1	2	3	4	5	6	7	8	9	10	11	12	13	14	15	16	17	18
1	H																	He
2	Li	Be											B	C	N	O	F	Ne
3	Na	Mg											Al	Si	P	S	Cl	Ar
4	K	Ca	Sc	Ti	V	Cr	Mn	Fe	Co	Ni	Cu	Zn	Ga	Ge	As	Se	Br	Kr
5	Rb	Sr	Y	Zr	Nb	Mo	Tc	Ru	Rh	Pd	Ag	Cd	In	Sn	Sb	Te	I	Xe
6	Cs	Ba	ランタノイド	Hf	Ta	W	Re	Os	Ir	Pt	Au	Hg	Tl	Pb	Bi	Po	At	Rn
7	Fr	Ra	アクチノイド	Rf	Db	Sg	Bh	Hs	Mt	Ds	Rg	Cn	Nh	Fl	Mc	Lv	Ts	Og

A 窒素とその酸化物

窒素 nitrogen N_2 は無色・無臭の気体で，大気の約 78％ を占める。窒素酸化物を総称してノックス NO_x といい，大気汚染の大きな原因となっている。

液体窒素

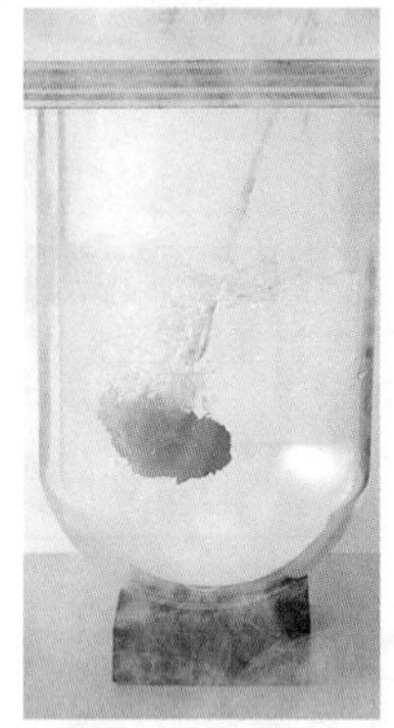

液体窒素(沸点−196℃)の中に入れて凍結させた花をたたくと，粉々になる。

一酸化窒素の製法

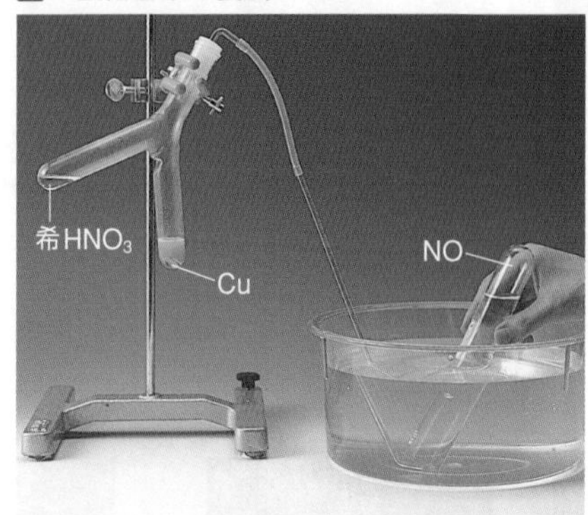

$$3Cu + 8HNO_3 \longrightarrow 3Cu(NO_3)_2 + 4H_2O + 2NO\uparrow$$

二酸化窒素の製法

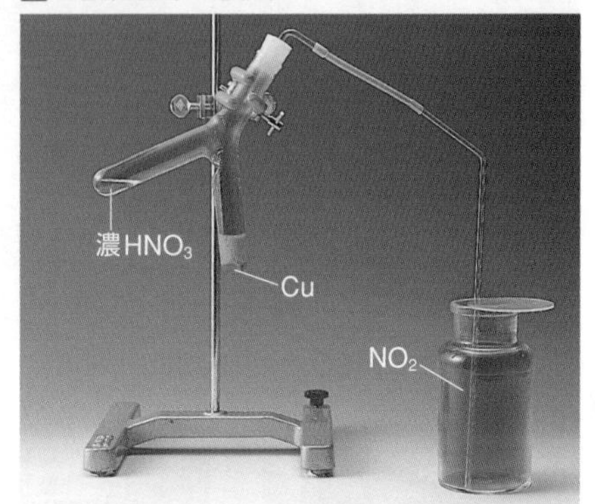

$$Cu + 4HNO_3 \longrightarrow Cu(NO_3)_2 + 2H_2O + 2NO_2\uparrow$$

窒素酸化物	分子式	酸化数	性質・用途
一酸化二窒素	N_2O	＋1	麻酔作用があり，顔の筋肉の麻痺により笑ったような顔に見えるので笑気ガスともいう。
一酸化窒素	NO	＋2	無色で水に溶けにくい気体。空気に触れると酸化されて NO_2 になる。
三酸化二窒素	N_2O_3	＋3	不安定な赤褐色の気体で，NO_2 と NO に解離する。固体・液体は濃い青色。
二酸化窒素	NO_2	＋4	赤褐色の水に溶けやすい有毒な気体。水と反応して硝酸になる。
四酸化二窒素	N_2O_4	＋4	無色の気体(液体は黄色)。常温で，NO_2 と平衡の状態にある(p.130)。
五酸化二窒素	N_2O_5	＋5	無色の結晶。硝酸を P_4O_{10} で脱水すると得られる。

Column 肥料の三要素

窒素 N，リン P，カリウム K は，植物の生育に欠かせない元素であり，多量に必要なため，「肥料の三要素」とよばれる。

硝酸アンモニウム(窒素)や過リン酸石灰(リン)などの化学肥料は，植物に吸収されやすいが，土壌中の微生物などに影響を与えるため，牛糞や堆肥などの有機肥料もあわせて使われている。

■畑の横に積まれた堆肥

B アンモニア

ammonia

アンモニア NH_3 は，刺激臭のある無色の気体で，冷却して加圧すると容易に液化する。水に溶けやすく，水溶液は弱い塩基性を示す。

アンモニアの製法と検出

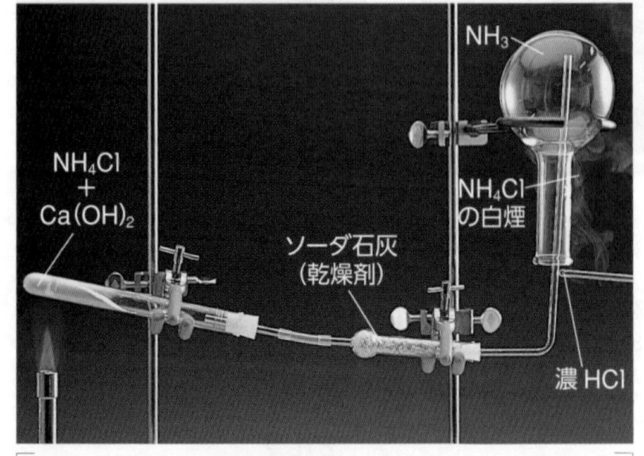

$$2NH_4Cl + Ca(OH)_2 \longrightarrow CaCl_2 + 2H_2O + 2NH_3\uparrow$$
$$NH_3 + HCl \longrightarrow NH_4Cl$$

発生したアンモニア NH_3 に濃塩酸 HCl をつけたガラス棒を近づけると，塩化アンモニウム NH_4Cl の白煙を生じる。

アンモニアの検出

アンモニウムイオン NH_4^+ を含む水溶液に，ネスラー試薬を加えると，黄色〜赤褐色の沈殿ができる。

アンモニアの水溶性

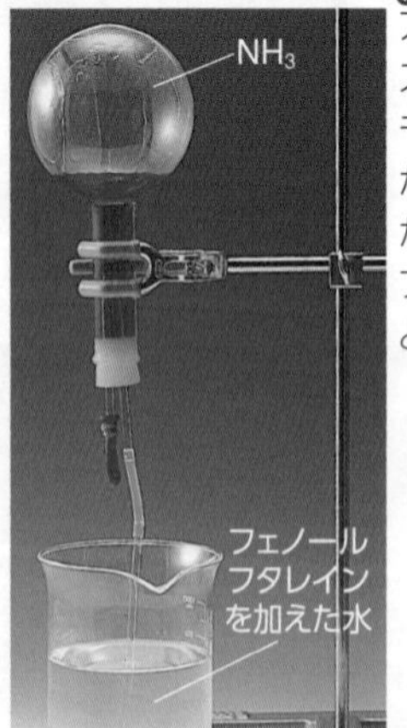

アンモニアで満たされたフラスコに，スポイトで少量の水を入れると，アンモニアが水に溶けてフラスコ内の圧力が下がる。そのため，ビーカーの水が上がって噴水となる。
フェノールフタレインを水に加えておくと，フラスコ内の水溶液は赤く色づく。

Jump ハーバー・ボッシュ法 →p.167

アンモニアの工業的製法。
窒素と水素の混合物を 400〜600℃，1×10^7〜3×10^7 Pa で，触媒を使って反応させる。

Ⓐ すぐに，大量の水でよく洗ってください。直ちに中和剤をつけると，中和熱のためにかえって被害が大きくなることがあります。

C 硝酸 nitric acid

硝酸 HNO_3 は，水に溶けやすい無色の液体で，水溶液は強い酸性を示す。酸化力が強く，金・白金以外の金属と反応する。銅と反応すると，希硝酸からは一酸化窒素 NO が，濃硝酸からは二酸化窒素 NO_2 が発生する。

■硝酸の製法

$$NaNO_3 + H_2SO_4 \longrightarrow NaHSO_4 + HNO_3$$

■濃硝酸

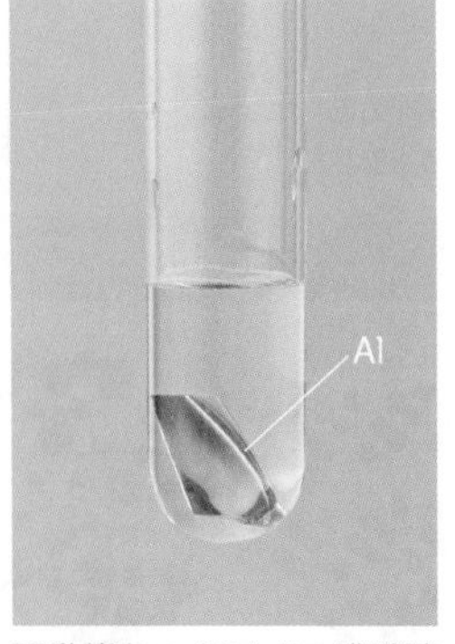

不動態をつくるため，濃硝酸は，Al, Fe, Ni とは反応しない。

Point 硝酸の保存法

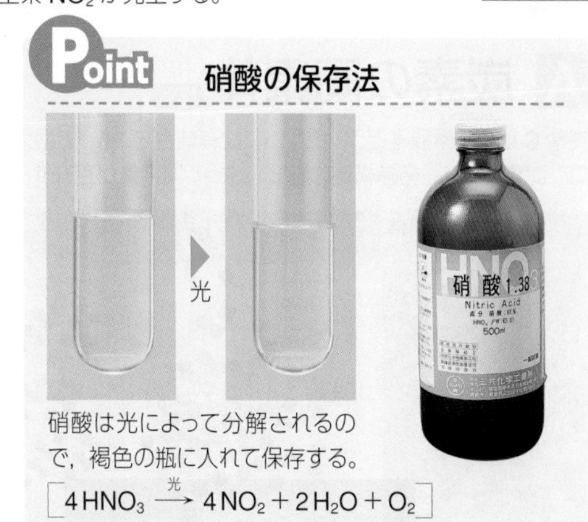

硝酸は光によって分解されるので，褐色の瓶に入れて保存する。

$$4HNO_3 \xrightarrow{光} 4NO_2 + 2H_2O + O_2$$

■NO_3^-の検出

硝酸イオン NO_3^- に Fe^{2+} を加えると，NO_3^- が還元されて NO が生じる。
これに濃硫酸を静かに加えると，境界面に $[Fe(NO)]SO_4$ が生成して，褐色の輪ができる。
この反応は褐輪反応とよばれ，NO_3^- の検出に用いられる。

Jump オストワルト法

→ p.167

硝酸の工業的製法。ハーバー・ボッシュ法で生成したアンモニアを，触媒を使って酸素および水と反応させて生成する。

■王水

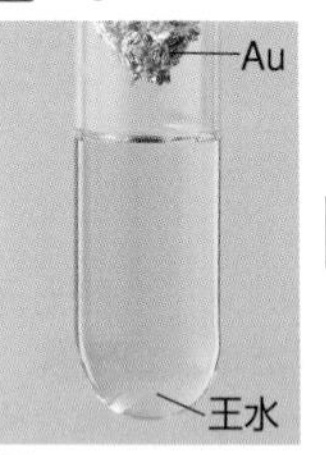

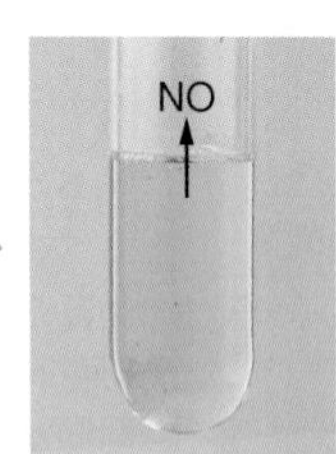

濃硝酸と濃塩酸を体積比 1：3 で混合した溶液を王水という。王水は酸化力がきわめて強く，金や白金をも溶かす。

$$(3HCl + HNO_3 \longrightarrow Cl_2 + NOCl + 2H_2O)$$
$$Au + Cl_2 + NOCl + HCl \longrightarrow H[AuCl_4] + NO\uparrow$$

D リン phosphorus

リン P の単体には多くの同素体があり，黄リン(白リン)と赤リンが代表的である。黄リンは空気中で自然発火するので，水中に保存する。黄リンを窒素中で 250℃付近で長時間加熱すると赤リンになる。

	黄リン(P_4)	赤リン(P_x)
リンの同素体	水	
色・状態	淡黄色・固体	赤褐色・粉末
融点	44℃	590℃(4.3×10^6Pa)
発火点	34℃	260℃
密度	1.82 g/cm^3	2.20 g/cm^3
毒性	猛毒	弱い
溶解性	CS_2 に溶ける	CS_2 に溶けない

■黄リンの自然発火

黄リンを空気中に放置すると，自然発火する。

■リン酸の酸性の強さ

H_2 リン酸＋亜鉛　H_2 塩酸＋亜鉛

リン酸 H_3PO_4 は，酢酸よりも強く塩酸よりも弱い，中程度の強さの酸である。

■スポーツ飲料 日常

リン酸二水素ナトリウムは pH 調整剤として食品に含まれる。

■マッチ 日常

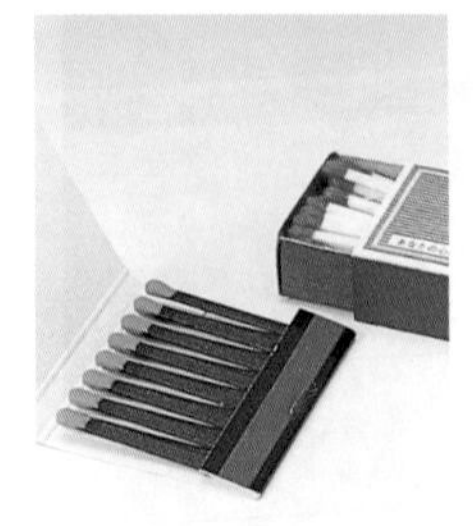

赤リンはマッチの摩擦面に利用されている。

■赤リンの燃焼

$$4P + 5O_2 \longrightarrow P_4O_{10}$$

■十酸化四リンの潮解

放置

十酸化四リン P_4O_{10} には潮解性があり，吸湿性が強いので，乾燥剤や脱水剤として利用されている。

Q 大気汚染の大きな原因となっている NO や NO_2 は，おもにどこで発生していますか?

8 炭素・ケイ素 基 化

	1	2	3	4	5	6	7	8	9	10	11	12	13	14	15	16	17	18
1	H																	He
2	Li	Be											B	C	N	O	F	Ne
3	Na	Mg											Al	Si	P	S	Cl	Ar
4	K	Ca	Sc	Ti	V	Cr	Mn	Fe	Co	Ni	Cu	Zn	Ga	Ge	As	Se	Br	Kr
5	Rb	Sr	Y	Zr	Nb	Mo	Tc	Ru	Rh	Pd	Ag	Cd	In	Sn	Sb	Te	I	Xe
6	Cs	Ba	ランタノイド	Hf	Ta	W	Re	Os	Ir	Pt	Au	Hg	Tl	Pb	Bi	Po	At	Rn
7	Fr	Ra	アクチノイド	Rf	Db	Sg	Bh	Hs	Mt	Ds	Rg	Cn	Nh	Fl	Mc	Lv	Ts	Og

A 炭素の同素体 技術

炭素 C (carbon) は，炭素原子どうしが互いに共有結合をつくって巨大な共有結合の結晶をつくる(p.55)。結晶構造の様式によって同素体が存在する(p.28)。

性質＼同素体	ダイヤモンド	黒鉛	フラーレン	カーボンナノチューブ	グラフェン
構造	0.15nm 109.5° 正四面体が立体的にくり返された構造	0.14nm 0.67nm 網目状の平面構造が層状に重なった構造	C_{60} や C_{70} など，球状の構造	グラフェンを円筒状に丸めた構造	黒鉛 1 層分だけを取り出した構造
色	無色透明	光沢のある黒色	褐色を帯びた黒色	黒色	黒色
硬さ	非常に硬い	軟らかい	−	硬い	非常に硬い
密度〔g/cm³〕	3.51	2.26	1.65 など	−	−
電気伝導性	なし	あり	なし	あり	あり
性質・用途など	天然の物質の中で最も硬く，光の屈折率が大きい。宝石，電動カッターの刃などに用いられる。	金属光沢のある軟らかい結晶。鉛筆やるつぼ，電極などに使われている。	1985 年に発見された物質。材料・医療分野などでの応用が期待されている。	カーボンナノチューブは 1991 年に発見され，グラフェンは 2004 年に初めて単離された。透明電極，二次電池材料，燃料電池などへの応用が期待され，研究が盛んに行われている。	

活性炭など，はっきりした結晶構造を示さない(アモルファスの状態)無定形炭素とよばれるものもある。
活性炭は多孔質で表面積が大きいため，吸着剤や脱臭剤に用いられる。

B 炭素の酸化物

炭素の単体や化合物が不完全燃焼すると，有毒な一酸化炭素 CO ができる。
一酸化炭素は，空気中で青白い炎を出して燃え，二酸化炭素 CO_2 になる。

性質＼炭素酸化物	一酸化炭素 CO	二酸化炭素 CO_2
性状	無色・無臭	無色・無臭
沸点〔℃〕	−192	−79℃で昇華
毒性	あり	なし
水溶性	溶けにくい	少し溶ける(弱酸性)
還元性	あり	なし
燃焼性	あり(青白い炎)	なし
石灰水との反応	反応しない	白濁する

■一酸化炭素の製法

$$HCOOH \longrightarrow H_2O + CO\uparrow$$

■二酸化炭素の製法

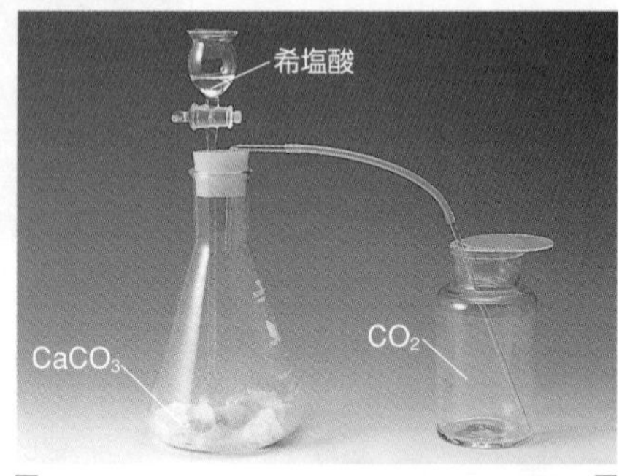

$$CaCO_3 + 2HCl \longrightarrow CaCl_2 + H_2O + CO_2\uparrow$$

■一酸化炭素の還元性

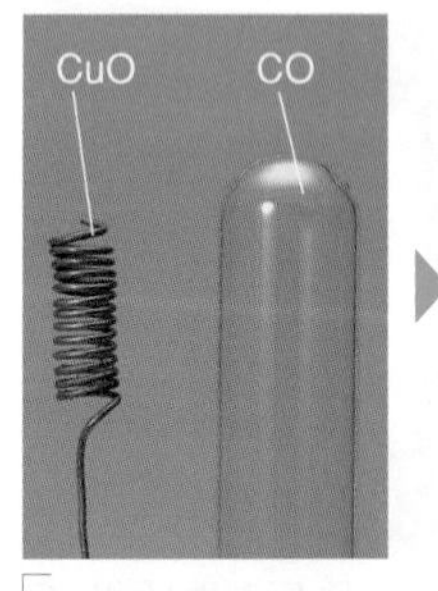

$$CuO + CO \longrightarrow Cu + CO_2$$

■一酸化炭素の燃焼

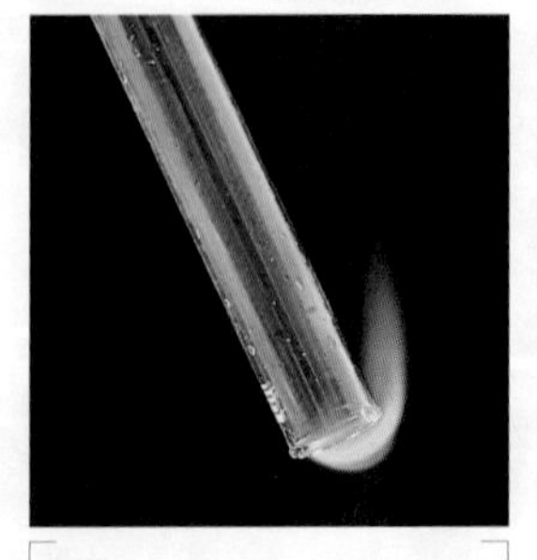

$$2CO + O_2 \longrightarrow 2CO_2$$

■石灰水の白濁 QR

$$Ca(OH)_2 + CO_2 \longrightarrow CaCO_3\downarrow + H_2O$$

■二酸化炭素の昇華

二酸化炭素には昇華性があり，常圧では液体にならない。

A 自動車のエンジン内で発生しています。燃料の燃焼の際，高温・高圧になるためです。

C ケイ素とその化合物
silicon

ケイ素 Si は地殻中に約 28％(質量)存在し，酸化物やケイ酸塩として存在している。

■ケイ素の単体

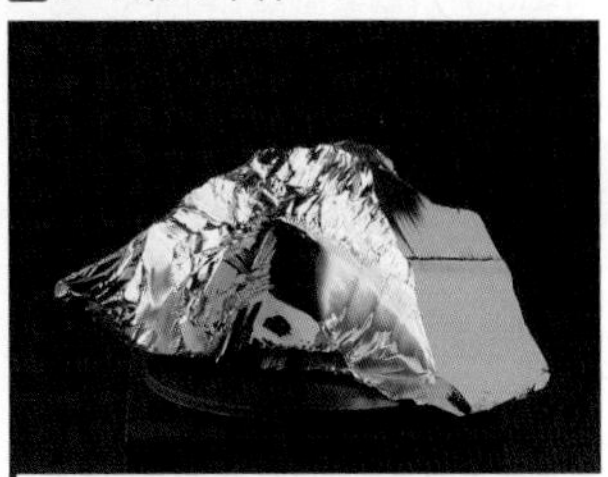

融点 1410℃　沸点 2355℃
密度 2.33 g/cm³

■ケイ素の単体の構造

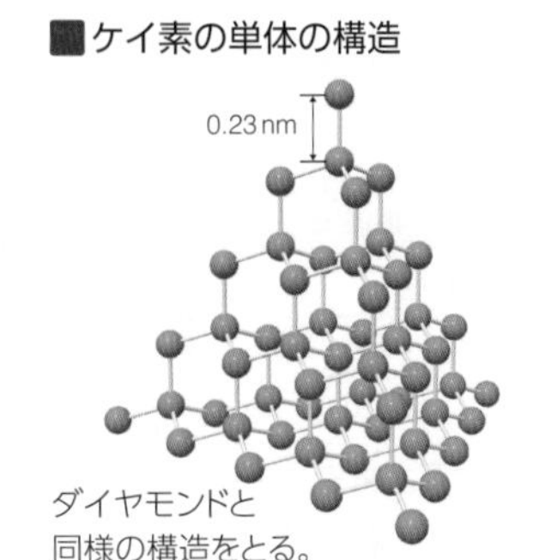

ダイヤモンドと同様の構造をとる。

■高純度のケイ素

Jump ケイ素の利用

p.182 半導体
高純度のケイ素は，半導体の原料として集積回路や太陽電池に用いられる。

p.154 セラミックス
ケイ酸塩を原料として製造されるガラス・陶磁器・セメントなどは，セラミックスとよばれる。

■石英(水晶)

■二酸化ケイ素の構造の一例

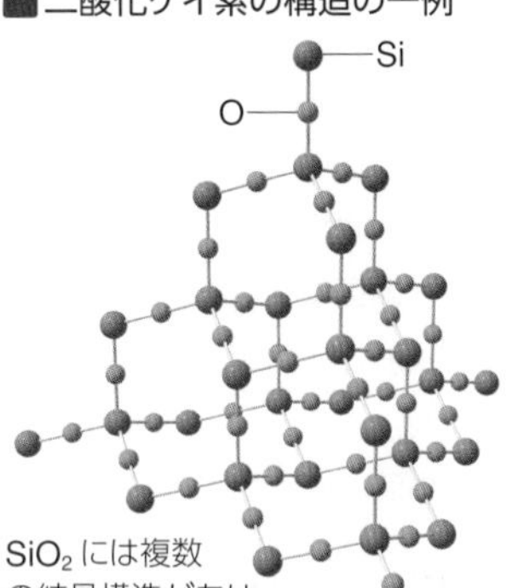

SiO_2 には複数の結晶構造があり，石英では，Si-O-Si の結合が直線ではない。

■シリカゲルの吸着

シリカゲルには，微細な空間が多数あるので，単位質量当たりの表面積が非常に大きく，表面に気体や色素が吸着しやすい。

■シリカゲルの製法

けい砂

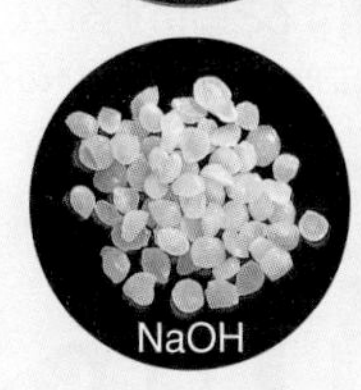
NaOH

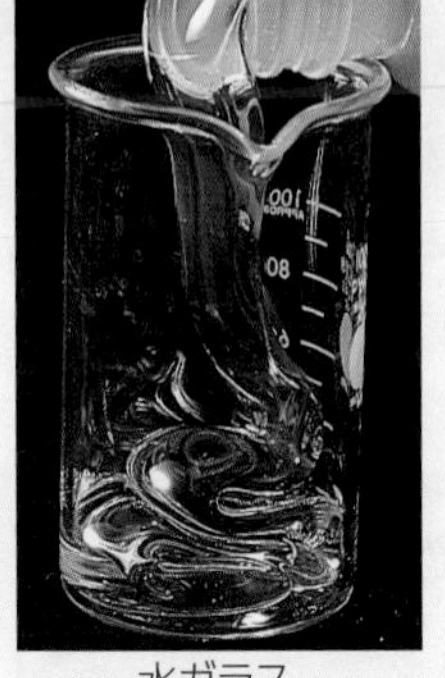
水ガラス

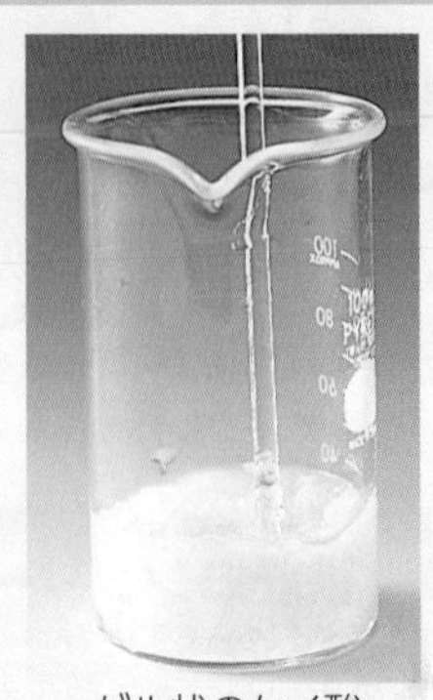
ゲル状のケイ酸

けい砂 SiO_2 に水酸化ナトリウムを加えて融解すると，ケイ酸ナトリウム Na_2SiO_3 が得られる。
ケイ酸ナトリウムに水を加え，オートクレーブ(耐圧がま)中で加熱すると，粘性の大きな液体の水ガラスになる。
水ガラスの水溶液に希塩酸を加えると，ゲル状のケイ酸 $SiO_2 \cdot nH_2O$ が生じる。
副生した NaCl を水洗いして除いてから，ゲル状のケイ酸を乾燥させると，シリカゲルができる。
シリカゲルは，乾燥剤・吸着剤などとして利用される。

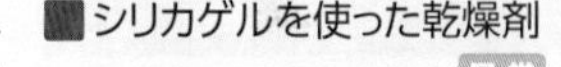
■シリカゲルを使った乾燥剤　日常

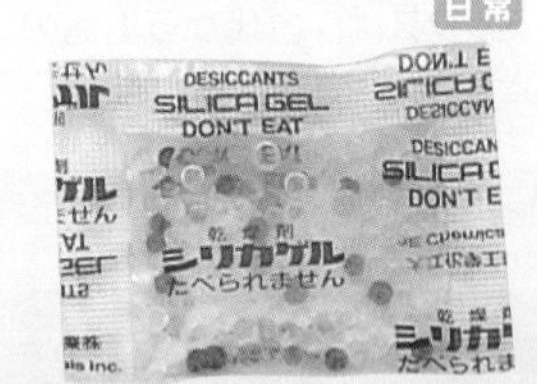

Column 魔法の物質「ゼオライト」
zeolite

日常

ゼオライトは沸石ともよばれ，おもにアルミニウム，ケイ素，酸素からなる鉱物(アルミノケイ酸塩)の一種で，その種類は非常に多い。他の鉱物に比べて構造中に大きな空間をもち，この空間を利用した様々な機能をもつ。
1つはイオン交換機能で，この空間中にあるナトリウムイオンなどを他のイオンと交換することができる。例えば，放射性セシウムイオンなどの金属イオンと接すると，内部に取りこんで代わりにナトリウムイオンを放出することができるので，最近では原子力発電所の事故処理に利用されている。
また，この空間は様々な物質の吸着作用をもっていて，水分子やシックハウス症候群の原因物質の一つであるホルムアルデヒドを吸着する。
洗剤には，そのはたらきを妨害する Ca^{2+} や Mg^{2+} (p.210) を除くために，水軟化剤としてアルミノケイ酸塩などをあらかじめ加えてあるものがある。

■ゼオライトを利用した商品

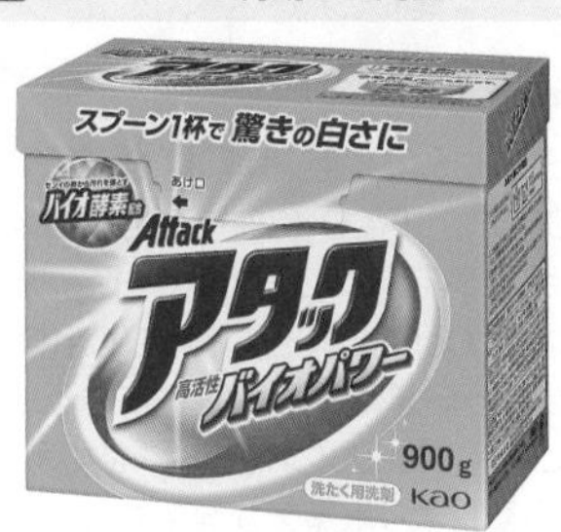

ゼオライト

Q ダイヤモンドも黒鉛のように燃えますか。

9 セラミックス 基 化

A セラミックスの種類 ceramics

窯の中でケイ酸塩などの無機物質を熱処理してつくった製品をセラミックス(窯業製品)という。焼き物からファインセラミックスへと進化している。

分類		原材料	特性	用途
焼き物	土器	粘土	軟らかい ↕ 硬い ／ 多孔質 ↕ 緻密	瓦・レンガ
	陶器	陶土(けい砂, 粘土, 長石)		食器, 花器, 茶器
	磁器	良質な陶土		実験用器具, 洋食器
ガラス	ソーダ石灰ガラス	SiO_2, Na_2CO_3, $CaCO_3$	安価で大量生産できる	板ガラス, ガラス瓶
	カリガラス	SiO_2, K_2CO_3, $CaCO_3$	硬く, 耐熱性がある	実験用器具
	ホウケイ酸ガラス	SiO_2, $Na_2B_4O_7$	耐薬品性・耐熱性が大きい	実験用器具, 電球, 高級食器
	鉛ガラス	SiO_2, K_2CO_3, PbO	屈折率が大きく, 放射線を遮へいする	光学ガラス, 放射線遮へいガラス
セメント	ポルトランドセメント	粘土, 石灰石, セッコウ	水を加えて放置すると, 固化する	土木・建築の構造材料
ファインセラミックス	切削器具関連	Al_2O_3	硬い	刃物
	生体関連		生体親和性・耐食性, 強度が大きい	人工骨・人工関節・義歯
	エネルギー関連	Si_3N_4, SiC, $MoSi_2$	耐熱性・耐衝撃性があり, 硬い	セラミックエンジン・セラミックタービン
	情報通信関連	Al_2O_3, TiO_2, ZrO_2, $BaTiO_3$	電磁気的特性, 光学的特性がある	IC 基板, コンデンサー, センサー

B 従来型セラミックス

従来型のセラミックスは, 日常生活の道具として幅広く利用されている。日常

土器

セラミックスは, 古代から生活の道具として利用されてきた。

陶磁器

陶器と磁器は, 焼き固まった状態が異なり, 磁器のほうがより硬い。

セメント

セメントに砂や砂利と水を加えて練ったものが, コンクリートである。コンクリートは, 放置すると固化するので, 常に動かしておく必要がある。

セメントの性質

セメントのおおよその化学組成は, CaO(60%), SiO_2(20%), Al_2O_3(5%), Fe_2O_3(3%)である。セメントに水を加えて練ると, 発熱を伴って固化していく。そのとき, セメントに含まれる CaO は水と反応して $Ca(OH)_2$ が生成するため, セメントの水溶液は塩基性になる(万能 pH 試験紙を青色に変える)。セメントに塩酸を加えると, CaO と反応して, 発熱により水蒸気が発生する。

Column 鉄筋コンクリートも雨には弱い!?

セメントの主成分である酸化カルシウムは, 水と反応して水酸化カルシウムを生成するため, コンクリートは塩基性の物質である。
したがって, コンクリートは長年使用されると, 空気中の二酸化炭素や窒素酸化物・硫黄酸化物などの酸性の気体そのものやそれらの気体が溶けこんだ酸性雨などと徐々に反応し, 中性化してしまう。そのため, コンクリートの中性化は, 雨の多い地域でより速く進むと考えられる。
コンクリートが中性化することで問題となるのは, 鉄筋のさびの成長である。鉄筋コンクリートは, コンクリートの強度を増すために鉄筋を入れたものである。鉄筋のさびはコンクリートが塩基性の間は成長することはないが, コンクリートが中性化すると, 成長してしまう。鉄筋表面のさびが厚くなってしまうことで, コンクリートにひび割れができて, 鉄筋からコンクリートがはがれ落ちやすくなり, もろくなってしまうのである。

A ダイヤモンドも空気中や酸素中で 800℃以上の高温にさらされれば, 黒鉛と同様に燃焼して二酸化炭素になります。

■ガラスの製造工場 仕事

ソーダ石灰ガラスは，ケイ砂(SiO_2)，ソーダ灰(Na_2CO_3)，石灰石($CaCO_3$)，ガラスくずなどを調合し，1600℃以上で融解してつくられる。

■ガラス 日常

ソーダ石灰ガラス

ホウケイ酸ガラス

ホウケイ酸ガラスは，一般的なガラス(ソーダ石灰ガラス)に比べて，丈夫で耐熱性に優れている。

Column 冷暖房のロスを抑えるガラス 環境

近年，ビルなどのガラス窓には赤外線反射ガラスが使われている。このガラスはソーダ石灰ガラスに酸化スズ(Ⅳ)SnO_2 や酸化チタン(Ⅳ)TiO_2 などがコーティングされたもので，赤外線を反射する性質をもっているので，夏は外からの熱を防ぎ，冬は熱が外に逃げるのを防ぐ。また，新幹線や航空機のガラス窓にも酸化スズ(Ⅳ)がコーティングされている。酸化スズ(Ⅳ)には半導体の性質があるので，電流を流すとガラスが温まり，曇りにくくなる。

■ガラスをつくる

四ホウ酸ナトリウム(ホウ砂)と二酸化ケイ素と酸化鉛(Ⅱ)を乳鉢に入れてすりつぶし，かき混ぜる。

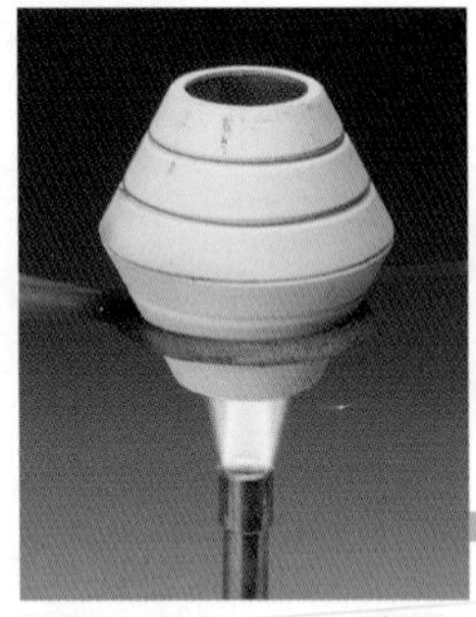

原料の粉末をるつぼに入れてマッフルで被(おお)い，ガスバーナーで十数分間強熱する。

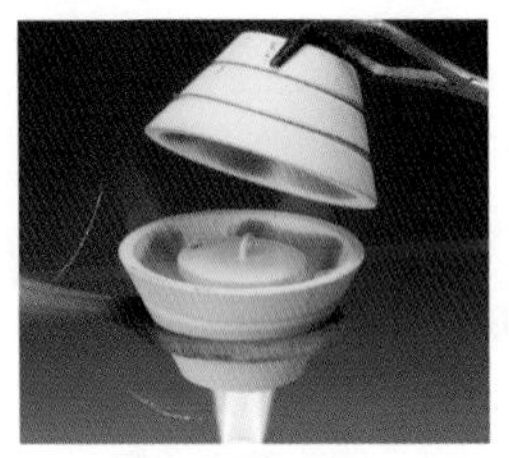

マッフルを開いたところ

融解した内容物をるつぼから，ステンレス板の上に流し出す。

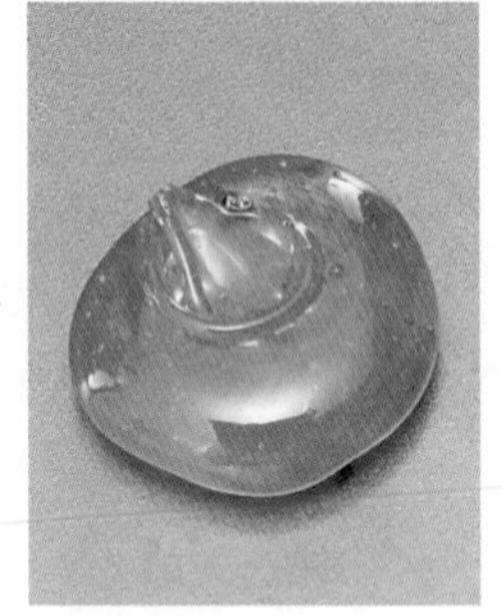

原料に少量の酸化コバルト(Ⅱ)を加えた場合は，青色の色ガラスになる。

C ファインセラミックス fine ceramics

ファインセラミックスは，セラミックスの欠点(衝撃にもろい，急激な温度変化に弱い，加工しにくい)を改善したセラミックスで，ニューセラミックスともいう。 技術

■刃物

ジルコニア ZrO_2 を用いた刃物は，硬くて丈夫なので長期間よく切れる。ただし，大きな衝撃には弱い。
なお，ZrO_2 はダイヤモンドに近い屈折率をもつため，宝飾品にも用いられる。

■医療用材料

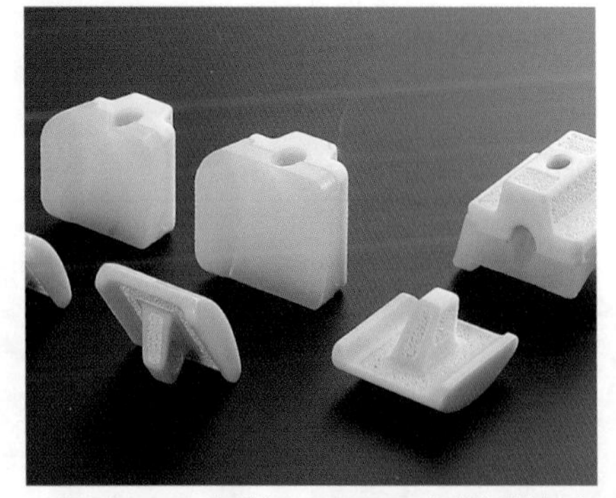

アルミナ Al_2O_3 やジルコニア ZrO_2 などを素材にしたファインセラミックス製品は，強度が高く，金属やプラスチックに比べて，生体にとってより安全で適合しやすい。そのため，人工骨や人工関節として，体内に埋めこまれたり，義歯に利用されたりしている。

■発電床(圧電素子)

発電床の中に組みこまれたチタン酸ジルコン酸鉛 Pb(Zr,Ti)O_3 (PZT)などを素材にした圧電素子に外部から力が加わると，電気が発生する。圧電素子はこのほかにも，携帯電話やプリンターなど，身近な製品の中に数多く使われている。

無機物質

Q 電子レンジ用ガラス食器と日常用ガラス食器は性質が違うのですか?

気体の製法と性質

気体	おもな実験室的製法の反応式	加熱	分子量	水溶性	捕集法	色	におい	毒性
水素 H_2	$Zn + H_2SO_4 \longrightarrow ZnSO_4 + H_2\uparrow$ ▸▸▸1	不要	2.0	難溶	水上置換	無	無	無
	$Ca + 2H_2O \longrightarrow Ca(OH)_2 + H_2\uparrow$	不要						
	$2H_2O \xrightarrow[\text{電気分解}]{} 2H_2\uparrow + O_2\uparrow$	不要						
塩素 Cl_2	$MnO_2 + 4HCl \longrightarrow MnCl_2 + 2H_2O + Cl_2\uparrow$ (酸化還元) ▸▸▸2	要	71	溶	下方置換	黄緑	刺激臭	有毒
	$CaCl(ClO)\cdot 2H_2O + 4HCl \longrightarrow CaCl_2 + 4H_2O + 2Cl_2\uparrow$	不要						
臭素 Br_2	$2KBr + 3H_2SO_4 + MnO_2 \longrightarrow MnSO_4 + 2KHSO_4 + 2H_2O + Br_2$ (酸化還元)	要	160	微溶	下方置換	赤褐	刺激臭	有毒
フッ化水素 HF	$CaF_2 + H_2SO_4 \longrightarrow CaSO_4 + 2HF\uparrow$	要	20	易溶	下方置換*	無	刺激臭	有毒
塩化水素 HCl	$NaCl + H_2SO_4 \longrightarrow NaHSO_4 + HCl\uparrow$ ▸▸▸3	要	36.5	易溶	下方置換	無	刺激臭	有毒
酸素 O_2	$2H_2O_2 \xrightarrow{MnO_2} 2H_2O + O_2\uparrow$ (分解) ▸▸▸4	不要	32	難溶	水上置換	無	無	無
	$2KClO_3 \xrightarrow{MnO_2} 2KCl + 3O_2\uparrow$ (熱分解)	要						
オゾン O_3	$3O_2 \xrightarrow[\text{無声放電}]{} 2O_3$	不要	48	微溶	—	淡青	特異臭	有毒
硫化水素 H_2S	$FeS + H_2SO_4 \longrightarrow FeSO_4 + H_2S\uparrow$ (弱酸の遊離)	不要	34	溶	下方置換	無	腐卵臭	有毒
二酸化硫黄 SO_2	$Na_2SO_3 + H_2SO_4 \longrightarrow Na_2SO_4 + H_2O + SO_2\uparrow$ (弱酸の遊離)	不要	64	溶	下方置換	無	刺激臭	有毒
	$S + O_2 \longrightarrow SO_2$ (燃焼)	要						
	$Cu + 2H_2SO_4 \longrightarrow CuSO_4 + 2H_2O + SO_2\uparrow$ (酸化還元)	要						
窒素 N_2	$NH_4NO_2 \longrightarrow 2H_2O + N_2\uparrow$ (熱分解)	要	28	難溶	水上置換	無	無	無
一酸化窒素 NO	$3Cu + 8HNO_3 \longrightarrow 3Cu(NO_3)_2 + 4H_2O + 2NO\uparrow$ (酸化還元)	不要	30	難溶	水上置換	無	—	有毒
二酸化窒素 NO_2	$Cu + 4HNO_3 \longrightarrow Cu(NO_3)_2 + 2H_2O + 2NO_2\uparrow$ (酸化還元) ▸▸5	不要	46	易溶	下方置換	赤褐	刺激臭	有毒
アンモニア NH_3	$2NH_4Cl + Ca(OH)_2 \longrightarrow CaCl_2 + 2H_2O + 2NH_3\uparrow$ (弱塩基の遊離) ▸▸6	要	17	易溶	上方置換	無	刺激臭	有毒
	$NH_3aq \longrightarrow aq + NH_3$	要						
一酸化炭素 CO	$HCOOH \xrightarrow{H_2SO_4} H_2O + CO\uparrow$ (脱水)	要	28	難溶	水上置換	無	無	有毒
二酸化炭素 CO_2	$CaCO_3 + 2HCl \longrightarrow CaCl_2 + H_2O + CO_2\uparrow$ (弱酸の遊離) ▸▸▸7	不要	44	溶	下方置換	無	無	無
	$2NaHCO_3 \longrightarrow Na_2CO_3 + H_2O + CO_2\uparrow$ (熱分解)	要						
	$Na_2CO_3 + H_2SO_4 \longrightarrow Na_2SO_4 + H_2O + CO_2\uparrow$ (弱酸の遊離)	不要						
メタン CH_4	$CH_3COONa + NaOH \longrightarrow Na_2CO_3 + CH_4\uparrow$	要	16	不溶	水上置換	無	無	無
エチレン C_2H_4	$C_2H_5OH \xrightarrow{H_2SO_4} H_2O + C_2H_4\uparrow$ (脱水)	要	28	難溶	水上置換	無	甘いにおい	無
アセチレン C_2H_2	$CaC_2 + 2H_2O \longrightarrow Ca(OH)_2 + C_2H_2\uparrow$	不要	26	不溶	水上置換	無	無	無

1 水素の製法

2 塩素の製法

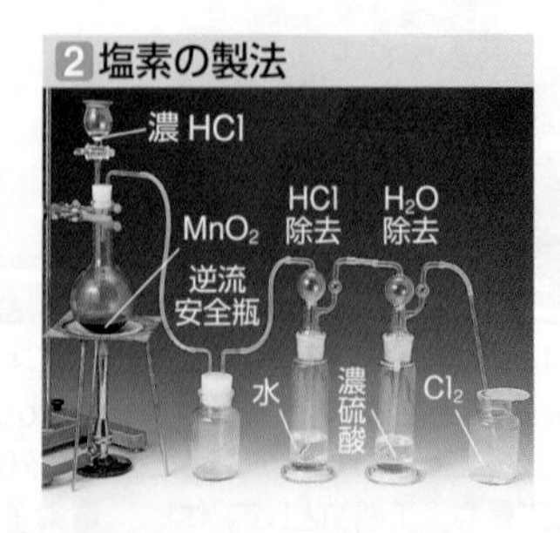

3 塩化水素の製法

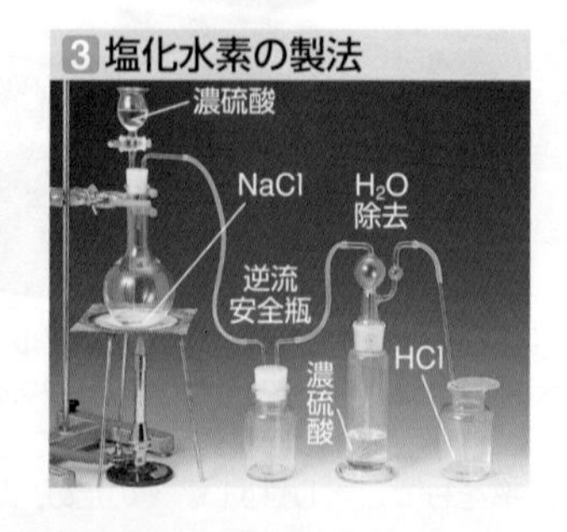

4 酸素の製法

A 電子レンジ用はホウケイ酸ガラスで，熱膨張率が小さく，耐熱性に優れています。日常用食器はソーダガラスで，温度変化に比較的弱いガラスです。

液性	おもな工業的製法	検出法	掲載頁
—	ニッケルを触媒として，天然ガスと水蒸気を高温で反応させる(水蒸気改質)。	空気と混合したものに点火すると，爆発する(爆鳴気)。	p.140
酸性	食塩水の電気分解(イオン交換膜法)	ヨウ化カリウムデンプン紙を青変。 ▸▸▸8 $2KI + Cl_2 \longrightarrow 2KCl + I_2$ 酸化力があり，色素を漂白する。	p.143
弱酸性	海水中のにがりを塩素で酸化する。	ヨウ化カリウムデンプン紙を青変。 $2KI + Br_2 \longrightarrow 2KBr + I_2$	p.142
弱酸性	—	*液体・気体では，$(HF)_n$ のような分子の集まりで存在しているため。	p.144
強酸性	食塩水の電気分解で得た水素と塩素を反応させ，水に吸収させる。	濃アンモニア水を近づけると，塩化アンモニウムの白煙を生じる。$NH_3 + HCl \longrightarrow NH_4Cl$ ▸▸▸9	p.144
—	(液体)空気の分留	マッチの燃えさしや火のついた線香が，炎をあげて燃える。	p.146
—	—	ヨウ化カリウムデンプン紙を青変。酸化力があり，色素を漂白する。	p.146
弱酸性	石油精製の際の副生物	酢酸鉛(Ⅱ)水溶液をしみこませたろ紙を黒変。還元性がある。	p.149
弱酸性	石油精製の際に得られた硫黄の単体の燃焼	ヨウ素デンプン反応を打ち消す(ヨウ素溶液を脱色する)。 $I_2 + SO_2 + 2H_2O \longrightarrow 2HI + H_2SO_4$ 還元性がある。	p.149
—	(液体)空気の分留	—	p.150
—	オストワルト法の中間生成物	空気に触れると赤褐色の NO_2 になる。	p.150
強酸性	オストワルト法の中間生成物	水に溶けて硝酸になるので，強い酸性を示す。	p.150
弱塩基性	ハーバー・ボッシュ法	湿った赤リトマス紙を青変し，濃塩酸を近づけると白煙を生じる。$NH_3 + HCl \longrightarrow NH_4Cl$	p.150
—	加熱したコークスと水を反応させる。	点火すると，青白い炎をあげて燃える。 ▸▸▸10	p.152
弱酸性	石油精製の際の副生物 石灰石の熱分解	石灰水に通すと，白濁を生じる。 ▸▸▸11 $Ca(OH)_2 + CO_2 \longrightarrow CaCO_3\downarrow + H_2O$	p.152
—	天然ガスの精留	可燃性。	p.198
—	ナフサと水蒸気を反応させる。	臭素水を脱色する。可燃性。	p.200
—	炭化水素の熱分解	点火するとすすの多い黄色い炎で燃える。	p.200

8 塩素の検出
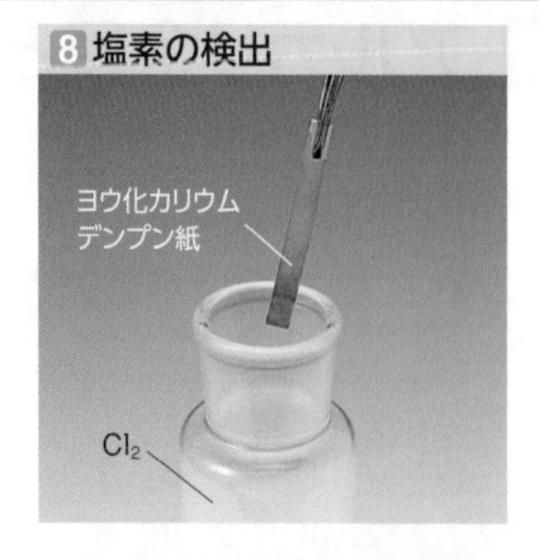

9 塩化水素とアンモニアの検出
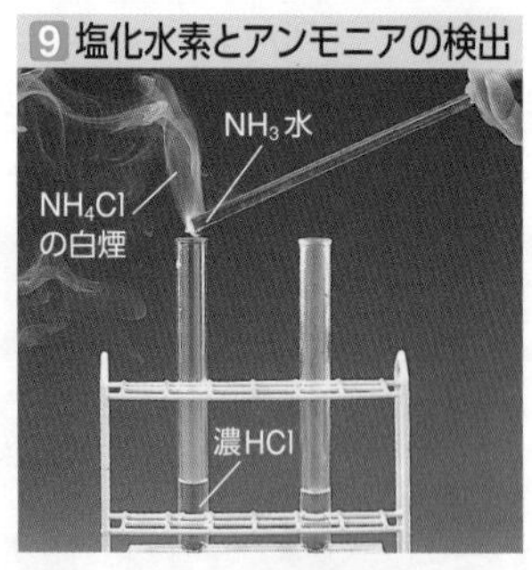

10 一酸化炭素の検出
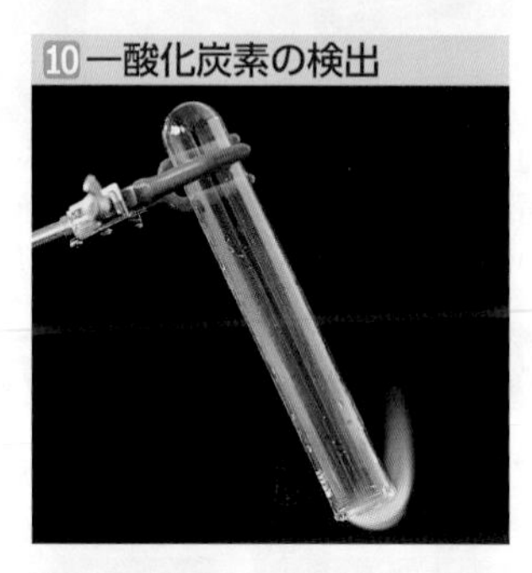

11 二酸化炭素の検出

5 二酸化窒素の製法

6 アンモニアの製法
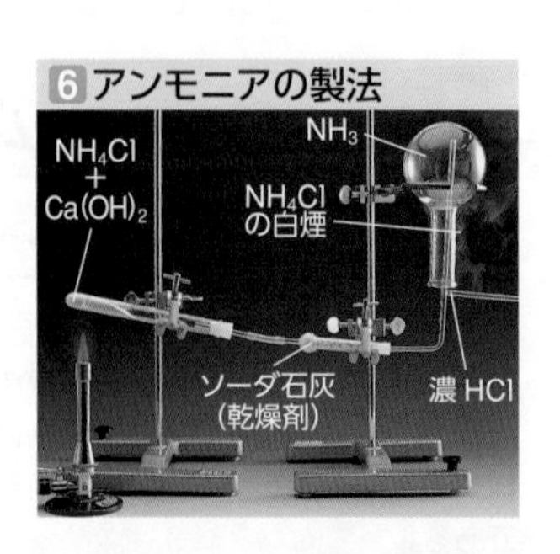

7 二酸化炭素の製法
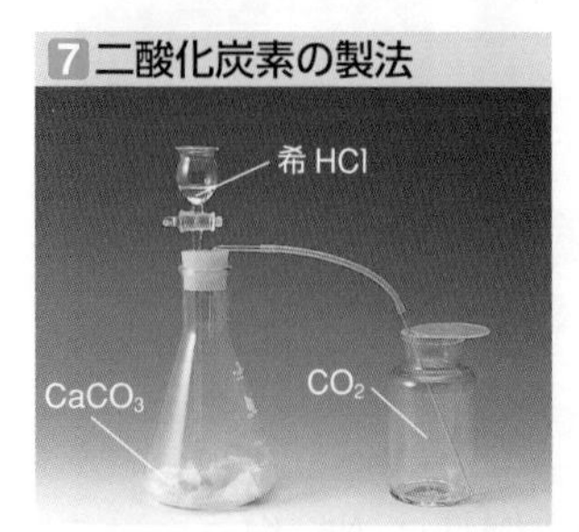

Jump 気体の捕集法
→p.21

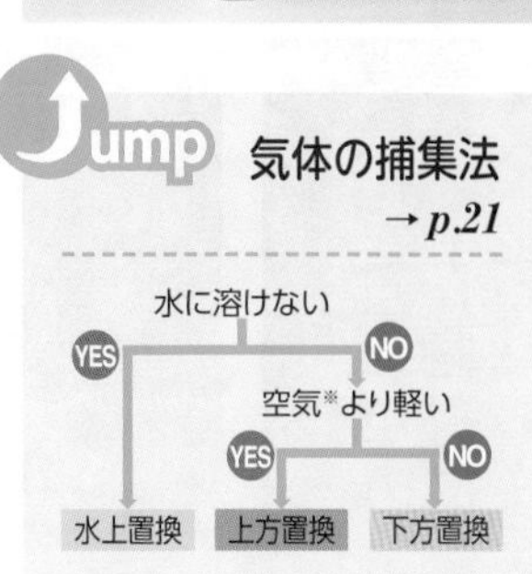

※見かけの分子量は 28.8

Q 物質の製法が，工業的製法と実験室的製法で異なるのはなぜですか?

10 アルカリ金属元素 基 化

	1	2	3	4	5	6	7	8	9	10	11	12	13	14	15	16	17	18
1	H																	He
2	Li	Be											B	C	N	O	F	Ne
3	Na	Mg											Al	Si	P	S	Cl	Ar
4	K	Ca	Sc	Ti	V	Cr	Mn	Fe	Co	Ni	Cu	Zn	Ga	Ge	As	Se	Br	Kr
5	Rb	Sr	Y	Zr	Nb	Mo	Tc	Ru	Rh	Pd	Ag	Cd	In	Sn	Sb	Te	I	Xe
6	Cs	Ba	ランタノイド	Hf	Ta	W	Re	Os	Ir	Pt	Au	Hg	Tl	Pb	Bi	Po	At	Rn
7	Fr	Ra	アクチノイド	Rf	Db	Sg	Bh	Hs	Mt	Ds	Rg	Cn	Nh	Fl	Mc	Lv	Ts	Og

A アルカリ金属とその利用

アルカリ金属元素(alkali metals)の単体は，密度が小さく融点も低い。また，比較的やわらかいので，ナイフで切断できる。切断面は金属光沢を示すが，空気中ではただちに酸化されて光沢を失う。

元素	元素記号	電子配置(殻) K L M N O P	密度〔g/cm³〕	融点〔℃〕	第一イオン化エネルギー〔kJ/mol〕	炎色反応(p.189)
リチウム	$_{3}Li$	2 **1**	0.53	181	520	赤
ナトリウム	$_{11}Na$	2 8 **1**	0.97	98	496	黄
カリウム	$_{19}K$	2 8 8 **1**	0.86	64	419	赤紫
ルビジウム	$_{37}Rb$	2 8 18 8 **1**	1.53	39	403	赤
セシウム	$_{55}Cs$	2 8 18 18 8 **1**	1.87	28	376	青紫

アルカリ金属元素の単体と保存法

リチウム

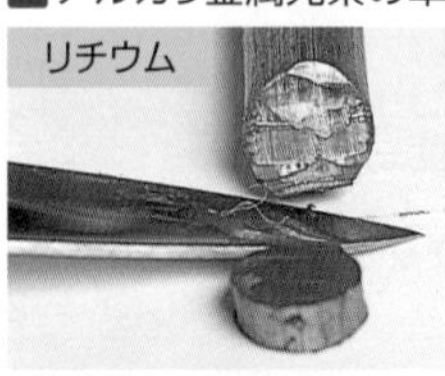

ナトリウム

カリウム

アルカリ金属元素の単体は，空気中の酸素によって酸化されたり水蒸気と反応したりするので，灯油中に保存する。Li は灯油(密度約 0.8 g/cm³)に浮く。

リチウム電池(p.90)

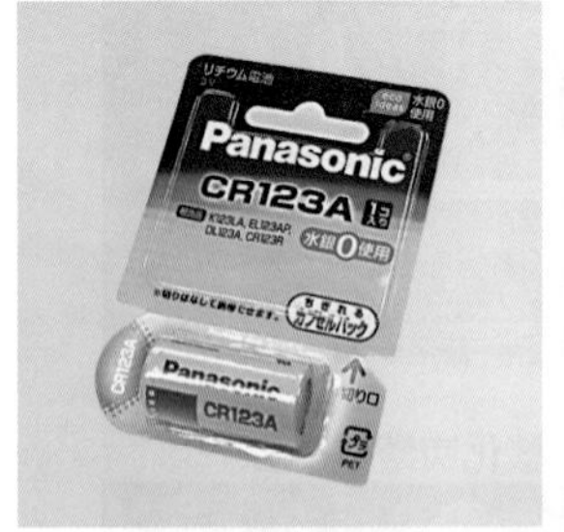

負極にリチウムを用いたリチウム電池は，電子機器などに多く用いられている。

ナトリウムランプ 日常

気体の Na の放電によって生じる黄色の光は，透過性がよいのでトンネル内の照明に使われている。

黒色火薬

黒色火薬には硝酸カリウム KNO_3 が約 75 % 含まれ，火薬類の中で最も古くから用いられてきた。

B アルカリ金属元素の単体の反応

アルカリ金属元素は，イオン化傾向が大きく，1 個の価電子を放出して 1 価の陽イオンになりやすい。

アルカリ金属元素の単体と水の反応

リチウム

ナトリウム

カリウム

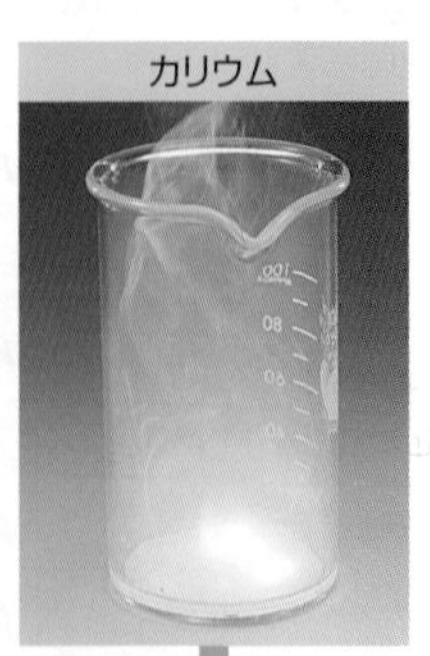

反応終了後，フェノールフタレイン溶液を滴下

$$2M + 2H_2O \longrightarrow 2MOH + H_2\uparrow \quad (M は Li, Na, K)$$

水を含んだろ紙にアルカリ金属元素の単体を落とすと，強塩基性の水酸化物になる。

アルカリ金属元素の単体とエタノールの反応

リチウム

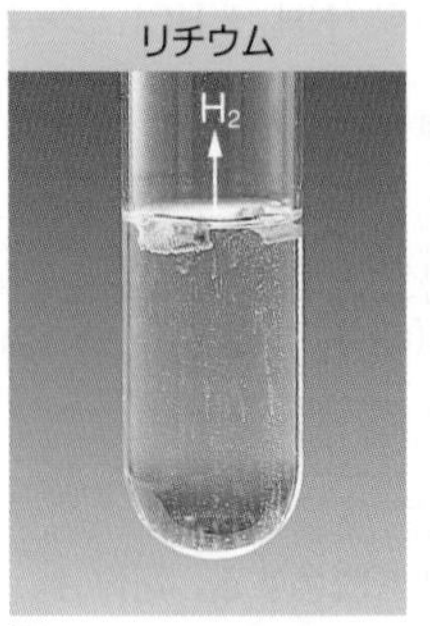

ナトリウム

カリウム

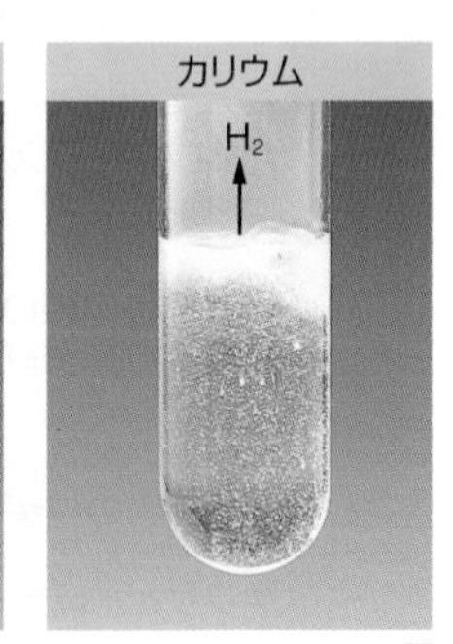

$$2M + 2C_2H_5OH \longrightarrow 2C_2H_5OM + H_2\uparrow \quad (M は Li, Na, K)$$

エタノールに入れると， Li < Na < K の順に激しく水素を発生する。

Column 時を刻むセシウム

1 秒という時間の単位は，エネルギーを与えたセシウム原子が出すマイクロ波を基準に決められている。
原子時計は，改良を重ねて地球の自転や公転より正確になったため，時々「うるう秒」のような調整が必要なほどである。

原子時計

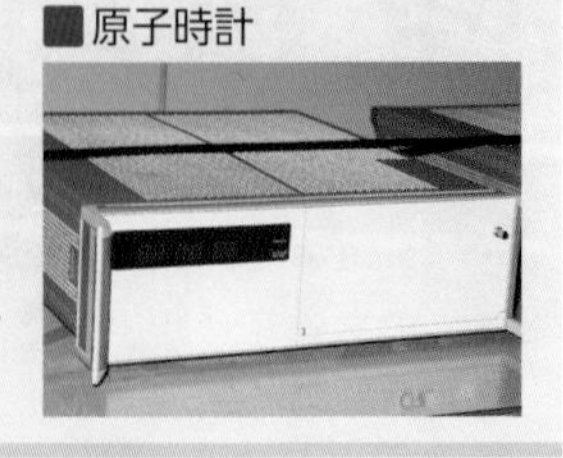

A 工業的製法では，効率よく安価に大量に生産することが重要です。これに対し，実験室的製法は，安全を第一に考えています。

C ナトリウムとその化合物

sodium

NaOH はカセイ(苛性)ソーダ，Na_2CO_3 は炭酸ソーダ，$NaHCO_3$ は重炭酸ソーダ(重曹)ともよばれる。

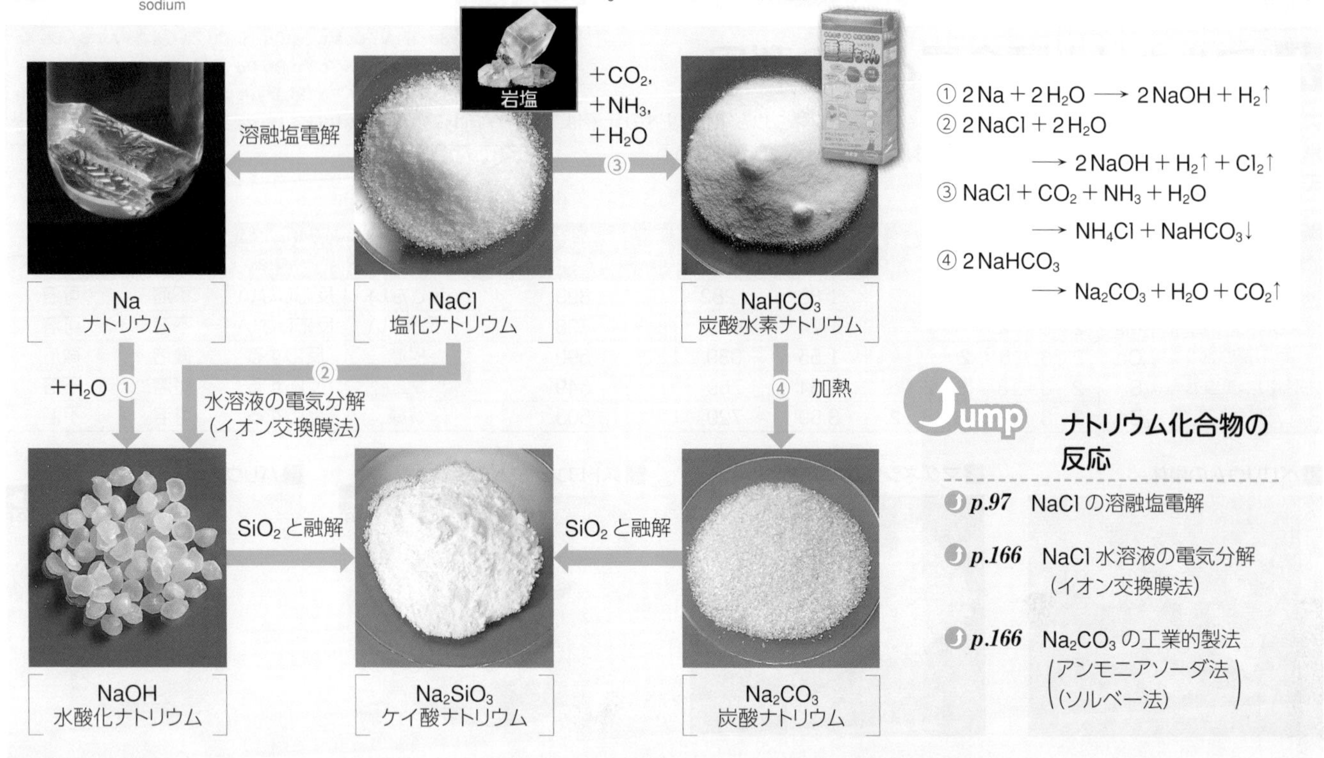

① $2Na + 2H_2O \longrightarrow 2NaOH + H_2\uparrow$

② $2NaCl + 2H_2O \longrightarrow 2NaOH + H_2\uparrow + Cl_2\uparrow$

③ $NaCl + CO_2 + NH_3 + H_2O \longrightarrow NH_4Cl + NaHCO_3\downarrow$

④ $2NaHCO_3 \longrightarrow Na_2CO_3 + H_2O + CO_2\uparrow$

Jump ナトリウム化合物の反応

p.97 NaCl の溶融塩電解

p.166 NaCl 水溶液の電気分解(イオン交換膜法)

p.166 Na_2CO_3 の工業的製法(アンモニアソーダ法(ソルベー法))

D ナトリウム化合物の性質と反応

NaOH はセッケン，Na_2CO_3 はガラスの製造などに多量に使われている。

■水酸化ナトリウムの潮解

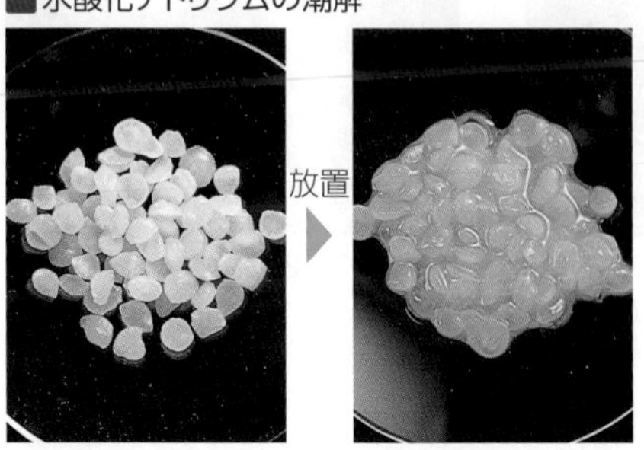

水酸化ナトリウムを空気中に放置すると，水蒸気を吸収してその水に溶ける。

■炭酸ナトリウム十水和物の風解

炭酸ナトリウム十水和物を乾燥した空気中に放置すると，水和水の一部を失う。

■炭酸水素ナトリウムと炭酸ナトリウムの液性

フェノールフタレインを加えた $NaHCO_3$ 水溶液

フェノールフタレインを加えた Na_2CO_3 水溶液

$NaHCO_3$ 水溶液よりも Na_2CO_3 水溶液のほうが，強い塩基性を示す。

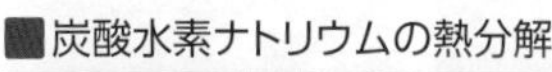

■炭酸水素ナトリウムの熱分解

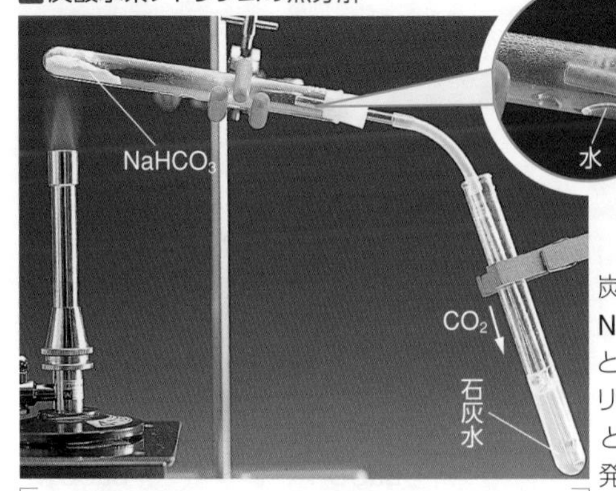

$$2NaHCO_3 \longrightarrow Na_2CO_3 + H_2O + CO_2\uparrow$$

炭酸水素ナトリウム $NaHCO_3$ を加熱すると，分解して炭酸ナトリウム Na_2CO_3 と H_2O と CO_2 を生じる。発生した CO_2 により，石灰水は白濁する。

Point 水酸化ナトリウム水溶液の保存法

NaOH 水溶液を保存するときには，密閉性の高い中ふた付きのポリエチレン容器またはガラス瓶を使う。

ガラス瓶に保存するときには，ふつうのゴム栓もしくはシリコンゴム栓を使用する。ガラス栓を使用すると，すりあわせ部分が強塩基の NaOH によって腐食されてしまう。

また，密閉性が低い場合，空気中の CO_2 と NaOH 水溶液が反応して炭酸ナトリウム Na_2CO_3 が生成し，栓が抜けなくなってしまう。

Q アルカリ金属元素の単体が燃焼している場合には，どのように消火したらよいのですか?

11 アルカリ土類金属元素

基 化

	1	2	3	4	5	6	7	8	9	10	11	12	13	14	15	16	17	18
1	H																	He
2	Li	Be											B	C	N	O	F	Ne
3	Na	Mg											Al	Si	P	S	Cl	Ar
4	K	Ca	Sc	Ti	V	Cr	Mn	Fe	Co	Ni	Cu	Zn	Ga	Ge	As	Se	Br	Kr
5	Rb	Sr	Y	Zr	Nb	Mo	Tc	Ru	Rh	Pd	Ag	Cd	In	Sn	Sb	Te	I	Xe
6	Cs	Ba	ランタノイド	Hf	Ta	W	Re	Os	Ir	Pt	Au	Hg	Tl	Pb	Bi	Po	At	Rn
7	Fr	Ra	アクチノイド	Rf	Db	Sg	Bh	Hs	Mt	Ds	Rg	Cn	Nh	Fl	Mc	Lv	Ts	Og

A アルカリ土類金属とその利用

alkaline earth metals

アルカリ土類金属元素の単体のうち，ベリリウム Be・マグネシウム Mg 以外の元素は，常温の水と反応する。Be・Mg は常温の水とは反応せず，比較的安定である。
天然には単体として存在せず，工業的には溶融塩電解で製造されている。

元素	元素記号	電子配置(殻) K L M N O P	密度 〔g/cm³〕	融点 〔℃〕	第一イオン化エネルギー〔kJ/mol〕	炎色反応 (➚ *p.189*)	常温の水との反応	水への溶解性	
								水酸化物	硫酸塩
ベリリウム	$_{4}Be$	2 **2**	1.85	1282	899	示さない	反応しない	不溶	可溶
マグネシウム	$_{12}Mg$	2 8 **2**	1.74	649	738	示さない	反応しない	不溶	可溶
カルシウム	$_{20}Ca$	2 8 8 **2**	1.55	839	590	橙赤	反応する	微溶	微溶
ストロンチウム	$_{38}Sr$	2 8 18 8 **2**	2.54	769	549	紅	反応する	可溶	不溶
バリウム	$_{56}Ba$	2 8 18 18 8 **2**	3.59	729	503	黄緑	反応する	可溶	不溶

■ベリリウムの単体

■マグネシウムの単体

■ストロンチウムの単体

■バリウムの単体

■宝石(エメラルド)

エメラルドは緑柱石(ベリル)とよばれ，ベリリウムの鉱石である。

■ノートパソコン

密度の小さいマグネシウム合金は，ノートパソコンなどに利用されている。

■発炎筒

硝酸ストロンチウム $Sr(NO_3)_2$ は，発炎筒や花火に利用されている。

■X 線造影剤 日常

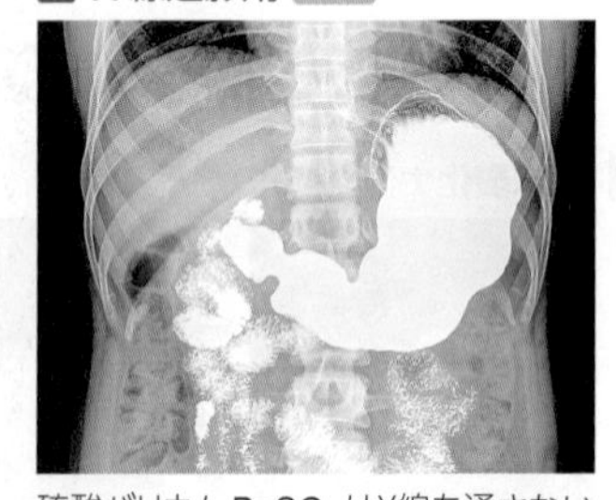

硫酸バリウム $BaSO_4$ はX線を通さないため，レントゲン撮影に利用されている。

B アルカリ土類金属元素の反応

■マグネシウムの燃焼

CO₂ 中

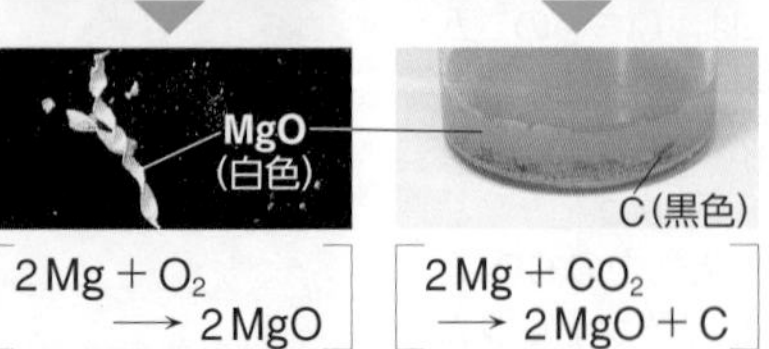

$2Mg + O_2 \longrightarrow 2MgO$

$2Mg + CO_2 \longrightarrow 2MgO + C$

マグネシウムは CO_2 中でも燃焼する。そのとき，酸化マグネシウムとともに炭素が生成する。

■塩化マグネシウムの潮解

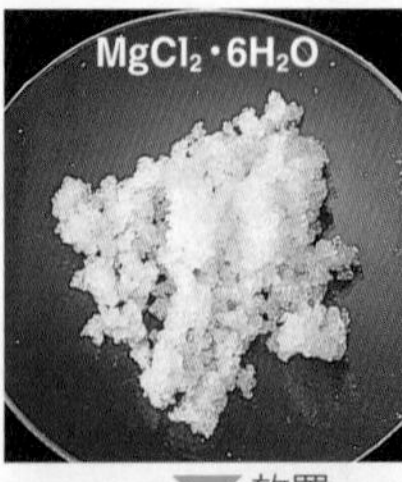

放置

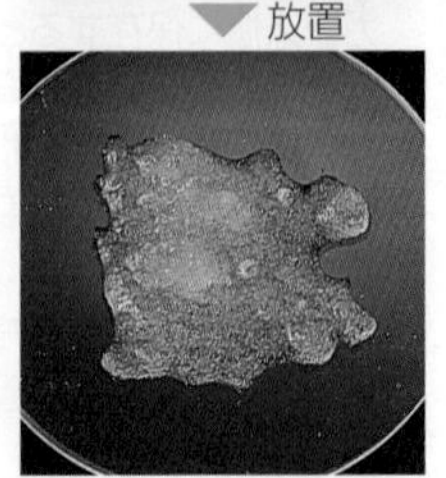

■マグネシウム＋熱水

$Mg + 2H_2O \longrightarrow Mg(OH)_2 + H_2\uparrow$

■バリウムイオンの沈殿反応

$Ba^{2+} + CO_3^{2-} \longrightarrow BaCO_3\downarrow$

炭酸バリウムの白色沈殿

$Ba^{2+} + SO_4^{2-} \longrightarrow BaSO_4\downarrow$

硫酸バリウムの白色沈殿

A 燃焼は空気中の酸素との反応です。空気を遮断するために，砂をかけるとよいでしょう。もちろん，水をかけてはいけません。

C カルシウムとその化合物

calcium

最も多量に産出されるカルシウム資源は石灰石（炭酸カルシウム $CaCO_3$ からなる鉱石）である。石灰石はわが国で自給できる数少ない資源の一つである。

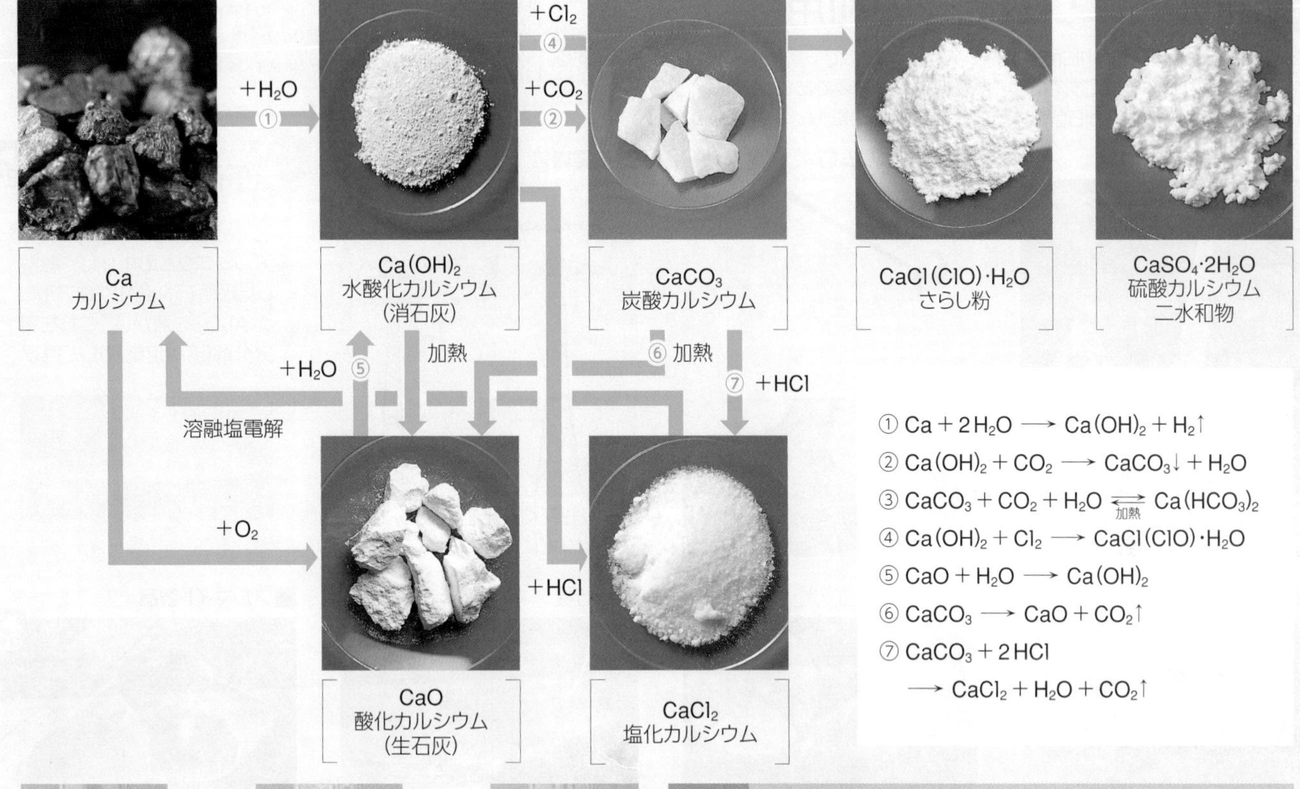

① $Ca + 2H_2O \longrightarrow Ca(OH)_2 + H_2\uparrow$

② $Ca(OH)_2 + CO_2 \longrightarrow CaCO_3\downarrow + H_2O$

③ $CaCO_3 + CO_2 + H_2O \underset{加熱}{\rightleftarrows} Ca(HCO_3)_2$

④ $Ca(OH)_2 + Cl_2 \longrightarrow CaCl(ClO)\cdot H_2O$

⑤ $CaO + H_2O \longrightarrow Ca(OH)_2$

⑥ $CaCO_3 \longrightarrow CaO + CO_2\uparrow$

⑦ $CaCO_3 + 2HCl \longrightarrow CaCl_2 + H_2O + CO_2\uparrow$

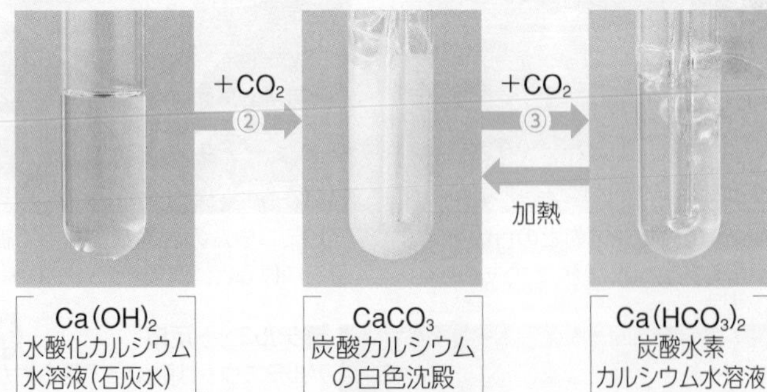

Column 鍾乳洞

$CaCO_3$ は，石灰石や大理石などとして天然に存在している。これらの存在する地域では，二酸化炭素 CO_2 を含んだ地下水の作用によって，$CaCO_3$ が溶け（C－③式），地下に鍾乳洞ができる。$Ca(HCO_3)_2$ を含む水溶液から CO_2 が放出されると，再び $CaCO_3$ が析出し，鍾乳石ができる。

D カルシウム化合物の利用

ここにあげたもの以外にも，$CaCl_2$ は乾燥剤や凍結防止剤に，$CaCO_3$ はセメント（p.154）の原料に使われるなど，Ca の化合物は幅広く利用されている。 日常

■建築材

大理石の主成分は $CaCO_3$ で，建築材（特に上質な仕上げ材）などに使われている。

■乾燥剤

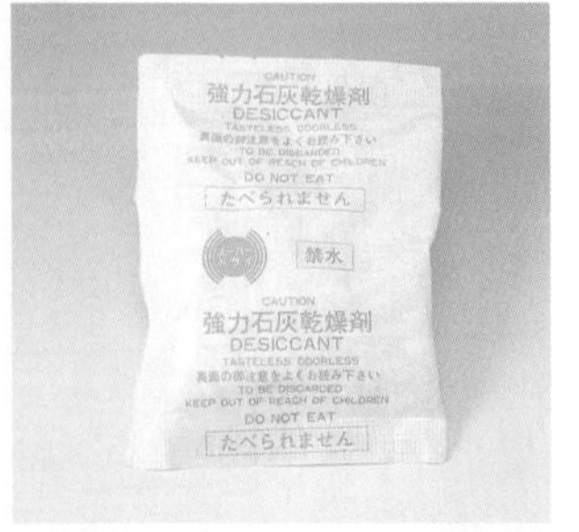

CaO は，乾燥剤に使われる。また，水と反応して発熱するので，食品の加熱にも使われている（p.119）。

■しっくい壁

しっくいの原料は $Ca(OH)_2$ で，これが CO_2 を吸収して $CaCO_3$ となり固まる（C－②式）。

■セッコウ像

焼きセッコウ $CaSO_4\cdot 1/2H_2O$ を水で練ると，わずかに膨張してセッコウ $CaSO_4\cdot 2H_2O$ になって固まる。

Q 骨に含まれているカルシウムは，どのような形で存在していますか？

12 アルミニウム 基 化

	1	2	3	4	5	6	7	8	9	10	11	12	13	14	15	16	17	18
1	H																	He
2	Li	Be											B	C	N	O	F	Ne
3	Na	Mg											Al	Si	P	S	Cl	Ar
4	K	Ca	Sc	Ti	V	Cr	Mn	Fe	Co	Ni	Cu	Zn	Ga	Ge	As	Se	Br	Kr
5	Rb	Sr	Y	Zr	Nb	Mo	Tc	Ru	Rh	Pd	Ag	Cd	In	Sn	Sb	Te	I	Xe
6	Cs	Ba	ランタノイド	Hf	Ta	W	Re	Os	Ir	Pt	Au	Hg	Tl	Pb	Bi	Po	At	Rn
7	Fr	Ra	アクチノイド	Rf	Db	Sg	Bh	Hs	Mt	Ds	Rg	Cn	Nh	Fl	Mc	Lv	Ts	Og

A アルミニウムとその利用 日常

アルミニウム Al (aluminium) は，地殻中に酸素 O，ケイ素 Si に次いで多量(金属では 1 位)に存在する。アルミニウムの単体を製造するには，多量の電力が必要であるが，リサイクルによって製造する場合は，原料鉱石から製造する場合の約 3％ の電力ですむ(p.97)。

■アルミニウムの単体

融点 660℃	沸点 2467℃
密度 $2.70\,g/cm^3$	

■アルミニウム箔

■1 円硬貨

■送電線

銅よりも軽くて安価なため，高圧送電線などに使われる。

Jump アルミニウムの製造 → p.97

アルミニウムの単体は，融解した氷晶石 Na_3AlF_6 にアルミナ Al_2O_3 を溶かし，これを電気分解(溶融塩電解)して得る。

アルミナ

■宝石(ルビー)

■宝石(サファイア)

ルビーやサファイアの主成分は Al_2O_3 である。ルビーにはクロムが，サファイアには鉄やチタンが微量に含まれている。

■飛行機

Al と Cu･Mg･Mn などの合金をジュラルミンといい，軽くて丈夫である。

■アルマイト製品

アルマイト製の食器

アルミニウムの表面を酸化して被膜をつけると，腐食しにくくなる。

B アルミニウムの反応

3 個の価電子をもつアルミニウムは，3 価の陽イオンになりやすい。酸・強塩基のいずれの水溶液とも反応する両性金属であるが，濃硝酸とは不動態をつくるので反応しない(Al 以外に，Fe や Ni も不動態をつくる)。

■酸・塩基との反応

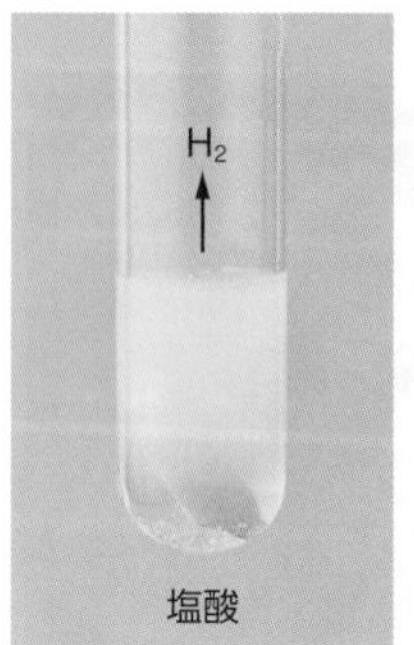

塩酸

$2Al + 6HCl \longrightarrow 2AlCl_3 + 3H_2\uparrow$

濃硝酸

不動態をつくり反応しない

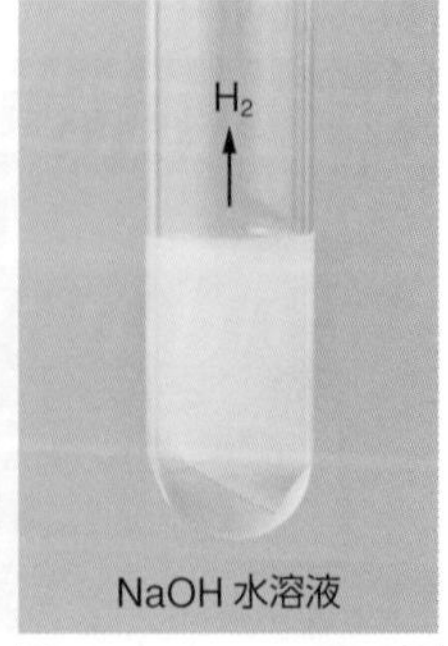

NaOH 水溶液

$2Al + 2NaOH + 6H_2O \longrightarrow 2Na[Al(OH)_4] + 3H_2\uparrow$

■テルミット反応

アルミニウムは酸素との結合力が強いので，粉末を酸化鉄(Ⅲ) Fe_2O_3 と混合して点火すると，激しく反応する。そのときの温度は 3000℃以上になり，還元されて生じた鉄も酸化アルミニウム Al_2O_3 も融解状態になる。この反応をテルミット反応といい，鉄道のレールなどの溶接に用いられる。

$$2Al + Fe_2O_3 \longrightarrow Al_2O_3 + 2Fe$$

テルミット法によるレールの溶接

おもにヒドロキシアパタイト(水酸化リン酸カルシウム)という化合物の形で存在しています。

C アルミニウムの化合物

主成分 $Al_2O_3 \cdot nH_2O$
ボーキサイト

アルミニウムの鉱石。
Fe_2O_3 を含むので，赤色を帯びている。

Al_2O_3
酸化アルミニウム

アルミナともよばれる。
融点が 2054℃と非常に高いので，耐熱材として使われる。

$AlCl_3 \cdot 6H_2O$
塩化アルミニウム六水和物

潮解性がある。
薬品や化粧品などに含まれている。

$AlK(SO_4)_2 \cdot 12H_2O$
硫酸カリウムアルミニウム十二水和物

$AlK(SO_4)_2$
硫酸カリウムアルミニウム

硫酸カリウムアルミニウム十二水和物は，カリウムミョウバンとよばれる正八面体の結晶。200℃以上に加熱すると，無水物の焼きミョウバンになる。

D アルミニウムイオンの反応

アルミニウムイオン Al^{3+}を含む水溶液に，少量の NaOH 水溶液を加えると沈殿が生じるが，過剰に加えるとその沈殿は溶けて錯イオン(p.169)をつくる。

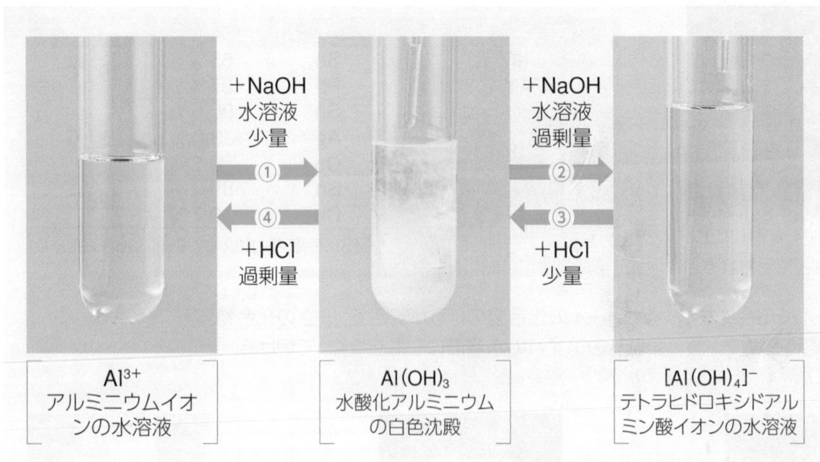

Al^{3+}
アルミニウムイオンの水溶液

$Al(OH)_3$
水酸化アルミニウムの白色沈殿

$[Al(OH)_4]^-$
テトラヒドロキシドアルミン酸イオンの水溶液

① $Al^{3+} + 3OH^- \longrightarrow Al(OH)_3\downarrow$
② $Al(OH)_3 + OH^- \longrightarrow [Al(OH)_4]^-$
③ $[Al(OH)_4]^- + H^+ \longrightarrow Al(OH)_3\downarrow + H_2O$
④ $Al(OH)_3 + 3H^+ \longrightarrow Al^{3+} + 3H_2O$

テトラヒドロキシドアルミン酸イオンの構造

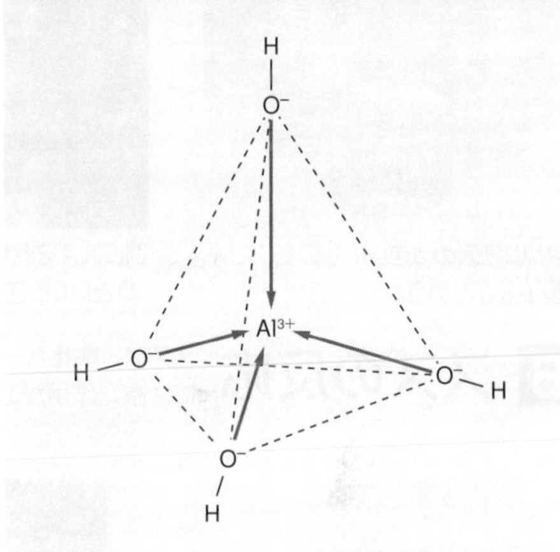

pH 13〜の強アルカリ溶液中では OH^-4つが配位した四面体錯イオン，pH 8 〜 12 の溶液中では OH^- 4 つ，水分子2つが配位した$[Al(OH)_4(H_2O)_2]^-$八面体錯イオンの形で存在する。

Column 科学捜査 ー指紋採取ー

テレビドラマで，科学捜査員がハケをパタパタと叩きながら，指紋を採取している場面を見たことがあるだろう。このとき振りかけている白い粉末は，アルミニウムである。
指先や手のひらの表面には凹凸があり，凸部分がつながった模様のようなものが指紋(掌紋)である。指紋は，人それぞれ固有のもので，さらに生涯変化することもないため，個人の識別に用いられるのである。
ヒトの皮膚には汗腺や皮脂腺があり，ここから水分のほかにアミノ酸・タンパク質・脂肪・塩分・尿素などが分泌されている。そのため，指や手のひらで物体に触ると，凸部分が印刷されたように物体に分泌物がつく。これにアルミニウム粉末を振りまくと，分泌物(特にタンパク質・アミノ酸・脂肪)にアルミニウム粉末が吸着され，指紋が浮かび上がるのである。
指紋採取にアルミニウムの粉末が使われている理由としては，次のようなことが考えられる。
① アルミニウムには自由電子が多く存在するため，不透明で，少量でもはっきりとコントラストが付く。
② 一般に金属の微粒子は黒色を帯びるが，アルミニウムの粉末は白色である。
③ アルミニウムは，軽くて表面が負に帯電しているので，互いに反発して粒子が固まらず，ふわふわしている。

指紋採取の現場

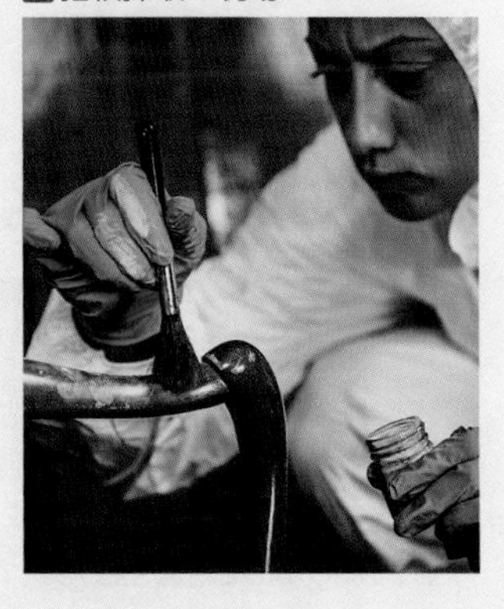

Q 不動態となったアルミニウムは，表面が両性酸化物の Al_2O_3 と考えられるのに，なぜ酸や強塩基に溶けないのですか?

13 スズ・鉛 基 化

	1	2	3	4	5	6	7	8	9	10	11	12	13	14	15	16	17	18
1	H																	He
2	Li	Be											B	C	N	O	F	Ne
3	Na	Mg											Al	Si	P	S	Cl	Ar
4	K	Ca	Sc	Ti	V	Cr	Mn	Fe	Co	Ni	Cu	Zn	Ga	Ge	As	Se	Br	Kr
5	Rb	Sr	Y	Zr	Nb	Mo	Tc	Ru	Rh	Pd	Ag	Cd	In	Sn	Sb	Te	I	Xe
6	Cs	Ba	ランタノイド	Hf	Ta	W	Re	Os	Ir	Pt	Au	Hg	Tl	Pb	Bi	Po	At	Rn
7	Fr	Ra	アクチノイド	Rf	Db	Sg	Bh	Hs	Mt	Ds	Rg	Cn	Nh	Fl	Mc	Lv	Ts	Og

A スズとその利用

スズ Sn (tin) は，鋼板(Fe)にめっきしてブリキとして用いたり，青銅(銅・スズの合金)などの合金材料として使われることが多い。

■スズの単体

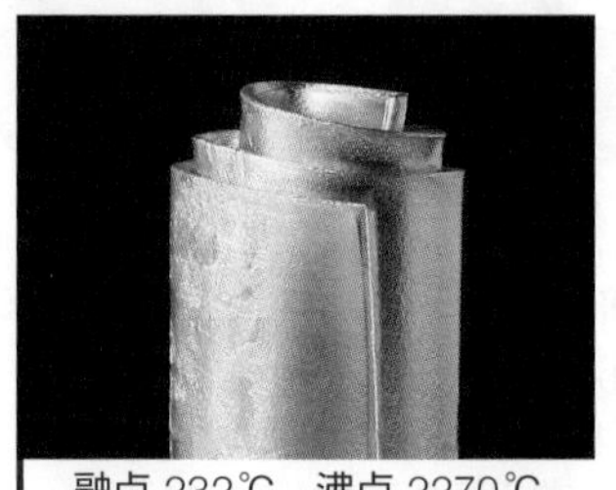

融点 232℃	沸点 2270℃
密度 7.31 g/cm^3	

■パイプオルガン

パイプオルガンのパイプには，スズを主とした合金が使われている。

■缶詰(ブリキ) 日常

鋼板にスズめっきしたものをブリキ(p.84)という。

■ブロンズ像

銅にスズを混ぜた合金を青銅(ブロンズ)といい，工芸品などに使われる。

Column 鉛フリーはんだ

電子部品を基板に接合するときには「はんだ」とよばれる合金が用いられる。スズ Sn と鉛 Pb の合金は融点が低いため，古くから用いられてきた。しかし，地球環境や人体への影響から，Pb, Hg, Cd, Cr などの使用は制限されつつある。EU では Pb の使用を禁止する指令が 2006 年から施行され，国内外のメーカーで Pb を含まないはんだの開発が進められた。現在，日本国内でも，Pb の代わりに Ag や Cu などを加えた「鉛フリーはんだ」が普及している。

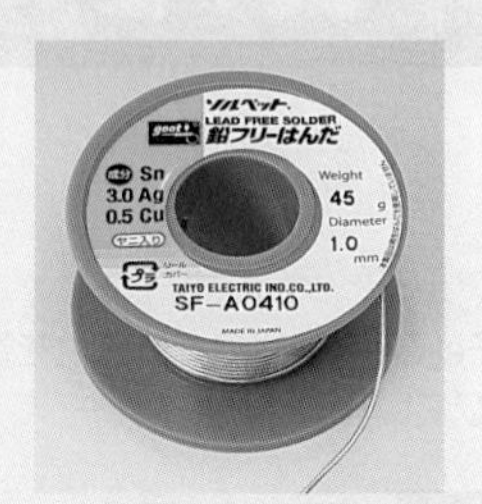

名称	組成	融点
はんだ(代表的なもの)	Sn : 63 % Pb : 37 %	183℃
鉛フリーはんだ(例 1)	Sn : 96.5 % Ag : 3.0 % Cu : 0.5 %	217℃
鉛フリーはんだ(例 2)	Sn : 99.3 % Cu : 0.7 %	228℃

(Sn の融点：232℃　Pb の融点：328℃)

B スズの反応

スズは，酸化数+2 と+4 の化合物をつくるが，+4 の化合物のほうが安定で，+2 の化合物には還元作用がある。両性金属で，酸・強塩基のいずれの水溶液にも塩をつくって溶ける。

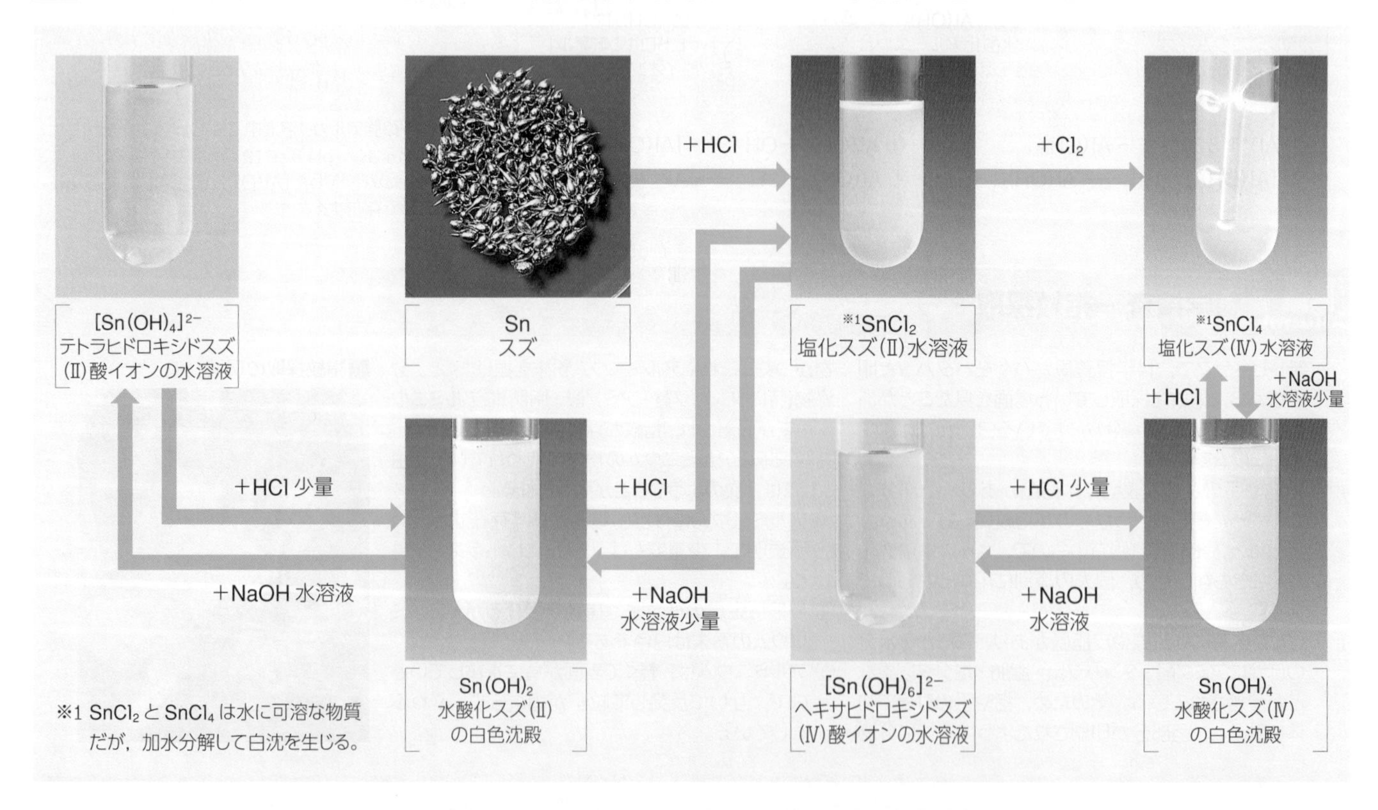

※1 $SnCl_2$ と $SnCl_4$ は水に可溶な物質だが，加水分解して白沈を生じる。

A Al_2O_3 にはいくつかの結晶構造があり，その違いによって酸や強塩基に溶けたり溶けなかったりするからです。ルビーやサファイアも，酸や強塩基に溶けません。

C 鉛とその利用

lead

鉛 Pb は，青みを帯びた灰白色の金属であるが，空気中では表面が酸化されていて光沢がない。鉛の最大の用途は，鉛蓄電池である。

■鉛の単体

融点 328℃　沸点 1740℃
密度 11.4 g/cm³

■鉛蓄電池(p.87) 日常

正極に酸化鉛(Ⅳ) PbO_2，負極に鉛を使った，代表的な二次電池である。

■鉛ガラス

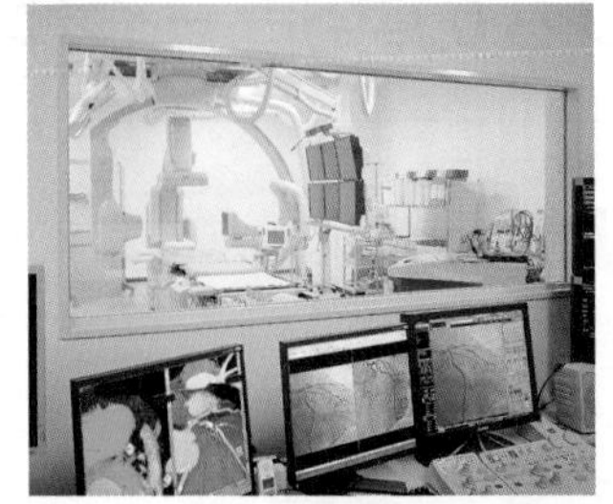

鉛ガラス(PbO を含む)は，放射線遮へいガラスとして使われる。

■絵の具(黄色顔料) 日常

クロム酸鉛(Ⅱ) $PbCrO_4$ は黄色の顔料となる。

D 鉛の酸化物

鉛の酸化物は顔料になる物質が多いが，同時に毒性が強いものも多いので，取り扱いには注意が必要である。

鉛ガラスの原料や，黄色の顔料に用いられている。

PbO
酸化鉛(Ⅱ)

酸化剤，鉛蓄電池の正極物質として利用されている。

PbO_2
酸化鉛(Ⅳ)

赤色顔料として陶器の絵付けに利用されている。

Pb_3O_4
四酸化三鉛

E 鉛(Ⅱ)イオンの反応

鉛 Pb は，酸化数+2 と+4 の化合物をつくるが，+2 の化合物のほうが安定で，+4 の化合物には酸化作用がある。鉛イオンといえばふつう Pb^{2+} のことを示す。

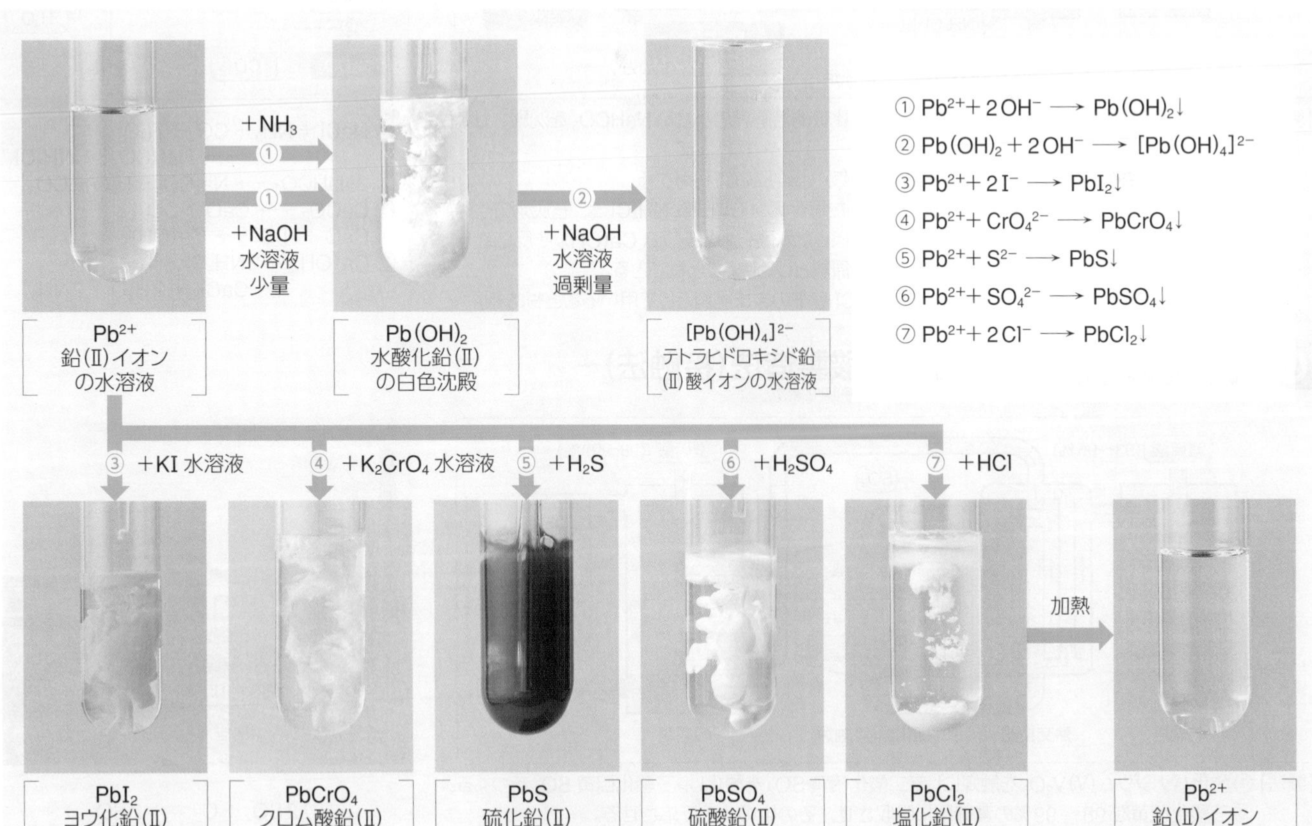

① $Pb^{2+} + 2OH^- \longrightarrow Pb(OH)_2\downarrow$
② $Pb(OH)_2 + 2OH^- \longrightarrow [Pb(OH)_4]^{2-}$
③ $Pb^{2+} + 2I^- \longrightarrow PbI_2\downarrow$
④ $Pb^{2+} + CrO_4^{2-} \longrightarrow PbCrO_4\downarrow$
⑤ $Pb^{2+} + S^{2-} \longrightarrow PbS\downarrow$
⑥ $Pb^{2+} + SO_4^{2-} \longrightarrow PbSO_4\downarrow$
⑦ $Pb^{2+} + 2Cl^- \longrightarrow PbCl_2\downarrow$

Q 亜鉛には「鉛」という字がつきますが，亜鉛と鉛は性質が似ていますか?

14 無機化学工業 基 化

A 水酸化ナトリウムの製造 －イオン交換膜法－
ion-exchange membrane method

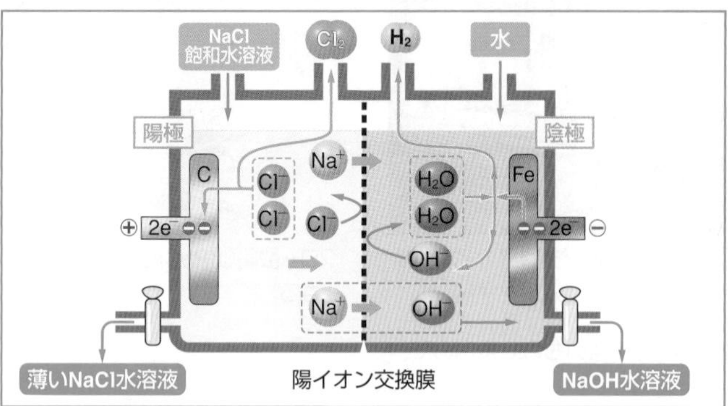

水酸化ナトリウム NaOH は，陽イオン交換膜を用いて，塩化ナトリウム NaCl 水溶液を電気分解して得ている。電気分解によって，陰極付近では OH^- と Na^+ の濃度が大きくなるので，この水溶液を濃縮して NaOH を得る。陽極では塩素 Cl_2，陰極では水素 H_2 が発生する。

イオン交換膜法装置の電解槽

陰極 $2H_2O + 2e^- \longrightarrow H_2\uparrow + 2OH^-$

陽極 $2Cl^- \longrightarrow Cl_2\uparrow + 2e^-$

B 炭酸ナトリウムの製造 －アンモニアソーダ法（ソルベー法）－
ammonia-soda process　Solvay process

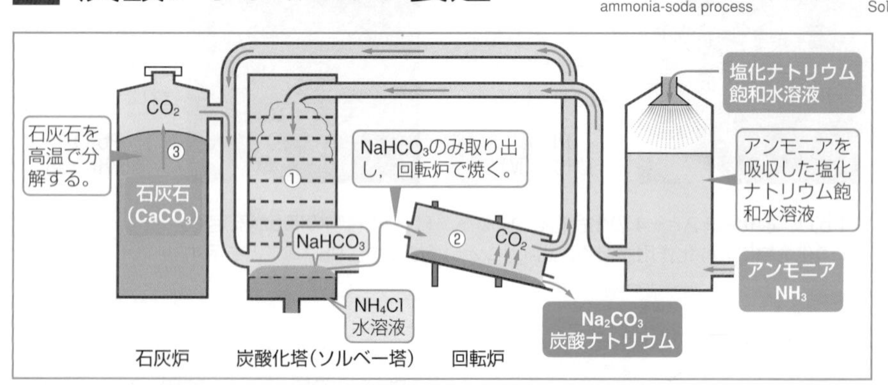

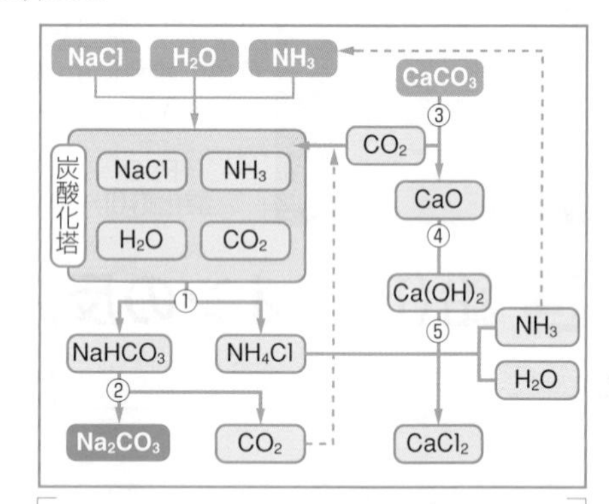

【製法】① NaCl の飽和溶液に NH_3 と CO_2 を吹きこみ，比較的溶解度の小さい $NaHCO_3$ を沈殿させる。
② ①を熱分解して Na_2CO_3 をつくる。
③ 石灰石 $CaCO_3$ の熱分解によって CO_2 を得て，①の反応に利用する。
④，⑤ 炭酸化塔（ソルベー塔）のろ液から分離した塩化アンモニウム NH_4Cl と，石灰炉で生じた酸化カルシウム CaO に水 H_2O を加えてつくった水酸化カルシウム $Ca(OH)_2$ を反応させると，NH_3 が発生するので，Na_2CO_3 製造の原料として使うこともできる。
NH_4Cl から NH_3 を回収するのではなく，NH_4Cl をそのまま肥料として用いることもある。

① $NaCl + NH_3 + CO_2 + H_2O \longrightarrow NaHCO_3\downarrow + NH_4Cl$
② $2NaHCO_3 \longrightarrow Na_2CO_3 + H_2O + CO_2\uparrow$
③ $CaCO_3 \longrightarrow CaO + CO_2\uparrow$
④ $CaO + H_2O \longrightarrow Ca(OH)_2$
⑤ $Ca(OH)_2 + 2NH_4Cl \longrightarrow CaCl_2 + 2H_2O + 2NH_3\uparrow$

C 硫酸の製造 －接触式硫酸製造法（接触法）－
contact process

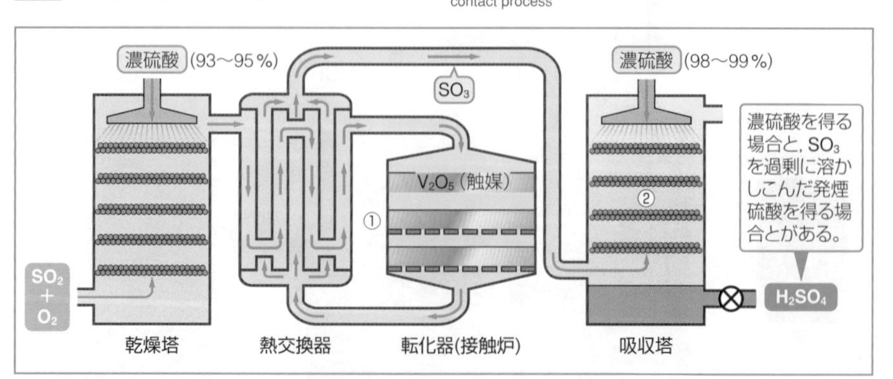

硫酸製造プラント

【製法】① 酸化バナジウム(V) V_2O_5 を触媒にして二酸化硫黄 SO_2 を酸化し，三酸化硫黄 SO_3 をつくる。
② 三酸化硫黄を 98～99％の濃硫酸に吸収させ，その中の水と反応させる。
製品として発煙硫酸を得る場合には，吸収塔を 2 つつなげて製造する。なお，原料の二酸化硫黄は石油精製の際に得られた硫黄の単体を燃焼させてつくる。

① $2SO_2 + O_2 \rightleftarrows 2SO_3$
② $SO_3 + H_2O \longrightarrow H_2SO_4$

Ⓐ 亜鉛とは，「鉛に次ぐもの」という意味に読みとれますが，化学的性質が似ているとはいえません。

D アンモニアの合成 ─ハーバー・ボッシュ法─
Haber-Bosh process

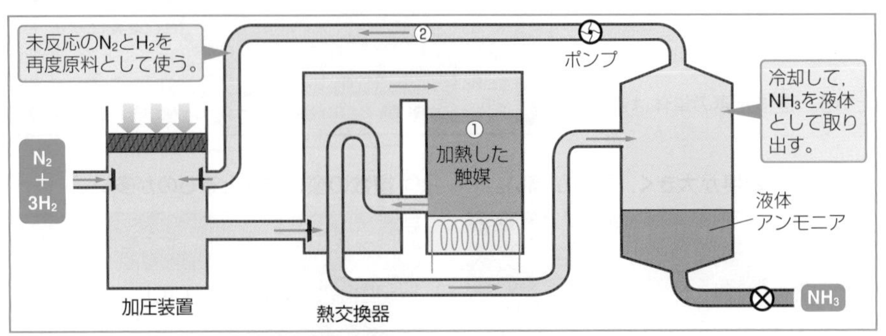

【製法】①アンモニア NH_3 は，四酸化三鉄 Fe_3O_4 を主成分とした触媒を用いて，400～600℃，1×10^7～3×10^7Pa で窒素と水素を直接反応させてつくられる。
②未反応の窒素と水素は循環させ，生成したアンモニアは液体アンモニアとして取り出す。
このようなアンモニアの合成方法は，ハーバー(ドイツ，1868～1934)とボッシュ(ドイツ，1874～1940)が完成させたので，ハーバー・ボッシュ法とよばれる。

$$N_2 + 3H_2 \rightleftarrows 2NH_3 \quad \Delta H = -92\,\mathrm{kJ}$$

ハーバー・ボッシュ法と化学平衡

アンモニアの生成量と圧力・温度の関係

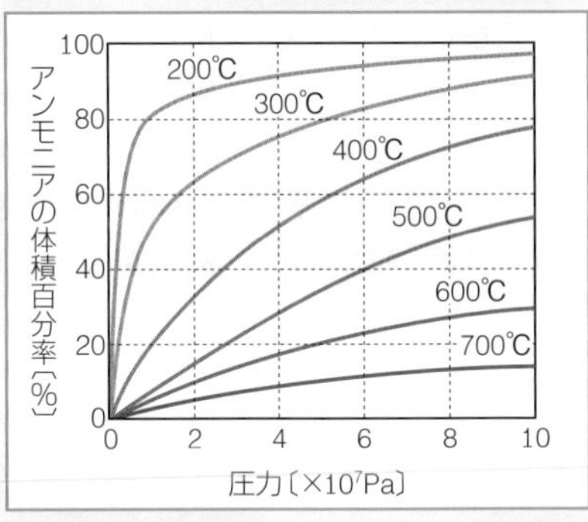

平衡状態におけるアンモニアの生成率のグラフ。温度が低く，圧力が高いほど生成率が高くなる。

アンモニアの生成量と反応時間

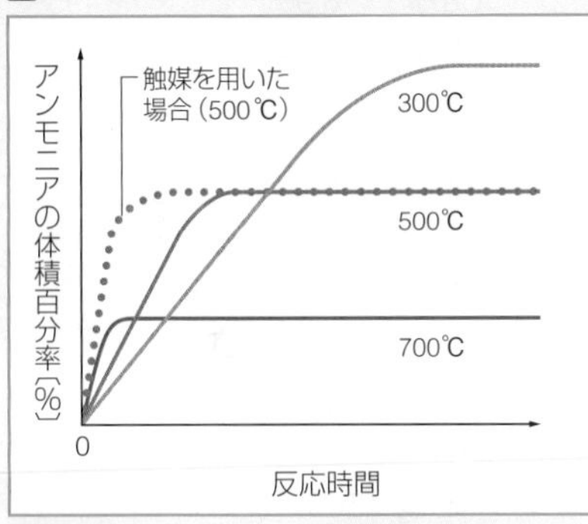

反応時間とアンモニアの生成率のグラフ。温度が高いほど，また，触媒を用いた場合，平衡に達するまでの時間が短くなる。

アンモニア生成の平衡に有利な条件

濃度	生成した NH_3 を速やかに取り出す。
温度	発熱反応なので，低温にする。(ただし，温度を下げすぎると反応速度が下がる。)
圧力	気体分子の総数が減る反応なので，圧力を高くする。
触媒	触媒によって平衡状態に達するまでの時間を短縮する。

アンモニアの合成には，低温の条件が生成量の面で有利であるが，平衡に達するまでの時間が長くなる。
そこで，ハーバー・ボッシュ法においては，触媒を用いて反応速度を上げ，生成した NH_3 を冷却して液体として取り出している。

無機物質

E 硝酸の製造 ─オストワルト法─
Ostwald process

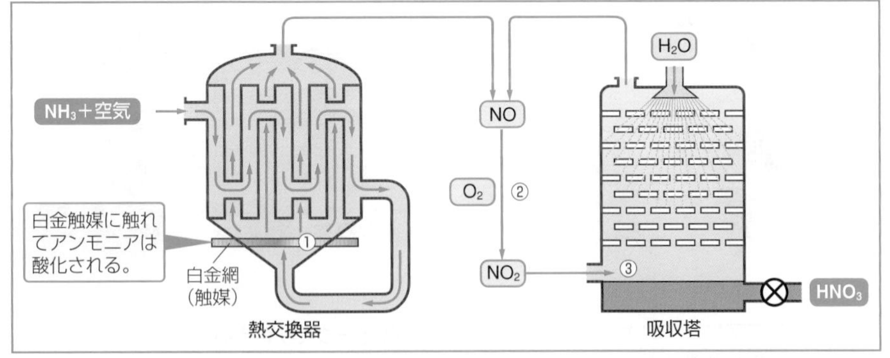

【製法】①白金触媒を用いて 800℃～900℃でアンモニア NH_3 を酸化し，一酸化窒素をつくる。
②一酸化窒素をさらに酸化し，二酸化窒素をつくる。
③二酸化窒素を水と反応させて，硝酸 HNO_3 をつくる。
このような硝酸の製造方法は，オストワルト(ドイツ，1853～1932)が発明したので，オストワルト法とよばれる。硝酸製造プラントでは，硝酸と硝酸アンモニウムが同時につくられる。

① $4NH_3 + 5O_2 \longrightarrow 4NO + 6H_2O$
② $2NO + O_2 \longrightarrow 2NO_2$
③ $3NO_2 + H_2O \longrightarrow 2HNO_3 + NO$
④ $NH_3 + 2O_2 \longrightarrow HNO_3 + H_2O$※

※ ④=(①+②×3+③×2)×$\frac{1}{4}$

15 遷移元素の特徴 基 化

	1	2	3	4	5	6	7	8	9	10	11	12	13	14	15	16	17	18
1	H																	He
2	Li	Be											B	C	N	O	F	Ne
3	Na	Mg											Al	Si	P	S	Cl	Ar
4	K	Ca	Sc	Ti	V	Cr	Mn	Fe	Co	Ni	Cu	Zn	Ga	Ge	As	Se	Br	Kr
5	Rb	Sr	Y	Zr	Nb	Mo	Tc	Ru	Rh	Pd	Ag	Cd	In	Sn	Sb	Te	I	Xe
6	Cs	Ba	ランタノイド	Hf	Ta	W	Re	Os	Ir	Pt	Au	Hg	Tl	Pb	Bi	Po	At	Rn
7	Fr	Ra	アクチノイド	Rf	Db	Sg	Bh	Hs	Mt	Ds	Rg	Cn	Nh	Fl	Mc	Lv	Ts	Og

A 遷移元素の特徴

transition element

周期表の3族から12族に属する元素を，遷移元素という。遷移元素の単体は遷移金属とよばれる。

①最外殻電子の数は1個または2個である。

原子番号	元素	電子殻と電子軌道（ p.270）									
		K	L		M			N			
		s	s	p	s	p	d	s	p	d	f
18	Ar	2	2	6	2	6					
19	K	2	2	6	2	6		1			
20	Ca	2	2	6	2	6		2			
21	Sc	2	2	6	2	6	1	2			
22	Ti	2	2	6	2	6	2	2			
23	V	2	2	6	2	6	3	2			
24	Cr	2	2	6	2	6	5	1			
25	Mn	2	2	6	2	6	5	2			
26	Fe	2	2	6	2	6	6	2			
27	Co	2	2	6	2	6	7	2			
28	Ni	2	2	6	2	6	8	2			
29	Cu	2	2	6	2	6	10	1			
30	Zn	2	2	6	2	6	10	2			
31	Ga	2	2	6	2	6	10	2	1		

（網掛け）は遷移元素

②単体は，密度が大きく，融点が高い。

原子番号	元素	単体の密度〔g/cm³〕	単体の融点〔℃〕
3	Li	0.53	180.5
11	Na	0.971	97.81
12	Mg	1.738	648.8
13	Al	2.699	660.3
19	K	0.862	63.65
20	Ca	1.55	839
24	Cr	7.19	1860
25	Mn	7.44	1244
26	Fe	7.87	1535
27	Co	8.90	1495
28	Ni	8.90	1453
29	Cu	8.96	1083
47	Ag	10.5	952
74	W	19.3	3410
78	Pt	21.5	1772
79	Au	19.3	1064

（網掛け）は遷移元素

③複数の酸化数をとるものが多い。

クロム化合物	化学式	Cr の酸化数
塩化クロム(Ⅱ)	$CrCl_2$	+2
塩化クロム(Ⅲ)	$CrCl_3$	+3
クロム酸カリウム	K_2CrO_4	+6
二クロム酸カリウム	$K_2Cr_2O_7$	+6

マンガン化合物	化学式	Mn の酸化数
塩化マンガン(Ⅱ)	$MnCl_2$	+2
四酸化三マンガン	Mn_3O_4	+2，+3
酸化マンガン(Ⅲ)	Mn_2O_3	+3
酸化マンガン(Ⅳ)	MnO_2	+4
マンガン酸カリウム	K_2MnO_4	+6
過マンガン酸カリウム	$KMnO_4$	+7

④有色のイオンをつくるものが多い。

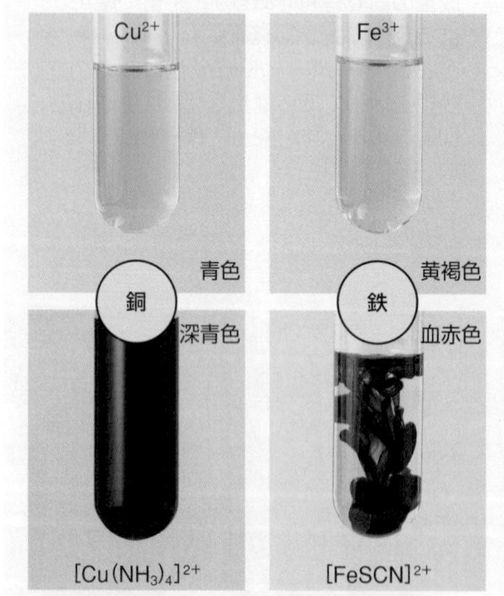

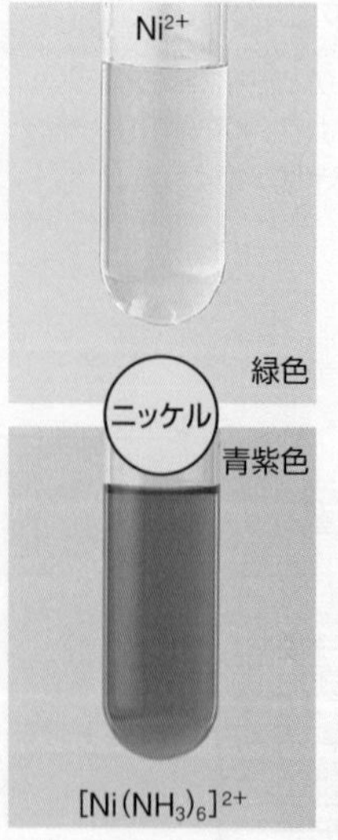

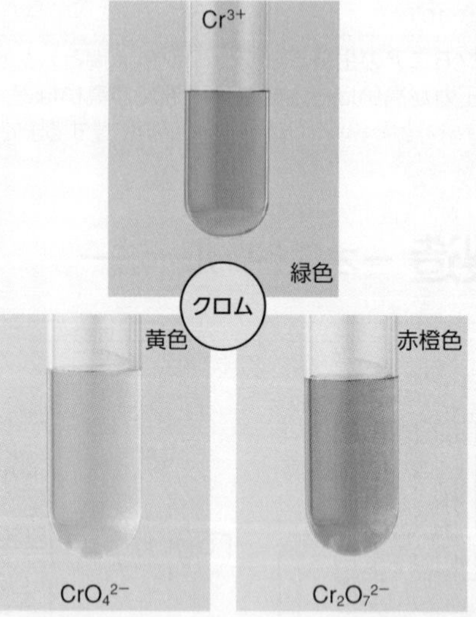

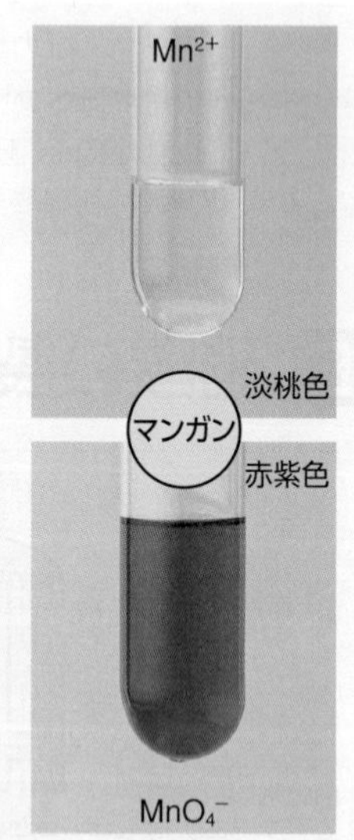

典型元素では，原子番号の増加に伴って増加する電子は，最外殻に入っていく。しかし，遷移元素では，増加する電子は最外殻電子が2個または1個のまま，内側の電子殻に入る。そのため，原子番号が増加しても最外殻電子の数はあまり変わらず，周期律がはっきりしない。
また，鉄Fe・ニッケルNi・コバルトCoのように，磁性・融点・密度など，左右（同周期）の元素どうしの性質が似ているところも少なくない。
①～④であげた以外にも，遷移元素には右のような特徴がある。

⑤合金をつくりやすい。
⑥触媒として用いられるものが多い。
⑦酸化数の大きいものは，酸化剤として利用されるものが多い。
⑧錯イオンをつくりやすい。

B 錯イオン
complex ion

中心となる金属イオンに，非共有電子対をもつ分子や陰イオンが配位結合(p.53)したものを，錯イオンという。遷移元素のイオンは錯イオンをつくりやすい(Al^{3+}のように，典型元素のイオンでも錯イオンをつくるものがある)。

■錯イオンの構造(―→ は配位結合)

入試問題にチャレンジ! p.283

直線形

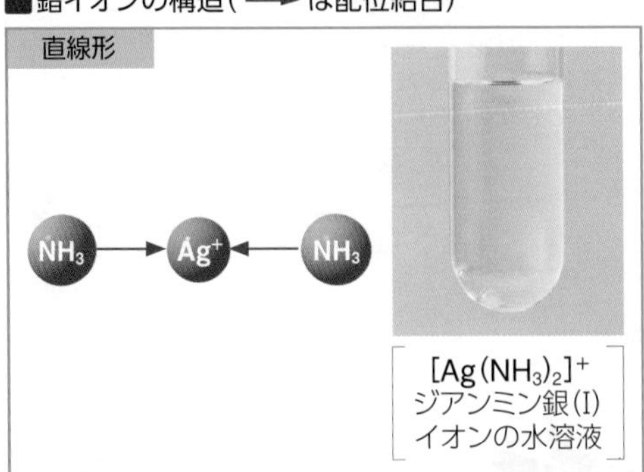

$[Ag(NH_3)_2]^+$ ジアンミン銀(I)イオンの水溶液

正方形

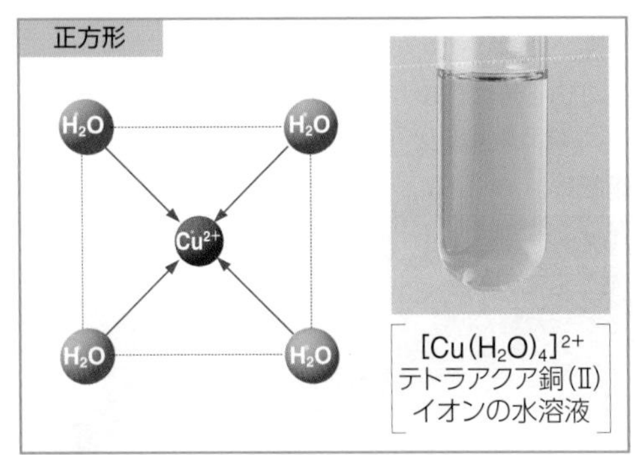

$[Cu(H_2O)_4]^{2+}$ テトラアクア銅(II)イオンの水溶液

正四面体形

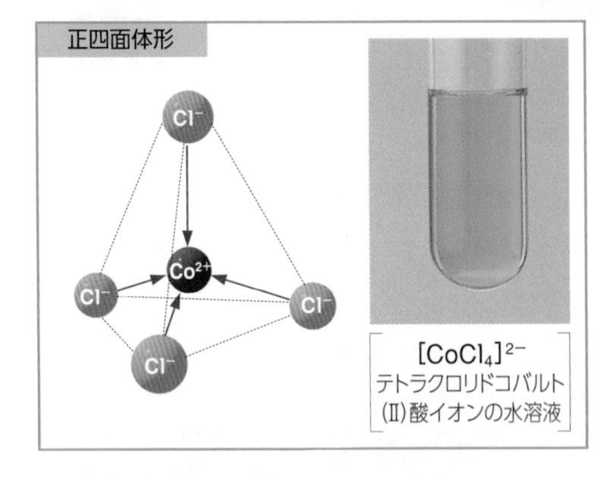

$[CoCl_4]^{2-}$ テトラクロリドコバルト(II)酸イオンの水溶液

正八面体形

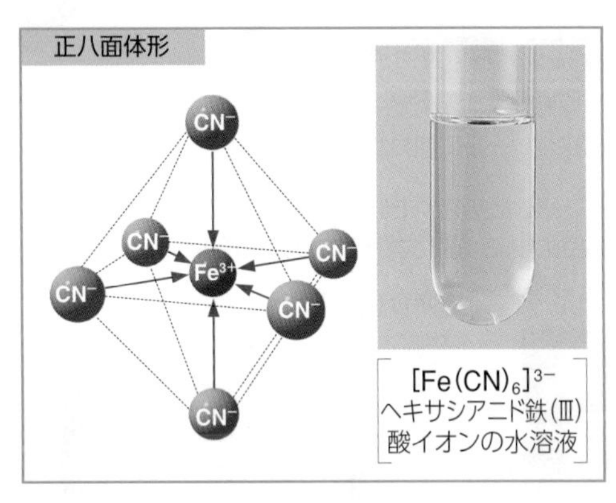

$[Fe(CN)_6]^{3-}$ ヘキサシアニド鉄(III)酸イオンの水溶液

Zoom up 錯イオンの異性体

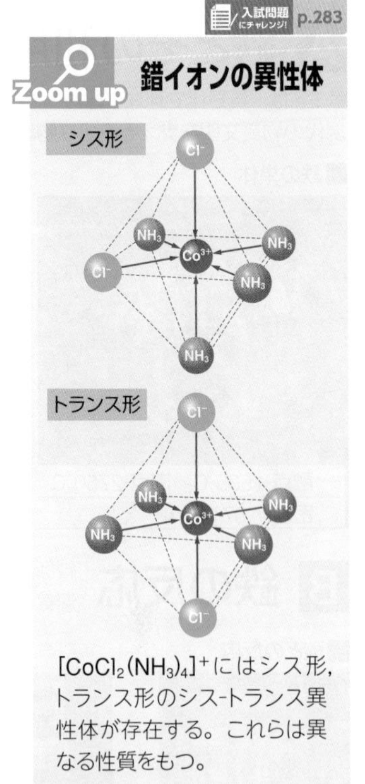

$[CoCl_2(NH_3)_4]^+$にはシス形，トランス形のシス-トランス異性体が存在する。これらは異なる性質をもつ。

錯イオン

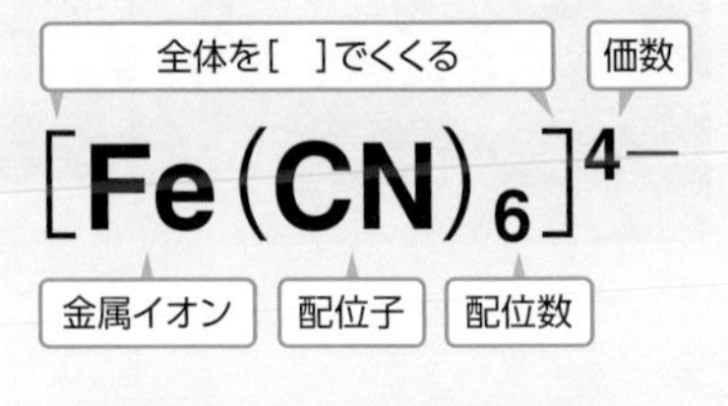

ヘキサシアニド鉄(II)酸イオン

配位数，配位子，中心元素とその酸化数の順でよぶ。
錯イオンが陰イオンのときには，中心元素の酸化数の後に「酸」をつける。

配位子	名称	配位子	名称
NH_3	アンミン	F^-	フルオリド
H_2O	アクア	Cl^-	クロリド
CN^-	シアニド	Br^-	ブロミド
OH^-	ヒドロキシド	I^-	ヨージド(ヨード)

( )内の名称が使われることもある。

数字	数詞
1	モノ
2	ジ
3	トリ
4	テトラ
5	ペンタ
6	ヘキサ
7	ヘプタ
8	オクタ

Zoom up キレート錯体
chelate complex

入試問題にチャレンジ! p.283

錯体を形成する配位子の中には，配位することができる部分を複数もつものがある。このような配位子が配位結合した錯体は，配位子が金属イオンをはさみこむようにしていることから，ギリシャ語の「カニのはさみ」(chele)に由来してキレート錯体とよばれる。キレート錯体は，配位子が複数の箇所で配位結合しているため安定である。キレート錯体を形成する配位子をキレート剤とよび，キレート剤を用いた滴定をキレート滴定という。キレート滴定は，操作が簡単で滴定の精度が高いので，多くの金属イオンの定量に利用されている。

多価の金属イオンの定量には，エチレンジアミン四酢酸(EDTA)が広く使われており，EDTAは金属イオンと物質量の比 1:1 で次のように反応して安定なキレート錯体をつくる(右図)。この反応の平衡定数 K は安定度定数ともよばれ，キレート錯体の安定度を示す。

$$M^{2+} + EDTA \rightleftarrows M\text{-}EDTA,\quad K = \frac{[M\text{-}EDTA]}{[M^{2+}][EDTA]}$$

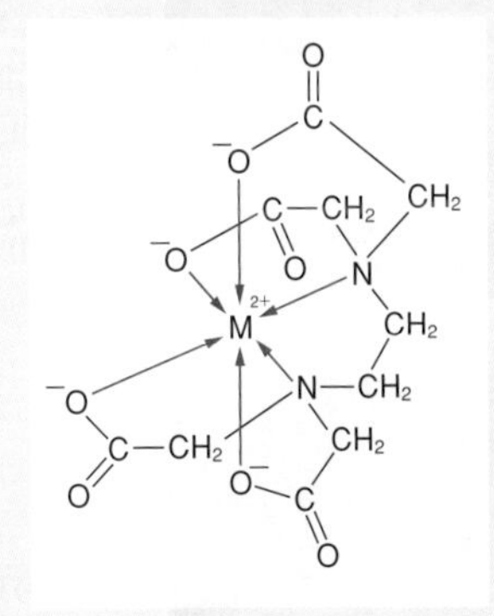

キレート滴定の終点の判定にはキレート錯体の安定性を利用している。例えば，指示薬としてエリオクロムブラック T を用いて Mg^{2+}を EDTA でキレート滴定する場合を考える。この指示薬は錯体を形成していないときは青色だが，Mg^{2+}と錯体を形成すると赤色になる性質をもつ。安定度定数は金属-指示薬錯体よりも金属-EDTA 錯体のほうが十分に大きいため，滴定の終点付近では指示薬は錯体を形成しなくなる。これにより，溶液の色が赤色から青色に変化する。

16 鉄・コバルト・ニッケル

基 化 入試問題にチャレンジ! p.284

	1	2	3	4	5	6	7	8	9	10	11	12	13	14	15	16	17	18
1	H																	He
2	Li	Be											B	C	N	O	F	Ne
3	Na	Mg											Al	Si	P	S	Cl	Ar
4	K	Ca	Sc	Ti	V	Cr	Mn	Fe	Co	Ni	Cu	Zn	Ga	Ge	As	Se	Br	Kr
5	Rb	Sr	Y	Zr	Nb	Mo	Tc	Ru	Rh	Pd	Ag	Cd	In	Sn	Sb	Te	I	Xe
6	Cs	Ba	ランタノイド	Hf	Ta	W	Re	Os	Ir	Pt	Au	Hg	Tl	Pb	Bi	Po	At	Rn
7	Fr	Ra	アクチノイド	Rf	Db	Sg	Bh	Hs	Mt	Ds	Rg	Cn	Nh	Fl	Mc	Lv	Ts	Og

A 鉄とその利用 日常

鉄(iron) Fe は，質量比で地球に最も多く存在している元素であり，
現代の物質文明を支える重要な物質として，最も広範囲かつ多量に使用されている。

■鉄の単体

融点 1535℃　沸点 2750℃
密度 7.87 g/cm^3

■橋梁

マンガンを含んだ鉄はとても強く，橋梁やレールに使われている。

■ハードディスク

強磁性体である鉄は，コンピュータ部品や磁気カードなどに利用される。

Jump 鉄の製造 →p.96

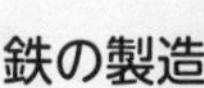

赤鉄鉱 Fe_2O_3 や磁鉄鉱 Fe_3O_4 などの鉄鉱石を，コークス C，石灰石 $CaCO_3$ とともに溶鉱炉に入れ熱風を吹きこむと，鉄が得られる。

赤鉄鉱

B 鉄の反応

鉄は常温で乾燥した空気中では安定であるが，湿気のある空気中では酸化されてさびを生じる。

■酸との反応

塩酸

$Fe + 2HCl \longrightarrow FeCl_2 + H_2\uparrow$

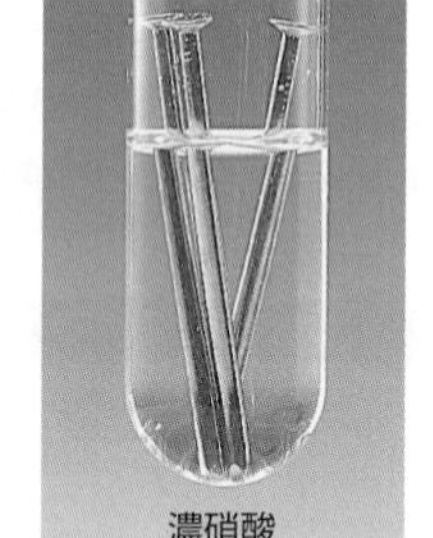

濃硝酸

不動態をつくり反応しない

■腐食(さび)

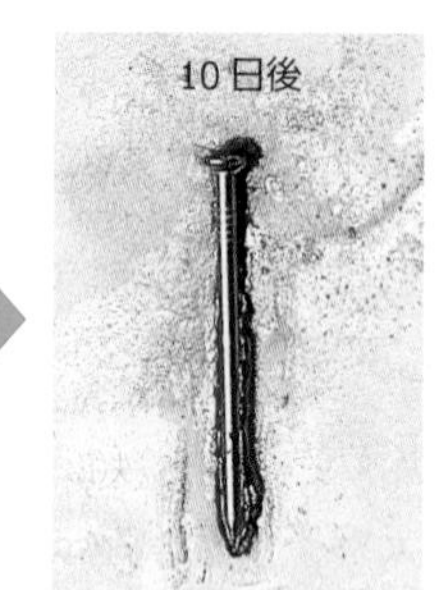

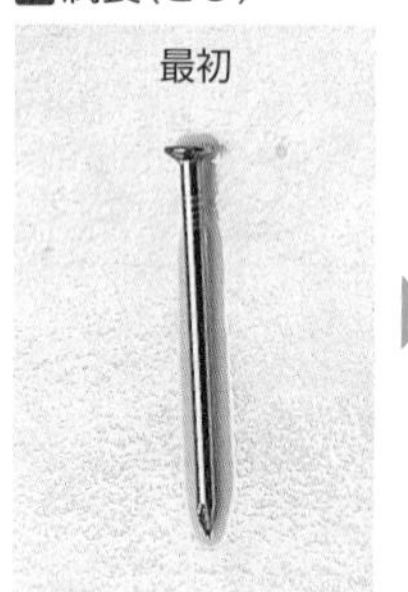

鉄を水に浸すと，酸化鉄(Ⅲ) Fe_2O_3 を含む赤さび生じる。

海岸部と鉄の腐食

塩化物イオン Cl^- によって，鉄の腐食は進行する。そのため，海岸部では鉄製品がさびやすい。同様に，$CaCl_2$ などの凍結防止剤がまかれた道路を走った自動車も，さびやすい。

C 鉄の化合物

■ Fe^{2+} を含む化合物

空気中に放置すると，表面は酸化されて黄褐色になる。

$FeSO_4 \cdot 7H_2O$
硫酸鉄(Ⅱ)七水和物

希硫酸と反応して硫化水素 H_2S を発生する。

FeS
硫化鉄(Ⅱ)

フェロシアン化カリウムともいう。
空気中で安定であり，無毒とされている。

$K_4[Fe(CN)_6] \cdot 3H_2O$
ヘキサシアニド鉄(Ⅱ)酸カリウム三水和物

■ Fe^{3+} を含む化合物

黄褐色の塊状で，潮解性がある。

$FeCl_3 \cdot 6H_2O$
塩化鉄(Ⅲ)六水和物

アンモニア合成用触媒の主原料。黒色顔料や，電極にも用いられる。

Fe_3O_4
四酸化三鉄

フェリシアン化カリウムともいう。
日光によって分解されやすく，有毒である。

$K_3[Fe(CN)_6]$
ヘキサシアニド鉄(Ⅲ)酸カリウム

D 鉄イオンの反応

鉄イオンには，Fe^{2+}とFe^{3+}が存在し，Fe^{2+}は空気中では酸化されてFe^{3+}になりやすい。

加える試薬 ＼ 鉄イオン	水酸化ナトリウム水溶液 NaOH	ヘキサシアニド鉄(Ⅱ)酸カリウム水溶液 $K_4[Fe(CN)_6]$	ヘキサシアニド鉄(Ⅲ)酸カリウム水溶液 $K_3[Fe(CN)_6]$	硫化水素（酸性） H_2S	硫化水素（塩基性） H_2S	チオシアン酸カリウム水溶液 KSCN	過酸化水素水 H_2O_2
鉄(Ⅱ)イオン水溶液 Fe^{2+} 淡緑色	$Fe(OH)_2$ 水酸化鉄(Ⅱ) 緑白色沈殿	青白色沈殿	濃青色沈殿（ターンブルブルー）※2	変化なし	FeS 硫化鉄(Ⅱ) 黒色沈殿	変化なし	Fe^{3+}（酸化される） 黄褐色水溶液
鉄(Ⅲ)イオン水溶液 Fe^{3+} 黄褐色	水酸化鉄(Ⅲ)※1 赤褐色沈殿	濃青色沈殿（ベルリンブルー）※2	暗褐色水溶液	Fe^{2+}（還元される）※3 淡緑色水溶液	FeS 硫化鉄(Ⅱ) 黒色沈殿※4	$[FeSCN]^{2+}$ 血赤色水溶液	酸素発生（Fe^{3+}が触媒となる）

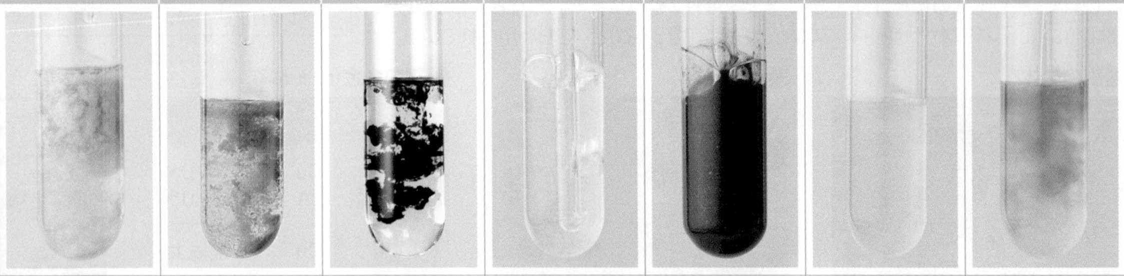

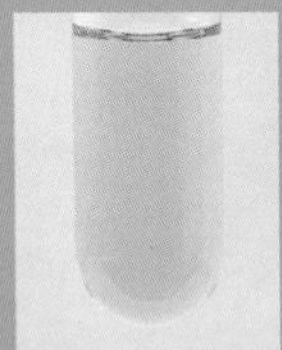

※1 水酸化鉄(Ⅲ)は FeO(OH)，$Fe_2O_3 \cdot nH_2O$ などで表される化合物よりなる混合物である。　※2 ターンブルブルーとベルリンブルーは同じ化合物である。
※3 Fe^{2+}に還元されるときに S が生じる。　※4 Fe^{2+}に還元された後に，硫化鉄(Ⅱ)の黒色沈殿ができる。

E コバルト・ニッケル
cobalt　nickel

コバルト Co やニッケル Ni は鉄に似た金属で，延性・展性に富み，強磁性体である。単体としてよりも，合金の成分として用いられることが多い。

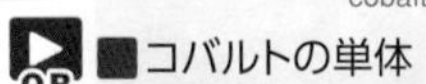

■コバルトの単体

融点 1495℃　沸点 2870℃
密度 8.90 g/cm³

■コバルトの化合物

$CoCl_2$ 塩化コバルト(Ⅱ)

水分を吸着

$CoCl_2 \cdot 6H_2O$ 塩化コバルト(Ⅱ)六水和物

乾湿指示薬

塩化コバルト紙や市販のシリカゲルには，塩化コバルト(Ⅱ)を染みこませてある。そのため，水分を吸着すると青色から淡赤色の塩化コバルト(Ⅱ)六水和物に変化するので，水の存在や吸湿力の有無が判別できる。

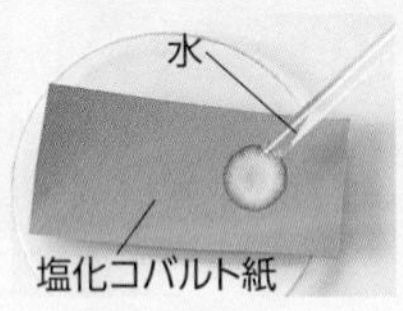

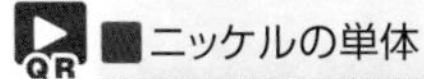

■ニッケルの単体

融点 1453℃　沸点 2732℃
密度 8.90 g/cm³

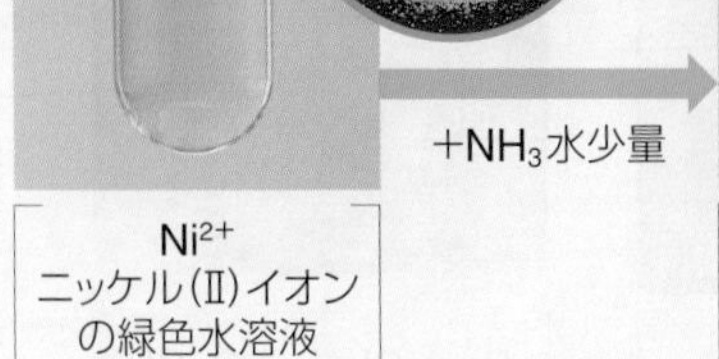

Ni^{2+} ニッケル(Ⅱ)イオンの緑色水溶液

+NH_3水少量

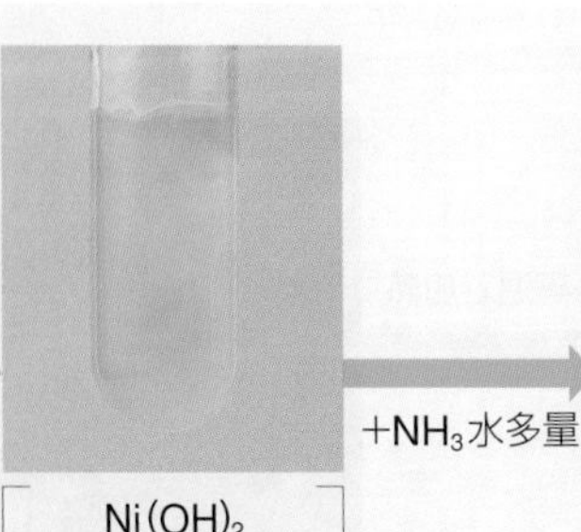

$Ni(OH)_2$ 水酸化ニッケル(Ⅱ)の緑白色沈殿

+NH_3水多量

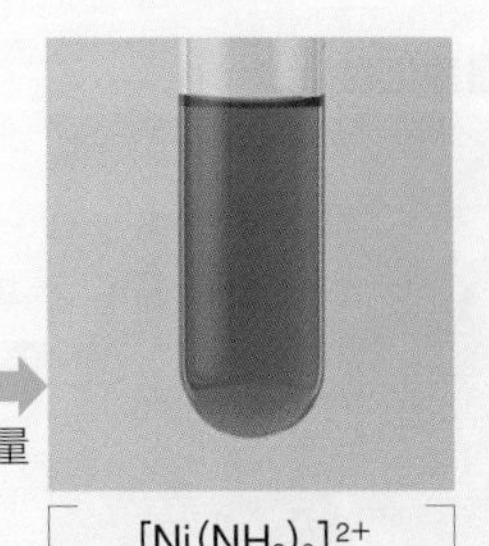

$[Ni(NH_3)_6]^{2+}$ ヘキサアンミンニッケル(Ⅱ)イオンの青紫色水溶液

無機物質

Q 鉄が希硫酸と反応したときに生じる鉄のイオンは，Fe^{2+}とFe^{3+}のどちらの状態ですか?

17 銅 基 化

	1	2	3	4	5	6	7	8	9	10	11	12	13	14	15	16	17	18
1	H																	He
2	Li	Be											B	C	N	O	F	Ne
3	Na	Mg											Al	Si	P	S	Cl	Ar
4	K	Ca	Sc	Ti	V	Cr	Mn	Fe	Co	Ni	Cu	Zn	Ga	Ge	As	Se	Br	Kr
5	Rb	Sr	Y	Zr	Nb	Mo	Tc	Ru	Rh	Pd	Ag	Cd	In	Sn	Sb	Te	I	Xe
6	Cs	Ba	ランタノイド	Hf	Ta	W	Re	Os	Ir	Pt	Au	Hg	Tl	Pb	Bi	Po	At	Rn
7	Fr	Ra	アクチノイド	Rf	Db	Sg	Bh	Hs	Mt	Ds	Rg	Cn	Nh	Fl	Mc	Lv	Ts	Og

A 銅とその利用 日常

銅 Cu (copper) は，熱や電気の伝導性が大きく，また，展性・延性に富む。単体として，導線や鍋などに用いられるほか，亜鉛・スズなどとの合金(p.183)としても利用されている。

■銅の単体

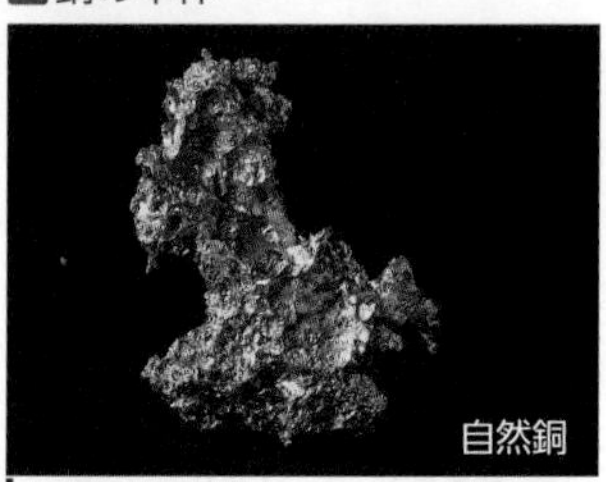

融点 1083℃	沸点 2567℃
密度 8.96 g/cm³	

Jump 銅の電解精錬 → p.96

黄銅鉱 $CuFeS_2$ をコークスや石灰石 $CaCO_3$ と反応させ，得られた粗銅を電解精錬する。

黄銅鉱

■調理器具

熱伝導性が大きい性質を利用して，調理器具に用いられる。

■導線

電気伝導性が大きい性質を利用して，導線に用いられる。

■銅の合金(p.183)

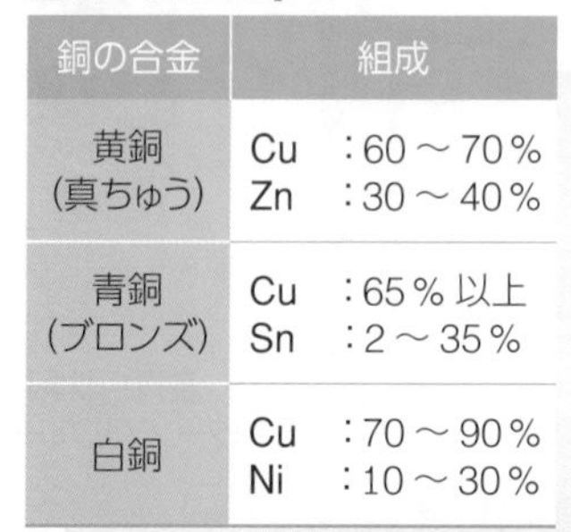

銅の合金	組成
黄銅(真ちゅう)	Cu ：60 ～ 70 % Zn ：30 ～ 40 %
青銅(ブロンズ)	Cu ：65 % 以上 Sn ：2 ～ 35 %
白銅	Cu ：70 ～ 90 % Ni ：10 ～ 30 %

楽器(黄銅)

ブロンズ像(青銅)

100 円硬貨(白銅)

B 銅の反応

銅は，イオン化傾向が小さいので，希塩酸や希硫酸などの酸には溶けないが，酸化力の強い硝酸や熱濃硫酸には溶ける。

■酸との反応

塩酸

反応しない

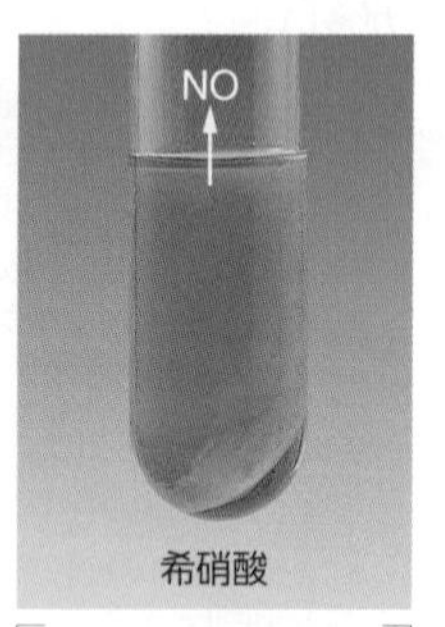

希硝酸

$$3Cu + 8HNO_3 \longrightarrow 3Cu(NO_3)_2 + 4H_2O + 2NO\uparrow$$

濃硝酸

$$Cu + 4HNO_3 \longrightarrow Cu(NO_3)_2 + 2H_2O + 2NO_2\uparrow$$

熱濃硫酸

$$Cu + 2H_2SO_4 \longrightarrow CuSO_4 + 2H_2O + SO_2\uparrow$$

■酸化物

CuO
酸化銅(Ⅱ)

高温で加熱

Cu_2O
酸化銅(Ⅰ)

■塩素との反応

$$Cu + Cl_2 \longrightarrow CuCl_2$$

■名古屋城の屋根(緑青(ろくしょう))

$$2Cu + CO_2 + H_2O + O_2 \longrightarrow CuCO_3 \cdot Cu(OH)_2$$

銅は，乾燥した空気中では常温で変化しにくい。しかし，湿気のある空気中では，湿気(水)・酸素・二酸化炭素とゆっくり反応して青緑色のさび(緑青)を生じる。

名古屋城の屋根には銅が使われているので，上記のような反応が起こり青緑色をしている。

A Fe^{2+}だけです。発生する水素が還元剤になるので，水素が発生する間は Fe^{3+}は生成しません。

C 銅(Ⅱ)イオンの反応

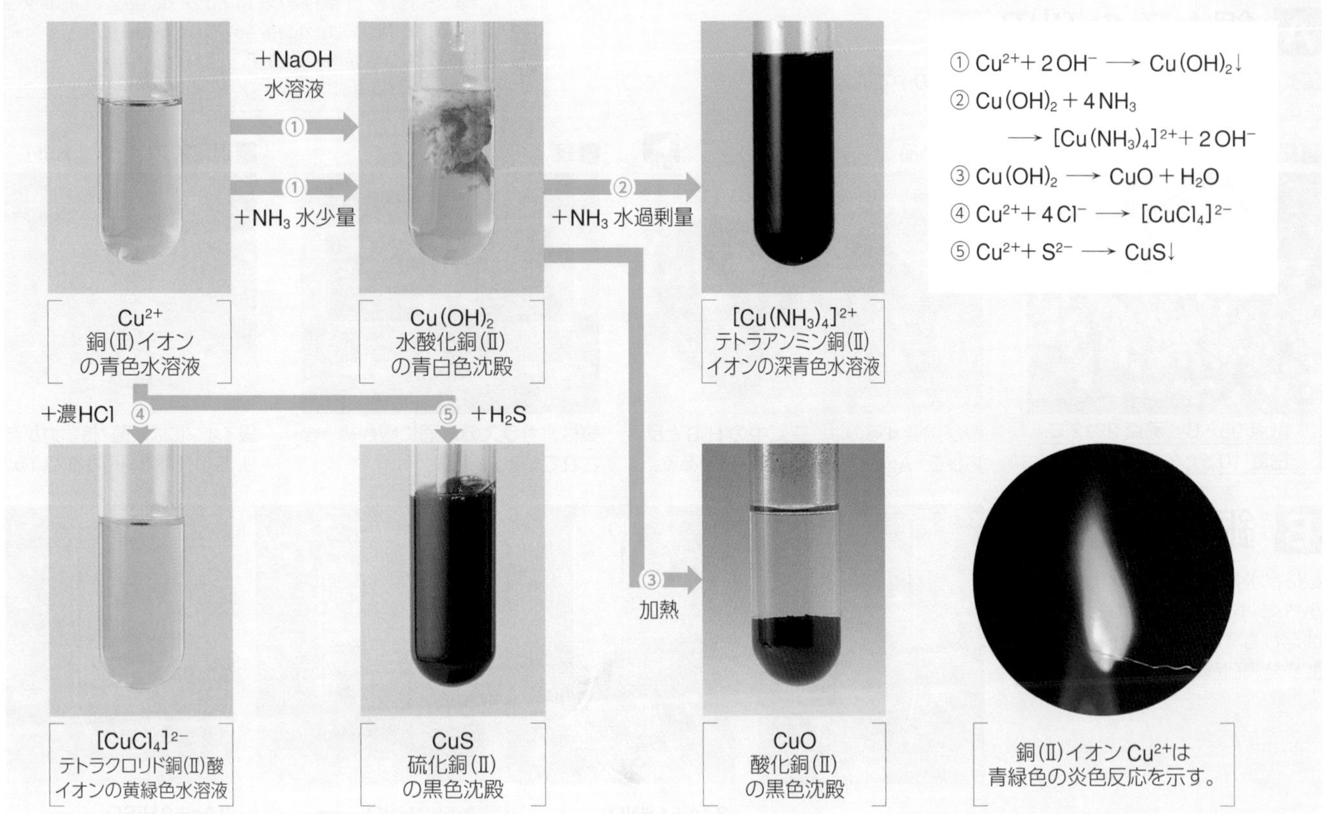

銅(Ⅱ)イオン Cu^{2+}は青緑色の炎色反応を示す。

D 硫酸銅(Ⅱ)

copper sulfate

硫酸銅(Ⅱ)五水和物を加熱していくと，102℃で2個の水分子を，113℃でさらに2個の水分子を失い，150℃で無水物となる。さらに，加熱していくと，CuOになる。

■硫酸銅(Ⅱ)五水和物の質量変化

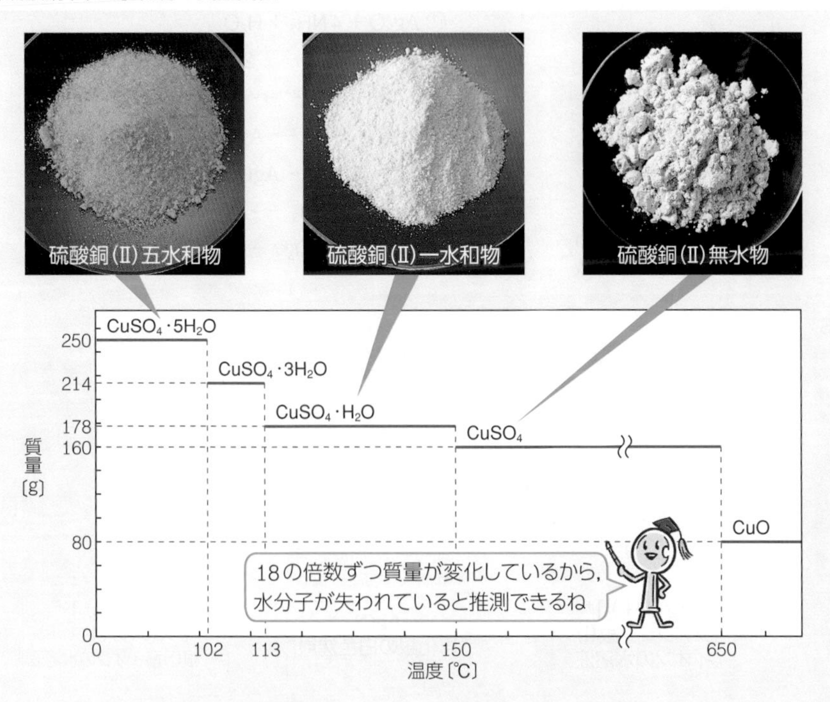

硫酸銅(Ⅱ)五水和物の構造

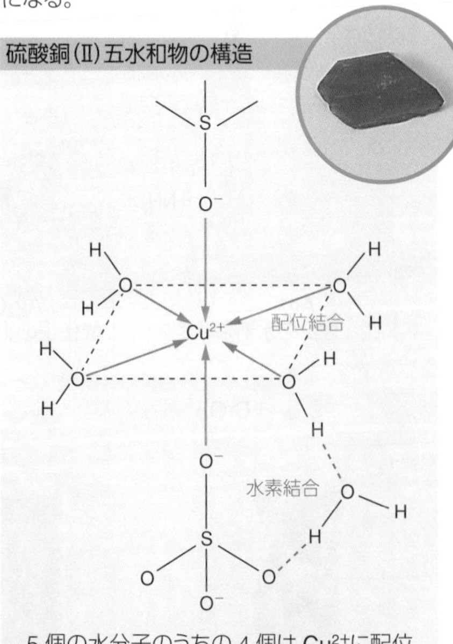

5個の水分子のうちの4個はCu^{2+}に配位結合してテトラアクア銅(Ⅱ)イオン$[Cu(H_2O)_4]^{2+}$となり，残りの1個はテトラアクア銅(Ⅱ)イオンと硫酸イオンSO_4^{2-}の両方に水素結合している。

18 銀・金・白金 基 化

	1	2	3	4	5	6	7	8	9	10	11	12	13	14	15	16	17	18
1	H																	He
2	Li	Be											B	C	N	O	F	Ne
3	Na	Mg											Al	Si	P	S	Cl	Ar
4	K	Ca	Sc	Ti	V	Cr	Mn	Fe	Co	Ni	Cu	Zn	Ga	Ge	As	Se	Br	Kr
5	Rb	Sr	Y	Zr	Nb	Mo	Tc	Ru	Rh	Pd	Ag	Cd	In	Sn	Sb	Te	I	Xe
6	Cs	Ba	ランタノイド	Hf	Ta	W	Re	Os	Ir	Pt	Au	Hg	Tl	Pb	Bi	Po	At	Rn
7	Fr	Ra	アクチノイド	Rf	Db	Sg	Bh	Hs	Mt	Ds	Rg	Cn	Nh	Fl	Mc	Lv	Ts	Og

A 銀とその利用 日常

銀 Ag (silver) は，熱伝導性・電気伝導性ともに金属の中で最大である。
また，空気中で熱しても酸化されない。

■銀の単体

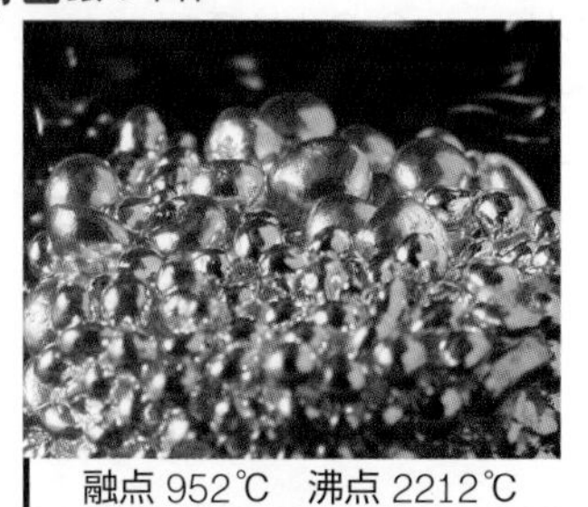

融点 952℃ 沸点 2212℃
密度 10.5 g/cm^3

■装飾品

銀が黒変するのは，空気中の H_2S と反応して，Ag_2S(黒)ができるからである。

■鏡

鏡は，ガラスの裏面に銀がめっきされている。

■消臭スプレー（p.29）

銀イオンには殺菌・抗菌力があり，広い分野で利用されている。

B 銀の反応

銀は，水素よりもイオン化傾向が小さく，塩酸や希硫酸などの酸には溶けないが，酸化力の強い硝酸や熱濃硫酸には溶ける。

塩酸

反応しない

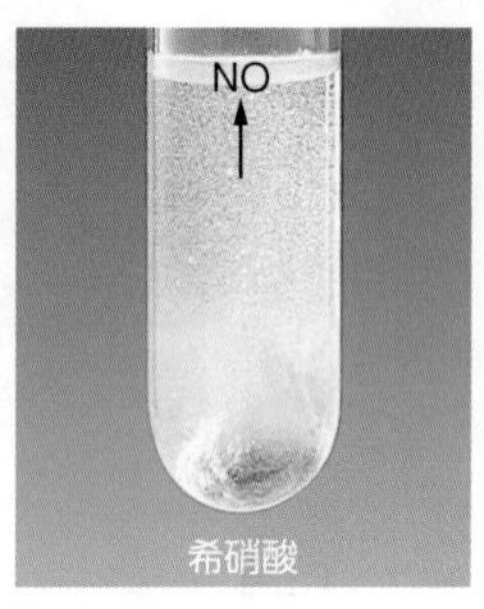

希硝酸

$3Ag + 4HNO_3 \longrightarrow 3AgNO_3 + 2H_2O + NO\uparrow$

濃硝酸

$Ag + 2HNO_3 \longrightarrow AgNO_3 + H_2O + NO_2\uparrow$

熱濃硫酸

$2Ag + 2H_2SO_4 \longrightarrow Ag_2SO_4 + 2H_2O + SO_2\uparrow$

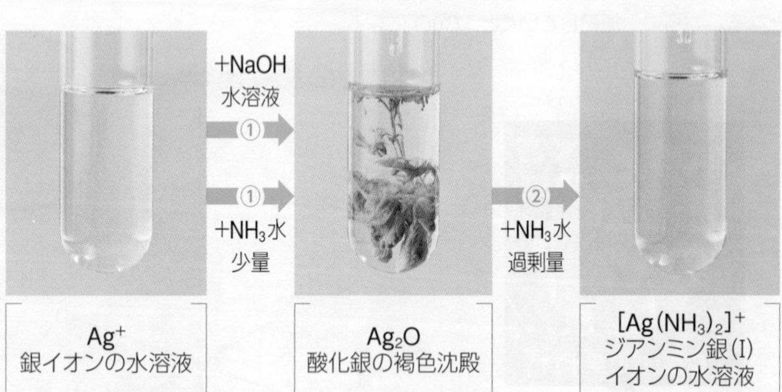

Ag^+ 銀イオンの水溶液

Ag_2O 酸化銀の褐色沈殿

$[Ag(NH_3)_2]^+$ ジアンミン銀(I)イオンの水溶液

① $2Ag^+ + 2OH^- \longrightarrow Ag_2O\downarrow + H_2O$

② $Ag_2O + 4NH_3 + H_2O \longrightarrow 2[Ag(NH_3)_2]^+ + 2OH^-$

③ $2Ag^+ + CrO_4^{2-} \longrightarrow Ag_2CrO_4\downarrow$

④ $2Ag^+ + S^{2-} \longrightarrow Ag_2S\downarrow$

⑤ $Ag^+ + Cl^- \longrightarrow AgCl\downarrow$

⑥ $AgCl + 2NH_3 \longrightarrow [Ag(NH_3)_2]^+ + Cl^-$

⑦ $AgCl + 2S_2O_3^{2-} \longrightarrow [Ag(S_2O_3)_2]^{3-} + Cl^-$

③ $+CrO_4^{2-}$　④ $+H_2S$　⑤ $+HCl$

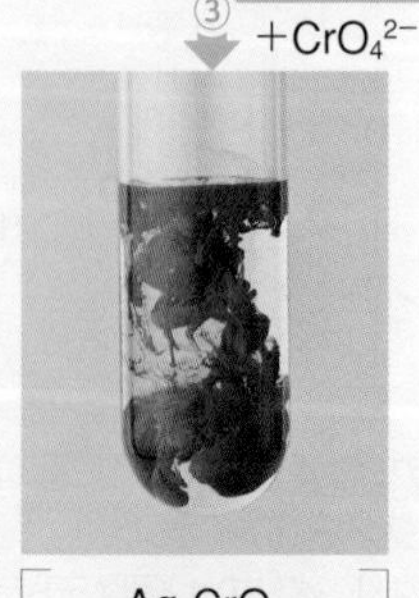

Ag_2CrO_4 クロム酸銀の赤褐色沈殿

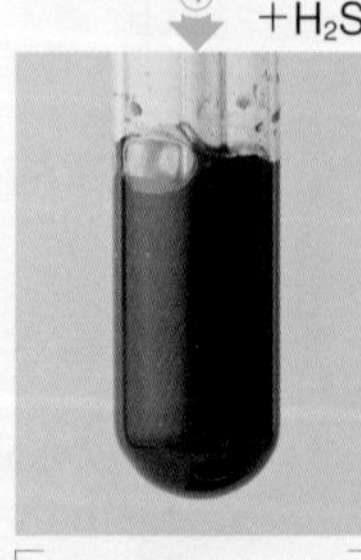

Ag_2S 硫化銀の黒色沈殿

$[Ag(NH_3)_2]^+$ ジアンミン銀(I)イオンの水溶液

⑥ $+NH_3$水

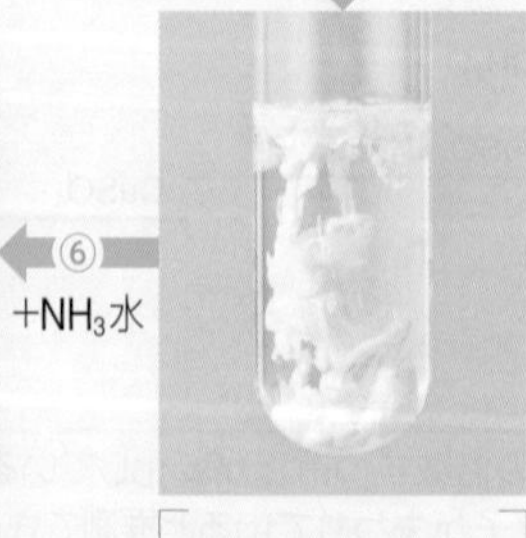

AgCl 塩化銀の白色沈殿

⑦ $+Na_2S_2O_3$ 水溶液

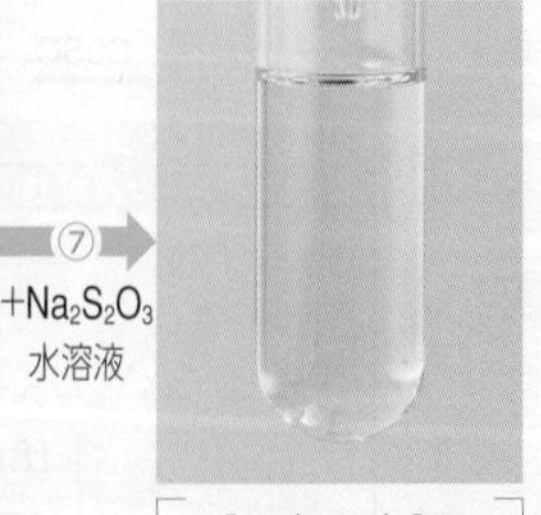

$[Ag(S_2O_3)_2]^{3-}$ ビス(チオスルファト)銀(I)酸イオンの水溶液

C ハロゲン化銀と感光性 photosensitive

ハロゲン化物イオンに銀イオン Ag^+ を加えると，ハロゲン化銀が生成する。これに光を当てると，分解して銀の粒子が遊離する(p.125)。

■塩化銀

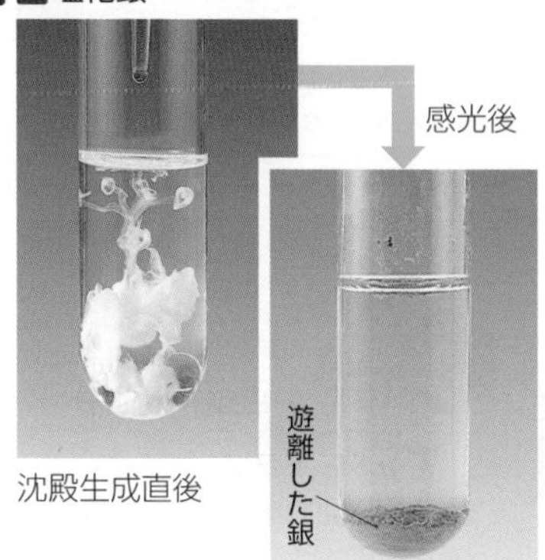

沈殿生成直後

■臭化銀

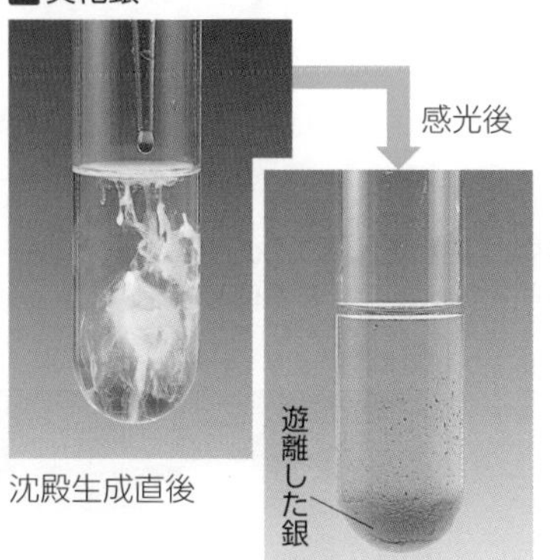

沈殿生成直後

■ヨウ化銀

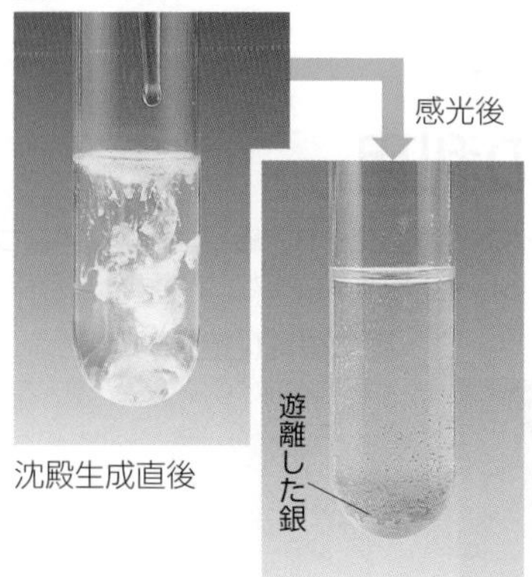

沈殿生成直後

臭化銀の感光性を利用した写真フィルム

D 金と白金 gold platinum

金 Au・銀 Ag・白金 Pt などの金属は，イオン化傾向が小さく，空気中で安定していて金属光沢を失わない。また，産出量が少なく高価なことから，貴金属とよばれる。

■金の単体

融点 1064℃　沸点 2807℃
密度 19.3 g/cm³

■自然金

反応性が低いので，単体として産出される。

■集積回路

耐食性・電気伝導性に優れていて，コンピュータの回路に使われる。

Column 金の純度と合金

金の純度を簡単に表すには，一般に 100% = 24 金として表すことが多い。つまり，18 金とは金の含有量は 75% で，残りの 25% は他の金属が含まれていることを表す。

また，金は他の金属を加えて合金にすることによって，いろいろな色彩に変わることも知られている。例えば，「金 75% +銀，パラジウム」の合金はホワイトゴールド，「金 75% +銅」の合金はレッドゴールドとよばれ，それぞれ白色(銀色)，赤色である。

■ホワイトゴールドのペンダント

■金と酸との反応

濃塩酸

反応しない

濃硝酸

反応しない

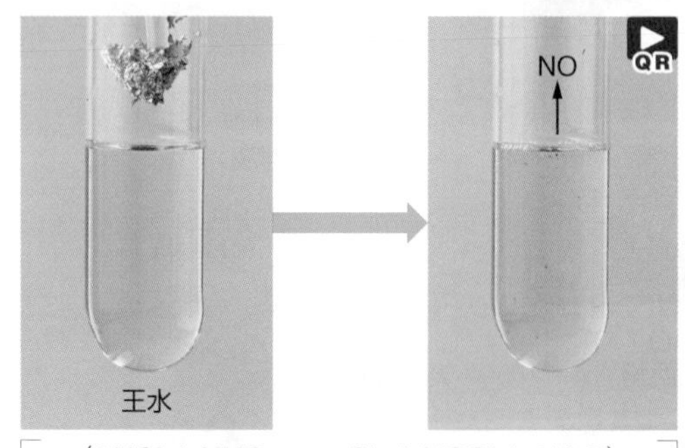

王水

$(3HCl + HNO_3 \longrightarrow Cl_2 + NOCl + 2H_2O)$

$Au + Cl_2 + NOCl + HCl \longrightarrow H[AuCl_4] + NO\uparrow$

■白金の単体

融点 1772℃　沸点 3830℃
密度 21.5 g/cm³

■装飾品

白金(プラチナ)は装飾品として好まれている。

■白金電極

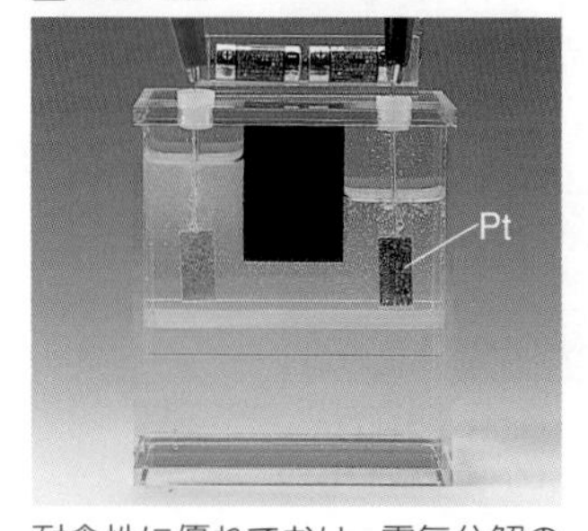

耐食性に優れており，電気分解の電極として用いられる。

■白金触媒

自動車の排気ガスの浄化など，触媒としての用途が広い。

Q 王水以外にも金を溶かす物質はありますか?

19 亜鉛・カドミウム・水銀 基 化

	1	2	3	4	5	6	7	8	9	10	11	12	13	14	15	16	17	18
1	H																	He
2	Li	Be											B	C	N	O	F	Ne
3	Na	Mg											Al	Si	P	S	Cl	Ar
4	K	Ca	Sc	Ti	V	Cr	Mn	Fe	Co	Ni	Cu	Zn	Ga	Ge	As	Se	Br	Kr
5	Rb	Sr	Y	Zr	Nb	Mo	Tc	Ru	Rh	Pd	Ag	Cd	In	Sn	Sb	Te	I	Xe
6	Cs	Ba	ランタノイド	Hf	Ta	W	Re	Os	Ir	Pt	Au	Hg	Tl	Pb	Bi	Po	At	Rn
7	Fr	Ra	アクチノイド	Rf	Db	Sg	Bh	Hs	Mt	Ds	Rg	Cn	Nh	Fl	Mc	Lv	Ts	Og

A 亜鉛とその利用 日常

亜鉛 Zn(zinc) の単体は，空気中では表面が酸化されて緻密な薄い被膜をつくり，内部を保護する。亜鉛やその化合物は，トタンや黄銅(真ちゅう)の原料，電池の負極などのほか，白色顔料や蛍光塗料などにも使われている。

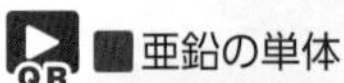

■亜鉛の単体

融点 420℃　沸点 907℃
密度 7.13 g/cm³

■絵の具(白色顔料)

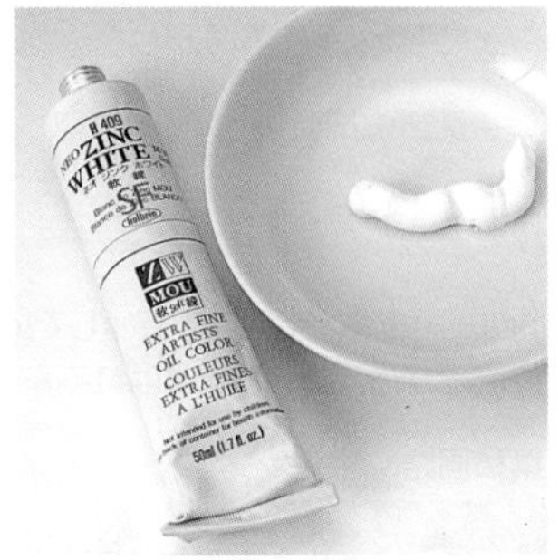

酸化亜鉛 ZnO は，白色顔料として絵の具などに使われている。

■軟膏

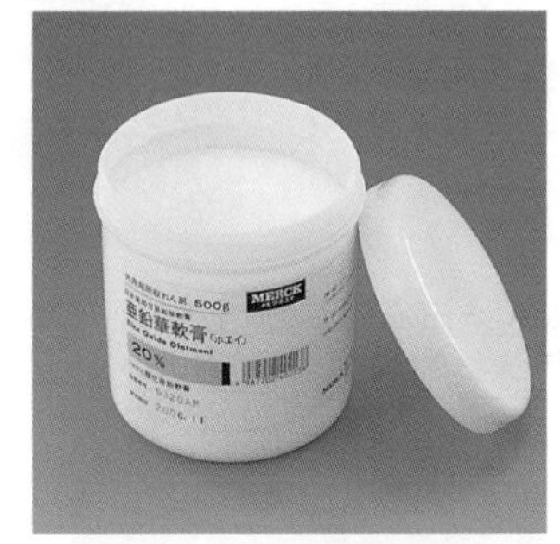

酸化亜鉛 ZnO は，医薬品や化粧品に用いられる。

Jump 亜鉛の利用

p.84 トタン
鉄板に亜鉛をめっきしたものをトタンという。

p.90 乾電池
乾電池の負極には，亜鉛が用いられている。

p.183 黄銅
銅・亜鉛の合金を黄銅という。

B 亜鉛の反応

両性金属である亜鉛 Zn は，酸・強塩基いずれの水溶液とも反応する。また，亜鉛イオン Zn^{2+} を含む水溶液に水酸化ナトリウム NaOH 水溶液やアンモニア NH_3 水を過剰に加えると，錯イオン(p.169)をつくる。

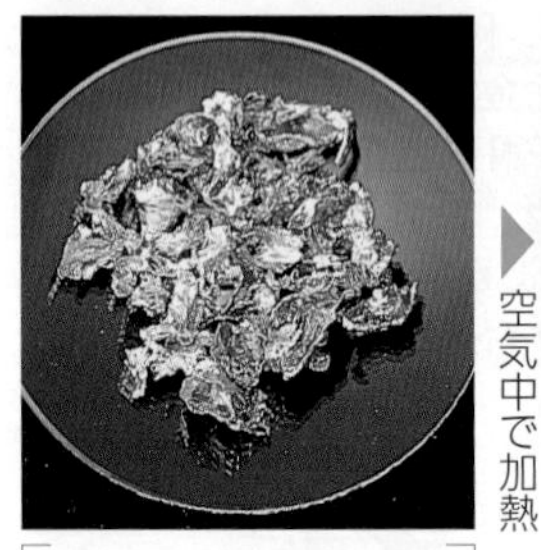

Zn
亜鉛

▶ 空気中で加熱

ZnO
酸化亜鉛

■亜鉛と酸・強塩基との反応

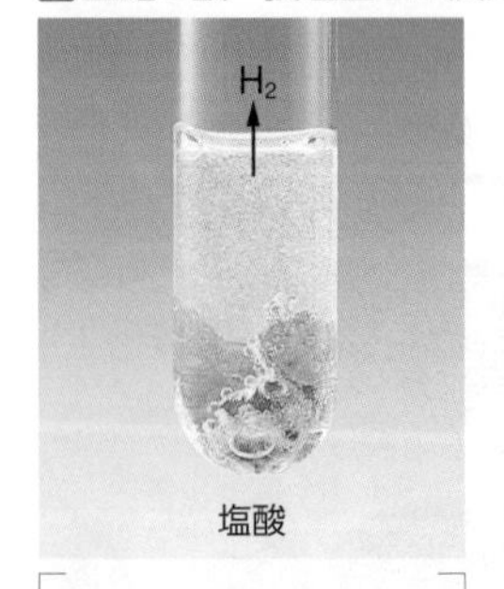

塩酸

$Zn + 2HCl \longrightarrow ZnCl_2 + H_2\uparrow$

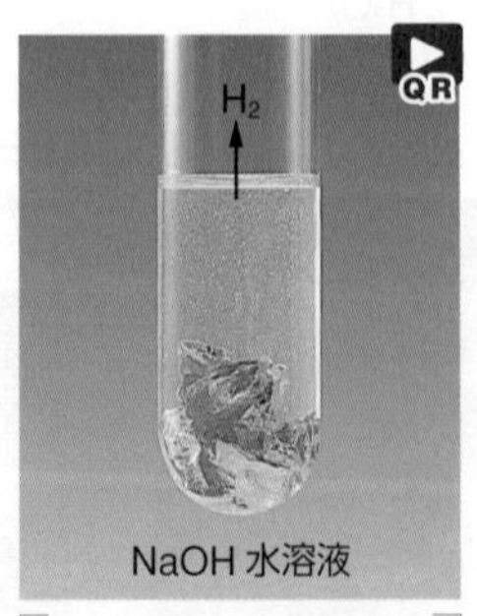

NaOH 水溶液

$Zn + 2NaOH + 2H_2O \longrightarrow Na_2[Zn(OH)_4] + H_2\uparrow$

酸(HCl)・強塩基(NaOH)，いずれの水溶液とも反応して水素を発生する。

Zn^{2+} 亜鉛イオンの水溶液
→ ② +NaOH 水溶液 少量 → $Zn(OH)_2$ 水酸化亜鉛の白色沈殿
→ ③ +NaOH 水溶液 過剰量 → $[Zn(OH)_4]^{2-}$ テトラヒドロキシド亜鉛(Ⅱ)酸イオンの水溶液

Zn^{2+} 亜鉛イオンの水溶液
→ ① $+H_2S$ (塩基性) → ZnS 硫化亜鉛の白色沈殿

Zn^{2+} 亜鉛イオンの水溶液
→ ② $+NH_3$ 水 少量 → $Zn(OH)_2$ 水酸化亜鉛の白色沈殿
→ ④ $+NH_3$ 水 過剰量 → $[Zn(NH_3)_4]^{2+}$ テトラアンミン亜鉛(Ⅱ)イオンの水溶液

① $Zn^{2+} + S^{2-} \longrightarrow ZnS\downarrow$
② $Zn^{2+} + 2OH^- \longrightarrow Zn(OH)_2\downarrow$
③ $Zn(OH)_2 + 2OH^- \longrightarrow [Zn(OH)_4]^{2-}$
④ $Zn(OH)_2 + 4NH_3 \longrightarrow [Zn(NH_3)_4]^{2+} + 2OH^-$

Ⓐ 殺菌剤として使われるヨードチンキ(I_2 および KI のエタノール溶液)には，金を溶かす性質があります。

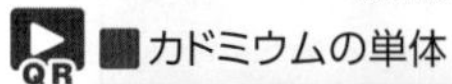

C カドミウム cadmium

カドミウム Cd は，亜鉛 Zn に伴って産出される。亜鉛よりも沸点が低いので，蒸留の際に亜鉛に先立って留出し分離される。人体に有害で，腎臓を侵す。

■カドミウムの単体

融点 321℃　沸点 765℃
密度 8.65 g/cm³

■ニッケル-カドミウム蓄電池（p.91）

正極にニッケル化合物，負極にカドミウムを使用。充電ができくり返し使える。

■絵の具（黄色顔料） 日常

硫化カドミウム CdS は，黄色顔料として絵の具や着色剤に利用されている。

■カドミウムイオンの反応

$Cd^{2+} + S^{2-} \longrightarrow CdS\downarrow$
硫化カドミウムの黄色沈殿

D 水銀 mercury

水銀 Hg は，単体の金属では唯一，常温で液体である。水銀の蒸気や水銀(Ⅱ)化合物は，毒性が強い。クロム Cr，鉄 Fe，ニッケル Ni，白金 Pt 以外の金属と合金をつくりやすく，水銀の合金をアマルガムという。

■蛍光灯

室内の蛍光灯やグラウンドの夜間照明の水銀灯は，放電による水銀の発光を利用したものである。

■温度計

水銀は常温で液体であり，体積膨張率が常に一定であることから温度計に使われてきた。

Column 大仏のめっき

水銀は常温で液体であり，多くの金属とアマルガムとよばれる合金をつくる。
大仏などにめっきする場合には，金と水銀の混合物である液体のアマルガムが使われた。きれいに磨いた銅や青銅の表面に，液体状のアマルガムを塗り，火であぶることにより水銀のみを蒸発させると金だけが残る。
古代から用いられた方法だが，蒸発した水銀の毒性による人体への危険性が高い。

Q 水俣病の原因となった工場廃水中に含まれていた水銀の化合物は，何に使われていたのですか？

20 クロム・マンガン 基 化

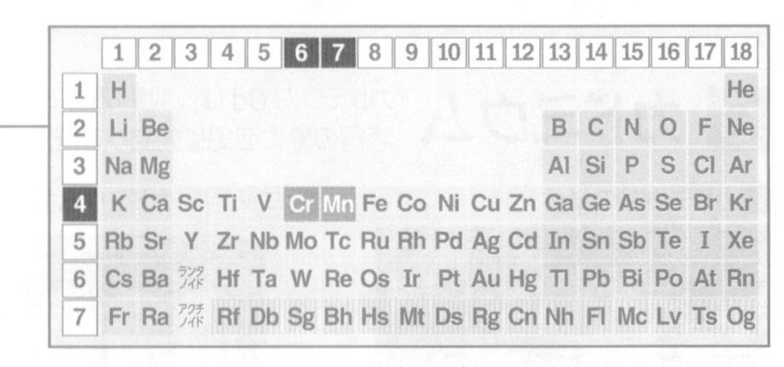

A クロムとその利用 日常

クロム Cr (chromium) の化合物やイオンは変化に富んだ色を示すので，化学反応を視覚的に知るのに重要な化合物が多く，また，顔料として広く利用されている。

■クロムの単体

融点 1860℃	沸点 2671℃
密度 7.19 g/cm³	

■絵の具(顔料)

クロムの化合物は，顔料として油絵の具に使われている。

■流し台(ステンレス鋼)

鉄・クロム・ニッケルの合金をステンレス鋼といい，さびにくい。

■ドライヤー(発熱素子)

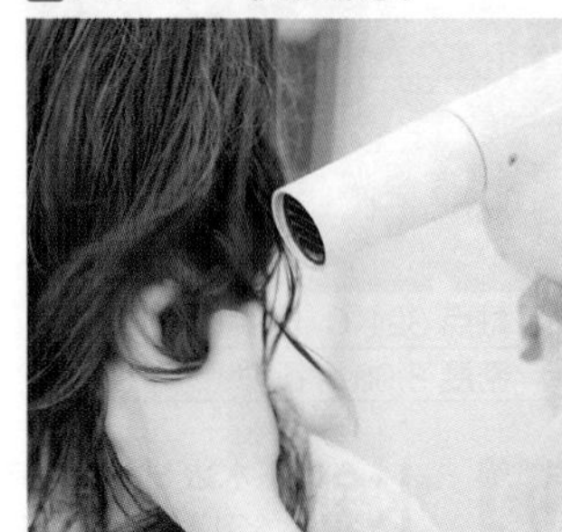

ニッケルとの合金(ニクロム)は電気抵抗が大きく，ドライヤーに使われる。

B クロムの化合物とその反応

クロム酸イオン CrO_4^{2-} の塩は水に不溶なものが多く，沈殿生成反応を示す。酸性にした二クロム酸イオン $Cr_2O_7^{2-}$ には，酸化作用がある。

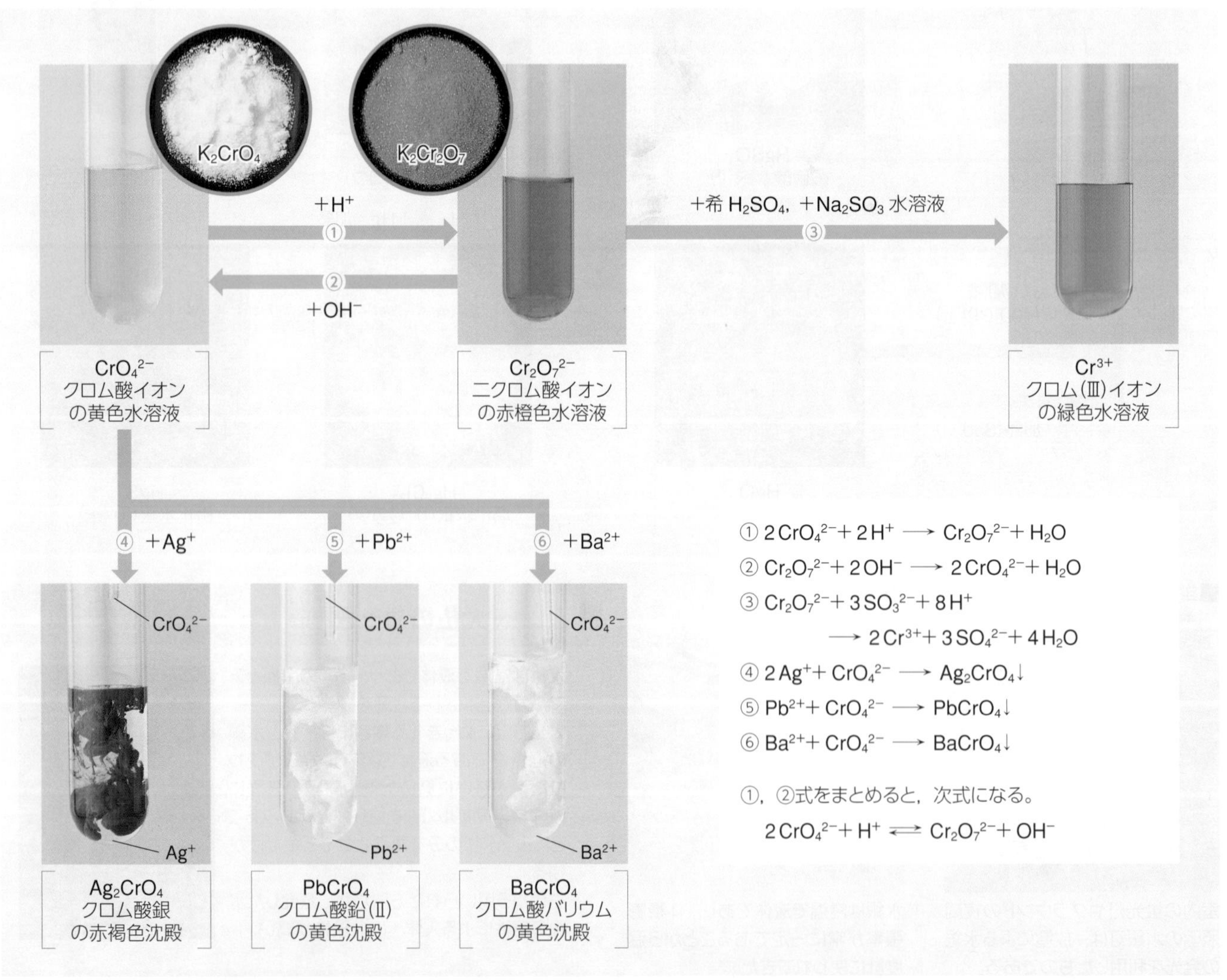

[CrO_4^{2-} クロム酸イオンの黄色水溶液]

[$Cr_2O_7^{2-}$ 二クロム酸イオンの赤橙色水溶液]

[Cr^{3+} クロム(Ⅲ)イオンの緑色水溶液]

[Ag_2CrO_4 クロム酸銀の赤褐色沈殿]

[$PbCrO_4$ クロム酸鉛(Ⅱ)の黄色沈殿]

[$BaCrO_4$ クロム酸バリウムの黄色沈殿]

① $2CrO_4^{2-} + 2H^+ \longrightarrow Cr_2O_7^{2-} + H_2O$

② $Cr_2O_7^{2-} + 2OH^- \longrightarrow 2CrO_4^{2-} + H_2O$

③ $Cr_2O_7^{2-} + 3SO_3^{2-} + 8H^+ \longrightarrow 2Cr^{3+} + 3SO_4^{2-} + 4H_2O$

④ $2Ag^+ + CrO_4^{2-} \longrightarrow Ag_2CrO_4\downarrow$

⑤ $Pb^{2+} + CrO_4^{2-} \longrightarrow PbCrO_4\downarrow$

⑥ $Ba^{2+} + CrO_4^{2-} \longrightarrow BaCrO_4\downarrow$

①，②式をまとめると，次式になる。

$$2CrO_4^{2-} + H^+ \rightleftarrows Cr_2O_7^{2-} + OH^-$$

Ⓐ アセトアルデヒドの合成に触媒として使われていました。硫酸水銀(Ⅱ)を溶かした希硫酸にアセチレンを通じると，アセトアルデヒドが生じます。

C マンガンとその利用

manganese

マンガン Mn は 0 から+7 の酸化数をとるが，+2，+4，+7 の酸化数の化合物がふつうである。酸化マンガン(Ⅳ)は触媒や酸化剤となる。

QR

■マンガンの単体

融点 1244℃　沸点 1962℃
密度 7.44 g/cm³

■乾電池

酸化マンガン(Ⅳ)は，乾電池の正極活物質に使われている。

Column マンガンクロッシング

マンガンを 11 ～ 14％ほど含んだ高マンガン鋼は非常に硬く，摩耗しにくいことから，鉄道の分岐器に使われている。このような鉄道の分岐器をマンガンクロッシングとよぶ。

D マンガンの化合物とその反応

MnO_2 は，酸化剤や触媒，乾電池の正極活物質などに利用される。$KMnO_4$ は黒紫色の針状結晶で，実験室で一般的な酸化剤として用いられる。

■酸化マンガン(Ⅳ)のはたらき

水溶液中の過酸化水素 H_2O_2 の分解の速さを大きくする(触媒)。

$2H_2O_2 \longrightarrow 2H_2O + O_2\uparrow$

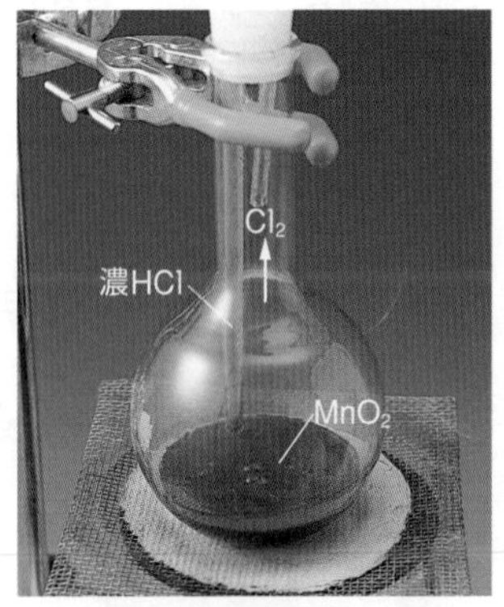

塩化水素 HCl を酸化して塩素 Cl_2 を発生させる(酸化剤)。

$4HCl + MnO_2 \longrightarrow MnCl_2 + 2H_2O + Cl_2\uparrow$

Column マンガン団塊

太平洋やインド洋の水深 4000 ～ 6000 m の海底には，海水中のマンガンや鉄などが酸化物や水酸化物として沈殿してできた，マンガン団塊とよばれる黒色で粒状の塊が点在している。マンガン団塊には，コバルト・ニッケルなど，希少価値の高い金属も含まれていて，将来の金属資源として期待されている。

MnO_2
酸化マンガン(Ⅳ)

$KMnO_4$
過マンガン酸カリウム

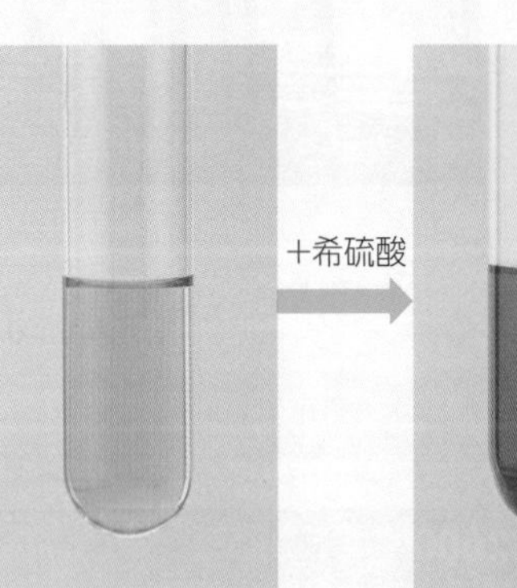

MnO_4^{2-}
マンガン酸イオンの緑色水溶液

＋希硫酸 →

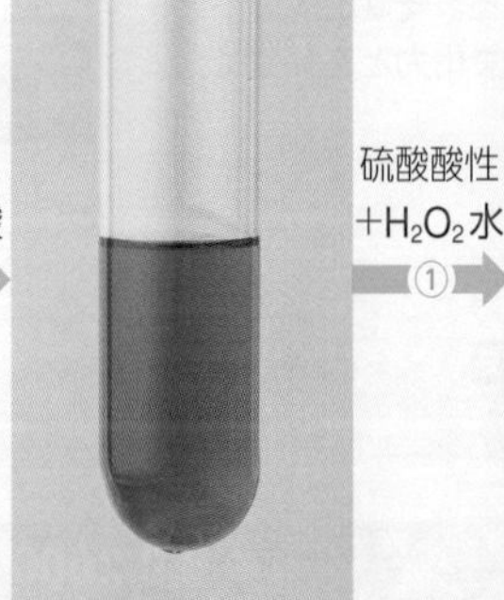

MnO_4^-
過マンガン酸イオンの赤紫色水溶液

硫酸酸性 ＋H_2O_2水 ①→

Mn^{2+}
マンガン(Ⅱ)イオンの淡桃色水溶液※

塩基性 ＋H_2S ②→

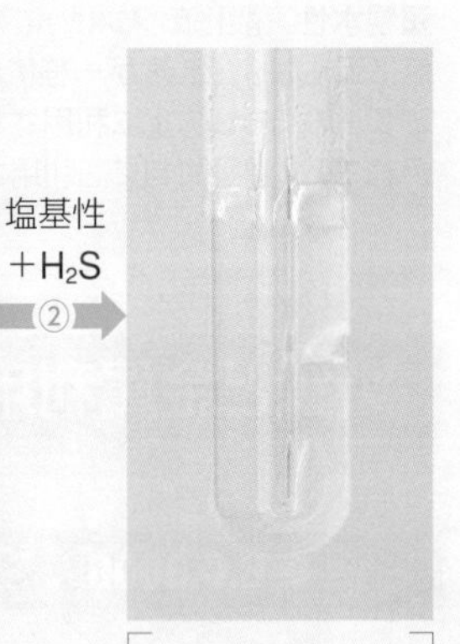

MnS
硫化マンガン(Ⅱ)の淡桃色沈殿

① $2MnO_4^- + 6H^+ + 5H_2O_2 \longrightarrow 2Mn^{2+} + 8H_2O + 5O_2$

② $Mn^{2+} + S^{2-} \longrightarrow MnS\downarrow$

※濃度が低い場合は，ほぼ無色に見える。

Q クロムの単体は有毒ですか？

21 金属の利用 基 化

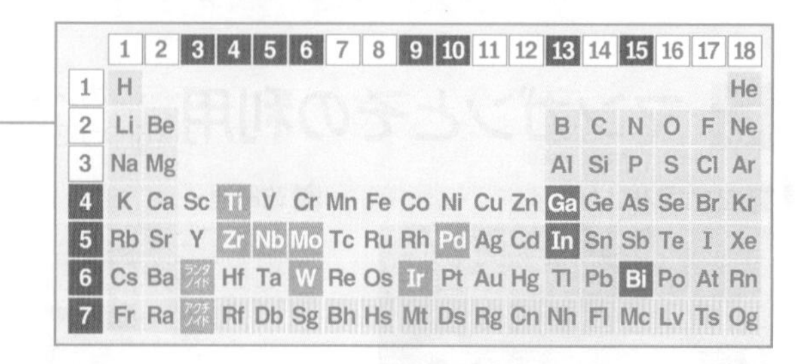

A チタン 日常

titanium

チタンは軽くて丈夫で，さびにくい性質をもつため，さまざまな用途に用いられる。レアメタルの代表格で，将来爆発的な普及が期待されている。

■チタンの単体

融点 1660℃
沸点 3287℃
密度 4.54 g/cm^3

■建築物

軽くて硬く，耐食性に優れているため，メンテナンスが難しい壁面などに使われる。

■カラーチタン

チタン表面の酸化被膜の厚さによって色が変わる。また，見る角度によっても微妙に色が変化する。

■日焼け止め

酸化チタン(Ⅳ) TiO_2 は紫外線を吸収するため，日焼け止めに使われている。

Zoom up 光触媒 技術

photocatalyst

光が当たると触媒(p.127)としてはたらく物質を**光触媒**という。光触媒として代表的なものは酸化チタン(Ⅳ) TiO_2 である。光触媒が示す特徴として，「強い酸化力」と「超親水性」の2つがある。酸化チタン(Ⅳ)が光触媒としてはたらくことは，1970年頃に藤嶋昭氏らによって発見・発表された。

強い酸化力　酸化チタン(Ⅳ)は光エネルギーを吸収して活性化する。このとき，強い酸化力を示すようになるため，細菌や油汚れを酸化分解することができる。また，酸化チタン(Ⅳ)の単結晶と白金を電極にして光を当てると，酸化チタン(Ⅳ)表面からは酸素ガスが，白金からは水素ガスが発生する(水の光分解)。この強い酸化力は，消臭できる空気清浄機や窒素酸化物を除去できる外壁・舗装用道路ブロックなどに利用されている。

超親水性　酸化チタン(Ⅳ)に光を当てると，水滴との接触角が限りなく0度に近くなり，水滴が一様に広がり薄い水の膜になる。そのため，ドアミラーのくもり防止に利用されている。また，強い酸化力とあわせて，汚れにくい建築材料にも利用されている。

■光触媒をコーティングした住宅の外壁

製錬と金属利用の歴史 化学史

● B.C.3000　● B.C.2000　● B.C.1000

紀元前 5000 年頃
人類は自然に産出した金・銀・銅や，隕石から取り出した鉄(隕鉄)を加工して，使用していた。

紀元前 3000 年頃
古代メソポタミアで青銅が発明された。
青銅は銅よりも硬いため，武器や農具に使われた。

紀元前 1500 年頃
古代オリエントで製鉄技術が発明される。この頃の鉄は金と同じくらいの貴重品であった。

A 無毒です。しかし，6価のイオンには強い毒性があります。そのため，6価のクロムは使用が規制され，代替製品の開発が進んでいます。

B 身のまわりの金属

融点・密度・硬さなどの性質が異なるさまざまな金属・化合物・合金(p.183)が，それぞれの性質をいかした用途で使われている。 日常

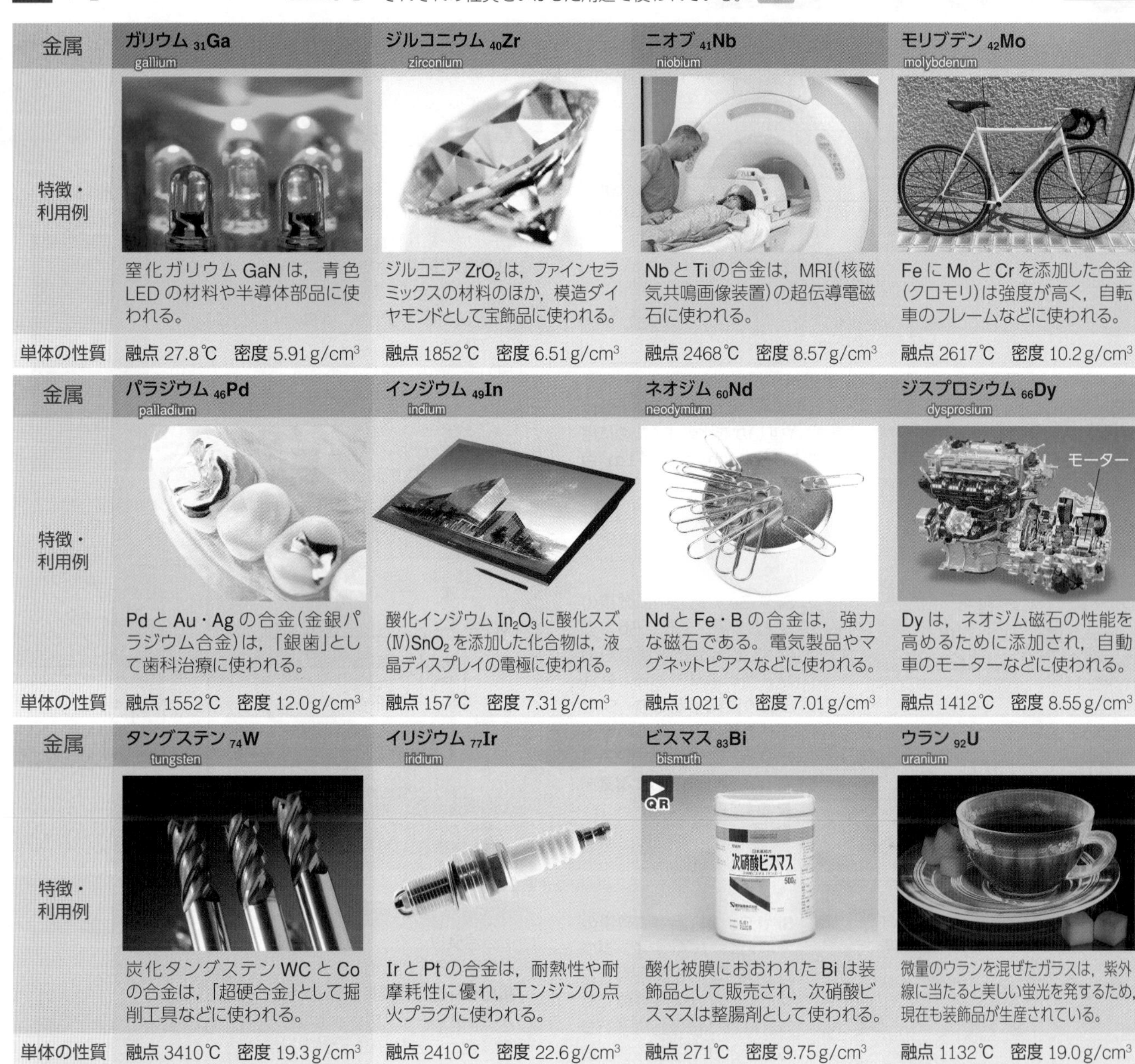

金属	ガリウム $_{31}Ga$ gallium	ジルコニウム $_{40}Zr$ zirconium	ニオブ $_{41}Nb$ niobium	モリブデン $_{42}Mo$ molybdenum
特徴・利用例	窒化ガリウム GaN は，青色LEDの材料や半導体部品に使われる。	ジルコニア ZrO_2 は，ファインセラミックスの材料のほか，模造ダイヤモンドとして宝飾品に使われる。	NbとTiの合金は，MRI(核磁気共鳴画像装置)の超伝導電磁石に使われる。	FeにMoとCrを添加した合金(クロモリ)は強度が高く，自転車のフレームなどに使われる。
単体の性質	融点 27.8℃ 密度 5.91 g/cm^3	融点 1852℃ 密度 6.51 g/cm^3	融点 2468℃ 密度 8.57 g/cm^3	融点 2617℃ 密度 10.2 g/cm^3
金属	パラジウム $_{46}Pd$ palladium	インジウム $_{49}In$ indium	ネオジム $_{60}Nd$ neodymium	ジスプロシウム $_{66}Dy$ dysprosium
特徴・利用例	PdとAu・Agの合金(金銀パラジウム合金)は，「銀歯」として歯科治療に使われる。	酸化インジウム In_2O_3 に酸化スズ(Ⅳ) SnO_2 を添加した化合物は，液晶ディスプレイの電極に使われる。	NdとFe・Bの合金は，強力な磁石である。電気製品やマグネットピアスなどに使われる。	Dyは，ネオジム磁石の性能を高めるために添加され，自動車のモーターなどに使われる。
単体の性質	融点 1552℃ 密度 12.0 g/cm^3	融点 157℃ 密度 7.31 g/cm^3	融点 1021℃ 密度 7.01 g/cm^3	融点 1412℃ 密度 8.55 g/cm^3
金属	タングステン $_{74}W$ tungsten	イリジウム $_{77}Ir$ iridium	ビスマス $_{83}Bi$ bismuth	ウラン $_{92}U$ uranium
特徴・利用例	炭化タングステンWCとCoの合金は，「超硬合金」として掘削工具などに使われる。	IrとPtの合金は，耐熱性や耐摩耗性に優れ，エンジンの点火プラグに使われる。	酸化被膜におおわれたBiは装飾品として販売され，次硝酸ビスマスは整腸剤として使われる。	微量のウランを混ぜたガラスは，紫外線に当たると美しい蛍光を発するため，現在も装飾品が生産されている。
単体の性質	融点 3410℃ 密度 19.3 g/cm^3	融点 2410℃ 密度 22.6 g/cm^3	融点 271℃ 密度 9.75 g/cm^3	融点 1132℃ 密度 19.0 g/cm^3

紀元前300年頃
稲作文化とともに，青銅器や鉄器が日本に伝わった。

西暦600年頃
日本で「たたら」による製鉄が始まった。原料にはおもに砂鉄が用いられた。

西暦1886年
ホール・エルー法の確立により，アルミニウムの大量生産に成功した。

● 0　● A.D.1000　● A.D.2000

世界初の鉄橋(イギリス)

西暦1780年頃
ヨーロッパでコークスを用いた製錬技術が完成し，鉄が大量生産されるようになった。

酸化チタン(Ⅳ)の鉱石

西暦1946年
マグネシウムを用いて酸化チタン(Ⅳ)を還元する方法が開発され，チタンの大量生産に成功した。

現在
レアメタルや合金などのさまざまな金属材料が，日常生活の隅々まで利用されている。

無機物質

Q 大量生産された時期が，金属によって大きく異なるのはなぜですか?

22 半導体・合金 基 化

A 半導体 semiconductor

ケイ素 Si やゲルマニウム Ge は，低温では抵抗率が大きく電気を通しにくいが，温度が上がると抵抗率が小さくなり，電気を通すようになる。このような半導体を真性半導体という。物理

■導体・半導体・不導体(絶縁体)

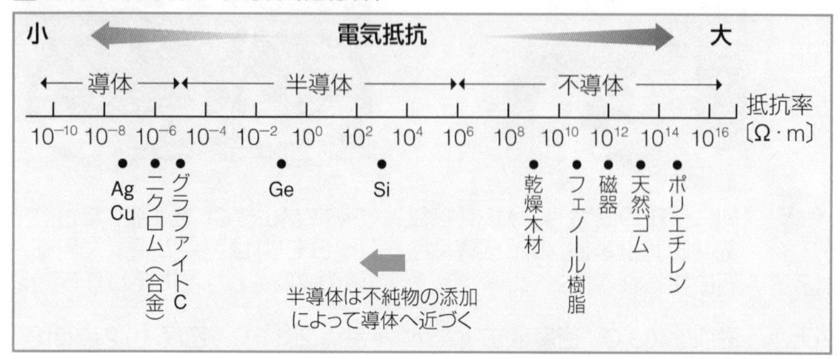

真性半導体に微量の不純物を添加すると，抵抗率が小さくなる。これを不純物半導体といい，不純物の種類によって n 型半導体と p 型半導体に分けられる。抵抗率とは，どんな材料が電気を通しやすいかを比較するために用いられる物性値である。抵抗率〔Ω・m〕は，物体の長さ 1 m，断面積 1 m^2 当たりの抵抗値を表す。(上図は，0℃の抵抗率を用いて示した。)

■ n 型半導体

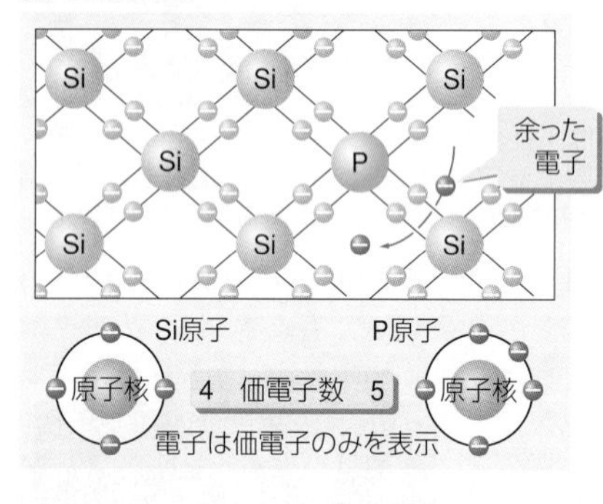

Si や Ge の結晶中に微量のリン P やアンチモン Sb などの 15 族元素を混ぜたものが n 型半導体である。P は 5 個の価電子をもち，Si との共有結合で 1 個の価電子が余る。この余った電子が自由電子と同じように電気を運ぶはたらきをする。

■ p 型半導体

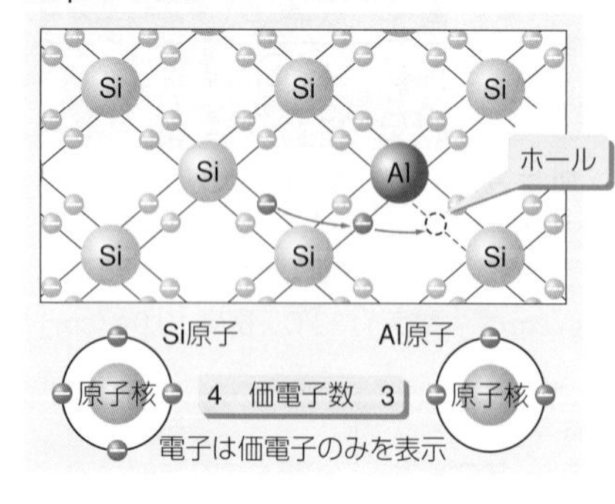

Si や Ge の結晶中に微量のアルミニウム Al やインジウム In などの 13 族元素を混ぜたものが p 型半導体である。Al は 3 個の価電子をもち，Si との共有結合で 1 個の電子が不足し，ホール(正孔)ができる。このホールが電気を運ぶはたらきをする。

Zoom up LED(発光ダイオード) light-emitting diode 技術

LED は，n 型半導体と p 型半導体を接合したものである。この半導体に順方向(p 型が正，n 型が負になるよう)に電圧を加えると，電子とホールが移動して接合部で再結合し，このときエネルギーが光として放射される。放射される光の色は，電子とホールのもつエネルギー差に関係するため，材料の半導体によって色が変わる。

LED は，光の三原色である赤，緑，青の各色が発明されているため，白も含めた様々な色をつくることができる。

発光ダイオードは，電気エネルギーを直接光エネルギーに変換するため，効率が高く，消費電力が少ない。また，長寿命で応答が速く，調光が可能などの特徴をもっている。

ライトアップ用の照明は，すべて LED である。

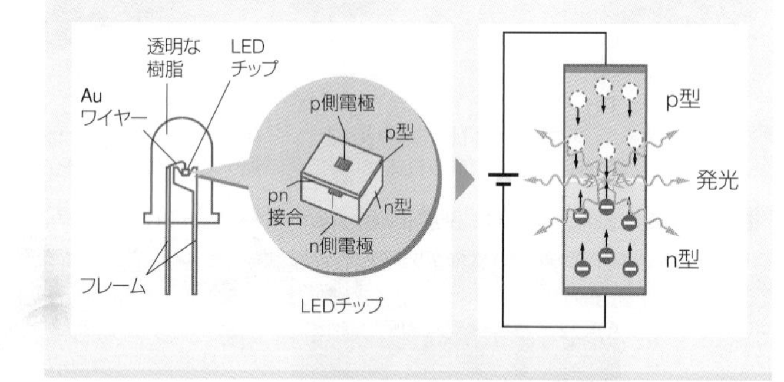

超伝導

ある温度以下で，電気抵抗が 0 になる現象を超伝導という。
超伝導状態の物質には磁場が進入できない。そのため，超伝導物質の上に強力な磁石を置くと，反発力のために浮き上がった状態になる。

B 合金 alloy

2 種類以上の金属を混ぜあわせたものを合金といい，それぞれの金属にはない新しい性質をもった材料が得られる。

■合金の構造

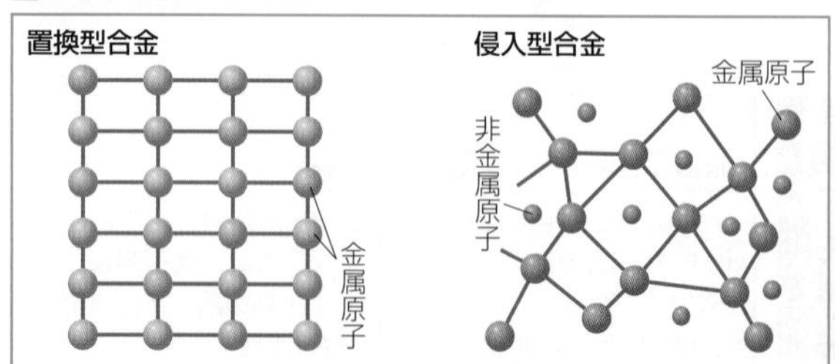

ふつうの金属原子どうしからなる合金は，置換型合金である。
侵入型合金である鋼は，鉄の結晶の中に炭素原子が入りこみ，展性・延性が減少する代わりに強度が増す。鋼を使った橋は鋼橋ともよばれる。

■鋼橋

Ⓐ イオン化傾向が大きい金属は鉱石からの還元が難しかったり，融点が高い金属は加工が難しかったりしたため，技術が発達するまで利用できませんでした。

黄銅をつくる

亜鉛の粉末に水酸化ナトリウム水溶液を入れる。

銅片を入れ，3～4分間加熱する。

蒸発皿から取り出して水洗いし，布で拭いて乾かす。

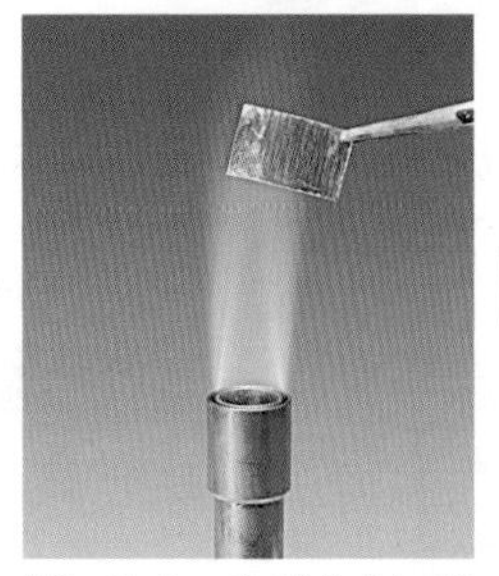
炎に入れ，色が金色に変化したらすぐに取り出す。

銅の表面に，銅と亜鉛の合金である黄銅ができる。

おもな合金の組成と特徴

合金	組成の例〔%〕	特性	用途
KS磁石鋼	Co：15　W：4　Cr：3～6　C：1　Fe：74～77	抗磁力・残留磁気が大きい。	永久磁石
18-8ステンレス鋼	Cr：18　Ni：8　Fe：74	さびにくい。	キッチン，建造物
ジュラルミン	Al：94～96　Cu：3.5～4.5　Mg：0.4～0.8　Mn：0.3～0.9	比重2.85。焼き入れによって硬度が増す。	航空機，車両
黄銅	Cu：60～70　Zn：30～40	加工しやすい。強じんでさびにくい。	楽器，水道器具
青銅	Cu：65～90　Sn：35未満	鋳造性に富む。	美術工芸品
洋銀	Cu：62～66　Ni：17～20　Zn：14～21	銀白色で，硬い。	楽器，装飾品
鉛フリーはんだ	Sn：96.5　Ag：3.0　Cu：0.5(はんだ Sn：63　Pb：37)	融点ははんだに比べてやや高い。	金属の接着
ウッド合金	Bi：40～50　Pb：25～30　Sn：13～16　Cd：12.5	融点が低い(66～71℃)	ヒューズ
ニクロム	Ni：77～79　Cr：19～20　Mn：2.5未満　Fe：1未満	電気抵抗が適度に大きい。	電熱線・発熱体
水素吸蔵合金	La：13　Nd：3　Ni：42　Co：40　Al：2	水素の吸収・放出が容易。	ニッケル - 水素電池
形状記憶合金	Ni：55　Ti：45	一定以上の温度では，変形しても元の形状に戻る。	温度センサー，眼鏡
超硬合金	WC(炭化タングステン)：95　Co：5	硬度が非常に高い。	工具・金型

ステンレス鋼

港湾部の建物の屋根には，耐食性を高めたステンレスが使われる。

ジュラルミン

軽くて強度が大きいため，航空機の機体に使われる。

形状記憶合金

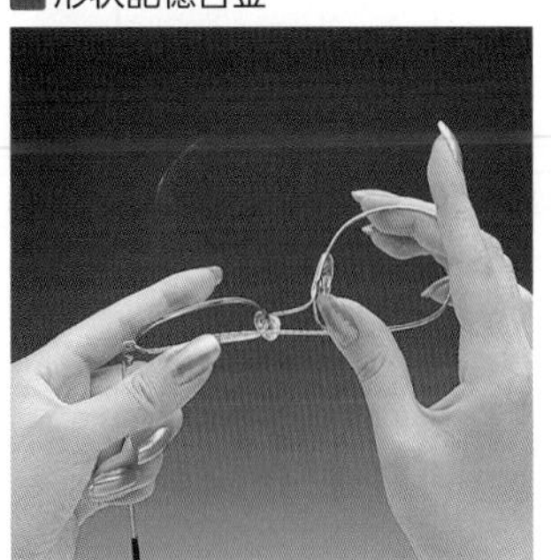
常温で高い弾性をもつように記憶させた合金が，眼鏡のフレームに使われる。

超硬合金

シールドマシン(トンネル掘削機)の刃には，超硬合金が使われる。

Column 水素吸蔵合金
hydrogen storing alloy

水素は，次世代エネルギーの一つとして注目されている(p.192)。しかし，常温・常圧で気体である水素の貯蔵・運搬には，高圧で圧縮したり低温で液体(沸点－253℃)にしたりする必要があり，手軽には利用しにくい。

金属の中には水素を吸収・貯蔵できるものが存在することが知られており，このような金属の性質を利用して水素を吸収させることを目的とした合金を，**水素吸蔵合金**という。水素吸蔵合金には，チタン - 鉄合金(Ti-Fe)やランタン - ニッケル合金(La-Ni)などがある。

La-Ni合金を基本として一部を別の金属の混合物とした水素吸蔵合金が，ニッケル - 水素電池(p.91)の負極活物質として実用化され，コードレス電話などに利用されている。

水素吸蔵合金のしくみ

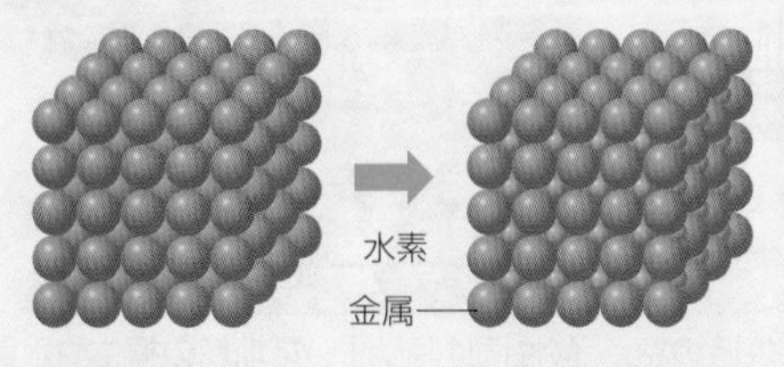

水素原子の直径は金属原子に比べ数分の1と小さいため，水素原子は金属結晶の内部に入りこむことができる。

水素吸蔵合金とニッケル - 水素電池

Q 合金は混合物ですか，化合物ですか？

23 環境問題 基 化 地基

A 地球温暖化

CO_2 や H_2O のような太陽放射を吸収し，地表を温める気体（温室効果ガス）の増加によって，地球の平均気温は上昇し続けていることがわかっている。

■地球の温室効果

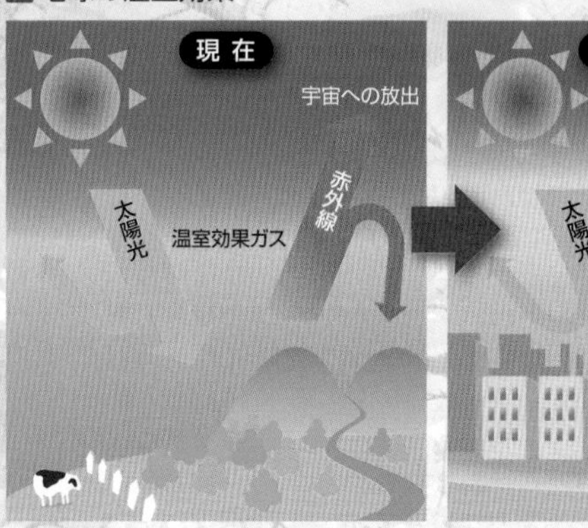

地球大気には，地球が宇宙空間に放出する熱（赤外線）の一部を反射する性質がある（温室効果）。温室効果を起こすガスを「温室効果ガス」とよぶ。

■地球温暖化と平均気温の推移

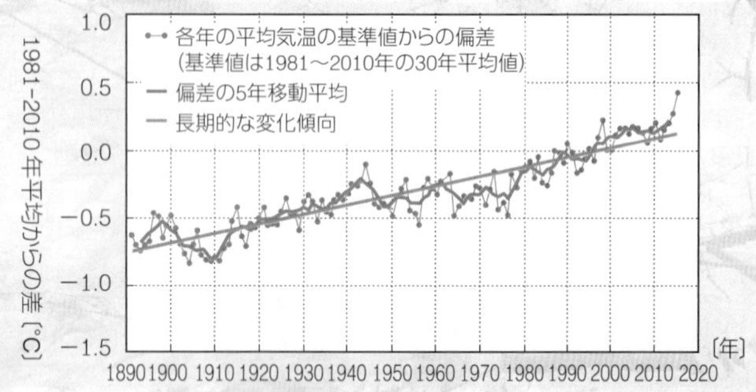

適量の温室効果は生命にとって必要不可欠だが，増加しすぎると地球の平均気温を上昇させ，環境を変化させてしまう（地球温暖化）。

■地球温暖化による影響と取り組み

地球温暖化により，極氷の融解や，海水の膨張と陸上の極氷の融解による海面上昇などの影響が出ている。環境の変化によって生物が絶滅したり，人間の居住可能地が減少するといった被害が発生しており，国際的な対策が講じられている。

Column IPCC 環境

Intergovernmental Panel on Climate Change

IPCC は，気候変動に関する政府間パネルの略で，地球温暖化を中心とする気候変動の調査・評価・各国政府への提言を行う国際機関である。

第 6 次報告書では，人類の活動の温暖化への影響を「疑う余地のない事実」としている。2011 ～ 2020 年の地表平均気温は 1850 ～ 1900 年より 1.1 ℃上昇しており，2081 ～ 2100 年には 2011 ～ 2020 年より最大 4.6 ℃上昇すると予測している。また，2100 年には海面が最大で 1.2 m 上昇すると報告している。

■ IPCC 第 6 次報告書

B 大気汚染－酸性雨・PM2.5

■酸性雨の化学

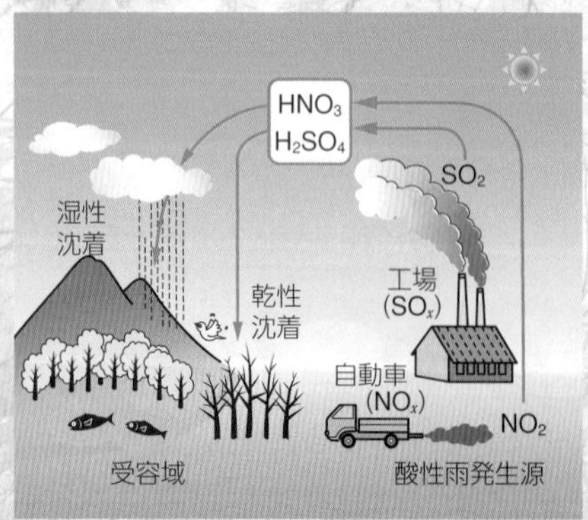

化石燃料中の硫黄分・窒素分や，燃焼時の空気中の窒素の反応によって，窒素酸化物 (NO_x) や硫黄酸化物 (SO_x) が生じる。空気中で酸化され，硫酸や硝酸となって雨に溶け込み降り注ぐのが酸性雨である。一般に，pH が 5.6 以下の雨を酸性雨と呼ぶ。

■酸性雨による被害

酸性雨は降り注いだ地域の植生や水質に影響を及ぼし，樹木を枯らせたり，魚が棲めなくなる等の問題が生じている。人間に対しては，農水産物の減少・減産に加え，金属製の設備や立像の表面の溶解，溶出した金属の自然への流出など，その影響は多岐にわたる。

■ $PM_{2.5}$

大気中の浮遊粒子状物質のうち，呼吸器等への影響が大きい粒径 2.5 μm 以下のものは「$PM_{2.5}$」と呼ばれる。火山灰等自然由来のもの以外に，ディーゼルエンジンに代表される人間の活動由来のもの（多くは硫酸塩エアロゾル）も存在し，近年の急増が問題となっている。

A 混合物に相当する合金（侵入型合金），金属間化合物（置換型合金）など多様です。

C オゾン層の破壊

■オゾン層の役割

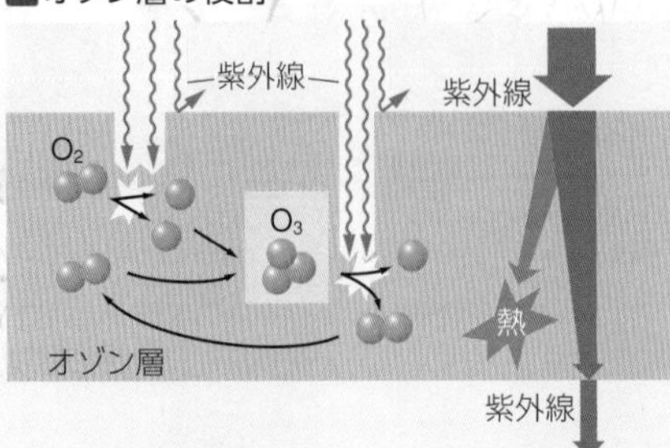

オゾン層は地表から約 10 ～ 50km の高さにある。オゾンは紫外線を吸収する作用があり，生命を紫外線から守っている。

■オゾン層保護への取り組みとオゾン層の回復

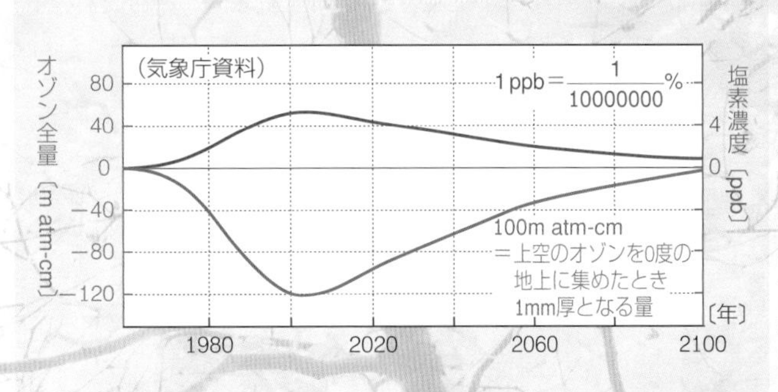

1984 年に南極観測隊員の忠鉢繁が初めて南極でオゾンが少ない地点があることを報告した（オゾンホール）。1987 年，モントリオールでオゾンの使用に関する宣言が採択され，フロンの利用が規制された。現在においてもフロンの使用は規制がなされ，フロンを使用した古い電化製品の処理などには厳しい規制がなされている。

■オゾン層破壊のメカニズム

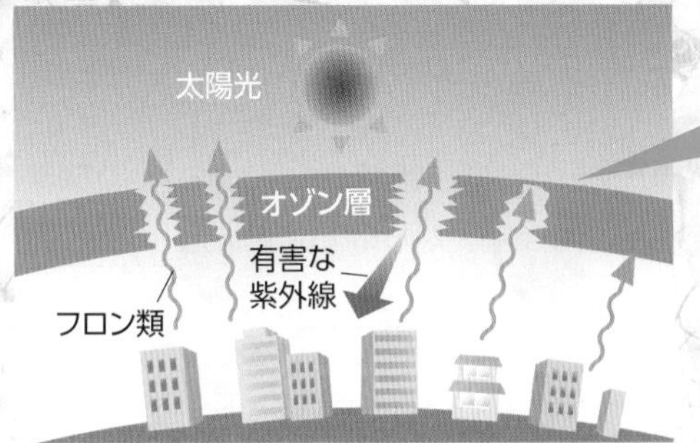

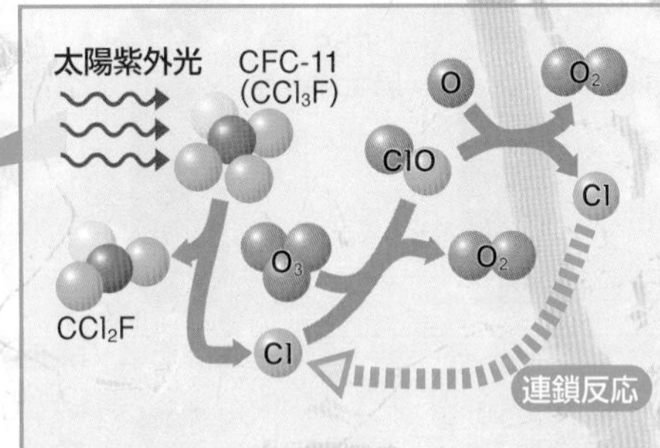

フロンガスは化学的に安定なガスとして，かつては冷蔵庫の冷媒等に広く用いられた。しかし，フロンが成層圏で紫外線を受けると塩素原子が遊離し，塩素原子が触媒となって連鎖的にオゾンを分解することがわかり，利用が制限された。

D プラスチックによる海洋汚染

■海洋プラスチック

プラスチックは化学的に安定であり，生物などによって分解されない。そのため海中のプラスチック片などが年々増加している。

■マイクロプラスチック

約 5mm 以下のプラスチックごみはマイクロプラスチックと呼ばれ，海洋中に放出されると処理がきわめて難しく，問題視されている。

■海洋プラスチック・マイクロプラスチックによる被害と対策

増加する海洋プラスチック・マイクロプラスチックにより，海洋生物に誤嚥や，個体数が減少，産卵への影響などの被害が出ている。

対策として，生分解性プラスチック（p.235）が挙げられる。生分解性プラスチックはポリ乳酸等の微生物によって分解される高分子によってつくられており，自然界に流出しても時間がたつと分解され，土壌に還る。

Column 持続可能な開発目標（SDGs） 環境

持続可能な開発（Sustainable Development）とは，「将来の世代の欲求を満たしつつ，現在の世代の欲求も満足させるような開発」と定義されている。1960 年代に国際的な環境汚染への問題が提起された。国際的な環境問題対策は 1972 年にストックホルムで開催された国連人間環境会議に端を発し，1983 年に国連世界環境開発委員会によって「持続可能な開発」の考え方が発表された。1992 年にリオデジャネイロで行われた国連環境開発会議「地球サミット」では，採択された「リオ宣言」や，具体的行動指針として策定された「アジェンダ 21」において持続可能な開発が中心に据えられた。
持続可能な開発目標：SDGs は，2015 年に国際連合総会で採択された。「持続可能な開発のための 2030 アジェンダ」に定められた，2030 年までの具体的行動指針である。17 の具体的な指針を示し，それぞれの目標に向けての取り組みをカラフルなロゴマークで表している。

金属イオンの沈殿反応

加える試薬 ＼ 金属イオン		銀イオン	鉛(Ⅱ)イオン	銅(Ⅱ)イオン	鉄(Ⅱ)イオン	鉄(Ⅲ)イオン
		Ag^+ 無色	Pb^{2+} 無色	Cu^{2+} 青色	Fe^{2+} 淡緑色	Fe^{3+} 黄褐色
塩酸 HCl		AgCl 白色沈殿	$PbCl_2$ 白色沈殿	沈殿を生じない	沈殿を生じない	沈殿を生じない
硫化水素 H_2S	酸性	Ag_2S 黒色沈殿	PbS 黒色沈殿	CuS 黒色沈殿	沈殿を生じない	淡緑色溶液 Fe^{2+} (Fe^{3+} が還元され Fe^{2+} になる。同時にSが生じるので濁る。)
	塩基性				FeS 黒色沈殿	FeS 黒色沈殿
アンモニア NH_3 水	少量	Ag_2O 褐色沈殿	$Pb(OH)_2$ 白色沈殿	$Cu(OH)_2$ 青白色沈殿	$Fe(OH)_2$ 緑白色沈殿	赤褐色沈殿(複数種の鉄酸化物の混合物)
	過剰量	$[Ag(NH_3)_2]^+$ 無色溶液		$[Cu(NH_3)_4]^{2+}$ 深青色溶液		
水酸化ナトリウム NaOH 水溶液	少量	Ag_2O 褐色沈殿	$Pb(OH)_2$ 白色沈殿	$Cu(OH)_2$ 青白色沈殿	$Fe(OH)_2$ 緑白色沈殿	赤褐色沈殿(複数種の鉄酸化物の混合物)
	過剰量		$[Pb(OH)_4]^{2-}$ 無色溶液			

	塩化銀 AgCl	鉛(Ⅱ)イオン		銅(Ⅱ)イオン	鉄(Ⅱ)イオン		鉄(Ⅲ)イオン	
その他の試薬	アンモニア水	硫酸	K_2CrO_4 水溶液	濃塩酸	$K_3[Fe(CN)_6]$ 水溶液	過酸化水素水	$K_4[Fe(CN)_6]$ 水溶液	KSCN 水溶液
	$[Ag(NH_3)_2]^+$ 無色溶液	$PbSO_4$ 白色沈殿	$PbCrO_4$ 黄色沈殿	$[CuCl_4]^{2-}$ 黄緑色溶液	濃青色沈殿	Fe^{3+} 黄褐色溶液	濃青色沈殿	$[FeSCN]^{2+}$ 血赤色溶液

アルミニウムイオン	亜鉛イオン	カルシウムイオン	バリウムイオン	ナトリウムイオン	カリウムイオン
Al^{3+} 無色	Zn^{2+} 無色	Ca^{2+} 無色	Ba^{2+} 無色	Na^{+} 無色	K^{+} 無色
沈殿を生じない	沈殿を生じない	沈殿を生じない	沈殿を生じない	沈殿を生じない	沈殿を生じない
沈殿を生じない	沈殿を生じない	沈殿を生じない	沈殿を生じない	沈殿を生じない	沈殿を生じない
$Al(OH)_3$ 白色沈殿 (Al_2S_3 が加水分解して生じる。)	ZnS 白色沈殿				
$Al(OH)_3$ 白色沈殿	$Zn(OH)_2$ 白色沈殿	沈殿を生じない	沈殿を生じない	沈殿を生じない	沈殿を生じない
	$[Zn(NH_3)_4]^{2+}$ 無色溶液				
$Al(OH)_3$ 白色沈殿	$Zn(OH)_2$ 白色沈殿	$Ca(OH)_2$ 白色沈殿	沈殿を生じない	沈殿を生じない	沈殿を生じない
$[Al(OH)_4]^-$ 無色溶液	$[Zn(OH)_4]^{2-}$ 無色溶液				

テトラヒドロキシドアルミン酸イオン $[Al(OH)_4]^-$	テトラヒドロキシド亜鉛(Ⅱ)酸イオン $[Zn(OH)_4]^{2-}$	カルシウムイオン		バリウムイオン		ナトリウムイオン	カリウムイオン
希硫酸少量	希硫酸少量	炭酸水	硫酸	炭酸水	硫酸	炎色反応	炎色反応
$Al(OH)_3$ 白色沈殿	$Zn(OH)_2$ 白色沈殿	$CaCO_3$ 白色沈殿	$CaSO_4$ 白色沈殿	$BaCO_3$ 白色沈殿	$BaSO_4$ 白色沈殿	黄色	赤紫色

無機物質

陰イオンの反応・炎色反応

A 陰イオンの反応 anion

陽イオンとの反応で生成する沈殿の固有の色・性質・状態や，その沈殿を溶解させる試薬から，陰イオンを検出することができる。

塩化物イオン Cl^-

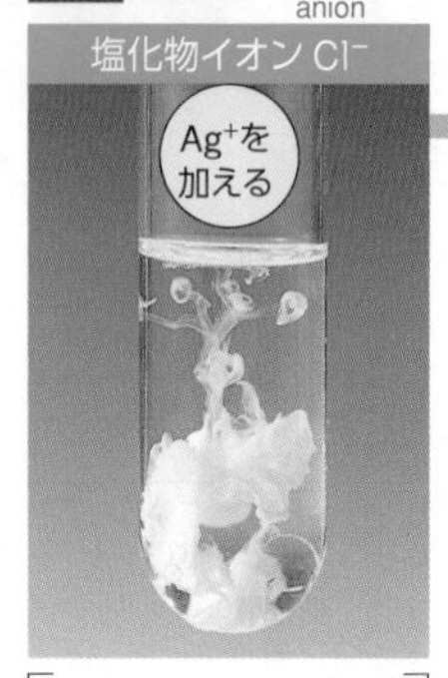

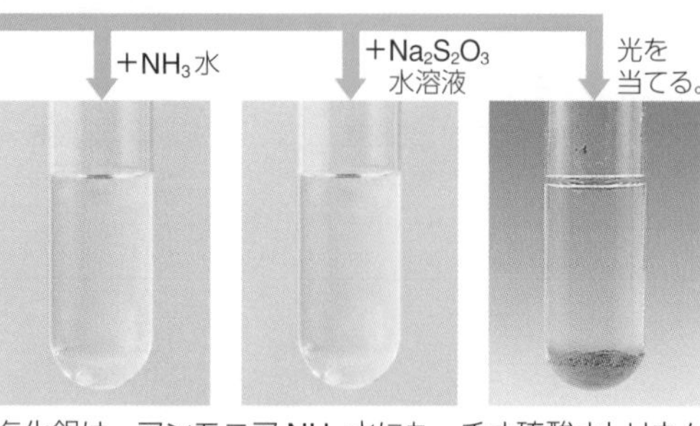

$Ag^+ + Cl^- \longrightarrow AgCl\downarrow$
塩化銀の白色沈殿

塩化銀は，アンモニア NH_3 水にも，チオ硫酸ナトリウム $Na_2S_2O_3$ 水溶液にもよく溶ける。また，光を当てると分解して銀の粒子が遊離する。

塩化物イオン Cl^-

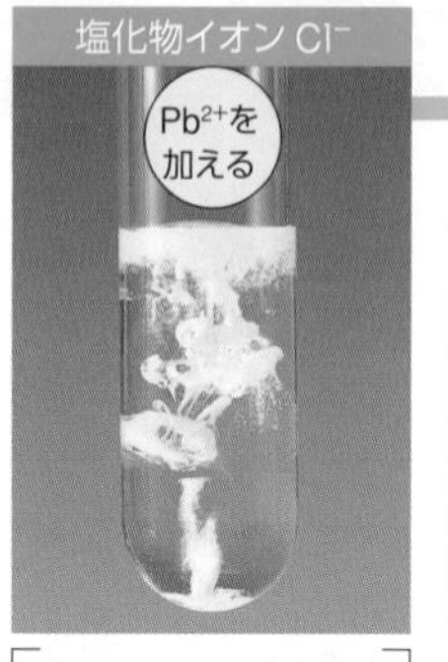

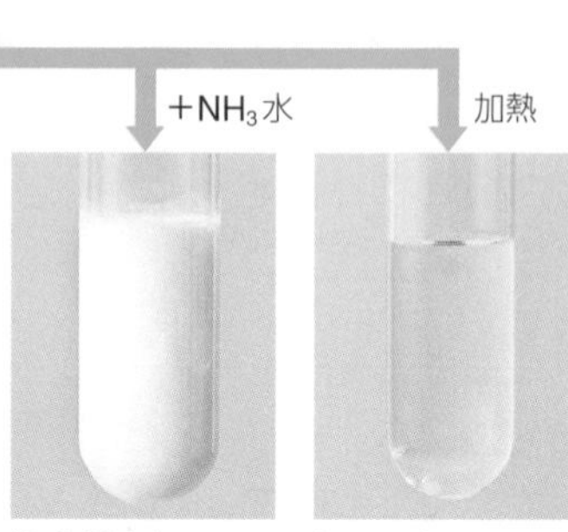

$Pb^{2+} + 2Cl^- \rightarrow PbCl_2\downarrow$
塩化鉛(Ⅱ)の白色沈殿

塩化鉛(Ⅱ)は，NH_3 水には溶けないが，熱水には溶ける。

臭化物イオン Br^-

臭化銀は，NH_3 水には少し溶け，$Na_2S_2O_3$ 水溶液にはよく溶ける。また，光を当てると分解して銀の粒子が遊離する。塩素は臭素よりも酸化力が強いので，Br^-を含む水溶液に塩素を通じると，臭素が遊離する。

$Ag^+ + Br^- \longrightarrow AgBr\downarrow$
臭化銀の淡黄色沈殿

+$Na_2S_2O_3$水溶液

ヨウ化物イオン I^-

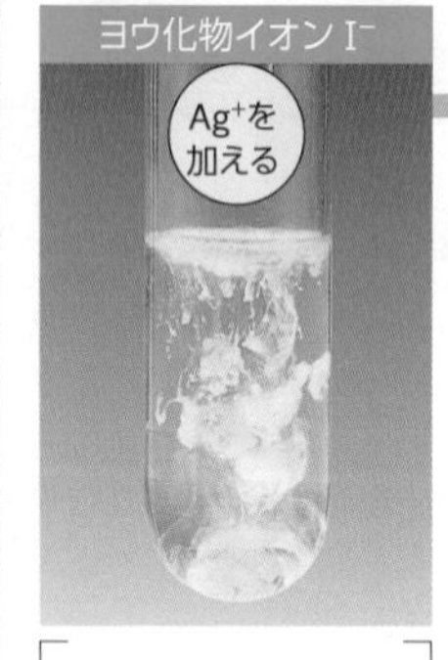

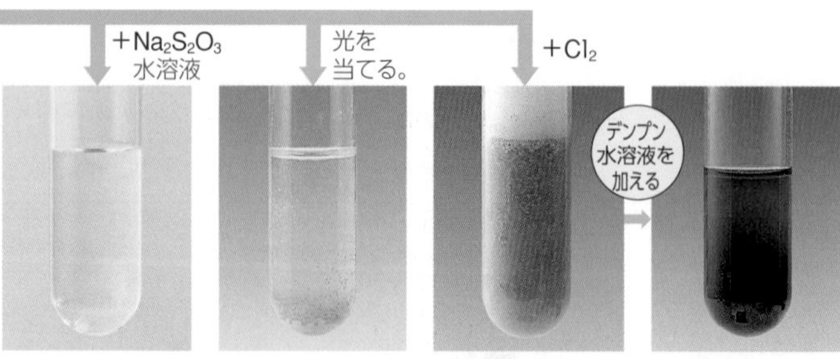

$Ag^+ + I^- \longrightarrow AgI\downarrow$
ヨウ化銀の黄色沈殿

ヨウ化銀は $Na_2S_2O_3$ 水溶液に溶ける。また，光を当てると分解して銀の粒子が遊離する。塩素はヨウ素よりも酸化力が強いので，塩素を通じるとヨウ素が遊離する。ヨウ素が遊離した溶液にデンプン水溶液を加えると，ヨウ素デンプン反応を起こす。

ヨウ化物イオン I^-

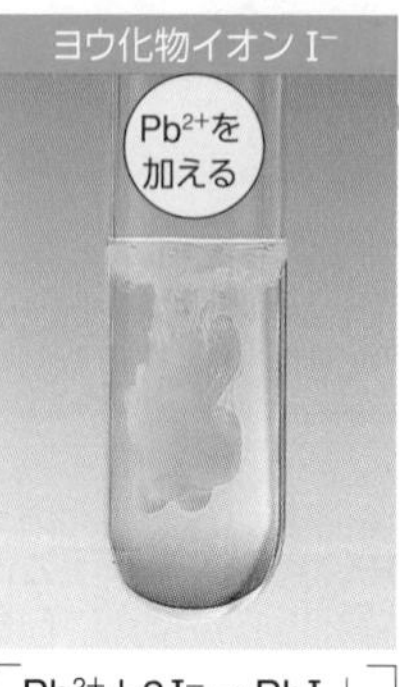

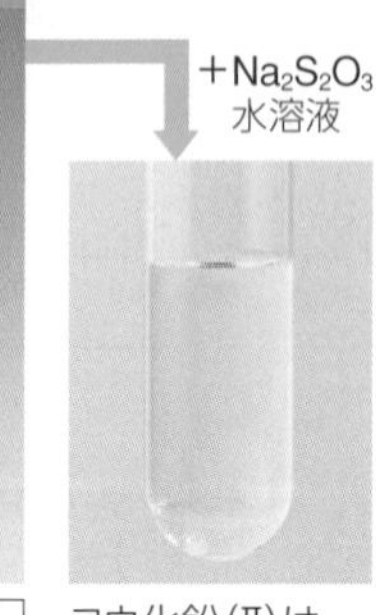

$Pb^{2+} + 2I^- \rightarrow PbI_2\downarrow$
ヨウ化鉛(Ⅱ)の黄色沈殿

ヨウ化鉛(Ⅱ)は，$Na_2S_2O_3$ 水溶液に溶ける。

硫化物イオン S^{2-}

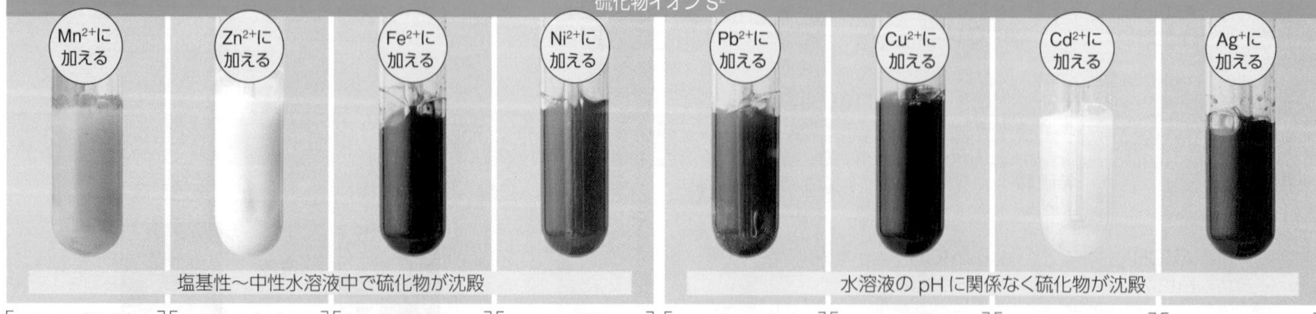

MnS(淡桃)	ZnS(白)	FeS(黒)	NiS(黒)	PbS(黒)	CuS(黒)	CdS(黄)	Ag_2S(黒)
硫化マンガン(Ⅱ)	硫化亜鉛	硫化鉄(Ⅱ)	硫化ニッケル(Ⅱ)	硫化鉛(Ⅱ)	硫化銅(Ⅱ)	硫化カドミウム	硫化銀

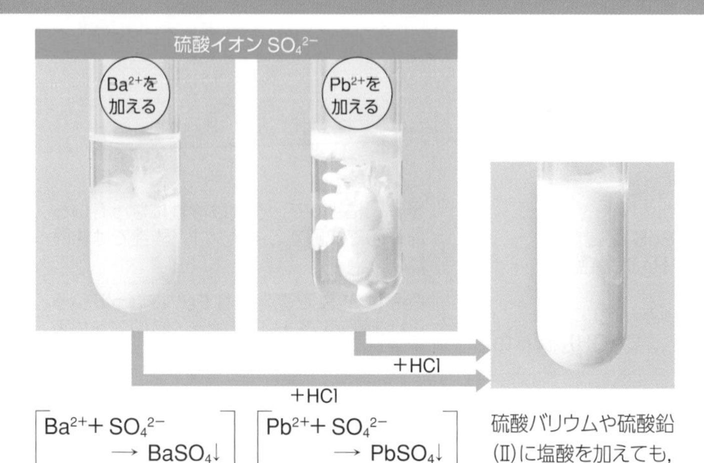

$Ba^{2+} + SO_4^{2-} \longrightarrow BaSO_4\downarrow$
硫酸バリウムの白色沈殿

$Pb^{2+} + SO_4^{2-} \longrightarrow PbSO_4\downarrow$
硫酸鉛(Ⅱ)の白色沈殿

硫酸バリウムや硫酸鉛(Ⅱ)に塩酸を加えても，沈殿は溶解しない。

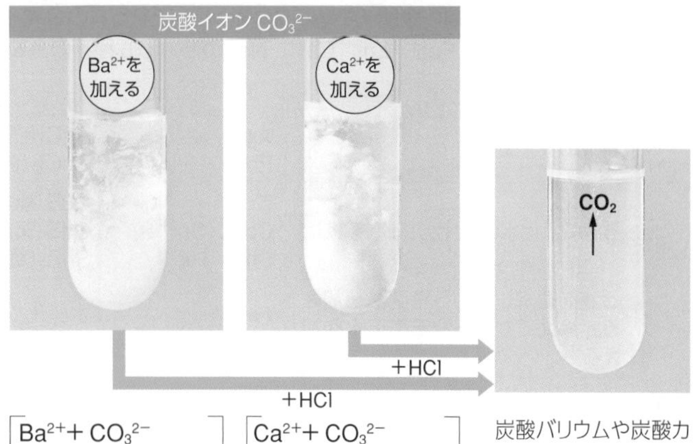

$Ba^{2+} + CO_3^{2-} \longrightarrow BaCO_3\downarrow$
炭酸バリウムの白色沈殿

$Ca^{2+} + CO_3^{2-} \longrightarrow CaCO_3\downarrow$
炭酸カルシウムの白色沈殿

炭酸バリウムや炭酸カルシウムに塩酸を加えると，沈殿は溶解する。

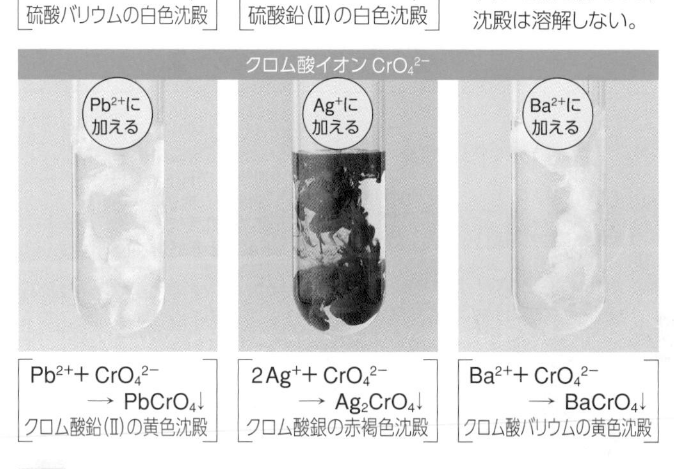

$Pb^{2+} + CrO_4^{2-} \longrightarrow PbCrO_4\downarrow$
クロム酸鉛(Ⅱ)の黄色沈殿

$2Ag^{+} + CrO_4^{2-} \longrightarrow Ag_2CrO_4\downarrow$
クロム酸銀の赤褐色沈殿

$Ba^{2+} + CrO_4^{2-} \longrightarrow BaCrO_4\downarrow$
クロム酸バリウムの黄色沈殿

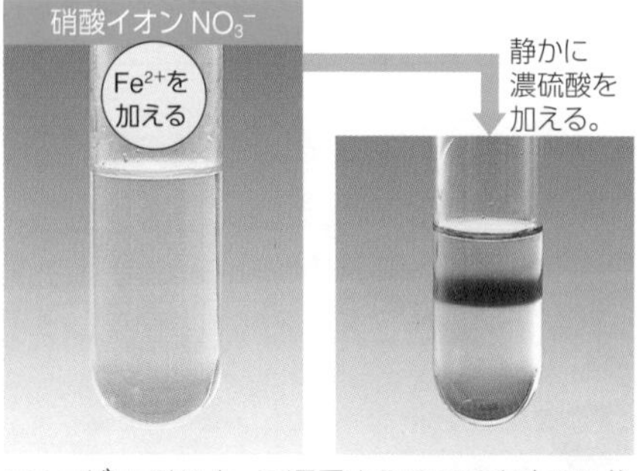

NO_3^{-}がFe^{2+}によって還元されてNOを生じた後，さらに濃硫酸を加えると$[Fe(NO)]SO_4$を生成して，褐色の輪ができる(褐輪反応)。

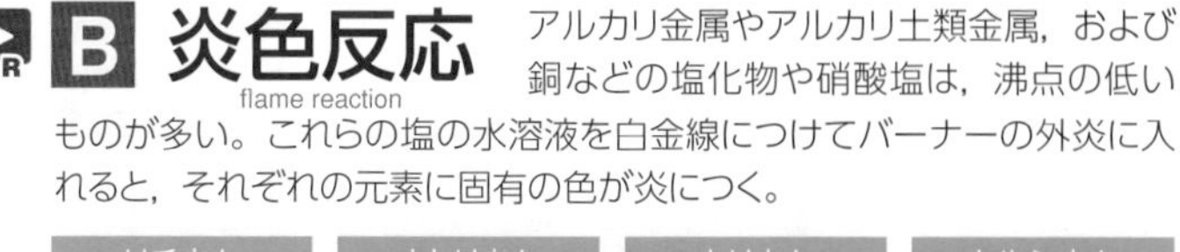

B 炎色反応 flame reaction

アルカリ金属やアルカリ土類金属，および銅などの塩化物や硝酸塩は，沸点の低いものが多い。これらの塩の水溶液を白金線につけてバーナーの外炎に入れると，それぞれの元素に固有の色が炎につく。

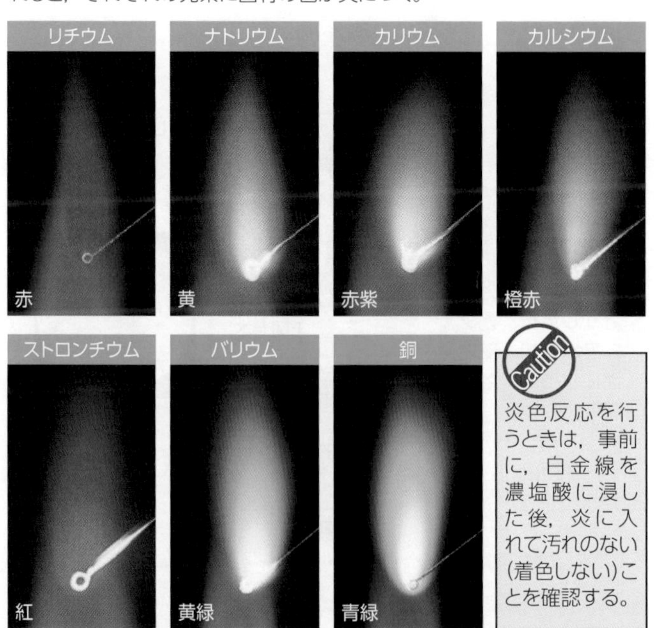

Caution
炎色反応を行うときは，事前に，白金線を濃塩酸に浸した後，炎に入れて汚れのない(着色しない)ことを確認する。

原子は一般に，熱せられるとエネルギーの高い状態になる。その原子がもとの安定した状態にもどるとき，受け取っただけのエネルギーが光として放出される(*p.270*)。放出されるエネルギーによって光の波長が異なるので，元素によって発せられる光の色が異なる。
アルカリ金属元素やアルカリ土類金属元素，銅では，このエネルギーが小さく，放出される光は可視領域に入るので，炎色反応が観察される。
花火は，これらの元素の炎色反応を利用したもので，酸化剤には塩素酸カリウム $KClO_3$ や過塩素酸カリウム $KClO_4$ などが，可燃物には硫黄，木炭，デンプンなどが使われている。

金属イオンの系統分離

沈殿反応によって，数種類の金属イオンの混合物から，それぞれの金属イオンを分離することができる。
ここでは，「Ag^+，Cu^{2+}，Fe^{3+}，Zn^{2+}，Ca^{2+}，Na^+」からなる 6 種類の金属イオンの混合物を分離する。

操作	試薬と操作	沈殿するイオン	沈殿	備考
①	希塩酸を加える。	Ag^+ Pb^{2+}	$AgCl$（白色） $PbCl_2$（白色）	
②	ろ液に硫化水素を十分に吹きこむ。	Cu^{2+} Cd^{2+}，Sn^{2+} Sn^{4+}，Hg^{2+}	CuS（黒色） CdS（黄色），SnS（暗褐色） SnS_2（黄色），HgS（黒色）	操作①によって，ろ液は酸性になっている。操作④で沈殿するイオンは，酸性では沈殿しない。
③	ろ液を煮沸してから希硝酸を加える。冷えてからアンモニア水を加える。	Fe^{3+} Al^{3+}，Cr^{3+}	水酸化鉄(Ⅲ)（赤褐色） $Al(OH)_3$（白色），$Cr(OH)_3$（灰緑色）	Fe^{3+}は H_2S で還元され Fe^{2+}になっている。これを煮沸して H_2S を除き，希硝酸を加えて Fe^{3+}にもどす。
④	ろ液に硫化水素を十分に吹きこむ。	Zn^{2+} Ni^{2+}，Co^{2+}，Mn^{2+}	ZnS（白色） NiS（黒色），CoS（黒色），MnS（淡桃色）	操作③によって，ろ液は塩基性になっている。
⑤	ろ液に炭酸アンモニウム水溶液を加える。	Ca^{2+} Sr^{2+}，Ba^{2+}	$CaCO_3$（白色） $SrCO_3$（白色），$BaCO_3$（白色）	
⑥	なし	Na^+ Li^+，K^+	沈殿物なし	炎色反応によって確認する。

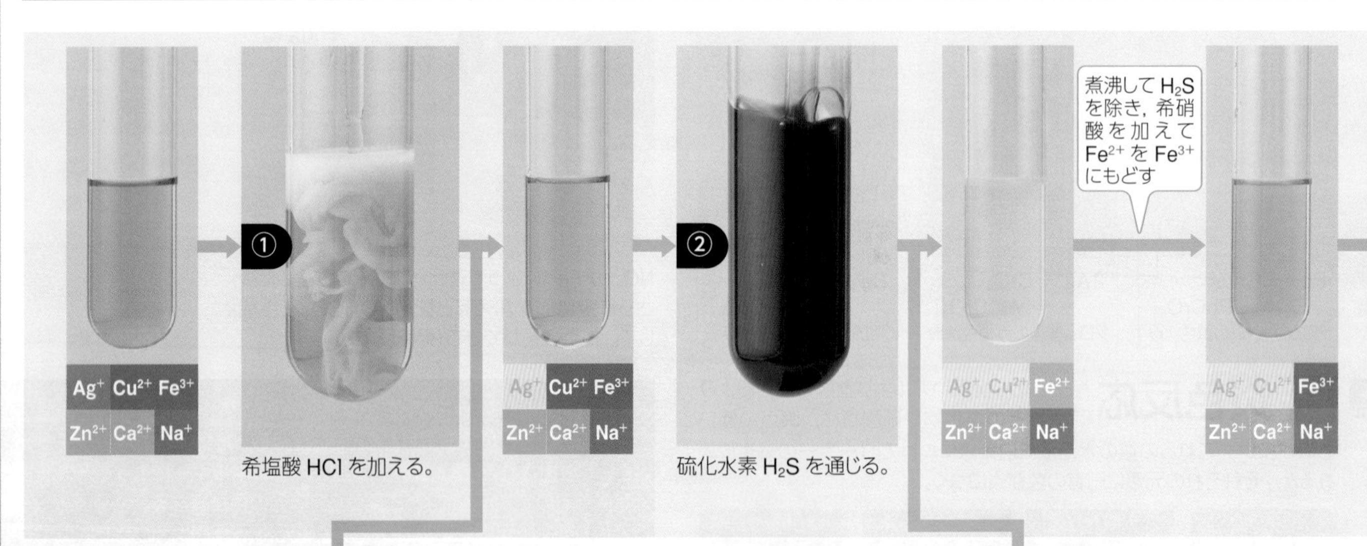

希塩酸 HCl を加える。

硫化水素 H_2S を通じる。

分離された Ag^+ の確認

塩化物の沈殿にアンモニア水を加えると，溶けて無色透明になる。

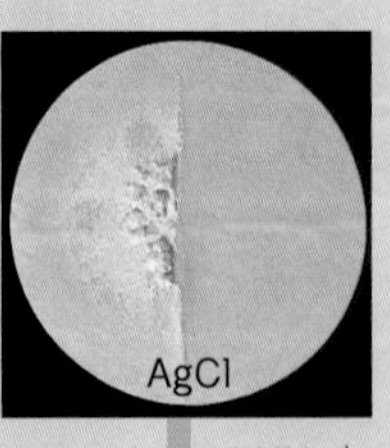

$+NH_3$水

$[Ag(NH_3)_2]^+$

もし Pb^{2+} ならば

Pb^{2+}も HCl によって塩化物の白色沈殿をつくる。これは熱水に溶ける。

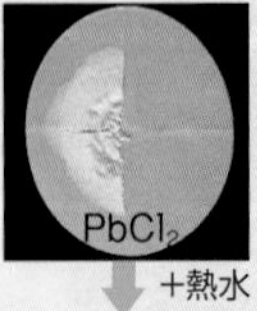

+熱水

分離された Cu^{2+} の確認

硫化物の沈殿に濃硝酸を加え，加熱して溶かした後，アンモニア水を加えて塩基性にすると，溶けて深青色になる。

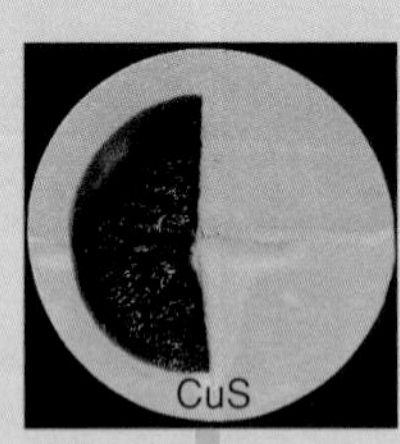

$+NH_3$水

$[Cu(NH_3)_4]^{2+}$

もし Cd^{2+} ならば

Cd^{2+}は H_2S によって硫化物の黄色沈殿をつくる。

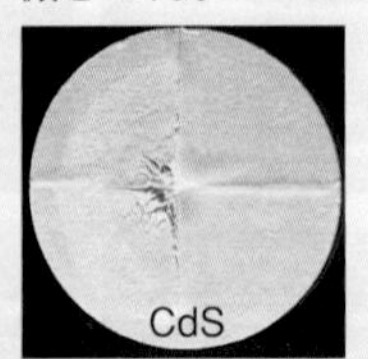

分離された Fe^{3+} の確認

水酸化物の沈殿を希塩酸に溶かし，ヘキサシアニド鉄(Ⅱ)酸カリウム $K_4[Fe(CN)_6]$ 水溶液を加えると，濃青色沈殿（ベルリンブルー）が生じる。

ベルリンブルー

$+K_4[Fe(CN)_6]$

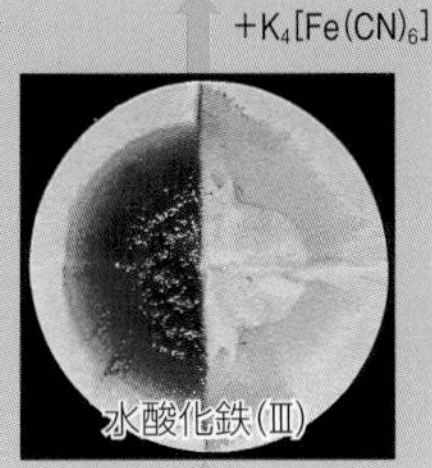
水酸化鉄(Ⅲ)

もし Al^{3+} ならば

Al^{3+} も NH_3 によって水酸化物の白色沈殿をつくる。水酸化ナトリウム水溶液を過剰に加えると，$[Al(OH)_4]^-$ となって溶ける。

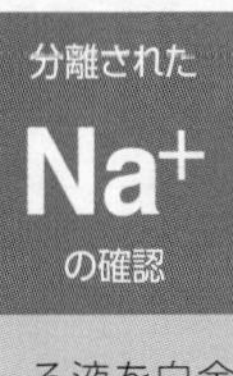
$[Al(OH)_4]^-$

+NaOH

$Al(OH)_3$

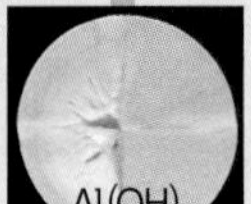

分離された Na^+ の確認

ろ液を白金線につけて炎の中に入れると，黄色の炎色反応を示す。

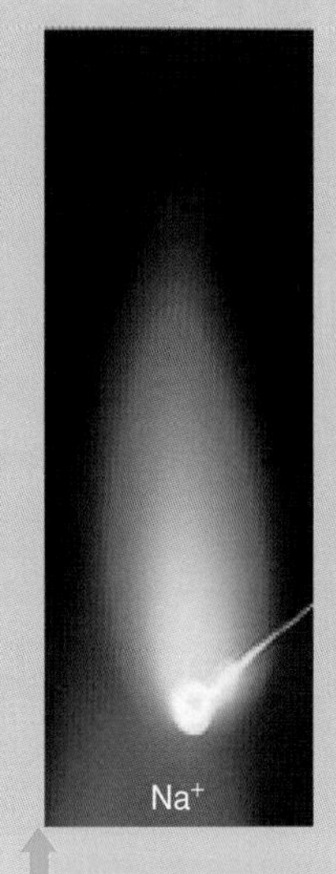
Na^+

もし K^+ ならば

赤紫色の炎色反応を示す。

K^+

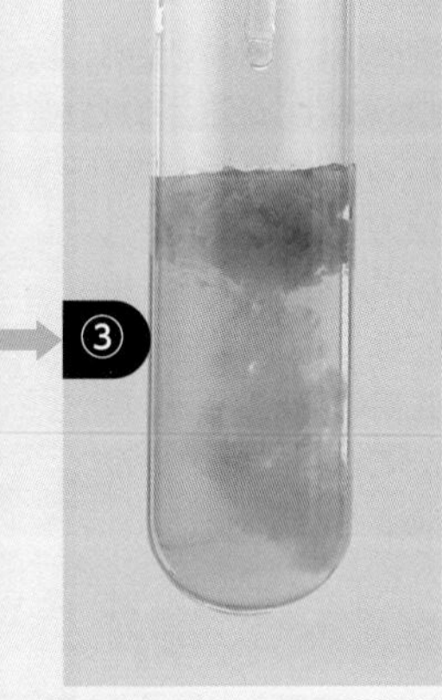

③ アンモニア NH_3 水を過剰に加える。

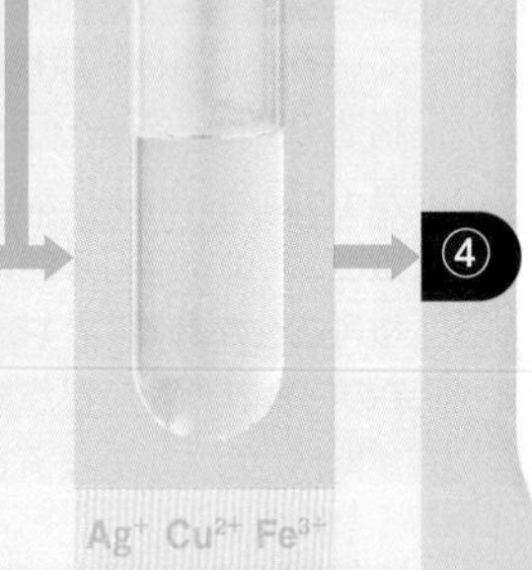

④ 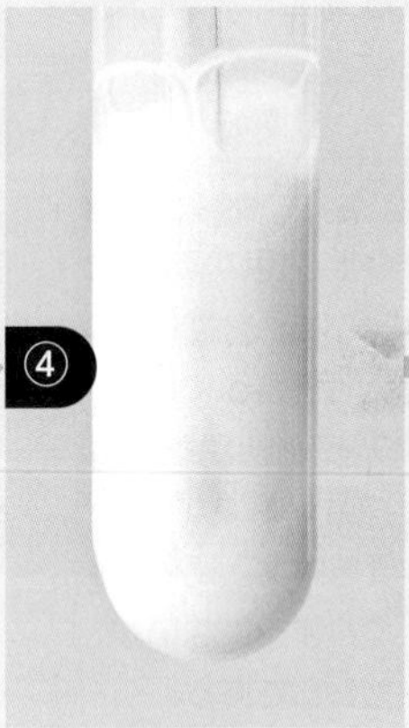 硫化水素 H_2S を通じる。

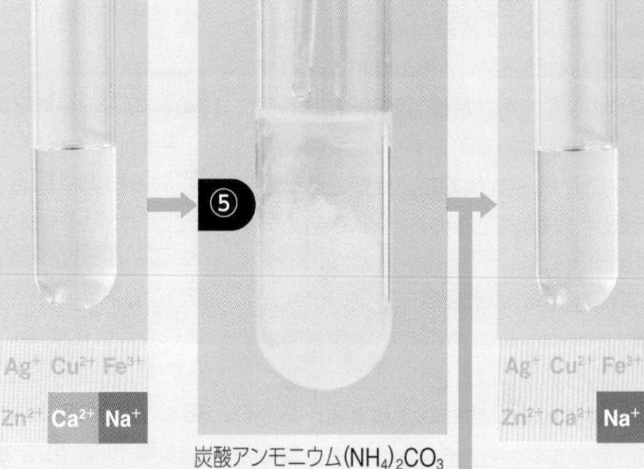

⑤ 炭酸アンモニウム $(NH_4)_2CO_3$ 水溶液を加える。

分離された Zn^{2+} の確認

硫化物の沈殿を希塩酸に溶かし，水酸化ナトリウム水溶液を少量加えると，白色沈殿が生じる。さらに過剰に加えると，溶けて無色透明になる。

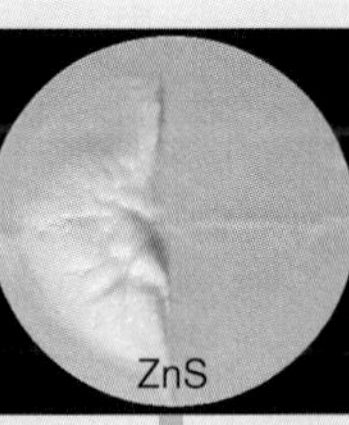
ZnS

+NaOH

$Zn(OH)_2$

もし Mn^{2+} ならば

Mn^{2+} は H_2S によって硫化物の淡桃色沈殿をつくる。

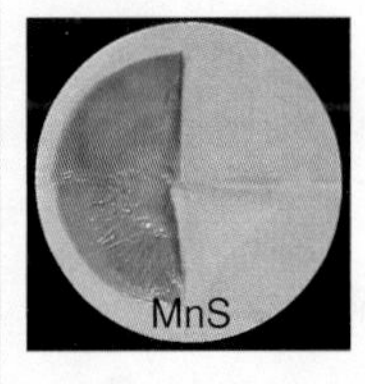
MnS

分離された Ca^{2+} の確認

炭酸塩の沈殿を硝酸に溶かし，液を白金線につけて炎の中に入れると，橙赤色の炎色反応を示す。

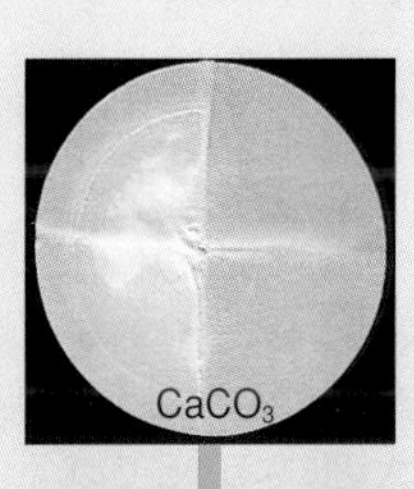
$CaCO_3$

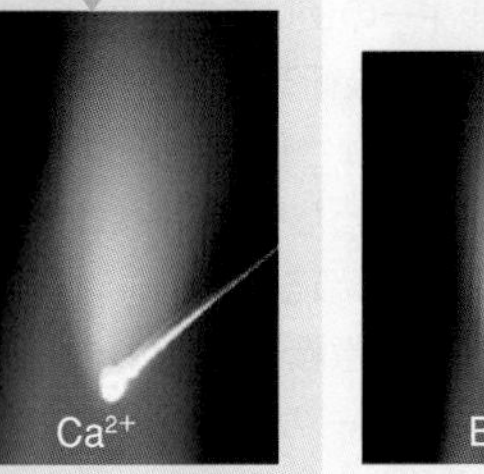
Ca^{2+}

もし Ba^{2+} ならば

黄緑色の炎色反応を示す。

$BaCO_3$

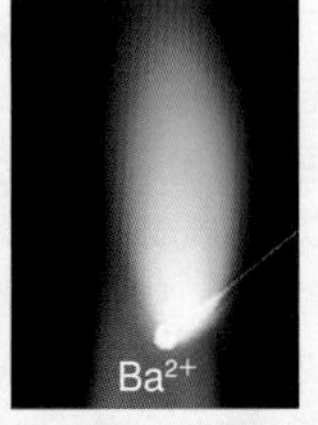
Ba^{2+}

無機物質

特集 化学で考える

▶送電線(私たちの生活に欠かせないライフライン設備)

2 次世代エネルギー

科学技術ライター
うるしはら じろう
漆原 次郎

■ 3つのポイント
①「持続可能な開発目標」(SDGs)についての私たちの認識度や関心が高まっている。私たちが利用するためのエネルギーをどうつくり，どう使うかは，SDGsの複数の目標に，直接的または間接的に関わる課題といえる。
②太陽光や風力などの「再生可能エネルギー」が普及してきた。次世代のクリーンなエネルギーとしてSDGsに貢献しうるものであり，さらなる普及が期待されている。
③エネルギーを効率的に使うこともSDGsに寄与する。利用エリア内で電気・熱のエネルギーをつくり供給する次世代型のスマートなエネルギー利用システムが実用化されている。

SDGsとエネルギー

国際連合加盟国が2015年の「持続可能な開発サミット」で採択した「持続可能な開発目標」(SDGs:Sustainable Development Goals)が，私たちに浸透している。各種メディアによる調査では，日本におけるSDGsの認知率は9割を超え，なかでも，10代では，ほかの年代とちがって過半数がSDGsの内容まで含めて知っているという。

「持続可能な開発」の本質は，将来の世代の要求を満たしつつ，いまの世代の要求も満たすような開発をしていくという点にある。SDGsは，持続可能な開発を達成するためにどのような課題を解決したらよいか，その具体的な手立てを示したものといえる。

SDGsに向けて取り組むべき大きな課題のひとつといえるのが，どのようにエネルギーを私たちが利用できるかたちにし，どのように効率的に利用するかである。なぜなら，SDGsの目標7「エネルギーをみんなにそしてクリーンに」に向けては，この課題の取り組みが目標達成に直結するし，目標13「気候変動に具体的な対策を」に向けては，気候変動を起こしにくいエネルギーの選択と利用が大切になるからである。また，エネルギーの使い方を考え，築き，広めることが，産業と技術革新の基盤をつくったり(目標9)，海の豊かさ(目標14)や陸の豊かさ(目標15)につながったりと，間接的ながら多くの目標達成に貢献しうる。

社会では，SDGsを意識した，これまでと異なる次世代型エネルギーの利活用が進められている。また一方，次世代型エネルギーの利活用が進むことで，SDGsの達成に近づいているという側面もある。この特集では，SDGsを意識しつつ，次世代型のエネルギーのつくり方や使い方の事例を見ていこう。

太陽光発電

エネルギー源として永続的に利用することができる「再生可能エネルギー」は，次世代型エネルギーといえる。従来の化石燃料に比べ，大気汚染をもたらしづらく，エネルギーのクリーンな利用に寄与したり，温室効果があるとされる二酸化炭素の排出量を抑え，気候変動への対策に寄与したりと，これまでにない役割をもたせられるエネルギーだからである。

太陽光は，再生可能エネルギーの一種である。日本で利用されている再生可能エネルギーの中では，太陽光発電が最も大きな発電量を占めている。太陽光発電では，太陽電池を用いて光エネルギーから電気エネルギーを取り出す。太陽電池は，p型とn型という2種類の半導体を接合させた構造をもち，太陽光が照射されることで電子が得たエネルギーを電流として取り出す装置である。

現在の太陽電池は，半導体にシリコンSiを使う「シリコン系」や，銅Cu，インジウムIn，セレンSe，ガリウムGaなどを組み合わせて使う「化合物系」がおもに使われている。

また，次世代の太陽電池として，日本で発明された「ペロブスカイト型太陽電池」が注目されている。これは，無機物で構成された八面体構造の隙間に有機分子が入りこんだ，ペロブスカイト構造とよばれる結晶構造をもつことを特徴としている。将来的には低コストで製造できる可能性があることや，主要材料となるヨウ素Iの日本での生産量が高いことなどから，普及が期待されている技術である。

風力発電

風力も再生可能エネルギーである。風力発電では，地球上でたえず生じている風を利用して，風車を回転させ，その回転運動を発電機に伝えることで電気エネルギーを得る。再生可能エネルギーの中では発電コストが安いため，世界的には中国，アメリカ，ドイツなどを中心に普及が進んでいる。

一方，日本では景観や騒音の問題があるなどとして諸外国よりも普及が遅れている。近年は，海に風車を設置する洋上風力発電の普及に向けた取り組みも各地で行われている。

■太陽電池のしくみ(シリコン系)

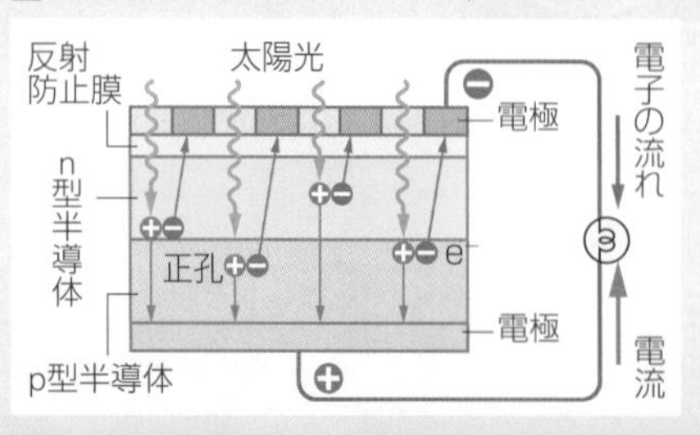

■太陽光発電施設と風力発電施設

スマートなエネルギー供給

再生可能エネルギーなどのエネルギーをいかに利用するかという点でも，スマートで高効率なシステムが開発され，実用されている。それは複数のSDGs達成に貢献するものである。

例えば，東京駅の東側に位置する大型複合施設と地下商店街を対象に，使われるエネルギーの一部をエリア内でつくり，電気と熱を届ける「自立分散型」のエネルギー供給を行う「八重洲スマートエネルギープロジェクト」が共同企業体により行われ，2022年9月より電気と熱の供給が始まっている。

■「八重洲スマートエネルギープロジェクト」対象エリアの一つ，東京ミッドタウン八重洲

同プロジェクトで活用されているのが「コージェネレーションシステム」(CGS：Co-Generation System)とよばれる，電力と熱をエリア内で製造し，供給するシステムである。都市ガスを燃料に，エリア内のエネルギーセンターに設置された発電機で電気をつくると同時に，火力発電所では捨てられる廃熱を熱として回収し，冷暖房・給湯に活用する高効率なシステムといえる。このシステムによる電力・熱に加え，電力網から送電されてくる電力と，エネルギーセンター内に設置されるターボ冷凍機などの熱源機器により製造される熱も組み合わせて冷暖房・給湯・加湿蒸気に利用している。さらに，情報通信技術(ICT：Information Communication Technology)を活用したエネルギーマネジメントシステム(EMS：Energy Management System)により，エネルギーの需要予測や供給最適化をはかってもいる。これらにより平常時より系統電力の負荷を軽減するなどし，高いエネルギー効率により一般的なビルよりもCO_2排出量を削減させることができる。また，電力ひっ迫時は，CGSによる電力をエリアに供給したうえで，余った電力を系統に融通させて電力需給ひっ迫の解消に役立たせられる。さらに災害などでの停電時は，都市ガスの供給が続くかぎり発電できるため，防災拠点となる学校や被災者の輸送拠点となるバスターミナルを含むエリア内に電気を供給し続けられる。

プロジェクトではほかに，強度や柔軟性に優れた溶接接合鋼管による中圧の都市ガス導管，証明付きで事業者の太陽光発電施設で製造した再生可能エネルギーを実質上使ったことにする電力グリーン化などの技術やしくみが用いられている。こうした次世代型のエネルギー供給のあり方は，SDGsの多くの目標の達成に貢献しうるものといえる。

「知っている」から「取り組んでいる」へ

紹介してきた技術・プロジェクトは，いずれも持続可能な開発や社会生活に貢献しうるものである。ほかの世代よりもSDGsの内容を知っているあなたたちの世代は，未来にわたり持続可能な開発の担い手となり続けるだろう。ぜひ，SDGsへの関心を保ちながら，化学をはじめとする知識を身につけて役立てようとし，「知っている」段階から「取り組んでいる」段階へステップアップしていってほしい。

TRY！

＋SDGsの目標年は2030年であり，すぐそこまで迫っている。それぞれの目標は達成されそうだろうか。また，2030年以降の世界の目標として，どのようなものがふさわしいだろうか。

■① エネルギー供給の流れ　② コージェネレーションシステム　③ 中央監視室

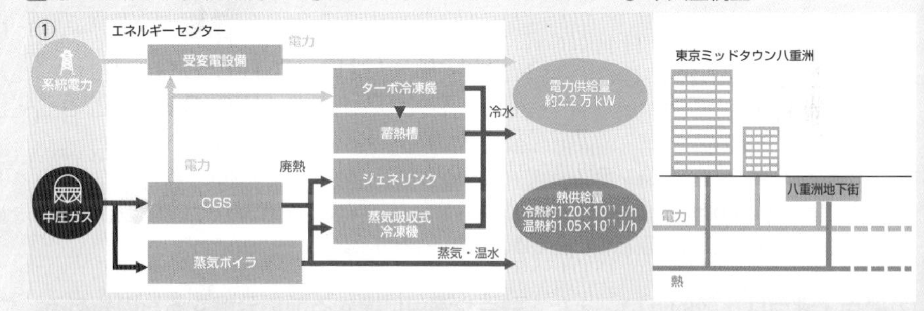

■プロジェクトが寄与するSDGsと取り組み例

目標7
エネルギーをみんなに そしてクリーンに
- エネルギーを安定供給
- 再生可能エネルギーを一部利用
- エネルギー効率を向上

目標11
住み続けられるまちづくりを
- 災害がもたらす損害を大きく減らす
- 安全で使いやすい公共スペースを提供

目標13
気候変動に具体的な対策を
- 自然災害から立ち直りやすくする
- CO_2排出量を減らし，気候変動のスピードをゆるめる

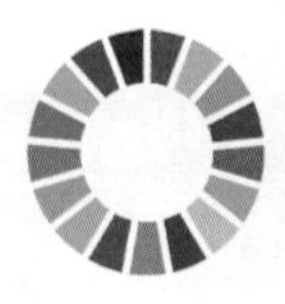

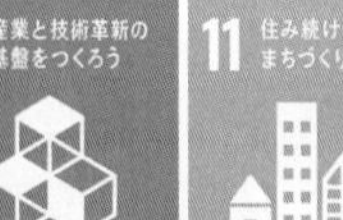

目標9
産業と技術革新の基盤をつくろう
- 災害に強いインフラを実現
- エネルギー技術のイノベーションを支援

目標12
つくる責任つかう責任
- 廃熱をできるだけ排出せず利用
- 持続可能な開発に関する意識をもてる場所を提供

無機物質

第6編 有機化合物

第Ⅰ章　有機化合物の分類と分析
第Ⅱ章　脂肪族化合物
第Ⅲ章　芳香族化合物
第Ⅳ章　有機化合物の分離と反応

1 有機化合物の特徴と分類 基 化

A 有機化合物の特徴
organic compound

炭素原子を主体とする化合物を有機化合物という。有機化合物はそれ以外の化合物(無機化合物)とは異なる特徴をもつ。

① 少ない種類の元素から構成されるが，化合物の種類はきわめて多い。

■ C_4H_8 の異性体

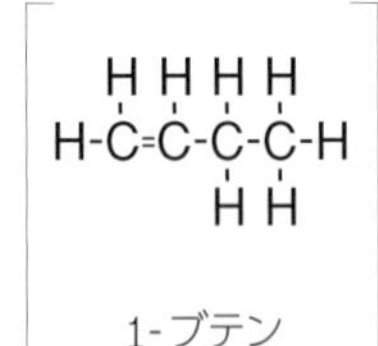
1-ブテン

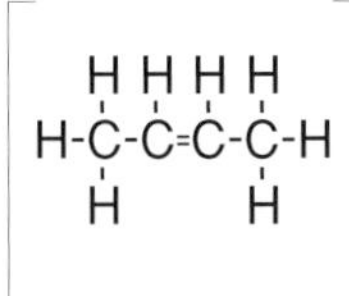
2-ブテン

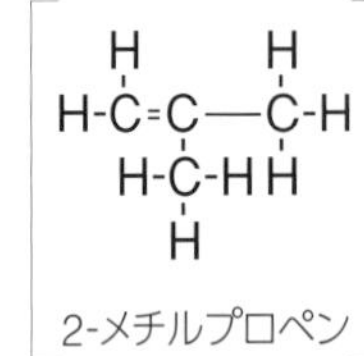
2-メチルプロペン

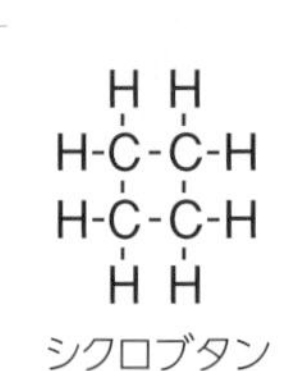
シクロブタン

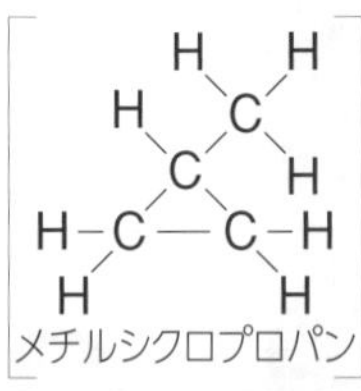
メチルシクロプロパン

化合物の種類が多いのは，炭素原子が 4 個の価電子をもち，共有結合でさまざまな分子の形をつくるためである。そのため，分子式が同じでも別種の化合物(異性体)が存在する。

■ 無機化合物との比較

	有機化合物	無機化合物
構成元素の種類	C, H, O, N, S，ハロゲン元素	ほとんどの元素
化合物数	きわめて多い	比較的少ない

② 融点・沸点は比較的低い。また，融点や沸点に達する前に分解するものもある。燃えるものが多い。

■ 有機化合物と無機化合物の沸点・融点

	名称	融点〔℃〕	沸点〔℃〕
有機化合物	エタノール	−114.5	78.3
	酢酸	16.6	117.8
	アセトン	−94.8	56.3
	ナフタレン	80.5	218.0
	α-グルコース	146	分解
	グリシン	290	分解
無機化合物	塩化ナトリウム	801	1413
	酸化カルシウム	2572	2850
	塩化鉛(Ⅱ)	501	950
	水酸化ナトリウム	318.4	1390
	ヨウ化カリウム	680	1330
	二酸化ケイ素(石英)	1550	2950

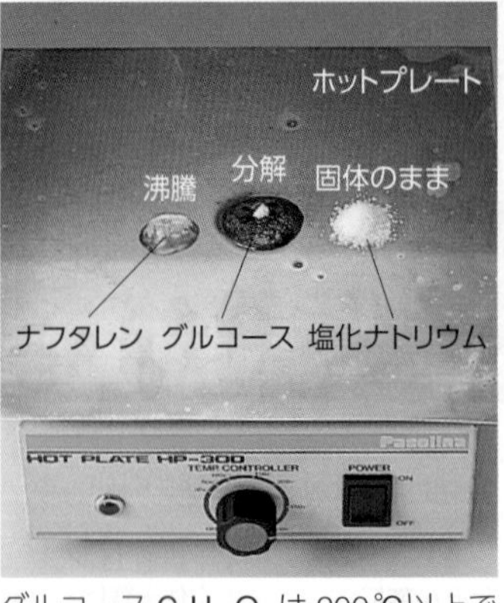

グルコース $C_6H_{12}O_6$ は 200℃以上で分解(炭化)する。

■ 有機化合物の燃焼

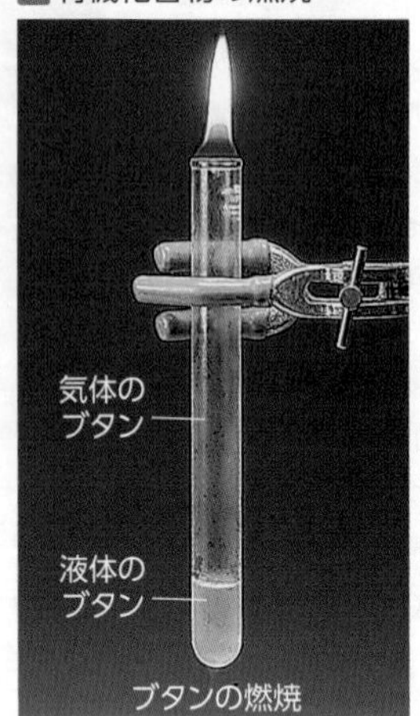

ブタンの燃焼

ブタン C_4H_{10} は無色無臭の気体で，加圧すると比較的容易に凝縮する。そのため，ライターなどの燃料として利用される。
左の写真では，試験管に入れた液体のブタン(沸点−0.5℃)が沸騰し，蒸発したブタンが試験管の口で燃焼している。また，試験管の下部では，ブタンの蒸発熱のため 0℃以下になり，霜が付着している。

③ 水に溶けるものは少なく，有機溶媒に溶けるものが多い。分子からできていて，非電解質のものが多い。

■ ナフタレンの溶解性

不溶

可溶

■ 食塩水・砂糖水の電気伝導性

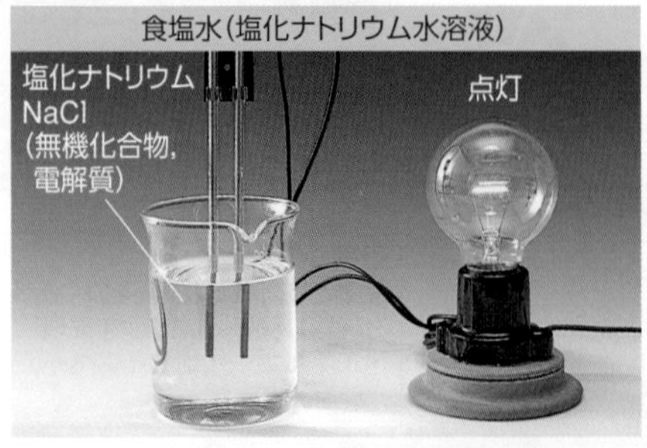

④ **有機化合物は炭化水素基と官能基の部分に分けて考えることができる。**

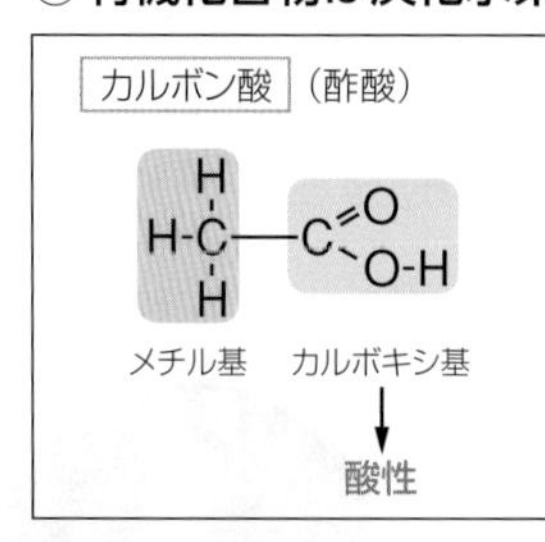

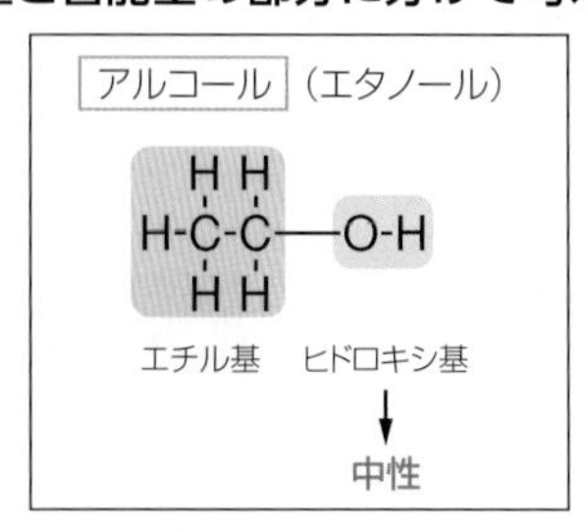

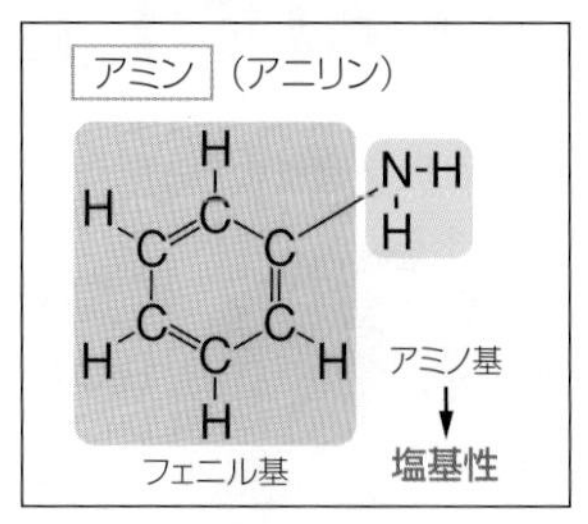

□:化合物群の名称
( ):化合物の例
■:炭化水素基…化学的に安定であり，有機化合物の骨格となる。
■:官能基………反応性が高い部分で，有機化合物の化学的性質はこの部分で決まる。

B 有機化合物の分類

有機化合物は，炭素原子間の結合の仕方を明確に示すため，構造式で表されることが多い。また，分子中の官能基を分けて示した式を示性式といい，しばしば構造式の代わりに用いられる。

① **炭素原子の結合による分類：構造式で示すとわかりやすい。**

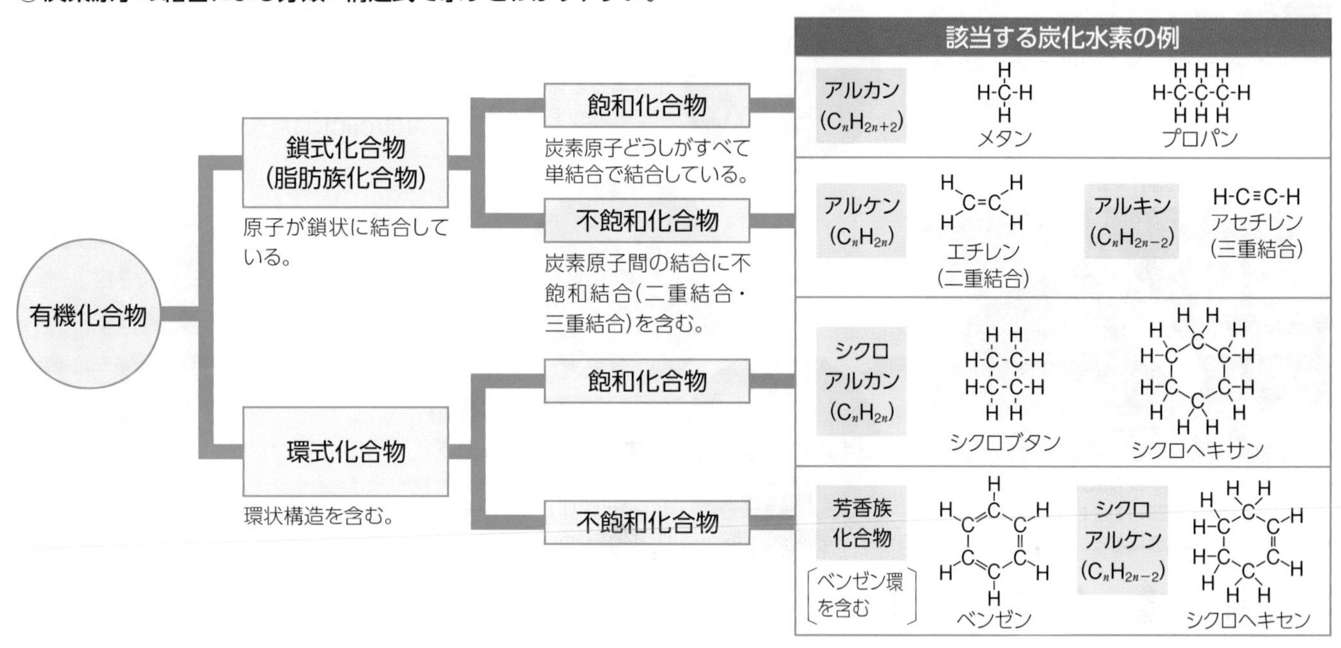

② **官能基による分類：示性式で示すとわかりやすい。**

官能基の名称	官能基	化合物群の名称	化合物の例	官能基をもつ化合物の性質
ヒドロキシ基	-OH	アルコール	C_2H_5-OH エタノール	中性。単体のナトリウムと反応し，水素を発生する。
		フェノール類	C_6H_5-OH フェノール	弱酸性。融解状態において，単体のナトリウムと反応する。塩化鉄(Ⅲ)水溶液で呈色する。
ホルミル基 (アルデヒド基)	-C(H)=O	アルデヒド	CH_3-CHO アセトアルデヒド	還元性をもち，フェーリング液の還元・銀鏡反応を示す。-CHO が酸化されて -COOH になる。
カルボニル基[※1]	>C=O	ケトン	CH_3-CO-CH_3 アセトン	中性。酸化されにくく，還元性をもたない。
カルボキシ基	-C(=O)-O-H	カルボン酸	CH_3-COOH 酢酸	酸性。アルコールと反応して，エステルをつくる。
ニトロ基	$-NO_2$	ニトロ化合物	C_6H_5-NO_2 ニトロベンゼン	中性。ニトロ基を多くもつ化合物は，爆発性がある。
アミノ基	$-NH_2$	アミン	C_6H_5-NH_2 アニリン	弱塩基性。酸の水溶液には，塩をつくって溶ける。
スルホ基	$-SO_3H$	スルホン酸	C_6H_5-SO_3H ベンゼンスルホン酸	強酸性。強塩基との塩は中性。
エーテル結合	-O-	エーテル	C_2H_5-O-C_2H_5 ジエチルエーテル	中性。単体のナトリウムと反応しない。
エステル結合	-C(=O)-O-	エステル	CH_3-COO-C_2H_5 酢酸エチル	中性。水に溶けにくい。芳香をもつものが多い。
アミド結合[※2]	-N(H)-C(=O)-	アミド	C_6H_5-NH-CO-CH_3 アセトアニリド	中性。水に少し溶ける。

※1 アルデヒドやカルボン酸，エステルに含まれる >C=O もカルボニル基とよぶことがある。　※2 アミノ酸どうしの結合の場合はペプチド結合とよぶ。

Q 炭素を含む化合物は，すべて有機化合物ですか?

2 有機化合物の分析 基 化

Zoom up Plus p.278

A 成分元素の検出

試料を反応させたときに生じる化合物によって，試料中に含まれている成分元素を検出する。

① プラスチック消しゴムの成分を調べる。

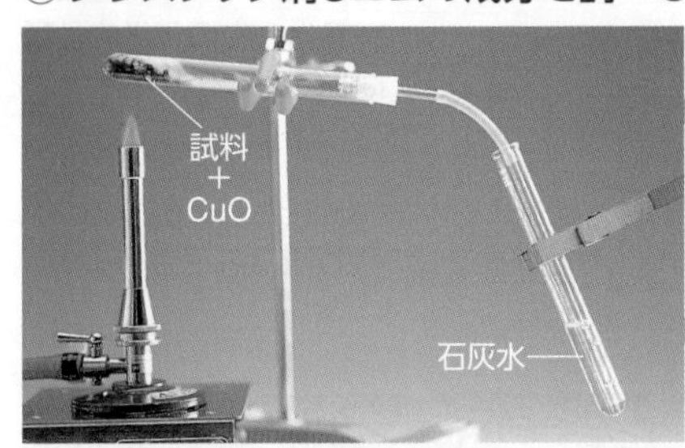

試料を細かくきざみ，酸化銅(Ⅱ)CuO と混ぜあわせて加熱すると，CuO によって成分元素の炭素 C は CO_2 に，水素 H は H_2O になる。

H2O
CuSO4

水素 H の検出

H_2O の確認…管口付近に生じる液体を白色の硫酸銅(Ⅱ)無水物につけると，青色の五水和物になる。

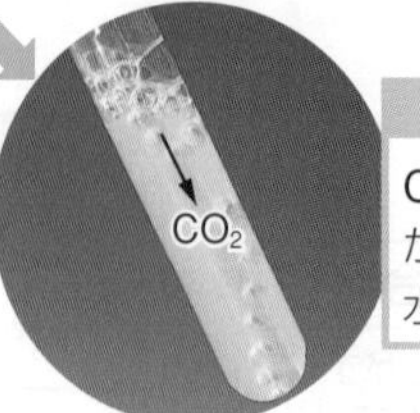

炭素 C の検出

CO_2 の確認…試験管から出る気体を石灰水に通すと，白濁する。

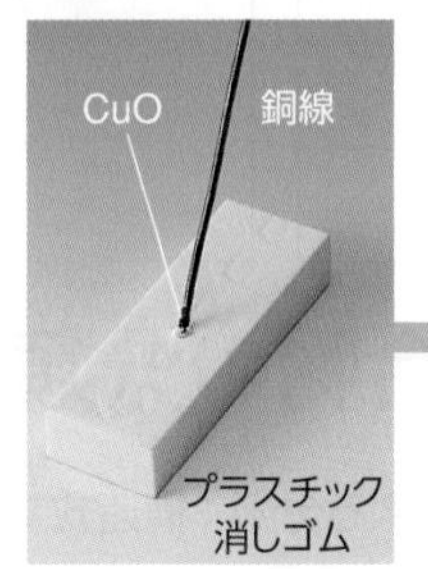

加熱した銅線を試料につけると，成分元素の塩素 Cl は塩化銅(Ⅱ)$CuCl_2$ になる。

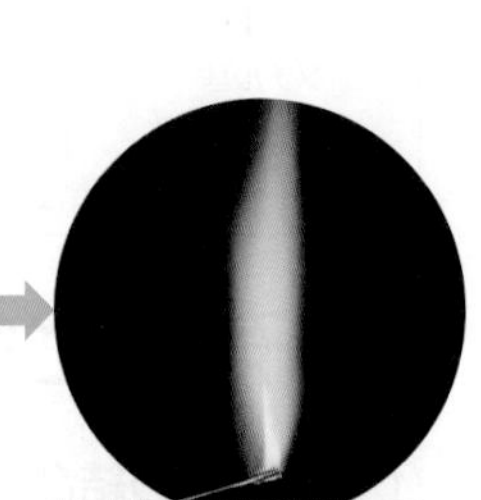

塩素 Cl の検出

$CuCl_2$ (Cu^{2+}) による青緑色の炎色反応が見られる。

② 卵白の成分を調べる。

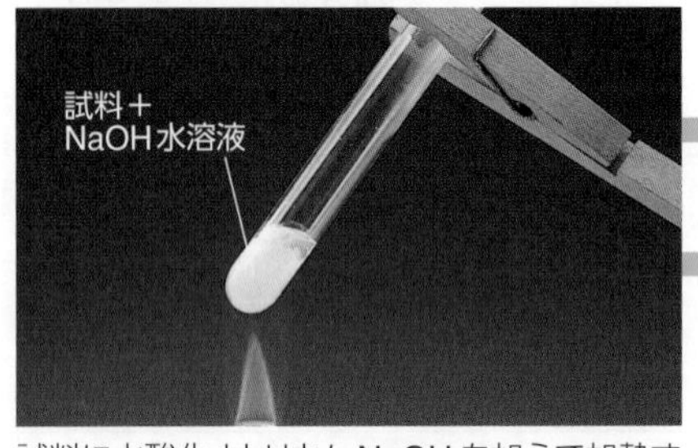

試料に水酸化ナトリウム NaOH を加えて加熱すると，成分元素の窒素 N は NH_3 に，硫黄 S は硫化ナトリウム Na_2S になる。

窒素 N の検出

NH_3 の確認…発生した気体に湿らせた赤色リトマス紙を近づけると，青色に変わる。

PbS

硫黄 S の検出

S^{2-} の確認…酢酸鉛(Ⅱ)$(CH_3COO)_2Pb$ を加えると，硫化鉛(Ⅱ)PbS の黒色沈殿を生じる。

NH_3 はネスラー試薬の色の変化によっても確認できる。

B 組成式・分子式・構造式の決定

compositional formula　molecular formula　structural formula

試料の組成・分子量・性質などを調べることにより，組成式・分子式・構造式を決定する。

■構造式の決定(2-プロパノールの場合)

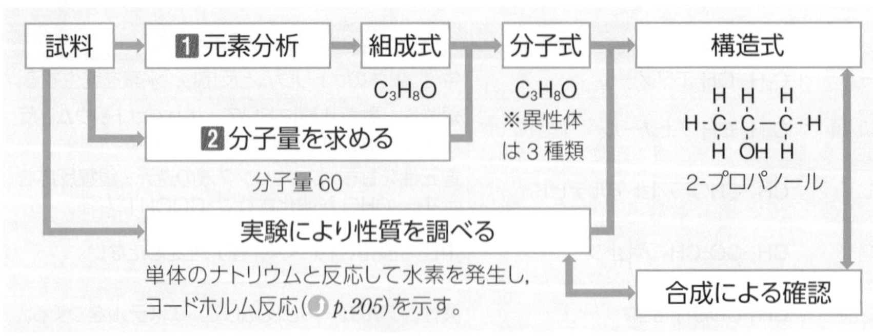

※分子式 C_3H_8O の異性体は，エチルメチルエーテル CH_3-O-C_2H_5，1-プロパノール CH_3-CH_2-CH_2-OH，2-プロパノール CH_3-CH(OH)-CH_3 の 3 種類ある。しかし，単体のナトリウムと反応して水素を発生し，ヨードホルム反応を示すのは 2-プロパノールだけである。こうして試料の構造式や示性式が決まる。

1 元素分析

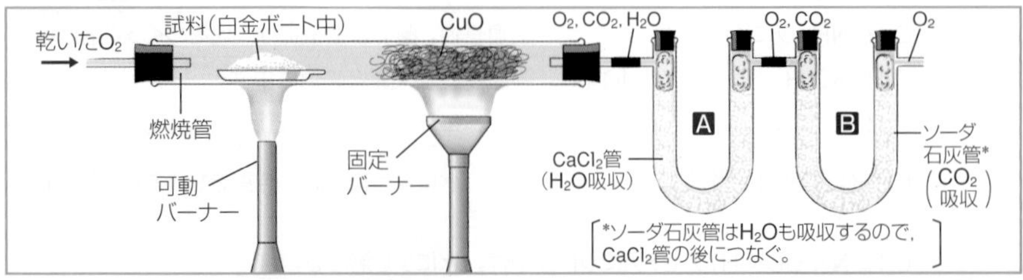

精密に質量をはかった試料を完全に燃焼させ，成分元素の H を H_2O に，C を CO_2 にする。A，B の管の質量の増加分が H_2O，CO_2 の発生量であり，この値からそれぞれの原子の数の比を求める(組成式)。

組成式の求め方

元素分析の実験結果を用いて，組成式を求める。

試料の質量　x〔mg〕
H_2O の生成量(Aの変化量)　y〔mg〕
CO_2 の生成量(Bの変化量)　z〔mg〕

$$(\text{H の質量}) = y \times \frac{2\times1.0(\text{H の原子量})}{18(H_2O\text{ の分子量})} = a\text{〔mg〕}$$

$$(\text{C の質量}) = z \times \frac{12(\text{C の原子量})}{44(CO_2\text{ の分子量})} = b\text{〔mg〕}$$

$$(\text{O の質量}) = x - a - b = c\text{〔mg〕}$$

$$\text{C:H:O} = \frac{b}{12} : \frac{a}{1.0} : \frac{c}{16} = l : m : n \rightarrow C_lH_mO_n$$

A 炭素の酸化物(CO，CO_2)や炭酸塩($CaCO_3$，Na_2CO_3 など)，シアン化物(KCN，HCN など)は有機化合物ではなく，無機化合物に分類されます。

2 モル質量(分子量)を求める

気体の状態方程式から求める	凝固点降下・沸点上昇から求める	浸透圧から求める	その他の方法
$M=\frac{mRT}{pV}$ m：試料の質量〔g〕 R：気体定数 T：絶対温度〔K〕 p：圧力〔Pa〕 V：気体の体積〔L〕	$M=\frac{Km}{\Delta tW}$ K：モル凝固点降下(モル沸点上昇) m：試料の質量〔g〕 Δt：凝固点降下度(沸点上昇度)〔K〕 W：溶媒の質量〔kg〕	$M=\frac{mRT}{\Pi V}$ m：試料の質量〔g〕 R：気体定数 T：絶対温度〔K〕 Π：浸透圧〔Pa〕 V：溶液の体積〔L〕	試料が酸や塩基の場合 →中和滴定(*p.74*) エステル(油脂)の場合 →けん化価の測定(*p.208*)
沸点の低い物質は，蒸発させ，気体の性質から分子量を求める(*p.105*)。	沸点が高く気体になりにくい物質や，高温では分解して炭化する物質は，溶媒に溶かし，溶液の性質から分子量を求める(*p.113*)。		

C 異性体
isomer

分子式は同じであるが，構造が異なる物質どうしを互いに異性体という。異性体の数は，炭素原子の数の増加に伴って急激に増加する。①・②・③を**構造異性体**，④・⑤を**立体異性体**という。

Zoom up Plus p.274
入試問題にチャレンジ！ p.284

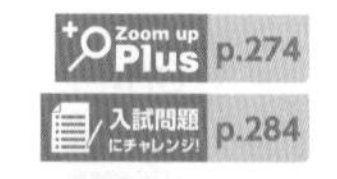

①炭素骨格の異なる異性体

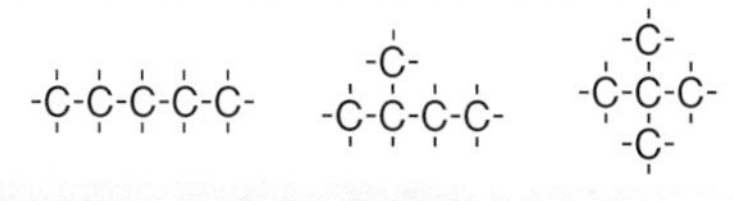

炭素原子の並び方(炭素骨格)の違いによって，生じる異性体。

②官能基や結合の異なる異性体

エタノール　ジメチルエーテル

分子式 C_2H_6O

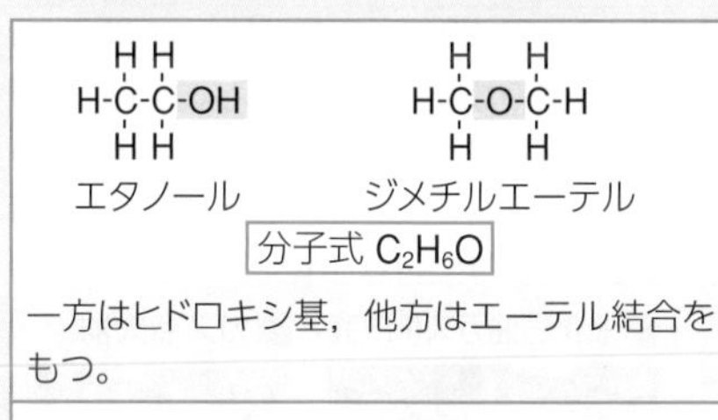

一方はヒドロキシ基，他方はエーテル結合をもつ。

酢酸　ギ酸メチル

分子式 $C_2H_4O_2$

一方はカルボキシ基，他方はエステル結合をもつ。

③位置異性体

1-プロパノール　2-プロパノール

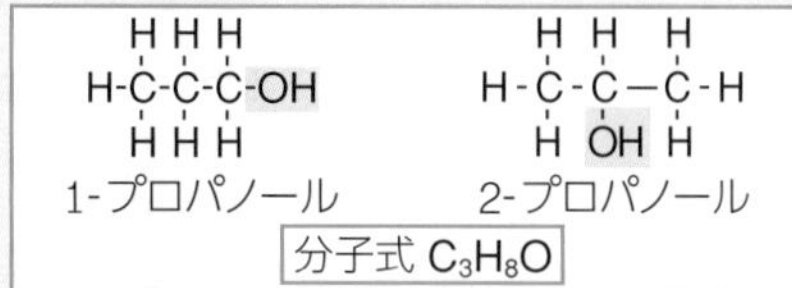

分子式 C_3H_8O

置換基(ヒドロキシ基)の結合する位置の違いによる異性体。

1-ブテン　2-ブテン

分子式 C_4H_8

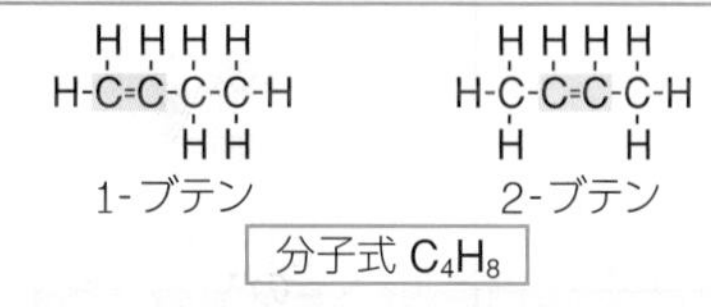

二重結合の位置の違いによる異性体。

o-クレゾール　*m*-クレゾール　*p*-クレゾール

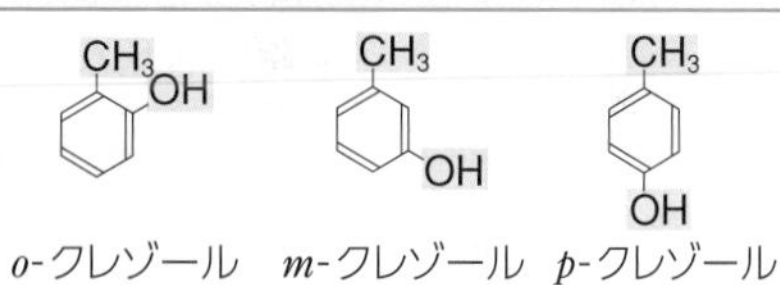

分子式 C_7H_8O

ベンゼン環につく2個の置換基の位置関係による異性体。位置関係は，*o*-(オルト)，*m*-(メタ)，*p*-(パラ)で表す。

④シス-トランス異性体(幾何異性体)

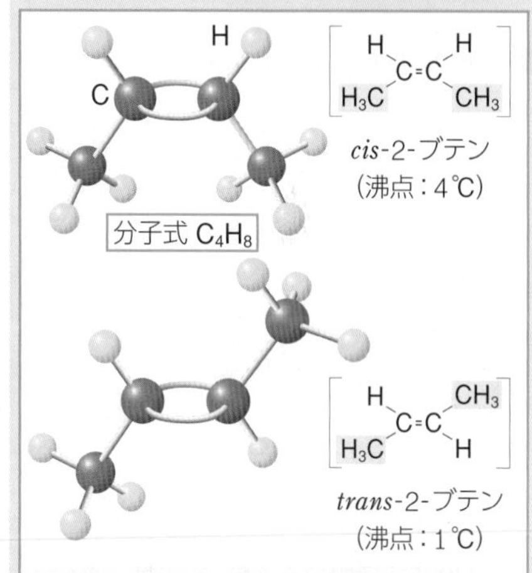

cis-2-ブテン
(沸点：4℃)

分子式 C_4H_8

trans-2-ブテン
(沸点：1℃)

二重結合で結合している2つの炭素原子が，それぞれ2つの異なる原子または原子団をもつ場合には，異性体が存在する。これは，二重結合を軸として分子内の炭素原子が回転できないために生じる。同じ側に大きい原子団があるものをシス(*cis*)形，対角線の側にあるものをトランス(*trans*)形という。

Zoom up 偏光と鏡像異性体

光源から出てくる光は，進行方向に対して垂直な無数の面内で振動している。偏光板という特殊な板に光を通すと，1つの面内だけで振動する光を取り出すことができる。このような光を平面偏光という。1組の鏡像異性体の一方の溶液に偏光を当てると，偏光面が回転する。この性質を旋光性といい，物質が旋光性をもっているときを光学活性，もたないときを光学不活性という。鏡像異性体どうしは，互いに偏光面を回転させる方向が異なる(回転角は等しい)。

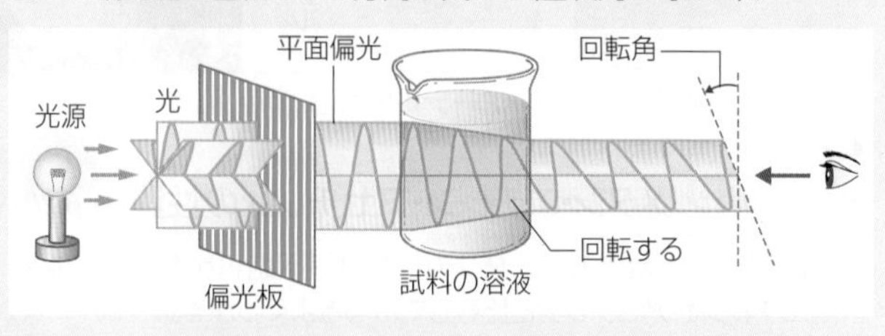

⑤鏡像異性体(光学異性体)

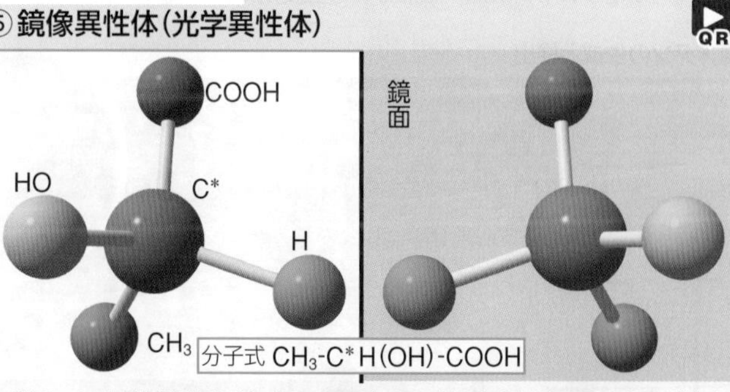

分子式 CH_3-C*H(OH)-COOH

*印のついた炭素原子には，互いに異なる4個の原子または原子団が結合している。このような炭素原子を不斉炭素原子という。この原子を四面体の中心に置いて乳酸の分子模型をつくると，上の図のように2種類の形の分子ができる。これは実物と鏡像との関係であり，互いに重ねあわせることができない。このような異性体を鏡像異性体という。
鏡像異性体どうしは，化学的や物理的な性質はほぼ同じであるが，平面偏光に対する性質(旋光性)が異なる。

Q 有機化合物には水に溶けないものが多いのに，どうして凝固点降下・沸点上昇や浸透圧が測定できるのですか？

3 アルカン・シクロアルカン 基 化

	鎖式炭化水素	環式炭化水素
飽和炭化水素（単結合のみ）	アルカン C_nH_{2n+2}	シクロアルカン C_nH_{2n}
不飽和炭化水素（二重結合を含む）	アルケン C_nH_{2n}	シクロアルケン C_nH_{2n-2}
不飽和炭化水素（三重結合を含む）	アルキン C_nH_{2n-2}	

A アルカン alkane

メタン CH_4，エタン C_2H_6，プロパン C_3H_8 のように，一般式が C_nH_{2n+2} で表される飽和炭化水素をアルカンという。

アルカンの構造

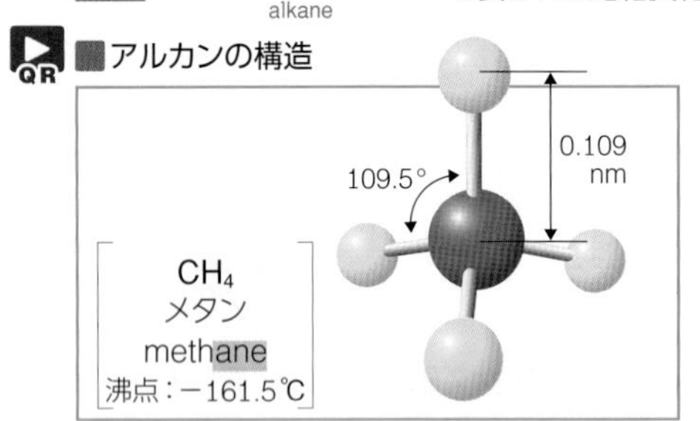

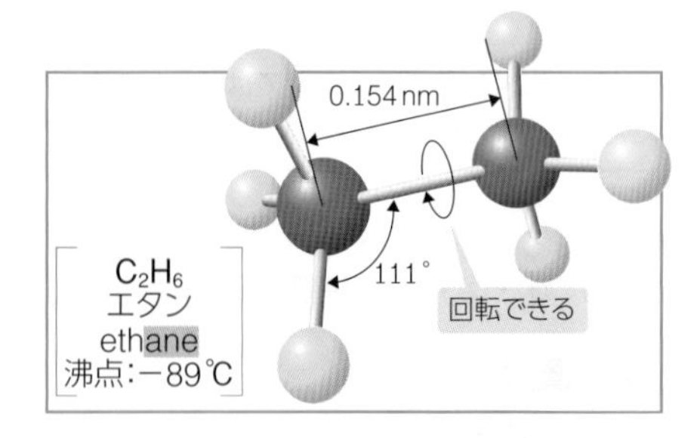

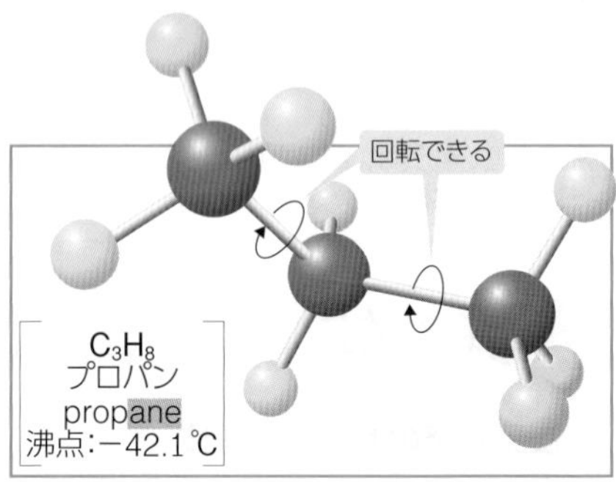

直鎖のアルカンの沸点・融点（p.308）

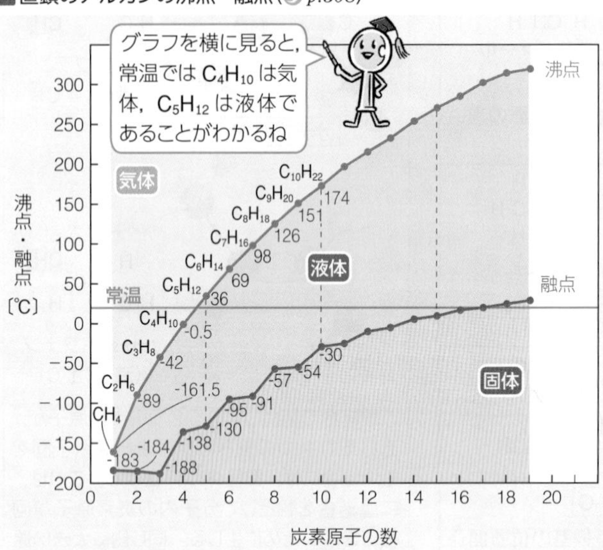

分子式が $-CH_2-$ ずつ異なる一群の化合物を同族体という。同族体の化学的性質は互いによく似ているが，一般式の n が大きくなるにしたがって，分子間力が増すので，沸点・融点はある程度規則的に高くなる。

アルカンの異性体の数

炭素原子の数	分子式	異性体の数	炭素原子の数	分子式	異性体の数
4	C_4H_{10}	2	9	C_9H_{20}	35
5	C_5H_{12}	3	10	$C_{10}H_{22}$	75
6	C_6H_{14}	5	11	$C_{11}H_{24}$	159
7	C_7H_{16}	9	14	$C_{14}H_{30}$	1858
8	C_8H_{18}	18	20	$C_{20}H_{42}$	366319

炭素原子の数が大きくなると，異性体の数は飛躍的に増える。

アルカンの利用 日常

アルカンは燃料として様々なところに利用されている。

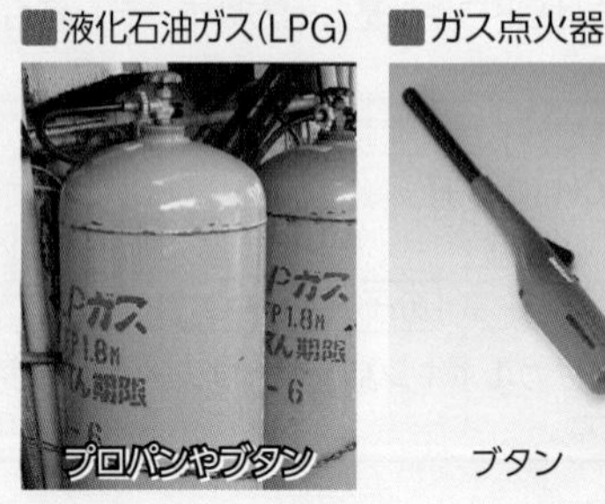

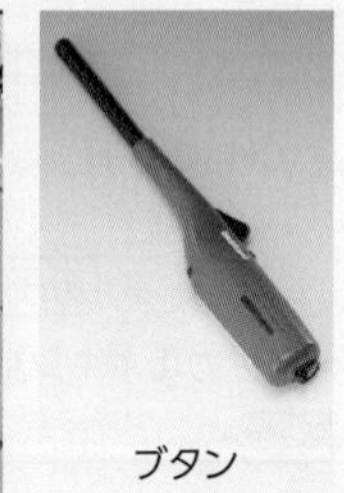

ブタン

メタンの生成と検出

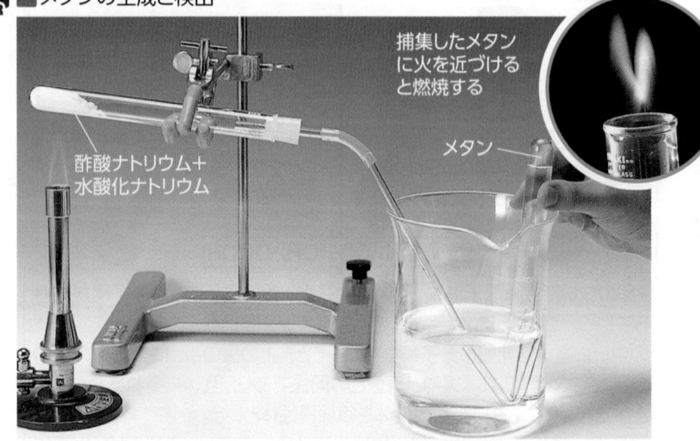

$$CH_3COONa + NaOH \longrightarrow CH_4\uparrow + Na_2CO_3$$

酢酸ナトリウム　水酸化ナトリウム　メタン　炭酸ナトリウム

ヘキサン C_6H_{14} の性質

水に難溶

エーテルに可溶　可燃性

Jump メタン・エチレン・アセチレンの性質 → p.201

飽和炭化水素であるメタンの性質は，不飽和炭化水素であるエチレンやアセチレンと比較してみるとよくわかる。

Ⓐ ベンゼン・アセトン・エーテルなどの有機溶媒に溶かし，この溶液についてそれぞれの値を測定します。

B アルカンの置換反応 substitution reaction

アルカンは，常温付近では安定であり，たいていの薬品とは反応しにくいが，光を当てるとアルカンの水素原子がハロゲン原子と置換反応を起こす。

■メタンの置換反応

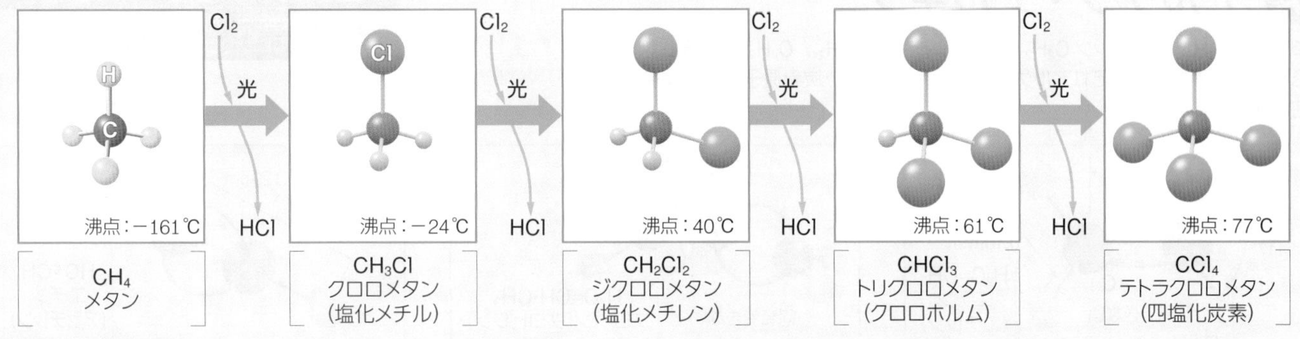

■ヘキサンの置換反応

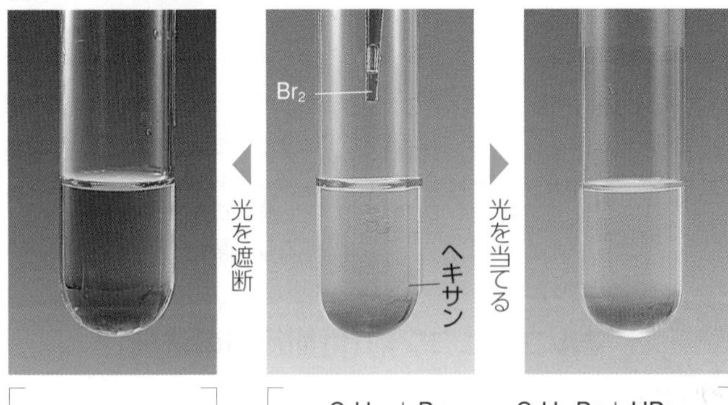

変化しない

$$C_6H_{14} + Br_2 \longrightarrow C_6H_{13}Br + HBr$$
ヘキサン　臭素　ブロモヘキサン　臭化水素

メタンハイドレート

メタンハイドレートは，水分子がつくるかご状の構造に CH_4 分子が取りこまれた構造の物質であり，高圧・低温下で存在する。氷状の物質だが，火をつけると燃える。
海底に存在することが知られており，日本近海でもその存在は確認されている。その埋蔵量は日本で消費される天然ガスの 100 年分以上ともいわれ，エネルギー資源の一つとして注目されている。

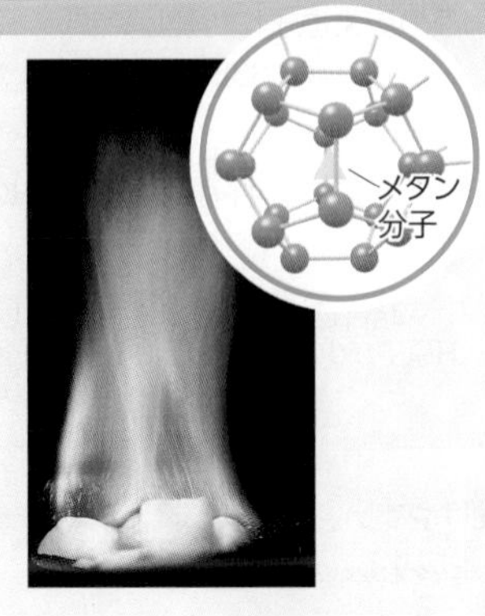

Column 天然ガスと都市ガス

私たちが日常生活で用いる都市ガスは，天然ガスをおもな原料としてつくられている。天然ガスは，インドネシア，オーストラリアなどの地域で産出するため，日本で使用するには，これらの産出国から天然ガスを長距離輸送する必要がある。天然ガスのように，常温で気体の物質をそのまま輸送するのは効率が悪いため，輸送する際には，天然ガスを気体から液体に状態変化させることにより，体積を約 600 分の 1 にして，効率よく運搬できるようにしている。
しかし，天然ガスの主成分であるメタンは，沸点が−161℃と低いので，常温では液体にすることが非常に困難である。そのため，気体の天然ガスを−162℃に冷却して加圧することにより液体にし，さらにメタンより沸点の低い液体窒素（沸点：−196℃）で冷却しながら，専用の LNG タンカーで日本に輸送している。

■都市ガスのおもな成分

物質名	分子量	割合〔%〕
メタン	16	89.60
エタン	30	5.62
プロパン	44	3.43
ブタン	58	1.35

都市ガスの平均分子量
16×0.896＋30×0.0562
＋44×0.0343
＋58×0.0135
≒18

液化天然ガスのタンカー

C シクロアルカン cycloalkane

シクロヘキサン C_6H_{12} のように一般式 C_nH_{2n} で表される環式飽和炭化水素をシクロアルカンという。シクロアルカンの化学的性質は，アルカンに似ている。

■シクロヘキサンの性質

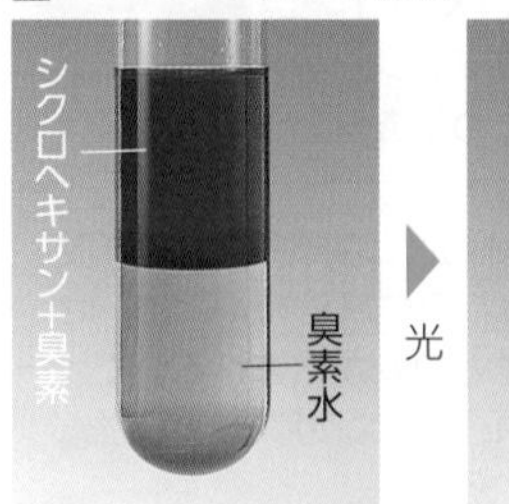

光

光を当てると，置換反応が起こり臭素の色が消える。

可燃性

Zoom up シクロヘキサンの 2 種類の立体構造

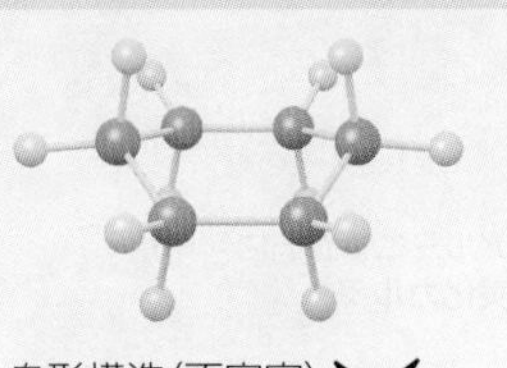

いす形構造（安定）　舟形構造（不安定）

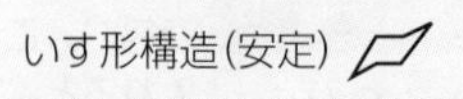

いす形のほうが安定で，室温では 99.9％以上がいす形である。

Q シクロアルカンのシクロとはどんな意味ですか？

4 アルケン・アルキン 基 化

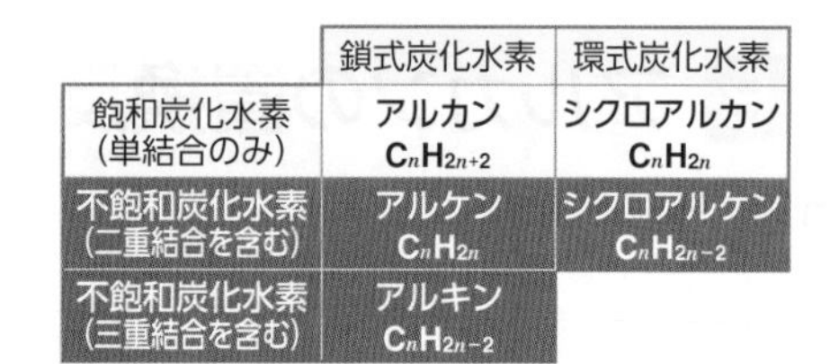

	鎖式炭化水素	環式炭化水素
飽和炭化水素（単結合のみ）	アルカン C_nH_{2n+2}	シクロアルカン C_nH_{2n}
不飽和炭化水素（二重結合を含む）	アルケン C_nH_{2n}	シクロアルケン C_nH_{2n-2}
不飽和炭化水素（三重結合を含む）	アルキン C_nH_{2n-2}	

A アルケン・アルキン

alkene alkyne

エチレン C_2H_4，アセチレン C_2H_2 のように，一般式 C_nH_{2n}，C_nH_{2n-2} で表される鎖式不飽和炭化水素を，それぞれアルケン，アルキンという。炭素原子間の二重結合・三重結合は回転できない。

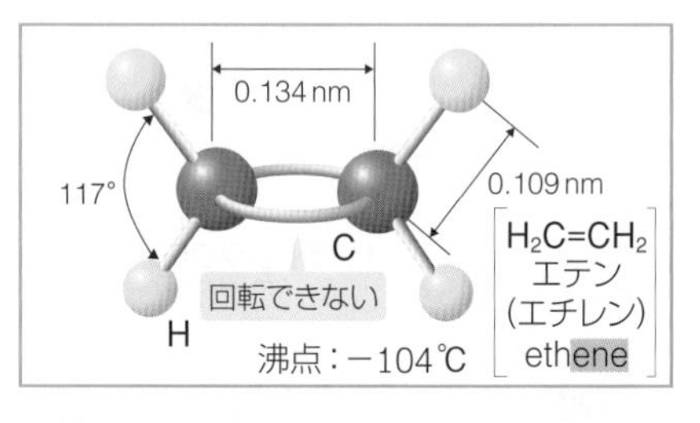

$H_2C=CH_2$ エテン（エチレン） ethene

沸点：−104℃

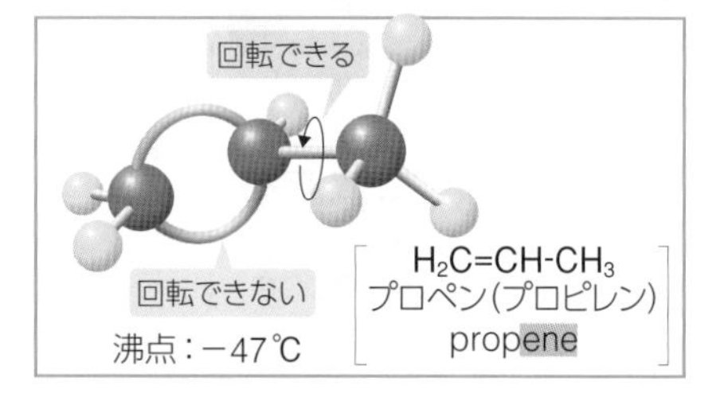

$H_2C=CH-CH_3$ プロペン（プロピレン） propene

沸点：−47℃

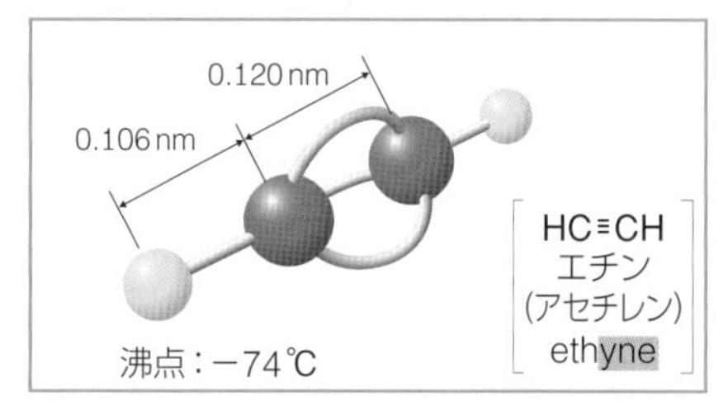

$HC≡CH$ エチン（アセチレン） ethyne

沸点：−74℃

B エチレン

ethylene

エチレンはアルケンの代表的な化合物である。
付加反応を受けやすく，様々な物質がエチレンから合成されている。

Zoom up Plus p.276

エチレンの生成

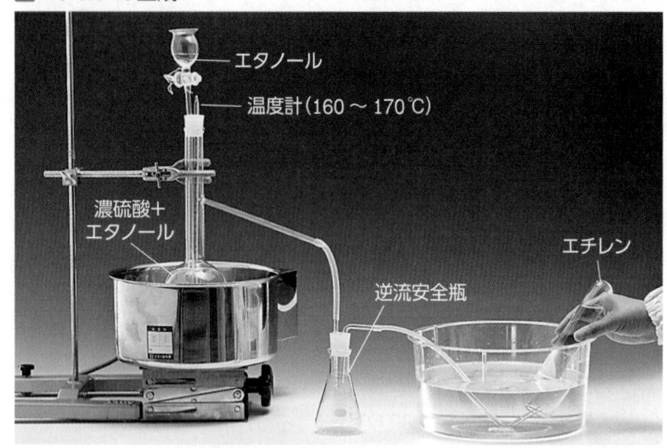

エタノールと濃硫酸の混合物を 160～170℃に加熱すると，脱水反応によりエチレンが発生する。このとき，濃硫酸は脱水剤としてはたらく。

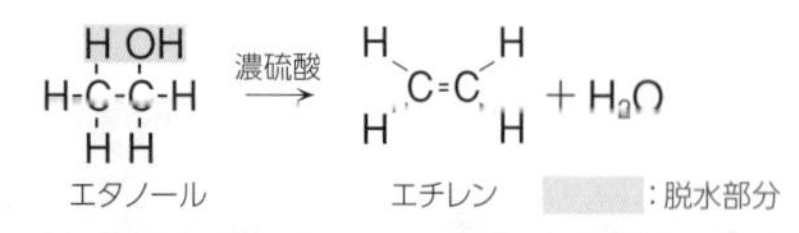

$$H-CH(H)-C(OH)H-H \xrightarrow{\text{濃硫酸}} H_2C=CH_2 + H_2O$$

エタノール　　エチレン　　□：脱水部分

エチレンの付加反応

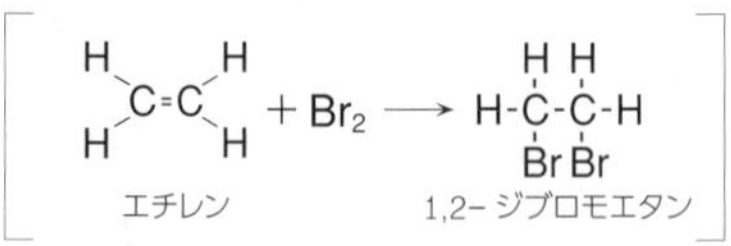

$$H_2C=CH_2 + Br_2 \longrightarrow H-CHBr-CHBr-H$$

エチレン　　1,2-ジブロモエタン

エチレンに臭素を反応させると，二重結合の炭素に臭素が結合して，無色の 1,2-ジブロモエタンになり，臭素の赤褐色は消える。

Zoom up マルコフニコフ則（付加反応の法則）

Markovnikov's rule　addition reaction

HX 形分子のアルケンへの付加においては，二重結合を形成している 2 個の炭素原子のうち，H 原子の結合数が多いほうの炭素原子に，H 原子が付加しやすい。一方，X 原子は H 原子の結合数が少ないほうの炭素原子に付加しやすい。この経験則は，ロシアの化学者マルコフニコフ（1838～1904）によって 1869 年に発表された。

$$CH_3-CH=CH_2 + HCl \longrightarrow CH_3-CHCl-CH_3 \;(\text{主生成物}) \quad CH_3-CH_2-CH_2Cl \;(\text{副生成物})$$

結合している H原子が少ない(1個)　結合している H原子が多い(2個)

C アセチレン

acethylene

アセチレンは，エチレンと同様に付加反応を受けやすい。
また，金属との置換反応によってアセチリドを生成する。

アセチレンの生成

反応を穏やかにするために，炭化カルシウム CaC_2（カーバイド）を細かい穴をあけたアルミニウム箔で包む。これを水に入れると，アセチレンが発生する。

$$CaC_2 + 2H_2O \longrightarrow Ca(OH)_2 + C_2H_2\uparrow$$

炭化カルシウム　水酸化カルシウム　アセチレン

Column エチレンと果実の成熟 日常

熟していない緑色のバナナを，熟したリンゴと一緒にビニール袋に入れておくと，バナナは早く熟すようになる。これは，熟したリンゴからエチレンが放出され，エチレンに果実の成熟を促進する作用があるためである。このような作用をする物質を植物ホルモンという。

エチレンは，果実を新鮮に保存するためには妨げとなるので，新鮮度保持剤（エチレン除去剤）が市販されている。新鮮度保持剤には，ゼオライト（p.153）に少量の過マンガン酸カリウムが含まれていて，エチレンは多孔質のゼオライトに吸着され，過マンガン酸カリウム（酸化剤）によって酸化されることで除去される。

Ⓐ シクロ cyclo- は英語の cycle = circle に相当し，「環状」という意味の接頭語です。

■銀アセチリド

アンモニア性硝酸銀水溶液にアセチレンを通じると，銀アセチリド（白色）が生成し，沈殿する。また，アンモニア性塩化銅(I)水溶液にアセチレンを通じると銅アセチリド（赤褐色）が生成し，沈殿する。銀アセチリド・銅アセチリドは不安定で，爆発性がある。銀アセチリドを乾燥させ熱や衝撃を加えると，大きな音とともに爆発する。

$$\underset{\text{アセチレン}}{HC{\equiv}CH} + \underset{\text{ジアンミン銀(I)イオン}}{2[Ag(NH_3)_2]^+} \longrightarrow \underset{\text{銀アセチリド}}{AgC{\equiv}CAg} + 2NH_4^+ + 2NH_3$$

$$\underset{\text{アセチレン}}{HC{\equiv}CH} + \underset{\text{ジアンミン銅(I)イオン}}{2[Cu(NH_3)_2]^+} \longrightarrow \underset{\text{銅アセチリド}}{CuC{\equiv}CCu} + 2NH_4^+ + 2NH_3$$

D メタン・エチレン・アセチレンの性質

methane

飽和炭化水素であるメタンと比較することにより，不飽和炭化水素であるエチレン・アセチレンの性質を確認できる。

■燃焼反応の比較

メタン CH_4

エチレン C_2H_4

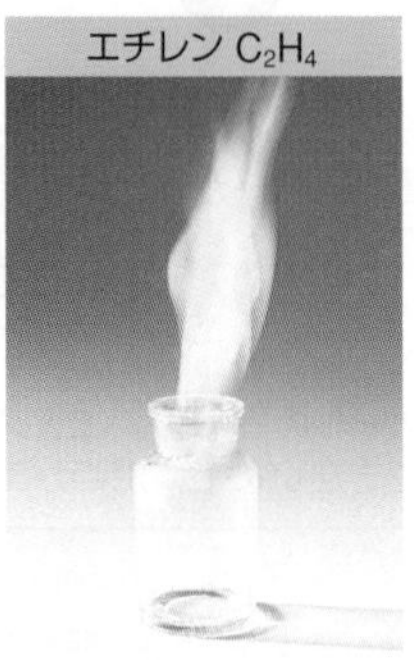

アセチレン C_2H_2

炭素の含有率が高い炭化水素を空気中で燃焼させると，明るい炎を示すとともに，多量のすすを出す（炭素含有率：メタン<エチレン<アセチレン）。

酸素アセチレン炎

アセチレンに酸素を混ぜて点火すると，約 3300 ℃の高温の炎をあげる。これを用いて，金属の溶接や切断が行われる。

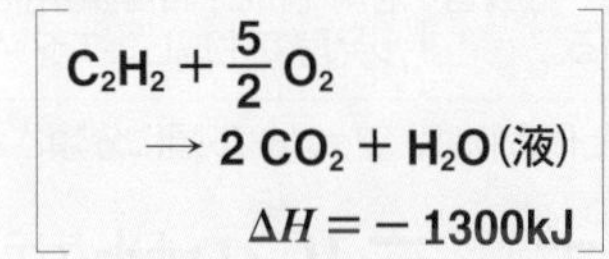

$$C_2H_2 + \frac{5}{2}O_2 \longrightarrow 2CO_2 + H_2O(\text{液}) \quad \Delta H = -1300\,\text{kJ}$$

■付加反応：臭素水（赤褐色）との反応の比較

メタン CH_4

エチレン $H_2C{=}CH_2$

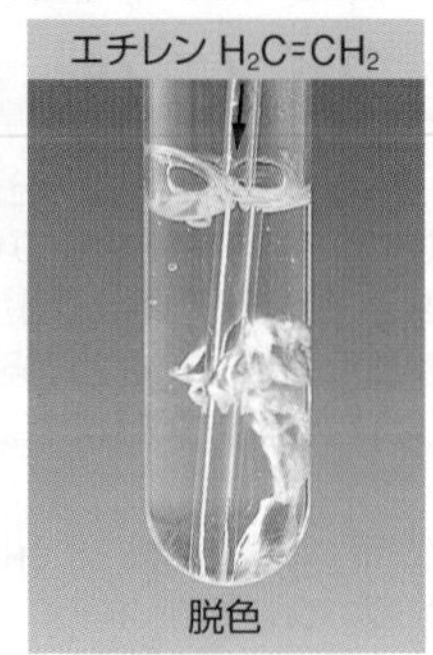

アセチレン $HC{\equiv}CH$

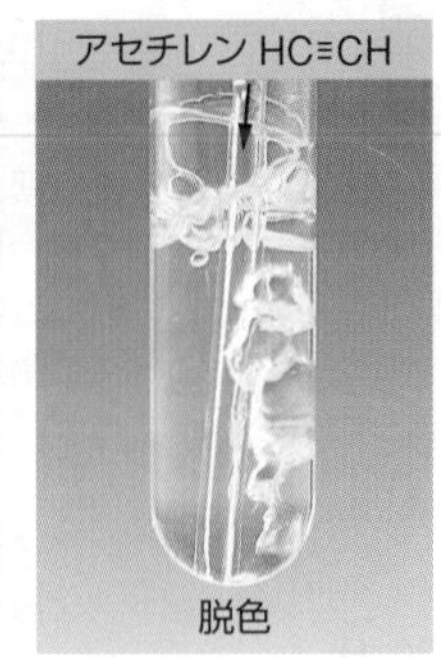

不飽和炭化水素であるエチレンやアセチレンは，臭素と付加反応を起こし，臭素の赤褐色を脱色するが，飽和炭化水素であるメタンは臭素と付加反応を起こさない（メタンは光を当てると置換反応をする。p.199）。

■酸化反応：過マンガン酸カリウム（赤紫色）との反応の比較

メタン CH_4

エチレン $H_2C{=}CH_2$

アセチレン $HC{\equiv}CH$

エチレン，アセチレンは酸化されて，酸化マンガン(IV) MnO_2 の黒色の沈殿が生じるが，メタンは酸化されない。

Zoom up アルケンの酸化

次の①，②の酸化反応では，アルケンの二重結合のところで分子が 2 つにわかれる。これらの反応により生成した化合物の構造がわかれば，もとの物質のもつ二重結合の位置を明らかにすることができる。

① オゾン分解

アルケンにオゾンを作用させると，炭素間の二重結合 C=C が酸化されて，アルデヒドやケトンが生成する。この反応では，まずアルケンにオゾンが付加して，五員環のオゾニドが生成する。オゾニドはきわめて反応性に富む物質であり，Zn などの還元剤で処理すると分解し，アルデヒドまたはケトンが生成する。

$$\underset{\text{アルケン}}{R_1R_2C{=}CHR_3} \xrightarrow{O_3} \underset{\text{オゾニド(不安定)}}{\text{オゾニド}} \xrightarrow{Zn} \underset{\text{ケトン}}{R_1R_2C{=}O} + \underset{\text{アルデヒド}}{O{=}CHR_3}$$

② 過マンガン酸カリウムによる酸化

アルケンに硫酸酸性の過マンガン酸カリウム水溶液を作用させると，炭素間の二重結合 C=C が酸化されて，カルボン酸やケトンが生成する。この反応では，まずアルケンの二重結合が切れ，その部分に酸素原子がそれぞれ結合する。もとの二重結合の炭素に水素が結合していた場合は，アルデヒドができ，さらに酸化されてカルボン酸が得られる。ケトンが生成したときは，それ以上変化は起こらない。

$$\underset{\text{アルケン}}{R_1R_2C{=}CHR_3} \xrightarrow{KMnO_4} \underset{\text{ケトン}}{R_1R_2C{=}O} + \underset{\text{アルデヒド}}{O{=}CHR_3} \xrightarrow{KMnO_4} \underset{\text{ケトン}}{R_1R_2C{=}O} + \underset{\text{カルボン酸}}{O{=}C(OH)R_3}$$

有機化合物

Q C_2H_4 の「エチレン」と「エテン」のように，2 つの名称がついている化合物がありますが，なぜですか？

5 アルコール・エーテル 基 化

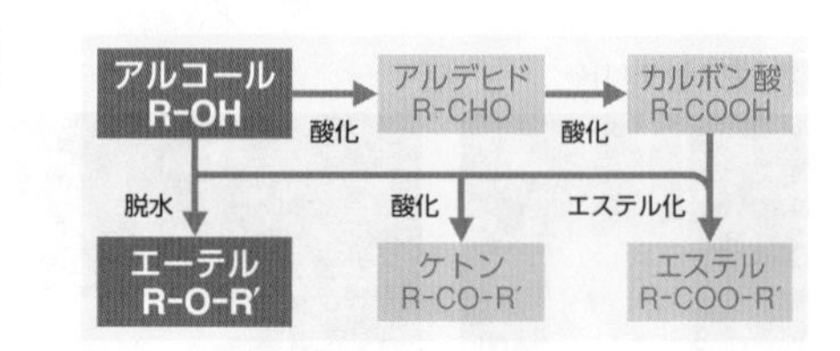

A アルコール・エーテル

脂肪族炭化水素の H 原子が，ヒドロキシ基 -OH で置き換わった構造の化合物をアルコール(alcohol)という。また，2 個の炭化水素基が酸素原子と結合した構造をもつ化合物をエーテル(ether)という。

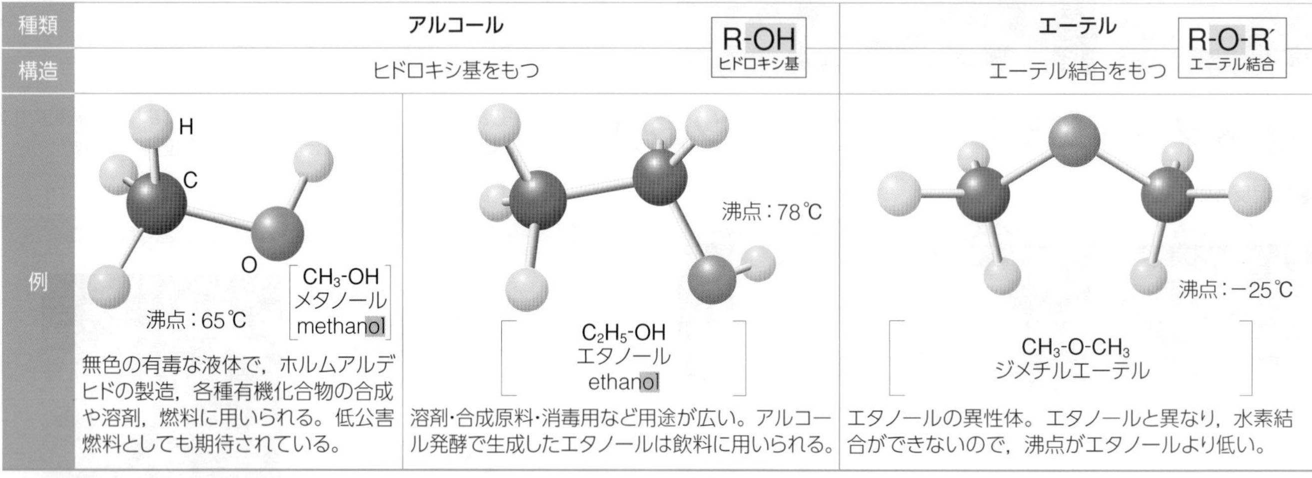

種類	アルコール R-OH ヒドロキシ基		エーテル R-O-R′ エーテル結合
構造	ヒドロキシ基をもつ		エーテル結合をもつ
例	CH_3-OH メタノール methanol 沸点：65℃	C_2H_5-OH エタノール ethanol 沸点：78℃	CH_3-O-CH_3 ジメチルエーテル 沸点：−25℃
	無色の有毒な液体で，ホルムアルデヒドの製造，各種有機化合物の合成や溶剤，燃料に用いられる。低公害燃料としても期待されている。	溶剤・合成原料・消毒用など用途が広い。アルコール発酵で生成したエタノールは飲料に用いられる。	エタノールの異性体。エタノールと異なり，水素結合ができないので，沸点がエタノールより低い。

※ベンゼン環に -OH が直接結合した化合物は，フェノール類に分類される(p.214)。

B アルコール・エーテルの性質

アルコールは -OH をもつので，炭素原子の数の少ない(低級)アルコールは水に溶けやすく，反応性がある。エーテルは水に溶けにくく，反応性に乏しい。

■水への溶解性(体積比 1：1 で混合)

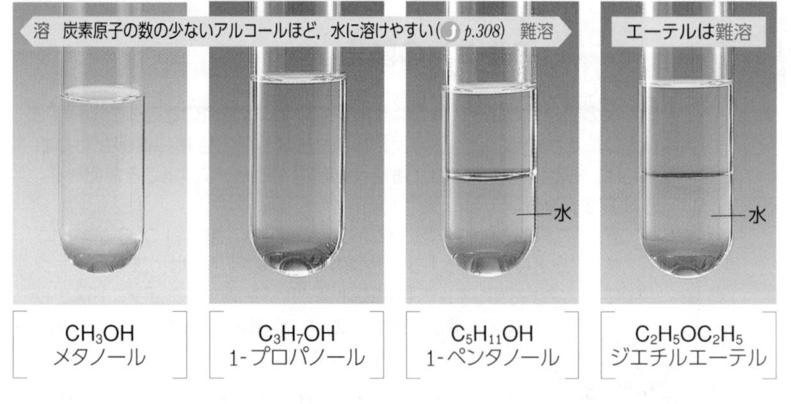

CH_3OH メタノール　C_3H_7OH 1-プロパノール　$C_5H_{11}OH$ 1-ペンタノール　$C_2H_5OC_2H_5$ ジエチルエーテル

Zoom up ザイツェフ則 Zaitsev's rule

第 2 級，第 3 級のアルコールの分子内脱水反応は，-OH が結合している C 原子の両隣の C 原子のうち，結合している H 原子の数が少ないほうから H 原子が失われた生成物がおもに得られる。この経験則は，ロシアの化学者ザイツェフ(1841 ～ 1910)によって 1875 年に発表された。

CH_3-CH(OH)-CH_2-CH_3（2-ブタノール）—脱水→ CH_2=CH-CH_2-CH_3（18 %）1-ブテン ／ CH_3-CH=CH-CH_3（**82 %**）2-ブテン

■ナトリウムとの反応性

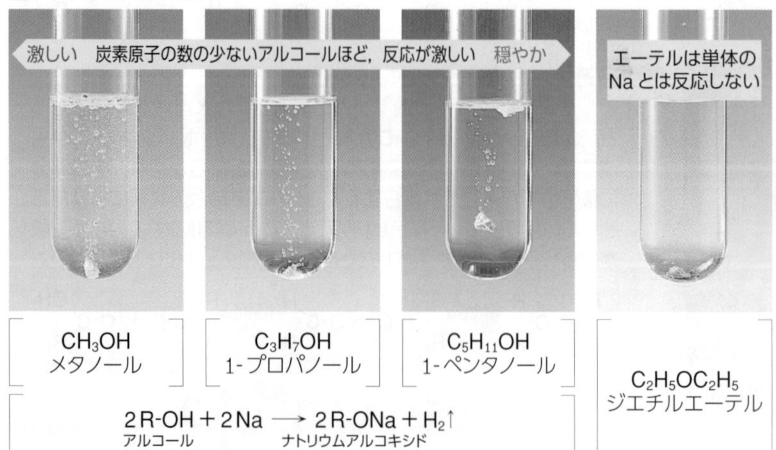

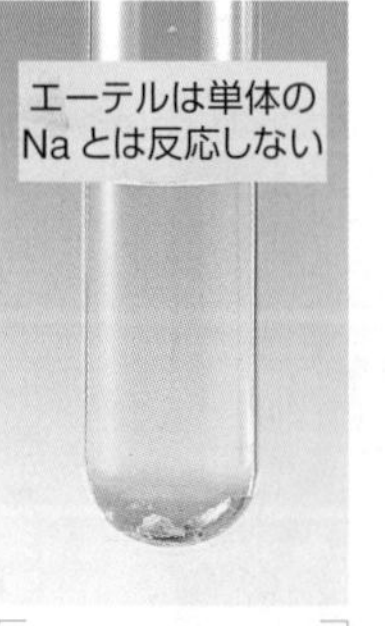

CH_3OH メタノール　C_3H_7OH 1-プロパノール　$C_5H_{11}OH$ 1-ペンタノール　$C_2H_5OC_2H_5$ ジエチルエーテル

$$2\,R\text{-}OH + 2\,Na \longrightarrow 2\,R\text{-}ONa + H_2\uparrow$$

アルコール　ナトリウムアルコキシド

ナトリウムアルコキシドに水を加えると，加水分解して水酸化ナトリウムを生成する。そのため，アルコキシドの水溶液は塩基性となり，フェノールフタレインを加えると赤色に変化する。
(アルコールは中性であり，NaOH とは反応しない。)

$$R\text{-}ONa + H_2O \longrightarrow R\text{-}OH + NaOH$$

ナトリウムアルコキシド　アルコール　水酸化ナトリウム

A 一般に広く使われている名称(慣用名)と学術的に使われている名称(組織名)が異なるからです。(本書では一部の慣用名と組織名を併記しています。)

C アルコールの分類と酸化

アルコールには，価数(-OH がいくつ含まれるか)による分類と，級数(-OH が結合している C 原子に炭化水素基がいくつ結合しているか)による分類とがある。

アルコールの価数

種類	1 価アルコール	2 価アルコール	3 価アルコール
-OH の数	1 個	2 個	3 個
例	CH_3-OH メタノール（アルコールランプ）	CH_2-OH / CH_2-OH エチレングリコール (1,2-エタンジオール)（不凍液 日常）	CH_2-OH / CH -OH / CH_2-OH グリセリン (1,2,3-プロパントリオール)（口腔洗浄剤 日常）

まとめ

アルコールの分類方法

- **炭素原子の数による分類**
  分子内の炭素原子の数が少ないアルコールを **低級アルコール**，多いアルコールを **高級アルコール** という。
- **価数による分類**
  分子内の -OH の数を示す。
- **級数による分類**
  -OH が結合している C 原子に結合している炭化水素基の数を示す。級数が大きいアルコールほど酸化されにくい。

第 1 級・第 2 級・第 3 級アルコールと酸化

種類	第 1 級アルコール	第 2 級アルコール	第 3 級アルコール
構造式	$\mathrm{R{-}C(H)(H){-}OH}$ -OH が結合している C 原子に，炭化水素基が 0 個または 1 個結合しているアルコール	$\mathrm{R{-}C(R')(H){-}OH}$ -OH が結合している C 原子に，炭化水素基が 2 個結合しているアルコール	$\mathrm{R{-}C(R')(R''){-}OH}$ -OH が結合している C 原子に，炭化水素基が 3 個結合しているアルコール
酸化後	アルデヒドを経てカルボン酸になる $\mathrm{R{-}CH_2{-}OH \longrightarrow R{-}C(=O){-}H \longrightarrow R{-}C(=O){-}OH}$	ケトンになる $\mathrm{R{-}CH(R'){-}OH \longrightarrow R{-}C(=O){-}R'}$	酸化されにくい
二クロム酸カリウムによる酸化の例	1-プロパノール（二クロム酸カリウム水溶液）▶ Cr^{3+}(緑色)，プロピオン酸 プロピオンアルデヒドを経てプロピオン酸になる	2-プロパノール（二クロム酸カリウム水溶液）▶ Cr^{3+}(緑色)，アセトン アセトンになる	2-メチル-2-プロパノール（二クロム酸カリウム水溶液）▶ 酸化されない

D エーテルの生成

Zoom up Plus p.276

約 130℃に熱した濃硫酸に，滴下漏斗を用いてエタノールをゆっくりと加えていくと，脱水反応が起こってジエチルエーテルが生成する。
ジエチルエーテルの蒸気は空気の 2.6 倍の比重(分子量 74)をもつので，低いところにたまりやすい。

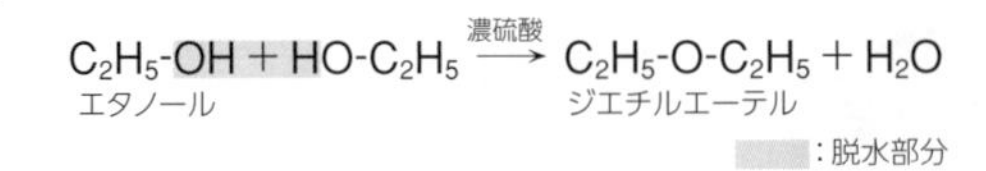

$$C_2H_5\text{-OH} + \text{HO-}C_2H_5 \xrightarrow{\text{濃硫酸}} C_2H_5\text{-O-}C_2H_5 + H_2O$$

エタノール　　　ジエチルエーテル

（網掛け部分：脱水部分）

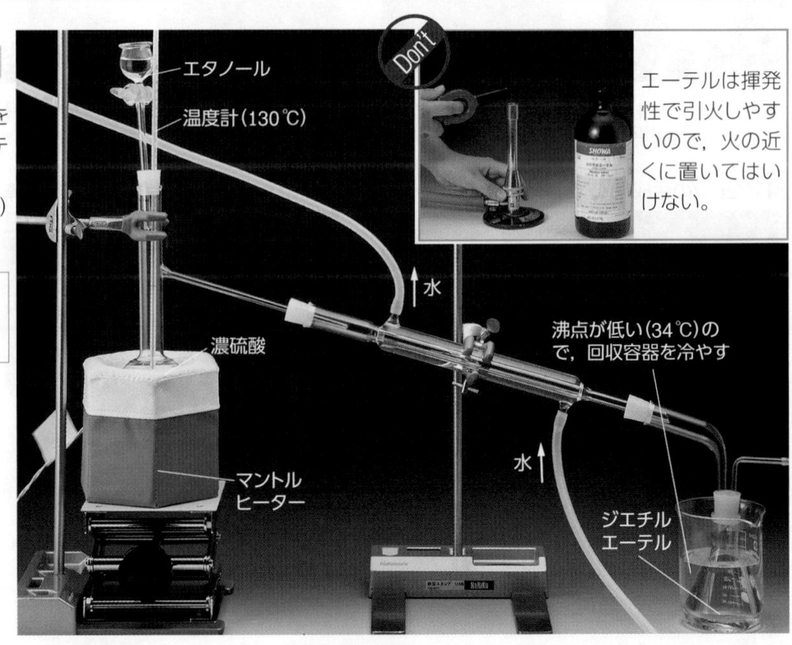

Jump エチレンの生成 → p.200

エチレンもジエチルエーテルと同様に，濃硫酸にエタノールを加え，加熱して得る。異なるのは加熱の温度だけで，エチレンをおもに得たいときは，160～170℃に加熱すればよい。

Q アルコール飲料に含まれているアルコールは何ですか?

6 アルデヒド・ケトン 基 化

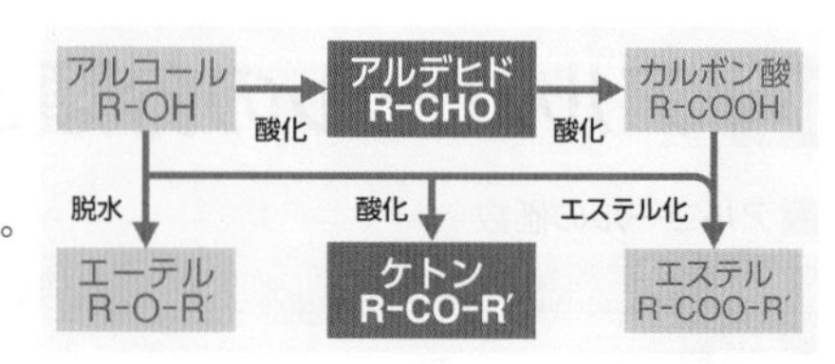

A アルデヒド・ケトン

aldehyde ketone

ホルミル基 -CHO をもつ化合物をアルデヒドという。カルボニル基が 2 つのアルキル基と結合した R-CO-R' 構造をもつ化合物をケトンという。

種類	アルデヒド	ケトン
構造	ホルミル基をもつ（R-C(=O)-H ホルミル基） 	R-CO-R' 構造をもつ（R-C(=O)-R' カルボニル基） 
性質	還元性をもつ（酸化されやすい）	還元性をもたない

例

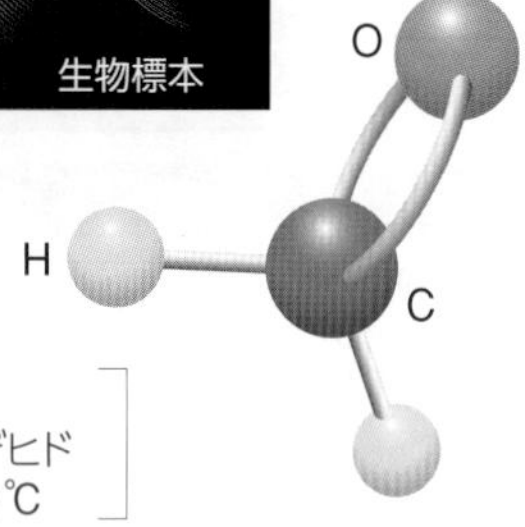

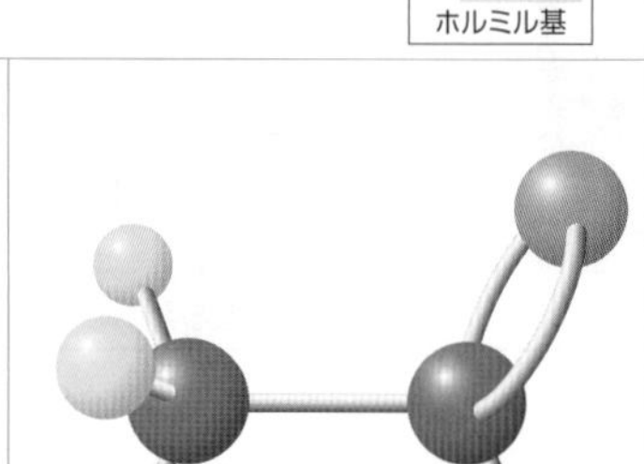

H-CHO
ホルムアルデヒド
沸点：−19℃

無色で刺激臭のある有毒な気体。約 37％の水溶液はホルマリンとよばれ，防腐剤として生物標本などに用いられる。

CH_3-CHO
アセトアルデヒド
沸点：20℃

酢酸の原料に多量に使われるほか，各種有機化合物の合成原料になる。

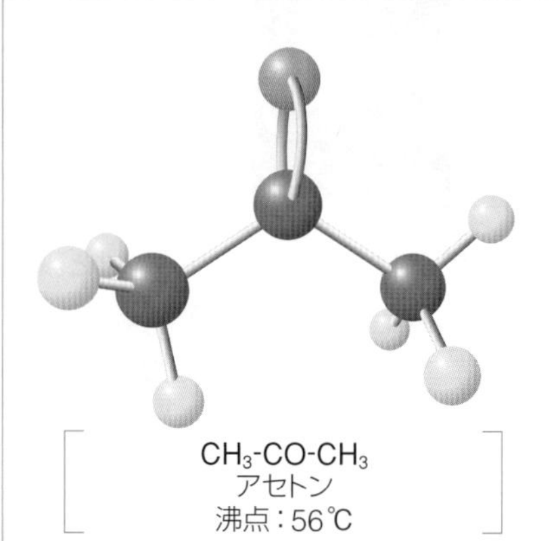

CH_3-CO-CH_3
アセトン
沸点：56℃

芳香のある引火性の液体。水に溶けやすい。有機溶媒として用いられる。

B アルデヒド・ケトンの生成

アルデヒドは，第 1 級アルコールを酸化すると得られる。
ケトンは，第 2 級アルコールを酸化すると得られる。

ホルムアルデヒドの生成（メタノールの酸化）

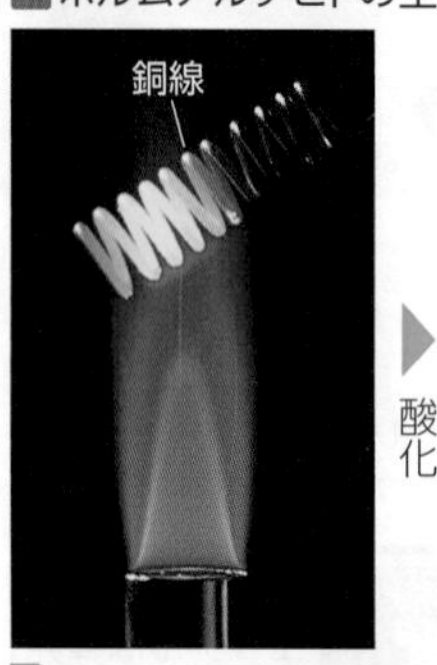

酸化

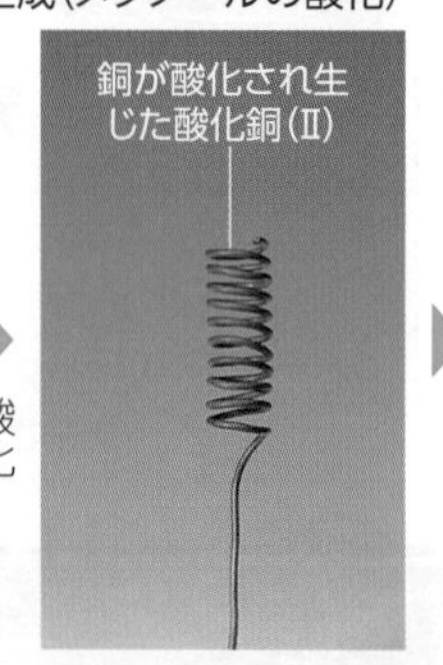

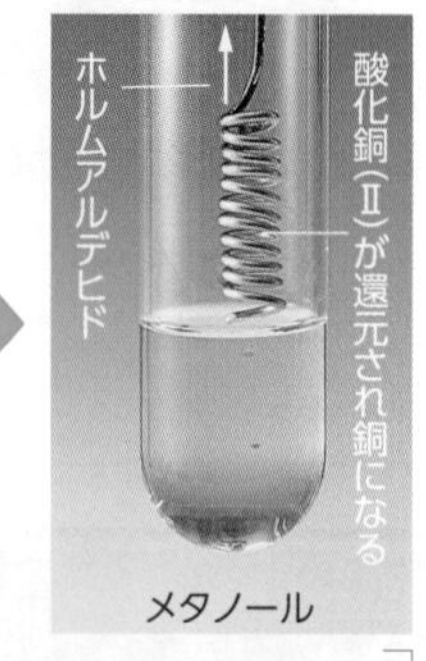

$$CH_3OH + CuO \longrightarrow HCHO + H_2O + Cu$$

メタノール　酸化銅(Ⅱ)　ホルムアルデヒド

アセトアルデヒドの生成（エタノールの酸化）

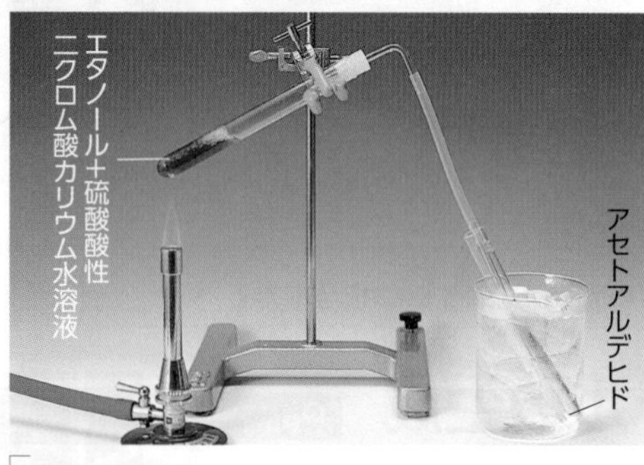

アセトアルデヒドの沸点は低い（20 ℃）ので，酢酸まで酸化される前に揮発してくる。

$$3CH_3\text{-}CH_2\text{-}OH + Cr_2O_7^{2-} + 8H^+ \longrightarrow 3CH_3\text{-}CHO + 2Cr^{3+} + 7H_2O$$

エタノール　(赤橙色)　アセトアルデヒド　(緑色)

アセトンの生成（2-プロパノールの酸化）

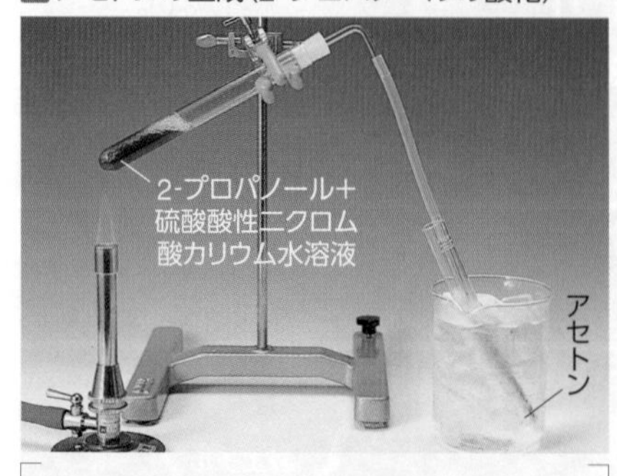

$$3CH_3\text{-}CH(OH)\text{-}CH_3 + Cr_2O_7^{2-} + 8H^+$$

2-プロパノール　(赤橙色)

$$\longrightarrow 3CH_3\text{-}CO\text{-}CH_3 + 2Cr^{3+} + 7H_2O$$

アセトン　(緑色)

アセトンの生成（酢酸カルシウムの乾留）

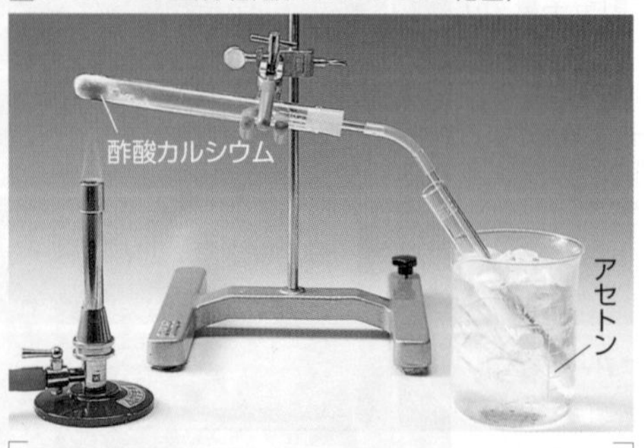

$$(CH_3COO)_2Ca \longrightarrow CH_3\text{-}CO\text{-}CH_3 + CaCO_3$$

酢酸カルシウム　アセトン　炭酸カルシウム

※アセトンは，フェノールの工業的製法であるクメン法の副生成物としても得られる（p.230）。

Point アルコールの酸化

第1級アルコール

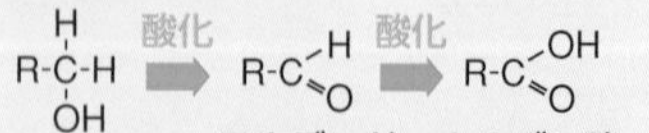

R-CH(OH)-H →酸化→ R-CHO（アルデヒド）→酸化→ R-COOH（カルボン酸）

第2級アルコール

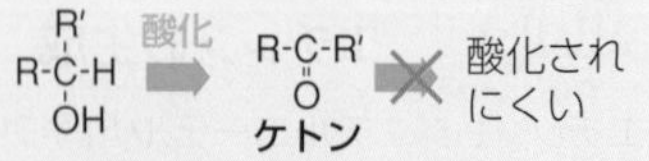

R-CH(OH)-R' →酸化→ R-CO-R'（ケトン）✕ 酸化されにくい

第3級アルコール

R-C(OH)(R')-R'' ✕ 酸化されにくい

A エタノールです。似た構造のメタノールは有毒で，飲むと失明する恐れがあり，量によっては死に至ることもあります。

C 銀鏡反応
silver mirror reaction

アルデヒドのように還元性をもつ化合物は，アンモニア性硝酸銀水溶液を還元し，銀を試験管のガラス壁に付着させる。これを銀鏡反応という。

Ag^+ → Ag（還元される）
アルデヒド → カルボン酸（酸化される）

アンモニア性硝酸銀水溶液の調製

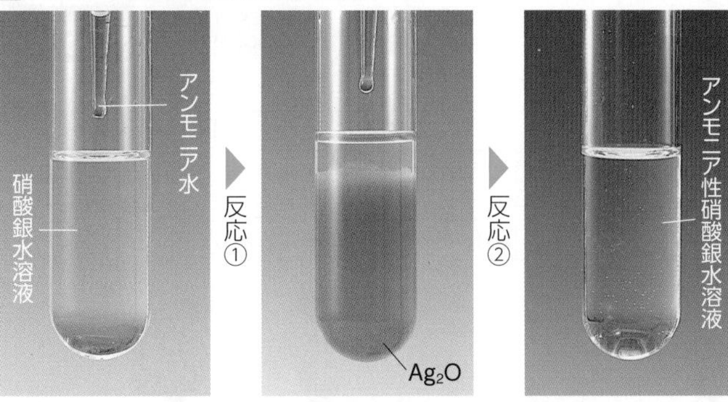

硝酸銀水溶液に薄いアンモニア水を少量ずつ加えると，酸化銀の褐色の沈殿を生じる（反応①）。さらにアンモニア水を加えていくと，沈殿が消える（反応②）。

反応①　$2Ag^+ + 2OH^- \longrightarrow Ag_2O + H_2O$（$Ag_2O$：酸化銀）

反応②　$Ag_2O + 4NH_3 + H_2O \longrightarrow 2[Ag(NH_3)_2]^+ + 2OH^-$（$Ag_2O$：酸化銀，$[Ag(NH_3)_2]^+$：ジアンミン銀(I)イオン）

ホルムアルデヒドの銀鏡反応

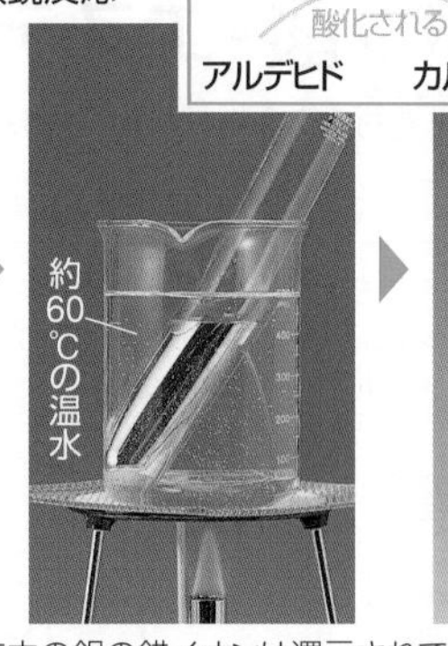

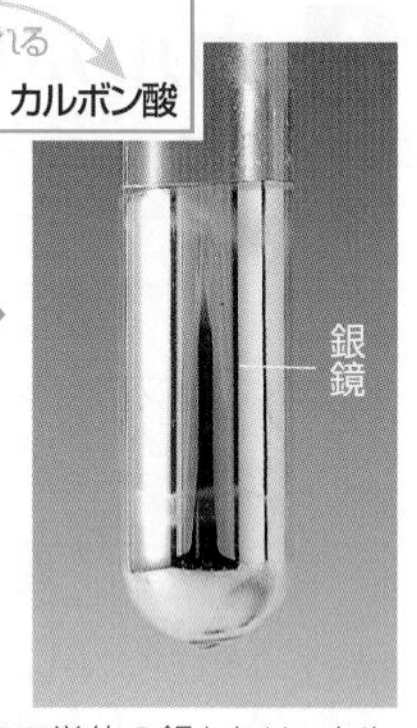

アンモニア性硝酸銀水溶液中の銀の錯イオンは還元されて単体の銀となり，ホルムアルデヒドは酸化されてギ酸（カルボン酸）となる。

$$HCHO + 2[Ag(NH_3)_2]^+ + 3OH^- \longrightarrow HCOO^- + 2Ag\downarrow + 4NH_3 + 2H_2O$$

（HCHO：ホルムアルデヒド，$[Ag(NH_3)_2]^+$：ジアンミン銀(I)イオン，$HCOO^-$：ギ酸イオン，Ag：（銀鏡））

D フェーリング液の還元
Fehling's solution

アルデヒドをフェーリング液に加えて加熱すると，フェーリング液を還元して酸化銅(I)の赤色沈殿が生成する。この反応は有機化合物の還元性の確認に用いる。

フェーリング液の調製

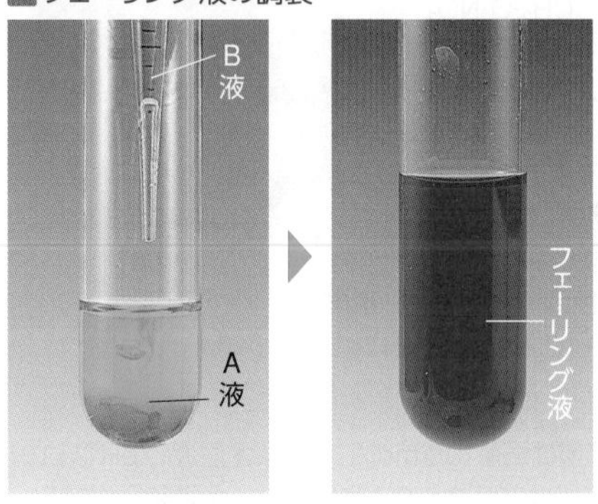

フェーリング液は，A液（硫酸銅(II)水溶液）とB液（酒石酸ナトリウムカリウムと水酸化ナトリウムの混合水溶液）を使用直前に混合して調製する。

ホルムアルデヒドによるフェーリング液の還元

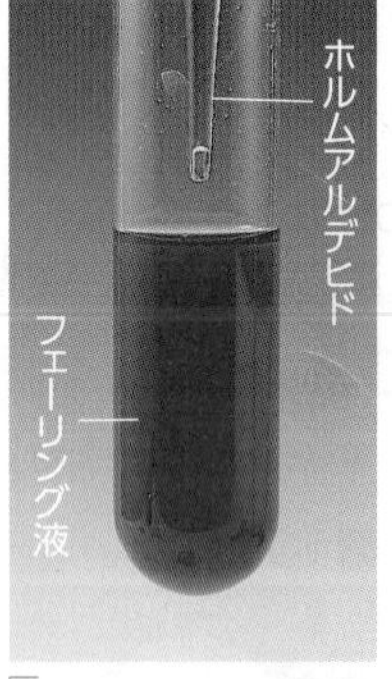

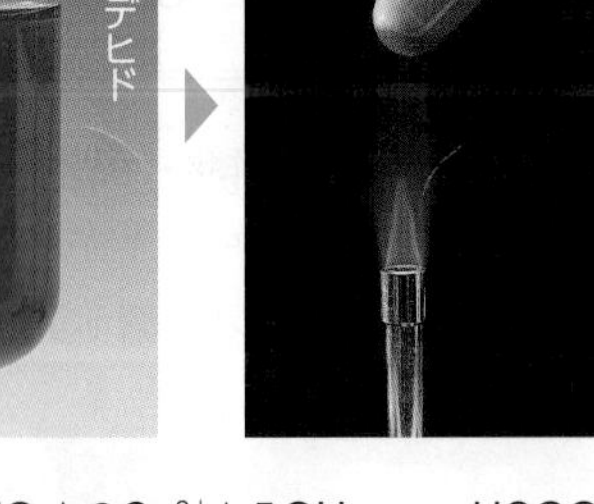

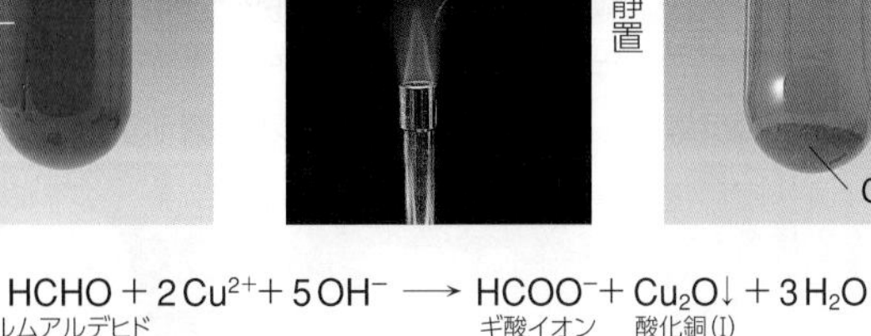

$$HCHO + 2Cu^{2+} + 5OH^- \longrightarrow HCOO^- + Cu_2O\downarrow + 3H_2O$$

（HCHO：ホルムアルデヒド，$HCOO^-$：ギ酸イオン，Cu_2O：酸化銅(I)）

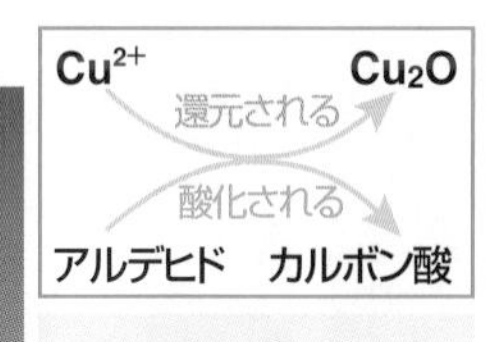

銅の酸化物の色

Cu_2O 酸化銅(I)　赤色

CuO 酸化銅(II)　黒色

ホルムアルデヒドはフェーリング液の銅(II)錯イオンを還元して，赤色の酸化銅(I)を生成する。

E ヨードホルム反応
iodoform reaction

CH_3CO-R または $CH_3CH(OH)$-R の構造をもつ化合物は，ヨードホルム反応を示す。

アセトンのヨードホルム反応

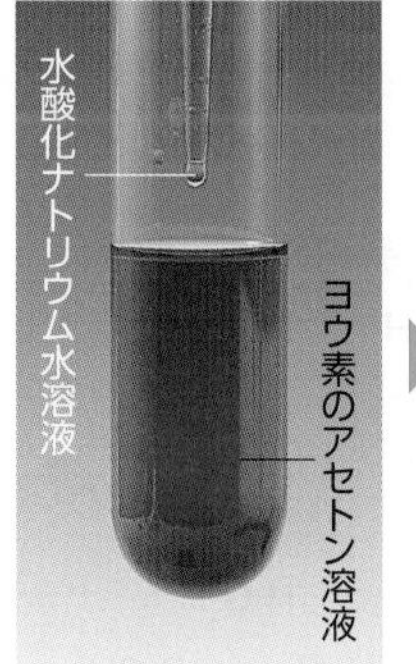

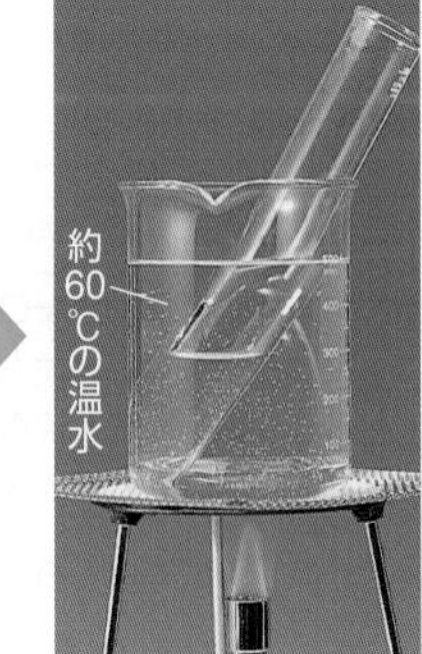

特有のにおいをもったヨードホルム CHI_3 の黄色結晶が生成する。

$$CH_3COCH_3 + 4NaOH + 3I_2 \longrightarrow CHI_3 + CH_3COONa + 3NaI + 3H_2O$$

（CH_3COCH_3：アセトン，CHI_3：ヨードホルム）

アルデヒドのヨードホルム反応

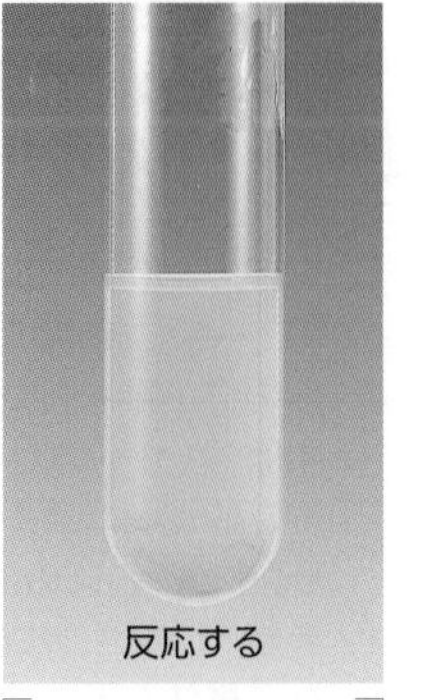

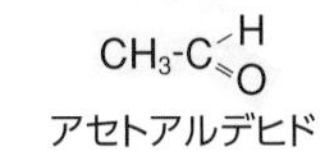

CH_3-CHO

アセトアルデヒド

H-CHO

ホルムアルデヒド

ヨードホルム反応を示す化合物の例

CH_3-CO-CH_3　アセトン

CH_3-CO-H　アセトアルデヒド

CH_3-CH(OH)-H　エタノール

CH_3-CH(OH)-CH_3　2-プロパノール

有機化合物

Q シックハウス症候群の原因物質であるホルムアルデヒドが，新築した家の空気中に多く含まれていたのはなぜですか?

7 カルボン酸・エステル 基化

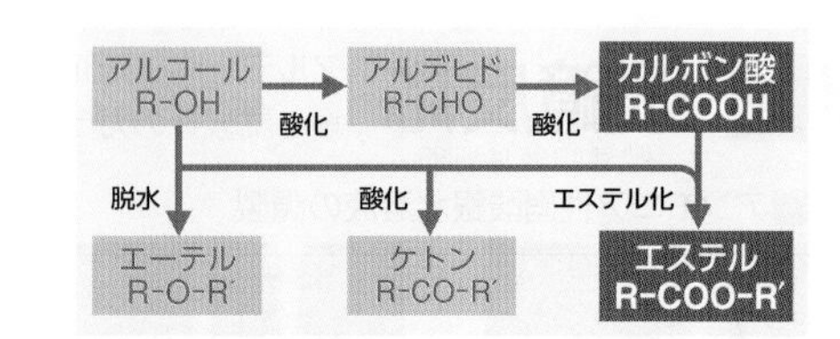

A カルボン酸・エステル

カルボキシ基 -COOH をもつ化合物をカルボン酸という。エステル結合をもつ化合物をエステルという。
(calboxylic acid / ester)

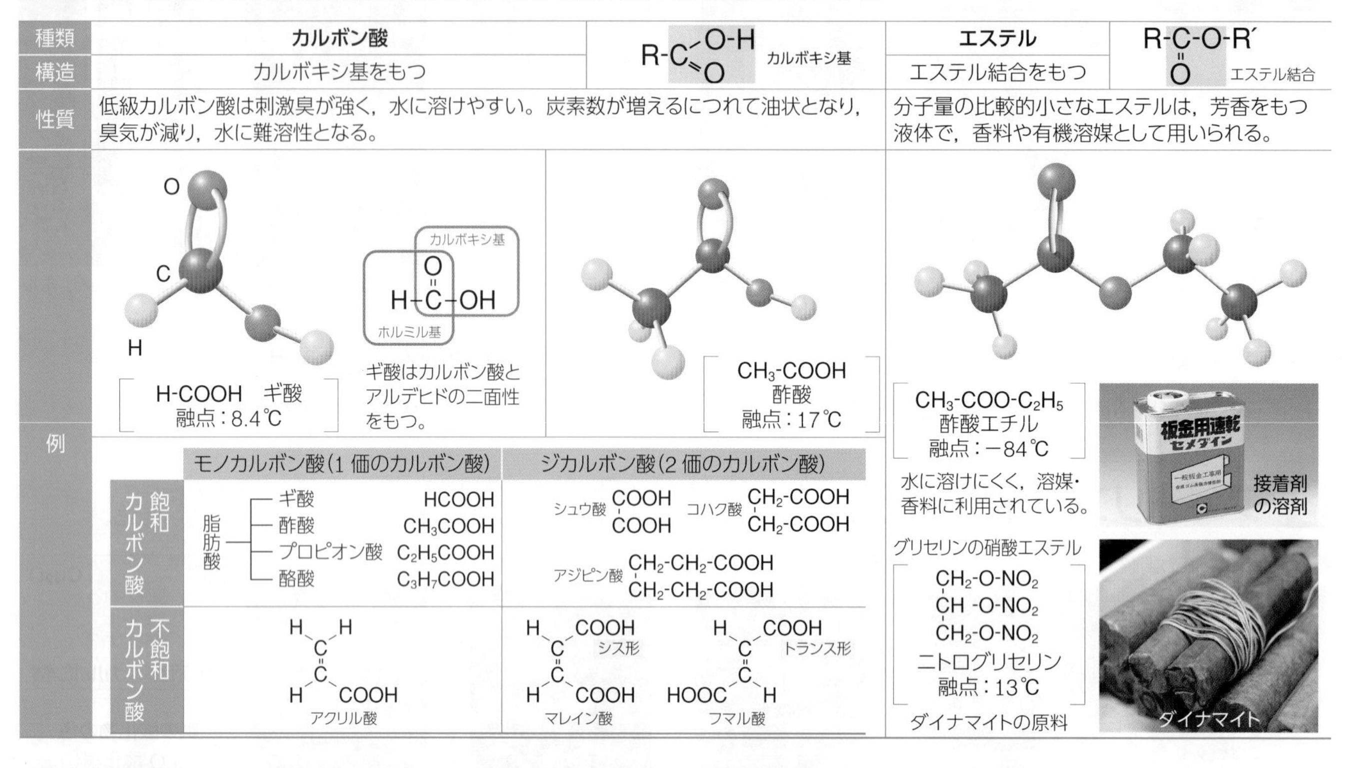

種類	カルボン酸	エステル
構造	カルボキシ基をもつ　R-C(=O)-O-H カルボキシ基	エステル結合をもつ　R-C(=O)-O-R′ エステル結合
性質	低級カルボン酸は刺激臭が強く，水に溶けやすい。炭素数が増えるにつれて油状となり，臭気が減り，水に難溶性となる。	分子量の比較的小さなエステルは，芳香をもつ液体で，香料や有機溶媒として用いられる。
例	H-COOH　ギ酸　融点：8.4℃ / ギ酸はカルボン酸とアルデヒドの二面性をもつ。（H-C(=O)-OH：カルボキシ基，ホルミル基） / CH_3-COOH　酢酸　融点：17℃	CH_3-COO-C_2H_5　酢酸エチル　融点：−84℃　水に溶けにくく，溶媒・香料に利用されている。（接着剤の溶剤）

	モノカルボン酸（1価のカルボン酸）	ジカルボン酸（2価のカルボン酸）
飽和カルボン酸	脂肪酸：ギ酸 HCOOH，酢酸 CH_3COOH，プロピオン酸 C_2H_5COOH，酪酸 C_3H_7COOH	シュウ酸 COOH-COOH，コハク酸 CH_2-COOH / CH_2-COOH，アジピン酸 CH_2-CH_2-COOH / CH_2-CH_2-COOH
不飽和カルボン酸	アクリル酸（H,H C=C H,COOH）	マレイン酸（シス形：H,COOH C=C H,COOH），フマル酸（トランス形：H,COOH C=C HOOC,H）

グリセリンの硝酸エステル
CH_2-O-NO_2
CH -O-NO_2
CH_2-O-NO_2
ニトログリセリン
融点：13℃
ダイナマイトの原料

ダイナマイト

B 酢酸・ギ酸の性質

(formic acid)

低級カルボン酸である酢酸・ギ酸は，刺激臭のある無色の液体であり，炭酸（二酸化炭素 CO_2 の水溶液）よりも強い酸性を示す。ギ酸は還元性をもつ。

■酢酸の pH　■酢酸と Mg の反応

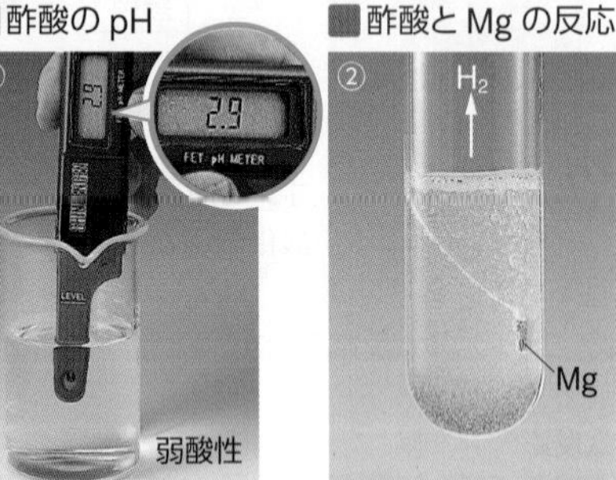

■酢酸と $NaHCO_3$ の反応

■氷酢酸

① 酢酸は弱酸（0.1 mol/L の酢酸水溶液の pH は約 3）。
② 酢酸はマグネシウムと反応し，水素を発生する。
$Mg + 2CH_3COOH \longrightarrow (CH_3COO)_2Mg + H_2\uparrow$
③ 酢酸は炭酸より強い酸なので，炭酸水素ナトリウム $NaHCO_3$ と反応して CO_2 を発生する。
$NaHCO_3 + CH_3COOH \longrightarrow CH_3COONa + H_2O + CO_2\uparrow$
④ 酢酸の融点は 17℃である。高純度の酢酸は冬季になると氷結するので，氷酢酸という。

■ギ酸の還元性

ギ酸は還元性をもつので，過マンガン酸カリウムによって酸化され，二酸化炭素を発生する。

Zoom up カルボン酸の二量体

アルコールやカルボン酸は，分子間に水素結合がはたらくので一般に沸点が高い。特に，カルボン酸の沸点は，同程度の分子量をもつアルコールよりさらに高くなる。その理由は，2分子のカルボン酸において，極性の大きいヒドロキシ基 -OH とカルボニル基 O=C< との間で水素結合をつくりやすく，右図のような二量体を形成するためである。
また，ベンゼンに酢酸（分子量 60）を溶かすと，ほぼ完全な二量体を形成する。このため，凝固点降下から分子量を求めると，120 に近い値で分子量が得られる。

アルコール	カルボン酸
CH_3CH_2-OH エタノール	H-COOH ギ酸
分子量：46	分子量：46
沸点：78.3℃	沸点：100.8℃

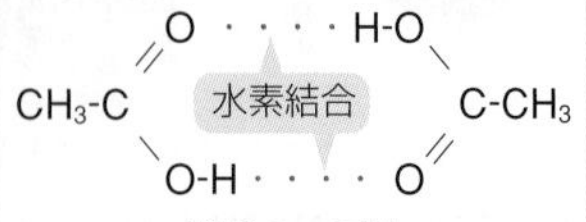

CH_3-C(=O)(-O-H) ···· 水素結合 ···· (H-O-)(O=)C-CH_3
酢酸の二量体

Ⓐ 壁紙を貼るときの接着剤や壁材となる樹脂の原料に，ホルムアルデヒドが含まれていたためです。現在では改善が進められています。

C マレイン酸・フマル酸 mareic acid fumaric acid

マレイン酸とフマル酸は互いにシス-トランス異性体である。シス形のマレイン酸を加熱すると，酸無水物が生成する。

加熱による変化

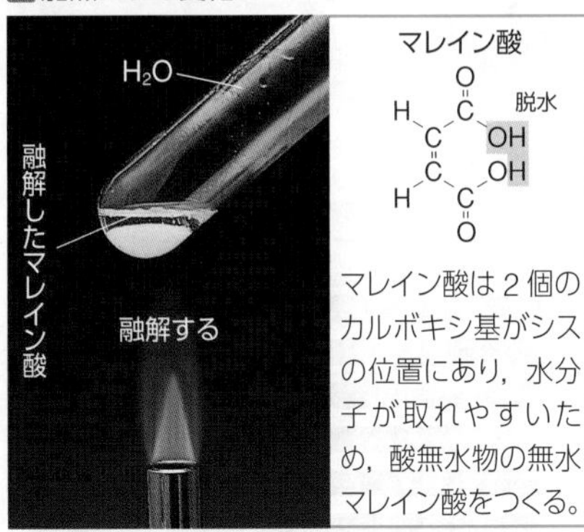

マレイン酸

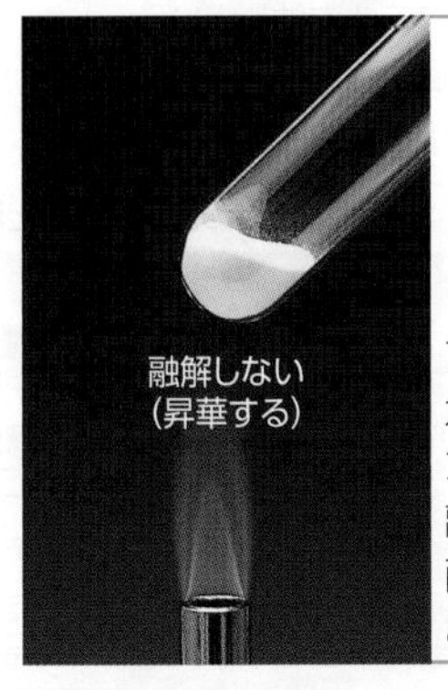

マレイン酸は2個のカルボキシ基がシスの位置にあり，水分子が取れやすいため，酸無水物の無水マレイン酸をつくる。

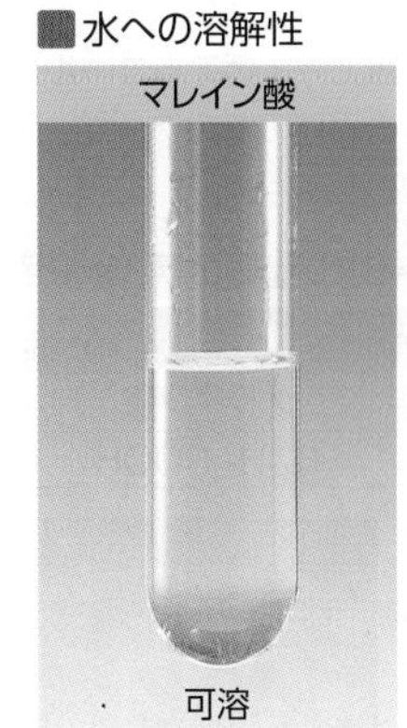

フマル酸

フマル酸は2個のカルボキシ基がトランスの位置にあり，離れているため，酸無水物をつくることができない。

水への溶解性

D エステル化と加水分解 esterification hydrolysis

カルボン酸とアルコールとの間の脱水反応をエステル化という。この反応は可逆反応なので，加水分解するともとのカルボン酸とアルコールにもどる。

酢酸エチルの生成

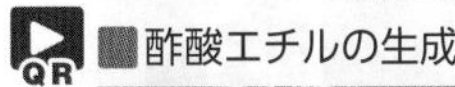

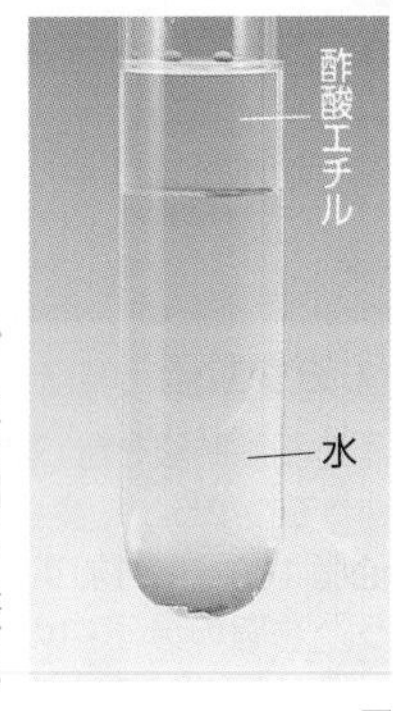

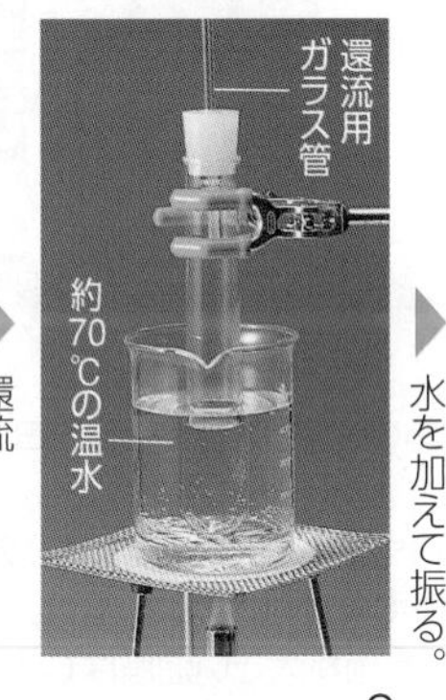

$$CH_3\text{-}\overset{O}{\overset{\|}{C}}\text{-}OH + HO\text{-}C_2H_5 \underset{}{\overset{濃硫酸}{\rightleftarrows}} CH_3\text{-}\overset{O}{\overset{\|}{C}}\text{-}O\text{-}C_2H_5 + H_2O$$

酢酸　エタノール　酢酸エチル

この反応は水素イオンにより著しく促進されるので，触媒として濃硫酸を加える。また，エステルの生成反応は可逆反応であり，生じる水を脱水剤で除くことにより，平衡を右へ動かさせることができる。つまり，濃硫酸は脱水剤としてもはたらく。

酢酸エチルのけん化と加水分解

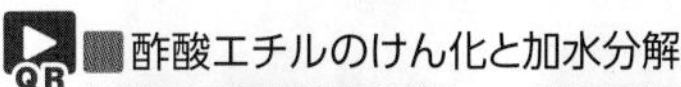

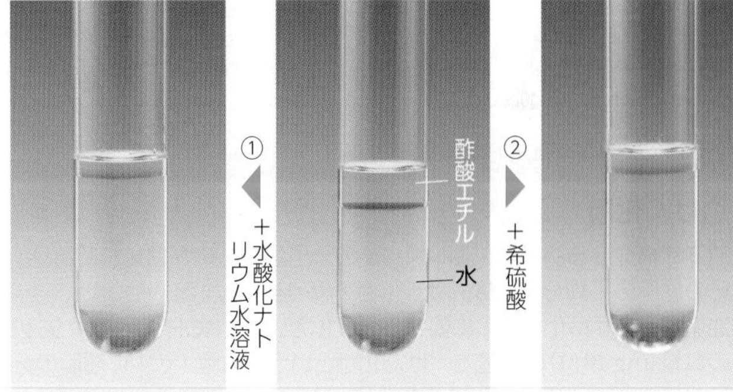

①けん化　$CH_3\text{-}\overset{O}{\overset{\|}{C}}\text{-}O\text{-}C_2H_5 + NaOH \longrightarrow CH_3\text{-}\overset{O}{\overset{\|}{C}}\text{-}ONa + HO\text{-}C_2H_5$

②加水分解　$CH_3\text{-}\overset{O}{\overset{\|}{C}}\text{-}O\text{-}C_2H_5 + H_2O \overset{希硫酸}{\rightleftarrows} CH_3\text{-}\overset{O}{\overset{\|}{C}}\text{-}OH + HO\text{-}C_2H_5$

酢酸エチル(油層)をけん化または加水分解すると，油層が減少する。

E カルボン酸やエステルを含む食品

カルボン酸は食品の酸味の成分の一つである。また，分子量の小さいエステルは果物の香り成分に含まれるものが多い。

食品に含まれるカルボン酸やエステル 日常

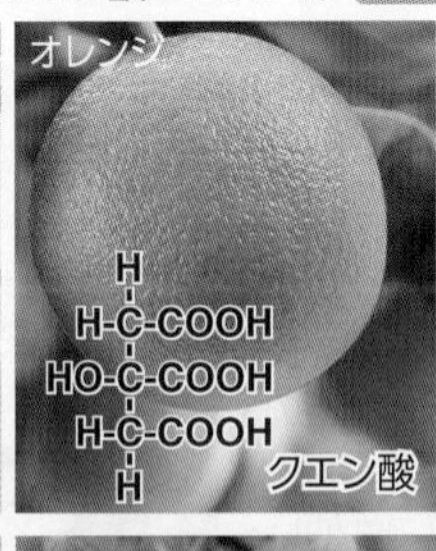

Column リモネンと発泡ポリスチレンのリサイクル

バラやユリなどの花の香りやオレンジなどの柑橘類の香り成分は，テルペン類という化合物である。そのテルペン類の一つであるリモネンは，柑橘類の皮などに豊富に含まれている。

リモネンは，芳香剤や香料として利用されているほかに，最近では発泡ポリスチレン(発泡スチロール(p.256))のリサイクルに利用されている。

リモネンは発泡ポリスチレンをよく溶かす性質をもっている。さらに，溶かした発泡ポリスチレンを分離し，再利用することもできる。

リモネンは環境への負荷の少ない溶剤として，今後のさらなる利用が期待されている。

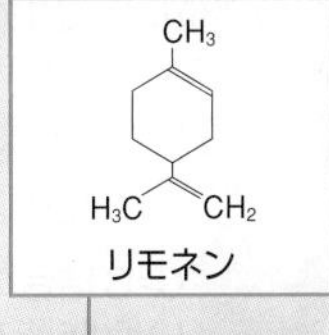

リモネン

発泡ポリスチレン

Q ギ酸の「ギ」や酢酸の「酢」には，どんな意味がありますか?

8 油脂 基 化

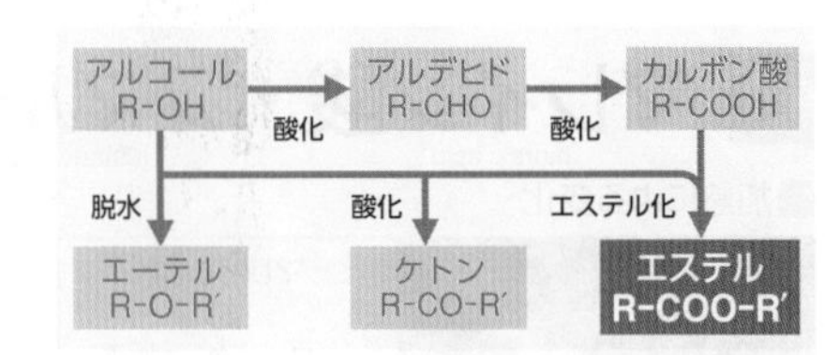

A 油脂 fats and oils

グリセリン(3 価アルコール)と高級脂肪酸からなるエステルを油脂という。常温で固体のものを脂肪，液体のものを脂肪油という。

脂肪酸の二重結合(C=C)の確認(臭素(赤褐色)の付加)

飽和脂肪酸	不飽和脂肪酸	
ステアリン酸	オレイン酸	リノール酸
$C_{17}H_{35}COOH$	$C_{17}H_{33}COOH$	$C_{17}H_{31}COOH$
臭素が付加しない (C=C 結合がない)	臭素が付加する (C=C 結合がある)	臭素が付加する (C=C 結合がある)

油脂の種類(脂肪と脂肪油) 日常

分類	油脂	構成する脂肪酸の組成〔質量%〕 0 20 40 60 80 100
脂肪 (常温で固体)	牛脂	
	豚脂	
脂肪油 (常温で液体)	オリーブ油	
	落花生油	
	ごま油	
	大豆油	
	ひまわり油	

：パルミチン酸、：ステアリン酸 … 飽和脂肪酸
：オレイン酸、：リノール酸、：リノレン酸 … 不飽和脂肪酸
：その他

豚脂(ラード)　オリーブ油　ごま油

けん化価とヨウ素価

① けん化価

油脂を構成する脂肪酸にはいくつかの分子量のものが含まれており，その油脂の平均分子量は，けん化価を調べるとわかる。

油脂 1 g をけん化するのに要する水酸化カリウム KOH(1 mol は 56 g)の質量(mg 単位)の数値を，けん化価という。油脂 1 g 中に油脂の分子が平均 n〔mol〕あれば，これをけん化する KOH は $3n$〔mol〕必要である。平均分子量が大きい油脂は n が小さいから，けん化価も小さい。

$$\begin{matrix} R^1\text{-COO-}CH_2 \\ R^2\text{-COO-}CH \\ R^3\text{-COO-}CH_2 \end{matrix} + 3KOH \longrightarrow \begin{matrix} R^1COOK \\ R^2COOK \\ R^3COOK \end{matrix} + \begin{matrix} CH_2\text{-OH} \\ CH\text{-OH} \\ CH_2\text{-OH} \end{matrix}$$

油脂　脂肪酸　グリセリン

分子量 M：$3\times56 = 1000\,\text{mg}$：けん化価 s　　$s = \dfrac{168000}{M}$

けん化価大→分子量小　けん化価小→分子量大

② ヨウ素価

不飽和脂肪酸を含む油脂の C=C 結合の数は，ヨウ素価を調べることによってわかる。

油脂 100 g に付加するヨウ素 I_2 の質量(g 単位)の数値をヨウ素価という。油脂の分子中の C=C 結合 1 個につき，I_2 が 1 分子付加する(I_2 1 mol は 2×127 g)。ヨウ素価が大きい油脂は C=C 結合を多く含むので，空気中の酸素によって酸化されて固まりやすい。

$$n\cdots\text{-}CH_2\text{-}CH\text{=}CH\text{-}CH_2\text{-}\cdots + nI_2 \longrightarrow n\cdots\text{-}CH_2\text{-}\underset{I}{CH}\text{-}\underset{I}{CH}\text{-}CH_2\text{-}\cdots$$

分子量 M：$2\times127n = 100\,\text{g}$：ヨウ素価 i　　$i = \dfrac{25400n}{M}$

ヨウ素価大→C=C 結合多　ヨウ素価小→C=C 結合少

ヨウ素価による油脂の分類

ヨウ素価の大きい油脂をガラス板に塗って空気中に放置しておくと，二重結合の部位に空気中の酸素が反応し，酸化されて固化する。このような性質の有無によって，油脂を次の 3 種類に分類することができる。

分類	乾性油	半乾性油	不乾性油
ヨウ素価	130 以上	100 ～ 130	100 以下
特徴	C=C 結合の数の多い脂肪酸を多く含む油脂。 空気中で固化し透明な樹脂状になる性質(乾燥性)がある。	C=C 結合の数が乾性油と不乾性油の中間で，若干の乾燥性をもつ。	飽和脂肪酸または C=C 結合の数の少ない脂肪酸を多く含む油脂。 乾燥しにくい。
油脂	あまに油 きり油	ごま油 なたね油	オリーブ油 つばき油
主な用途	塗料 油絵の具	食用油	潤滑油，頭髪油 セッケン

Column 植物性油脂と酸化防止剤

■植物性油脂を用いたスナック菓子

Calbee じゃがりこ チーズ

植物性油脂を用いたスナック菓子には，新鮮度を保ち保存期間を長くするために，ビタミン E などの酸化防止剤(抗酸化剤)が入っているものが多い。これは植物性油脂に不飽和脂肪酸が多く含まれているためである。

不飽和脂肪酸は炭素間の二重結合をもつ。二重結合は単結合よりも酸化されやすく，空気中の酸素と触れると酸化反応が進行していく。その結果，アルデヒドやケトンなどが生成し，悪臭が生じたり味が悪くなったりする。このような現象を油脂の酸敗という。酸化防止剤は還元剤でもあるため，酸敗を防ぐ作用がある。

A 「ギ酸」を漢字で書くと「蟻酸」となります。蟻(あり)(ラテン語：form)を煮た液から得られたためです。また，「酢酸」の「酢」は，文字通り「食酢」を意味します。

B 油脂の抽出

有機溶媒を用いて，油脂を抽出する。

■ごまからごま油を抽出

ヘキサンで油脂を抽出する。

ろ過する。

ヘキサンを蒸発させるため，温める。

水を加えて，油脂を分離させる。

■ソックスレー抽出器での油脂の抽出

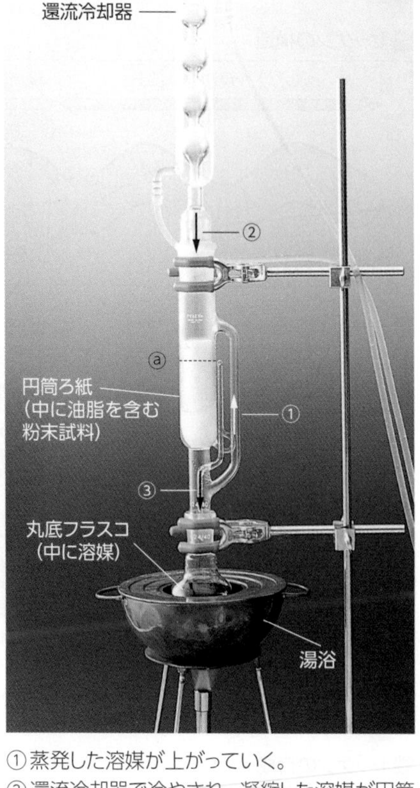

①蒸発した溶媒が上がっていく。
②還流冷却器で冷やされ，凝縮した溶媒が円筒ろ紙中にたまる。
③溶媒がⓐの高さになるとサイホンの原理で吸い出され，溶媒が丸底フラスコにもどる。
①→②→③がくり返され，油脂が抽出される。

Column エタノール消毒が効くウイルス・効かないウイルス

ウイルスは，遺伝情報を持つ核酸を，カプシドというタンパク質の殻が囲む構造をしており，その外側にエンベロープという脂溶性の膜をもつ「エンベロープウイルス」と，もたない「ノンエンベロープウイルス」がある。
エンベロープウイルスの多くはエンベロープを細胞に作用させて侵入・増殖するので，エタノールでエンベロープを溶かしてしまえば病原菌としての活性を失わせることができる(不活化)。
一方カプシドはエタノールに溶解しないため，ノンエンベロープウイルスはエタノールでは不活化することができない。ノンエンベロープウイルスを消毒するにはカプシドタンパク質を変性させる必要があり，次亜塩素酸ナトリウム水溶液などが広く利用されている。
エンベロープウイルスにはコロナウイルス，インフルエンザウイルス，風疹ウイルス，狂犬病ウイルスなどがあり，ノンエンベロープウイルスにはノロウイルス，ポリオウイルスなどがある。

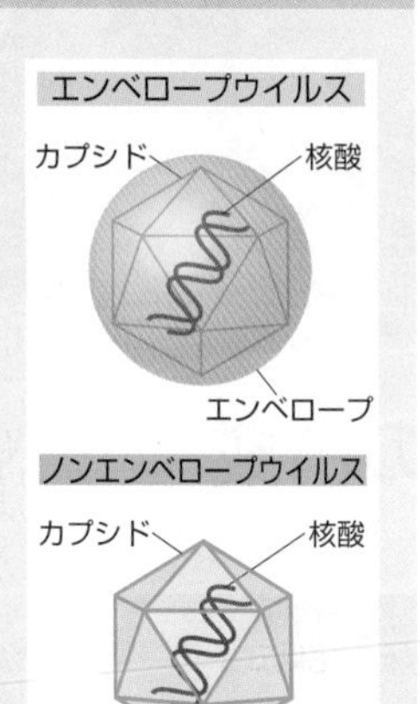

C 高級脂肪酸の分子構造

higher fatty acid

天然の脂肪酸は常に偶数個の炭素原子からできている。飽和脂肪酸は直線形の分子であり，脂肪酸の不飽和度が高くなるほど，折れ曲がった分子となる。

■飽和脂肪酸と不飽和脂肪酸

飽和脂肪酸　ステアリン酸 $C_{17}H_{35}COOH$

不飽和脂肪酸　オレイン酸 $C_{17}H_{33}COOH$

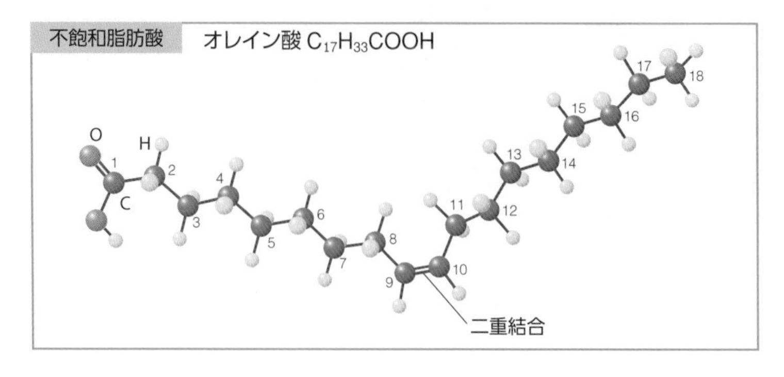

天然の飽和脂肪酸は比較的まっすぐな鎖状構造をしている。したがって，分子どうしが接近しやすく，分子間力が強くはたらき，融点が高くなる。
一方，天然の不飽和脂肪酸にある二重結合 C=C は常にシス形であり，折れ曲がった分子になる。分子どうしが接近しにくく，分子間力が飽和脂肪酸よりはたらきにくい。よって，二重結合の数の増加に伴い融点が低くなる。

分類	名称	二重結合の数	融点〔℃〕
飽和脂肪酸	パルミチン酸 $C_{15}H_{31}COOH$	0	61.1
	ステアリン酸 $C_{17}H_{35}COOH$	0	70.5
不飽和脂肪酸	オレイン酸 $C_{17}H_{33}COOH$	1	13.3
	リノール酸 $C_{17}H_{31}COOH$	2	−5.2～−5.0
	リノレン酸 $C_{17}H_{29}COOH$	3	−11.3～−10.3

Q 油絵に使うペインティングオイルは，どのような油ですか?

9 セッケン・合成洗剤 基 化

A セッケン・合成洗剤 soap synthetic detergent

セッケンや合成洗剤は，疎水性の炭化水素基と親水性のイオン部分をもつ。水に溶かすと疎水性の部分を内側にして集まりコロイド粒子となる。これをミセルといい，水中に分散している。

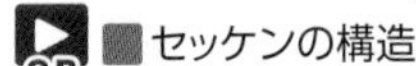

■セッケンの構造

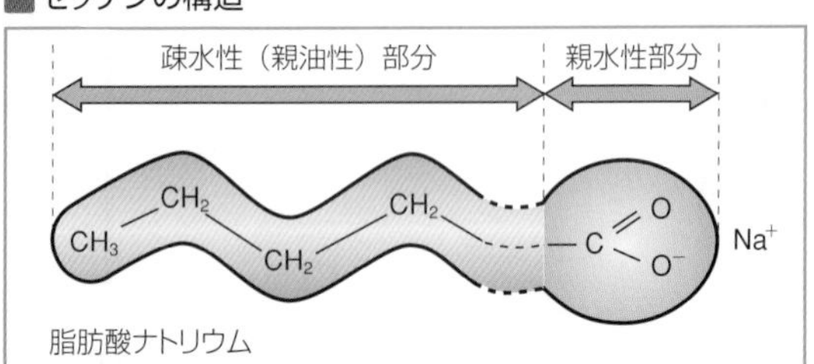

■合成洗剤の構造

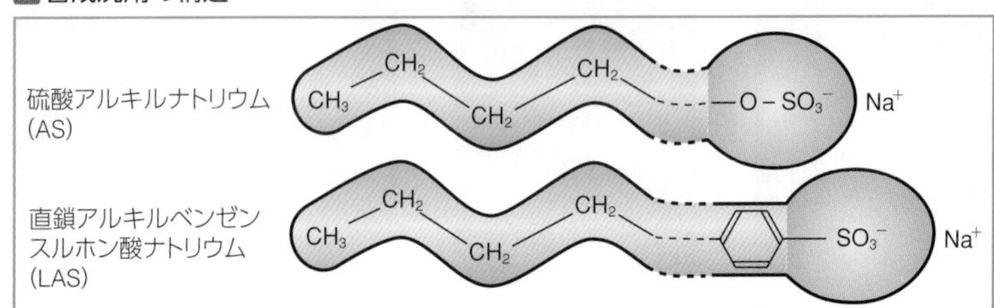

■ミセル

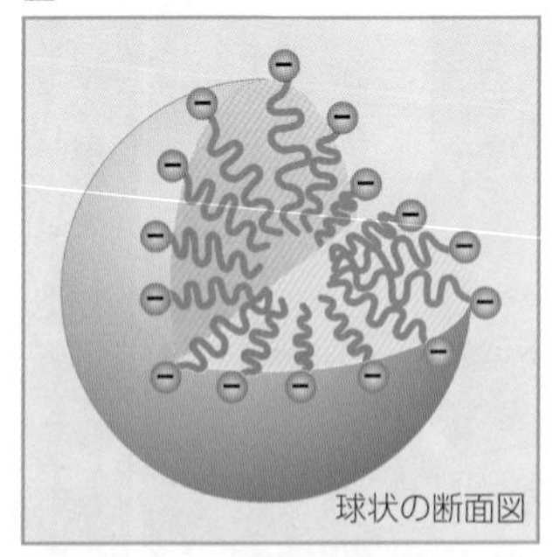

■セッケン・合成洗剤の洗浄作用

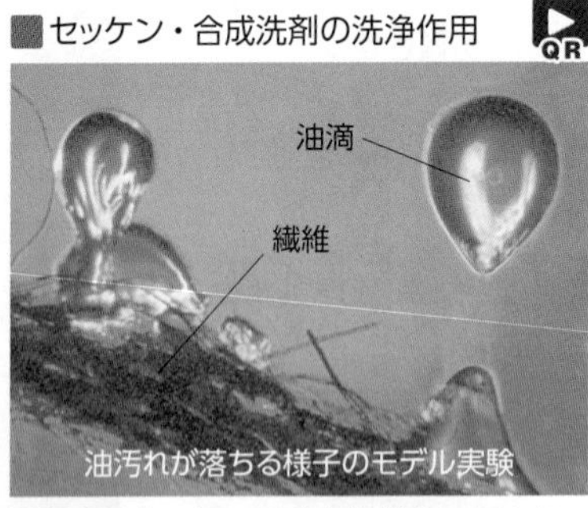

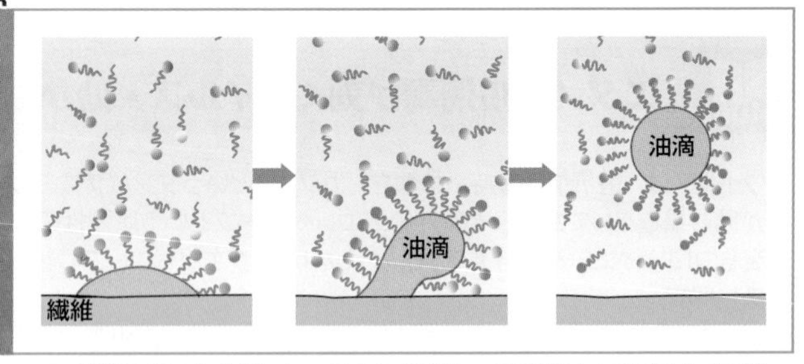

油汚れはセッケンの疎水性部分に囲まれ，コロイド粒子（ミセル）になって水に分散し，乳濁液となる（乳化作用）。

B セッケン・合成洗剤の合成

油脂のけん化を行うと，セッケン（高級脂肪酸のナトリウム塩）が得られる。合成洗剤は強酸のナトリウム塩であり，水溶液は中性で，硬水や海水でも使うことができる。

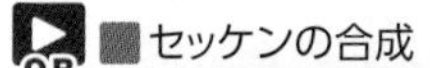

■セッケンの合成

かき混ぜる

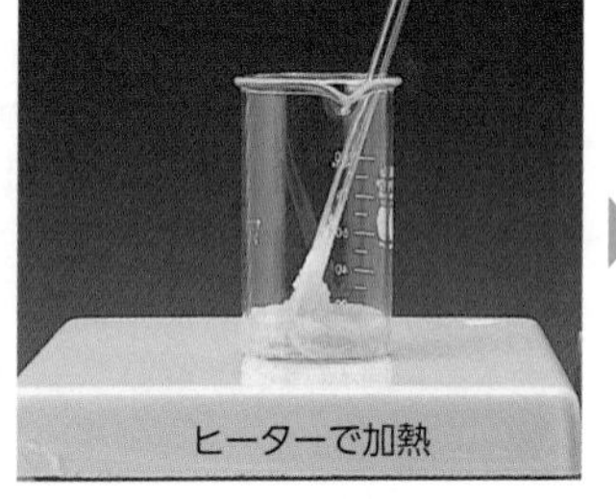

ろ過・乾燥

$$\begin{array}{l} R^1\text{-COO-}CH_2 \\ R^2\text{-COO-}CH \\ R^3\text{-COO-}CH_2 \end{array} + 3NaOH \longrightarrow \begin{array}{l} CH_2\text{-OH} \\ CH\text{-OH} \\ CH_2\text{-OH} \end{array} + \begin{array}{l} R^1COONa \\ R^2COONa \\ R^3COONa \end{array}$$

油脂　グリセリン　脂肪酸ナトリウム（セッケン）

セッケンを Ca^{2+}，Mg^{2+}を多く含む水（硬水）で使うと，不溶性の脂肪酸塩を生じるため，洗浄力が落ちる。

$$2\,R\text{-}COONa + CaCl_2 \longrightarrow (R\text{-}COO)_2Ca\downarrow + 2\,NaCl$$

■合成洗剤の合成（1-ドデカノールから生成）

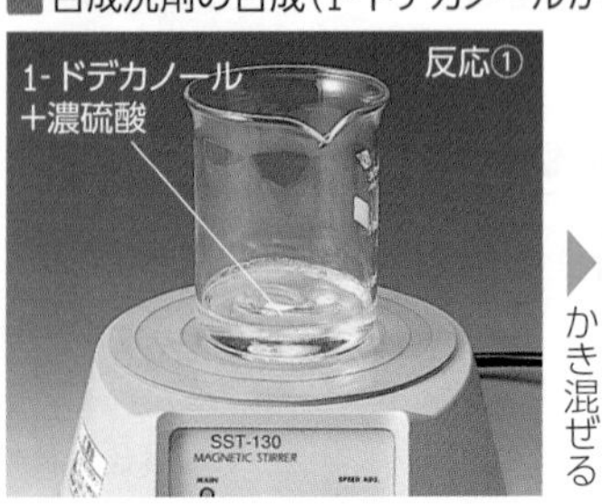

かき混ぜる

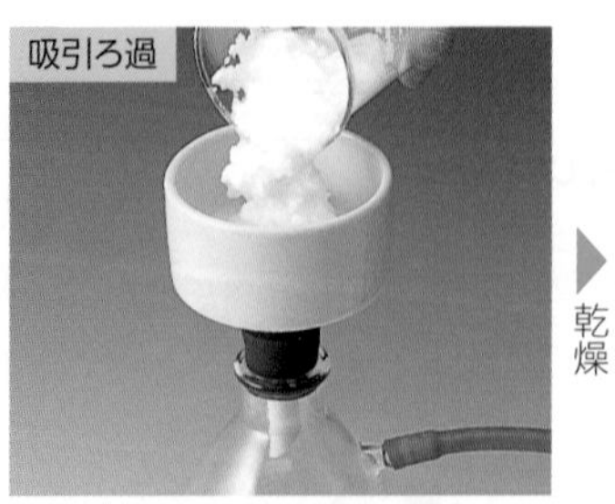

乾燥

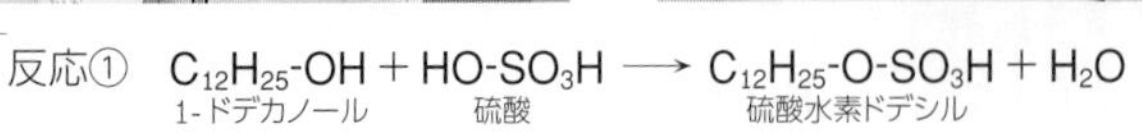

反応①　$C_{12}H_{25}\text{-OH} + HO\text{-}SO_3H \longrightarrow C_{12}H_{25}\text{-O-}SO_3H + H_2O$
1-ドデカノール　硫酸　硫酸水素ドデシル

反応②　$C_{12}H_{25}\text{-O-}SO_3H + NaOH \longrightarrow C_{12}H_{25}\text{-O-}SO_3Na + H_2O$
硫酸水素ドデシル　硫酸ドデシルナトリウム

反応①で生成する硫酸水素ドデシルは強酸性であり，これを水酸化ナトリウムで中和した塩は中性である。鎖状の炭化水素基（疎水性＝親油性）とイオン部分（親水性）をもち，硬水でも使える洗剤である。

A ポピーオイルなどの乾性油を長時間日光に晒し，ある程度の酸化・重合をさせて，凝固しやすくしたものです。

C セッケン・合成洗剤の性質

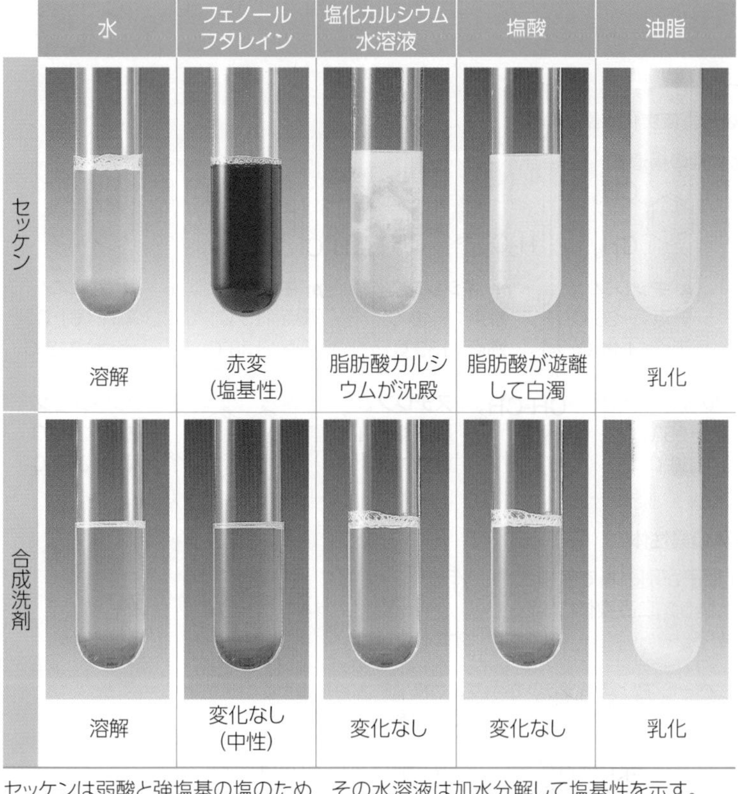

	水	フェノールフタレイン	塩化カルシウム水溶液	塩酸	油脂
セッケン	溶解	赤変（塩基性）	脂肪酸カルシウムが沈殿	脂肪酸が遊離して白濁	乳化
合成洗剤	溶解	変化なし（中性）	変化なし	変化なし	乳化

セッケンは弱酸と強塩基の塩のため，その水溶液は加水分解して塩基性を示す。

Column いろいろな漂白剤

市販の洗剤には，界面活性剤とともに布地に付着した色素を分解する漂白剤が入っているものが多い。
漂白剤は，色素を酸化して分解するものと，還元して分解するものに分けられ，漂白力の強さは，酸化力・還元力に依存する。
過炭酸ナトリウムは，水に溶けて炭酸ナトリウムと過酸化水素水を生じ，これが酸化剤となるので，酸化型漂白剤に分類される。

種類		主成分	特徴
酸化型	塩素系	次亜塩素酸ナトリウム $NaClO$	塩基性で液体。漂白力が最も強く，除菌，脱臭効果が高い。
酸化型	酸素系	過炭酸ナトリウム $Na_2C_2O_6$ など	塩基性で粉末。塩素系よりも漂白力が弱く，色・柄物にも使える。
酸化型	酸素系	過酸化水素 H_2O_2	酸性～弱酸性で液体。色柄物・絹にも使える。
還元型	硫黄系	二酸化チオ尿素 $(NH_2)_2CSO_2$	弱塩基性で粉末。鉄分で変色した衣料や，塩素系漂白剤で黄変した樹脂の漂白に効果的。

D 界面活性剤
surface active agent

セッケンや洗剤のように疎水基と親水基をあわせもつ化合物を界面活性剤という。
界面活性剤はその種類によって様々な作用があり，洗剤以外にも用途は広い。 日常

分類	構造	特徴	おもな用途
陰イオン界面活性剤	$CH_3-CH_2-\cdots-CH_2-CH_2-COO^-$ Na^+ セッケン $CH_3-CH_2-\cdots-CH_2-CH_2-O-SO_3^-$ Na^+ 硫酸アルキルナトリウム $CH_3-CH_2-\cdots-CH_2-CH_2-C_6H_4-SO_3^-$ Na^+ アルキルベンゼンスルホン酸ナトリウム	水に溶かしたとき，陰イオンになって界面活性剤としてはたらく。洗剤分子中のアルキル基が枝分れ構造になっているものは，これを分解する微生物が存在しない。そのため現在では，アルキル基が枝分れしていない直鎖状のものが合成洗剤として用いられる。	化粧セッケン 洗濯セッケン 身体洗浄剤 シャンプー 衣料用洗剤 台所用洗剤 住居用洗剤 歯磨き粉
陽イオン界面活性剤	$CH_3-CH_2-\cdots-CH_2-CH_2-N^+(CH_3)_3$ Cl^- アルキルトリメチルアンモニウム塩化物	水に溶かしたとき，陽イオンになってはたらく。親水基が陰イオンのものに対して逆なので，「逆性セッケン」とよばれる。一般に洗浄力は低いが，殺菌力がある。	柔軟仕上げ剤 帯電防止剤 リンス 抗菌・殺菌剤
非イオン界面活性剤	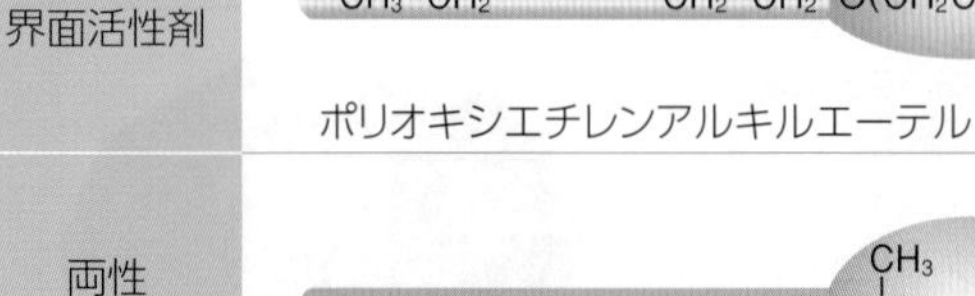 $CH_3-CH_2-\cdots-CH_2-CH_2-O(CH_2CH_2O)_nH$ ポリオキシエチレンアルキルエーテル	水に溶かしたとき，イオンにならない。親水基と疎水基のバランスを変えて，きわめて水になじみやすいものから，きわめて油になじみやすいものまでつくることができる。	衣料用洗剤 台所用洗剤 乳化剤
両性界面活性剤	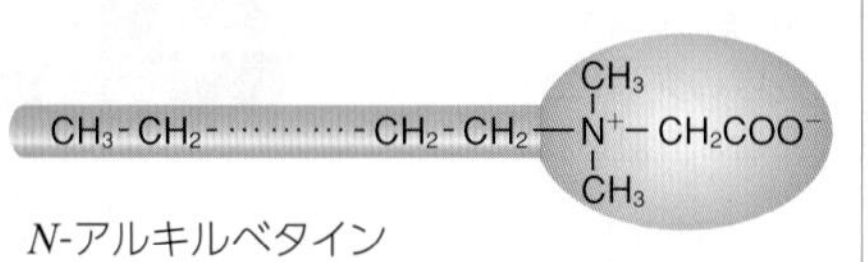 $CH_3-CH_2-\cdots-CH_2-CH_2-N^+(CH_3)_2-CH_2COO^-$ *N*-アルキルベタイン	酸性の溶液中では陽イオンとして，塩基性の溶液中では陰イオンとしてはたらき，中性付近では非イオン界面活性剤としてはたらく。	柔軟仕上げ剤 リンス シャンプー

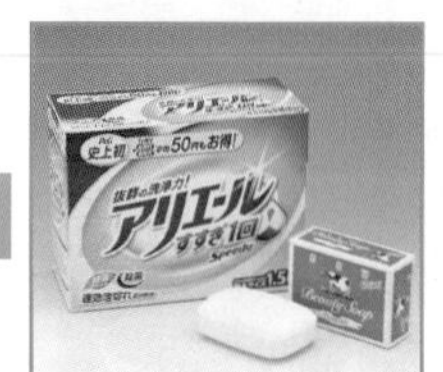

陰イオン界面活性剤・非イオン界面活性剤を含む製品

陽イオン界面活性剤を含む製品

両性界面活性剤を含む製品

有機化合物

Q 市販のセッケンはどのようにつくられているのですか?

10 芳香族炭化水素 基 化

構造式

ベンゼン環 (略記)

A 芳香族炭化水素の構造
aromatic hydrocarbon

ベンゼン C_6H_6 はアルケンなどの不飽和炭化水素と異なる性質をもつ。
これはベンゼン環の構造によるもので，ベンゼン環をもつ炭化水素を芳香族炭化水素という。

■ベンゼンの分子構造

Zoom up Plus p.272

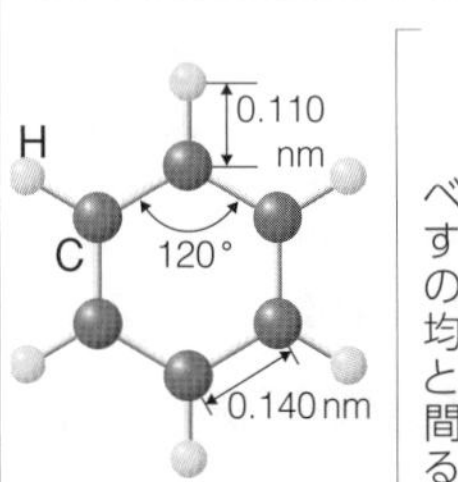

融点：5.5℃
沸点：80℃
ベンゼンを構成する炭素原子間の結合はすべて均等で，単結合と二重結合の中間的な状態にあると考えられる。

物質名		炭素原子間の距離
エタン	H_3C-CH_3	0.154 nm
ベンゼン	C_6H_6	0.140 nm
エチレン	$H_2C=CH_2$	0.134 nm
アセチレン	$HC\equiv CH$	0.120 nm

■おもな芳香族炭化水素の構造式

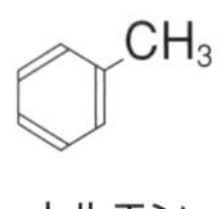

トルエン
融点：−95℃
沸点：111℃

o-キシレン
融点：−25℃
沸点：144℃

m-キシレン
融点：−48℃
沸点：139℃

p-キシレン
融点：13℃
沸点：138℃

ナフタレン
融点：81℃
沸点：218℃

CH_2-CH_3 エチルベンゼン
融点：−95℃
沸点：136℃

$CH=CH_2$ スチレン
融点：−31℃
沸点：145℃

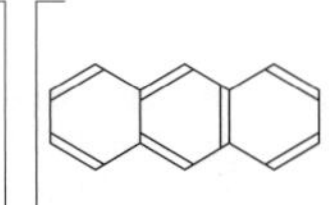

アントラセン
融点：216℃
沸点：342℃

■ベンゼンの二置換体の異性体

ベンゼンの 2 つの H 原子が別の基で置換されたものを二置換体という。二置換体には右の 3 種類の異性体がある。

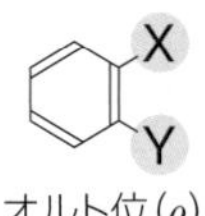

オルト位(*o*)

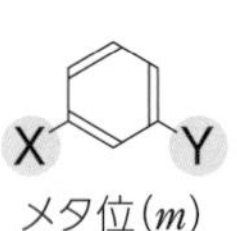

メタ位(*m*)

パラ位(*p*)

B ベンゼンの性質
benzene

ベンゼンは，ケクレの式(ページ右上の構造式)が示すように炭素原子間に不飽和結合をもつが，アルケンやアルキンとは異なる性質を示す。

■燃焼

多量のすすを出しながら燃える。

■融点

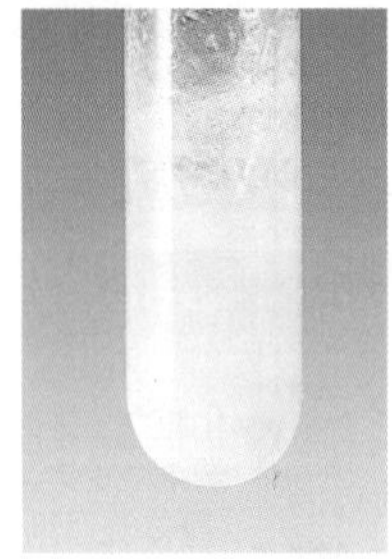

氷で冷却すると凍結する(融点は 5.5℃)。

■水への溶解性

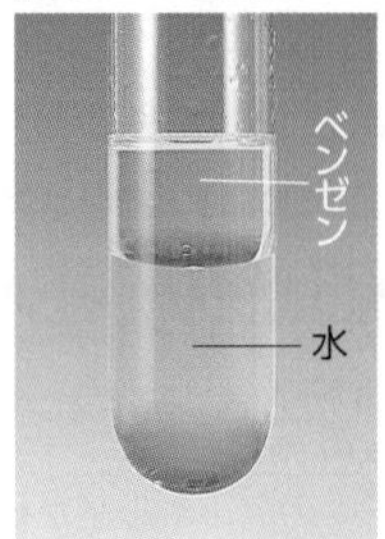

水に溶けにくく，2 層に分かれる。

■有機溶媒

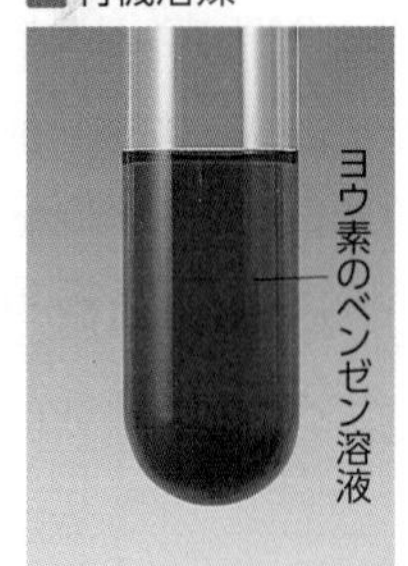

有機溶媒として，無極性の溶質を溶かす。

■ベンゼンの付加反応

$$C_6H_6 + 3Cl_2 \xrightarrow{光} C_6H_6Cl_6$$

1,2,3,4,5,6- ヘキサクロロシクロヘキサン
(ベンゼンヘキサクロリド BHC)

通常ベンゼンは付加反応をしないが，紫外線を当てながら塩素と反応させると，ヘキサクロロシクロヘキサン(BHC)が生じる。BHC は，かつて殺虫剤として使用されていたが，毒性と残留性が強く，現在は製造と使用が禁止されている。

■ベンゼンとシクロヘキセンの比較

シクロヘキセンは二重結合をもつ環状化合物であるが，ベンゼンとは性質が異なる。

	臭素水を加える	過マンガン酸カリウム水溶液を加える
ベンゼン	臭素を付加しない	酸化されない
シクロヘキセン	臭素を付加する	酸化される(酸化マンガン(Ⅳ))

Column ケクレとベンゼン環 化学史

ケクレは，ドイツの代表的な化学者の 1 人であり，ベンゼンの構造の発見者として有名である。
1865 年のある日，彼が暖炉のそばでうたた寝をしていると，1 匹の蛇が自分の尾をくわえてぐるぐるまわるという夢を見た。その夢をヒントにして，6 個の炭素原子を 1 つのリング状の構造にすることを思いついたといわれている。当時，ベンゼンの分子式が C_6H_6 であることは確認されていた。しかし，その構造は解明されていなかった。その後，ケクレの思いついた構造はベンゼン環とよばれ，分光学の発達により，その六角環の構造が正しいことが立証された。

ケクレ(1829 ～ 1896)

A 油脂を加水分解し，高級脂肪酸とグリセリンにした混合物からグリセリンを除き，高級脂肪酸に適量の NaOH を加えて中和してつくります。

C ベンゼンの置換反応

ベンゼンは不飽和炭化水素であるにもかかわらず，付加反応よりも置換反応の方が起こりやすい。 Zoom up Plus p.277

① ベンゼンのニトロ化（ニトロベンゼンの生成）

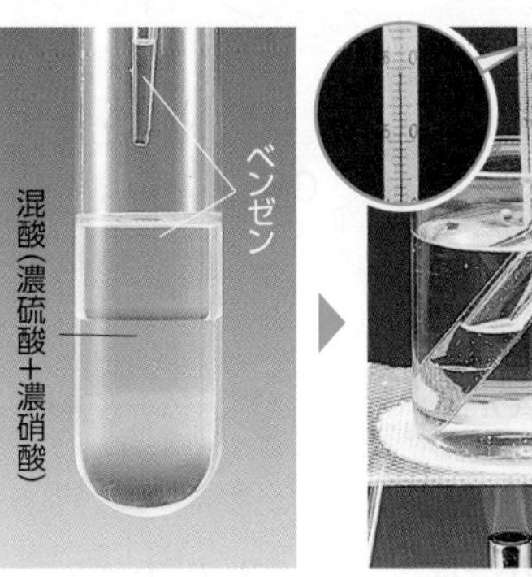

混酸にベンゼンを加え，よく振る。

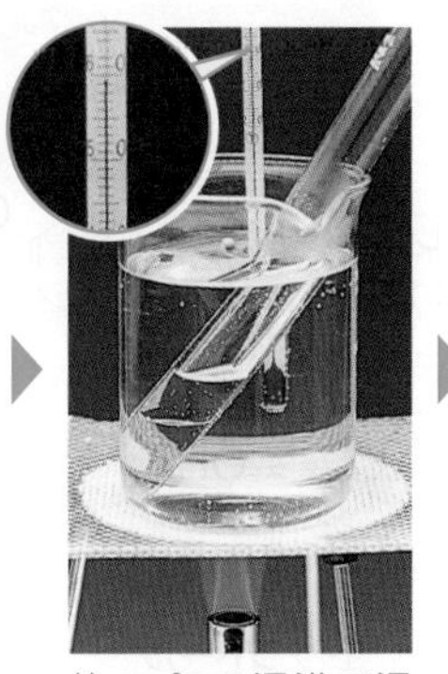

約60℃の湯浴で温める。

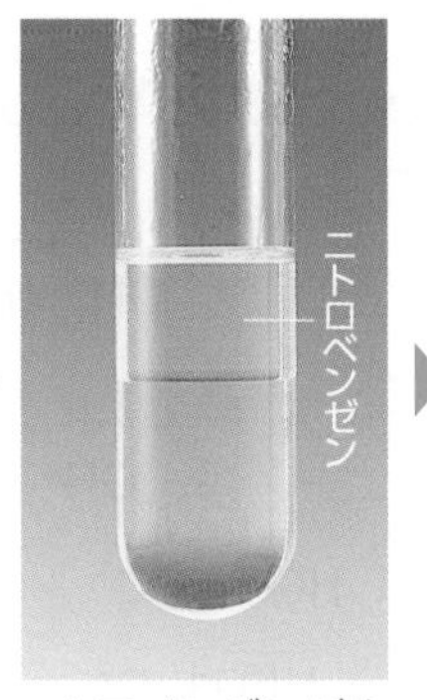

ニトロベンゼンが生成する。

冷水に注ぐとニトロベンゼンが沈む。

液体の密度〔g/cm³〕			
	ベンゼン	20℃	0.88
	水	20℃	1.00
	ニトロベンゼン	20℃	1.20
	濃硝酸(62％)	25℃	1.37
	濃硫酸(98％)	25℃	1.83

液体の密度を比較することにより，2液を混ぜたときどちらが上層になるかがわかる。

ニトロベンゼンの性質

特有の甘いにおいをもつ中性の淡黄色の液体。水には難溶であるが，有機溶媒には溶けやすい。

$$C_6H_6 + HNO_3 \longrightarrow C_6H_5NO_2 + H_2O$$

ベンゼン　硝酸　ニトロベンゼン（沸点：211℃）

② ベンゼンのスルホン化（ベンゼンスルホン酸の生成）

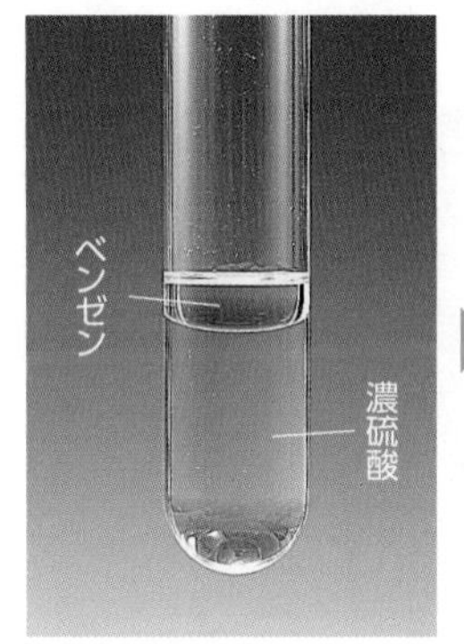

濃硫酸にベンゼンを加える。

振り混ぜながら，加熱する。

ベンゼンスルホン酸が生成する。

塩化ナトリウム水溶液に，生成物を少しずつ注ぐ*。

冷却すると，ナトリウム塩が析出し，かゆ状になる。

$$C_6H_6 + H_2SO_4 \longrightarrow C_6H_5SO_3H + H_2O$$

ベンゼン　ベンゼンスルホン酸　（$-SO_3H$：スルホ基）

$$C_6H_5SO_3H + NaCl \longrightarrow C_6H_5SO_3Na + HCl$$

ベンゼンスルホン酸　ベンゼンスルホン酸ナトリウム

*ベンゼンスルホン酸は水への溶解度が非常に大きく，そのままでは析出させることができない。そのため，塩化ナトリウム水溶液の中に注ぎ入れ，ナトリウム塩の形で析出させる。

③ ベンゼンのハロゲン化

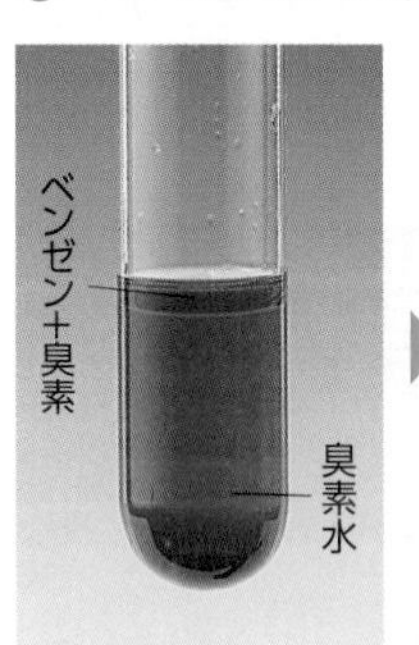

臭素水にベンゼンを加える。

硝酸銀水溶液を加え，よくかき混ぜて反応させると，ブロモベンゼンが生成する。

生成したブロモベンゼンをジエチルエーテルで抽出する。

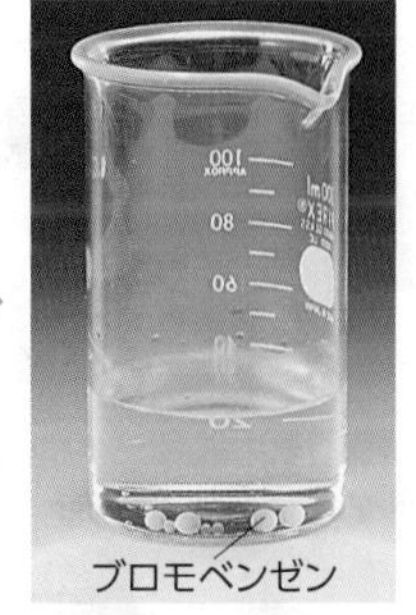
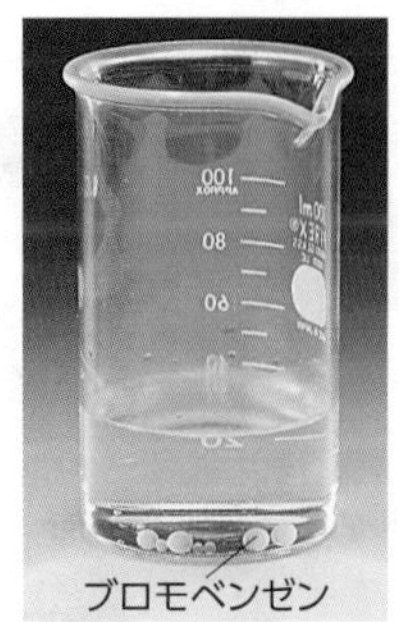

ジエチルエーテルを蒸発させ，水を加えるとブロモベンゼンがビーカーの底に得られる。

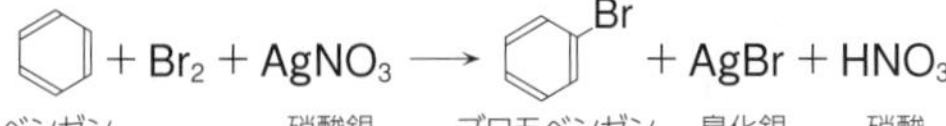

$$C_6H_6 + Br_2 + AgNO_3 \longrightarrow C_6H_5Br + AgBr + HNO_3$$

ベンゼン　硝酸銀　ブロモベンゼン（密度：1.50 g/cm³）　臭化銀　硝酸

塩素との置換反応

$$C_6H_6 + Cl_2 \xrightarrow{触媒 Fe} C_6H_5Cl + HCl$$

クロロベンゼン（沸点：132℃）

ベンゼンに塩素を作用させると，水に難溶の無色の液体であるクロロベンゼンが生じる。

パラジクロロベンゼン 日常

クロロベンゼンに塩素を作用させると *p*-ジクロロベンゼンが得られる。昇華性があり，衣類の防虫剤として用いられる。

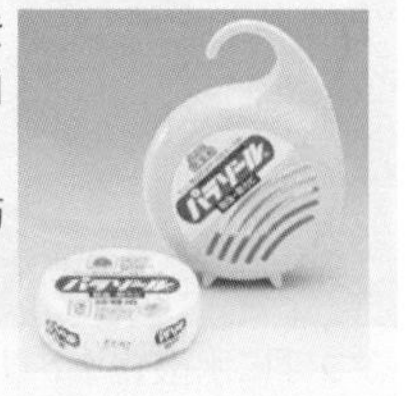

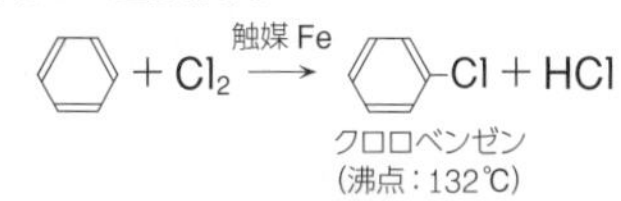

$$C_6H_5Cl + Cl_2 \longrightarrow Cl-C_6H_4-Cl + HCl$$

p-ジクロロベンゼン（融点：54℃）

有機化合物

Q 芳香族化合物は，すべてよい香りがするのですか？

11 フェノール類 基 化

構造式

例：フェノール

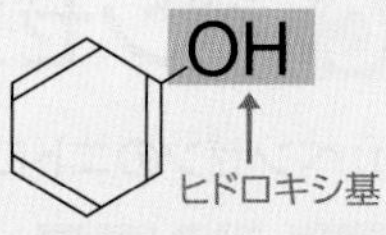

C_6H_5-OH

↑ ヒドロキシ基

A フェノール類の構造

ベンゼン環の炭素原子にヒドロキシ基 -OH が直接結合した構造をもつ化合物を，フェノール(phenol)類という。

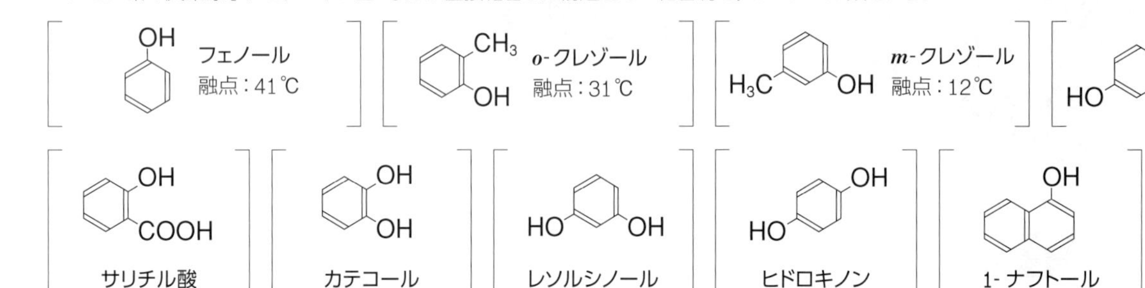

B フェノール類の確認

フェノール類に，塩化鉄(Ⅲ) $FeCl_3$ 水溶液を加えると青紫～赤紫色に呈色する。

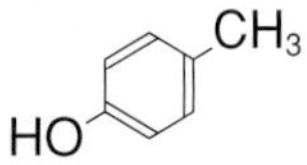

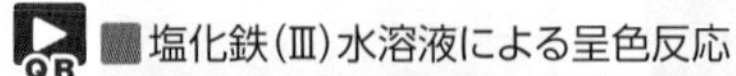

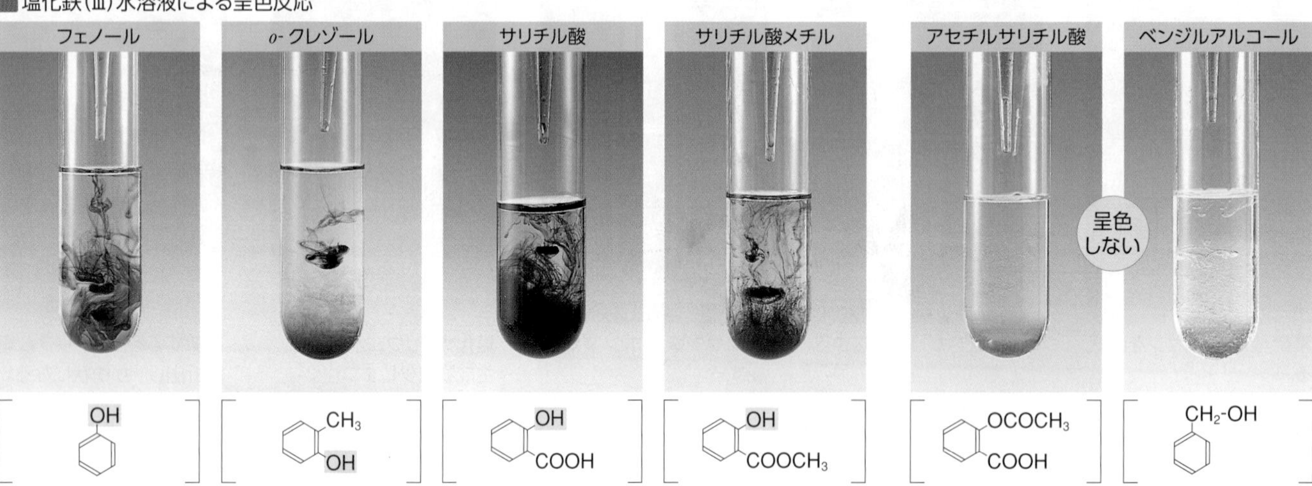

フェノール性の -OH(ベンゼン環の炭素原子に直接結合したヒドロキシ基 -OH)をもつ化合物は，$FeCl_3$ 水溶液を加えると特有の呈色反応を示す(　の部分がフェノール性の -OH)。

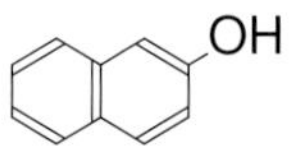

アセチルサリチル酸，ベンジルアルコールはフェノール性の -OH をもたないので，呈色しない。

C フェノールの生成

実験室的製法では，ベンゼンスルホン酸ナトリウムをアルカリ融解することにより，フェノールを生成する(工業的製法(クメン法)はp.230)。

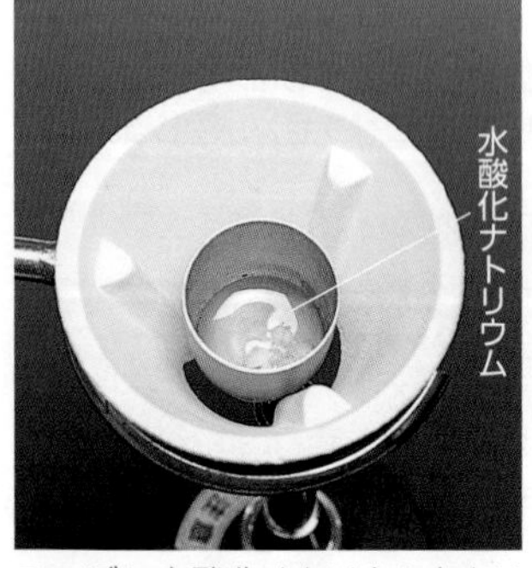

るつぼに水酸化ナトリウムをとり，加熱融解する。

かき混ぜながらベンゼンスルホン酸ナトリウムを加え，加熱を続ける。

内容物が融解した後も，しばらく加熱を続ける。

＋塩酸

放冷後，塩酸を加えると，油状のフェノールが液面に浮かぶ。

$C_6H_5SO_3Na$ (ベンゼンスルホン酸ナトリウム) ＋ 2 NaOH —(アルカリ融解)→ C_6H_5ONa (ナトリウムフェノキシド) ＋ Na_2SO_3 (亜硫酸ナトリウム) ＋ H_2O

C_6H_5ONa (ナトリウムフェノキシド) ＋ HCl —(弱酸の遊離)→ C_6H_5OH (フェノール) ＋ NaCl

A 揮発性の芳香族化合物にはにおいがありますが，すべてがよい香りとは限りません。

D フェノールの性質

フェノールは，アルコールと同様に -OH をもち反応性に富んでいるが，アルコールとは異なり弱酸性を示す。

■ナトリウムとの反応

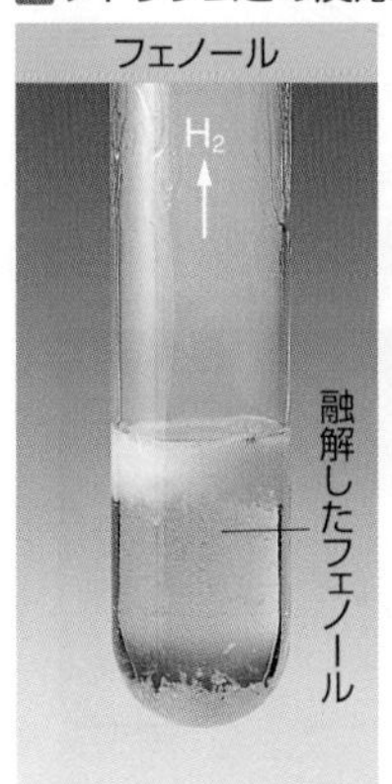

水素を発生し，ナトリウムフェノキシドを生成する。

水素を発生し，ナトリウムベンジルアルコキシドを生成する。

■BTB に対する呈色反応

水に難溶であるが，わずかに溶ける。弱酸性のため，黄色を呈する。

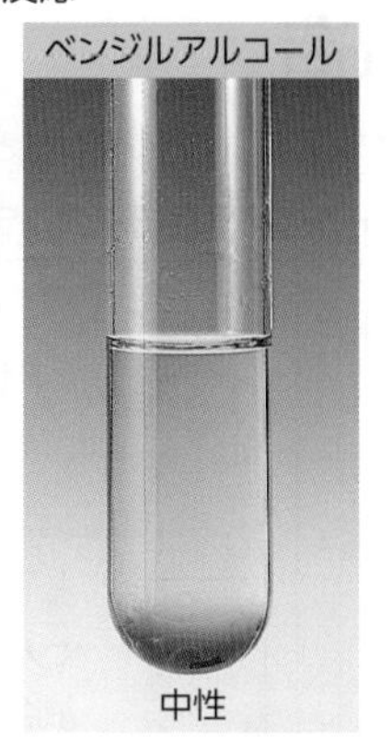

水に難溶であるが，わずかに溶ける。中性のため，緑色を呈する。

■臭素との反応

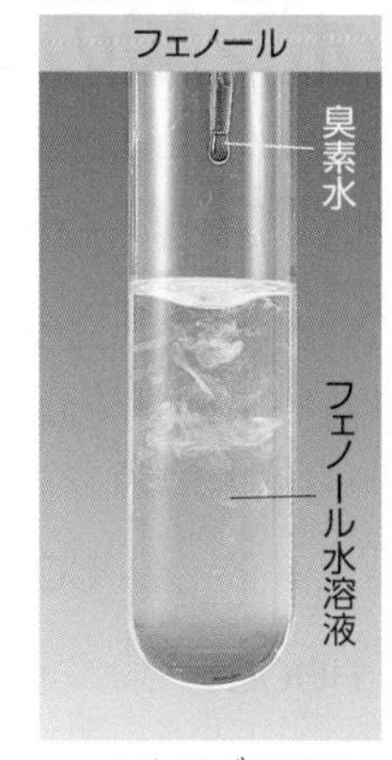

2,4,6-トリブロモフェノールの白色沈殿が生成する。

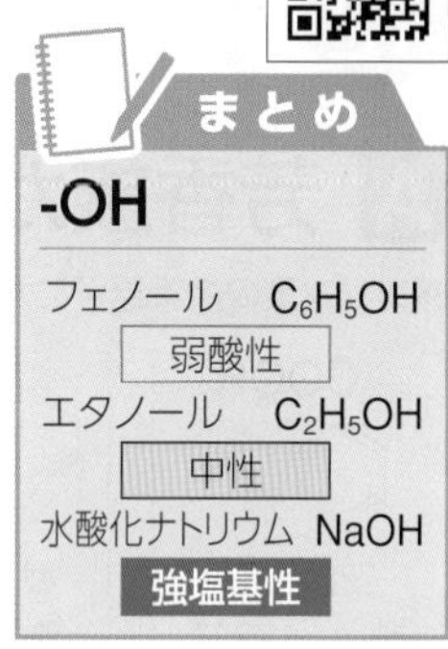

E ピクリン酸の合成

picric acid

フェノールをニトロ化すると，一般に黄色い物質(ピクリン酸など)が生じる。フェノールは濃硝酸によって酸化されるので，一度スルホン化してからニトロ化する。爆発性があるので，昔は火薬として使用された。

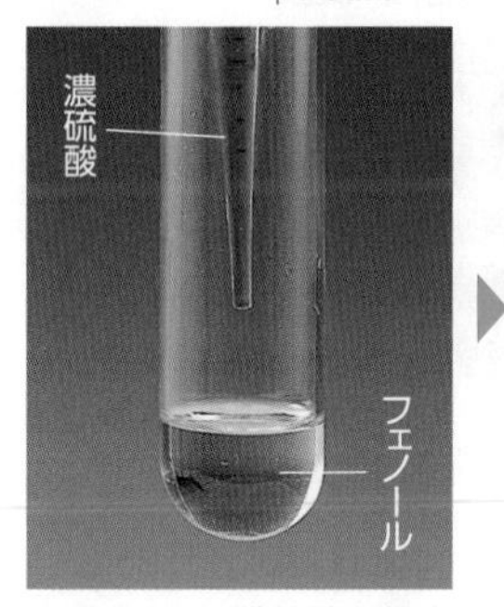

フェノールに濃硫酸を加える。

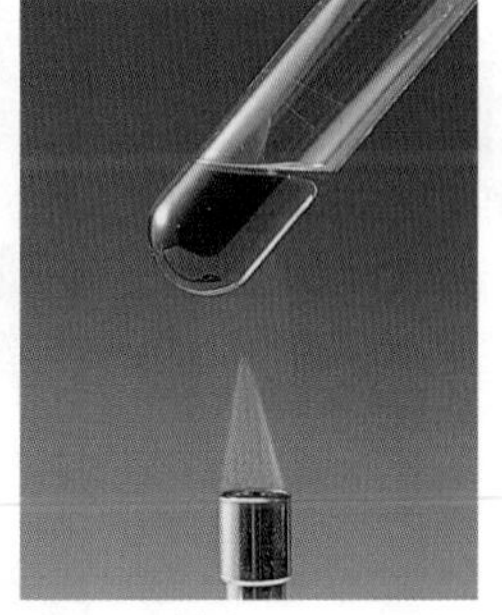

温めると桃色になり，粘りが出てくる。

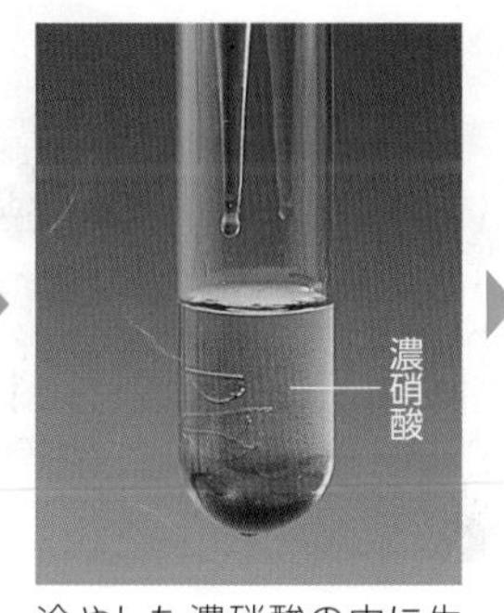

冷やした濃硝酸の中に生成物を加えると，黄褐色の粘りのある液体が生じる。

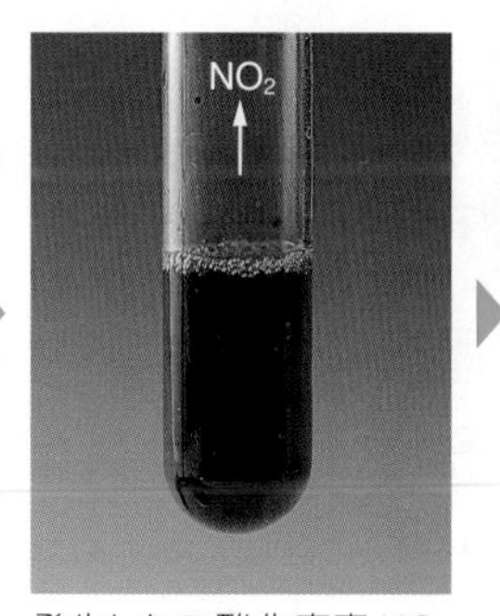

発生した二酸化窒素 NO_2 をゆっくりと追い出した後，しばらく放置する。

冷やしながら，水の中に加える。黄色のピクリン酸の結晶が析出する。

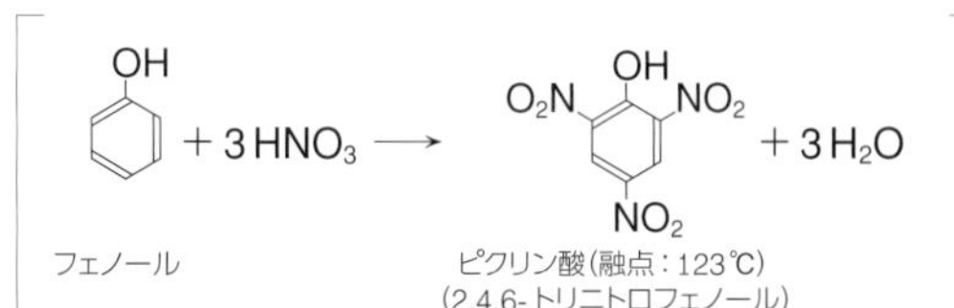

二酸化窒素の発生は激しい発熱反応であり，危険である。この反応は冷やしながら，ドラフト中で行う。

Zoom up ベンゼン環への置換反応

Zoom up Plus p.277

すでに 1 個の置換基がベンゼン環に結合している芳香族化合物に，新たに 2 つ目の置換基が結合する場合，その位置は 1 つ目の置換基の種類によって決定する。このように，すでに結合している置換基が次に結合する置換基の位置に影響する現象を，置換基の配向性という。

一般に，ベンゼン環に対する置換反応は，電子密度の高い部分で起こりやすい。1 つ目の置換基がベンゼン環に電子を押しつける性質をもつ場合，オルト位とパラ位の電子密度が高くなる(置換反応が起こりやすくなる)。このような置換基を，オルト-パラ配向性の置換基という。一方，1 つ目の置換基がベンゼン環から電子を引きつける性質をもつ場合，ベンゼン環自体の電子密度が低くなる(ベンゼンより置換反応の反応速度が減少する)。しかし，メタ位の電子密度がオルト位とパラ位より相対的に高くなる(メタ位での置換反応が起こりやすくなる)。このような置換基を，メタ配向性の置換基という。

オルト-パラ配向性	-OH，$-NH_2$，$-OCH_3$，$-NHCOCH_3$，-Cl，$-CH_3$
メタ配向性	$-NO_2$，$-SO_3H$，-COOH，$-COCH_3$，-CHO

【オルト-パラ配向性】　フェノールのニトロ化

OH → OH / NO_2（オルト位）または OH / NO_2（パラ位）

※メタ位では置換反応が起こりにくい。

【メタ配向性】　ニトロベンゼンのニトロ化

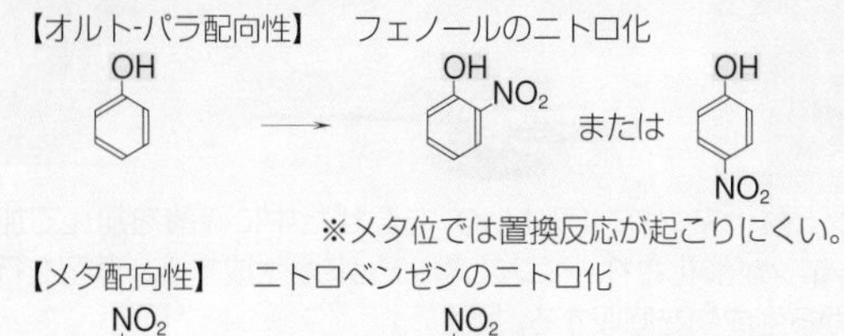

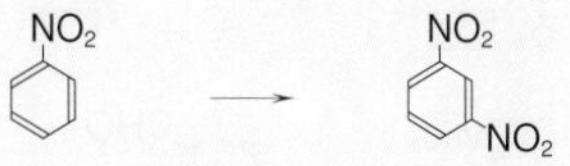

※オルト位，パラ位では置換反応が起こりにくい。

Q 体の抗酸化物質として注目されているポリフェノールとは，どんな物質ですか?

12 芳香族カルボン酸 基 化

構造式

例：安息香酸 COOH

↑ カルボキシ基

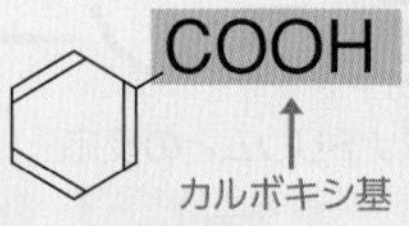

A 芳香族カルボン酸の構造

ベンゼン環の炭素原子にカルボキシ基が結合した化合物を，芳香族カルボン酸という。

安息香酸
融点：123℃

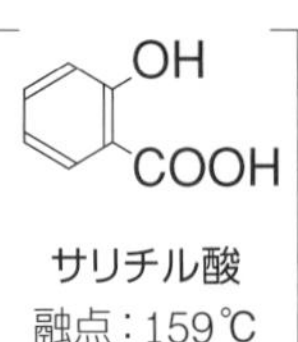

サリチル酸
融点：159℃

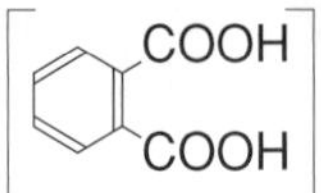

COOH
COOH

フタル酸
融点：234℃

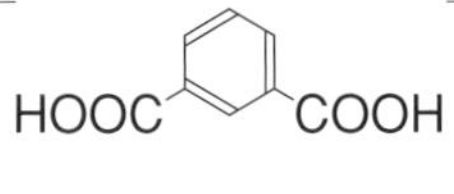

HOOC COOH

イソフタル酸
融点：349℃

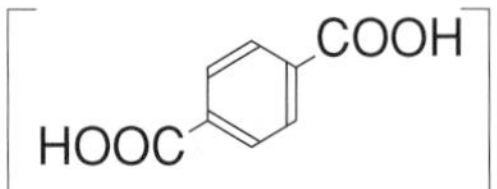

COOH
HOOC

テレフタル酸
(300℃で昇華)

■関連物質(アルデヒド・ケトン)

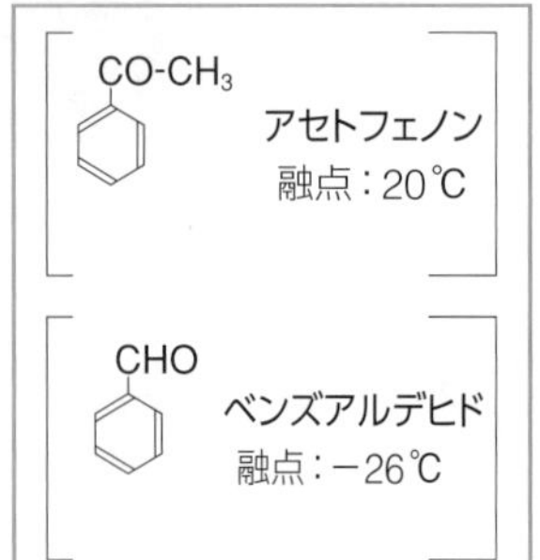
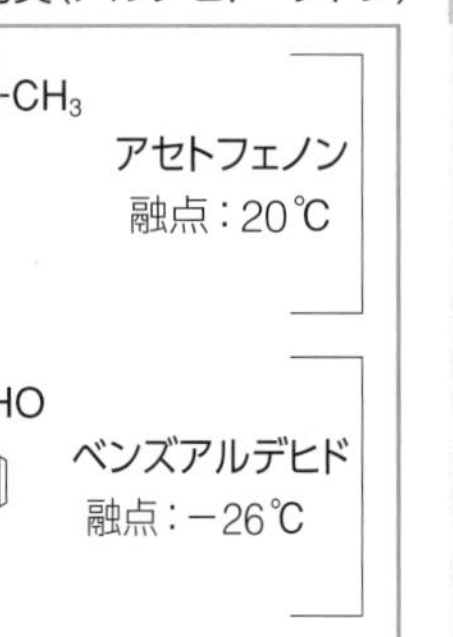

アセトフェノン
融点：20℃

ベンズアルデヒド
融点：−26℃

安息香

安息香(あんそくこう)は，東南アジアに生えるエゴノキ科の植物などの樹液に含まれ，香料として用いられる。
安息香には，安息香酸が数十％含まれている。
安息香酸は食品の防腐剤として使用される。

安息香

B 安息香酸の性質
benzoic acid

安息香酸は水には少ししか溶けないが，熱水や有機溶媒には溶ける。酸性の強さは，塩酸などの強酸よりは弱いが，炭酸(二酸化炭素 CO_2 の水溶液)よりは強い。

■溶解性

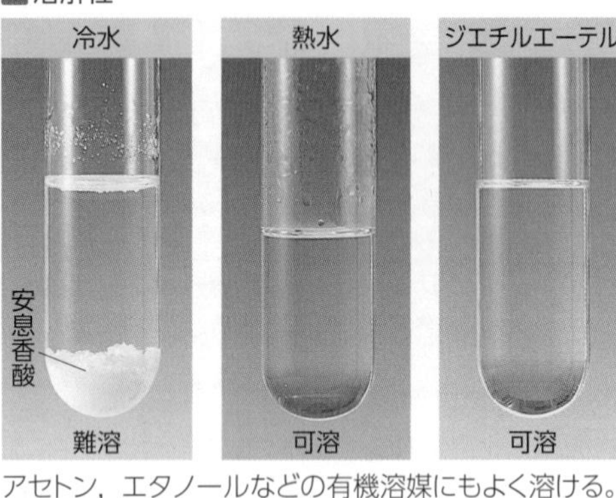
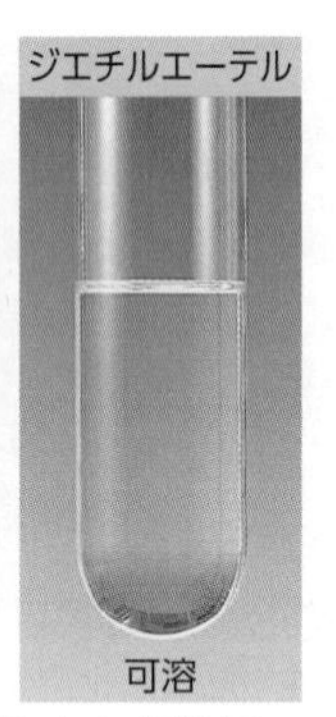

アセトン，エタノールなどの有機溶媒にもよく溶ける。

■pH

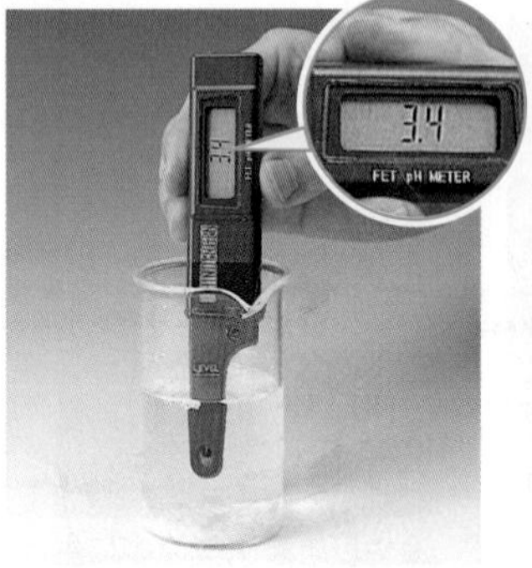

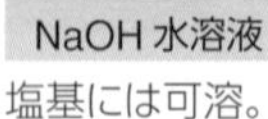

少量溶けた水溶液は，弱酸性を示す。

■酸性の強さ　塩酸>安息香酸>炭酸

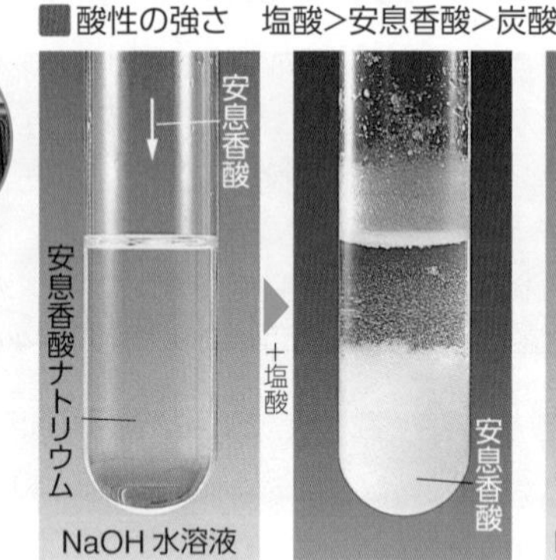

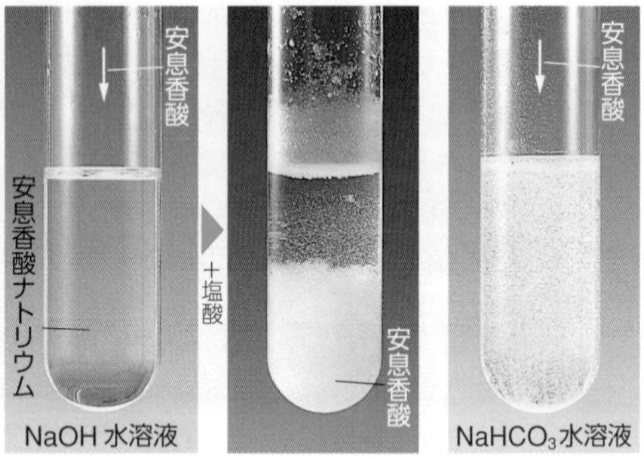

塩基には可溶。　結晶が析出。　CO_2 を発生して溶解。

C トルエンの酸化による生成物
toluene

トルエンを弱い酸化剤によって酸化すると，ベンズアルデヒドが生成する。
トルエンを強い酸化剤によって酸化すると，安息香酸が生成する。

■ベンズアルデヒドの生成(弱い酸化)

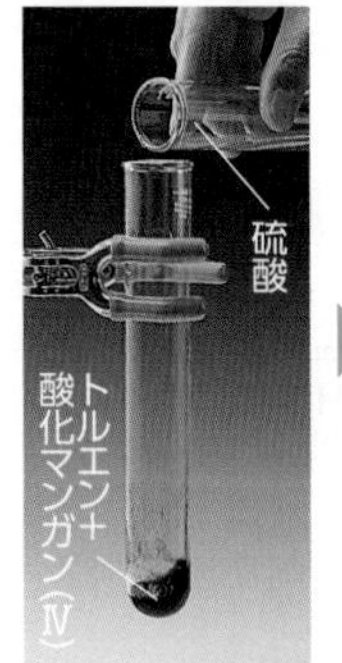

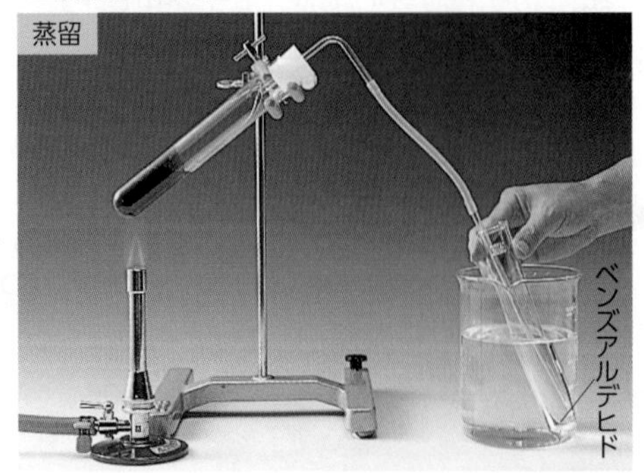

トルエンと酸化マンガン(Ⅳ) MnO_2 を混ぜた中に硫酸を加えて加熱すると，トルエンが酸化され，ベンズアルデヒドが生成する。蒸留を行い，その留分から生成物を回収する。

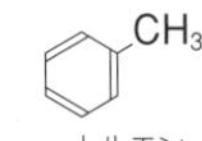

トルエン $\xrightarrow{MnO_2}$ ベンズアルデヒド

■安息香酸の生成(強い酸化)

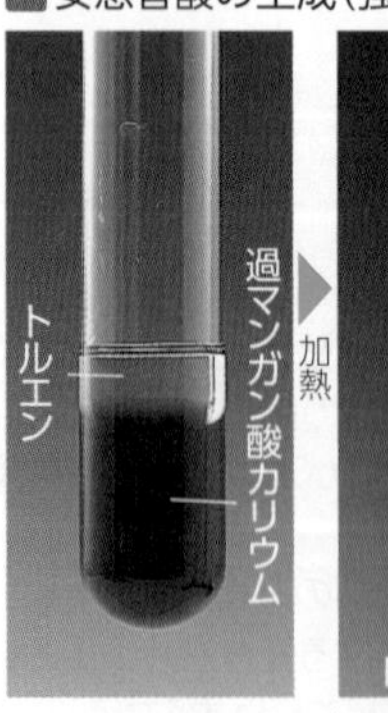

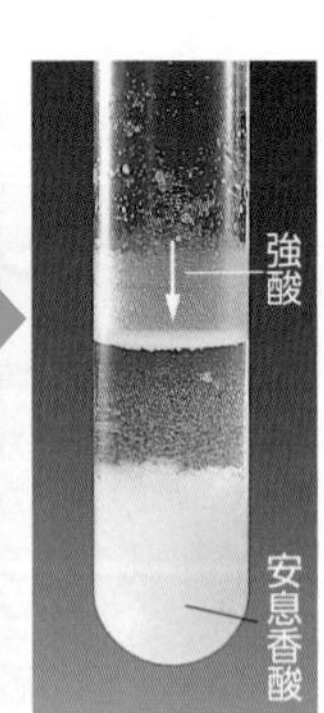

トルエンに過マンガン酸カリウム $KMnO_4$ 水溶液を加えて高温で酸化する。生成する安息香酸はアルカリ溶液中でカリウム塩として溶解しているので，硫酸または塩酸のような強酸によって，安息香酸を析出させる。

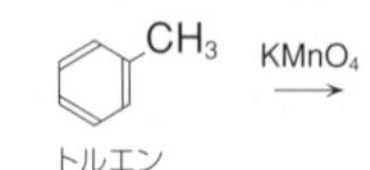
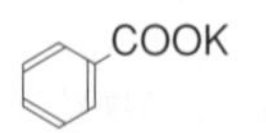
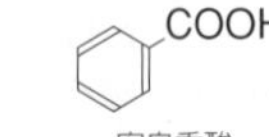

トルエン $\xrightarrow{KMnO_4}$ 安息香酸カリウム $\xrightarrow{強酸}$ 安息香酸

A 同一のベンゼン環に，2個以上の -OH をもつ化合物を総称してポリフェノールといいます。ワインやバナナなどに多く含まれています。

D フタル酸・イソフタル酸・テレフタル酸
phthalic acid　isophthalic acid　terephthalic acid

2価の芳香族カルボン酸である。

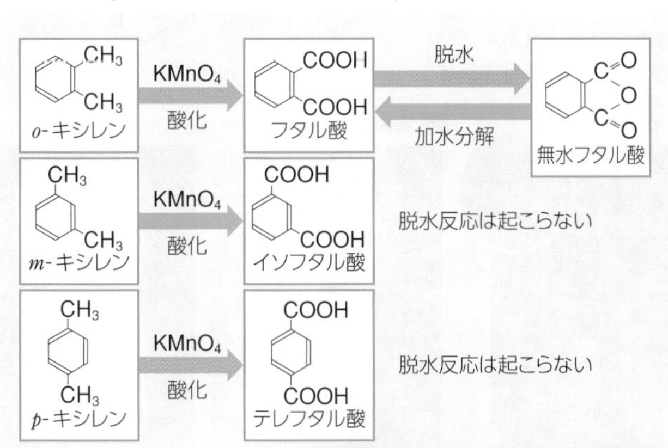

o-キシレン，m-キシレン，p-キシレンのそれぞれを酸化すると，フタル酸，イソフタル酸，テレフタル酸が生成する。
フタル酸は，2個のカルボキシ基が隣りあった位置にあるので，水分子が取れやすく，酸無水物ができる。しかし，イソフタル酸とテレフタル酸では2個のカルボキシ基が離れているため，酸無水物をつくることができない。

■加熱による変化

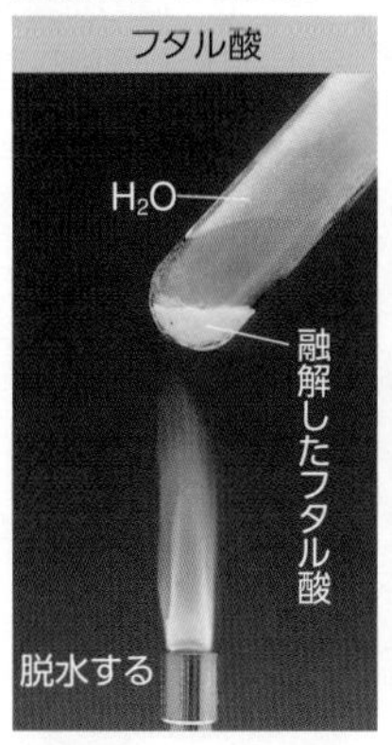

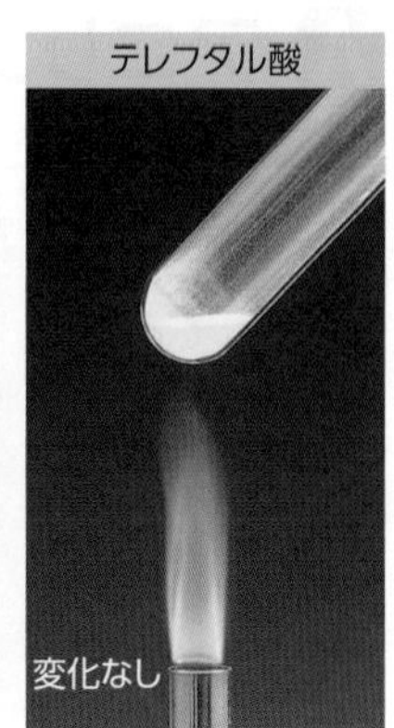

E サリチル酸
salicylic acid

サリチル酸は，ベンゼン環にカルボキシ基とヒドロキシ基をオルト位にもつ化合物であり，フェノール類とカルボン酸の両方の性質をもつ。

サリチル酸

■サリチル酸の構造と性質

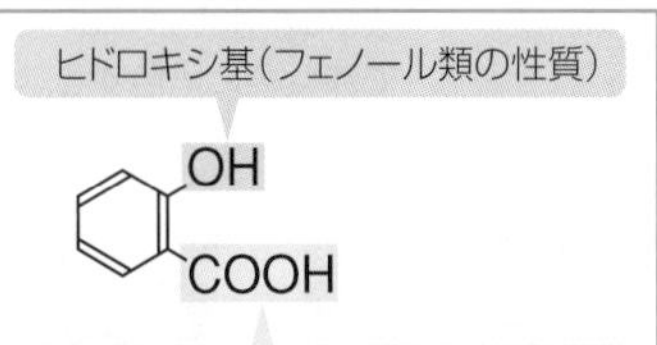

①冷水に微溶。
②温水に可溶。
③エタノールに可溶。
④塩化鉄(Ⅲ)で赤紫色に呈色（p.214 フェノール類の確認）。
⑤水酸化ナトリウム水溶液に可溶，塩酸酸性にすると析出。

■アセチルサリチル酸の合成（アセチル化）

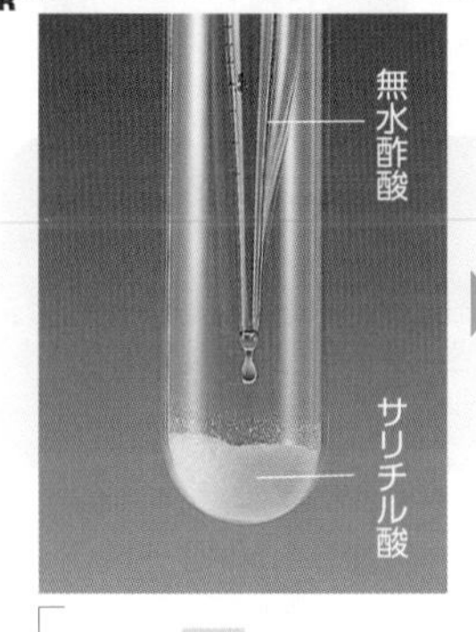

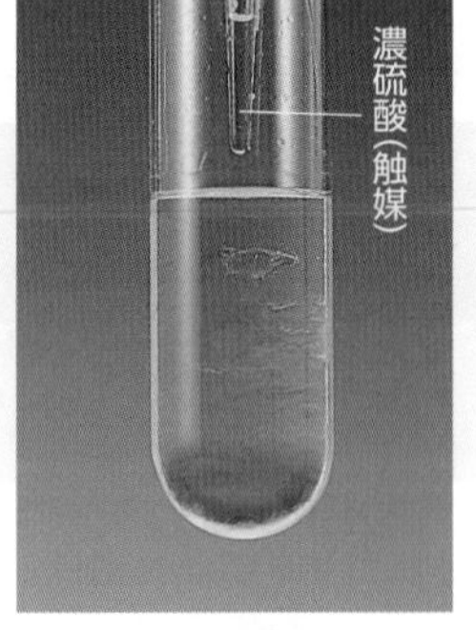

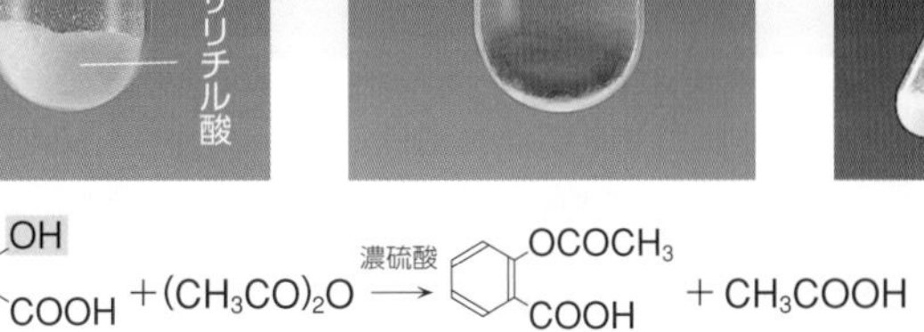

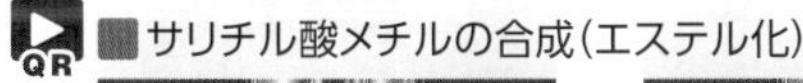

$$\text{サリチル酸 (C}_6\text{H}_4\text{(OH)COOH)} + (CH_3CO)_2O \xrightarrow{\text{濃硫酸}} \text{C}_6\text{H}_4\text{(OCOCH}_3\text{)COOH} + CH_3COOH$$

サリチル酸　無水酢酸　アセチルサリチル酸（融点：135℃）　酢酸

この反応はエステル化と同じであるが，ヒドロキシ基-OHの水素原子がアセチル基CH_3CO-で置換されるので，アセチル化という。

■利用例（p.222）

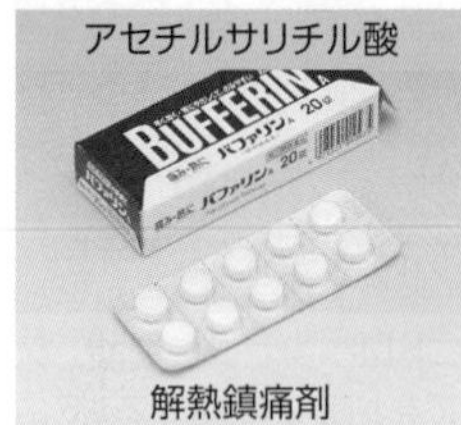

解熱鎮痛剤

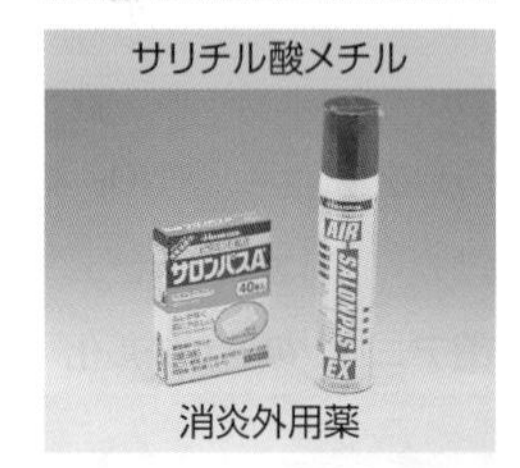

消炎外用薬

■サリチル酸メチルの合成（エステル化）

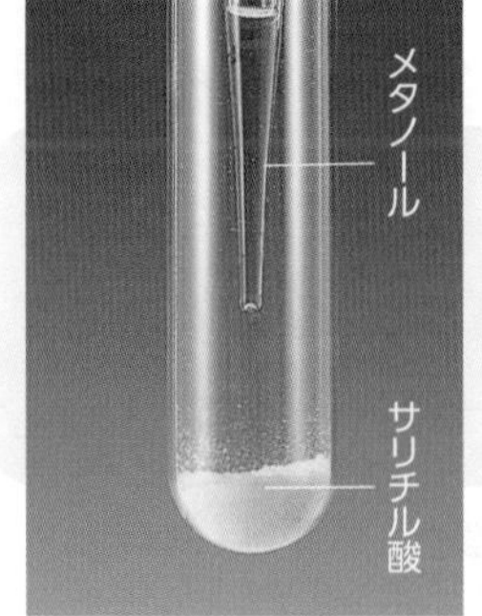

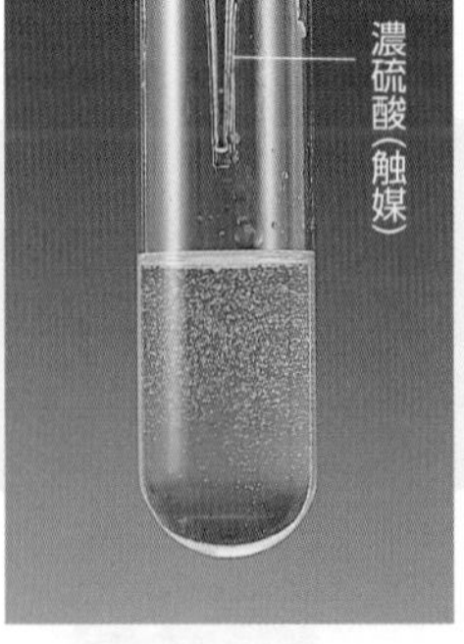

炭酸水素ナトリウム水溶液

サリチル酸メチル

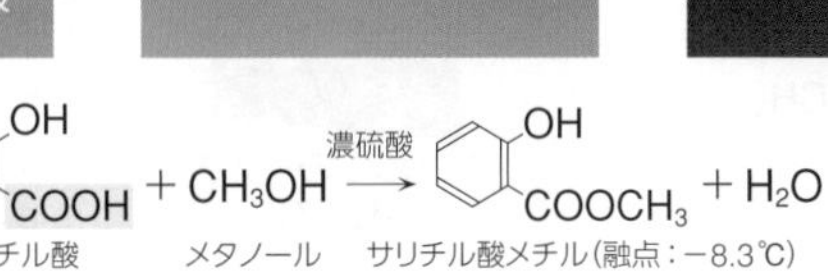

$$\text{C}_6\text{H}_4\text{(OH)COOH} + CH_3OH \xrightarrow{\text{濃硫酸}} \text{C}_6\text{H}_4\text{(OH)COOCH}_3 + H_2O$$

サリチル酸　メタノール　サリチル酸メチル（融点：−8.3℃）

反応液を炭酸水素ナトリウム水溶液に注ぐと，未反応のサリチル酸が中和反応により塩に変化する。生成した塩は水に溶けやすく，水層に移るため，サリチル酸を除去できる。

有機化合物

Q 食品中には，防腐剤である安息香酸はどのくらい含まれるのですか？

13 芳香族アミンとアゾ化合物

基 化

構造式

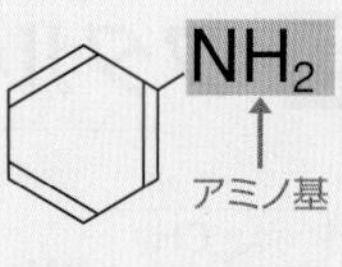

例：アニリン　NH_2 ← アミノ基

A アニリン aniline

ベンゼン環の炭素原子にアミノ基が結合したものを芳香族アミンといい，アニリンは最も簡単な芳香族アミンである。無色油状の液体で，弱塩基性を示す。

色

本来無色だが，酸化されて褐色になりやすい。

水への溶解性

水に溶けにくい。

検出反応

さらし粉水溶液によって赤紫色に呈色する。

pH

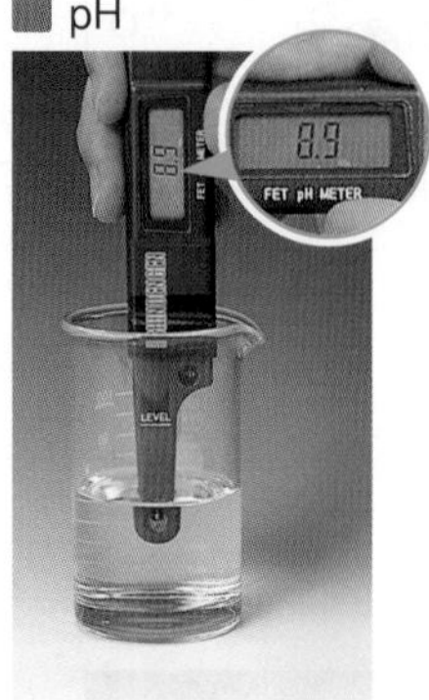

少量を溶かした水溶液は弱塩基性を示す。

塩の生成と分解

アニリンに塩酸を加えると，塩をつくり，溶解する。

＋水酸化ナトリウム水溶液

アニリンが遊離する（弱塩基の遊離）。

アニリンの合成（ニトロベンゼンの還元）

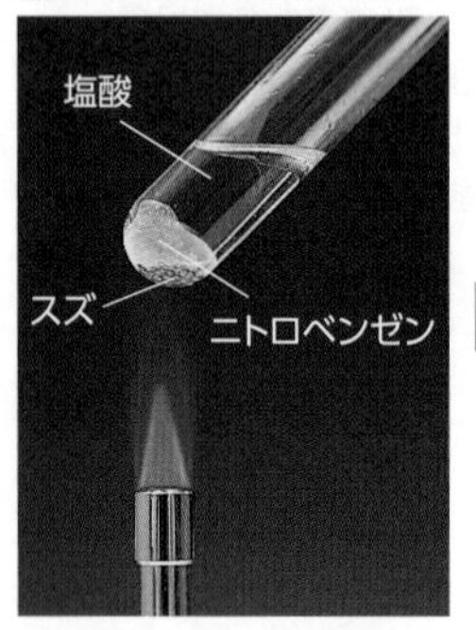

ニトロベンゼンに塩酸，スズを加えて加熱する（反応①）。

生成したアニリン塩酸塩を三角フラスコへ移す。

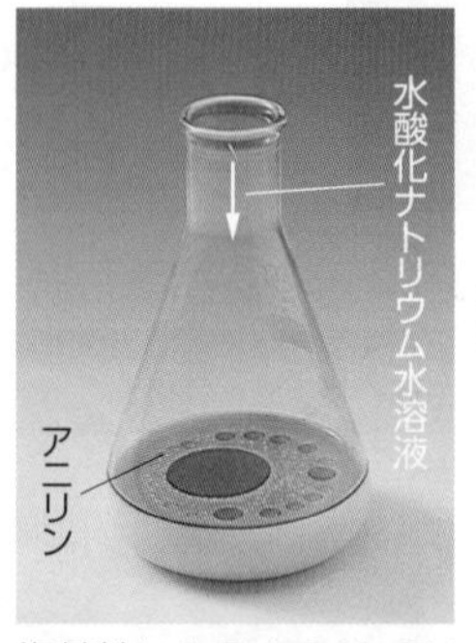

塩基性になるまで NaOH 水溶液を加え，アニリンを遊離させる（反応②）。

ジエチルエーテルを加え，アニリンを抽出する。

エーテル層を取り出し，ジエチルエーテルを蒸発させると，アニリンが得られる。

反応①　$2\,C_6H_5\text{-}NO_2 + 3\,Sn + 14\,HCl \longrightarrow 2\,C_6H_5\text{-}NH_3Cl + 3\,SnCl_4 + 4\,H_2O$
（ニトロベンゼン → アニリン塩酸塩）

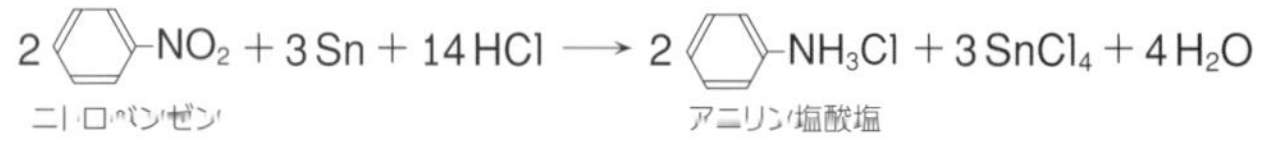

反応②　$C_6H_5\text{-}NH_3Cl + NaOH \longrightarrow C_6H_5\text{-}NH_2 + NaCl + H_2O$
（アニリン塩酸塩 → アニリン（沸点：185℃））

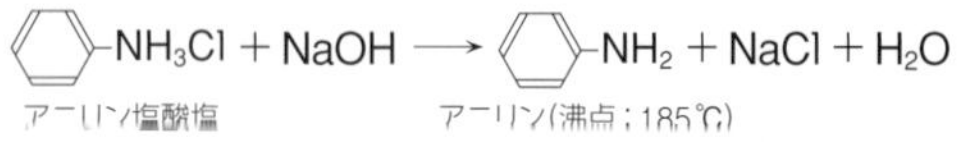

アニリンのアセチル化

無水酢酸とアニリンを反応させる。

冷水に注ぐとアセトアニリドの結晶が析出する。

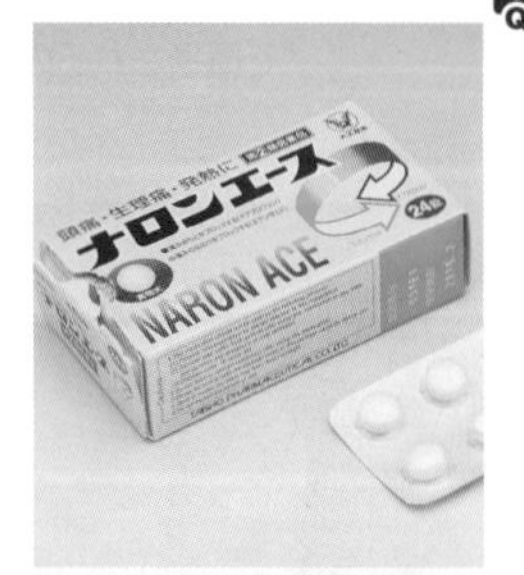

アセトアニリドの誘導体であるアセトアミノフェンは，解熱鎮痛剤として用いられる。

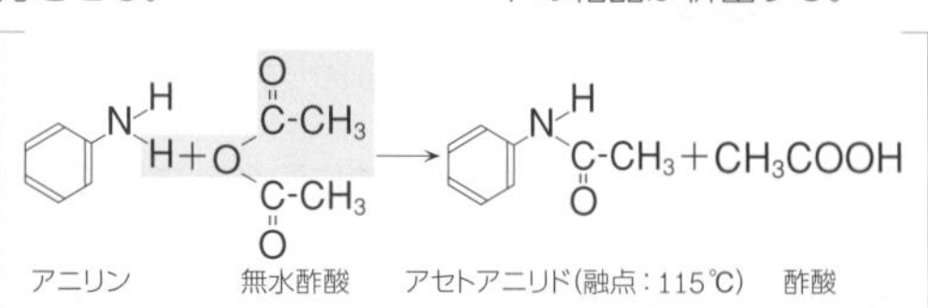

$C_6H_5\text{-}NH_2 + (CH_3CO)_2O \longrightarrow C_6H_5\text{-}NH\text{-}CO\text{-}CH_3 + CH_3COOH$

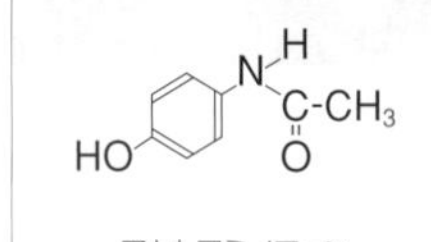

アニリンブラック

＋アニリン

硫酸酸性のニクロム酸カリウム水溶液にアニリンを加えると，酸化され，アニリンブラックという黒色染料が生成する。

Ⓐ しょうゆや清涼飲料水への添加量は 0.60 g/kg（0.06 %）です。

B アゾ化合物

分子中にアゾ基 -N=N- をもつ物質をアゾ化合物という。
アゾ化合物のうち，特有な色彩をもち，染色性が優れているものは，染料として用いられる。

塩化ベンゼンジアゾニウムの生成（ジアゾ化）

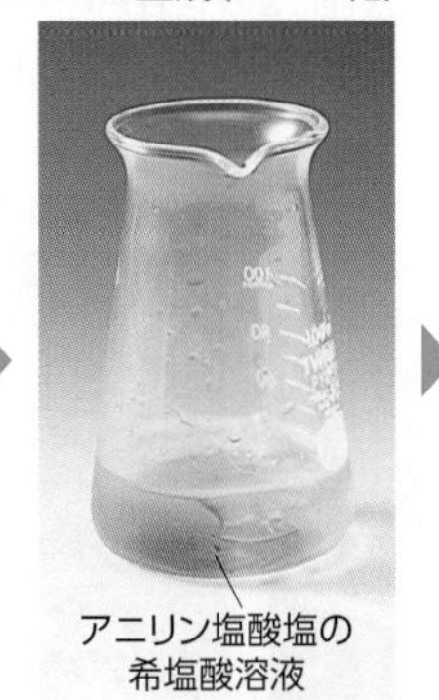

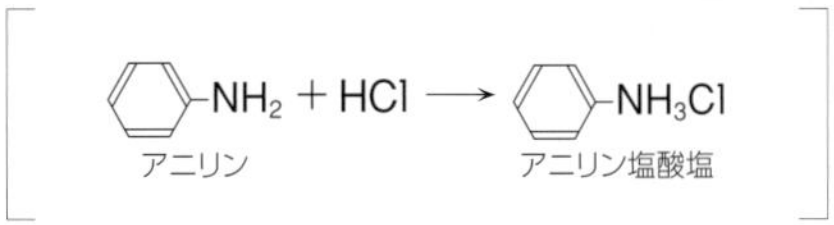

C_6H_5-NH_2 + HCl ⟶ C_6H_5-NH_3Cl
アニリン　アニリン塩酸塩

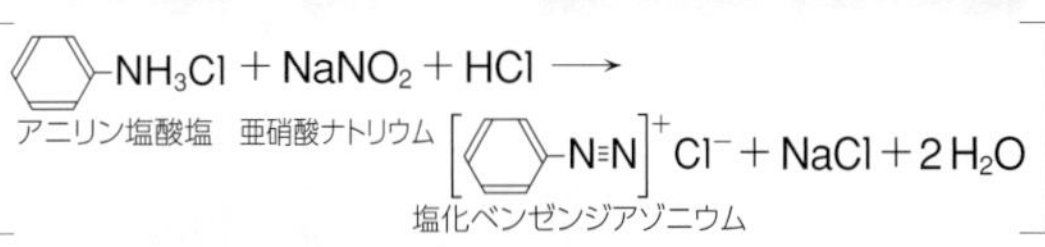

C_6H_5-NH_3Cl + $NaNO_2$ + HCl ⟶ $[C_6H_5$-$N{\equiv}N]^+Cl^-$ + NaCl + $2H_2O$
アニリン塩酸塩　亜硝酸ナトリウム　塩化ベンゼンジアゾニウム

塩化ベンゼンジアゾニウム

塩化ベンゼンジアゾニウムは，不安定で分解しやすい物質なので，5℃以下に冷却しながら反応を進める。
塩化ベンゼンジアゾニウムの水溶液を煮沸すると，分解してフェノールと窒素を生じる。

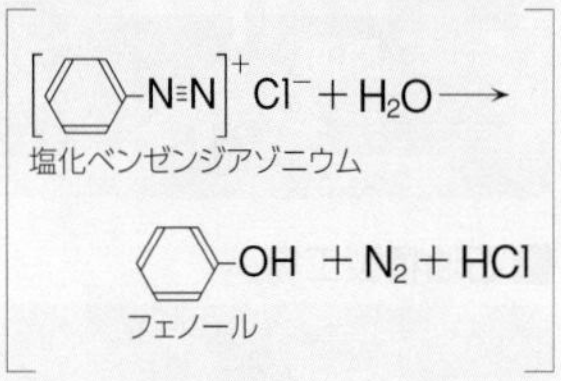

$[C_6H_5$-$N{\equiv}N]^+Cl^-$ + H_2O ⟶ C_6H_5-OH + N_2 + HCl
塩化ベンゼンジアゾニウム　フェノール

アゾ化合物の生成（ジアゾカップリング）

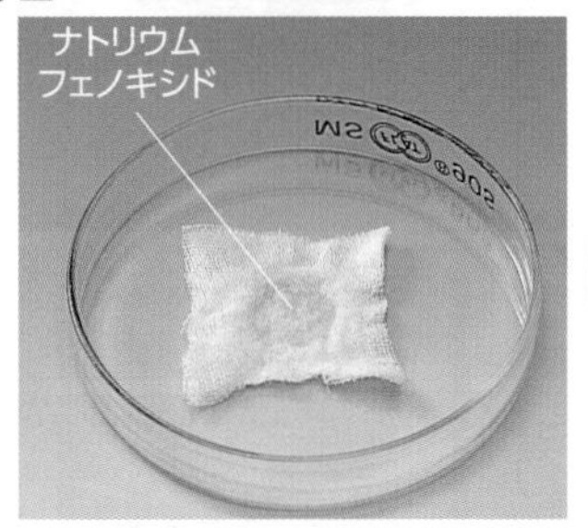

ナトリウムフェノキシドをガーゼにしみこませる。

塩化ベンゼンジアゾニウムを滴下すると，橙赤色に発色する。

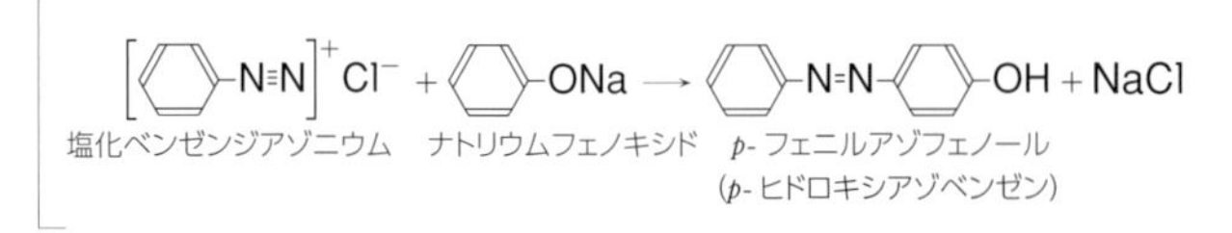

$[C_6H_5$-$N{\equiv}N]^+Cl^-$ + C_6H_5-ONa ⟶ C_6H_5-N=N-C_6H_4-OH + NaCl
塩化ベンゼンジアゾニウム　ナトリウムフェノキシド　*p*-フェニルアゾフェノール（*p*-ヒドロキシアゾベンゼン）

2-ナフトールに水酸化ナトリウム水溶液を加えると，その塩を生成する。それに塩化ベンゼンジアゾニウムを加えると，橙赤色のアゾ化合物が生成する。

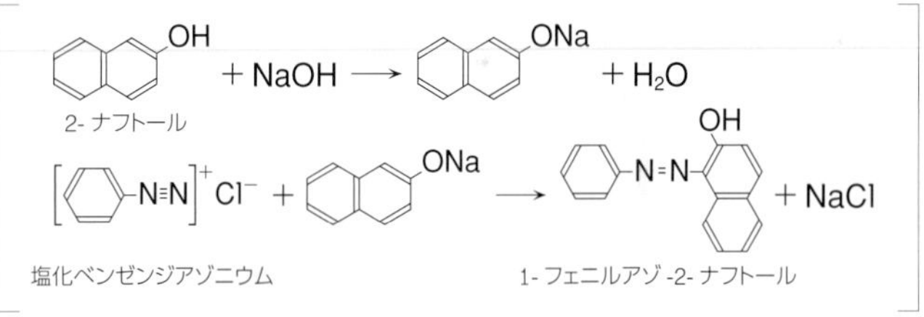

$C_{10}H_7$-OH + NaOH ⟶ $C_{10}H_7$-ONa + H_2O
2-ナフトール

$[C_6H_5$-$N{\equiv}N]^+Cl^-$ + $C_{10}H_7$-ONa ⟶ C_6H_5-N=N-$C_{10}H_6$-OH + NaCl
塩化ベンゼンジアゾニウム　1-フェニルアゾ-2-ナフトール

C アゾ染料

azo dye

アゾ染料は黄色～赤色の化合物であり，酸・塩基の指示薬や合成着色料に用いられる。

酸・塩基指示薬

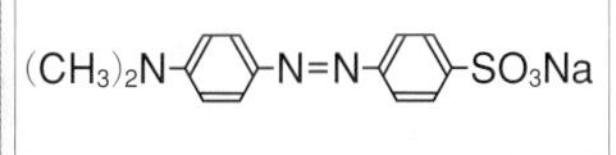

$(CH_3)_2N$-C_6H_4-N=N-C_6H_4-SO_3Na

メチルオレンジはアゾ染料の一つであり，水溶液の液性によって構造が変化し，色が変わる。このため，染料として用いられるほかに，水溶液の液性を示す指示薬として用いられている（*p.69*）。

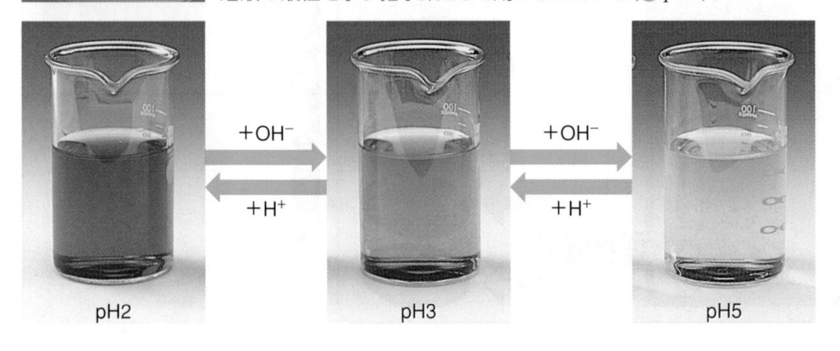

染料 → *p.225*

インジゴ・アリザリンなどのさまざまな染料の特徴の紹介をはじめ，染色のしくみや色の見え方も扱っている。

合成着色料 日常

食紅（赤色3号）

食紅（黄色4号）

合成着色料を用いた食品

有機化合物

Q アゾ化合物・アゾ基のアゾとは，どのような意味ですか?

14 石油化学工業 基 化 仕事

A 原油の採掘・運搬 crude oil

採掘された原油はタンカーで各地に運ばれ，原油備蓄基地に蓄えられたり，直接石油精製工場に送られたりする。精製工場では，精留塔でいろいろな成分に分けられて石油製品としている。

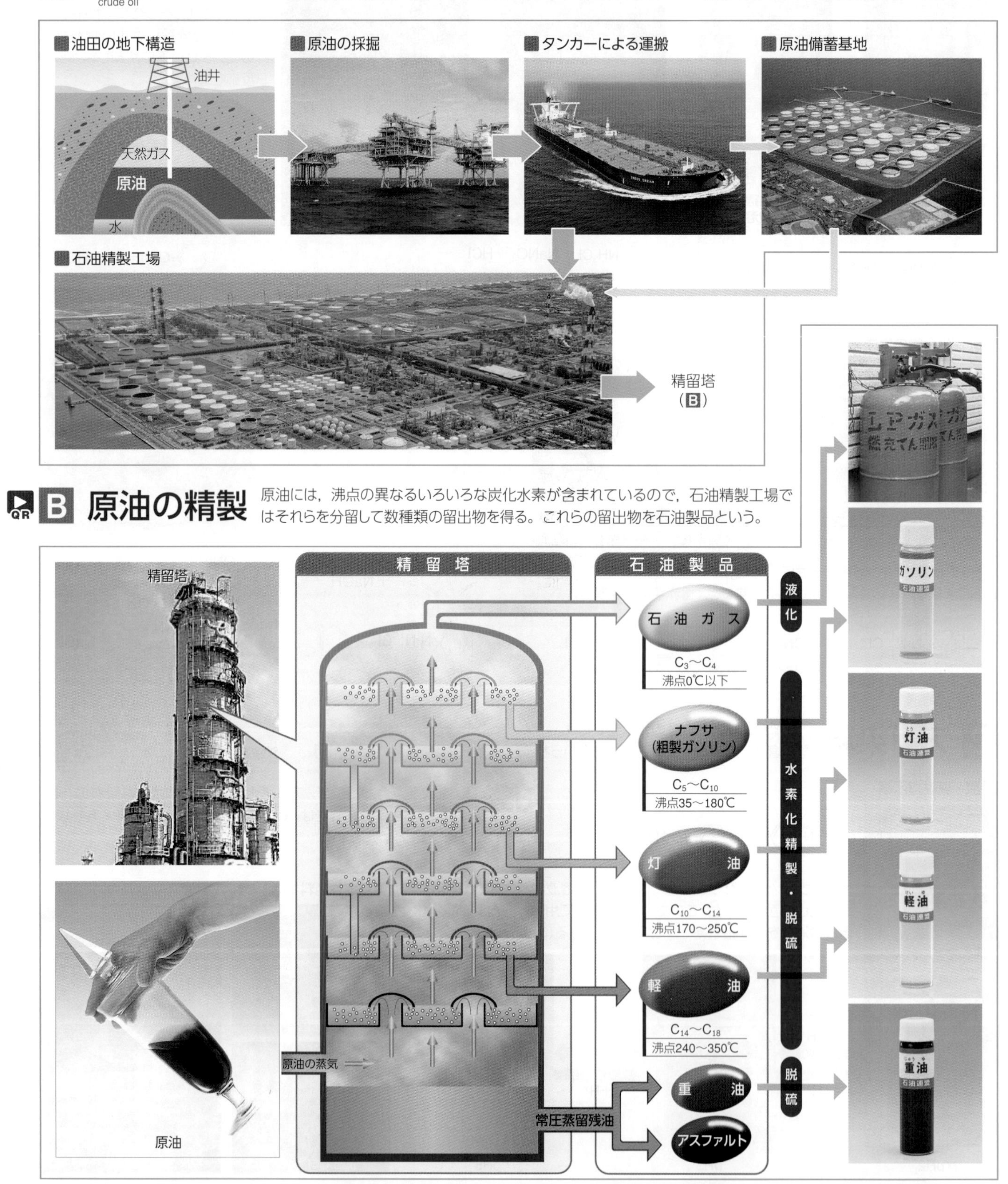

B 原油の精製

原油には，沸点の異なるいろいろな炭化水素が含まれているので，石油精製工場ではそれらを分留して数種類の留出物を得る。これらの留出物を石油製品という。

A Azo はフランス語で，窒素（Azote）を意味しています。

有機 EL

技術

室内照明（有機 EL 照明パネル）

【有機 EL とは】

有機 EL の「EL」とは，エレクトロルミネセンス（electroluminescence）の略である。エレクトロルミネセンスのエレクトロとは電気である。また，ルミネセンスとは，何らかの刺激を受けてエネルギーを吸収し，吸収したエネルギーを熱としてではなく，光として放出することをいう。

有機化合物のほとんどは絶縁体である。しかし，ある種の有機化合物には，電気が流れ，発光する性質がある。このような有機化合物を，100 nm 程度の厚さでガラスやプラスチックに塗布した薄い膜が有機ELである。

構造は，2枚の電極の層で有機化合物の発光層を挟みこんだ形になっている。

【有機 EL の材料】

有機 EL の発光層に使用される材料は，低分子系の有機化合物と高分子系の有機化合物に大別される。

低分子系の有機材料の一例としては，トリス（8- キノリノラト）アルミニウム錯体（Alq_3）がある。この材料は，電子輸送性や蛍光特性にも優れているため，頻繁に使用されている。

また，高分子系の有機材料の一例としては，ポリビニルカルバゾール（PVK）がある。

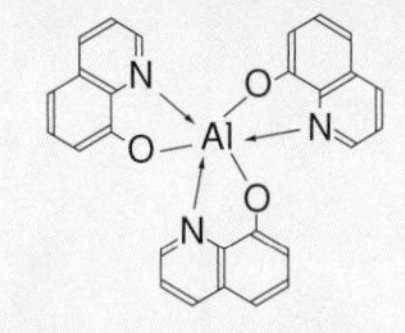

トリス（8-キノリノラト）アルミニウム錯体

$[-CH_2-CH-]_n$（N-カルバゾール基）

ポリビニルカルバゾール

【有機 EL の発光のしくみ】

有機ELの陽極と陰極に直流電圧を加えると，有機膜中には陽極から正孔（p.182）が，陰極から電子が送りこまれる。投入された正孔と電子は，有機 EL 分子を移動しながら発光層で再結合する。この再結合により有機分子内の電子状態が，基底状態（安定した状態）から励起状態（活性化されたエネルギー的に高い状態）になる。

しかし，この励起状態はとても不安定であるので，電子はもとの基底状態にもどろうとする。このときにエネルギーが放出され，それが光となって現れて発光が起こる。つまり，有機ELは電気を流すことにより，この発光状態を強制的に行わせているのである。

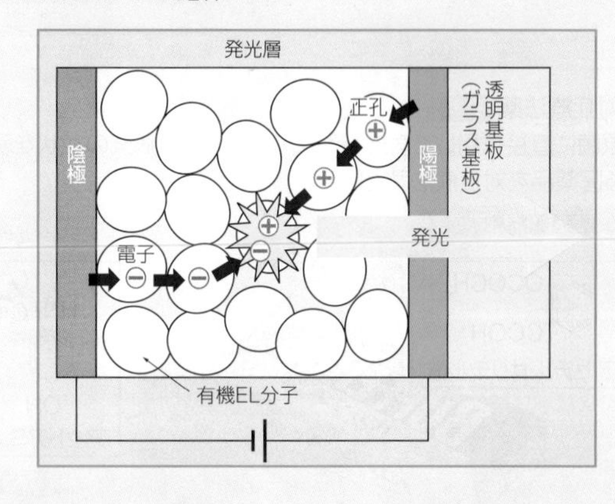

【有機 EL の利用】

有機ELは，スマートフォンやデジタルカメラの表示画面として使われており，次世代ディスプレイとして注目されている。

有機 EL は，自発光型なので，輝度が高く，コントラストがはっきりしている。また，視野角が広く，見る角度によって鮮明度が落ちることがなく，反応速度も速い。さらに，ディスプレイの厚みはほとんどないので，変形するような面でも画像が表示できる。プラスチックの基板を使うと，手で曲げられるほどの薄さのフレキシブルディスプレイもつくることができ，紙のような薄さのディスプレイの開発も進められている。

1993 年には有機ELの「白」が作られ，照明への可能性も広がった。有機ELは面光源の照明でやわらかい光をつくり出す。現在の発光効率は白熱灯より高く，蛍光灯よりは低いレベルである。

	ブラウン管	液晶	プラズマ	有機 EL
ディスプレイの種類	ブラウン管テレビ	ノートパソコン	プラズマテレビ	有機 EL テレビ
厚み	厚い	薄い	薄い	より薄い
重量	重い	軽い	軽い	より軽い
反応速度	速い	遅い	速い	速い
消費電力	大きい	小さい	大きい	小さい

15 薬品I 基 化

A 医薬品 medicine

医薬品は，ヒトや動物の病気の診断・治療・予防に用いられる化学物質である。

薬理作用と服用の注意

医薬品が生体に与える作用を薬理作用という。体内に吸収された医薬品は，生体組織の作用部位や細菌の細胞に到達し，細胞膜上の受容体(タンパク質の一種)と結合する。この結合により，特定の生体反応が抑制されたり，促進されたりする。受容体は，分子が特定の形をしていると結合がしやすくなる。そのため，似たような分子構造の医薬品どうしは同じような効き目を示す。

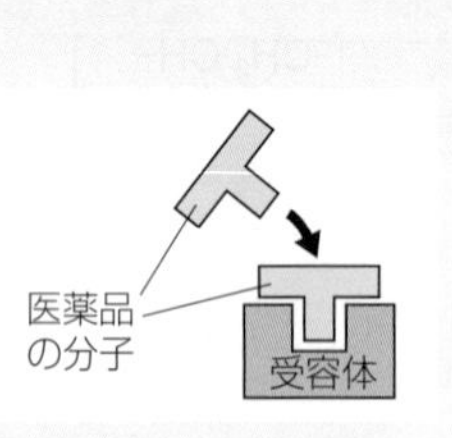

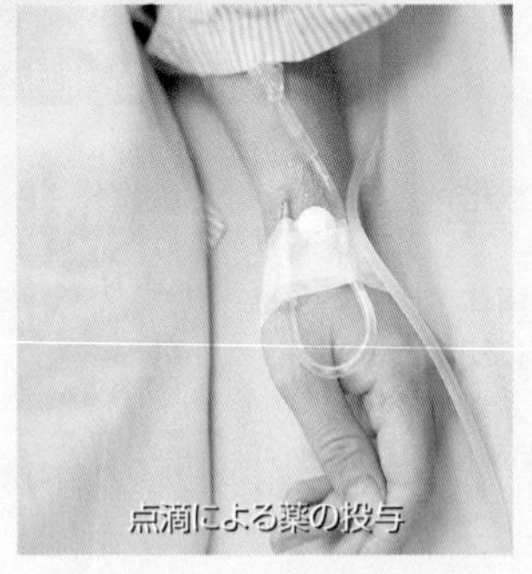
点滴による薬の投与

医薬品が効き目を示すためには，一定以上の濃度で，特定の場所に必要な時間とどまることができる量の服用が必要である。しかし，過剰に服用すると，副作用として中毒症状が現れ，ときには死に至ることもある。静脈注射や，身体の粘膜から吸収させる薬(舌下剤・座薬)は，経口投与よりも即効性がある。

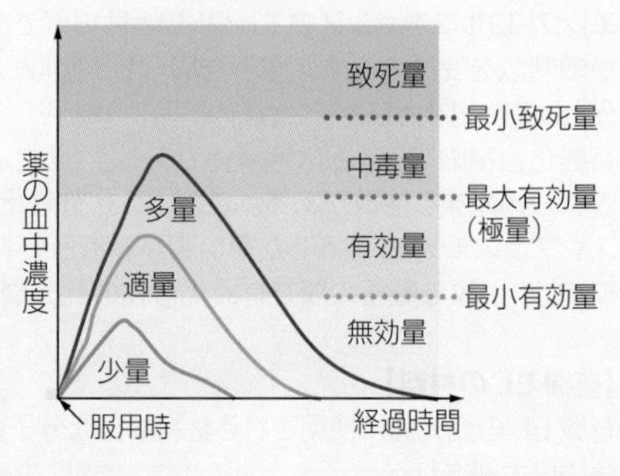

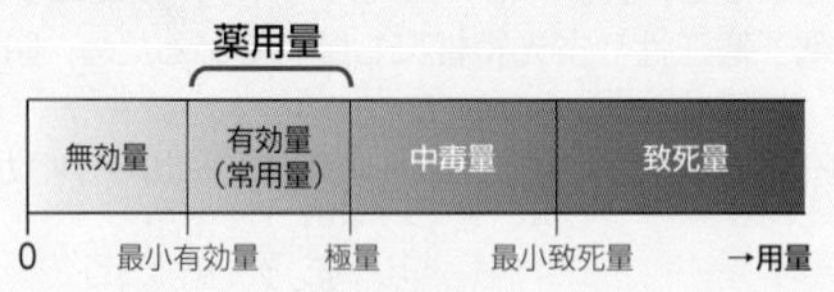

有効量：目的とする治療効果が期待できる量
極　量：危険なく使用できる最大限の量

対症療法薬 日常

病原菌に直接作用して病気を治すのではなく，病気の症状を緩和させ，自然治癒力で回復に向かわせる医薬品を対症療法薬という。

解熱鎮痛剤

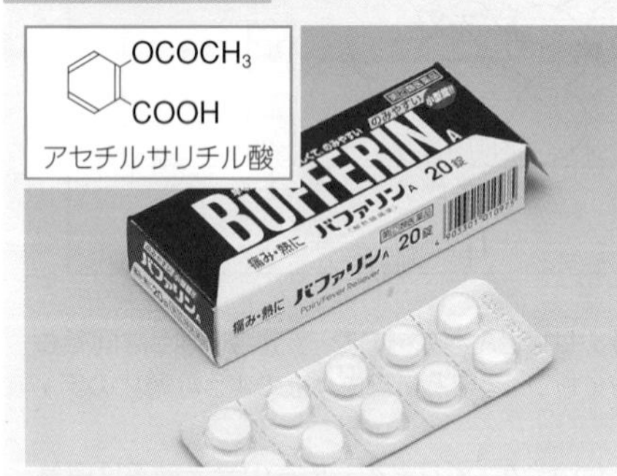

鎮痛作用があるサリチル酸(p.217)の誘導体であり，サリチル酸より副作用が弱い。

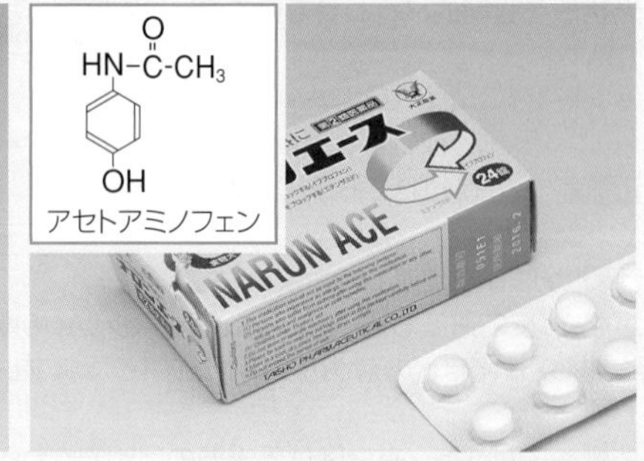

アセトアニリド(p.218)の誘導体であり，解熱鎮痛作用がある。

消炎外用薬

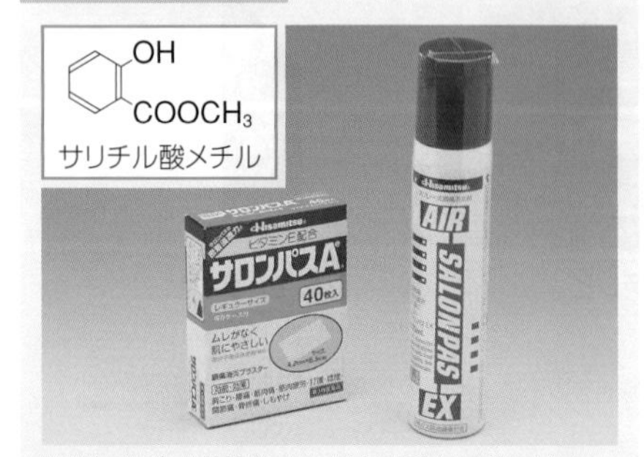

消炎・鎮痛作用があり，外用薬として使用される。

消化剤

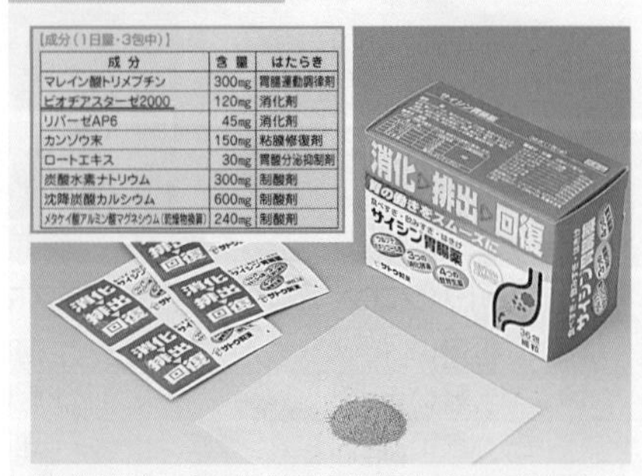

消化液中の酵素と同じ作用をもつ酵素を含み，消化を助け，消化不良などを改善する。

Column 薬の飲みあわせ 日常

血圧降下剤をグレープフルーツジュースで飲むと，突然死などの深刻な副作用が生じる恐れがある。これは，グレープフルーツに含まれる成分が，薬の分解を妨げることによって，薬が効きすぎて血圧が異常に下がってしまうためである。

また，ワルファリンという成分が含まれている抗凝固剤(血液が固まらないようにする薬)を納豆とともに摂取すると，納豆に含まれるビタミンKが抗凝固作用を妨げて血管がつまり，心筋梗塞などを発症する危険性がある。

他にも，「骨粗しょう症治療薬と牛乳」，「コーヒーと胃腸薬」，「炭酸飲料と鎮痛剤」などの組合せも，薬の効果を弱めたり，薬が効きすぎてしまう危険性がある。

A 推定埋蔵量は約2700億kLで，約50年分です。新たな油田が開発され続けているため，埋蔵量も年々増える傾向にあります。

制酸剤

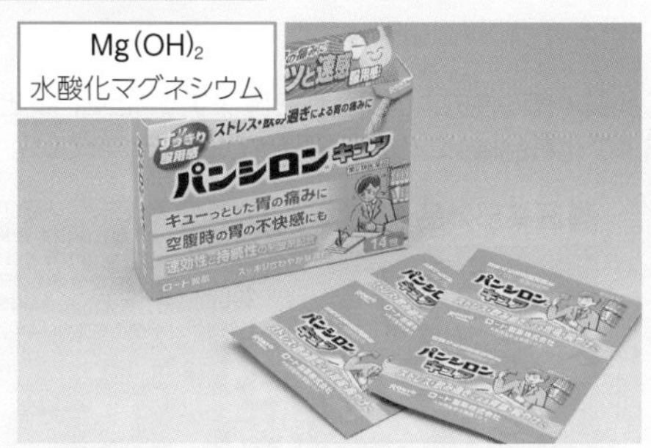

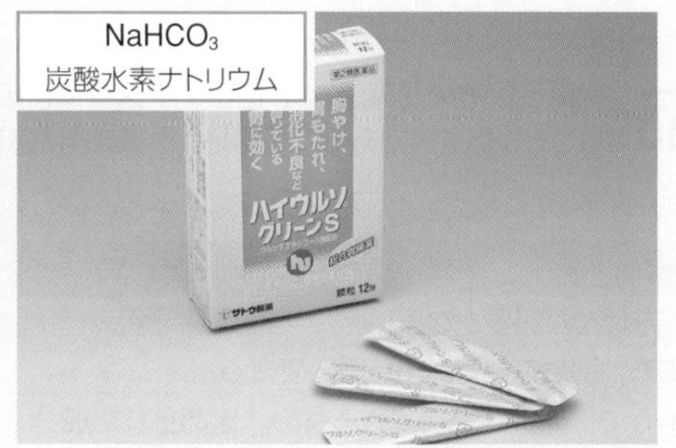

塩基性化合物により，過剰な胃酸を中和することで，胃壁への刺激を緩和し，胃痛や胃部不快感などを改善する。

吸入麻酔剤

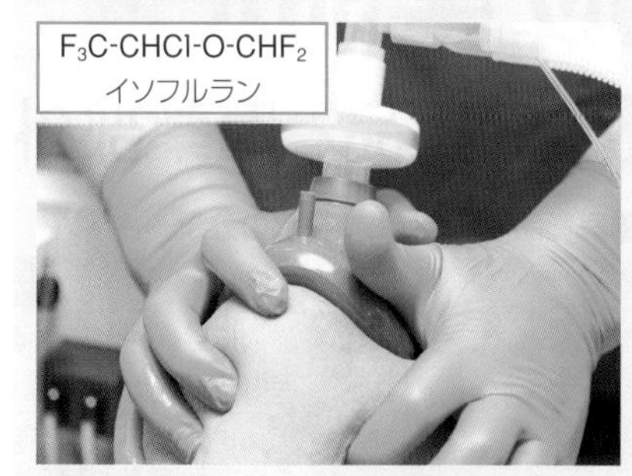

麻酔作用があり，手術を安全に行うために使用される。

化学療法薬 日常

病気の原因に化学的に直接作用するような医薬品を化学療法薬という。

抗生物質

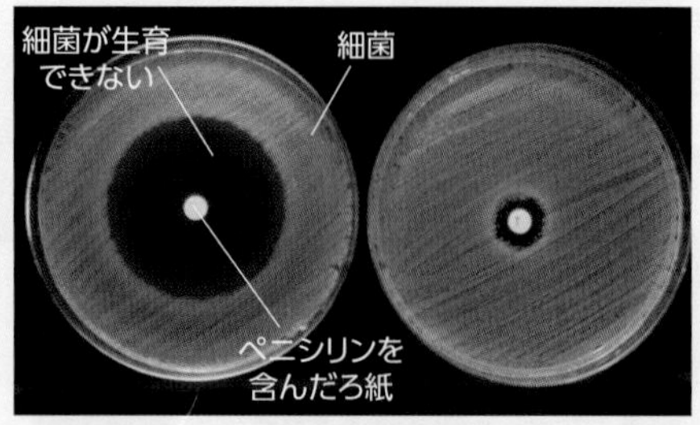

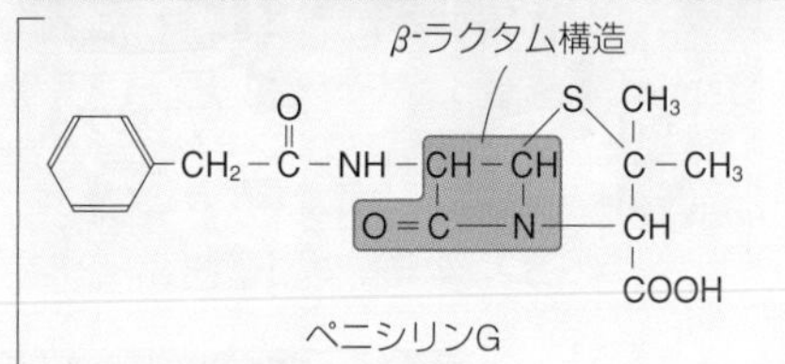

ペニシリンG

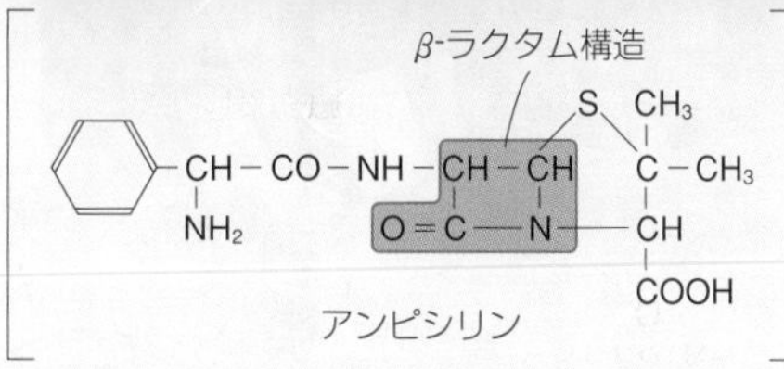

アンピシリン

ある種の微生物によって生産され，感染症の細菌の死滅や生育を阻止する物質を抗生物質という。抗生物質であるペニシリンは，アオカビから発見された。治療薬として効果が確認されたペニシリンGは，肺炎菌などの多くの感染症に用いられている。β-ラクタム構造部分が，抗菌活性をもつ。現在では，種々のものが合成されている。

抗がん剤

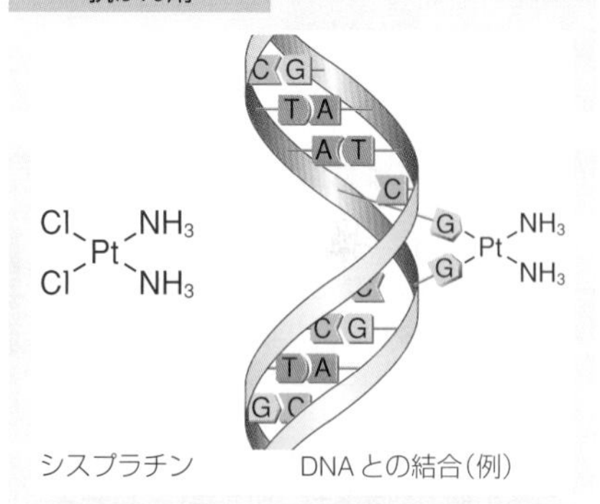

シスプラチン　　DNAとの結合(例)

がん細胞が増殖するのを阻害したり，細胞が成長するのを抑制したりするはたらきをする。シスプラチンはDNAに含まれるグアニンと結合しやすく，DNAが複製されるのを妨げる。一方，フルオロウラシルは，核酸(p.248)に含まれるウラシルによく似た物質であるため，核酸に組みこまれ，がん細胞の増殖を妨害する。

サルファ剤

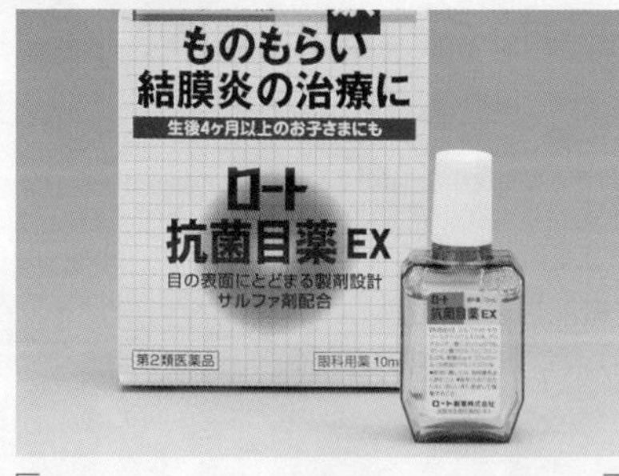

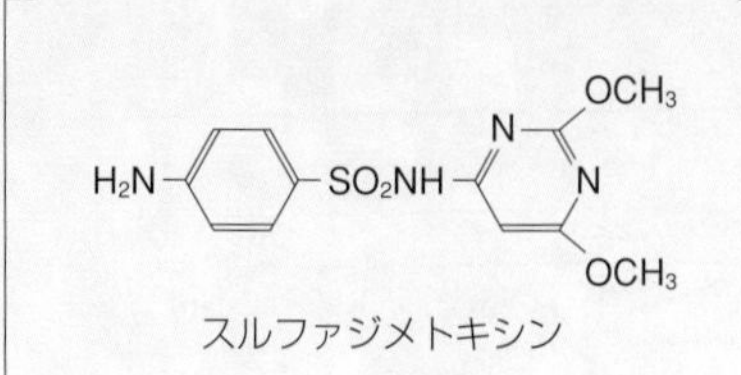

スルファジメトキシン

スルファニルアミドとその誘導体(サルファ剤)には抗菌作用がある。

Column 抗生物質と多剤耐性菌
antibiotics　multiple drug resistance bacteria

1929年，世界で初めて抗生物質が発見された。フレミング(イギリス，1881～1955)によってアオカビから単離された，ペニシリンという物質である。抗生物質は，微生物によってつくられ他の微生物の生育を阻害する物質である。この性質を利用すれば，細菌が増殖するのを抑制することができるため，様々な感染症の治療に役立っている。

この発見を契機として，様々な抗生物質が合成されるようになった。1950年頃には「結核の特効薬」とよばれる抗生物質ストレプトマイシンが開発され，広く治療に使われるようになり，世界中で結核による死亡率は激減した。

しかし，最近では突然変異によって抗生物質への耐性をもつ病原菌が出現し，問題となっている。このような菌を耐性菌といい，多くの種類の抗生物質に対して耐性を獲得した病原菌を，とくに多剤耐性菌とよぶ。今日では，MRSA(メチシリン耐性黄色ブドウ球菌)，MRAB(メチシリン耐性アシネトバクター菌)などの多剤耐性菌が，抗生物質を多用する大病院で時折発生し，患者から患者へ感染するなどして大きな問題となっている。

多剤耐性菌(アシネトバクター菌)

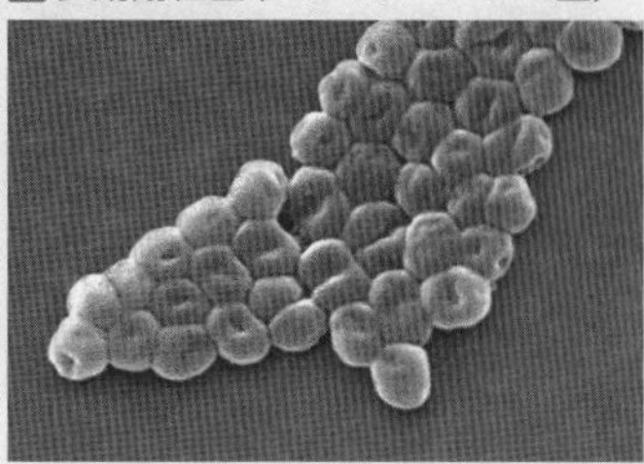

有機化合物

Q 化粧品に入っている指定成分のパラベンとは，どのような物質ですか?

16 薬品Ⅱ 基 化 日常

A 医薬品と医薬部外品

医薬品医療機器等法※は，医薬品や医療機器の品質・有効性および安全性を確保することを目的としてできた法律である。医薬品，医薬部外品および化粧品は，この法律に従って取り扱われている。

医薬品や効能をもつ製品の分類

分類		備考
医薬品	処方せん医薬品	購入には，医師による処方せんが必要となる。
	一般用医薬品	医師の処方せんがなくても，薬局などで自由に購入できる。
医薬部外品		人体に対する作用が穏やかで，効果が期待できるもの。定められた成分の表示が義務づけられている。
化粧品		身体の美化を目的としたもの。全成分の表示が義務づけられている。
保健機能食品	特定保健用食品	いろいろな成分の機能を表示できるが，消費者庁が商品の安全性や機能性を審査した上で，表示内容を許可する。
	栄養機能食品	あらかじめ定められたビタミン12種類・ミネラル5種類に限り，栄養成分の機能性を表示することができる。消費者庁への届け出は不要。
	機能性表示食品	企業の責任において，食品の機能性を表示する。消費者庁への届け出が必要であるが，消費者庁は安全性や機能性の審査を行わない。

医薬部外品

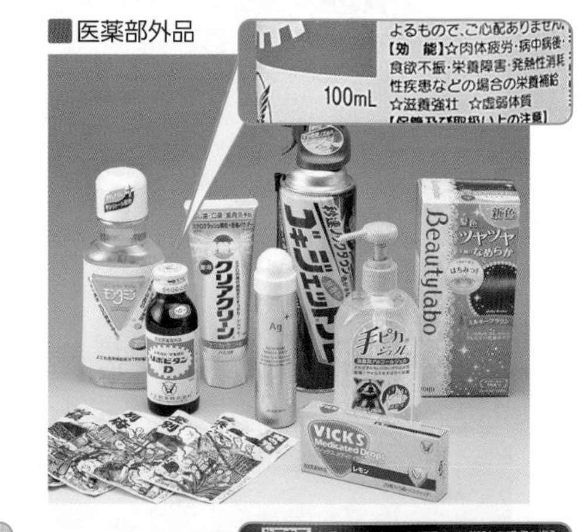

化粧品の肌への影響

化粧品は，化学的に合成された物質の集合体ともいえるため，「肌に悪いもの」と考える人も多い。しかし，化学物質のすべてが肌に悪いというわけではない。例えば，ファンデーションをはじめ多くの化粧品に含まれている酸化チタン(Ⅳ)は，白色の顔料であるが，肌を美しく見せるだけでなく，紫外線を吸収して肌を守るはたらきもある。

特定保健用食品

栄養機能食品

機能性表示食品

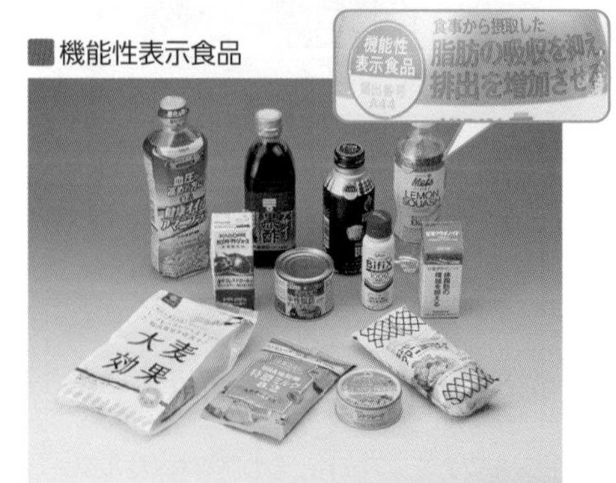

Column 法律と食品の効能表示

食品の効能表示は医薬品医療機器等法※によって規制されており，たとえ事実であっても，医薬品的な効能を表示した場合，その食品は「未承認の医薬品」とみなされ，法律違反となる。ただし，食品の中でも特定保健用食品(特保)や機能性表示食品は，ある程度の効能を表示することが認められており，「体に脂肪がつきにくい」と表示された商品などが販売されている。

一方，いわゆる一般食品で，「脂っこい食事にぴったり」などの抽象的な表示がされる商品がある。これは，身体の特定部位・組織に作用を及ぼすような表現が規制されているためである。

また，一般食品の広告で，「○○を1ヶ月食べ続けたら○○kgやせた!」のような表現を目にすることがある。このようなケースの場合，必ず「個人の感想であり，商品の効能を確約するものではありません」などの注釈が表示されている。

ダイエット食品とよばれる食品の広告の中には，「きれいをサポート」，「ダイエットケア」などの表示がされることがあるが，これは医薬品的な効能をうたっている訳ではないことに注意が必要である。

近年ではインターネット広告などでの誇大表示が問題となっており，2021年8月の法改正で，虚偽または誇大広告を行った事業者には課徴金が課されるようになった。

特定保健用食品と一般食品

※「医薬品，医療機器等の品質，有効性及び安全性の確保等に関する法律」。医薬品医療機器等法，薬機法などと略される。

Ⓐ パラオキシ安息香酸エステル類で，微生物の増殖を抑制します。パラベンより毒性が低くて有効な成分は発見されていません。

17 染料 基 化

A 天然染料 natural dye

天然の材料から得られる染料を天然染料といい，植物染料と動物染料に分けられる。
一方，おもに石油を原料に得られる染料を合成染料という。代表的な合成染料はアゾ染料(p.219)である。

	名称(色調)	原料と特性	主に含まれる色素
植物染料	藍(青)	タデアイの葉から得られる。葉を発酵させてインジゴを生成させ，建染めを行う。	インジゴ
植物染料	紅花(紅)	ベニバナの花弁から得られる。黄色素と赤色素がある。	カルタミン
植物染料	茜(赤)	アカネの根から得られる。あらかじめ金属塩水溶液を繊維に吸着させた後，染色する。	アリザリン
動物染料	コチニール(深紅)	サボテン類に寄生するエンジ虫の一種。雌の体から染料が得られる。(写真：サボテンに寄生している)	カルミン酸
動物染料	貝紫(紫)	レイシ貝などから抽出した物質を布にすりこみ，紫外線と酸素にさらすと色素が生成する。(写真：レイシ貝)	6, 6´-ジブロモインジゴ

Column 色の見え方

染料が特定の色をもつのは，その物質の中に，ある特定の光を吸収する構造があるからである。
太陽や蛍光灯からの光は白色光であり，すべての波長の可視光(人間に感じることのできる光)が含まれている。白色光が物質に当たると，特定の波長の光が物質に吸収され，吸収されなかった光は物質の表面で反射または透過する。したがって，私たちの目には，白色光から吸収された光を除いた色(補色)が見えることになる。
例えば，植物の葉にはクロロフィルという色素が含まれ，光の波長が 660nm 付近の赤色と 440nm 付近の青紫色の光を吸収している。このため，私たちの目にはその補色に当たる緑色の光が目に入る。光を吸収して色を示す物質を色素といい，とくに繊維と強く結合して容易には取れないような色素を染料とよぶ。

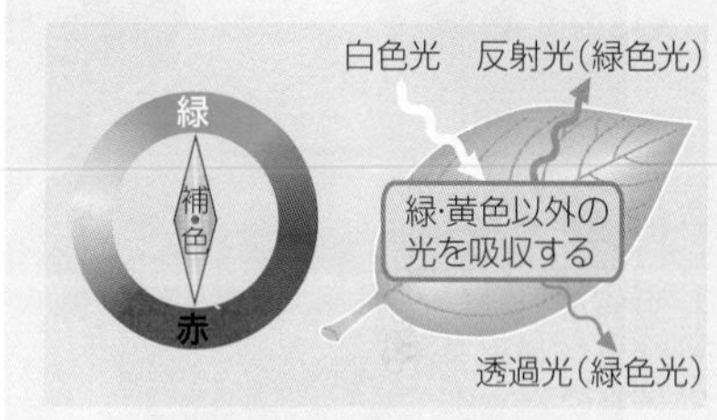

B 染色

化学結合または分子間力によって染料が繊維と結びつくことを染着という。

■インジゴで布を染める(建染め染料)

インジゴ液に NaOH 水溶液を加え，塩基性にする。

インジゴが還元されて，黄緑色になるまで加熱する。

木綿布を 20 分程度浸す。

空気中の酸素で酸化され，しだいに青くなる。

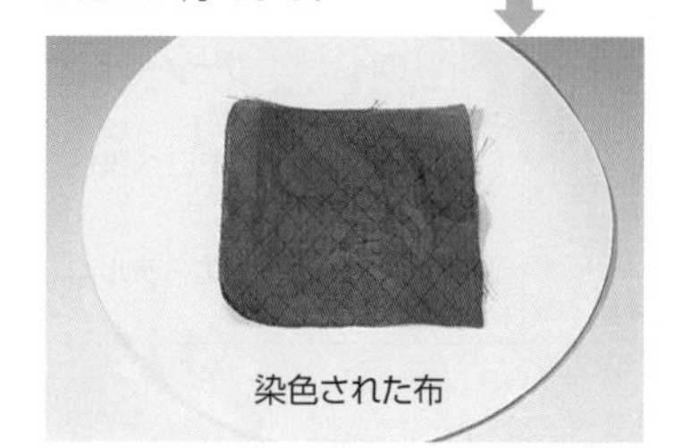
染色された布

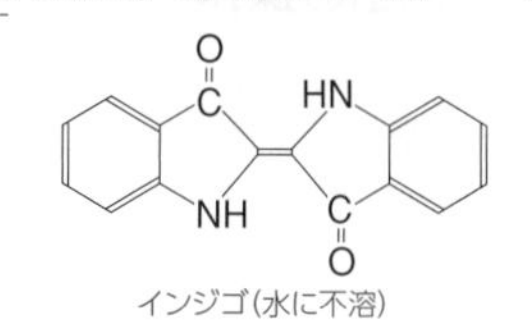
インジゴ(水に不溶) ⇄(還元／酸化) インジゴのロイコ体(水に可溶)

【建染め】水に不溶の染料を塩基性下で還元すると，水溶性となり，色が消える(ロイコ体)。この形で繊維に染着させ，空気中の酸素で酸化させると，再び水に不溶となり，発色する。

「健康食品」の定義は何ですか?

有機化合物の分離

1 有機化合物の溶解性

□ 水と有機溶媒への溶解性の違いを利用して，複数の有機化合物を分離することができる。
□ 有機化合物の分離に用いる有機溶媒には，比較的沸点が低く，蒸発させやすい物質が適している。
一般的には，ジエチルエーテル（沸点 34.5 ℃，密度 0.71 g/cm³）が用いられる。
□ 水に不溶な化合物でも，酸・塩基と反応して塩になると水に可溶となるものがある（2 酸・塩基による分離）。

水層：水に可溶

○ 低級アルコール（メタノール，エタノール）
○ 低級アルデヒド（ホルムアルデヒド，アセトアルデヒド）
○ 低級カルボン酸（ギ酸，酢酸）
○ アセトン
○ スルホン酸（ベンゼンスルホン酸）

エーテル層：水に不溶（ジエチルエーテルに可溶）			
希塩酸に可溶	水酸化ナトリウム水溶液に可溶		酸・塩基の水溶液に不溶
塩基性の化合物 ○ アミン（アニリン）	炭酸水素ナトリウム水溶液に可溶 **炭酸より酸性の強い化合物** ○ 芳香族カルボン酸（安息香酸，フタル酸） ○ 高級カルボン酸	炭酸水素ナトリウム水溶液に不溶 **炭酸より酸性の弱い化合物** ○ フェノール類（フェノール，クレゾール，ナフトール）	**中性の化合物** ○ 炭化水素（ヘキサン，ベンゼン，トルエン，キシレン，ナフタレン） ○ ニトロ化合物（ニトロベンゼン） ○ 高級アルコール
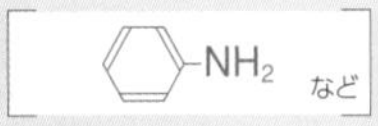 $C_6H_5-NH_2$ など	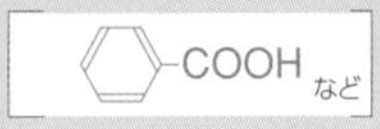 C_6H_5-COOH など	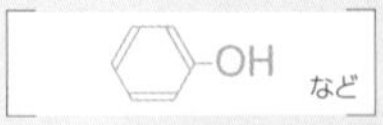 C_6H_5-OH など	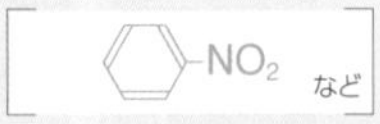 $C_6H_5-NO_2$ など

3 有機化合物の分離の例

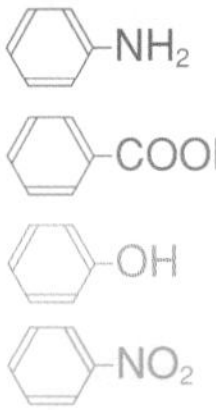

$C_6H_5-NH_2$ アニリン（塩基性物質）
C_6H_5-COOH 安息香酸（酸性物質）
C_6H_5-OH フェノール（酸性物質）
$C_6H_5-NO_2$ ニトロベンゼン（中性物質）

ジエチルエーテル溶液

1 希塩酸を加え，よく振る。

アニリンがアニリン塩酸塩になり，水層（下層）に移る。

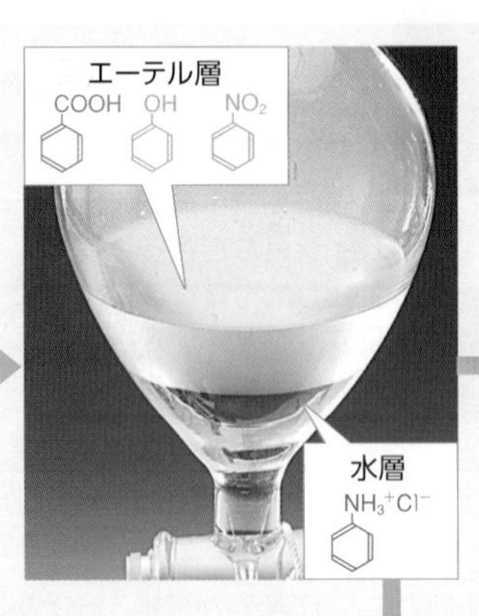

2 水層（下層）を流し出す。

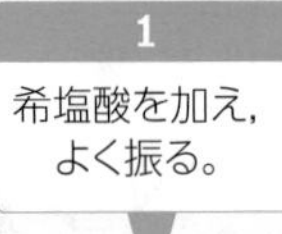
エーテル層のみ

3 炭酸水素ナトリウム水溶液を過剰に加え，よく振る*。

安息香酸が安息香酸ナトリウムになり，水層（下層）に移る。

＊3の操作の際，発生する二酸化炭素をこまめに逃がす（p.17）。

アニリン
水酸化ナトリウム水溶液を加え塩基性にすると，油状のアニリンが遊離する。

【確認】さらし粉水溶液を加えると赤紫色に呈色する。

Jump 抽出の操作 → p.17

目的の物質だけをよく溶かす溶媒を使って，混合物を分離する操作を抽出という。抽出には分液漏斗が用いられる。

Ⓐ「健康食品」について，法律上の定義はありません。一般的な食品のうち，「健康に良い」と称して売られている食品を指して使われています。

2 酸・塩基による分離

● 酸性の化合物と塩基性の化合物の分離

酸性(塩基性)の化合物に塩基(酸)を加えると塩ができる(p.71)。塩は水に溶けるので水層(下層)に移る。

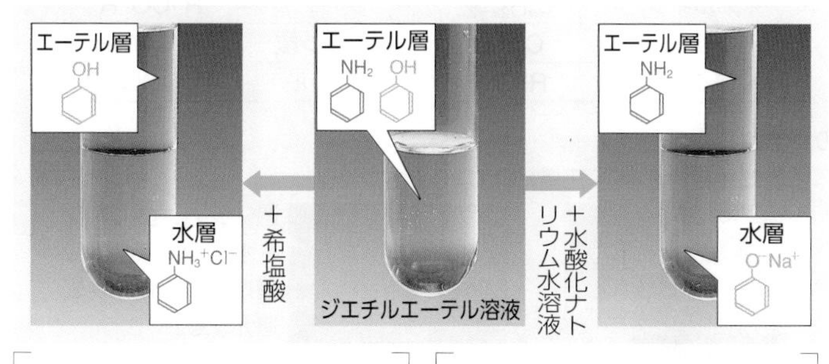

希塩酸を加えると，アニリンはアニリン塩酸塩となって水層(下層)に移る。

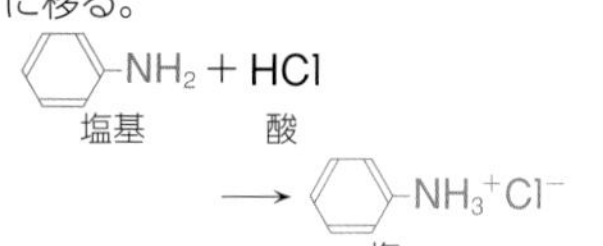

$C_6H_5-NH_2$ (塩基) ＋ HCl (酸) ⟶ $C_6H_5-NH_3^+Cl^-$ (塩)

水酸化ナトリウム水溶液を加えると，フェノールはナトリウムフェノキシドとなって水層(下層)に移る。

C_6H_5-OH (酸) ＋ $NaOH$ (塩基) ⟶ $C_6H_5-O^-Na^+$ (塩) ＋ H_2O

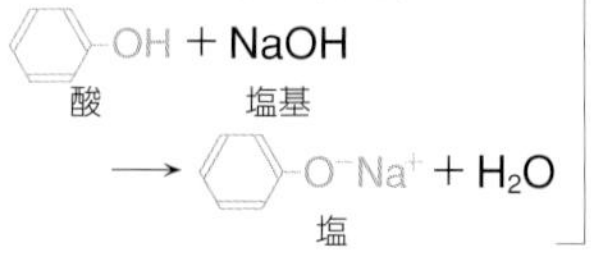

● 酸性の強さの違う化合物の分離

酸の混合物に弱酸の塩を加えると，強酸は塩をつくる(p.71)ため，水層(下層)に移る。

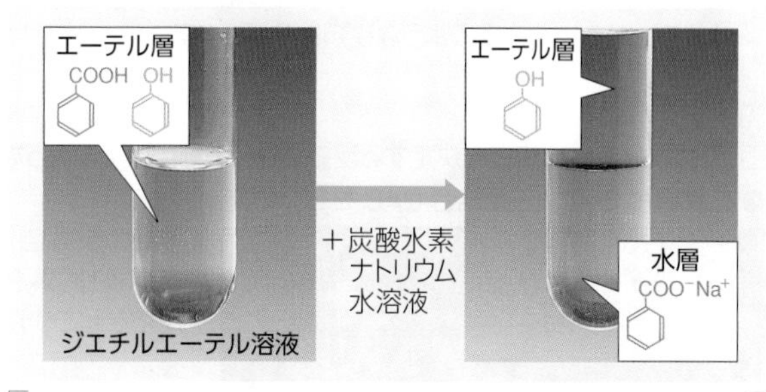

炭酸水素ナトリウム水溶液を加えると，安息香酸は安息香酸ナトリウムとなって水層(下層)に移る。

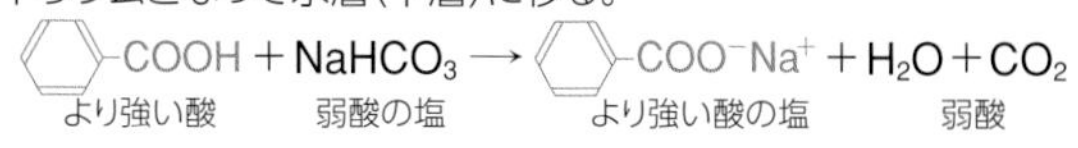

C_6H_5-COOH (より強い酸) ＋ $NaHCO_3$ (弱酸の塩) ⟶ $C_6H_5-COO^-Na^+$ (より強い酸の塩) ＋ H_2O ＋ CO_2 (弱酸)

フェノールの酸性は炭酸(CO_2の水溶液)より弱いので，反応は起こらない。

【酸の強さ】**強酸>カルボン酸>炭酸>フェノール類**

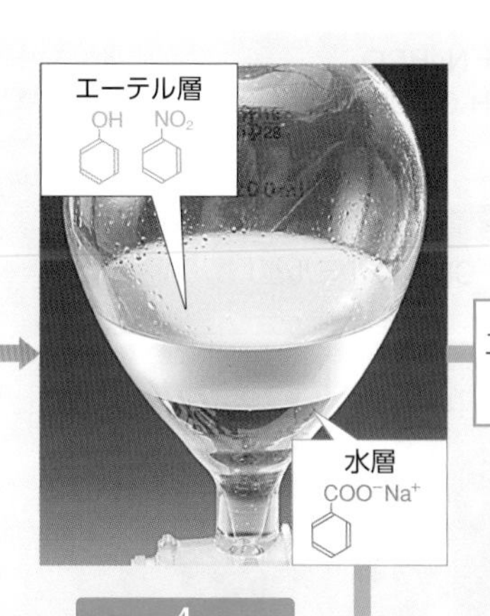

エーテル層のみ

5 水酸化ナトリウム水溶液を過剰に加え，よく振る。

フェノールがナトリウムフェノキシドになり，水層(下層)に移る。

エーテル層のみ

4 水層(下層)を流し出す。

6 水層(下層)を流し出す。

6 容器の栓をとり，エーテル層を出す。

希塩酸を加え，酸性にする。

安息香酸の白色結晶が生じる。

希塩酸を加えて酸性にすると，フェノールが生じ，白濁する。

【確認】塩化鉄(Ⅲ)水溶液を加えると，青紫色に呈色する。

ジエチルエーテルを蒸発させると，ニトロベンゼンが得られる。

【確認】ニトロベンゼンは，特有の臭気をもち，水に沈む。

有機化合物① ―脂肪族化合物―

1 脂肪族化合物とは…

- □ 炭素原子どうしが鎖状に結合した構造をもつ有機化合物を，脂肪族化合物という。
- □ 脂肪族化合物は，分子中の炭素原子間の結合や官能基の種類によって，おもに右の表のような種類に分類される。

名称	一般式	名称	一般式
アルカン	C_nH_{2n+2}	エーテル	R-O-R'
アルケン	C_nH_{2n}	アルデヒド	R-CHO
アルキン	C_nH_{2n-2}	ケトン	R-CO-R'
シクロアルカン	C_nH_{2n}	カルボン酸	R-COOH
アルコール	R-OH	エステル	R-COO-R'

2 検出反応

□ 脂肪族化合物の構造を決定する反応には，おもに以下のようなものがある。

●二重結合 C=C，三重結合 C≡C をもつ物質

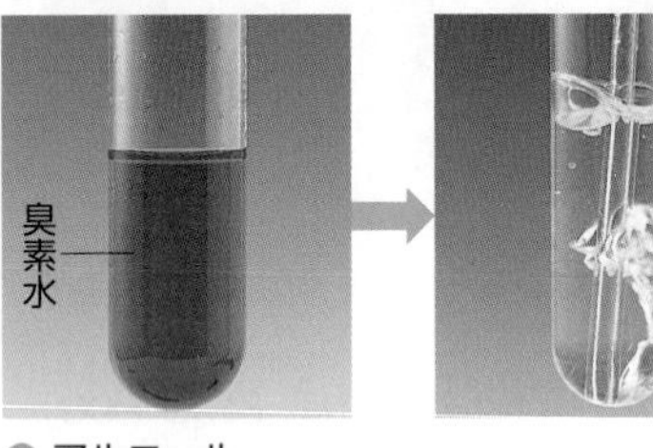

臭素水(赤褐色)を脱色する(臭素と付加反応を起こす)。

例：エチレン
$H_2C{=}CH_2 + Br_2 \longrightarrow CH_2Br{-}CH_2Br$

●二重結合 C=C，三重結合 C≡C をもつ物質

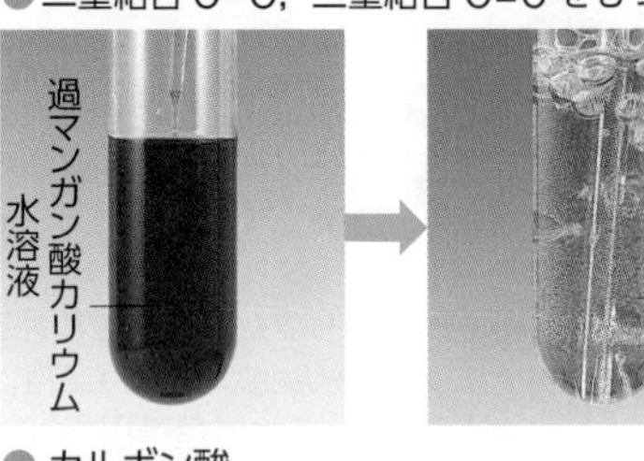

過マンガン酸カリウム水溶液，二クロム酸カリウム水溶液を還元する。

● アルコール

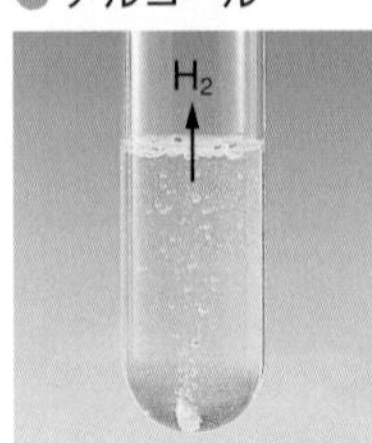

単体のナトリウムと反応し，水素を発生する(ナトリウムアルコキシドが生成する)。

例：メタノール
$2\,CH_3OH + 2\,Na \longrightarrow 2\,CH_3ONa + H_2\uparrow$
ナトリウムメトキシド

● カルボン酸

炭酸水素ナトリウム水溶液を加えると，二酸化炭素を発生する(弱酸の遊離)。
【酸の強さ】
強酸>カルボン酸>炭酸>フェノール類

例：酢酸
$CH_3COOH + NaHCO_3 \longrightarrow CH_3COONa + H_2O + CO_2\uparrow$

● その他

	ヨードホルム反応	銀鏡反応	フェーリング液の還元
反応する物質	CH_3CO- または $CH_3CH(OH)$- の構造をもつ	-CHO(ホルミル基)をもつ	-CHO(ホルミル基)をもつ
反応のようす	NaOH水溶液　I_2溶液　加温　CHI_3	アンモニア性硝酸銀水溶液　加温　Ag	フェーリング液　加熱　Cu_2O

3 おもな反応

□ 有機化合物に特有な反応には，おもに以下のようなものがある。

名称	反応例	原理
A 付加反応	$CH_2{=}CH_2 + H_2 \longrightarrow C_2H_6$ アルケン(またはアルキン)	分子中の二重結合・三重結合が切れて，炭素原子に水素原子などが結合する。
B 置換反応	$CH_4 + Cl_2 \longrightarrow CH_3Cl + HCl$	分子中の原子や原子団が，別の原子や原子団に置き換わる。
C 縮合	$C_2H_5{-}OH + C_2H_5{-}OH \longrightarrow C_2H_5{-}O{-}C_2H_5 + H_2O$	2つの分子から水などの簡単な分子がとれて結合する。
エステル化	$C_2H_5{-}OH + CH_3COOH \longrightarrow CH_3{-}COO{-}C_2H_5 + H_2O$ アルコール　カルボン酸　エステル　水	Cの例。アルコールとカルボン酸から水分子がとれて結合する。
D 加水分解	$CH_3{-}COO{-}C_2H_5 + H_2O \longrightarrow C_2H_5{-}OH + CH_3COOH$ エステル　水　アルコール　カルボン酸	エステル化の逆反応。強塩基によるエステルの加水分解を，**けん化**という。

その他，E 酸化，F 還元，G 中和など。

4 おもな脂肪族化合物の反応系統図

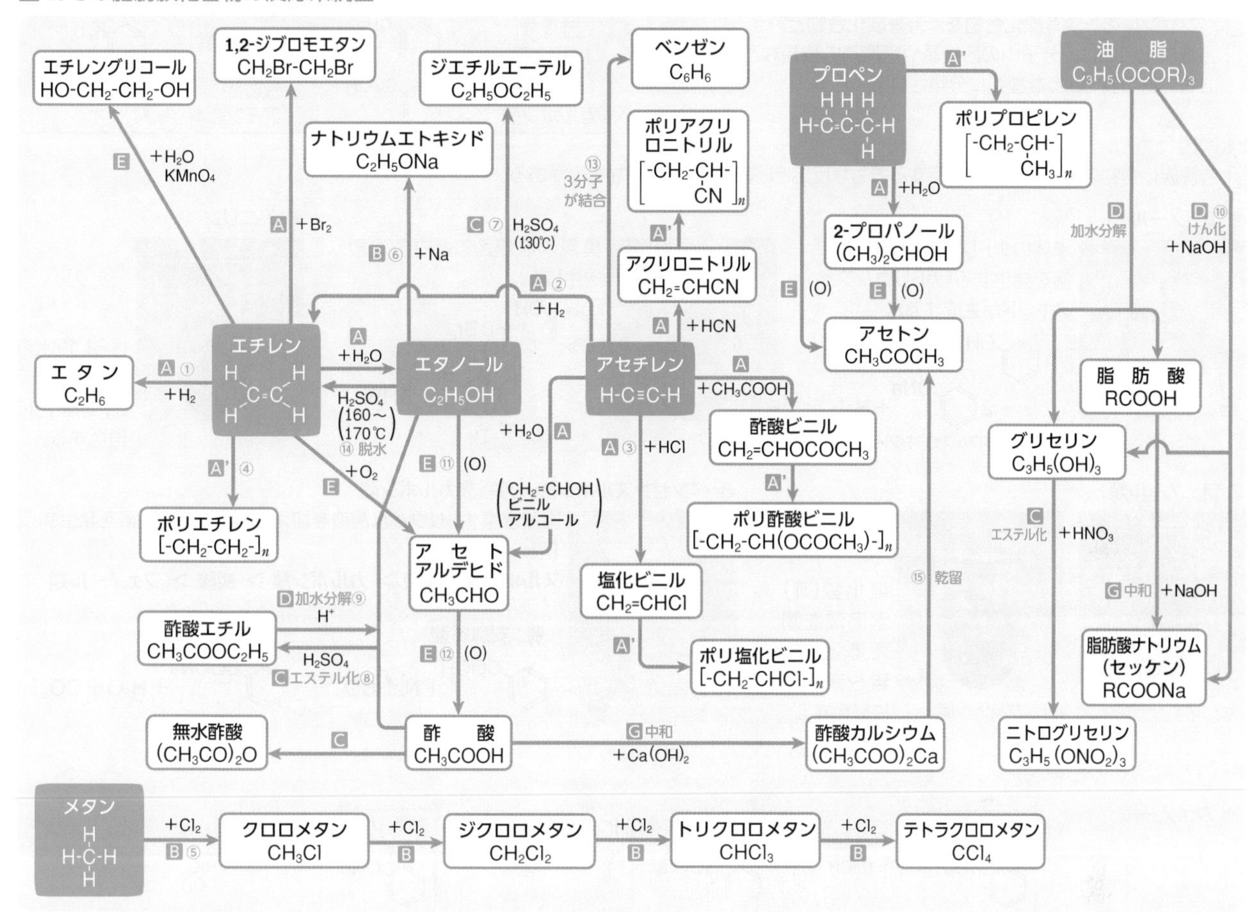

● おもな反応の化学反応式

反応の種類	番号	反応式	反応条件・触媒
A 付加反応	①	$CH_2=CH_2 + H_2 \longrightarrow CH_3-CH_3$	白金やニッケルを触媒とする。
	②	$CH\equiv CH + H_2 \longrightarrow CH_2=CH_2$	白金やニッケルを触媒とする。
	③	$CH\equiv CH + HCl \longrightarrow CH_2=CHCl$	触媒を用いる。
A' 付加重合	④	$n\,CH_2=CH_2 \longrightarrow [-CH_2-CH_2-]_n$	
B 置換反応	⑤	$CH_4 + Cl_2 \longrightarrow CH_3Cl + HCl$	光を当てると進行する。
	⑥	$2C_2H_5-OH + 2Na \longrightarrow 2C_2H_5-ONa + H_2\uparrow$	
C 縮合	⑦	$2C_2H_5-OH \longrightarrow C_2H_5-O-C_2H_5 + H_2O$	濃硫酸と混合して130℃程度に加熱する。
エステル化	⑧	$C_2H_5-OH + CH_3-COOH \longrightarrow CH_3-COO-C_2H_5 + H_2O$	濃硫酸を加えて加熱する。
D 加水分解	⑨	$CH_3-COO-C_2H_5 + H_2O \longrightarrow C_2H_5-OH + CH_3-COOH$	希塩酸や希硫酸を加えて加熱する。
けん化	⑩	$C_3H_5(OCOR)_3 + 3NaOH \longrightarrow 3R-COONa + C_3H_5(OH)_3$	油脂に強塩基を加えて加熱する。
E 酸化	⑪	$C_2H_5-OH + (O) \longrightarrow CH_3-CHO + H_2O$	硫酸酸性のニクロム酸カリウム水溶液を加える。
	⑫	$CH_3-CHO + (O) \longrightarrow CH_3-COOH$	硫酸酸性のニクロム酸カリウム水溶液を加える。
その他	⑬	$3CH\equiv CH \longrightarrow C_6H_6$	鉄を触媒として，高温で加熱する。
	⑭	$C_2H_5-OH \longrightarrow CH_2=CH_2 + H_2O$	濃硫酸と混合して160～170℃に加熱する。
	⑮	$(CH_3COO)_2Ca \longrightarrow CH_3-CO-CH_3 + CaCO_3$	空気を断って熱分解(乾留)する。

有機化合物② ー芳香族化合物ー

1 芳香族化合物とは…

- □ ベンゼン環をもつ有機化合物を，芳香族化合物という。
- □ 芳香族化合物は，分子中の置換基や官能基の種類などによって，おもに右の表のような種類に分類される。

名称	物質の例	名称	物質の例
芳香族炭化水素	C_6H_5-CH_3	フェノール類	C_6H_5-OH
芳香族カルボン酸	C_6H_5-COOH	芳香族アミン	C_6H_5-NH_2

2 検出反応

- □ 芳香族化合物の種類・構造を決定するおもな反応として，以下のようなものがある。

● フェノール

単体のナトリウムと反応し，水素を発生する（ナトリウムフェノキシドが生成する）。

$$2\,C_6H_5OH + 2\,Na \longrightarrow 2\,C_6H_5ONa + H_2\uparrow$$

ナトリウムフェノキシド

臭素水を加えると白色沈殿を生じる。

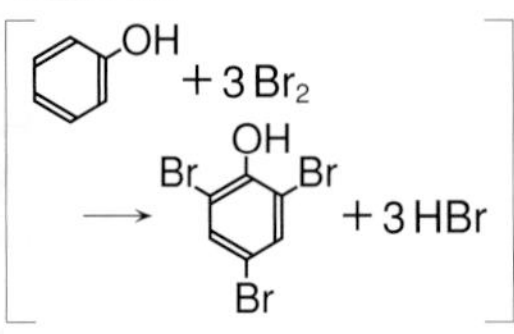

● アニリン

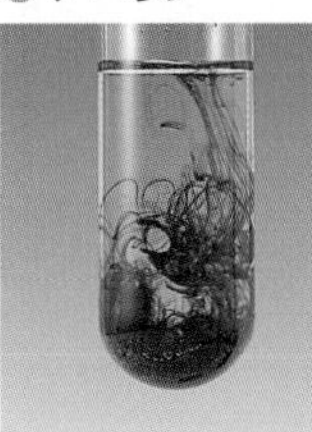

さらし粉水溶液を加えると，赤紫色に呈色する。

● フェノール類

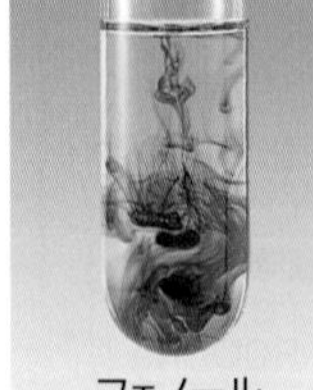

塩化鉄(Ⅲ)水溶液を加えると，青紫～赤紫色に呈色する。

● ベンゼンスルホン酸・芳香族カルボン酸

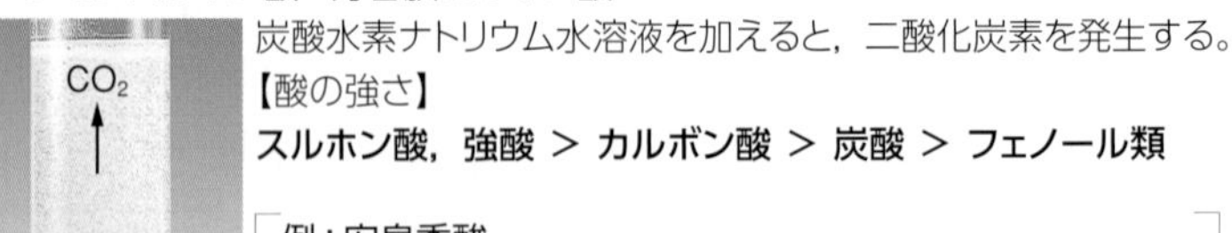

炭酸水素ナトリウム水溶液を加えると，二酸化炭素を発生する。

【酸の強さ】

スルホン酸，強酸 ＞ カルボン酸 ＞ 炭酸 ＞ フェノール類

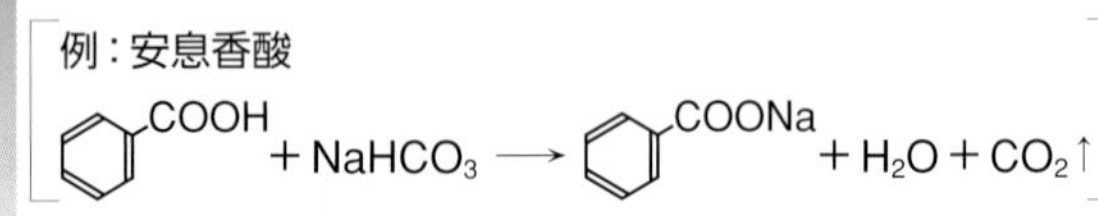

例：安息香酸

$$C_6H_5COOH + NaHCO_3 \longrightarrow C_6H_5COONa + H_2O + CO_2\uparrow$$

3 おもな物質の合成経路

● フェノール

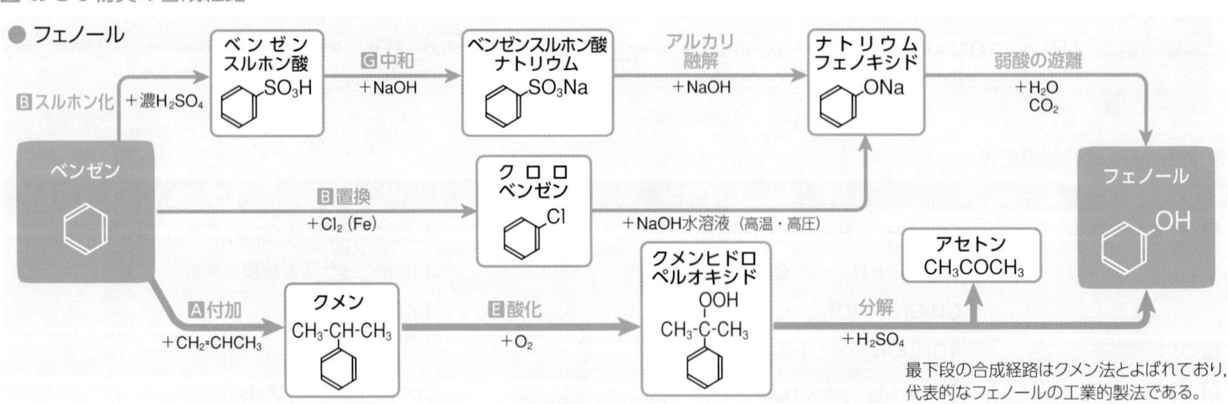

最下段の合成経路はクメン法とよばれており，代表的なフェノールの工業的製法である。

● アニリンとその誘導体

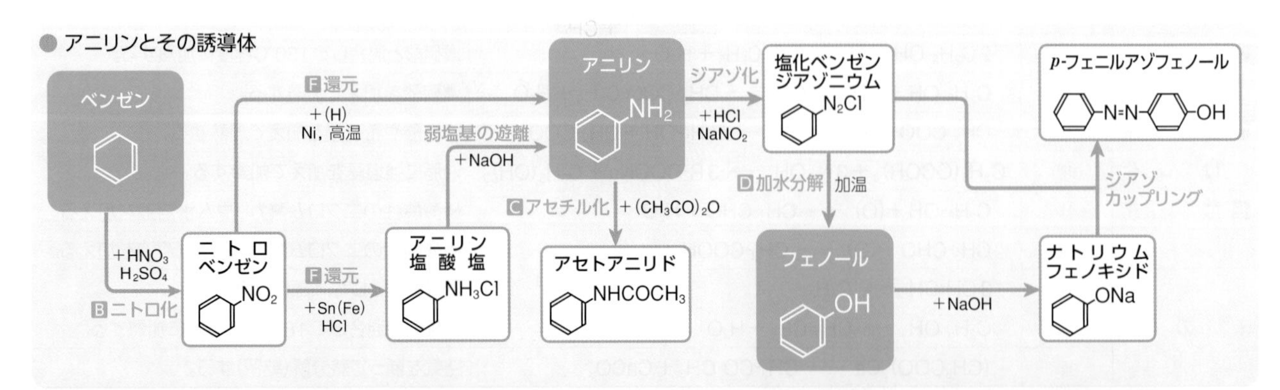

4 おもな物質の反応系統図

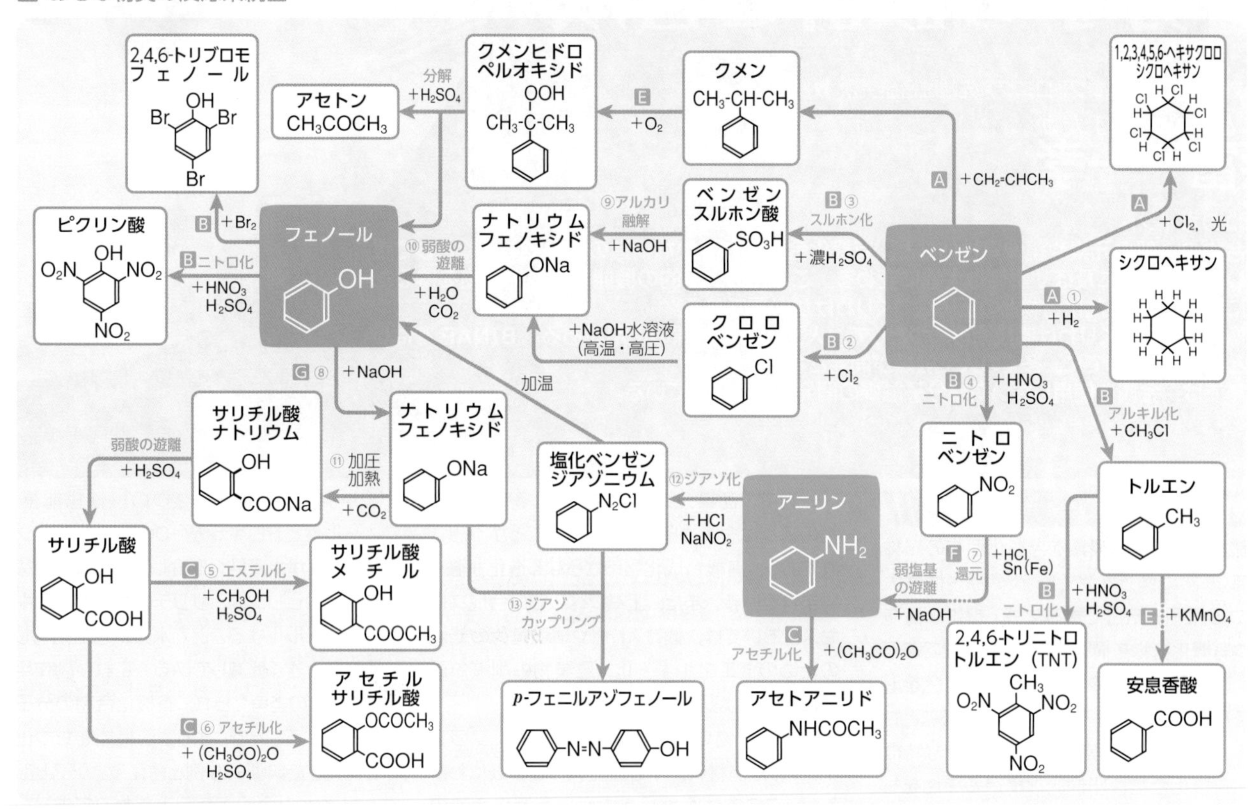

● おもな反応の化学反応式

反応の種類	番号	反応式	反応条件・触媒
A 付加反応	①	$C_6H_6 + 3H_2 \longrightarrow C_6H_{12}$	白金やニッケルを触媒として，高圧で反応させる。
B 置換反応	②	$C_6H_6 + Cl_2 \longrightarrow C_6H_5Cl + HCl$	鉄粉または塩化鉄(Ⅲ)無水物を触媒とする。
スルホン化	③	$C_6H_6 + H_2SO_4 \longrightarrow C_6H_5SO_3H + H_2O$	加熱する。
ニトロ化	④	$C_6H_6 + HNO_3 \longrightarrow C_6H_5NO_2 + H_2O$	濃硫酸と濃硝酸の混合物を加えて加熱する。
C エステル化	⑤	$C_6H_4(OH)COOH + CH_3OH \longrightarrow C_6H_4(OH)COOCH_3 + H_2O$	濃硫酸を加えて加熱する。
アセチル化	⑥	$C_6H_4(OH)COOH + (CH_3CO)_2O \longrightarrow C_6H_4(OCOCH_3)COOH + CH_3COOH$	濃硫酸を加えて加熱する。
F 還元	⑦	$2C_6H_5NO_2 + 3Sn + 14HCl \longrightarrow 2C_6H_5NH_3Cl + 3SnCl_4 + 4H_2O$	
G 中和	⑧	$C_6H_5OH + NaOH \longrightarrow C_6H_5ONa + H_2O$	
その他	⑨	$C_6H_5SO_3H + 3NaOH \longrightarrow C_6H_5ONa + Na_2SO_3 + 2H_2O$	高温にして融解状態で反応させる。
	⑩	$C_6H_5ONa + H_2O + CO_2 \longrightarrow C_6H_5OH + NaHCO_3$	
	⑪	$C_6H_5ONa + CO_2 \longrightarrow C_6H_4(OH)COONa$	高温・高圧で反応させる。
	⑫	$C_6H_5NH_2 + NaNO_2 + 2HCl \longrightarrow C_6H_5N_2Cl + NaCl + 2H_2O$	アニリンを冷やしながら反応させる。
	⑬	$C_6H_5N_2Cl + C_6H_5ONa \longrightarrow C_6H_5{-}N{=}N{-}C_6H_4{-}OH + NaCl$	

有機化合物

特集 化学で考える

▶ 有機合成化学の実験イメージ

3 分子の設計と合成

豊橋技術科学大学 エレクトロニクス先端融合研究所 教授
しばとみ かずたか
柴富 一孝

■ 3つのポイント
①化合物の一部の元素や鏡像異性体など，有機化合物のわずかな構造の違いでも，薬として服用した際に人体に及ぼす影響は大幅に変わる。このため，目的の機能をもつ化合物を得るためには，こういった化合物との正確なつくりわけが必要である。
②鏡像異性体をつくりわける技術の一つとして，人工の不斉触媒の使用がある。BINAPをはじめとして，これまでに，多くの人工触媒が開発されてきている。
③近年では，金属を使用しない有機分子触媒の開発も進められている。

有機化合物の特徴

有機化合物とは，炭素を含む化合物の総称である(一部の例外を除く)。炭素原子は最大で4つの原子と結合できるため，複雑な構造をもつ有機化合物を構築することが可能である。また，炭素原子は他の原子と強固な結合を形成するため，巨大な分子構造を形成することもできる。このような炭素原子のユニークな特徴から，有機化合物は圧倒的な構造多様性をもつ。“有機”の語源は“生き物(臓器)”にあり，生命は有機化合物の構造多様性を利用してタンパク質(p.244)やDNA(p.248)のような複雑な分子をつくり出し，きわめて精密な生体機能を実現している。

有機化合物の構造とその機能は密接に関連しており，構造の一部が変化するだけで機能が大きく変化することも多い。このため特定の機能をもつ有機化合物をつくりだすには，原子を自由自在に結合させる技術が必要である。

■ DNAの構造

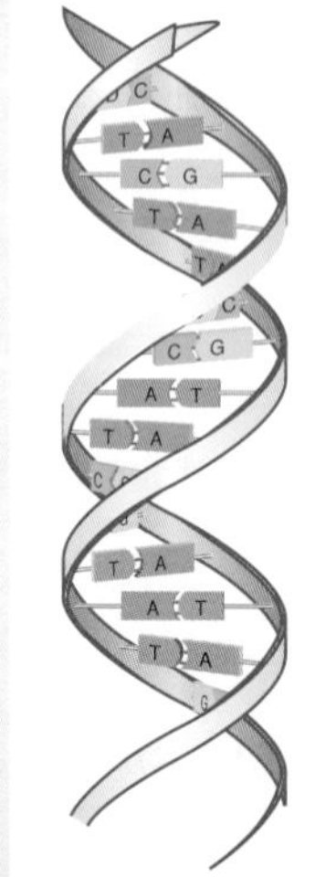

原子団どうしを結合させて目的とする有機化合物をつくりだすのが，有機合成化学である。有機合成化学の進歩は目覚ましく，多くの研究者がノーベル化学賞(p.320)を受賞している。

一方で，産業分野で必要とされる有機化合物の構造は今後さらに複雑化することが予想されており，有機合成化学のさらなる進化が強く望まれている。また，工業レベルでの合成プロセスにおいては，低コスト化や環境負荷の低減のための低エネルギー化，廃棄物の削減も重要な課題となる。

有機化合物の用途は医薬品，農薬，プラスチック，液晶材料，半導体材料など多岐にわたるが，ここでは医薬品を中心に有機化合物の利用例を紹介する。

人類最古の合成医薬品

ヤナギの樹皮に鎮痛作用があることは古くから知られており，古代ギリシャの時代から利用されていたと言われている。19世紀にはこの薬効成分がサリチル酸(p.217)であることが特定された。しかし，サリチル酸は服用すると喉や胃を痛めるといった副作用があった。そこで，サリチル酸の構造を部分的に変化させた副作用の少ない鎮痛剤として，1899年ドイツのバイエル社によってアスピリン(アセチルサリチル酸，p.217)が開発された。サリチル酸は分子内に隣接する2つの酸性官能基(フェノール性ヒドロキシ基 –OH とカルボキシル基 –COOH)が水素結合を介して酸性度を高めている。アスピリンは，サリチル酸のヒドロキシ基をアセチル化することで水素結合を阻害して酸性度を大きく低減している。これが副作用を軽減したものと考えられ，有機化合物の分子構造を調整することで，よりよい機能をもつ化合物を発見した典型的な例と言える。アスピリンは人類最古の合成医薬品と言われており，現在でも解熱剤，鎮痛剤として広く市販されている。

■アセチルサリチル酸の構造

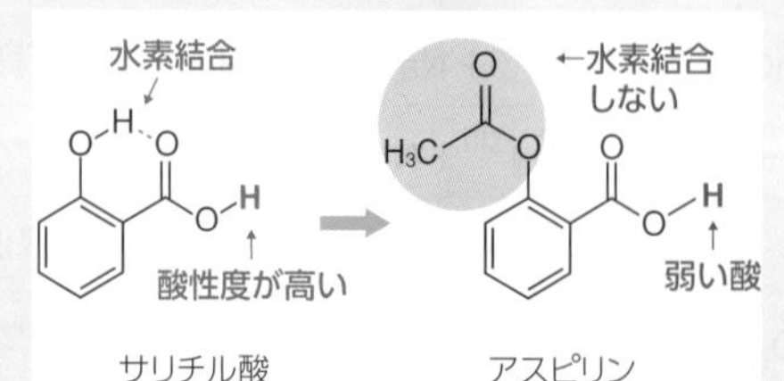

史上初の重水素化医薬品

重水素 D($^2_1$H)は水素 H($^1_1$H)の安定同位体であり，水素原子との違いは原子核に中性子を1つもつことのみである。自然界での水素に対する重水素の存在比は約0.02%と小さいが，地球上には水素が大量に存在するため比較的入手容易である。2017年に米国食品医薬局(FDA)は，難病として知られるハンチントン病の症状緩和薬としてデューテトラベナジンを認可した。これは史上初の重水素を含む医薬品となった。

■デューテトラベナジンの構造

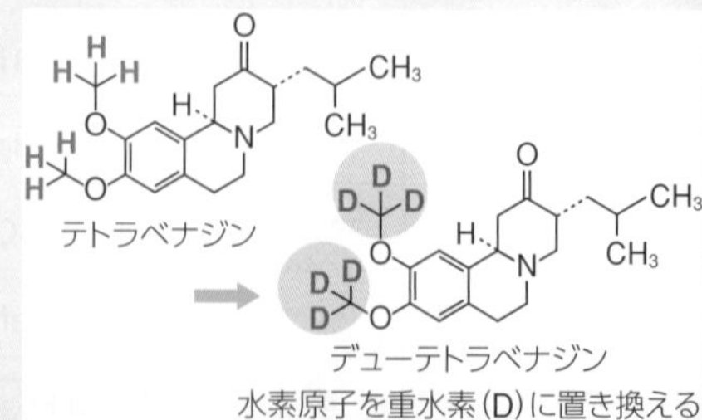

一般的に，有機化合物中の水素原子を重水素に置き換えても元の化合物とほぼ同等の化学的性質をもつことが知られている。一方で，C−D 結合は C−H 結合に比べてやや安定で結合が切断されにくいという特徴がある。医薬品の多くは肝臓で分解されて徐々に効果を失っていくが，この際に C−D 結合をもつ医薬品は通常の医薬品に比べて分解が遅いため，体内で効果が長く持続する。薬の使用量を低減できるほか，副作用の軽減にもつながると期待できる。実際にデューテトラベナジンはテトラベナジンの6個の水素原子を重水素原子に置き換えることで持続時間の延長，副作用の軽減に成功している。分子中の中性子の数が若干増加するだけで薬効が向上する興味深い例である。

重水素は 1931 年にアメリカの化学者ハロルド・ユーリーによって発見された。ユーリーはこの功績によりノーベル化学賞を受賞している。以来，重水素は原子力技術，有機化合物の構造解析，生物学での化合物の追跡技術などに広く用いられてきた。近年，ついに初の重水素化医薬品が認可されたことをうけ，重水素化医薬品の開発が飛躍的に進歩する可能性がある。

鏡写しの異性体

右手と左手のように鏡写しの関係にあって，互いに重なり合わない化合物を鏡像異性体という（◐ *p.197*）。ある化合物とその鏡像異性体は原子の結合順序が全く同じであるにも関わらず，往々にしてそれらの生物学的な機能が異なる。

例えばアスパルテームは砂糖の約 200 倍の甘みがある合成甘味料であるが，アスパルテームの鏡像異性体は全く甘みがない。うま味調味料として汎用されているグルタミン酸ナトリウムについても鏡像異性体にはうま味がない。また，パーキンソン病の治療薬であるレボドパの鏡像異性体は強い副作用を示すことが知られている。このように，目的の機能を得るためには鏡像異性体を正確につくりわける必要がある。

鏡像異性体をつくりわける合成法

われわれの生体内では酵素を使って必要とする鏡像異性体を選択的につくりだししている。分子の鏡像異性体を発見した 19 世紀の天才化学者ルイ・パスツールは鏡像異性体のつくりわけ（不斉合成）は生物にしかできないと述べており，当時は人工的なつくりわけは不可能だと考えられていた。しかしながら現在では，人工的に合成した不斉触媒を用いることで片方の鏡像異性体を選択的に合成することが可能である。この手法を用いれば不要な鏡像異性体を副生しないため，目的物の収率が大幅に向上する，化合物の精製が容易である，廃棄物の量を低減できるなどの大きなメリットがある。

野依良治，高谷秀正らによって開発された不斉配位子 BINAP は，ルテニウム Ru やロジウム Rh などの金属と組み合わせることによって不斉触媒として機能する。この触媒を用いることで，片方の鏡像異性体を選択的につくりわけることが可能になった。野依博士はこの功績により 2001 年にノーベル化学賞を受賞した（◐ *p.320*）。高砂香料工業は Rh-BINAP 触媒を用いたメントール（香料）の不斉合成を工業化することに成功し，現在でも大量のメントールを国内外に供給している。

有機分子触媒の台頭

1980 年～ 2000 年に開発された触媒の多くは有機化合物である不斉配位子と金属錯体を組み合わせたものであった。一方で近年，金属を用いずに有機化合物そのものを触媒とする不斉合成が注目されている。2000 年にアメリカの 2 つの研究グループが比較的単純な構造を持つ第 2 級アミンが不斉触媒として機能することを報告した。これらの報告を受け，不斉触媒として機能する有機分子触媒を利用した不斉合成研究が世界中で進展することになった。

触媒に用いられる Ru，Rh などの遷移金属は希少かつ高価であり，将来的には枯渇も懸念される。これに対して有機分子触媒は一般的に安価かつ入手容易であり，コストや資源循環の観点から有機分子触媒の活用が期待されている。ただし，金属触媒でしか実現できない分子変換反応も数多くあるため，金属触媒と有機分子触媒の双方を活用する必要がある。

有機分子触媒を利用した医薬品原料の合成は近年精力的に研究されている。例えば最近，第 2 級アミンを有機分子触媒としたインフルエンザ治療薬タミフルの合成法が報告された。この手法では，単純な構造の原料を用いてわずか1時間でタミフルを合成することができる。

TRY !

- 他にも鏡像異性体間で機能が違う物質が多くある。どのような物質があるか調べてみよう。
- 工業的な分子の合成において，コストの低い原料，触媒を使用することは経済的にきわめて重要である。これまで学習した有機物質について，p.230~p.231 を参考に，自分ならどのように合成するか考えをまとめて，発表してみよう。

■鏡像異性体の選択的な合成（メンソール）

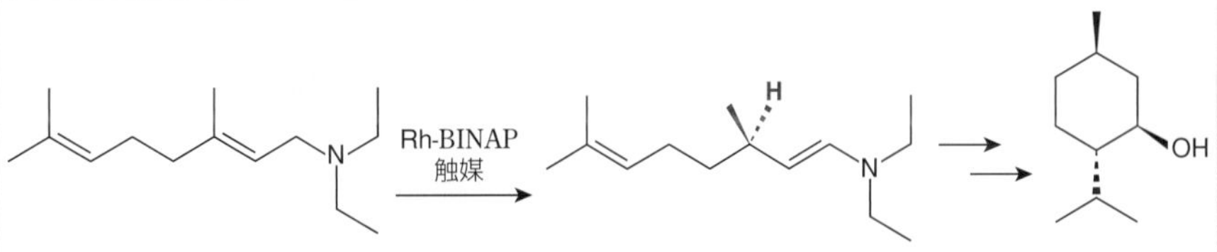

Rh-BINAP 触媒

メントール

■アスパルテームとその鏡像異性体

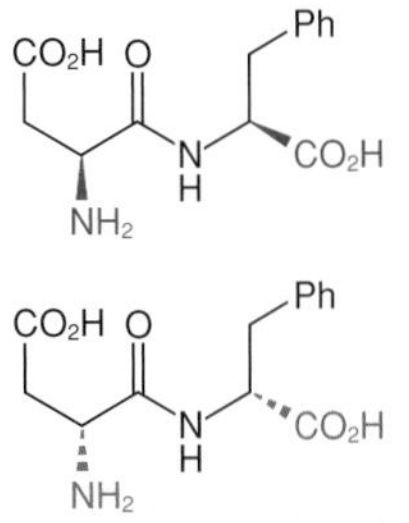

アスパルテーム　砂糖の約200倍の甘さ

アスパルテームの鏡像異性体　甘味無し

■鏡像異性体の選択的な合成（タミフル）

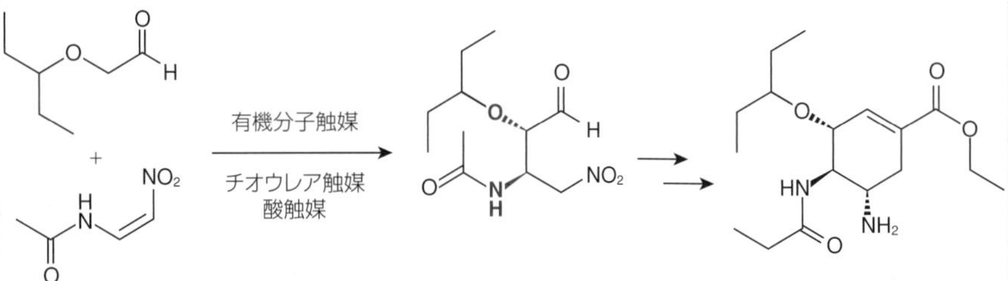

有機分子触媒　チオウレア触媒　酸触媒

タミフル

有機化合物

高分子化合物

第Ⅰ章　天然有機化合物
第Ⅱ章　合成高分子化合物

日本式双晶
（水晶の結晶／山梨県）

1 高分子化合物

基 化

入試問題にチャレンジ! p.285

A 高分子化合物の特徴

macromolecule compound

比較的小さな分子が数百〜数千以上つながってできる，分子量が約 10000 以上の物質を高分子化合物という。原料となる化合物を単量体（モノマー），高分子化合物を重合体（ポリマー）という。

高分子化合物（ポリエチレン）の生成

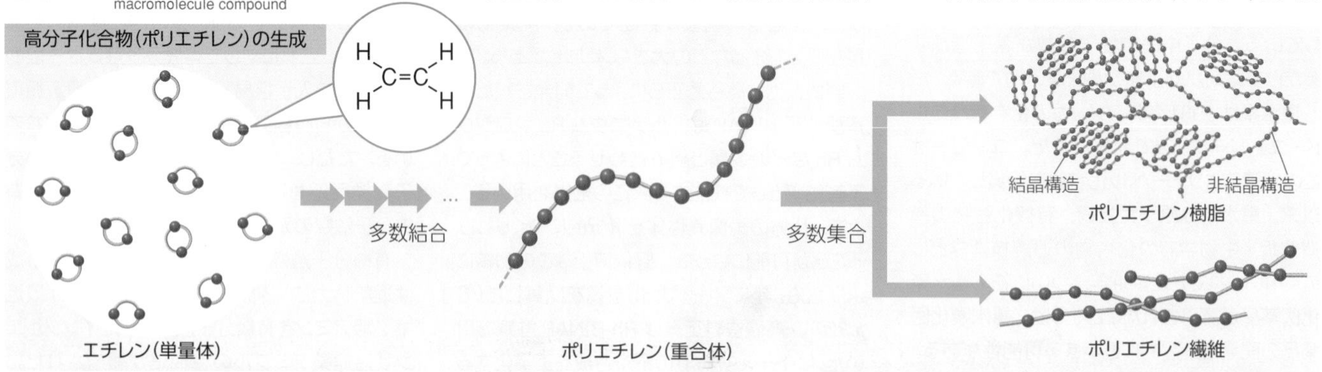

分子結晶と高分子化合物の違い

分類	分子結晶（低分子）	高分子化合物
常温・常圧での状態	気体・固体・液体 (例)スクロース，ナフタレン	多くは固体 (例)ポリエチレン，ナイロン 66
融点・沸点	一定	一定ではない
結晶構造	分子が規則正しく配列している	規則正しく配列している部分（結晶構造）と，していない部分（非結晶構造）がある
分子量	一定 （〜数百程度）	一定ではない （平均分子量は 10000 以上）

Jump 高分子化合物に関連するノーベル賞受賞者

→ p.320

導電性高分子（白川英樹博士）：2000 年受賞。通常は電気を通さない高分子化合物に電子を奪う性質をもつ物質を加え，電気を通す性質をもつ高分子化合物を開発した。
質量分析法（田中耕一氏）：2002 年受賞。「ソフトレーザー脱離法」という質量分析法を開発し，タンパク質の詳細な研究を可能とした。
緑色蛍光タンパク質（下村脩博士）：2008 年受賞。生体内のタンパク質の研究に役立つ蛍光タンパク質をオワンクラゲから発見した。

B 高分子化合物の分子量

高分子化合物には，重合度（単量体がくり返し結合している数）が異なる様々な分子が含まれているので，分子量は一定ではない。量的な計算をするときは，平均分子量を用いる。

高分子化合物の分子量の分布

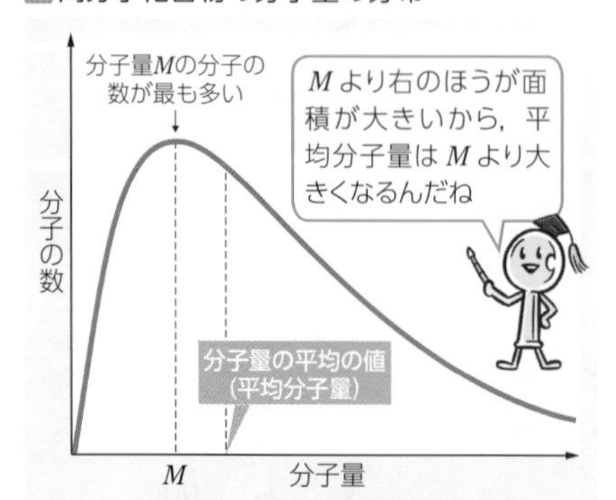

高分子化合物は，重合度が異なる様々な分子の集合体であるので，分子量は一定ではない。

平均分子量の求め方

平均重合度から求める	浸透圧から求める	粘度から求める
平均重合度がわかっている場合は，くり返し単位の式量と重合度から，平均分子量を求める。	高分子化合物を溶かした溶液の浸透圧から，平均分子量を求める（p.113）。	高分子化合物を溶かした溶液の粘度から，平均分子量を求める（粘度は分子量と相関が強い）。
$M = mn$ m：くり返し単位の式量 n：平均重合度 (例)平均重合度 3.4×10^3 のポリビニルアルコール $[-CH_2-CH(OH)-]_n$ の平均分子量 M は，くり返し単位の式量＝ 44 より， $M = 44\times3.4\times10^3$ $\fallingdotseq 1.5\times10^5$	$M = \dfrac{mRT}{\Pi V}$ m：試料の質量〔g〕 R：気体定数〔Pa・L/(mol・K)〕 T：絶対温度〔K〕 Π：浸透圧〔Pa〕 V：溶液の体積〔L〕	粘度計で溶液の液面が 1 から 2 の間を通過する時間から，溶液の粘度を測定し，他の物質の溶液の粘度と比較して平均分子量を求める。 標線1 標線2

C 高分子化合物の生成

高分子化合物は，単量体が化学反応（縮合重合や付加重合）によって多数つながり，長い鎖状または網目状になって生成する。

縮合重合

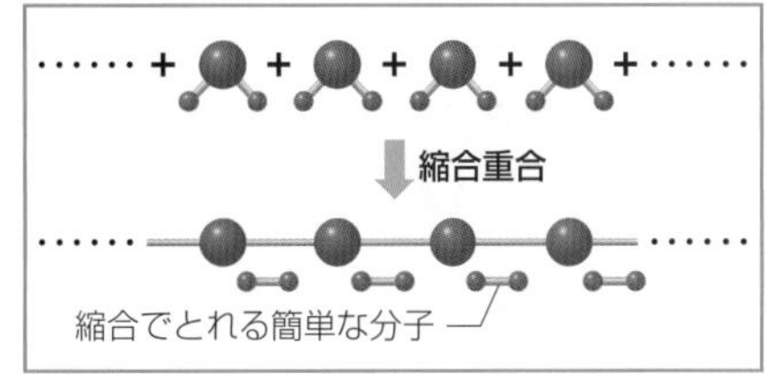

単量体から小さな分子（水など）がとれて重合する反応。

付加重合

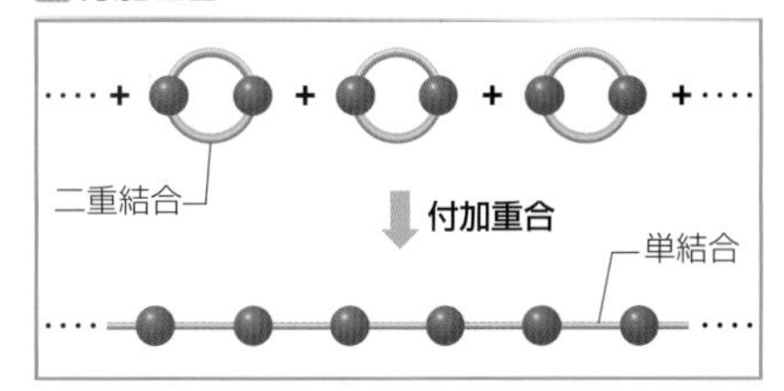

二重結合や三重結合をもつ単量体が互いに付加反応して重合する反応。

共重合

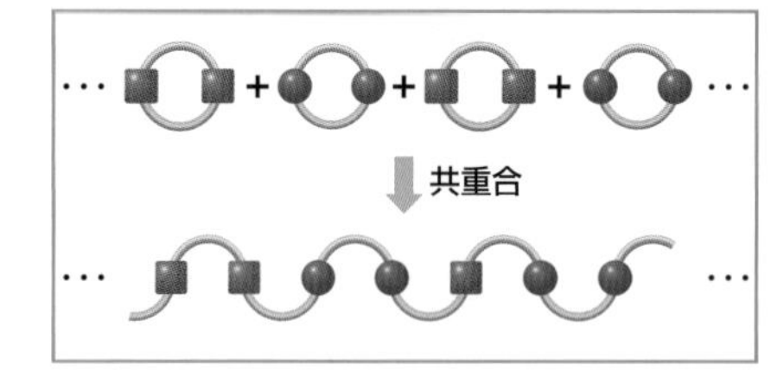

2 種類以上の単量体が重合する反応。

開環重合

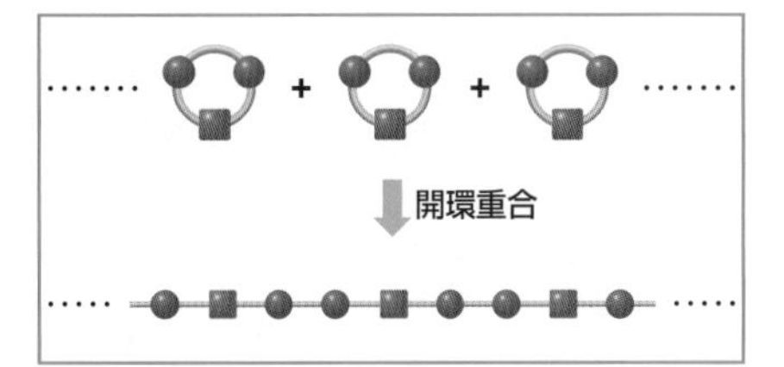

単量体となる環式化合物が，環を開きながら重合する反応。

付加縮合（p.257）

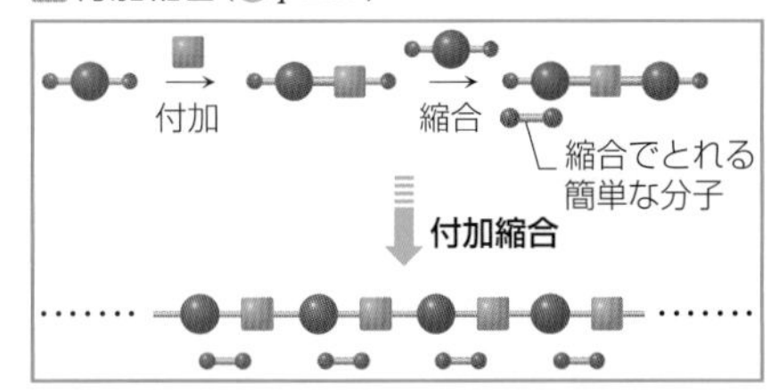

付加反応と縮合反応をくり返して重合する反応。

Jump 合成繊維 → p.252

縮合重合や付加重合させることによって，さまざまな合成繊維がつくられる。

Column 生分解性高分子 環境

現在，合成樹脂（p.256）は，石油や天然ガスなどを原料として全世界で約 3 億 7 千万トン生産されている。多くの合成樹脂は自然界で分解されにくいので，廃棄処分が難しい。そこで，土壌や水中の微生物のはたらきによって，水や二酸化炭素に分解される環境への負荷の少ない物質の開発が進められている。このような性質をもつ物質を生分解性高分子（生分解性プラスチック）といい，さまざまな物質が開発されている。

代表的な生分解性高分子であるポリ乳酸（PLA:Poly Lactic Acid）は，L- 乳酸を縮合重合すると得られる。180℃前後に融点をもつ熱可塑性樹脂であり，透明性が高い。ポリエチレンテレフタラート（PET）とよく似た性質を示すので，PET と同様に繊維，フィルム，ボトルなどの製品に利用されている。

PLA（ポリ乳酸）100％の T シャツが分解するようす

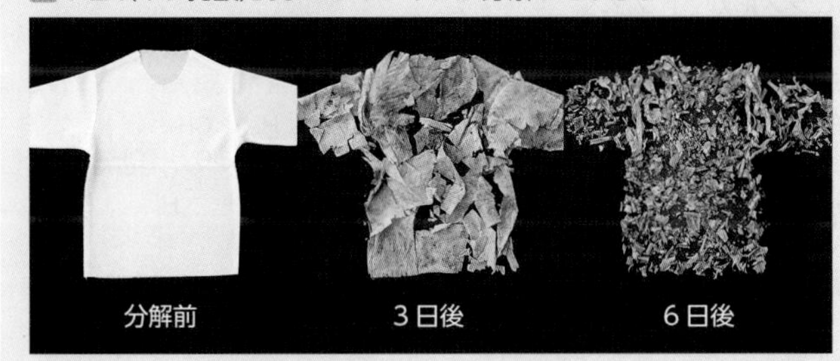

堆肥温度：68℃（3 日後，引き上げ時の温度）
水分量　：50％前後

$$n\,HO-CH(CH_3)-C(=O)-OH \xrightarrow{\text{縮合重合}} \left[O-CH(CH_3)-C(=O) \right]_n$$

乳酸　　　ポリ乳酸

まとめ

高分子化合物

高分子化合物　単量体が数百～数千以上つながってできる物質。

高分子化合物は，有機高分子化合物と無機高分子化合物に分けられるが，一般に，高分子化合物というと，有機高分子化合物のことを指す場合が多い。また，高分子化合物は天然高分子化合物と合成高分子化合物に分けられる。

天然高分子化合物の例

分類	名称	単量体	重合形式
多糖（p.240）	デンプン	α-グルコース	縮合重合
	セルロース	β-グルコース	縮合重合
タンパク質（p.244）	タンパク質	α-アミノ酸	縮合重合
核酸（p.248）	DNA	ヌクレオチド	縮合重合
	RNA	ヌクレオチド	縮合重合
天然ゴム（p.260）	ポリイソプレン	イソプレン	付加重合

合成高分子化合物の例

分類	名称	単量体	重合形式
合成繊維（p.252）	ポリエチレンテレフタラート（PET）	エチレングリコール，テレフタル酸	縮合重合
	ナイロン 66	ヘキサメチレンジアミン，アジピン酸	縮合重合
	ナイロン 6	カプロラクタム	開環重合
熱可塑性樹脂（p.256）	ポリエチレン	エチレン	付加重合
熱硬化性樹脂（p.257）	フェノール樹脂	フェノール，ホルムアルデヒド	付加縮合
機能性高分子化合物（p.258）	陽イオン交換樹脂	スチレン，p-ジビニルベンゼンなど	付加重合（共重合）
合成ゴム（p.261）	クロロプレンゴム	クロロプレン	付加重合

2 食品と栄養素 基 化

A 栄養素 nutrient

食品を構成する成分はおもに，糖類(炭水化物)，タンパク質，油脂(脂質)に大別され，これらは三大栄養素とよばれている。その他に，無機質やビタミンも重要な栄養素であり，これらを含めて五大栄養素という。日常

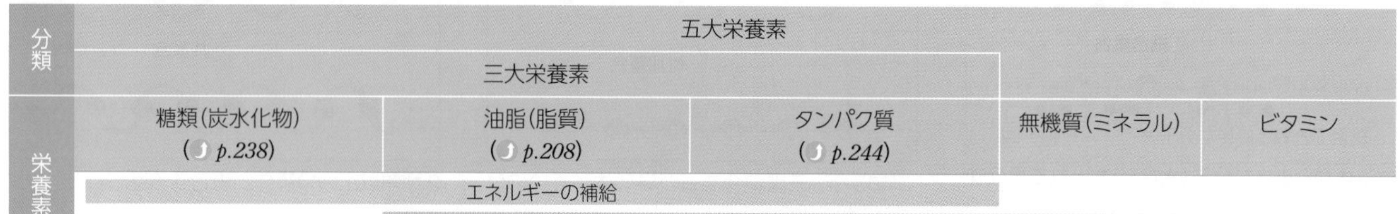

分類	五大栄養素				
	三大栄養素				
栄養素	糖類(炭水化物) (p.238)	油脂(脂質) (p.208)	タンパク質 (p.244)	無機質(ミネラル)	ビタミン
	エネルギーの補給	エネルギーの補給	エネルギーの補給		
		身体組織の構成	身体組織の構成	身体組織の構成	
				生理作用の調節	生理作用の調節
例		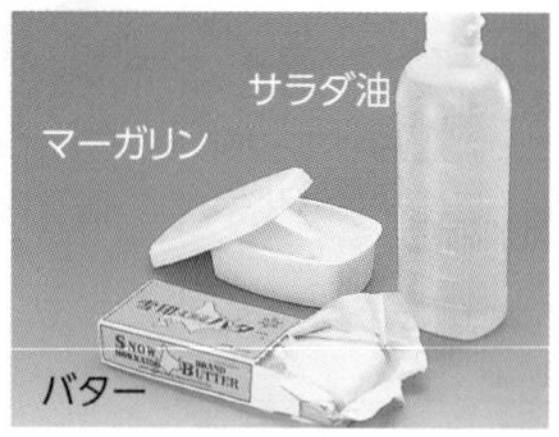			
	カルボニル基またはケトン基をもつ多価アルコール。単糖・二糖・多糖などに分類される。穀類やいも類の主成分であり，エネルギー源として重要である。 1g 当たりのエネルギー 17kJ	グリセリンと高級脂肪酸のエステル。エネルギー源として重要であり，中性脂肪，リン脂質，コレステロールなどがある。 1g 当たりのエネルギー 38kJ	多数のアミノ酸(p.242)が縮合重合した構造。体をつくったりエネルギー源となる。また，酵素として生体内の反応の触媒としてはたらく。 1g 当たりのエネルギー 17kJ	生物の身体に欠かせない元素。歯や骨などの形成，体液の各種イオン濃度や浸透圧の調節などのはたらきをもつ。	微量で体内の様々な生理作用を調節する。 不足すると特有の欠乏症を引き起こす。

代表的な食品の成分組成(質量 %)

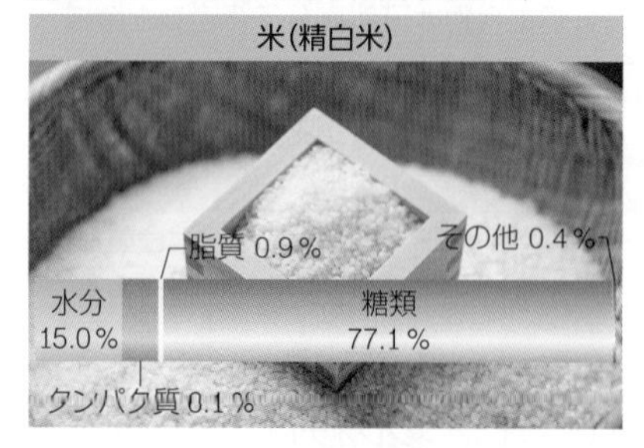

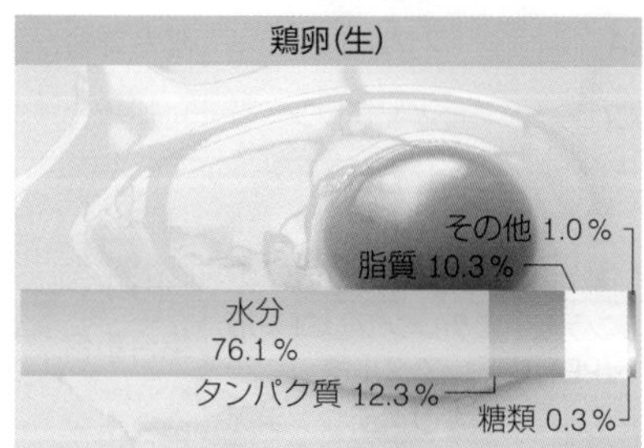

Column ビタミン A が必要な理由

体内のビタミン A が不足すると，暗い所で物が見えにくくなる夜盲症になる。昔から夜盲症を防ぐためには，β-カロテンを多く含むニンジンやカボチャを食べることがよいとされてきた。これは，動物体内で β-カロテンが分解されると，ビタミン A ができるためである。

私たちが物を見ることができるのは，目の網膜にあるオプシン(タンパク質)に結合しているレチナールという物質が，光を吸収するとシス形からトランス形に変化し，この変化の刺激が脳に伝わるためである。このレチナールは，ビタミン A からつくられる。

最近では，ビタミンなどの栄養を補給するために，サプリメントを利用する人が多くなった。サプリメントとは，それまで医薬品(p.222)だった成分が食品として解禁されたものである。手軽に入手できるようになったが，利用する際には摂取量に十分な注意が必要である。

ビタミンA

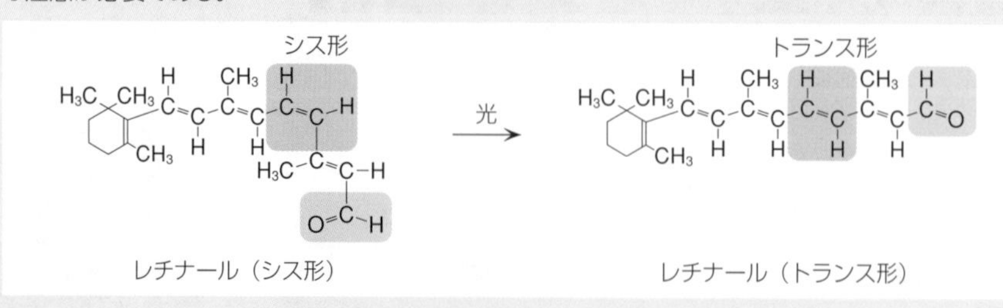

B 無機質 mineral

無機質は，人体を構成する主要元素の H，C，N，O を除いた元素の総称である。 日常

ミネラル	おもなはたらき	欠乏症	多く含まれる食品の例
ナトリウム	浸透圧の維持	倦怠感	みそ，漬物類，塩辛，ハム
リン	歯・骨・核酸の構成成分	骨軟化症	魚介類，乳製品
カルシウム	歯・骨の構成成分	骨粗しょう症	乳製品，小魚(骨ごと摂取)
鉄	ヘモグロビンの構成成分	貧血	レバー，貝類，ひじき
亜鉛	核酸・タンパク質の合成に関与	味覚障害	かき，レバー，牛肉
ヨウ素	発育を促進	甲状腺異常	海草類，魚介類

C ビタミン vitamin

ビタミンは体内で合成されないか，合成されても必要量に足りないので，食品から摂取する必要がある。 日常

	ミネラル	おもなはたらき	欠乏症	多く含まれる食品の例
脂溶性ビタミン※	ビタミンA	視力の維持	夜盲症	ウナギ，バター，緑黄色野菜
	ビタミンD	Ca の代謝調節	くる病	乾燥キクラゲ，魚類
	ビタミンE	不飽和脂肪酸の過酸化防止	免疫力低下	植物油，ゴマ，ウナギ
	ビタミンK	血液凝固に関与	出血症	納豆，パセリ，ほうれん草
水溶性ビタミン※	ビタミンB_1	炭水化物の代謝に関与	脚気	胚芽，肉類，たらこ
	ビタミンB_2	油脂の代謝に関与	口内炎	レバー，納豆，チーズ
	ビタミンB_{12}	核酸の合成に関与	貧血	貝類，レバー，牛肉
	ビタミンC	コラーゲンの合成に関与	壊血病	果実，緑黄色野菜，緑茶
	ナイアシン	炭水化物・油脂・タンパク質の代謝に関与	皮膚炎	カツオ，レバー，落花生
	葉酸	核酸の合成に関与	貧血	レバー，ブロッコリー，枝豆

※ビタミンは脂溶性と水溶性に分けられる。

Zoom up ビタミンCの還元作用

ビタミンC(L-アスコルビン酸)は，エンジオールとよばれる構造をもつ。エンジオールの部分は還元性を示し，酸化されてジケトンとよばれる構造に変化し，L-デヒドロアスコルビン酸になる。

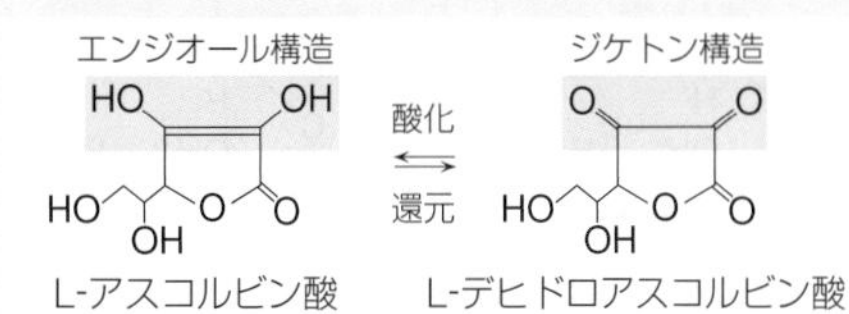

そのため，ヨウ素を含むうがい薬(褐色)にビタミンCを加えると，ヨウ素が還元され，無色のヨウ化物イオンになる。

このような性質を利用し，ビタミンCは，酸化防止剤として食品や清涼飲料水に使われている。

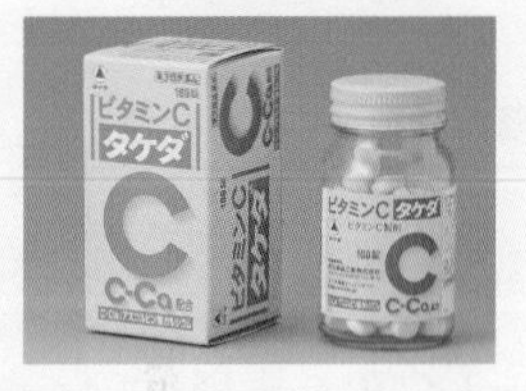

D 食品添加物 food additive

食品添加物は，食品の品質を保持し，食品の魅力を増して嗜好性を向上させる。

名称:洋生菓子
原材料名:西洋なし(果肉、果汁)、糖類(砂糖、異性化液糖)、蜂蜜、トレハロース、レモン果汁、ゲル化剤(増粘多糖類)、酸味料、香料、酸化防止剤(ビタミンC)
内容量:120g 賞味期限:下部に記載
保存方法:直射日光、高温多湿をさけて保存してください

添加物	酸化防止剤	甘味料	保存料	着色料	発色剤
物質例	エリソルビン酸ナトリウム	アスパルテーム	安息香酸ナトリウム	黄色4号	亜硝酸ナトリウム $NaNO_2$
目的効果	アスコルビン酸の立体異性体で，還元剤としてはたらき，食品の酸化を防止する。トコフェロール(ビタミンE)は油脂を含む食品の酸化を防止する。	2種類のアミノ酸(アスパラギン酸とフェニルアラニン)が結合したジペプチドの誘導体で，スクロース(ショ糖)の約200倍の甘味をもつ。	カビ・細菌から食品を保護し，食品の保存性をよくする。他に，ソルビン酸ナトリウム，プロピオン酸ナトリウムなどがある。	食品を着色し，色調を調節する。黄色4号の他，赤色102号，青色1号など，11種類のタール色素が認可されている。	食品に含まれる色素と結合し，食品の色を安定に保つ。食肉に $NaNO_2$ を添加すると，赤色の鮮やかな色が保たれる。
食品例	清涼飲料水，サラダ油，パン	菓子類，清涼飲料水	チーズ，マーガリン	漬物，飴，たらこ	ソーセージ，ハム

3 単糖・二糖 基 化 日常

一般式
糖類 $C_m(H_2O)_n$

A 単糖 monosaccharide

加水分解によって，それ以上に簡単な糖を得られない糖を単糖という。
単糖はすべて還元性を示す。

① 単糖の構造と例

※ ：ヘミアセタール構造（1 つの C 原子に -OH と -O- が 1 個ずつ結合した構造）　①，②，…：炭素原子の位置番号

■グルコース（ブドウ糖）$C_6H_{12}O_6$

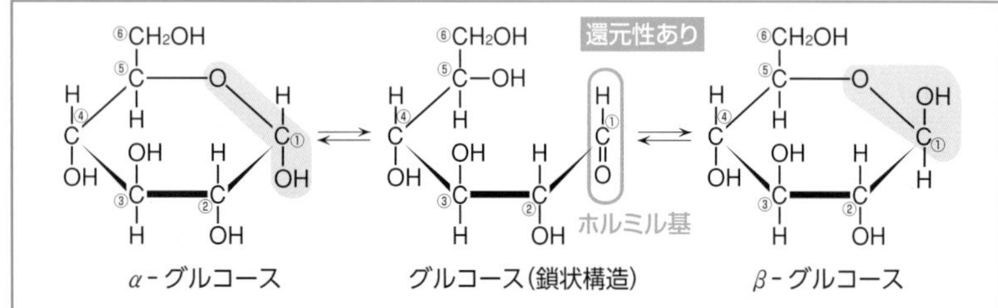

※水溶液中では上記のような平衡状態にある。

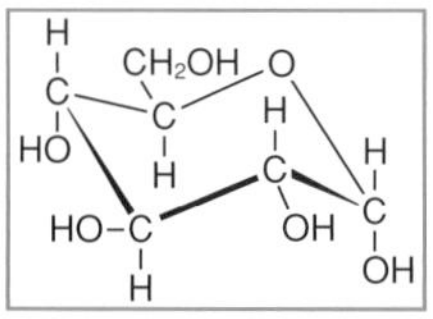

動植物の体内に広く存在する。図のような折れ曲がった構造をしている。

■ペントース（五炭糖）

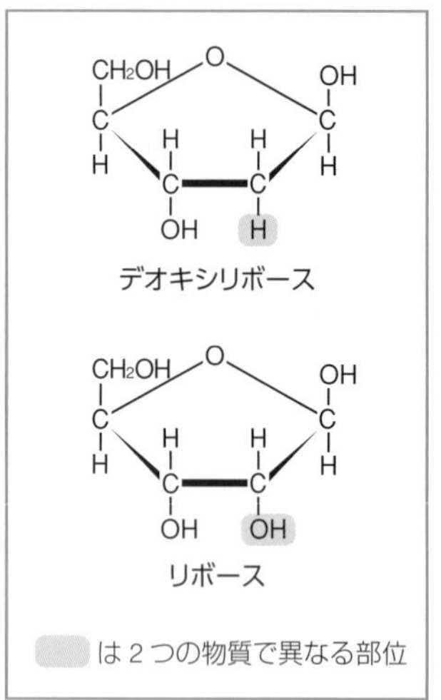

炭素数が5の単糖をペントース（五炭糖）という。デオキシリボースやリボースは核酸（p.248）の構成要素の一つである。

■フルクトース（果糖）$C_6H_{12}O_6$

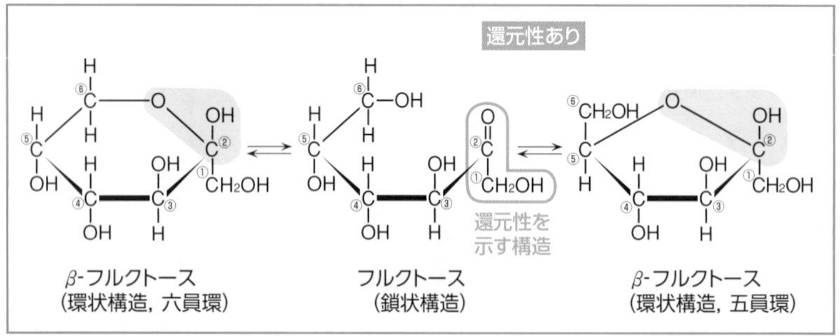

果物や蜂蜜に含まれる。水溶液中では，左のような平衡状態にある。

■ガラクトース $C_6H_{12}O_6$

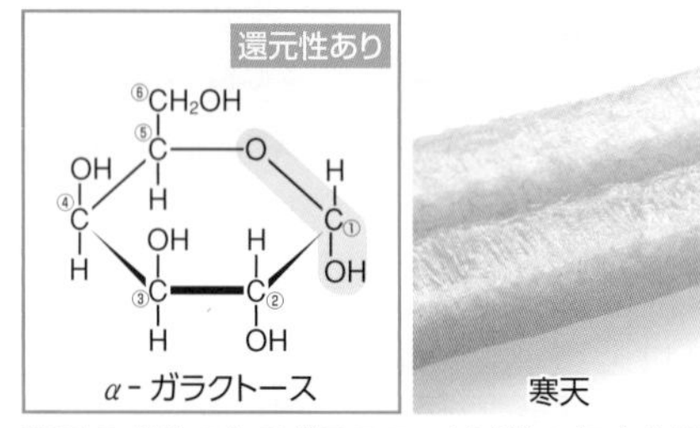

寒天の成分であるガラクタン（多糖）の加水分解により得られる。

■マンノース $C_6H_{12}O_6$

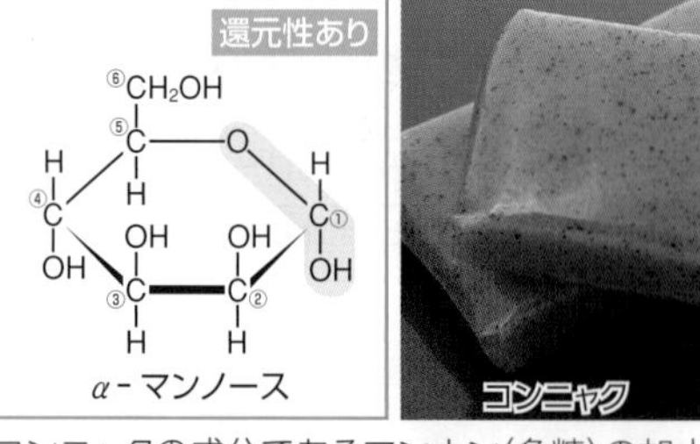

コンニャクの成分であるマンナン（多糖）の加水分解により得られる。

フルクトースの還元性

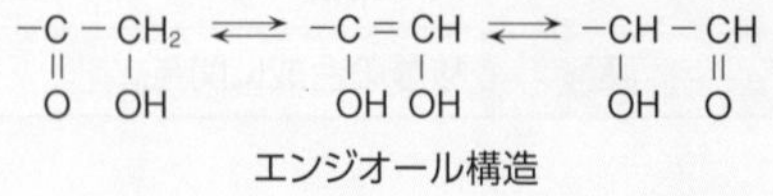

$$-\underset{\underset{O}{\|}}{C}-\underset{\underset{OH}{|}}{CH_2} \rightleftarrows -\underset{\underset{OH}{|}}{C}=\underset{\underset{OH}{|}}{CH} \rightleftarrows -\underset{\underset{OH}{|}}{CH}-\underset{\underset{O}{\|}}{CH}$$

エンジオール構造

フルクトース（鎖状構造）の $-CO-CH_2OH$ は水溶液中で上図のように変化し，これらの構造が還元性を示す。

② 単糖の反応

単糖はいずれも還元性を示す構造をもっているので，水溶液は銀鏡反応を示し，フェーリング液を還元する。

■グルコースの銀鏡反応

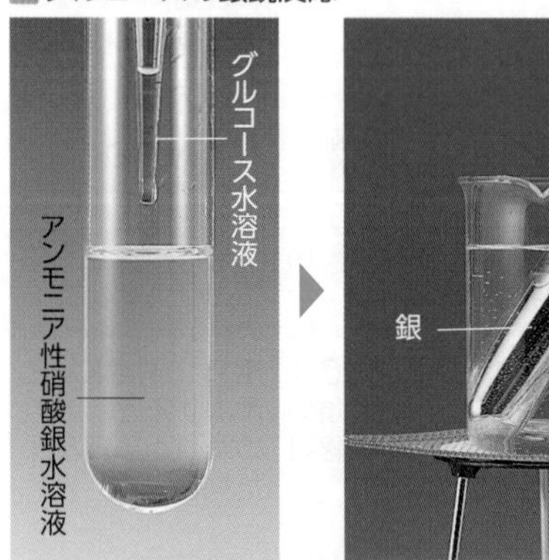

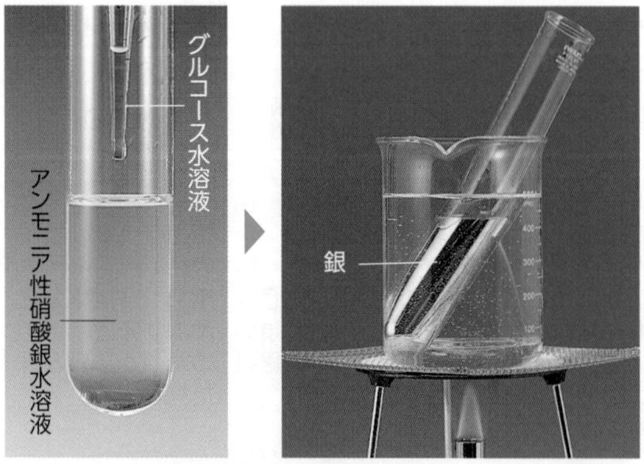

アンモニア性硝酸銀水溶液にグルコース水溶液を加え湯浴中で温めると，試験管の内壁面に銀が析出する。

■グルコースによるフェーリング液の還元

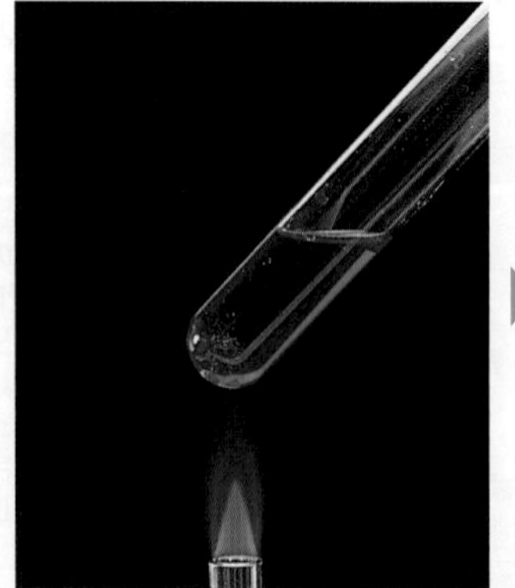

グルコース水溶液にフェーリング液を加えて加熱すると，フェーリング液は還元され，酸化銅(I) Cu_2O の赤色沈殿が生じる。

A コンニャクの主成分はマンナンという多糖で，人間の消化液にはマンナンを分解する酵素がなく，消化されないからです。

B 二糖 disaccharide

2つの単糖が脱水縮合でつながった糖を二糖という。
二糖は，還元性を示すものが多いが，スクロースは還元性を示さない。

① 二糖の構造と例

マルトース(麦芽糖) $C_{12}H_{22}O_{11}$

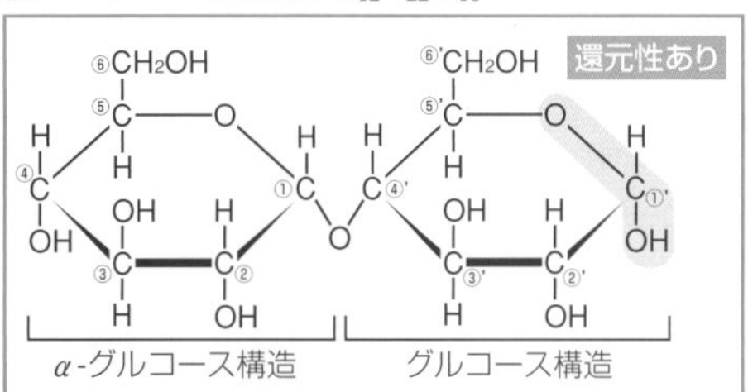

デンプンにアミラーゼという酵素(p.246)を作用させて加水分解すると得られる。水飴のおもな成分である。

スクロース(ショ糖) $C_{12}H_{22}O_{11}$

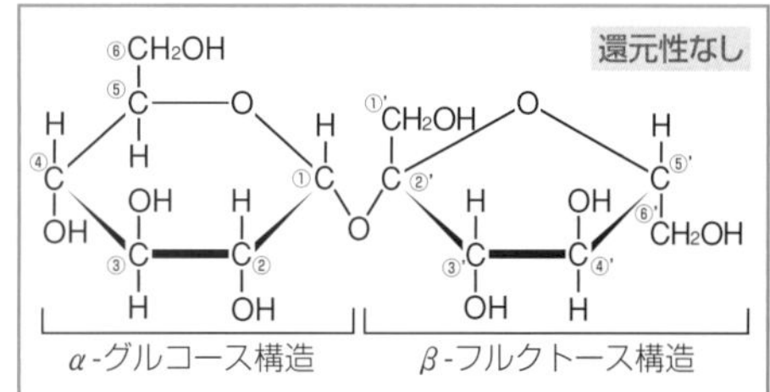

水に溶けやすく，甘みがある。無色の結晶(融点：188℃)で，サトウキビやサトウダイコン(テンサイ)などの植物に存在している。

セロビオース $C_{12}H_{22}O_{11}$

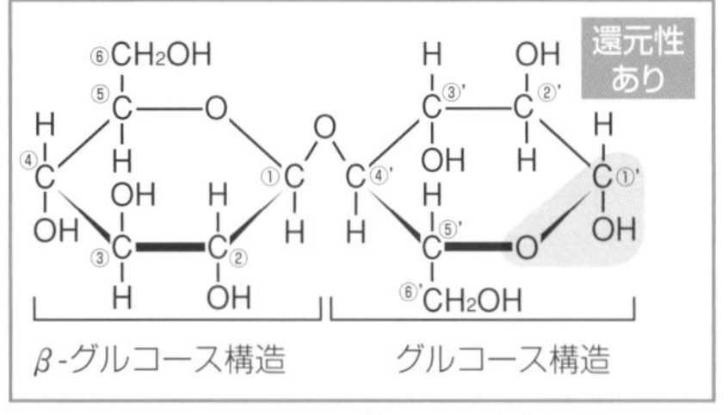

セルロースにセルラーゼという酵素を作用させて加水分解すると得られる。

ラクトース(乳糖) $C_{12}H_{22}O_{11}$

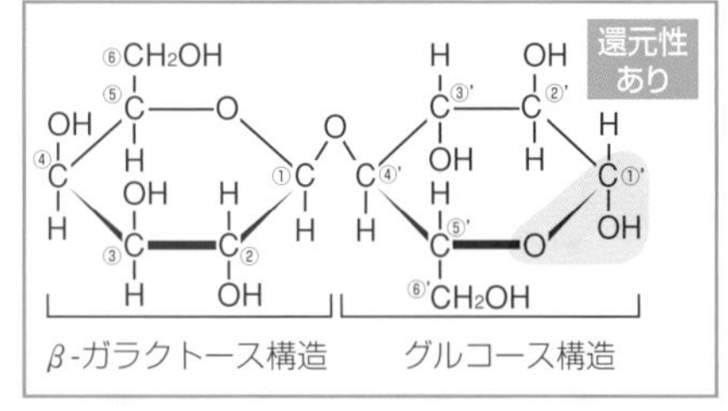

哺乳類の乳汁の中に存在する(人乳の6～7%，牛乳の4～5%)が，植物界には存在しない。

トレハロース $C_{12}H_{22}O_{11}$

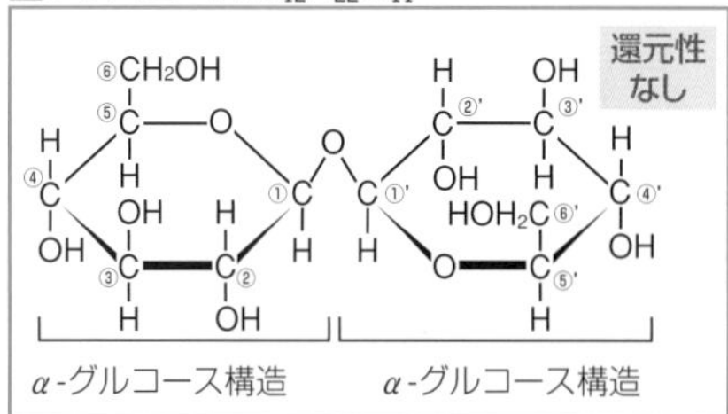

高い保水力などの多くの機能をもつため，化粧品や食品添加物に広く利用されている。

② 二糖の性質と反応

二糖の性質

名称	加水分解により得られる単糖	加水分解する酵素	還元性
スクロース	グルコースとフルクトース	インベルターゼ(スクラーゼ※)	なし
トレハロース	グルコース	トレハラーゼ	なし
マルトース	グルコース	マルターゼ	あり
ラクトース	ガラクトースとグルコース	ラクターゼ	あり
セロビオース	グルコース	セロビアーゼ	あり

※スクラーゼもスクロースを加水分解する酵素であるが，結合の切り方がインベルターゼと異なる。

マルトースによるフェーリング液の還元

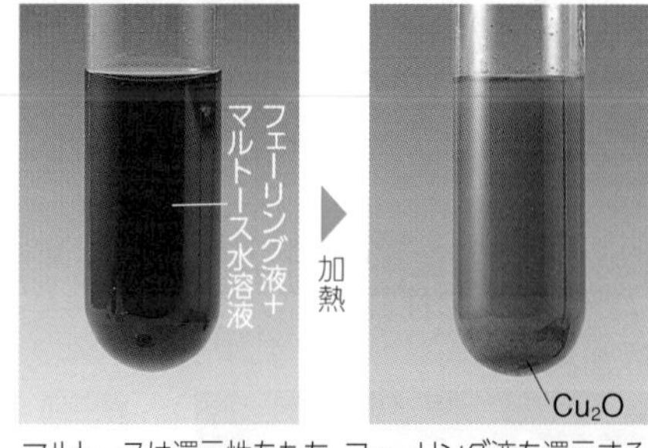

マルトースは還元性をもち，フェーリング液を還元する。

スクロースの加水分解

スクロースは還元性を示さないが，加水分解によってグルコースとフルクトースになると，還元性を示す。このような加水分解を転化といい，この反応によって生じた混合物を転化糖という。

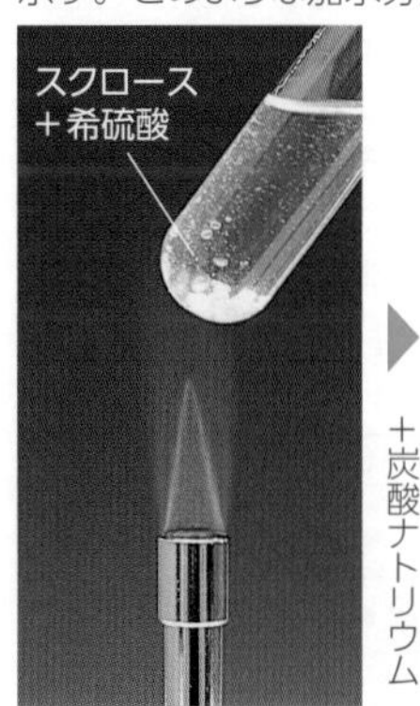

希硫酸を加え，穏やかに加熱する(加水分解)。

＋炭酸ナトリウム

泡が出なくなるまで炭酸ナトリウムを加え，中和する。

フェーリング液を加えて，加熱する(還元性の確認)。

フェーリング液が還元され，赤色沈殿が生じる。

甘さの比較

スクロースの甘さを1として，甘さを比較してみると，次のようになる。

名称	甘さ
スクロース	1
グルコース	0.6 ～ 0.7
フルクトース	1.20 ～ 1.50
マルトース	0.30 ～ 0.60
ラクトース	0.15 ～ 0.40
アスパルテーム	180 ～ 200
スクラロース	約 600

アスパルテームとスクラロースは人工の甘味料である。

Q 蜂蜜はどのようにしてできるのですか?

4 デンプン・セルロース 基 化

分子式

$(C_6H_{10}O_5)_n$

A デンプン starch

デンプンは，植物の種子・根・地下茎などに含まれる多糖であり，分子式は$(C_6H_{10}O_5)_n$で表される。

①デンプンの構造と所在

デンプンの構造

多数の α - グルコース分子が次々と縮合重合した構造をもつ。デンプンには，直鎖状の構造をもつアミロースと枝分かれの構造をもつアミロペクチンがある。

$$n\,C_6H_{12}O_6 \xrightarrow{\text{縮合重合}} (C_6H_{10}O_5)_n + n\,H_2O$$

α - グルコース　　デンプン

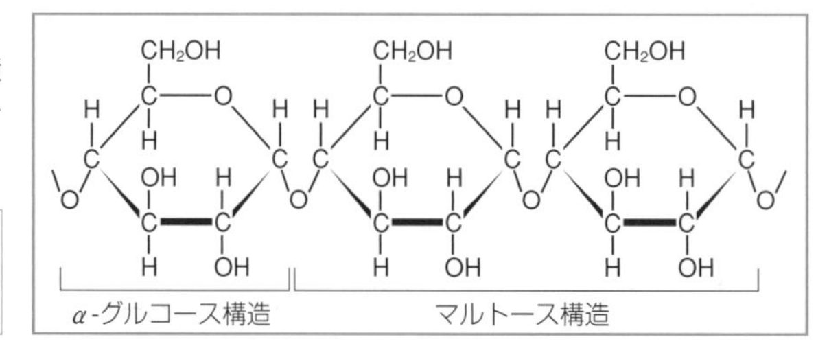

アミロースの構造

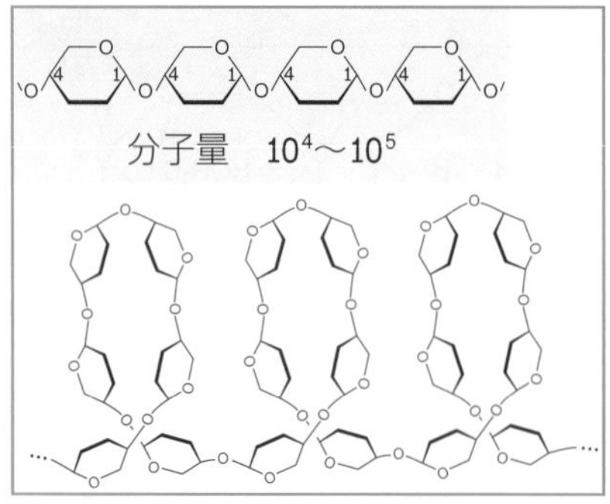

多数の α - グルコースが，1 位と 4 位で次々に直鎖状に縮合し，らせん状の構造をとる。普通のデンプン中に 20～25 % 含まれる。濃青色のヨウ素デンプン反応を示す。

アミロペクチンの構造

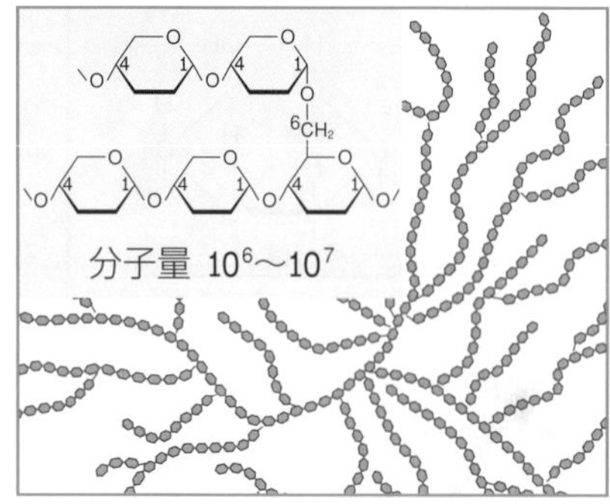

多数の α - グルコースが，1 位と 4 位で次々に縮合しているほか，1 位と 6 位との結合も含まれるため，枝分かれした網目状の構造をもつ。普通のデンプン中に 75～80 % 含まれる。赤紫色のヨウ素デンプン反応を示す。なお，もち米は 100 % アミロペクチンでできている。

Column 甘さはデンプンから

甘味料といえば，サトウキビ・テンサイなどの作物から作られる砂糖を思い浮かべる人も多いが，最近ではデンプン由来の甘味料が，日本での甘味料の消費量の 3 分の 1 近くを占めている。デンプンそれ自体は甘くないが，酵素で加水分解されることによりブドウ糖になり，さらに，ブドウ糖異性化酵素によって，より甘い果糖になる。食品の成分で，「果糖ブドウ糖液糖」または「ブドウ糖果糖液糖」と表示されているものは，こうして作られた人工の甘味料であり，清涼飲料水・ゼリー・アイスクリームなどに多く使われている。

②デンプンの性質

加水分解

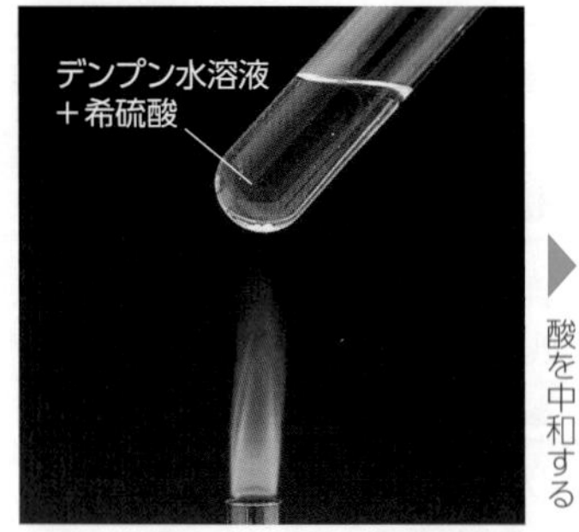

デンプンを加水分解すると，グルコースが生成する。

フェーリング液を還元する。

ヨウ素デンプン反応

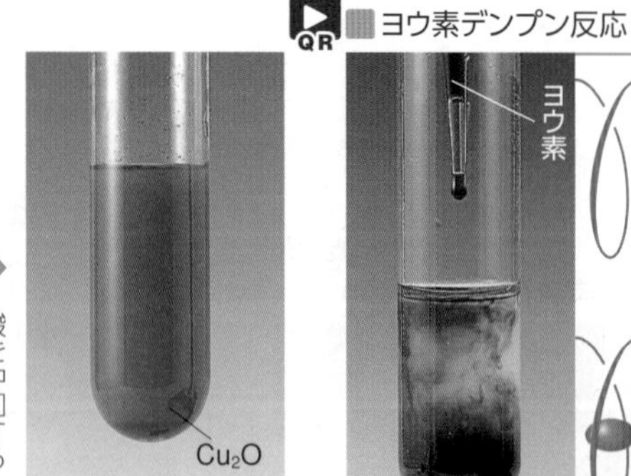

デンプン水溶液にヨウ素ヨウ化カリウム水溶液を加えると青～青紫色になる反応は，デンプンの検出に使われる。デンプン分子は水素結合によって図のようならせん構造をしており，これに I_2 などが取りこまれると呈色する。呈色した状態で加熱すると分子運動が激しくなるため，デンプン分子のらせん構造が崩れ，I_2 などがらせん構造から抜け出して色が消えるが，冷却すると再び呈色する。

加水分解におけるヨウ素デンプン反応

デンプン水溶液にアミラーゼを加えて 35 ℃に保ち，デンプンを加水分解する。時間の経過に伴って，デキストリン(デンプンの加水分解の途中で得られる生成物の総称)の分子がしだいに小さくなり，呈色が青，紫，赤褐色と変化する。結合しているグルコースの数が 6 以下になると呈色しなくなる。

$$(C_6H_{10}O_5)_n \xrightarrow{\text{加水分解}} (C_6H_{10}O_5)_m \xrightarrow{\text{加水分解}} C_{12}H_{22}O_{11} \xrightarrow{\text{加水分解}} C_6H_{12}O_6$$

デンプン　デキストリン($n > m$)　マルトース　グルコース

A 蜜蜂が花の蜜を吸いこんだとき，唾液中のインベルターゼと混ざることでスクロースが加水分解されます。このようにして蜂蜜ができます。

B セルロース cellulose

セルロースは，植物の細胞壁の主成分であり，植物体の 30～50％を占める多糖である。分子式は$(C_6H_{10}O_5)_n$で表される。

セルロースの構造

セルロースは多数の β-グルコースの分子が縮合重合した構造をとる。分子量は，10^5～10^7程度である。

$$n\,C_6H_{12}O_6 \xrightarrow{\text{縮合重合}} (C_6H_{10}O_5)_n + n\,H_2O$$

β-グルコース　　セルロース

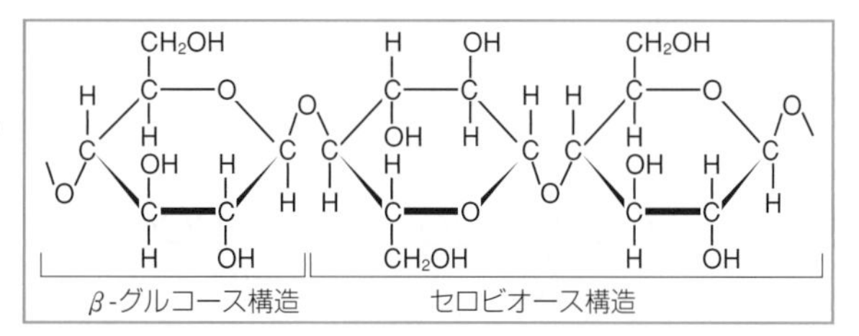

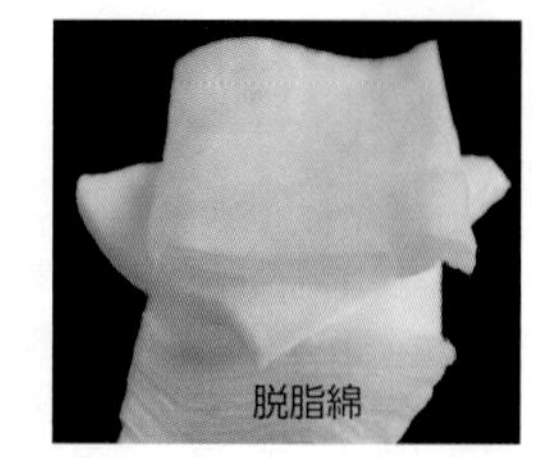

セルロースの加水分解

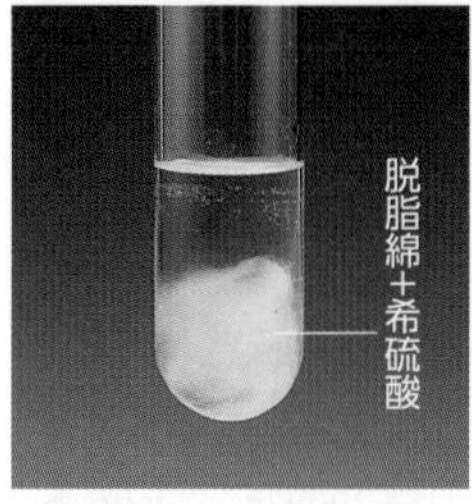

脱脂綿に希硫酸を加える。

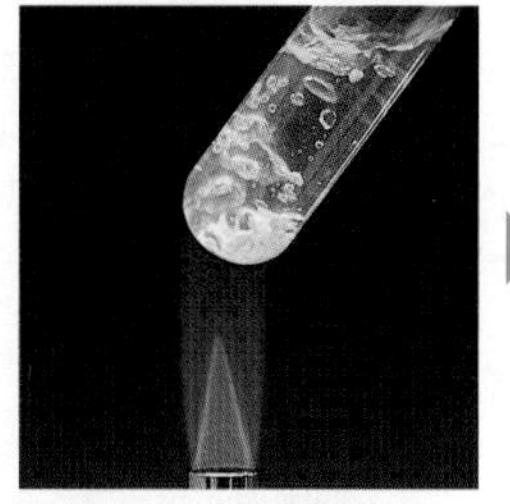
加熱して，加水分解する。

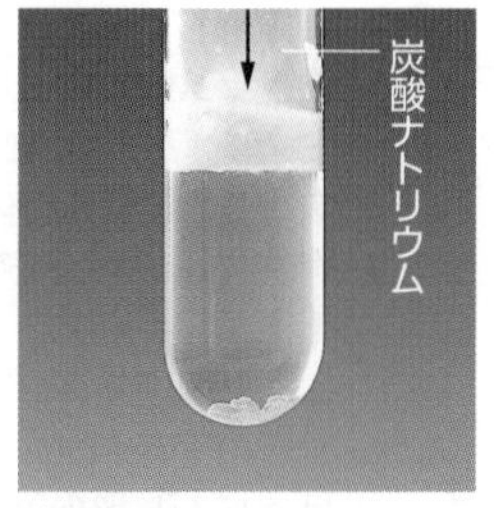

酸を中和する。

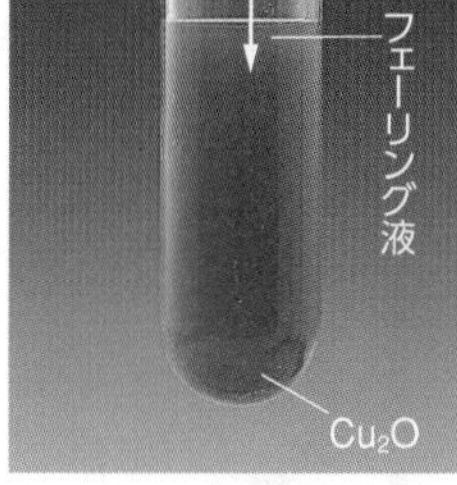

フェーリング液を還元する。

セルロースを加水分解すると，グルコースが生成する。グルコースは還元性をもつので，フェーリング液を還元する。

ニトロセルロースの合成（硝酸によるエステル化）

発煙硝酸に同量の濃硫酸を加える。

その溶液に脱脂綿を浸す。

脱脂綿をよく水洗いした後，エタノールに浸し，脱水する。

脱脂綿を乾燥させると，ニトロセルロースができる。

ニトロセルロースはヒドロキシ基の一部または全部が硝酸エステルになったものである。トリニトロセルロースを主成分とするニトロセルロースは，強綿薬といい，無煙火薬の原料となる。

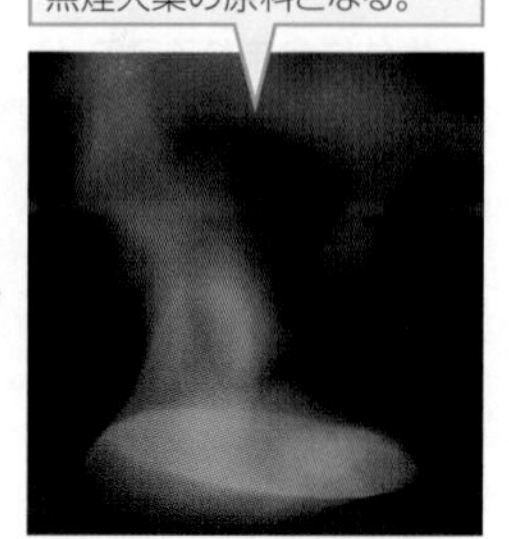
点火すると瞬時に燃えつきる。

C レーヨンの合成 rayon

セルロース（原料はおもに木材パルプ）を化学的に処理してコロイド溶液にした後，これをセルロースの長い分子が一定の方向に並ぶように細穴から押し出し，繊維を再生したものをレーヨンという。

ビスコースレーヨンの合成

ろ紙を水酸化ナトリウム水溶液に浸す。

NaOH 水溶液を取り除き，二硫化炭素 CS_2 に浸す。

NaOH水溶液に溶かすと，粘りのあるコロイド溶液になる。

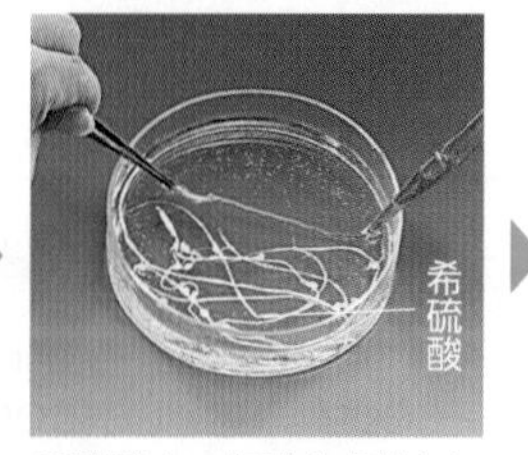

希硫酸中へ細孔から静かに押し出しつつ，ピンセットで引くと，繊維が再生される。

水洗いしてから繊維を乾燥させると，ビスコースレーヨンができる。

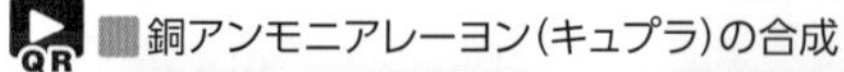

銅アンモニアレーヨン（キュプラ）の合成

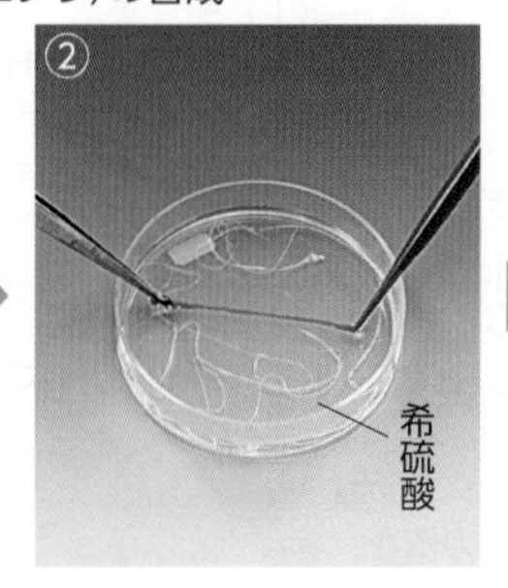

① 濃アンモニア水に水酸化銅(Ⅱ)を溶解し，シュバイツァー試薬をつくる。これに少量ずつ，脱脂綿を溶かし，粘りのあるコロイド溶液にする。
② 希硫酸中へピペットの細穴から静かに押し出しつつ，ピンセットで引くと，繊維が再生される。
③ 水洗いしてから繊維を乾燥させると，銅アンモニアレーヨンができる。

5 アミノ酸 基化 生物

A アミノ酸 amino acid

分子内に，塩基性のアミノ基 $-NH_2$ と酸性のカルボキシ基 $-COOH$ の両方をもつ物質をアミノ酸という。

アミノ酸の構造

アミノ基が結合している炭素原子の位置によって α，β，γ のアミノ酸になる。自然界に存在し，タンパク質を構成するアミノ酸は，すべて α - アミノ酸である。

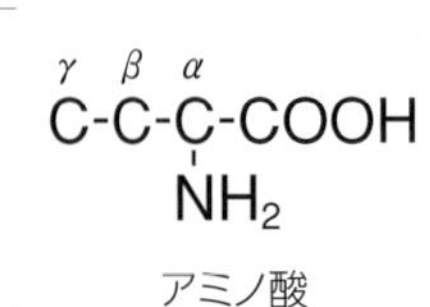

α- アミノ酸の鏡像異性体

Zoom up Plus p.270

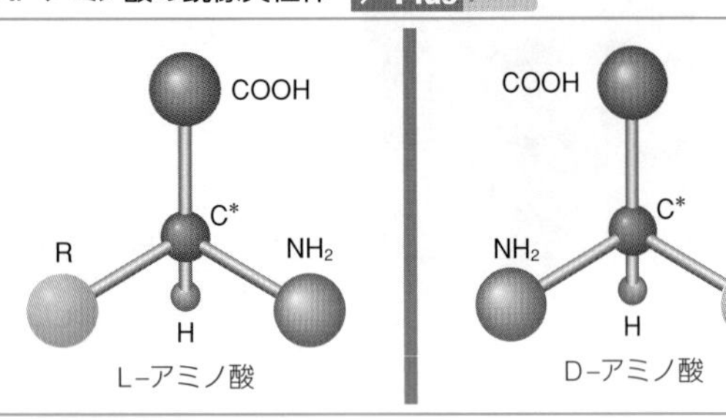

グリシン以外の α - アミノ酸は不斉炭素原子をもち，鏡像異性体が存在する(C*が不斉炭素原子)。
生体を構成するタンパク質のアミノ酸は，ほぼすべて L 形のアミノ酸である。

グルタミン酸 日常

グルタミン酸ナトリウム

1908 年に，コンブのうま味成分がグルタミン酸であることが，池田菊苗によって明らかにされた。グルタミン酸は，コンブ以外にもチーズ，トマト，白菜，しょう油など多くの食品に含まれている。また，母乳の中でも最も多く含まれているアミノ酸である。ただし，うま味があるのは L - グルタミン酸だけで，D - グルタミン酸にはない。また，L 形のグルタミン酸ナトリウムは，うま味調味料として用いられている。

Jump 特集 5 おいしさ・味と化学 → p.264

池田博士によって発見されたうま味は，その後，小玉新太郎や國中明によって研究が進められた。

生体に含まれるアミノ酸

分類	名称	略号	等電点	構造式
中性アミノ酸	グリシン	Gly	5.97	$H_2N-CH(H)-COOH$
中性アミノ酸	アラニン	Ala	6.00	$H_2N-CH(CH_3)-COOH$
中性アミノ酸	＊バリン	Val	5.96	$H_2N-CH(CH(CH_3)-CH_3)-COOH$
中性アミノ酸	＊ロイシン	Leu	5.98	$H_2N-CH(CH_2-CH(CH_3)-CH_3)-COOH$
中性アミノ酸	＊イソロイシン	Ile	6.02	$H_2N-CH(CH(CH_3)-CH_2-CH_3)-COOH$
中性アミノ酸	セリン	Ser	5.68	$H_2N-CH(CH_2-OH)-COOH$
中性アミノ酸	プロリン	Pro	6.30	$NH-CH-COOH$（$-CH_2-CH_2-CH_2-$ で環を形成）
中性アミノ酸	＊トレオニン	Thr	6.16	$H_2N-CH(CH(OH)-CH_3)-COOH$
中性アミノ酸	アスパラギン	Asn	5.41	$H_2N-CH(CH_2-C(=O)-NH_2)-COOH$
中性アミノ酸	グルタミン	Gln	5.65	$H_2N-CH(CH_2-CH_2-C(=O)-NH_2)-COOH$
中性アミノ酸	システイン	Cys	5.07	$H_2N-CH(CH_2-SH)-COOH$
中性アミノ酸	＊メチオニン	Met	5.74	$H_2N-CH(CH_2-CH_2-S-CH_3)-COOH$
中性アミノ酸	＊フェニルアラニン	Phe	5.48	$H_2N-CH(CH_2-C_6H_5)-COOH$
中性アミノ酸	チロシン	Tyr	5.66	$H_2N-CH(CH_2-C_6H_4-OH)-COOH$
中性アミノ酸	＊トリプトファン	Trp	5.89	$H_2N-CH(CH_2-$インドール環$)-COOH$
塩基性アミノ酸	＊ヒスチジン	His	7.59	$H_2N-CH(CH_2-C=CH-N=CH-NH)-COOH$（イミダゾール環）
塩基性アミノ酸	＊リシン	Lys	9.74	$H_2N-CH(CH_2-CH_2-CH_2-CH_2-NH_2)-COOH$
塩基性アミノ酸	◎アルギニン	Arg	10.76	$H_2N-CH(CH_2-CH_2-CH_2-NH-C(=NH)-NH_2)-COOH$
酸性アミノ酸	アスパラギン酸	Asp	2.77	$H_2N-CH(CH_2-COOH)-COOH$
酸性アミノ酸	グルタミン酸	Glu	3.22	$H_2N-CH(CH_2-CH_2-COOH)-COOH$

■ 原子団(側鎖)
＊ ヒトの必須アミノ酸
◎ ヒトの成長期に追加される必須アミノ酸

アミノ酸には多数の種類があるが，生体を構成するタンパク質に含まれるアミノ酸は約 20 種類である。
水溶液中でアミノ酸分子内の正と負の電荷がつり合い，全体として電荷が 0 になるときの pH の値を，等電点とよぶ。

B アミノ酸の性質

アミノ酸は両性の化合物で，酸と塩基の両方の性質を示す。

アミノ酸の溶解性

水には溶けやすく，エーテル，ヘキサンなどの有機溶媒には溶けにくい。

グリシン

水に可溶

ヘキサンに不溶

ニンヒドリン反応

アミノ酸の水溶液にニンヒドリンの水溶液を加えて温めると，青紫～赤紫色を呈する。アミノ酸の検出・定量に用いられる。

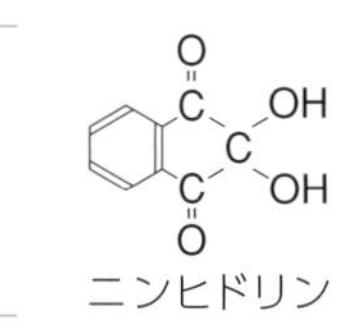

ニンヒドリン

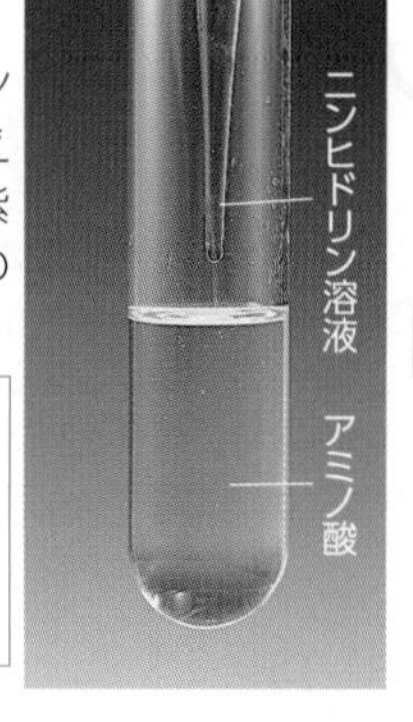

融点

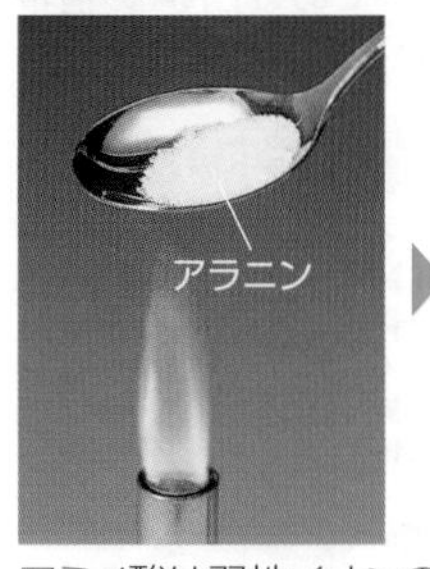

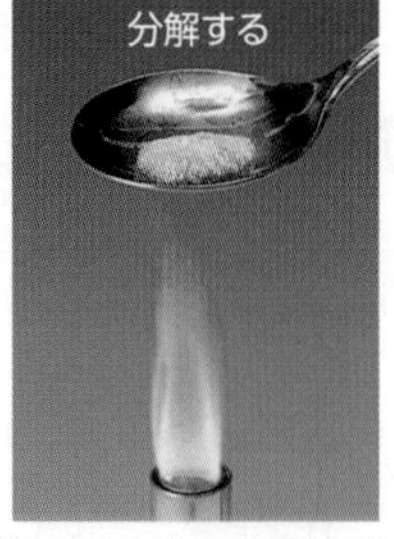

アミノ酸は双性イオンの形をとり，互いに静電気力で結合してイオン結晶に近い構造になっている。そのため，比較的高い融点をもち，加熱すると融点に達する前に分解することが多い（アラニン 分解点：297℃）。

双性イオン

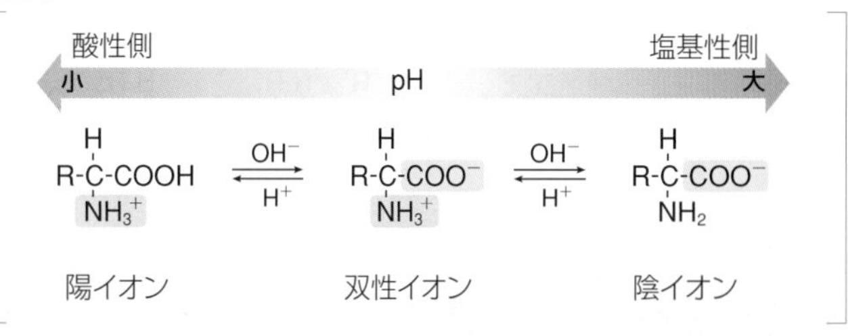

アミノ酸をpHが等電点と等しい水溶液に溶かすと，カルボキシ基から取れたH^+がアミノ基に結合したイオンが最も多くなる。これを双性イオンとよぶ。アミノ酸を酸性溶液に溶かすと，H^+が結合して陽イオンになる。また，塩基性溶液に溶かすと，H^+が取れて陰イオンになる。

C アミノ酸の分離

クロマトグラフィーにより，アミノ酸を分離する。ろ紙によるクロマトグラフィーは手軽な分析法で，アミノ酸や低分子量のペプチドなどの分離に便利である。

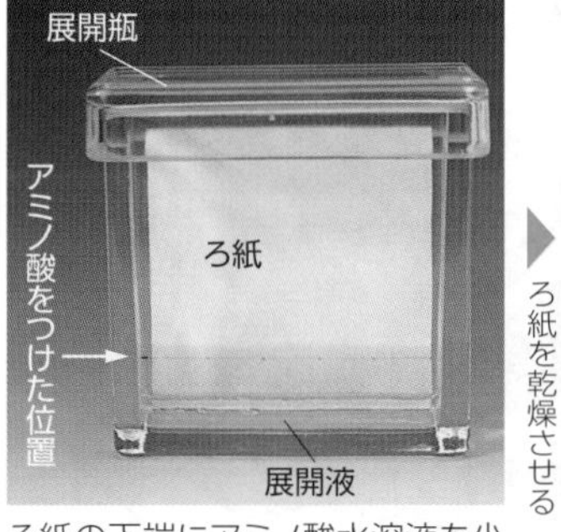

ろ紙の下端にアミノ酸水溶液を少量つけ，展開液で展開する。

ろ紙を乾燥させる

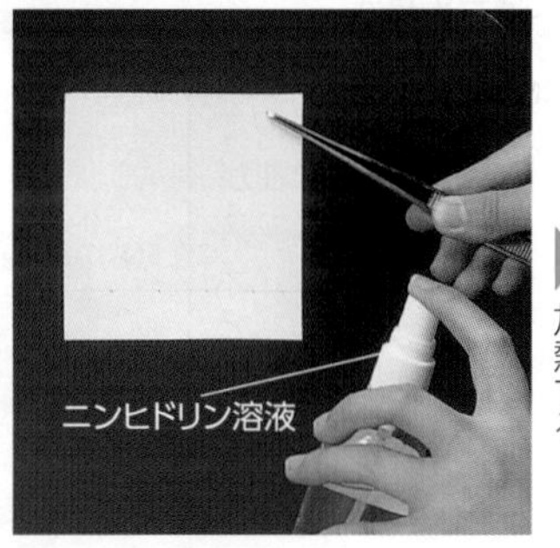

ニンヒドリン反応により，アミノ酸を呈色させる。

加熱する

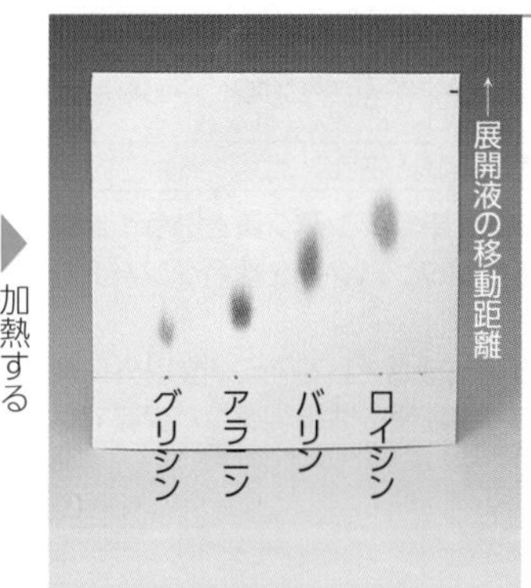

ペーパークロマトグラフィー

展開液は，水を含む有機溶媒であり，原点につけたアミノ酸を溶かして上に移動していく。展開液の移動中に，アミノ酸はろ紙内の水（乾燥状態でも多く含まれている）に溶けこみ，移動が止まる。これを連続的にくり返しながら，展開液中のアミノ酸はろ紙の上のほうに向かって移動する。
一般にアミノ酸の移動距離は，水に溶けにくく，有機溶媒に溶けやすいものほど大きくなる。

電気泳動

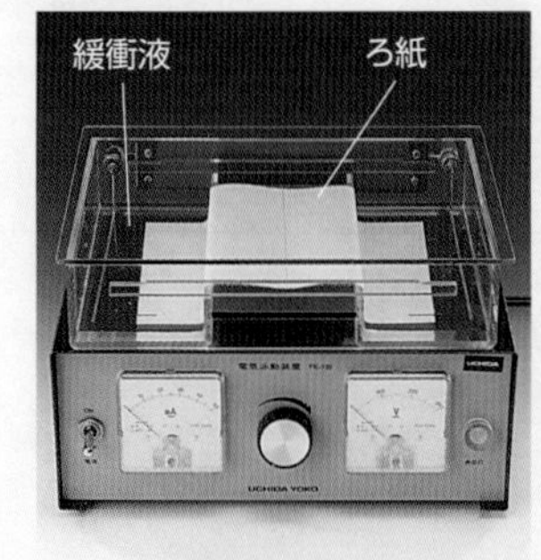

電気泳動装置

電気泳動を利用すると，等電点の違いから，アミノ酸の混合物を純粋な成分に分離することができる。
細長いろ紙をある一定のpHの緩衝液で湿らせておき，アミノ酸の混合物をろ紙の中央に置く。両端に高電圧を加えると，全体として負電荷をもつアミノ酸は陽極へ，全体として正電荷をもつアミノ酸は陰極へ移動する。
例えば，緩衝液のpHが5.97のとき，グリシンは双性イオンになっていて，電気的に中性であるため移動しない。それに対して，リシンはpHが5.97のとき陽イオンになっているため，陰極の方向に移動する。また，アスパラギン酸はpHが5.97のとき陰イオンになっているため，陽極の方向に移動する。

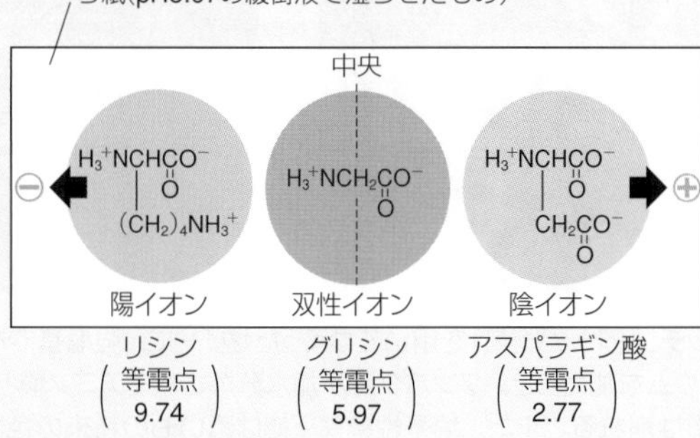

高分子化合物

6 タンパク質 基 化 生物

A タンパク質 protein

ペプチド結合

タンパク質は，多数のアミノ酸が縮合重合したポリペプチドを基本にしており，加水分解するといろいろな α-アミノ酸を生じる。
アミノ酸がアミド結合 -CO-NH- でつながったものをポリペプチドといい，ペプチドに含まれるアミド結合を特にペプチド結合という。多数のアミノ酸がペプチド結合でつながった化合物をポリペプチドという。

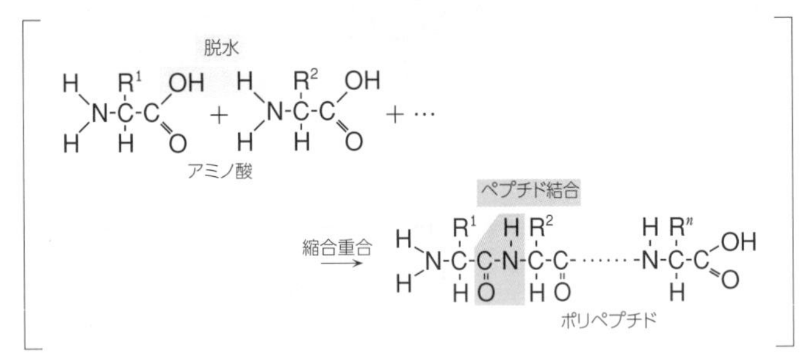

タンパク質の分類 （ ：単純タンパク質 ：複合タンパク質）

	名称	例・性質・所在など
可溶性	アルブミン*	水に可溶。卵白・血清アルブミン。
	グロブリン*	水に不溶。食塩水に可溶。卵白・血清グロブリン。
	グルテリン	酸・塩基に可溶。組成にはグルタミン酸が多い。
	プロタミン	水に可溶。構成アミノ酸の 70～80％ がアルギニン。魚類，ニワトリの精子。
不溶性	ケラチン	動物体を保護する役割。角・爪・毛髪など。
	コラーゲン	動物体の組織を結合する役割。軟骨・骨・腱など。
	フィブロイン	繊維状タンパク質。絹糸・クモの糸。
ムチン		塩基に可溶。糖を含む。だ液など。
ヘモグロビン		色素を含む。鉄 Fe を含む。血液。
カゼイン		塩基に可溶。リン酸を含む。牛乳。

構成成分が α-アミノ酸のみのタンパク質を単純タンパク質という。また，α-アミノ酸の他に糖，核酸，色素などを含むタンパク質を複合タンパク質という。

＊卵白アルブミンやグロブリンは，その構成成分としてアミノ酸以外に微少量の糖やリン酸などを含むものもあり，厳密には単純タンパク質ではない。

タンパク質の加水分解

ゼラチン（タンパク質）を用いてつくったゼリーに，強塩基である水酸化ナトリウムを加えると，タンパク質が加水分解されてアミノ酸となり，ゼリーの形は崩れる。また，塩基性条件下では紫いも粉末の色は赤紫色から黄色に変化するため，加水分解を受けたところの色が変化する。

B タンパク質の構造

一次構造

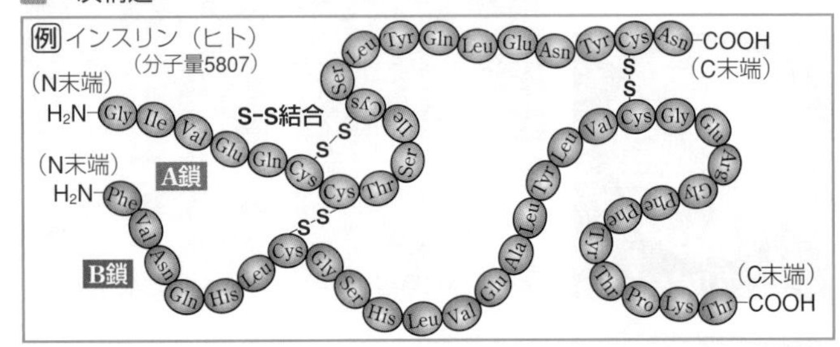

一次構造（アミノ酸配列）は，それぞれ遺伝子の実体であるDNAの情報により決定される（インスリンは血糖量の調節に関わるタンパク質）。

二次構造

ポリペプチド鎖のペプチド結合間の水素結合によってつくられ，比較的狭い範囲で規則的にくり返される立体構造を，二次構造という。

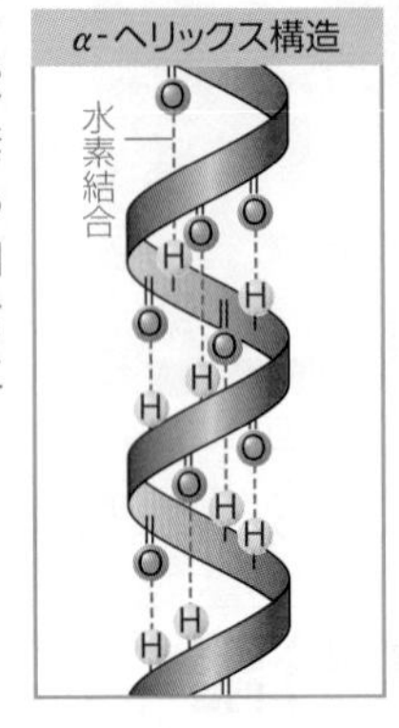

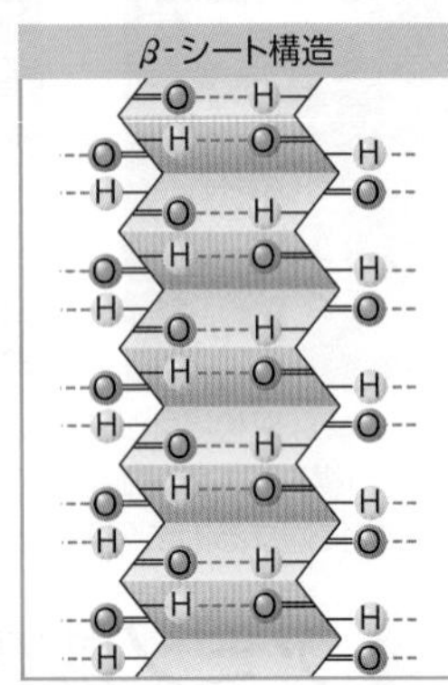

三次構造

二次構造をとったポリペプチド鎖は，さらに複雑に折れ曲がり，S-S 結合（ジスルフィド結合）やイオン結合などによってつながりあい，複雑な立体構造をとる。

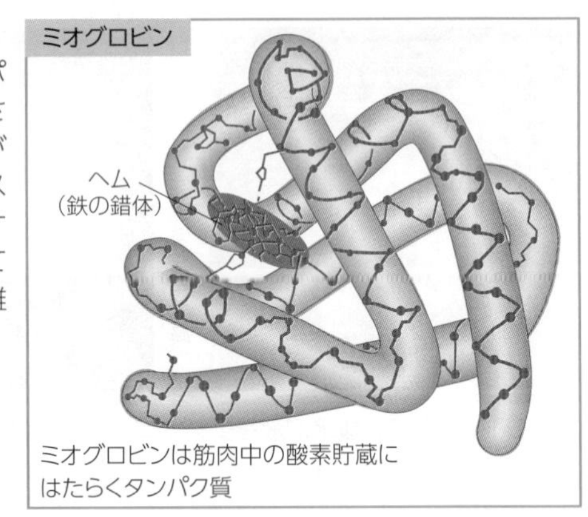

ミオグロビンは筋肉中の酸素貯蔵にはたらくタンパク質

四次構造

タンパク質が複数のサブユニット（三次構造をもつポリペプチド鎖）からなるとき，その全体の立体構造を四次構造という。

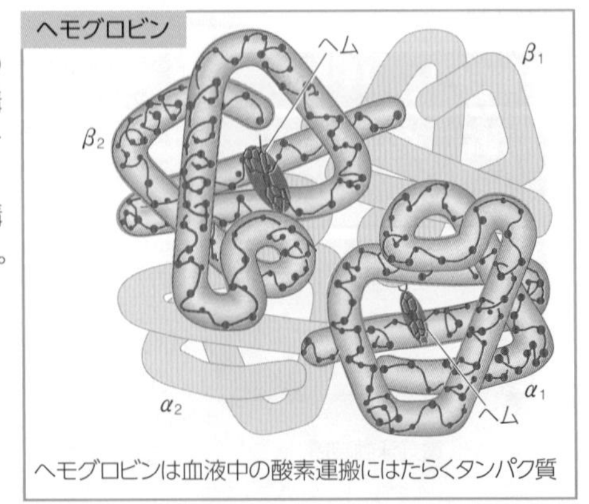

ヘモグロビンは血液中の酸素運搬にはたらくタンパク質

C タンパク質の呈色反応
color reaction

タンパク質はいろいろな試薬によって呈色反応を示す。これらはタンパク質の検出に用いられる。

■卵白のビウレット反応

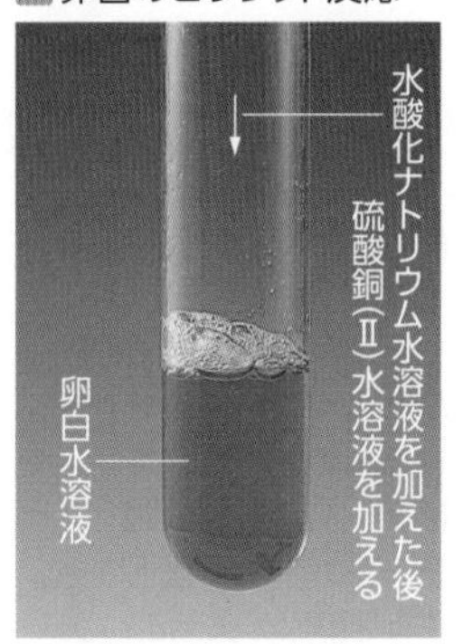

赤紫色になる。2個以上のペプチド結合が Cu^{2+} に配位結合して起こる。

■卵白のキサントプロテイン反応

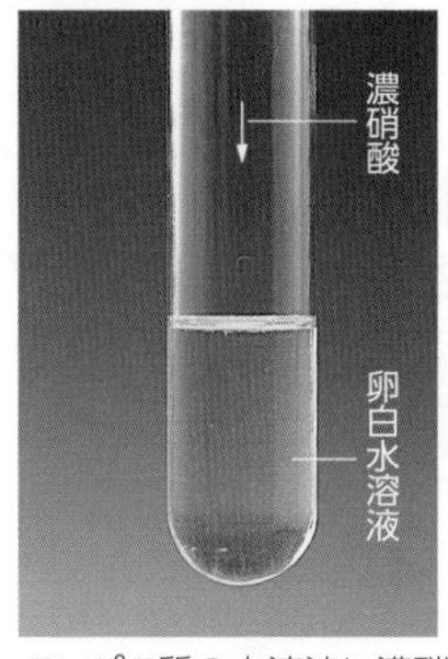

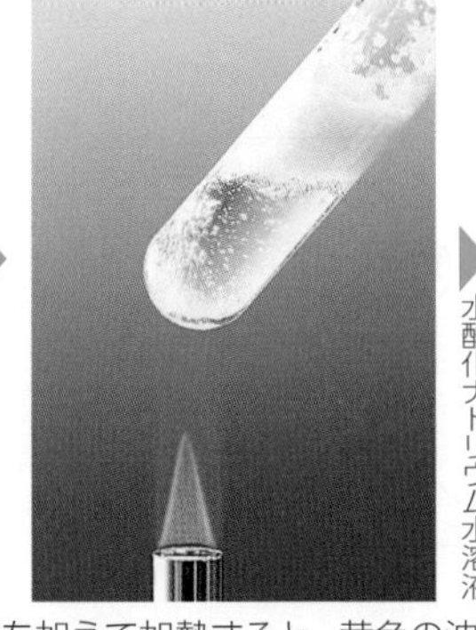

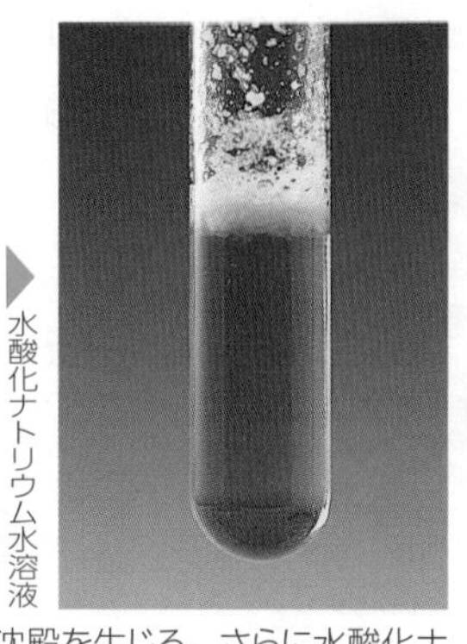

タンパク質の水溶液に濃硝酸を加えて加熱すると，黄色の沈殿を生じる。さらに水酸化ナトリウム水溶液を加えて塩基性にすると，橙黄色になる。アミノ酸に含まれるベンゼン環がニトロ化されることによって起こる。

■卵白のニンヒドリン反応

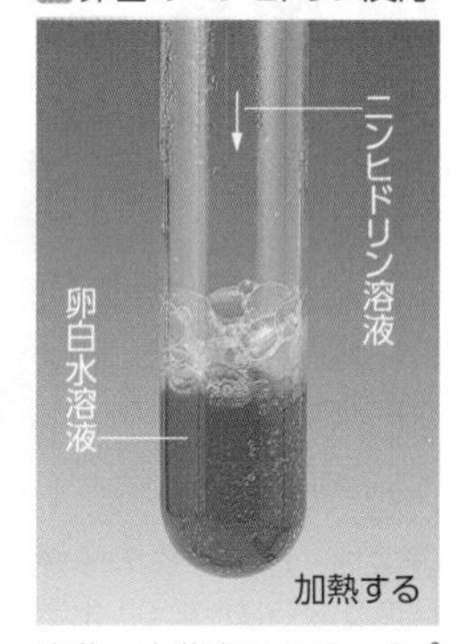

青紫～赤紫色になる。ペプチド結合していない遊離のアミノ基によって起こる。

D タンパク質の変性

ゾル状のタンパク質が凝固して不可逆的にゲル状になることを変性という。

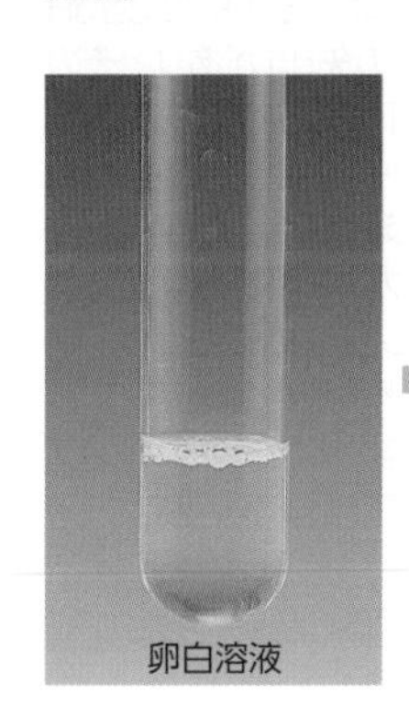

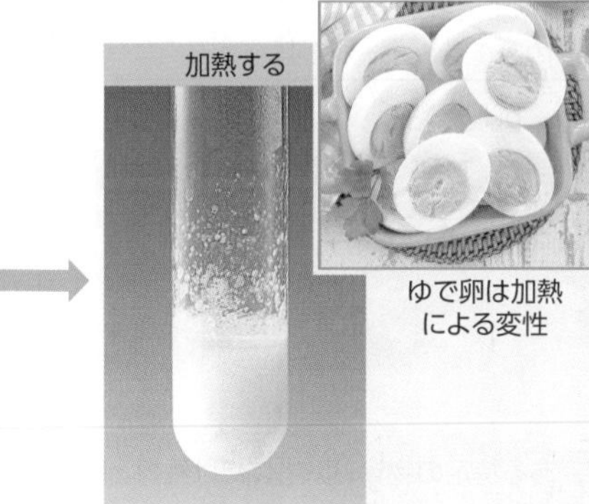

ゆで卵は加熱による変性

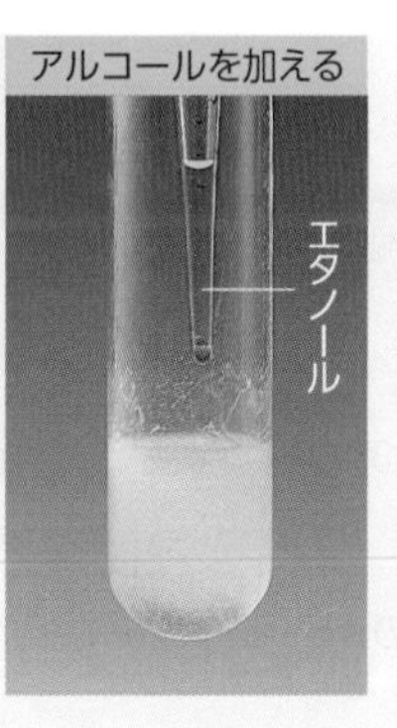

Column 緑色蛍光タンパク質(GFP)
green fluorescence protein

技術

オワンクラゲは，2008年下村脩博士(1928～2018)のノーベル化学賞受賞(p.321)により一躍有名なクラゲとなった。オワンクラゲは，傘の縁が弱い緑色に発光する。これは，体内のイクオリンという発光タンパク質が青色の光を放出し，さらにその光を緑色蛍光タンパク質(GFP)が吸収し，緑色の光を放出するからである。

GFPは分子内の3個のアミノ酸が発色団となり，青色の光～紫外線を吸収して緑色に光る。このとき，熱が発生しない。また，周囲の物質に対してあまり化学的影響を与えない。GFPのこのような性質に注目したのは，生物学や医学の研究者たちである。生物や細胞を観察するときに，特定の物質だけに色をつける物質(発色剤)を用いることがある。このとき，生きたまま観察するために，細胞の成分の一つであるタンパク質を変性させにくい発色剤が求められていたのである。生体内の多くのタンパク質は色をもたない。しかしGFPを，遺伝子組み換えによって生体内のある特定のタンパク質に結合させると，そのタンパク質は緑色の光を放出する。これを利用することで，例えば，がんの原因となるタンパク質が細胞内のどこに，どのくらいの量があり，体内でどのような動きをするかを追跡することが可能となった。現在ではこの発見をもとに，様々な色の蛍光タンパク質がつくられ，がん細胞やアルツハイマー病などの医学の研究に役立てられている。

■オワンクラゲ

■GFP分子構造

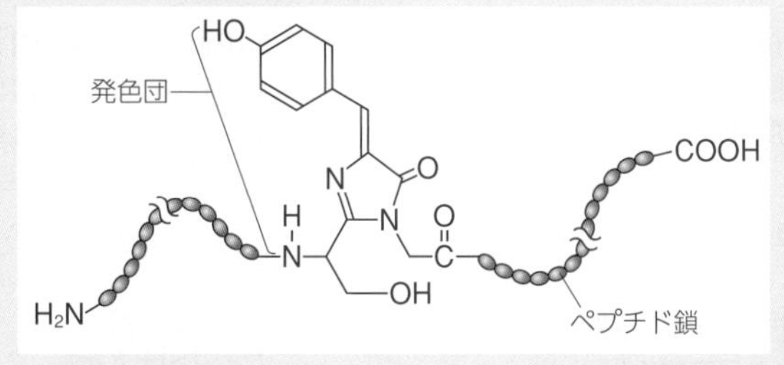

■細菌に様々な色の蛍光タンパク質をつくらせて描いた絵

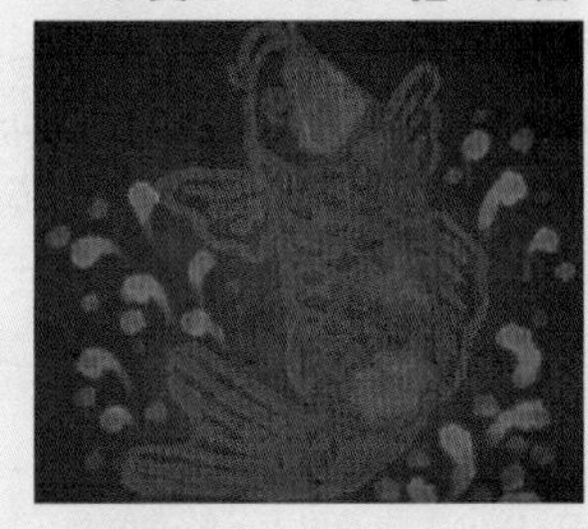

高分子化合物

7 酵素 基 化 生物

A 酵素 enzyme

生体内で起こるさまざまな化学反応には，酵素とよばれるタンパク質が触媒としてはたらいている。酵素は無機物質の触媒(無機触媒)とは異なり，最もよくはたらく温度・pHがある。

酵素を触媒とした反応

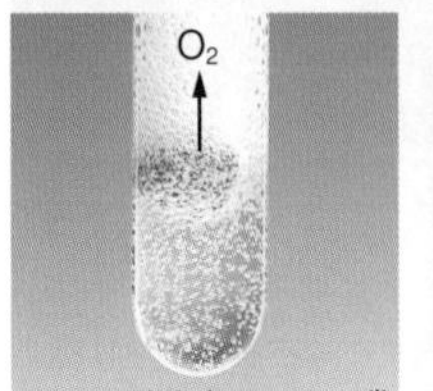

H_2O_2＋酵素(カタラーゼ)

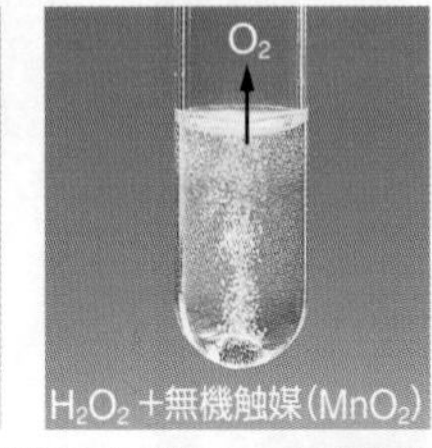

H_2O_2＋無機触媒(MnO_2)

酵素は，無機物質の触媒と同様に，それ自体は変化することなく，化学反応を促進する。

最適温度

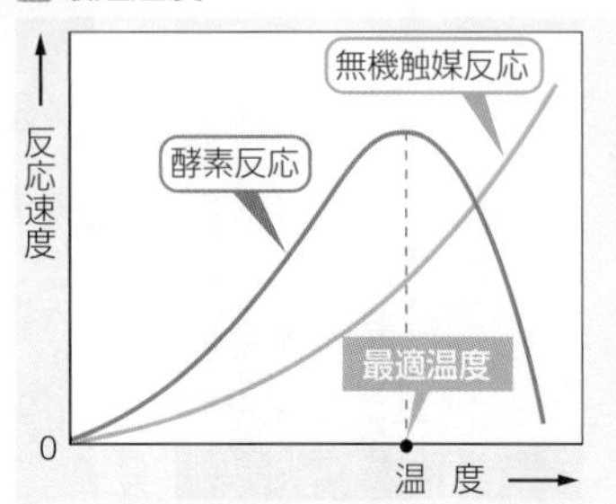

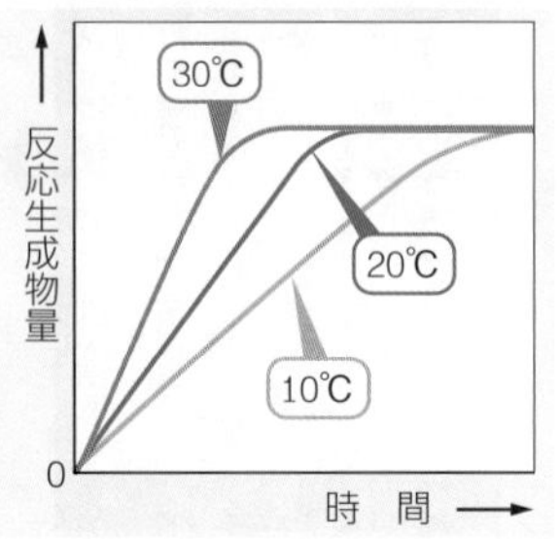

酵素には，最適温度(35～40℃)があり，その条件下で反応が最も促進される。酵素はタンパク質でできているため，高温の条件下ではタンパク質が変性し，反応速度が著しく低下する。これを酵素の失活という。

酵素の構造

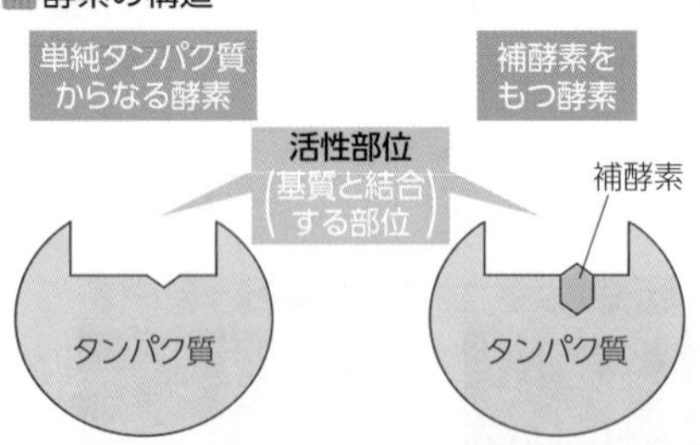

酵素はタンパク質の一部に基質の分子構造がぴったり入る構造をもつ。これを活性部位という。また，タンパク質に補酵素(低分子の化合物や金属イオンなど)が結合して活性部位をつくっているものもある。

最適 pH

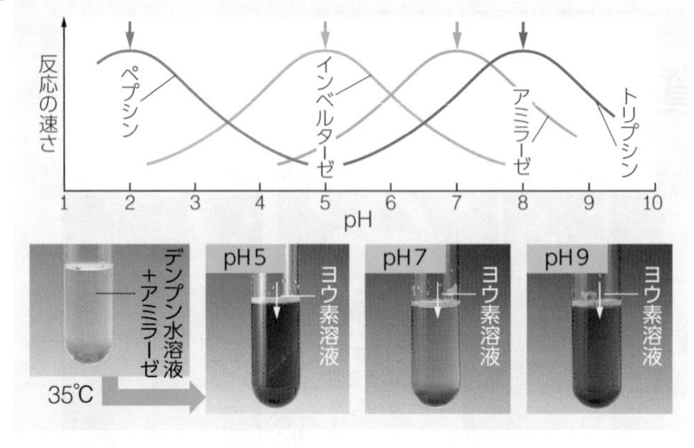

酵素には，それぞれ最適pH(左図の矢印)があり，その条件下で反応が最も促進される。

アミラーゼは中性(pH7)でデンプンを加水分解する酵素としてはたらくため，中性の水溶液のデンプンだけが分解され，ヨウ素デンプン反応を示さない(左図下)。

B 酵素の基質特異性

酵素の作用はきわめて選択的で，ある特定の物質(基質)にだけ触媒として作用する(基質特異性)。

酵素の基質特異性

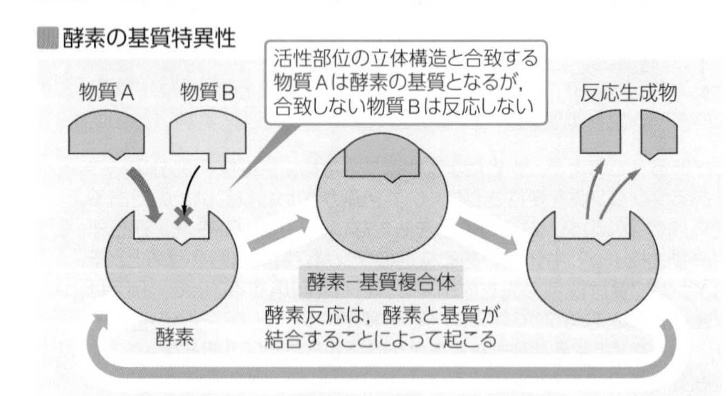

おもな酵素と基質

分類	酵素(常用名)	基質	生成物
酸化還元酵素	アルコールデヒドロゲナーゼ	第1級アルコール(第2級アルコール)	アルデヒド(ケトン)
	カタラーゼ	過酸化水素	水，酸素
加水分解酵素	アミラーゼ	デンプン	マルトース
	インベルターゼ	スクロース	グルコース＋フルクトース
	リパーゼ	油脂	脂肪酸＋モノグリセリド
	トリプシン	タンパク質	ポリペプチド

Zoom up 酵素反応の速度(ミカエリス・メンテンの式)

酵素Eと基質Sが複合体E・Sを形成し，生成物Pを生じる反応は次のように表すことができる。一般に生体内の酵素反応では，v_2がきわめて小さいので，①式全体の反応速度(Pの生成速度)はv_2とみなせる。

$$\mathrm{E+S} \underset{v_{-1}}{\overset{v_1}{\rightleftarrows}} \mathrm{E\cdot S} \xrightarrow{v_2} \mathrm{E+P} \quad (v_1,\ v_{-1},\ v_2\text{：反応速度}) \quad \cdots①$$

v_1，v_{-1}，v_2はそれぞれの反応速度定数k_1，k_{-1}，k_2を用いて次のように表される。

$$v_1 = k_1[\mathrm{E}][\mathrm{S}],\ v_{-1} = k_{-1}[\mathrm{E\cdot S}],\ v_2 = k_2[\mathrm{E\cdot S}]$$

E・Sの生成速度と分解速度が等しいと仮定すると，

$$k_1[\mathrm{E}][\mathrm{S}] = k_{-1}[\mathrm{E\cdot S}] + k_2[\mathrm{E\cdot S}]$$

となるので，酵素の全濃度$[\mathrm{E}]_0 = [\mathrm{E}] + [\mathrm{E\cdot S}]$を用いて，Pの生成速度$v_2$は次のように表せることが知られている。

$$v_2 = \frac{k_2[\mathrm{E}]_0[\mathrm{S}]}{[\mathrm{S}]+K},\ K = \frac{k_2 + k_{-1}}{k_1} \quad \cdots②$$

[S]が十分に大きくなると，酵素はすべてE・Sをつくることになり，v_2は最大となる。このときの速度を$V_{\max} = k_2[\mathrm{E}]_0$とおくと，

$$v_2 = \frac{V_{\max}[\mathrm{S}]}{[\mathrm{S}]+K}$$

A ダイナマイトを開発した発明家ノーベルの遺産から生じた利子で，平和と科学の進歩に貢献した人に贈られる世界的な賞です(p.319)。

Zoom up 物質の循環

地球上には様々な生物が生息している。生物はまわりをとり巻く光・温度・大気・水などの無機的環境と密接な関係をもっている。
生物と無機的環境を1つのまとまりと考え，それを生態系とよぶ。生態系では，生物と無機的環境との間でいろいろな物質の循環が起こっている。ここでは，陸上の生物と無機的環境の間の物質の循環について述べる。

炭素の循環

炭素Cは有機化合物の骨格となる重要な元素である。生物は，おもに大気中に約0.04％存在する二酸化炭素CO_2を取りこんだり排出したりして，物質の代謝を行っている。
大気中の二酸化炭素を取りこむ生物は，おもに植物である。CO_2は植物の体内で，光合成により炭水化物などの様々な有機化合物につくりかえられる。このようにして合成された有機化合物は，動物に食べられ，体内に取りこまれたり，呼吸によってCO_2にもどされたりして，大気中に排出される。
また，遺体や排出物として土壌に排出された有機化合物は，土壌中の菌類・細菌類の呼吸によって最終的にCO_2にもどされ，大気中に排出される。
近年，人間が化石燃料を大量に使用していることにより，大気中へのCO_2放出量が著しく増加し，地球温暖化を引き起こしていると指摘されている(p.184)。

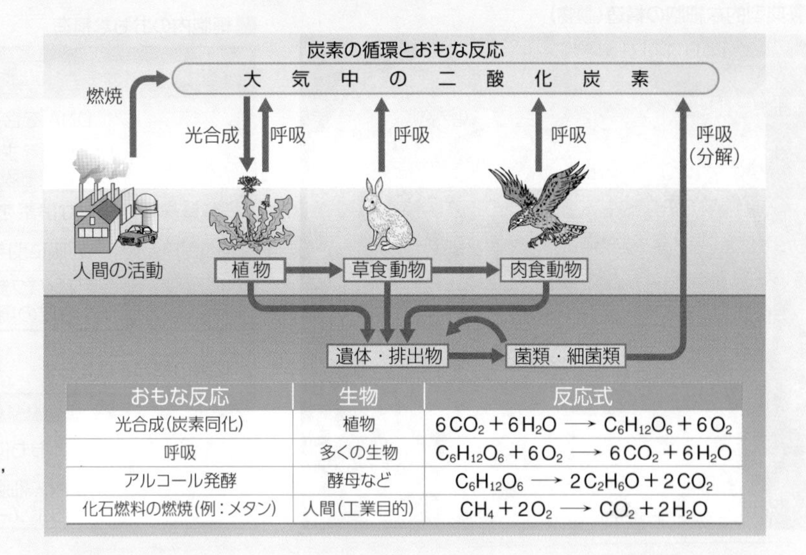

おもな反応	生物	反応式
光合成(炭素同化)	植物	$6CO_2 + 6H_2O \longrightarrow C_6H_{12}O_6 + 6O_2$
呼吸	多くの生物	$C_6H_{12}O_6 + 6O_2 \longrightarrow 6CO_2 + 6H_2O$
アルコール発酵	酵母など	$C_6H_{12}O_6 \longrightarrow 2C_2H_6O + 2CO_2$
化石燃料の燃焼(例：メタン)	人間(工業目的)	$CH_4 + 2O_2 \longrightarrow CO_2 + 2H_2O$

窒素の循環

窒素Nはタンパク質などに含まれる元素である。
大気中に約80％存在する窒素N_2は，きわめて安定な物質であり，多くの生物はそのN_2を直接利用することができない。生物はおもに土壌中の硝酸イオンNO_3^-やアンモニウムイオンNH_4^+を取りこんだり排出したりして，物質の代謝を行っている。
土壌中のNO_3^-やNH_4^+は，まず植物に吸収され，体内でアミノ酸・タンパク質などにつくりかえられる(窒素同化という)。このようにしてつくられた有機化合物は，動物に食べられ，体内に取りこまれる。
やがて遺体や排出物として土壌に排出された有機化合物は，土壌中の細菌類・菌類などによって分解され，NH_4^+にもどされる。硝化菌とよばれる細菌(亜硝酸菌・硝酸菌)は，NH_4^+からNO_2^-やNO_3^-を合成する。
また，根粒菌などのごく一部の細菌(窒素固定細菌)は，N_2を直接利用しNH_4^+を合成する(窒素固定という)。
近年，人間がハーバー・ボッシュ法に(p.167)よってN_2からNH_3を合成し，大量に窒素肥料の生産を行った結果，生態系を循環する窒素の総量が増加している。

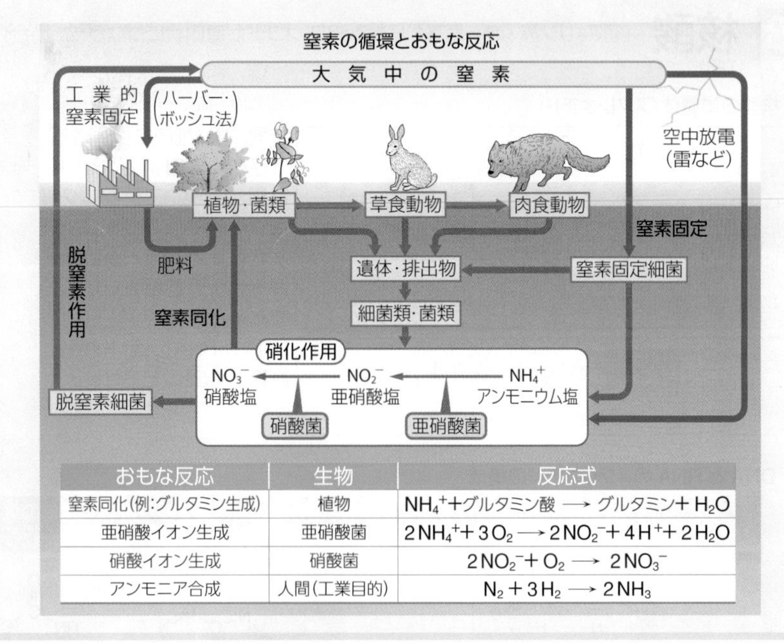

おもな反応	生物	反応式
窒素同化(例:グルタミン生成)	植物	NH_4^+＋グルタミン酸 ⟶ グルタミン＋H_2O
亜硝酸イオン生成	亜硝酸菌	$2NH_4^+ + 3O_2 \longrightarrow 2NO_2^- + 4H^+ + 2H_2O$
硝酸イオン生成	硝酸菌	$2NO_2^- + O_2 \longrightarrow 2NO_3^-$
アンモニア合成	人間(工業目的)	$N_2 + 3H_2 \longrightarrow 2NH_3$

入試問題にチャレンジ! p.285

と表すことができ，この式をミカエリス・メンテンの式という。
[S]が十分に小さい([S]≪K)とき，[S]＋K≒Kと近似できるので，

$$v_2 \fallingdotseq \frac{V_{max}[S]}{K}.$$

となる。したがって，v_2は[S]に比例するとみなすことができる。
[S]が十分に大きい([S]≫K)とき，[S]＋K≒[S]と近似できるので，

$$v_2 \fallingdotseq V_{max}$$

となる。したがって，v_2は[S]によらず一定であるとみなすことができる。

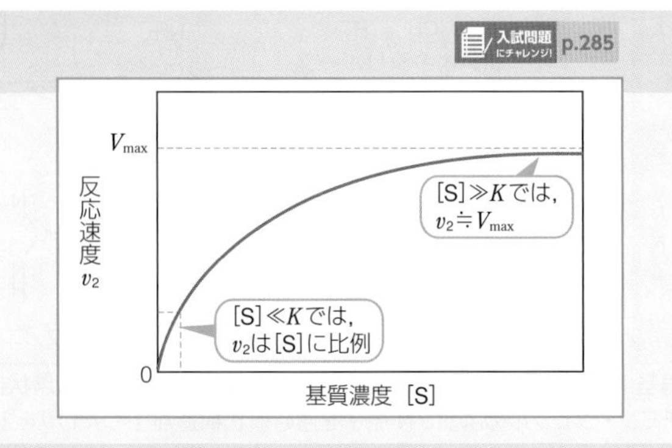

8 核酸 基 化 生物

A 細胞の構造 cell

生物の基本構造である細胞には，生命活動を行うのに必要な様々な構造が存在する。細胞を構成する物質は，タンパク質・脂質・糖類・核酸などの有機化合物と，水などの無機化合物である。

QR 典型的な細胞の構造(動物)

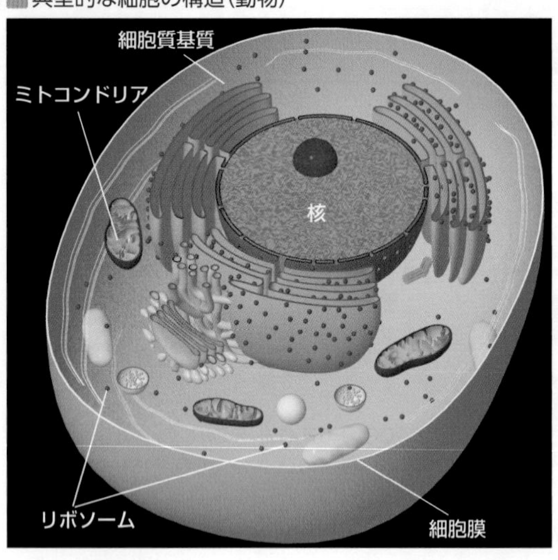

細胞内のおもな構造

構造	特徴
核	DNA を含む
細胞膜	リン脂質を主成分とする膜
細胞質基質	様々な酵素を含む
ミトコンドリア	呼吸に関与
リボソーム	タンパク質合成の場

典型的な細胞の化学組成

物質	特徴とはたらきなど	細胞内の組成
水	溶媒，化学反応の場	70％
タンパク質	酵素・ホルモンなどの成分	16.5％
糖類	エネルギー源	3.5％
脂質	エネルギー源，細胞膜などの成分	6.0％
核酸	遺伝子の本体，タンパク質合成に関与	1.3％

核酸の種類とはたらき

構造	細胞内で存在する場所	はたらき	構造
DNA	おもに核内	遺伝子の本体	二重らせん構造
RNA	核内，細胞質基質，リボソームなど	タンパク質の合成に重要な役割をする	単一鎖

B 核酸 nucleic acid

核酸はリン酸・糖・塩基からなるヌクレオチドが直鎖状につながった重合体である。

核酸の単量体(ヌクレオチド)

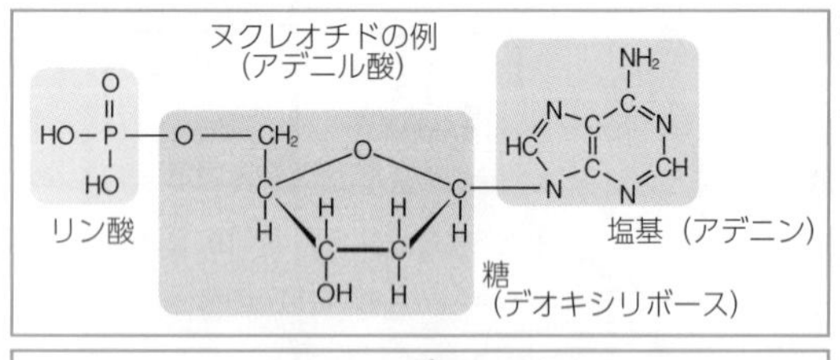

核酸には，細胞の設計図として存在するDNAと，その設計図に基づいてタンパク質をつくるRNAとがある。いずれもヌクレオチドが数千個から数十万個重合したものである。

DNAとRNAの違いは糖(五炭糖)と塩基の組合せによる。

DNA のヌクレオチド鎖

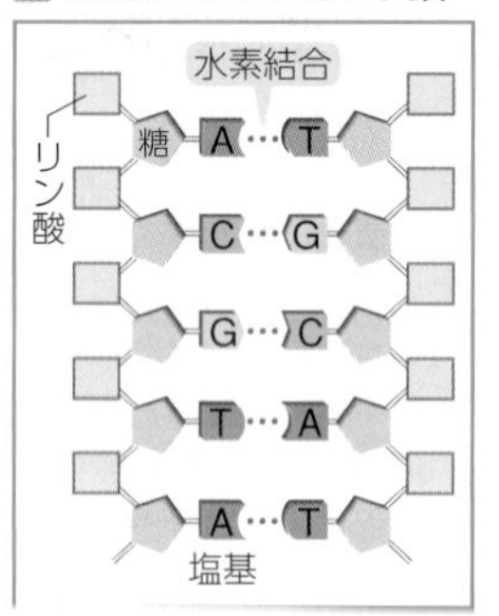

RNA のヌクレオチド鎖

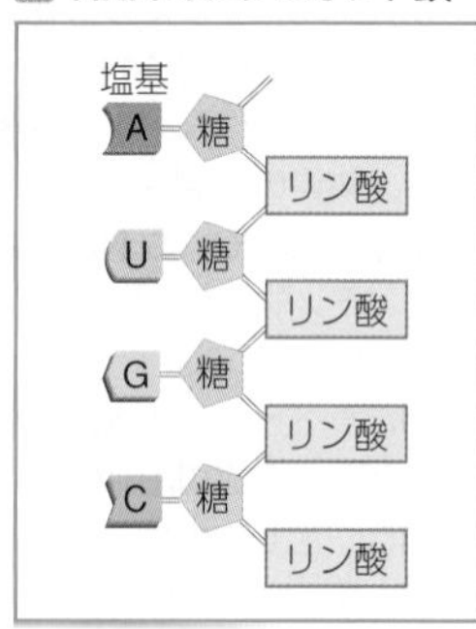

DNA と RNA のヌクレオチドの構成

	リン酸	糖(五炭糖)	共通の塩基		固有の塩基
			ピリミジン塩基	プリン塩基	ピリミジン塩基
DNA	HO-P(=O)-OH HO	デオキシリボース $C_5H_{10}O_4$	シトシン（C）	アデニン（A）	チミン（T）
RNA		リボース $C_5H_{10}O_5$		グアニン（G）	ウラシル（U）

塩基には，アデニンやグアニンのようにN原子を含む2つの環状構造があるプリン塩基と，シトシン・チミン・ウラシルのようにN原子を含む環状構造が1つだけのピリミジン塩基とがある。

塩基どうしの結合

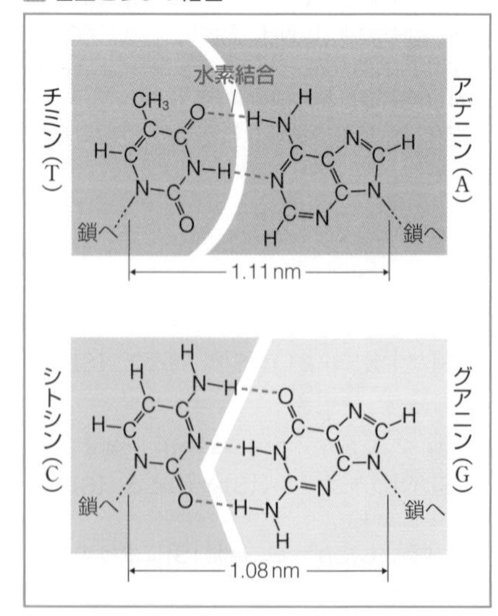

C 核酸のはたらき

核酸は遺伝情報を子孫に伝えたり，タンパク質を合成したりするときに重要な役割をする。

DNA の二重らせん構造

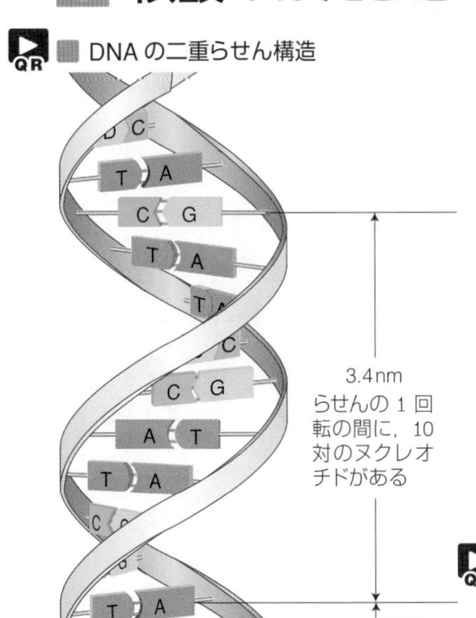

1 本のヌクレオチド鎖の塩基と，もう 1 本のヌクレオチド鎖の塩基が，水素結合で結ばれて二重らせん構造を形成している。塩基がどのような順序で並ぶかにより，遺伝情報が決められ，RNA に伝えられる。

DNA の複製

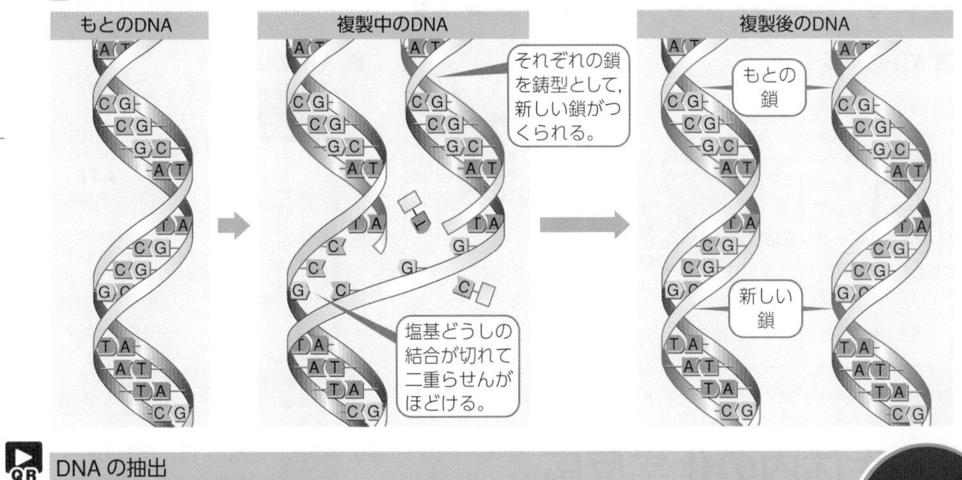

DNA の抽出

ブロッコリーの花芽を乳鉢ですりつぶし，中性洗剤と食塩を加える。

ガーゼを重ねたもので，ろ過する。

ろ液に冷却したエタノールを静かに加えて少し放置すると，白色の DNA を抽出できる。

Column 細胞膜の構造

生物の細胞膜（A 細胞の構造）は，リン脂質を主成分とした膜で構成されている。
リン脂質分子は，リン酸を含む親水性の部分に対し，長い炭化水素基（疎水性）の鎖が 2 本つながった構造をしている。このためリン脂質を水に加えると，親水性の部分を外側に向け疎水性の部分を内側に向けて二重層状の小胞を形成しやすい。
細胞膜もこのような層状構造をしており，脂質二重膜とよばれている。

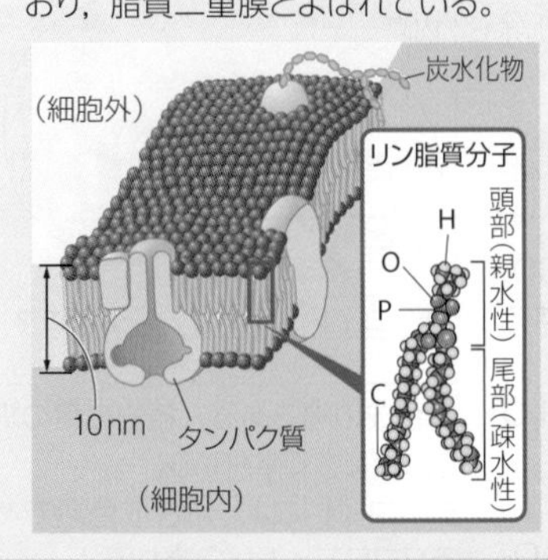

タンパク質合成のしくみ

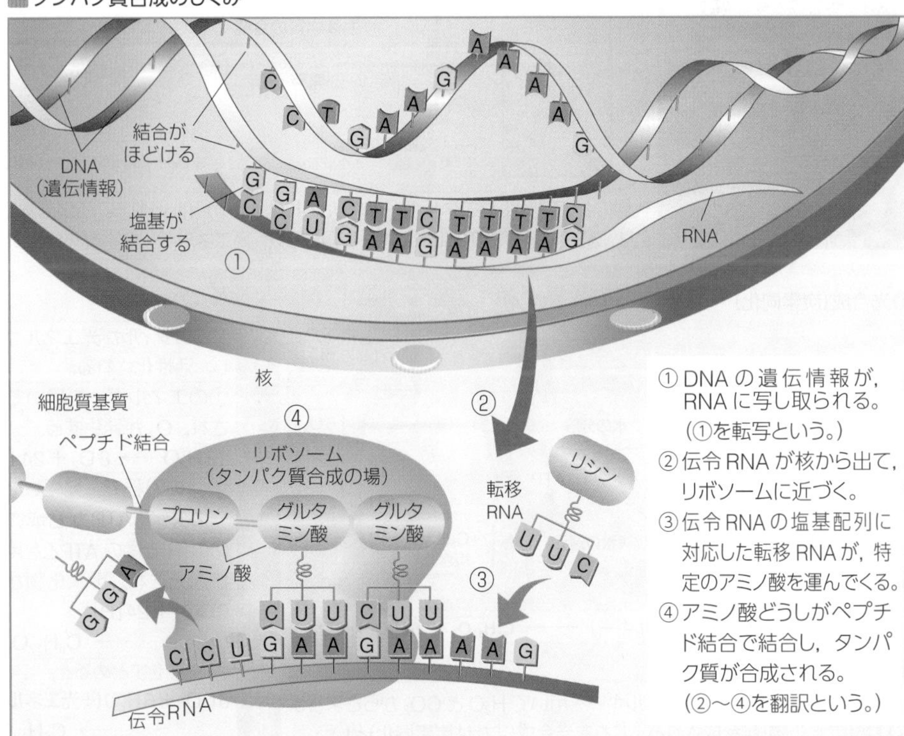

① DNA の遺伝情報が，RNA に写し取られる。（①を転写という。）
② 伝令 RNA が核から出て，リボソームに近づく。
③ 伝令 RNA の塩基配列に対応した転移 RNA が，特定のアミノ酸を運んでくる。
④ アミノ酸どうしがペプチド結合で結合し，タンパク質が合成される。（②～④を翻訳という。）

Q なぜ「核酸」と名付けたのですか?

9 ATP・生体内の化学反応 基 化 生物

A ATP(アデノシン三リン酸)
adenosine triphosphate

ATP は「エネルギーの通貨」とよばれている化学物質である。すべての生物において，生命活動を営む際に必要なエネルギーのやりとりには，ATP が用いられる。

ATPの構造

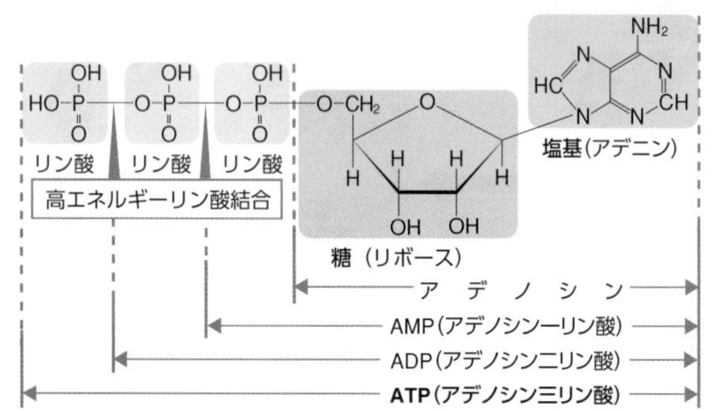

ATPのはたらき

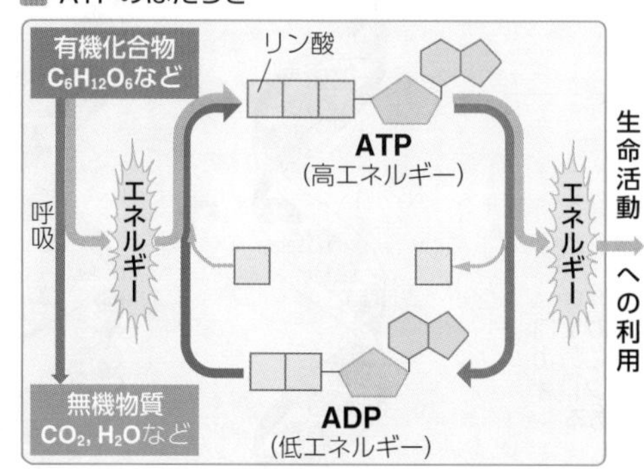

B 生体内の化学反応

生体内で進行する化学反応を代謝という。代謝のうち，簡単な物質を原料として複雑な物質を合成する反応を同化といい，逆に，複雑な物質を簡単な物質に分解する反応を異化という。

代謝(同化・異化)の流れ

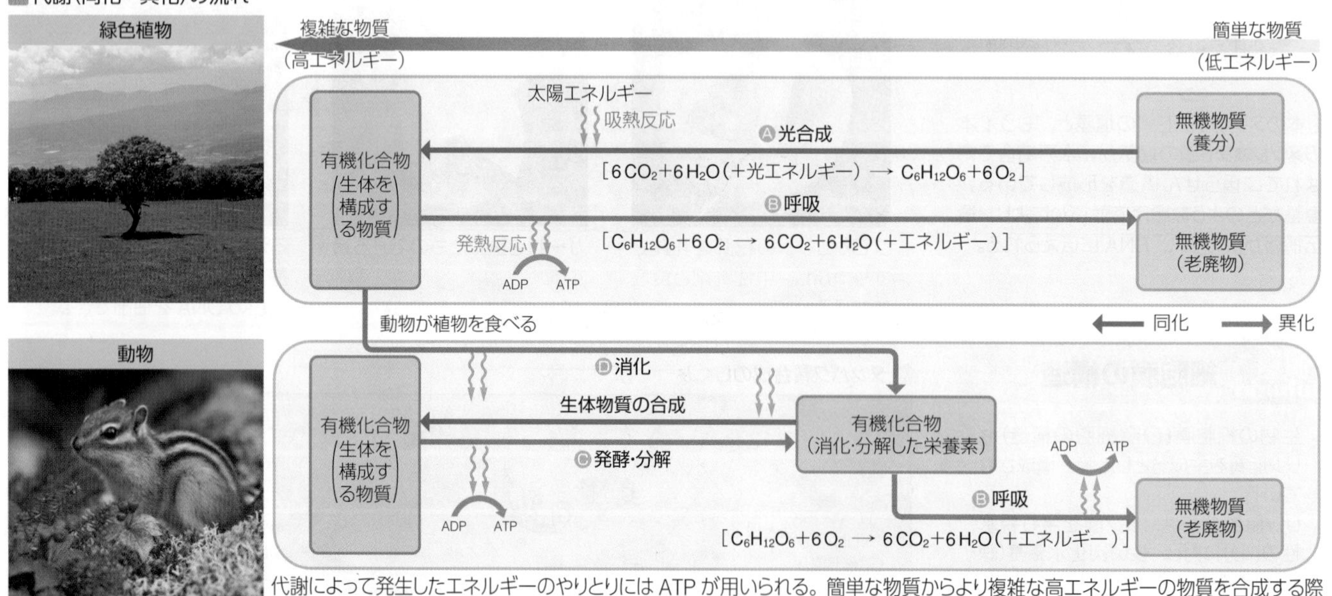

代謝によって発生したエネルギーのやりとりには ATP が用いられる。簡単な物質からより複雑な高エネルギーの物質を合成する際には，ATP に蓄積されたエネルギーが用いられ，高エネルギーの物質を分解すると発生するエネルギーは，ATP に蓄積される。

Ⓐ光合成(炭素同化)

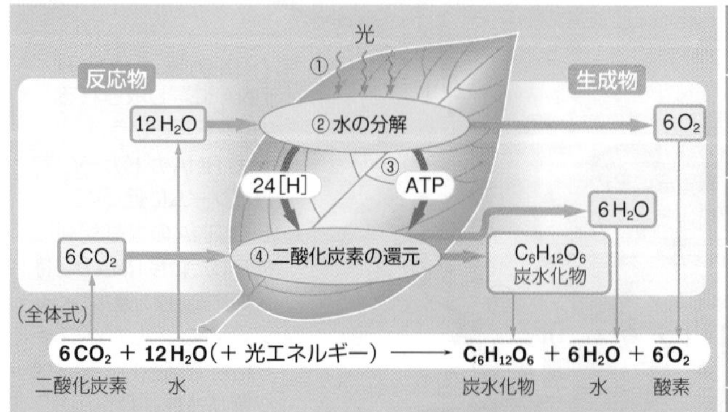

緑色植物の葉緑体では，光エネルギーを用いて H_2O と CO_2 からさまざまな糖類(炭水化物)が合成される。これを光合成(または炭素同化)という。

①	クロロフィルが光エネルギーを吸収し，活性化される。
②	①のエネルギーを用いて水が分解され，O_2 が発生する。 $12H_2O \longrightarrow 6O_2 + 24[H]$
③	①②の過程で，発生したエネルギーによって ATP が合成される。
④	②の[H]と③の ATPとを用いて CO_2 が還元され，炭水化物が生成する。 $6CO_2 + 24[H] \longrightarrow C_6H_{12}O_6 + 6H_2O$
合計	①〜④をまとめると， $6CO_2 + 6H_2O$(+光エネルギー) $\longrightarrow C_6H_{12}O_6 + 6O_2$

葉緑体

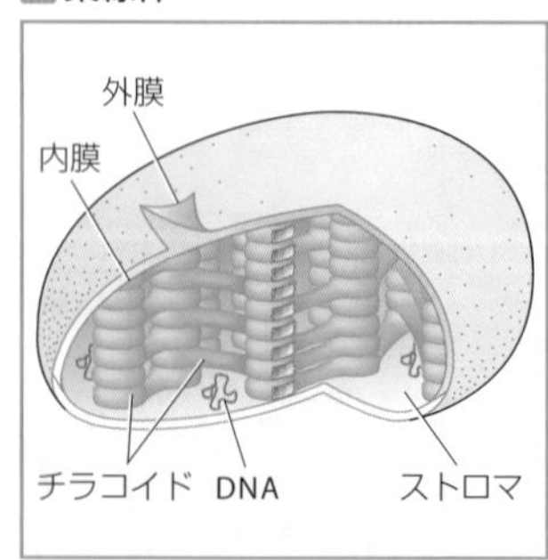

光合成の場である。植物の葉の細胞などに多く存在する。
チラコイドには，光合成色素であるクロロフィルが含まれる。

Ⓐ 細胞の核の中に存在して，酸性を示すことから名付けられました。

Ⓑ呼吸

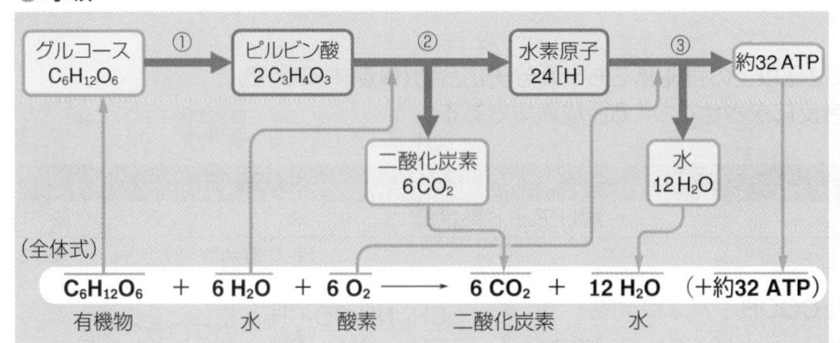

生物が生命を維持するために必要なエネルギーを，グルコースなどの有機物の分解によって得る機構を，呼吸という。呼吸は，酸素が存在する条件下で行われ，有機物が完全に分解されて二酸化炭素と水が生成する。

①	1分子のグルコースが2分子のピルビン酸に分解される。4[H]がとれ，2ATPが生成する。 $C_6H_{12}O_6 \longrightarrow 2C_3H_4O_3 + 4[H]$ (+2ATP)
②	①のピルビン酸($2C_3H_4O_3$)と$6H_2O$が$6CO_2$と20[H]に完全に分解される。2ATPが生成する。 $2C_3H_4O_3 + 6H_2O \longrightarrow 6CO_2 + 20[H]$ (+2ATP)
③	①②で生じた24[H]が最終的に酸素と結合して水になる。約28ATPが生成する。 $24[H] + 6O_2 \longrightarrow 12H_2O$(+約28ATP)
合計	①〜③をまとめると， $C_6H_{12}O_6 + 6O_2 \longrightarrow 6CO_2 + 6H_2O$(+約32ATP)

Ⓒ発酵

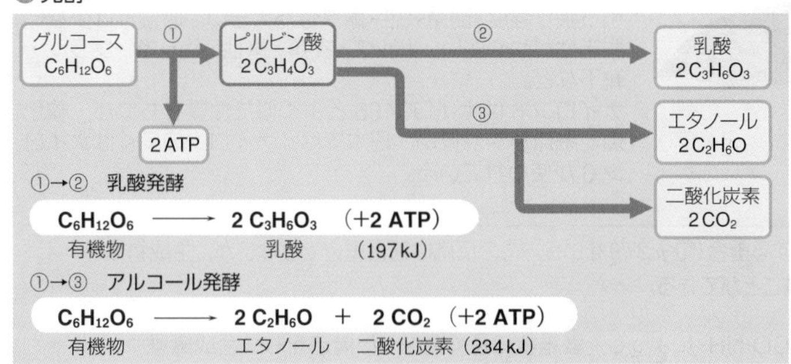

酸素のない条件下でも有機物を分解してATPを合成できるような反応を発酵という。発酵では，有機物が完全に分解されず，乳酸やエタノールなどが生成するため，生じるATPは呼吸よりも少なくなる。

①	呼吸の①と共通の反応。4[H]がとれ，2ATPが生成する。 $C_6H_{12}O_6 \longrightarrow 2C_3H_4O_3 + 4[H]$ (+2ATP)
②	①のピルビン酸($2C_3H_4O_3$)が還元されて，2分子の乳酸が生じる。乳酸菌などにより起こる反応。 $2C_3H_4O_3 + 4[H] \longrightarrow 2C_3H_6O_3$
③	①のピルビン酸($2C_3H_4O_3$)からCO_2がとれ，さらに還元されて，2分子のエタノールが生成する。酵母などにより起こる反応。 $2C_3H_4O_3 + 4[H] \longrightarrow 2C_2H_6O + 2CO_2$
合計	乳酸発酵：①②をまとめると， $C_6H_{12}O_6 \longrightarrow 2C_3H_6O_3$(+2ATP)
合計	アルコール発酵：①③をまとめると， $C_6H_{12}O_6 \longrightarrow 2C_2H_6O + 2CO_2$(+2ATP)

Ⓓ消化

動物が，食物に含まれる複雑な有機化合物を簡単な物質に分解する反応を，消化という。消化ではおもに加水分解酵素が触媒としてはたらいている。動物の体内では，いろいろな器官から消化に関わる酵素(消化酵素)が含まれる液が分泌されている。
消化された栄養素は，小腸から血液などに吸収されて体の各部に運ばれる。

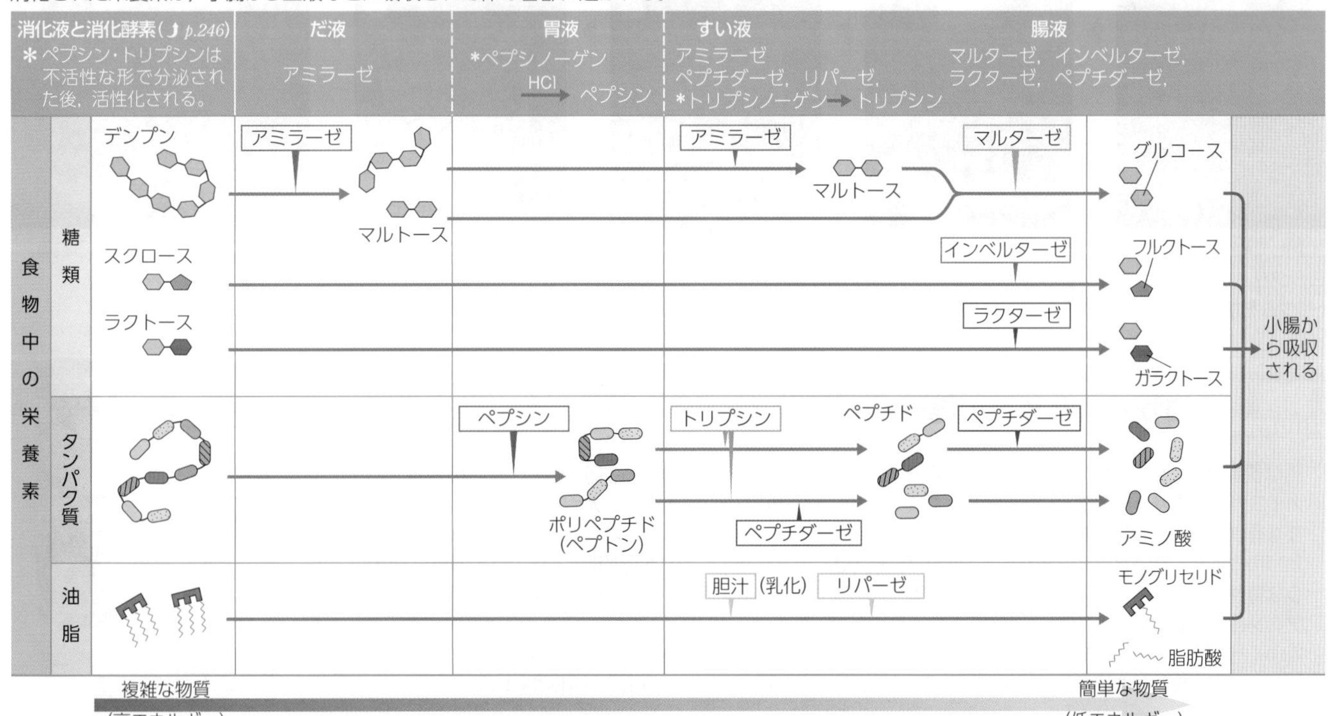

Q 呼吸をしない動物は，どのようにエネルギーを得ているのですか?

10 繊維 I 基 化

A 縮合重合による合成繊維
condensation polymerization　synthetic fiber

1分子中に2個以上の官能基をもつ低分子化合物（単量体）の間で，次々に縮合反応をさせてつくる合成繊維である。

日常

名称	ポリエチレンテレフタラート	ナイロン66	ナイロン6
分類	ポリエステル系繊維	ポリアミド系繊維	
重合	縮合重合		開環重合*
単量体（モノマー）	HOOC-C_6H_4-COOH　テレフタル酸 HO-CH_2-CH_2-OH　エチレングリコール	HOOC-$(CH_2)_4$-COOH　アジピン酸 H_2N-$(CH_2)_6$-NH_2　ヘキサメチレンジアミン	CH_2-NH-CO-CH_2 / CH_2 − CH_2 − CH_2　カプロラクタム
重合体（ポリマー）	$[-C(=O)-C_6H_4-C(=O)-O-(CH_2)_2-O-]_n$　：エステル結合	$[-C(=O)-(CH_2)_4-C(=O)-N(H)-(CH_2)_6-N(H)-]_n$　：アミド結合	$[-C(=O)-(CH_2)_5-N(H)-]_n$　：アミド結合
特性と用途	 引っ張り強度はナイロンに次ぐ。耐光性が優れ，乾きやすい。静電気を起こしやすい。シャツ・水着など(ペットボトルの原料でもある)。	 引っ張り強度・耐摩耗性・耐久性が大きい。吸湿性は少ない。耐光性がやや弱い。バッグ・衣類・傘地・釣り糸・ブラシ・靴下など。 ナイロン6はナイロン66とよく似た性質をもつが，軟化点と融点がやや低い。日本では，ナイロンの多くはナイロン6が使われている。	

* 開環重合とは，分子内のアミド結合などの結合が開いて，次々と鎖状に結合する重合(p.235)をいう。この反応は縮合重合ではないが，生成物は H_2N-$(CH_2)_5$-COOH（6-アミノヘキサン酸）が縮合重合したポリアミドとみなすことができる。

B ポリアミド系繊維の合成
polyamide

アミド結合 -CO-NH- によって，繊維状に長く連なった構造をもつ合成繊維をポリアミド系繊維という。

QR

■ナイロン6の合成

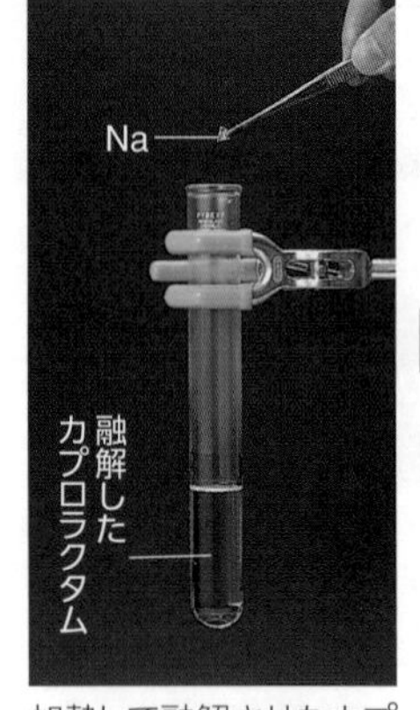

加熱して融解させたカプロラクタムに，単体のナトリウムを加える。

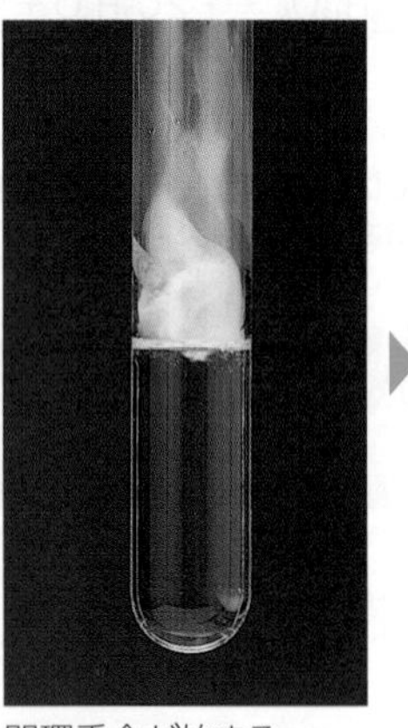
開環重合が始まる。

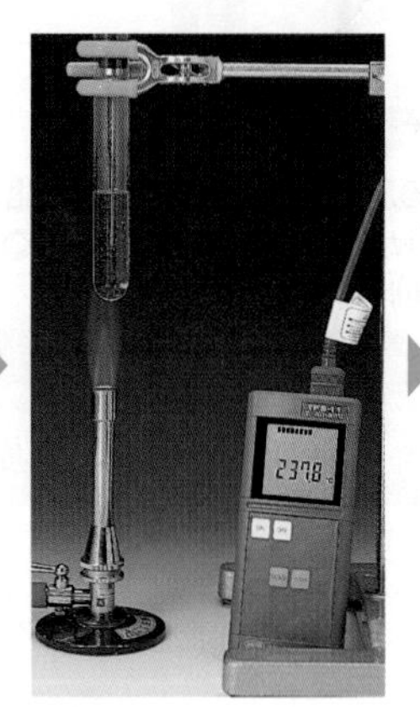
加熱する。

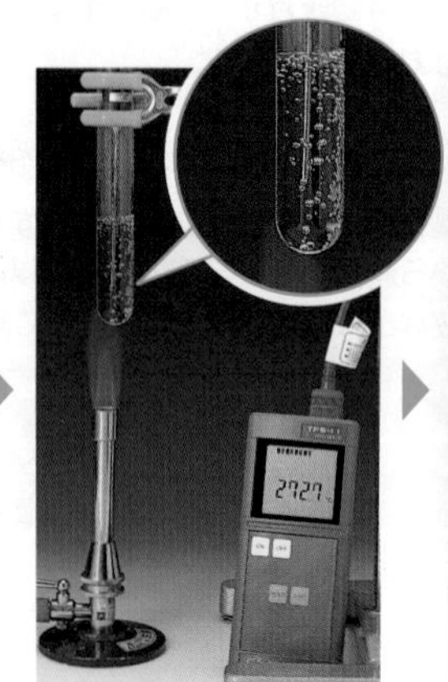
270℃付近で粘性が増す。

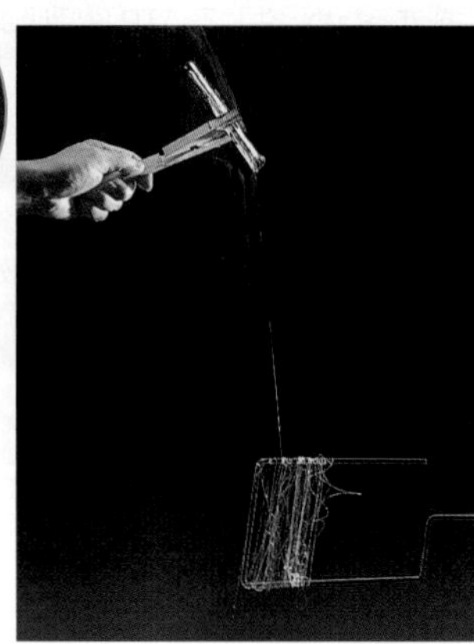
繊維状のナイロン6が得られる。

$$n\ \begin{matrix}CH_2\text{-}NH\text{-}CO\text{-}CH_2\\ CH_2-CH_2-CH_2\end{matrix} \longrightarrow [-C(=O)-(CH_2)_5-N(H)-]_n$$

カプロラクタム　→　ナイロン6

：開環部　：アミド結合部分

Column カロザースと2つの発明
化学史

絹は優雅な光沢と心地よい肌触りをもつ繊維であるが，カイコガのまゆから繊維をとり出して絹をつくるのは大変な作業であり，時間も費用もかかる。

20世紀前半，カロザース(1896～1937)は，絹のような特性をもった繊維を人工的につくろうと考えた。ジアミンとジカルボン酸に着目し，これらを交互につなげていくと，絹と同じタイプの結合ができるのではないかと考えて研究を進めた。そして1935年，引っ張ったときに絹よりも切れにくい丈夫な繊維の合成に成功した。世界初の合成繊維，ナイロンの誕生である。

カロザースはこれより前の1931年に，合成ゴム「クロロプレンゴム」を発明している(p.261)。彼の2つの発明品は，どちらもその後の産業の発展に大きく貢献した。しかし，彼はこれらの発明が実際に製品として発売されるのを見ないまま，41歳で自殺した。うつ病に悩んでいたのが原因といわれている。

ナイロンの宣伝広告

Ⓐ 発酵のほか，深海に生息しているシロウリガイ(軟体動物)のように，深海底から湧出する熱水や硫化水素からエネルギーを得ている生物も存在します。

ナイロン 66 の合成

ヘキサメチレンジアミンを水酸化ナトリウム水溶液に溶かしたものに，アジピン酸ジクロリド(ヘキサン溶液)を，静かに注ぐ。2 層の境界面にできた膜をピンセットで引き上げ，糸状にしたものを試験管などで巻き上げる(界面重合)。

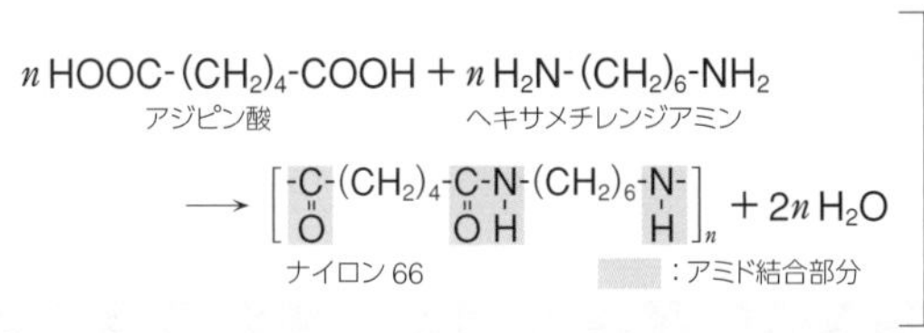

$$n\,HOOC\text{-}(CH_2)_4\text{-}COOH + n\,H_2N\text{-}(CH_2)_6\text{-}NH_2 \longrightarrow \left[\text{-}C(=O)\text{-}(CH_2)_4\text{-}C(=O)\text{-}N(H)\text{-}(CH_2)_6\text{-}N(H)\text{-}\right]_n + 2n\,H_2O$$

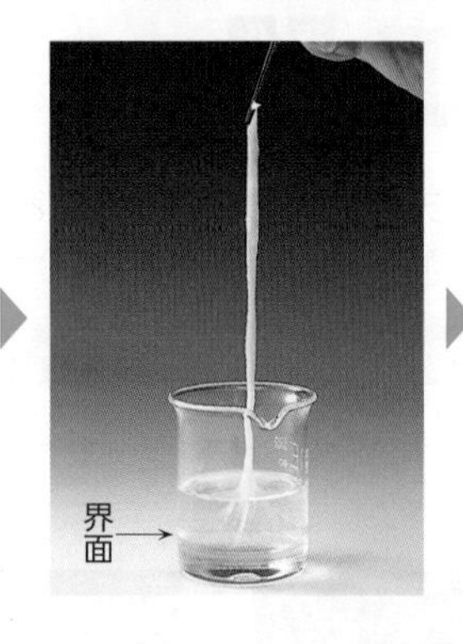

C 付加重合による合成繊維
addition polymerization

一般式 $CH_2=CH\text{-}R$ で表されるビニル化合物は，適当な条件下で付加重合させると高分子化合物を生成する。繊維としての条件に見あう化合物は，合成繊維として利用される。

名称	ポリアクリロニトリル	ポリプロピレン	ビニロン
重合	付加重合		
単量体(モノマー)	$CH_2=CH\text{-}CN$ アクリロニトリル	$CH_2=CH\text{-}CH_3$ プロペン(プロピレン)	$CH_2=CH\text{-}O\text{-}COCH_3$ 酢酸ビニル HCHO ホルムアルデヒド
重合体(ポリマー)	$[\text{-}CH_2\text{-}CH(CN)\text{-}]_n$	$[\text{-}CH_2\text{-}CH(CH_3)\text{-}]_n$	$[\text{-}CH_2\text{-}CH(OH)\text{-}CH_2\text{-}CH(O\text{-})\text{-}CH_2\text{-}CH(\text{-}O)\text{-}]_n$ (O-CH₂-O)
特性と用途	セーター 羊毛に似た感触があり，暖かく，虫・カビに強い。耐摩耗性・耐光性に優れている。衣類・ふとん綿・カーペットなど。	クリアファイル 強度に優れ，軽くて水に浮く。吸水性はなく，電気絶縁性・耐化学薬品性が大きいが，染色性が悪い。作業服・防寒衣など。	ロープ 天然繊維より軽く，吸水性をもち，耐摩耗性に優れる。作業着・ロープなど。

D ビニロンの合成
vinylon

ポリビニルアルコールをホルムアルデヒド水溶液でアセタール化して，合成する。繊維を合成する場合には，ポリビニルアルコールを糸状にしてからアセタール化する。

ビニロンの合成過程

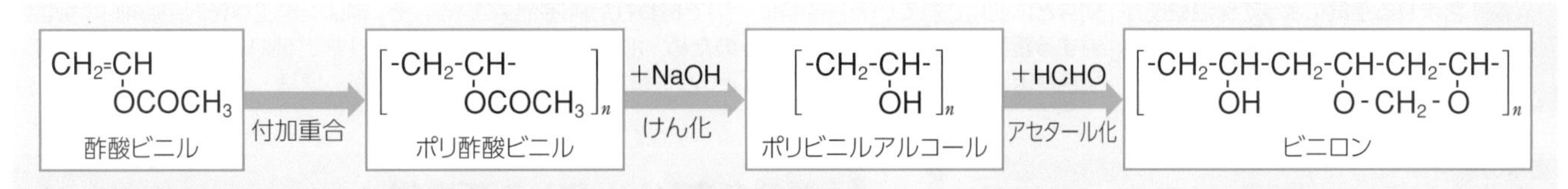

ビニロンの合成

ポリビニルアルコールをホルムアルデヒドでアセタール化すると，水に溶けないビニロンが生成する。この反応によって，ポリビニルアルコール分子中の -OH の約 30 ～ 40 % が，疎水性の $\text{-}O\text{-}CH_2\text{-}O\text{-}$ 構造となる。親水性の -OH も残っていて，適度な吸湿性をもっている。

Column 水蒸気は通すが水は通さない繊維 日常

防水性と透湿性を備えた素材として，ゴアテックスが知られている。これは，ポリテトラフルオロエチレンとポリウレタンを複合化してできた繊維であり，1 cm^2 あたりに 14 億個という微細な穴を多数もつのが特徴である。この穴は，雨水などの水滴よりは小さく，水蒸気を通すには十分な大きさである。

ゴアテックスは，体内から蒸発した汗を外に出すことができ，スポーツをする人のウェアに最適な素材といえる。

11 繊維Ⅱ 基 化

A 天然繊維 natural fiber

天然繊維は植物起源のものと動物起源のものに分けられる。
植物繊維の主成分はセルロースで，動物繊維の主成分はタンパク質である。

名称	植物繊維		動物繊維	
	綿(木綿)	麻	羊毛	絹
原料	綿花	麻の茎	羊の毛	カイコガのまゆ
主成分	セルロース		タンパク質	
顕微鏡写真	中空部 外皮		クラチル	フィブロイン セリシン
利用例	タオル	麻袋	ニット	ドレス
特性	セルロースからなる細胞壁の薄い膜には天然の撚りがあるため，弾力性があり，ふっくらとして肌触りがよい。 繊維の一番内側には成長期に養分を通した中空部があり，そこに含まれる空気によって保温機能があり，水分の吸収がよい。	チョマ(苧麻)，アマ(亜麻)などの茎から得られる。麻を使用した衣服は涼しく，夏用の衣料としてよく使われる。 繊維は強靱で，弾性が強く，耐水性・耐久性に優れており，織物，綱などに利用されている。染料に対する親和性が比較的少ないため，染色が困難である。	ふくらみがあり，空気をたくさん蓄えることができるため，保温性に優れている。 主成分はケラチンというタンパク質で，繊維は親水性の繊維本体が疎水性のウロコ状の部分(クチクラ)で覆われた構造をしている。そのため，水をはじいて湿気を吸うという性質をもっている。	まゆからとった1本の糸は，2本のフィブロイン(タンパク質)をニカワ状のセリシン(タンパク質)が包んでのり付けしたような構造になっている。これをフィブロインのみにした繊維が絹糸である。 絹は，優雅な光沢，心地よい肌触りなど優れた特性をもっているが，塩基・熱・光などに弱い。

繊維の鑑別

ボーケンステイン試薬は様々な染料の混合溶液で，繊維により異なる色に染色することができる。

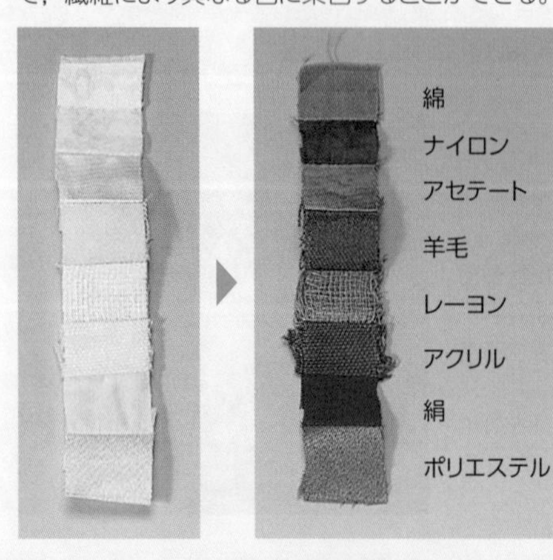

Column クモ糸をヒントにした新素材 技術

クモ糸は密度あたりの強度が鉄鋼を上回りながらナイロンに匹敵する伸縮性をあわせもつ。天然繊維の中で優れた衝撃吸収力があり，直径1cmのクモ糸を張り巡らせて直径500mほどの巣をつくると，理論上，無人のジャンボジェット機の離陸スピードを吸収することができると言われている。このような特徴からクモ糸は「夢の繊維」とよばれ，19世紀末のパリ万博で天然クモ糸でつくられた服が公開されたことがあるが，量産は不可能と言われてきた。

人工タンパク質素材を用いたジャケット

しかし，近年，日本のベンチャー企業がクモ糸をはじめ，自然界に存在する様々なタンパク質をヒントに，微生物発酵によって人工タンパク質素材の大量生産・繊維化することに成功した。実際にアパレル分野では，国内外の有名ブランドからも製品が発売されている。今後はアパレル向けの素材のほか，輸送機器や人工毛髪など，様々な分野への応用が期待されている。

B 高機能繊維

従来の繊維と比べて，高性能・高機能をもつ繊維が開発され，衣料以外にも様々な分野で利用されている。 技術

アラミド繊維

芳香族ポリアミド系繊維で，剛直な分子鎖が高結晶化・高配向化（ポリマーが同じ向きになること）して配列している。そのため，通常の合成繊維よりも，きわめて優れた引っ張り強さと，高い弾性率をもつ。
アラミド繊維は，同じ質量の鋼の5倍，アルミニウムの10倍にも達する驚異的な強度をもつため，スーパー繊維ともよばれる。

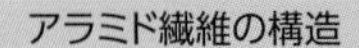

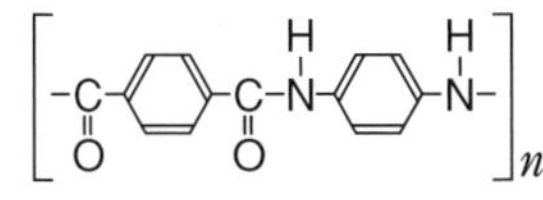

ポリ-*p*-フェニレンテレフタルアミド

重量物をつり上げるベルト

光ファイバーの保護

耐熱・耐炎性の消防服

無機繊維

従来からある有機合成繊維以外にも，新しい繊維が数多く開発されている。炭素繊維・炭化ケイ素繊維・窒化ケイ素繊維などがその例である。

無機繊維の特徴

① 高温時においてもきわめて安定
② 化学薬品などに対してもきわめて安定
③ 炭素繊維以外は，電気抵抗が半導体の範囲

炭化ケイ素繊維

釣竿（ガラス繊維）

炭素繊維

炭素繊維は国際標準化機構（ISO）で，「質量比で90％以上が炭素で構成される繊維」とされる。
炭素繊維は，軽量でありながら，材料の壊れにくさを表す強度や変形のしにくさを表す弾性率の値が大きいなどの特長をもつ。
母材の樹脂を炭素繊維で強化した炭素繊維強化複合材料（CFRP）として用いることが主である。CFRPは，スポーツ用品のほか，航空機の構造材など，さまざまな用途に使われ始めている。

Zoom up 中空糸膜 技術

中空糸膜という繊維には，ストロー状に空洞が通っており，その壁面に直径数ナノメートル（nm）という分子レベルの微細な穴が無数にある。
繊維の原料を糸状に加工する過程で，加熱の温度や紡糸の速さなどを調整し，穴の大きさをほぼ均等にnm単位でそろえることができ，壁の穴で血液中の老廃物やウイルスなどをろ別することが可能である。
この中空糸膜は，現在，人工透析器（p.115）に用いられている。身近なところでは家庭用浄水器にも使われている。

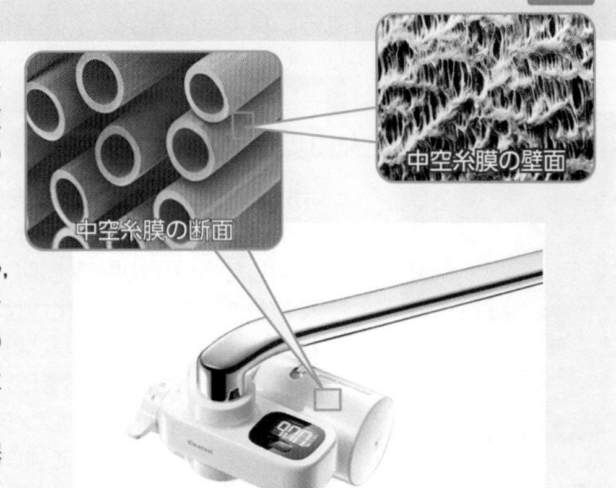

中空糸膜をフィルターにした浄水器

Column タッチパネル手袋 日常

スマートフォンなどの静電容量式のタッチパネルは，手袋をしていると操作ができない。そのため，手袋の指先部分に導電性をもたせた繊維を使うことで，タッチパネルを操作できるようにした手袋が販売されている。
導電性繊維には，繊維の中に導電性をもつ金属やカーボンナノブラックなどを均一に分散させたものや，繊維表面に無電解めっきを施したものなどがある。
導電性繊維の用途には，石油化学工場における静電気による火災の防止，医薬品工業，精密電子工業におけるほこりの付着や静電気による放電の防止などもある。

Q 衣服に用いる繊維と食物繊維の違いは何ですか？

12 合成樹脂 基 化

A 熱可塑性樹脂 thermoplastic resin

加熱すると軟らかくなり自由に変形できるが，冷えると再び硬くなる性質をもつ樹脂を熱可塑性樹脂という。成形加工しやすく，様々な用途に用いられている。 日常

名称	ポリエチレン	ポリプロピレン	ポリ塩化ビニル	ポリ酢酸ビニル	ポリスチレン	メタクリル樹脂※
重合	付加重合	付加重合	付加重合	付加重合	付加重合	付加重合
単量体（モノマー）	$CH_2=CH_2$ エチレン	$CH_2=CH-CH_3$ プロピレン（プロペン）	$CH_2=CH-Cl$ 塩化ビニル	$CH_2=CH-OCOCH_3$ 酢酸ビニル	$CH_2=CH-C_6H_5$ スチレン	$CH_2=C(CH_3)-COOCH_3$ メタクリル酸メチル
重合体（ポリマー）	$[-CH_2-CH_2-]_n$	$[-CH_2-CH(CH_3)-]_n$	$[-CH_2-CH(Cl)-]_n$	$[-CH_2-CH(OCOCH_3)-]_n$	$[-CH_2-CH(C_6H_5)-]_n$	$[-CH_2-C(CH_3)(COOCH_3)-]_n$
特性	水より軽く，耐水性・耐薬品性・電気絶縁性に優れる。染色性はよくない。	水より軽く，耐水性・耐薬品性に優れる。ポリエチレンよりも固く，耐熱性に優れる。	耐水性・耐薬品性・着色性に優れる。可塑剤の量で軟質にも硬質にもなる。	重合度により性質が変わる。低軟化点（38～40℃）のため成形品には不向き。	耐水性・耐薬品性・透明性・電気絶縁性・染色性はよいが，もろい。包装材に向く。	耐水性・耐薬品性・透明性・強度に優れ，衝撃にも強い。有機ガラスともいう。
用途	ラップ　フィルム袋・容器・電気絶縁体	容器・文具・繊維・自動車部品	水道管など　シート・水道管・容器・電線の被覆	木工用ボンド　塗料・接着剤・ビニロンの原料	発泡ポリスチレン　透明な容器・発泡ポリスチレン	大型水槽　航空機の窓ガラス・透明板・大型水槽

※ メタクリル樹脂は，アクリル酸の誘導体から得られる樹脂で，アクリル樹脂ともいわれる。さまざまなものがあるため，ここではその一例を示した。

酢酸ビニルの付加重合

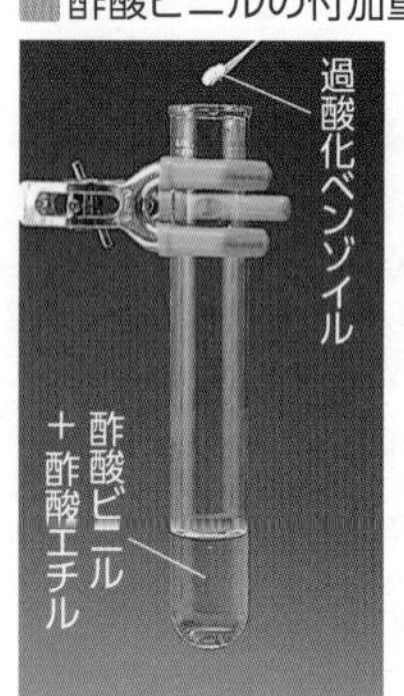

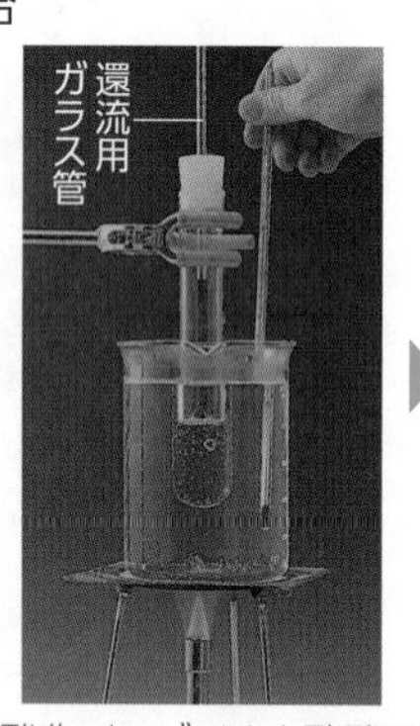

酢酸ビニルに，少量の過酸化ベンゾイルと酢酸エチルを加える。約80℃に保つと重合が進み，分子量が大きくなるので，粘性を帯びる。

ポリエチレンの分解

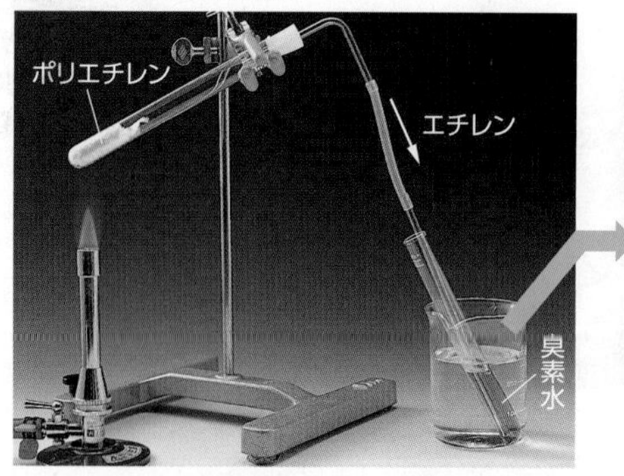

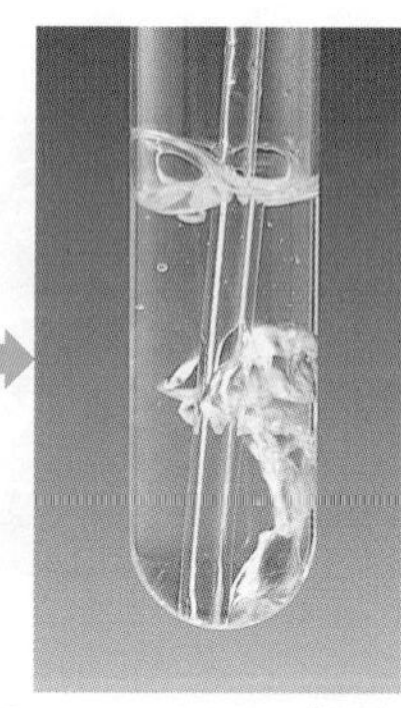

ポリエチレンを試験管に入れて加熱すると，熱分解して，エチレンが発生する。臭素水に通じると，臭素の赤褐色が消える。

合成樹脂の燃焼

融けながら燃える。すすは少ない。

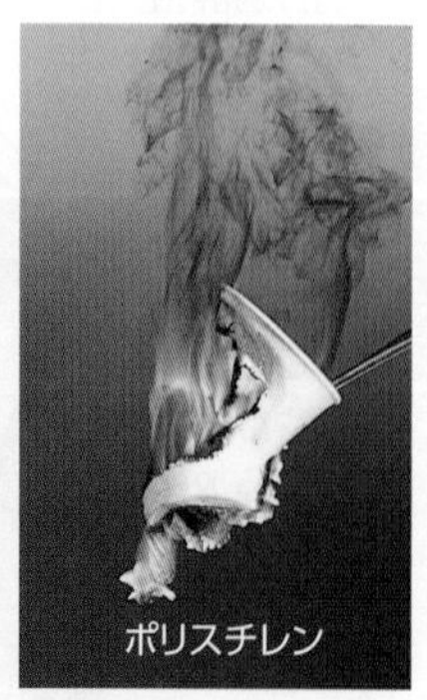

多量のすすを出しながら燃える。

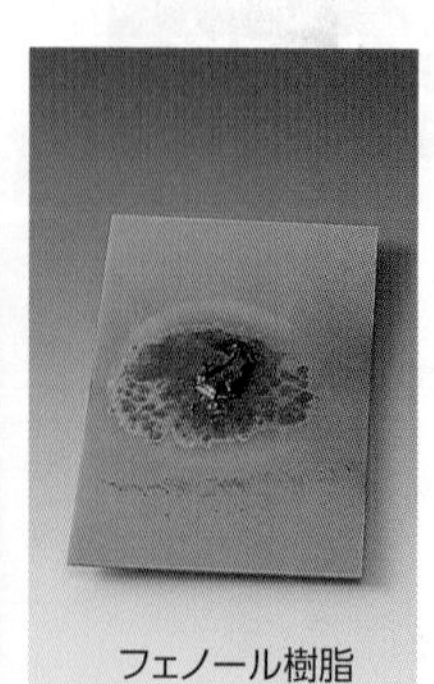

炎の中で軟化しない（B熱硬化性樹脂）。

Column 鉄鋼のように強いポリプロピレン

ポリプロピレンは，原料が安価でプラスチックの中で最も軽く，ポリエチレンに次いで大量に使われている。最近の研究で，融点以下に冷やした高分子の融液を押しつぶして伸長することで結晶化させる製法により，引っ張り強度がこれまでの7倍以上，比強度が鉄鋼の2～5倍に高まったポリプロピレンシートの製造に成功した。軽くて強いポリプロピレンは持続型社会への貢献が期待されている。

A 前者は水に溶けず，軟化点や融点が高い，しなやかで丈夫な繊維です。後者は水溶性のものもあり，消化・吸収されにくい成分の総称です。

B 熱硬化性樹脂
thermosetting resin

加熱しても軟化せず，分解するような樹脂を熱硬化性樹脂という。重合度が低いときは粉末または液状であるが，硬化剤を加えて加熱すると，立体的な網目構造になる。 日常

名称	フェノール樹脂	尿素樹脂（ユリア樹脂）	メラミン樹脂	アルキド樹脂※	シリコーン樹脂
重合	付加縮合	付加縮合	付加縮合	縮合重合	縮合重合
単量体（モノマー）	フェノール HCHO ホルムアルデヒド	$(NH_2)_2CO$ 尿素 HCHO ホルムアルデヒド	メラミン HCHO ホルムアルデヒド	無水フタル酸 CH_2-OH / CH -OH / CH_2-OH グリセリン	$(CH_3)_3SiCl$ クロロトリメチルシラン $(CH_3)_2SiCl_2$ ジクロロジメチルシラン $(CH_3)SiCl_3$ トリクロロメチルシラン
重合体（ポリマー）					
特性	耐熱性・耐水性・電気絶縁性・耐薬品性に優れる。	耐熱性・電気絶縁性・耐薬品性・着色性に優れる。	耐熱性・耐水性・硬度が大きく傷がつきにくい。	耐候性・接着性・弾力性があり，傷がつきにくい。	耐熱性・耐寒性・耐水性・電気絶縁性に優れる。
用途	基板 プリント配線板・電気絶縁体	ボタン 雑貨・電気器具	食器 家具・化粧板・塗料	油性塗料 塗料・接着剤	防水剤 防水剤・ワックス

※アルキド樹脂は，多価アルコールと多価カルボン酸から得られる樹脂で，様々なものがある。ここでは，その一例を示した。

フェノール樹脂の合成

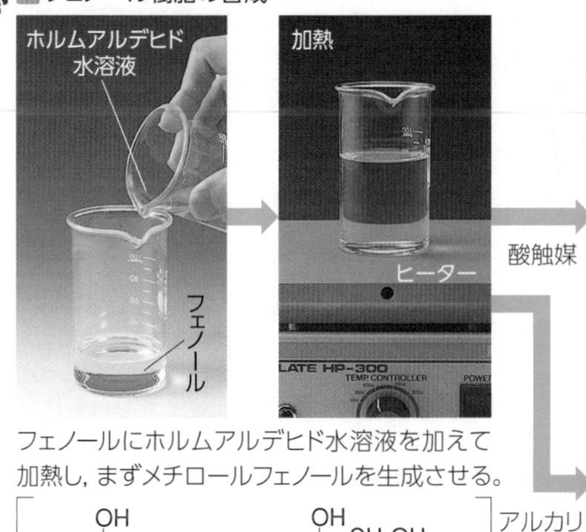

酸触媒

フェノールにホルムアルデヒド水溶液を加えて加熱し，まずメチロールフェノールを生成させる。

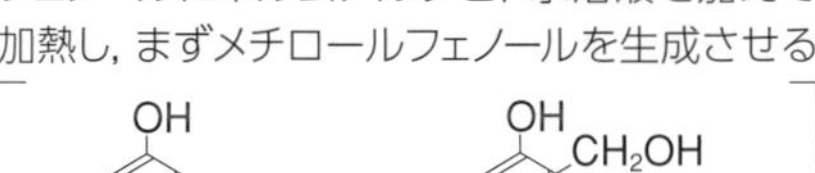

酸触媒を用いると，おもに縮合が起こって，ほぼ鎖状の軟らかい固体，ノボラックが生成する。これを粉末に砕いて，硬化剤を加え，加圧・加熱成形するとフェノール樹脂が得られる。

ノボラック($n < 10$)

アルカリ触媒

アルカリ触媒を用いると，おもに付加反応が起こって，粘性のある液状のレゾールが生成する。これを加熱すると，フェノール樹脂が生じる。

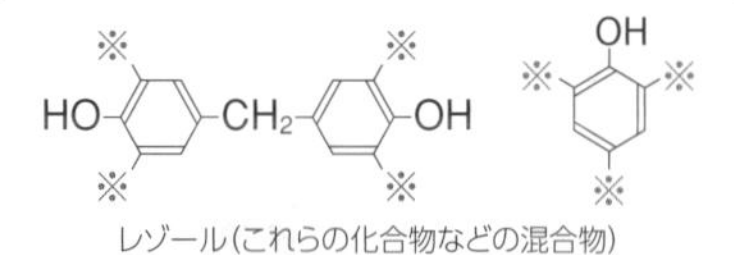

レゾール(これらの化合物などの混合物)
※は1～4か所，※は1～3か所に $-CH_2OH$ が置換

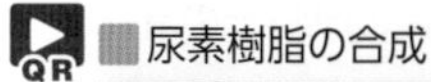

尿素樹脂の合成

尿素にホルムアルデヒド水溶液を加える。

加熱

アルミ皿に移して，濃硫酸を加え放置する。

尿素樹脂が得られる。

Zoom up 付加縮合

付加反応と縮合反応をくり返して重合体を生成する反応を付加縮合という(p.235)。例えば，フェノール樹脂の生成過程では以下のように付加反応と縮合反応をくり返す。この反応により生成する樹脂の多くは，立体的な網目構造をもつ熱硬化性樹脂である。

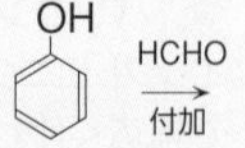

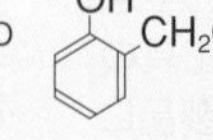

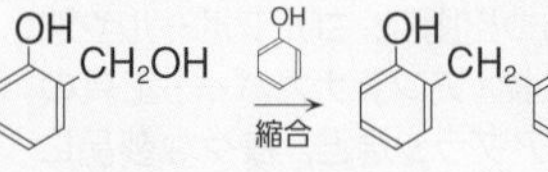

Q 付加重合による合成樹脂は，熱可塑性樹脂ですか?

13 機能性高分子化合物 基 化

A イオン交換樹脂
ion-exchange resin

溶液中のイオンを別のイオンと交換するはたらきをもつ合成樹脂を，イオン交換樹脂という。その反応は可逆的であり，強い酸や塩基を流せば，再生してくり返し使うことができる。

陽イオン交換樹脂

カルボキシ基 -COOH やスルホ基 $-SO_3H$ などの酸性の官能基を多くもつ。H^+を放出して陰イオンになった $-COO^-$ や $-SO_3^-$ の部分に，別の陽イオン(Na^+など)が結合する。

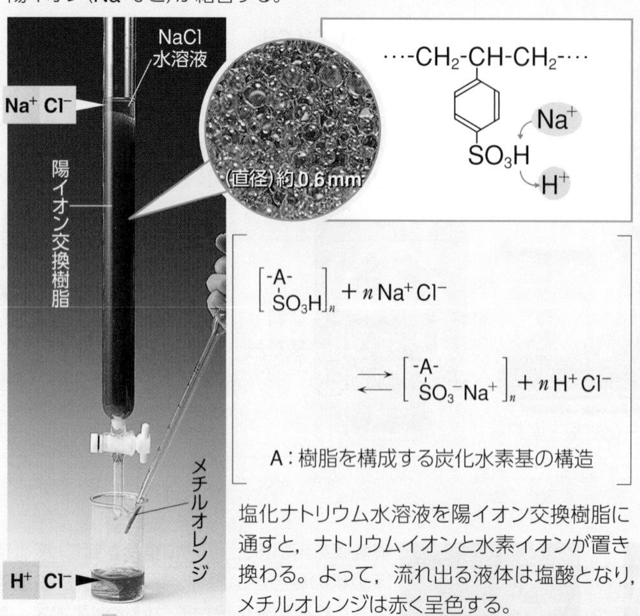

$$\left[\begin{matrix}\text{-A-}\\ SO_3H\end{matrix}\right]_n + n\,Na^+Cl^- \rightleftarrows \left[\begin{matrix}\text{-A-}\\ SO_3^-Na^+\end{matrix}\right]_n + n\,H^+Cl^-$$

A：樹脂を構成する炭化水素基の構造

塩化ナトリウム水溶液を陽イオン交換樹脂に通すと，ナトリウムイオンと水素イオンが置き換わる。よって，流れ出る液体は塩酸となり，メチルオレンジは赤く呈色する。

陰イオン交換樹脂

アンモニウムイオン NH_4^+の水素原子が炭化水素基で置換された原子団が OH^-と結合した，$-N^+(CH_3)_3OH^-$の構造をもつ。OH^-を放出して，別の陰イオン(Cl^-など)と結合する。

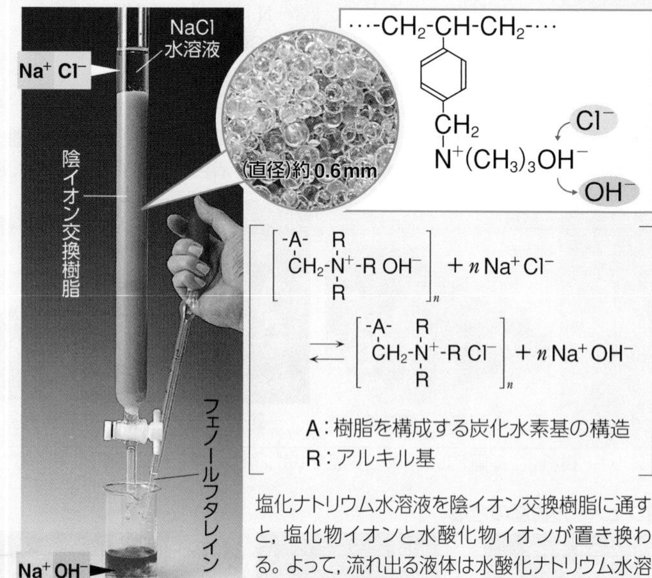

$$\left[\begin{matrix}\text{-A-}\quad R\\ CH_2\text{-}N^+\text{-}R\ OH^-\\ R\end{matrix}\right]_n + n\,Na^+Cl^- \rightleftarrows \left[\begin{matrix}\text{-A-}\quad R\\ CH_2\text{-}N^+\text{-}R\ Cl^-\\ R\end{matrix}\right]_n + n\,Na^+OH^-$$

A：樹脂を構成する炭化水素基の構造
R：アルキル基

塩化ナトリウム水溶液を陰イオン交換樹脂に通すと，塩化物イオンと水酸化物イオンが置き換わる。よって，流れ出る液体は水酸化ナトリウム水溶液となり，フェノールフタレインは赤く呈色する。

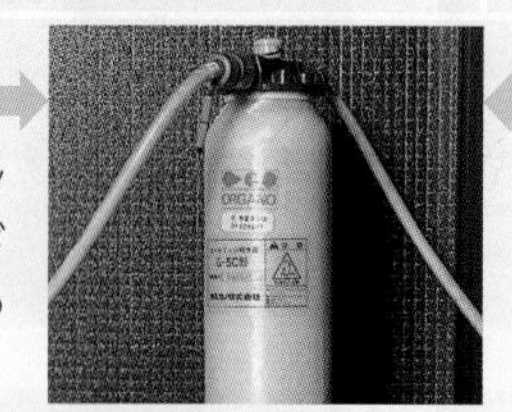

水道水中のイオンを取り除く際には，陽イオン交換樹脂と陰イオン交換樹脂を混ぜたものが使用される。流れ出る液体はイオンの混じっていない水(脱イオン水)となる。

B 弾性・耐熱性をもつ樹脂
elasticity　thermal resistance

弾性をもつ樹脂

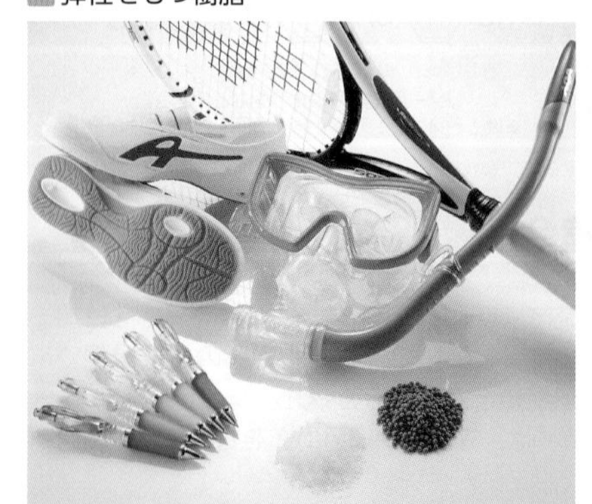

弾性と耐熱性をもつ樹脂は，ゴルフボールや油圧ホース・車の窓枠・アンテナカバー・工具のグリップ部分・ヘアブラシなど，様々な製品に利用されている。

ポリイミド樹脂 技術

超耐熱・耐寒性樹脂は，厳しい環境下におかれる宇宙開発・航空機・原子力関係や，パソコンなどのエレクトロニクス分野で幅広く使われている。

フレキシブルプリント回路

Zoom up イカロスとポリイミド

2010年5月，種子島宇宙センターより，惑星間航行宇宙機「IKAROS(イカロス)」が打ち上げられた。この宇宙機の帆には，ポリイミド樹脂が用いられている。
イカロスは太陽光から推進力を受け航行するため，帆は軽くて薄く，強い熱や放射線に耐える素材であることが条件となる。ポリイミド樹脂は軽く，薄い膜にしても400℃程度の高温にも耐える性質をもつ。現在運航されているイカロスの帆は，髪の毛の直径よりも薄い7.5μm(7.5×10^{-6} m)，一辺が14 mの正方形の膜であり，その質量はわずか15kgである。

A そうです。しかし，縮合重合によるものには，熱硬化性樹脂と熱可塑性樹脂があります。

C 吸水性高分子

少量で，きわめて多量の水を吸収することができる高分子化合物を吸水性高分子という。このような性質は，利用価値が高くいろいろな分野で用途が拡大している。

吸水性の原理

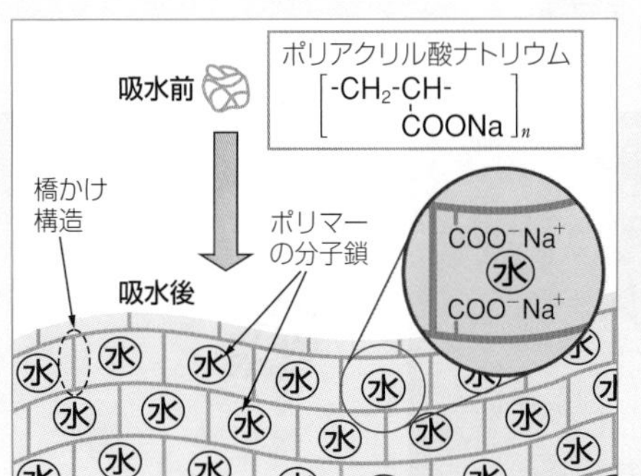

吸水性高分子は，水溶性のポリマーのところどころを橋かけ構造にしたものである。水がないときは，ポリマーの長い分子鎖がからまりあって体積が小さくなっているが，水を加えると，分子鎖が広がる。このとき，橋かけ構造があるため多数のすき間ができ，そのすき間に水が蓄えられる。

砂漠の緑化運動への利用 環境

砂漠に植林するとき，水をたっぷりと含ませた吸水性ポリマーで樹木の根をくるみ，砂漠の乾燥に耐えて水を保持できるようにしている。

D 感光性高分子

光が当たった部分の構造が変化する高分子化合物を感光性高分子という。感光性高分子には光で不溶化するネガ型と，光で可溶化するポジ型があり，その特徴を生かしていろいろな用途で使われている。

感光性高分子(ポジ型)の実験

① 暗所で，セッティングを行い，屋外などに数分間置き，太陽光に当てる。
② 基板に現像剤をかけると，光が当たって変化した部分が洗い流され，銅が表面に出る。
③ 塩化鉄(Ⅲ)水溶液に基板を入れ，表面に出た銅をエッチングする。
④ 光が当たらなかった文字部分は，銅が表面に残る。

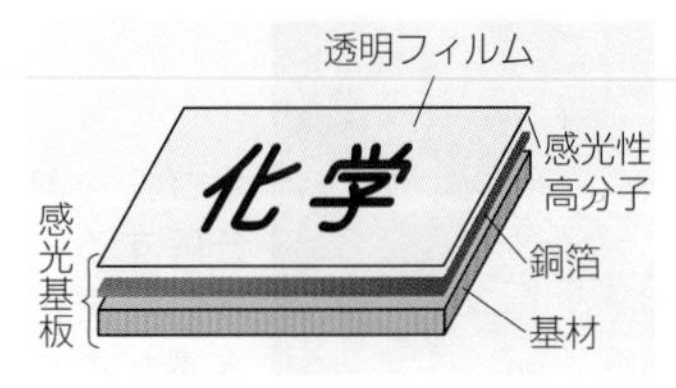

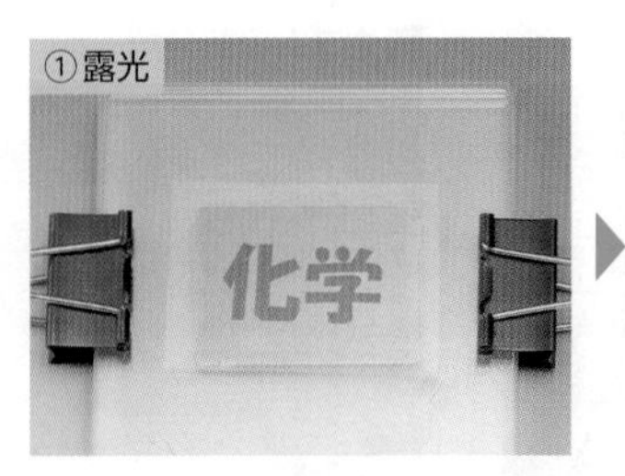

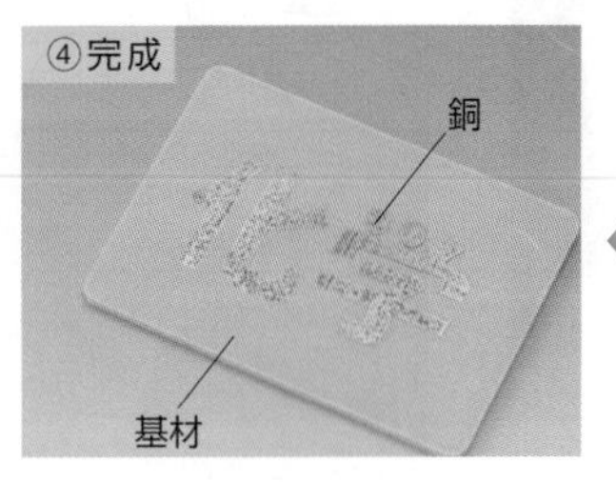

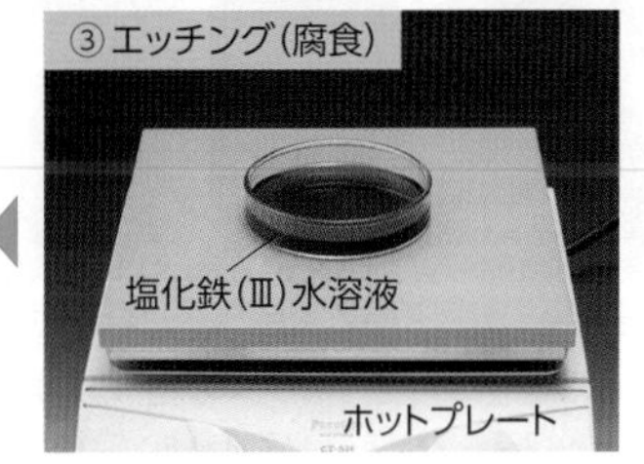

プリント配線板

感光性高分子を貼った基板に回路図のフィルムをのせて光を当てると，光が当たった所だけ変化する。

Column 固体高分子型燃料電池(PEFC)

燃料電池(p.89)は動作時に CO_2 を排出しないことから，持続可能な社会の形成に向けて，大きな期待がされている。
有人宇宙飛行計画「アポロ計画」では，電解質に水酸化カリウム水溶液を用いた「アルカリ型燃料電池」が使用された。しかし，これには電解質に液体を用いることによる，液漏れや重量化などの弱点があった。
近年，電解質に軽量で固体の，イオン交換高分子膜を使用する「固体高分子型燃料電池(PEFC)」が注目されている。1965年にアメリカが打ち上げた有人宇宙船である「ジェミニ5号」には高分子材料であるポリスチレン系樹脂を用いたPEFCが使用された。しかし，樹脂の耐久性が低かったため，民間には普及しなかった。
最近ではフッ素系樹脂など長寿命な高分子膜が開発され，活躍の場は広がっている。

ジェミニ5号に搭載されていた初期のPEFC

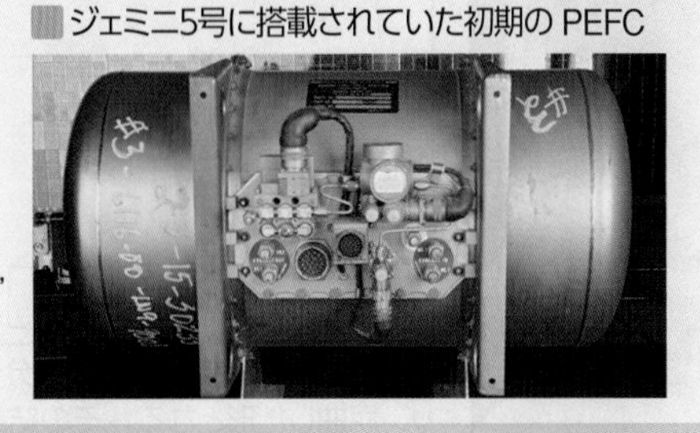

Zoom up プラスチックのリサイクルマーク 環境

合成樹脂のうち，低密度ポリエチレン，高密度ポリエチレン，ポリプロピレン，ポリスチレン，ポリ塩化ビニルなどは「汎用樹脂」とよばれ，日本の全合成樹脂生産量の約70％を占めている。
これらの合成樹脂を用いたプラスチック製品には，下図のようなマークがつけられている。このマークはSPIコード(プラスチック材質識別コード)とよばれ，プラスチックの材料を示している。また，四角い矢印の中に「プラ」と書かれている，わが国独自の包装容器プラスチックのリサイクル標記もある。回収されたプラスチック製品は，これらの素材表示をもとにリサイクルされている。

1:ポリエチレンテレフタラート　2:高密度ポリエチレン　3:ポリ塩化ビニル
4:低密度ポリエチレン　5:ポリプロピレン　6:ポリスチレン　7:その他

14 ゴム 基 化

A 天然ゴム natural rubber

ゴムノキの樹液(ラテックス)からつくられるゴムを，天然ゴム(生ゴム)という。主成分はポリイソプレンであり，乾留するとイソプレン C_5H_8 を生じる。 日常

ゴムの木からラテックスを採取

樹皮に傷をつけると，乳白色の粘りのある樹液が分泌してくる。この乳状の樹液をラテックスという。

ラテックスの凝固

天然ゴム製品

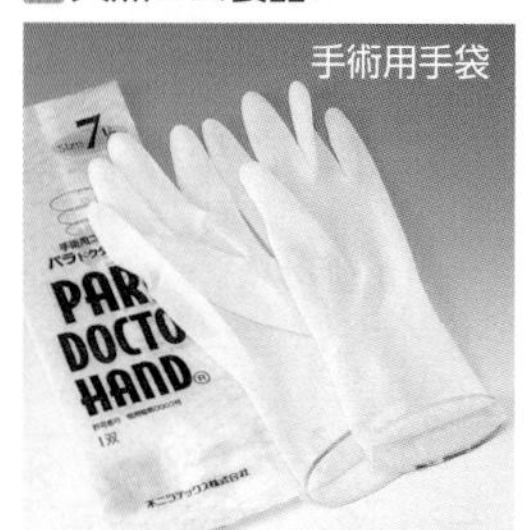

天然ゴムは，加工性，物理的性質に優れ，ゴム手袋などに利用されている。

二重結合の確認

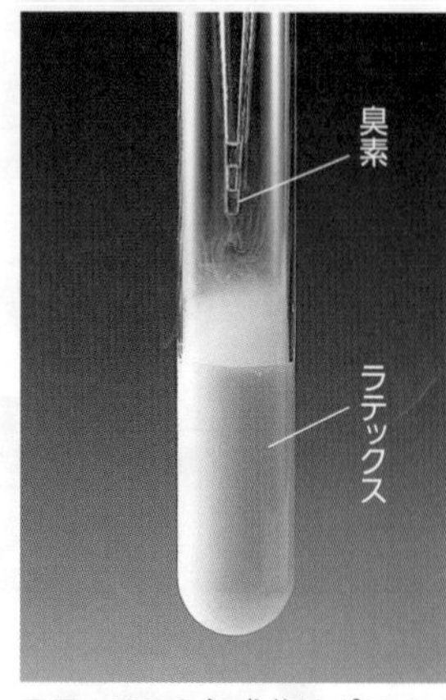

ラテックスの主成分はポリイソプレンであり，二重結合をもつので，臭素の赤褐色が一瞬にして消える(付加反応)。

生ゴムの熱分解

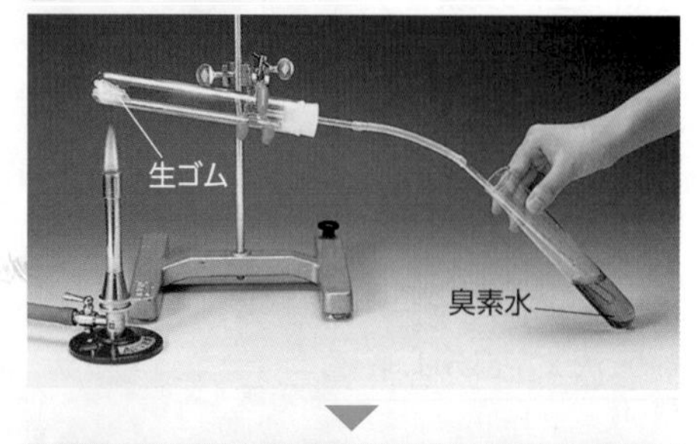

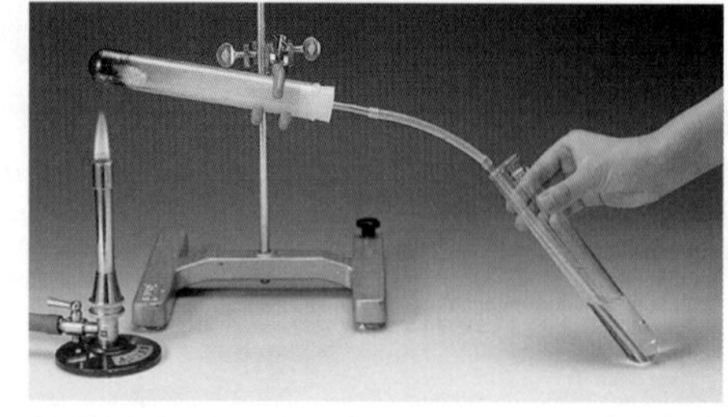

生ゴムを熱分解すると不飽和炭化水素が生じ，臭素水を脱色する。

B ゴムの性質

ゴムの分子は，ふつう丸まった形をとっているが，おもりを下げると伸びた形となる。また，熱を加えるとゴム分子の熱運動が激しくなり，ゴムは縮む。

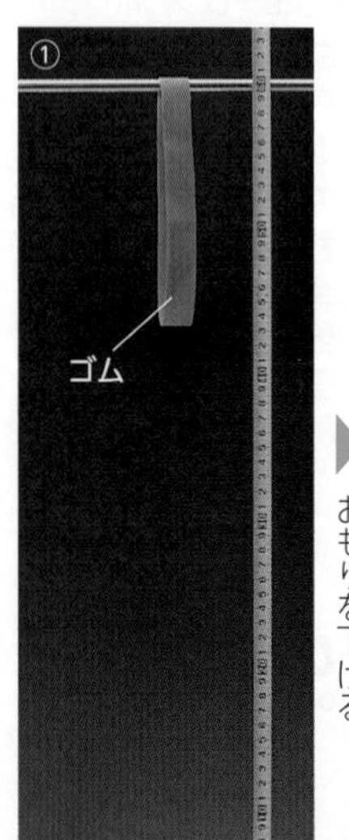

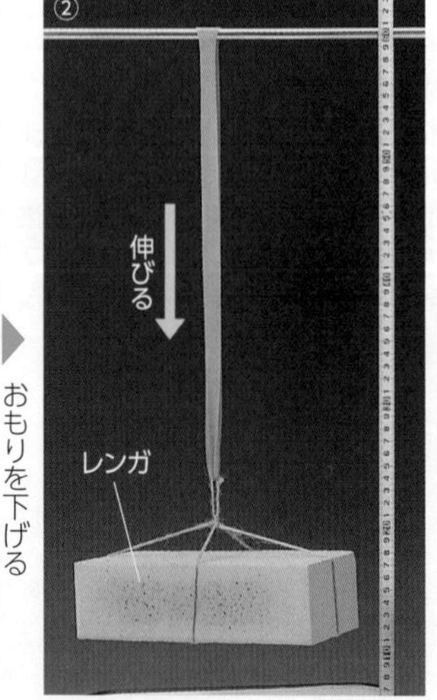

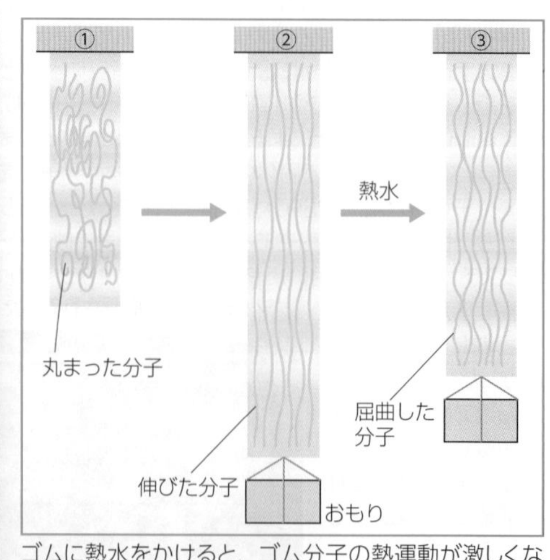

ゴムに熱水をかけると，ゴム分子の熱運動が激しくなり，屈曲した形となる。その結果，ゴムは若干縮む。

Ⓐ 合成樹脂のうち，糸状にして繊維として使えるものが合成繊維です。

生ゴムの構造

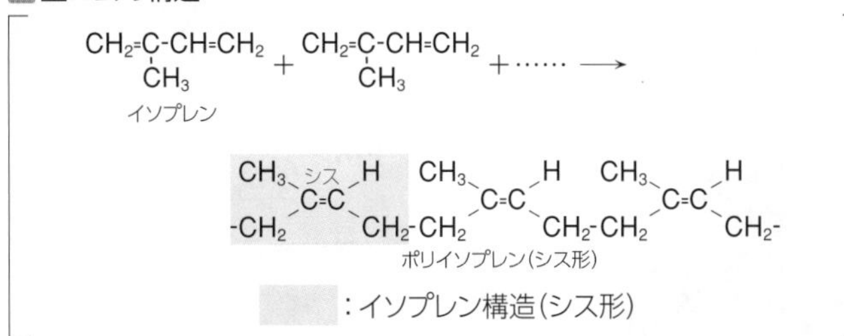

生ゴムの主成分であるポリイソプレンは，イソプレン分子の二重結合が中央に移って，両端の炭素原子でイソプレンの分子どうしが次々に結合(付加重合)した構造をもっている(n は平均 6×10^3 以上)。ポリイソプレンの分子の中には，イソプレン構造ごとに 1 個のシス形の二重結合がある。

加硫

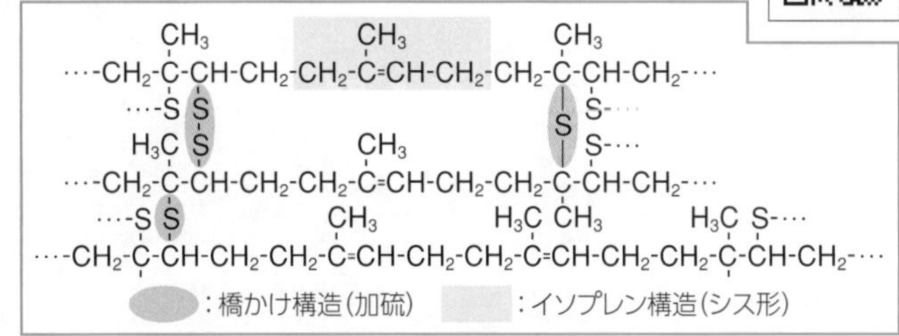

生ゴムに数 % の硫黄粉末を加えて加熱すると，二重結合の炭素原子に硫黄原子が結合し，橋かけ構造ができる。このような処理を加硫という。加硫により鎖状のポリイソプレン分子が網目状の構造になるので，弾性が強くなるうえ，石油などの有機溶媒に溶けにくくなり，軟化点も高くなる。また，二重結合の数が少なくなるので，化学的安定性も改良される。

加硫による構造変化

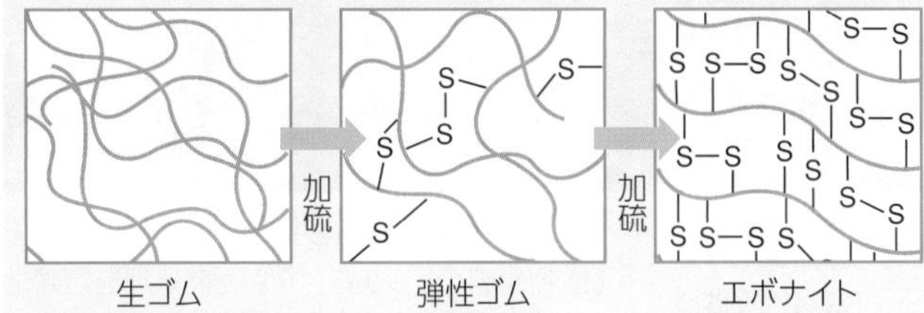

加硫の異なる製品

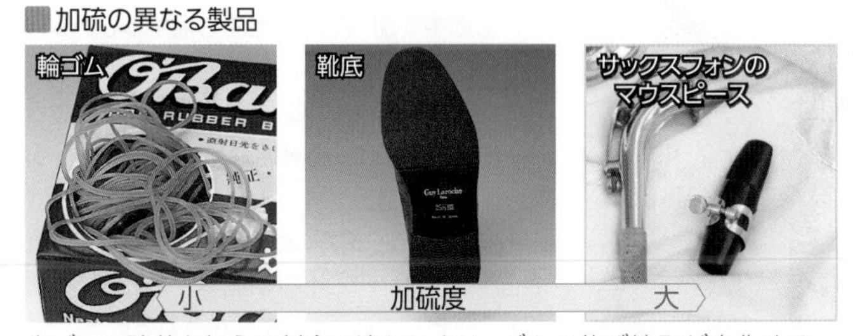

生ゴムに硫黄を加える割合の違いにより，ゴムの伸び縮みが変化する。生ゴムに硫黄を約 6 % 加えて加熱処理すると，弾性ゴム(例：輪ゴム)が生成し，約 30 % で行うとエボナイト(例：マウスピースなど)が生成する。

Column 天然ゴムとクロロプレンゴム 化学史

20 世紀前半，アメリカでは自動車に必要なゴムを安定供給するため，合成ゴムの開発が進められていた。また，天然ゴム(主成分ポリイソプレン)のホースにはガソリンがかかると溶けてしまうという問題点があったので，ガソリンに溶けない性質(耐油性)をもつゴムが求められていた。
そこで，カロザース(1896 ～ 1937)は 1931 年，イソプレンの分子中のメチル基を，電気陰性度の大きい塩素に置換した物質(クロロプレン)を原料とした合成ゴム，クロロプレンゴムを開発した。クロロプレンは分子内に極性があり，天然ゴムよりもガソリンに溶けにくい。また，クロロプレンゴムは耐油性に加えて耐熱性・難燃性をもつ合成ゴムであり，その後の産業の発展に大きく貢献した。

C 合成ゴム
synthetic rubber

天然ゴムは，耐熱性・耐摩耗性・耐油性・耐久性などに問題がある。
これらの欠点を補うため，いろいろな合成ゴムが開発されている。 日常

名称	ブタジエンゴム	クロロプレンゴム	イソプレンゴム	スチレン-ブタジエンゴム	アクリロニトリル-ブタジエンゴム
略号	BR	CR	IR	SBR	NBR
単量体(モノマー)	$CH_2=CH-CH=CH_2$ 1,3-ブタジエン	$CH_2=C(Cl)-CH=CH_2$ クロロプレン	$CH_2=C(CH_3)-CH=CH_2$ イソプレン	$C_6H_5-CH=CH_2$ スチレン $CH_2=CH-CH=CH_2$ 1,3-ブタジエン	$CH_2=CH-CN$ アクリロニトリル $CH_2=CH-CH=CH_2$ 1,3-ブタジエン
重合体(ポリマー)	$[-CH_2-CH=CH-CH_2-]_n$	$[-CH_2-C(Cl)=CH-CH_2-]_n$	$[-CH_2-C(CH_3)=CH-CH_2-]_n$	$\cdots CH_2-CH(C_6H_5)-CH_2-CH=CH-CH_2\cdots$	$\cdots CH_2-CH(CN)-CH_2-CH=CH-CH_2\cdots$
特性	耐摩耗性・耐寒性・弾性に優れている。	耐候性・耐オゾン性・難燃性に優れている。	天然ゴムと似ている。耐摩耗性に優れている。	耐摩耗性・耐熱性・耐薬品性・耐老化性・弾性に優れている。	耐熱性・耐油性・耐摩耗性に優れている。
用途	タイヤ 車両用タイヤ	ウェットスーツ 電気絶縁体・防水用品	輪ゴム 一般用弾性ゴム	免震ゴム 車両用タイヤ・免震ゴム	印刷機のブランケット 工業用品・機械用ベルト・石油用ゴムホース

特集 化学で考える

▶ CFRP を使用した旅客機

▼炭素繊維の巻き取り束

4 炭素繊維

金沢工業大学 革新複合材料研究開発センター 教授・技監

関戸(せきど) 俊英(としひで)

■ 3 つのポイント

①炭素繊維とは，質量比で 90% 以上が炭素で構成される繊維のことで，原材料にアクリル繊維を使った PAN 系と，ピッチを使ったピッチ系に区分される。

②炭素繊維の特徴は，軽量でありながら，強度や弾性率の値が大きいことである。炭素繊維を単独の材料として利用することはほとんどなく，母材の樹脂を炭素繊維で強化した炭素繊維強化複合材料(CFRP)として用いることが主である。

③炭素繊維を旅客機や乗用車に使用することで，燃費が低減されることが期待されている。

炭素繊維とは

炭素繊維は国際標準化機構(ISO)で ,「質量比で 90% 以上が炭素で構成される繊維」と規定されている。また,「石油を精製した原料を用いて製糸したアクリル繊維」を原材料とする PAN 系(Polyacrylonitrile)と,「石油や石炭から生成したタール状物質を乾留して得られるピッチ」を原材料とするピッチ系(Pitch)とに区分される。

炭素繊維の歴史

19 世紀にトーマス・エジソンが，京都の孟宗竹(もうそうちく)を焼いて作った炭素繊維をフィラメントに用いて白熱電球を実用化したことは , 有名な話である。

■フィラメントに炭素繊維を用いた電球

20 世紀に入って , 日本の通商産業省(現・経済産業省)大阪工業試験所の進藤昭男博士が，世界で初めて力学的特性が高い構造材料として使用可能な PAN 系炭素繊維を , 群馬大学の大谷杉郎(すぎお)博士がピッチ系炭素繊維を発明した。

両博士が発明された炭素繊維やその基本製法をもとに , 国内の複数の繊維メーカーが工業生産技術を確立し ,1970 年代になって次々と商業化されていった。

現在 , 世界の炭素繊維の生産量うち 60 %以上が日本の繊維メーカーで生産されており , 世界に誇れる日本発の先進材料である。近年 , 多数の新興国が炭素繊維を生産し始めている。

炭素繊維の製法

PAN 系炭素繊維とピッチ系炭素繊維では，製法が多少異なる。それぞれの製法は次のようなものである。

< PAN 系炭素繊維の製法>

(1) アクリロニトリル(AN)からポリアクリロニトリル(PAN)を重合し，製糸する(PAN 繊維化⇒アクリル繊維)。

(2) PAN 繊維に炎を当てても燃えないように，空気中にて 200 ～ 300 ℃で1時間前後加熱する。この熱処理を " 耐炎化処理 " または " 酸化処理 " という。

(3) 不活性ガス(N_2 ガス等)が充満した焼成炉で 1000 ～ 2000 ℃の高温で加熱して，高強度の炭化繊維にする。

(4) 高弾性率化する場合は，同様の焼成炉で 2000 ～ 3000 ℃の高温で加熱して，黒鉛繊維にする。

<ピッチ系炭素繊維の製法>

(1) 原材料のピッチを，精製と熱処理を含む化学処理を行った後に製糸(ピッチ繊維化)し，空気中で加熱して高温でも溶解しないように " 不融化処理 " を行う。

(2) PAN 系と同様に高温で炭化焼成を，さらに必要に応じて超高温で黒鉛化焼成を行う。

PAN 系，ピッチ系の炭素繊維は共に焼成後，表面処理やサイジング(樹脂など)塗布工程を経て，ボビンに巻き取り製品化される。

炭素繊維の特徴

先端材料としての炭素繊維の最大の特徴は , 軽量ありながら , 材料の壊れにくさや変形のしにくさを表す強度や弾性率の値が大きいことである。右下表のように , 鉄鋼(スチール)に対して比重は約 1/4 と軽量で , 強度・弾性率ともにはるかに大きい。

両系の炭素繊維同士を比較すると , 一般的

■ PAN 系炭素繊維の製造プロセス

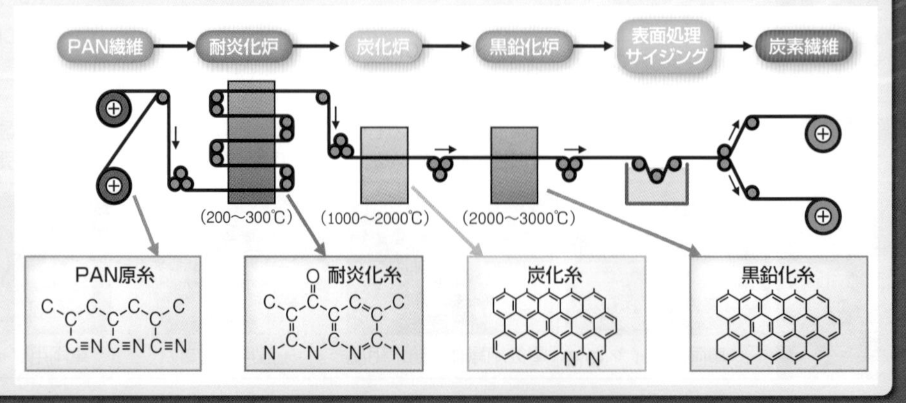

に ,PAN 系炭素繊維は高強度，ピッチ系炭素繊維は高弾性率である。また , 機能性の面でも , 金属(鉄鋼やアルミニウムなど)と比べて以下の特徴(特異性や優位性)がある。

①耐摩耗特性が高く , 摩擦係数が小さい。
②熱的寸法安定性が高い(熱膨張係数がゼロに近い)。
③耐蝕性 , 防錆性に優れている。
④耐薬品性に優れている(強酸 , 強アルカリを除く)。溶剤等に侵されにくい。
⑤導電性があり , 非磁性である。
⑥X線透過性が高く , アルミ合金より 5 ～ 10 倍の透過性がある。
⑦電磁波遮蔽性がある。
⑧極細繊維(単糸直径 5 ～ 10μm)の集合体(糸束)であるため , 可撓性(変形性)が高く , 加工性がよい。

炭素繊維の使い方

炭素繊維を先端材料として使用する場合、単独で利用することはほとんどなく , 母材の樹脂を炭素繊維で強化した炭素繊維強化複合材料(CFRP)として用いることが主である。

そのCFRPを成形する方法は用途に応じて多種類あり , 糸束のままで使用したり、その糸束を織物や編物 , 組紐などに加工して用いたりする。さらには , それらにあらかじめ樹脂が含浸されたもの(“ プリプレグ ” という)を使用して成形することもある。それら炭素繊維の使用形態を総称して “ 中間基材 ” といわれる。

自動車部品は , 樹脂が含浸されていない中間基材を上下両面の金型内に配置して , その中間基材に樹脂を注入しその中間基材に含浸することによって成形している(下図ⓐ)。

また , 航空機部材やスポーツ用品の多くは , プリプレグを片面型に配置してフィルムなどの被覆材で覆い , 内部を真空吸引した後に , オートクレーブ(加熱・加圧釜)とよばれる装置内で成形している(下図ⓑ)。

炭素繊維の用途

炭素繊維は当初(1970 年代), テニスラケット , ゴルフシャフト , 釣竿などのスポーツ用品を中心に用いられていた。

その後 , 軽量化による燃費向上効果の大きい航空機の準構造部材やレーシングカー車体に , さらに 1990 年代になって航空機の主構造部材、高級自動車用部材やさまざまな一般産業用途に使われだした。

また , X線透過性が非常に高いことから , X線投影関連機器(画像フィルム収納ケース , CTスキャン撮影用ベッドなど)にも使われている。また , 宇宙への打ち上げロケットの各種構造部材 , ピッチ系の高い弾性率や熱伝導性を活かした人工衛星の各種パネル材 , 土木建築物の補修補強材など , 用途が多岐にわたり拡大している。

特に , 近年になってからは再生可能エネルギー利用拡大により , 陸海上設置の風力発電機用風車が増加し , ますます風車ブレードが大型化(翼長が 70m 以上)しているため軽量で高弾性率の特性からCFRP適用が大幅に増えている。

さらに、CO_2 削減から自動車の排ガス対策として注目されている燃料電池車の超高圧水素ガス貯蔵用タンク(70MPa 以上の圧力容器)や北米で市場が拡大しているシェールガスの運搬用など , 高強度・高剛性を必要とする高圧タンクとしても使用されている。

なお、高圧タンクの製造方法は , 中空のライナー(芯材)を回転させながら , その上に強化繊維を樹脂を含浸しながら , または予め樹脂を含浸されたプリプレグシートを巻き付けて成形する。

今後の期待

炭素繊維の特徴を効率よく活かせ , 経済的効果も高い CFRP の用途として期待が高まっているのが , 輸送機である。特に航空機(旅客機)や自動車(乗用車)への展開が , 今後大きなCFRPの市場拡大をもたらすと予想されている。

旅客機は新興国の目覚ましい経済発展によって , 今後 20 ～ 30 年にかけて中 , 小型機を主体に大幅な需要が生まれると予想されている。最近の新型旅客機において , 重量比で約 50％ものCFRPを適用して , 大幅な燃費低減が実証されたことから , 次世代機へもCFRP適用の可能性が非常に高まっている。

近年新しい飛行体として注目されている “ ドローン ” や盛んに研究開発されている “ 空飛ぶ車 ” などは軽量化が必須なため , CFRP部材が主体の飛行体であり , 欠かせない材料である。

乗用車は , 環境問題への対策として燃費規制が年々厳しくなっていることと併せて , 欧米や中国などで電気自動車の実用化が盛んになって来ているが , 現状のバッテリーは重量が非常に重い(200 ～ 300kg)ため、それらの対応には車体の軽量化がますます重要になってきており , 近年高級車から普通車へのCFRP適用化の流れが広がってきている。

また , 材料としては , 成形速度が速く、リサイクルも遣り易いことから母材(マトリックス)を熱硬化性樹脂から熱可塑性樹脂とするCFRPの成形技術や製品開発が盛んになって来ており , その自動車部材への適用も始まって来ている。

TRY !

✚ CFRPの利用が急速に広がってきているが , その利用と共に廃棄も広がってくる。そこで , 経済的効果の観点から , 廃棄せずにリサイクルすることによってCFRPを有効利用することを考えてみよう。

■炭素繊維と鉄鋼の力学特性の比較

材料	種類	比重	強度〔GPa〕	弾性率〔GPa〕
炭素繊維	PAN 系	1.8	3.3 ～ 7.0	230 ～ 640
	ピッチ系	2.1	2.6 ～ 3.7	500 ～ 940
鉄鋼(スチール)	硬鋼	7.9	0.5 ～ 0.65	210
	超高張力鋼		1.3 ～ 1.4	

■ CFRP の成形方法

ⓐ 樹脂注入成形

樹脂注入機
両面金型
中間基材

ⓑプリプレグ加圧成形

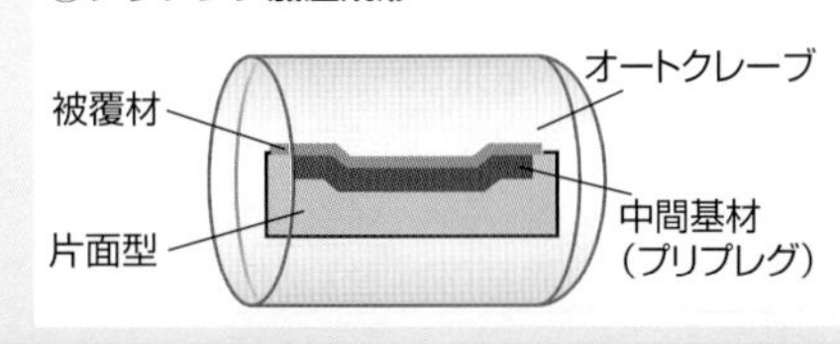

■ CFRP の用途の例

高分子化合物

特集 化学で考える

▶ うま味物質を含む食品

5 おいしさ・味と化学

東京農業大学 応用生物科学部農芸化学科 教授
村田(むらた) 容常(まさつね)

■3つのポイント

①おいしさの基本となる甘味，塩味，うま味，酸味，苦味の5つを5原味という。
②5原味は生理的意義をもっている。甘味は糖が示すエネルギーのシグナル，うま味はグルタミン酸ナトリウムなどが示すアミノ酸やタンパク質のシグナルである。
③5原味の中でうま味は，日本で昆布の味の研究から見いだされたものである。その後鰹節や椎茸のうま味も日本人化学者により見いだされ，これを生産するための発酵法も日本で開発された。複合うま味調味料は日本でオリジナルに開発されたもので，伝統的食文化と化学が組み合わされ，研究・産業化されたものと言える。

おいしさと5原味

食べ物のおいしさは大変複雑で，科学的に完全に解明されたわけではない。同じものを食べても食べる環境や状態が変われば，おいしく感じたり感じなかったりする。ここではそのような心理学的要因を除き，物質，すなわち化学が関与するおいしさだけを考えることにする。ただし，それでも大変複雑である。

我々は食品をまず見て嗅いで口に入れ味わって，おいしいとかおいしくないとかを判断する。これらの情報はすべて物質によりもたらされる。ところが，同じ物質を世界中の人が同じようにおいしいと感じるか，また江戸時代の日本人が現代のわれわれと同じようにおいしいと感じるかはわからない。

また，口の中で感じているのは味(味覚)だけではない。味と同時に様々な香り(嗅覚)や硬い柔らかいなど物理的感覚(触覚)も感じている。しかし，5種類の味(おいしさの基本となり，舌に存在する味蕾(みらい)という小器官でその情報を受け取る味)は，普遍的であることが分かってきた。これを5原味という。甘味，塩味，うま味，酸味，苦味(表1)である。高校の化学の内容をもとに説明すると，甘味はスクロース(ショ糖)やグルコース(ブドウ糖)など糖(p.238)の味，塩味は塩化ナトリウム NaCl の味，うま味はグルタミン酸ナトリウム(p.242)の味，酸味は H^+ の味，苦味はカフェインなどの味である。現在ではこれら5原味に対する受容体がそれぞれ舌に存在していることが証明されていて，それぞれが生理的意味を持っていると考えられている。

5原味と生理的意義

例えば，なめて甘いと感じるのは，そこに糖があるということを示している。糖は体内に取り込まれてエネルギー源になるので，甘味はエネルギーのシグナルになっている。甘いと表現するのはヒトだけであるが，多くの生物が糖を好む。大腸菌も水と糖液があれば糖液のほうに泳いで行く。

塩味を示す NaCl も生物には必須な成分であり，多くの動物が塩を好むこともよく知られている。天然には純粋な NaCl が存在していることはなく，塩味のあるものを食べれば，NaCl 以外の様々な無機物も摂取できる。現代を除きヒトを含めた哺乳動物が食料に満ちあふれている環境にあることはない。甘いものや塩味の効いたものを好むのは，必要な成分を摂取するという意味では生物学的に理にかなったことである。

一方，酸味や苦味はどうであろうか。酸味は H^+ の味である。H^+ の濃度が高いということは pH が低いということである。ところで，食品は生物が原料になる。動物も植物もその pH は中性付近である。pH が低いということは，何らかの意味で通常の状態ではなく，死んでから時間が経っている，腐敗していることなどを示している。ヒト以外の生物は化学分析して食品の安全性を判断しているわけではない。正常なもの，新鮮なもののほうが安全だとすれば，酸味の強いものは食べないほうがいいことになる。

苦味は様々な化合物が示す味である。化学構造的にも多様である。例えば，苦味を示すカフェインなどは栄養学的に必須な成分ではない。糖やタンパク質は苦味を示さない。つまり苦い味がするということは，これは栄養素ではない必要のない異物だということを示している。実際，赤ちゃんの舌に糖液や薄い塩の溶液を垂らすとにっこりするが，酢を薄めた溶液や苦い溶液などを垂らすと泣きだすという。酸味や苦味は，自然に備わった忌避すべき味のシグナルだと考えられる。それがおいしさとなったのは，経験を言語で伝えられる人間の文化の力によるものである。

■表1 おいしさと生理的意義

5原味	成分(物質)例	生理的意義
甘味	グルコース，スクロース	エネルギー源
塩味	NaCl	NaCl，無機物
うま味	グルタミン酸ナトリウム，イノシン酸ナトリウム	窒素源(必須アミノ酸)
酸味	塩酸，クエン酸，リンゴ酸	酸(発酵，腐敗→安全性)
苦味	カフェイン，α 酸	異物(安全性)

■塩をなめる牛

■図1　L-グルタミン酸の構造とその解離

L-グルタミン酸は3個の解離基(2個のカルボキシ基と1個のアミノ基)を持っていて，水溶液中ではpHにより解離状態が変わる。pK_aとは解離定数K_aの対数をマイナスにした値($pK_a = -\log K_a$)である。その pH の時に半分が解離している。L-グルタミン酸ナトリウムはL-グルタミン酸のナトリウム塩で，水溶液中では解離する。

L-グルタミン酸：$H_2N\text{-}CH(COOH)\text{-}CH_2\text{-}CH_2\text{-}COOH$（$pK_a$ 4.1，pK_a 9.5，pK_a 2.1）

L-グルタミン酸ナトリウム：$H_2N\text{-}CH(COONa)\text{-}CH_2\text{-}CH_2\text{-}COOH$ ＋水 ⇄ $^{+}H_3N\text{-}CH(COO^-)\text{-}CH_2\text{-}CH_2\text{-}COO^-$ ＋ Na^+

$^{+}H_3N\text{-}CH(COOH)\text{-}CH_2CH_2\text{-}COOH$ ⇄ $^{+}H_3N\text{-}CH(COO^-)\text{-}CH_2CH_2\text{-}COOH$ ⇄ $^{+}H_3N\text{-}CH(COO^-)\text{-}CH_2CH_2\text{-}COO^-$ ⇄ $H_2N\text{-}CH(COO^-)\text{-}CH_2CH_2\text{-}COO^-$

酸性 ⟷ 塩基性

■図2　5'-イノシン酸と5'-グアニル酸の化学構造(非解離型)

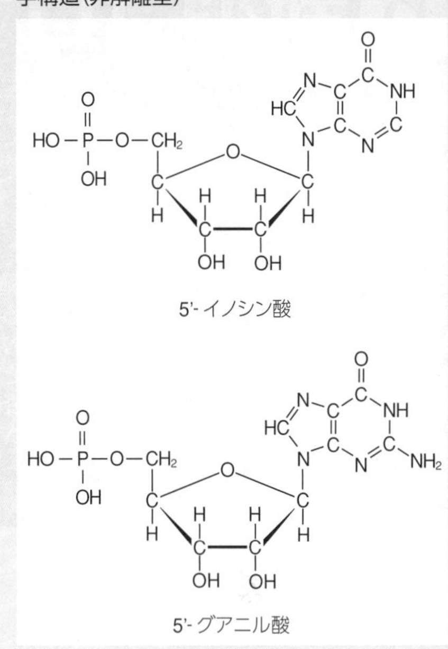

うま味とグルタミン酸の化学

グルタミン酸には2種類の光学異性体(L形とD形)が存在する。そのうち，うま味のもととなるのはL-グルタミン酸で，L-グルタミン酸ナトリウムが電離した時(図1右上)にうま味を示す。L-グルタミン酸そのものをなめると酸っぱい味であるが，中性付近にすると別の味に変わる。この時の味が，うま味である。

うま味は，日常的に使っている日本語の「旨い」つまり，おいしいという広い意味ではなく，L-グルタミン酸が中性付近で示す味である。人間の舌にその受容体も見つかり，世界的に認められた味「umami」となっている。

このうま味は，アミノ酸の存在，タンパク質の存在を示す味であり，イノシン酸ナトリウムなどのヌクレオチド(p.248)も同様の味を示す。

■池田菊苗と池田菊苗が昆布から抽出したグルタミン酸試料

日本で見いだされたうま味

ここで日本人化学者や日本の伝統食品とうま味研究の関係を紹介する。うま味は昆布だしのおいしさの本体を研究していた池田菊苗(きくなえ)が1908年に見いだしたもので，昆布だしから取り出したL-グルタミン酸ナトリウムの示す味を既知の4つの味(甘味，塩味，酸味，苦味)とは異なる味として，うま味(umami)と命名した。この研究をもとにして，うま味調味料が製造されるようになった。

独特の風味を呈する日本の伝統的調味料である醤油(しょうゆ)は，小麦と大豆(だいず)を原料とした発酵食品である。化学的に説明すると，醤油は，高濃度の食塩の存在下で麹(こうじ)かびの酵素の力を借り，大豆タンパク質と小麦タンパク質から高濃度のグルタミン酸食塩溶液を作ったもの，といえる(醤油の製造において，グルタミン酸ナトリウム以外のさまざまな風味成分も重要なことはいうまでもないが，ここでは割愛する)。

L-グルタミン酸ナトリウム以外のうま味物質も日本で見いだされた。小玉新太郎が1913年に鰹節(かつおぶし)のうま味をイノシン酸のヒスチジン塩とした。さらに1960年ごろまでに國中明(くになかあきら)は，5'-イノシン酸(鰹節に含まれる)と5'-グアニル酸(椎茸(しいたけ)に含まれる)(図2)がうま味を示し，これらのヌクレオチドがL-グルタミン酸(昆布に含まれる)と相乗効果を示すことを見いだした。

また，現在L-グルタミン酸などは微生物による発酵法により工業的に生産されているが，この発酵法は1950年代後半に木下祝郎(しゅくお)により開発されたものである。

このように複合うまみ調味料(食品添加物の一種)は日本でオリジナルに創りだされたもので，日本の伝統的食文化と化学が組み合わされ，研究・産業化されたものと言える。

味覚で感じる味には，辛味，渋味など5原味以外の味もある。また，おいしさには嗅覚で受容される揮発成分，いわゆる香りが，たいへん大きな影響を与えている。文化的背景や心理的要因を含め，これらが複雑に絡み合いおいしさを作り出している。おいしさの科学は奥深い。

■醤油を発酵させている醤油蔵

TRY！

- 母乳の組成を調べて，おいしさとの関係を考えてみよう。
- グルタミン酸にはL形とD形が存在する。この違いを化学的に説明するとともに，両者の味は同じか違うか考えてみよう。

特集 化学で考える

▶ 新型コロナウイルスの電子顕微鏡写真

6 新型コロナウイルス

サイエンスライター
島田（しまだ） 祥輔（しょうすけ）

■ 3つのポイント

①ウイルスは生きた細胞の中に侵入して増殖する存在である。ときに感染症を引き起こし，人々の生活スタイルすら変えることがある。

②ウイルスなどの病原体が体内に入ってきたとき，人体のさまざまな細胞のはたらきが活発になって病原体を排除する。これを「免疫」という。

③ワクチンは，免疫のしくみを利用し，免疫細胞に事前にウイルスの特徴を覚えさせることができる。これによって本物のウイルスがやってきたときに，速やかにウイルスを排除できる。

ウイルスとは何か

インフルエンザウイルスやヒト免疫不全ウイルス(HIV)など，地球上には数多くのウイルスがいる。2019年の年末に出現した，新型コロナウイルス(SRAS-CoV-2)は瞬く間に世界に広がり，人々の生活スタイルを変えるほどに大きな影響を与えた。

ウイルスとは，生きた細胞の中に入り，細胞の構造や機能を利用して増殖する存在である。ウイルスは，遺伝情報(DNAまたはRNA)とそれをおおうタンパク質からできている。

ウイルスは普段から私たちの身近におり，細胞の中に侵入すると感染症を引き起こす場合がある(感染症はウイルス以外にも細菌や真菌，寄生虫などによっても起きる)。通常の風邪の30％以上はライノウイルスが原因である。冬では，ノロウイルスによる食中毒が多発する。ヒトパピローマウイルス(HPV)は子宮頸がんなどを引き起こすことがある。

地球には，まだ人類が知らないウイルスが多くいる。そのようなウイルスがある日突然人間社会に現れると，感染対策も治療法もわからないため，多くの人間の命を脅かす可能性がある。20世紀以降では，他の動物の中にいたウイルスが人間に感染し，交通網の発展によって世界に広まり，多くの死者を出す例が散見される。例えば，HIVはチンパンジーに由来し，致死率が約50％であるエボラウイルスはコウモリがもっていたと考えられている。

ウイルスを調べる2種類の検査

ウイルスに感染しているかどうかを調べる検査方法は，おもに2種類ある。

1つは，抗原検査である。ウイルスの表面にはタンパク質があり，ウイルスによってタンパク質の種類は異なる。調べたいウイルスに特徴的なタンパク質を検出できれば，ウイルスがいるかどうか判断できる。特徴的なタンパク質のことを「抗原」といい，抗原を調べることを「抗原検査」という。抗原検査は，15分程度でわかることが特長である。

もう1つは，PCR検査である。PCRとはポリメラーゼ連鎖反応(polymerase chain reaction)の略で，特定の遺伝子を指数関数的に増幅させる方法である。DNAは，アデニン(A)とチミン(T)，グアニン(G)とシトシン(C)が結合する性質がある。これを利用して，増幅したい遺伝子の両端に結合する「プライマー」という短いDNA断片を用意し，「DNAポリメラーゼ」というDNA合成酵素を入れると，遺伝子の量が2倍に増える。これを30回繰り返すと約10億倍(2^{30}倍)に増える。新型コロナウイルスの検査では，「スパイク領域」と「ORF1a領域」という2つの領域をPCRで増やしてから，DNA配列を調べることによって，ウイルス感染を判断している。なお，新型コロナウイルスは遺伝情報としてRNAを使っているので，PCR検査では最初にRNAからDNAをつくる「逆転写」というステップが発生する。

ウイルスを排除する免疫のしくみ

ウイルスが体の中に侵入したとき，ウイルスを排除しようと体が反応する。これが「免疫」である。ウイルスに限らず，人体に悪影響を及ぼす病原体に対して免疫が作用する。

免疫には，「自然免疫」と「獲得免疫」の2種類がある。

■ 新型コロナウイルスの構造

スパイクタンパク質　細胞に侵入するときに鍵のようなはたらきをする

エンベロープ(外被膜)　生物の細胞膜と同じ脂質二重層からなる

RNA　ウイルスの設計図となる遺伝情報。ヌクレオカプシドタンパク質に包まれている

いろいろな膜タンパク質

約100 nm

■ PCRの原理

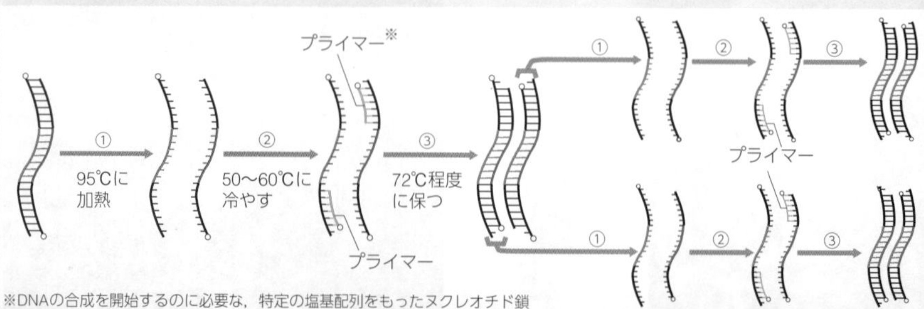

※DNAの合成を開始するのに必要な，特定の塩基配列をもったヌクレオチド鎖

自然免疫では，ウイルスが体内に入ってきたときに，「マクロファージ」という細胞が病原体を真っ先に攻撃する。その間に，「樹状細胞」という別の細胞もウイルスを捕食し，ウイルスの特徴を分析する。分析されたウイルスの情報は，「ヘルパーＴ細胞」と「キラーＴ細胞」に伝えられる。ヘルパーＴ細胞は「Ｂ細胞」に攻撃指令を出し，Ｂ細胞はウイルスだけを攻撃する武器である「抗体」を放出する。キラーＴ細胞は，ウイルスに感染した細胞を破壊する。樹状細胞を発端にする免疫が，獲得免疫である。

獲得免疫は非常に効率がよいが，ウイルス感染が起きてから抗体放出までには１～２週間かかってしまう。そこで，次に同じウイルスが侵入してきたときのために，ウイルスの特徴を覚えた免疫細胞の一部が「メモリー細胞」となり，次回の感染に備えておく。同じウイルスがやってきたら，メモリー細胞が起点となってすぐに獲得免疫が発動し，ウイルスを早期に排除できる。

なぜワクチンを接種するのか

獲得免疫のしくみを活用するのが「ワクチン」である。ワクチンは，毒性をもたない（または非常に弱い）ウイルスを体内に送り，免疫細胞に“練習”させてウイルスの特徴を覚えさせることができる。そして，本物のウイルスがやってきたとき，獲得免疫ですぐにウイルスを排除できるようにすることが目的だ。素早くウイルスを排除するため，重症化や死亡リスクを下げることができ，ワクチンの種類によってはウイルス感染をほぼ完全に予防できるものもある。

これまで，ワクチン開発には10年近くかかることも珍しくなかった。ウイルスの特徴を残しつつ毒性をなくすことが難しいからである。しかし，新型コロナウイルスへのワクチンはそれほどの時間をかけずに開発された。次世代ワクチンの一つともいわれる「mRNAワクチン」が登場したためである。mRNAは「伝令RNA」ともいわれ，mRNAの塩基配列に応じてタンパク質が細胞内で合成（翻訳）される。つまり，新型コロナウイルスの特徴的なタンパク質に翻訳されるmRNAを細胞内に送りこめば，mRNAから新型コロナウイルスのタンパク質がつくられ，それに対して免疫反応が起きる。mRNAワクチンではこれを利用する。

新型コロナウイルスのmRNAワクチンでは，ウイルスの外側にある「スパイクタンパク質」をつくるようになっている。スパイクタンパク質は細胞外に放出され，樹状細胞がスパイクタンパク質を取りこむと，獲得免疫の手順でメモリー細胞が誕生する。このとき，免疫のはたらきが活発になると，熱が出たり痛みを感じたりすることがある。これがワクチンの「副反応」だ。

なお，mRNAは体内でワクチン接種してから数日以内に分解され，スパイクタンパク質も約２週間後にはなくなる。mRNAが人間のDNA（ゲノム）に組みこまれることはなく，他の人に感染させることもない。

mRNAワクチンは，ウイルスの遺伝子配列が判明しないとつくることができない。遺伝子配列を簡単に調べることができるようになった現代ならではの方法といえる。

新型コロナウイルスの薬

新型コロナウイルス感染症（COVID-19）に有効な薬は複数ある。2023年７月までの情報をもとに作成された『新型コロナウイルス感染症 診療の手引き 第10.0版』では，治療薬を「抗ウイルス薬」，「中和抗体薬」，「免疫抑制・調節薬」の３種類に分けている。

抗ウイルス薬は，ウイルスの増殖を抑える薬で，新型コロナウイルスの遺伝情報の本体であるRNAの合成酵素またはタンパク質分解酵素のはたらきを抑える。塩野義製薬が開発したエンシトレルビル（商品名：ゾコーバ錠）は，タンパク質分解酵素のはたらきを抑えることでウイルスが増殖できないようにするもので，軽症または中等症の患者に対して使われる。

中和抗体薬は，ウイルスが細胞に侵入するときに関わるスパイクタンパク質に結合し，ウイルスが細胞に感染するのを防ぐ。ただし，2022年ごろから主流となったオミクロン株に対しては有効性が弱まっているとされている。

新型コロナウイルス感染症では，本来はウイルスや感染した細胞だけを攻撃する免疫が過剰に反応してしまい，全身の組織を攻撃してしまうことがある。体内の広い範囲で炎症が起き，重症化や，ウイルス死滅後も長引く症状（いわゆる後遺症，英語ではlong-COVID）の一因と考えられている。そこで，炎症を抑える免疫抑制・調節薬も使われている。

新型コロナウイルスは，2020年以降さまざまな変異株が現れており，世界中で継続的な監視が行われている。ワクチンや治療薬も，変異株に応じて今後変わる可能性がある。

■獲得免疫のしくみ

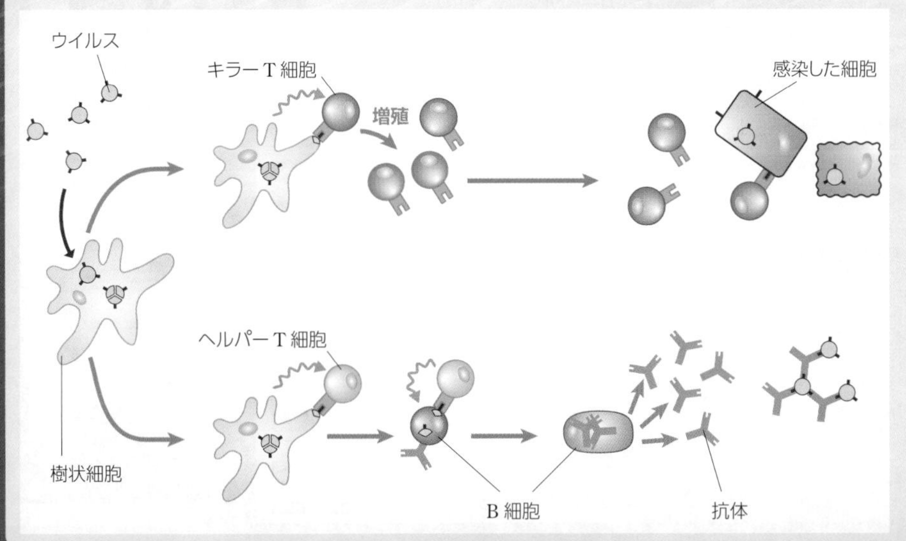

TRY！

- ウイルスの形，感染経路，感染したときの症状は，ウイルスによってさまざまである。どのウイルスにどのような特徴があり，どのような対策が有効なのか，調べてみよう。
  例：新型コロナウイルス（COVID-19），風疹ウイルス（風疹），ノロウイルスなど
- 次世代ワクチンには，mRNAワクチン以外に「DNAワクチン」と「ウイルスベクターワクチン」がある。それぞれどのようなしくみなのか，調べてみよう。
- ウイルスには，エタノール（アルコール）消毒が効くものと効かないものがある。この違いはどこにあるのだろうか。考えてみよう。
- 人類は病に対して，mRNAワクチンをはじめとするワクチンや，アスピリンをはじめとする医薬品といった対抗手段を開発してきた。それぞれにどんな特徴があるのか，使用目的や生産方法を比較しながらまとめてみよう。

科学史年表

西暦	時代	業績	人物
B.C.400 頃		古代原子説を唱える。	デモクリトス
B.C.350 頃		四元素説を発展させる。	アリストテレス
400 − 1400		錬金術	(エジプト→ヨーロッパ)
1662	江戸	ボイルの法則の発見	ボイル ▸▸▸1
1766		水素の発見	キャベンディッシュ
1772		酸素の発見	シェーレ
1774		塩素の発見	シェーレ
1774		酸素の発見	プリーストリー
1774		質量保存の法則の発見	ラボアジエ
1781		水の合成	キャベンディッシュ
1787		シャルルの法則の発見	シャルル ▸▸▸2
1799		定比例の法則の発見	プルースト
1799		水の電気分解	ニコルソン
1800 頃		電池(電堆)の発明	ボルタ
1801		分圧の法則	ドルトン
1803		倍数比例の法則および原子説の発表	ドルトン
1803		ヘンリーの法則の発見	ヘンリー ▸▸▸3
1807 − 1808		Na，K などの単離	デービー
1808		気体反応の法則の発見	ゲーリュサック
1811		分子説の提唱(アボガドロの法則)	アボガドロ ▸▸▸4
1813		元素記号の創案	ベルセーリウス
1821		酸素(16)を基準とする元素の原子量を決定	ベルセーリウス
1825		ベンゼンの発見	ファラデー ▸▸▸5
1827		精密な原子量表の発表	ベルセーリウス
1827		ブラウン運動の発見	ブラウン
1828		尿素 $(NH_2)_2CO$ の合成	ウェーラー
1831		元素分析法の確立	リービッヒ
1833		電気分解の法則の発見	ファラデー ▸▸▸5
1836		ダニエル電池の発明	ダニエル
1837		日本最初の化学書「舎密開宗」の刊行	宇田川榕菴
1840		総熱量保存の法則(ヘスの法則)の発表	ヘス(ロシアで生活) ▸▸▸6
1847 頃		絶対温度目盛りの提唱	ケルビン
1850 頃		舎密読本・化学新書・理学原始などを著す。	川本幸民
1856		アセチレンの合成	ベルテロ
1856		最初の合成染料モーベインの発見	パーキン
1859		鉛蓄電池の発明	プランテ
1860 − 1861		Cs(1860)，Rb(1861)の発見	ブンゼン，キルヒホッフ
1861		コロイド化学の創始	グレーアム
1864		質量作用の法則の発表	グルベル，ワーゲ

法則・定義などに

1 ボイル 1627-1691 ボイルの法則 (p.102)

2 シャルル 1746-1823 シャルルの法則 (p.103)

3 ヘンリー 1774-1836 ヘンリーの法則 (p.111)

4 アボガドロ 1776-1856 アボガドロの法則 (p.60)

5 ファラデー 1791-1867 ファラデーの法則 (p.94)

国旗
国名

アメリカ イギリス イタリア エジプト オランダ ギリシャ スイス スウェーデン デンマーク ドイツ 日本 ノルウェー フランス ベルギー ロシア

名を残す科学者

6
ヘス 1802-1850
ヘスの法則
(p.120)

7
ルシャトリエ 1850-1936
ルシャトリエの原理
(p.130)

8
アレニウス 1859-1927
アレニウスの定義
(p.66)

9
ブレンステッド 1879-1947
ブレンステッド・ローリーの定義
(p.66)

10
ローリー 1874-1936
ブレンステッド・ローリーの定義
(p.66)

西暦	時代	業績	人物	国旗
1865	江戸	ベンゼンのケクレ構造の発見	ケクレ	ドイツ
1866		アンモニアソーダ法の工業化	ソルベー	ベルギー
1867		ダイナマイトの発明	ノーベル	スウェーデン
1868		塩化アンモニウムを電解質とする電池の発明	ルクランシェ	フランス
1868		チンダル現象の発見	チンダル	イギリス
1869	明治	メンデレーエフの周期表の発表	メンデレーエフ	ロシア
1873		実在気体の状態方程式の発表	ファンデルワールス	オランダ
1875		接触式硫酸製造法の発明	ウィンクラー	ドイツ
1884		ラウールの法則の発見	ラウール	フランス
1884		ルシャトリエの原理の発表	ルシャトリエ ▸▸▸7	フランス
1886		フッ素の単離に成功	モアッサン	フランス
1886		アルミニウムの溶融塩電解に成功	ホール，エルー	アメリカ，フランス
1887		浸透圧による初めての分子量の測定	ファントホッフ	オランダ
1887		電離説の発表	アレニウス ▸▸▸8	スウェーデン
1894		アルゴンの発見	ラムゼー，レイリー	イギリス，イギリス
1897		電子の存在の確認	J.J.トムソン	イギリス
1897－1898		Ne，Kr，Xe の発見	ラムゼー，トラバース	イギリス，イギリス
1898		Ra，Po の発見	キュリー夫妻(マリー，ピエール)	フランス
1902		硝酸の製造法の発表	オストワルト	ドイツ
1903		原子模型の理論の発表	長岡半太郎	日本
1908		化学調味料の製造法の特許を取得	池田菊苗	日本
1910		フェノール樹脂(ベークライト)をつくる。	ベークランド	アメリカ
1910		オリザニン(ビタミン B_1)の抽出	鈴木梅太郎	日本
1911		放射性同位体の発見	ソディー	イギリス
1911		原子核の存在の発見	ラザフォード	イギリス
1913	大正	アンモニア合成の工業化	ハーバー，ボッシュ	ドイツ，ドイツ
1913		水素のスペクトルの理論と原子模型の理論の樹立	ボーア	デンマーク
1919		原子核の人工変換の実験に成功	ラザフォード	イギリス
1923		酸・塩基の新しい定義の提唱	ブレンステッド，ローリー ▸▸▸9 10	デンマーク，イギリス
1931	昭和	重水素の発見	ユーリー	アメリカ
1932		中性子の発見	チャドウィック	イギリス
1932		電気陰性度の値の研究	ポーリング	アメリカ
1934		人工放射性元素の発見	ジョリオ・キュリー夫妻(イレーヌ，フレデリック)	フランス
1935		ナイロンの発明	カロザース	アメリカ
1961		炭素(12)を基準とする元素の原子量を決定	IUPAC	

Zoom up Plus
1. 電子軌道と電子配置

A エネルギー準位

輝線スペクトル

ガラス管に封入した低圧の水素に，高い電圧を加えて放電を行わせると，図1のように桃色の美しい光が見られる。この光をプリズムに通すと，複数の特定の波長をもつ光がとびとびの輝く線（輝線）となって観察される。これを輝線スペクトルという。

図1

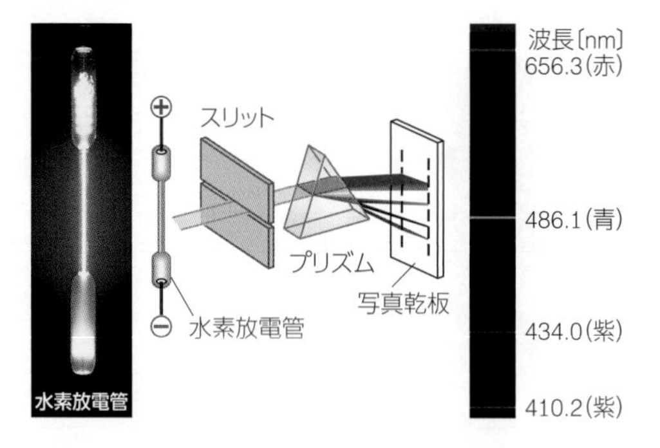

図2のように，水素原子内の電子は，原子核に最も近い電子殻（K殻）に存在するとき，最もエネルギーが低く安定な状態（基底状態）にある。この電子がエネルギーを得ると，原子核から離れた電子殻（L殻・M殻・N殻）に移り，不安定な状態（励起状態）になる。この不安定な電子が安定な状態にもどるとき，エネルギーを光として放出するので，スペクトルが観測される。

図2

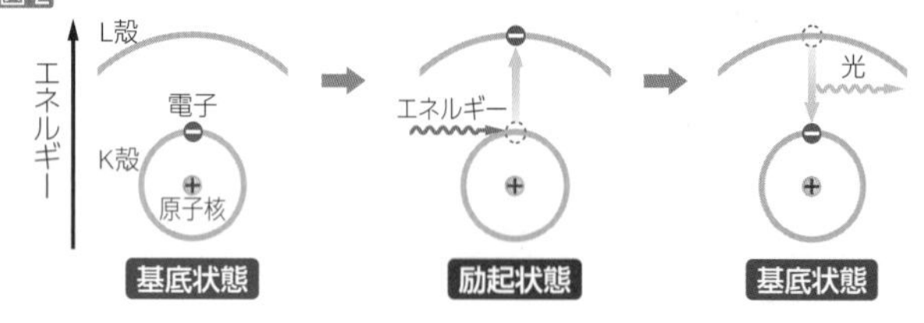

エネルギー準位

水素原子のスペクトルの輝線は，すべて特定の波長をもつ。このことは，電子にエネルギーが与えられたときに，電子がとびとびの特定の大きさのエネルギー状態しかとれないことを意味している。このとびとびのエネルギー状態をエネルギー準位という。

水素原子のエネルギー準位は図3のようになる。K殻からL殻，L殻からM殻，M殻からN殻になるに従って，エネルギー準位の幅は狭くなる。電子がK殻に移動するときに発せられる光は紫外線で，肉眼で見ることはできない。

図3

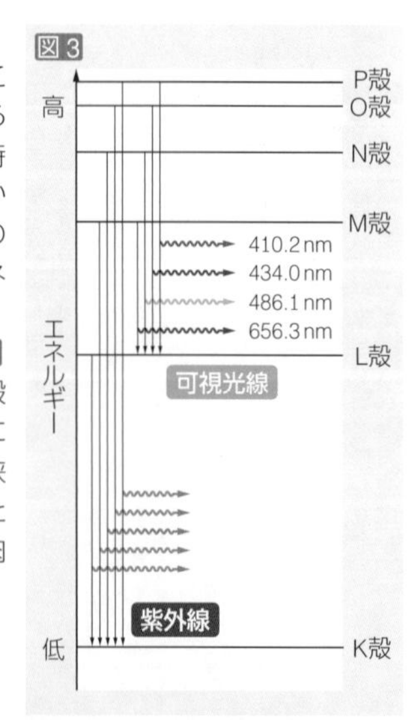

B 電子軌道

電子雲モデルと電子軌道

ある瞬間における原子中の電子の位置や速度は同時に正確に決められないため，原子中の電子の動きを簡単に描写することはできない。しかし，ある特定の位置に電子が見つかる確率はわかっている。その確率をすべて足しあわせた全体の像を電子軌道といい，電子が存在する領域を表す。そして，確率の大きさを濃淡で表したものを電子雲モデルという（図4）。電子雲モデルは電子軌道を視覚化したものであり，電子の雲が原子核のまわりをとり囲んだ構造を原子として考えるものである。

図4

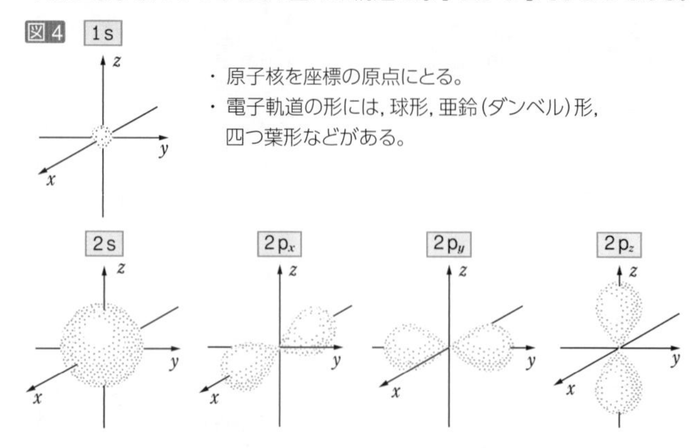

電子軌道と軌道の種類

通常，電子軌道は，電子殻に対応する整数と形に対応するアルファベットを組み合わせて，1s軌道，2p軌道などと表記される。この表記は次の3つの要素で記述されている。

① 電子殻に対応し，エネルギー準位の大きさを表すものである。これは正の整数で示され（K殻は1，L殻は2，M殻は3，N殻は4），数が大きいほど電子軌道は高いエネルギー準位にあり，電子は原子核からより離れたところまで広がる。

② 軌道の形を表すものであり，s，p，d，fで示される。s軌道はすべての電子殻にあり，p軌道はL殻以降，d軌道はM殻以降，f軌道はN殻以降の電子殻にある。

③ 軌道の方向を表すものであり，x，y，zで示される。図4のように，s軌道は原子核を中心とした球形である。p軌道は亜鈴（ダンベル）形であり，x，y，z軸方向に向いた3つの軌道がある。d軌道になると四つ葉形を基本とする5つの軌道があり，f軌道では複雑な形をした7つの軌道がある。

また，1s軌道はK殻にある。また，2s軌道と3つの2p軌道はL殻にある。1つの軌道に電子は2個まで入ることができるため，K殻には2個，L殻には8個，M殻には18個，N殻には32個の電子が入ることがわかる。

	電子殻									
	K	L		M			N			
	1s	2s	2p	3s	3p	3d	4s	4p	4d	4f
軌道の数	1	1	3	1	3	5	1	3	5	7
軌道に入る電子の数	2	2	6	2	6	10	2	6	10	14
電子殻に入る総電子数	2	8		18			32			

C 電子配置

電子配置と構成原理

それぞれの電子殻は 1s 軌道や 2p 軌道などの電子軌道で構成されている。したがって電子配置は，電子がどのように電子軌道に入っているかを示す形でも表される。

電子はエネルギー準位の低い軌道から順に入る。これを構成原理という。

2 個以上の電子をもつ原子の場合，軌道のエネルギー準位は図5のようになる。電子が軌道に収容されていくとき，同じ電子殻であれば，s 軌道→p 軌道→d 軌道→f 軌道の順にエネルギー準位が高くなる。電子殻は K 殻(1)→L 殻(2)→M 殻(3)→N 殻(4)の順にエネルギー準位が高くなるが，M 殻以降の電子殻ではそのエネルギー準位の差が比較的小さい。そのため，M 殻で 1 番エネルギー準位が高い 3d 軌道のほうが，N 殻で 1 番エネルギー準位が低い 4s 軌道より高いエネルギー準位となる。このように通常，1s 軌道→2s 軌道→2p 軌道→3s 軌道→3p 軌道→4s 軌道→3d 軌道→4p 軌道の順にエネルギー準位が高くなる。

例えば，カリウム K の 19 個の電子のうち，18 個は M 殻の 3p 軌道までを満たし，残りの 1 個は M 殻の 3d 軌道ではなく，エネルギー準位の低い N 殻の 4s 軌道に入る。

原子の電子配置表（p.291）

原子	電子殻 K	L		M			N			
	1s	2s	2p	3s	3p	3d	4s	4p	4d	4f
H	1									
He	2									
Li	2	1								
Be	2	2								
B	2	2	1							
C	2	2	2							
N	2	2	3							
O	2	2	4							
F	2	2	5							
Ne	2	2	6							
Na	2	2	6	1						
Mg	2	2	6	2						
Al	2	2	6	2	1					
Si	2	2	6	2	2					
P	2	2	6	2	3					
S	2	2	6	2	4					
Cl	2	2	6	2	5					
Ar	2	2	6	2	6					
K	2	2	6	2	6		1			
Ca	2	2	6	2	6		2			

図5

エネルギー

1s 2s 3s 4s 5s 6s 7s / 2p 3p 4p 5p 6p 7p / 3d 4d 5d 6d / 4f 5f

s軌道 p軌道 d軌道 f軌道

電子スピン

ある種の原子線（気体状の原子のビーム）が磁場中を通過すると，原子線は 2 つの方向に分かれる（図6）。

図6

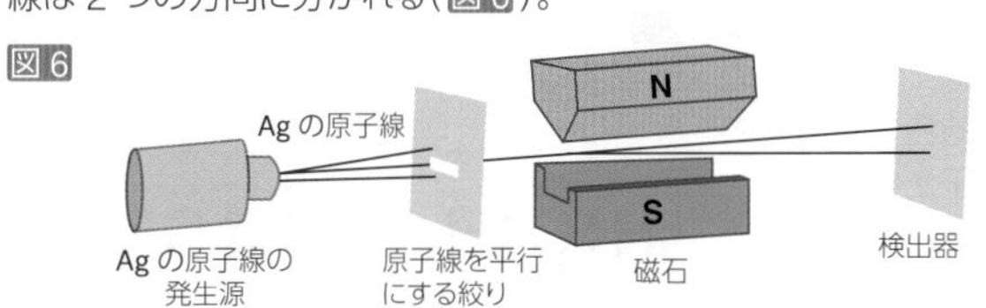

ドイツの科学者であるシュテルンとゲルラッハは，Ag の原子線を磁場中に通すと等しい強度をもつ 2 本のビームに分裂することを発見した。

これは原子中の電子には 2 種類の状態があることを示す。磁場に反応することから，電子がコマのように回転（スピン）していると見立てて電子スピンとよばれる。図7のように電子は軸に対して右向きおよび左向きに回転するような挙動を示し，電子スピンのとれる向きは互いに反対となる 2 つのみである。これを示すために電子軌道中の電子を表すとき，上向きの矢印（↑）と下向きの矢印（↓）が使われることが多い。

図7

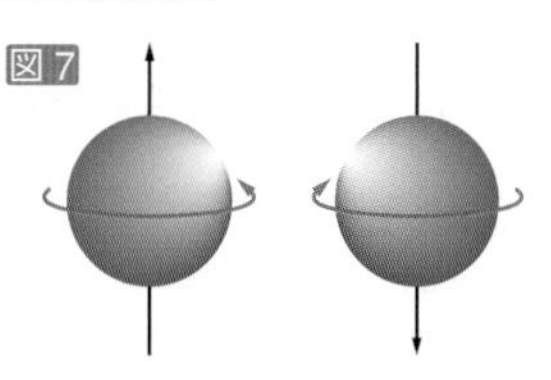

パウリの排他原理

どの電子軌道に収容される電子も同じ状態をとることができない。これをパウリの排他原理という。パウリの排他原理から，同じ軌道に収容される電子は，最大で 2 個であり，それらのスピンは互いに逆向きとなる。同じ軌道に 2 個の電子が入るとき，電子対が形成されたと表現する。

図8

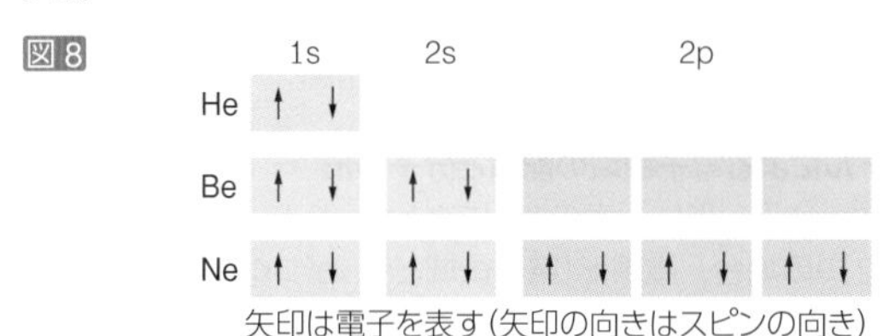

矢印は電子を表す（矢印の向きはスピンの向き）

フントの規則

p 軌道のようにエネルギー準位の等しい軌道が複数存在する場合，同じ向きのスピンをもつ電子の数が多くなるように収容される。これをフントの規則という。

C 原子は，6 個の電子のうち 4 個が 1s 軌道と 2s 軌道に収容される。3 つの 2p 軌道はエネルギー的に等価なので，残りの 2 個の電子が 2p 軌道に入るとき，パウリの排他原理を満たす電子配置は図9のように 3 通りある。このうち，①は電子間の反発により，②や③より不安定である。また，フントの規則よりスピンの向きがそろっているほうが安定なので，C 原子の電子配置は②のようになる。

図9 パウリの排他原理を満たす C 原子の電子配置

	1s	2s	2p		
①	↑↓	↑↓	↑↓		
②	↑↓	↑↓	↑	↑	
③	↑↓	↑↓	↑	↓	

フントの規則により，この形になる。

Zoom up Plus 2.VSEPRモデルと混成軌道

A VSEPRモデル

中心原子と周辺原子

原子3個以上からなる分子では，2個以上の原子と結合している内側の原子を中心原子，それ以外を周辺原子と区別することがある。図1のように，H_2OではO原子が中心原子で，2組の共有電子対と2組の非共有電子対からなる合計4つの電子領域（電子対が存在する領域）をもつ。また，CO_2ではC原子が中心原子であり，二重結合をつくる共有電子対による2つの電子領域をもつ。

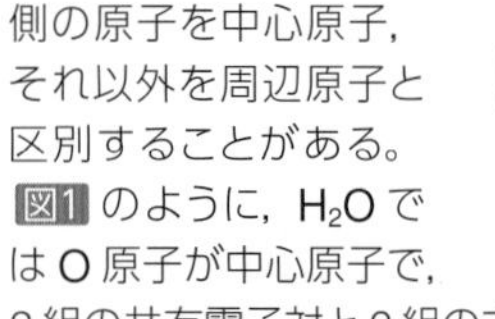

図1

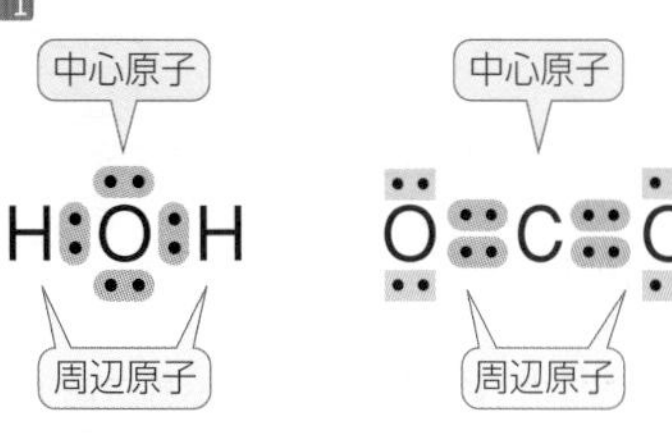

VSEPRモデル

およその分子の形は中心原子まわりの電子対どうしの反発を考えることで予想することができる。これを原子価殻電子対反発（valence shell electron pair repulsion, VSEPR）モデルという。原子価殻とは，価電子が入っている電子殻のことである。VSEPRモデルでは，共有電子対および非共有電子対からなる電子領域の反発が最小になるようにして分子の形を推定する。

VSEPRモデルの規則

① 中心原子まわりの電子領域を整理する。
　＊二重結合や三重結合は，ひとかたまりの電子領域とみなす。
② 電子対どうしの反発が最小になるように電子領域を配置する。
③ 非共有電子対は，共有電子対よりも空間的に広がっているため，反発が大きい。両者が存在する場合，電子領域どうしがつくる角度が少しゆがむ。

VSEPRモデルによる電子領域の配置と分子の形

電子領域の数と分子の形は下表のようにまとめられる。
電子領域が2つの場合，直線形（電子領域どうしがつくる角度が180°）が最も反発が小さい。
電子領域が3つの場合，電子領域が中心原子から正三角形の頂点に向かう配置が最も反発が小さい。電子領域どうしがつくる角度は120°である。
電子領域が4つの場合，電子領域が中心原子から正四面体の頂点に向かう配置が最も反発が小さい。電子領域どうしがつくる角度は109.5°である。例えば，メタン分子，アンモニア分子，水分子の電子領域はいずれも正四面体形である。一方で分子の形は，メタンが正四面体形，アンモニアが三角錐形，水分子が折れ線形である（図2）。
非共有電子対は共有電子対よりも空間的に広がっているので，反発が大きい。そのため，非共有電子対どうしの反発や非共有電子対と共有電子対の反発は，共有電子対どうしの反発よりも大きく，結合角の大きさは，∠HCH，∠HNH，∠HOHの順に小さくなる。

図2

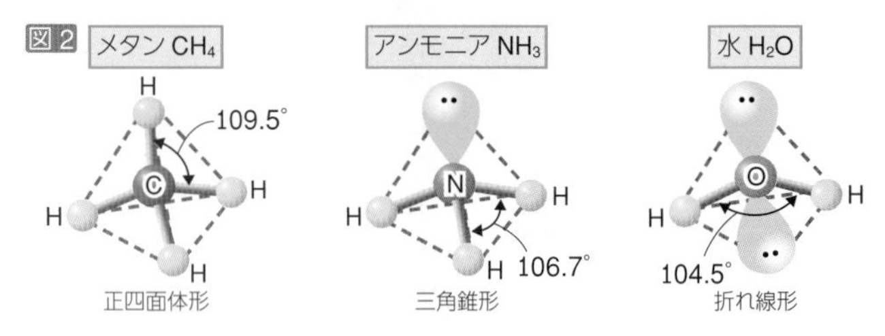

B 電子の非局在化

炭酸イオン

炭酸イオンCO_3^{2-}は3個の同様な構造式がかける（図3）。いずれの構造式も2個のC-O結合と1個のC=O結合の存在を示すが，実際のCO_3^{2-}のC原子とO原子の間の3個の結合はすべて同じ長さである。これは，実際の構造はこれらの構造が混じりあってできたものであるためであり，このような状態を電子の非局在化という。ただし，通常は構造式として1個だけを示して表されることが多い。ベンゼンも炭酸イオンと同様に電子が非局在化している。

図3

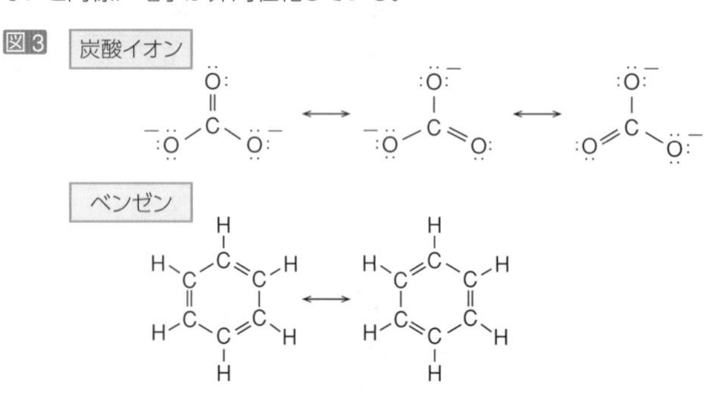

■電子領域の数と分子の形

電子領域の数	2	3		4		
共有電子対	2	3	2	4	3	2
非共有電子対	0	0	1	0	1	2
電子領域の形	直線形	平面三角形		正四面体形		
分子の形	直線形	平面三角形	折れ線形	正四面体形	三角錐形	折れ線形

C 混成軌道と共有結合

入試問題にチャレンジ! p.286

軌道重なりモデル

共有結合ができるとき，2個の原子の価電子が入った電子軌道が重なって，もとの軌道から合成された新しい電子軌道ができる。この電子軌道は2つの原子核の間に存在し，もとの2つの軌道に1個ずつ入っていた電子(不対電子)が電子対となって入る。軌道の重なりは，1s軌道と1s軌道のような同種の組合せでも，1s軌道と2p軌道のような異種の組合せでも可能である。図4のように2つのH原子が近づくと，それぞれの1s軌道と1s軌道が重なり，両軌道上に電子対が広がり始めることによってH-H結合ができる。また，H原子とF原子の場合,1s軌道と2p軌道の重なりによってH-F結合ができる。

図4

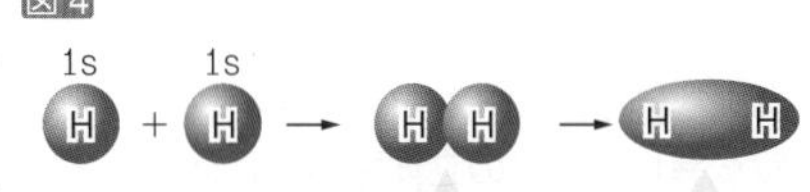

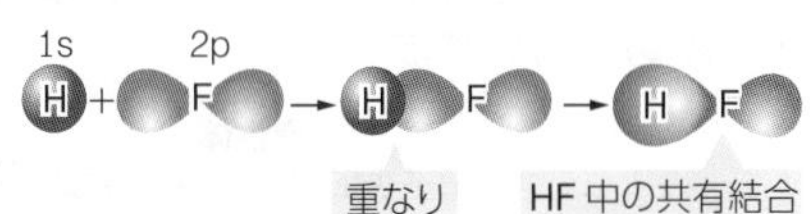

混成軌道

C原子の基底状態の電子配置では，不対電子が入っている軌道は2つの2p軌道のみである。したがって，そのままではC原子は共有結合を2つしかつくることができないが，実際のC原子は4個の共有結合をつくることができる。例えば，CH_4 のC原子は2s軌道にある2個の電子のうち1個を空の2p軌道に移すことによって，4個の不対電子をもつ電子配置となり，さらに2s軌道と2p軌道が組み合わさって新しい軌道(混成軌道)ができる(図5)。

C原子の2s軌道と3つの2p軌道からは4つの等価な軌道がつくられ，これを sp^3 混成軌道という。また，2s軌道と2つの2p軌道からつくられる3つの等価な軌道を sp^2 混成軌道，2s軌道と1つの2p軌道からつくられる2つの等価な軌道をsp混成軌道という。

図5

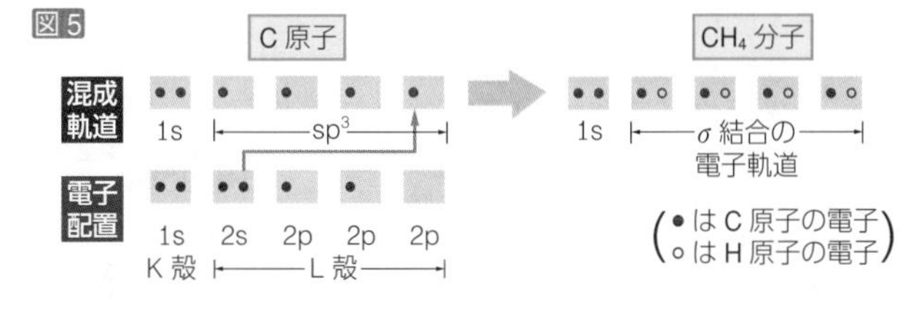

混成軌道の形

4つの sp^3 混成軌道は，それぞれ原子核を中心として正四面体の頂点方向に伸びている(図6)。一方，3つの sp^2 混成軌道は同一平面上にあり，それぞれ原子核を中心として正三角形の頂点方向に伸びている(図7)。混成していない1つの2p軌道は，sp^2 混成軌道がつくる平面に対して垂直に位置している。また，2つのsp混成軌道は同一直線上にあり，それぞれ原子核を中心として反対向きに伸びている(図8)。このとき，混成していない2つの2p軌道は，この直線に対して直交している。

図6

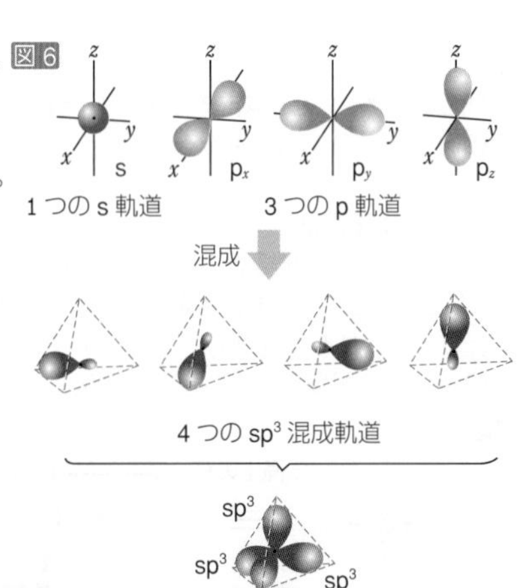

図7

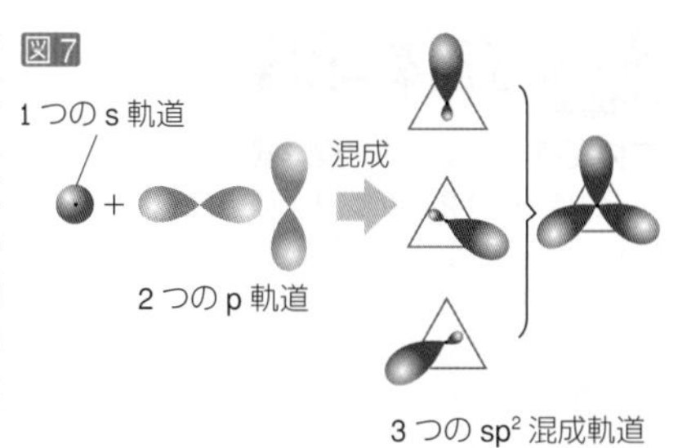

図8

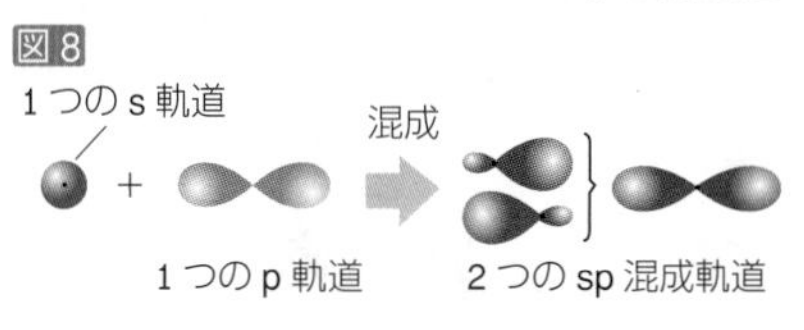

σ結合とπ結合

原子核間を結ぶ直線上に電子軌道の重なりがある共有結合をσ結合という。一方，原子核間を結ぶ直線の垂直方向に電子軌道の重なりがある共有結合をπ結合という。

エチレンとアセチレン

エチレン C_2H_4 の2個のC原子はそれぞれ3つの sp^2 混成軌道と1つの2p軌道をもつ。2つの sp^2 混成軌道はH原子とσ結合をつくり，残りの sp^2 混成軌道はもう1個のC原子の sp^2 混成軌道とσ結合をつくる。さらに，sp^2 混成軌道でつくる平面に垂直なp軌道どうしでπ結合を形成する。そのため，C_2H_4 のすべての原子は同一平面上にある。アセチレン C_2H_2 の2個のC原子はそれぞれ2つのsp混成軌道と2つのp軌道をもつため，C原子間の結合はsp混成軌道どうしのσ結合1つとp軌道どうしのπ結合2つとなる。

図9

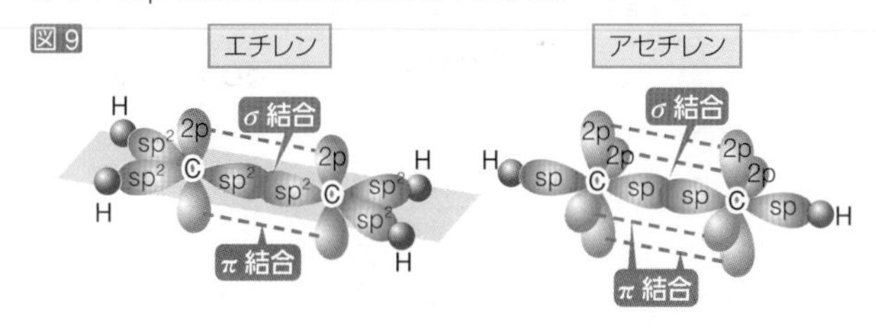

ベンゼン

ベンゼンの6個のC原子は sp^2 混成軌道どうしの重なりからなるσ結合によって正六角形の環状構造になる。混成軌道に使われなかった2p軌道は，π結合をつくる。π結合をつくる6個の電子は，特定のC原子間に固定されず，すべてのC原子間に等しく広がって存在する。このような電子の非局在化により，ベンゼンは安定化され，C原子間の結合距離はすべて等しくなる。

図10

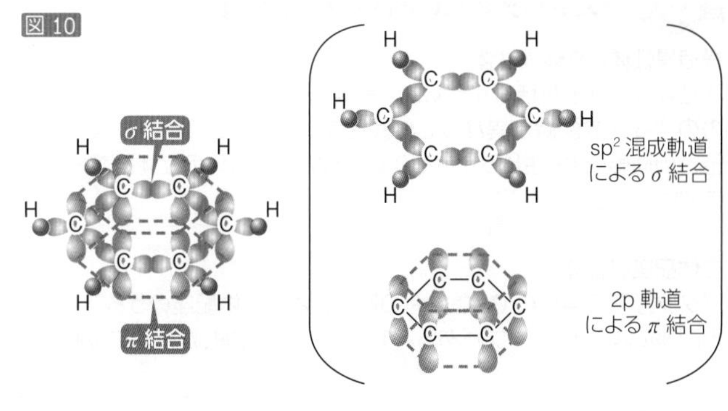

A 立体配座

立体配座とニューマン投影式

エタン分子の 2 つのメチル基 $-CH_3$ は炭素原子間の C-C 結合を軸にして回転できる。この回転によって生じる原子の空間的な配置は無数にあり，これらを立体配座という。

立体配座を示す表記法に，回転の軸となる C-C 結合に沿って，原子の位置を投影したニューマン投影式がある。エタン C_2H_6 のニューマン投影式では，手前の C 原子は 3 つの H 原子との結合の交点として示され，奥の C 原子は大きな円として示される(図1)。

図1
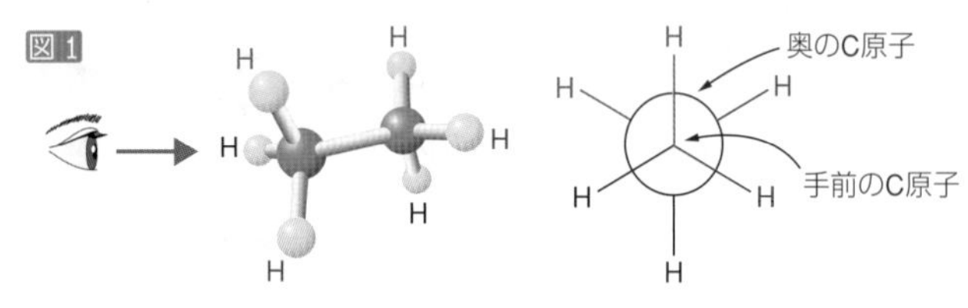

重なり形配座とねじれ形配座

エタンのニューマン投影式について，手前の H 原子と奥の H 原子が重なる配座を重なり形配座という。また，手前の各 H 原子が奥の 2 個の H 原子の間に位置する配座をねじれ形配座という。ねじれ形配座は H 原子どうしが立体的に離れているので，重なり形配座よりもエネルギーが低く安定である。したがって，C-C 結合の回転に対する各立体配座のエネルギーをグラフで表すと，エネルギーの極小をとるねじれ形配座と，極大をとる重なり形配座が 60°ごとに交互に現れる(図2)。しかし，このエネルギー差は回転を阻害するほど大きくはないので，エタンの C-C 結合は室温で自由に回転している。

図2
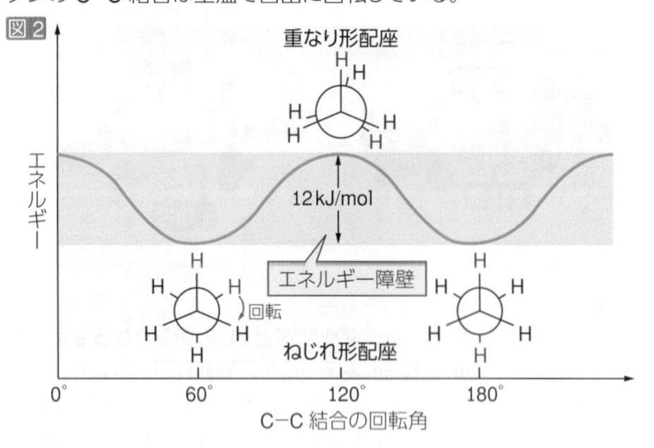

B 立体異性体の分類

構造異性体と立体異性体

異性体は，原子が結合する配列の異なる構造異性体と，配列は同じものの空間的な配置が異なる立体異性体に分類できる。立体異性体は，結合の回転により生じる立体配座異性体とそれ以外の立体配置異性体に分けられる。

立体配座異性体

ブタン分子の中央の C-C 結合の回転による立体配座のうち，ねじれ形配座には2つのタイプがある。1つは 2 つの $-CH_3$ が反対に位置するものであり，もう1つは隣りあう位置にあるものである。このようなエネルギーの極小にあって異なる立体配座をもつものを立体配座異性体という。通常，立体配座異性体は相互に変換しており，分離することは困難である。

鏡像異性体とジアステレオマー

鏡像異性体以外の立体配置異性体をジアステレオマーという。ジアステレオマーには，シス-トランス異性体のほかに，複数の不斉炭素原子をもち，実物と鏡像の関係にない異性体(例えば，グルコースとガラクトース(p.238)が含まれる。

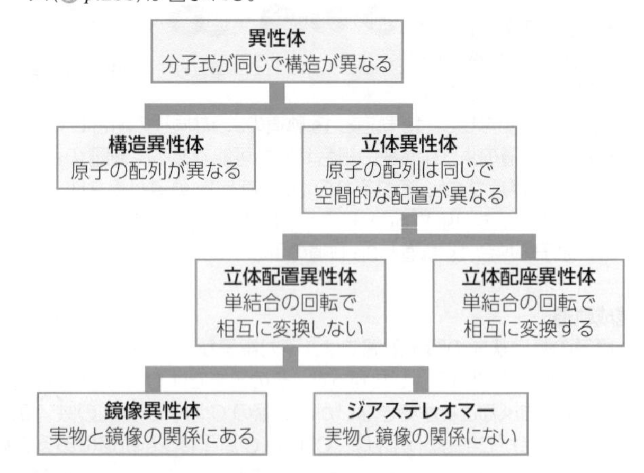

C 立体異性体の表記法

E/Z 表記法

二重結合している C 原子に 3 つあるいは 4 つの置換基がある場合はシス形，トランス形と表現できない。このような場合に *E/Z* 表示法が用いられる。二重結合のそれぞれの C 原子に結合した 2 つの原子のうち，優先順位が高いもの(図3 では $-CH_3$ と $-CH_2CH_3$)に注目する。それぞれの C 原子に結合した優先順位が高い原子あるいは原子団が二重結合に対して反対側にあれば *E* 配置，同じ側にあれば *Z* 配置とする。原子および原子団の優先順位は二重結合の C 原子に直接結合している原子の原子番号が大きいほど高く，それが同じ場合は，さらに隣に結合している原子の原子番号の大小で決める。

図3
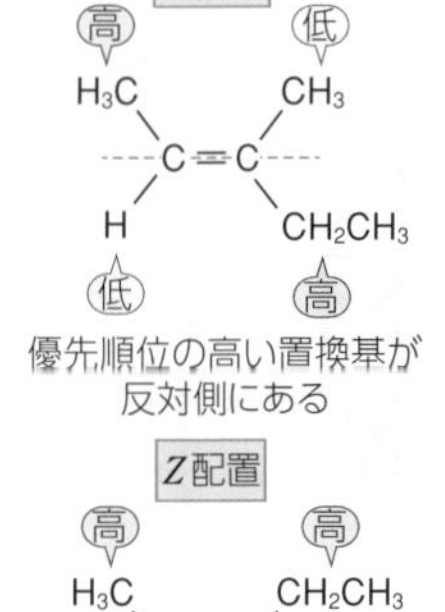

破線-くさび形表記

実線でかいた結合を紙面上にあるものとして，紙面の奥に伸びる結合をくさび形の破線(·····)，手前に伸びる結合をくさび形の実線(◀)で表記することがある(図4)。これにより，不斉炭素原子に結合した原子の立体的な配置を示すことができる。

図4
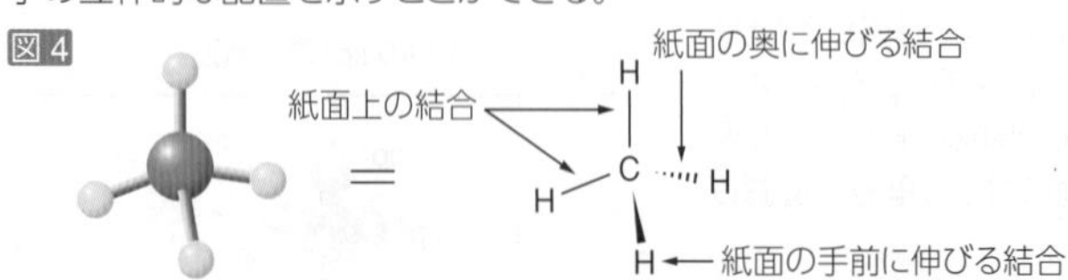

R/S 表記法

鏡像異性体の区別を，不斉炭素原子に結合する原子および原子団の立体配置に基づいて示す方法がある。E/Z 表記法と同様に置換基の優先順位を決め，最も優先順位が低い原子・原子団を奥において手前の3つを優先順位の高い順になぞったとき，時計回りになるものを R 配置，反時計回りになるものを S 配置とする(図5)。これらの配置を絶対配置という。この不斉炭素原子の絶対配置に基づき鏡像異性体を区別する場合には R 形，S 形などという。

図5

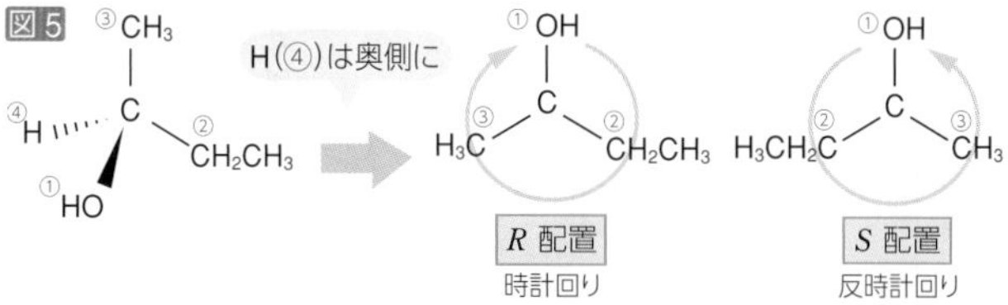

H(④)は奥側に

R 配置 時計回り　　S 配置 反時計回り

優先順位：$-OH>-CH_2CH_3>-CH_3>-H$

メソ化合物

酒石酸では，-OH が結合した2個のC原子は不斉炭素原子である。それらの絶対配置の組合せにより，Ⓐ(R, R)，Ⓑ(S, S)，Ⓒ(R, S)，Ⓓ(S, R)の4つの立体異性体が考えられる(図6)。このうちⒶとⒷは鏡像異性体である。一方，ⒸとⒹは実物と鏡像の関係にはあるが，重ねあわせることができる。すなわち，ⒸとⒹは同一化合物であり，鏡像異性体ではない。このように不斉炭素原子をもちながら鏡像異性体が存在しない化合物をメソ化合物という。

図6

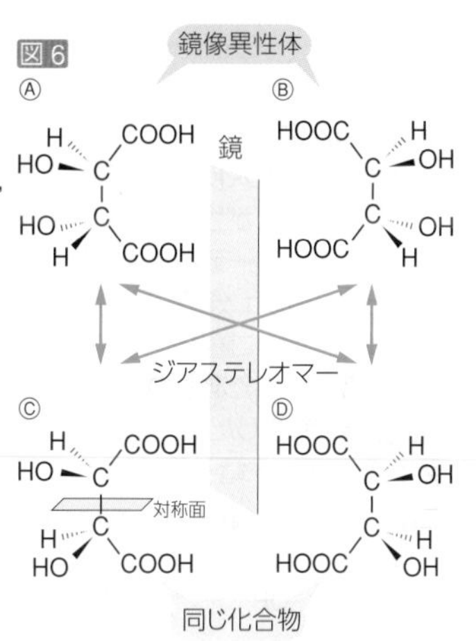

D 天然有機化合物の立体化学

フィッシャー投影式

不斉炭素原子の立体配置の表記法の一つにフィッシャー投影式がある(図7)。この表記法は不斉炭素原子を交点にした十字形で表される。十字の縦線は紙面の奥に伸びており，横線は手前に伸びていることを示す。なお，十字の交点にあるC原子の元素記号はかかなくてよい。糖の場合，ホルミル基やカルボニル基を上側におき，炭素骨格は下に伸びるようにかく。

図7

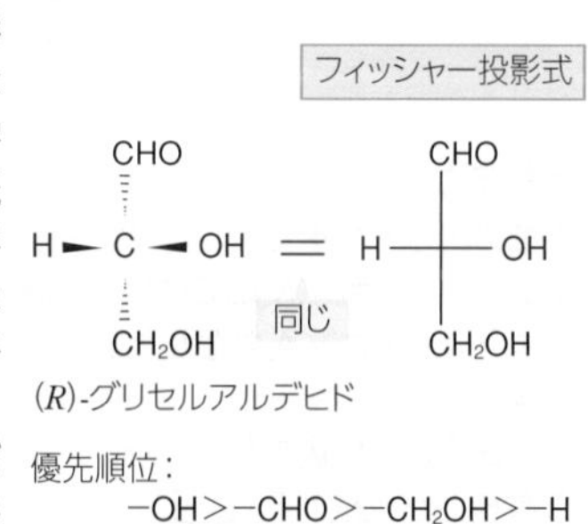

(R)-グリセルアルデヒド

優先順位：$-OH>-CHO>-CH_2OH>-H$

DL 表記法

糖やアミノ酸の鏡像異性体を区別する表記法に DL 表記法がある。DL 表記法は，糖の絶対配置がすべて明らかになる前に考案された。ホルミル基あるいはカルボニル基から最も離れた不斉炭素原子の絶対配置に着目し，グリセルアルデヒドの R 配置(こちらがD形とされた)と同じであればD形，反対であればL形とする。天然に存在するほとんどの糖はD形である(図8)。鏡像異性体の旋光性(p.197)を表す，d(右旋性)や l(左旋性)と混同しないように注意する。

図8

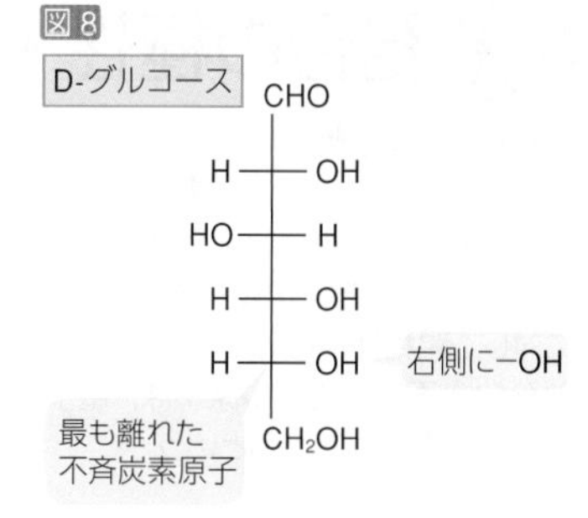

ハース投影式

糖の鎖状構造を構造式で表すにはフィッシャー投影式が用いられるが，環状構造の場合にはハース投影式がよく用いられる。ハース投影式では，一般的にヘミアセタール構造を右側に，環に含まれるO原子が上側になるようにかく。通常，環内のC原子の元素記号は省かれ，H原子やヒドロキシ基などとの結合は縦線で示される。
また，環の下側にあるC原子間の結合は手前にあることを明確にするために太線でかかれることもある。

図9

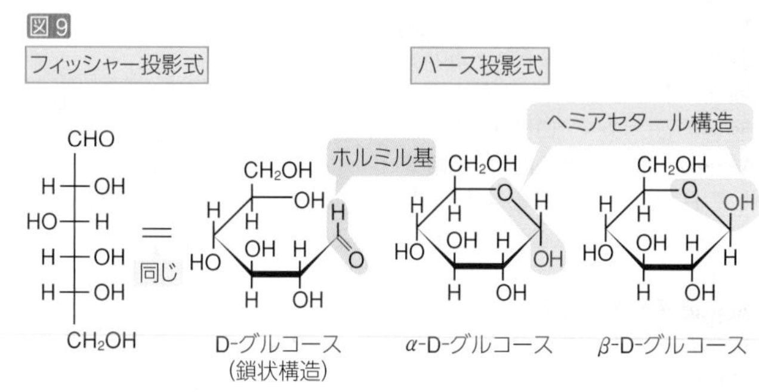

アノマー炭素

糖が環状構造を形成すると，ヘミアセタール構造となるC原子が不斉炭素原子となる。この炭素をアノマー炭素といい，その絶対配置に基づく立体異性体をアノマーという。天然におもに存在するD系列の糖の場合，アノマー炭素の絶対配置が S 配置であれば α 形，R 配置であれば β 形とよばれる。ハース投影式では，アノマー炭素に結合したヒドロキシ基が，α 形では下側，β 形では上側になる。

図10

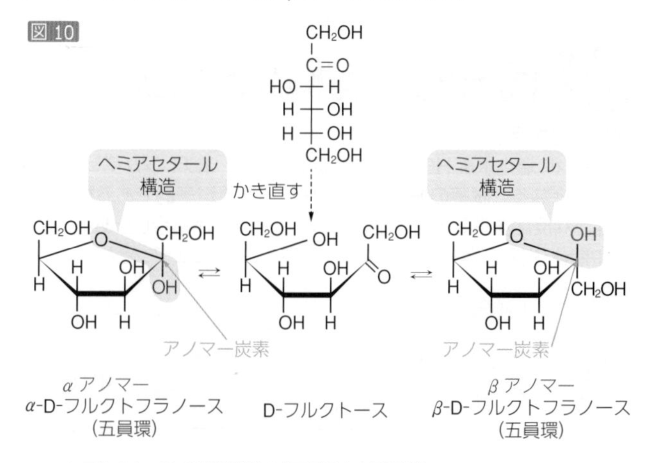

※フルクトースの環状構造には五員環と六員環があり，それぞれのフルクトフラノース，フルクトピラノースとよんで区別する。

Zoom up Plus 4. 有機化学反応の進み方

A 結合の極性・開裂

求核性と求電子性

結合に極性がある場合，電気陰性度の大きいほうの原子はいくらか負の電荷をもち，小さいほうの原子はいくらか正の電荷をもつ。この部分的な負電荷をもつ原子は，原子核のような電子が不足している部分に対して親和性があるため，求核的あるいは求核性であるという。一方，部分的な正電荷をもつ原子は，電子が不足しているため，求電子的あるいは求電子性であるという。

結合の開裂

結合の開裂の形式には2種類ある。1つは共有電子対の2個の電子が1個ずつそれぞれの原子に分配されるものであり，均等開裂あるいはホモリシスとよばれる。例えば，塩素分子 Cl_2 に光を当てると均等開裂が起こり，2個の塩素原子 Cl が生じる。もう1つは2個の電子が一方の原子に移るものであり，不均等開裂あるいはヘテロリシスとよばれる。塩化水素 HCl が電離して H^+と Cl^-となるのは不均等開裂である。不均等開裂では，通常，電気陰性度が大きいほうの原子が電子2個を受け取り，陰イオンになる。

図1

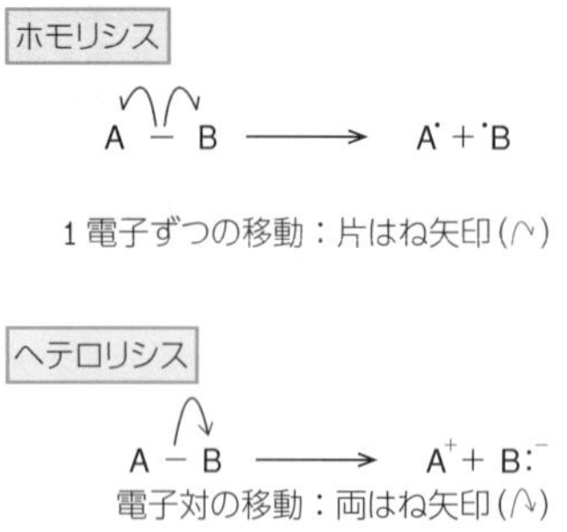

ホモリシス

$A-B \longrightarrow A\cdot + \cdot B$

1電子ずつの移動：片はね矢印(⌒)

ヘテロリシス

$A-B \longrightarrow A^+ + B:^-$

電子対の移動：両はね矢印(⌒)

反応機構と巻き矢印

反応がどのように進むのかを記述したものが反応機構である。有機化学反応では，おもに結合の切断・形成の過程で起こる電子の移動を巻き矢印で示す。一般に，C原子が反応する化合物を基質といい，基質と反応する化合物を試薬という。求核的な試薬を求核試薬または求核剤，求電子的な試薬を求電子試薬または求電子剤という。

図2

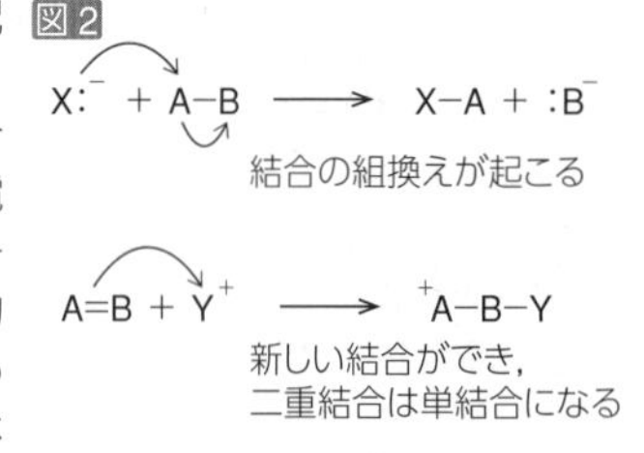

B 代表的な有機化学反応

求電子付加反応

エチレンに塩化水素 HCl が付加する反応では，エチレンが基質で HCl が試薬となる。試薬の HCl 分子の H 原子が求電子的であるため，このような反応を求電子付加反応という。H 原子が結合したあと，生じた中間体(炭素の陽イオン)と Cl^-が反応してクロロエタンとなる。

図3

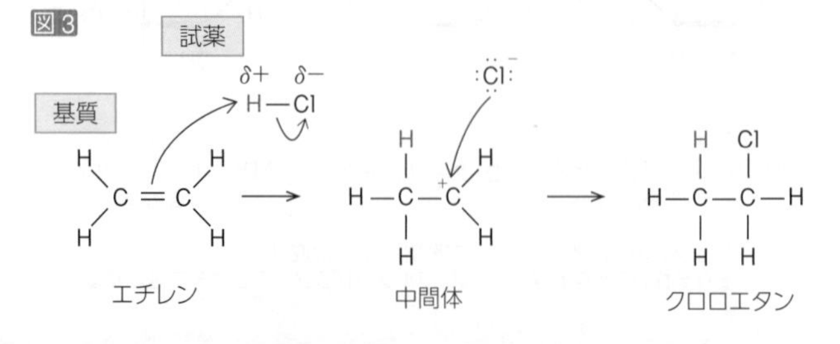

マルコフニコフ則

プロペンに HCl が付加する求電子付加反応では，マルコフニコフ則(p.200)に従って，主生成物として 2-クロロプロパンが生成する。この反応では，中間体の炭素の陽イオンとして図4のような2種類が生じる。そのうち②のほうが陽イオンとして安定に存在できるため，活性化エネルギーが小さくなり反応が有利に進む。

図4

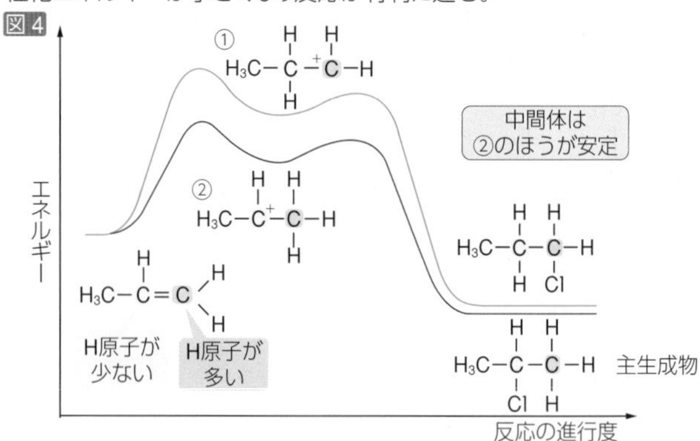

求核置換反応

エタノールの脱水反応では濃硫酸を混合すると，まず，図5①のように，陽イオン A が生じる。反応温度が 130℃の場合，図5②のようにしてジエチルエーテルが生じる。この反応では1分子のエタノールが基質となりもう1分子が試薬となっている。基質のエタノールの-OH が$-OCH_2CH_3$ に置き換わっているため置換反応である。試薬のエタノールの反応点である O 原子が求核的であるため，求核置換反応という。基質から生じた陽イオン A の O 原子が電子を引きつけ，反応点である C 原子は求電子的になっている。

図5 エタノールからジエチルエーテルが生成する反応(約130℃)

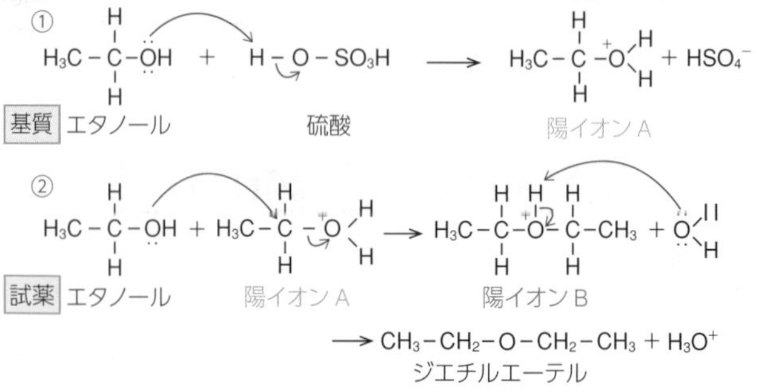

① $H_3C-CH_2-OH + H-O-SO_3H \longrightarrow H_3C-CH_2-O^+H_2 + HSO_4^-$

基質 エタノール　硫酸　陽イオン A

② $H_3C-CH_2-OH + H_3C-CH_2-O^+H_2 \longrightarrow H_3C-CH_2-O^+H-CH_2-CH_3 + H_2O$

試薬 エタノール　陽イオン A　陽イオン B

$\longrightarrow CH_3-CH_2-O-CH_2-CH_3 + H_3O^+$

ジエチルエーテル

脱離反応

単独の分子から複数の原子や置換基がとれる反応を脱離反応という。エタノールの脱水反応では反応温度が 160～170℃の場合，図5①のように，イオン A が生じたあともう1分子のエタノールによる求核置換反応が起こる前に，陽イオン A から H_2O が脱離して陽イオン C ができる。その後ただちに陽イオン C から H^+がはずれて C 原子間に二重結合が生成する(図6)。このように，求核置換反応と脱離反応は同時に起こり得る反応であり，基質や試薬の構造，温度などの反応条件によって，どちらが起こりやすいか決まる。

図6 エタノールからエチレンが生成する反応(160～170℃)

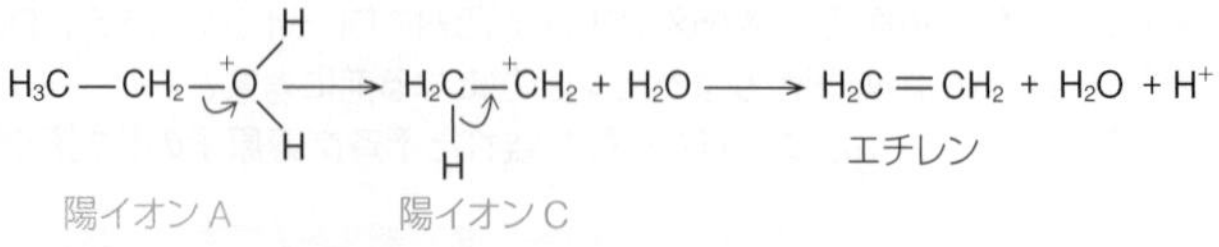

$H_3C-CH_2-O^+H_2 \longrightarrow H_2C-{}^+CH_2(H) + H_2O \longrightarrow H_2C=CH_2 + H_2O + H^+$

陽イオン A　陽イオン C　エチレン

芳香族求電子置換反応

ベンゼンのハロゲン化，スルホン化，ニトロ化などの置換反応は同様の反応機構で進行する。いずれの反応においても試薬は求電子的であるので，芳香族求電子置換反応とよばれる。

求電子試薬を E^+ と表すと，求電子付加反応と同様に，E^+ が結合して不安定な中間体(炭素の陽イオン)となる。この炭素の陽イオンは図7のように電子が非局在化(p.272)している。次に，E が結合した C 原子についた H 原子が共有電子対を与えて，H^+ としてはずれる。このとき，安定な構造であるベンゼン環が再び形成される。

ベンゼンにおいて，求電子付加反応が進行しないのは，ベンゼン環の安定な構造が失われて不安定な生成物となるためである。

図7

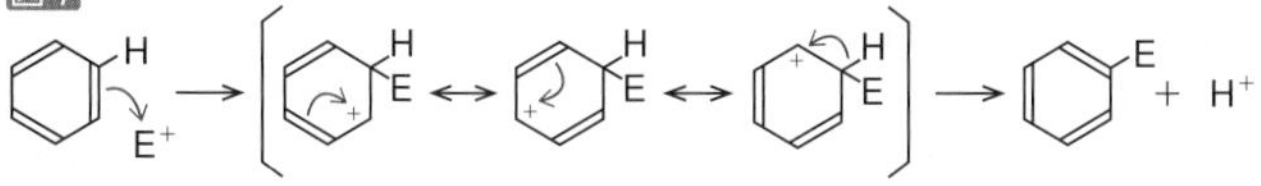

E^+ + ベンゼン → [中間体(3つの共鳴構造)] → C_6H_5E + H^+

ニトロ化

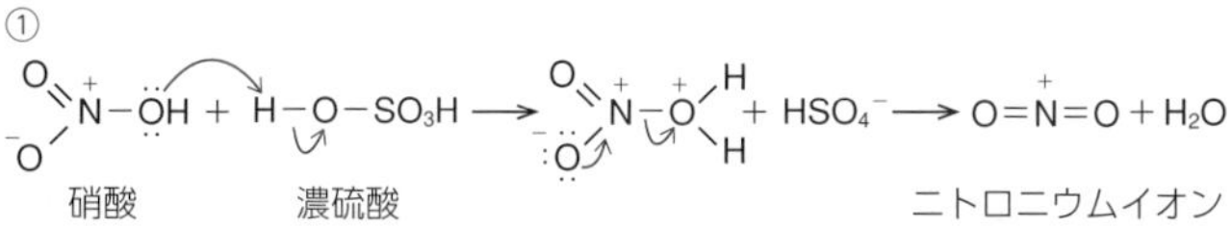

①

$HO-NO_2$ + $H-O-SO_3H$ ⟶ $H_2O^+-NO_2$ + HSO_4^- ⟶ $O=N^+=O$ + H_2O

硝酸　濃硫酸　ニトロニウムイオン

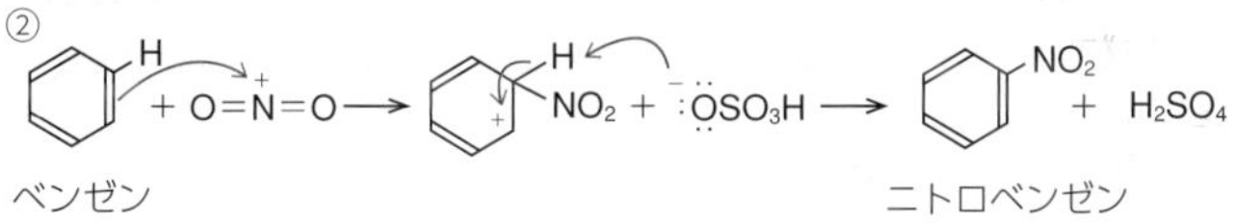

②

ベンゼン + $O=N^+=O$ ⟶ 中間体(H, NO_2) + $^-:OSO_3H$ ⟶ ニトロベンゼン($C_6H_5NO_2$) + H_2SO_4

ベンゼン　ニトロベンゼン

芳香族求電子置換反応に対する置換基の効果

フェノールはベンゼンより置換反応が起こりやすい。これは，O 原子上に非共有電子対をもつ-OH がベンゼン環の π 結合に電子を押し込み，ベンゼン環の電子密度を高めることにより，ベンゼン環は求核性が増大するからである。このような電子供与性の置換基は芳香族求電子置換反応において活性化置換基とよばれる(図8)。一方，ニトロベンゼンの置換反応はきわめて起こりにくい。これは，$-NO_2$ がベンゼン環の電子を引きつけ，ベンゼン環の電子密度を低下させる。これにより，ベンゼン環は求核性が低下するからである。このような電子求引性の置換基は不活性化置換基とよばれる(図8)。活性化置換基と不活性化置換基は図9のようにまとめられる。

図8

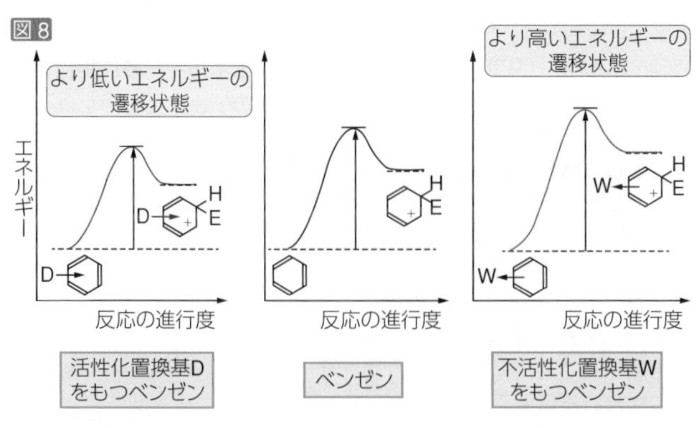

活性化置換基がある場合，中間体の炭素の陽イオンが安定化されるので，活性化エネルギーが低下して置換反応は進みやすくなる。

$-OH$ や $-CH_3$ などの活性化置換基は，オルト位またはパラ位で置換が起きるときに途中で生成する炭素の陽イオンを安定化する。そのため，オルト位またはパラ位が置換されやすい。これをオルト-パラ配向性という。

一方，$-NO_2$ や $-SO_3H$ などの不活性化置換基は，オルト位またはパラ位で置換が起きるときに途中で生成する炭素の陽イオンをより不安定化する。そのため，相対的にメタ位で置換が起こりやすくなる。これをメタ配向性という。

-Cl などのハロゲン原子は，電気陰性度が大きく，ベンゼン環の電子を引きつける。そのため弱い不活性化置換基であるが，ハロゲン原子上の非共有電子対は，オルト位またはパラ位で置換が起きるときに生成する炭素の陽イオンを安定化できるため，オルト-パラ配向性となる。

図9

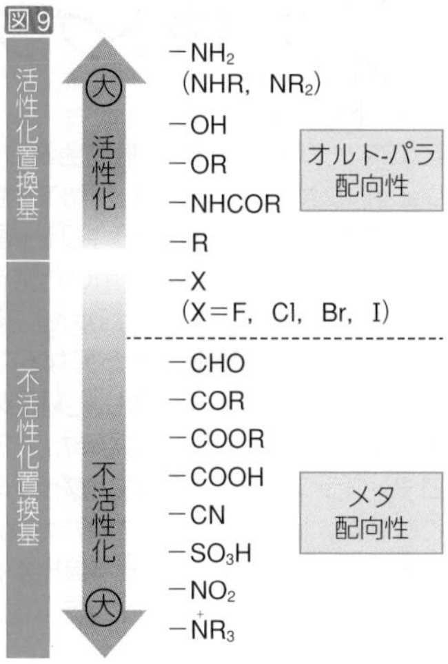

活性化置換基（活性化 大）— オルト-パラ配向性
- $-NH_2$ (NHR, NR_2)
- $-OH$
- $-OR$
- $-NHCOR$
- $-R$
- $-X$ (X=F, Cl, Br, I)

不活性化置換基（不活性化 大）— メタ配向性
- $-CHO$
- $-COR$
- $-COOR$
- $-COOH$
- $-CN$
- $-SO_3H$
- $-NO_2$
- $-NR_3^+$

トルエンの臭素化

トルエンに臭素 Br_2 を反応させると，中間体として炭素の陽イオンが生成する。この中間体では図10のような構造式がかける。このとき，オルト位またはパラ位に-Br をもつ中間体には，$-CH_3$ の結合した C 原子に正の電荷をもつものが含まれる。$-CH_3$ はこれらの正の電荷を安定化するため，オルト位またはパラ位で反応が進みやすい。一方，メタ位に-Br をもつ場合にはこのような効果はないため，トルエンの臭素化ではメタ位が置換された生成物はほとんど生成しない。

$-CH_3$ のオルト位は 2 か所，パラ位は 1 か所であるにも関わらず，トルエンの臭素化ではパラ位で置換した生成物のほうがオルト位で置換した生成物よりも多く生成する。これは，オルト位で置換した生成物では，$-CH_3$ と-Br が近くに存在することで立体的な障害が生じ，パラ位で置換した生成物よりも不安定になってしまうからである。

図10

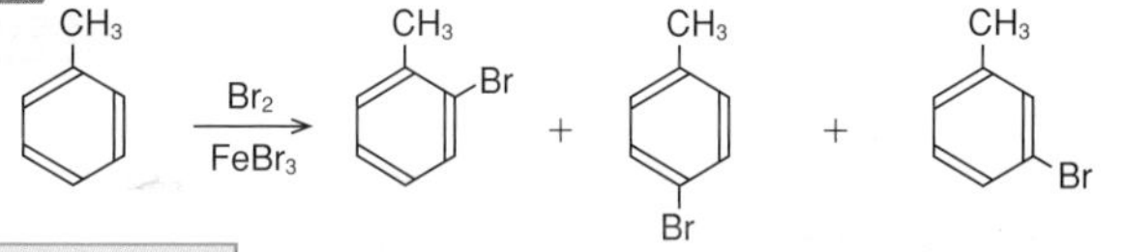

トルエン(CH_3) —(Br_2, $FeBr_3$)→ オルト体(CH_3, Br) + パラ体(CH_3, Br) + メタ体(CH_3, Br)

中間体の構造

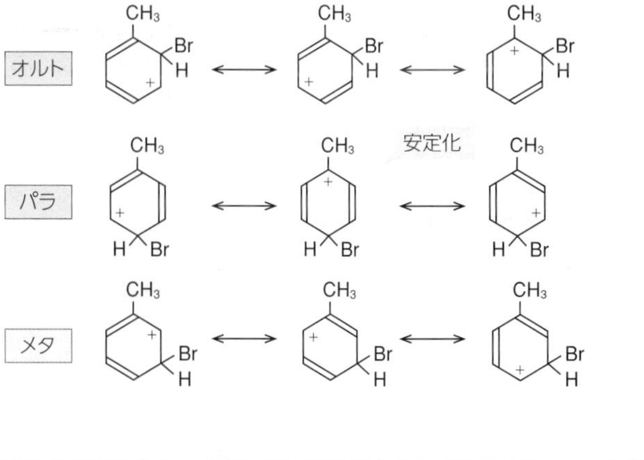

オルト：3つの共鳴構造(H, Br)
パラ：3つの共鳴構造(H, Br)　安定化
メタ：3つの共鳴構造(H, Br)

A クロマトグラフィー

クロマトグラフィー

「クロマトグラフィー」は，植物色素の分離を行ったロシアの植物学者ツウェットによってつくられた用語で，色を意味するchromaと書くことを意味するgraphosというギリシャ語に由来する。現在では，固定相と移動相という2つの相を用いた試料成分の分離法と理解される。試料の成分は固定相の中では動かず，移動相に分布したときに移動する。成分によってこの移動速度が異なることを利用したものである。クロマトグラフィーの装置化により，多種多様な混合物の分離や分析が，迅速，精密に行われるようになった。クロマトグラフィー装置のことをクロマトグラフという。クロマトグラフの基本的な構成は，移動相を送りこむ装置，固定相が充填されたカラム(ステンレスなどの細管)，検出器となる。横軸に試料成分が流出する時間(保持時間)，縦軸に検出強度を記録したものをクロマトグラムという。

ガスクロマトグラフィー

ガスクロマトグラフィー（gas chromatography，GC)の移動相はヘリウムガスなどの気体であり，キャリヤーガスともよばれる。固定相はポリシロキサン(シリコーン樹脂と似た構造)などの不揮発性の液体あるいはゴム質の熱的に安定な高分子が用いられることが多い。

シリンジ(注射器)を用いて注入口から試料を注入すると，試料は加熱されて気体になる。気化した試料はキャリヤーガスでカラム内に運ばれる。試料成分が適当な時間で流出するようにカラムは高温に保たれる。分離された成分が検出器を通ると，その応答が記録されてクロマトグラムが得られる(図1)。このようにGCでは試料を気化する必要があるため，GCで分離することができるのは，50～300℃で揮発性があり安定な物質である。また，質量分析装置と組み合わせることで，GCで分離されたそれぞれの成分を同定することができる。

図1

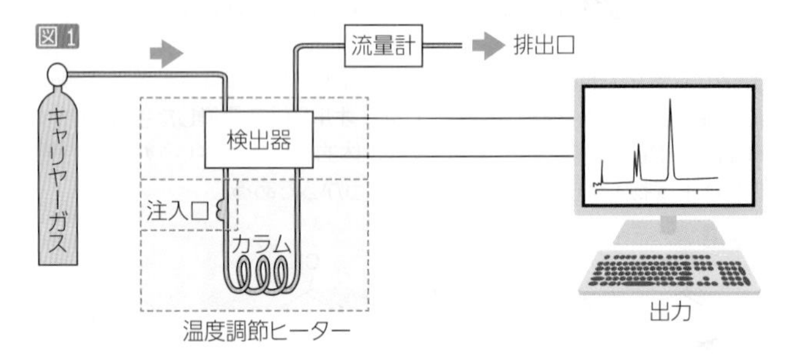

液体クロマトグラフィー

液体クロマトグラフィー（liquid chromatography，LC)の移動相には様々な溶媒が用いられる。固定相も極性の大きいものや小さいもの，イオン交換性のあるもの，サイズふるい効果(大きさによって分離する効果)のあるものなどと多岐にわたり，試料の性質によって使い分けられる。装置化したものは，HPLC(high performance LC)とよばれる。検出器には，紫外可視分光(UV/Vis)検出器や屈折率(refractive index，RI)検出器などが用いられる。GCでは試料は気化する必要があるため，沸点の高い固体試料は分離できない。一方，HPLCでは固定相との吸着平衡または分配平衡が達成できれば，液体の移動相によって溶出されるので，沸点の高い固体であっても分離できるメリットがある。

B 紫外可視分光法

紫外可視光吸収と電子遷移

分子が紫外線あるいは可視光線を吸収するとき，分子中の電子がその光のエネルギーの分だけ高い状態(励起状態，*p.270*)に移る。これを電子遷移という。電子遷移は分子中の特定の結合や官能基の電子で起こり，特に二重結合や三重結合などの π 結合の電子で起こりやすい。このような分子中で光を吸収して電子遷移しやすい原子団を発色団という。発色団の種類や発色団のまわりの化学構造によって吸収される光の波長は異なる。この紫外可視光の吸収に基づく分析法を紫外可視分光法という。

紫外可視分光光度計

分光器(spectrometer)は，多色光をさまざまな波長に分解する装置である。図2のように検出器の前に試料セルを配置することで，試料がどの波長の光をどの程度吸収するのかがわかる。紫外線の光源として重水素放電ランプ，可視光線の光源として石英タングステン - ハロゲンランプなどが用いられる。

図2

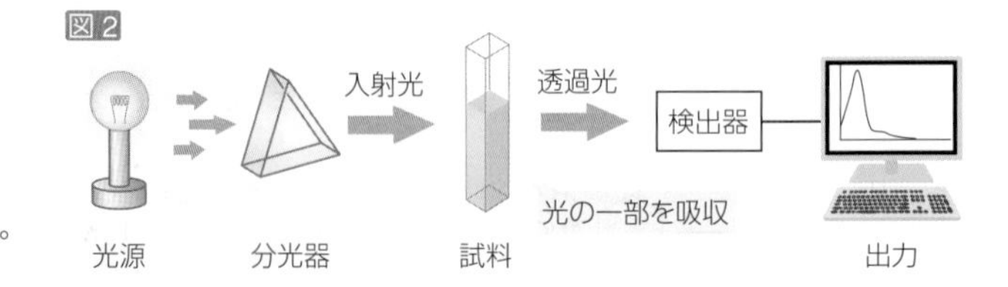

C 赤外分光法

赤外線の吸収と結合の振動

結合している原子どうしは位置関係が固定されているのではなく，近づいたり遠ざかったりしてわずかに振動している。結合の代表的な振動には，伸縮振動と変角振動がある。伸縮振動は，結合軸にそって伸び縮みする振動であり，変角振動は，2つの結合の角度が変わる振動である(図3)。これらの振動に基づくエネルギーもとびとびの値をとる。

図3

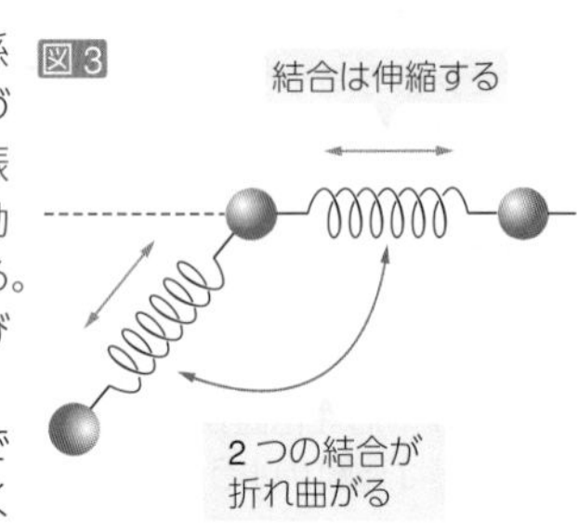

振動エネルギーが高い状態に移るとき，そのエネルギー差に相当する赤外線が吸収される。赤外線の吸収は，結合が振動しているだけでは起こらず，振動に伴って分子の極性が変化する場合に起こる。そのため，極性をもつ結合の振動は強い赤外吸収を示すが，非極性の結合の振動による赤外吸収は弱いかまったくない。また，赤外線を吸収すると振動の振幅が増大する(図4)。異なる結合では違う振動数をもつため，異なる波長の赤外線を吸収する。そのため，どの波長の赤外線を吸収するかを調べることで，化合物に含まれる官能基の種類を推定できる。このような赤外吸収に基づく分析法を赤外分光法という。

図4

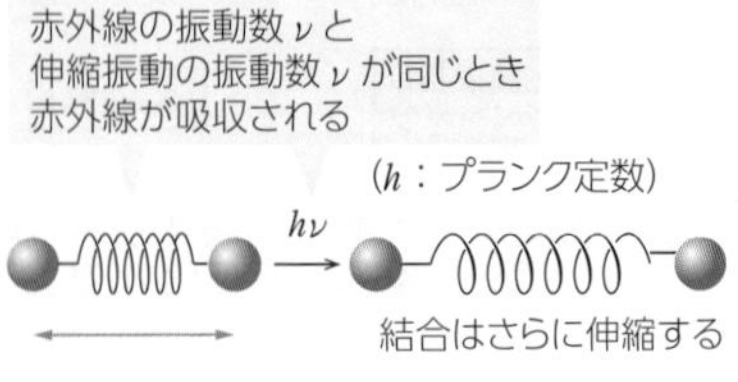

赤外線の振動数 ν と
伸縮振動の振動数 ν が同じとき
赤外線が吸収される

(h：プランク定数)

$h\nu$

結合はさらに伸縮する

赤外分光装置

現在広く使われている赤外分光装置は，フーリエ変換赤外（FTIR）分光計とよばれるものである。FTIR は干渉計を使っており，すべての赤外線の領域を測定でき，ノイズの少ないスペクトルが得られる。

D 核磁気共鳴分光法

核磁気共鳴（NMR）

^{1}H の原子核は，スピンとよばれる性質をもち，小さな棒磁石のような磁場をもつ。そのため，外部磁場をかけると，外部磁場と同じ向きに配列する α スピン状態と，逆向きに配列する β スピン状態に分かれ，エネルギー差が生じる（α スピン状態のほうが低エネルギー）。α スピン状態と β スピン状態のエネルギー差に相当する周波数の電磁波を照射すると，そのエネルギーを吸収して α スピン状態から β スピン状態へと変わる（図5）。この現象を核磁気共鳴という。

図5

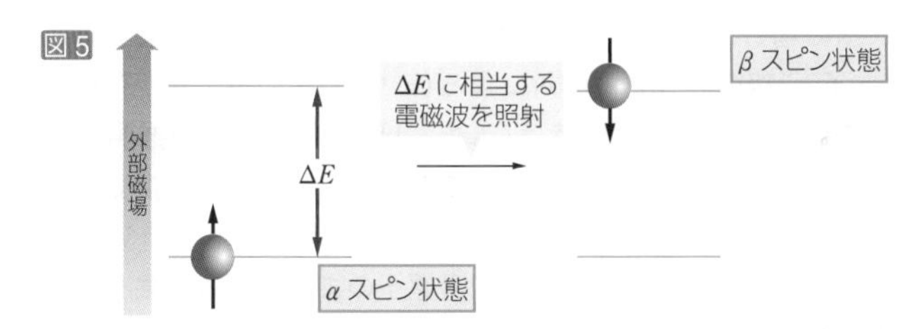

^{1}H の原子核のまわりには電子が存在するため，外部磁場がかかると逆向きの誘起磁場が生じ，^{1}H の原子核が感じる磁場は小さくなる。化合物中の ^{1}H の原子核の化学的な環境は異なるので，この誘起磁場の大きさもその環境によって異なる。そのため，共鳴する電磁波の周波数を測定することで，^{1}H の原子核のまわりの化学情報を得ることができる。周波数を横軸，吸収による信号の強度を縦軸にとる NMR スペクトルからは，有機化合物の炭素骨格や官能基の種類，立体構造などさまざまな化学構造の情報が得られる。

NMR 分光装置

NMR 分光計には，ヘリウム冷却式の超伝導磁石が用いられている（図6）。磁場が強いほど高分解能のスペクトルが得られる。

図6

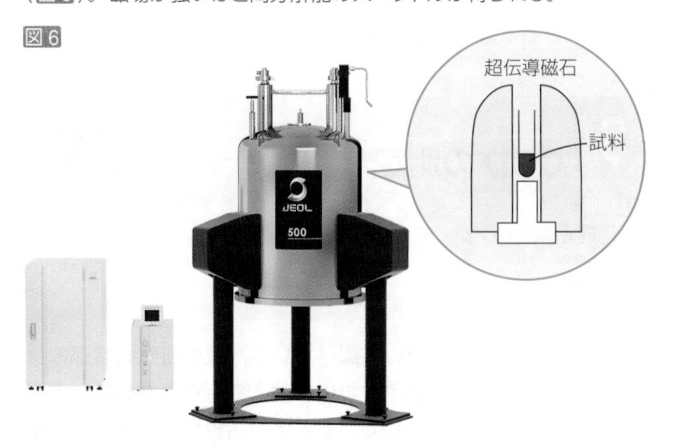

E 質量分析

イオン化と質量分離

質量分析装置では，分子をイオン化し，電場や磁場のかかった真空中での移動の軌跡を観測する。イオン化した分子の移動の軌跡は，その分子の質量や電荷数によるので，これらを検出することで質量を決定することができる。古くから知られるイオン化には，高エネルギーの電子ビームを照射して試料分子から電子を追い出す電子イオン化（EI）法がある。この場合，イオン化した分子が分解し，断片化したイオン（フラグメントイオン）も生じるため，これらも含めて解析することで，特定の化学構造に関する情報も得られる。高分子化合物にはフラグメント化しやすい EI 法は適用できないが，マトリックス支援レーザー脱離イオン化（MALDI）法などのイオン化が適用できる。MALDI 法は，マトリックスとよばれる紫外線または赤外線のレーザー光のエネルギーを吸収する化合物を試料分子と混合して測定する。エネルギーを吸収したマトリックスが試料分子を 間接的にイオン化する。MALDI 法ではフラグメント化しにくく，ソフトなイオン化といわれる。

質量分析装置

イオン化された分子は電場によって加速され，磁場中を通過する（図7）。磁場中では，軽いイオンのほうが重いイオンより大きく曲がるため，磁場の強さを連続的に変えてその移動のようすを測定する。

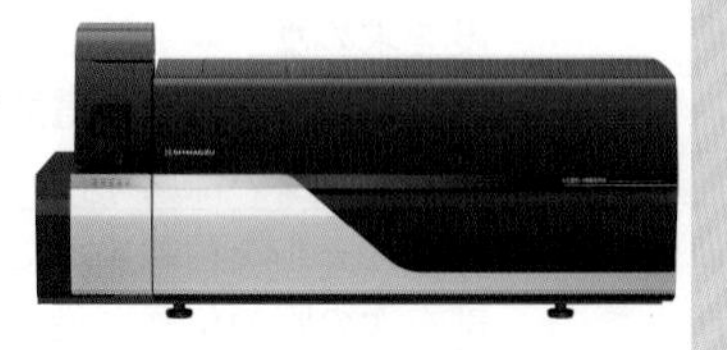

図7

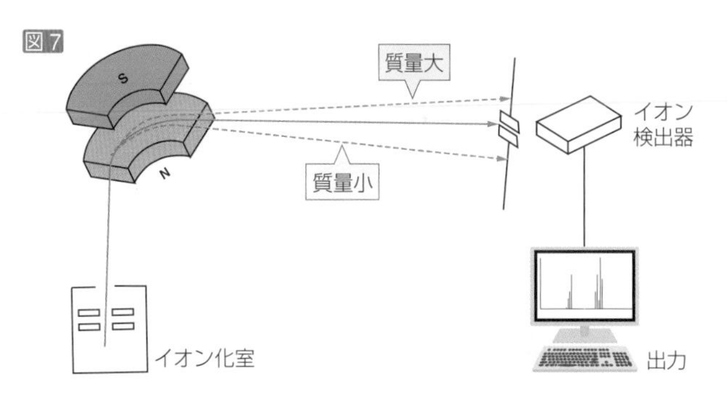

Column アルコール検知器と赤外分光法

エタノールは 3360 cm^{-1} と 1050 cm^{-1} に強い赤外吸収帯をもつ。飲酒運転の検査で使われているアルコール検査器には，この赤外吸収を利用して，呼気に含まれるアルコールを検出しているものもある。

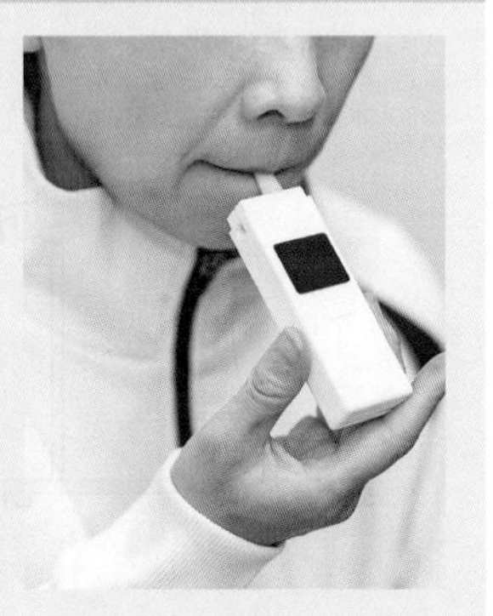

＊赤外分光法では，吸収される赤外線を波長の逆数である波数（単位：cm^{-1}）で表す。

入試問題にチャレンジ!

答えは，p.287に掲載。 解説は，QRコードから。

本書で学んだ実験操作や反応に関する理論，物質の性質，高度な内容の知識を活かして，過去に出題された大学入試問題にチャレンジしてみよう。

1 誤った実験操作

〔京都薬科大 08 改〕

関連 実験の基本操作(p.12～21)，中和滴定(p.74～75)

次の(1)～(5)の実験操作を行うとき，下線部のように操作方法を誤ると，どのような原因により，どのような不都合な結果を招くかを，原因と結果に分けて簡潔に述べよ。

(1) 固体を溶解し，決められた濃度の溶液をつくるとき，直接メスフラスコ内で溶かした。

(2) 中和滴定を行うとき，内部が純水でぬれたビュレットに濃度がわかっている塩基の水溶液を入れて，酸の水溶液の濃度を求めた。

(3) 塩化銅(Ⅱ)水溶液の電気分解を行うとき，風通しの悪い換気設備のない部屋で行った。

(4) エタノールを精製するための蒸留を行うとき，温度計の球部を次の図の位置に設定した。

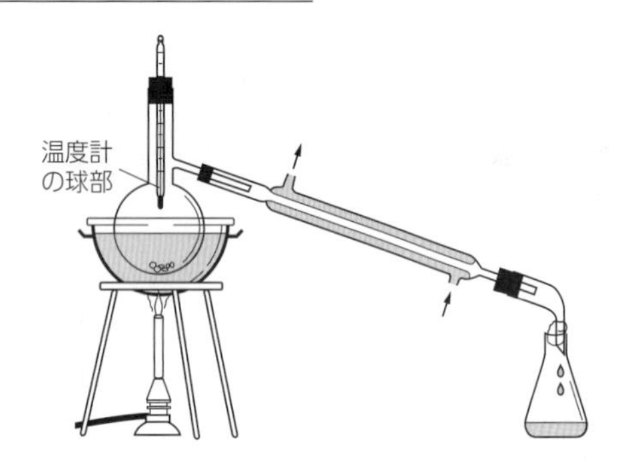

(5) 水に溶けにくい気体を得るとき，次の図の装置を用いて発生する気体を水上置換で捕集したあと，加熱を止めてから気体誘導管を水中より取り出した。

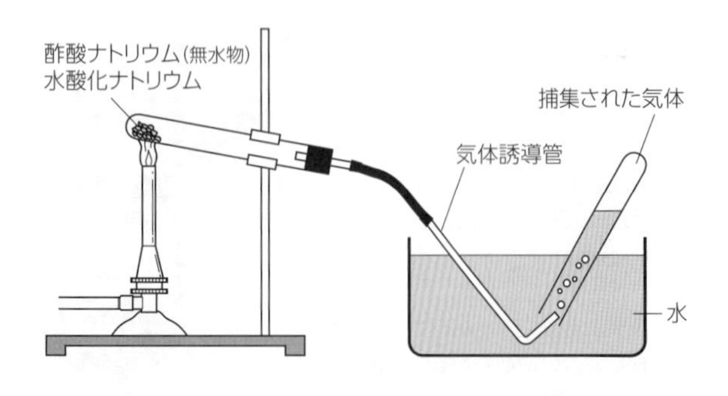

2 分子の構造と電子対

〔京都大 09〕

関連 分子と共有結合(p.52～53)，VSEPRモデル(p.272)

分子の電子式は最外殻電子の配置を示すが，元素記号のまわりに電子対をただ平面的に並べただけであり，実際の分子の構造を直接反映しているわけではない。しかし，電子式から分子の構造を推測することができる。電子対は互いに反発しあうため，その反発力が最小となる分子構造をとると仮定する。例えば，アンモニアでは，窒素原子のまわりに3組の共有電子対および1組の非共有電子対が存在することから，図に示すように，4組の電子対が窒素原子を中心とする四面体形の頂点方向に位置する。そのため，分子の構造は三角錐形となる。

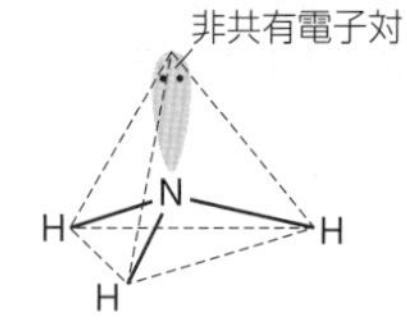

水の場合，酸素原子のまわりに(　ア　)組の共有電子対と(　イ　)組の非共有電子対による(　ウ　)組の電子対が存在することから，分子の構造は(　エ　)形となることが推測される。また，二重結合や三重結合を有する分子の構造を推測するときには，これらの結合は1組の電子対とみなしてよい。したがって，二酸化炭素では，炭素原子のまわりには非共有電子対がなく，二重結合が2組存在することから，分子の構造が(　オ　)形となることが予想できる。

さて，酸素 O_2 とオゾン O_3 について考える。酸素分子を電子式で表すと，1つの酸素原子の最外殻電子は(　カ　)個なので，酸素分子として(　キ　)個の最外殻電子を配分することになる。したがって，(　ク　)組の電子対を共有する(　ケ　)重結合が生じる。一方，オゾンは環状構造をとらず鎖状構造であり，その電子式は，(　A　)のようになる。

(1) (　ア　)～(　ケ　)に適切な語句あるいは数字を記せ。

(2) (　A　)に適切な電子式を右図にならって記せ。

H:N̈:H
　 H

(3) 電子式にもとづきオゾンの構造を予測し，その構造をとる理由を記せ。

3 CODの測定

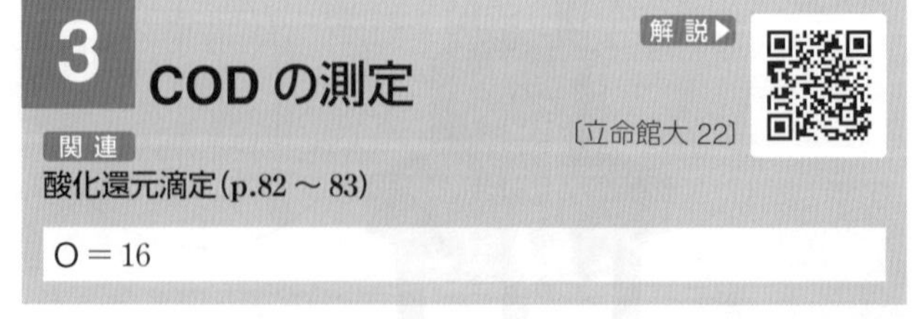

〔立命館大 22〕

関連 酸化還元滴定(p.82～83)

O＝16

以下は，環境問題について調べている高校の自然科学部の生徒たちが，水質汚染の測定について教えてもらうために，大学の化学系の研究室を訪問しているときの高校生たちと大学院生との会話のやりとりの一部である。

大学院生：川や湖の水の汚れは，主に生活排水などによって流れ込んだ有機化合物であると言われているけれど，水質汚染の程度を示す指標にはどのようなものがあるか知っていますか。
高校生A：はい，DO や BOD という言葉は聞いたことがあります。
高校生B：他に，COD も聞いたことがあります。
大学院生：よく知っていますね。では，それぞれについて説明できますか。
高校生A：具体的な内容は知りません。
高校生B：私もです。
大学院生：では，COD について説明しているプリントを見てください。

－－(COD の説明プリント)－－－－－－－－－－－－－

化学的酸素要求量(COD)

水中の有機化合物を酸化して分解するのに必要な酸化剤の量を，酸素量として表したもので，単位は mg/L で表す。

－－－－－－－－－－－－－－－－－－－－－－－－－

高校生 A：酸素量がベースになっているのですね。
高校生 B：COD 値は大きいほど水質汚染が進んでいるのですね。
大学院生：そのとおりです。では，今日はここにある試料水の COD 値を測定します。酸化剤として過マンガン酸カリウム $KMnO_4$ を用いますので，COD は「試料水 1L 中の有機化合物などを酸化するのに消費される酸化剤の過マンガン酸カリウムの量を酸素量に換算したものであり，単位は mg/L で表す」ということになります。

以下は COD の測定実験で高校生たちが作成したレポートの一部である。

(操作 1) 試料水 50mL をはかり取り，これに希硫酸を加えて酸性にしたのち，ホールピペットを用いて 5.0×10^{-3}mol/L の過マンガン酸カリウム $KMnO_4$ 水溶液 10mL を加え，その水溶液を加熱して試料中の有機化合物を完全に酸化した。このとき加えた過マンガン酸カリウム水溶液は過剰量であったので，溶液の色は(　ア　)色であった。

(操作 2) (操作 1)の水溶液に，1.3×10^{-2}mol/L のシュウ酸ナトリウム $(COONa)_2$ 水溶液を 10mL 加えた。このとき加えたシュウ酸ナトリウム水溶液は過剰量であったので溶液の色が(　イ　)色になった。

(操作 3) (操作 2)の水溶液には未反応のシュウ酸ナトリウムが残っていたので，この水溶液を加熱して，ビュレットを用いて 5.0×10^{-3}mol/L の過マンガン酸カリウム水溶液で滴定すると，滴下量が 2.0mL になったとき，(　ウ　)色が消えなくなった。

なお，この実験での COD の算出には，次のイオンを含む反応式を用いた。

$MnO_4^- + 8H^+ + 5e^- \longrightarrow Mn^{2+} + 4H_2O$　… (a)

$C_2O_4^{2-} \longrightarrow 2CO_2 + 2e^-$　… (b)

$O_2 + 4H^+ + 4e^- \longrightarrow 2H_2O$　… (c)

(1) 文章中の(　ア　)～(　ウ　)に当てはまる語句の組合せとして，最も適当なものを①～⑥から選べ。

	(ア)	(イ)	(ウ)		(ア)	(イ)	(ウ)
①	赤紫	黄	黒	④	黄	赤紫	黒
②	無	赤紫	赤紫	⑤	無	黄	黄
③	赤紫	無	赤紫	⑥	黄	無	黄

(2) レポートにある(a)～(c)式のイオンを含む反応式において，反応前と反応後で酸化数が最も大きく変化している原子の元素記号と，その原子の反応前および反応後の酸化数を記せ。

(3) 試料水に含まれる有機化合物と反応した過マンガン酸カリウム $KMnO_4$ の物質量を酸素 O_2 に換算すると，O_2 の物質量は $KMnO_4$ の物質量の何倍となるか。最も適当な数値を①～⑥から選べ。

① 0.50　② 0.75　③ 1.00　④ 1.25　⑤ 2.00　⑥ 2.50

(4) 今回の実験で用いた試料水の COD〔mg/L〕として，最も適当な数値を①～⑧から選べ。

① 1.6　② 3.2　③ 4.8　④ 5.6
⑤ 6.4　⑥ 7.2　⑦ 9.6　⑧ 12.8

4 気体の分子量測定

解説▶

〔大阪公立大 19〕

関連
分子量を測定する(p.105)

N = 14.0，O = 16.0，気体定数 $R = 8.31\times10^3$ Pa・L/(mol・K)

気体の質量を w〔g〕，モル質量を M〔g/mol〕とすれば，その物質量は(　ア　)〔mol〕である。気体の圧力を P〔Pa〕，体積を V〔L〕，温度を T〔K〕，気体定数を R〔Pa・L/(mol・K)〕とすると，理想気体の状態方程式より $M =$(　イ　)〔g/mol〕が得られる。つまり，気体の圧力 P，体積 V，温度 T，質量 w を測定すれば，その気体の分子量を求めることができる。以上をふまえて，常温常圧で液体である純物質 X の分子量を次の実験から求めた。

小さい穴をあけたアルミニウム箔でふたをした内容積 100mL の容器(図 1)を乾燥させ，室温(27℃)で質量をはかったところ 49.900 g であった。この容器に約 2 mL の X を入れ，容器を図 2 のように水に浸して加熱を始めた。30 分加熱すると容器内の液体が見られなくなり，容器内は X の気体で満たされた。このときの水温は 97 ℃，大気圧は 1.00×10^5 Pa であった。容器を取り出して外側に付着した水を乾いた布でよく拭き取り，その容器を室温(27 ℃)まで放冷して再び質量をはかったところ 50.234 g であった。

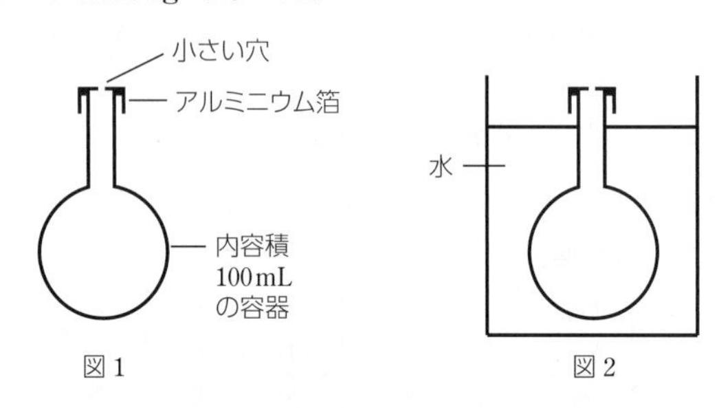

図 1　　図 2

X の気体を理想気体とし，放冷後に容器内で凝縮した X の体積は無視できるものとする。X の蒸気圧は，27 ℃ で 0.20×10^5 Pa，97 ℃ で 2.00×10^5 Pa である。

(1) 空欄(　ア　)と(　イ　)に適した式を答えよ。

(2) 空気は窒素と酸素が物質量の比 4：1 で混合した気体と考えられる。空気の平均分子量を求め，小数第 1 位まで記せ。

(3) 下線部で物質 X の質量を測定する必要がない理由を 50 字以内で記せ。

(4) X の蒸気圧を考慮せずに分子量を求め，整数値で答えよ。

(5) X の蒸気圧を考慮して分子量を求め，整数値で答えよ。

5 実在気体

解説▶

〔千葉大 22 改〕

関連

理想気体と実在気体(p.107)

気体定数 $R = 8.31\times10^3$ Pa・L/(mol・K)

実在気体では，特に(　ア　)や高圧において理想気体の状態方程式から大きく外れるために，補正を加えたファンデルワールスの状態方程式が提案された。温度 T[K]，物質量 n[mol] の実在気体の圧力を p_r[Pa]，体積を V_r[L]，ファンデルワールス定数を a[Pa・L^2/mol^2] および b[L/mol] とする。

理想気体に比べて，実在気体では分子間に(　イ　)がはたらくために圧力は(　ウ　)する。この効果は気体分子の濃度 $\dfrac{n}{V_r}$ の 2 乗に比例するので，実在気体の圧力 p_r に対して補正後の気体の圧力は（　A　)となる。さらに，①実在気体では分子が自由に動ける体積が減少することを考慮すると，実在気体の体積 V_r に対して，補正後の体積は(　B　)となる。以上のことから，ファンデルワールスの状態方程式は(　A　)×(　B　) $= nRT$ となる。②ファンデルワールス定数 a は水素などの無極性分子に比べて，アンモニアなどの極性分子では大きくなる。

(1) (　ア　)～(　ウ　)に当てはまる語句の組合せとして適切なものを次から一つ選べ。

	(ア)	(イ)	(ウ)		(ア)	(イ)	(ウ)
(a)	高温	引力	増加	(e)	低温	引力	増加
(b)	高温	引力	減少	(f)	低温	引力	減少
(c)	高温	反発力	増加	(g)	低温	反発力	増加
(d)	高温	反発力	減少	(h)	低温	反発力	減少

(2) (　A　)および(　B　)に当てはまる式を，p_r，V_r，n，a，および b のうち必要な記号を用いてかけ。

(3) 下線部①について，自由に動ける体積の減少の程度は，高圧下では大きくなる。この理由を 40 字以内で答えよ。

(4) 下線部②の理由を 40 字以内で答えよ。

(5) 3.00 mol の実在気体が温度 320 K で 1.50 L の体積を占めるときの圧力は何 Pa か。有効数字 2 桁で答えよ。ただし，$a = 3.70\times10^5$ Pa・L^2/mol^2，$b = 0.0430$ L/mol とする。

6 溶解度積の利用

解説▶

〔京都大 17 改〕

関連

溶解平衡(p.134 ～ 135)

$K_w = 1.0\times10^{-14}$ mol^2/L^2，$\sqrt{3} = 1.73$，$\log_{10}1.2 = 7.92\times10^{-2}$，$\log_{10}4.4 = 0.643$

工場から排出される廃水にはさまざまな物質が含まれているので，これらを適切に処理してから排出しなければならない。なかでも，金属を含む廃水は酸性であることが多いため，廃水処理では塩基の水溶液を加えて，溶けている金属イオンを水酸化物として沈殿させる。

亜鉛イオン，アルミニウムイオン，銅(Ⅱ)イオンをそれぞれ 1.0×10^{-2} mol/L 含んだ pH = 1.0 の工場廃水を処理する場合を考える。①この廃水に水酸化ナトリウムを加えて pH の値を上げていくと，3 つの金属イオンの水酸化物が沈殿する。②さらに水酸化ナトリウムを加えると，水酸化亜鉛と水酸化アルミニウムの沈殿は錯イオンを形成して溶け出す。これら 3 つの金属の水酸化物の室温での溶解度積 K_{sp} は，イオンの濃度を mol/L で表すとき，表の値(単位省略)となる。

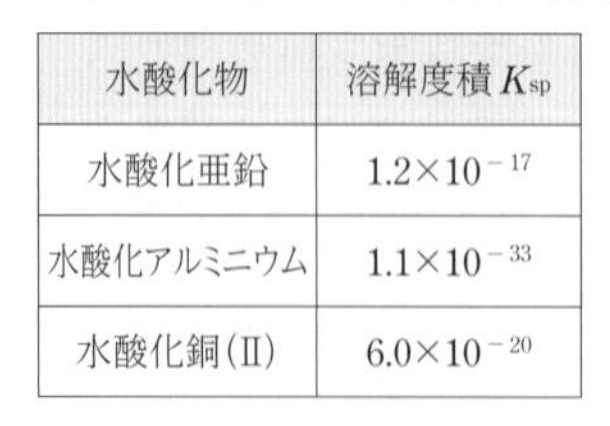

水酸化物	溶解度積 K_{sp}
水酸化亜鉛	1.2×10^{-17}
水酸化アルミニウム	1.1×10^{-33}
水酸化銅(Ⅱ)	6.0×10^{-20}

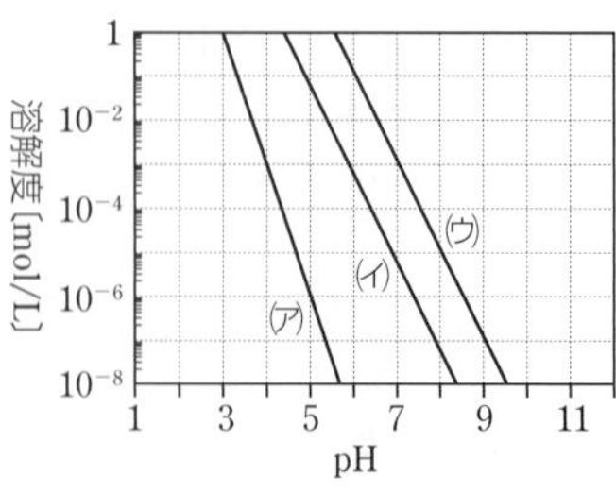

(1) 図に 3 つの金属イオンの溶解度と pH の関係を(ア)～(ウ)の線で示す。それぞれに該当する金属イオンの化学式を記せ。

(2) 下線部①について，以下の(i)，(ii)に答えよ。

(i) 廃水の pH が 5.0 となった時点で形成されている沈殿の化学式を記せ。

(ii) 水酸化亜鉛の沈殿が生成し始めるときの水素イオン濃度を，有効数字 2 桁で答えよ。

(3) 下線部②について，以下の(i)，(ii)に答えよ。

(i) 水酸化亜鉛が溶け出して錯イオンが形成される反応の平衡定数を K とする。廃水の pH を x，この錯イオンの溶解度の常用対数を y として，y を x と K を用いて示せ。

(ii) この錯イオンの濃度が亜鉛イオン濃度の 10 倍になるときの廃水の pH の値を，有効数字 2 桁で答えよ。なお，$K = 4.4\times10^{-5}$ L/mol である。ただし，他の金属イオンの影響はないものとする。

7 沈殿滴定

〔東京農工大 19〕

関連
溶解平衡(p.134 ～ 135)，沈殿滴定(p.136 ～ 137)

【1】 クロム酸カリウム K_2CrO_4 水溶液に塩酸を加えると，水溶液の色が黄色から赤橙色に変化した。

(1) この反応をイオンを含む反応式で示せ。

(2) K_2CrO_4 を構成している Cr の酸化数を答えよ。

【2】 硝酸銀 $AgNO_3$ 水溶液に水酸化ナトリウム水溶液を加えると，褐色の沈殿が生じた。この褐色沈殿は水にはほとんど溶けないが，アンモニア水を過剰に加えると，溶けて無色の水溶液となった。

(1) 褐色沈殿が生じた反応をイオンを含む反応式で示せ。

(2) 過剰のアンモニア水によって，この褐色沈殿が溶けた反応をイオンを含む反応式で示せ。

【3】 K_2CrO_4 水溶液に $AgNO_3$ 水溶液を加えていくと，やがて赤褐色の沈殿が生じた。さらに，$AgNO_3$ 水溶液を加え続けながら，銀イオンとクロム酸イオンの濃度を測定した。沈殿が生じている際の銀イオンとクロム酸イオンの濃度(○)を両対数のグラフに描くと，図に示すように直線(A)の関係が得られた。

また，NaCl 水溶液に $AgNO_3$ 水溶液を添加していくと，やがて AgCl の白色沈殿が生じた。沈殿が生じている際の銀イオンと塩化物イオンの濃度(●)を図のグラフに描くと，直線(B)の関係が得られた。溶液の温度は一定であった。

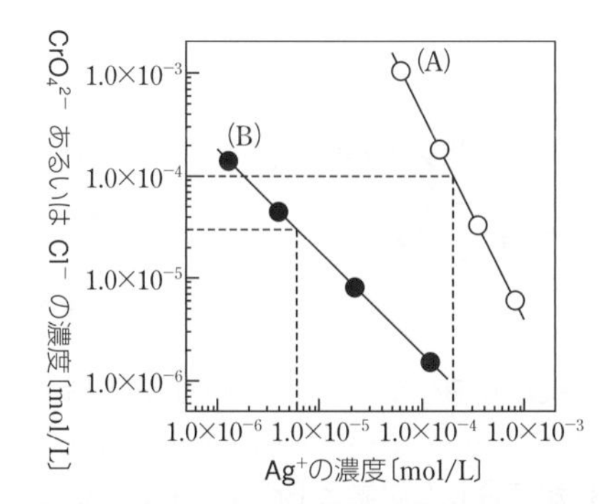

沈殿が生じている際の Ag^+の濃度と CrO_4^{2-}あるいは Cl^-の濃度との関係(破線は数値を読み取るための補助線)

(1) 赤褐色沈殿が生じた反応をイオンを含む反応式で示せ。

(2) この赤褐色沈殿の溶解度積 K_{sp} を算出せよ。

(3) 濃度不明の NaCl 水溶液 100.0 mL と濃度 2.0×10^{-2} mol/L の K_2CrO_4 水溶液 100.0 mL を混合した後，$AgNO_3$ 水溶液を滴下すると，はじめに AgCl の白色沈殿が生じ，さらに滴下を続けると赤褐色沈殿が生じた。$AgNO_3$ 水溶液の滴下による混合水溶液の体積変化は無視できるとして，以下の問いに答えよ。

(i) 白色沈殿が生じはじめたときの銀イオンの濃度は，3.0×10^{-6} mol/L であった。混合前の NaCl 水溶液の濃度を算出せよ。

(ii) 赤褐色沈殿が生じはじめたとき，$AgNO_3$ 水溶液滴下前の塩化物イオンのうち何％が AgCl として沈殿していたか算出せよ。

8 錯体の構造・キレート滴定

〔東京大 12〕

関連
錯イオンの異性体(p.169)，キレート錯体(p.169)

配位子が金属イオンに結合した構造をもつ化合物を錯体とよび，イオン性の錯体は錯イオン，その塩は錯塩とよばれる。錯体は金属イオンの種類，配位子に依存して，図 1 のように①さまざまな構造(α ～ δ)を形成できる。1893 年にウェルナーは，②コバルト化合物を詳細に調べ，現在の錯体化学の基礎となる“配位説”を提唱した。

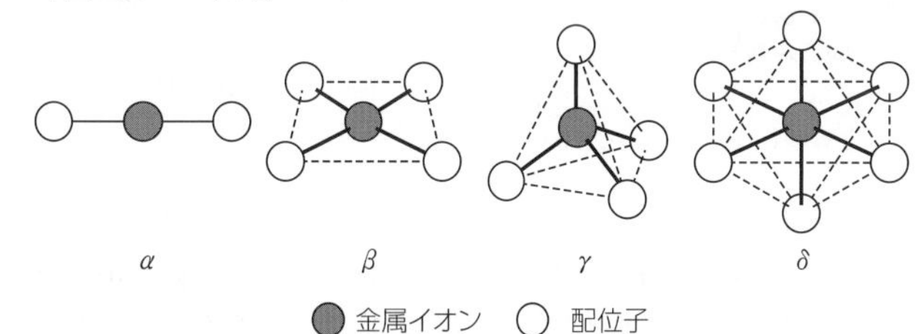

図1　さまざまな錯体の構造(それぞれの錯体の配位子は1種類とは限らない)

“配位説”以降，さまざまな錯体が発見されている。例えば，ヒトの血液中では，ヘモグロビンの(　a　)錯体が酸素を運搬する役割を担っており，(　a　)の不足により貧血となる。人工的に合成された錯体は，エレクトロニクス材料，③抗がん剤などのさまざまな分野で用いられている。

硬水の軟化，水の硬度測定などは，金属イオンと 1 対 1 で錯体を生成しやすい④エチレンジアミン四酢酸(EDTA)(図 2)のナトリウム塩を用い

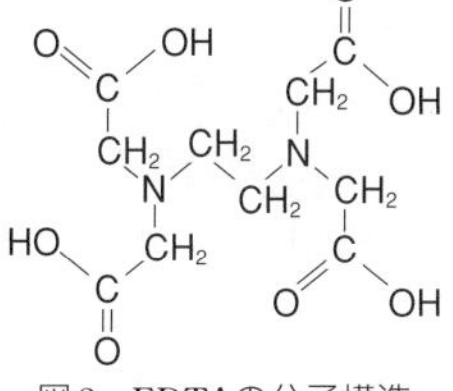

図2　EDTAの分子構造

て行われている。有用物質合成に利用されている錯体は，触媒としてはたらいて，反応の(　b　)を減少させることで反応速度を増加させる。このように錯体は，現在の我々の生活に非常に密着した化合物群となっている。

(1) 下線部①の例として，構造(α，γ)をもつアンミン錯体を形成する金属イオンを Zn^{2+}，Cu^{2+}，Na^{+}，Ag^{+}，Mg^{2+} の中からそれぞれ 1 つずつ選べ。

(2) 下線部②の化合物の代表例は，4 つのアンモニア分子，2 つの塩化物イオンを配位子として有する $[Co(NH_3)_4Cl_2]^+$ である。この錯体は八面体構造(δ)をとり，2 つのシス-トランス異性体が存在する。それらの分子構造を描け。

(3) (　a　)に入る金属の元素記号を答えよ。

(4) 2 つのアンモニア分子，2 つの塩化物イオンを配位子として有する白金イオン Pt^{2+} の錯体は構造(β)を有し，そのシス-トランス異性体の 1 種は下線部③として利用されている。この白金錯体において考えられるシス-トランス異性体の分子構造をすべて描け。

(5) 下線部④の EDTA 溶液中の EDTA がカルシウムイオン Ca^{2+} へ配位すると色が変化する指示薬を用いて滴定を行い，Ca^{2+} 溶液 0.10 L の濃度を測定した。0.010 mol/L の EDTA 溶液を 5.0 mL 滴下すると反応が終了し，溶液の色が変化した。この溶液における Ca^{2+} 濃度を求めよ。ただし，Ca^{2+} へ EDTA が配位した Ca-EDTA 錯体の生成定数 $K = \dfrac{[\text{Ca-EDTA}]}{[\text{EDTA}][Ca^{2+}]}$ は 3.9×10^{10} L/mol で，pH の変化，Ca^{2+} 溶液中の陰イオンの効果は考慮しなくてもよい。

(6) (　b　)に入る語句を答えよ。

9 鉄のさび

解説▶

〔横浜市立大 16〕

関連 局部電池(p.86)，鉄(p.170 ～ 171)

鉄は乾燥空気中ではほとんどさびないが，湿った空気中ではかなりの速さでさびることが知られている。また，極めて純度の高い鉄はさびにくいが，日常使われる鉄は炭素などの不純物を含む鋼で，(A)電解質を含む水溶液と接触すると容易にさびる。

さびに関係する次の 2 つの実験を行った。

【実験 1】　3% 食塩水に少量のフェノールフタレインと少量の(B)ヘキサシアニド鉄(Ⅲ)酸カリウムを溶かした溶液(X)を，よく磨いた鉄板のきれいな表面に静かに滴下し，できた液滴の変化のようすを時間を追って観察した。滴下するとすぐに(C)液滴の中心部の鉄表面が青色に変化し始めた。しばらくすると，(D)液滴の周辺部からピンク色になっていった。

【実験 2】　よく磨いた別の鉄板のきれいな表面に，表面がきれいな亜鉛の小片を十分接触させてのせ，その上から溶液(X)を滴下して(E)亜鉛片を覆う液滴をつくりその溶液の変化のようすを観察した。

(1) 下線部(A)について，理由を説明せよ。

(2) 下線部(B)について，陰イオン部分の構造を図示せよ。

(3) 下線部(C)について，鉄表面およびその付近で起こる反応を説明せよ。

(4) 下線部(D)について，このような変化を起こす原因となる物質(またはイオン)がどのようにして生成するかを，化学反応式を書いて説明せよ。

(5) 下線部(E)について，溶液の変化のようすとそのようになる理由を【実験 1】と比較して説明せよ。

10 立体異性体

解説▶

〔大阪大 15〕

関連 異性体(p.197)，有機化合物の立体化学(p.274 ～ 275)

図 1 に示すように，アルケンの C=C 結合の炭素原子と，これに直結する 4 個の原子は同一平面上にある。アルケンに対する臭素 Br_2 の付加反応では，まずこの平面の上側あるいは下側から Br_2 が接近して Br^+ が結合した中間体が形成され，Br^- が生成する。図 1 はアルケンの平面の上側から Br_2 が接近した場合を示す。次に，Br^- が図 2 のように反対側から反応を起こす。このとき，Br^- が中間体のいずれの炭素と反応するか，すなわち(ⅰ)と(ⅱ)のいずれの反応が起こるかで生成物の立体構造が異なり，生成物 1 または生成物 2 が得られる。ただし，図中の R^1 ～ R^4 は炭化水素基または水素原子であり，太い線で表された結合は紙面の手前，破線で表された結合は紙面の向こう側にあることを示す。

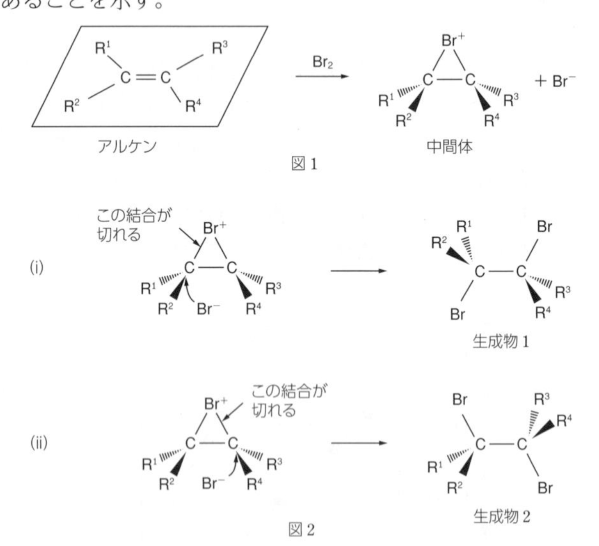

図 1

図 2

(1) 図 1 とは異なり Br_2 がアルケンの平面の下側から接近して形成された中間体について，図 2 のような反応を考える。R^1 と R^2 が結合した炭素と Br^- が反応して得られる化合物を生成物 3，R^3 と R^4 が結合した炭素と Br^- が反応して得られる化合物を生成物4とする。生成物3と生成物4の構造式を，図2のように立体構造がわかるように記せ。

(2) C_4H_8 の分子式をもち，互いにシス-トランス異性体の関係にある化合物Aと化合物Bがある。これらの化合物を Br_2 と反応させると，化合物Aからは1対の鏡像異性体(光学異性体)の混合物，化合物Bからは1種類のみの生成物5が得られた。化合物Bと生成物5の構造式を示せ。ただし，生成物5については図2のように立体構造がわかるように記せ。

11 酵素の反応速度

解説▶ 

〔東京大 10〕

関連
酵素反応の速度(p.246 ～ 247)

生体内で起こる多くの化学反応において，酵素とよばれるタンパク質が触媒としてはたらいている。酵素(E)は，基質(S)と結合して酵素-基質複合体(E・S)となり，反応生成物(P)を生じる。また酵素-基質複合体から酵素と基質に戻る反応も起こる。これらの反応は次式(a)～(c)のように表すことができる。

$$\mathrm{E + S \longrightarrow E\cdot S} \quad \cdots (a)$$
$$\mathrm{E\cdot S \longrightarrow E + P} \quad \cdots (b)$$
$$\mathrm{E\cdot S \longrightarrow E + S} \quad \cdots (c)$$

(1) 以下の文の空欄(i)～(iv)に入る適切な式を記せ。ただし，反応(a)，(b)，(c)の反応速度定数をそれぞれ k_1，k_2，k_3 とし，酵素，基質，酵素-基質複合体，反応生成物の濃度をそれぞれ[E]，[S]，[E・S]，[P]とする。

反応(a)によってE・Sが生成する速度は v_1 =(i)，反応(b)においてPが生成する速度は v_2 =(ii)と表される。一方，E・Sが分解する反応は，反応(b)と反応(c)の2経路があり，それぞれの反応速度は，v_2 =(ii)，v_3 =(iii)と表される。したがってE・Sの分解する速度 v_4 は，v_4 =(iv)となる。

(2) 多くの酵素反応では酵素-基質複合体E・Sの生成と分解がつり合い，E・Sの濃度は変化せず一定と考えることができる。この条件では，反応生成物Pの生成する速度 v_2 は，次式(d)となることを示せ。

$$v_2 = \frac{k_2 \times [\mathrm{E}]_\mathrm{T} \times [\mathrm{S}]}{K + [\mathrm{S}]} \quad \cdots (d)$$

ただし，$[\mathrm{E}]_\mathrm{T}$ は全酵素濃度，

$$[\mathrm{E}]_\mathrm{T} = [\mathrm{E}] + [\mathrm{E\cdot S}] \quad \cdots (e)$$

である。また，

$$K = \frac{k_2 + k_3}{k_1} \quad \cdots (f)$$

である。

(3) インベルターゼは加水分解酵素の一種であり，スクロースをグルコースとフルクトースに分解する。

$$C_{12}H_{22}O_{11} + H_2O \longrightarrow C_6H_{12}O_6 + C_6H_{12}O_6 \quad \cdots (g)$$

スクロース　　　グルコース　フルクトース

式(g)の反応速度はスクロースを基質(S)として式(d)に従い，$K = 1.5\times10^{-2}\,\mathrm{mol\cdot L^{-1}}$ とする。インベルターゼ濃度が一定の場合，スクロース濃度が 1×10^{-6} ～ $1\times10^{-5}\,\mathrm{mol\cdot L^{-1}}$ の範囲にあるとき，スクロース濃度と反応速度 v_2 との関係として最も適切なものを(A)～(D)から選べ。また，その理由を式(d)を用いて簡潔に説明せよ。

(A) 反応速度 v_2 はスクロース濃度にほぼ比例する。
(B) 反応速度 v_2 はスクロース濃度の2乗にほぼ比例する。
(C) 反応速度 v_2 はスクロース濃度にほぼ反比例する。
(D) 反応速度 v_2 はスクロース濃度によらずほぼ一定である。

(4) (3)において，スクロース濃度が1～2 $\mathrm{mol\cdot L^{-1}}$ の範囲にあるとき，スクロース濃度と反応速度 v_2 との関係として最も適切なものを，(3)の(A)～(D)から選び，その理由を式(d)を用いて簡潔に説明せよ。

12 高分子とは

解説▶ 

〔東京農工大 22〕

関連
凝固点降下(p.112)，浸透圧(p.113)，高分子化合物(p.234 ～ 235)

H = 1.0，C = 12.0，N = 14.0，O = 16.0，
気体定数 $R = 8.31\times10^3\,\mathrm{Pa\cdot L/(mol\cdot K)}$

1920年代の半ば頃には，数万の分子量を決定する手法が確立されていたが，その頃には天然ゴムやセルロース，デンプン，タンパク質などの物質は低分子量の分子の会合体[注1)]であると考えられていた(会合体論)。この学説に対して，ドイツのStaudinger博士は，分子の中には共有結合で非常に長くつながった高分子が存在すると主張した。彼は会合体論を否定するため，1927年に(a)現代ではポリ酢酸ビニルとして知られる物質Aを加水分解して，物質Bに変換し，さらに再度アセチル化して物質Aに変換する実験を行った。この一連の実験で，各反応後の物質の重合度がほとんど変わらないことを示した。

その後，アメリカDuPont社のCarothers博士は高分子説にしたがって実験を計画し，1935年に縮合重合によって(b)ナイロン66の合成に成功し，高分子説を確固たるものにした。Staudinger博士は「高分子の発見」という業績により1953年にノーベル化学賞を受賞した。

注1) 同種の分子またはイオンが分子間力などの比較的弱い結びつきにより，2個以上集まって，1つの分子またはイオンのような単位としてふるまうことを会合といい，このような単位を会合体という。また，1つの会合体を構成している分子やイオンの数を会合数という。

【1】 Staudinger博士が行った下線部(a)の実験に対して，高分子が存在することを主張するための基盤となった考え方として間違っているものを，以下の(i)～(iv)からすべて選べ。

(i) 物質Aおよび物質Bが会合体であるとすると，物質Aから

物質Bへと化学構造が変化した際には分子間力の強さは変化する。

(ii) 物質Aおよび物質Bが会合体であるとすると，物質Aから物質Bへと化学構造が変化した際には会合数は変化しない。

(iii) 物質Aが高分子であるとすると，物質Aから物質Bへと化学構造が変化した際には炭素鎖の切断は起こらない。

(iv) 物質Aが高分子であるとすると，会合体説では会合数と考えられていた値は，重合度に対応する。

【2】(1) 平均分子量20000の非電解質の水溶性高分子化合物2.00gを，27.0℃の水100gに溶解させた。この溶液の凝固点降下度〔K〕を答えよ。ただし，水のモル凝固点降下を1.85K·kg/molとする。

(2) ① (1)の高分子水溶液の浸透圧は何Paか。

② (1)の高分子水溶液の浸透圧を，図に示した装置を用いて27.0℃で測定した。この装置の上部についているガラス管は非常に細く，水が少し浸入しただけでも液面の高さは大きく変化する。また，図中の半透膜は溶媒を通すが，溶質は通さない。この際侵入した水の体積はごくわずかなので，高分子水溶液の濃度や密度変化は無視できる。平衡状態における，この装置の液柱の高さh〔cm〕を答えよ。

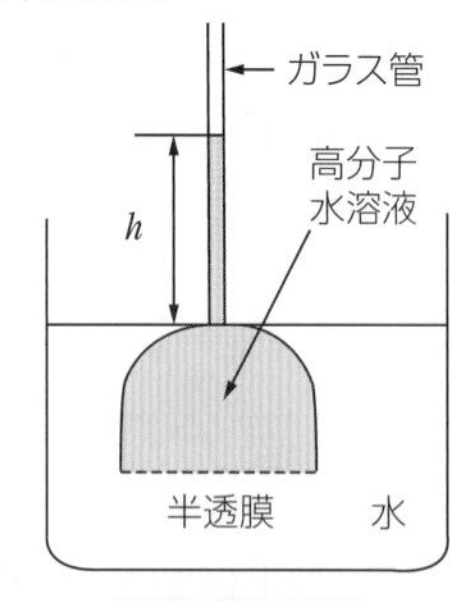

浸透圧測定装置

ただし，1atm = 1.01×10^5Pa = 760mmHg，高分子水溶液の密度は1.00g/cm^3，水銀の密度は13.6g/cm^{3}とする。

(3) 1920年代には分子量を測定する主な方法は，凝固点降下の測定と浸透圧の測定に限られていた。10000以上の分子量の測定には，どちらの方法が適しているか答えよ。また，その理由を，根拠にした数値を含めて90字以上120字以内で説明せよ。ただし，長さの読み取り精度は0.1mm，温度計の読み取り精度は0.01℃とする。

【3】下線部(b)のナイロン66に関する次の文中の空欄(　ア　)と(　イ　)を最も適切な語句で，(　ウ　)を整数で埋めよ。

ナイロン66は(　ア　)と(　イ　)の縮合重合によって合成される。分子量12900のナイロン66の1分子中には(　ウ　)個のアミド結合が含まれている。ただし，ナイロン66の分子の末端基は互いに異なっているものとする。

13 電子軌道

解説▶

〔浜松医科大 19〕

関連 原子の電子構造(p.270～271)，混成軌道と共有結合形成(p.273)

原子中の電子殻には電子が収容される電子軌道があり，s軌道，p軌道，d軌道のように名称がついている。K殻は原子核を中心とした球の形をしており，この球内に電子が存在する確率が最も大きいと考えられる。これを1s軌道という。L殻は1s軌道より半径の大きな球の形をした2s軌道と，原子核を中心として互いに直交した亜鈴形の3つの2p軌道($2p_x$，$2p_y$，$2p_z$)からなっている。M殻は1つの3s軌道，3つの3p軌道，5つの3d軌道からなっている。

これらの軌道には，1つの軌道につき2個までしか電子が入らない。また，電子は「1s → 2s → 2p → 3s → 3p →…」のようにエネルギーの低い軌道から順に入る。

p軌道のp_x，p_y，p_zのように，エネルギーが等しい複数の軌道があるときには，電子はできるだけ別の軌道に入っていく。これらの電子軌道を使って，原子の最も安定な電子配置を最外殻電子について記すと，最外殻電子4個の炭素原子では，たとえば，2s軌道に2個，$2p_x$軌道に1個，$2p_y$軌道に1個電子が入る場合，(i)<u>2s(2)，$2p_x$(1)，$2p_y$(1)</u>のように表すことができる。しかし，この電子配置では，共有結合を形成するための不対電子が2個しかないため，メタン分子CH_4において4つの共有結合が形成されることが説明できない。

L.C.ポーリングは，混成軌道という概念を提唱して，CH_4分子の形成と立体構造を矛盾なく説明した。まず，(ii)<u>炭素原子の2s軌道の電子1個を電子が入っていない2p軌道に移動させて</u>4個の不対電子をつくり，さらに不対電子が存在する4つの軌道を混成することによって，同じエネルギーと形状をもつ4つの新しい軌道をつくる(下図)。このように，1つのs軌道と3つのp軌道を混成してつくられる軌道をsp^3混成軌道という。sp^3混成軌道は，正四面体の各頂点方向に向いており，それぞれの混成軌道には1個ずつ不対電子が入っているので，それらの不対電子が水素原子の(　a　)軌道の電子と電子対をつくることによって炭素原子と水素原子の間に共有結合が形成される。

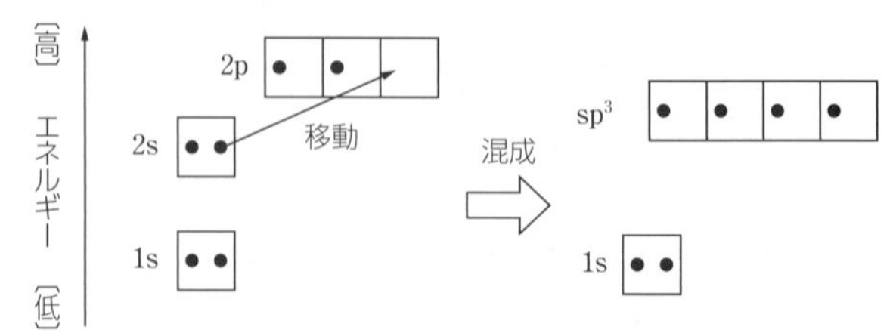

炭素原子の電子配置と混成軌道(●は電子を表している)

エチレン分子CH_2=CH_2では，下線部(ii)の操作によってつくられた炭素原子の4個の不対電子のうち，2s軌道1つと2p軌道2つを混成して，sp^2混成軌道とよばれる新たな3つの軌道がつくられる。このようにしてつくられた3つのsp^2混成軌道のエネルギーや形状は等しく，また，同一平面上にあって，互いに120°の角度をなす。それぞれのsp^2混成軌道には1個ずつ不対電子が入っているが，このうち，2つの混成軌道にある電子は水素原子の(　a　)軌道の電子と電子対をつくって炭素原子-水素原子間の共有結合を形成し，もう1つの混成軌道にある電子は，他の炭素原子の(　b　)軌道の電子と電子対をつくって炭素原子-炭素原子間の共有結合を形成する。それぞれの炭素原子には，2p軌道に1個の不対電子が存在し，これらの不対電子が電子対をつくることによって，炭素原子-炭素原子間にもう1つの共有結合が形成される。このように，混成軌道の考え方を用いると，エチレンの二重結合は2種類の共有結合から形成されていることがわかる。

ダイヤモンドと黒鉛は炭素の同素体である。ダイヤモンドは，炭素原子が隣接する(　c　)個の炭素原子と共有結合して正四面体形となり，それが繰り返された構造をもつ共有結合の結晶である。黒鉛は，各炭素原子が隣接する(　d　)個の炭素原子と共有結合して正六角形が連なった平面網目構造をつくり，それが何層も重なり合ってできた共有結合の結晶である。ダイヤモンドと黒鉛の構造や性質の違いは，ダイヤモンドの炭素原子は(　e　)軌道を形成し，黒鉛の炭素原子は(　f　)軌道を形成すると考えることによって説明できる。

(1) (　a　)～(　f　)に当てはまる最も適当なものを，次の(ア)～(シ)から選び，その記号を記せ。同じ記号を繰り返し使用してもよい。
(ア) 1s　(イ) 2s　(ウ) 2p　(エ) 3s　(オ) 3p　(カ) sp^3混成
(キ) sp^2混成　(ク) sp混成　(ケ) 1　(コ) 2　(サ) 3　(シ) 4

(2) 酸素原子について，最外殻電子の最も安定な電子配置を下線部(i)の例にならって記せ。

(3) ダイヤモンドは電気伝導性を示さないが，黒鉛は電気伝導性を示す。黒鉛が電気伝導性を示す理由を記せ。なお，説明文には「混成」の語句を含めること。

入試問題にチャレンジ! の答え

1 (1)〔原因〕溶解により溶液の温度が変化する。
〔結果〕溶液の体積が変わってしまい，溶液の濃度を正確に調製することができない。
(2)〔原因〕濃度がわかっている塩基の水溶液の濃度が，変化してしまう。
〔結果〕酸の水溶液の正確な濃度を求めることができない。
(3)〔原因〕電気分解によって塩素が発生する。
〔結果〕部屋に塩素が充満し，中毒を起こす危険がある。
(4)〔原因〕温度計の表示が，枝に流れこむ気体の温度よりも高い値を示す。
〔結果〕フラスコの枝付近の温度がエタノールの沸点よりも低くなってしまい，エタノールを得ることができない。
(5)〔原因〕加熱を止めることで試験管内の気体が冷えて，圧力が減少する。
〔結果〕管内を水が逆流し，熱い試験管に流れこんで試験管を破損する。

2 (1) (ア) 2　(イ) 2　(ウ) 4　(エ) 折れ線　(オ) 直線　(カ) 6　(キ) 12　(ク) 2　(ケ) 二
(2) Ö::Ö:Ö:
(3) 折れ線形〔理由〕中心の酸素原子には，二重結合が1組，共有電子対が1組，非共有電子対が1組の合計3組が存在する。反発力を小さくするためにこれらは三角形の頂点方向に広がる。非共有電子対のところに原子はないため，分子の形は折れ線形になる。

3 (1) ③　(2) Mn：＋7 ⟶ ＋2　(3) ④　(4) ⑤

4 (1) (ア) $\dfrac{w}{M}$　(イ) $\dfrac{wRT}{PV}$　(2) 28.8
(3) 分子量を求めるためには，容器をちょうど満たしている気体の物質Xの質量が必要であるから。
(4) 103　(5) 110

5 (1) f　(2) (A) $p_r + a\left(\dfrac{n}{V_r}\right)^2$　(B) $V_r - bn$
(3) 高圧下では，気体分子自身の体積による影響が，相対的により大きくなるから。
(4) 極性分子は，静電気的引力がより強くはたらき，圧力がより減少するから。
(5) 4.3×10^6 Pa

6 (1) (ア) Al^{3+}　(イ) Cu^{2+}　(ウ) Zn^{2+}
(2) (i) $Al(OH)_3$
(ii) 2.9×10^{-7} mol/L
(3) (i) $y = 2x + \log_{10}K - 28$　(ii) 11

7【1】(1) $2CrO_4^{2-} + 2H^+ \longrightarrow Cr_2O_7^{2-} + H_2O$
(2) ＋6
【2】(1) $2Ag^+ + 2OH^- \longrightarrow Ag_2O + H_2O$
(2) $Ag_2O + 4NH_3 + H_2O \longrightarrow 2[Ag(NH_3)_2]^+ + 2OH^-$
【3】(1) $2Ag^+ + CrO_4^{2-} \longrightarrow Ag_2CrO_4$
(2) 4.0×10^{-12} mol^3/L^3
(3) (i) 1.2×10^{-4} mol/L　(ii) 85%

8 (1) α：Ag^+　γ：Zn^{2+}
(2)
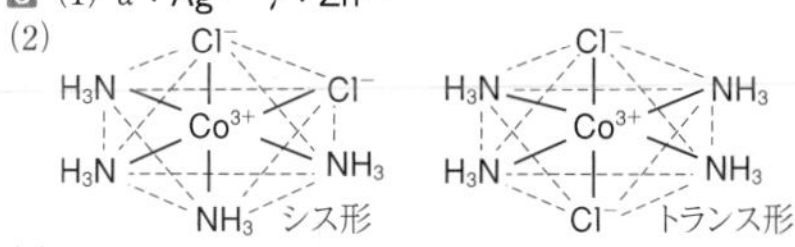

(3) Fe
(4) Cl⁻　Pt²⁺　Cl⁻　H₃N　NH₃　シス形
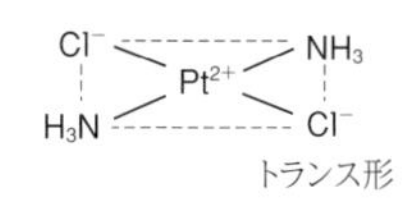

(5) 5.0×10^{-4} mol/L　(6) 活性化エネルギー

9 (1) 電解質水溶液に接触すると，鉄の表面に一種の電池(局部電池)が形成されるため，鉄Feが負極，炭素Cが正極となり，鉄が腐食する。
(2)
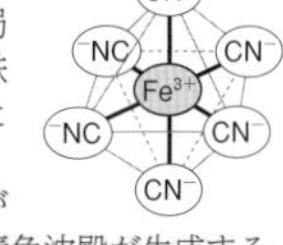

(3) 鉄表面から溶け出したFe^{2+}が$[Fe(CN)_6]^{3-}$と反応して，濃青色沈殿が生成する。
(4) 液滴の周辺部は空気中の酸素と触れやすくなっており，酸素がFeの放出したe^-を受け取って，$O_2 + 4e^- + 2H_2O \longrightarrow 4OH^-$のように反応し，液滴が塩基性となり，フェノールフタレインによりピンク色になる。
(5) 液滴の中心部は変化しないが，周辺部はピンク色になる。〔理由〕Fe，Zn，溶液(X)からなる一種の電池ができるが，$Zn \longrightarrow Zn^{2+} + 2e^-$のようにZnが酸化され，Znよりイオン化傾向が小さいFeは腐食されない。そのため，濃青色沈殿は生成せず，中心部は変化しない。一方，液滴の周辺部は【実験1】と同様，OH^-の生成によりピンク色になる。

10 (1)
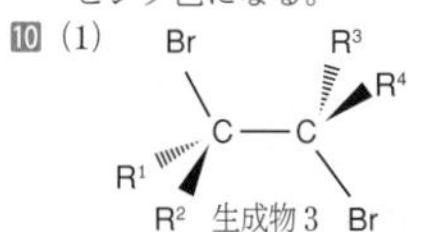

生成物3
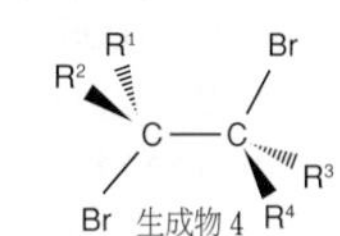

生成物4
(2)
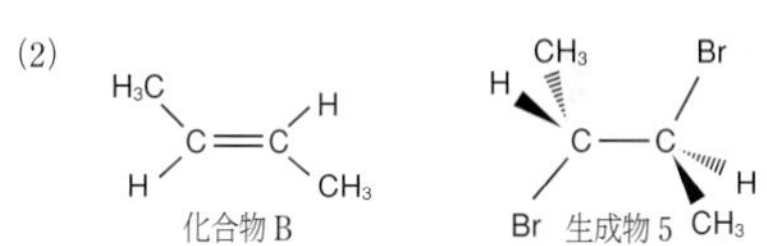

化合物B　　生成物5

11 (1) (i) $k_1[E][S]$　(ii) $k_2[E\cdot S]$　(iii) $k_3[E\cdot S]$
(iv) $(k_2 + k_3)[E\cdot S]$
(2) 題意より，$v_1 = v_4$，$k_1[E][S] = (k_2 + k_3)[E\cdot S]$，
$[E]_T = [E] + [E\cdot S]$より，$[E] = [E]_T - [E\cdot S]$
よって，$k_1([E]_T - [E\cdot S])[S] = (k_2 + k_3)[E\cdot S]$
これより，$k_1[E]_T[S] = (k_1[S] + k_2 + k_3)[E\cdot S]$
$$[E\cdot S] = \frac{k_1[E]_T[S]}{k_1[S] + k_2 + k_3}$$
したがって，$v_2 = k_2[E\cdot S] = \dfrac{k_1k_2[E]_T[S]}{k_1[S] + k_2 + k_3}$
分子・分母をk_1で割ると，$v_2 = \dfrac{k_2[E]_T[S]}{K + [S]}$
(3) A〔理由〕$K \gg [S]$より，$K + [S] \fallingdotseq K$
よって，$v_2 = \dfrac{k_2[E]_T[S]}{K}$
この式は，v_2が[S]に比例することを表している。
(4) D〔理由〕$K \ll [S]$より，$K + [S] \fallingdotseq [S]$
よって，$v_2 = k_2[E]_T$
この式は，v_2が[S]によらず一定になることを表している。

12【1】(ii)
【2】(1) 1.85×10^{-3} K
(2) ① 2.44×10^3 Pa　② 25.0 cm
(3) 浸透圧〔理由〕高分子化合物は分子量が大きく，溶媒に溶解する量もわずかであり，凝固点降下の測定では0.001K程度しか変化が見られない。温度計の読み取り精度が0.01℃とすればほぼ測定不可能である。一方で，浸透圧の測定では25cm程度と十分な液面差が生じるため。
【3】(ア)，(イ) アジピン酸，ヘキサメチレンジアミン(順不同)
(ウ) 113

13 (1) (a) ア　(b) キ　(c) シ　(d) サ　(e) カ　(f) キ
(2) 2s(2)，$2p_x$(2)，$2p_y$(1)，$2p_z$(1)
($2p_x$のかわりに，$2p_y$や$2p_z$を(2)としてもよい。)
(3) ダイヤモンドはsp^3混成軌道によってすべての価電子が共有結合に使われているので電気伝導性を示さないが，黒鉛はsp^2混成軌道によって3個の価電子が共有結合に使われ，残りの価電子が自由電子のようにふるまうため電気伝導性を示す。

※解答・解説は，数研出版株式会社が作成したものです。

巻末特集

資料編 巻末資料

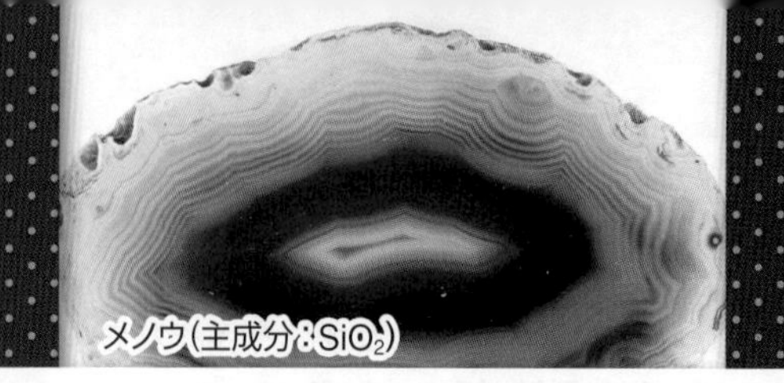
メノウ(主成分：SiO_2)

1 単位と基本定数

化学便覧改訂6版

① 国際単位系(SI)

いろいろな分野で使用する単位が異なるのは何かと不都合である。国際単位系(SI)は，1960 年，国際度量衡総会で定められた。
SI は 7 個の基本単位を基礎とし，それらの積または商の形の組立単位から構成されている。
化学の国際学会は 1969 年に SI を全面採用し，わが国でも計量法，日本産業規格(JIS)に採用されている。
SI から除外された単位(cal，mmHg，Åなど)は，徐々に使われなくなる。
L(体積)，t(質量)，u(統一原子質量単位)，°(角度)などのように，SI で使用を認められている単位もある。
体積の単位「リットル」は，記号「L」または「l」を用いるよう求められているが，小文字の「l」が数字の「1」と区別しにくいため，斜体の「l」を用いることもある。

■ SI 基本単位

量	単位名	SI 基本単位による表現
長さ	メートル	m
質量	キログラム	kg
時間	秒	s
電流	アンペア	A
熱力学温度	ケルビン	K
物質量	モル	mol
光度	カンデラ	cd

■ 固有名をもつ SI 組立単位

量	固有名	記号	SI 基本単位による表現
力	ニュートン	N	$m\ kg\ s^{-2}$
圧力	パスカル	Pa	$m^{-1}\ kg\ s^{-2} = N\ m^{-2}$
エネルギー	ジュール	J	$m^2\ kg\ s^{-2} = N\ m = Pa\ m^3$
仕事率	ワット	W	$m^2\ kg\ s^{-3} = J\ s^{-1}$
電荷	クーロン	C	A s
電位差	ボルト	V	$m^2\ kg\ s^{-3}\ A^{-1} = J\ A^{-1}\ s^{-1}$
セルシウス温度	セルシウス度	℃	K

■ その他の SI 組立単位

量	SI 基本単位による表現
面積	m^2
体積	m^3
速さ	$m\ s^{-1}$
加速度	$m\ s^{-2}$
密度	$kg\ m^{-3}$
モル体積	$m^3\ mol^{-1}$
モル濃度	$mol\ m^{-3}$
モルエネルギー	$J\ mol^{-1}$
熱容量	$J\ K^{-1}$

■ SI 接頭語

倍数	接頭語	記号	倍数	接頭語	記号	倍数	接頭語	記号
10^{24}	ヨタ	Y	10^3	キロ	k	10^{-9}	ナノ	n
10^{21}	ゼタ	Z	10^2	ヘクト	h	10^{-12}	ピコ	p
10^{18}	エクサ	E	10	デカ	da	10^{-15}	フェムト	f
10^{15}	ペタ	P	10^{-1}	デシ	d	10^{-18}	アト	a
10^{12}	テラ	T	10^{-2}	センチ	c	10^{-21}	ゼプト	z
10^9	ギガ	G	10^{-3}	ミリ	m	10^{-24}	ヨクト	y
10^6	メガ	M	10^{-6}	マイクロ	μ			

たとえば，$km = 10^3 m$，$cm = 10^{-2} m$，$mm = 10^{-3} m$ のような関係になる。
また，天気予報で用いられるヘクトパスカル hPa は，10^2 Pa のことである。

② 単位の換算

エネルギー：1 cal = 4.184 J　圧力：1 atm = 760 mmHg = 101325 Pa　長さ：1 Å(オングストローム) = 10^{-10} m = 10^{-8} cm = 0.1 nm(ナノメートル)
質量　：1 t = 1000 kg　温度：$T = t + 273.15$　体積：1 L = $10^{-3}\ m^3$，1 mL = 10^{-3} L = $10^{-6}\ m^3$ = 1 cm^3

③ 基本定数

量	定数と単位
電子・陽子のもつ電気量の絶対値	$1.602176634 \times 10^{-19}$ C
電子 1 個の質量	$9.1093837015(28) \times 10^{-31}$ kg
陽子 1 個の質量	$1.67262192369(51) \times 10^{-27}$ kg
中性子 1 個の質量	$1.67492749804(95) \times 10^{-27}$ kg
統一原子質量単位(1 u)	$1.66053906660(50) \times 10^{-27}$ kg
アボガドロ定数	$6.02214076 \times 10^{23}$ /mol
セルシウス温度目盛りのゼロ点(0 ℃)	273.15 K
標準大気圧(1 atm)	101325 Pa
理想気体のモル体積(0 ℃，1 atm) (0 ℃，10^5 Pa)	22.41396954…L/mol 22.71095464…L/mol
気体定数	8.314462618…J/(mol·K)(= Pa·m^3/(mol·K))
ファラデー定数	9.648533212×10^4 C/mol
真空中の光速	299792458 m/s
自由落下の標準加速度	9.80665 m/s^2

( )内の数値は最後の桁につく標準不確かさを表す。

④ 成分比を表す数詞

数	数詞の名称
1	モノ(mono)
2	ジ(di)
3	トリ(tri)
4	テトラ(tetra)
5	ペンタ(penta)
6	ヘキサ(hexa)
7	ヘプタ(hepta)
8	オクタ(octa)
9	ノナ(nona)
10	デカ(deca)
11	ウンデカ(undeca)
12	ドデカ(dodeca)

この数詞は化合物の命名のときに用いられる。

2 指数 (化学では，巨大な数値や微小な数値を表すとき，位どりの0を10^nの形で表す方法が用いられる。このnを指数という。)

①指数

アルミニウム 27 g 中のアルミニウム原子の数は，
約 602 000 000 000 000 000 000 000 個である。
また，炭素原子 1 個の質量は，
約 0.000 000 000 000 000 000 000 0199 g である。
このように化学では，非常に大きな数や非常に小さな数を扱うことがある。
一般的にこのような数は$A\times10^n$で表すことが多い(Aは 1 以上 10 未満の数とする。)。
アルミニウム 27 g 中のアルミニウム原子の数と炭素原子 1 個の質量を$A\times10^n$で表すと右のようになる。

■指数の数え方

$602000000000000000000000=6.02\times10^{23}$
左に 23 回移動

$0.0000000000000000000000199=1.99\times10^{-23}$
右に 23 回移動

②指数の計算 指数を用いた数値の計算は次の公式を利用する。

10^nで表される数値どうしの計算

$10^a\times10^b=10^{a+b}$ ……aとbの和

$\dfrac{10^a}{10^b}=10^{a-b}$ ……aとbの差

$(10^a)^b=10^{ab}$ ……aとbの積

$A\times10^n$で表される数値どうしの計算

$(A\times10^a)\times(B\times10^b)=(A\times B)\times10^{a+b}$

$\dfrac{A\times10^a}{B\times10^b}=\dfrac{A}{B}\times10^{a-b}$

補足 10^0

左の公式より10^0は，次のように計算できる。

$10^0=10^{n-n}=\dfrac{10^n}{10^n}=1$

3 有効数字 (測定で得られた値と真の値との差を誤差という。測定で得られた値のうち，誤差の影響を受けないか，誤差を多少含んでいても意味のある桁の数字を，有効数字という。)

①測定値と誤差

長さ・質量・体積・温度などの量を，測定器具を用いてはかった値を測定値という。
通常，測定器具の最小目盛りの$\dfrac{1}{10}$まで読み取り，測定値を得る。
このとき，測定値の最後の位の数値は目分量で読んだ値であり，真の値とは限らず，いくらか誤差を含んでいる。右の図のようにビュレットの値を読み取ったとき，測定値の 16.87 mL の 7 には目分量で読み取ったことによる誤差が含まれている。この誤差の範囲が±0.005 mL 以内とすると，真の値V[mL]は，次のように表すことができる。

$16.865\leqq V\leqq16.875$

■ビュレットの値の読み取り

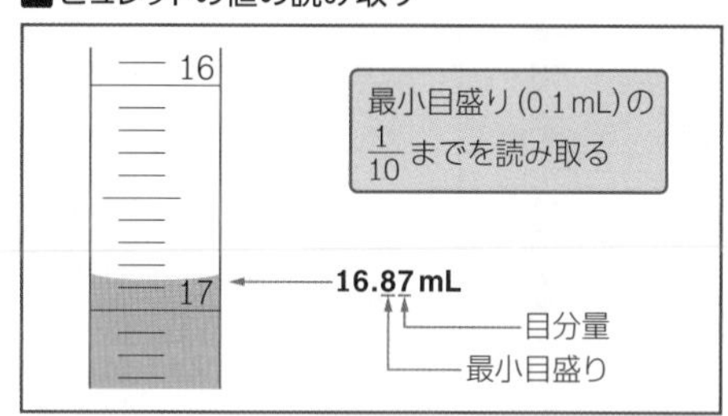

②有効数字

①のビュレットの値を読み取ったときの 16.87 mL という測定値は，最後の位に誤差を含んでいるものの，測定値としては意味のある数値である。そのため，有効数字は 4 桁となる。
有効数字の桁数を考えるときは，0 の扱いに注意が必要である。「4.00 mL」のように測定値の小数点以下の最後の位にある 0 は有効数字であるが，「0.015 L」のように位取りを示すための 0 は有効数字には含めない。
大きな数や小さな数では，有効数字をはっきりと示すため，指数を用いて$A\times10^n$の形で表すのがふつうである。例えば，1 の位まで測定した有効数字 4 桁の 1200 g の場合，次のように表す。

$1200\,\text{g}=1.200\times10^3\,\text{g}$

補足 測定誤差

測定をする際に生じる誤差を測定誤差という。
測定誤差には，以下の 2 つがある。
系統誤差：温度や測定機器，測定者のくせなどによって生じる誤差。原因を調べて誤差を減らすことが可能。
偶然誤差：測定ごとにばらつく誤差のこと。誤差はばらつくため，測定回数を増やすことで誤差を減らすことが可能。

③有効数字の計算 −かけ算・わり算−

通常，測定値のかけ算やわり算では，計算結果の桁数が，有効数字の桁数が最小の測定値の桁数に合うよう，四捨五入する。
例えば，有効数字 3 桁と 2 桁のかけ算 22.4 L/mol×2.2 mol では，そのまま計算すると，次のようになる。

22.4 L/mol×2.2 mol = 49.28 L

測定値の最後の位の数値には誤差が含まれており，その数値をかけた値のすべてに誤差が含まれることになる。
右のように計算結果の 2 桁目以降には誤差が含まれることがわかる。2 桁目の数値は誤差を含むものの，意味のある値であるため，3 桁目を四捨五入して 49 L とするのが適当である。

```
   2 2.[4]
 ×   2.[2]
 ---------
   [4][4][8]
 4 4 [8]
 ---------
 4 [9].[2][8]
```

□で囲んだ数字が，誤差を含む値である。

④有効数字の計算 −足し算・引き算−

通常，測定値の足し算や引き算では，計算結果の末位が，有効数字の末位が最高の測定値の末位に合うよう，四捨五入する。
例えば，測定値どうしの足し算 58.45 g + 27.0 g では，そのまま計算すると，次のようになる。

58.45 g + 27.0 g = 85.45 g

測定値の最後の位の数値には誤差が含まれており，その数値を足した値のすべてに誤差が含まれることになる。
右のように計算結果の 3 桁目以降には誤差が含まれることがわかる。この場合，4 桁目を四捨五入して 85.5 g とするのが適当である。

```
  5 8.4[5]
 +2 7.[0]
 ---------
  8 5.[4][5]
```

□で囲んだ数字が，誤差を含む値である。

4 元素の安定同位体（原子の質量の単位は u（統一原子質量単位）。）

◐ p.41, 58

2015年原子量表（原子の質量は化学便覧改訂6版をもとに算出）

原子番号	同位体	存在比〔%〕	原子の質量	原子量
1	^{1}H	99.9885	1.00782	1.00784～1.00811
	^{2}H	0.0115	2.01410	
2	^{3}He	0.000134	3.01603	4.002602(2)
	^{4}He	99.999866	4.00260	
3	^{6}Li	7.59	6.01512	6.938～6.997
	^{7}Li	92.41	7.01600	
4	^{9}Be	100	9.01218	9.0121831(5)
5	^{10}B	19.9	10.01294	10.806～10.821
	^{11}B	80.1	11.00931	
6	^{12}C	98.93	12.00000	12.0096～12.0116
	^{13}C	1.07	13.00335	
7	^{14}N	99.636	14.00307	14.00643～14.00728
	^{15}N	0.364	15.00011	
8	^{16}O	99.757	15.99491	15.99903～15.99977
	^{17}O	0.038	16.99913	
	^{18}O	0.205	17.99916	
9	^{19}F	100	18.99840	18.998403163(6)
10	^{20}Ne	90.48	19.99244	20.1797(6)
	^{21}Ne	0.27	20.99385	
	^{22}Ne	9.25	21.99138	
11	^{23}Na	100	22.98977	22.98976928(2)
12	^{24}Mg	78.99	23.98504	24.304～24.307
	^{25}Mg	10.00	24.98584	
	^{26}Mg	11.01	25.98259	
13	^{27}Al	100	26.98154	26.9815385(7)
14	^{28}Si	92.223	27.97693	28.084～28.086
	^{29}Si	4.685	28.97649	
	^{30}Si	3.092	29.97377	
15	^{31}P	100	30.97376	30.973761998(5)
16	^{32}S	94.99	31.97207	32.059～32.076
	^{33}S	0.75	32.97146	
	^{34}S	4.25	33.96787	
	^{36}S	0.01	35.96708	
17	^{35}Cl	75.76	34.96885	35.446～35.457
	^{37}Cl	24.24	36.96590	
18	^{36}Ar	0.3336	35.96754	39.948(1)
	^{38}Ar	0.0629	37.96273	
	^{40}Ar	99.6035	39.96238	
19	^{39}K	93.2581	38.96371	39.0983(1)
	^{40}K	0.0117	39.96400	
	^{41}K	6.7302	40.96183	
20	^{40}Ca	96.941	39.96259	40.078(4)
	^{42}Ca	0.647	41.95862	
	^{43}Ca	0.135	42.95877	
	^{44}Ca	2.086	43.95548	
	^{46}Ca	0.004	45.95369	
	^{48}Ca	0.187	47.95252	
21	^{45}Sc	100	44.95591	44.955908(5)
22	^{46}Ti	8.25	45.95263	47.867(1)
	^{47}Ti	7.44	46.95176	
	^{48}Ti	73.72	47.94795	
	^{49}Ti	5.41	48.94786	
	^{50}Ti	5.18	49.94479	
23	^{50}V	0.250	49.94716	50.9415(1)
	^{51}V	99.750	50.94396	
24	^{50}Cr	4.345	49.94604	51.9961(6)
	^{52}Cr	83.789	51.94051	
	^{53}Cr	9.501	52.94065	
	^{54}Cr	2.365	53.93888	
25	^{55}Mn	100	54.94126	54.938044(3)
26	^{54}Fe	5.845	53.93961	55.845(2)
	^{56}Fe	91.754	55.93494	
	^{57}Fe	2.119	56.93539	
	^{58}Fe	0.282	57.93327	
27	^{59}Co	100	58.93319	58.933194(4)
28	^{58}Ni	68.077	57.93534	58.6934(4)
	^{60}Ni	26.223	59.93079	
	^{61}Ni	1.1399	60.93106	
	^{62}Ni	3.6346	61.92835	
	^{64}Ni	0.9255	63.92797	
29	^{63}Cu	69.15	62.92960	63.546(3)
	^{65}Cu	30.85	64.92779	
30	^{64}Zn	49.17	63.92914	65.38(2)
	^{66}Zn	27.73	65.92603	
	^{67}Zn	4.04	66.92713	
	^{68}Zn	18.45	67.92485	
	^{70}Zn	0.61	69.92532	
31	^{69}Ga	60.108	68.92557	69.723(1)
	^{71}Ga	39.892	70.92470	
35	^{79}Br	50.69	78.91834	79.901～79.907
	^{81}Br	49.31	80.91629	
36	^{78}Kr	0.355	77.92038	83.798(2)
	^{80}Kr	2.286	79.91638	
	^{82}Kr	11.593	81.91348	
	^{83}Kr	11.500	82.91413	
	^{84}Kr	56.987	83.91150	
	^{86}Kr	17.279	85.91061	
37	^{85}Rb	72.17	84.91179	85.4678(3)
	^{87}Rb	27.83	86.90918	
38	^{84}Sr	0.56	83.91342	87.62(1)
	^{86}Sr	9.86	85.90926	
	^{87}Sr	7.00	86.90888	
	^{88}Sr	82.58	87.90561	
47	^{107}Ag	51.839	106.90509	107.8682(2)
	^{109}Ag	48.161	108.90476	
48	^{106}Cd	1.25	105.90646	112.414(4)
	^{108}Cd	0.89	107.90418	
	^{110}Cd	12.49	109.90301	
	^{111}Cd	12.80	110.90418	
	^{112}Cd	24.13	111.90276	
	^{113}Cd	12.22	112.90441	
	^{114}Cd	28.73	113.90337	
	^{116}Cd	7.49	115.90476	
50	^{112}Sn	0.97	111.90483	118.710(7)
	^{114}Sn	0.66	113.90278	
	^{115}Sn	0.34	114.90335	
	^{116}Sn	14.54	115.90174	
	^{117}Sn	7.68	116.90295	
	^{118}Sn	24.22	117.90161	
	^{119}Sn	8.59	118.90331	
	^{120}Sn	32.58	119.90220	
	^{122}Sn	4.63	121.90345	
	^{124}Sn	5.79	123.90528	
52	^{120}Te	0.09	119.90406	127.60(3)
	^{122}Te	2.55	121.90304	
	^{123}Te	0.89	122.90427	
	^{124}Te	4.74	123.90282	
	^{125}Te	7.07	124.90443	
	^{126}Te	18.84	125.90331	
	^{128}Te	31.74	127.90446	
	^{130}Te	34.08	129.90622	
53	^{127}I	100	126.90447	126.90447(3)
54	^{124}Xe	0.0952	123.90589	131.293(6)
	^{126}Xe	0.0890	125.90430	
	^{128}Xe	1.9102	127.90353	
	^{129}Xe	26.4006	128.90478	
	^{130}Xe	4.0710	129.90351	
	^{131}Xe	21.2324	130.90508	
	^{132}Xe	26.9086	131.90416	
	^{134}Xe	10.4357	133.90539	
	^{136}Xe	8.8573	135.90722	
55	^{133}Cs	100	132.90545	132.90545196(6)
56	^{130}Ba	0.106	129.90632	137.327(7)
	^{132}Ba	0.101	131.90506	
	^{134}Ba	2.417	133.90451	
	^{135}Ba	6.592	134.90569	
	^{136}Ba	7.854	135.90458	
	^{137}Ba	11.232	136.90583	
	^{138}Ba	71.698	137.90525	
78	^{190}Pt	0.012	189.95995	195.084(9)
	^{192}Pt	0.782	191.96104	
	^{194}Pt	32.86	193.96268	
	^{195}Pt	33.78	194.96479	
	^{196}Pt	25.21	195.96495	
	^{198}Pt	7.356	197.96790	
79	^{197}Au	100	196.96657	196.966569(5)
80	^{196}Hg	0.15	195.96583	200.592(3)
	^{198}Hg	9.97	197.96677	
	^{199}Hg	16.87	198.96828	
	^{200}Hg	23.10	199.96833	
	^{201}Hg	13.18	200.97030	
	^{202}Hg	29.86	201.97064	
	^{204}Hg	6.87	203.97349	
82	^{204}Pb	1.4	203.97304	207.2(1)
	^{206}Pb	24.1	205.97446	
	^{207}Pb	22.1	206.97590	
	^{208}Pb	52.4	207.97665	

原子量の（ ）内の値は不確かさを表し，有効数字の最後の桁に対応する。

5 原子の電子配置

p.42, 271
岩波理化学辞典第5版

周期	原子番号	元素	K	L		M			N				O		分類
			s	s	p	s	p	d	s	p	d	f	s	p	
1	1	H	1												典型元素
	2	He	2												
2	3	Li	2	1											
	4	Be	2	2											
	5	B	2	2	1										
	6	C	2	2	2										
	7	N	2	2	3										
	8	O	2	2	4										
	9	F	2	2	5										
	10	Ne	2	2	6										
3	11	Na	2	2	6	1									
	12	Mg	2	2	6	2									
	13	Al	2	2	6	2	1								
	14	Si	2	2	6	2	2								
	15	P	2	2	6	2	3								
	16	S	2	2	6	2	4								
	17	Cl	2	2	6	2	5								
	18	Ar	2	2	6	2	6								
4	19	K	2	2	6	2	6		1						
	20	Ca	2	2	6	2	6		2						
	21	Sc	2	2	6	2	6	1	2						遷移元素
	22	Ti	2	2	6	2	6	2	2						
	23	V	2	2	6	2	6	3	2						
	24	Cr	2	2	6	2	6	5	1						
	25	Mn	2	2	6	2	6	5	2						
	26	Fe	2	2	6	2	6	6	2						
	27	Co	2	2	6	2	6	7	2						
	28	Ni	2	2	6	2	6	8	2						
	29	Cu	2	2	6	2	6	10	1						
	30	Zn	2	2	6	2	6	10	2						
	31	Ga	2	2	6	2	6	10	2	1					典型元素
	32	Ge	2	2	6	2	6	10	2	2					
	33	As	2	2	6	2	6	10	2	3					
	34	Se	2	2	6	2	6	10	2	4					
	35	Br	2	2	6	2	6	10	2	5					
	36	Kr	2	2	6	2	6	10	2	6					
5	37	Rb	2	2	6	2	6	10	2	6			1		
	38	Sr	2	2	6	2	6	10	2	6			2		
	39	Y	2	2	6	2	6	10	2	6	1		2		遷移元素
	40	Zr	2	2	6	2	6	10	2	6	2		2		
	41	Nb	2	2	6	2	6	10	2	6	4		1		
	42	Mo	2	2	6	2	6	10	2	6	5		1		
	43	Tc	2	2	6	2	6	10	2	6	5		2		
	44	Ru	2	2	6	2	6	10	2	6	7		1		
	45	Rh	2	2	6	2	6	10	2	6	8		1		
	46	Pd	2	2	6	2	6	10	2	6	10				
	47	Ag	2	2	6	2	6	10	2	6	10		1		
	48	Cd	2	2	6	2	6	10	2	6	10		2		
	49	In	2	2	6	2	6	10	2	6	10		2	1	典型元素
	50	Sn	2	2	6	2	6	10	2	6	10		2	2	
	51	Sb	2	2	6	2	6	10	2	6	10		2	3	
	52	Te	2	2	6	2	6	10	2	6	10		2	4	
	53	I	2	2	6	2	6	10	2	6	10		2	5	
	54	Xe	2	2	6	2	6	10	2	6	10		2	6	

周期	原子番号	元素	K	L		M			N				O				P			Q	分類
			s	s	p	s	p	d	s	p	d	f	s	p	d	f	s	p	d	s	
6	55	Cs	2	2	6	2	6	10	2	6	10		2	6			1				典型元素
	56	Ba	2	2	6	2	6	10	2	6	10		2	6			2				
	57	La	2	2	6	2	6	10	2	6	10		2	6	1		2				ランタノイド（57〜71）／遷移元素
	58	Ce	2	2	6	2	6	10	2	6	10	1	2	6	1		2				
	59	Pr	2	2	6	2	6	10	2	6	10	3	2	6			2				
	60	Nd	2	2	6	2	6	10	2	6	10	4	2	6			2				
	61	Pm	2	2	6	2	6	10	2	6	10	5	2	6			2				
	62	Sm	2	2	6	2	6	10	2	6	10	6	2	6			2				
	63	Eu	2	2	6	2	6	10	2	6	10	7	2	6			2				
	64	Gd	2	2	6	2	6	10	2	6	10	7	2	6	1		2				
	65	Tb	2	2	6	2	6	10	2	6	10	9	2	6			2				
	66	Dy	2	2	6	2	6	10	2	6	10	10	2	6			2				
	67	Ho	2	2	6	2	6	10	2	6	10	11	2	6			2				
	68	Er	2	2	6	2	6	10	2	6	10	12	2	6			2				
	69	Tm	2	2	6	2	6	10	2	6	10	13	2	6			2				
	70	Yb	2	2	6	2	6	10	2	6	10	14	2	6			2				
	71	Lu	2	2	6	2	6	10	2	6	10	14	2	6	1		2				
	72	Hf	2	2	6	2	6	10	2	6	10	14	2	6	2		2				
	73	Ta	2	2	6	2	6	10	2	6	10	14	2	6	3		2				
	74	W	2	2	6	2	6	10	2	6	10	14	2	6	4		2				
	75	Re	2	2	6	2	6	10	2	6	10	14	2	6	5		2				
	76	Os	2	2	6	2	6	10	2	6	10	14	2	6	6		2				
	77	Ir	2	2	6	2	6	10	2	6	10	14	2	6	7		2				
	78	Pt	2	2	6	2	6	10	2	6	10	14	2	6	9		1				
	79	Au	2	2	6	2	6	10	2	6	10	14	2	6	10		1				
	80	Hg	2	2	6	2	6	10	2	6	10	14	2	6	10		2				
	81	Tl	2	2	6	2	6	10	2	6	10	14	2	6	10		2	1			典型元素
	82	Pb	2	2	6	2	6	10	2	6	10	14	2	6	10		2	2			
	83	Bi	2	2	6	2	6	10	2	6	10	14	2	6	10		2	3			
	84	Po	2	2	6	2	6	10	2	6	10	14	2	6	10		2	4			
	85	At	2	2	6	2	6	10	2	6	10	14	2	6	10		2	5			
	86	Rn	2	2	6	2	6	10	2	6	10	14	2	6	10		2	6			
7	87	Fr	2	2	6	2	6	10	2	6	10	14	2	6	10		2	6		1	
	88	Ra	2	2	6	2	6	10	2	6	10	14	2	6	10		2	6		2	
	89	Ac	2	2	6	2	6	10	2	6	10	14	2	6	10		2	6	1	2	アクチノイド（89〜103）／遷移元素
	90	Th	2	2	6	2	6	10	2	6	10	14	2	6	10		2	6	2	2	
	91	Pa	2	2	6	2	6	10	2	6	10	14	2	6	10	2	2	6	1	2	
	92	U	2	2	6	2	6	10	2	6	10	14	2	6	10	3	2	6	1	2	
	93	Np	2	2	6	2	6	10	2	6	10	14	2	6	10	4	2	6	1	2	
	94	Pu	2	2	6	2	6	10	2	6	10	14	2	6	10	6	2	6		2	
	95	Am	2	2	6	2	6	10	2	6	10	14	2	6	10	7	2	6		2	
	96	Cm	2	2	6	2	6	10	2	6	10	14	2	6	10	7	2	6	1	2	
	97	Bk	2	2	6	2	6	10	2	6	10	14	2	6	10	9	2	6		2	
	98	Cf	2	2	6	2	6	10	2	6	10	14	2	6	10	10	2	6		2	
	99	Es	2	2	6	2	6	10	2	6	10	14	2	6	10	11	2	6		2	
	100	Fm	2	2	6	2	6	10	2	6	10	14	2	6	10	12	2	6		2	
	101	Md	2	2	6	2	6	10	2	6	10	14	2	6	10	13	2	6		2	
	102	No	2	2	6	2	6	10	2	6	10	14	2	6	10	14	2	6		2	
	103	Lr	2	2	6	2	6	10	2	6	10	14	2	6	10	14	2	6	1	2	
	104	Rf	2	2	6	2	6	10	2	6	10	14	2	6	10	14	2	6	2	2	
	105	Db	2	2	6	2	6	10	2	6	10	14	2	6	10	14	2	6	3	2	
	106	Sg	2	2	6	2	6	10	2	6	10	14	2	6	10	14	2	6	4	2	

6 イオン化エネルギー・電子親和力・電気陰性度 (イオン化エネルギー・電子親和力の単位は kJ/mol。)

p.45, 46, 54

化学便覧改訂6版をもとに算出

原子番号	元素	第一イオン化エネルギー	第二イオン化エネルギー	第三イオン化エネルギー	電子親和力	電気陰性度
1	H	1312	—	—	73	2.2
2	He	2372	5250	—	(−48)	—
3	Li	520	7298	11814	60	1.0
4	Be	899	1757	14848	(−48)	1.6
5	B	801	2427	3660	27	2.0
6	C	1086	2352	4620	122	2.6
7	N	1402	2856	4577	−7	3.0
8	O	1314	3388	5300	141	3.4
9	F	1681	3374	6050	328	4.0
10	Ne	2081	3952	6119	(−116)	—
11	Na	496	4562	6910	53	0.9
12	Mg	738	1451	7732	(−39)	1.3
13	Al	578	1817	2745	42	1.6
14	Si	786	1577	3231	134	1.9
15	P	1012	1907	2914	72	2.2
16	S	1000	2252	3363	200	2.6
17	Cl	1251	2298	3840	349	3.2
18	Ar	1520	2666	3930	(−96)	—
19	K	419	3051	4419	48	0.8
20	Ca	590	1145	4912	2	1.0
21	Sc	633	1235	2389	18	1.4
22	Ti	659	1310	2652	8	1.5
23	V	651	1412	2828	51	1.6
24	Cr	653	1591	2987	65	1.7
25	Mn	717	1509	3248	(−48)	1.6
26	Fe	762	1563	2957	15	1.8
27	Co	760	1648	3232	64	1.9
28	Ni	737	1753	3395	112	1.9
29	Cu	745	1958	3554	119	1.9
30	Zn	906	1733	3832	(−58)	1.7
31	Ga	579	1979	2964	41	1.8
32	Ge	762	1537	3286	119	2.0
33	As	944	1793	2735	78	2.2
34	Se	941	2045	3058	195	2.6
35	Br	1140	2083	3364	325	3.0
36	Kr	1351	2350	3458	(−96)	3.0
37	Rb	403	2633	3787	47	0.8
38	Sr	549	1064	4137	5	1.0
39	Y	600	1179	1980	30	1.2
40	Zr	640	1267	2235	42	1.3
41	Nb	652	1382	2416	89	1.6
42	Mo	684	1559	2618	72	2.2
43	Tc	687	1472	2851	53	1.9
44	Ru	710	1617	2747	101	2.2
45	Rh	720	1744	2997	110	2.3
46	Pd	804	1875	3177	54	2.2
47	Ag	731	2073	3358	126	1.9
48	Cd	868	1631	3615	(−68)	1.7
49	In	558	1821	2706	29	1.8
50	Sn	709	1412	2943	107	2.0
51	Sb	831	1604	2443	101	2.1
52	Te	869	1795	2686	190	2.1
53	I	1008	1846	2853	295	2.7
54	Xe	1170	2024	2996	(−77)	2.6

原子番号	元素	第一イオン化エネルギー	第二イオン化エネルギー	第三イオン化エネルギー	電子親和力	電気陰性度
55	Cs	376	2234	3203	46	0.8
56	Ba	503	965	3458	14	0.9
57	La	538	1079	1850	45	1.1〜1.2
58	Ce	534	1057	1949	63	—
59	Pr	528	1026	2086	93	—
60	Nd	533	1040	2131	>185	—
61	Pm	539	1055	2165	12	—
62	Sm	545	1069	2272	16	—
63	Eu	547	1084	2397	83	—
64	Gd	593	1165	1982	13	—
65	Tb	566	1111	2105	>112	—
66	Dy	573	1124	2208	>34	—
67	Ho	581	1137	2199	33	—
68	Er	589	1150	2190	30	—
69	Tm	597	1164	2283	99	—
70	Yb	603	1175	2417	(−2)	—
71	Lu	523	1363	2022	33	—
72	Hf	658	1410	2176	17	1.3
73	Ta	728	1563	2229	31	1.5
74	W	759	1579	2508	79	2.3
75	Re	756	1602	2605	6	1.9
76	Os	814	1640	2412	106	2.2
77	Ir	865	1640	2701	151	2.2
78	Pt	864	1791	2798	205	2.3
79	Au	890	1949	2894	223	2.5
80	Hg	1007	1810	3325	(−48)	2.0
81	Tl	589	1971	2880	36	2.0
82	Pb	716	1450	3081	34	2.3
83	Bi	703	1612	2466	91	2.0
84	Po	812	1862	2634	−135	2.0
85	At	899	1725	2564	−233	2.2
86	Rn	1037	2065	2837	(−68)	—
87	Fr	393	2161	3232	−47	0.7
88	Ra	509	979	2991	−10	0.9
89	Ac	519	1134	1682	−34	1.1
90	Th	608	1167	1768	−113	—
91	Pa	568	1148	1795	−53	—
92	U	598	1119	1910	−51	—
93	Np	604	1110	1901	−46	—
94	Pu	581	1110	2036	(−48)	—
95	Am	576	1129	2094	−10	—
96	Cm	578	1196	1939	−27	—
97	Bk	598	1148	2084	(−166)	—
98	Cf	606	1158	2161	(−97)	—
99	Es	614	1177	2190	(−29)	—
100	Fm	627	1196	2238	−34	—
101	Md	635	1196	2344	−95	—
102	No	639	1247	2489	(−225)	—
103	Lr	479	1403	2103	(−30)	—

非金属元素
金属元素

電子親和力の( )は，計算による推定値。
電気陰性度は，ポーリングの値。

7 地殻を構成する元素

p.146
化学便覧改訂6版

成分元素	質量組成〔%〕	成分元素	質量組成〔%〕	成分元素	質量組成〔%〕
酸素	47.2	クロム	0.0126	トリウム	0.00085
ケイ素	28.8	バナジウム	0.0098	プラセオジム	0.00067
アルミニウム	7.96	ルビジウム	0.0078	サマリウム	0.00053
鉄	4.32	亜鉛	0.0065	ハフニウム	0.00049
カルシウム	3.85	セリウム	0.006	ガドリニウム	0.00040
ナトリウム	2.36	窒素	0.006	ジスプロシウム	0.00038
マグネシウム	2.20	ニッケル	0.0056	セシウム	0.00034
カリウム	2.14	ランタン	0.003	ベリリウム	0.00024
チタン	0.4010	ネオジム	0.0027	スズ	0.00023
リン	0.0757	銅	0.0025	エルビウム	0.00021
マンガン	0.0716	イットリウム	0.0024	イッテルビウム	0.00020
硫黄	0.0697	コバルト	0.0024	ヒ素	0.00017
バリウム	0.0584	ニオブ	0.0019	ウラン	0.00017
フッ素	0.0525	リチウム	0.0018	ゲルマニウム	0.00014
塩素	0.0472	スカンジウム	0.0016	ユウロピウム	0.00013
ストロンチウム	0.0333	ガリウム	0.0015	タンタル	0.00011
ジルコニウム	0.0203	鉛	0.00148	モリブデン	0.00011
炭素	0.0199	ホウ素	0.0011	臭素	0.00010

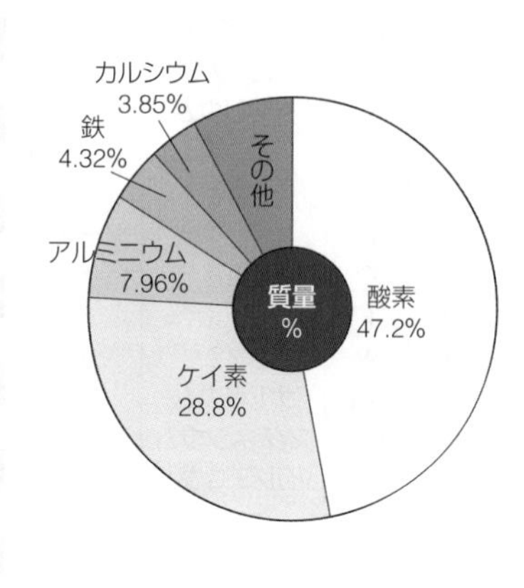

8 海水中の主な元素

p.26, 140
化学便覧改訂4版

成分元素	濃度〔g/L〕	成分元素	濃度〔g/L〕	成分元素	濃度〔g/L〕
酸素	880	ストロンチウム	0.008	ウラン	0.0000033
水素	110	ホウ素	0.0045	ヒ素	0.0000023
塩素	20	ケイ素	0.002	アルミニウム	0.000002
ナトリウム	11	フッ素	0.0014	バナジウム	0.000002
マグネシウム	1.3	アルゴン	0.0005	鉄	0.000002
硫黄	0.93	リチウム	0.00018	ジルコニウム	0.000001
カルシウム	0.42	ルビジウム	0.00012	ニッケル	0.0000005
カリウム	0.41	ヨウ素	0.000053	亜鉛	0.0000003
臭素	0.068	リン	0.00005	セシウム	0.0000003
炭素	0.028	バリウム	0.000014	クリプトン	0.00000023
窒素	0.013	モリブデン	0.00001	クロム	0.0000002

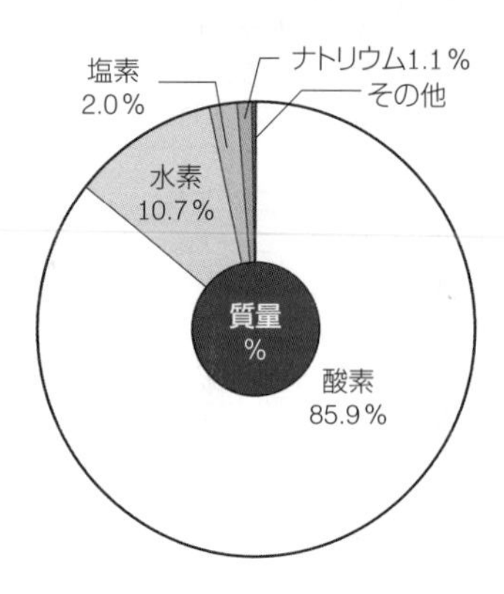

9 乾燥空気の組成

p.26, 146
化学便覧改訂6版

気体	分子式	分子量	体積組成〔%〕	質量組成〔%〕
窒素	N_2	28.01371	78.084	75.52
酸素	O_2	31.9988	20.948	23.14
アルゴン	Ar	39.948	0.934	1.29
二酸化炭素	CO_2	44.0094	0.0315※	0.048
ネオン	Ne	20.1797	0.001818	0.0013
ヘリウム	He	4.002602	0.000524	0.000072
メタン	CH_4	16.0425	0.00015	0.000083
クリプトン	Kr	83.798	0.000114	0.0003
水素	H_2	2.01595	0.00005	0.000003
一酸化二窒素	N_2O	44.01311	0.00003	0.00005
一酸化炭素	CO	28.01	0.000012	0.00001
キセノン	Xe	131.293	0.0000087	0.00004
アンモニア	NH_3	17.03078	0.000001	0.0000006
二酸化窒素	NO_2	46.00566	0.0000001	0.0000002

※ CO_2 は経年的に増加している(2017 年は 0.0405%)。

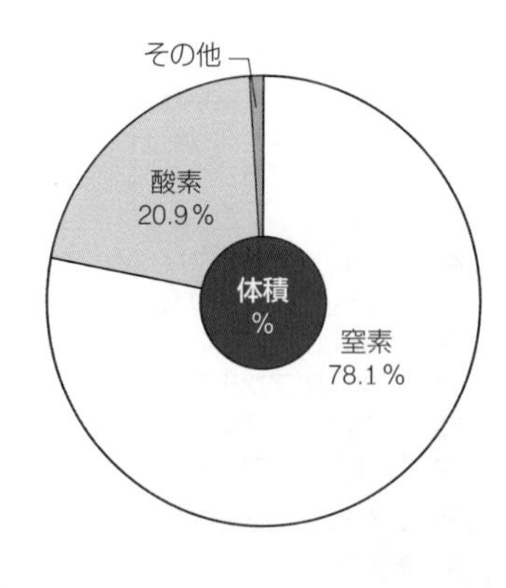

10 単体の融点・沸点・密度

（融点・沸点：圧力を示していないものは，1.013×10⁵ Paでの値。密度：温度を示していないものは，室温または20℃での値。）

化学便覧改訂6版

原子番号	元素記号	単体	融点〔℃〕	沸点〔℃〕	密度〔g/cm³〕
1	H	水素	−259.1	−252.9	0.08988 g/L$^{0℃}$
2	He	ヘリウム	−272.2$^{2.6\times10^6 Pa}$	−268.9	0.1785 g/L$^{0℃}$
3	Li	リチウム	180.5	1347	0.534
4	Be	ベリリウム	1282	2970^{加圧}	1.848
5	B	ホウ素	2300	3658	2.342
6	C	炭素	—	3530^{黒鉛}	2.262^{黒鉛}
7	N	窒素	−209.9	−195.8	1.251 g/L
8	O	酸素	−218.4	−183.0	1.429 g/L$^{0℃}$
9	F	フッ素	−219.6	−188.1	1.696 g/L$^{0℃}$
10	Ne	ネオン	−248.7	−246.1	0.8999 g/L$^{0℃}$
11	Na	ナトリウム	97.81	883	0.971
12	Mg	マグネシウム	648.8	1090	1.738
13	Al	アルミニウム	660.3	2467	2.699
14	Si	ケイ素	1410	2355	2.330
15	P	リン	44.2^{黄リン}	280^{黄リン}	1.822^{黄リン}
16	S	硫黄	112.8$^{\alpha}$	444.7	2.07$^{\alpha}$
17	Cl	塩素	−101.0	−33.97	3.214 g/L$^{0℃}$
18	Ar	アルゴン	−189.3	−185.8	1.784 g/L$^{0℃}$
19	K	カリウム	63.65	774	0.862
20	Ca	カルシウム	839	1484	1.552
21	Sc	スカンジウム	1541	2831	2.989
22	Ti	チタン	1660	3287	4.542
23	V	バナジウム	1887	3377	6.11
24	Cr	クロム	1860	2671	7.192
25	Mn	マンガン	1244	1962	7.442
26	Fe	鉄	1535	2750	7.874
27	Co	コバルト	1495	2870	8.902
28	Ni	ニッケル	1453	2732	8.902
29	Cu	銅	1083	2567	8.96
30	Zn	亜鉛	419.5	907	7.134
31	Ga	ガリウム	27.78	2403	5.907
32	Ge	ゲルマニウム	937.4	2830	5.323
33	As	ヒ素	817$^{2.8\times10^6 Pa}$	616^{昇華}	5.782^{灰色}
34	Se	セレン	217	684.9	4.792
35	Br	臭素	−7.2	58.78	3.123
36	Kr	クリプトン	−156.7	−152.3	3.749 g/L$^{0℃}$
37	Rb	ルビジウム	39.31	688	1.532
38	Sr	ストロンチウム	769	1384	2.542
39	Y	イットリウム	1522	3338	4.472
40	Zr	ジルコニウム	1852	4377	6.506
41	Nb	ニオブ	2468	4742	8.572
42	Mo	モリブデン	2617	4612	10.22
43	Tc	テクネチウム	2172	4877	11.5
44	Ru	ルテニウム	2310	3900	12.37
45	Rh	ロジウム	1966	3695	12.41
46	Pd	パラジウム	1552	3140	12.02
47	Ag	銀	951.9	2212	10.50
48	Cd	カドミウム	321.0	765	8.652
49	In	インジウム	156.6	2080	7.31
50	Sn	スズ	232.0	2270	7.31$^{\beta}$
51	Sb	アンチモン	630.6	1635	6.691
52	Te	テルル	449.5	990	6.242
53	I	ヨウ素	113.5	184.3	4.932
54	Xe	キセノン	−111.9	−107.1	5.897 g/L$^{0℃}$
55	Cs	セシウム	28.4	678	1.873
56	Ba	バリウム	729	1637	3.594
57	La	ランタン	921	3457	6.145
58	Ce	セリウム	799	3426	6.749$^{\beta}$
59	Pr	プラセオジム	931	3512	6.773
60	Nd	ネオジム	1021	3068	7.007
61	Pm	プロメチウム	1168	2700	7.22
62	Sm	サマリウム	1077	1791	7.522
63	Eu	ユウロピウム	822	1597	5.243
64	Gd	ガドリニウム	1313	3266	7.90
65	Tb	テルビウム	1356	3123	8.229
66	Dy	ジスプロシウム	1412	2562	8.552
67	Ho	ホルミウム	1474	2695	8.795
68	Er	エルビウム	1529	2863	9.066
69	Tm	ツリウム	1545	1950	9.321
70	Yb	イッテルビウム	824	1193	6.965
71	Lu	ルテチウム	1663	3395	9.84
72	Hf	ハフニウム	2230	5197	13.31
73	Ta	タンタル	2996	5425	16.65
74	W	タングステン	3410	5657	19.32
75	Re	レニウム	3180	5596	21.02
76	Os	オスミウム	3054	5027	22.59
77	Ir	イリジウム	2410	4130	22.56$^{13℃}$
78	Pt	白金	1772	3830	21.45
79	Au	金	1064	2807	19.32
80	Hg	水銀	−38.87	356.6	13.55
81	Tl	タリウム	304	1457	11.85
82	Pb	鉛	327.5	1740	11.35
83	Bi	ビスマス	271.3	1610	9.747
84	Po	ポロニウム	254	962	9.322
85	At	アスタチン	302	—	—
86	Rn	ラドン	−71	−61.8	9.73 g/L$^{0℃}$
87	Fr	フランシウム	—	—	—
88	Ra	ラジウム	700	1140	5
89	Ac	アクチニウム	1050	3200	10.06
90	Th	トリウム	1750	4790	11.72
91	Pa	プロトアクチニウム	1840	—	15.37
92	U	ウラン	1132	3745	18.95$^{\alpha}$
93	Np	ネプツニウム	640	3900	20.25$^{\alpha}$
94	Pu	プルトニウム	641	3232	19.84
95	Am	アメリシウム	1172	2607	13.67
96	Cm	キュリウム	1340	—	13.32
97	Bk	バークリウム	1047	—	14.79
98	Cf	カリホルニウム	900	—	—
99	Es	アインスタイニウム	860	—	—
100	Fm	フェルミウム	—	—	—
101	Md	メンデレビウム	—	—	—
102	No	ノーベリウム	—	—	—
103	Lr	ローレンシウム	—	—	—
104	Rf	ラザホージウム	—	—	23
105	Db	ドブニウム	—	—	29
106	Sg	シーボーギウム	—	—	35
107	Bh	ボーリウム	—	—	37
108	Hs	ハッシウム	—	—	41

非金属元素

金属元素

11 水の密度 (1.013×10^5Paでの値。)

◐ p.139
化学便覧改訂6版

温度〔℃〕	密度〔g/cm³〕	温度〔℃〕	密度〔g/cm³〕	温度〔℃〕	密度〔g/cm³〕	温度〔℃〕	密度〔g/cm³〕	温度〔℃〕	密度〔g/cm³〕	温度〔℃〕	密度〔g/cm³〕
0	0.999843	—	—	—	—	—	—	—	—	—	—
1	0.999902	11	0.999608	21	0.997995	31	0.995342	41	0.991830	55	0.985693
2	0.999943	12	0.999500	22	0.997773	32	0.995027	42	0.991437	60	0.983196
3	0.999967	13	0.999380	23	0.997541	33	0.994704	43	0.991036	65	0.980551
4	0.999975	14	0.999247	24	0.997299	34	0.994372	44	0.990628	70	0.977765
5	0.999967	15	0.999103	25	0.997047	35	0.994033	45	0.990213	75	0.974843
6	0.999943	16	0.998946	26	0.996786	36	0.993685	46	0.989791	80	0.971790
7	0.999904	17	0.998778	27	0.996515	37	0.993329	47	0.989362	85	0.968611
8	0.999851	18	0.998598	28	0.996235	38	0.992965	48	0.988926	90	0.965310
9	0.999784	19	0.998408	29	0.995946	39	0.992594	49	0.988484	95	0.961888
10	0.999703	20	0.998207	30	0.995649	40	0.992215	50	0.988035	100	0.958349

12 水溶液の密度 (密度の単位はg/cm³。Δは，1℃の温度上昇に対する密度の変化量×10^{-4}。)

2023年理科年表

	塩酸		硝酸		アンモニア		水酸化ナトリウム		水酸化カリウム	硫酸	過酸化水素
濃度%	20℃の密度	Δ	20℃の密度	Δ	20℃の密度	Δ	20℃の密度	Δ	15℃の密度	20℃の密度	18℃の密度
1	1.0032	−2.1	1.0036	−2.2	0.9939	−2.0	1.0095	−2.5	1.0083	1.0051	1.0022
6	1.0279	2.8	1.0312	3.1	0.9730	2.7	1.0648	3.8	1.0544	1.0384	1.0204
10	1.0474	3.2	1.0543	3.8	0.9575	3.4	1.1089	4.4	1.0918	1.0661	1.0351
16	1.0776	4.0	1.0903	4.8	0.9362	4.3	1.1751	5.1	1.1493	1.1094	1.0574
20	1.0980	4.5	1.1150	5.5	0.9229	5.0	1.2191	5.5	1.1884	1.1394	1.0725
26	1.1290	5.3	1.1534	6.7	0.9040	6.0	1.2848	5.9	1.2489	1.1863	1.0959
30	1.1493	5.8	1.1800	7.5	0.8920	6.3	1.3279	6.1	1.2905	1.2185	1.1122
35	1.1789(36%)	—	1.2140	8.5	—	—	1.3798	6.5	1.3440	1.2599	1.1327
40	1.1980	—	1.2463	9.4	—	—	1.4300	6.8	1.3991	1.3028	1.1536
45	—	—	1.2783	10.4	—	—	1.4779	7.1	1.4558	1.3476	1.1749
50	—	—	1.3100	11.4	—	—	1.5253	7.3	1.5143	1.3951	1.1966

13 水の蒸気圧 (蒸気圧の値は×10^5Pa。)

◐ p.100
化学便覧改訂5版をもとに算出

温度〔℃〕	0	1	2	3	4	5	6	7	8	9
0	0.006107	0.006566	0.007055	0.007577	0.008131	0.008722	0.009349	0.010016	0.011206	0.011478
10	0.012276	0.013124	0.014023	0.014975	0.015983	0.017049	0.018178	0.019373	0.020636	0.021970
20	0.023379	0.024866	0.026435	0.028091	0.029836	0.031675	0.033612	0.035652	0.037798	0.040057
30	0.042432	0.044928	0.047552	0.050306	0.053199	0.056235	0.059420	0.062760	0.066261	0.069930
40	0.073767	0.077793	0.082006	0.086419	0.091032	0.095845	0.100885	0.106151	0.111644	0.117390
50	0.123390	0.129642	0.136162	0.142961	0.150054	0.157440	0.165146	0.173159	0.181518	0.190197
60	0.199236	0.208649	0.218421	0.228594	0.239153	0.250139	0.261538	0.273377	0.285669	0.298428
70	0.311667	0.325399	0.339624	0.354383	0.369689	0.385527	0.401952	0.418951	0.436563	0.454775
80	0.473640	0.493145	0.513330	0.534195	0.555766	0.578058	0.601109	0.624907	0.649505	0.674889
90	0.701100	0.728165	0.756082	0.784893	0.814611	0.845261	0.876859	0.909443	0.943013	0.977610
100	1.013247	1.049964	1.087761	1.126691	1.166754	1.207991	1.250427	1.294077	1.338980	1.385162
110	1.432678	1.481474	1.531603	1.583199	1.636128	1.690523	1.746385	1.803347	1.862775	1.923303

14 有機化合物の蒸気圧 (蒸気圧の値は×10^5Pa。sは固体であることを示す。)

◐ p.100
化学便覧改訂 6 版をもとに算出

有機化合物	0℃	10℃	20℃	30℃	40℃	50℃	60℃	70℃	80℃	90℃	100℃
メタノール	0.040	0.074	0.130	0.219	0.354	0.556	0.845	1.252	1.809	2.555	3.537
エタノール	0.016	0.031	0.059	0.105	0.179	0.295	0.469	0.723	1.085	1.588	2.270
ジエチルエーテル	0.247	0.387	0.586	0.859	1.225	1.702	2.314	3.080	4.027	5.177	6.556
酢酸	0.004	0.008	0.015	0.027	0.047	0.076	0.121	0.185	0.275	0.400	0.568
ベンゼン	0.032s	0.060	0.100	0.159	0.244	0.363	0.523	0.736	1.013	1.364	1.804
トルエン	0.009	0.017	0.029	0.049	0.079	0.123	0.185	0.272	0.389	0.543	0.742

15 固体の溶解度（水100gに溶ける無水物の質量〔g〕）

p.110

化学便覧改訂6版をもとに算出

化合物	0℃	10℃	20℃	25℃	30℃	40℃	50℃	60℃	80℃	100℃
$AgNO_3$	121	167	216	241	265	312	374	441	585	733
$AlCl_3$	43.9	46.4	46.6	46.8	47.1	47.3	47.5	47.7	48.6	49.9
$Al_2(SO_4)_3$	37.9	38.1	38.3	38.5	38.9	40.4	42.7	44.9	55.3	80.5
$BaCl_2$	31.2	33.3	35.7	37.2	38.3	40.6	43.5	46.2	52.2	60.0
$Ba(OH)_2$	1.68	2.48	3.89	4.68	5.59	8.23	13.13	20.95	101.41	—
$CaCl_2$	59.5	64.7	74.5	82.8	100.0	114.6	130.4	137.0	146.9	159.1
$Ca(OH)_2$	0.189	0.182	—	0.170	0.160	0.141	0.128	0.122	0.106	—
$CaSO_4$	0.176	0.193	0.205	0.208	0.209	0.210	0.182	0.152	0.100	0.067
$CuCl_2$	68.6	70.9	73.3	74.8	76.7	79.9	83.5	87.3	98.0	111.0
$Cu(NO_3)_2$	83.5	100.0	124.7	155.1	156.4	163.2	171.7	181.7	207.7	247.2
$CuSO_4$	14.0	17.0	20.2	22.2	24.1	28.7	33.9	39.9	56.0	—
$FeCl_2$	49.7	60.3	62.6	64.5	65.6	68.6	73.3	78.3	90.1	94.9
$FeCl_3$	74.4	82.1	91.9	97.6	106.8	150.1	217.5	—	—	—
$FeSO_4$	15.7	20.8	26.3	29.5	32.8	40.1	54.6	55.0	55.3	43.7
I_2	0.014	0.020	0.028	0.034	0.039	0.052	0.071	0.100	0.226	0.447
KBr	53.6	59.5	65.0	67.8	70.6	76.1	80.8	85.5	94.9	104.1
K_2CO_3	105.1	107.9	110.5	112.1	113.7	116.9	121.2	126.8	139.8	155.8
KCl	28.1	31.2	34.2	35.9	37.2	40.1	42.9	45.8	51.3	56.3
$KClO_3$	3.31	5.15	7.30	8.58	10.13	13.90	17.65	23.76	37.55	56.25
K_2CrO_4	58.7	61.6	63.9	65.0	66.1	68.1	70.1	72.1	76.4	80.2
$K_2Cr_2O_7$	4.60	6.61	12.23	14.94	18.06	25.94	37.17	46.41	70.07	96.85
$K_3[Fe(CN)_6]$	30.2	38.7	45.8	48.8	52.7	59.2	65.3	70.6	82.8	91.2
$K_4[Fe(CN)_6]$	14.3	21.1	28.2	31.6	35.1	42.0	48.4	55.3	70.4	74.2
KI	127	136	144	148	153	160	169	176	192	207
$KMnO_4$	2.83	4.24	6.34	7.63	9.03	12.52	16.82	22.17	25.31	—
KNO_3	13.3	22.0	31.6	37.9	45.6	63.9	85.2	109.2	168.8	244.8
KOH	96.9	102.8	111.9	118.3	134.7	138.1	139.8	151.9	161.1	177.8
K_2SO_4	7.76	9.27	11.11	12.04	12.99	14.81	16.55	18.20	21.36	24.07
$MgCl_2$	52.9	53.6	54.6	55.0	55.8	57.5	59.2	61.0	66.1	73.3
$MgSO_4$	22.0	28.2	33.7	36.4	38.9	44.5	49.3	59.0	55.8	50.4
$MnCl_2$	63.4	68.1	73.9	77.1	80.8	88.5	105.5	108.6	112.7	115.1
NH_4Cl	29.4	33.2	37.2	39.3	41.4	45.8	50.4	55.3	65.6	77.3
NH_4NO_3	118	150	190	214	238	245	350	418	663	931
$(NH_4)_2SO_4$	70.5	72.6	75.0	76.4	77.8	80.8	84.5	87.4	94.1	101.7
$NaBr$	80.2	85.2	90.8	94.6	98.4	106.6	116.9	117.9	119.8	121.2
Na_2CO_3	7.00	12.11	22.10	29.37	45.35	49.48	47.49	46.20	45.14	44.72
$NaCl$	35.7	35.7	35.8	35.9	36.1	36.3	36.7	37.1	38.0	39.3
$NaClO_3$	79.5	87.6	95.7	100.0	104.9	114.6	125.2	137.5	166.0	201.2
$NaHCO_3$	6.93	8.13	9.55	10.28	11.06	12.73	14.47	16.41	—	23.61
NaI	160	169	179	184	191	205	227	298	295	302
$NaNO_3$	73.0	80.5	88.0	91.9	96.1	104.9	114.1	124.2	148.1	175.5
$NaOH$	83.5	102.8	109.2	114.1	118.8	128.8	145.1	222.6	287.6	—
Na_2S	9.65	12.11	15.74	—	20.48	26.58	38.89	42.86	53.85	81.82
Na_2SO_4	4.50	9.00	19.05	28.04	41.24	49.70	46.41	45.14	43.27	42.25
$Na_2S_2O_3$	50.2	59.7	70.1	76.1	82.8	102.4	161.1	221.5	232.2	—
$PbCl_2$	0.675	0.806	0.980	1.082	1.184	1.420	1.667	1.958	2.627	3.338
$Pb(NO_3)_2$	38.9	48.4	56.5	60.5	66.1	75.1	85.2	94.9	115.1	138.7
$Zn(NO_3)_2$	92.7	103.7	117.9	127.8	173.2	195.9	—	—	—	—
$ZnSO_4$	41.6	47.3	53.8	57.5	69.4	70.5	75.4	72.1	65.0	60.5

16 気体の溶解度（気体の分圧が 1.013×10^5 Pa（1atm）のとき，1L の水に溶ける気体の物質量〔mol〕を 1000 倍した値を示した。）

p.111
化学便覧改訂3, 6版をもとに算出

気体	0℃	10℃	20℃	30℃	40℃	50℃	60℃	70℃	80℃	90℃	100℃
He	0.421	0.402	0.391	0.388	0.390	0.398	0.410	0.428	—	—	—
Ne	0.563	0.505	0.466	0.443	0.430	0.426	0.430	0.441	—	—	—
Ar	2.38	1.87	1.53	1.29	1.13	1.02	0.94	0.89	—	—	—
Kr	4.91	3.62	2.80	2.27	1.91	1.66	1.49	1.38	1.30	—	—
Xe	10.00	6.89	5.03	3.87	3.11	2.61	2.27	2.04	—	—	—
H_2	0.975	0.876	0.809	0.765	0.739	0.728	0.729	0.740	0.762	—	—
N_2	1.060	0.847	0.708	0.616	0.554	0.515	0.492	0.481	—	—	—
O_2	2.19	1.71	1.39	1.18	1.04	0.94	0.88	0.85	—	—	—
NO	3.28	2.57	2.10	1.79	1.58	1.43	1.34	1.28	1.25	—	—
CO	1.63	1.29	1.07	0.92	0.83	0.76	—	—	—	—	—
CO_2	75.58	53.44	39.52	30.41	24.26	19.97	16.93	14.72	13.10	11.91	11.04
N_2O	57.7	39.3	28.2	21.1	16.5	—	—	—	—	—	—
SO_2	—	2296.3	1611.9	1165.6	865.7	658.6	—	—	—	—	—
H_2S	—	147	115	92	76	64	55	48	42	38	35
NH_3	21272	17500	14226	11465	9184	7324	5816	4535	3641	2870	2259
HBr	27304	25921	23735（25℃）		—	20924	—	18158（75℃）		—	15392
HCl	23084	21148	19720	18381	17221	16151	15124	—	—	—	—
メタン	2.59	1.96	1.56	1.30	1.14	1.03	—	—	—	—	—
アセチレン	—	59.42	46.08	38.02	33.14	30.31	28.93	28.69	—	—	—
エチレン	—	7.02	5.39	4.33	3.61	3.13	—	—	—	—	—
エタン	4.44	3.00	2.17	1.67	1.35	1.15	—	—	—	—	—
プロペン	—	—	—	6.14	4.21	2.91	2.02	1.41	0.99	—	—
プロパン	4.02	2.57	1.78	1.32	1.04	0.86	0.75	0.68	—	—	—
ブタン	3.70	2.26	1.49	1.06	0.80	0.64	0.54	0.47	0.43	—	—
イソブタン	—	1.59	1.08	0.80	0.64	—	—	—	—	—	—
1-ブテン	—	—	—	—	4.68	2.48	1.37	0.78	0.46	0.28	0.17
2-メチルプロペン	16.17	10.11	6.80	4.87	3.69	2.93	2.44	2.11	—	—	—

17 モル沸点上昇（K_b：モル沸点上昇，単位は K·kg/mol）

p.112
化学便覧改訂6版

溶媒	沸点	K_b
水	100	0.515
アセトン	56.29	1.71
アニリン	184.40	3.22
アンモニア	−33.35	0.34
エタノール	78.29	1.160
ギ酸	100.56	2.4
酢酸	117.90	2.530
酢酸メチル	56.323	2.061
ジエチルエーテル	34.55	1.824
四塩化炭素	76.75	4.48
シクロヘキサン	80.725	2.75
ショウノウ	207.42	5.611
水銀	357	11.4
トルエン	110.625	3.29
ナフタレン	217.955	5.80
ニトロベンゼン	210.80	5.04
二硫化炭素	46.225	2.35
フェノール	181.839	3.60
プロピオン酸	140.83	3.51
ヘキサン	68.740	2.78
ベンゼン	80.10	2.53
無水酢酸	136.4	3.53
メタノール	64.70	0.785
ヨウ化メチル	42.43	4.19

18 モル凝固点降下（K_f：モル凝固点降下，単位は K·kg/mol）

p.112
化学便覧改訂6版

溶媒	凝固点	K_f
水	0	1.853
$AgNO_3$	208.6	25.74
H_2SO_4	10.36	6.12
I_2	114	20.4
KNO_3	335.08	29.0
NH_3	−77.7	0.98
NaCl	800	20.5
$NaNO_3$	305.8	15.0
NaOH	327.6	20.8
Na_2SO_4	885	62
アセトン	−94.7	2.40
アニリン	−5.98	5.87
安息香酸	119.53	8.79
ギ酸	8.27	2.77
クロロホルム	−63.55	4.90
酢酸	16.66	3.90
四塩化炭素	−22.95	29.8
シクロヘキサン	6.544	20.2
ショウノウ	178.75	37.7
ナフタレン	80.290	6.94
ニトロベンゼン	5.76	6.852
尿素	132.1	21.5
フェノール	40.90	7.40
ベンゼン	5.533	5.12

19 反応エンタルピー （ΔH：反応エンタルピー，25℃での値，単位はkJ/mol）

p.120

化学便覧改訂6版など

①溶解エンタルピー

物質	化学式	ΔH
塩素（気体）	Cl_2	−23.4
臭素（液体）	Br_2	−2.6
ヨウ素	I_2	22.6
塩化鉄（Ⅲ）	$FeCl_3$	−151
塩化銀	$AgCl$	65.5
塩化バリウム	$BaCl_2$	−13.4
塩化カルシウム	$CaCl_2$	−81.3
硫酸銅（Ⅱ）	$CuSO_4$	−73.1
硝酸銀	$AgNO_3$	22.6
塩化水素（気体）	HCl	−74.9
臭化水素（気体）	HBr	−85.2
ヨウ化水素（気体）	HI	−81.7

物質	化学式	ΔH
硫化水素（気体）	H_2S	−19.1
硫酸	H_2SO_4	−95.3
硝酸	HNO_3	−33.3
リン酸	H_3PO_4	1.7
塩化カリウム	KCl	17.2
臭化カリウム	KBr	19.9
ヨウ化カリウム	KI	20.3
硝酸カリウム	KNO_3	34.9
硫酸マグネシウム	$MgSO_4$	−91.2
塩化アンモニウム	NH_4Cl	14.8
硝酸アンモニウム	NH_4NO_3	25.7
硫酸アンモニウム	$(NH_4)_2SO_4$	6.6

物質	化学式	ΔH
水酸化ナトリウム	$NaOH$	−44.5
アンモニア（気体）	NH_3	−34.2
塩化ナトリウム	$NaCl$	3.9
硫酸ナトリウム	Na_2SO_4	−2.4
塩化亜鉛	$ZnCl_2$	−73.1
メタノール	CH_4O	−7.3
エタノール	C_2H_6O	−10.5
ギ酸	CH_2O_2	−0.8
酢酸	$C_2H_4O_2$	−1.7
シュウ酸	$C_2H_2O_4$	2.1
アセトアルデヒド	C_2H_4O	18.4
尿素	CH_4N_2O	15.4

（溶媒：水）

②生成エンタルピー

物質	化学式	状態	ΔH
水	H_2O	気体	−241.8
過酸化水素	H_2O_2	気体	−136.3
塩化水素	HCl	気体	−92.3
臭化水素	HBr	気体	−36.4
硫化水素	H_2S	気体	−20.6
二酸化硫黄	SO_2	気体	−296.8
オゾン	O_3	気体	142.7
一酸化窒素	NO	気体	90.3
アンモニア	NH_3	気体	−45.9

物質	化学式	状態	ΔH
一酸化炭素	CO	気体	−110.5
二酸化炭素	CO_2	気体	−393.5
硝酸	HNO_3	気体	−135.1
二酸化ケイ素	SiO_2	固体	−910.9
酸化鉄（Ⅲ）	Fe_2O_3	固体	−824.2
アルミナ	Al_2O_3	固体	−1676
酸化マグネシウム	MgO	固体	−601.7
水酸化カリウム	KOH	固体	−424.8
塩化ナトリウム	$NaCl$	固体	−411.2

物質	化学式	状態	ΔH
炭酸カリウム	K_2CO_3	固体	−1151
メタン	CH_4	気体	−74.9
エタン	C_2H_6	気体	−83.8
エチレン	C_2H_4	気体	52.5
アセチレン	C_2H_2	気体	226.7
プロパン	C_3H_8	気体	−104.7
ベンゼン	C_6H_6	液体	49.0
メタノール	CH_4O	液体	−239.1
アセトン	C_3H_6O	液体	−248.1

③燃焼エンタルピー

物質	化学式	状態	ΔH
水素	H_2	気体	−286
ダイヤモンド	C	固体	−395
黒鉛	C	固体	−394
メタン	CH_4	気体	−891
エタン	C_2H_6	気体	−1561
プロパン	C_3H_8	気体	−2219
ヘキサン	C_6H_{14}	液体	−4163
オクタン	C_8H_{18}	液体	−5470
ベンゼン	C_6H_6	液体	−3268
o-キシレン	C_8H_{10}	液体	−4553
エチレン	C_2H_4	気体	−1411
アセチレン	C_2H_2	気体	−1300

物質	化学式	状態	ΔH
一酸化炭素	CO	気体	−283
アンモニア	NH_3	気体	−383
メタノール	CH_4O	液体	−726
エタノール	C_2H_6O	液体	−1368
フェノール	C_6H_6O	固体	−3053
アセトン	C_3H_6O	気体	−1821
ジエチルエーテル	$C_4H_{10}O$	気体	−2751
ギ酸	CH_2O_2	液体	−254
酢酸	$C_2H_4O_2$	液体	−873
スクロース	$C_{12}H_{22}O_{11}$	固体	−5640
グルコース	$C_6H_{12}O_6$	固体	−2800
ナフタレン	$C_{10}H_8$	固体	−5166

④中和エンタルピー

酸	塩基	ΔH
CH_3COOH	$NaOH$	−56.36±0.06
C_6H_5COOH	$NaOH$	−55.30±0.06

酸	塩基	ΔH
C_6H_5OH	$NaOH$	−33.05±0.25
HCl	$C_6H_5NH_2$	−28.20±0.38

25℃において，強酸と強塩基の希薄な水溶液は完全に電離しているので，酸・塩基の物質に関係なく中和エンタルピーは一定（−56.5 kJ/mol）である。しかし，弱酸や弱塩基が関係する中和反応では，電離が吸熱反応であるため，強酸と強塩基の中和エンタルピーよりも大きな値となる。

20 単体の融解エンタルピーと蒸発エンタルピー (単位は kJ/mol)

p.120
化学便覧改訂6版

原子番号	物質	融解エンタルピー	蒸発エンタルピー
1	H_2	0.1	0.9
2	He	0.02	0.1
3	Li	3.0	148
4	Be	7895	—
5	B	—	—
6	C 黒鉛	—	715.5 昇華
7	N_2	0.7	5.6
8	O_2	0.4	6.8
9	F_2	1.56	6.3
10	Ne	0.3	1.8
11	Na	2.6	89.1
12	Mg	8.5	132
13	Al	10.7	291
14	Si	50.2	—
15	P	0.7	12.4
16	S	1.7	9.6
17	Cl_2	6.4	20.4
18	Ar	1.2	6.5
19	K	2.3	77.4
20	Ca	8.5	150
21	Sc	14.1	—
22	Ti	14.2	—
23	V	21.5	456
24	Cr	21.0	349
25	Mn	12.9	225
26	Fe	13.8	354
27	Co	16.2	373
28	Ni	17.5	381
29	Cu	13.3	305
30	Zn	7.3	114.8
31	Ga	5.6	267
32	Ge	36.9	333
33	As	24.4	—
34	Se	6.7	14.4
35	Br_2	10.5	30.7
36	Kr	1.6	9.0
37	Rb	—	—
38	Sr	7.4	141
39	Y	11.4	—
40	Zr	21.0	141.1
41	Nb	30	695
42	Mo	32.5	590
43	Tc	—	—
44	Ru	38.6	—
45	Rh	26.6	—
46	Pd	16.7	—
47	Ag	11.3	254
48	Cd	6.2	99.8
49	In	3.3	226
50	Sn	7.2	290.4
51	Sb	19.9	—
52	Te	17.4	—
53	I_2	15.5	62.3 昇華
54	Xe	2.3	12.6
55	Cs	2.1	67.8
56	Ba	7.1	—
57	La	—	—
58	Ce	—	—
73	Ta	36.6	753
74	W	52.3	799
75	Re	34.1	707
76	Os	—	—
77	Ir	—	—
78	Pt	22.2	447
79	Au	12.6	310.5
80	Hg	2.3	58.1
81	Tl	4.1	168
82	Pb	4.8	179.5
83	Bi	11.3	—
84	Po	—	—
85	At	—	—
86	Rn	2.9	16.4
88	Ra	7.7	137
90	Th	13.8	540
92	U	9.1	412

21 化合物の融解エンタルピーと蒸発エンタルピー (1.013×10^5 Pa での値。融解エンタルピー，蒸発エンタルピーの単位は kJ/mol。)

p.120
化学便覧改訂6版

無機化合物	分子量・式量	融点〔℃〕	融解エンタルピー	沸点〔℃〕	蒸発エンタルピー
AgCl	143.3	455	13.1	1550	183
$BaCl_2$	208.2	962	15.9	1560	238
CO	28.0	−205	0.8	−192	6.0
CO_2	44.0	−56.6	8.3	−78.5 昇華	—
$CaSO_4$	136.1	1450	25.4	—	—
$FeCl_3$	162.2	300	43.1	316	43.8
HCl	36.5	−114	2.0	−85	16.2
HNO_3	63.0	−42	10.5	83	39.5
H_2O	18.0	0	6.0	100	40.7※
D_2O(重水)	20.0	3.8	6.3	101.4	42.6
H_2O_2	34.0	−0.89	10.5	151	54.4
H_2S	34.1	−85.5	2.4	−60.7	18.7
KCl	74.6	770	26.3	1500 昇華	—
NH_3	17.0	−77.7	5.7	−33.4	23.4
NaCl	58.4	801	28.2	1413	—
NaOH	40.0	318.4	5.8	1390	—
SO_2	64.1	−75.5	7.4	−10	24.9
SiO_2(石英)	60.1	1550	7.7	2950	—

※ここでの蒸発エンタルピーは，100℃における値。

有機化合物	分子量・式量	融点〔℃〕	融解エンタルピー	沸点〔℃〕	蒸発エンタルピー
アセトン	58.1	−94.8	5.7	56.3	29.0
アニリン	93.1	−6.0	10.5	184.6	41.8
安息香酸	122.1	122.5	18.0	250.0	61.5
エタノール	46.1	−114.5	4.93	78.3	38.6
ジエチルエーテル	74.1	−116.3	7.19	34.5	26.5
エチレン	28.1	−169.2	3.4	−103.7	13.5
ギ酸	46.0	8.4	12.7	100.8	22.7
o-キシレン	106.2	−25.2	13.6	144.4	36.8
グリセリン	92.1	17.8	18.5	154	59.8
o-クレゾール	108.1	31	—	191	44.8
酢酸	60.1	16.6	11.7	117.8	24.4
酢酸エチル	88.1	−83.6	10.5	76.8	32.5
トルエン	92.1	−95.0	6.6	110.6	33.5
ナフタレン	128.2	80.5	19.1	218.0	49.4
ニトロベンゼン	123.1	5.9	12.1	211	47.7
フェノール	94.1	41.0	11.5	181.8	48.5
1-ブタノール	74.1	−89.5	9.4	117.3	44.4
1-プロパノール	60.1	−126.5	5.4	97.2	41.0
メタノール	32.0	−97.8	3.2	64.7	35.2

27 無機物質の性質

化学便覧など

凡例　色・状態　：無は無色，白は白色，固は固体，液は液体，気は気体 を表す。
密度　：固体・液体の単位は g/cm³，気体の単位は g/L，右上の数字は測定した温度を表す。
右上の数字のないものは室温（15℃～20℃）の値である。
融点・沸点：単位は℃。分は分解，昇は昇華，～は約，＞は以上 を表す。
性質など　：易溶は水によく溶ける，可溶は水に溶ける，難溶は水に溶けにくい，不溶は水にほとんど溶けない ことを表す。

物質	化学式	色	状態	密度	融点	沸点	性質など
亜鉛	Zn	青白	固	7.134[25]	419.53	907	めっき，電池，合金に利用
塩化亜鉛	$ZnCl_2$	無	固	2.91[25]	283	732	易溶
硫化亜鉛	ZnS	白	固	4.09	1020	1700 (5.0×10^6Pa)	不溶
硝酸亜鉛六水和物	$Zn(NO_3)_2\cdot6H_2O$	無	固	2.06	36.4	$-6H_2O$：105～131	易溶
硫酸亜鉛七水和物	$ZnSO_4\cdot7H_2O$	無	固	1.96	100	$-7H_2O$：280	易溶
アルミニウム	Al	銀白	固	2.699	660.32	2467	溶融塩電解で製造 軽合金に利用
塩化アルミニウム	$AlCl_3$	無	固	2.44[25]	190 (2.5×10^5Pa)	182.7	潮解性
酸化アルミニウム	Al_2O_3	白	固	3.97	2054	2980±60	不溶
水酸化アルミニウム	$Al(OH)_3$	白	固	2.42	$-2H_2O$：300	—	不溶
硝酸アルミニウム九水和物	$Al(NO_3)_3\cdot9H_2O$	無	固	—	73.5	分 150	易溶
硫酸アルミニウム十八水和物	$Al_2(SO_4)_3\cdot18H_2O$	無	固	1.69	分 86.5	—	易溶
硫酸カリウムアルミニウム十二水和物	$AlK(SO_4)_2\cdot12H_2O$	無	固	1.75	92.5	$-12H_2O$：200	可溶，ミョウバンと称する
アンモニア	NH_3	無	気	0.771	−77.7	−33.4	易溶，刺激臭の気体，弱塩基性
塩化アンモニウム	NH_4Cl	無	固	1.53	昇 340	520	易溶
硫酸アンモニウム	$(NH_4)_2SO_4$	無	固	1.76	分＞280	—	易溶
硝酸アンモニウム	NH_4NO_3	無	固	1.725	169.6	分 210	易溶
炭酸アンモニウム一水和物	$(NH_4)_2CO_3\cdot H_2O$	無	固	—	分 58	—	易溶
炭酸水素アンモニウム	NH_4HCO_3	無	固	1.57	分 35～60	—	易溶
硫黄	S	黄	固	2.07	112.8	444.674	斜方硫黄の値を示した 単斜硫黄は淡黄固，密度 1.957，融点 119.0，沸点は同じ
二酸化硫黄	SO_2	無	気	2.927	−75.5	−10	易溶，弱酸性
三酸化硫黄	SO_3	無	固	—	62.4	昇 50	易溶，水溶液は硫酸
硫酸	H_2SO_4	無	液	1.83	10.36	338（98.3％）	強酸，脱水性
硫化水素	H_2S	無	気	1.539	−85.5	−60.7	腐卵臭，有毒，弱酸性
塩素	Cl_2	黄緑	気	3.214[0]	−101.0	−33.97	ほとんどの金属と結合する 水溶液は漂白作用を示す
塩化水素	HCl	無	気	1.639	−114.2	−84.9	易溶，強酸性
カドミウム	Cd	銀白	固	8.65	321.0	765	有毒
硝酸カドミウム四水和物	$Cd(NO_3)_2\cdot4H_2O$	無	固	2.45	59.4 350（無水）	132	易溶，有毒
カリウム	K	銀白	固	0.862	63.65	774	炎色反応は赤紫
塩化カリウム	KCl	無	固	1.99	770	昇 1500	易溶
臭化カリウム	KBr	無	固	2.75[25]	730	1435	易溶
ヨウ化カリウム	KI	無	固	3.13	680	1330	易溶
塩素酸カリウム	$KClO_3$	無	固	2.326[39]	356	分 400	酸化剤
水酸化カリウム	KOH	白	固	2.05	360.4±0.7	1320～1324	潮解性，強塩基性
硫酸カリウム	K_2SO_4	無	固	2.66	1069	1689	可溶

物質	化学式	色	状態	密度	融点	沸点	性質など
硝酸カリウム	KNO_3	白	固	2.11	339	分 400	可溶
炭酸カリウム	K_2CO_3	無	固	2.42	891	分	易溶
過マンガン酸カリウム	$KMnO_4$	黒紫	固	2.70	分 200	—	可溶，酸化剤
二クロム酸カリウム	$K_2Cr_2O_7$	赤	固	2.68	398	分 500	易溶，酸化剤
クロム酸カリウム	K_2CrO_4	黄	固	2.73	975	—	易溶
チオシアン酸カリウム	KSCN	白	固	1.88	173	分 500	易溶
カルシウム	Ca	銀白	固	1.55	839	1484	炎色反応は橙赤
塩化カルシウム	$CaCl_2$	白	固	2.15	772	＞1600	潮解性，乾燥剤
水酸化カルシウム	$Ca(OH)_2$	白	固	2.24	$-H_2O$：580	—	難溶，強塩基性
酸化カルシウム	CaO	白	固	3.37	2572	2850	易溶，乾燥剤
硝酸カルシウム四水和物	$Ca(NO_3)_2 \cdot 4H_2O$	無	固	1.82	α 42.7 β 39.7	$-4H_2O$：132	易溶
硫酸カルシウム	$CaSO_4$	白	固	2.96	1450	—	難溶
硫酸カルシウム二水和物（セッコウ）	$CaSO_4 \cdot 2H_2O$	無	固	2.32	$-2H_2O$：163	—	水和水を得るとき体積増加
リン酸カルシウム	$Ca_3(PO_4)_2$	白	固	3.14	1670	—	不溶
炭化カルシウム(カーバイド)	CaC_2	無	固	—	～2300	—	水と反応して C_2H_2 を発生
炭酸カルシウム	$CaCO_3$	白	固	2.71	1339 (1.0×10^7Pa)	分 900	不溶，酸と反応して CO_2 を発生
金	Au	黄金	固	19.32	1064.43	2807	展性・延性が金属中で最大
銀	Ag	銀白	固	10.500	951.93	2212	熱・電気伝導性が金属中で最大
塩化銀	AgCl	白	固	5.56	455	1550	不溶，光で分解
臭化銀	AgBr	淡黄	固	6.47	432	分>1300	不溶，光で分解
ヨウ化銀	AgI	黄	固	5.67	552	1506	不溶，光で分解
硫化銀	Ag_2S	黒	固	7.32	825	—	不溶
硝酸銀	$AgNO_3$	無	固	4.35	212	分 444	易溶
硫酸銀	Ag_2SO_4	無	固	5.45^{30}	652	分 1085	難溶
シアン化銀	AgCN	無	固	3.95	—	分 320	不溶，有毒，KCN 水には溶ける
クロム	Cr	銀白	固	7.19	1860	2671	耐食性(めっきに利用)
酸化クロム(Ⅲ)	Cr_2O_3	緑	固	5.21^{21}	～2300	3000～ 4000	不溶
ケイ素	Si	灰	固	2.330^{25}	1410	2355	半導体
二酸化ケイ素	SiO_2	無	固	非 2.20 水晶 2.65	1726	2230	不溶，ガラスの原料
コバルト	Co	灰白	固	8.90	1495	2870	錯体をつくりやすい
塩化コバルト(Ⅱ)六水和物	$CoCl_2 \cdot 6H_2O$	赤	固	1.92	86	$-6H_2O$：130	易溶
塩化コバルト(Ⅱ)	$CoCl_2$	青	固	3.35	735	1049	乾湿指示薬
酸素	O_2	無	気	1.429^0	−218.4	−182.96	同素体，O_3 は酸化剤
オゾン	O_3	淡青	気	2.141^0	−193	−111.3	（同上）
臭素	Br_2	赤褐	液	3.123	−7.2	58.78	非金属の単体で唯一常温で液体 特異臭
臭化水素	HBr	無	気	3.64^0	−88.5	−67.0	水溶液は強酸性
水銀	Hg	銀白	液	13.546	−38.87	356.58	唯一の常温で液体の金属 有毒
硫化水銀(Ⅱ)	HgS	赤	固	8.09	昇 583	—	α 型，不溶
		黒	固	7.7	昇 446	—	β 型，不溶
塩化水銀(Ⅰ)（甘コウ）	Hg_2Cl_2	無	固	7.15	昇 400	—	不溶
塩化水銀(Ⅱ)（昇コウ）	$HgCl_2$	無	固	5.44^{25}	276	302	可溶，猛毒

物質	化学式	色	状態	密度	融点	沸点	性質など
水素	H_2	無	気	0.090^{0}	−259.14	−252.87	最も軽い気体
水	H_2O	無	液	1.00^{4}	0.00	99.974	沸点はふつう100℃としてよい
過酸化水素	H_2O_2	無	液	1.46^{0}	−0.89	151.4	酸化剤にも還元剤にもなる
スズ	Sn	白	固	7.31	231.97	2270	めっき，合金に利用
塩化スズ(II)二水和物	$SnCl_2 \cdot 2H_2O$	無	固	2.71	37.7	分	易溶，還元剤
塩化スズ(IV)	$SnCl_4$	無	液	2.23	−33	114.1	可溶
ストロンチウム	Sr	銀白	固	2.54	769	1384	炎色反応は紅
硝酸ストロンチウム	$Sr(NO_3)_2$	無	固	2.98	570	分	易溶
炭素	C	灰黒	固	2.26	昇 3530	—	黒鉛の値を示した 無定形炭素は黒色で密度1.8〜2.1
一酸化炭素	CO	無	気	1.250	−205	−191.5	難溶，可燃性，有毒
二酸化炭素	CO_2	無	気	1.977	−56.5 (5.2×10^5Pa)	昇 −78.5	可溶，水溶液は微酸性
二硫化炭素	CS_2	無	液	1.26^{22}	−111	46.3	微溶，引火性，有毒
窒素	N_2	無	気	1.251	−209.86	−195.8	反応性に乏しい
一酸化窒素	NO	無	気	1.250	−163.6	−151.8	難溶，空気中ですぐに酸化される
二酸化窒素	$2NO_2$(気) $\rightleftarrows N_2O_4$(気)	NO_2 赤褐 N_2O_4 無	気 気	1.491^{0}(液)	−9.3	21.3	可溶，水溶液は硝酸
硝酸	HNO_3	無	液	1.502	−42	83	強酸性，酸化剤
鉄	Fe	灰白	固	7.874	1535	2750	強磁性
塩化鉄(III)六水和物	$FeCl_3 \cdot 6H_2O$	黄褐	固	2.80^{11}	36.5	280	潮解性
水酸化鉄(II)	$Fe(OH)_2$	緑白	固	3.40	分	—	空気中で容易に酸化される
酸化水酸化鉄(III)	$FeO(OH)$	赤褐	固	—	$-H_2O$：136	—	不溶
酸化鉄(II)	FeO	黒	固	5.9	〜1370	—	空気中で容易に酸化される
酸化鉄(III)	Fe_2O_3	赤褐	固	5.1〜5.2	1565	—	不溶
四酸化三鉄	Fe_3O_4	黒	固	5.2	1538	—	不溶，磁鉄鉱の主成分
硫化鉄(II)	FeS	黒	固	4.84	1193	分	不溶
硫酸鉄(II)七水和物	$FeSO_4 \cdot 7H_2O$	青緑	固	1.89^{25}	64	$-7H_2O$：300	易溶
ヘキサシアニド鉄(II)酸カリウム三水和物	$K_4[Fe(CN)_6] \cdot 3H_2O$	黄	固	1.88	$-3H_2O$：100	分	易溶，Fe^{3+}と濃青色沈殿
ヘキサシアニド鉄(III)酸カリウム	$K_3[Fe(CN)_6]$	赤	固	1.87^{25}	分	—	易溶，Fe^{2+}と濃青色沈殿
銅	Cu	赤	固	8.06	1083.4	2567	熱，電気伝導性大，炎色反応は青緑
塩化銅(II)二水和物	$CuCl_2 \cdot 2H_2O$	緑	固	$2.39^{22.4}$	$-2H_2O$： 100〜200	分	易溶
酸化銅(I)	Cu_2O	赤	固	6.04^{25}	1235	−O：1800	不溶
酸化銅(II)	CuO	黒	固	6.31	1236		不溶
硫化銅(II)	CuS	黒	固	4.64	—	分 220	不溶
水酸化銅(II)	$Cu(OH)_2$	青白	固	3.37	分	—	不溶，酸，アンモニア水には溶ける
硫酸銅(II)五水和物	$CuSO_4 \cdot 5H_2O$	青	固	2.28	$-5H_2O$：150	—	易溶
炭酸水酸化銅(II)	$CuCO_3 \cdot Cu(OH)_2$	暗緑	固	3.85	分 220	—	不溶，銅のさび(緑青)の主成分
ナトリウム	Na	銀白	固	0.971	97.81	883	反応性大，水と激しく反応 炎色反応は黄
塩化ナトリウム	$NaCl$	無	固	2.16	801	1413	可溶
水酸化ナトリウム	$NaOH$	白	固	2.13	318.4	1390	潮解性，強塩基
過酸化ナトリウム	Na_2O_2	淡黄	固	2.80	460	分	酸化剤
亜硫酸ナトリウム七水和物	$Na_2SO_3 \cdot 7H_2O$	無	固	1.56	$-7H_2O$：150	分	易溶，還元剤

物質	化学式	色	状態	密度	融点	沸点	性質など
硫酸ナトリウム十水和物	$Na_2SO_4 \cdot 10H_2O$	無	固	1.46	32.4	$-10H_2O$:100	易溶，風解する
硫酸水素ナトリウム一水和物	$NaHSO_4 \cdot H_2O$	無	固	2.10	58.5	分	易溶，水溶液は強酸性
チオ硫酸ナトリウム五水和物	$Na_2S_2O_3 \cdot 5H_2O$	無	固	1.71	$-5H_2O$:100	—	易溶，銀塩を溶かす
硝酸ナトリウム	$NaNO_3$	無	固	2.26	306.8	分 380	易溶
亜硝酸ナトリウム	$NaNO_2$	無	固	2.16	271	分 320	アゾ染料を作る実験で使う
炭酸水素ナトリウム	$NaHCO_3$	無	固	2.20	$-CO_2$:270	—	可溶，弱塩基性
炭酸ナトリウム十水和物	$Na_2CO_3 \cdot 10H_2O$	無	固	1.44	$-9H_2O$:35	—	易溶，風解する
炭酸ナトリウム	Na_2CO_3	白	固	2.53	851	分	易溶，やや強い塩基性
鉛	Pb	白	固	11.35	327.5	1740	有毒，合金に利用
塩化鉛(Ⅱ)	$PbCl_2$	白	固	5.85	501	950	冷水に不溶，熱水には溶ける
硝酸鉛(Ⅱ)	$Pb(NO_3)_2$	無	固	4.53	分 470	—	易溶
硫酸鉛(Ⅱ)	$PbSO_4$	白	固	6.2	1070～1084	—	難溶
ニッケル	Ni	銀白	固	8.902	1453	2732	強磁性，触媒
硝酸ニッケル(Ⅱ)六水和物	$Ni(NO_3)_2 \cdot 6H_2O$	緑	固	2.05	56.7	136.7	易溶
白金	Pt	銀白	固	21.45	1772	3830	化学的に安定，触媒
バリウム	Ba	銀白	固	3.594	729	1637	炎色反応は黄緑
塩化バリウム二水和物	$BaCl_2 \cdot 2H_2O$	無	固	3.097^{24}	無水962	無水1560	可溶
水酸化バリウム八水和物	$Ba(OH)_2 \cdot 8H_2O$	無	固	2.18	78	$-8H_2O$:550	易溶，強塩基性
硫酸バリウム	$BaSO_4$	無	固	4.49	1580	—	不溶，X線造影剤
ヒ素	As_4	灰	固	5.78	817	昇 616	有毒
三酸化二ヒ素	As_2O_3	無	固	3.43	275	465	難溶，猛毒
フッ素	F_2	淡黄	気	1.696^{0}	−219.62	−188.14	電気陰性度最大 有毒，特異臭
フッ化水素	HF	無	液	1.002^{0}	−83	19.5	弱酸性，ガラスを侵す
ホウ素	B	黒	固	2.34	2300	昇 3658	半導体
ホウ酸	H_3BO_3	無	固	1.83	169	—	可溶，弱い殺菌剤
マグネシウム	Mg	銀白	固	1.738	648.8	1090	軽金属
塩化マグネシウム六水和物	$MgCl_2 \cdot 6H_2O$	無	固	1.56	分 116～118	—	易溶
硝酸マグネシウム六水和物	$Mg(NO_3)_2 \cdot 6H_2O$	無	固	1.64	89	分 330	易溶
硫酸マグネシウム	$MgSO_4$	無	固	2.66	1185	—	易溶
炭酸マグネシウム	$MgCO_3$	無	固	3.03	分 600	—	難溶
マンガン	Mn	銀白	固	7.44	1244	1962	安定な酸化数を多数もつ
酸化マンガン(Ⅳ)	MnO_2	黒	固	5.03	$-O$:535	—	不溶，酸化剤
塩化マンガン(Ⅱ)四水和物	$MnCl_2 \cdot 4H_2O$	桃	固	2.01	58	$-4H_2O$:198	潮解性
硫酸マンガン(Ⅱ)七水和物	$MnSO_4 \cdot 7H_2O$	淡赤	固	2.09	$-7H_2O$:280	—	可溶
ヨウ素	I_2	黒紫	固	4.93	113.5	184.3	空気中で加熱すると昇華する
ヨウ化水素	HI	無	気	5.66	−50.8	−35.1	易溶，水溶液は強酸
リチウム	Li	銀白	固	0.534	180.54	1347	最も軽い金属，イオン化傾向最大 炎色反応は赤
塩化リチウム	$LiCl$	無	固	2.07^{0}	605	1325～1360	易溶
水酸化リチウム	$LiOH$	無	固	1.43	450	分 924	強塩基性
リン	P	淡黄	固	1.82	44.2	280	黄リンの値を示した 赤リンは赤褐色固体，密度 2.2
十酸化四リン	P_4O_{10}	無	固	2.30	580	昇 ～350	潮解性，強力な乾燥剤
リン酸	H_3PO_4	無	固	1.83	42.35	$-0.5H_2O$:213	中程度の酸

28 有機化合物の性質

化学便覧など

凡例
色・状態　：無は無色，白は白色，固は固体，液は液体，気は気体 を表す。
密度　：固体・液体の単位は g/cm^3，気体の単位は g/L。
融点・沸点　：単位は℃。分は分解，昇は昇華，爆は爆発 を表す。
水溶性　：；がある場合は，左が冷時，右が熱時を示す。∞は水と任意の割合で混合することを表す。
易は水によく溶ける，可は水に溶ける，難は水に溶けにくい，不は水にほとんど溶けないことを表す。

物質	化学式	色	状態	密度	融点	沸点	水溶性	性質など
アジピン酸	$HOOC(CH_2)_4COOH$	無	固	1.36	153〜153.1	205.5 (10mmHg)	可	2価カルボン酸，ナイロン66の原料
アセチルサリチル酸	$C_6H_4<^{OCOCH_3}_{COOH}$	白	固	1.4	135	—	難	サリチル酸の酢酸エステル
アセチレン	$CH≡CH$	無	気	—	−81.8	−74	不	三重結合をもつ不飽和炭化水素
アセトアニリド	$C_6H_5NHCOCH_3$	白	固	1.22	115	305	難；可	アニリンと無水酢酸から生じる
アセトアルデヒド	CH_3CHO	無	液	0.78	−123.5	20.2	∞	還元性あり，エタノールの酸化で生じる
アセトン	CH_3COCH_3	無	液	0.8	−94.82	56.3	∞	溶媒として用いられる
アニリン	$C_6H_5NH_2$	無	液	1.02	−5.98	184.55	可	弱塩基性
アニリン塩酸塩	$C_6H_5NH_3Cl$	白	固	1.22	198	245	易；—	アニリンを塩酸に溶かすと生じる
アラニン	$CH_3CH(NH_2)COOH$	白	固	—	分 297	—	可；—	グルタミン酸より基本的なアミノ酸
安息香酸	C_6H_5COOH	白	固	1.3	122.5	250.03	微；易	芳香族カルボン酸
アントラセン	$C_{14}H_{10}$	白	固	1.25〜1.28	216.2	342	不	芳香族炭化水素
イソプレン	$CH_2=C(CH_3)CH=CH_2$	無	液	0.7	−145.95	34.07	—	天然ゴムの単量体
エタノール	C_2H_5OH	無	液	0.8	−114.5	78.32	∞	代表的なアルコール
エチレン	$CH_2=CH_2$	無	気	—	−169.2	−103.7	難	二重結合をもつ不飽和炭化水素
エチレングリコール	$HO(CH_2)_2OH$	無	液	1.1	−12.6	197.85	∞	2価アルコール
塩化ビニル	$CH_2=CHCl$	無	気	8	−159.7	−13.70	—	ポリ塩化ビニルの単量体
オクタン	C_8H_{18}	無	液	0.70	−56.8	125.67	不；—	飽和炭化水素
オレイン酸	$C_{17}H_{33}COOH$	無	液	0.89	13.3	223 (10mmHg)	不	二重結合を1つもつ不飽和脂肪酸
カプロン酸	$C_5H_{11}COOH$	無	液	0.93	−3.4	205.8	難；—	1価カルボン酸
ギ酸	$HCOOH$	無	液	1.2	8.4	100.8	∞	最も簡単なカルボン酸
o-キシレン	$C_6H_4(CH_3)_2$	無	液	0.88	−25.18	144.41	不；—	メチル基を2つもつ芳香族炭化水素
グリシン	H_2NCH_2COOH	無	固	—	分 290	—	溶	グルタミン酸より基本的なアミノ酸
グリセリン	$C_3H_5(OH)_3$	無	液	1.26	17.8	154 (5mmHg)	∞	3価アルコール
グルコース	$C_6H_{12}O_6$	白	固	1.56	146	—	易	単糖
グルタミン酸	$CH_2<^{CH(NH_2)COOH}_{CH_2COOH}$	無	固	—	分 247〜249	—	難	酸性アミノ酸 *d*-モノ・Na塩は化学調味料
o-クレゾール	$C_6H_4(CH_3)OH$	無	固	1.05	31	191	可；—	1価のフェノール類
クロロメタン	CH_3Cl	無	気	—	−97.72	−23.76	難	塩化メチルともいう
コハク酸	$HOOC(CH_2)_2COOH$	白	固	1.57	188	235	可；易	2価カルボン酸
酢酸	CH_3COOH	無	液	1.05	16.635	117.8	∞	食酢の成分
無水酢酸	$(CH_3CO)_2O$	無	液	1.08	−86	140.0	難(分解)	酢酸2分子からの酸無水物
酢酸エチル	$CH_3COOC_2H_5$	無	液	0.9	−83.6	76.82	可；—	溶媒としてよく用いられる
酢酸メチル	CH_3COOCH_3	無	液	0.93	−98.05	56.32	溶；—	溶媒としてよく用いられる
サリチル酸	$C_6H_4(OH)COOH$	無	固	1.4	159	昇	難；可	フェノール類とカルボン酸の両方の性質をもつ
ジエチルエーテル	$C_2H_5OC_2H_5$	無	液	0.7	−116.3	34.48	難	抽出の溶媒，麻酔剤 引火性が強い
p-ジクロロベンゼン	$C_6H_4Cl_2$	白	固	1.2	54	174.12	不；—	衣服の防虫剤に用いられる
ジメチルエーテル	CH_3OCH_3	無	気	—	−141.50	−24.82	可	エタノールの異性体
シュウ酸二水和物	$(COOH)_2・2H_2O$	無	固	1.7	99.8〜100.7	昇 110	可；—	2価カルボン酸，中和滴定の標準液に用いられる

物質	化学式	色	状態	密度	融点	沸点	水溶性	性質など
酒石酸	$HOOC(CHOH)_2COOH$	白	固	1.79	170	—	易；—	−OH をもつカルボン酸
ショウノウ	$C_{10}H_{16}O$	白	固	0.99	178.45	昇 209	難；—	クスノキに含まれる
スクロース	$C_{12}H_{22}O_{11}$	白	固	1.6	188	分	易	二糖(ショ糖)，還元性はない
スチレン	$C_6H_5CH{=}CH_2$	黄	液	0.9	−30.69	145.2	難	ビニル基をもつ芳香族炭化水素
ステアリン酸	$C_{17}H_{35}COOH$	白	固	0.83 〜0.94	70.5	283 (26 mmHg)	難；—	飽和脂肪酸
セルロース	$(C_6H_{10}O_5)_n$	白	固	1.54 〜1.58	—	—	—	植物の細胞壁の主成分，加水分解で β-グルコースを生じる
テトラクロロメタン	CCl_4	無	液	1.59	−28.6	76.74	難；—	不燃性，溶媒
トリクロロメタン	$CHCl_3$	無	液	1.48	−63.5	61.2	難；—	麻酔性，クロロホルムともいう
トリニトロフェノール	$C_6H_2(OH)(NO_2)_3$	黄	固	1.8	122.5	昇；爆	可	強酸性，ピクリン酸ともいう
トルエン	$C_6H_5CH_3$	無	液	0.87	−94.99	110.626	難	芳香族炭化水素，溶媒
ナフタレン	$C_{10}H_8$	白	固	1.16	80.5	217.96	難；—	芳香族炭化水素，防虫剤
1-ナフトール	$C_{10}H_7OH$	無	固	1.099	96	288	不；難	アルカリに可溶
2-ナフトール	$C_{10}H_7OH$	白	固	1.28	122	296	難	アルカリに可溶
ニトログリセリン	$C_3H_5(ONO_2)_3$	淡黄	液	1.6	13.0	—	難；—	ダイナマイトの原料
ニトロベンゼン	$C_6H_5NO_2$	淡黄	液	1.2	5.85	211.03	微；—	芳香族ニトロ化合物
乳酸 *dl*	$CH_3CH(OH)COOH$	無	液	1.2	16.8	119 (12 mmHg)	易	最も簡単なヒドロキシ酸 光学異性体がある
尿素	$(NH_2)_2CO$	白	固	1.32	135	昇	可	肥料，尿素樹脂の原料
パルミチン酸	$C_{15}H_{31}COOH$	白	固	0.85	62.65	167.4 (1 mmHg)	不；—	飽和脂肪酸
ヒドロキノン	$C_6H_4(OH)_2$	無	固	1.3	173.8 〜174.8	285 (730 mmHg)	可	2価のフェノール，還元剤
ピロガロール	$C_6H_3(OH)_3$	白	固	1.45	133〜134	309	可；—	3価のフェノール，還元剤
フェノール	C_6H_5OH	無	固	1.06	40.95	181.75	可；∞	水溶液は弱酸性
フタル酸	$C_6H_4(COOH)_2$	無	固	1.6	234	分	難；可	2価の芳香族カルボン酸
無水フタル酸	$C_6H_4<^{CO}_{CO}>O$	白	固	1.53	131.8	285	可	フタル酸1分子からできる酸無水物
ブタン	C_4H_{10}	無	気	0.58	−138.3	−0.50	不；—	圧力を加えると液化しやすい 気体燃料(LPG：液化石油ガス)
プロパン	C_3H_8	無	気	—	−187.69	−42.07	難	気体燃料(LPG：液化石油ガス)
プロパノール	C_3H_7OH	無	液	0.8	−126.5	97.15	∞	1価アルコール
ヘキサメチレンジアミン	$H_2N(CH_2)_6NH_2$	白	固	—	45〜46	81.5 (10 mmHg)	易	ナイロン66の原料 2価のアミン
ベンジルアルコール	$C_6H_5CH_2OH$	無	液	1.04	−15.5	205.41	可	芳香族アルコール クレゾールの異性体
ベンズアルデヒド	C_6H_5CHO	無	液	1.05	−26	178	難；—	芳香族アルデヒド
ベンゼン	C_6H_6	無	液	0.88	5.533	80.099	不；—	基本的な芳香族炭化水素
p-ベンゾキノン	$C_6H_4O_2$	黄	固	—	115.5	昇	可；—	ヒドロキノンの酸化物
ペンタノール	$C_5H_{11}OH$	無	液	0.8	−78.85	138.25	可；—	溶媒，酢酸アミルの原料
ホルムアルデヒド	$HCHO$	無	気	0.8	−92	−19.3	可	最も簡単なアルデヒド，還元性
マルトース	$C_{12}H_{22}O_{11}$	白	固	—	102 〜103	—	可	二糖，還元性あり デンプンの加水分解により生成
メタン	CH_4	無	気	0.415	−182.76	−161.49	不	最も簡単な炭化水素
メタノール	CH_3OH	無	液	0.79	−97.78	64.65	∞	最も簡単なアルコール
ヨードホルム	CHI_3	黄	固	—	125	昇	難	特異臭，検出反応
リノール酸	$C_{17}H_{31}COOH$	無	液	0.89	−5.2 〜−5.0	210 (5 mmHg)	—	二重結合を2つもつ
リノレン酸	$C_{17}H_{29}COOH$	無	液	0.91	−11.3 〜−11.0	197 (4 mmHg)	不	二重結合を3つもつ

29 アルカンの性質 (反応エンタルピーの単位は kJ/mol)

p.198
化学便覧改訂4, 6版

物質	分子式	分子量	融点〔℃〕	沸点〔℃〕	融解エンタルピー	蒸発エンタルピー	燃焼エンタルピー
メタン	CH_4	16	−182.8	−161.5	0.94	8.18	−891
エタン	C_2H_6	30	−183.6	−89	6.46	14.7	−1561
プロパン	C_3H_8	44	−188	−42	3.52	18.8	−2219
ブタン	C_4H_{10}	58	−138.3	−0.5	4.66	22.4	−2878
ペンタン	C_5H_{12}	72	−129.7	36.1	8.40	25.8	−3509
ヘキサン	C_6H_{14}	86	−95.3	68.7	13.1	28.9	−4163
ヘプタン	C_7H_{16}	100	−90.6	98	14.0	31.7	—
オクタン	C_8H_{18}	114	−56.8	126	20.8	35.0	—
ノナン	C_9H_{20}	128	−53.5	151	15.5	37.8	—
デカン	$C_{10}H_{22}$	142	−29.7	174	28.8	42.7	—
ウンデカン	$C_{11}H_{24}$	156	−26	196	22.2	—	—
ドデカン	$C_{12}H_{26}$	170	−9.6	216	—	—	—
トリデカン	$C_{13}H_{28}$	184	−5	235	—	—	—
テトラデカン	$C_{14}H_{30}$	198	5.9	254	—	—	—
ペンタデカン	$C_{15}H_{32}$	212	9.9	271	—	—	—
ヘキサデカン	$C_{16}H_{34}$	226	18.2	287	—	—	—
ヘプタデカン	$C_{17}H_{36}$	240	22.0	302	—	—	—
オクタデカン	$C_{18}H_{38}$	254	28.2	317	—	—	—
ノナデカン	$C_{19}H_{40}$	268	32.1	320	—	—	—
イコサン	$C_{20}H_{42}$	282	36.8	—	—	—	—
ヘンイコサン	$C_{21}H_{44}$	296	40.5	—	—	—	—
ドコサン	$C_{22}H_{46}$	310	44.4	—	—	—	—

30 1価アルコールの性質 (水溶性の区分については p.306 参照。物質の上段は置換名，下段は基官能名(一般名)。)

p.202
化学便覧改訂6版

物質	示性式	分子量	融点〔℃〕	沸点〔℃〕	水溶性
メタノール(メチルアルコール)	CH_3OH	32	−97.8	64.7	∞
エタノール(エチルアルコール)	C_2H_5OH	46	−114.5	78.3	∞
プロパノール(プロピルアルコール)	C_3H_7OH	60	−126.5	97.2	∞
ブタノール(ブチルアルコール)	C_4H_9OH	74	−89.5	117	可；—
ペンタノール(ペンチルアルコール)	$C_5H_{11}OH$	88	−78.9	138	可；—
ヘキサノール(ヘキシルアルコール)	$C_6H_{13}OH$	102	−46.1	158	難；—
ヘプタノール(ヘプチルアルコール)	$C_7H_{15}OH$	116	−34.0	177	難
オクタノール(オクチルアルコール)	$C_8H_{17}OH$	130	−15	195	難
ノナノール(ノニルアルコール)	$C_9H_{19}OH$	144	−5.5	214	—
デカノール(デシルアルコール)	$C_{10}H_{21}OH$	158	6.9	229	不
ウンデカノール(ウンデシルアルコール)	$C_{11}H_{23}OH$	172	16.5	—	—
ドデカノール(ドデシルアルコール)	$C_{12}H_{25}OH$	186	23.5	—	難

31 1価カルボン酸の性質 (水溶性の区分については p.306 参照。)

p.206
化学便覧改訂6版

物質	示性式	分子量	融点〔℃〕	沸点〔℃〕	水溶性
ギ酸	$HCOOH$	46	8.4	101	∞
酢酸	CH_3COOH	60	16.6	118	∞
プロピオン酸	C_2H_5COOH	74	−20.8	141	∞
酪酸	C_3H_7COOH	88	−5.3	164	∞
吉草酸	C_4H_9COOH	102	−34.5	184	可；—
カプロン酸	$C_5H_{11}COOH$	116	−3.4	206	難；—
エナント酸	$C_6H_{13}COOH$	130	−7.5	223	難
カプリル酸	$C_7H_{15}COOH$	144	16.5	239	難
ペラルゴン酸	$C_8H_{17}COOH$	158	15	254	難
カプリン酸	$C_9H_{19}COOH$	172	31.3	268	不；—
ウンデカン酸	$C_{10}H_{21}COOH$	186	29.3	284	難
ラウリン酸	$C_{11}H_{23}COOH$	200	44.8	299	—；不
ミリスチン酸	$C_{13}H_{27}COOH$	228	54.1	—	—；不
パルミチン酸	$C_{15}H_{31}COOH$	256	62.7	—	不；—
マルガリン酸	$C_{16}H_{33}COOH$	270	61.1	—	不；—
ステアリン酸	$C_{17}H_{35}COOH$	284	70.5	—	難；—

32 エステルの性質 (水溶性の区分については p.306 参照。)

p.206
化学便覧改訂6版

物質	示性式	分子量	融点〔℃〕	沸点〔℃〕	水溶性
ギ酸メチル	$HCOOCH_3$	60	−99	32	可；—
ギ酸エチル	$HCOOC_2H_5$	74	−79	54.1	可；—
ギ酸プロピル	$HCOOC_3H_7$	88	−92.9	81.5	可；—
ギ酸ブチル	$HCOOC_4H_9$	102	−91.9	107	難
酢酸メチル	CH_3COOCH_3	74	−98.1	56.3	可；—
酢酸エチル	$CH_3COOC_2H_5$	88	−83.6	76.8	可；—
酢酸プロピル	$CH_3COOC_3H_7$	102	−95	102	可；—
酢酸ブチル	$CH_3COOC_4H_9$	116	—	126	可；—
プロピオン酸メチル	$C_2H_5COOCH_3$	88	−87.5	79.7	不
プロピオン酸エチル	$C_2H_5COOC_2H_5$	102	−73.9	99.1	可；—
プロピオン酸ブチル	$C_2H_5COOC_4H_9$	130	—	147	難
酪酸メチル	$C_3H_7COOCH_3$	102	—	102.5	可；—
酪酸エチル	$C_3H_7COOC_2H_5$	116	−101	122	難；—
酪酸ブチル	$C_3H_7COOC_4H_9$	144	−91.5	165	難；—
吉草酸エチル	$C_4H_9COOC_2H_5$	130	−91.2	146	難；—
エナント酸エチル	$C_6H_{13}COOC_2H_5$	158	−66.3	186	難；—

33 元素の英語名・ラテン語名

日本語名	元素記号	英語名	ラテン語名
水素	$_{1}$H	Hydrogen	Hydrogenium
ヘリウム	$_{2}$He	Helium	Helium
リチウム	$_{3}$Li	Lithium	Lithium
ベリリウム	$_{4}$Be	Beryllium	Beryllium
ホウ素	$_{5}$B	Boron	Boron
炭素	$_{6}$C	Carbon	Carboneum
窒素	$_{7}$N	Nitrogen	Nitrogenium
酸素	$_{8}$O	Oxygen	Oxygenium
フッ素	$_{9}$F	Fluorine	Fluorum
ネオン	$_{10}$Ne	Neon	Neon
ナトリウム	$_{11}$Na	Sodium	Natrium
マグネシウム	$_{12}$Mg	Magnesium	Magnesium
アルミニウム	$_{13}$Al	Aluminium	Aluminium
ケイ素	$_{14}$Si	Silicon	Silicium
リン	$_{15}$P	Phosphorus	Phosphorus
硫黄	$_{16}$S	Sulfur	Sulfur
塩素	$_{17}$Cl	Chlorine	Chlorum
アルゴン	$_{18}$Ar	Argon	Argon
カリウム	$_{19}$K	Potassium	Kalium
カルシウム	$_{20}$Ca	Calcium	Calicium
スカンジウム	$_{21}$Sc	Scandium	Scandium
チタン	$_{22}$Ti	Titanium	Titanium
バナジウム	$_{23}$V	Vanadium	Vanadium
クロム	$_{24}$Cr	Chromium	Chromium
マンガン	$_{25}$Mn	Manganese	Manganium
鉄	$_{26}$Fe	Iron	Ferrum
コバルト	$_{27}$Co	Cobalt	Cobaltum
ニッケル	$_{28}$Ni	Nickel	Niccolum
銅	$_{29}$Cu	Copper	Cuprum
亜鉛	$_{30}$Zn	Zinc	Zincum
ガリウム	$_{31}$Ga	Gallium	Gallium
ゲルマニウム	$_{32}$Ge	Germanium	Germanium
ヒ素	$_{33}$As	Arsenic	Arsenicum
セレン	$_{34}$Se	Selenium	Selenium
臭素	$_{35}$Br	Bromine	Bromum
クリプトン	$_{36}$Kr	Krypton	Krypton
ルビジウム	$_{37}$Rb	Rubidium	Rubidium
ストロンチウム	$_{38}$Sr	Strontium	Strontium
イットリウム	$_{39}$Y	Yttrium	Yttrium
ジルコニウム	$_{40}$Zr	Zirconium	Zirconium
ニオブ	$_{41}$Nb	Niobium	Niobium
モリブデン	$_{42}$Mo	Molybdenum	Molybdenum
テクネチウム	$_{43}$Tc	Technetium	Technetium
ルテニウム	$_{44}$Ru	Ruthenium	Ruthenium
ロジウム	$_{45}$Rh	Rhodium	Rhodium
パラジウム	$_{46}$Pd	Palladium	Palladium
銀	$_{47}$Ag	Silver	Argentum
カドミウム	$_{48}$Cd	Cadmium	Cadmium
インジウム	$_{49}$In	Indium	Indium
スズ	$_{50}$Sn	Tin	Stannum
アンチモン	$_{51}$Sb	Antimony	Stibium
テルル	$_{52}$Te	Tellurium	Tellurium
ヨウ素	$_{53}$I	Iodine	Iodum
キセノン	$_{54}$Xe	Xenon	Xenon
セシウム	$_{55}$Cs	Caesium	Cæsium
バリウム	$_{56}$Ba	Barium	Barium

日本語名	元素記号	英語名	ラテン語名
ランタン	$_{57}$La	Lanthanum	Lanthanum
セリウム	$_{58}$Ce	Cerium	Cerium
プラセオジム	$_{59}$Pr	Praseodymium	Praseodymium
ネオジム	$_{60}$Nd	Neodymium	Neodymium
プロメシウム	$_{61}$Pm	Promethium	Promethium
サマリウム	$_{62}$Sm	Samarium	Samarium
ユウロピウム	$_{63}$Eu	Europium	Europium
ガドリニウム	$_{64}$Gd	Gadolinium	Gadolinium
テルビウム	$_{65}$Tb	Terbium	Terbium
ジスプロシウム	$_{66}$Dy	Dysprosium	Dysprosium
ホルミウム	$_{67}$Ho	Holmium	Holmium
エルビウム	$_{68}$Er	Erbium	Erbium
ツリウム	$_{69}$Tm	Thulium	Thulium
イッテルビウム	$_{70}$Yb	Ytterbium	Ytterbium
ルテチウム	$_{71}$Lu	Lutetium	Lutecium
ハフニウム	$_{72}$Hf	Hafnium	Hafnium
タンタル	$_{73}$Ta	Tantalum	Tantalum
タングステン	$_{74}$W	Tungsten	Wolframium
レニウム	$_{75}$Re	Rhenium	Rhenium
オスミウム	$_{76}$Os	Osmium	Osmium
イリジウム	$_{77}$Ir	Iridium	Iridium
白金	$_{78}$Pt	Platinum	Platinum
金	$_{79}$Au	Gold	Aurum
水銀	$_{80}$Hg	Mercury	Hydrargyrum
タリウム	$_{81}$Tl	Thallium	Thallium
鉛	$_{82}$Pb	Lead	Plumbum
ビスマス	$_{83}$Bi	Bismuth	Bismutum
ポロニウム	$_{84}$Po	Polonium	Polonium
アスタチン	$_{85}$At	Astatine	Astatin
ラドン	$_{86}$Rn	Radon	Radon
フランシウム	$_{87}$Fr	Francium	Francium
ラジウム	$_{88}$Ra	Radium	Radium
アクチニウム	$_{89}$Ac	Actinium	Actinium
トリウム	$_{90}$Th	Thorium	Thorium
プロトアクチニウム	$_{91}$Pa	Protactinium	Protactinium
ウラン	$_{92}$U	Uranium	Uranium
ネプツニウム	$_{93}$Np	Neptunium	Neptunium
プルトニウム	$_{94}$Pu	Plutonium	Plutonium
アメリシウム	$_{95}$Am	Americium	—
キュリウム	$_{96}$Cm	Curium	—
バークリウム	$_{97}$Bk	Berkelium	—
カリホルニウム	$_{98}$Cf	Californium	—
アインスタイニウム	$_{99}$Es	Einsteinium	—
フェルミウム	$_{100}$Fm	Fermium	—
メンデレビウム	$_{101}$Md	Mendelevium	—
ノーベリウム	$_{102}$No	Nobelium	—
ローレンシウム	$_{103}$Lr	Lawrencium	—
ラザホージウム	$_{104}$Rf	Rutherfordium	—
ドブニウム	$_{105}$Db	Dubnium	—
シーボーギウム	$_{106}$Sg	Seaborgium	—
ボーリウム	$_{107}$Bh	Bohrium	—
ハッシウム	$_{108}$Hs	Hassium	—
マイトネリウム	$_{109}$Mt	Meitnerium	—
ダームスタチウム	$_{110}$Ds	Darmstadtium	—
レントゲニウム	$_{111}$Rg	Roentgenium	—
コペルニシウム	$_{112}$Cn	Copernicium	—

索引

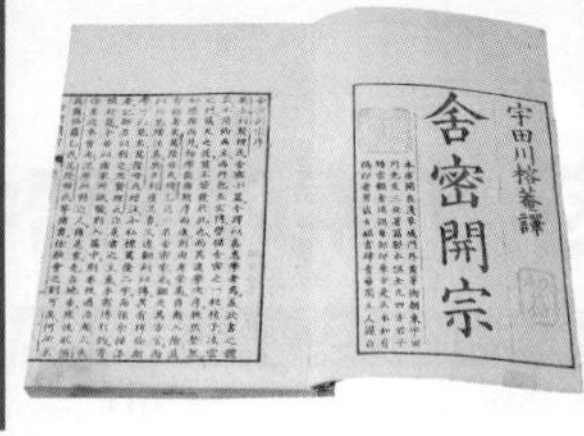

舎密開宗(せいみかいそう)
日本で最初の体系的化学書

き

く

け

こ

さ

し

す

せ

そ

た

項目別索引

鉱物・鉱石

実験器具

物質の製法

単位

記号

定数

物質の検出法

Point

化学式

A

B

C

改訂版　フォトサイエンス　化学図録

■**編集協力者・化学実験協力者**

尾池秀章　法政大学教授
増田達男　前武蔵高等学校講師
肆矢浩一　元國學院高等学校教諭
中込　真　和洋九段女子中学校高等学校校長
米山　裕　東京電機大学中学校・高等学校教諭
兵藤友紀　芝中学校・高等学校教諭

■**実験協力**

國學院高等学校
芝中学校・高等学校
東京電機大学中学校・高等学校
日本大学第三高等学校
和洋九段女子中学校高等学校
株式会社高純度化学研究所

■**実験写真撮影**

小川正彦
久保政喜

■**表紙デザイン**

株式会社クラップス

■**本文デザイン・イラスト**

株式会社ウエイド
有限会社熊アート
有限会社スタジオ杉

初　版	第 1 刷	1998 年 2 月 1 日	発行
新制版	第 1 刷	2003 年 2 月 1 日	発行
改訂版	第 1 刷	2006 年 11 月 1 日	発行
新課程	第 1 刷	2011 年 11 月 1 日	発行
改訂版	第 1 刷	2013 年 11 月 1 日	発行
三訂版	第 1 刷	2016 年 11 月 1 日	発行
新課程	第 1 刷	2021 年 11 月 1 日	発行
改訂版	第 1 刷	2023 年 11 月 1 日	発行
	第 2 刷	2024 年 2 月 1 日	発行

■**表紙写真**

miraclemoments/123RF.COM，perekotypole/123RF.COM，remzik/123RF.COM，saoirse2010/123RF.COM，kurousagi/PIXTA，やえざくら /PIXTA，Jrossphoto/shutterstock，PowerUp/shutterstock，

■**写真提供，取材協力**(敬称略，五十音順)

アーテファクトリー／ IPCC ／旭化成株式会社／味の素株式会社／アフロ／アマナイメージズ／Alamy Stock Photo ／伊知地国夫／ 123RF ／国立研究開発法人宇宙航空研究開発機構(JAXA) ／エーザイ株式会社／ AGC 株式会社／ NIAID-RML/AP ／ NNP ／ NGS アドバンストファイバー株式会社／ NC 東京ベイ株式会社／ ENEOS 株式会社／大阪市水道局／花王株式会社／株式会社加藤文明社／株式会社カネカ／木下真一郎／九州大学／共同通信社／京セラ株式会社／京都工芸繊維大学 KIT − KYOTO ／株式会社金陽社／株式会社クラレ／ GRANGER.COM ／株式会社グローバルエナジーハーベスト／健栄製薬株式会社／コーベット／株式会社ゴールドウイン／ Science Photo Library ／国立研究開発法人産業技術総合研究所／株式会社島津製作所／シャープ株式会社／ Shutterstock ／ JX 金属株式会社／ JX 石油開発株式会社／ JFE スチール株式会社／国立研究開発法人情報通信研究機構(NICT) ／信越アステック株式会社／信越化学工業株式会社／新日産ダイヤモンド工業株式会社／スタジオ杉／ Spiber Inc. ／石油連盟／ソニー株式会社／ソニーセミコンダクタソリューションズ株式会社／大成建設株式会社／地質標本館webサイト(https://www.gsj.jp/Muse) (p.85 石灰石，p.85 自然金，p.85,96,172 黄銅鉱，p.96,170 赤鉄鉱) ／帝人株式会社／ TT News Agency ／一般社団法人電池工業会／東京ガス株式会社／東レ株式会社／株式会社トクヤマ／トヨタ自動車株式会社／株式会社日本海水／日本化学繊維協会／日本軽金属株式会社／日本航空株式会社／株式会社日本触媒／日本電気硝子株式会社／日本電子株式会社／ハイケム株式会社／パナソニック株式会社／PIXTA ／株式会社日立製作所中央研究所／広島大学大学院先進理工系科学研究科／フォトライブラリー／フロンティアカーボン株式会社／株式会社堀場製作所／毎日新聞社／公益財団法人益富地学会館／増永眼鏡株式会社／三井不動産株式会社／三菱ケミカル株式会社／三菱ケミカル・クリンスイ株式会社／盛岡市上下水道局／山梨宝石博物館／ UBE 株式会社／ユニオンツール株式会社／ユニフォトプレス／米沢剛至／読売新聞社／国立研究開発法人理化学研究所／リンクステック株式会社／株式会社レゾナック／数研出版写真部

ISBN978-4-410-27392-6

編　者　数研出版編集部

発行者　星野泰也
発行所　数研出版株式会社
〒101-0052　東京都千代田区神田小川町 2 丁目 3 番地 3
〔振替〕00140-4-118431
〒604-0861　京都市中京区烏丸通竹屋町上る大倉町 205 番地
〔電話〕代表(075)231-0161

ホームページ　https://www.chart.co.jp
印刷所　寿印刷株式会社

231202

特集 **化学で考える**

7 ノーベル賞

▶ノーベル賞授賞式のようす

科学コミュニケーター・サイエンスライター

堀川(ほりかわ) 晃菜(あきな)

■ 3 つのポイント

①アルフレッド・ノーベルはスウェーデンに生まれ，発明したダイナマイトにより莫大な富を得た。
②ノーベル賞とは，ダイナマイトで得た資産を「人類のために最大の貢献をした人々に与える」というノーベルの遺言によって設立された賞で，物理学，化学，生理学・医学，文学，平和，経済学の 6 部門ある。
③ 2022 年時点での日本人ノーベル化学賞受賞者は 8 名。このうちの 7 名は 2000 年以降に受賞しており，近年の活躍が目覚ましい。

ノーベル賞とは

ノーベル賞は，発明家で事業家のアルフレッド・ノーベル（1833 年～ 1896 年）の遺言により創設された世界初の国際賞である。そこには「死の商人」と呼ばれたノーベルの平和への思いが込められている。

ノーベルはスウェーデンのストックホルムに生まれ，30 代でダイナマイトを発明した。原料のニトログリセリンは，当時すでに爆薬としての威力が知られていたが，少しの刺激でも爆発するため，実用化に壁があった。そこで，ノーベルは安全に起爆できる方法を模索した。実験中の事故で弟を亡くすなど，幾多の苦難を乗り越え，ついに 1867 年ダイナマイトを完成させた。原料に珪藻土(けいそうど)を混ぜることで爆破力を損なわずに反応性を弱めることに成功した。

ダイナマイトはたちまち採掘や土木工事の必需品となり，世界中で生産された。その特許料でノーベルは一躍，大富豪となった。

一方で，彼の発明は軍事技術にも応用された。その後，ノーベルの兄の死をノーベルと勘違いした新聞記者が「死の商人，死す」という誤報を出した。これを目にした当人は胸を痛めたという。そして遺言書を作成し，財産を「人類のために最も貢献した人たちに賞金として財産を分配する」とした。遺言書には同時に，物理学賞，化学賞，生理学・医学賞，文学賞，平和賞の部門が明記され，経済学賞は後から追加された。毎年 1 部門 3 名まで受賞でき，原則，存命の人物が対象となる。

ノーベルの死後，1900 年にノーベル財団が設立され，翌年から現在までノーベル賞は 120 年以上もの歴史を誇る。

これまで 980 を超える個人・団体が受賞し，国別ではアメリカが最多。日本では湯川秀樹の受賞（1949 年・物理学賞）以来 2022 年までに自然科学3賞を中心に 29 名が受賞している（日本にルーツを持つ人を含む）。

自然科学の分野では，世界で最も権威のある賞とされるノーベル賞だが，多くの人に浸透した理由はそれだけでない。「賞を与えるにあたっては，候補者の国籍は一切考慮されてはならない」というノーベルの遺言は，戦火の絶えない時代において国際平和に通じる先駆的な考えだった。

ノーベル賞の発表は毎年 10 月初旬に行われ，ノーベルの命日である 12 月 10 日にストックホルムで授賞式が行われる。

■ノーベルの遺言書

■各国の受賞状況（2023年9月現在）

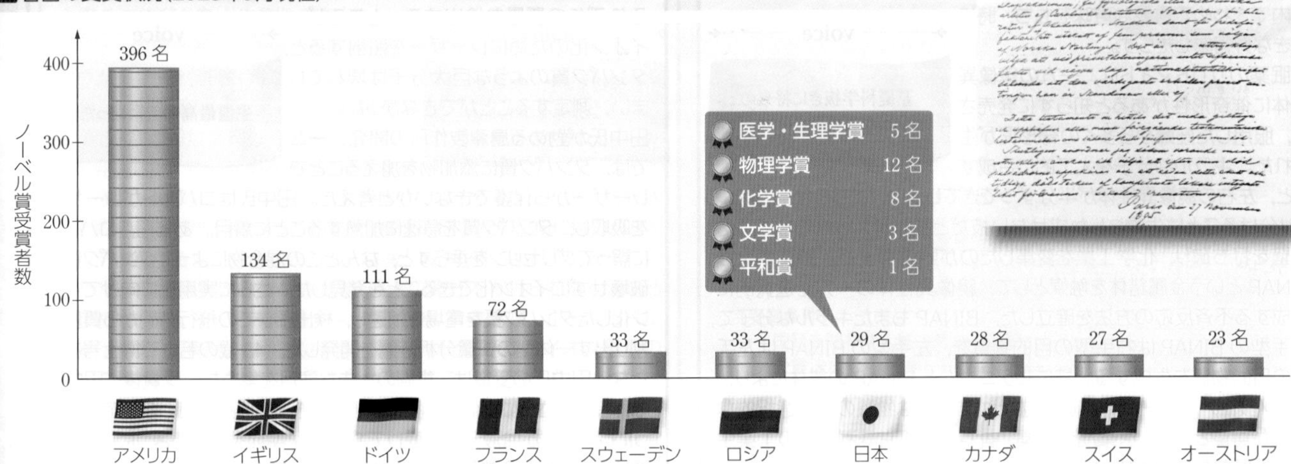

化学に関する仕事をしている方にインタビューしました!

「仮説と検証」で，割れにくいガラスを商品化

AGC株式会社
技術本部　前田枝里子(まえだえりこ)さん

Q．ガラスについてのお仕事とのことですが，どのようなことをしているのですか?

A．スマートフォンのディスプレイ表面などに使われる，カバーガラスという割れにくいガラスを大量生産する方法を研究開発しています。カバーガラスは，通常のガラスに含まれるナトリウムイオン Na^+ を，より大きなカリウムイオン K^+ と熱処理で交換する「化学強化」という技術を使って，ガラス表面に圧縮する力をつくり割れにくくしたガラスです。

割れにくいカバーガラス。スマートフォンのほか，自動車のモニターや電子広告看板にも使われる。

私たちは，少しでも割れにくいガラスをつくれるよう，日々，ガラスを強くするためのメカニズムや量産するための方法について試行錯誤しています。こうして開発したカバーガラスをみなさんに使ってもらうため，大規模な製造設備でも高機能のカバーガラスを安定してつくれるように製造方法の開発をしています。

Q．学生時代に学んだことが，どのように仕事に役立っていますか?

A．あらかじめ「こうすればうまくいくのでは」と仮説を立てて，実験で日々検証しています。この「仮説を検証する」という手法は，大学生・大学院生時代に自分の研究テーマに取り組む上で身につけたものです。カバーガラスを例にすると，実験室で高機能のサンプルをつくれても，大規模な製造設備では起きる化学反応が変わるなどして，おなじ性能の製品をつくれるとはかぎりません。そこで，その原因はなにかを，過去の論文を読んだり自分の化学の知識を踏まえたりして考え，仮説を立てます。そして，試験をして原因を確かめます。原因が仮説どおりなら，その結果を踏まえて製造方法を設計します。仮説どおりでなくても，出た結果をさらに検討し，新たな仮説を立てるようにしています。

チームメートや製造設備の担当者たちとアイデアを出し合いながら，大量生産までたどり着けたときは感動しますね。

Q．この書籍で学ぶ人たちにメッセージを!

A．自分の考えを人に伝えて意見を交換することで，新しい考え方に触れることができると思います。ぜひ，その喜びや楽しさをまずはできるところから実践して味わってください！その中で化学的な現象にも興味をもってください。

ターゲットは「中温」，次世代燃料電池の実用化めざす

国立研究開発法人産業技術総合研究所
省エネルギー研究部門　石山智大(いしやまともひろ)さん

Q．燃料電池について，どのようなお仕事をしているのですか?

A．次世代燃料電池の実用化に向けた研究開発をしています。

すでに実用化されている燃料電池のうち，固体電解質を用いたものには，600 ～ 1000℃の高温で作動する固体酸化物形燃料電池(SOFC：Solid Oxide Fuel Cell)や，60 ～ 100℃の低温で作動する固体高分子形燃料電池(PEFC：Polymer Electrolyte Fuel Cell)などがあります。私は 200 ～ 300℃の中温で作動する SOFC の開発をターゲットとしています。中温作動により，高温の SOFC よりも耐熱性の高くない部材で構成でき，また，低温の PEFC よりも反応活性が高まるので電極に使うレアメタルの白金 Pt の使用量を低減できる期待があります。

中温作動の方式としては，SOFC の一種で，電解質においてプロトンともよばれる水素イオン H^+ を移動させるプロトン伝導型を想定しています。プロトン伝導のしくみを用いる点は低温の PEFC とおなじですが，発電効率や廃熱利用性も考えると，中温のプロトン伝導型 SOFC に利点があります。電解質材料としては，リン酸塩ガラスに着目しています。1960 年代後半からこの材料にはプロトン伝導性があると報告されていましたが，私はプロトンの含有量を多くするため，大学・大学院時代から研究室の先生たちとリン酸塩ガラス中のナトリウムイオン Na^+ をプロトンに置換する方法を開発するなど，性能向上に取り組んできました。この方式ではプロトン伝導に水分を必要としないため，水を制御するしくみを単純にできるなどの利点も見いだせます。

ナトリウムイオン Na^+ をプロトン H^+ に置換する前(左)と後(右)の電解質材料

Q．国立研究開発法人での仕事の特徴は?

A．大学と企業の中間のような立場で，基礎的な研究も応用的な研究も行います。大学や企業との共同研究で次世代燃料電池の実用化を目指しています。

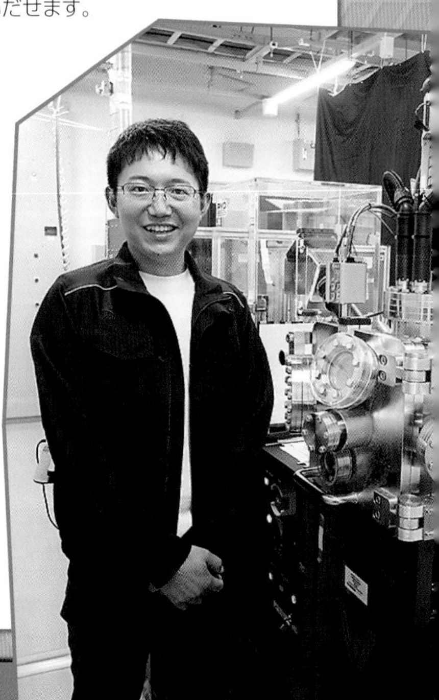

Q．この書籍で学ぶ人たちにメッセージを!

A．貴金属類は溶けにくくイオン化されにくいなどの，高校化学で得た元素のイメージは，いまも物事を考える基本になっています。ペンのインクからコンピュータの半導体まで，あらゆるものが化学と関連している点に好奇心を抱いて，化学を学んでいってほしいと思います。